PRACTICAL HANDBOOK OF ELECTRICAL FIRE CONTROL

电气消防实用技术手册

郭树林　主　编

关大巍　梁慧君　王余胜　副主编

中国电力出版社
CHINA ELECTRIC POWER PRESS

内 容 提 要

本书汇聚多位消防工程领域工作者的多年教学、科研及实践经验，以新标准、规范为依据，结合近年来火灾科学与消防工程的学科发展和新技术应用编写而成，力求将消防科学同具体消防问题有效结合，既注重提高消防科学相关的理论水平，又注重解决消防工程的实际问题。全书共分十六章，主要内容包括电气消防系统概述，电气发热，电气火灾原因分析，电气绝缘材料的阻燃措施，常用电气装置防火措施，各类民用建筑场所电气防火与火灾疏散，电气装置防火安全检测，雷电防护与接地，静电防护，灭火器的选择配置，火灾自动报警系统，消防灭火系统，防灾与减灾系统，电气防爆，建筑电气消防系统的调试、验收与维护，电气火灾的扑救及火灾事故的处理等。

本书可供从事电气消防工程设计、施工、监理和检测的人员使用，也可供企事业单位的消防安全管理人员及高等院校建筑、消防专业师生阅读参考。

图书在版编目(CIP)数据

电气消防实用技术手册/郭树林主编. —北京：中国电力出版社，2018.8
ISBN 978-7-5198-1852-4

Ⅰ.①电… Ⅱ.①郭… Ⅲ.①建筑物-电气设备-防火系统-技术手册 Ⅳ.①TU892-62

中国版本图书馆 CIP 数据核字(2018)第 048168 号

出版发行：中国电力出版社
地　　址：北京市东城区北京站西街 19 号(邮政编码 100005)
网　　址：http://www.cepp.sgcc.com.cn
责任编辑：莫冰莹（010—63412526）孙　晨
责任校对：李　楠　郝军燕
装帧设计：王红柳（版式设计和封面设计）
责任印制：杨晓东

印　　刷：三河市万龙印装有限公司
版　　次：2018 年 8 月第一版
印　　次：2018 年 8 月北京第一次印刷
开　　本：787 毫米×1092 毫米　16 开本
印　　张：35.5
字　　数：872 千字
印　　数：0001—2000 册
定　　价：**180.00** 元

编 委 会

前　言

火灾严重危害人类生命财产安全和社会发展稳定，而电气火灾当前已成为各种火灾中的灾害源，且趋于居高不下、逐年增高的趋势。而电气消防技术的研究和发展脚步也在不断加快，日趋成熟，其在日常生活中的运用范围也越来越广泛，高层建筑就是其广阔的应用领域之一，电气消防技术能保障高层建筑免受烟火侵蚀，在保护高层建筑居民和财产安全中起着非常重要的作用。在密集建筑群的自动化系统中的，安全可靠的消防系统是很重要的，而消防技术又是多种技术的交叉和综合，包含着多学科技术，如建筑结构、给排水系统、供配电系统、空调系统、智能楼宇控制系统、电梯系统等，只有对这些专业的设计、施工及运行维护都有所了解，才能搞好消防工作，才能防患于未然。此外，随着建筑电气行业的发展，建筑电气消防设备不断更新换代，整个消防业对从事消防工程设计、施工、监测、运行维护人员的需求量大大增加，他们也急需掌握这一领域的知识和技能，基于此，我们编写本书。

本书依据最新国家标准，紧密跟踪电气消防技术的发展，融入了技术原理、工程设计、设备选型、施工工艺、质量检测等。全书共分十六章，主要内容包括电气消防系统概述，电气发热，电气火灾原因分析，电气绝缘材料的阻燃措施，常用电气装置防火措施，各类民用建筑场所电气防火与火灾疏散，电气装置防火安全检测，雷电防护与接地，静电防护，灭火器的选择配置，火灾自动报警系统，消防灭火系统，防灾与减灾系统，电气防爆，建筑电气消防系统的调试、验收与维护，电气火灾的扑救及火灾事故的处理等。

限于编者的经验和学识，加之当今我国消防技术的飞速发展，尽管编写人员尽心尽力，但疏漏及不妥之处在所难免，敬请广大读者批评指正，以便及时修订与完善。

编　者

2018 年 6 月

目 录

第一章
电气消防系统概述

第一节　消防系统的认知

一、消防系统的形成与发展

（一）消防系统的形成

1847 年美国牙科医生 Charmning 与缅因大学教授 Farmer 研究出世界上第一台城镇火灾报警发送装置，这个阶段主要为感温探测器。20 世纪 40 年代末期，瑞士物理学家 Ernst Meili 博士研究的离子感烟探测器问世，20 世纪 70 年代末光电感光探测器出现，20 世纪 80 年代随着电子技术、计算机应用及火灾自动报警技术的不断发展，各种类型的探测器大量涌现，同时也在布线工作上有了很大改观。

（二）消防系统的发展

早期的防火、灭火均为人工实现的，当发生火灾时，立即组织人工在统一指挥下采取一切可能措施快速灭火，这便是早期消防系统的雏形。随着科学技术的进步，人们逐步学会使用仪器监视火情，用仪器发出火警信号，然后在人工统一指挥下，使用灭火器械去灭火，这便是较为发达的消防系统。

消防系统的发展大致可分为五个阶段：

(1) 第一代产品：传统的（多线制开关量式）火灾自动报警系统（主要在 20 世纪 70 年代以前）。其特点为简单、成本低。但有很多明显的不足：误报率高、性能差、功能少，无法满足发展需要。

(2) 第二代产品：总线制可寻址开关量式火灾探测报警系统（在 20 世纪 80 年代问世）。其优点是省钱、省工，能准确地定位火情部位，增强了火灾探测或判断火灾发生的能力等。但对火灾的判断及处置改进不大。

(3) 第三代产品：模拟量传输式智能火灾报警系统（在 20 世纪 80 年代后期出现）。其特点为降低误报，提高系统的可靠性。

(4) 第四代产品：分布智能火灾报警系统（也称多功能智能火灾自动报警系统）。探测器比较智能，相当于人的感觉器官，能够对火灾信号进行分析和智能处理，做出恰当的判断，然后将这些判断信息传给控制器，使系统运行能力大大提高。此类系统分为三种，即智能侧重于探测部分、智能侧重于控制部分和双重智能型。

(5) 第五代产品：无线火灾自动报警系统和空气样本分析系统（同时出现在 20 世纪 90 年代）及早期可视烟雾探测火灾报警系统（VSD）。系统具有节省布线费及工时、安装与开通容易等特点。

消防系统无论从消防器件、线制还是类型的发展大体可分为传统型与现代型两种。传统型主要是指开关量多线制系统，而现代型主要是指可寻址总线制系统和模拟量智能系统。

消防系统必须和建筑业同步发展，这就要求从事消防的工程技术人员必须掌握现代电子技术、自动控制技术、计算机技术以及通信网络技术等，以适应建筑的发展。

目前，自动化消防系统在功能上可以实现自动检测现场、确认火灾，发出声、光报警信号，启动灭火设备自动灭火、排烟、封闭火区等，还能够向城市或地区消防队发出救灾请求，进行通信联络。

在结构上，组成消防系统的设备、器件结构紧密，反应灵敏，工作可靠，同时还具有良好的性能指标。智能化设备及器件的开发与应用，使得自动化消防系统的结构趋向于微型化及多功能化。

自动化消防系统的设计已经大量融入微机控制技术、电子技术、通信网络技术及现代自动控制技术，而且消防设备及仪器的生产已经系列化、标准化。

总之，火灾产品不断更新换代，使火灾报警系统发生了一次次革新，为及时而准确地报警提供了重要保障。现代消防系统作为高科技的结晶，为满足智能建筑的需求，正以日新月异的速度发展着。

二、消防系统的组成与分类

（一）消防系统的组成

消防系统主要由三大部分构成：①感应机构，即火灾自动报警系统；②执行机构，即灭火自动控制系统；③避难诱导系统。后两部分也合称消防联动系统。

火灾自动报警系统由探测器、手动报警按钮、报警器和警报器等构成，以完成检测火情并及时报警的任务。

现场消防设备种类较多，从功能上可分为三类：第一类是灭火系统，包括各种介质，如液体、气体、干粉以及喷洒装置，是直接用来扑火的；第二类是灭火辅助系统，是用于限制火势、防止灾害扩大的各种设备；第三类是信号指示系统，用于报警并通过灯光和声响来指挥现场人员的各种设备。对应于这些现场消防设备，需要相关的消防联动控制装置，主要包括：

(1) 室内消火栓灭火系统的控制装置。

(2) 自动喷水灭火系统的控制装置。

(3) 卤代烷、二氧化碳等气体灭火系统的控制装置。

(4) 电动防火门与防火卷帘等防火区域分割设备的控制装置。

(5) 通风、空调、防烟、排烟设备及电动防火阀的控制装置。

(6) 电梯的控制装置和断电控制装置。

(7) 备用发电控制装置。

(8) 火灾事故广播系统及其设备的控制装置。

(9) 消防通信系统、火警电铃、火警灯等现场声光报警控制装备。

(10) 事故照明装置等。

在建筑物防火工程中，消防联动系统可由上述部分或全部控制装置构成。

消防系统的主要功能包括自动捕捉火灾探测区域内火灾发生时的烟雾或热气，从而发出声光报警并控制自动灭火系统，同时联动其他设备的输出接点，控制事故照明、疏散标记、事故广播和通信、消防给水和防排烟设施，以实现监测、报警和灭火的自动化。

消防系统的组成如图 1-1 所示。

（二）消防系统的分类

消防系统的类型按报警与消防方式可分为两种：

1. 自动报警、人工消防

中等规模的旅馆在客房等处设置火灾探测器，当发生火灾时，在本层服务台处的火灾报警器发出信号（即自动报警），同时在总服务台显示出哪一层（或某分区）发生火灾，消防人员根据报警情况采取消防措施（即人工灭火）。

2. 自动报警、自动消防

这种系统与上述 1 的不同之处在于：在火灾发生时系统自动喷水进行消防，并且在消防中心的报警器附设直接通往消防部门的电话。消防中心在接到火灾报警信号后，立刻发出疏散通知（利用紧急广播系统）并开动消防泵及电动防火门等消防设备，从而实现自动报警、自动消防。

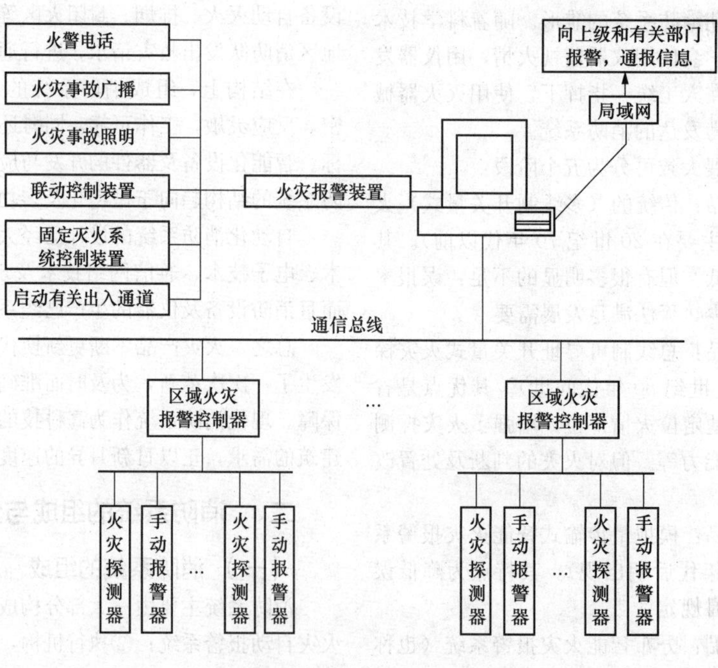

(a)

图 1-1　消防系统的组成（一）

(a) 有传输的框图；

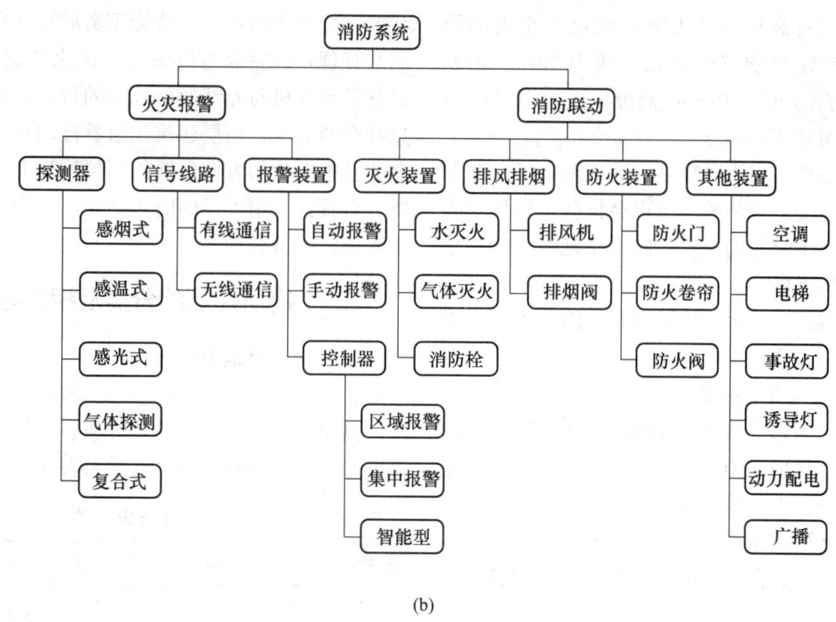

(b)

图 1-1 消防系统的组成（二）

(b) 无传输的框图

第二节 高层建筑特点及相关区域的划分

一、高层建筑的定义及特点

（一）高层建筑的定义

关于高层建筑的定义范围，在 1972 年，联合国教科文组织下属的世界高层建筑委员会曾讨论过这个问题，提出将 9 层及 9 层以上的建筑定义为高层建筑，并建议根据建筑的高度将其分为 4 类：

(1) 9～16 层(最高到 50m)，为第一类高层建筑。

(2) 17～25 层(最高到 75m)，为第二类高层建筑。

(3) 26～40 层（最高到 100m），为第三类高层建筑。

(4) 40 层以上（高度在 100m 以上），为第四类高层建筑（也称超高层建筑）。

但目前各国对高层建筑的起始高度规定不尽相同，如法国规定为住宅 50m 以上，其他建筑 28m 以上；德国规定为 22 层（从室内地面算起）；日本规定为 11 层，31m；美国规定为 22～25m 或 7 层以上。我国关于高层建筑的界限规定也不完全统一，如 GB 50352—2005《民用建筑设计通则》和 JGJ 16—2008《民用建筑电气设计规范》规定，10 层及 10 层以上的住宅建筑（包括底层设置商业网点的住宅）和建筑高度超过 24m 的其他民用建筑为高层建筑；而行业标准 JGJ 3—2010《高层建筑混凝土结构技术规程》规定，10 层及 10 层以上或房屋高度大于 28m 的住宅建筑，以及房屋高度大于 24m 的其他高层民用建筑混凝土结构属于高层建筑。这里，建筑高度为建筑物室外地面至檐口或屋面面层高度，屋顶的瞭望塔、水箱间、电梯机房、排烟机房和楼梯出口小间等不计入建筑高度及层数内，住宅建筑的地下室、半地下室的顶板面高出室外地面不超过 1.5m 者也不计入层数内。

（二）高层建筑的特点

1. 建筑结构特点

高层建筑因其层数多，高度过高，风荷载大，为了抗倾浮，采用骨架承重体系，为了增加刚度都有剪力墙，梁板柱为现浇钢筋混凝土，为了方便必须设有客梯和消防电梯。

2. 高层建筑的火灾危险性及特点

(1) 火势蔓延快。高层建筑的楼梯间、电梯井、管道井、风道、电缆井、排气道等竖向井道，若防火分隔不好，发生火灾时就易形成烟囱效应。据测定，在火灾初起阶段，因为空气对流，在水平方向造成的烟气扩散速度为 0.3m/s，在火灾燃烧猛烈阶段，可达到 0.5～3m/s；烟气沿楼梯间或其他竖向管井扩速度为 3～4m/s。例如，一座高度为 100m 的高层建筑，在无阻挡的情况下，只要 0.5min 烟气就能扩散到顶层。另外，风速对高层建筑火势蔓延也有很大的影响。据测定，在建筑物10m高处风速为5m/s，而在30m处风速就为8.7m/s，在60m高处风速为12.3m/s，在90m处风速可达15.0m/s。

（2）疏散困难。因为层数多，垂直距离长，疏散引入地面或其他安全场所的时间也会长些，再加上人员密集，烟气由于竖井的拔气，向上蔓延快，这些全部增加了疏散的难度。

（3）扑救难度大。由于楼层过高，消防人员很难接近着火点，一般应立足自救。

3. 高层建筑电气设备特点

（1）用电设备多。如弱电设备、空调制冷设备、厨房用电设备、锅炉房用电设备、电梯用电设备、电气安全防雷设备、电气照明设备、给排水设备、洗衣房用电设备、客房用电设备、消防用电设备等。

（2）电气系统复杂。除电气子系统之外，各子系统也相当复杂。

（3）电气线路多。根据高层系统情况，电气线路分为火灾自动报警和消防联动控制线路、音响广播线路、通信线路、高压供电线路及低压配电线路等。

（4）电气用房多。为保证变电站设置在负荷中心，除了将变电站设置在地下层、底层外，有时也设置在大楼的顶部或中间层。而电话站、音控室、消防中心、监控中心等均要占用一定房间。另外，为了解决种类较多的电气线路，在竖向上的敷设，以及干线至各层的分配，必须设置电气竖井及电气小室。

（5）供电可靠性要求高。因为高层建筑中大部分电力负荷为二级负荷，也有相当数量的负荷属一级负荷，所以，高层建筑对供电可靠性要求高，通常要求有两个及以上的高压供电电源。为了满足一级负荷的供电可靠性要求，多数情况下还需设置柴油发电机组（或汽轮发电机组）作为备用电源。

（6）用电量大、负荷密度高。高层建筑的用电设备多，特别是空调负荷大，约占总用电负荷的40%～50%，因此，高层建筑的用电量大，负荷密度高。比如：高层综合楼、高层商住楼、高层办公楼、高层旅游宾馆和酒店等负荷密度均在60W/m^{2}以上，有的高达150W/m^2，即便是高层住宅或公寓，负荷密度也有10W/m^2，有的也达到50W/m^2。

（7）自动化程度高。根据高层建筑的实际情况，为了降低能量损耗、减少设备的维修及更新费用、延长设备的使用寿命、提高管理水平，就需要对高层建筑的设备进行自动化管理，对各类设备的运行、安全状况、能源使用状况及节能等实行综合自动监测、控制与管理，以完成对设备的最优化控制和最佳管理。尤其是计算机与光纤通信技术的应用，以及人们对信息社会的需求，高层建筑正沿着自动化、节能化、信息化及智能化的方向发展。高层建筑消防应“立足自防、自救，采用可靠的防火措施，做到安全适用、技术先进、经济合理”。

二、 高层建筑的分类及相关区域的划分

（一） 建筑防火分类

1. 高层建筑防火分类

高层建筑应根据其使用性质、火灾危害性、疏散及扑救难度等进行分类，并应符合表1-1的要求。

表1-1　　建筑防火分类

名称	一类	二类
住宅建筑	建筑高度大于54m的住宅建筑（包括设置商业服务网点的住宅建筑）	建筑高度大于27m，但不大于54m的住宅建筑（包括设置商业服务网点的住宅建筑）
公共建筑	（1）建筑高度大于50m的公共建筑。 （2）任一楼层建筑面积大于1000m^{2}的商店、展览、电信、邮政、财贸金融建筑和其他多种功能组合的建筑。 （3）医疗建筑、重要公共建筑。 （4）省级及以上的广播电视和防灾指挥调度建筑、网局级和省级电力调度建筑。 （5）藏书超过100万册的图书馆、书库	除一类高层公共建筑外的其他高层公共建筑

注 1. 表中未列入的建筑，其类别应当根据本表类比确定。
2. 除GB 50016—2014《建筑设计防火规范》另有规定外，宿舍、公寓等非住宅类居住建筑的防火要求，应当符合GB 50016—2014《建筑设计防火规范》有关公共建筑的规定；裙房的防火要求应当符合GB 50016—2014《建筑设计防火规范》有关高层民用建筑的规定。

2. 车库的防火分类

车库防火分四类，见表1-2。

表 1-2 车库的防火分类

名称		Ⅰ	Ⅱ	Ⅲ	Ⅳ
汽车库	停车数量（辆）	＞300	151～300	51～150	≤50
	或总建筑面积（m^2）	＞10 000	5001～10 000	2001～5000	≤2000
修车库	车位数（个）	＞15	6～15	3～5	≤2
	或总建筑面积（m^2）	＞3000	1001～3000	501～1000	≤500
停车位	停车数量（辆）	＞400	251～400	101～250	≤100

注 1. 当屋面露天停车场与下部汽车库公用汽车坡道时，其停车数量应计算在汽车库的总车辆数内。
2. 室外坡道、屋面露天停车场的建筑面积可不计入车库的建筑面积内。
3. 公交汽车库的建筑面积可按本表的规定值增加 2.0 倍。

（二）高层建筑耐火等级的划分

1. 名词解释

（1）耐火极限。建筑构件按时间-温度曲线进行耐火试验，从受到火的作用时起，至失去支持能力、其完整性被破坏或失去隔火作用时止这段时间，用小时表示。

（2）建筑构件不燃烧体。用不燃烧材料做成的建筑构件。

（3）建筑构件难燃烧体。用难燃烧材料做成的建筑构件。

（4）燃烧体。用燃烧材料做成的建筑构件。

2. 耐火等级

高层建筑的建筑构件燃烧性能和耐火极限不应低于表 1-3 的要求。

表 1-3 不同耐火等级建筑相应构件的燃烧性能和耐火极限 h

构件名称		耐火等级 一级	耐火等级 二级
墙	防火墙	不燃性 3.00	不燃性 3.00
	承重墙	不燃性 3.00	不燃性 2.50
	非承重外墙	不燃性 1.00	不燃性 1.00
	楼梯间、前室的墙、电梯井的墙、住宅建筑单元之间的墙和分户墙	不燃性 2.00	不燃性 2.00
	疏散走道两侧的隔墙	不燃性 1.00	不燃性 1.00
	房间隔墙	不燃性 0.75	不燃性 0.50
柱		不燃性 3.00	不燃性 2.50
梁		不燃性 2.00	不燃性 1.50
楼板		不燃性 1.50	不燃性 1.00
屋顶承重构件		不燃性 1.50	不燃性 1.00
疏散楼梯		不燃性 1.50	不燃性 1.00
吊顶（包括吊顶搁栅）		不燃性 0.25	难燃性 0.25

（1）建筑高度大于 100m 的民用建筑，其楼板的耐火极限不应低于 2.00h。一、二级耐火等级建筑的上人平屋顶，其屋面板的耐火极限分别不应低于 1.50h 和 1.00h。

（2）一、二级耐火等级建筑的屋面板应采用不燃材料，但屋面防水层可采用可燃材料。

（3）二级耐火等级建筑内采用难燃性墙体的房间隔墙，其耐火极限不应低于 0.75h；当房间的建筑面积不大于 $100m^2$ 时，房间的隔墙可采用耐火极限不低于 0.50h 的难燃性墙体或耐火极限不低于 0.30h 的不燃性墙体。

（4）二级耐火等级建筑内采用不燃材料的吊顶，其耐火极限不限。二、三级耐火等级建筑中门厅、走道的吊顶应采用不燃材料。

（三）相关区域的划分

1. 报警区域的划分

（1）报警区域应根据防火分区或楼层划分；可将一个防火分区或一个楼层划分为一个报警区域，也可将发生火灾时需要同时联动消防设备的相邻几个防火分区或楼层划分为一个报警区域。

（2）电缆隧道的一个报警区域宜由一个封闭长度区间组成，一个报警区域不应超过相连的 3 个封闭长度区间；道路隧道的报警区域应根据排烟系统或灭火系统的联动需要确定，且不宜超过 150m。

（3）甲、乙、丙类液体储罐区的报警区域应由一个储罐区组成，每个 50 $000m^3$ 及以上的外浮顶储罐应单独划分为一个报警区域。

（4）列车的报警区域应按车厢划分，每节车厢应划分为一个报警区域。

2. 探测区域的划分

（1）探测区域应按独立房（套）间划分。一个探测区域的面积不宜超过 $500m^2$；从主要入口能看清其内部，且面积不超过 $1000m^2$ 的房间，也可划为一个探测区域。

（2）红外光束感烟火灾探测器和缆式线型感温火

灾探测器的探测区域的长度，不宜超过 100m；空气管差温火灾探测器的探测区域长度宜为 20～100m。

3. 防火分区

(1) 定义。采用防火分隔措施划分出的、能在一定时间内防止火灾向同一建筑的其余部分蔓延的局部区域称为防火分区。

(2) 不同场所的划分原则。对厂房防火分区的划分应按表 1-4 执行。

仓库的耐火等级、层数和面积除另有规定外，应符合表 1-5 的要求。

表 1-4　　厂房的层数和每个防火分区的最大允许建筑面积

生产的火灾危险性类别	厂房的耐火等级	最多允许层数	每个防火分区的最大允许建筑面积（m²）			
			单层厂房	多层厂房	高层厂房	地下或半地下厂房（包括地下或半地下室）
甲	一级	宜采用单层	4000	3000	—	—
	二级		3000	2000	—	—
乙	一级	不限	5000	4000	2000	—
	二级	6	4000	3000	1500	—
丙	一级	不限	不限	6000	3000	500
	二级	不限	8000	4000	2000	500
	三级	2	3000	2000	—	—
丁	一、二级	不限	不限	不限	4000	1000
	三级	3	4000	2000	—	—
	四级	1	1000	—	—	—
戊	一、二级	不限	不限	不限	6000	1000
	三级	3	5000	3000	—	—
	四级	1	1500	—	—	—

注
1. 防火分区之间应采用防火墙分隔。除甲类厂房外的一、二级耐火等级厂房，当其防火分区的建筑面积大于本表规定，且设置防火墙确有困难时，可采用防火卷帘或防火分隔水幕分隔。
2. 除麻纺厂房外，一级耐火等级的多层纺织厂房和二级耐火等级的单层或多层纺织厂房，其每个防火分区的最大允许建筑面积可按本表的规定增加 0.5 倍，但厂房内的原棉开包、清花车间与厂房内其他部位均应采用耐火极限不低于 2.50h 的不燃烧体隔墙隔开。
3. 一、二级耐火等级的单层或多层造纸生产联合厂房，其每个防火分区的最大允许建筑面积可按本表的规定增加 1.5 倍。一、二级耐火等级的湿式造纸联合厂房，当纸机烘缸罩内设置自动灭火系统，完成工段设置有效灭火设施保护时，其每个防火分区的最大允许建筑面积可按工艺要求确定。
4. 一、二级耐火等级的谷物筒仓工作塔，当每层工作人数不超过 2 人时，其层数不限。
5. 一、二级耐火等级卷烟生产联合厂房内的原料、备料及成组配方、制丝、储丝和卷接包、辅料周转、成品暂存、二氧化碳膨胀烟丝等生产用房应划分独立的防火分隔单元，当工艺条件许可时，应采用防火墙进行分隔。其中制丝、储丝和卷接包车间可划分为一个防火分区，且每个防火分区的最大允许建筑面积可按工艺要求确定。但制丝、储丝及卷接包车间之间应采用耐火极限不低于 2.00h 的墙体和 1.00h 的楼板进行分隔。厂房内各水平和竖向分隔间的开口应采取防止火灾蔓延的措施。
6. 厂房内的操作平台、检修平台，当使用人员少于 10 人时，该平台的面积可不计入所在防火分区的建筑面积内。
7. "—" 表示不允许。

表 1-5　　仓库的层数和面积

储存物品的火灾危险性类别		仓库的耐火等级	最多允许层数	每座仓库的最大允许占地面积和每个防火分区的最大允许建筑面积（m²）						
				单层仓库		多层仓库		高层仓库		地下或半地下仓库（包括地下室或半地下室）
				每座仓库	防火分区	每座仓库	防火分区	每座仓库	防火分区	防火分区
甲	3、4 项	一级	1	180	60	—	—	—	—	—
	1、2、5、6 项	一、二级	1	750	250	—	—	—	—	—
乙	1、3、4 项	一、二级	3	2000	500	900	300	—	—	—
		三级	1	500	250	—	—	—	—	—
	2、5、6 项	一、二级	5	2800	700	1500	500	—	—	—
		三级	1	900	300	—	—	—	—	—
丙	1 项	一、二级	5	4000	1000	2800	700	—	—	150
		三级	1	1200	400	—	—	—	—	—
	2 项	一、二级	不限	6000	1500	4800	1200	4000	1000	300
		三级	3	2100	700	1200	400	—	—	—
丁		一、二级	不限	不限	3000	不限	1500	4800	1200	500
		三级	3	3000	1000	1500	500	—	—	—
		四级	1	2100	700	—	—	—	—	—
戊		一、二级	不限	不限	不限	不限	2000	6000	1500	1000
		三级	3	3000	1000	2100	700	—	—	—
		四级	1	2100	700	—	—	—	—	—

注 1. 仓库中的防火分区之间采用防火墙分隔，其中甲、乙类仓库中的防火分区之间应采用不开设门窗洞口的防火墙分隔。地下、半地下仓库或仓库的地下室、半地下室的占地面积，不应大于地上仓库的最大允许占地面积。

2. 石油库内桶装油品仓库应按 GB 50074—2014《石油库设计规范》的有关规定执行。

3. 一、二级耐火等级的煤均化库，每个防火分区的最大允许建筑面积不应大于 12 000m²。

4. 独立建造的硝酸铵仓库、电石仓库、聚乙烯等高分子制品仓库、尿素仓库、配煤仓库、造纸厂的独立成品仓库，当建筑的耐火等级不低于二级时，每座仓库的最大允许占地面积和每个防火分区的最大允许建筑面积可按本表的规定增加 1.0 倍。

5. 一、二级耐火等级粮食平房仓的最大允许占地面积不应大于 12 000m²，每个防火分区的最大允许建筑面积不应大于 3000m²；三级耐火等级粮食平房仓的最大允许占地面积不应大于 3000m²，每个防火分区的最大允许建筑面积不应大于 1000m²。

6. 一、二级耐火等级且占地面积不大于 2000m² 的单层棉花库房，其防火分区的最大允许建筑面积不应大于 2000m²。

7. 一、二级耐火等级冷库的最大允许占地面积和防火分区的最大允许建筑面积，应按 GB 50072—2010《冷库设计规范》的有关规定执行。

8. “—”表示不允许。

1）对汽车库建筑防火分区的划分。

a. 汽车库应设防火墙划分防火分区，每个防火分区的最大允许建筑面积应符合表1-6的要求。

表1-6 汽车库防火分区最大允许建筑面积 m^2

耐火等级	单层汽车库	多层汽车库	地下汽车库
一、二级	3000	2500	2000
三级	1000	—	—

注 1. 敞开式、错层式、斜楼板式汽车库的上、下连通层面积应叠加计算，防火分区最大允许建筑面积可按本表规定只增加1倍。

2. 室内地坪面低于室外地坪面高度超过该层汽车库净高1/3且不超过净高1/2的汽车库，或设在建筑物首层的汽车库的防火分区最大允许建筑面积不超过25 000m^2。

3. 复式汽车库的防火分区最大允许建筑面积应按本表规定值减少35%。

b. 设置自动灭火系统的汽车库，每个防火分区的最大允许建筑面积可按上表的规定增加1.0倍。

c. 汽车库内的设备用房应单独划分防火分区；当符合下列要求时，可将设备用房计入汽车库的防火分区面积。

a）设备用房设有自动灭火系统。

b）汽车库每个防火分区内设备用房的总建筑面积不超过1000m^2。

c）设备用房采用防火隔墙和甲级防火门与停车区域分隔。

d. 室内无车道且无人员停留的机械式汽车库，应符合下列规定。

a）当防火分区之间采用防火墙或耐火极限不低于3.0h的防火卷帘分隔时，一个防火分区内最多允许停车数量可为100辆。

b）当停车单元内的车辆数不超过3辆；单元之间除留有汽车出入口和必要的检修通道外，与其他部位之间用防火隔墙和耐火极限不低于1.0h的不燃烧体楼板分隔时，一个防火分区内最多允许停车数量可为300辆。

c）总停车数量超过300辆时，应采用无门窗洞口的防火墙分隔为多个停车数量不大于300辆的区域。

d）车库的检修通道净宽不应小于0.9m，防火分区内应按照规定设置楼梯间。

e）车库内应设置火灾自动报警系统和自动喷水灭火系统，自动喷水灭火系统宜选用快速响应喷头。

f）楼梯间及停车区的检修通道上应设置室内消火栓。

g）车库内应设置排烟设施，排烟口应设置在运输车辆的巷道顶部。

e. 甲、乙类物品运输车的汽车库、修车库，每个防火分区的最大允许建筑面积不应超过500m^2。

f. 修车库每个防火分区的最大允许建筑面积不应超过2000m^2，当修车部位与相邻使用有机溶剂的清洗和喷漆工段采用防火墙分隔时，每个防火分区的最大允许建筑面积可扩大至4000m^2。

2）对民用建筑防火分区的划分。民用建筑的耐火等级、层数、长度和面积应符合表1-7的要求。

表1-7 不同耐火等级建筑的允许建筑高度或层数、防火分区最大允许建筑面积

名称	耐火等级	允许建筑高度或层数	防火分区的最大允许建筑面积（m^2）	备注
高层民用建筑	一、二级	按相关规定处理	1500	对于体育馆、剧场的观众厅，防火分区的最大允许建筑面积可适当增加
单、多层民用建筑	一、二级	按相关规定处理	2500	
	三级	5层	1200	—
	四级	2层	600	—
地下或半地下建筑（室）	一级	—	500	设备用房的防火分区最大允许建筑面积不应大于1000m^2

注 1. 表中规定的防火分区最大允许建筑面积，当建筑内设置自动灭火系统时，可按本表的规定增加1.0倍；局部设置时，防火分区的增加面积可按该局部面积的1.0倍计算。

2. 裙房与高层建筑主体之间设置防火墙时，裙房的防火分区可按单、多层建筑的要求确定。

第三节　消防系统设计、施工法律依据

一、 法律依据

消防系统的设计、施工及维修必须依据国家和地方颁布的有关消防法规及上级批准的文件的具体要求进行。从事消防系统的设计、施工及维护人员需具备国家公安消防监督部门规定的相关资质证书；在工程实施过程中还应具备建设单位提供的设计要求及工艺设备清单；在基建主管部门主持下，由设计、建筑单位及公安消防部门协商确定的书面意见。对于必要的设计资料，建筑单位又提供不了的，设计人员可以协助建筑单位调研后，由建设单位确认为其提供的设计资料。

二、 设计依据

消防系统的设计，在公安消防部门政策、法规的指导下，依据建筑单位给出的设计资料及消防系统的有关规程、规范和标准进行，有关规范如下：

（一） 通用规范

GB 50016—2014《建筑设计防火规范》

GB 50116—2013《火灾自动报警系统设计规范》

JGJ 16—2008《民用建筑电气设计规范》

GB 50314—2015《智能建筑设计标准》

（二） 专项规范

GB 50067—2014《汽车库、修车库、停车场设计防火规范》

GB 50098—2009《人民防空工程设计防火规范》

GB 50073—2013《洁净厂房设计规范》

（三） 规范条文举例

GB 50016—2014《建筑设计防火规范》中：

8.4.1　下列建筑或场所应设置火灾自动报警系统：

1　任一层建筑面积大于 1500m² 或总建筑面积大于 3000m² 的制鞋、制衣、玩具、电子等类似用途的厂房；

2　每座占地面积大于 1000m² 的棉、毛、丝、麻、化纤及其制品的仓库，占地面积大于 500m² 或总建筑面积大于 1000m² 的卷烟仓库；

3　任一层建筑面积大于 1500m² 或总建筑面积大于 3000m² 的商店、展览、财贸金融、客运和货运等类似用途的建筑，总建筑面积大于 500m² 的地下或半地下商店；

4　图书或文物的珍藏库，每座藏书超过 50 万册的图书馆，重要的档案馆；

5　地市级及以上广播电视建筑、邮政建筑、电信建筑，城市或区域性电力、交通和防灾等指挥调度建筑；

6　特等、甲等剧场，座位数超过 1500 个的其他等级的剧场或电影院，座位数超过 2000 个的会堂或礼堂，座位数超过 3000 个的体育馆；

7　大、中型幼儿园的儿童用房等场所，老年人建筑，任一层建筑面积 1500m² 或总建筑面积大于 3000m² 的疗养院的病房楼、旅馆建筑和其他儿童活动场所，不少于 200 床位的医院门诊楼、病房楼和手术部等；

8　歌舞娱乐放映游艺场所；

9　净高大于 2.6m 且可燃物较多的技术夹层，净高大于 0.8m 且有可燃物的闷顶或吊顶内；

10　大、中型电子计算机房及其控制室、记录介质库，特殊贵重或火灾危险性大的机器、仪表、仪器设备室、贵重物品库房，设置气体灭火系统的房间；

11　二类高层公共建筑内建筑面积大于 50m² 的可燃物品库房和建筑面积大于 500m² 的营业厅；

12　其他每类高层公共建筑；

13　设置机械排烟、防烟系统、雨淋或预作用自动喷水灭火系统、固定消防水炮灭火系统等需与火灾自动报警系统联锁动作的场所或部位。

8.4.2　建筑高度大于 100m 的住宅建筑，应设置火灾自动报警系统。

建筑高度大于 54m、但不大于 100m 的住宅建筑，其公共部位应设置火灾自动报警系统，套内宜设置火灾探测器。

建筑高度不大于 54m 的高层住宅建筑，其公共部位宜设置火灾自动报警系统。当设置需联动控制的消防设施时，公共部位应设置火灾自动报警系统。

高层住宅建筑的公共部位应设置具有语音功能的火灾声警报装置或应急广播。

8.4.3　建筑内可能散发可燃气体、可燃蒸汽的场所应设置可燃气体报警装置。

三、 施工依据

在消防系统施工过程中，除应按设计图纸之外，还应执行下列规则、规范：

（1）GB 50166—2007《火灾自动报警系统施工及验收规范》。

(2) GB 50261—2017《自动喷水灭火系统施工及验收规范》。

(3) GB 50263—2007《气体灭火系统施工及验收规范》。

(4) GB 14102—2005《防火卷帘》。

(5) GB 12955—2008《防火门》。

(6) GB 50169—2016《电气装置安装工程 接地装置施工及验收规范》。

(7) GB 50303—2015《建筑电气工程施工质量验收规范》。

(8) GB 50401—2007《消防通信指挥系统施工及验收规范》。

(9) GB 50254—2014《电气装置安装工程 低压电器施工及验收规范》。

第四节 电气消防工程施工图识读

一、 消防系统图解读

消防系统图一般是分楼层绘制的，从消防系统图中可以知道消防控制室与消防设施的联系，如图 1-2 所示为某大楼二层（2F）消防系统图及图例。从图 1-2（a）中，仅能看出某大楼 2 层（2F）消防设施与消防控制室的电气联系，要想了解整体消防系统，必须将大楼各层的楼层消防系统图都通读，这样在脑海中才会有整体消防系统的印象，在详读楼层消防系统图后，再去读整体消防系统图就会迎刃而解，原因是大多数整体消防系统图是由重复的楼层消防系统组成的。不同的是一层与地下层（B1、B2、…层）不一样，目前设计的变配电室、消防控制室大多都放在地下一层或二层；建筑设备（动能设备）大部分都设置在地下层。消防系统和这些设备的联系与其他楼层是不同的。

想要读懂楼层消防系统图，首先应熟悉消防系统的图例，如图 1-2（b）所示，掌握图例中每一个图形符号所代表的消防设备或器件及其工作原理和工作性能，再读“楼层消防系统图”。

从图 1-2 可了解以下内容。

(1) 本楼二层（2F）设置了如下消防设施：

1) 本层设置有声光报警装置。

2) 本层设置有消防专用电话。

3) 装有感烟探测器，感烟探测器的数量应从“消防系统平面布置图”才能了解到，但有时也将数量标在了系统图上或用适当的表格表示出来。

4) 消防监视控制模块控制的排烟阀。

5) 水流指示器和检修阀的信号模块箱。

6) 280℃防火阀控制模块。

7) 70℃防火阀控制模块。

8) 卷帘门控制模块箱。

9) 设置有带消防电话插孔的手动报警按钮。

10) 消火栓处装有消火栓泵启动按钮。

11) 正压送风口监视控制模块箱。

12) 事故照明配电箱 2ALE1 的消防监视控制模块箱。

13) 照明配电箱 2AL1 的消防监视控制模块箱。

14) 多种电源配电箱 2ATJL1 的消防监视控制模块箱。

(2) 从“消防系统图”掌握消防设施及其建筑设备（动能设备）的连线关系。

(3) 了解导线敷设方式。

(4) 为进一步了解消防设备、元器件的工作原理、工作性能准备了条件。

(5) 为详读“消防系统平面布置图”做了准备。

(6) 为工程预算准备了条件。

(7) 从消防系统能够了解到消防系统的规模。

二、 消防系统平面布置图解读

图 1-3 所示为消防系统平面布置图。消防系统平面布置图是在消防系统图基础上利用土建平面图绘制的。消防系统平面布置图上的设备、器件的布置是按照土建平面图的比例绘制的。消防系统平面布置图有以下作用。

(1) 了解设备、元器件的安装位置。在读完消防系统图的基础上，去读消防系统平面布置图。从消防系统平面布置图上能够了解到消防设备、器件所安装的具体位置。根据具体安装位置，施工单位可以制定安装工艺及安装方法。

(2) 工程预算的技术依据。施工单位可以通过“消防系统平面布置图”制定工程预算。

1) 统计消防设备、元器件的数量。

2) 桥架、线槽、穿线管的长度用量。其长度用量主要是依据平面图的比例测量，例如，比例为 1∶300的平面图，在图纸上测得为 3cm 的长度，其实际长度为 $L=3\text{cm}\times 3\text{m}/1\text{cm}=9\text{m}$（实际中，平面图的比例一般为 1∶150）。

3) 计算电缆、导线的长度用量。

4) 根据设备、元器件、电缆、导线的用量以及施工难易程度，计算施工人工量。

(3) 根据消防系统平面布置图可以确定下列设备及元器件的安装位置。

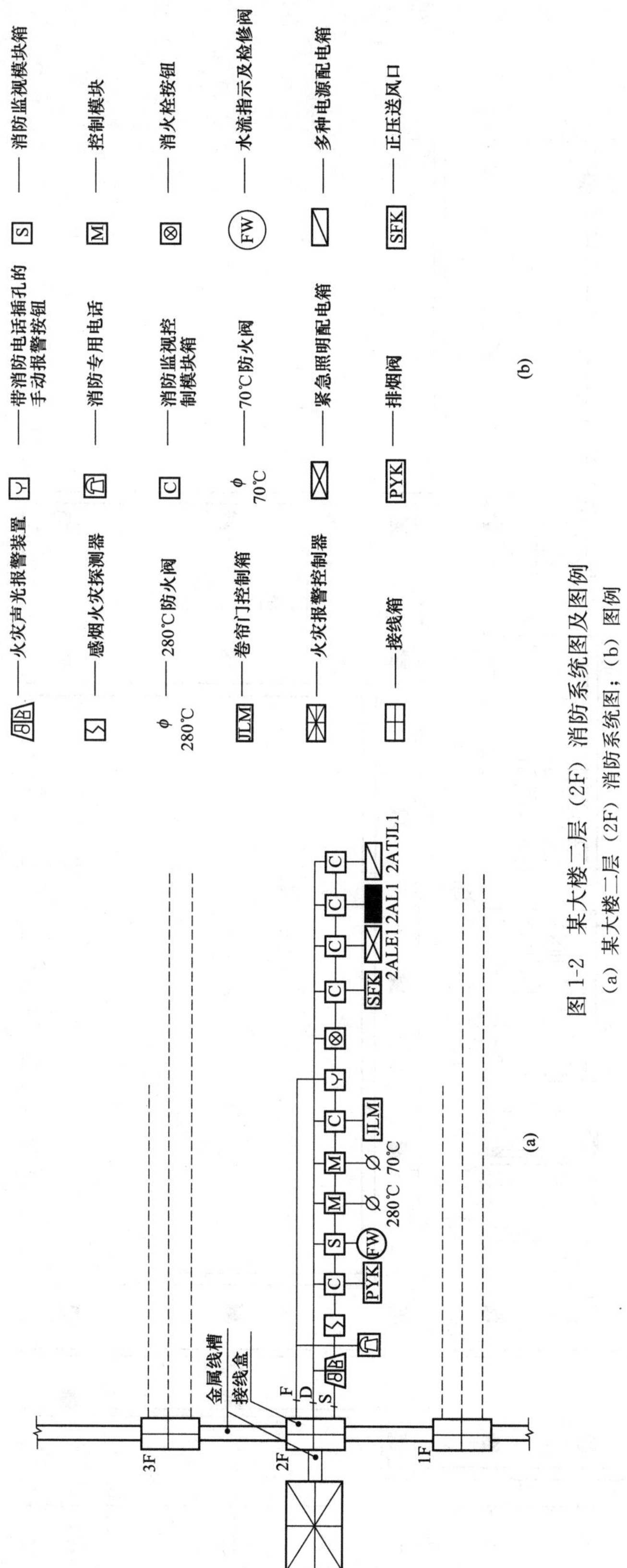

图 1-2 某大楼二层（2F）消防系统图及图例

（a）某大楼二层（2F）消防系统图；（b）图例

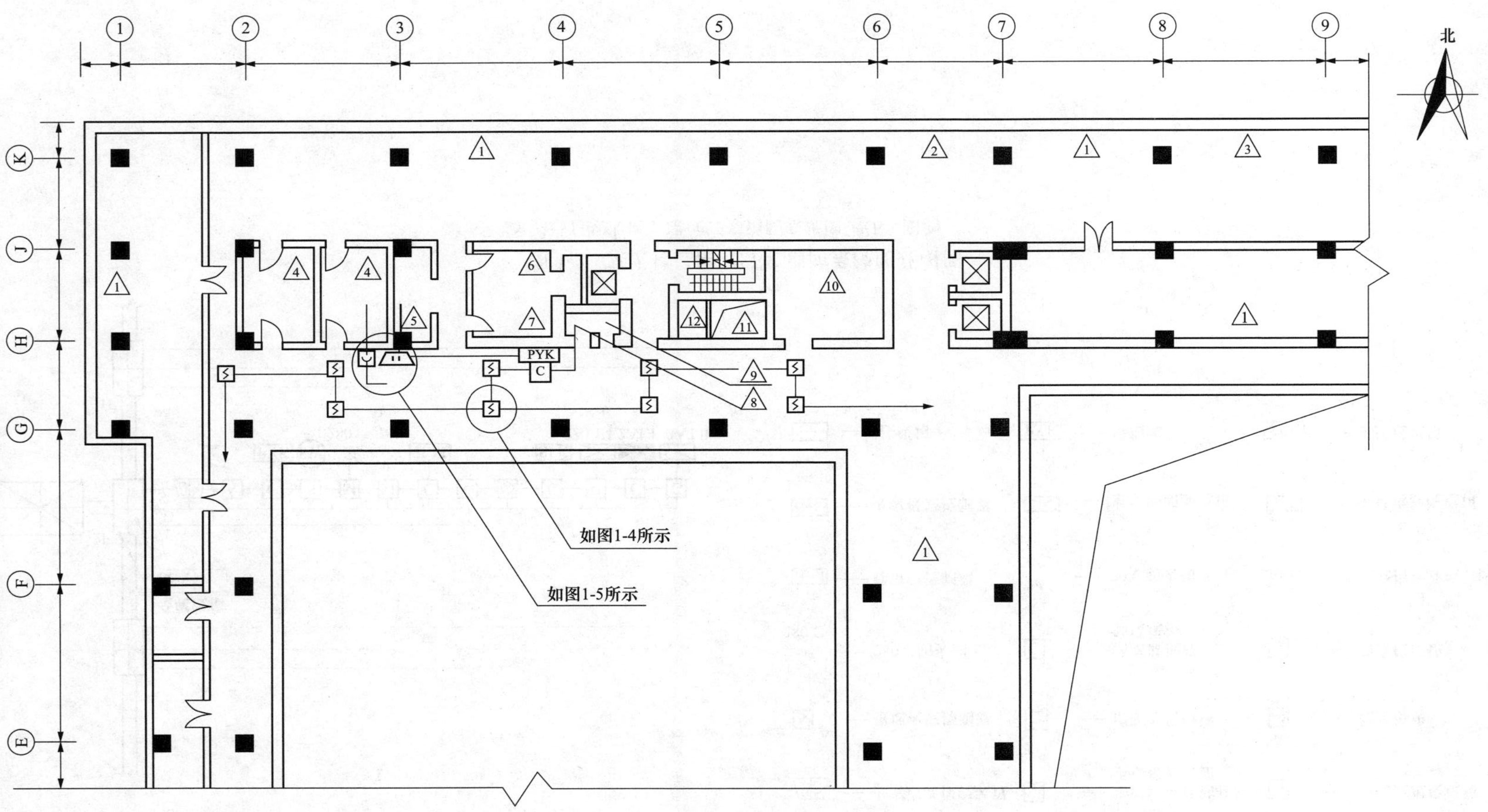

图1-3 消防系统平面布置图（比例1：300）

△1—开敞研发区；△2—休息室；△3—科研实验室；△4—科研会议室；△5—茶水间；△6—卫生间风井；△7—走道排烟；△8—弱电竖井；△9—强电竖井；△10—通风机房；△11—空调新风井、空调排风井；△12—前室加压送风

1）消火栓泵、喷淋泵水泥基础的确定。水泥基础的平面相对尺寸，通常在“消防系统平面布置图”“电缆、电线平面布置图”“给排水平面布置图”“土建基础平面布置图”均绘有该基础的平面相对位置。

泵的基础由土建专业施工，但泵的基础尺寸需由给排水专业提供，给排水专业需详读泵的生产厂家的产品说明书，以产品说明书中的基础尺寸为准，基础的相对尺寸、相对标高应由土建专业定。土建专业施工画线时，给排水专业、电专业、消防专业施工人员均应在现场。

基础应做在地面完成前，基础完成后，电专业应确定消火栓泵、喷淋泵配电箱的基础尺寸以及电动机电源穿线管的埋管相对尺寸。

2）控制线、信号线干线金属线槽的安装。

从图 1-2 中可知道，从消防控制室至弱电竖井是水平敷设的金属线槽，竖井内垂直敷设的也是金属线槽。垂直的金属线槽在竖井内每一层均有一总的接线盒。从图 1-2 中找到弱电竖井的位置在 $H/4$（H 为楼高）的轴线上。

有了读图的意向，就应考虑线槽的走向、安装工艺，与土建专业、给排水专业协调线槽的走向是否通畅，并不影响其他专业施工，由于目前各专业的平面布置图大多为示意图，必须在施工中考虑好走向、安装方法后再与其他专业协调。

考虑线槽安装工艺时，应首先考虑距离短、安全可靠、美观大方。

考虑金属线槽敷设时需注意：如消防控制室位于首层时，则线槽应在消防控制室活动地板下穿到地下一层（B1）沿屋顶敷设至弱电竖井。

如消防控制室位于地下一层（B1）时，则线槽需从活动地板下穿墙，在消防控制室外墙沿墙敷设到地下一层（B1）屋顶，沿屋顶敷设至弱电竖井，或者在活动地板下穿地下一层（B1）地板，沿着地下二层（B2）屋顶敷设到弱电竖井。

线槽敷设至竖井内时，应注意下列几个问题：线槽的敷设位置应和竖井内其他设备综合、协调考虑，便于施工、方便日后运行维护。每层竖井内都有一个接线盒和线槽连接，便于本层内穿线管的连接，为了穿线管连接方便、节省材料，接线盒应安装在竖井内屋顶处。

线槽的安装路径确定好后，施工单位应画好安装详图和施工工艺。详图中应包括孔洞的具体位置和尺寸，该详图应与土建施工图纸核对孔洞的具体位置、尺寸和实际的需要是否一致，如不一致，应以详图具体位置和尺寸为准，并双方签字认可。

3）读消防系统平面布置图，了解穿线管的敷设和安装。

简单的平面布置图，从图上可以掌握穿线管的去向，穿线管的技术规格，穿线管的敷设方式，暗敷设、明敷设、架空敷设。根据平面图的比例能够测量出穿线管的相对位置尺寸。根据详图或说明可以了解某一部分的安装做法。

复杂的平面图，比如消防系统比较大、专业比较多，电专业、智能弱电、通信网络、给排水专业、空调系统等各专业的管线全应在平面图上布置，为此各专业的管线相对敷设尺寸，就很难在平面图上精确地表示出来。这时各专业的平面布置图只能是示意图，因此各专业的施工人员仅能在现场确定具体敷设安装尺寸。通常情况下，所有电气穿线管都让位给管道敷设，最后确定电线管的具体位置。

图 1-3 所示消防系统平面布置图（局部）中，消防系统管线即是示意图，从图 1-3 中的表示仅能看出管线所连接的消防设备及元器件和设备、元器件的大概位置。

从某一层的消防系统平面图中应读出消防系统设备、元器件的总数量，并了解各房间的用途，结合消防系统图、平面图考虑一下这些设备、元器件所在位置是否恰当，有无遗漏，再看各个设备、元器件的管线是否连通。

从平面布置图可以确定穿线管走向的相对位置及敷设方式。

从平面布置图中，了解各房间的用途、走廊的相对位置，有利于确定探测器、手动报警按钮盒、消火栓处消火栓泵启泵按钮盒、声光报警装置盒、正压送风口模块盒、卷帘门控制箱模块盒、排烟阀模块盒、防火阀模块盒等的具体安装做法。例如，感烟探测器、感温探测器接线盒均装于房顶部，此时首先要向土建专业了解是水泥房顶还是吊顶，若是吊顶可考虑穿线管在吊顶内明敷设。如果是水泥顶应考虑埋管敷设，探测器接线盒的位置应相当准确，要考虑到规范中的保护距离要求，且要和强电专业照明等协调布置，不要使得房顶布置杂乱无章。

房顶探测器接线盒的位置、埋设做法如图 1-3、图 1-4 所示。手动报警按钮接线盒、火灾声光报警装置接线盒的埋设做法如图 1-5 所示，图 1-5 中预埋接线盒 1 顶边距房顶距离是 0.3m，该接线盒为竖向埋管、墙内水平向埋管、房顶内水平向埋管的分线盒；预埋接线盒 2 是火灾声光报警装置的接线盒，底边距完成地面 1.3m；预埋接线盒 3 是手动报警按钮＋消防电话插孔接线盒，底边距完成地面 1.3m。

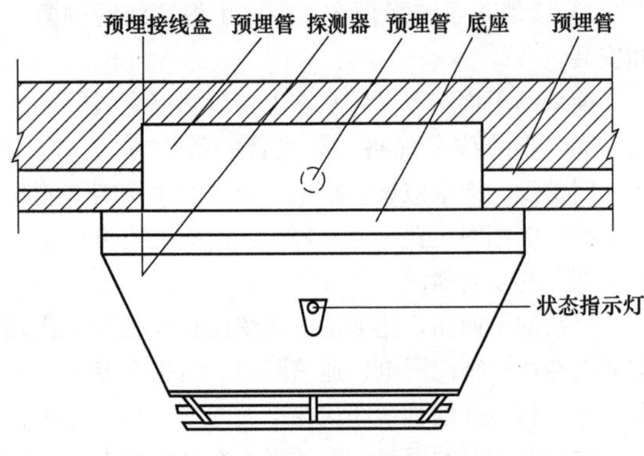

图 1-4 探测器预埋盒剖面图

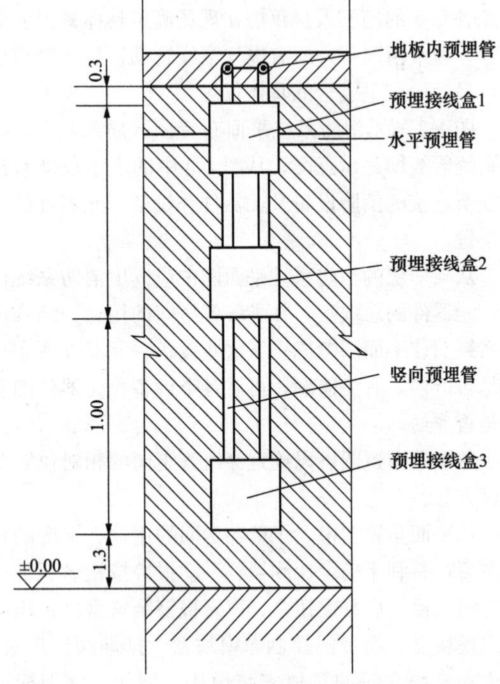

图 1-5 墙内、地板内预埋管剖面图（m）

三、 10/0.4kV 一次系统图解读

变配电系统图具有电气系统图的所有特点。10/0.4kV一次系统图所描述的为 10kV 供配电的对象、380/220V 供配电的对象。

10/0.4kV 一次系统图是电专业、消防专业以及暖通专业等应用最广泛的一种图。其用途和特点如下。

(1) 设计师在设计某一工程的供用电设计时，最起初的构思是供配电系统图，而供配电系统图也是建设单位（甲方）提供电气初步委托设计的主要内容之一。

(2) 供配电系统图是选用供用电设备的主要技术依据。

(3) 供配电系统图是供用电设备进行设置的主要技术依据。

(4) 供配电系统图是物业管理部门变配电运行中，长期安全、可靠、经济合理地运行的主要依据。变电运行值班人员要依靠变配电系统图做成各种形式的模拟板（手动的或自动的）悬挂在变配电室内的墙上，以便于观察记录系统运行状态、签发倒闸操作票、核对倒闸操作票。

(5) 订货时，开关柜生产厂家根据供配电系统图来排列开关柜的设置顺序，并遵照系统图把开关编号印制在开关柜的面板上。

（一）供配电系统图的开关编号

系统图所描述的三相电力系统均是采用单线表示法运用图形符号和文字符号绘制的。图形符号采用 GB/T 4728—2008《电气简图用图形符号》绘制。全国各地采用的文字符号不一致，一般以供电部门的技术要求为准。例如，北京地区按照《北京地区电气规程汇编》对系统图中开关进行了编号，图 1-6 所示为三路电源供电的 10kV 一次系统。图中：

(1) 10kV 电压级字头为 2；0.4kV 电压级字头为 4。

(2) 进线电源。进线或变压器开关为 01、02、03、…、09（如 201 为 10kV 的 1 路进线开关）。

图 1-6 中，201 开关为 10kV 1 路电源开关；202 开关为 10kV 2 路电源开关；203 开关为 10kV 3 路电源开关。

(3) 隔离开关。

1) 线路侧和变压器侧为 2，如 201、202、203 电源侧（线路侧）的隔离开关为 201-2、202-2、203-2。

2) 母线侧随母线号，如 201-4、202-5、203-6、246-6、256-6。

3) 电压互感器隔离开关为 9，前面加母线号或开关号。如 201-9、202-9、203-9。

4) 线路接地隔离开关为 7，前面加开关号。如 211-7，…，220-7，221-7，…，230-7。

(4) 10 (6) kV 电能计量柜。10 (6) kV 双路供电，单母线分段运行，各段母线的电能计量柜母线隔离开关随进线开关编号。如 201-41 (601-41)；202-51 (602-51)。

(5) 母线。不分段时为 3 号母线；双母线或单母线分段时为 4 号母线和 5 号母线。

母线编号方位顺序：电源侧与左侧母线为 4 号；负荷侧与右侧母线为 5 号（面向电源）。

(6) 母联开关。联络开关，字头与各级电压的开关相同，后面两个数字为母线号。

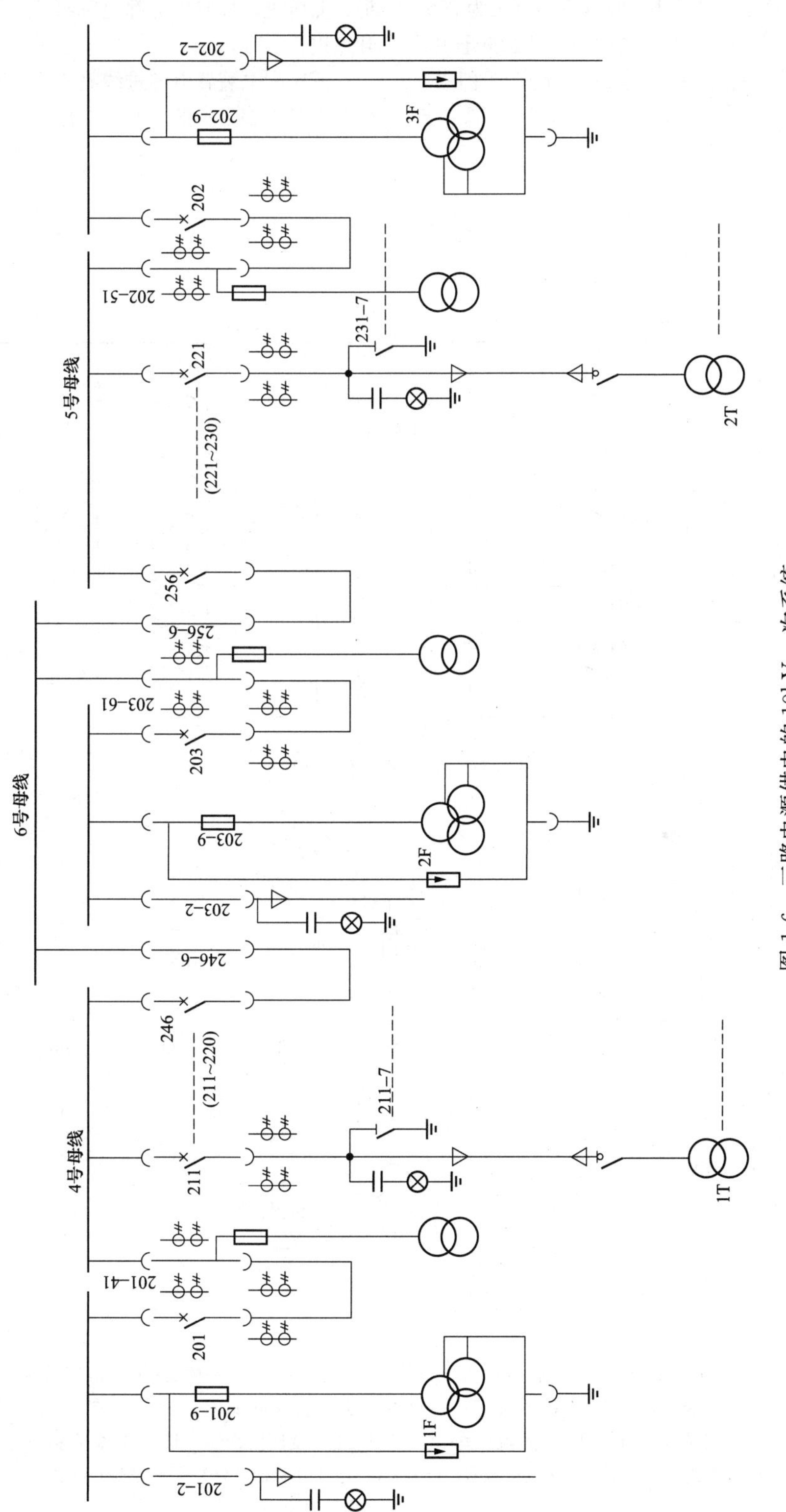

图 1-6　三路电源供电的 10kV 一次系统

10kV 的 4 号和 5 号母线之间的联络开关为 245。

10kV 的 5 号和 6 号母线之间的联络开关为 256。

0.4kV 的 4 号和 5 号母线之间的联络开关为 445。380/220V 供配电系统如图 1-7 所示，图 1-8 为图例。

（7）低压电气设备。低压电气配电装置是指低压柜、低压盘、抽屉柜等都应对隔离开关、断路器等断开点进行编号。

低压配电装置电源进线隔离开关、断路器及母联断路设备，编号参照 10kV 系统。

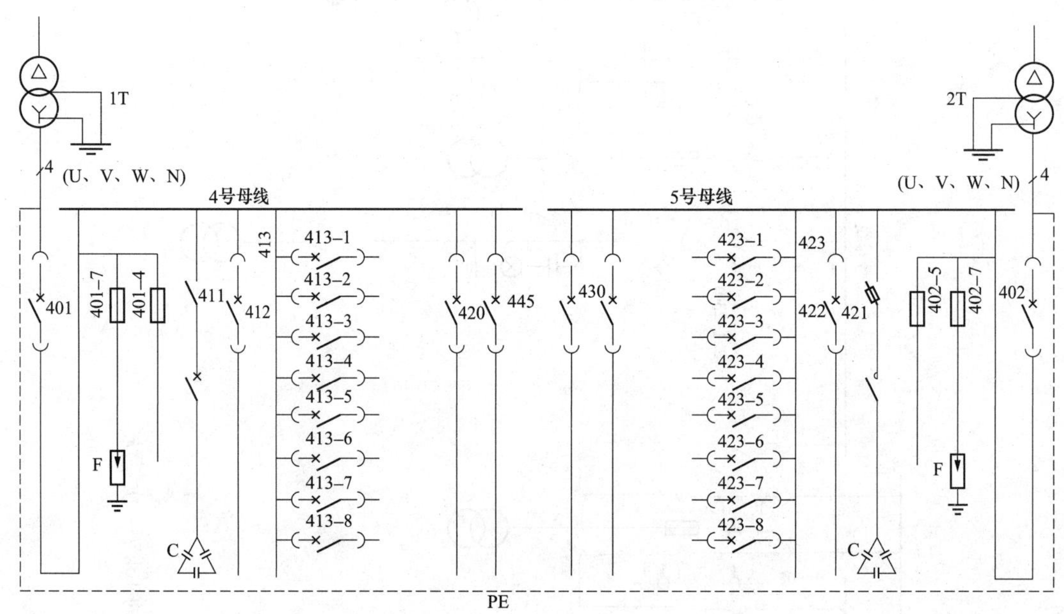

图 1-7　380/220V 供配电系统

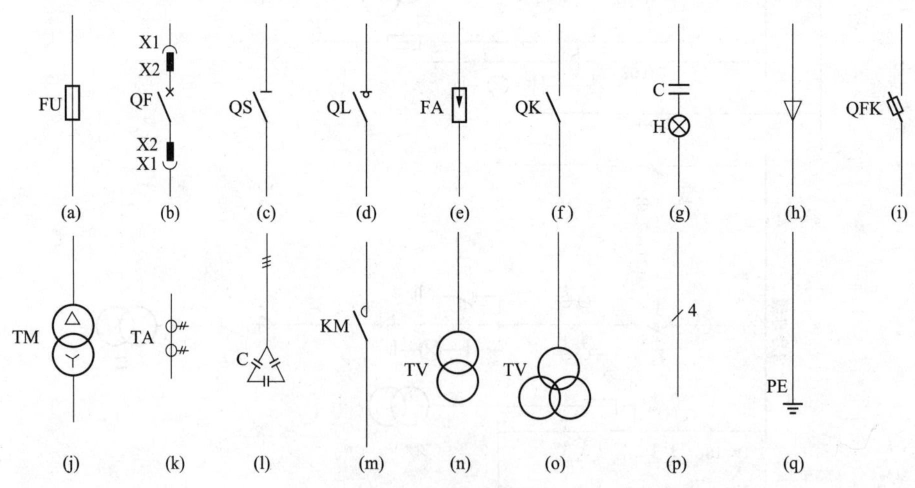

图 1-8　图例

（a）FU—熔断器；（b）QF—断路器，X1—手车静插头，X2—手车动插头；（c）QS—隔离开关；（d）QL—负荷开关；（e）FA—避雷器；（f）QK—刀开关；（g）H-C—户内高压带电显示装置；（h）电缆头；（i）QFK—刀熔开关；（j）TM—电力变压器；（k）TA—电流互感器；（l）C—电容器组；（m）KM—交流接触器；（n）TV—电压互感器；（o）TV—三相五柱电压互感器；（p）4—4 根线；（q）PE—保护接地馈电线路因一组隔离开关带多台断路器，编号如下。

1）低压配电装置是单母线分段时，4号母线馈电线路隔离开关为411，412，413…依次顺序排号，隔离开关所带出线断路器编号为411-1，411-2，411-3，…；412-1，412-2，…。5号母线馈电线路隔离开关为421，422，423，…以此顺序排号，隔离开关所带出线断路器编号为421-1，421-2，421-3，…；422-1、422-2，…。

2）低压配电装置为抽屉柜式，馈电线路是插头连接；无隔离开关，因此应以纵列顺序编号，如4号母线输出纵列排序出断路器编号为411-1，411-2，411-3，…。412-1，412-2，412-3，…。413-1，413-2，413-3，…。5号母线输出纵列排序出线断路器编号为421-1，421-2，421-3，…。422-1，422-2，422-3，…。

3）配电装置所有能操作的断开点都应编号，除数字调度编号外，对馈电线路还应编文字馈路名称。

4）对非靠墙安装的配电装置柜前、柜后应有一致的调度编号和路名。

5）调度编号及路名可采取加装固定标牌或喷漆方式标注，调度编号标牌和路名、安装位置均不得因为操作手柄位置变换使其受到遮挡。

上述是地区供电部门对系统图中开关编号赋予的意义，了解其中意义后，签发、审核倒闸操作票时，将减少很多麻烦，除此之外还应了解图形符号的意义，了解了图形符号的意义，方可更进一步了解系统图中元器件的性能。

（二）供配电系统图上设备、元器件的功能

图1-8图例解释如下。

（1）熔断器（FU）。熔断器主要保护短路。

图1-6中，201-9、202-9、203-9的熔断器是高压熔断器，装在电压互感器的手车上，主要保护三相五柱电压互感器。当FU负荷端至电压互感器一次侧相间、对外壳短路时，电压互感器内部引出线短路时，电压互感器一次绕组或二次绕组短路时，电压互感器二次负荷加重或短路二次熔断器没有熔断时，上述这些情况有其中之一出现时，将使高压熔断器FU熔丝熔断。

如果因上述某种短路情况，造成三相FU熔丝全部熔断时，将造成重合闸自投装置误动作。

图1-7中，401-4、401-7、402-5、402-7的熔断器是低压熔断器。

图1-6中，201-41、202-51、203-61的熔断器FU是高压熔断器，主要是计量用电压互感器的短路保护装置。

（2）断路器（QF）。断路器是开关的一种，分高压断路器、低压断路器。图1-6中的断路器是高压断路器。图1-7中的断路器是低压断路器。

1）高压断路器种类较多，按照其灭弧介绍可分为油断路器、六氟化硫（SF_6）断路器、真空断路器等，其型号如下。

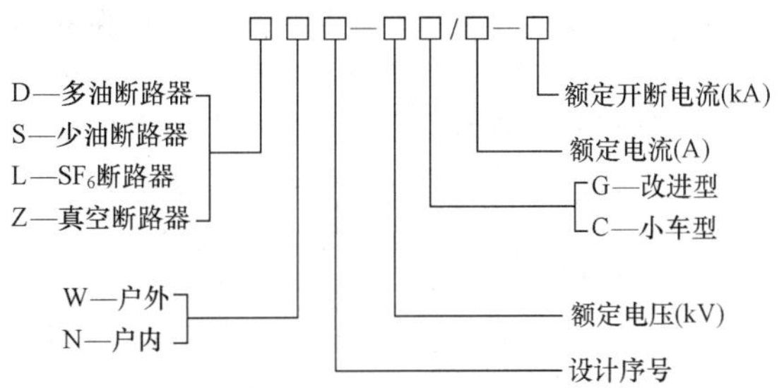

高压断路器的操作，都应配装操动机构。操动机构的类型有手力操动机构、电磁操动机构、弹簧操动机构、气动操动机构等。其型号表示如下。

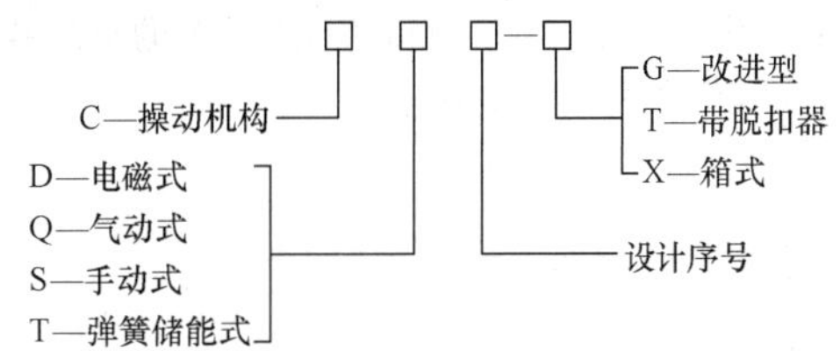

2）低压断路器。低压断路器称自动空气断路器，又称自动空气开关，其功能与高压断路器相同。

低压断路器按保护性能分，有非选择型和选择型两种。非选择型断路器，一般为瞬时动作，仅作短路保护用；也有的为长延时动作，仅作过负荷保护用。选择型断路器有两段保护和三段保护两种。目前，应用比较广泛的是非选择型断路器。

低压断路器按照结构形式分，有塑料外壳式和框架式两大类。塑料外壳式又称装置式，其全部结构和导电部分全部安装在一个外壳内，仅在壳盖中央露出操作手柄，供手动操作使用。框架式断路器是敞开地装设在塑料或金属的框架上，框架式断路器也称万能式低压断路器。

低压断路器型号的表示如下。

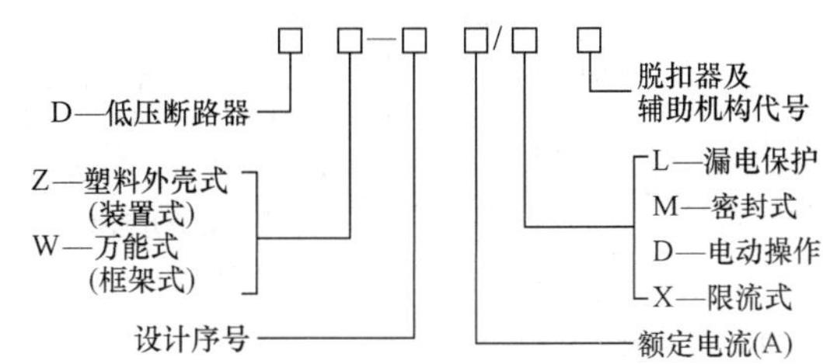

3）断路器的功能。无论是高压断路器还是低压断路器，其功能都是相同的，可以带负荷手动或电动接通或断开电路，能在短路、过负荷及失电压时，自动跳闸。唯一不足的是断路器没有明显的断开点，需通过信号灯或机械联锁标示牌告知人们断路器的通断情况。因此，断路器在供配电系统中应用时，为了确保系统的安全可靠，断路器总是和隔离开关串联使用的。通常要在断路器的电源端、负荷端各串联一个隔离开关，因隔离开关具有明显的断开点，当看到断路器两端的隔离开关均在断开状态时，那就足以证实该断路器是在断电断开状态了。

（3）隔离开关（QS）。隔离开关用于高压变配电一次系统。隔离开关不得手动或电动接通或断开负荷电流，更不能自动切断短路或过负荷的事故电流，原因是隔离开关动静触头处没有灭弧装置。但隔离开关有明显的断开点，可切断电压，不能带负荷进行操作。可以用来通断一定的小电流，如励磁电流不超过2A的空载变压器、电容电流不超过5A的空载线路以及电压互感器及避雷电路等。

隔离开关型号如下。

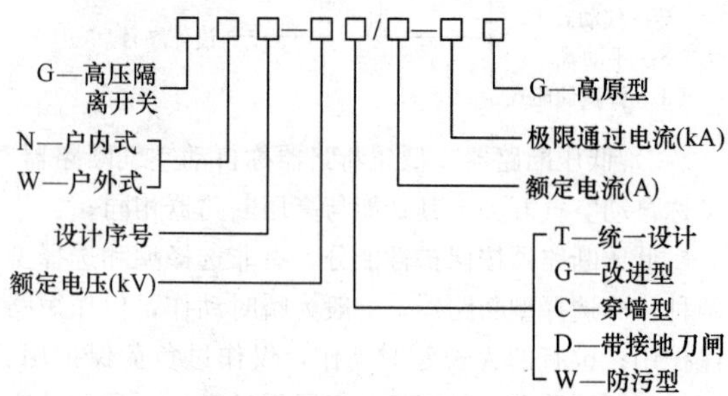

（4）负荷开关（QL）。高压负荷开关与高压隔离开关具有相同的功能：具有明显的断开点，它具有隔断电源、确保一次供配电系统安全检修的功能。比起高压隔离开关，负荷开关具有更简单的灭弧装置，因此能通断一定的负荷电流和过负荷电流，但无法断开短路电流，必须与高压熔断器串联使用，借助熔断器来切断短路故障。高压负荷开关型号表示如下。

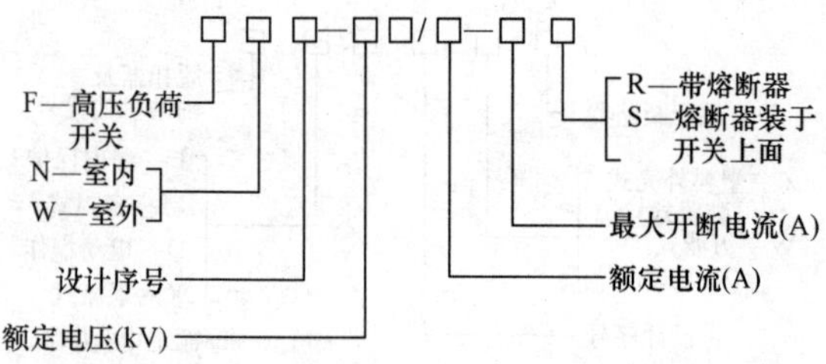

（5）避雷器（FA）。避雷器主要用于防止雷电产生的过电压沿线路侵入变电站变压器或建筑物内，击穿被保护设备的绝缘。避雷器应和被保护设备并联，装在被保护设备的电源侧。当线路上产生危及设备绝缘的雷电过电压时，避雷器的火花间隙就被击穿，或由高阻变成低阻，使过电压对大地放电，从而保护了设备的绝缘免遭击穿。

变电站内线路上使用的避雷器主要是阀型避雷器，其型号含义如下。

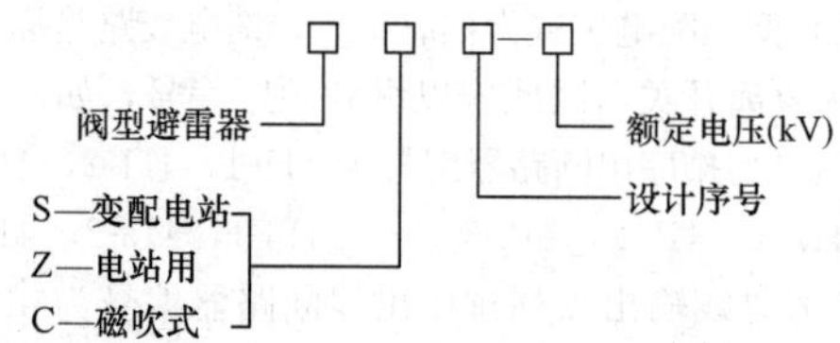

（6）刀开关（QK）。刀开关也称刀闸，主要用于低压一次供配电系统，同高压隔离开关具有相同的功能和相同的用途。

低压刀开关，按其操作方式分有单投与双投；按其极数分有单极、二极、三极；按其灭弧结构分为有灭弧罩、无灭弧罩。其型号含义如下。

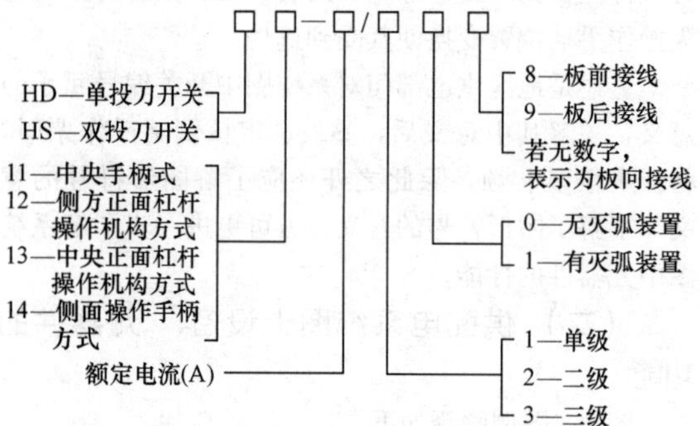

（7）户内高压带电显示装置（H-C）。户内高压带电显示装置适用于额定电压为3、6、10、20、27.5、35kV，频率为50Hz的变配电装置上，用来反映显示装置处高压回路带电状态。

显示装置中，支柱式绝缘子传感器可以和各种类型高压开关柜、隔离开关、接地刀开关等配套。

户内高压带电显示装置可以安装在主电源开关柜的电源端，显示电源有电或无电情况（如图1-6所示）；可以装于电压互感器柜的电源端，和电压表一同监视电源的情况；可以装于计量柜的电源端，和电压表一同监视电源情况；可以装于馈电柜的电源端，监视母线电压情况；可以装于负荷端用来监视断路器的接通或断开情况；也可以直接和隔离开关、接地刀开关等配套，组成具有带电显示功能的组合装置。高压带电显示装置不但能够提示回路带电状态，而且还能够与电磁锁配合，实现开关手柄、高压柜门、干式变压器高压侧门的强制闭锁，达到避免带电误合接地刀开关、防止误入带电间隔、误开干式变压器高压侧门的目的，从而提高配套产品的防误操作性能。

高压带电显示装置由传感器与显示器两部分组成，其型号含义如下。

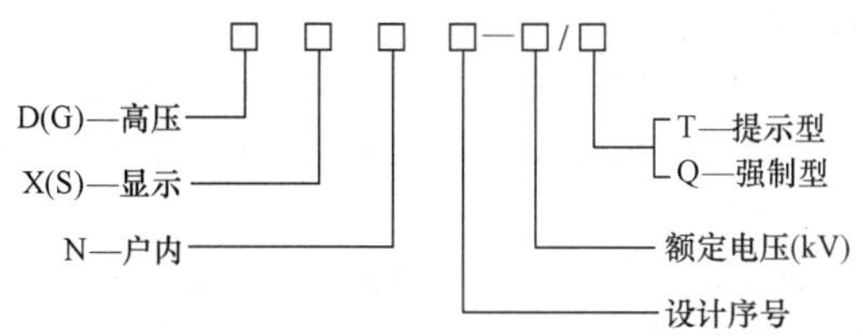

传感器型号含义如下。

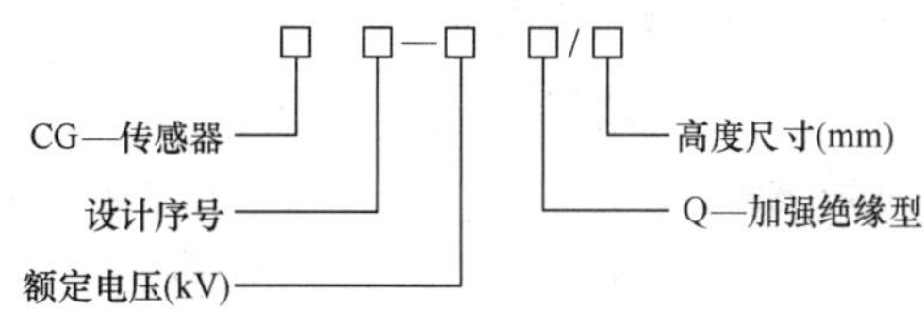

显示器型号含义如下。

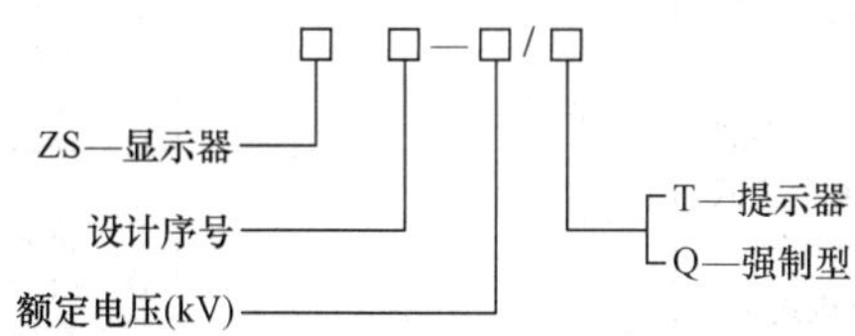

（8）电缆头。不需要标示出电缆芯数的电缆终端头。

（9）刀熔开关（QFK）。因为低压刀熔开关是一种由低压刀开关和低压熔断器组合而成的熔断器式刀开关，所以，它具有刀开关和熔断器的基本性能。最常见的HR3型刀熔开关就是将HD型刀开关的闸刀加上RTO型熔断器的刀形触头熔管组合而成。采用这种组合式开关电器，能够简化配电装置结构，经济实用，因此被广泛地应用在低压配电屏上。

（10）交流接触器（KM）。交流接触器通用性很强，通常用于频繁控制的电动机，还广泛用于控制电容器组、照明线路及电阻炉等电气设备。

交流接触器与低压断路器均为控制电器，控制电气回路的通断，但两者又有很多不同。

接触器适用于操作频繁地接通和分断主电路及大容量控制电路，但无法分断短路电流。交流接触器与保护电器（熔断器、热继电器）配合起来，最广泛地用来控制交流电动机。

断路器不适于频繁操作，而接触器则适于频繁操作。

断路器不但可分断额定电流、一般故障电流，还能够分断短路电流，而接触器不能分断短路电流。

断路器附有保护装置，比如励磁脱扣器、失压脱扣器，而接触器没有。要想让接触器起保护作用，只能是与别的保护电器在电气回路上共同组合。

容量较小的断路器，一般采用手动操作，容量大的采用电动操作，但电动操作机构可以独立配套。接触器没有手动操作方式，全是电动操作，它也没有独立的操作机构。断路器电动操作机构不管是合闸还是分闸均为瞬时通电工作，合闸状态的保持是依靠机械来完成的，而接触器在整个合闸状态下，电磁吸合绕组必须一直通电，绕组一断电，接触器触头立即分开。

断路器大多用于配电线路，也用于控制大容量不频繁启动的电动机，因此，断路器额定电流规格比较多，最大可达5000A。接触器的额定电流最大达600A。

接触器型号含义如下。

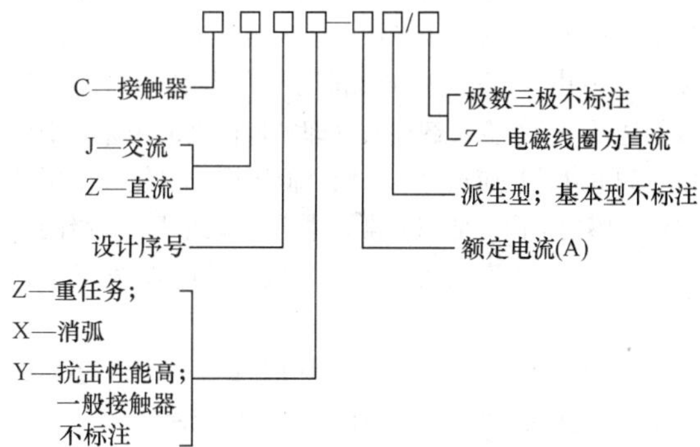

（11）电力变压器（TM），又称配电变压器。电力变压器是用于变换电压等级的设备。建筑供配电变压器通常为三相电力变压器。一次电压为10kV（线相压），二次电压为400V/230V（线电压/相电压）。常用三相电力变压器包括油浸式和干式。油浸式变压器为S型或SL型，干式变压器的型号为SC型。变压器的额定容量等级包括10、20、30、40、50、63、80、100、125、160、200、250、315、400、500、630、800、1000、1250、1600、2000、2500（单位为kVA）。配电变压器单台容量通常不超过1250kVA。建筑物内部的干式变压器，不宜超过2000kVA。

变压器的额定容量单位为kVA，所谓额定容量，是指在额定工作条件下，变压器二次侧输出视在功率的保证值。

电力变压器型号含义如下。

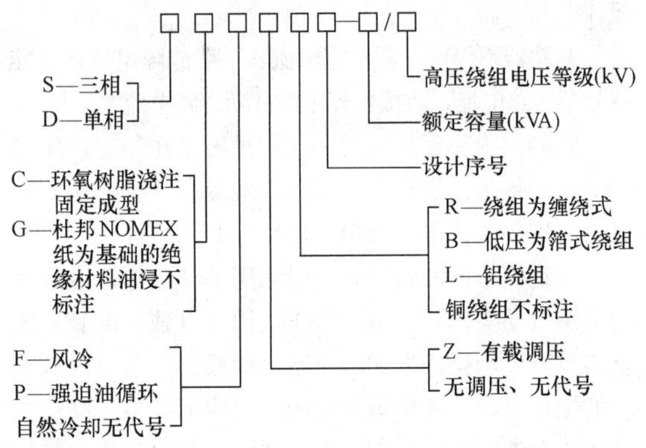

在一次系统图中，电力变压器应标示出型号，额定容量，一、二次额定电压及其接线方式。

例如，图1-6中，1TM或2TM为干式变压器额定容量为1250kW，一次电压为10kV，二次电压为0.4/0.23kV，采用DYn11接线。

(12) 电流互感器（TA）。在图1-8（k）中电流互感器的图形符号表示：在一个铁芯上具有两个次级绕组的电流互感器。

电流互感器的准确度等级分0.2、0.5、1.0、3.0、10共5个等级。所谓0.5级，表示测量正负误差不超过0.5%。其中0.2级为精确测量用。工程测量中准确度等级的选择，应根据负载性质（即测量仪表的用途）来确定，如电度计量应选择0.5级（低压用户电能表使用的电流互感器，供电部门通常要求选用绕组式0.5级的电流互感器）；电流表可选择1.0级；继电保护可选择3.0级。

准确度是由测量误差的大小决定的。电流互感器的测量误差包括两种，即电流误差和相位误差。

电流误差，又称变比误差，简称比差ΔI，用百分数（%）表示。

电流误差是指电流互感器二次侧测出的电流值和实际一次侧电流值的差值与一次侧实际电流之比，即

$$\Delta I = \frac{K_i I_2 - I_{1n}}{I_{1n}} \times 100\% \qquad (1\text{-}1)$$

式中 ΔI——电流互感器变比误差；

K_i——电流互感器变比；

I_{1n}——电流互感器一次实际电流值，A；

I_2——电流互感器二次实际电流值，A。

电流互感器相角误差是指二次电流的相量与一次电流相量间的夹角δ，相角误差的单位是分，用（′）表示。并规定：当二次电流相量超前于一次电流相量时，为正角差“+”，反之为负角差“−”。正常运行的电流互感器的相角差通常在120′以下。

电流互感器的变比误差、相角误差，与如下因素有关。

1）与励磁安匝大小有关。励磁安匝大，误差大。

2）与一次电流的大小有关。在额定范围内，一次电流增大，误差减小，当一次电流是额定电流的100%～120%时，误差最小。

3）与二次负载阻抗的大小有关。阻抗加大，误差加大。

4）与二次负载的感抗有关（即$\cos\varphi_2$减小φ_2为二次负载功率因数），电流误差将增加，而角差相对减小。

图1-6、图1-8（k）的电流互感器是二次侧双圈的电流互感器，其准确度等级一组为1.0级；另一组为3.0级。1.0级供测量用，3.0级供继电保护用。

电流互感器型号含义如下。

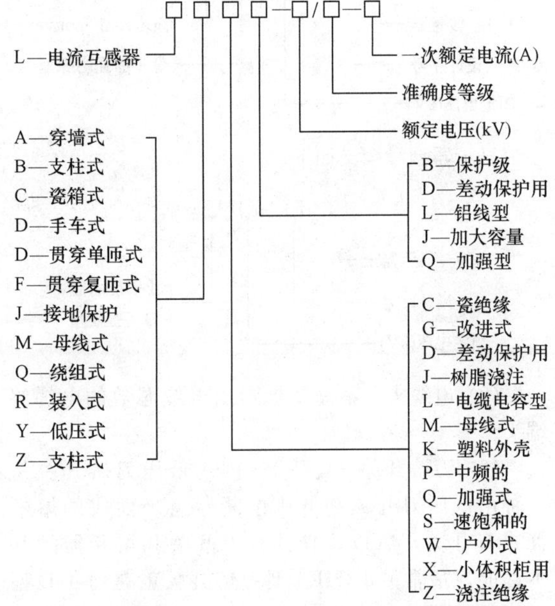

(13) 电容器组（C）。电力电容器对供配电系统无功电能的补偿，对供配电系统经济运行发挥着主要作用。如果供配电系统中需求的无功电能太大，则使自然功率因数$\cos\varphi$太低，将使得输电线路的传输能力和配电变压器的出力降低。

1）$\cos\varphi$降低的主要原因如下。

a. 配电系统及其用电设备设计选择不合理。

b. 大马拉小车，例如，电动机全部在轻载状态下运行。

c. 机加工设备多。

d. 带电感式镇流器的日光灯多。

由于日常运行中，大部分用电设备都呈感性，因此一般自然功率因数$\cos\varphi$（即不用电力电容器补偿时

的 $\cos\varphi$）都在 0.85 以下，供电部门要求用电单位的 $\cos\varphi$ 应在 0.9 以上。故供配电系统在设计时，增加电力补偿电容器对供配电系统进行无功电能补偿是必不可少的环节。

2）电力补偿电容器对供配电系统进行无功补偿有以下作用。

a. 补偿无功功率，提高 $\cos\varphi$。即电感性负荷瞬时所吸收的无功功率，可以通过电力补偿电容器同一瞬时所释放的无功功率中得到补偿，减少了电网的无功输出，从而提高电力系统的 $\cos\varphi$。

b. 提高了供电设备的出力。当供电设备（例如电力变压器）的视在功率一定时，若将功率因数 $\cos\varphi$ 提高，可使变压器输出的有效功率随之一同提高，提高了供电设备的有功功率的出力。

c. 降低功率损耗和电能损耗。在三相交流电路中，功率损耗和 $\cos\varphi$ 有关，当 $\cos\varphi$ 提高后，将使功率损耗下降，从而降低了线路上及变压器中的电能损耗。

d. 改善电压质量。线路中的无功功率减少，可减少线路上的电压损失，使电压质量得以改善。

电力补偿电容器型号含义如下。

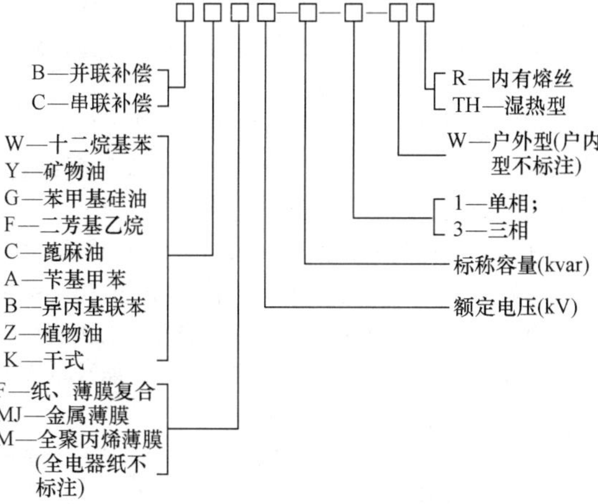

（14）电压互感器（TV）。电压互感器是一种将高电压变成低电压的电压变换装置，以便用低电压测量值，反映高电压的变化，从而确保了各种测量仪表和继电保护的安全，解决了直接测量存在的绝缘及工艺上的困难。

电压互感器一次电压有 3、6、10、35、110、220kV 等，但二次电压都是 100V，使得测量仪表和继电器电压绕组在制造工艺上可以标准化，因此，简化了制造工艺和降低了成本，给运行、维修带来了便捷。

电压互感器的作用如下。

1）用于电压测量，可以测量一次系统的线电压和相电压。

2）供给有功电能表、无功电能表、有功功率表、无功功率表、峰谷需量表及功率因数表的电压信号。

3）供给电压继电器，作失压保护或过电压保护。

4）供给功率方向继电器电压绕组电压信号。

5）供给计算机有功功率、无功功率、电能、电压测量的电压信号模拟量。

6）对一次系统电缆线路对地进行绝缘监视，电压互感器的二次开口三角接线，送出的电压信号，供给小电流接地装置的微机系统，监视一次系统的接地故障。

7）供给重合闸自动装置的电压确认信号。

电压互感器的误差等级。电压互感器的测量误差分为两种：一种为变比误差（比差）；另一种为相位角误差，简称角差。

变比误差简称比差，用式（1-2）表示，即

$$\Delta U = \frac{KU_2 - U_{1n}}{U_{1n}} \times 100\% \tag{1-2}$$

式中 ΔU——变比误差（比差）值；

K——电压互感器的变压比；

U_{1n}——电压互感器一次绕组额定电压，V；

U_2——电压互感器在一次绕组加额定电压的二次绕组电压实测值，V。

误差等级，即电压互感器变比误差的百分数，也称准确度级次。通常分为 0.2、0.5、1、3 级 4 种。级次越大，误差越大。使用时，根据负荷需要选用，通常计量电能时，应选用 0.2 级或 0.5 级；测量电压时，选用 0.5 级或 1.0 级；用于继电保护时，应不低于 3 级。

电压互感器的相位角误差，简称角差。是指二次电压相量 $\dot{U}_2$ 旋转 180°以后，与一次电压相量 $\dot{U}_1$ 间的夹角 δ，当二次电压相量 $\dot{U}_2$ 超过前一次电压相量 $\dot{U}_1$ 时，角差为"+"，反之则为"−"。

角差 δ 表示一、二次电压相量达到最大值的时间间隔的误差大小。正常运行的电压互感器相位角误差（角差）是非常小的，最大不超过 240′（4°），一般应在 60′（1°）以下。

电压互感器的比差、角差和下列因素有关。

1）当电压互感器的励磁电流、绕组的阻抗和漏抗、二次侧的负载、一次电压波动（超过±10%），尤其是增加时，电压互感器误差增大。

2）当二次负载 $\cos\varphi$ 减小时（二次侧相电压 $\dot{U}_2$ 与相电流 $\dot{I}_2$ 相位差增加），角误差将显著增加。

3）电压互感器的制造工艺与硅钢片材质的好坏直接影响着励磁电流的大小，同时也直接影响着变比误差及角误差。

4）同容量、同体积的电压互感器，采用冷轧硅钢片比热轧硅钢片励磁电流小很多。

电压互感器的型号含义如下。

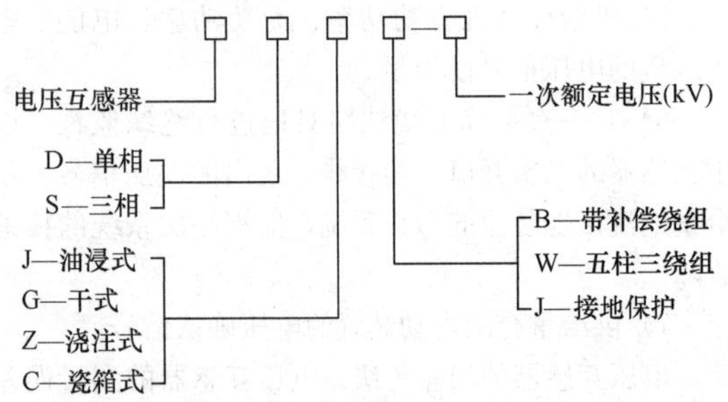

图 1-8（n）电压互感器（TV）为 V-V 形接线的电压互感器，即一次绕组的 V 形接线，输入的电压是三相线电压：$U_{U1V1}=U_{V1W1}=U_{U1W1}=10\ 000V$；二次绕组为 V 形接线，输出的电压是三相线电压：$U_{U2V2}=U_{V2W2}=U_{U2W2}=100V$。

出于安全考虑，V-V 接线的电压互感器二次侧要有一个接地点。当一、二次侧绕组间的绝缘被一次侧的高压击穿时，其高压会窜到二次侧。为了保证人员和设备的安全，电压互感器二次侧必须可靠接地。

V-V 接线时，显然一次侧是不允许接地的，因为任何一端接地均会使系统的一相直接接地。

V-V 接线的电压互感器通常都装置于计量柜内，是目前国内在 10kV 供配电系统中被广泛应用的一种接线方式。计量三相线电压，其优点是经济、实用、简单易行。计量柜是上级供电部门用来计量有功电能、无功电能的。

图 1-8（o）的图形为三相五柱式电压互感器，其接线为 YNyn0⊿。它由三台单相环氧树脂浇注式绝缘 JDZJ-10 型电压互感器组成，代替了 JSJW-10 型五柱油浸式电压互感器，应用在 10kV 中性点不接地的供配电系统中。

每台单相 JDZJ-10 型电压互感器有 3 套绕组：一次绕组、二次绕组及辅助绕组。U1 相电压互感器 TVu 一次绕组承受电压为 $10\ 000/\sqrt{3}V$。二次绕组承受电压为 $100/\sqrt{3}V$。辅助绕组承受电压为 $100/\sqrt{3}V$。V1 相、W1 相与此相同。

三台单相 JDZJ-10 型电压互感器组成 YN，yn0，⊿接线，一次是 Y 接，线电压 $U_{U1V1}=U_{V1W1}=U_{U1W1}=10\ 000V$。中性 N1 通过 RXQ-10 型消谐器接地，目的是抑制电压互感器由于某种原因产生的铁磁谐振。二次为 Y 接，线电压 $U_{U2V2}=U_{V2W2}=U_{U2W2}=100V$。

二次三相 100V 线电压可作为三相有功、无功功率表，三相有功、无功电能表，电压表，峰谷需量及功率因数表的电压线圈的电压信号；也可当作电压继电器、功率方向继电器电压线圈的电压信号；开口三角的接线绕组可取得高压电力电缆及其高压设备的接地故障信号。

二次三个辅助绕组连接成开口三角形接线，用“⊿”符号表示。每相绕组的头尾分别为 U3、N3，V3、N4，W3、N5。则将 V3、N3 相接，W3、N4 相接，开口端 U3、N5 接电压继电器 KV，且 N5 端再接地，二次三相 Y 接绕组的中性点也接地。

当 Y 接中性点地的一次 10kV 系统任一相接地时，开口三角的两端（U3、N5）将产生 100V 的电压，该电压接入电压继电器 KV 或与零序电流互感器配合，接入“MLN 系列小电流系统微机选线装置”，作为一次 10kV 系统的接地保护及绝缘监视用。

由三台单相电压互感器组成 Y 形接线时，其中一次侧中性必须接地，但为了避免铁磁谐振，可通过消谐器接地。因为电压互感器在系统中不但有电压测量的作用，还起着绝缘监视、绝缘保护的作用，当一次侧发生单相接地时，系统中会产生零序电流。如果一次侧中性点没有接地，也就没有了零序电流通路与零序电流，则二次辅助绕组开口三角形 U3、N5 两端，不会感应出 100V 的零序电压。接在开口三角形绕组 U3、N5 两端的电压继电器 KV 也就不能动作，发不出接地报警信号。

在进线电源为双路以上的 10kV 供配电系统中，往往每路电源都设置有计量柜和电压互感器柜。计量柜装有有功、无功电能表、峰谷需量表、电压表。供电部门电能计量收费都以此为准。供给电能计量表的电压信号，都取自 V-V 接线的电压互感器。

电压互感器柜内装有电压继电器，监视一次系统的电压；送给重合闸自投装置系统电压有、无的确认信号。这些电压信号都取自 YN，yn0⊿接线的电压互感器二次 Y 接回路。

（15）图 1-8（p）中 4 表示是 4 根线。图 1-7 是单线系统图，电力变压器 1TM、2TM 二次送出的是 4 根线，即 U、V、W 为相线，N 为中性线。

图 1-8（q）图形符号、文字符号都是保护接地的符号，符号 PE 用于三相五线制 TN-S 供配电系统中。

图 1-7 中 380V/220V 供配电系统为 TN-S 供配电系统。GB 14050—2008《系统接地的型式及安全技术要求》规定 TN-S 系统接地方式中：T—电源端有一点直接接地；N—电气装置的外露可导电部分与电源

端接地点有直接电气连接；S—中性导体和保护导体是分开的。从规定中可知：PE线与N线应直接接变压器中性点再接地。在TN-S系统中，只有在这里，PE线和N线是接在一起的，其他不论在任何地方，PE线和N线都应是绝缘的。因此，要求竣工验收时，将该点解开，测量PE线和N线间的绝缘，其绝缘电阻值应与其他相间绝缘电阻值一样，合格后，再把该点接上。如不合格就把该点接上，则形成TN-C系统，而不是TN-S系统。

图1-7中380V/220V供配电系统是三相五线制TN-S系统。从理论上而言，PE主母线应从变压器（1TM、2TM）的二次绕组的Y接的中性点端子处接出，但实际安装起来非常困难，因N主母线、PE主母线均为大容量母线，而且都要从变压器二次中性点N端子处接出，母线制作成本较高、安装也比较困难。因此，实际安装中，如图1-7所示，把PE主母线从401、402开关的上端电源侧N母线处接出，开关柜制作时，在电源开关401、402电源侧，用与N主母线相同截面的铜母线排将N主母线和PE主母线连接起来。PE主母线仅允许在此处和N主母线连接在一起，而且是必须连接，从此处往后的负荷端任何一处均不允许工作零线N和保护地线PE连接在一起。

详细地了解供配电系统图除了掌握开关编号含义，系统上供配电设备、元器件的性能外，更重要的是还要了解上级供电部门的“调度管理规程”。这样才能达到详读供配电系统图的目的，方可根据供配电系统图签发、审核系统倒闸操作票、工作票。

供配电系统图是变配电室值班人员、消防控制室值班人员随时了解设备运行情况的依据。

（三）供配电系统的调度管理规定

供配电系统调度管理的目的是确保系统的安全、优质、经济运行。

有关图1-6和图1-7中的调度术语如下。

（1）开关：各种形式断路器的统称。

（2）刀闸：各种形式隔离开关的统称。

（3）负荷开关：带有消弧装置的隔离开关。

（4）TA：电流互感器。

（5）TV：电感式电压互感器。

（6）CVT：电容式电压互感器。

（7）FA：避雷器。

（8）FU：熔断器。

（9）二次熔断器：电压互感器及站内变压器二次侧的熔断器。

（10）电容器：并联补偿电容器。

（11）串联电容器：线路串联补偿电容器。

（12）结合电容器：通信、保护用耦合电容器。

（13）母线：在发电厂和变电站中，线路和其他电器设备间的总的连接线。分为主母线和旁路母线。

（14）母联开关：两条母线间的联络开关。

（15）旁路开关：旁路母线和主母线间的联络开关。

（16）UPS：不间断电源。

（17）命令：指值班调度员对各厂、站、线路运行、检修人员发布的指示和操作任务。在正式下令前必须加上“命令”两字。

（18）重复命令：指受令者接收命令后，重复一遍时，语前必须加上“重复命令”四字。而发令者核对无误后应说“对”，受令者才能执行。

（19）回令：受令者执行命令后，向值班调度汇报时，语前必须加上“回令”两字。

（20）开关两侧：指开关至两侧刀闸之间。

（21）开关外侧：指开关至线路侧刀闸之间。

（22）开关内侧：指开关至母线侧刀闸之间。

（23）开关线路侧：指开关（无线路侧刀闸）至线路（含电缆）之间。

（24）开关（母联）×号刀闸侧：指母联开关至×号母线侧刀闸之间。

（25）刀闸线路侧：刀闸至线路（含电缆）引线之间。

（26）运行状态：是指设备的刀闸及开关都在合入位置，设置带电运行（开关为小车形式的，小车已推入，开关合入）。

（27）备用状态：是指设备的刀闸在合入位置，只断开关（开关为小车形式的，小车已推入、开关断开）。

（28）检修状态：是指设备的所有开关、刀闸均断开，在有可能来电端挂好地线（开关为小车形式的，开关断开，小车已拉出）。

（29）操作命令：值班调度员对其所管辖的设备变更运行状态及事故处理所发布的倒闸操作命令。

（30）合上开关：将开关由分闸位置转为合闸位置。

（31）拉开开关：将开关由合闸位置转为分闸位置。

（32）合上刀闸：将刀闸由断开位置转为接通位置（含小车型刀闸）。

（33）拉开刀闸：将刀闸由接通位置转为断开位置（含小车型刀闸）。

（34）开关小车推入：将开关小车由备用或检修位置推入运行位置。

(35) 开关小车拉出：将开关小车由运行位置拉至备用或检修位置。

注：开关小车（或刀闸小车）的运行位置指两侧插头均已插入插嘴（相当于刀闸合好）；备用位置指两侧插头离开插嘴但小车未全部拉出柜外（相当于刀闸断开）；检修位置则指小车已经全部拉出柜外。

(36) 倒母线：将 a 号母线上的（线路变压器等）设备倒 b 号母线上运行。

(37) 试停×××开关：用点保护掉闸、重合发出的方法。

(38) 试发×××：线路故障可能没有自动消除，合上该开关后有可能掉闸。

(39) 并列：发电机或局部系统和主系统同期后并列为一个系统运行。

(40) 解列：发电机或局部系统和主系统脱离成为独立系统运行。

（四） 倒闸操作

倒闸操作是将电气设备由一种状态转换至另一种状态，即接通或断开高压断路器、高压隔离开关、低压断路器、刀开关、直流操作回路、投退自动装置或继电保护装置、安装或拆临时接地线等。

如图 1-6 和图 1-7 所示，应按以下要求进行倒闸操作。

(1) 全系统停电时，先停低压系统，后停高压系统；送电时则相反。

(2) 低压系统停电时，先拉开开关，后拉开刀闸；送电则相反。

(3) 高压系统停电时，先拉开开关，后拉开隔离开关；送电则相反。

(4) 开关两侧有刀闸，刀闸的操作顺序：停电时，先拉负荷侧刀闸，再拉电源侧刀闸。送电时，则反之。因为开关装有继电保护，停电时，开关由于某种原因未断开，先拉负荷侧刀闸造成带负荷拉刀闸，形成三相短路事故，但是保护动作将开关断开，事故点被切除。虽然是带负荷拉刀闸，但是没有造成事故扩大。否则，如先拉电源侧刀闸也会造成带负荷拉刀闸，因为短路点在此开关的电源侧，所以上级开关保护动作掉闸，造成越级掉闸，扩大停电范围。因此，操作按此顺序规定。

(5) 变压器送电时，先送高压侧，后送低压侧，目的是送电发生事故时方便查找，减少处理事故的时间。

停电时，先停低压侧、后停高压侧。

第二章 电气发热

第一节 基础理论

一、 基本概念

（一） 电流、电压和功率

1. 电流的基本概念

（1）电流。电流是由带电粒子（即电荷）有规则的定向运动而形成的。金属中，大量的自由带电粒子一直处于运动状态，但这种运动是没有规则的，当电源的电动势形成了电压，进而产生了电场力时，在电场力的作用下，处于电场内的电荷产生定向移动，形成了电流。

电流的大小等于单位时间内通过导体横截面的电荷量，称为电流强度，简称电流，符号为 I。

每秒通过 1 库仑（C）的电量称为 1 安培（库仑/秒），简称“安”，用大写字母“A”表示。除了安培，常用的电流单位还包括毫安（mA）、微安（μA），它们之间的换算关系为

$$1\text{A}=10^3\text{mA},\ 1\text{mA}=10^3\mu\text{A}$$

（2）电流的参考方向。既然电流是由带电粒子有规则的定向运动而形成的，那么电流就是一个既有大小，又有方向的物理量。习惯上规定正电荷运动的方向或负电荷运动的反方向为电流的实际方向。

由于电流的实际方向可能是未知的，也可能是随时间变化的，所以，分析涉及的某个元件或部分电路的电流应指定电流的参考方向。图 2-1 表示一个电路的一部分，其中的方框表示一个二端元件。流过这个元件的电流为 i，其实际方向可能是由 A 到 B，也可能是由 B 到 A。在图 2-1 中用实线箭头表示电流的参考方向，它不一定就是电流的实际方向。若电流 i 的实际方向是由 A 到 B，如图 2-1（a）中虚线箭头所示，它和参考方向一致，则电流为正值，即 $i>0$。在图 2-1（b）中，指定电流的参考方向由 B 到 A（见实线箭头），而电流的实际方向是由 A 到 B（见虚线箭头），两者不一致，因此，电流为负值，即 $i<0$。这样，在指定的电流参考方向下，电流值的正与负就可以反映出电流的实际方向。

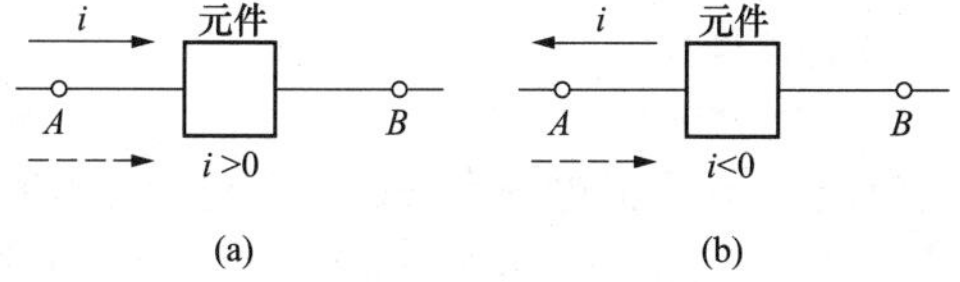

图 2-1　电流的参考方向
（a）由 A 到 B；（b）由 B 到 A

（3）电流密度。电流密度即通过导线单位横截面积的电流，用字母 J 表示。单位为 A/mm^2。

$$J=\frac{I}{S} \tag{2-1}$$

式中　S——导体横截面积，mm^2；

　　　I——导体中流过的电流，A。

2. 电压的基本概念

电压也称为电势差或电位差（符号为 U），是衡量单位电荷在静电场中因电势不同所产生的能量差的物理量。此概念与水位高低所造成的“水压”类似。电流之所以能够在导线中流动，就是因为在电流中有着高电势能与低电势能之间的差别。

电压的大小等于电场力对单位正电荷由电路中一点移动到另一点所做的功。在国际单位制中其单位为伏特，简称“伏”，用大写字母“V”表示。1 伏特（V）电压等于对 1 库仑（C）电荷做了 1 焦耳（J）的功，即 1V=1J/C。除了伏特（V），高电压还可用千伏（kV）表示，低电压可用毫伏（mV）表示，也可用微伏（μV）表示，它们之间的换算关系为

$$1\text{kV}=10^3\text{V},\ 1\text{V}=10^3\text{mV},\ 1\text{mV}=10^3\mu\text{V}$$

电工设备中一种绝缘结构一般只能承受小于某规定数值的电压，否则将导致绝缘击穿而损坏。在导体中的电流密度随着电场强度的增加而变大。如果电压过高将使导体温度急剧升高、软化，降低机械连接强度或破坏外部绝缘，从而导致导体或设备的损坏，并引起电气火灾。反之，电压不足又使设备无法正常运行，甚至造成事故。

3. 电功率的基本概念

在电路的分析和计算中，电功率的计算是十分重要的。这是因为一方面电路在工作状态下总伴随有电能及其他形式能量的相互交换；另一方面，电气设

备、电路部件本身均有功率的限制，在使用时要注意其电流值或电压值是否超过额定值，超载运行不仅会使设备或部件损坏不能正常工作，而且也会因为电气设备或电路部件急剧发热导致绝缘损坏或引起周边可燃物燃烧，从而引起电气火灾的发生。

电功率表示电路消耗能量的快慢，即能量转换的速率。其定义是电路中电流在单位时间内做的功，用 P 表示，它的单位是瓦特，简称瓦，符号是 W。除了瓦特，常用的单位还包括千瓦（kW）、毫瓦（mW）等。它们的换算关系为

$$1\text{kW}=10^3\text{W}，1\text{W}=10^3\text{mW}$$

（二）电路元件

电路元件是电路中最基本的组成单元。电路元件通过其端子和外部导线相连接，元件的特性则通过有关的物理量描述。

1. 电阻器

电阻器简称电阻，一般用“R”表示，是所有电子电路中使用最多的元件。当电流通过导体时，导体的电阻会对电流产生阻碍作用。电阻的主要物理特征是将电能转变为热能，因此可以说它是一个耗能元件，电流流经它就产生内能。电阻在电路中起分压分流的作用，对信号而言，交流与直流信号都可以通过电阻。

电阻都有一定的阻值，它表示这个电阻对电流流动阻挡力的大小。电阻的单位是欧姆，用符号“Ω”表示。欧姆是这样定义的：当在一个电阻器的两端加上 1V 的电压时，若在这个电阻器中有 1A 的电流通过，则这个电阻器的阻值为 1 欧姆（Ω）。

在国际单位制中，电阻的单位是欧姆（Ω），另外还有千欧（kΩ）、兆欧（MΩ）。它们的换算关系为

$$1\text{M}\Omega=10^3\text{k}\Omega，1\text{k}\Omega=10^3\Omega$$

电阻是一个线性元件。这是因为通过实验发现，在一定条件下，流经一个电阻的电流和电阻两端的电压成正比——即符合欧姆定律，则

$$U = RI \tag{2-2}$$

式中 R——电阻，Ω；

I——电流，A；

U——电压，V。

2. 电感元件

当电流通过导线时，导线的周围会形成一定的电磁场，使处于电磁场中的导线产生感应电动势——自感电动势，将这个作用称为电磁感应。为加强电磁感应，常将绝缘的导线绕成一定圈数的线圈，将这个线圈称为电感线圈或电感器，简称电感。

凡能产生电感作用的元件统称电感器，一般的电感器由线圈构成，因此又称电感线圈。

通过电感线圈的磁通量与电流的比值为电感元件的电感，用 L 表示，即

$$L = \frac{\Phi}{I} \tag{2-3}$$

式中 Φ——磁通量，Wb。

在国际单位制中，电感的单位是亨利（H），另外还有毫亨（mH）、微亨（μH）和纳亨（nH）。它们之间的换算关系为

$$1\text{H}=10^3\text{mH}，1\text{mH}=10^3\mu\text{H}，1\mu\text{H}=10^3\text{nH}$$

3. 电容的基本概念

电容是表征电容器容纳电荷的本领的物理量，将电容器的两极板间的电势差增加 1V 所需的电量称为电容器的电容。电容的符号是 C。

在国际单位制里，电容的单位是法拉，简称法，符号是 F，常用的电容单位还有毫法（mF）、微法（μF）、纳法（nF）和皮法（pF）（皮法又称微微法）等，它们之间的换算关系为

$$1\text{F}=10^3\text{mF}，1\text{mF}=10^3\mu\text{F}，1\mu\text{F}=10^3\text{nF}，1\text{nF}=10^3\text{pF}$$

一个电容器，若带 1C 的电量时两级间的电势差是 1V，这个电容器的电容就是 1F，即

$$C = Q/U \tag{2-4}$$

式中 C——电容元件上的电容，F；

Q——电容元件上的电荷，C；

U——电容元件上的端电压，V。

（三）交流电和直流电

1. 交流电的基本概念

大小和方向随时间作周期性变化的电压或电流称为交流电。现代发电厂生产的电能均为交流电，家庭用电和工业动力用电也都是交流电，它的最基本形式为正弦电流。我国交流电供电的标准频率规定为 50Hz。

工频交流电分为单相交流电及三相交流电。一般民用及照明用电为单相交流电，工业动力用电为三相交流电。

2. 直流电的基本概念

若在一个电路中，电荷沿着一个不变的方向流动，则称其为直流电。直流电的大小往往是稳定的，也没有方向的变化。

3. 有效值和幅值

将直流电和交流电分别通过两个相同的电阻器件，若在相同时间内它们产生的热量相等，则将此直流电的电流作为此交流电的有效值。

电流有效值并不是电流的平均值，交变电流的有

效值是根据电流的热效应定义的，交变电流的平均值是指在某段时间内平均电流的大小。这是两个不同的物理量。

交流电的幅值是指一个周期内，交流电瞬时出现的最大绝对值，也称为最大值、振幅、峰值。

（四）谐波

1. 谐波的概念

众所周知，一个非正弦波形的周期变量可以用一组正弦变量与恒定分量之和来表示。在这组正弦变量中，频率与原波形频率相同的分量叫作基波，其余频率为基波整数倍的分量称为谐波，谐波频率与基波频率的比值称为谐波次数（正整数）。由于谐波的频率高于基波的频率（次数大于或等于 2），所以有时也称为高次谐波。

必须说明的是，对于一个非正弦波形，它含有的谐波成分用示波器是无法观察到的，看见的只是合成的波形，各次谐波的大小及相位角是通过一定的数学运算得到的。

2. 谐波电流的产生

谐波电流的产生主要源于非线性负载的大量应用，而电网电压的非完全正弦的特点对其影响较小。非线性负载是指这些负载的伏安特性不像纯电阻那样是完全线性的。对于这些设备即使施加的是完全正弦的波形，电流波形也会发生畸变。建筑物内的负载绝大多数为非线性负载，例如空调、计算机、UPS 电源、打印机、传真机、电信设施、含有电子镇流器的照明灯具、电视机、楼宇智能化设施、电梯以及含有电感镇流器与变压器的照明灯具、旋转负载等。完全正弦的电压加在这些非线性负载上时电流也会发生不同程度的畸变，产生谐波电流。

完全规则的正弦波形在电网及建筑物内配电线路中是不存在的，会存在不同程度的畸变。谐波畸变程度的大小采用总谐波畸变率 THD 表示。周期性交流变量中谐波含量的方均根值与其基波分量的方均根值之比（用百分数表示）称为总谐波畸变率。电压总谐波畸变率用 THD_u 表示，电流总谐波畸变率用 THD_i 表示，即

$$THD_i = \frac{\sqrt{\sum_{h=2}^{\infty}(I_h)^2}}{I_1} \times 100\% \tag{2-5}$$

式中 I_h——第 h 次谐波电流（方均根值）；

I_1——基波电流（方均根值）。

图 2-2 所示的电流波形是计算机开关电源线路中实际流过的电流波形，从此波形看不出它含有哪次谐波，也看不出各次谐波幅值的大小，只有经过数学分析方可得到各次谐波的构成情况，如图 2-3 所示。

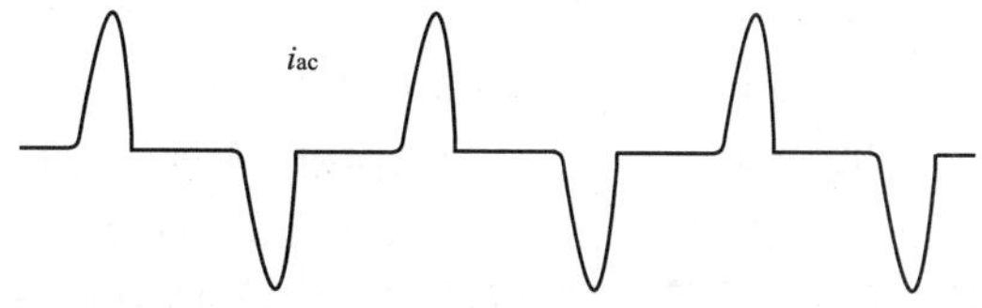

图 2-2　典型非线性负载的电流波形

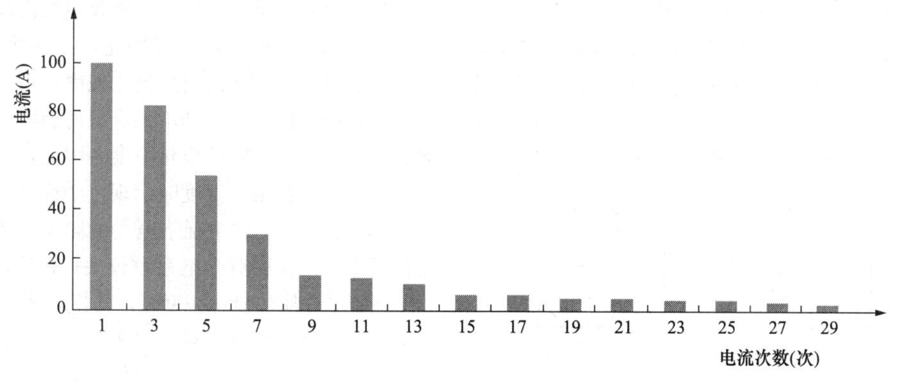

图 2-3　典型非线性负载电流的谐波构成

3. 谐波的危害

配电线路中过高的谐波不但会影响到电力线路的稳定与安全运行，同时也会对电力设备或用电设备造成危害。例如，谐波会使变压器的铜耗增大，其中包括电阻损耗、导体的涡流损耗及导体外部因漏磁通引起的杂散损耗都要增加。谐波还能够使变压器的铁耗增大，主要表现在铁芯中的磁滞损耗增加。谐波使电压的波形畸变越大，则磁滞损耗越大。同时，由于以上两方面的损耗增加，所以要减少变压器的实际使用容量。除此之外，谐波还会引起变压器的噪声增大，

甚至发出金属声。

二、相关概念

（一）集肤效应和邻近效应

1. 集肤效应

当交变电流通过导体时，电流将集中在导体表面流过，这种现象即为集肤效应，又称趋肤效应。

集肤效应的产生与电磁作用有关。交变电流流过导线时，在导线内部产生与电流方向相反的电动势。由于导线中心较导线表面的磁链大，所以在导线中心处形成的电动势比在导线表面附近处产生的电动势大。这样导线自身电流产生的磁场将使电流在导线表面流动，而非平均分布在整个导体的横截面积中。电流频率越高，集肤效应越明显。

由于集肤效应将使电流在导体中无法均匀流动，所以会引起导体的发热增加，使得输配电线路的传输损耗增加。因此，为了有效降低集肤效应并且有效利用导体材料和便于散热，输配电线路中的大电流母线通常做成槽形或菱形母线，导线往往也使用多股细导线编织成束来代替同样截面积的粗导线。

2. 邻近效应

邻近效应的产生也与电磁作用密切相关。邻近效应是指当两条或两条以上的导电体相互间距离较近时，由于一条导线中电流产生的磁场造成临近的其他导体上的电流不是均匀地流过导体截面，而是偏向一边的现象。

例如，有相邻二导线流过相反电流 I_A 与 I_B 时，B 导线在 I_A 产生的磁场作用下，使电流 I_B 在 B 导线中靠近 A 导线的表面处流动，而 A 导线则在 I_B 产生的磁场作用下，使得电流 I_A 在 A 导线中沿靠近 B 导线的表面处流动，如图 2-4 所示。图 2-4 中的 $j(x)$ 定性地表示出了导体中的电流密度分布。

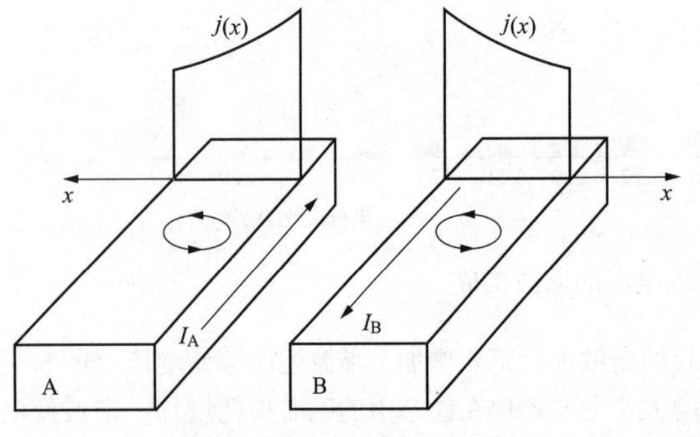

图 2-4　邻近效应示意图

又如当导线被缠绕成一层或几层线匝时，磁动势随着绕组的层数线性增加，产生涡流，使电流集中在绕组交界面间流动，这种现象也是由于邻近效应产生的。邻近效应随绕组层数增加而呈指数规律增加，因此，邻近效应的影响比集肤效应的影响大得多，减弱邻近效应比减弱集肤效应的作用大。

邻近效应同样会造成导体的电阻增大，电流频率越高，导体靠得越近，邻近效应越明显。

实际中，邻近效应和集肤效应是共存的，它们会造成导体中电流的分布更加不均匀，使导体的电阻更加增大，从而导致发热的增加。

（二）介电常数

介电常数又称为介质常数、介电系数或电容率，它是表示绝缘能力特性的一个系数，用字母 ε 表示，单位为法/米（F/m）。

介电常数定义为电位移 D 与电场强度 E 之比，即

$$\varepsilon = D/E \tag{2-6}$$

式中　D——电位移，C/m^2；

　　　E——电场强度，V/m。

介质在外加电场时会产生感应电荷而削弱电场，电介质的介电常数 ε 与真空介电常数 ε_0 之比称为该电介质的相对介电常数 ε_r，即

$$\varepsilon_r = \varepsilon/\varepsilon_0 \tag{2-7}$$

式中　ε_0——真空介电常数，又称绝对介电常数，$\varepsilon_0 = 8.854\ 187\ 817 \times 10^{-12}$ F/m。

相对介电常数是表征介质材料的介电性质或极化性质的物理参数，而且是无量纲的纯数。

电介质的相对介电系数，受下列因素的影响：

(1) 温度。温度直接影响电介质的内部结构及分子的热运动。例如对偶极式极化，一方面温度升高，使极化及时建立，从而增加极化强度；另一方面温度升高又使得偶极子热运动增强，阻碍偶极子沿电场方向有序排列，从而降低极化强度。因此，电介质的相对介电系数只在某一温度时出现一个峰值。

(2) 频率。通常情况下电场的频率低于电介质的极化频率时，其相对介电系数较大；相反，当电场的频率强于电介质的极化频率时，其相对介电系数较小。

(3) 水分。由于水自身的相对介电系数很大，而且水还能增加极化作用，从而使电介质的相对介电系数增大。

(4) 电介质的损耗。电介质在外部施加交变电磁场的作用下，会因为发热而造成的能量损耗称为电介质的损耗。

三、热力学基础知识

载流导体和电气设备的散热有热传导、热对流及

热辐射三种基本形式。导体由于损耗产生的热量一部分使得自身温度升高，另一部分通过这三种形式发散到周围介质中去。载流导体或电气设备的温度越高，这三种散热作用越强。若散热条件遭到破坏，将使导体或电气设备自身温度过高，则可能使绝缘材料受到损坏，也可能烧毁绝缘，引起火灾。

（一） 热传导的基本概念

任何物质的基本质点均有一定的内部能量，称为物质的内能，内能由包括分子无规则热运动的动能和分子相互间作用力与分子相对位置有关的势能两部分构成。

热传导在接触的物体之间或者在物体内部各部分之间进行。这即是物质的基本质点间的能量的相互作用，作用的结果使能量从一个质点传递到另一个相邻的质点，这就是热传导的物理本质。

热传导在固体、液体、气体中都存在。在固体及液体的绝缘介质中，能量通过弹性波的作用的质点之间传播。在气体中热传导的过程则伴随着气体的原子与分子的扩散而进行。在金属中，则是电子的扩散。

根据傅立叶定律，单位时间通过给定面积的热量为

$$Q_c = -\lambda F_c \frac{d\theta}{dL} \tag{2-8}$$

式中 λ——导热系数，即单位面积、单位厚度上温度差1℃时所传导的热量，铝为204，铜为392，绝缘胶纸板为0.14，W/（m·℃）；

F_c——给定的热传导面积，m^2；

θ——物体的温度，℃；

L——物体的厚度，m。

导热系数是物质的重要物理参数之一，它表示了导热能力的大小，实验表明导热系数与物体的材料、结构、容积、重量、湿度、压力及温度等参数有关。因为在数学公式中很难归纳所有因素，所以一般都采用实验数值进行计算。因此，上述数据只能作为参考。

（二） 对流的基本概念

对流现象是由不断运动着的冷介质——液体或气体将热量带走的过程，这种散热过程仅在流体中产生。对流分为自由（自然）对流和强迫对流。因为自由对流发生在不均匀加热的介质中的高温度区域，介质的密度小于冷却的区域，所以较热的质点向上移动、冷却的质点向下运动，造成介质中质点的转移；也可以说因为热质点的上升，较冷的质点就来填充其位置，并在其过程中形成一定的热交换，此过程的不断进行，即称为自由对流。如果借外力强迫流体流动，则称为强迫对流。无论是自然对流或强迫对流都具有流线型的和杂乱的两种特性。在前一种情况下，质点间彼此平行且以不大的速度平稳地运动。在后一种情况下，则为旋涡状运动，这时质点以更高的速度转移。

对流热交换的强度和介质的热物理参数（热容、热导、密度和液体黏度等）有关，也与被冷却物体的几何形状及尺寸有关。

单位时间、单位面积对流散出的热量与发热体对介质的温度差成正比，即

$$Q_c = \alpha(t - t_0)F_L \tag{2-9}$$

式中 α——对流散热系数，可由实验确定。它表示在1s时间内、温度差为1K时，单位热面积上散出的热量，W/（m^2·℃）；

t——发热体表面温度，℃；

t_0——周围空气介质温度，℃；

F_L——散热表面积，m^2。

（三） 热辐射的基本概念

1. 热辐射的本质和特点

除了热传导，热辐射也是传热的重要方式。物质由分子、原子、电子等基本粒子组成，原子内部的电子受激发或振动时，将产生交替变化的电场与磁场，发出电磁波向外界空间传播，这就形成了辐射。由于激发的方法不同，所以产生的电磁波波长也不相同，它们投射到物体上发生的效应也将不同。

往往将由于自身温度或热运动的原因而激发产生的电磁波传播称为热辐射。电磁波的波长范围从几万分之一微米到数千米，它们的名称及分类如图2-5所示。

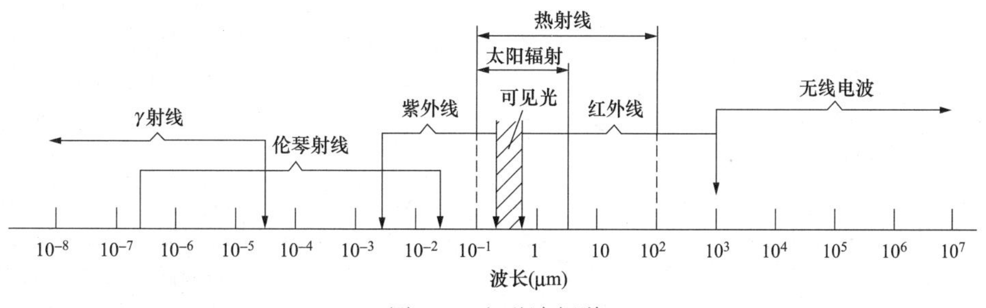

图2-5 电磁波频谱

图 2-5 中，波长 $\lambda=0.38\sim0.76\mu m$ 范围的电磁波属于可见光线；波长 $\lambda<0.38\mu m$ 的电磁波是紫外线、伦琴射线等；$\lambda=0.76\sim1000\mu m$ 范围的电磁波称红外线，红外线又可以分近红外与远红外，大体上可以 $20\mu m$ 作为界限，将波长在 $25\mu m$ 以下的红外线称为近红外线，波长在 $25\mu m$ 以上的红外线称为远红外线；$\lambda>1000\mu m$ 的电磁波是无线电波。

通常把 $\lambda=0.1\sim100\mu m$ 范围的电磁波称热射线，其中包括可见光线、部分紫外线及红外线，它们投射到物体上将会产生热效应。应注意的是，波长与各种效应之间是不能截然划分的。工程上所遇到的温度范围通常在 2000K 以下，热辐射的大部分能量位于红外线区段的 $0.76\sim20\mu m$ 范围内，在可见光区段内热辐射能量所占的比重不大。显然，当热辐射的波长超过 $0.76\mu m$ 时，人的眼睛将无法看到。太阳辐射的主要能量集中在 $0.2\sim2\mu m$ 的波长范围内，其中可见光区段占有较大比重。

热辐射的本质决定了热辐射过程有以下三个特点：

（1）辐射换热与传导换热、对流换热不同，它不依靠物体的接触而进行热量传递，如阳光能够穿越辽阔的低温太空向地面辐射，而传导换热和对流换热均必须由冷、热物体直接接触或通过中间介质相接触方可进行。

（2）辐射换热过程伴随着能量形式的两次转化，即物体的部分内能转化成电磁波能发射出去，当此电磁波能量射到另一物体表面而被吸收时，电磁波能又转化成内能。

（3）一切物体只要其温度高于绝对零度，都会不断地发射热射线。当物体间存在温差时，高温物体辐射给低温物体的能量大于低温物体辐射给高温物体的能量，所以总的结果是高温物体把能量传给低温物体。即使各个物体的温度相同，辐射换热仍在不停地进行，只是每一物体辐射出去的能量，等于吸收的能量，从而处于动平衡的状态。

2. 辐射强度和辐射力

物体表面在一定温度下，会朝表面上方半球空间的各个不同方向发射包括不同波长的辐射能量。需要指出的是辐射能量是按照空间方向分布的，因此，不同方向具有不同的数值；辐射能量也是按照波长分布的，不同波长具有不同的能量。

不同的物体对辐射波具有不同的放射能力、不同的吸收能力以及不同的反射能力。不反射而全部吸收辐射能的物体，其放射能力也最强，称为绝对黑体。完全不吸收辐射能（全部反射）的物体其放射能力是零，称为绝对白体。自然界是没有绝对黑体与绝对白体的，介乎两者之间的称为灰色体。烟煤最接近于绝对黑体，能够吸收辐射能的 90%～98%，某些被磨光的金属接近于绝对白体，能够反射辐射能的 95%～97%。

第二节 导体发热

一、导体发热的基本公式

当交流电通过导体时产生的电阻损耗（或称焦耳损耗）可以用式（2-10）表示，即

$$P=I^2R \tag{2-10}$$

式中 P——损耗功率，W；

I——流过导体的电流，A；

R——导体的交流电阻，Ω。

考虑到集肤效应和邻近效应，导体的交流电阻用式（2-11）表示，即

$$R=k_cR_{dc} \tag{2-11}$$

式中 k_c——交流电阻和直流电阻的比值，也称为附加损耗系数；

R_{dc}——导体的直流电阻。

从式（2-11）可以看出，影响线路损耗的因素包括两个：电流和电阻，它们同时又分别受其他因素制约。电流的大小主要由负载情况所决定，电阻则受电流频率、导体材质及尺寸的影响。

此外，导体的电阻还受温度的影响，可用式（2-12）表示，即

$$R_{ac}=R_{dc20}[1+\alpha_t(t_w-20)] \tag{2-12}$$

式中 R_{ac}——导体的交流电阻，Ω；

R_{dc20}——导体温度为 20℃时的直流电阻，Ω；

α_t——电阻温度系数，℃$^{-1}$；

t_w——导体的运行温度，℃。

二、均质载流导体的长时发热

载流导体长时间通过工作电流时会使导体显著发热，为使导体发热温度不超过最高允许温度，需要对导体的长时间发热过程进行分析。这里以均质导体为例进行分析，均质导体即导体全长有相同截面与材质，发电厂及变、配电站的母线和电线电缆均属此列。

（一）导体的温升

导体的温升遵循着能量守恒定律，即导体未通电流时，其温度和周围介质的温度相等；有电流通过之后，导体就会由于内部的各种损耗而发热。其热量一

部分使导体自身温度升高，另一部分则因为导体温度高于周围环境介质的温度而散失到周围环境中。当电流流过时，发热主要是由电流热效应引起，其他损耗很小，可以忽略不计。

由于置于空气中的均质裸导体，全长截面相同，各处温度相同，沿导线纵向长度方向没有热传导。另外，空气热传导性很差，也可忽略不计。所以，对于裸导体的温升，只考虑对流和热辐射，并用总散热系数来表示。

通过热平衡计算可得，对于裸导体，流过一定电流时，其稳定温升的计算式为

$$\tau_s = \frac{I^2 R}{k_{he} F} \tag{2-13}$$

式中 k_{he}——导体的总换热系数，W/（m^2·℃）；

F——导体的换热面积，m^2。

从式（2-13）可以看出，导体的稳定温升与电流、导体的电阻、换热系数及换热面积相关，这些参数中，除了导体电阻随着温度的变化而产生较小的变化外，其他参数可以认为是基本不变的。若忽略导体电阻随温度升高的微小增加，则可认为不同的环境温度下，导体的温升大致相同。

（二） 导体的长期允许电流

从式（2-13）可以看出，对于敷设方式与环境确定的均质裸导体，其稳定温升是确定的，仅考虑环境温度的大小，就可以计算出导体的温度。反过来，若导体的最高允许温度确定的话，则可以求出导体中允许通过的最大电流。

根据式（2-13），若导体的长期发热允许温度为θ_y，则导体的最大允许电流，即导体的允许载流量 I_y 可用式（2-14）表示，则

$$I_y = \sqrt{\frac{k_{he} F(\theta_y - \theta_0)}{R}} \tag{2-14}$$

式中 θ_0——导体周围环境温度，℃；

I_y——导体的允许载流量，A。

三、 提高长期允许电流的方法

（一） 减小导体电阻

（1）采用电阻率小的导体，如铜、铝等。

（2）增加导体的横截面积，导体截面增大，电阻减小，但截面增大，集肤效应也增加，为了限制集肤效应并有效利用有色金属材料，单根标准矩形母线截面不应超过 1200mm²，采用槽形、管形母线及绞线可减小集肤效应影响。

（3）减小导体接触电阻。裸导体长期允许温度为70℃，主要受导体接触连接部分限制，因此，减少接触电阻，如接触面镀银、搪锡等，可以提高导体允许温度。

（二） 增大导体的散热面积

导体的散热面积与导体的几何形状有关。在截面积相同的条件下，圆柱形外表面最小，矩形、槽形外表面较大，因此，流过电流很大的母线往往是矩形的。

（三） 提高散热系数

提高导体散热系数的方法很多，主要有下列几种方法：

（1）加强导体自然通风。导线明敷时应保持自然通风良好，不能覆盖；穿管敷设导线时，导线占积率不应超过 60%；对沟道电缆通风条件在设计时应进行考虑。

（2）合理布置导体。可提高自然对流放热率，例如，矩形母线的长边垂直布置比水平布置的自然对流放热率高。

（3）导体表面涂漆。导体表面涂漆，可以提高辐射散热能力，因此屋内配电装置母线涂漆，能增加载流量，并用以识别相序，方便操作巡视。对于屋外配电装置母线，为降低对太阳辐射的吸收，应采用吸收率较小的表面，因此屋外配电装置母线一般不应涂漆，而保留其光亮表面。

（4）采用强迫冷却。通常对 2000A 以上的大电流母线，可采用强迫水冷与风冷来提高母线的对流放热量。

（四） 提高绝缘材料的耐热性能

对于导体线芯由绝缘材料包裹的电线电缆，其最高允许温度由绝缘材料的最高允许温度决定。通过应用耐热绝缘材料导体，可以提高导体绝缘的耐热性能，即提高最高允许温度，同样能够达到提高允许载流量的目的。

四、 均质载流导体短时发热

导体的短时发热，是指电路发生短路开始到短路切除极短的时间内导体的发热过程。在电力网或电力系统中，短路是十分严重的事故状态，在极短的时间内载流导体要承受比正常运行时大很多倍的短路电流的热效应作用和电动力的冲击。

电气设备或载流导体由于设计时考虑不周，或运行中的操作失误，或其他外界因素均可能造成短路事故的发生，导致电气设备的损毁或者引发电气火灾。因此，很有必要对载流导体的短时发热进行分析。

图 2-6 描绘了导体中流过短路电流时温度的变化过程。其物理过程为：在导体中没有电流通过时，导

体的温度和环境的温度相同，为 θ_0，此阶段在图中用 PM 段表示。当在时间 t_1 时，给导体施加恒定负荷电流，导体由温度 θ_0 开始上升，和周围介质形成温差 $\theta_w-\theta_0$；负荷电流所发出的热量的一部分被导体吸收，用于升高自身的温度；而另一部分因导体与周围介质存在温差而通过热交换发散至环境介质中去。其温度上升如图 2-6 中曲线 MA 所示。起初因温差小而散热少，故吸热多，导体温度上升较快。以后则因温差增大而使得散热增多，相应地吸热减少，而使导体温度上升缓慢，最后当温差增大到单位时间内的发热和散热相互平衡时，则发热全部散失掉。由于导体不再吸收热量，所以温度不再升高，这时温度达到稳定值，即图 2-6 中 A 点所示，此时温度为 θ_w。在时间 t_2 发生短路，导体被迅速加热，到时刻 t_3 时被加热到温度 θ_d，即图 2-6 中 B 点。这时短路被切断，之后导体温度由 B 点下降到 C 点，因此时导体中无任何负荷，故导体温度将降回到环境温度 θ_0。

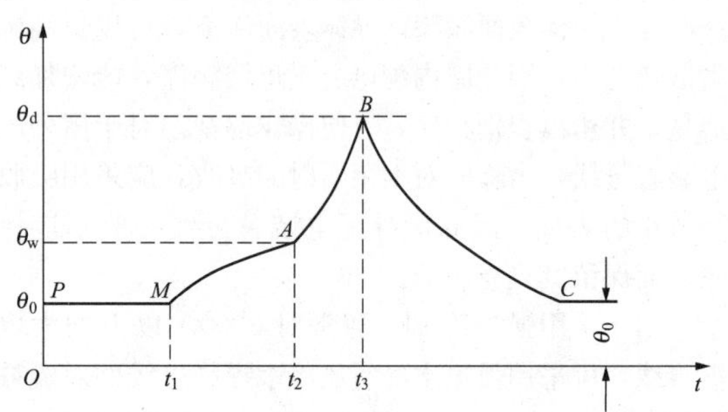

图 2-6 导体中流过电流时的温度变化 θ

以上分析表明，短路事故发生后，在切断事故电路前，电气设备或是载流导体在短路电流热效应的作用下温度有可能在极短的时间内被加热至很高的程度，电气设备或导体必须能承受短路电流的热效应而不被破坏，这种能力称为电气设备或导体的热稳定性。即计算出短路电流流经导体时的最高温度 θ_d，是否超过导体规定的短时发热允许温度 θ_{dy}。当 $\theta_d \leqslant \theta_{dy}$ 时，则认为导体在短路时是满足热稳定要求的，否则，就应采取相应的措施，如增加导体截面或限制短路电流等以确保 $\theta_d \leqslant \theta_{dy}$。

导体短路时，短时发热具有下列特点：

(1) 电流通过导体的时间短，发热时间也短，在较短时间内，短路电流在导体中产生的很大的热量来不及向周围环境发散，因此可视为在短路持续时间内，所产生的全部热量均用来提高导体本身的温度。这即可将短路时的发热看作是所谓的绝热过程，该假定与实际情况出入较小，且便于计算。

(2) 短路时导体温度变化范围很大，不能再将导体的电阻和比热（热容）视为常数，它们均随温度的变化而变化，是温度的函数。

(3) 短路电流瞬时值的变化规律比较复杂。

第三节 电接触发热

一、电接触的概念

电接触学是一门研究电子与电器产品可靠连接的科学。在电子、通信、电力系统和供配电领域中，元件之间、电路之间、设备之间乃至元件内部均需要可靠的连接。

（一）接触电阻

当两个金属导体相互接触时，在接触区域内存在一个附加电阻，称为接触电阻。接触电阻，实际上指的是电接触电阻，又称电接触，它是使两个金属导体以机械方式相互接触在一起，以达到导电的目的。

（二）电接触的类型

(1) 固定接触。用紧固件如螺钉或铆钉等压紧的电接触称固定接触。这种接触工作时没有相对运动，例如焊接、压接、缠接等。

(2) 可分接触。在工作中可以分开的电接触称可分接触，例如各种连接器、电器开关设备的触头等。接触的双方实际上就是电触头，即一个是静触头，另一个是动触头。因此，触头总是成对出现。触头决定了电器的一些重要性能，比如电器的分断能力，控制电器的电气寿命、继电器的可靠性等。触头是电器的最薄弱环节，因此很容易发生故障。

(3) 滑动及滚动接触。这种接触在工作过程中，触头可以互相滑动及滚动，但不能分开。如电刷/导电环、高压断路器的中间触头、公共电车及电气火车的电源引进部分均属此列。

（三）接触电阻的组成

电器连接点的接触电阻是导致电器接触点发热的根本原因，当线路连接接触不良时导致接触电阻过大，接触部位就会产生过热。

接触电阻 R_j 由收缩电阻 R_s 与表面膜电阻 R_b 两部分组成，即

$$R_j = R_s + R_b \tag{2-15}$$

下面分别介绍两者的形成和性质。

1. 收缩电阻 R_s

切开导体不论用什么工艺，或切开后对切面不论用什么工艺实行精加工，其接触区表面也绝不会是很理想的平面。如果在显微镜下观察两个相接触的金属

表面的侧面，可以看出切面表面凸凹不平。可以说无论经过什么样的精加工或研磨工序，总是有宏观与微观上的不平、波纹、表面粗糙等。因此当两个接触面接触时，实际上仅有若干个小块面积相接触，而在每块小面积内，又仅有若干小的突起部分相接触，它们被称为接触点。

可见金属的实际截面积在切断处减小了，电流在流经电接触区域时，从原先截面较大的导体突然转入截面很小的接触点，电流线就会产生剧烈收缩现象，如图 2-7 所示，该现象所呈现的附加电阻称为收缩电阻。由于接触点由多个组成，所以整个接触的收缩电阻，本质上是各个接触点收缩电阻的并联值。

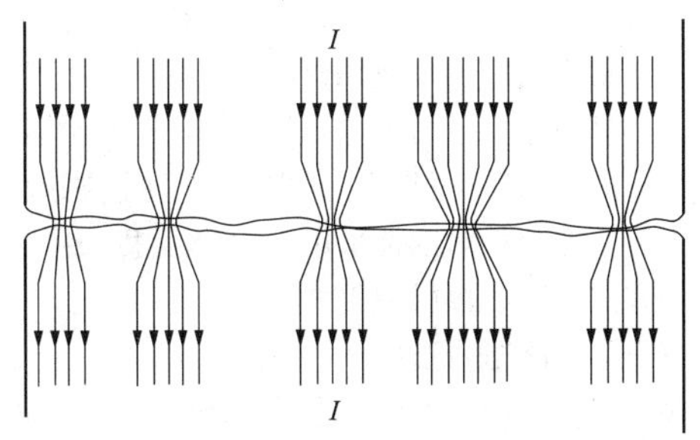

图 2-7 导体连接部分的电流收缩现象

2. 表面膜电阻 R_b

在电接触的接触面上，因为污染而覆盖着一层导电性很差的物质，这就是接触电阻的另一部分——膜电阻。它的存在使得接触电阻增大，还会产生严重的接触不稳现象，也可能使电接触的正常导电遭到破坏。特别是对于控制容量较小的继电器触头，膜电阻成为发生故障的重要原因之一，从而影响到继电器工作的可靠性，这对于被保护电器或系统是巨大的威胁。

膜电阻可分为下列几种类型。

(1) 尘埃膜。空气中的固体微粒，如灰粉、尘土、纺织纤维等，由于静电的吸力覆盖在接触表面形成膜电阻。在外力作用下，这些被吸附的微粒也非常容易脱落，使接触重新恢复，因此，其电阻值的变化是不稳定的。

触头附近的碳氢化合物，在高温（如电弧）作用下分解成为微粒，沉积在触头表面上，形成碳的吸附层，它的电阻值随着触头间的压力变化而变化，压力大时它的影响极小，压力小时其阻值迅速上升。

(2) 吸附膜。即水分子与气分子在接触表面的吸附层。其厚度只有几个分子层，当触头间的压力在接触面上形成很高的压强时，其厚度可以降至 1～2 个分子层（即 5～10Å，1Å$=10^{-8}$cm），但无法用机械的办法将它完全排除。因此，无论采用何种触头材料，其吸附膜均是不可避免的，吸附膜靠隧道效应导电，使接触电阻增大。

(3) 无机膜。电接触材料暴露在空气中时，由于化学腐蚀作用在金属表面形成各种金属化合物的薄膜；潮湿的空气中，在电介质作用下使得不同的金属间发生电化学腐蚀，也在金属表面积存锈蚀物，这些金属腐蚀的产物称为无机膜。

无机膜的形成取决于金属材料的化学与电化学性质，并与介质温度和环境条件有密切关系。通常银的氧化膜所形成的膜电阻，对接触电阻的稳定性影响较小。但银的硫化物形成的膜电阻导电性差，对接触电阻的危害较大。铜和铜的合金具有很好的导电性能，但铜的金属表面很容易形成厚度较大的、电导率很小的 Cu_2O 无机膜。这种膜随着温度的升高，其厚度急剧增加，接触电阻成千倍地增大。铝在空气中几秒钟即可形成厚度为 2～2.5mm 的 Al_2O_3 膜，其后厚度增加得较慢，该膜机械性能坚固，并有绝缘性能。

无机膜对电接触的破坏作用不但与其厚度有关，还与膜的性质有关。有些膜质脆，易被压碎；有些无机膜抗热性差，易在高温（电弧）作用下汽化。因此，在接触压力较大、电路参数较高时，有些无机膜对电接触的危害并不严重。

(4) 有机膜。从绝缘材料中析出的有机蒸汽，在电接触金属材料表面聚集成一种粉状有机聚合物，是一种不导电的薄膜，称之为有机膜。它对电接触的危害是非常严重的，因其阻值可达几兆欧，其绝缘性能与一些无机膜类似，但它们的击穿电压却是无机膜的十倍左右。

接触的导电性能取决于膜的厚度和性质，特别是存在着较厚的无机膜时，触头间的导电性能几乎完全遭到破坏。为了恢复良好的导电性，可借助机械力的作用（如增加接触压力）把膜压碎，也可切换大电流的触头，利用开断或闭合时伴随而生成的电流热效应和电弧，使膜被破坏，不致影响接触的良好导电性能。

二、影响接触电阻的因素

为了降低接触电阻的阻值，以确保电器能良好地工作，应进一步研究影响接触电阻的各种因素，以便采取措施，确保电接触的稳定性和较低的接触电阻值。

（一）接触形式

目前，用于工业上的接触形式较多，总的说可分为三类，即点接触、线接触及面接触。接触形式对收

缩电阻 R_s 的影响，主要表现在接触点的数目上，通常来说，面接触的 n 最大（n 为接触点数）而收缩电阻 R_s 最小；而点接触则 n 最小，收缩电阻 R_s 最大；线接触则介于两者之间。

接触形式对膜电阻 R_b 的影响，主要是看每一个接触点上所承受的压力 F_1，如果触头上外加压力为 F，则每点上的压力为

$$F_1 = \frac{F}{n} \tag{2-16}$$

通常来说，点接触形式 F_1 最大，这就容易把表面膜破坏，因此使 R_b 有可能减到最小；反之，面接触的 F_1 就最小，故对 R_b 破坏力最小，R_b 值就有可能最大。

然而，初看上去，似乎面接触 n 最大，因此接触电阻就应该最小。其实不然，在接触压力最小时，面接触的接触电阻并不比点或线接触的接触电阻小。

固定接触的连接，通常采用螺栓、螺纹或铆钉等压紧，压力很大，因此常采用面接触，使 R_j 减小。可分接触的连接通常用弹簧压紧，压力较小，并考虑到装配检修便捷和工作可靠，多采用点接触或线接触的接触形式。现代的高压断路器与低压自动开关中，可分触头的滑动、滚动的接触连接，通常采用多个线接触或点接触并联使用，使接触电阻减小，工作可靠，而且制造、检修也方便。

（二）材料性质

构成电接触的金属材料的性质直接影响接触电阻的大小。例如电阻率、材料的布氏硬度、材料的化学性能、材料的金属化合物的机械强度及电阻率等。下面介绍几种常用的导体材料性质。

1. 银

银的电阻率和布氏硬度均较小，在低温下不易氧化，高温下银的氧化物又极易还原成金属银；其氧化物电阻率也较低，可见银的氧化膜对于基础电阻的影响不是主要的问题。虽然银的硫化物有较高的电阻率，但在300℃时也就开始分解。可见，使用银作为接触材料，特别是触头是理想的。

银的主要优点包括接触电阻低且稳定、允许温度高。但其缺点是熔点低、硬度小。适用于做继电器及小容量接触器的触头材料。因为银的价格昂贵，所以常采用铜镀银或镶银的方法来实现。

2. 铜和黄铜

铜有良好的导电及导热性能，仅次于银，其强度和硬度均比银高，熔点也高于银，价格却低于银，易于加工。其缺点是在高温下，在大气或在变压器油中也能够氧化生成 Cu_2O，导电性很差，其氧化膜厚度随着时间和温度的增加而不断地增厚，接触电阻将成倍地增加，有时甚至使闭合电路出现断路现象。因此，铜不适于做非频繁操作电器的触头材料，对于频繁操作的接触器，电流超过150A时，氧化膜在电弧的高温作用下分解可采用铜触头。从降低接触电阻的角度看，铜是仅次于银的材料，为减小铜触头的接触电阻可以在铜上镀银或镶银，也可以镀锡。锡的优点是布氏硬度值小，氧化膜的机械强度很低，因此铜件上镀锡后可以减少接触电阻。

3. 铝

铝在导电和导热性能上，在纯金属中仅次于银、铜和金，质轻而且具有一定的机械强度，价格便宜。其最大缺点是化学性质活泼，在空气中的室温条件下就非常容易生成坚硬的厚氧化膜（Al_2O_3），导电性差，也不易被破坏；简单点说就是在空气中腐蚀速度快；铝不能用做触头材料，通常只用于固定接触，并且为了防止电化学腐蚀常采用表面覆盖银、铜、锡等金属的方法来减小接触电阻。

（三）接触压力

接触压力对接触电阻的影响很大，若仅靠加大接触面积的尺寸而无足够的接触压力，对于减小基础电阻是不能得到满意效果的。接触压力的增加实际上是增加接触点的有效接触面积，同时能够最大限度地抑制表面膜对接触电阻的影响。

接触压力增加，接触点的数目则减少，这就使得收缩电阻减小。当接触压力大于一定值时，可使触头表面的气体分子层等吸附膜降低到2～3个分子层；当超过材料的屈服压强时，产生塑性变形，表面膜被压碎出现裂缝，从而增加了接触面积，因此，接触压力对收缩电阻与表面膜电阻的影响都是极为明显的。

（四）接触表面的加工情况

接触表面的加工应依据负荷大小、接触形式和用途等因素而定。接触表面可以是粗加工，也可以是精加工，甚至采取机械或电化学抛光。表面的光洁度对于接触电阻有一定的影响，主要表现在接触点数目的不同上。

（五）触头密封结构

触头密封结构主要用在可靠性要求高的电器，如继电器、高压断路器等。对于高压断路器而言主要是其可靠性，防止触头污染，采用触头单独密封的结构，并在密封室内充以惰性气体或抽真空等，这样可以降低甚至避免腐蚀，使接触电阻低而且稳定，减少触头由其他原因导致的故障。真空断路器的触头就是密封在真空绝缘的外壳内，主要优点为防火、防爆且触头防污染。

（六）接触电阻在长期工作中的稳定性

这里主要是电接触中的腐蚀问题。腐蚀包括各种方式，前述的无机膜的生成即是腐蚀的一种。腐蚀有两种：一种是化学腐蚀，另一种是电化学腐蚀。

化学腐蚀也称化学锈蚀，是金属跟周围环境里接触到的物质（例如空气中的氧、变压器油中的有机酸等非电解质或弱电解质）直接进行化学反应而引发的一种腐蚀。该种腐蚀的程度与金属种类、周围介质以及接触面的温度有很大关系。

电接触的长期允许温度通常都很低，这是由于接触面处的金属虽然不与周围介质相接触，但周围介质中的氧等会从接触点周围慢慢侵入，与金属起化学作用，形成金属氧化物从而使得实际接触面积减小，使接触电子增加。接触点温度升高，氧分子的活动力变强，可以更深地侵入到金属内部，这种腐蚀作用就更为严重，故而就限制了其长期允许温度。

电化学腐蚀的原理也是化学电池的原理。任何两种不同的金属构成电接触时，均会发生这种腐蚀。它使负电极金属溶解到电解液中，引起负电极金属的腐蚀。在早些时候，限于当时的条件，我国采取了以铝代铜做金属导体的方针，因此在电接触中铜和铝接触的机会很多，所谓“铜铝接头”的腐蚀问题引起了电力工业界的普遍重视。为了防止电化学腐蚀，可以在铝表面用铜或银等覆盖，通常采用电镀的方法，也有在铜铝两金属间加垫锌片的，借此以减少电化学腐蚀作用。

（七）温度

当接触点温度升高时，金属的电阻率就会有所升高。但材料硬度又有所降低，从而使接触点的有效接触面积又增大。前者使得收缩电阻增大，后者使收缩电阻减小，结果是两者互为补偿，因此接触电阻的变化甚微。但是，当触头电流长期超过额定值时，温度逐渐升高，加速接触面氧化，使接触电阻急剧上升，发热更甚，形成恶性循环。为了使得接触电阻保持稳定，电接触的长期工作允许温度均规定得较低。

第四节　电磁发热和电介质损耗

一、电磁发热

（一）磁滞损耗

图 2-8 表示铁磁物质的基本磁化曲线与磁滞回线，即磁感应强度 B 与外磁场 H 之间的关系。由图 2-8 可见，铁磁物质从 O 开始磁化时，曲线由 O 到 a，如果减少 H，则 B 不沿 aO 下降，而沿 aa' 下降。将 B

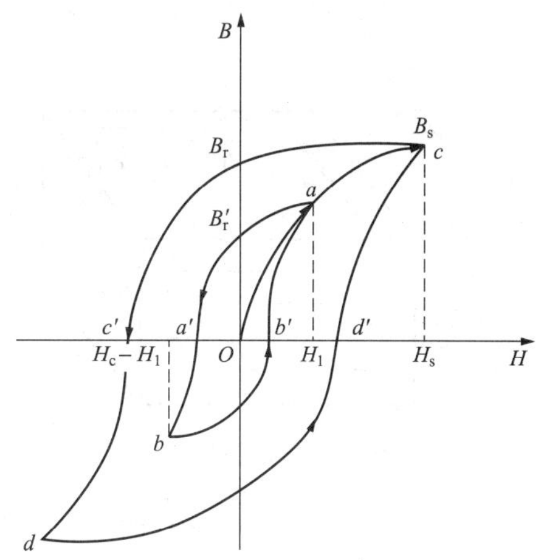

图 2-8　基本磁化曲线

的变化滞后于 H 的这一现象称为磁滞。

由于磁滞的存在，如果 H 变化一周，则 B 随 H 的变化为一闭合曲线（$aa'bb'a$），称为磁滞回线。随 H 的增加，磁滞回线闭合面积也增加，当铁磁物质被磁化到饱和时这一面积基本不变，即达到极限磁滞回线（$cc'dd'c$）。当 H 从 H_s 降到零时，B 并不回到零，而降为 B_r，B_r 称剩余磁感应强度，即剩磁。如果要 B_r 降到零，须加一反磁场 H_c，H_c 称磁感应矫顽磁力。

磁滞回线的面积与形状直接表征磁性材料的主要磁特性。磁滞回线越窄，矫顽力就越低，损耗也低，即磁滞损耗低。某种材料的磁滞损失和该材料的磁滞回线所围成的面积成正比。可见要想降低该种损失，应选用软磁材料。因为这种材料（铸铁、硅钢、坡莫合金及铁氧体等）具有较小的矫顽磁力，磁滞回线较窄，损耗低。

铁磁物质在交变磁化下因为内部的不可逆过程而造成的一种损失称为磁滞损耗。在交变磁化下，磁场强度 H 的大小和方向不断地变化，铁芯被反复地磁化和去磁，在这个过程中外磁场不断地驱使磁场转向，就需要克服磁场间的摩擦阻碍作用而消耗能量，也就是磁场翻转时磁场边界“摩擦”引起的，因此使铁磁物质发热。

（二）涡流损耗

当铁磁物质置于变化着的磁场中或在磁场中运动时，铁磁物质内部会形成感应电动势（或感应电流），如图 2-9 所示。可见这种电流不仅发生在绕组中，而且大块的铁芯、铁壳及电气装置的铁磁性金属部分切割磁力线或处在变动的磁场中时，在其内部也会产生，它是在金属体内部流动并反抗磁场变化的。这个电流在铁芯内围绕着磁感应强度 B 呈旋涡状流动，

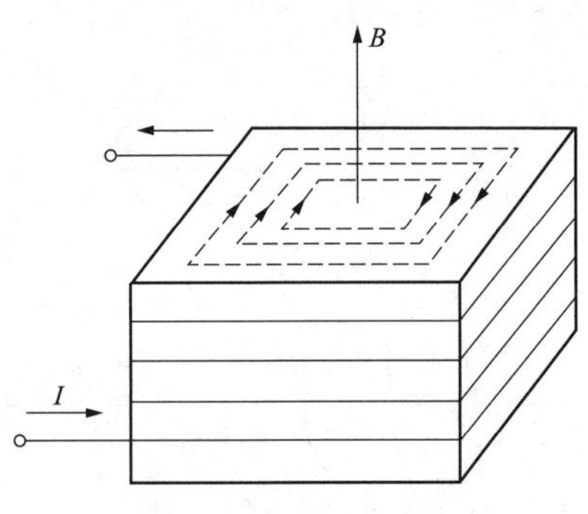

图 2-9　涡流的产生

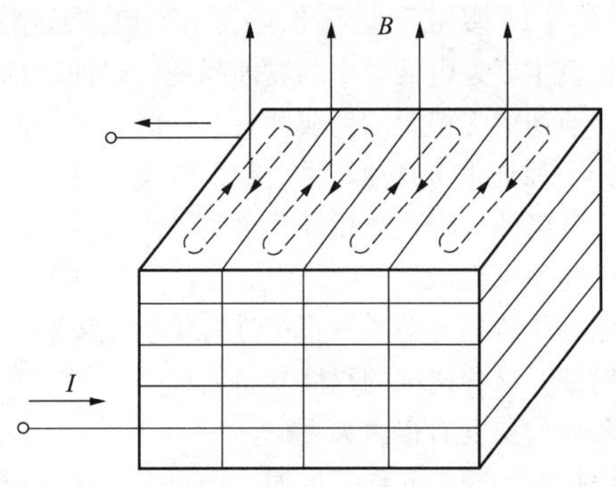

图 2-10　减小涡流的方法

因此称为涡流电流，涡流是感应电流的一种，其方向可按楞次定律来确定。

按照楞次定律，导体内感应的涡流总是阻止涡流磁通的变化，即涡流本身的磁场总是企图削弱主磁通的变化，这就是涡流的去磁作用。这种去磁作用将导致交变磁通沿磁路截面的不均匀分布，磁感应在铁磁中最薄弱，这与电路中导线截面的趋肤效应一样，也是一种磁趋肤效应。磁场交变的频率越高，磁导率、磁路硅钢片厚度或钢丝直径越大，则涡流表现得越显著。

由于构成磁路的铁磁物质均是导电的，其他导电体的电阻率则更小些，所以他们处于变化着的磁场附近时，涡流的电流强度都比较高，这些涡流和绕在磁路上的励磁绕组中的电流一样，形成磁路的磁势。涡流的产生需消耗一定的能量，并随即转变为热能，这就是涡流损耗。

涡流对很多电气设备来说都是有害的，一方面它消耗电能，使铁芯发热；另一方面，它又削弱了原磁场的强度。

块状金属的电阻通常是最小的，这就好像截面很大的导体一样，因此用整块材料做成的铁芯中的感应电动势，能产生很大的涡流，从而使铁芯很快发热。若这样做，对电动机、电器、变压器等电器设备是极为有害的，不仅会造成额外的大量功率损失，更严重的是还会使绕组温度过高，甚至损坏线圈的绝缘，引起设备的过热损坏酿成事故。

在电动机、电器、变压器内部为了减少铁芯的涡流损耗及去磁作用，应在技术上尽量削弱涡流，一般采用增加铁芯材料电阻率的办法以减少涡流损耗。用硅钢片叠片的方法替代整块铁芯材料，各片之间加上绝缘层，使涡流在各层间受阻；硅钢片通常厚度为 0.35mm 或 0.4mm，它们的横截面和磁场方向垂直，如图 2-10 所示。这样就将涡流限制在很多狭长的小截面之中。这些狭长的小铁芯截面使涡流路径的电阻明显增大，因此涡流的数值减小。在硅钢片中加少量的硅也是为了增加电阻率，以减小涡流。

在通信工程中，由于设备要在远高于工频（50Hz）的频率下工作，就需采取更有效的措施限制涡流。一种方法是将铁磁材料粉碎，然后将这些磁粉末加上绝缘胶压制成型，这种磁介质称为铁粉芯；另一种方法是采用非金属的磁性材料——铁氧化体，它的电阻率更高，减小涡流的性能更好。

虽然采取了上述措施，但是在交流电动机和变压器中，涡流损失也还是不能忽视的。

另外，利用涡流作用可以制作一些感应加热的设备，或用以减少运动部件振荡的阻尼器件等。常见的电磁炉即是采用涡流感应加热原理；其内部通过电子线路板组成部分形成交变磁场，当将含铁质锅具底部放置炉面时，锅具即切割交变磁力线而在锅具底部金属部分形成涡流，使锅具铁分子高速无规则运动，分子互相碰撞、摩擦而产生热能，用此进行加热和烹饪食物。

实验和数学分析表明，涡流损失和电源频率的平方成正比，与磁感应强度最大值的平方和体积成正比。

交变磁通在铁芯中产生的磁滞损耗和涡流损耗合起来称为铁磁损耗，简称铁损，两者都是把从电源吸收的能量转化为热能，使铁芯发热。

二、电介质损耗

电气绝缘材料称为电介质，电介质能建立电场，储存电场能量，也能够消耗电场能量。短期场强会引起电介质击穿破坏，长期较低场强会造成老化破坏。总之在电场作用下，电介质会发生极化、电导、介质损耗和击穿四种基本物理过程。

电介质损耗是交流电场中的电介质特性，交变电场下除了电导损耗外，还因周期性的极化存在，吸收电场能量，将电能转变为热能，一般统称这两方面的损耗为介质损耗。

电介质的功率损耗可用式（2-17）表示，即

$$P = U^2 \omega C \tan\delta \tag{2-17}$$

由式（2-17）可以看出，电介质的功率损耗 P 与外加电压 U^2 成正比，$\omega=2\pi f$（f 为频率），C 为介质电容量，取决于材料的介电常数 ε 和几何尺寸，均是给定值，所以电介质的功率损耗 P 取决于材料本身的损耗因数 $\tan\delta$。$\tan\delta$ 是衡量材料本身在电场中损耗能量并转化为热能的一个宏观物理参数，叫作电介质损耗角正切，又称为损耗因数。

因为电介质损耗发热消耗能量并可能引起电介质的热击穿，所以在电绝缘技术中，特别是当绝缘材料用于高电场强度或高频的场合时，应尽量采用 $\tan\delta$ 较低的材料。与涡流损耗一样，电介质损耗的发热同样也可以正面利用，比如利用高频（通常为 0.3～300MHz）介质发热来干燥材料（木材、纸、陶瓷等）、加工塑料以及胶粘木材等。利用电介质加热的优点是加热速度快、加热均匀、容易实现局部加热等。

第五节 电 弧

一、 电弧的形成

变压器及各种用电设备投入或者退出电网时，均由开关电器来完成。当其在大气中开断时，只要电源电压大于 12～20V、被关断的电流大于 0.25～1A，在触头间（简称弧隙）就会产生一团温度极高、发出强光、能导电的近似圆柱形的气体，这就是电弧。比如，铜触头间的最小生弧电压为 13V、最小生弧电流为 0.43A，开断 220V 交流电路时形成电弧的最小电流为 0.5A。

实际上开关电器在工作时，电路的电压和电流往往大于生弧电压和生弧电流。即开断电路时触头间隙中必然产生电弧。电弧的产生，一方面使得电路仍旧保持导通状态，而延迟了电路的开断；另一方面电弧长久不熄还会烧损触头及其附近的绝缘，严重时甚至引起开关电器的爆炸和火灾。建立在电弧理论基础上的各种开关电器的构造和工作原理，均和电弧有关，电弧在众多电气设备火灾事故中，作为一个很重要的点火源，已引起消防界的重视。因此，必须掌握电弧的产生和熄灭的原理，以便采取正确的措施，防范爆炸及火灾事故的发生。

电弧能够形成导电通道，是由于触头开始分离时，接触处的接触面积非常小，电流密度很大，这就使触头金属材料强烈发热。它首先被融化成为液态金属桥，然后有一部分被汽化，变成金属蒸汽进去弧隙。阴极表面在高温作用下，也发生热电发射，向弧隙发射电子。同时，触头间隙开始很小，电场强度极大，阴极表面内部的电子会在强电场作用下被拉出来，送向弧隙，这称为场强发射。由于场强发射与热电发射在弧隙中形成的自由电子，又被强电场加速，向阳极运动，具有足够动能的电子与弧隙介质中性点发生碰撞、游离。这种现象不断发生的结果，是触头间隙中的介质点大量游离，变成大量正、负带电质点，从而使得弧隙击穿、发弧。

电子动能大于介质的游离能（即游离电位）时，碰撞游离方可发生，但当电子动能小于介质游离能时，中性质点只能激励。电子在弧隙电场中动能的大小，由电子速度决定，而电子平均速度和介质密度及电场强度有关。在开关电器触头间通常充以游离电位高的氢、六氟化硫等物质，来达到使电弧易于熄灭并无法重燃的目的。开关油作灭弧介质，由于它在电弧高温下，能分解出游离电位高的氢气，易于灭弧。

碰撞游离是电弧发生的主要原因，触头间的强电场是电弧发生的必要条件，弧隙介质的热游离则是维持电弧燃烧的主要因素。产生电弧时，弧隙中电子、原子及分子互相碰撞，并不断交换能量，使弧隙中介质温度迅速增加，弧柱温度高达 6000～7000℃，甚至 10 000℃以上。一般气体当温度大于 7000～8000℃时，金属蒸汽温度大于 3000～4000℃，热游离产生的电子，就能够形成导电通路，使电弧得以维持。

二、 电弧的熄灭条件

电弧燃烧时，弧隙在高温作用下，随时都发生着游离与去游离过程。当游离速度大于去游离速度时，电弧稳定燃烧；如果去游离速度大于游离速度，则电弧熄灭。因此，只要设法削弱游离作用，加强去游离作用，就能使电弧熄灭。去游离的方式分为两类：复合与扩散。

（一） 复合

两个带有异号电荷的质点相遇后重新结合为中性质点，而电荷消失的现象，称为复合，复合的一般规律是电子先附着于中性原子或灭弧室固体介质表面，再和正离子结合成中性质点，但弧隙中电子运动速度较快，难以与慢速正离子复合。复合的速度与下列因素有关：

（1）带电质点的浓度越大，复合机会越多，复合率就越高。当电流一定时，电弧截面越小或者介质压力越大，其带电质点的浓度也越大，复合就强。断路器灭弧室直径通常都做的较小，这样可提高带电质点

的浓度，有利于灭弧。

（2）电弧温度越低，带电质点的运动速度越慢，复合就越容易。因此，加强电弧的冷却，可提高复合率。交流电弧电流过零时，复合作用特别强烈。

（3）弧隙电场强度小，带电质点运动速度慢，结合的可能性大，因此，提高开关电器的开断速度，有利于复合。

可见，增加弧隙介质压力，加强电弧冷却和开关的开断速度，可以促进带电质点的复合，有利于灭弧。

（二）扩散

弧隙中介质被游离的带电质点，由于热运动从浓度较高的区域向浓度较低的周围气体中移动的现象，称为扩散。扩散结果使弧道中带电质点减少，相当于去游离。扩散速度与以下因素有关：

（1）弧区和周围介质的温差。

（2）弧区和周围介质带电质点的浓度差。

（3）弧柱表面积的大小。

断路器开断、闭合电路时都要形成电弧，只是前者大，后者小。为了急剧而可靠地切断短路电流产生的强大电弧，断路器依照上述原理，制成各式各样的灭弧装置。

三、开关电器灭弧的基本方法

（一）气吹灭弧

气吹灭弧的原理是将压缩气体注入弧道，使电弧受到冷却及拉长，造成强烈去游离而使电弧熄灭，如图 2-11 所示。横吹比纵吹效果好，理由是它能够使电弧长度和表面积增大，从而加强了电弧的去游离作用。气吹速度越快，灭弧效果越好。在高压断路器中，通常采用纵、横吹同时使用的方法，以提高灭弧速度。

空气断路器、六氟化硫断路器等灭弧装置中即是用气吹灭弧的。负荷开关、管型避雷器等灭弧用气体的产生，是用电弧高温使有机物质分解形成的。

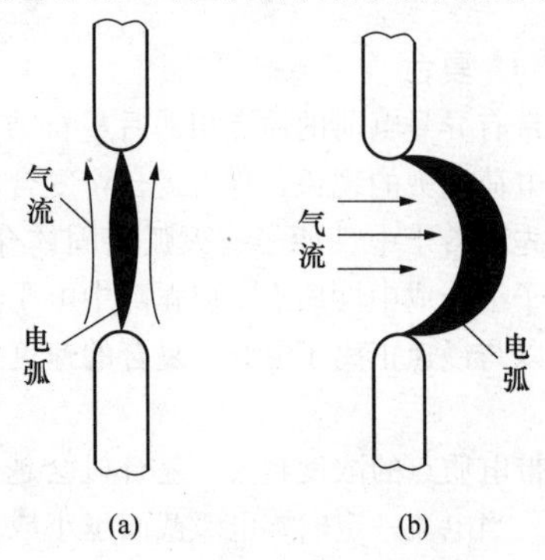

图 2-11　气体吹弧示意图

（a）纵吹；（b）横吹

（二）油吹灭弧

油断路器就是用油吹灭弧的，油断路器的灭弧室可以制成各种不同结构形式，在电弧高温作用下，使油流高速纵吹或横吹灭弧。

（三）电磁灭弧

电弧带电质点质量很小，它在电磁力的作用下，快速向周围介质中移动，起到气体横吹效果，从而使电弧拉长、冷却，达到熄灭的目的。电磁灭弧在低压开关电器中使用较广。常见的利用电磁力移动电弧的方法有：

（1）凭借电弧各部分电流之间电动力的相互作用，以及电弧高温形成空气向上流动等原因，使电弧快速拉长、冷却而熄灭，如图 2-12（a）所示。

（2）利用磁性物体来影响电弧电流产生的磁场方向，使电弧向一边移动而拉长，如图 2-12（b）所示。例如磁力启动器的灭弧栅，用铁磁材料制成，将电弧吹入栅内，使其急剧熄灭。

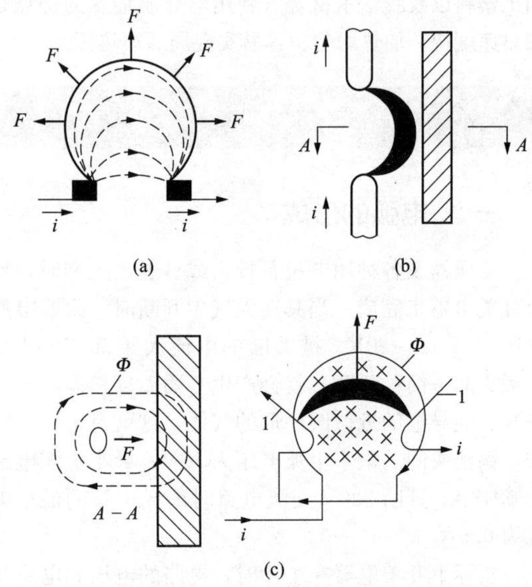

图 2-12　各种电磁灭弧原理图

（a）示意图一；（b）示意图二；（c）示意图三

（3）利用磁吹原理，将电弧拉长使其熄灭，如图 2-12（c）所示。磁吹线圈产生的磁场方向和电弧垂直，使电弧受力沿着触头的弧角 1 方向运动，达到熄弧目的。

（四）狭缝灭弧

狭缝灭弧是指使电弧与固体绝缘介质紧密接触，加强冷却与复合作用，熄灭电弧。例如，狭缝灭弧栅和填料式熔断器等。

（五）将长弧分成若干短弧

该方法是指电弧穿过一排与电弧垂直放置的金属

片，把长弧切成数段短弧。短弧电压降主要决定于阴、阳极的电压降。若栅片数目较多，使各段压降之和大于外加电压，电弧由于得不到所需的最低电压而熄灭。交流短弧在电流过零熄灭后，因近阴极效应而使每段弧隙介质骤增到150～250V，数段弧隙串联起来，便可获得很高的介质强度，使电弧在电流过零熄灭，不易重燃。

当动、静触头分开发生电弧，电弧在电动力及栅片磁场力的作用下，由栅片的缺口 A 处移动到 B 处，并继续上升至栅片内磁阻最小处 C，使电弧被栅片切割成数段短弧，如图 2-13（a）所示。如将相邻栅片布置得高低不一，相邻栅片缺口相互错开，电弧在栅片之间将发生上、下、左、右扭斜，使弧径增长，灭弧能力进一步得到提高，如图 2-13（b）所示。

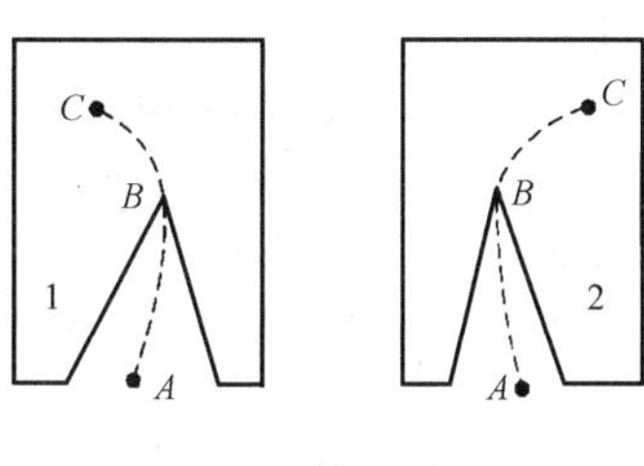

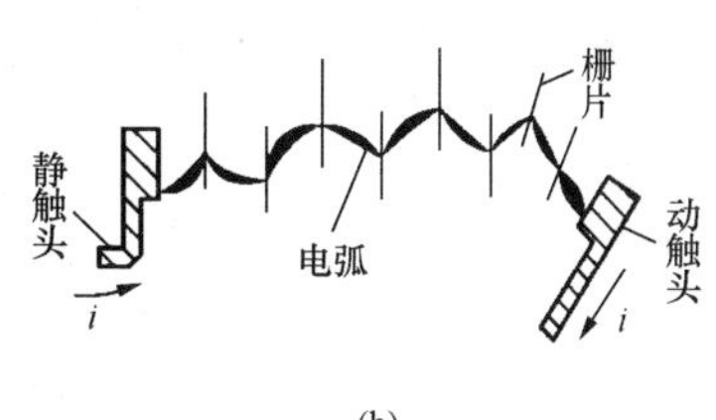

图 2-13　不对称栅片电弧路径示意图

（a）栅片；（b）栅片排列及电弧路径

（六）提高触头的分离速度

触头分断速度快，弧隙距离增大也快，电弧被急剧拉长，对灭弧有利。要快速分断，可采用强力断路弹簧，它可将触头分离速度提高到 4～5m/s。

（七）利用多断口灭弧

这种灭弧方法大多用在高压断路器中，即在一相断路器内，做成多个断口，如图 2-14 所示。在其他条件相同时，多断口断路器具有很好的灭弧能力。具有两个以上断口的超高压断路器中，为了确保各断口处电压的平均分配，必须在个断口间并联均压电容。

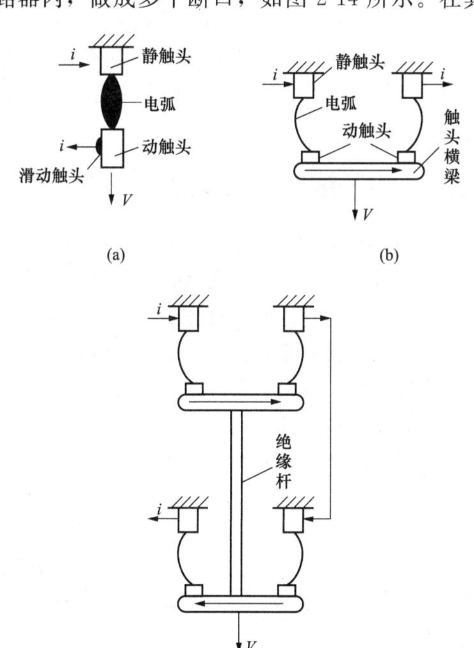

图 2-14　一相内多断口触头示意图

（a）示意图一；（b）示意图二；（c）示意图三

第六节　荧光灯镇流器的发热特点

目前，广泛使用的荧光灯镇流器有两种类型：电感镇流器与电子镇流器。两者的工作原理、组成器件互不相同，因此对发热的影响也不尽相同，两种镇流器的工作原理及发热情况分析如下。

一、电感镇流器的发热

（一）电感镇流器的工作原理及构成

电感镇流器和启辉器配合解决了气体放电灯的点燃与限流问题，电感镇流器接线图如图 2-15 所示。

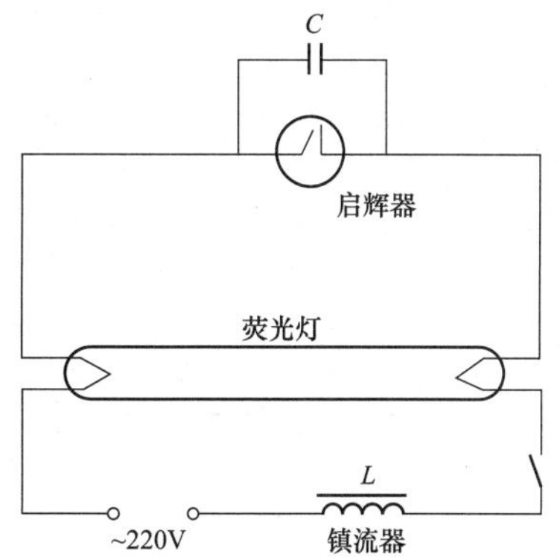

图 2-15　电感镇流器接线图

开关接通时，电源电压通过镇流器和灯管灯丝安装到启辉器的两极，220V的电压立即使启辉器内的惰性气体电离，产生辉光放电，辉光放电的热量使得双金属片受热膨胀，两极接触。电流通过镇流器、启辉器电极和两端灯丝构成的通路，灯丝迅速被电流加热，发射出大量电子。此时，由于启辉器两极闭合，两极间电压为零，辉光放电消失，管内温度下降，双金属片自动复位，两极断开。在两极断开的瞬间，电路电流突然切断，镇流器产生较大的自感电动势，与电源电压叠加后作用在灯管两端。灯丝受热时发射大量的电子，在灯管两端高电压作用下，以极高的速度由低电势端向高电势端运动。在加速运动的过程中，碰撞管内氩气分子，使之快速电离。氩气电离生热，热量使水银产生蒸汽，随后水银蒸汽也被电离，并发出强烈的紫外线。在紫外线的激发下，管壁内的荧光粉发出接近白色的可见光。荧光灯正常发光后。由于交流电通过镇流器的绕组，绕组中形成自感电动势，自感电动势阻碍绕组中的电流变化，此时镇流器起降压限流的作用，使电流稳定在灯管的额定电流范围内，灯管两端电压也稳定在额定工作电压范围内。由于这个电压低于启辉器的电离电压，因此并联在两端的启辉器这时也就不再起作用了。

可以看出镇流器在点燃阶段起的是提供高电压的作用，在点然后则起到限流的作用。电感镇流器由绕组、铁芯、端盖、接线柱、底板等组成，绕组与铁芯是其主要部件。

（二）电感镇流器的发热

从上面的分析知道，荧光灯在点然后正常工作的过程中，镇流器线圈始终流过交流电流。由电感镇流器的构成可知，其工作原理类似于变压器。因此，从损耗发热的角度来说，电感镇流器的损耗由两部分组成，即铁损与铜损。绕组自身有一定的电阻，必然引起线圈发热，这部分损耗即是电感镇流器的铜损。同时，因为铁芯位于变化着的磁场中，所以将在铁芯中引起感生电流，也就是涡流，它也会引起电能的损耗。另外，因为铁磁材料的磁性状态变化时，磁化强度滞后于磁场强度，所以还会引起磁滞损耗，同时还包括残余损耗。三者均因铁芯中的交变磁场而起，共同构成了电感镇流器的铁损。不同的铁芯材料及结构，这三种损耗的差别非常大。

上面的发热分析是针对电感镇流器正常状态的，电感镇流器处于异常状态时，其发热和正常状态相比较差异很大，发热量也更大，极易造成镇流器过热，这不仅对镇流器本身的寿命和性能有很大影响，还会形成火灾隐患。造成镇流器异常发热的主要因素包括以下几个：

（1）灯管损坏：灯管使用到接近寿终时，某一阳极发射不足造成半波整流效应现象，这时灯管两个阴极发射电子不对称，形成单向导电，使输出电流正、负半周发生失配，形成大电流，导致镇流器发热比正常情况高得多。

（2）启辉器故障：启辉器短路造成荧光灯两端发红但是灯不启动，镇流器总处于通过预热电流的状态，镇流器发热量迅速上升，温度可达150℃以上。

（3）散热不良：因散热空间太小或安装环境等原因，镇流器无法很好地散热，绕组的累积温度可能大于150℃。

（4）镇流器内部组件故障：漆包线质量差极易造成匝间短路导致绕组电流增大，温度上升。采用的硅钢片材质差或少用硅钢片，易导致涡流损耗增大，从而导致温升大幅增加。

（5）寿终效应：镇流器寿命快终止时，有可能在上述各种因素的影响下导致绕组温度达到130～200℃。

（6）其他：高低电压的冲击、非标准灯的配用、启辉器触点黏接以及电路连接不良等都有可能使温度升高。

二、电子镇流器的发热

（一）电子镇流器的工作原理及构成

电子镇流器是将低频的交流电通过整流变为直流电，再经升压与逆变，变为高频高压，通过高频高压将灯点燃。与电感镇流器相比，电子镇流器是通过高频电压点燃灯管，电感镇流器则是通过工频电压点燃灯管，电感绕组在点燃后仍然起到限流的作用。电子镇流器主要由各种电子元器件组成，其基本构成框图如图2-16所示。

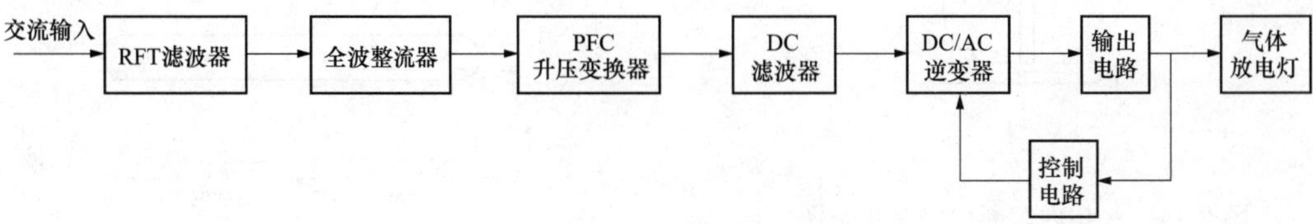

图2-16 电子镇流器基本构成框图

（二）电子镇流器的发热

电子镇流器发热主要来自功率晶体管、LC 串联谐振电路中的电感扼流圈、滤波用电解电容器以及脉冲变压器磁环等，其中，功率晶体管和扼流圈的温升最为突出。一支 40W 的荧光灯所使用的电感镇流器自身大约要消耗 8W 的功率，而用电子镇流器则大约仅消耗 4W 的功率。因为自身消耗的功率小则发热小，所以电子镇流器的发热没有电感镇流器明显。

三、镇流器发热的影响因素与特点

（一）镇流器发热与环境温度

1. 电感镇流器

电感镇流器的发热主要由铁损与铜损引起，要分析电感镇流器发热的大小与环境温度的关系，首先需要分析铁损与铜损的大小与环境温度的关系。

镇流器的铁损和变压器相似，主要由磁滞损耗和涡流损耗组成，镇流器铁损的大小与频率以及铁芯磁通量的大小直接相关，与环境温度的关系不如铜损密切，而且分析起来比较复杂，在此不做深入分析。

镇流器的铜损，即绕组的电流热效应，铜损的大小和绕组电阻的大小及电流大小的平方成正比。镇流器在一定的电源电压条件下驱动荧光灯，流经镇流器绕组的电流大小是确定的，唯一变化的就是绕组的电阻。

因此，对于确定的镇流器，驱动确定的荧光灯时，镇流器铜损引起的发热只是与镇流器绕组的电阻相关。知道导体电阻的大小是与温度密切相关的，根据式（2-12），镇流器绕组的电阻会随着绕组本身温度的升高而增大。分析镇流器绕组的发热就必须考虑不同环境温度下镇流器绕组电阻的不同，而且还要考虑镇流器工作过程当中绕组发热导致自身温度升高后电阻的再次增加。因为镇流器绕组的发热是随着环境温度的升高而增大的，所以镇流器绕组的温升理论上来说也是随着环境温度的升高而增大的。

2. 电子镇流器

电子镇流器的发热主要由内部的电子元器件的功耗引起电子镇流器内部电子元器件较多，而且发热量均不大，不像电感镇流器有核心发热部件。因此可认为电子镇流器的温升在不同的环境温度下也不会有显著变化，基本上可认为正常使用环境温度的变化范围内，电子镇流器的温升是固定的。

（二）镇流器发热与灯管

镇流器与灯管的相互匹配是非常重要的，只有两者处于最佳匹配的状态，才能确保灯管和镇流器稳定工作在最佳状态，既有高质量光效，又可以维持长寿命。两者匹配不光是指功率上相互匹配，而且包含灯管电压和灯管电流等参数和镇流器的匹配。镇流器和灯管处于最佳匹配的状态时，镇流器的效率最高，发热量也在允许的范围内，两者相互之间不匹配时，镇流器的效率低于最高效率，必然造成浪费，特别是当镇流器功率小于灯管功率时，相当于“小马拉大车”，极易造成镇流器绕组流过的电流超过允许值，从而造成发热量的快速上升。

（三）荧光灯镇流器的发热特点

通过荧光灯镇流器温度变化情况的实际测试、数据分析以及达热稳定所需时间的计算，可以得出以下结论：

（1）镇流器的温度按照指数曲线变化。

（2）电感镇流器达到热稳定所需的时间大于电子镇流器。

（3）电感镇流器外表面的温度以上表面为最高。

（4）对于电感镇流器，常温下达到热稳定后，绕组温度要比外壳表面的最高温度高约 10K。

（5）电源电压变化对电感镇流器发热的影响明显大于电子镇流器。

（6）灯管状态对电感镇流器的发热有非常显著的影响，灯管长时间处于启动状态会造成镇流器发热的大幅增加。

（7）从发热机理和驱动灯管的原理而言，电感镇流器的火灾危险性要明显高于电子镇流器。

第七节　小型断路器接线端子的发热

一、接线端子的结构特点及其发热

接线端子属于电连接器件，与本身结构严密具有整体性的导体相比，其结构具有以下特点：

（1）接线端子的作用在于将导线和电器或者导线和导线进行连接，因此结构不像导体本身那样紧密，其接触的紧密程度受外界因素影响较大。

（2）接线端子为了将导线和电器或者导线和导线连接得更加紧密，确保良好的接触，同时便于安装、拆卸和维修，运用了其他一些器件，因此增加了其内部接触点和接触面的数量，也就增大了接触电阻。

（3）接线端子由于实际维护操作的需要，通常没有绝缘层保护，处于裸露状态，很容易和可燃物直接接触。

（4）接线端子和绝缘导线的连接大多是人工安装，安装质量不可能 100%保证，而且会随着时间的推移出现接触不良或松动。

接线端子的发热属于电接触发热。断路器接线端子引发火灾的案例很多，接线端子温度的检测在实际电气防火检测中占有较大的比重，而且相比其他只起电连接作用的接线端子情况更为复杂，因此很有必要对断路器接线端子的发热进行重点分析。

二、断路器的结构特点及其接线端子发热

接线端子有两种，一种只起连接作用，另一种是电器上用来和导线连接的端子，比如断路器接线端子。这里重点介绍断路器接线端子发热的特点。

（一）断路器的结构特点

断路器主要由触头系统、灭弧室、热双金属脱扣器、电磁式脱扣器、接线端子、外壳等几部分组成。

典型的小型断路器内部结构如图 2-17 所示，图 2-17 中左侧片状金属即是双金属片——热双金属脱扣器，也称热脱扣器，中间绕组处则是电磁脱扣器，右侧钩状物为动触头。

图 2-17　典型的小型断路器内部结构

上述 6 个主要部分，除了外壳与灭弧室自身不发热外，其他 4 个部分均会发热，其中触头系统、热双金属脱扣器及电磁式脱扣器的发热量最大。

（二）断路器接线端子的发热

断路器接线端子和断路器内部的触头系统、热脱扣器、电磁脱扣器通过主电路相连，因此分析断路器接线端子发热，必须从直接发热与间接发热两个方面去分析，除了考虑接线端子自身流过的电流引起的热效应外，还需考虑热量的传递对端子温升的贡献。

1. 断路器接线端子发热的直接原因

断路器接线端子发热的直接原因非常简单，根据导体发热的原理分析即可，电流即为断路器流过的电流，电阻则为接线端子部分的接触电阻。很明显，电流越大，这个直接原因对接线端子贡献的发热就越大，对于接触电阻，影响的因素较多，其中拧紧力矩是可控的，通过简单的测试就可以知道大小。

2. 断路器接线端子发热的间接原因

触头系统包括动触头与静触头，两者接触则形成通路，两者分开则断开回路，断路器闭合、断开回路即通过它来实现，它的发热和接线端子直接发热的原理完全相同，影响因素包括电流和接触电阻。热双金属脱扣器的核心元件为双金属片，线路过载时依靠其遇热弯曲的特性断开电路，因此具有易发热的特点，某些类型的断路器还需在双金属片上缠绕加热丝以增加发热。电磁式脱扣器由磁轭和衔铁构成，电流流过绕组形成电磁场，不但有绕组的电阻损耗，而且有涡流损耗。三者是断路器内部的主要热源，并通过主电路与接线端子相连，因此断路器接线端子的发热不仅受接线端子处导体的电阻及接触电阻发热的影响，还会受断路器内部发热元件的影响。

上述直接和间接原因，到底哪个的影响更大，需根据不同情况去分析。正常情况下，接触电阻在正常范围内时，电流的大小是主要的影响因素。异常情况下，若断路器接线端子处出现接触不好、压接不牢、导致接触电阻增大，这时接触电阻发热的影响将大大增加。

从上面的分析可以知道，断路器接线端子的发热比单纯只起连接作用的接线端子的发热要复杂很多。对于实际的电气防火检测来说，断路器接线端子的温度特性十分值得研究，毕竟影响断路器接线端子温度的因素不止一个。因此不仅要从理论上分析其发热的影响因素，而且要进行接线端子温度的实际测试，针对具体数据进行分析。

（三）影响断路器接线端子发热大小的因素

从发热、传热和散热方面进行分析，影响断路器接线端子发热的因素主要包括下列几个：

1. 电流大小

从电流的热效应方面进行分析，电流的大小是最主要的影响因素，因为计算热效应时参与运算的是电流的平方。

2. 接触电阻

从电流的热效应方面进行分析，接触电阻是和电流并列的最主要的影响因素。

3. 内部热源

内部热源对断路器接线端子发热的影响是通过热传递实现的，金属导体的传热效率必须考虑。

4. 外部热源

外部热源即近旁的断路器，它们对断路器接线端子发热的影响包括两个方面，一是传热，二是散热。若旁边的断路器负载率较高，发热明显，它就会通过传热影响临近的断路器，同时该断路器自身的散热也会由于旁边断路器的存在而受到影响。

5. 内部散热空间

断路器内部的散热空间对断路器接线端子的发热也存在一定的影响，主要通过散热的形式体现，内部散热空间越小，越容易引起热量的积聚，热量积聚则导致温度升高。

6. 导线的截面积和材质

接线端子压接导线的截面积与材质是单位长度导体电阻大小的决定因素，可以纳入电流热效应的范围，通过传热影响端子本身的温度。

7. 拧紧力矩

拧紧力矩是指固定断路器接线端子时的力矩，拧紧力矩的大小直接影响接触电阻的大小，由于接触电阻的影响因素众多，而且大多难以简单判断，仅有拧紧力矩较为直观，所以将其单独作为一个影响因素。

（四）断路器接线端子异常发热的不良影响

断路器接线端子异常发热的不良影响较多，最严重的就是导致火灾，其他还有如下：

1. 误动作

断路器的过载断路是通过热脱扣器实现的，关键部件即是双金属片，双金属片受热弯曲导致脱扣器动作断开电路。一旦断路器接线端子异常发热，与其直接相连的热脱扣器，有可能受接线端子异常高温的热传导影响，而造成双金属片异常弯曲，从而导致断路器在未达动作电流时误动作。

2. 烧坏端子

断路器接线端子异常高温，会加快端子接触部位的氧化，进而增大接触电阻，接触电阻增大又造成发热增加，从而形成恶性循环，最终可能烧坏接线端子。

3. 损坏导体绝缘

接线端子是导体与断路器相联结的部位，一旦端子异常发热，形成异常高温，则有可能导致接近端子部位的导体绝缘受到影响，甚至损坏。

（五）断路器接线端子的发热特点

（1）小型断路器接线端子的温度除了受到端子本身电流热效应的影响外，还要受断路器内部发热器件的影响，因此上、下接线端子会存在一定的温差。

（2）小型断路器接线端子正常工作状态下的温度变化曲线呈指数形式。

（3）分析小断路器的接线端子温升应考虑其结构模型的不同，同一结构模型的小型断路器可当作一个系列，同一系列之间可以进行对比分析，同一系列的小型断路器，一样的负载率下接线端子的稳定温度随着额定电流的增加而增加，相同负载率下接线端子温度上升速率随着额定电流的增加而增加。

（4）小型断路器接线端子的稳定温度和负载率直接相关，负载率对小型断路器接线端子的稳态温度与达到热稳定所需的时间有直接且明显的影响，随着负载率的升高，小型断路器接线端子的稳定温度与达到热稳定所需时间随之增加。

（5）小型断路器接线端子拧紧力矩对接线端子的稳定温度的影响不如负载率明显，拧紧力矩在50%～100%之间时，可以不考虑拧紧力矩的影响；拧紧力矩在30%左右时，其影响比较明显。

（6）小型断路器接线端子表面温度及内部温度的差异随着接线端子温度的升高而增大。

（7）根据低负载率下接线端子的稳定温度计算高负载率接线端子的稳定温度，其误差和负载率相关，实际计算需要参考试验数据进行校正。

（8）若测试时最小测量目标大于断路器接线端子直径，则红外辐射测温仪测试接线端子温度的准确性受到接线端子周围断路器表面温度的影响，影响随着断路器表面温度的升高而增大。

（9）相同型号的小型断路器在负载率与拧紧力矩相同情况下，不同个体接线端子稳态温度之间的差异随着额定电流的增加而增加。

（10）小型断路器并排布置对上、下接线端子稳态温度影响的大小有所不同，相对于单独布置，并排布置对上接线端子温度的提升作用应大于下接线端子。

第三章
电气火灾原因分析

第一节 火灾形成的研究与分析

一、火焰及热的传播

（一）火焰的概念

火焰是指发光的气相燃烧区域。

火焰的存在是燃烧过程进行中最显著的标志。凡是气体燃烧，一定会有火焰存在，这是由于气体燃烧时必须有燃烧气体和空气中的氧气相互混合接触的区域；液体燃烧实质为液体蒸发出的蒸气在燃烧，故也属于气相燃烧，因此也有火焰存在；固体燃烧如果有挥发性的热解产物生成，这些热解产物燃烧时同样也是在气相中进行的，所以也有火焰存在。

由于木炭、焦炭等无热解产物的固体燃烧时没有气相存在，因此没有火焰，只有发光现象的灼热燃烧，故称无焰燃烧。

（二）火焰的分类

（1）火焰按状态的不同，可分为静止火焰与运动火焰两类。

1）静止火焰，即火焰不动，而可燃物与氧化剂不断流向火焰处（燃烧区）的火焰。静止火焰还可以进一步分成两种类型：第一种是可燃物一面与空气接触一面完成燃烧反应。当火焰的尺寸较小时，燃烧过程主要决定于空气和可燃物的相互扩散速度，称这种火焰为扩散火焰（即扩散燃烧形成的火焰）；第二种是可燃物与空气或氧气事先已部分混合，但尚未完全混合，且必须低于爆炸下限的火焰。普通煤气灯的火焰，就是这种火焰。煤气灯是事先混合的浓度低于爆炸下限的气体从管口流出，其流速大于该混合物的正常燃烧速度，这时在灯口上即具备这种稳定火焰。

2）运动火焰，即火焰移动，可燃物与氧化剂不动的火焰。例如，将可燃气体与空气混合物导入一玻璃管内，从一端点燃混合物，便发生火焰，并且火焰向另一端传播（运动火焰也叫预混火焰）。

（2）根据流体力学原理，按通过火焰区的气流性质，火焰可分为层流焰与湍流焰。处于层流焰与湍流焰之间的火焰，称为过渡焰，如图 3-1 所示。

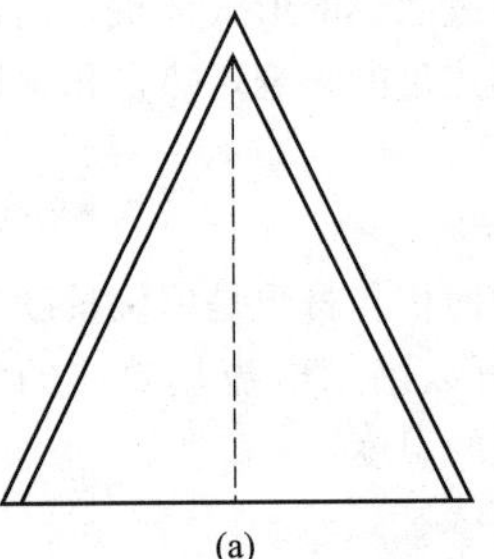

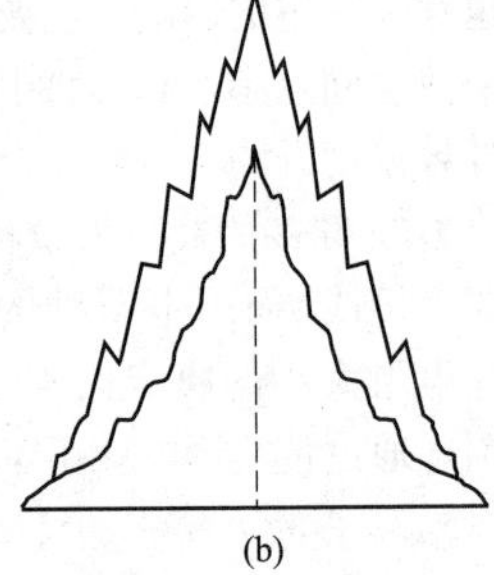

图 3-1 层流火焰与湍流火焰的外形
（a）层流火焰；（b）湍流火焰

1）层流焰。由流体力学可知，层流指流体的质点作一层滑过一层的运动，层与层之间没有明显的干扰。在层流焰中，反应物、产物的各成分的混合与移动，全是由各向同性的分子运动来完成的。

2）湍流焰。湍流指流体在流动时，流体的质点有剧烈的骚扰涡动。湍流火焰比层流火焰短，火焰加厚，发光区模糊，有显著噪声等。在湍流焰中，所有过程是由各向异性的涡流所致，在湍流燃烧情况下，燃烧强化，反应率增大。这种情况可以是以下任意一种因素或三种因素共同起作用引起：①湍流使得火焰面变弯曲，因而增大了反应面积；②湍流加剧了热与自由基的运输速率，因而增大了燃烧速率；③湍流能够使已燃烧热气与未燃烧新鲜可燃气迅速混合，缩短混合时间，提升了燃烧速率。

（三）火焰的光

火焰一个重要的特征就是发光。但组成不同的物质燃烧所产生的火焰，其光的明亮程度和颜色则不同。因此又把火焰分为显光火焰和不显光火焰两类。

所谓显光火焰是指那些光亮的火焰。在一般情况下很易被人看清。所谓不显光火焰是指那些不明亮的，一般不易被人看清，尤其是强光下人眼不易看到的火焰，如甲醇燃烧时的火焰。

有机可燃物在空气中燃烧时，其火焰的亮度及颜色主要取决于物质中氧和碳的含量。因为碳粒是引起火焰发光的首要因素，所以物质中含氧量越多，燃烧越完全，在火焰中产生的碳粒就越少，因而火焰的光亮度就越弱或不显光（呈浅蓝色）。若物质中含氧量不多，而含碳量多，由于燃烧不完全，在火焰中可以产生较多的碳粒，便使火焰亮度增加。含碳量越多，火焰中的碳粒越多，以致使大量的碳粒聚集成碳黑。通常称这种火焰为熏烟火焰。例如乙炔、苯等在空气中燃烧时，其火焰就是熏烟火焰。

如果将可燃物的组成同它的火焰特征比较，就能够发现这样的规律：含氧量达 50%以上的可燃物，燃烧时成不显光的火焰；含氧量不足 50%的物质燃烧时，生成显光的火焰；含碳量在 60%以上的可燃物燃烧时则生成显光而又伴有大量熏烟的火焰。

火焰显不显光不但与物质的组成有关，而且还与燃烧条件有关。如果将纯氧引入火焰内部，则原来显光的火焰就会成为不显光的火焰，而有熏烟的火焰，就会成为无熏烟的火焰。例如，乙炔在空气中燃烧时产生熏烟，而在纯氧中则无熏烟（例如气焊、切割的火炬焰）。对于气体的扩散火焰，如改变可燃物的流量，也会使火焰特征产生变化。如气体喷嘴的直径在一定范围内时，火焰中不产生炭黑，即无熏烟。但是，随着喷嘴直径的增加，可燃物流量的增大，发光区的扩大，空气里的氧气就很难满足燃烧的消耗，当达到一定程度时便会产生炭黑。

物质燃烧的火焰颜色是通过燃烧物在火焰中的产物来确定的。例如，在不显光的甲醇火焰中引进锶盐，则火焰变成红色，而引进钠盐时，则火焰为黄色。这是因为引进火焰中的盐离解并且生成固体分子或金属原子，发射出它本身的特征光线。焰火剂、信号弹、照明弹就是按这一原理制成的。

（四）火焰的结构

火焰的结构从里到外可分为三层。每一层中，因为气体的成分、燃烧进行的过程和燃烧温度的不同有着不同的特点。蜡烛火焰的结构如图 3-2 所示。

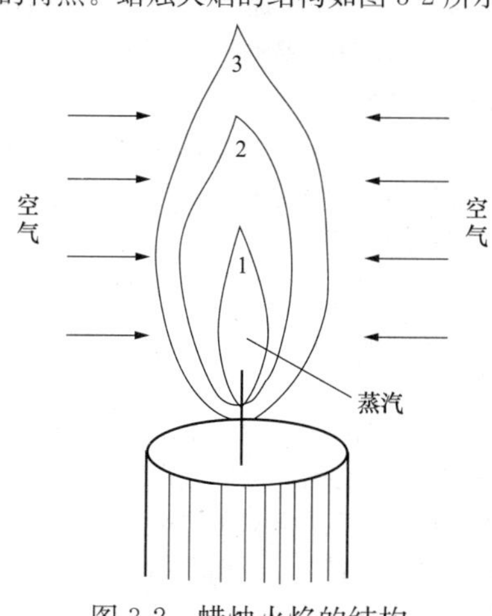

图 3-2　蜡烛火焰的结构

（1）焰心是火焰内部靠近火焰底较暗的圆锥体部分，由可燃物质受高温作用后被蒸发以及分解出来的气体产物所构成。在焰心里，因为空气不足，温度低，不发生燃烧，只为燃烧做准备。

（2）内焰指包围在焰心外部的比较明亮的圆锥体部分。在内焰里气体产物进一步分解，产生氢气及许多微小碳粒，并局部地进行燃烧，温度比焰心高。在内焰里，因为氧气供应不是很充分，大部分碳粒没有燃烧，只是被灼热而发光，所以内焰的亮度最高。

（3）外焰指包围在内焰外面几乎没有光亮的部分。这一部分由于外界氧气供给充足，形成完全燃烧。在外焰里燃烧的通常是一氧化碳和氢气，而这些物质的火焰在白天不易看见，而且因为在这里灼热的碳粒很少，所以几乎没有光亮，但温度比内焰高。

可燃物在燃烧时，根据其状态的不同以及氧化剂供给方式的不同，火焰的构造也不完全相同。可燃固体与液体燃烧时发出的火焰，都有焰心、内焰和外焰三个区域。但是可燃气体燃烧时发出的火焰，只有内焰和外焰两个区域，而没有焰心区域，这是由于气体燃烧通常无相变过程的缘故。在火焰体中，不同部位具有不同的温度。焰心的温度最低，外焰的温度最高。在火场上，固体表面的形状及堆放的方法不同，火焰的形状也不同；受风力等外界环境因素的影响，也导致固体、液体的火焰形状有所不同。有人对蜡烛火焰的温度做过精细的测量，其结果如图 3-3 所示。

液体扩散火焰的温度分布如图 3-4 所示。

（五）火焰与消防工作的关系

通常说来，气相燃烧的物质着火都有火焰产生。火焰温度与火焰颜色、亮度等相关。火焰温度越高，火焰越明亮，辐射强度越高，对周围人员及可燃物的威胁就越大。因此，在火场上可以根据火焰特征采取对应的救援措施。

（1）因为大多数可燃物燃烧都有火焰产生，所以可以根据火焰认定着火部位和范围。

（2）根据火焰颜色，可大体判定出是什么物质在燃烧，以便灭火时胸中有数。

（3）根据火焰大小和流动方向，可估计其燃烧速度和火势蔓延方向，便于及时确定灭火救灾的最佳方案（含主攻方向、灭火力量及灭火剂等），迅速扑灭火灾，减少损失。

（4）掌握不显光火焰的特点，避免火焰扩大火势和灼伤人员。因为有些物质，如甲酸、甲醇、二硫化碳、甘油及硫、磷等燃烧的火焰颜色呈蓝（黄）色，白天不易见，所以，在扑救这类物质的火灾时，一定要注意流散的液体是否着火，以免火势扩大和发生烧

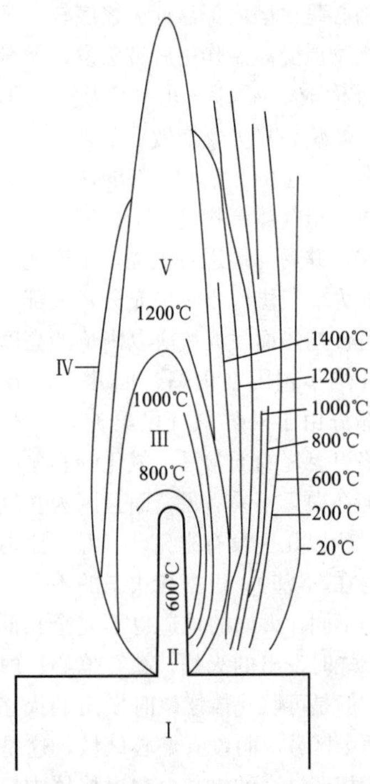

图 3-3 蜡烛火焰中的温度分布（用热电偶测得）

Ⅰ—蜡烛；Ⅱ—灯芯；Ⅲ—暗区（焰心）；

Ⅳ—H_2和CO区，主要反应区（外焰）；

Ⅴ—发光区（内焰）

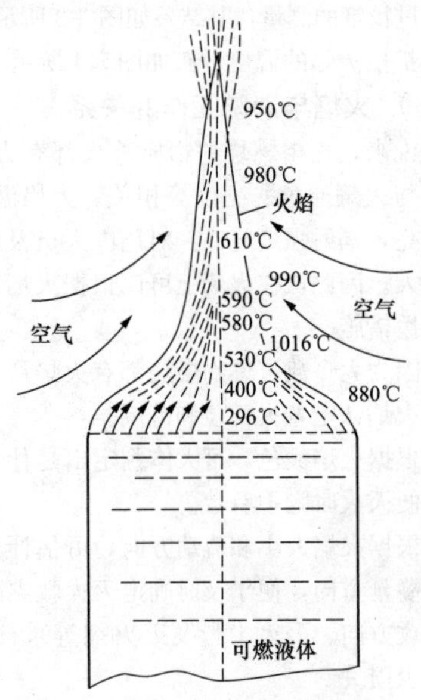

图 3-4 液体扩散火焰的温度分布

伤事故。

(5) 可根据火焰颜色大致判断火场的温度和辐射强度，见表 3-1。

表 3-1 火焰颜色、燃烧温度和辐射强度比较

火焰颜色	温度（℃）	辐射强度［kcal/（m²·h)］
暗	<400	>10 100
稍有红色	500	17 700
深红色	700	44 400
樱红色	900	9370
鲜明樱红色	1000	130 000
橙黄色	1100	176 000
鲜明橙黄色	1200	232 500
白色	1300	302 000
耀眼白色	>1500	490 000

注 1kcal=4.186 8J。

(6) 火焰对火灾蔓延的影响。在火灾情况下，火焰发展、蔓延的趋势除与可燃物本身的性质有关外，还要受到气象、堆垛状况和地势的影响。对于室外火灾，火焰蔓延受风速的影响很大。风速大，蔓延速度快。在同风速情况下，火焰蔓延的规律是顺风>侧风>逆风；对于液体火灾，火焰的蔓延速度不仅受风的影响，而且还受地势的影响，因为液体能从高地势的位置流向低洼处，所以火焰也随之蔓延。

（六）燃烧温度的概念

可燃物质在燃烧时所放出的热量，一般仅有10%用于加热燃烧物，而大部分消耗在加热燃烧产物上。由于热量是从物质燃烧的火焰中放出的，因此，一般地说，火焰的温度就是物质的燃烧温度。

为了比较各种物质之间的燃烧温度，一般使用燃烧的理论温度。即指可燃物质在空气中于恒压下完全燃烧，且没有热损失（燃烧产生的热全部用来加热产物）的条件下，产物所能达到的最高温度。物质的燃烧温度都不是固定的，视燃烧的条件而有所变化，主要影响因素是热损失的条件、空气与可燃物质的比例以及完全燃烧的程度等。

燃烧的理论温度不取决于烧掉物质的数量，因为不管烧掉物质的数量多少，燃烧产物单位体积上得到的热量是一样的。

物质燃烧时的实际温度（包括火场条件下燃烧温度），通常低于理论燃烧温度。因为一般地说，物质燃烧都进行得并不完全，而且燃烧时放出的热量也有一部分损失到周围环境。实际燃烧温度受可燃物与氧化剂的配比、燃烧速度及散热条件等因素的影响。如果可燃物与氧化剂的配比接近化学剂量比，则燃烧接近完全，燃烧速度快；散热条件差，则燃烧温度就接近理论燃烧温度。反之，就与理论燃烧温度差距较大。

根据实验测定，木屋火灾时的最高温度一般为1100～1200℃，有时最高温度可达1340℃。800℃以上的高温持续时间较短，不长于20min（因火焰蹿出窗口外墙后很快将屋檐木骨架烧光，以致倒塌，温度也随之而下降）；1000℃以上的温度通常只有1～4min；地板上的残火燃烧时间为45min～2h。

耐火建筑物的室内温度，火灾初期在100℃以下，一般在50℃左右。一进入火灾发展期，温度会急剧上升到800～1000℃。火灾最猛烈时，可燃物的发热量近半数被周围墙壁吸收，一部分热使室内温度上升，而另一部分热则从开口处向外辐射或随气流一起散发掉。室内温度与燃烧速度成正比，而与整个室内的表面积成反比。最猛烈期的持续时间取决于可燃物的数量和燃烧速度的大小。

（七）影响燃烧温度的主要因素

物质燃烧温度视燃烧条件而变化，其大致情况是：

(1) 可燃物质的组成和性质不同，燃烧温度也不同。例如：酒精火焰为1180℃，二硫化碳为2915℃，煤油为700～1030℃，汽油为1200℃，天然气为2020℃，木材为1000～1177℃。

根据测试，几种可燃物质火场燃烧温度的大致规律是聚苯乙烯树脂＞橡胶轮胎＞木材＞纸＞棉花。

(2) 参与反应的氧化剂的配比不同，燃烧温度也不同。例如：H_2在空气中燃烧时火焰温度为2130℃，而在纯氧中燃烧时火焰温度达3150℃。

(3) 燃烧持续时间不同，燃烧温度也有所不同。随着火灾延续时间的增长，燃烧温度也随之增高。

建筑物发生火灾后，其温度通常是随着火灾延续时间的增长而增高的。据测定，着火后10min，火焰温度一般为700℃左右，20min内为800℃左右，30min内为840℃左右，1h内为925℃左右，1.5h内为975℃左右，3h内为1050℃左右，4h内为1090℃左右。

火灾延续时间越长，被辐射的物体接受的热辐射越多，故邻近建筑物被烤燃蔓延的可能性也愈大（但是，当房屋倒塌或可燃物全部烧完时，温度就不再上升了）。因此，火灾发生后，及早发现，及时报警，将火灾扑灭在初期阶段是十分重要的。

（八）影响火灾发展时间和燃烧持续时间的因素

火场上，火灾的发展时间和燃烧的持续时间与窗洞面积与房间面积的比值大小有关，若减小窗洞与房间面积的比值，将会增加火灾的发展时间和持续时间。在房间体积相同的条件下，窗洞面积越大时，由于空气流入量较多，所以火灾发展的速度越快，而持续时间则越短。

（九）燃烧温度与消防工作的关系

(1) 根据某些物质的熔化状况或特征，可大致判定燃烧温度。如钢材在300～400℃时强度急骤下降，600℃时失去承载能力，因而没有保护层的钢结构是不耐火的。钢材有蓝灰色或黑色薄膜，有微小裂缝，有时呈龟裂现象，这是钢材经高温作用过热的主要特征；钢材只有火烧过的颜色痕迹，表面有时有深红色的渣滓存在，说明钢材虽然被火烧过但没有过热。玻璃在700～800℃软化，900～950℃熔化。普通玻璃在热气流温度约500℃时就会被烤碎；但在火灾时，由于变形，大多在250℃左右便自行破碎了。

(2) 根据燃烧温度，可大体确定物质火灾危险性的大小和火势扩展蔓延的速度。一般地说，物质的热值越高，燃烧温度越高，火灾危险性也就越大。这是因为，在火场上，物质燃烧时所放出的热量，是火势扩展蔓延和造成破坏的基本条件。物质燃烧时放出的热量越大，火焰温度越高，它的辐射热就越强，气体对流的速度就越快。这不仅会使已经着火的物质迅速燃尽，还会引起周围的建筑物和物质受热着火，促使火势迅速蔓延扩展；对不燃材料受高温作用后，也会逐渐降低或失去固有的机械强度而发生变形和毁坏，反过来又会加速火势蔓延。所以，在火场上，阻止热传播是阻止火势蔓延扩大和扑灭火灾的重要措施之一。

（十）热传导

热从物体的一部分传到另一部分的现象叫热传导。如在火炉上加热一根铁棒，尽管另外一端不在炉中加热，也感觉到烫手，这说明有热量的传递；再如各种热交换器中热量从管子的内壁传到外壁等这种形式的传热方式都属于热传导。

热传导的实质是物质分子间能量的传递。在这种传热形式中，物质本身不发生移动而能量发生转移。

固体、液体和气体物质均有这种导热性能，但以固体为最强。当然固体物质是多种多样的，其热传导能力也不一样，如在火灾条件下，在木质结构的表面，虽已达到高温，甚至开始燃烧，但其内部温度几乎不发生变化。如果是钢梁就会立即被加热，并能把热量很快地传导出去，使钢梁失去支撑力。这是由于金属比木材的导热能力强的缘故。一些固体的导热系数见表3-2。

表3-2　一些固体材料的导热系数

材料名称	导热系数[W/(m·K)]
铜(紫铜)	407.0
铝	203.0
黄铜	85.5
铸铁	49.9
钢	45.4
铅	35.0
大理石	2.91
混凝土	1.51
砖	0.81
水泥	0.30
普通玻璃	0.76
胶合板	0.17
刨花板	0.34
石棉板	0.16
纤维板	0.34
草板纸	0.13
油毡纸	0.17
橡胶制品	0.16
石膏板和块	0.33
木材	0.14～0.35

从消防安全观点来看，导热性良好的物质对于灭火战斗是不利的。由于热可通过导热物体传导到另一处，有可能引燃与其接触的物质，因此在侦察火情和灭火战斗中，不能认为火源周围是不燃结构就没有问题了，应该查看建筑构件及火源周围有没有导热良好的物体。

为了制止由于热传导而引着火势蔓延，在火场上应不断地冷却被加热的金属构件；快速疏散、清除或用隔热材料隔离与被加热的金属构件相靠近的可燃物质，以避免火势扩大。在火灾原因调查中，寻找着火源时也应注意寻察有无导体受热，或受热导体的另一端有无被引燃的迹象。

（十一）热对流

依靠热微粒传播热能的现象称为热对流。热对流按介质状态的不同分为气体对流和液体对流两种。通过气体流动来传播热能的现象称为气体对流，如房间里的热空气从上部流出，冷空气从下部进入即是气体对流；通过液体流动来传播热能的现象称为液体对流，如水暖散热器的传热原理即属于这种对流。

(1) 气体对流对火势发展变化的影响。流动的热气流可以加热可燃物质，甚至达到被引燃的程度，造成火势扩大蔓延；被加热的气体在上升和扩散的同时，周围冷空气进入燃烧区，会助长燃烧更加猛烈地发展；随着气体对流方向的改变，燃烧蔓延方向也会发生改变。

气体对流对室内火势变化的影响和露天情况有所不同。室内发生火灾后，气体对流的基本规律为被加热的空气和燃烧产物首先向上扩散，当遇到顶棚阻挡以后，便向四周蔓延，如碰到障碍便折返回来，聚集于空间上部。门窗孔洞是气体流动的主要方向。热气流一般是向空间较大的部位流动。

扑救火灾时，为消除和降低气体对流对火势发展的影响，需考虑气体对流的方向和流动速度，合理地部署力量，设法堵塞可能引起气体对流的孔洞，把烟雾导向没有可燃物质或危险性较小的方位，用喷雾水冷却以及降低烟气流的温度等。

(2) 液体对流对火势发展变化的影响。主要为装在容器中的液体局部受热，以对流的方式使整个液体温度升高、蒸发速度变快、压力增大，以致容器爆裂或逸出蒸气着火或爆炸。例如，石油发生火灾时因为对流的作用，在一定的条件下，能使石油发生沸溢和喷溅，以致火势扩大蔓延等。

（十二）热辐射

以辐射线传播热能的现象称为热辐射。这是因为物体中电子振动或激动对外放射出辐射能。电磁波是辐射能传送的具体形式。电磁波包括X光波、紫外线波、可见光波、红外线波和无线电波等。与消防安全相关的是那些被物体接受时，辐射能可以重新转变为热能的射线。具备这种性质的射线最明显的是波长在0.8～40μm范围内的红外线，将这些射线称为热射线，把它们的传播过程称为热辐射。对于热辐射来说，温度为物体内部电子激动的基本原因，所以热辐射的辐射热量主要取决于温度。

火场上物质燃烧的火焰，主要是通过辐射的方式向周围传播热能的。通常来说，火势发展最猛烈的时候，即是火焰辐射能力最强的时候。一个物体接受辐射热的多少、能否被辐射着火，与其热源的温度、距离、角度与接受物体本身的易燃程度有关。

实验表明，一个物体在单位时间内辐射的热量与它表面的绝对温度 T 的四次方成正比。即

$$E_0 = \alpha_0 T^4 \quad W/m^2 \tag{3-1}$$

式中　α_0——黑体辐射常数，$\alpha_0 = 5.68W/(m^2 \cdot K^4)$。

任何物体除向外辐射热量外，还可以从周围环境里吸收其他物体辐射的热量。如果周围环境的温度为 T_1，则一个物体在单位时间内净辐射的热量即为辐射出去的热量和吸收进来的热量之差。即

$$E_0 = \alpha_0 (T^4 - T_1^4) \tag{3-2}$$

因为火场上火源的辐射强度是随火源温度的升高而增强的，所以在发生火灾时，早报警、快出动或及早开动固定灭火系统，争取时间将火灾消灭在初起阶段是非常重要的；还因为物体接受辐射热的大小与其距热源的距离有关，即与热源距离的二次方成反比，所以辐射热是决定防火间距的重要因素。

在热源的辐射热作用下，物体表面温度不大于其自燃点的距离是不致引着火灾蔓延的安全距离，因此，正确确定防火间距是防止火势蔓延和减少火灾损失的重要措施。

辐射热与热源距离的关系见表 3-3。

表 3-3　　辐射热与热源距离的关系

热源距离	辐射热
S	Q
$2S$	$Q/4$
$3S$	$Q/9$

物体接受辐射热的大小，受辐射角度的影响较大，如图 3-5 所示。

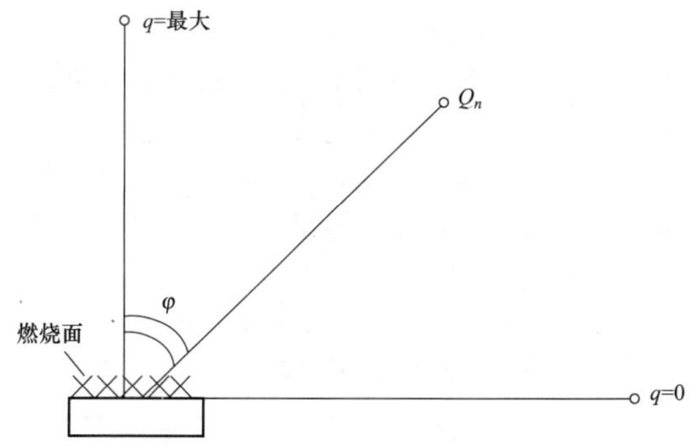

图 3-5　物体接受辐射热与受辐射角度的关系

图 3-5 中 $Q_n = Q \times \cos\varphi$，由图 3-5 可以知道，在火场上，等距离的周围各地段受到的辐射强度是不一样的，垂直于燃烧面的辐射强度最大，随着 φ 角的增大，热辐射强度慢慢减小，直到零为止。

在实际工作中，可以充分利用热辐射和转角的关系，在火场上选择有利的战斗地形，水枪手还能够冲过辐射热较小的区域进行灭火等。在防火间距较小时，利用固定屏障或灭火中运用移动式屏障可起到反辐射热或吸收热量的作用，进而保护建筑物或设备不会因辐射热而着火。如在建筑物之间砌筑防火墙、布置固定水幕、种植阔叶树等，一旦发生火灾，它们可发挥保护另一方的作用；另外，在某些工业炉、采暖炉、功率较大的照明灯具、电热器具及其他具有较高温度表面的设备周围加设挡板、隔热垫，防止靠近热源的设备、物质不致由于辐射热的作用而引起火灾等防火措施。

二、燃烧

（一）燃烧的概念

大量的科学实验证明，燃烧是可燃物与氧化剂作用发生的放热反应，通常伴有火焰、发光和（或）发烟的现象。

燃烧属于一种化学反应，物质在燃烧前后本质发生了变化，生成了与原来完全不同的物质。燃烧不仅在氧存在时可以发生，在其他氧化剂中也可以发生，甚至燃烧得更加激烈。例如，氢气与氯气混合见光即爆炸。燃烧反应通常具有以下三个特征：

（1）通过化学反应生成了与原来完全不同的新物质。物质在燃烧前后性质产生了根本变化，生成了与原来完全不同的新物质。化学反应为这个反应的本质。如木材燃烧后生成木炭、灰烬以及 CO_2 和 H_2O（水蒸气）。但并不是所有的化学反应都为燃烧，比如生石灰遇水，即

$$CaO + H_2O \longrightarrow Ca(OH)_2 + 热量$$

可见，生石灰遇水是化学反应并放热，这种热可以成为一种着火源，但它本身并不是燃烧。

（2）放热。凡是燃烧反应都有热量产生。这是因为燃烧反应都是氧化还原反应。氧化还原反应在进行时总是有旧键的断裂与新键的生成，断键时要吸收能量，成键时又会放出能量。因为在燃烧反应中，断键时吸收的能量要比成键时放出的能量少，所以燃烧反应均为放热反应。但是，并不是所有的放热都是燃烧。如在日常生活中，电炉电灯既能够发光又可放热，但断电之后，电阻丝仍然是电阻丝，它们都没有化学变化，因此它并不属于燃烧。

（3）发光和（或）发烟。大多数燃烧现象伴有光和烟的现象，但也有少数燃烧只发烟而无光。燃烧发光主要是因为燃烧时火焰中有白炽的碳粒等固体粒子

以及某些不稳定（或受激发）的中间物质的生成所致。

（二）燃烧的分类

任何事物的分类都必须有一定的前提条件。不同的前提条件具有不同的分类方法，不同的分类方法会有不同的分类结果。燃烧的分类也是如此，按照不同的前提条件通常有以下几种。

（1）按引燃方式分。燃烧按引燃方式的不同可分为点燃与自燃两种：

1）点燃指通过外部的激发能源引起的燃烧。也就是火源接近可燃物质，局部开始燃烧，然后进行传播的燃烧现象。物质由外界引燃源的作用而引发燃烧的最低温度称为引燃温度，用摄氏度（℃）表示。点燃按引燃方式的不同又可分为局部引燃与整体引燃两种。如人们用打火机点燃烟头，用电打火点燃灶具燃气等均属于局部引燃；而熬炼沥青、石蜡、松香等易熔固体时温度超过了引燃温度的燃烧就是整体引燃。这里还需要说明一点，有人将因为加热、烘烤、熬炼、热处理或者由于摩擦热、辐射热、压缩热、化学反应热的作用而引起的燃烧划为受热自燃，实际这是不对的，因为它们虽然不是靠明火的直接作用而造成的燃烧，但它仍然是靠外界的热源造成的，而外界的热源本身就是一个引燃源，所以仍应属于点燃。

2）自燃指在没有外界着火源作用的条件下，物质靠本身内部的一系列物理、化学变化而发生的自动燃烧现象。其特点是依靠物质本身内部的变化提供能量。物质发生自燃的最低温度称为自燃点，也用“℃”表示。

（2）按燃烧时可燃物的状态分。按燃烧时可燃物所呈现的状态可分为气相燃烧与固相燃烧两种。可燃物的燃烧状态并不是指可燃物燃烧前的状态，而是指燃烧时的状态。例如，乙醇在燃烧前为液体状态，在燃烧时乙醇转化为蒸气，其状态为气相。

1）气相燃烧指燃烧时可燃物和氧化剂均为气相的燃烧。气相燃烧是一种常见的燃烧形式，如汽油、酒精、丙烷、蜡烛等的燃烧都是气相燃烧。实质上，凡是有火焰的燃烧均为气相燃烧。

2）固相燃烧指燃烧进行时可燃物为固相的燃烧。固相燃烧又叫作表面燃烧。如木炭、镁条、焦炭的燃烧就是固相燃烧。只有固体可燃物才能发生此类燃烧，但并不是所有固体的燃烧都为固相燃烧，对在燃烧时分解、熔化、蒸发的固体，都不属于固相燃烧，仍是气相燃烧。

（3）按燃烧现象分。燃烧按照现象的不同可分为着火、阴燃、闪燃、爆炸四种。

1）着火是指释放热量并伴有烟或火焰或两者兼有为特征的燃烧现象。着火是经常见到的一种燃烧现象，例如木材燃烧、油类燃烧、烧饭用煤火炉、煤气的燃烧等都属于此类燃烧。其特点是一般可燃物燃烧需要火源引燃；可燃物一旦点燃，在没有外界因素影响的情况下，可持续燃烧下去，直到将可燃物烧完为止。任何可燃物的燃烧都需要一个最低的温度，这个温度称为引燃温度。可燃物不同，引燃温度也不同。

2）阴燃是指物质无可见光的缓慢燃烧，通常产生烟和温度升高的迹象。阴燃是可燃固体因为供氧不足而发生的一种缓慢的氧化反应，其特点是有烟而无火焰。

3）闪燃指可燃液体表面上蒸发的可燃蒸汽遇火源产生的一闪即灭的燃烧现象。闪燃是液体燃烧独有的一种燃烧现象，但是少数可燃固体在燃烧时也有这种现象。

4）爆炸是指由于物质急剧氧化或分解反应，产生温度、压力增加或两者同时增加的现象。爆炸按其燃烧速度传播的快慢分为爆燃与爆轰两种：燃烧以亚音速传播的爆炸为爆燃；燃烧以冲击波为特征，以超音速传播的爆炸为爆轰。

（三）燃烧的本质

链锁反应理论认为燃烧是一种游离基的链锁反应，是目前被广泛承认并且比较成熟的一种解释气相燃烧机理的燃烧理论。链锁反应又称为链式反应，它是由一个单独分子游离基的变化而引起一连串分子变化的化学反应。游离基也叫做自由基，是化合物或单质分子在外界的影响下分裂而成的含有不成对价电子的原子或原子团，是一种高度活泼的化学基团，一旦生成即诱发其他分子一个接一个地快速分解，生成大量新的游离基，从而形成了更快、更大的蔓延、扩张、循环传递的链锁反应过程，直至不再产生新的游离基。但是若在燃烧过程中介入抑制剂抑制游离基的产生，链锁反应就会中断，燃烧也会停止。

链锁反应包括链引发、链传递、链终止三个阶段。自由基如果和器壁碰撞形成稳定分子，或两个自由基与第三个惰性分子相撞后失去能量而变成稳定分子，则链锁反应终止。链锁反应还按链传递的特点不同，分为单链反应与支链反应两种。

链锁反应的终止，除器壁销毁和气相销毁外，还可向反应中加入抑制剂。如现代灭火剂中的干粉和卤代烷等，均属于抑制型的化学灭火剂。

综上所述，可燃物质的多数燃烧反应不是直接发生的，而是经过一系列复杂的中间阶段，不是氧化整个分子，而是氧化链锁反应中的自由基、游离基的链锁反应，将燃烧的氧化还原反应展开，进一步揭示了有焰燃烧氧化还原反应的过程。从链锁反应的三个阶段可知：链引发要依靠外界提供能量；链传递能够在瞬间自动地连续不断地进行；链终止则只要销毁一个游离基，就等于切断了一个链，就可以终止链的传递。

（四）燃烧的要素

燃烧的要素是指制约燃烧发生和发展变化的内部因素。从燃烧的本质可知，制约燃烧发生和发展变化的内部因素包括两个。

（1）可燃物。通常所说的可燃物，是指在标准状态下的空气中可以燃烧的物质。如木材、棉花、酒精、汽油、甲烷、氢气等都是可燃物。

可燃物大部分为有机物，少部分为无机物。有机物大部分均含有C、H、O等元素，有的还含有少量的S、P、N等。可燃物在燃烧反应中均为还原剂，是不可缺少的一个重要因素，是燃烧得以产生的内因，没有可燃物的燃烧，燃烧也无从谈起。

（2）氧化剂。氧化剂指处于高氧化态，具有强氧化性，与可燃物质相结合能够引发燃烧的物质。它是燃烧得以发生的必需要素，否则燃烧就不能发生。氧化剂的种类较多，按其状态可分为如下类型：

1）气体。如氧气、氯气、氟气等，均为气体氧化剂，都是能够与可燃物发生剧烈氧化还原反应的物质。

2）液体或固体化合物。包括硝酸盐类如硝酸钾、硝酸锂等，氯的含氧酸及其盐类如高氯酸、氯酸钾等，高锰酸盐类如高锰酸钾、高锰酸钠等，过氧化物类如过氧化钠、过氧化钾等。

（五）燃烧的条件

燃烧的条件是指制约燃烧发生和发展变化的外部因素，通过对燃烧机理的分析，能使以上要素发生燃烧的条件包括以下两个：

（1）可燃物与氧化剂作用并达到一定的数量比例，且不受化学抑制。实践观察发现，在空气中的可燃物（气体或蒸汽）数量不足，燃烧是无法发生的。例如，在室温20℃的同样条件下，用火柴去点汽油和煤油时，汽油立即燃烧起来，而煤油却不燃。煤油为什么不能燃烧呢？这是由于煤油在室温下蒸汽数量不多，还没有达到燃烧的浓度；其次，若是空气（氧气）不足，燃烧也不能发生，如当空气中的氧含量下降到14%～16%时，多数可燃物就会停止燃烧。对于有焰燃烧，燃烧的游离基还必须未受化学抑制，使链式反应得以进行，燃烧才能持续下去。

（2）足够能量和温度的引燃源与之作用。不管哪种形式的热能都必须达到一定的强度才能引起可燃物质燃烧，否则燃烧就不会发生。能够引起可燃物燃烧的热能源称为引燃源。引燃源根据其能量来源不同，可分为以下几种类型：

1）明火焰。明火焰是最常见而且是比较强的着火源，它能够点燃任何可燃物质。火焰的温度根据不同物质通常在700～2000℃。

2）炽热体。炽热体是指受高温作用，因为蓄热而具有较高温度的物体（如炽热的铁块、烧红了的金属设备等）。炽热体和可燃物接触引起着火有快有慢，这主要决定于炽热体所带的热量及物质的易燃性、状态，其点燃过程是从一点开始扩及全面。

3）火星。火星是在铁与铁、铁与石、石与石的强力摩擦、撞击时形成的，是机械能转为热能的一种现象。这种火星的温度根据光测高温计测量，约有1200℃，可引燃可燃气体或液体蒸汽和空气的混合物；也可以引燃棉花、布匹、干草、糠、绒毛等固体物质。

（3）电火花是指两电极间放电时产生的火花，两电极间被击穿或者切断高压接点时产生的白炽电弧，以及静电放电火花和雷击、放电的火花等。这些电火花都能够引起可燃性气体、液体蒸汽和易燃固体物质着火。随着电气设备的广泛使用，这种火源引起的火灾所占的比例越来越大。

（4）化学反应热和生物热是指由于化学变化或生物作用产生的热能。这种热能如不立即散发掉，就能引起着火甚至爆炸。

（5）光辐射热指太阳光、凸玻璃聚光热等。这种热能只要有足够的温度，就可以点燃可燃物质。

实践可知，着火源温度越高，越容易造成可燃物燃烧。几种常见的着火源温度见表3-4。

表3-4　几种常见的着火源温度

着火源名称	火源温度（℃）
火柴焰	500～650
烟头中心	700～800
烟头表面	250
机械火星	1200
煤炉火焰	1000
烟囱飞火	600
石灰与水反应	600～700
气体灯焰	1600～2100

续表

着火源名称	火源温度（℃）
酒精灯焰	1180
煤油灯焰	780～1030
植物油灯焰	500～700
蜡烛焰	640～940
焊割焰	2000～3000
汽车排气管火星	600～800

（六）影响燃烧的因素

可燃物能否发生燃烧，除了必须满足上述两个必要条件之外，还受如下因素的影响。

(1) 温度。温度升高会使可燃物与氧化剂分子之间的碰撞概率增加，反应速度变快，燃烧范围变宽。

(2) 压力。由化学动力学可知，反应物的压力增加，反应速度就加快。这是因为压力增加相反地会使反应物的浓度增大，单位体积中的分子就更为密集，所以单位时间内分子碰撞总数就会增大，这就导致了反应速度的加快。如果是可燃物与氧化剂的燃烧反应，则可使可燃物的爆炸上限升高，燃烧范围变宽，引燃温度与闪点降低。如煤油的自燃点，在0.1MPa下为460℃，0.5MPa下为330℃，1MPa下为250℃，1.5MPa下为220℃，2.0MPa下为210℃，2.5MPa下为200℃。但如果将压力降低，气态可燃物的爆炸浓度范围会随之变窄，当压力降到一定值时，由于分子之间间距增大，碰撞概率减少，最终使燃烧的火焰无法传播。这时爆炸上限与下限合为一点，压力再下降，可燃气体和蒸汽便不会再燃烧。称这一压力为临界压力。

(3) 惰性介质。气体混合物中惰性介质的增加可使得燃烧范围变小，当增加至一定值时燃烧便不会发生。其特点为，对爆炸上限的影响较之对爆炸下限的影响更为明显。这是因为气体混合物中惰性介质的增加，表示氧的浓度相对降低，而爆炸上限时的氧浓度本来就很小，故惰性介质的浓度稍微增加一点，就会使爆炸上限明显下降。

(4) 容器的尺寸和材质。容器或管子的口径对燃烧的影响为，直径变小，则燃烧范围变窄，到一定程度时火焰即熄灭而无法通过，此间距叫临界直径。如二硫化碳的自燃点，在2.5cm的直径内是202℃，在1.0cm的直径内是238℃，在0.5cm的直径内是271℃。这是由于管道尺寸越小，单位体积火焰所对应的管壁冷表面面积的热损失也就越多。如各种阻火器就是依据此原理制造的。

另外，容器的材质不同对燃烧的影响也不一样。如乙醚的自燃点，在铁管中是533℃，在石英管中是549℃，在玻璃烧瓶中是188℃，在钢杯中是193℃。其原因是，容器的材质不同，其器壁对可燃物的催化作用不同，导热性与透光性也不同。导热性好的容器容易散热，透光性差的容器不易接受光能，因此，容器的催化作用越强、导热性越差、透光性越好，其引燃温度越低，燃烧范围也就越宽。

(5) 引燃源的温度、能量和热表面面积。引燃源的温度、能量以及热表面面积的大小，与可燃物接触时间的长短等，均会对燃烧条件有很大影响。一般来说，引燃源的温度、能量越高，和可燃物接触的面积越大、时间越长，则引燃源释放给可燃物的能量也就越多，可燃物的燃烧范围就越宽，也就越容易被引燃；反之亦然。不同引燃强度的电火花对几种烷烃燃烧浓度的影响见表3-5。

表3-5　不同引燃强度的电火花对几种烷烃燃烧浓度的影响

烷烃名称	电压(V)	燃烧浓度范围（%）		
		I=1A	I=2A	I=3A
甲烷	100	不爆	5.9～13.6	5.85～14.4
乙烷	100	不爆	3.5～10.1	3.4～10.6
丙烷	100	3.6～4.5	2.8～7.6	2.8～7.7
丁烷	100	不爆	2.0～5.7	2.0～5.85
戊烷	100	不爆	1.3～4.4	1.3～4.6

（七）爆炸极限

爆炸极限是指可燃的气体、蒸汽或粉尘与空气混合后，遇火源产生爆炸的最高或最低的浓度，分为上限和下限。可燃气体、蒸汽的爆炸极限一般用可燃气体、蒸汽与空气的体积百分比来表示。能发生爆炸的最高浓度称为爆炸上限；能发生爆炸的最低浓度称为爆炸下限。当这种爆炸性混合物的浓度超过爆炸上限，或低于下限时，都不会发生着火或爆炸。

例如，乙炔（C_2H_2）气体的爆炸极限是2.5%～80%，氢气（H_2）的爆炸极限是4%～74%，这就意味着与空气混合后的比例，乙炔只有在2.5%～80%，氢气只有在4%～74%这个浓度范围内时遇火源才可能发生爆炸，乙炔低于2.5%和高于80%，氢气低于4%或高于74%的任何浓度都不能发生爆炸或着火。其他可燃气体也是一样，都必须在各自的浓度极限范围内遇火源才能发生爆炸。但若高于上限时再次遇到空气，就会使可燃气体再次达到爆炸极限；或低于下限时再次遇到可燃气体、蒸汽时也仍有着火爆炸的危险。部分可燃气体、液体蒸汽的爆炸极限见表3-6。各种可燃粉尘的爆炸极限见表3-7。

表 3-6　部分可燃气体、液体、蒸汽的爆炸极限

分子式	物质名称	在空气中的爆炸极限(%)	
		下限	上限
CH_4	甲烷	5.3	15
C_2H_6	乙烷	3.0	16.0
C_3H_8	丙烷	2.1	9.5
C_4H_{10}	丁烷	1.5	8.5
C_5H_{12}	戊烷	1.7	9.8
C_6H_{14}	己烷	1.2	6.9
C_2H_4	乙烷	2.7	36.0
C_3H_6	丙烯	1.0	15.0
C_2H_2	乙炔	2.1	80.0
C_3H_4	丙炔(甲基乙炔)	1.7	无资料
C_4H_6	1，3—丁二烯(联乙烯)	1.4	16.3
CO	一氧化碳	12.5	74.2
C_2H_6O	甲醚、二甲醚	3.4	27.0
C_2H_6O	乙烯基甲基醚	2.6	39.0
C_2H_4O	环氧乙烷、氧化乙烯	3.0	100.0
CH_3Cl	甲基氯、氯甲烷	7.0	19.0
C_2H_5Cl	氯乙烷、乙基氯	3.6	14.8
H_2	氢	4.1	74
NH_3	氨、氨气	15.7	27.4
CS_2	二硫化碳	1.00	60.0
C_6H_6	苯	1.2	8.0
CH_3OH	甲醇	5.5	44.0
H_2S	硫化氢	4.0	46.0
C_2H_3Cl	氯乙烯	3.6	31.0
HCN	氰化氢	5.6	40.0
C_2H_7N	二甲胺(无水)	2.8	14.4
C_3H_9N	三甲胺(无水)	2.0	11.6

表 3-7　各种可燃粉尘的爆炸极限

粉尘名称	自燃点(℃)	爆炸下限(g/m^3)	最大爆炸压力(kPa)	压力上升速度（kPa/s）		最小引燃能量(mJ)
				平均	最大	
镁	520	20	490.0	30 184	32 634	80
铝	645	35～40	607.6	14 798	39 102	20
镁铝合金	535	50	421.4	15 484	20 580	80
钛	460	45	303.8	5194	7546	120

续表

粉尘名称	自燃点（℃）	爆炸下限（g/m^3）	最大爆炸压力（kPa）	压力上升速度（kPa/s）		最小引燃能量（mJ）
				平均	最大	
铁	316	120	245.0	1568	2940	100
钛铁合金	370	140	235.2	4116	9604	80
锰	450	210	176.4	1372	2058	120
锌	860	500	676.2	1078	3058	900
锑	416	420	137.2	588	5390	—
煤	610	35～45	313.6	2450	5488	40
硅铁合金	860	425	245.0	1372	2058	400
硫	190	35	284.2	4802	13 426	15
玉米	470	45	490.0	7252	14 798	40
黄豆	560	35	450.8	5488	16 856	100
花生壳	570	85	284.2	1372	24 010	370
砂糖	410～525	19	382.2	11 074	34 496	30
小麦	380～470	9.7～60	401.8～646.8	—	—	50～160
木粉	225～430	12.6～25	754.6	—	—	20
软木	815	30～35	686.0	—	—	45
硬脂酸铝	400	15	421.4	5194	14 406	15
纸浆	480	60	411.6	3528	9996	80
酚醛树脂	500	25	725.2	20 580	71 540	10
酚醛塑料制品	490	30	646.8	15 778	75 460	10
脲醛树脂	470	90	411.6	4802	12 348	80
脲酸塑料制品	450	75	627.2	6370	15 778	80
环氧树脂	540	20	588.0	13 720	41 160	15
聚乙烯树脂	410	30	588.0	10 976	37 730	10
聚丙烯树脂	420	20	519.4	10 290	34 300	30
聚醋酸乙烯树脂	550	40	470.4	3430	6860	160
聚乙烯醇树脂	520	35	519.4	8918	21 266	120
聚苯乙烯制品	560	15	529.2	10 290	24 500	40
氯乙烯丙烯腈共聚树脂	570	45	333.2	5488	10 976	25

（八）闪点

闪点是指在规定的试验条件下，液体表面上能发生闪燃的最低温度。闪点是判断液体火灾危险性大小的一个重要参数。

在闪点温度下，液体只能闪燃而无法持续燃烧，它的燃烧速度并不快，但蒸汽量较少，产生的蒸汽仅能维持一刹那的燃烧，没有新的蒸汽继续燃烧下去，因此只能发生闪燃。闪燃通常是着火的先兆。实际上，液体在闪燃时形成的蒸汽浓度就是该液体的爆炸极限下限。液体闪点的变化规律有以下特点：

(1) 不同种类的液体，其化学成分不同，闪点也不同。

(2) 同类（同系物）液体的闪点变化，一般规律为：

1) 同系类液体的闪点随分子量的增加而变高。例如，甲醇（CH_3OH）的闪点为－1℃，乙醇（C_2H_5OH）的闪点为9℃。

2) 同系类液体的闪点随沸点的升高而升高。例如，苯（C_6H_6）的沸点为80.36℃，闪点为－12℃；甲苯（$C_6H_5CH_3$）的沸点为110℃，闪点为5℃。

3) 同系物中，正构体比异构体的闪点高。同系物闪点的这些变化规律，是因为分子间范德华力作用的不同造成的。因为分子量的增大表示分子中原子数的增加，所以电子数也增多，分子间范德华力自然也就随之增大。结果造成液体的沸点增高，蒸汽压下降，相对密度增大，闪点升高。同碳原子数的异构体中，支链数越多，造成空间阻碍越大，使分子间距离变远，从而使分子间范德华力减弱，结果沸点降低，闪点下降。

两种完全互溶的可燃液体混合物的闪点，通常低于这两种液体闪点的算术平均值，并且接近于含量大的组分的闪点。

可燃液体与不燃液体的混合物：在可燃液体中加入可互溶的不燃液体，其闪点会随着不燃液体含量的增加而升高，当不燃组分含量达到一定比例时，混合液体将不再发生闪燃。如甲醇中含水量增加时，其闪点升高，当含水量达到95%时混合物不再发生闪燃。用水稀释易燃液体时，虽然可以提高闪点，但只有当溶液极稀时，才能不发生闪燃，因此，对于能溶于水的液体发生火灾时，并不适宜用水来扑救，原因是在这种情况下，不但液体在灭火后无法再使用，而且需要大量的水稀释，同时也易使液体溢出容器，导致火灾蔓延扩大。一些可燃液体的闪点见表3-8。

表3-8　一些可燃液体的闪点

序号	物质名称		分子式	分子量	沸点(℃)	闪点(℃)
1	一、烃类	正戊烷	$CH_3(CH_2)_3CH_3$	72.2	36.1	<－60
2		异戊烷	$(CH_3)_2CHCH_2CH_3$	72.2	27.8	－56
3		正己烷	$CH_3(CH_2)_4CH_3$	86.2	68.7	－25.5
4		正庚烷	$CH_3(CH_2)_5CH_3$	100.2	98.5	－4
5		辛烷	$CH_3(CH_2)_6CH_3$	114.22	125.8	12
6		壬烷	$CH_3(CH_2)_7CH_3$	128.26	150.8	31
7		癸烷、十碳烷	$CH_3(CH_2)_8CH_3$	142.29	174.1	46
8		甲基环己烷	C_7H_{14}	98.18	100.3	－4
9		环己烷	C_6H_{12}	84.2	80.7	－16.5
10		环戊烷、五亚甲基	C_5H_{10}	70.08	49.3	－25
11		甲基环戊烷	C_6H_{12}	84.16	71.8	－18
12		萘烷、十氢萘	$C_{10}H_{18}$	138.25	194.6	54
13		苯乙烯	C_8H_8	104.14	146	34.4
14		对甲基苯乙烯	C_9H_{10}	118.17	172.8	60
15		苯	C_6H_6	78.11	80.1	－11
16		甲苯	$C_6H_5—CH_3$	92.14	110.6	4
17		二甲苯	C_8H_{10}	106.17	139	25

续表

序号	物质名称		分子式	分子量	沸点(℃)	闪点(℃)
18	一、烃类	三甲苯	C_9H_{12}	120.19	176.1	48
19		乙苯	C_8H_{10}	106.16	136.2	15
20		萘	$C_{10}H_8$	128.16	217.9	78.9
21		异丙苯	C_9H_{12}	120.19	152.4	31
22		70号车用汽油				−41.5
23		85号车用汽油				−46
24		煤油			175～325	43～72
25		17%70号车用汽油+44%灯用煤油				−11
26		松节油	$C_{10}H_{16}$(主要)	136.23	154～170	35
27		石脑油、原油			120～200	<−18
28		煤焦油、煤膏				<23
29	二、含氧化合物	乙醚	$CH_3CH_2OC_2H_5$	74.12	34.5	−45
30		丙醚	$CH_3(CH_2)_2O(CH_2)_2CH_3$	102.18	90	−21
31		石油醚			40～80	<−20
32		甲醇、木酒精	CH_4O	32.04	64.8	11
33		乙醇	CH_3CH_2OH	46.07	78.3	12
		乙醇水溶液	90%			21
		乙醇的体积百分比	70%			24
			50%			27
34		丙醇、正丙醇	C_3H_8O	60.1	97.1	15
35		异丙醇	C_3H_8O	60.1	80.3	12
36		丁醇、正丁醇	$C_4H_{10}O$	74.12	117.5	35
37		1-戊醇、正戊醇	$C_5H_{12}O$	88.15	137.8	33
38		2-戊醇、仲戊醇	$C_5H_{12}O$	88.15	119.3	34
39		1-己醇、正己醇	$C_6H_{14}O$	102.1	157.2	60
40		2-己醇、仲己醇	$C_6H_{14}O$	102.18	140	58
41		乙醛、醋醛	C_2H_4O	44.05	20.8	−39
42		丙酮	CH_3COCH_3	58.08	56.5	−20
43		2-丁酮	$CH_3COC_2H_5$	72.11	79.6	−9
44		2-戊酮、甲基丙基酮	$C_5H_{10}O$	86.13	102.3	7
45		3-戊酮、二乙基甲酮	$C_5H_{10}O$	86.13	101	13
46		2-己酮	$C_6H_{12}O$	100.16	127.2	23
47		甲基戊基甲酮	$C_7H_{14}O$	114.19	150.2	47
48		乙酰丙酮、戊二酮	$C_5H_8O_2$	100.11	140.5	34
49		环己酮	$C_6H_{10}O$	98.14	115.6	43
50		丁醛、正丁醛	C_4H_8O	72.11	75.7	−22
51		甲酸甲酯	$C_2H_4O_2$	60.05	32.0	−32
52		甲酸乙酯	$C_3H_6O_2$	74.08	54.3	−20
53		乙酸甲酯	CH_3COOCH_3	74.08	57.8	−10
54		乙酸乙酯	$CH_3COOC_2H_5$	88.1	77.2	−4
55		乙酸丙酯	$CH_3COOC_3H_7$	102.13	101.6	10
56		乙酸丁酯	$CH_3COOC_4H_9$	116.16	126.1	22
57		乙酸戊酯	$C_7H_{14}O_2$	130.19	149.3	25
58		乙酸正己酯	$C_8H_{16}O_2$	144.21	171.5	43
59		异丁酸乙酯	$C_6H_{12}O_2$	116.16	110.1	<21
60		丙烯酸甲酯	$C_4H_6O_2$	86.09	80.0	−3
61		丙烯酸乙酯	$C_5H_8O_2$	100.11	99.8	9

续表

序号	物质名称		分子式	分子量	沸点(℃)	闪点(℃)
62	二、含氧化合物	1，2-环氧丙烷	C_3H_6O	58.08	33.9	−37
63		二恶烷	$C_4H_8O_2$	88.11	101.3	12
64		呋喃	C_4H_4O	68.07	31.4	−35
65		丁烯醛(巴豆醛)	C_4H_6O	70.09	104	13
66		丙烯醛	C_3H_4O	56.06	52.5	−26
67		四氢呋喃	C_4H_8O	72.11	65.4	−20
68		乙酸、醋酸	$C_2H_4O_2$	60.05	118.1	39
69	三、含卤化合物	氯代丁二烯	C_4H_5Cl	88.54	59.4	−20
70		1，2-二氯乙烷	$ClCH_2-CH_2Cl$	98.97	83.5	13
71		1，2-二氯丙烷	$CH_2Cl-CHClCH_3$	112.99	96.8	15
72		3-氯丙烯	$CH_2=CHCH_2Cl$	76.53	44.6	−32
73		2-氯丙烯	C_3H_5Cl	76.53	22.5	−34
74		二氯乙烯	$C_2H_2Cl_2$	96.94	31.6	−28
75		溴乙烷、乙基溴	C_2H_5Br	108.98	38.4	−23
76		1-氯丙烷、丙基氯	C_3H_7Cl	78.54	47.2	<−20
77		2-氯丙烷、异丙基氯	C_3H_7Cl	78.54	35.3	−32
78		2-氯丁烷、仲丁基氯	C_4H_9Cl	92.57	68.2	<0
79		溴戊烷、戊基溴	$C_5H_{11}Br$	151.05	120	32
80		氯苯、一氯代苯	C_6H_5Cl	112.56	132.2	28
81		苄基氯、氯化苄	C_7H_7Cl	126.58	179.4	67
82		1，2-二氯苯	$C_6H_4Cl_2$	147	180.4	65
83		1，3-二氯苯	$C_6H_4Cl_2$	147	173	63
84		烯丙基氯、3-氯丙烯	C_3H_5Cl	76.53	44.6	−32
85		二氯甲烷	CH_2Cl_2	84.94	39.8	—
86		乙酰氯、氯乙酰	C_2H_3ClO	78.5	51	4
87		2-氯乙醇	C_2H_5ClO	80.52	128.8	60
88	四、含硫化合物	乙硫醇、硫氢乙烷	C_2H_6S	62.13	36.2	−45
89		烯丙基硫醇	C_3H_6S	74.15	68.0	21
90		噻吩、硫代呋喃	C_4H_4S	84.13	84.2	−9
91		四氢噻吩	C_4H_8S	88.17	119	12.8
92		二硫化碳	CS_2	76.14	46.5	−30
93	五、含氮化合物	氰化氢	HCN	27.03	25.7	−17.8
94		二甲基吡啶	C_7H_9N	107.15	157～159	47
95		丙烯腈、乙烯基氰	C_3H_3N	53.06	77.3	−5
96		硝酸丙酯	$CH_3CH_2CH_2ONO_2$	105.09	110.5	20
97		乙腈、甲基氰	C_2H_3N	41.05	81.1	2
98		硝基甲烷	CH_3NO_2	61.04	101.2	35
99		二乙胺	$C_4H_{11}N$	73.14	55.5	−23
100		三乙胺、二乙基乙胺	$C_6H_{15}N$	101.19	89.5	<0
101		丙胺	C_3H_9N	59.11	48.5	−37
102		丁胺	$C_4H_{11}N$	73.14	77	−12
103		环己胺	$C_6H_{13}N$	92.19	134.5	32
104		乙醇胺	C_2H_7NO	61.08	170.5	93
105		2-二乙胺基乙醇	$C_6H_{15}NO$	117.19	163	46～54
106		二氨基乙烷、乙二胺	$C_2H_8N_2$	60.1	117.2	43
107		苯胺、氨基苯	C_6H_7N	93.12	184.4	70
108		2，3-二甲苯胺	$C_8H_{11}N$	121.18	221	96
109		N-甲基苯胺	C_7H_9N	107.15	196.2	78
110		吡啶、氮(杂)苯	C_5H_5N	79.1	115.3	17

（九）燃烧产物的概念

燃烧产物是指由燃烧或热解作用而产生的全部物质。也就是说可燃物燃烧时，产生的气体、固体和蒸气等物质都是燃烧产物。比如，灰烬、炭粒（烟）等。燃烧产物按照其燃烧的完全程度分完全燃烧产物和不完全燃烧产物两大类。

如果在燃烧过程中生成的产物无法再燃烧了，那么这种燃烧叫作完全燃烧，其产物称为完全燃烧产物。例如，燃烧产生的CO_2、SO_2、H_2O、P_2O_5等都为完全燃烧产物。完全燃烧产物在燃烧区中具有冲淡氧含量抑制燃烧的作用。如果在燃烧过程中生成的产物还可以继续燃烧，那么这种燃烧称为不完全燃烧，其产物称为不完全燃烧产物。例如，碳在空气不足的条件下燃烧时生成的产物是还可以继续燃烧的一氧化碳，那么这种燃烧就是一种不完全燃烧，其产物一氧化碳即为不完全燃烧产物。

不完全燃烧是因温度太低或空气不足造成的。燃烧产物的成分是由可燃物的组成以及燃烧条件决定的。无机可燃物多为单质，其燃烧产物的组成比较简单，主要是它的氧化物，如SO_2、H_2O等；对于有机物在完全燃烧时，则主要生成CO_2、H_2O、SO_2、P_2O_5等；氮在通常情况下不参与反应而呈游离态析出，但在特定条件下，氮气也可被氧化生成NO或与一些中间产物结合生成CN和HCN等。

不完全燃烧除会生成完全燃烧产物外，还会生成CO、酮类、醛类、醇类、酸类等，例如，木材在空气不足时燃烧，除生成CO_2、H_2O及灰分外，还生成CO、甲醇、丙酮、乙醛、醋酸以及其他干馏产物，这些产物都可以继续燃烧。不完全燃烧产物因为具有燃烧性，所以对气体、蒸气、粉尘的不完全燃烧产物当与空气混合后重新遇着火源时，有发生爆炸的危险。改变燃烧条件，可以使不完全燃烧产物继续燃烧生成完全燃烧产物。

（十）几种重要的燃烧产物

（1）二氧化碳（CO_2）是完全燃烧产物，是一种无色不燃的气体，溶于水，具有弱酸性，比空气重1.52倍。有窒息性，在空气中其浓度对人体健康的影响见表3-9。

表3-9　二氧化碳对人体的影响

CO_2的含量（%）	对人体的影响
0.55	6h内不会有任何症状
1～2	引起不快感
3	呼吸中枢受到刺激，呼吸增加，脉搏、血压升高
4	有头痛、目花、耳鸣、心跳等症状
5	喘不过气来，在30min内引起中毒
6	呼吸急促，感到困难
7～10	数分钟内会失去知觉，以致死亡

二氧化碳在常温和60个大气压下即成液体，当撤去压力，这种液态的二氧化碳会很快气化，大量吸热，温度会立即降低，最多可达到－79℃，一部分会凝结成雪状的固体，因此俗称干冰。二氧化碳在消防安全上经常用作灭火剂。由于钾、钠、钙、镁等金属物质燃烧时产生的高温可以将二氧化碳分解为C和O_2。所以，不可用二氧化碳进行金属物质的火灾。

（2）一氧化碳（CO）是不完全燃烧产物，是一种无色、无味且具有强烈毒性的可燃气体，难溶于水，仅为空气重量的0.97。

在火场烟雾弥漫的房间中，一氧化碳含量较高时，对房间中人员的身体会造成严重影响，必须注意防止一氧化碳中毒以及一氧化碳与空气形成爆炸性混合物。火场上一氧化碳含量可参考表3-10的数值。

表3-10　火场上一氧化碳的含量

火灾地点和燃烧物质	CO的含量（%）
地下室	0.04～0.65
闷顶内	0.01～0.1
楼层内	0.01～0.4
浓烟	0.02～0.1
赛璐珞	38.4
火药	2.47～15.0
爆炸物质	5～70.0

一氧化碳的毒性较大，它可以从血液的氧血红素里取代氧而与血红素结合形成一氧化碳血红素，从而使人严重缺氧。一氧化碳对人体的影响见表3-11。

表3-11　一氧化碳对人体的影响

CO的含量（%）	对人体的影响
0.01	几小时之内没感觉
0.05	1h内影响不大
0.1	1h头疼、作呕、不舒服
0.5	经过2～3min有死亡危险
1.0	吸气数次失去知觉，2～3min死亡

(3) 二氧化硫（SO_2）是硫燃烧后生成的产物。它是一种无色、有刺激气味的气体。二氧化硫比空气重2.26倍，易溶于水，在20℃时1体积的水可以溶解约40体积的二氧化硫。二氧化硫有毒，是大气污染中危害较大的一种气体，它严重酸蚀植物，刺激人的呼吸道，腐蚀金属等。表3-12是大气中SO_2含量对人体的影响。

表3-12　　二氧化硫对人体的影响

SO_2 的含量		对人体的影响
%	mg/L	
0.000 5	0.014 6	长时间作用无危险
0.001～0.002	0.029～0.058	气管感到刺激，咳嗽
0.005～0.01	0.146～0.293	1h内无直接的危险
0.05	1.46	短时间内有生命危险

(4) 五氧化二磷（P_2O_5）是可燃物磷的燃烧产物。它在常温常压下是白色固体粉末，能溶于水，生成偏磷酸（HPO_3）或正磷酸（H_3PO_4）。P_2O_5的熔点为563℃，升华点为347℃。燃烧时生成的P_2O_5为气态，而后凝固。纯P_2O_5无特殊气味，由于磷燃烧时常常会有P_2O_3（或P_4O_6）生成（P_2O_3具有蒜味），因此磷燃烧时会闻到蒜味。P_2O_5有毒，会刺激呼吸器官，引起咳嗽或呕吐。

(5) 氯化氢（HCl）是含氯可燃物的燃烧产物。它是一种具有刺激性气体，吸收空气中的水分后成为酸雾，具有极强的腐蚀性，在较高浓度的场合，会强烈刺激人们的眼睛，引起呼吸道发炎以及肺水肿。氯化氢对人体的影响见表3-13。

表3-13　　氯化氢对人体的影响

HCl的含量（mg/kg）	对人体的影响
0.5～1	感到轻微的刺激
5	对鼻子有刺激，有不快感
10	强烈地刺激鼻子，不能坚持30min以上
35	短时间内刺激喉咙
50	短时间内能坚持住的极限数
1000	有生命危险

(6) 氮的氧化物。燃烧产物中氮的氧化物主要为一氧化氮（NO）和二氧化氮（NO_2）。硝酸和硝酸盐分解、含硝酸盐和亚硝酸盐炸药的爆炸过程、硝酸纤维素及其他含氮有机化合物在燃烧时均能产生NO或NO_2。NO为无色气体，NO_2为棕红色气体，均有一种难闻的气味，而且有毒。它们对人体的影响见表3-14。

表3-14　　氮的氧化物对人体的影响

氮氧化物含量		对人体的影响
%	mg/L	
0.004	0.19	长时间作用无明显反映
0.006	0.29	短时间内气管即感到刺激
0.01	0.48	短时间内刺激气管、咳嗽、继续作用对生命有危险
0.025	1.20	短时间内可迅速致死

（十一）燃烧产物的危害性

燃烧产物最直接的是烟气。自古以来，火灾现场总是伴随着浓烟滚滚，火光闪闪，产生大量对人体有毒、有害的烟气。据资料显示，在火灾造成的人员伤亡中，被烟雾熏死的所占比例极大，一般它是被火烧死者的4～5倍，着火层往上死的人，绝大多数是被烟熏死的，可以说火灾时对人的最大威胁是烟。因此，认识燃烧产物的危害性非常重要。

1. 致灾危险性

灼热的燃烧产物，由于对流及热辐射作用，都可能引起其他可燃物质的燃烧成为新的着火点，同时造成火势扩散蔓延。有些不完全燃烧产物还可以与空气形成爆炸性混合物，遇火源而发生爆炸，更易造成火势蔓延。根据测试，烟的蔓延速度超过火的5倍。着火之后，失火房间内的烟不断进入走廊，在走廊内一般以0.3～0.8m/s的速度向外扩散，若遇到楼梯间敞开的门（甚至门缝），则以2～3m/s的速度在楼梯间向上窜，直奔最上一层，而且楼越高，窜得越快。例如，30m高的大楼着火，烟从顶部流出去的速度，接近22m/s，相当于九级大风。炽热的浓烟不但使普通喷水装置难于对付，而且在很远的距离对人体造成强大威胁。例如，在美国发生的一次大楼火灾中，浓烟上升的火头，虽然只烧到五层，但是在二十一层上已经有人窒息丧命了。

2. 减光性、刺激性、恐怖性

1）减光性。由于燃烧产物的烟气中，烟粒子对可见光是不透明的，所以对可见光有完全的遮蔽作用，使人眼的能见度降低，在火灾中，当烟气弥漫时，可见光会因受到烟粒子的遮蔽作用而明显减弱；尤其是在空气不足时，烟的浓度更大，能见度会降得更低。若是楼房着火，走廊内大量的烟会使人们不易辨别火势的方向，不易寻找着火地点，看不见疏散方向，找不到楼梯和门，造成安全疏散的障碍，给扑救及疏散工作带来困难。

2）刺激性。烟气中有些气体对人的眼睛有很大的刺激性，使人的眼睛难以睁开，造成人们在疏散过程中行进速度明显降低。因此，火灾烟气的刺激性是毒害性的帮凶，增大了中毒和烧死的可能性。

3）恐怖性。大量火场观察表明：在着火后大约15min，烟的浓度最大。在这种情况下，人们的能见距离通常只有30cm。此时，特别是发生轰燃时，火焰与烟气冲出门、窗、洞口，浓烟滚滚，烈焰熊熊，会使人们产生恐怖感，经常给疏散过程造成混乱局面，甚至使有的人失去活动能力，失去理智。因此，火灾烟气的恐怖性也是不可忽视的。

3. 毒害性

燃烧产生的大量烟气，会使空气中氧气含量急剧下降，加上CO、HCl、HCN等有毒气体的作用，使在场人员具有窒息和中毒的危险，神经系统受到麻痹而产生无意识的失去理智的动作。其毒害性主要表现在三个方面：

1）烟气中的含氧量通常低于人们生理正常所需的数值。在着火的房间内当气体中的含氧量低于6%时，短时间内就会造成人的窒息死亡；即使含氧量在6%～10%之间，人在其中虽然不会立即窒息死亡，但也会因此失去活动能力和智力下降而无法逃离火场，最终丧身火海。

2）烟气中含有多种有毒气体，达到一定浓度时，就会造成人的中毒死亡。近年来，高分子合成材料在建筑、装修以及家具制造中的广泛应用，使火灾所生成的烟气的毒性显著增加。

3）燃烧产物中的烟气，包括水蒸气，温度较高，含有大量的热，烟气温度会高达数百甚至上千摄氏度，而人在这种高温湿热条件下是极易被烫伤的。实验得知，在着火的房间内，人对高温烟气的忍耐性是有限的，烟气温度越高，耐受时间越短：在65℃时，可短时忍受；120℃时，15min就可出现不可恢复的损伤；140℃时，忍耐时间约5min；170℃时，忍耐时间约1min；在几百度的烟气高温中人是1min也无法忍耐的。所以，火灾烟气的高温，对人们也是一个很大危害。

（十二）燃烧产物有利的特性

（1）可根据烟的颜色及气味来判断什么物质在燃烧。烟是由燃烧或热解作用所生成的悬浮在大气中可见的固体和液体微粒。它实际上是悬浮在空气中的微小颗粒群，粒度通常在0.01～10μm左右。大直径的粒子可以由烟中落下来成为烟尘或炭黑。物质的组成不同，燃烧时产生的烟的成分也不同，成分不同烟的颜色及气味也不同。根据这一特点，在扑救火灾的过程中，可依靠烟的颜色和气味来判断什么物质在燃烧。例如，白磷燃烧时形成浓白色的烟，并且生成带有大蒜味的三氧化二磷。如果是这类物质在燃烧，一看一嗅就能够辨别出来。一些常见可燃物燃烧时烟的特征见表3-15。

表3-15　几种可燃物质燃烧时生成烟的特征

可燃物质	烟的特征		
	颜色	嗅	味
木材	灰黑色	树脂嗅	稍有酸味
石油产品	黑色	石油嗅	稍有酸味
磷	白色	大蒜嗅	—
镁	白色	—	金属味
硝基化合物	棕黄色	刺激嗅	酸味
硫黄	—	硫嗅	酸味
橡胶	棕黑色	硫嗅	酸味
钾	浓白色	—	碱味
棉和麻	黑褐色	烧纸嗅	稍有酸味
丝	—	烧毛皮嗅	碱味
黏胶纤维	黑褐色	烧纸嗅	稍有酸味
聚氯乙烯纤维	黑色	盐酸嗅	稍有酸味
聚乙烯	—	石蜡嗅	稍有酸味
聚丙烯	—	石油嗅	稍有酸味
聚苯乙烯	浓黑色	煤气嗅	稍有酸味
锦纶	白色	酰胺类嗅	—
有机玻璃	—	芳香	稍有酸味
酚醛塑料（以木粉为填料）	黑烟	木头、甲醛嗅	稍有酸味
脲醛塑料	—	甲醛嗅	—
玻璃纤维	黑烟	酸嗅	有酸味

（2）对燃烧有阻止作用。完全燃烧的产物在一定程度上具有阻止燃烧的作用。如果将房间所有孔洞封闭，随着燃烧的进行，产物的浓度将会越来越高，空气中的氧会越来越少，燃烧强度随之下降，当产物的浓度达到一定程度时，燃烧会自动熄灭。实验证明空气中CO_2的含量达到30%，普通可燃物就不能发生燃烧。因此，对已着火房间不要轻易开门窗，地下室火灾必要时采取封堵洞口的措施就是这个道理。

（3）提供早期的火灾警报的作用。因为不同的物质燃烧，其烟气有不同的颜色和嗅味，所以在火灾初期产生的烟能够给人们提供火灾警报。人们可以根据烟雾的方位、规模、颜色及气味，大致判断着火的方位、火灾的规模、燃烧物的种类等，从而实施正确的扑救方法。

三、 爆炸

（一） 爆炸的概念

爆炸是物质的一种非常急剧的物理、化学变化。也是大量能量在短时间内迅速释放或急剧转化成机械功的现象。通常它借助于气体的膨胀来实现。

从物质运动的表现形式来看，爆炸就是物质剧烈运动的一种表现。物质运动急剧增速，由一种状态迅速地转变成另一种状态，并在极短时间内释放出大量能量的现象就是爆炸。

一般来说，整个爆炸过程可以分为两个阶段：第一阶段，物质的能量以一定的形式（定容、绝热）转变为强压缩能；第二阶段，强压缩能急剧绝热膨胀对外做功，引起被作用介质的变形、移动和破坏。

（二） 爆炸按照爆炸的能量来源分类

按照爆炸的能量来源可分为物理性爆炸、化学性爆炸和核爆炸三种。

1. 物理性爆炸

物理性爆炸是由物理变化而引起的，物质因状态或压力发生突变而形成的爆炸现象。如锅炉的爆炸，容器内液体过热汽化引起的爆炸，压缩气体、液化气体超压引起的爆炸等，都属于物理性爆炸。物理性爆炸前后物质的性质及化学成分均不改变。

2. 化学性爆炸

化学性爆炸是由于物质发生极迅速的化学反应，产生高温、高压而引起的爆炸现象。化学性爆炸前后物质的性质及成分均发生了根本的变化。化学性爆炸按爆炸时所发生的化学变化，可分为三类。

（1）简单分解爆炸。引起简单分解爆炸的爆炸物在爆炸时并不一定发生燃烧反应，爆炸所需的热量，是由于爆炸物质本身分解时产生的。属于这一类的物质有叠氮铅、乙炔酮、乙炔银、碘化氮、氯化氮等。这类物质是非常危险的，受轻微振动即引起爆炸。如

$$PbN_6 \longrightarrow Pb + 3N_2$$

$$Ag_2C_2 \longrightarrow 2Ag + 2C$$

（2）复杂分解爆炸。各种含氧炸药和烟花爆竹的爆炸都属于复杂分解爆炸。这类物质的危险性较简单分解爆炸物质低。在发生爆炸时伴有燃烧反应，燃烧需要的氧是其本身分解时产生的。属于这一类的物质有 TNT（三硝基甲苯）炸药、苦味酸、硝化棉等。

（3）爆炸性混合物爆炸。可燃性混合物是指由可燃物质与助燃物质组成的爆炸性物质，一切可燃气体、蒸气和可燃粉尘与空气（或氧气）组成的混合物均属此类。例如，一氧化碳与空气混合的爆炸反应为

$$2CO + O_2 + 3.76N_2 = 2CO_2 + 3.76N_2 + Q$$

式中 Q——能量。

这类爆炸实际上是在火源作用下产生的一种瞬间燃烧反应。

通常称可燃性混合物为有爆炸危险的物质，它们只有在适当的条件下才变为危险的物质。这些条件包括可燃物质的含量、氧化剂含量以及点火源的能量等。可燃性混合物的爆炸危险性较低，但较普遍，工业生产中遇到的主要是这类爆炸事故。

3. 核爆炸

由原子核分裂或热核的反应引起的爆炸称为核爆炸。核爆炸时可形成数百万度到数千万度的高温，在爆炸中心可形成数百万大气压（1 大气压=101 325Pa）的高压，同时发出很强的光和热辐射以及各种粒子的贯穿辐射。因此，核爆炸比化学性爆炸具有更大的破坏力，核爆炸的能量相当于数千吨到数万吨 TNT 炸药爆炸的能量，如原子弹、氢弹、中子弹的爆炸，就属于这类爆炸。

（三） 爆炸按照爆炸的传播速度分类

根据爆炸传播速度，可将爆炸分为轻爆、爆炸和爆轰。

（1）轻爆是指物质爆炸时的燃烧速度为每秒数米，爆炸时无多大破坏力，声响也不太大。例如，无烟火药在空气中的快速燃烧、可燃气体混合物在接近爆炸含量上限或下限时的爆炸都属于此类。

（2）爆炸是指物质爆炸时的燃烧速度为每秒十几米至数百米，爆炸时能在爆炸点引起压力激增，有较大的破坏力，有震耳的声响。可燃性气体混合物在多数情况下的爆炸，以及被压榨火药遇火源引起的爆炸等都属于此类。

（3）爆轰是指物质爆炸时的燃烧速度为 1000～7000m/s 的爆炸现象。其特点是突然引起极高压力并产生超音速的“冲击波”。由于在极短时间内发生的燃烧产物急速膨胀，像活塞一样挤压其周围气体，反应所产生的能量有一部分传给被压缩的气体层，于是形成的冲击波，由它本身的能量所支持，迅速传播并能远离爆轰的发源地而独立存在，同时可引起该处的其他爆炸性气体混合物或炸药发生爆炸，从而产生一种“殉爆”现象。

（四） 爆炸按照反应相态分类

按反应相态的不同，爆炸可分为以下三类：

1. 气相爆炸

气相爆炸包括可燃性气体和助燃性气体混合物的爆炸、气体的分解爆炸、液体被喷成雾状物在剧烈燃烧时引起的爆炸等。

2. 液相爆炸

液相爆炸包括聚合爆炸、蒸发爆炸以及不同液体混合所引起的爆炸。

3. 固相爆炸

固相爆炸包括爆炸性化合物和混合危险物质的爆炸。

（五）爆炸的主要特征

一般来说，爆炸现象具有以下特征：

(1) 爆炸过程进行得很快。

(2) 发出或大或小的响声。

(3) 爆炸点附近压力急剧升高。

(4) 周围介质发生振动或邻近物质遭到破坏。

（六）爆炸的破坏作用

爆炸的破坏作用大致包括以下几个方面：

1. 震荡（地震）作用

在遍及破坏作用的区域内，有一个能使物体震荡，使之松散的力量。

2. 冲击波作用

爆炸能够在瞬间释放出巨大的能量，产生高温高压气体，使周围空气发生强烈震荡，通常称为“冲击波”。在距爆炸中心一定范围内，建筑物受到冲击波的作用，将会受到破坏或造成伤害。爆炸冲击波的强度是以标准大气压（101 325Pa）来表示的。

3. 碎片的冲击作用

机械设备等在发生爆炸时，变成碎片飞出去，会在相当大的范围内造成危害。碎片飞散范围，通常为100～150m。碎片的厚度越小，飞散的速度越大，危害越严重。

4. 热作用（火灾）

爆炸温度为2000～3000℃。通常爆炸气体扩散只发生在极其短促的瞬间，对一般可燃物质而言，不足以造成起火燃烧，而且有时冲击波还能起到灭火作用。但建筑物内留存的大量热量，会把从破坏设备内部不断流出的可燃气体或可燃蒸气点燃，使建筑内的可燃物全部起火，加重爆炸的破坏。

（七）引起爆炸的火源

在生产过程中出现的火源一般有明火、高温表面、冲击摩擦、自然发热、电火花、静电火花、光或热的射线以及非生产用火八种。这些着火源往往是引起易燃易爆物质着火爆炸的常见原因，控制这类火源的使用范围，严格使用制度，对于防火、防爆是十分必要的。

（八）防止明火引起的爆炸的方法

生产过程中的明火主要是指加热用火、维修用火以及其他火源。

1. 加热用火

在加热易燃物料时，应尽量避免采用明火而采用蒸气或其他热载体，如果必须采用明火，设备应严格密闭，燃烧室应与设备分开建筑或置于隔离装置中，明火加热设备的布置应远离可能泄漏易燃液体和蒸气的工艺设备和储罐区，并应布置在散发易燃物料设备的侧风或上风向，有一个以上的明火设备，应将其集中布置在装置或罐区的边缘，并考虑一定的安全距离。锅炉房的设置也要考虑上述要求，烟囱要有一定的高度。

2. 维修用火

维修用火主要是指焊割、喷灯以及熬制用火等。在有火灾爆炸危险的车间或罐区，应尽量避免焊割作业，最好将需要检修的设备或管段卸至安全地点修理。进行焊接作业的地方要与易燃易爆的生产设备、管道、储罐保持一定的安全距离，对输送、盛装可燃物料的设备、管道进行动火时，应将系统进行彻底的清洗，并用惰性气体进行吹扫置换，最后分析可燃气体的浓度。在可燃气体的浓度符合规定标准时，才准动火。

当需要修理的系统与其他设备连通时，应将相连的管道拆下断开或加堵金属盲板隔绝，防止易燃的物料进入检修系统，以防在动火时发生燃烧或爆炸。

若在不停产的条件下动火检修，一般要求环境通风良好，装置内部保持正压，装置内易燃介质中含氧量极低，使装置或储罐内可燃气或蒸气浓度保证在爆炸上限以上时才能动火。

电焊所用电线破残应及时更换，不能利用与易燃易爆生产设备有联系的金属件作为电焊地线，防止在电路接触不良的地方产生高温或电火花。

3. 其他用火

对熬炼设备要经常检查，防止烟道窜火和熬锅破漏。盛装物料不要过满，防止溢出，并要严格控制加热温度。在生产区熬炼时，应注意熬炼地点的选择。

喷灯是一种轻便的加热器具，在有爆炸危险的车间使用喷灯，应按动火制度进行，在其他地点使用喷灯时，要将操作地点的可燃物清理干净。

烟囱飞火，汽车、拖拉机、柴油机的排气管喷火都能引起可燃物料的燃烧爆炸，为防止烟囱飞火，炉膛内燃烧要充分；烟囱要有足够的高度，必要时应装置火星熄灭器，在烟囱周围一定距离，不得堆放易燃易爆物品，不得搭建易燃建筑。为了防止汽车、拖拉机排气管喷火引起火灾，可在排气管上安装阻火器。

（九）防止高温表面引起的爆炸的方法

要防止易燃物料与高温的设备、管道表面相接触。可燃物料的排放口应远离高温表面。高温表面要有隔热保温措施，不能在高温管道和设备上烘烤衣服及其他可燃物件。应经常清除高温表面上的污垢和物料，防止因高温表面引起物料自燃分解。

（十）防止摩擦和撞击引起的爆炸的方法

机器轴承转动部分的摩擦、铁器的相互撞击或铁器工具打击混凝土地面等，都可能发生火花。当管道或铁容器裂开时，高速喷出的物料也可能因摩擦而起火。因此，对轴承应及时添油，保持良好的润滑，并应经常清除附着的可燃污垢。

铁器撞击、摩擦易产生火花，成为着火源，可采用青铜材质作为撞击工具，防止产生火花。在设备运转操作中应尽量避免不必要的撞击和摩擦。凡是可能发生撞击的两部分应采用两种不同的金属制成，例如钢与铜、钢与铝等，在不能使用有色金属制造的某些设备里，应在采用惰性气体保护的条件下进行操作。

在搬运盛有可燃气体或易燃液体的金属容器时，不要抛掷，防止互相撞击，以免因产生火花或容器爆裂而造成火灾和爆炸事故。

不准穿带钉子的鞋进入易燃易爆车间，特别危险的防爆工房内，地面应采用不发火的材质（如菱苦土、橡皮等）铺成。

（十一）防止自然发热引起的爆炸的方法

油抹布、油棉纱等易自燃引起火灾，因此，应将它们装入金属桶内，放置在安全地带并及时清理。煤堆不宜过高、过大，以防煤的自燃。

（十二）防止电气火花引起的爆炸的方法

根据放电原理，电火花可分为三种：如高电压的火花放电、短时间的弧光放电、接点上的微弱火花。在工厂里使用的大量低压电器设备，往往会产生后两种着火源的火花，这些电火花虽放电能量极小，只对需要点火能量极小的可燃气体、易燃液体蒸气、爆炸粉尘、堆积纤维粉尘等构成危险，在存放这些危险物质的场所中，一般都设有动力、照明及其他电气设备。因为其产生的电火花引起的火灾爆炸事故发生率很高，所以必须认真选择电气设备及其配线的防爆类型并仔细安装。同时，还要采取严格的使用、维护、检修制度和其他防火防爆措施，把电火花的危害降到最低程度。

（十三）防止静电火花引起的爆炸的方法

工业生产和生活中的大多数静电是由于不同物质的接触和分离或互相摩擦而产生的。例如，生产工艺中的挤压、切割、搅拌、喷溅、流动和过滤以及生活中的行走、起立、穿脱衣服等都会产生静电。其静电的数值大小和物质的性质、运动的速度、接触的压力以及环境条件都有关。

静电的电位一般是较高的，例如，人体在穿脱衣服时常可产生一万多伏的电压，但其总的能量是较小的。在生产和生活中产生的静电虽可使人受到电击，但不致直接危及人的生命。静电最严重的危害是因发生静电火花而导致可燃物燃烧、爆炸，对需要点火能量小的可燃气体或蒸气尤其严重，如油罐车装油时爆炸、用汽油擦地时着火等。因此，在有汽油、苯、氢气等易燃物质的场所，要特别注意防止静电危害。

防静电方法有两种：一是抑制静电的产生；二是迅速把产生的静电泄掉。

（十四）防止其他火源、强光和热辐射引起的爆炸的方法

它们都会导致易燃物的燃烧，如夏天强烈的日光照射会导致硝化纤维自燃，直至酿成火灾爆炸事故。大功率照明灯的长时间烘烤，也是火灾事故常见的原因。

在生产的厂区和仓库内要严禁非生产用火，禁止带入火柴和烟卷。吸烟容易引起火灾，烟头的温度可达800℃，超过许多可燃物的自燃点，且可阴燃较长时间，它常常构成引发火灾事故的火源。

（十五）爆炸极限

爆炸极限是指可燃气体、蒸气或粉尘与空气混合后，遇火产生爆炸的最高或最低浓度。通常用体积百分数表示。

可燃气体、蒸气或粉尘与空气组成的混合物，能使火焰传播的最低浓度称为该气体或蒸气的爆炸下限，也称燃烧下限。相反，使火焰传播的最高浓度称该气体或蒸气的爆炸上限，也称燃烧上限。

（十六）影响爆炸极限的因素

各种不同的可燃气体和可燃液体蒸气，由于它们的理化性质的不同，因而具有不同的爆炸极限。

一种可燃气体或可燃液体蒸气的爆炸极限，也并非固定不变，它们受温度、压力、氧含量、惰性介质、容器的直径等因素的影响。

1. 温度的影响

混合气体的原始温度升高，则爆炸下限降低，上限增高，爆炸极限范围扩大，爆炸危险性增加。

混合物温度升高使其分子内能增加，使燃烧速度加快，而且由于分子内能的增加和燃烧速度的加快，使原来含有过量空气（低于爆炸下限）或可燃物（高于爆炸上限）而不能使火焰蔓延的混合物含量变为可以使火焰蔓延的含量，从而扩大了爆炸极限范围。

2. 氧含量的影响

混合物中含氧量增加，爆炸极限范围扩大，尤其是爆炸上限提高得更多。可燃气体在空气和纯氧中的爆炸极限范围比较见表3-16。

表3-16 几种可燃气体在空气中和纯氧中的爆炸极限范围 %

物质名称	在空气中的爆炸极限	范围	在纯氧中的爆炸极限	范围
甲烷	4.9～15	10.1	5～61	56.0
乙烷	3～5	12.0	3～66	63.0
丙烷	2.1～9.5	7.4	2.3～55	52.7
丁烷	1.5～8.5	7.0	1.8～49	47.8
乙烯	2.75～34	31.25	3～80	77.0
乙炔	1.53～34	79.7	2.8～93	90.2
氢气	4～75	71.0	4～95	91.0
氨	15～28	13.0	13.5～79	65.5
一氧化碳	12～74.5	62.5	15.5～94	78.5

3. 惰性介质的影响

如果在爆炸混合物中掺入不燃烧的惰性气体（如氮、水蒸气、二氧化碳、氩、氦等），随着惰性气体所占体积分数的增加，爆炸极限范围则缩小，惰性气体的含量提高到某一数值，可使混合物不能爆炸。一般情况下，惰性气体对混合物爆炸上限的影响较之对下限的影响更加显著。因为惰性气体含量加大，表示氧的含量相对减小，而在上限中氧的含量本来已经很小，故惰性气体含量稍微增加一点即产生很大影响，而使爆炸上限显著下降。

4. 原始压力的影响

混合物的原始压力对爆炸极限有很大影响，压力增大，爆炸极限范围也扩大，尤其是爆炸上限明显提高。

5. 容器

充装容器的材质、尺寸等，对物质爆炸极限均有影响。试验证明，容器管子直径越小，爆炸极限范围越小。同一可燃物质，管径越小，其火焰蔓延速度就越小。当管径（或火焰通道）小到一定程度时，火焰即不能通过。这一间距称为最大灭火间距，也称为临界直径。当管径小于最大灭火间距时，火焰因不能通过而被熄灭。

容器大小对爆炸极限的影响也可以从器壁效应得到解释。燃烧是由自由基产生一系列连锁反应的结果，只有当新生自由基大于消失的自由基时，燃烧方可继续。但随着管道直径（尺寸）的减小，自由基与管道壁的碰撞概率相应增大。当尺寸减少到一定程度时，即因自由基（与器壁碰撞）销毁大于自由基产生，燃烧反应便不能继续进行。

关于材料的影响，例如，氢和氟在玻璃器皿中混合，甚至放在液态空气温度下于黑暗中也能发生爆炸。而在银制器皿中，一般温度下才能发生反应。

6. 能源

火花的能量、热表面的面积，火源与混合物的接触时间等，均对爆炸极限有影响。如甲烷对电压为100V、电流强度为1A的电火花，无论在何种比例下都不爆炸，如电流强度为2A时，其爆炸极限为5.9%～13.6%，3A时为5.85%～14.8%。因此各种爆炸混合物都有一个最低引爆能量（一般在接近化学理论量时出现）。

除以上因素外，光对爆炸极限也有影响。众所周知，在黑暗中氢与氯的反应十分缓慢，但在强光照射下则发生连锁反应导致爆炸。又如甲烷与氯的混合物，在黑暗中长时间内不发生反应，但在日光照射下，便会引起激烈的反应。如果两种气体的比例适当，就能发生爆炸。另外，表面活性物质对某些介质也有影响，如在球形器皿内于530℃时，氢与氧完全无反应，但是向器皿中插入石英、玻璃、铜或铁棒时，则发生爆炸。

（十七）泄压装置

泄压装置是防爆防火的重要安全装置，泄压装置包括安全阀和爆破片以及呼吸阀和放空管。

（十八）阻火装置

阻火装置的作用是防止火焰窜入设备、容器与管道内，或阻止火焰在设备和管道内扩展。常见的阻火设备有安全水封、阻火器和单向阀。

1. 安全水封

一般装设在气体管线与生产设备之间，以水作为阻火介质。其作用原理是来自气体发生器或气柜的可燃气体，经安全水封到生产设备中去。一旦在安全水封的两侧中任一侧着火，火焰至水封即被熄灭，从而阻止火势的蔓延。

安全水封的可靠性与容器内的液位直接有关，应根据设备内的压力保持一定的高度，否则起不到液封作用，运行中要经常检查液位高度。

寒冷地区为防止水封冻结可通入蒸汽，也可加入适量甘油、矿物油、乙二醇、三甲酚磷酸酯等，或用食盐、氯化钙的水溶液等作为防冻液。

2. 阻火器

火焰在管中的蔓延速度随着管径的减少而减小。当管径小到某个极限值时，管壁的热损失大于反应热，从而使火焰熄灭。阻火器就是根据这一原理制成的。在管路上连接一个内装金属网或砾石的圆筒，则可以阻止火焰从圆筒的一端蔓延到另一端。

影响阻火器性能的因素是阻火层的厚度及其孔隙和通道的大小。某些可燃气体和蒸气阻火孔的临界直径如下：甲烷为 0.4～0.5mm；氢、乙炔、汽油及天然石油气为 0.1～0.2mm。

3. 单向阀

单向阀是仅允许流体向一定方向流动，遇有回流时自动关闭的一种器件。可防止高压燃烧气流逆向窜入未燃低压部分引起管道、容器、设备爆裂，或在可燃性气体管线上作为防止回头火的安全装置，如液化石油气的气瓶上的调压阀就是一种单向阀。

气体压缩机和油泵在停电、停气和不正常条件下可能倒流造成事故，应在压缩机和油泵的出口管线上设置单向阀。

（十九） 防止形成爆炸介质的方法

物质是燃烧的基础，设法消除或取代可燃物，限制可燃气体、蒸气或粉尘在空气中的浓度，使性质互相抵触的物质分离等，就可以防止或减少火灾的发生。

（1）以不燃或难燃材料，代替可燃或易燃材料，提高耐火极限。

1）用截面 20cm×20cm 的钢筋混凝土柱代替同样截面大小的木柱，其耐火极限可由 1h 提高到 2h。

2）在木板和可燃的包装上涂刷用水玻璃调剂的无机防火涂料，其耐焰温度可达 1200℃。

3）用乙酸纤维代替硝酸纤维制造电影胶片，其燃点可由 180℃提高到 320℃。

（2）加强通风，使可燃气体、蒸气或粉尘达不到爆炸极限。通风可分为自然通风和机械通风，按更换空气的作用又分为排风和送风。

1）通风换气次数要有保证，自然通风不足，要加设机械通风。例如，酸性蓄电池充电时能放出氢气，当采用开口蓄电池时，通风换气次数应保证每小时不少于 15 次；当采用防酸隔爆式蓄电池时，通风量可按空气中的最大含氢量（按体积计）不超过 0.7%计算。像木工车间的喷漆工房和机加工车间的汽油洗涤工房，应有强力的局部排风设备。

2）通风排气口的设置要得当。室内如有比空气轻的可燃气体，排风口应设在上部；否则，应将排风口设在下部。

3）甲、乙类生产厂房内的空气，因含有易燃易爆气体，不可再循环使用，其排风设备和送风设备应分设于独立的通风机室。丙类生产厂房内的空气，如含有可燃粉尘、纤维，经过净化后，可以再循环使用。

（3）密闭设备，不使可燃物料泄漏和空气渗入。许多可燃物料具有流动性和扩散性，如果盛装它们的设备和管路的密闭性不好，就会向外逸，造成“跑、冒、滴、漏”现象，以致在空间发生燃烧、爆炸事故。尤其是在负压条件操作时，如果密封不好，空气就会进入设备中，和设备中的可燃物料形成爆炸性混合物，从而有可能使设备发生严重的爆炸。

渗漏多半发生于设备、管路及管件的各个连接处，或发生于设备的封头盖、人孔盖与主体的连接处，以及发生于设备的转轴与壳体的密封处。为保证设备系统的密闭性，通常采用下列办法。

1）尽量采用焊接接头，减少法兰连接。如用法兰连接，根据操作压力的大小，可以分别采用平面、准槽面和凹凸面等不同形状的法兰，同时衬垫要严密，螺栓要拧紧。

2）根据工艺温度、压力和介质的要求，选用不同的密封垫圈。一般工艺普遍采用石棉橡胶板（也有制成耐溶性、耐油性的石棉橡胶板）垫圈。在高温、高压或强腐蚀性介质中采用聚四氟乙烯等塑料板或金属垫圈。最近许多机泵改成端面机械密封，防漏效果较好。如果采用填料密封仍达不到要求时，有的可加水封或油封。

3）注意检测试漏，设备系统投产前和大修后开车前应结合水压试验，用压缩氮气或压缩空气做气密性检验。即使设备内的压力升到一定数值，保持一段时间，如果压力不降低或降低不超过规定，即可认为合格。或者向设备内充入惰性气体，受压后再用肥皂水喷涂在焊缝、法兰等连接处，如有渗漏即会产生泡沫。也可以针对设备内存放物质的特性，采用相应的试漏措施。例如，设备内有氯气和氯化氢气，可用氨气在设备各部位试熏，产生白烟处即为渗漏点；如设备内是酸性或碱性气体，可利用 pH 试纸试验，渗漏处能使试纸变色。

4）平时注意维修保养，发现配件、填料破损，及时维修或更换；发现法兰螺栓松弛，设法紧固。

（4）清洗置换设备系统，防止可燃物与空气形成爆炸性混合物。

开工生产前或检修后开车前，必须用惰性气体置换机泵设备系统内的空气，取样分析含氧量在0.5%以下时，方可开车输送可燃物料；否则，可燃物料进入设备系统与空气汇合，即能形成爆炸性混合物。

停车停产前或检修前，必须用惰性气体置换机泵设备内的可燃物料。否则，可燃物料泄出（有压力时）或空气渗入（负压时）形成爆炸混合物。特别是动火检修时，设备系统内有可燃物料存在，会发生爆炸伤人事故。

对于盛过油、气的桶和罐，需要动火补焊时，必须先用水或水蒸气将其中残余液体及沉淀物彻底清洗干净，否则会起火爆炸。

（5）对遇冷空气、水或受热容易自燃的物质，多采用隔绝空气储存。

如金属钠存于煤油中，黄磷存于水中，活性镍存于酒精中，烷基铝存于氮中，二硫化碳封存于水中等。

（6）充装惰性气体保护有易燃、易爆危险的生产过程。例如，充氮保护乙炔的发生、甲醇的氧化、TNT的球磨等，氮气等惰性气体在使用时应经过气体分析，其中含氧量不得超过2%。

（二十）具有爆炸危险性的粉尘

现在人们已经发现的具有爆炸危险性的粉尘有：

（1）金属粉末，如镁粉、铝粉。

（2）煤炭粉尘，如煤和活性炭。

（3）粮食，如淀粉、面粉。

（4）合成材料，如塑料、染料。

（5）饲料，如血粉、鱼粉。

（6）农副产品，如棉花、烟草粉尘。

（7）林产品，如木粉、纸粉等。

（二十一）产生粉尘爆炸的条件

（1）粉尘本身必须是可燃性的。

（2）粉尘必须具有相当大的比表面积。

（3）粉尘必须在空气中悬浮，与空气混合形成爆炸极限范围内的混合物。

（4）有足够的点火能量。

（二十二）粉尘爆炸的机理

飞扬悬浮于空气中的粉尘与空气组成的混合物，也同气体或蒸气混合物一样，具有爆炸下限和爆炸上限。粉尘混合物的爆炸反应也是一种连锁反应，即在火源作用下产生原始小火球，随着热和活性中心的发展和传播，火球不断扩大而形成爆炸。

（二十三）粉尘爆炸的特点

粉尘混合物的爆炸有下列特点：

（1）粉尘混合物爆炸时，燃烧不完全。如煤粉爆炸时，燃烧的是所分解出来的气体产物，灰渣是来不及燃烧的。

（2）有产生二次爆炸的可能性。由于粉尘初次爆炸的气浪会将沉积的粉尘扬起，在新的空间形成达到爆炸极限的混合物质而产生二次爆炸，这种连续爆炸会造成严重的破坏。

（3）爆炸的感应期较长。粉尘的燃烧过程比气体的燃烧过程复杂，有的要经过尘粒表面的分解或蒸发阶段，有的要有一个从表面向中心延烧的过程，因而感应期较长，可达数十秒，是气体的数十倍。

（4）粉尘点火的起始能量大。如前面所述，有一个粉尘表面粒子接受热量，升温阶段，其起始能量需10J以上，是气体的近百倍。

（5）粉尘爆炸会产生两种有毒气体，一种是一氧化碳，另一种是爆炸物（如塑料）自身分解产生的毒性气体。

（二十四）粉尘爆炸的影响因素

1. 理化性质

燃烧热越大的物质越容易引起爆炸，如煤粉、硫等；氧化速度大的物质越易引起爆炸，如镁、氧化亚铁、染料等；容易带电的粉尘越易引起爆炸。粉尘在其生产过程中，由于相互碰撞、摩擦、放射线照射、电晕放电及接触带电体等原因，几乎总是带有一定的电荷。粉尘带电荷后，将改变其某些物理性质，如附着性、凝聚性等，同时对人体的危害也将增大。粉尘的荷电量随着温度升高而提高，随表面积增大及含水量减少而增大。粉尘爆炸还与其所含挥发物有关，如当煤粉中挥发物低于10%时就不会发生爆炸。而焦炭是不会有爆炸危险的。

2. 颗粒大小

所有的粉尘都可能以极其细微的固体颗粒悬浮于空气中。雾化的物质有很大的表面积，这是粉尘造成爆炸的原因之一。粉尘的表面上吸附了空气中的氧，而氧在这种情况下具有极大的活力，容易与雾化的物质发生化学反应。粉尘的颗粒越细，氧就吸附得越多，因而越容易发生爆炸。随着粉尘颗粒的减小，不仅其化学活性增强，而且还可能有静电电荷的形成。有爆炸危险的粉尘颗粒的大小，对于不同的物质，变动范围在0.000 1～0.1mm。一般粉尘越细，燃点越低，粉尘的爆炸下限越小；粉尘的粒子越干燥，燃点越低，危险性就越大。

3. 粉尘的浮游性

粉尘在空气中停留时间的长短与粒径、密度、温度等有关。粉尘在空气中停留的时间越长，其危险性越大。表3-17所列为空气中粉尘自由落下速度与粒径、密度及温度的关系。

表3-17 空气中粉尘自由落下速度（cm/s）与粒径、密度及温度的关系

粒径（μm）	粉尘密度 ρ（g/cm³）					
	ρ=1			ρ=2		
	温度（℃）			温度（℃）		
	20	117	370	20	177	370
5	0.075	0.055	0.043	0.150	0.109	0.085
10	0.30	0.22	0.17	0.60	0.44	0.34
30	2.68	1.96	1.53	5.23	3.91	3.06
50	7.25	5.39	4.24	14.1	10.7	8.43
70	13.5	10.4	8.23	25.4	20.1	16.3
100	24.7	20.1	16.4	45.6	37.6	31.7
200	68.5	62.9	55.2	115	108	101
500	200	199	116	316	328	325
1000	390	415	426	594	642	685
5000	1160	1422	1650	1680	2070	2390

4. 粉尘与空气混合的含量

粉尘与空气的混合物仅在悬浮于空气中的固体物质的颗粒足够细小且有足够的含量时，才能发生爆炸。与蒸气或气体爆炸一样，粉尘爆炸同样有上、下限。混合物中氧气含量越高，则燃点越低，最大爆炸压力和压力上升速度越高，因而越容易发生爆炸，并且爆炸越激烈。在粉尘爆炸范围内，由于最大爆炸压力和压力上升速度是随含量变化的，因而当含量不同时，爆炸的剧烈程度也不同。但在一般资料中，多数只列出粉尘的爆炸下限，这是因为粉尘爆炸的上限较高，在通常情况下是不易达到的。

应当注意造成粉尘爆炸并非一定要在所有场所的整个空间都形成有爆炸危险的浓度，一般只要粉尘在房屋中成层地附着于墙壁、顶棚、设备上，就可能引起爆炸。

（二十五） 控制粉尘爆炸的方法

控制产生粉尘爆炸的主要技术措施是缩小粉尘扩散范围，消除粉尘，适当增湿，控制火源。对于产生可燃粉尘的生产装置（如Al粉的粉碎等），则可以进行惰化防护，即在生产装置中通入惰性气体，使实际氧含量比临界氧含量低20%。在通入惰性气体时，必须注意把装置里的气体完全混合均匀。在生产过程中，要对惰性气体的压力、气流或对氧气浓度进行测试，应保证不超过临界氧含量。

还可以采用抑爆装置等技术措施。抑爆装置由爆炸压力探测器、抑爆剂发射器和信号放大器组成，如图3-6所示，其抑爆效果如图3-7所示。

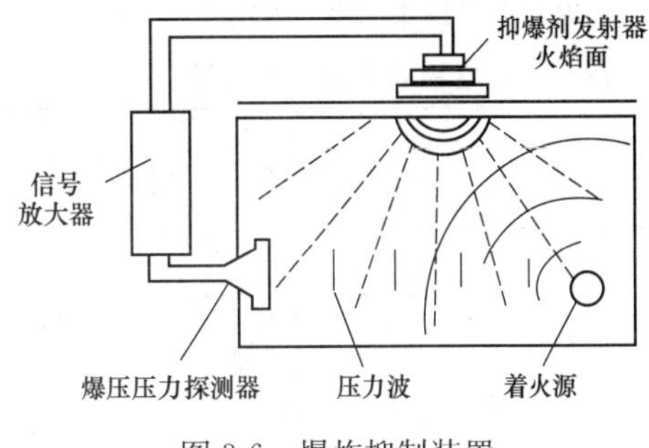

图3-6 爆炸抑制装置

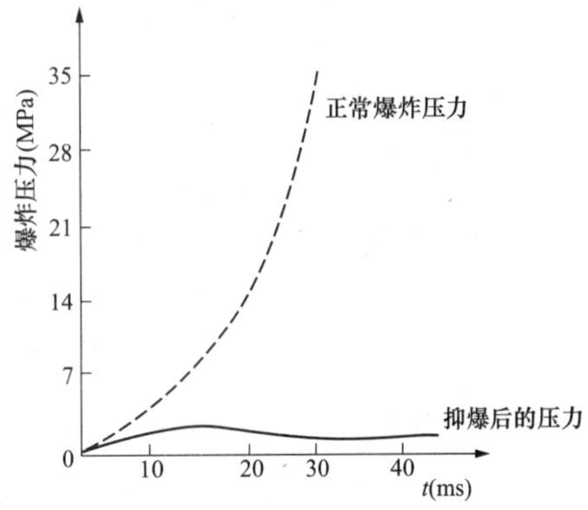

图3-7 爆炸抑制装置效果

四、 火灾

（一） 火灾的形成条件

1. 可燃物

（1）凡是能与空气中的氧或者其他氧化剂发生化学反应的物质称为可燃物。可燃物按照其物理状态可以分为气体、液体和固体三类。

1）气体可燃物：凡是在空气中能燃烧的气体都称为可燃气体。可燃气体在空气中燃烧，同样要求与空气的混合比在一定燃烧（爆炸）范围内，并且需要一定的温度（着火温度）引发反应。

2）液体可燃物：液体可燃物大多数是有机化合物，分子中都含有碳、氢原子，有些还含有氧原子。液体可燃物中有不少是石油化工产品。

3）固体可燃物：凡遇明火、热源能在空气中燃烧的固体物质称为可燃固体，如木材、纸张、谷物等。固体物质中，有一些燃点较低、燃烧剧烈的称为易燃固体。

（2）可燃物的火灾危险性类别，见表3-18。从表

3-18中可以看出，甲类物品的闪点较低，爆炸极限范围宽，其火灾危险性最大。在建筑设计中，针对各种不同物品的燃烧特性和火灾危险性，应分别采取相应的防火阻燃和灭火技术措施。

表 3-18　可燃物的火灾危险性类别

物品的火灾危险性类别	物品的火灾危险性特征
甲	(1) 闪点小于28℃的液体； (2) 爆炸下限小于10%的气体，以及受到水或空气中水蒸气的作用，能产生爆炸下限小于10%气体的固体物质； (3) 常温下能自行分解或在空气中氧化能导致迅速自燃或爆炸的物质； (4) 常温下受到水或空气中水蒸气的作用，能产生可燃气体并引起燃烧或爆炸的物质； (5) 遇酸、受热、撞击、摩擦以及遇有机物或硫黄等易燃的无机物，极易引起燃烧或爆炸的强氧化剂； (6) 受撞击、摩擦或与氧化剂、有机物接触时能引起燃烧或爆炸的物质
乙	(1) 闪点大于或等于28℃，但小于60℃的液体； (2) 爆炸下限大于或等于10%的气体； (3) 不属于甲类的氧化剂； (4) 不属于甲类的化学易燃危险固体； (5) 助燃气体； (6) 常温下与空气接触能缓慢氧化，积热不散引起自燃的物品
丙	(1) 闪点大于或等于60℃的液体； (2) 可燃固体
丁	难燃烧物品
戊	不燃烧物品

建筑物中可燃物种类很多，其燃烧发热量也因材料性质不同而异。为了方便研究，在实际中常根据燃烧热值把某种材料换算为等效发热量的木材，用等效木材的质量表示可燃物的数量，称为当量可燃物的量。通常，大空间所容纳的可燃物比小空间要多，因此，当量可燃物的数量与建筑面积或者容积的大小有关。为了方便研究火灾性状，通常把火灾范围内单位地板面积的当量可燃物的质量（kg/m²）定义为火灾荷载。房间中火灾荷载的总和称为当量可燃物总量。当量可燃物总量与房间中单位面积上的实际可燃物数量以及各种可燃物的实际总数量有所不同。火灾荷载可按照下列公式进行计算，即

$$W=\frac{\sum(m_iH_i)}{H_0A_F}=\frac{\sum Q_i}{H_0A_F} \tag{3-3}$$

式中　W——火灾荷载，kg/m²；

m_i——某可燃物质量，kg；

H_i——某可燃物热值，kJ/kg；

H_0——木材的热值，kJ/kg；

A_F——室内的地板面积，m²；

$\sum Q_i$——室内各种可燃物的总发热量，kJ。

火灾荷载是衡量建筑物室内所容纳可燃物数量多少的一个参数，是分析建筑物火灾危险性的一个重要指标，是研究火灾发展阶段特性的基本要素。火灾荷载与燃烧特性的关系参见表3-19。

表 3-19　火灾荷载与燃烧特性

火灾荷载(kg/m²)	热量(MJ/m²)	燃烧时间——相当于标准温度曲线的时间(h)
24	454	0.5
49	909	1.0
73	1363	1.5
98	1819	2.0
147	2727	3.0
195	3636	4.5
244	4545	7.0
60 (288)	5454	8.0
70 (342)	6363	9.0

在建筑物发生火灾时，火灾荷载直接决定着火灾持续时间的长短和室内温度的变化情况。因而，在进行建筑结构防火设计时，需要了解火灾荷载的概念，并且合理确定火灾荷载数值。实验证明，火灾荷载为60kg/m²时，其持续燃烧时间为1.3h。一般住宅楼的火灾荷载为35～60kg/m²。高级宾馆达到45～60kg/m²。当火灾发生时，由于火灾荷载大，导致火势燃烧猛烈，燃烧持续时间长，火灾危险性增大。

2. 助燃物（氧化剂）

助燃物一般是指帮助可燃物燃烧的物质，也可指能与可燃物质发生燃烧反应的物质。化学危险物品分类中的氧化剂类物质均为助燃物。除此之外，助燃物还包括一些未列入化学危险物品的氧化剂，如正常状态下的空气等，为了明确助燃物的种类，应首先了解列入危险物品的氧化剂的种类，在此基础上，还须了解未列入危险物品氧化剂类的助燃物有哪些种类。

广义上的氧化剂是指在氧化还原反应中得到电子的物质。危险物品分类中的氧化剂是指具有强烈氧化性能并且易引起燃烧或者爆炸的一类物质，这类物质

按照其不同性质，在不同条件下，遇酸、碱或者受潮湿、强热、摩擦、撞击或者与易燃的有机物、还原剂等接触，即能分解引起燃烧或爆炸。

火灾和爆炸事故中最常见的助燃物是空气，在火灾发生时，空气中的氧气是一种最常见的助燃剂。在热源能够满足持续燃烧要求的前提下，氧化剂的量和供应方式是影响和控制火灾发展势态的决定性因素。

3. 着火源

着火源是指能引起可燃物质燃烧的热能源，着火源可以是明火，也可以是高温物体，如火焰、电火花、高温表面、自然发热、光和热射线等，它们的能量和能级存在很大差别。在一定温度和压力下，能引起燃烧所需的最小能量称为最小点火能，这是衡量可燃物着火危险性的一个重要参数。通常，可燃混合气的初温增加，最小点火能减少；压力降低，则最小点火能增大。当压力降到某一临界压力时，可燃混合气就很难着火。

下面以球形电火花为例，说明最小点火能的概念。图 3-8 所示为电火花点火的简化模型，相应的简化条件为：

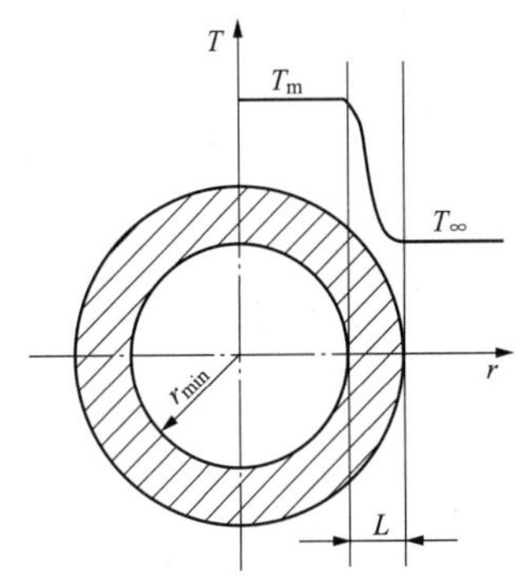

图 3-8　电火花点火模型

（1）可燃混合气体处于静止状态。

（2）电极间距足够大（不考虑电极的冷熄作用）。

（3）化学反应为二级反应。

假设从球心到球面温度分布均匀，球形火焰温度为绝热火焰温度（T_m），环境温度为 T_∞ 点燃的判据是在火焰厚度 δ 内形成 $T_m \sim T_\infty$ 的稳定分布。

则要使半径为 r_{min} 球体内的可燃混合气体用电火花将其从 T_∞ 加热到 T_m 时，所需要的最小点火能应为

$$H_{min} = k_1 \frac{4}{3}\pi r_{min}^3 c_p \rho (T_m - T_\infty) \qquad (3\text{-}4)$$

式中　k_1——修正系数，用来修正电火花加热温度总低于 T_m 而带来的误差；

T_m——绝热火焰温度，K；

T_∞——环境温度，K；

r_{min}——球形可燃混合气体半径，m；

c_p——可燃混合气体比定压热容，kJ/（kg·K）；

ρ——可燃混合气体密度，kg/m^3。

实践证明，多数火花（例如电闸跳火）具有这个能量，因此，必须加强对明火的控制。

（二）火灾的形成原因

建筑起火的原因归纳起来大致可分为七类。

1. 生活用火不慎

这类火灾原因，大体有以下几方面：

（1）炊事用火。炊事用火是人们最经常的生活用火，除了居民家庭外，单位的食堂、饮食行业都涉及炊事用火。炊事用火的主要器具，如炉灶设置地点不当，安装不符合安全要求，烟囱距离可燃构件等太近或者其间没有可靠的隔火、隔热措施，在使用炉灶过程中违反防火安全要求或出现异常事故等都可能引起火灾。

（2）灯火照明。城市和乡村在供电发生故障或修理线路时，常用蜡烛、油灯照明。婚事、丧事、喜事等也往往燃点蜡烛。少数无电的农村和边远地区则都靠蜡烛、油灯等照明。蜡烛和油灯使用不当，容易引起火灾事故。

（3）取暖用火。我国部分地区，特别是北方地区，冬季都要取暖。除了宾馆、饭店和部分居民住宅使用空调和集中供热外，其余部分使用明火取暖。取暖用的火炉、火炕、火盆及用于排烟的烟囱在设置、安装、使用不当时，都可能引起火灾。

（4）燃放烟花爆竹。我国每年春节期间火灾频繁，其中 80%以上是燃放烟花爆竹所引起的。

2. 吸烟不慎和玩火

在生活用火引起的火灾中，吸烟不慎引起的火灾次数占很大比例。如将没有熄灭的烟头和火柴梗扔在可燃物中引起火灾；醉酒后躺在床上吸烟，烟头不慎掉在被褥上引起火灾。小孩玩火虽不是正常生活用火，但却是生活中常见的火灾原因。

3. 纵火

纵火分刑事犯罪纵火及精神病人纵火。

4. 电气设备设计、安装、使用及维护不当

电气设备引起火灾的原因，主要有电气设备过负荷、电气线路接头接触不良、电气线路短路；照明灯具设置使用不当，例如将功率较大的灯泡安装在木板、纸等可燃物附近，将日光灯的镇流器安装在可燃基座上，以及用纸或布做灯罩并紧贴在灯泡表面上等；在易燃易爆的车间内使用非防爆型的电动机、灯

具、开关等。

5. 违反安全生产制度

生产用火不慎引起的火灾，例如用明火熔化沥青、石蜡或者熬制动、植物油时，因超过其自燃点所引起的火灾。在烘烤木板、烟叶等可燃物时，因升温过高，导致可燃物起火所引起的火灾。锅炉中排出的炽热炉渣处理不当，也会引燃周围的可燃物。

此外，由于违反生产安全制度引起火灾的情况也很多。如在易燃易爆的车间内动用明火，引起爆炸起火；将性质相抵触的物品混存在一起，引起燃烧爆炸；在焊接和切割时，会飞出大量火星和熔渣，并且焊接切割部位温度很高，如果没有采取相应的防火措施，则很容易酿成火灾；在机器运转过程中，不按时加油润滑，或者没有清除附在机器轴承上面的杂质、废物，而使这些部位摩擦发热，引起附着物燃烧起火；电熨斗放在台板上，没有切断电源就离去，导致电熨斗过热，将台板烤燃引起火灾；化工生产设备失修，发生可燃气体、易燃液体、可燃液体跑、冒、滴、漏现象，遇明火会发生燃烧或者爆炸。

6. 自然现象引起

(1) 自燃。自燃是指在没有任何明火的情况下，物质受空气氧化或外界温度、湿度的影响，经过较长时间的发热和蓄热，逐渐达到自燃点而发生燃烧的现象。

(2) 雷击。雷电引起的火灾原因，大体上有三种：一是雷电直接击在建筑物上发生的热效应、机械效应作用等；二是雷电产生的静电感应作用和电磁感应作用；三是高电位沿着电气线路或金属管道系统侵入建筑物内部。在雷击较多的地区，建筑物上如果没有设置可靠的防雷保护设施或其失效，便有可能发生雷击起火。

(3) 地震。发生地震时，人们急于疏散，往往来不及切断电源、熄灭炉火以及处理好易燃、易爆生产装置和危险物品等，因而伴随着地震发生，会有各种火灾发生。

(4) 静电。静电通常是由摩擦、撞击而产生的。因静电放电引起的火灾事故屡见不鲜。如易燃、可燃液体在塑料管中流动，由于摩擦产生静电，引起易燃、可燃液体燃烧爆炸；抽送易燃液体流速过大，无导除静电设施或者导除静电设施不良，导致大量静电荷积聚，产生火花引起爆炸起火；在有大量爆炸性混合气体存在的地点，身上穿着的化纤织物的摩擦、塑料鞋底与地面的摩擦产生的静电引起爆炸性混合气体爆炸等。

7. 建筑布局不合理，建筑材料选用不当

如果在建筑布局方面，防火间距不符合消防安全要求，没有考虑风向、地势等因素对火灾蔓延的影响，往往会造成发生火灾时火烧连营，形成大面积火灾。在建筑构造、装修方面，大量采用可燃构件，可燃、易燃装修材料都大大增加了建筑火灾发生的可能性。

（三）火灾的形成过程

绝大部分火灾是发生在建筑物内，火灾最初都是发生在建筑物内的某一区域或者房间内的某一点，随着时间的增长，开始蔓延扩大直到整个空间、整个楼层，甚至整座建筑物。火灾的发生和发展的整个过程是一个非常复杂的过程，其所受到的影响因素众多，其中热量的传播是影响火灾发生和发展的决定性的因素，伴随着热量的传导、对流和辐射，使建筑物室内环境的温度迅速升高，若超过了人所能承受的极限，便会危及生命。随着室内温度进一步升高，建筑物构建和金属失去其强度，从而造成建筑物结构损害，房屋倒塌，甚至造成更为严重的生命和财产损失。

通常室内平均温度随时间的变化可用曲线表示，来说明建筑物室内的发展过程，如图 3-9 所示。

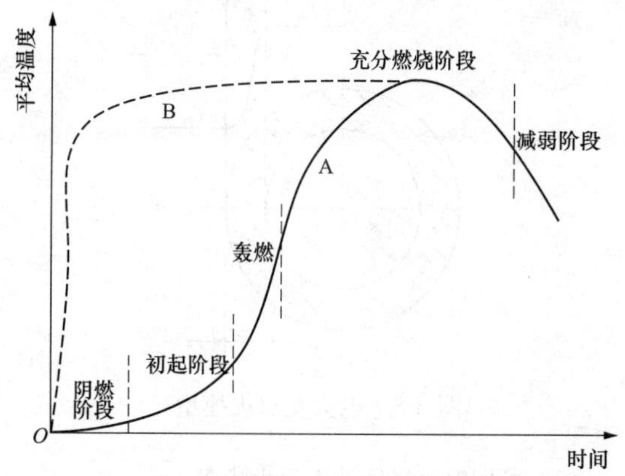

图 3-9　建筑物火灾发展过程

A—可燃固体火灾室内平均温度的上升曲线；

B—可燃液体室内火灾的平均升温曲线

由图 3-9 可以看出，火灾的发生发展趋势，并且可以归结为下列几个阶段。

1. 阴燃阶段

阴燃是没有火焰的缓慢燃烧现象。很多固体物质，如纸张、锯末、纤维织物、纤维素板、胶乳橡胶以及某些多孔热固性塑料等，都有可能发生阴燃，尤其是当它们堆积起来的时候更容易发生阴燃。阴燃是固体燃烧的一种形式，是无可见光的缓慢燃烧，通常产生烟和温度上升等现象。阴燃与有焰燃烧的区别是无火焰，阴燃与无焰燃烧的区别是能热分解出可燃气，因此，在一定条件下阴燃可以转换成有焰燃烧。

2. 火灾初起阶段

当阴燃达到足够温度以及分解出了足够的可燃气体时，阴燃就会转化成有焰燃烧现象。通常把可燃物质，如气体、液体和固体的可燃物等，在一定条件下形成非控制的火焰称为起火。在建筑火灾中，初始起火源多为固体可燃物。在某种点火源的作用下，固体可燃物的某个局部被引燃起火，失去控制，称为火灾初起阶段。

火灾初起阶段是火灾局限在起火部位的着火燃烧阶段。火是从某一点或者某件物品开始的，着火范围很小，燃烧产生的热量较小，烟气较少且流动速度很慢，火焰不大，辐射出的热量也不多，靠近火点的物品和结构开始受热，气体对流，温度开始上升。

火灾初起，如果能及时发现，是灭火和安全疏散最有利的时机，用较少的人力和简易灭火器材就能将火扑灭。此阶段，任何失策都会导致不良后果。例如，惊慌失措、不报警、不会报警、不会使用灭火器材、灭火方法不当、不及时提醒和组织在场人员撤离等，都会错过有利的短暂时机，使火势得以扩大到发展阶段。因此，必须学会正确认识和处置起火事故，将事故消灭在初起阶段。

3. 火灾发展阶段

在火灾初起阶段后期，火焰由局部向周围物质蔓延、火灾范围迅速扩大，当火灾房间温度达到一定值时，聚积在房间内的可燃气体突然起火，整个房间充满了火焰，房间内所有可燃物表面部分都被卷入火灾之中，且燃烧很猛烈，温度升高很快。房间内局部燃烧向全室性燃烧过渡，形成轰燃现象。

轰燃是指房间内的所有可燃物几乎瞬间全部起火燃烧，火灾面积扩大到整个房间，火焰辐射热量最多，房间温度上升并达到最高点，火焰和热烟气通过开口和受到破坏的结构开裂处向走廊或其他房间蔓延。建筑物的不燃材料和结构的机械强度将明显下降，甚至发生变形和倒塌。轰燃是室内火灾最显著的特征之一，它标志着火灾全面发展阶段的开始。对于安全疏散而言，人们若在轰燃之前还没有从室内逃出，则很难幸存。

轰燃发生后，房间内所有可燃物将会猛烈燃烧，放热速度很快，因而房间内温度升高很快，并出现持续性高温，最高温度可达到1100℃左右。火焰、高温烟气从房间的开口部位大量喷出，把火灾蔓延到建筑物的其他部分。室内高温还对建筑构件产生热作用，使建筑物构件的承载能力下降，造成建筑物局部或者整体倒塌破坏。

耐火建筑的房间通常在起火后，由于其四周墙壁和顶棚、地面坚固而不会烧穿，因此发生火灾时房间通风开口的大小没有什么变化，当火灾发展到全面燃烧阶段时，室内燃烧大多由通风控制着，室内火灾保持着稳定的燃烧状态。火灾全面发展阶段的持续时间取决于室内可燃物的性质和数量、通风条件等。

为了减少火灾损失，针对火灾全面发展阶段的特点，在建筑防火设计中应采取的主要措施是在建筑物内设置具有一定耐火性能的防火分隔物，把火灾控制在一定的范围内，防止火灾大面积蔓延；选用耐火程度较高的建筑结构作为建筑物的承重体系，确保建筑物发生火灾时保持坚固，为火灾中人员疏散、消防队扑救火灾、火灾后建筑物修复以及继续使用创造条件，并且还要防止火灾向相邻建筑蔓延。

4. 熄灭阶段

在火灾全面发展阶段后期，随着室内可燃物的挥发物质不断减少以及可燃物数量的减少，火灾燃烧速度递减，温度逐渐下降。当室内平均温度降到温度最高值的80%时，则一般认为火灾进入熄灭阶段。随后，房间温度明显下降，直到把房间内的可燃物全部烧尽，室内外温度趋于一致，宣告火灾结束。

该阶段前期，燃烧仍十分猛烈，火灾温度仍很高。针对该阶段的特点，应注意防止建筑构件因较长时间受高温作用和灭火射水的冷却作用而出现裂缝、下沉、倾斜或倒塌破坏，确保消防人员的人身安全。

（四）建筑火灾的蔓延

1. 火灾的蔓延方式

(1) 热传播的形式。火灾蔓延实质是热传播的结果。热传播的形式有多种，有时它们是单独出现的，有时是几种形式同时出现的，而且在室内和室外不一样，在起火房间内与在起火房间外也不一样。热传播的形式见表3-20。

表3-20　热传播的形式

传播形式	具体内容
火焰接触	起火点的火舌直接点燃周围的可燃物，并使之发生燃烧。这种热传播形式多在近距离内出现
延烧	固体可燃物表面或易燃、可燃液体表面上的一点起火，通过导热升温点燃，使燃烧沿物体表面连续不断地向周围发展下去的燃烧现象

续表

传播形式	具体内容
导热	间隔墙一侧起火或钢筋混凝土楼板下面起火或通过管道及其他金属容器内部的高温，由墙、楼板、管壁（或器壁）的一侧表面传到另一侧表面，使靠墙或堆在楼板上的可燃物品升温点燃，并造成火灾蔓延
热辐射	起火点附近易燃、可燃物，在与火焰无法接触，又无中间导热物体作媒介的条件下起火燃烧，是靠热辐射造成的结果。 不管温度高低和周围情况如何，物体经常以电磁辐射的形式发出能量。温度越高，辐射越强，而且辐射的波长分布情况也随温度而变。如温度较低时，主要是不可见的红外辐射，在500℃以至更高时，则渐次发射较强的可见光以至紫外辐射。热辐射是促使火灾在室内及建筑间蔓延的一种重要形式
热对流	房间内的热烟与室外新鲜空气之间的密度不同，热烟的密度小，浮在密度大的冷空气上面，由窗口上部流出，室外的冷空气由窗口的下面进入室内的燃烧区。冷空气参加燃烧，受热膨胀，又上升至吊顶下面，然后再由窗口的上部流到室外，出现热对流的现象

（2）热对流在建筑物内的蔓延途径。热对流在建筑物内的蔓延途径包括以下几方面。

1）楼板的孔洞：楼板上的开口，如厂房内的设备吊装孔、电梯井、楼梯间、管道井等，都是火灾蔓延的良好通道。

2）内墙门：建筑物内起火的房间，开始往往只是从房间的某一点起火，到最后火势将蔓延整个建筑物，其原因大多都是因为内墙的门没有能够把火挡住。火通过内墙门，经走廊，再通过相邻房间敞开的门进入房间，把室内的物品烧着。如果将起火房间的门和邻近房间的门都关闭，这样对控制火灾的蔓延还是会起到一定作用的。

3）空心结构：热气流通过建筑物封闭的空心结构，把火由起火点带到连通的空间所达到的尽端，在不易觉察中蔓延开来。

4）闷顶：吊顶上的人孔及通风口都是高温烟气的必经之处，高温烟气一旦进入闷顶空间内，必然向四周扩散，并且形成稳定的燃烧。

5）通风管道：通风管道四通八达，高温烟气一旦进入管道，特别是利用可燃材料制作的通风管道，更能把燃烧扩散到通风管道的任意一点，使局部火灾迅速转变成整个建筑物的火灾。

（3）火焰通过外墙窗口向上层蔓延。起火房间的温度很高时，若烟气中含有过量未燃烧的气体，则高温烟气从外墙窗口排出后即会形成火焰，这将会引起火势向上层蔓延。

（4）火灾在相邻建筑间的蔓延途径。火灾之所以能在建筑之间蔓延，主要是热对流、飞火和热辐射作用的结果。这三种途径有时是单一途径起作用，有时则是多种途径共同起作用。

一般情况下，起火建筑物从外墙门窗洞口喷射出去的热气流和火焰，能够直接点燃相邻建筑的情况是不多见的。因为起火建筑物的热气流和火焰从窗口喷出时，其火焰的水平距离往往小于窗口的自身高度，所以对相邻建筑的影响不是很大。

在起火建筑上空，强烈的热气流常把正在燃烧的材料或者带火的灰烬卷到天空形成飞火。通常，飞火并不会造成很大的火灾危害。因为能被热气流卷到高空的物质，毕竟是很小的颗粒，它们本身携带的能量很小。但绝不能因此而忽视飞火的危害，因为飞火本身是点火源，在大风条件下的飞火更加严重。飞火可以影响到下风方向几十米、几百米，甚至上千米的距离。

火灾对相邻建筑危害最大的蔓延途径是热辐射。热辐射能把火灾传播给相当距离内的相邻建筑。在建筑物之间设置防火间距，主要是为防止热辐射对相邻建筑的威胁。

2. 气体可燃物中火灾的蔓延

可燃气体与空气混合后可形成预混合可燃混合气，一旦着火燃烧，就形成了气体可燃物中的火灾蔓延。

预混气的流动状态对燃烧过程有很大的影响。流动状态不同，就会产生不同的燃烧形态，处于层流状态的火焰因可燃混合气流速不高没有扰动，火焰表面光滑，燃烧状态平稳。火焰通过热传导和分子扩散把热量和活化中心（自由基）供给邻近的尚未燃烧的可燃混合气薄层，可使火焰传播下去。这种火焰称为层流火焰。

当可燃混合气流速较高或者流通截面较大、流量增大时，流体中将产生大大小小数量极多的流体涡团，做无规则的旋转和移动。火焰表面皱褶变形，变粗变短，翻滚并发出声响，这种火焰称为湍流火焰。

与层流火焰不同，湍流火焰面的热量和活性中心（自由基）不向未燃混合气输送，而是靠流体的涡团运动来激发和强化，受流体运动状态所支配。同层流燃烧相比，湍流燃烧更加激烈，火焰传播速度要大得多。

预混气的燃烧有可能发生爆轰。发生爆轰时，其火焰传播速度非常快，一般超过声速，产生压力也非常高，并对设备的破坏非常严重。

3. 液体可燃物中火灾的蔓延

液体可燃物的燃烧可分为喷雾燃烧和液面燃烧两种，火焰可在油雾中和液面上传播，造成火灾的蔓延。

（1）油雾中火灾的蔓延。当储油罐或者输油管道破裂时，大量燃油从裂缝中喷出，形成油雾，一旦着火燃烧，火灾就会蔓延。在这种条件下形成的喷雾条件一般较差，雾化质量不高，产生的液滴直径较大。而且液滴所处的环境温度为室温，因此液滴蒸发速率较小，着火燃烧后形成油雾扩散火焰。

液滴群火焰传播特性与燃料性质（如分子量和挥发性）有关，分子量越小，挥发性越好，其火焰传播速度接近于气体火焰传播速度。影响液滴群火焰传播速度的另一个重要因素是液滴的平均粒径。例如，四氢化萘液雾的火焰传播，当液滴直径小于 $10\mu m$ 时，火焰呈蓝色连续表面，传播速度与液体蒸气和空气的预混气体的燃烧速率相类似；当液滴直径在 $10\sim40\mu m$ 时，既有连续火焰面形成的蓝色，还夹杂着白色和黄色的发光亮点，火焰区呈团块状，表明存在着单个液滴燃烧形成的扩散火焰；当液滴直径大于 $40\mu m$ 时，火焰已不形成连续表面，而是从一颗液滴传到另一颗液滴。火焰能否传播以及火焰的传播速度都将受到液滴间距、液滴尺寸和液体性质的影响。当一颗液滴所放出的热量可以使邻近液滴着火燃烧时，火焰才能传播下去。

（2）液面火灾的蔓延。可燃液体表面在着火之前会形成可燃蒸气与空气的混合气体。当液体温度超过闪点时，液面上的蒸气浓度处于爆炸浓度范围之内，这时若有点火源，火焰就会在液面上传播。当液体的温度低于闪点时，由于液面上蒸气浓度小于爆炸浓度下限，所以用一般的点火源是不能点燃的，也就不存在火焰的传播。但是，若在一个大液面上，某一端有强点火源使低于闪点的液体着火，由于火焰向周围液面传递热量，使周围液面的温度有所升高，蒸发速率有所加快，这样火焰就能继续传播蔓延。并且液体温度比较低，这时的火焰传播速度比较慢。当液体温度低于闪点时，火焰蔓延速度较慢；当液体温度大于闪点后，火焰蔓延速度急剧加快。

（3）含可燃液体的固面火灾蔓延。当可燃液体泄漏到地面（如土壤、沙滩）上，地面就成了含有可燃物的固体表面，一旦着火燃烧就形成了含可燃液体的固面火灾。

1）可燃液体闪点对火灾蔓延的影响。含可燃液体的固面火灾的蔓延与可燃液体的闪点有关，当液体初温较高，尤其大于闪点时，含可燃液体的固面火灾的蔓延速度较快。随着风速增大，含可燃液体的固面火灾的蔓延速度减小，当风速增加到某一值之后，蔓延速度急剧下降，甚至灭火。

2）地面沙粒的直径对火灾蔓延的影响。地面沙粒的直径也会影响含可燃液体的固面火灾的蔓延。并且随着粒径的增大，火灾蔓延速度不断减小。

4. 固体可燃物中火灾的蔓延

固体可燃物的燃烧过程比气体、液体可燃物的燃烧过程要复杂得多，影响因素也很多。

（1）影响因素。固体可燃物一旦着火燃烧后，就会沿着可燃物表面蔓延。蔓延速度与材料特性和环境因素有关，其大小决定了火势发展的快慢。

1）固体的熔点、热分解温度越低，其燃烧速率越快，火灾蔓延速度也越快。

2）外界环境中的氧浓度增大，火焰传播速度加快。

3）风速增加也有利于火焰的传播，但风速过大会吹灭火焰。空气压力增加，提高了化学反应速率，加快了火焰传播。

相同的材料，在相同的外界条件下，火焰沿材料的水平方向、倾斜方向和垂直方向的传播蔓延速度也不相同。在无风的条件下，火焰形状基本是对称的，由于火焰的上升而夹带的空气流在火焰四周也是对称的，火焰将会逆着空气流的方向向四周蔓延。火焰向材料表面未燃烧区域的传热方式主要是热辐射，但在火焰根部对流换热占主导地位。

在有风的条件下，火焰顺着风向倾斜。火焰和材料表面间的热辐射不再对称。在上风侧，火焰逆风方向传播。然而，辐射角系数较小，辐射热可忽略不计，气相热传导是主要的传热方式，因此火焰传播速度非常慢，甚至不能传播。而在下风侧，火焰和材料表面间的传热主要为热辐射和对流换热，辐射角系数较大，因此火焰传播速度较快。

（2）薄片状固体可燃物火灾的蔓延。纸张、窗帘、幕布等薄片状固体一旦着火燃烧，其火灾的蔓延规律与一般固体相比有显著的特点。这是因为这种固体可燃物厚度小、面积大、热容量小，受热后升温快。并且这种火的蔓延速度较快，对整个火灾过程的发展影响大，应当作为早期灭火的主要对象。

特别是窗帘、幕布等可燃物，平时垂直放置。受火灾过程的热浮力作用，火灾蔓延速度更快。

五、 火灾烟气及流动与控制

（一） 火灾烟气的产生

火灾烟气是燃烧过程的一种混合物产物，主要包括可燃物热解或者燃烧产生的气相产物，如未燃气体、水蒸气、CO_2、CO、多种低分子的碳氢化合物及少量的硫化物、氯化物、氰化物等，由于卷吸而进入的空气，多种微小的固体颗粒和液滴。

当火灾发生时，建筑物中大量的建筑材料、家具、衣服、纸张等可燃物受热分解，并与空气中的氧气发生氧化反应，产生各种生成物。完全燃烧所产生的烟气的成分中，主要为CO_2、水、NO_2、五氧化二磷或者卤化氢等，其中有毒有害物质相对较少。但是，根据火灾的产生过程和燃烧特点，除了处于通风控制下的充分发展阶段以及可燃物几乎耗尽的减弱阶段，火灾的过程常常处于燃料控制的不完全燃烧阶段。不完全燃烧所产生的烟气的成分中，除了上述生成物外，还可以产生一氧化碳、有机磷、烃类、多环芳香烃、焦油以及炭屑等固体颗粒。这些小颗粒的直径为10～100μm，在温度和氧浓度足够高的前提下，这些炭烟颗粒可以在火焰中进一步氧化，或者直接以炭烟的形式离开火焰区。火灾初期有焰燃烧产生的烟气颗粒则几乎全部由固体颗粒组成。其中只有一小部分颗粒在高热通量作用下脱离固体灰分，大部分颗粒则是在氧浓度较低的情况下，由于不完全燃烧和高温分解而在气相中形成的碳颗粒。这两种类型的烟气都是可燃的，一旦被点燃，在通风不畅的受限空间内极有可能发展为爆炸。

各种建筑材料在不同的温度下，其单位质量所产生的烟量是不同的，几种建筑材料燃烧在不同温度下燃烧，当达到相同的减光程度时的发烟量见表3-21，其中K_c为烟气的减光系数。

表3-21 几种建筑材料在不同温度下的发烟量（$K_c=0.5\text{m}^{-1}$）

材料名称	发烟量（m^3/g）		
	300℃	400℃	500℃
松	4.0	1.8	0.4
杉木	3.6	2.1	0.4
普通胶合板	4.0	1.0	0.4
难燃胶合板	3.4	2.0	0.6
硬质纤维板	1.4	2.1	0.6
玻璃纤维增强塑板	2.8	2.0	0.4
聚氯乙烯	—	4.0	10.4
聚苯乙烯	—	12.6	10.0
聚氨酯	—	14.0	4.0

（二） 火灾烟气的特征

1. 火灾烟气的浓度

烟是指空气中浮游的固体或者液体烟粒子，其粒径在0.01～10μm之间。而火灾时产生的烟，除了烟粒子外，还包括其他气体燃烧产物以及未参加燃烧反应的气体。

火灾中的烟气浓度，一般有质量浓度、粒子浓度和光学浓度三种表示法。

（1）烟的质量浓度。单位容积的烟气中所含烟粒子的质量称为烟的质量浓度μ_s（mg/m^3），即

$$\mu_s=\frac{m_s}{V_s} \tag{3-5}$$

式中 m_s——容积V_0的烟气中所含烟粒子的质量，mg；

V_s——烟气容积，m^3。

（2）烟的粒子浓度。单位容积的烟气中所含烟粒子的数目称为烟的粒子浓度n_s（个/m^3），即

$$n_s=\frac{N_s}{V_s} \tag{3-6}$$

式中 N_s——容积V_s的烟气中所含的烟粒子数。

（3）烟的光学浓度。当可见光通过烟层时，烟粒子使光线的强度减弱。光线减弱的程度与烟的浓度有函数关系。光学浓度就是由光线通过烟层后的能见距离，用减光系数C_s来表示。

在火灾时，建筑物内充入烟和其他燃烧产物，影响火场的能见距离，从而影响人员的安全疏散，阻碍消防队员接近火点救人和灭火。

设光源与受光物体之间的距离为L（m），无烟时受光物体处的光线强度为I_0（cd），有烟时光线强度为I（cd），则根据朗伯-比尔定律得

$$I=I_0e^{-C_sL} \tag{3-7}$$

或

$$C_s=\frac{1}{L}\ln\frac{I_0}{I} \tag{3-8}$$

式中 I_0——光源处的光强度，cd；

C_s——烟的减光系数，m^{-1}；

L——光源与受光体之间的距离，m。

从式（3-8）可以看出，当 C_s 值越大时，也即烟的浓度越大时，光线强度 I 就越小；L 值越大时，也即距离越远时，I 值就越小。

在恒温的电炉中燃烧试块，把燃烧所产生的烟集蓄在一定容积的集烟箱里，同时测定试块在燃烧时的重量损失和集烟箱内烟的浓度，以研究各种材料在火灾时的发烟特性。然后将测量得到的结果列于表 3-22 中。

表 3-22　　建筑材料燃烧时产生烟的浓度和表观密度

材料	木材		氯乙烯树脂	苯乙烯泡沫塑料	聚氨酯泡沫塑料	发烟筒（有酒精）
燃烧温度（℃）	300～210	580～620	820	500	720	720
空气比	0.41～0.49	2.43～2.65	0.64	0.17	0.97	—
减光系数（m^{-1}）	10～35	20～31	>35	30	32	3
表观密度差（%）	0.7～1.1	0.9～1.5	2.7	2.1	0.4	2.5

注　表观密度差是指在同温度下，烟的表观密度 γ_s 与空气表观密度 γ_a 之差的百分比，即 $\frac{\gamma_s-\gamma_a}{\gamma_s}$。

2. 建筑材料的发烟量和发烟速度

各种建筑材料在不同温度下，单位重量所产生的烟量是不同的，见表 3-21。

从表 3-21 中可以看出，木材类在温度升高时，发烟量有所减少。这是因为分解出的碳质微粒在高温下又重新燃烧，并且温度升高后减少了碳质微粒的分解，高分子有使机材料产生大量的烟气。

除了发烟量外，火灾中影响生命安全的另一重要因素就是发烟速度，即单位时间、单位重量可燃物的发烟量，表 3-23 是各种材料的发烟速度，是由实验得到的。

表 3-23　　各种材料的发烟速度　　$m^3/(s\cdot g)$

材料名称	加热温度（℃）											
	225	230	235	260	280	290	300	350	400	450	500	550
针枞							0.72	0.80	0.71	0.38	0.17	0.17
杉		0.17		0.25		0.28	0.61	0.72	0.71	0.53	0.13	0.31
普通胶合板	0.03			0.19	0.25	0.26	0.93	1.08	1.10	1.07	0.31	0.24
难燃胶合板	0.01		0.09	0.11	0.13	0.20	0.56	0.61	0.58	0.59	0.22	0.20
硬质板							0.76	1.22	1.19	0.19	0.26	0.27
微片板							0.63	0.76	0.85	0.19	0.15	0.12
苯乙烯泡沫板 A								1.58	2.68	5.92	6.90	8.96
苯乙烯炮沫板 B								1.24	2.36	3.56	5.34	4.46
聚氨酯									5.0	11.5	15.0	16.5
玻璃纤维增强塑料									0.50	1.0	3.0	0.5
聚氯乙烯									0.10	4.5	7.50	9.70
聚苯乙烯									1.0	4.95	—	2.97

表 3-23 说明，木材类在加热温度超过 350℃时，发烟速度一般随温度的升高而降低。而高分子有机材料则恰好相反。高分子材料的发烟速度比木材要大得多，这是因为高分子材料的发烟系数大，并且燃烧速度快。

3. 能见距离

火灾的烟气导致人们辨认目标的能力大大降低，并使事故照明和疏散标志的作用减弱。因此，人们在疏散时通常看不清周围的环境，甚至达到辨认不清疏散方向，找不到安全出口，影响人员安全的程度。当能见距离降到 3m 以下时，逃离火场就十分困难。

研究证明，烟浓度 C_s 与能见距离 D 之积为常数 C，其数值因观察目标的不同而不同。

（1）疏散通道上的反光标志、疏散门等，$C=2\sim4$；对发光型标志、指示灯等，$C=5\sim10$。用公式表示为

$$D \approx \frac{2 \sim 4}{C_s} \quad (3\text{-}9)$$

能见距离 D（m）与烟浓度 C_s 的关系还可以从图 3-10 实验结果予以说明。

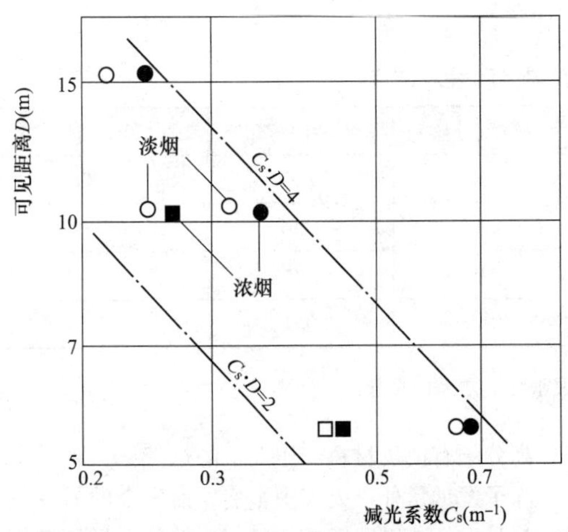

图 3-10　反射型标志的能见距离

○●反射系数为 0.7；□■反射系数为 0.3；室内平均照度为 70lx

(2) 对发光型标志、指示灯等，C=5～10。用公式表示为

$$D \approx \frac{5 \sim 10}{C_s} \quad (3\text{-}10)$$

能见距离 D 与烟浓度 C_s 的关系还可以从图 3-11 的实验结果予以说明。

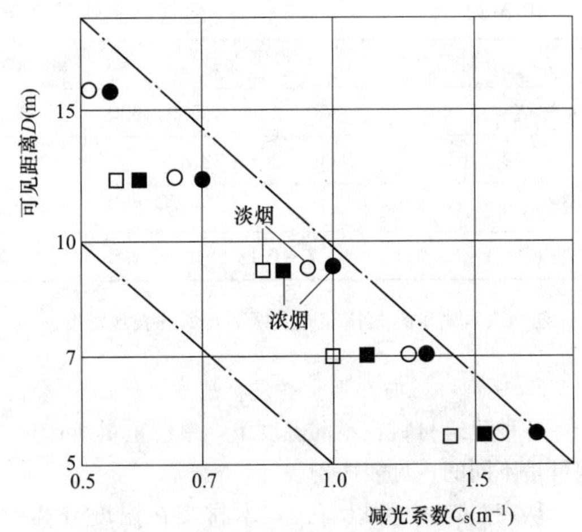

图 3-11　发光型标志的能见距离

○●20cd/m²；□■500cd/m²；室内平均照度为 40lx

有关室内装饰材料等反光型材料的能见距离见表 3-24。

不同功率的电光源的能见距离列于表 3-25 中。

表 3-24　　反光饰面材料的能见距离 D　　m

反光系数	室内饰面材料名称	烟浓度 C_s（m^{-1}）					
		0.2	0.3	0.4	0.5	0.6	0.7
0.1	红色木地板、黑色大理石	10.40	6.93	5.20	4.16	3.47	2.97
0.2	灰砖、菱苦土地面、铸铁、钢板地面	13.87	9.24	6.93	5.55	4.62	3.96
0.3	红砖、塑料贴面板、混凝土地面、红色大理石	15.98	10.59	7.95	6.36	5.30	4.54
0.4	水泥砂浆抹面	17.33	11.55	8.67	6.93	5.78	4.95
0.5	有窗未挂帘的白墙、木板、胶合板、灰白色大理石	18.45	12.30	9.22	7.23	6.15	5.27
0.6	白色大理石	19.36	12.90	9.68	7.74	6.45	5.53
0.7	白墙、白色水磨石、白色调和漆、白水泥	20.13	13.42	10.06	8.05	6.93	5.75
0.8	浅色瓷砖、白色乳胶漆	20.80	13.86	10.40	8.32	6.93	6.94

表 3-25　　发光型标志的能见距离 D　　m

I_0（cd/m²）	电光源类型	功率（W）	烟的浓度 C_s（m^{-1}）				
			0.5	0.7	1.0	1.3	1.5
2400	荧光灯	40	16.95	12.11	8.48	6.52	5.65
2000	白炽灯	150	16.59	11.85	8.29	6.38	5.53
1500	荧光灯	30	16.01	11.44	8.01	6.16	5.34
1250	白炽灯	100	15.65	11.18	7.82	6.02	5.22
1000	白炽灯	80	15.21	10.86	7.60	5.85	5.07
600	白炽灯	60	14.18	10.13	7.09	5.45	4.73
350	白炽灯、荧光灯	40.8	13.13	9.36	6.55	5.04	4.37
222	白炽灯	25	12.17	8.70	6.09	4.68	4.06

4. 烟的允许极限浓度

为了使处于火场中的人们能够看清疏散楼梯间的门和疏散标志，保障疏散安全，需要确定疏散时人们的能见距离不得小于某一最小值。这个最小的允许能见距离称为疏散极限视距，一般用 D_{min} 表示。

对于不同用途的建筑，其内部的人员对建筑物的熟悉程度是不同的。对于不熟悉建筑物的人，其疏散极限视距应规定较大值，即 $D_{min}=30m$；对于熟悉建筑物的人，其疏散极限视距应规定采用较小值，即 $D_{min}=5m$。如果要看清疏散通道上的门和反光型标志，则烟的允许极限浓度应为 C_{smax}。

对于熟悉建筑物的人：$C_{smax}=(0.2\sim0.4)m^{-1}$，平均为 $0.3m^{-1}$；

对于不熟悉建筑物的人：$C_{smax}=(0.07\sim0.13)m^{-1}$，平均为 $0.1m^{-1}$。

火灾房间的烟浓度根据实验取样检测，一般为 $C_s=(25\sim30)m^{-1}$。因此，当火灾房间有黑烟喷出时，这时室内烟浓度即为 $C_s=(25\sim30)m^{-1}$。由此可见，为了保障疏散安全，无论是熟悉建筑物的人，还是不熟悉建筑物的人，烟在走廊里的浓度只允许达到起火房间内烟浓度的1/300(0.1/30)～1/100(0.3/30)的程度。

（三）火灾烟气的危害

国内外大量建筑火灾表明，死亡人数中有50%左右是被烟气毒死的。近年来由于各种塑料制品大量用于建筑物内，以及空调设备的广泛使用和无窗房间的增多等因素，火灾烟气中毒死亡人员的比例有显著增加。烟气的危害性集中反应在下列三个方面。

1. 对人体的危害

在火灾中，人员除了直接被烧或者跳楼死亡之外，其他的死亡原因大都和烟气有关，主要有：

(1) CO中毒。CO被吸入人体后和血液中的血红蛋白结合成一氧化碳血红蛋白，从而阻碍血液把氧输送到人体各部分。当CO和血液50%以上的血红蛋白结合时，造成脑和中枢神经严重缺氧，继而失去知觉，甚至死亡。即使CO的吸入量在致死量以下，也会因缺氧而发生头痛无力以及呕吐等症状，最终仍可导致不能及时逃离火场而死亡。不同浓度的CO对人体的影响程度见表3-26。

表3-26　CO对人体的影响程度

空气中一氧化碳含量(%)	对人体的影响程度
0.01	数小时对人体影响不大
0.05	1.0h内对人体影响不大
0.1	1.0h后头痛、不舒服，呕吐
0.5	引起剧烈头晕，经20～30min有死亡危险
1.0	呼吸数次失去知觉，经过1～2min即可能死亡

(2) 缺氧。在着火区域的空气中充满了CO、CO_2及其他有毒气体，加之燃烧需要大量的氧气，这就造成空气的含氧量大大降低。发生爆炸时甚至可以降到5%以下，此时人体会受到强烈的影响而导致死亡，其危险性也不亚于CO。空气中缺氧时对人体的影响情况见表3-27。气密性较好的房间，有时少量可燃物的燃烧也会造成含氧降低较多。

表3-27　缺氧对人体的影响程度

空气中氧的浓度(%)	症　状
21	空气中含氧的正常值
20	无影响
16～12	呼吸、脉搏增加，肌肉有规律的运动受到影响
12～10	感觉错乱，呼吸紊乱，肌肉不舒畅，很快疲劳
10～6	呕吐，神志不清
6	呼吸停止，数分钟后死亡

(3) 烟气中毒。木材制品燃烧产生的醛类，聚氯乙烯燃烧产生的氢氯化合物都是刺激性很强的气体，甚至是致命的。随着新型建筑材料以及塑料的广泛使用，烟气的毒性也越来越大，火灾疏散时的有毒气体允许浓度见表3-28。

表3-28　疏散时有毒气体允许浓度

毒性气体种类	允许浓度
一氧化碳 CO	0.2
二氧化碳 CO_2	3.0
氯化氢 HCl	0.1
光气 $COCl_2$	0.002 5
氨 NH_3	0.3
氢化氰 HCN	0.02

(4) 窒息。火灾时，人员可能因头部烧伤或者吸入高温烟气而使口腔及喉部肿胀，以致引起呼吸道阻塞窒息。此时，如不能得到及时抢救，就有被烧死或者被烟气毒死的可能。

在烟气对人体的危害中，一氧化碳的增加和氧气的减少影响最大。起火后这些因素是相互混合共同作用于人体的，这比其单独作用更具危险性。

2. 对疏散的危害

在着火区域的房间以及疏散通道内，充满了含有大量CO及各种燃烧成分的热烟，甚至远离火区的部位以及火区上部也可能烟雾弥漫，这给人员的疏散带来了极大的困难。烟气中的某些成分会对眼睛、鼻、喉产生强烈刺激，使人们视力下降且呼吸困难。浓烟会造成人们的恐惧感，使人们失去行为能力甚至出现异常行为。烟气集中在疏散通道的上部空间，通常使人们掩面弯腰地摸索行走，速度既慢又不易找到安全出口，甚至还可能走回头路。人们在烟中停留 1～2min 就可能昏倒，4～5min 即有死亡的危险。

3. 对扑救的危害

消防队员在进行灭火救援时，同样要受到烟气的威胁。烟气严重阻碍消防员的行动；弥漫的烟雾影响消防队员视线，使消防队员很难找到起火点，也难辨别火势发展的方向，灭火方案难以有效地开展。同时，烟气中某些燃烧产物还有造成新的火源和促使火势发展的危险；不完全燃烧物可能继续燃烧，有的还能与空气形成爆炸性混合物；带有高温的烟气会因气体的热对流和热辐射而引燃烧其他可燃物。导致火场扩大，给扑救工作带来更大的难度。

(四) 火灾烟气的流动

1. 烟气的流动阶段

(1) 羽流阶段。火灾燃烧中，起火可燃物上方的火焰以及流动烟气通常称为羽流。羽流大体上由火焰和烟气两个部分组成。羽流的火焰大多数为自然扩散火焰，而烟气部分则是由可燃物释放的烟气产物和羽流在流动过程中卷吸的空气。羽流在烟气的流动与蔓延的过程中起到重要的作用，因此研究羽流的特性是进行烟气流动分析不可或缺的内容。

羽流的质量流量由可燃物的质量损失速率、燃烧所需的空气量以及上升过程中卷吸的空气量三部分组成。在火灾规模一定的条件下，可燃物的质量损失速率、燃烧所需的空气量是一定的，因此一定高度上羽流的质量流量主要取决于羽流对周围空气的卷吸能力。

火灾发生在不同的位置会形成不同形状的羽流，常见的羽流形式有以下几种：

1) 轴对称烟羽流：如图 3-12 所示，起火点发生在远离墙体的地面上，火灾产生的高温气体上升到火焰上方形成烟羽流。当该烟羽流在上升过程中不断卷吸四周的空气且不触及空间的墙壁或者其他边界面时所形成的烟羽流就是轴对称烟羽流。

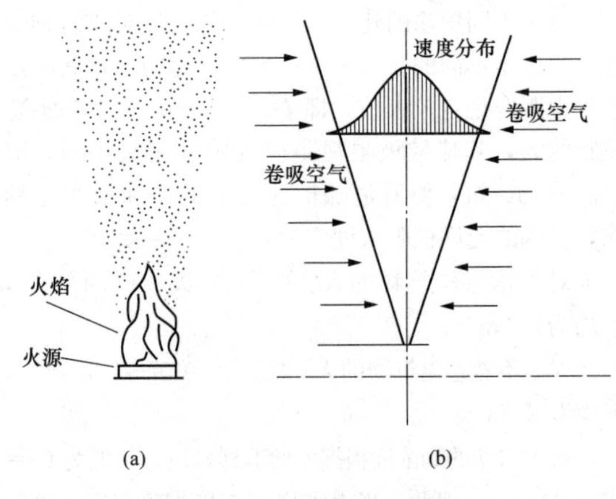

图 3-12 轴对称烟羽流

2) 墙烟羽流：靠墙发生的火灾，火源和羽流在几何形状上来看只是轴对称羽流的一半，因此墙羽流卷吸的空气量可视为相应轴对称羽流的一半。

3) 角烟羽流：如果火灾发生在墙角，并且两墙成 90°角，这种火灾产生的羽流为角羽流。角羽流也和轴对称羽流相似，其羽流卷吸的空气量可视为相应轴对称羽流的 1/4。

4) 窗烟羽流：如图 3-13 所示，烟气通过墙上开口门或窗向相邻空间扩散，这样形成的烟羽流称为窗烟羽流。

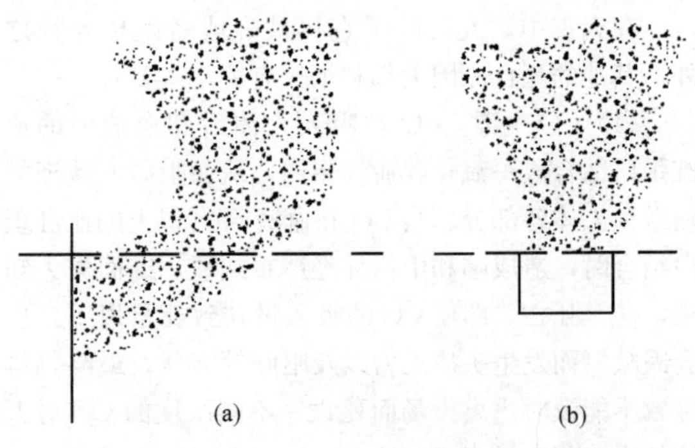

图 3-13 窗烟羽流

(a) 侧向视图；(b) 正视图

(2) 顶棚射流阶段。若烟气羽流受到顶棚的阻挡，则热烟气将形成沿顶棚下表面水平流动的顶棚射流。顶棚射流是一种半受限的重力分层流。当烟气在水平顶棚下积累到一定的厚度时，便会发生水平流动。羽流在顶棚上撞击区大体为圆形，刚离开撞击区边缘的烟气层不太厚，顶棚射流由此向四周扩散。顶棚的存在将表现出固壁边界对流动的黏性影响，因此在十分贴近顶棚的薄层内，烟气的流速较低；随着垂直向下离开顶棚距离的增加，其速度也跟着不断增加；而超过一定距离后，速度便逐渐降低为零。这种速度分布使得射流前锋的烟气转向下流，然而热烟气仍具有一定浮力，还会很快上浮。于是顶棚射流中便形成一连串的漩涡，他们可以将烟气层下放的空气卷吸进来，因此，顶棚射流的厚度逐渐增加，而速度逐渐降低。

（3）烟气溢流阶段。在大空间建筑中，如果裙房或者中庭内的小房间起火，火灾烟气将会在起火房间内充填。当烟气层的高度下降到房间开口的上沿时，将会从房间内溢出到中庭内，从而形成烟气溢流。当火灾到达溢流阶段时建筑物内的通风状况将对烟气的走向产生很大的影响，另外，建筑物内各个房间的开口尺寸、开口位置和数量也是影响烟气溢流的重要因素。

2. 火灾烟气的流动形式

（1）开口处的烟气流动。当开口处的两侧有压力差时，会发生气流流动。与开口壁的厚度相比，开口面积很大的孔洞的气体流动称为孔口流动。这一现象的分析模式如图 3-14 所示。

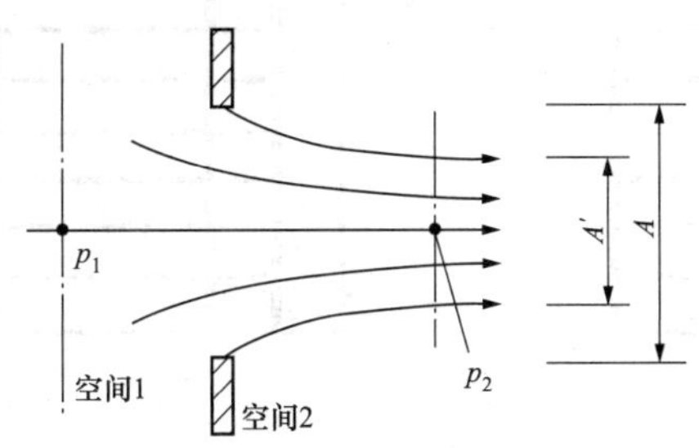

图 3-14　开口处的气流

从直径为 A 的开口喷出的气流发生缩流现象，流体截面成为 A'。若设 $A'/A=\alpha$，则流量 m（kg/s）为

$$m=(\alpha A)cV \tag{3-11}$$

根据伯努利方程有

$$p_1=p_2+1/2cV^2 \tag{3-12}$$

开口内外压力之差为

$$\Delta p=p_1-p_2 \tag{3-13}$$

则开口处流量为

$$m=\alpha A\sqrt{2c\Delta p} \tag{3-14}$$

式中　α——流量系数，αA 称为有效面积，对于门、窗洞口，一般 $\alpha=0.7$ 左右；

c——烟气浓度；

V——烟气体积。

（2）门口处的烟气流动。在门洞等纵向开口处，当两个房间有温差时，其压力差是不同的，烟气流动随着高度不同而不同。如图 3-15 所示，以中性面为基准面，测定高度 h 处的压力差 Δp_h、为

$$\Delta p_h=|\rho_1-\rho_2|gH \tag{3-15}$$

式中　Δp_h——高度 H 处的压力差；

ρ_1——左侧房间的烟气密度；

ρ_2——右侧房间的烟气密度；

g——重力加速度；

H——高度。

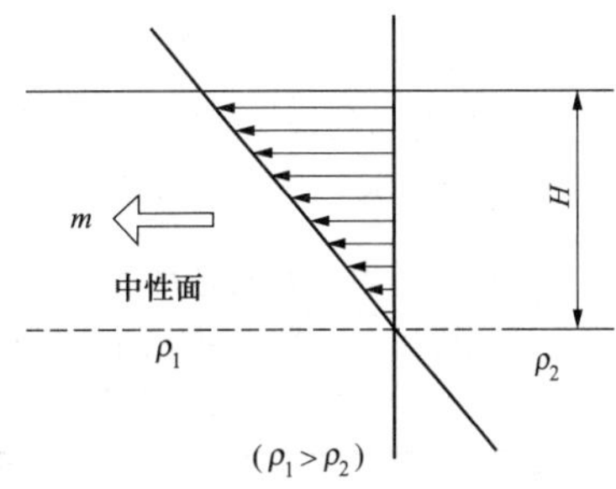

图 3-15　有温差时烟气的流动

当开口宽为 B、$\rho_1>\rho_2$ 时，在中性面以上的 H 范围内，房间 2 向房间 1 的流量 m 取微小区间 dh 的积分，即

$$\begin{aligned} m&=\int_0^H \alpha A_h\sqrt{2\rho_2\Delta p\mathrm{d}h}\\ &=\alpha B\sqrt{2\rho_2(\rho_1-\rho_2)g}\int_0^H h^{1/2}\mathrm{d}h\\ &=(2/3)\alpha B\sqrt{2g\rho_2(\rho_1-\rho_2)}H^{1.5} \end{aligned} \tag{3-16}$$

根据上述规律将气流量与中性面、开口高度及位置关系分类，从相邻 2 个房间的密度差与压力差，整理出开口处流量的计算结果。

（3）竖井内的烟气流动。建筑物越高，则烟囱效就应越明显。北方在取暖季节，竖井内部都会产生上升气流。火灾初期产生的烟气，在建筑物的低层部分，也会乘着上升的气流向顶部升腾。

通过实验研究高层建筑竖井内烟气的扩散情况如图 3-16 所示。为了研究方便，忽略了外部风对烟气流动的影响。在竖井的下部，压力低于室外气压，而在上部的压力却高于室外，各个房间的压力处于大气压与竖井压力之间，从整体来看，以建筑高度的中部为界，新鲜空气从下部流入，而烟气则从上部排出。假设火灾房间的窗户受火灾作用而受到破坏，出现大

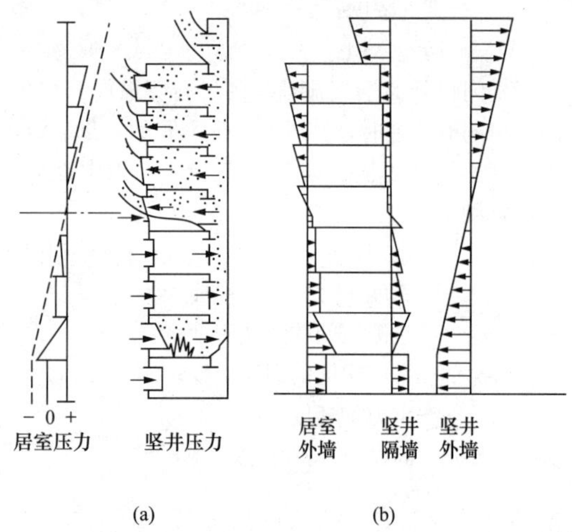

图 3-16 高层建筑的烟气蔓延与压力分布

（a）以大气压力为准的压差；（b）作用在墙壁上的压差

的通风口后，火灾房间的压力就与大气压相接近，其窗口也有部分烟气排出。而且火灾房间与竖井压差变大，因此，涌入竖井的烟气将会更加剧烈。

3. 火灾烟气流动的影响因素

（1）烟囱效应。当室内的温度比室外温度高时，室内空气的密度要比外界小，这样就产生了使室内气体向上运动的浮力。北方冬季取暖或者发生火灾而产生的烟气充满建筑物时，室内温度高于室外温度，就会引起烟囱效应。在建筑物发生火灾时，室内烟气温度很高，则竖井的烟囱效应更强。通常将内部气流上升的现象称为正烟囱效应。

当竖井仅在下部开口时，如图 3-17 所示，设竖井高为 H，内外温度分别为 T_s 和 T_0，ρ_s 和 ρ_0 分别为空气在温度 T_s 和 T_0 时的密度，g 为重力加速度常数。如果在地板平面的大气压力为 p_0，则在该建筑内部和外部高 H 处的压力分别为

$$p_s(H) = p_0 - \rho_s gH \tag{3-17}$$

$$p_0(H) = p_0 - \rho_0 gH \tag{3-18}$$

则在竖井顶部的内外压力差为

$$\Delta p_{s0} = (\rho_0 - \rho_s)gH \tag{3-19}$$

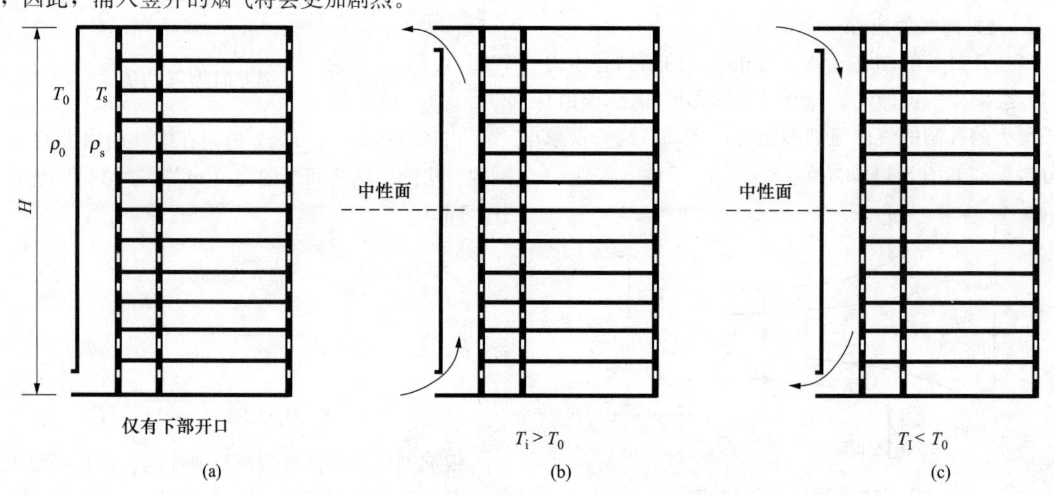

图 3-17 建筑物中正烟囱效应引起的烟气流动

（a）仅有下部开口；（b）$T_1 > T_0$；（c）$T_1 < T_0$

当竖井内部温度比外部高时，则其内部压力也会比外部高。

当竖井的上部和下部都有开口时，会产生纯的向上流动，且在 $p_0 = p_s$ 的高度形成压力中性平面，简称中性面。在中性面之上任意高度 h 处的内外压力差为

$$\Delta p_{s0} = (\rho_0 - \rho_s)gh \tag{3-20}$$

如果建筑物的外部温度比内部高（如夏季使用空调系统的建筑），则建筑内的气体是向下运动的。通常将这种现象称为逆烟囱效应。

建筑物内外的压力差变化与大气压 p_{atm} 相比要小得多，因此，可以根据理想气体定律用 p_{atm} 来计算气体的密度。一般认为烟气也遵守理想气体定律，再假设烟气的分子量与空气的平均分子量相同，即等于 0.028 9kg/mol，则式（3-20）可写为

$$\Delta p_{s0} = gp_{atm}h(1/T_0 - 1/T_s)/R \tag{3-21}$$

式中 T_0——外界空气的绝对温度；

T_s——竖井中空气的绝对温度；

R——通用气体常数。

将标准大气的参数值代入式（3-21），则有

$$\Delta p_{s0} = K_s(1/T_0 - 1/T_s)h \quad (3\text{-}22)$$

式中 h——中性面以上的高度，m；

K_s——修正系数，$K_s=3460$。

式（3-22）适用于着火房间内温度恒定的情况。

在图 3-17 所示的建筑物内，所有的垂直流动都发生在竖井内。然而实际建筑物的楼层地板间因与装设备管道间总会留有缝隙，因此也有一些穿过楼板的气体流动。但就实际的普通建筑物而言，流过楼板的气体量比通过竖井的量要少得多，通常假定建筑为楼层间没有缝隙的理想建筑物。

烟囱效应是建筑火灾中烟气流动的主要因素。在中性面以下楼层发生火灾时，在正烟囱效应情况下，火源产生的烟气将与建筑物内的空气一起流入竖井并上升。一旦升到中性面以上，烟气便可以由竖井流出来，进入建筑物的上部楼层。楼层间的缝隙也可使烟气流向着火层上部的楼层。如果楼层间的缝隙可以忽略，则中性面以下的楼层，除了着火层外都不会有烟气。但如果楼层间的缝隙很大，那么直接流进着火层上一层的烟气将比流入中性面下其他楼层的要多，如图 3-18（a）所示。

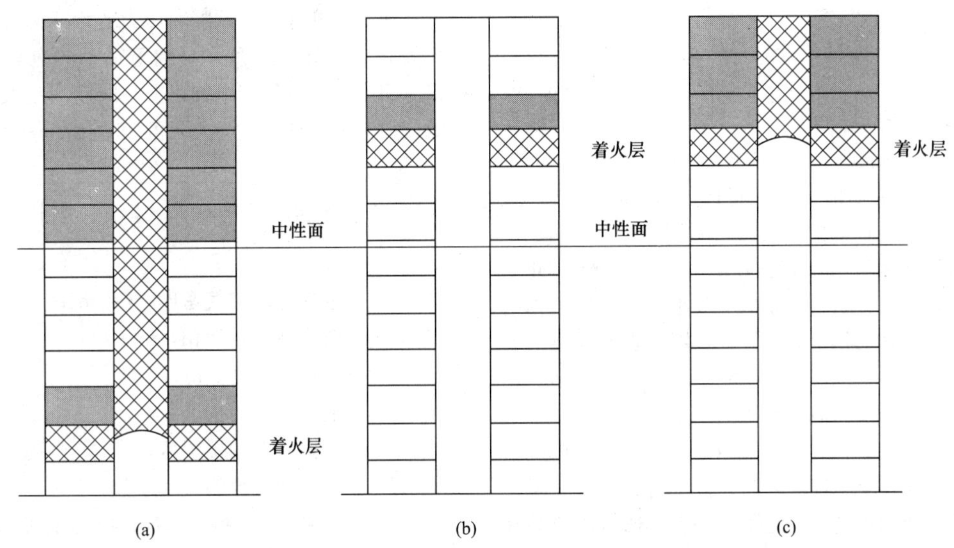

图 3-18 烟囱效应引起的气体流动

（a）示意图一；（b）示意图二；（c）示意图三

如果中性面以上的楼层发生火灾，由于正烟囱效应产生的空气流动可限制烟气的流动，空气从竖井流进着火层可以阻止烟气流进竖井，如图 3-18（b）所示。不过楼层间的缝隙却可以引起少量烟气流动。如果着火层燃烧强烈，热烟气的浮力克服了竖井内的烟囱效应，则烟气仍可以在进入竖井后，再流入上部楼层，如图 3-18（c）所示。

在盛夏季节，安装使用空调的建筑内的温度要比外部温度低，这是因为建筑内的气体是向下运动的，产生逆烟囱效应。逆烟囱效应的空气流可驱使比较冷的烟气向下运动，但在烟气较热的情况下，浮力较大，即使楼内起初存在逆烟囱效应，不久则会使得烟气向上运动。

（2）燃烧气体的热膨胀力和浮力。高温烟气处于火源区附近，由于其密度比常温气体低得多，因而具有较大的浮力。在火灾全面发展阶段，可用分析烟囱效应的方法来分析着火房间窗口两侧的压力分布。房间与外界环境的压力差可写为

$$\Delta p_{f0} = gh p_{atm}(1/T_0 - 1/T_f)/R \quad (3\text{-}23)$$

式中 Δp_{f0}——着火房间与外界的压力差；

g——重力加速度；

h——中性面以上的距离，此处的中性面指着火房间内外压力相等处的水平面；

T_0——着火房间外气体的绝对温度；

p_{atm}——外界环境气压；

T_f——着火房间内烟气的绝对温度；

R——通用气体常数。

当外界压力为标准大气压时，式（3-23）可以进一步写成

$$\Delta p_{f0} = K_s(1/T_0 - 1/T_f)h = 3460(1/T_0 - 1/T_f)h \quad (3\text{-}24)$$

式中 K_s——修正系数，$K_s=3460$。

（3）风力影响。风力可在建筑物的周围产生压力分布，从而影响建筑物内的烟气流动。风力影响往往

可以超过其他驱动烟气运动的力。建筑物外部的压力分布受到多种因素的影响，如风的速度和方向、建筑物的高度和几何形状等。一般来说，风朝着建筑物吹来会在建筑物的迎风侧产生较高的风压，它可以增强建筑物内烟气向下风方向的流动，压力差的大小与风速的平方成正比，即

$$p_w = 1/2(C_w \rho_0 v^2) \quad (3\text{-}25)$$

式中 p_w——风作用到建筑物表面的压力，Pa；

C_w——无量纲风压系数；

ρ_0——空气的密度，kg/m³；

v——风速，m/s。

使用空气温度表示，式（3-25）可写成为

$$p_w = 0.048 C_w v^2 / T_0 \quad (3\text{-}26)$$

式中 T_0——环境温度，K。

式（3-26）表明，如果温度为 293K 的风以 7m/s 的速度吹到建筑物的表面，将产生 30Pa 的压力差，显然它会影响建筑物内烟气的流动。

通常风压系数 C_w 的值在 $-0.80 \sim +0.80$。迎风面为正，背风面为负。此系数的大小决定于建筑物的几何形状及当地的挡风状况，并且因墙表面部位的不同而不同。

由风引起的建筑物两个侧面的压差为

$$\Delta p_w = 1/2(C_{w1} - C_{w2}) \rho_0 v^2 \quad (3\text{-}27)$$

式中 C_{w1}、C_{w2}——迎风墙面、背风面的风压系数。

风速随离地面的高度增加而增大。通常风速与高度的关系用下列指数方程表示，即

$$v = v_0 (Z/Z_0)^n \quad (3\text{-}28)$$

式中 v——实际风速，m/s；

v_0——参考高度的风速，m/s；

Z——测量风速 v 时所在高度，m；

Z_0——参考高度，m；

n——无量纲风速指数。不同地带风速指数见表 3-29。

表 3-29　不同地带风速指数

地　带	风速指数
平坦的地带（如空旷的野外）	0.16
不平坦地带（如周围有树木的村镇）	0.28
很不平坦地带（如市区）	0.40

注　参考高度一般取离地高度 10m。在设计烟气控制系统时，建议将参考风速取为当地平均风速的 2～3 倍。

（4）机械通风系统造成的压力。许多现代建筑中都安装了集中式空气调节系统（HVAC）。在这种情况下，即使空气系统中的风机不启动，其中的管道也能起到通风网的作用。在烟气的浮力、热膨胀力、外界风力，特别是在烟囱效应的作用下，烟气将会沿着通风管道蔓延到建筑物中其他区域。如果此时 HVAC 仍在工作，通风网的影响还会加剧。为了防止 HVAC 通风管道加剧火灾的蔓延，应当在通风系统采取适当的防火防烟措施。

另一类方法是使用一些特殊装置控制建筑物内的烟气流动。例如，通过遥控管道内的某些阀门，将火灾区域的烟气排出去而不影响楼内的其他区域。这种系统需要配置阻止空气在系统内返流的装置，并且必须要有专门人员维护，因而其成本更高。

（5）电梯的活塞效应。电梯在电梯井中高速运行，将造成电梯井内出现瞬时压力变化，称为电梯的活塞效应。如图 3-19 所示，向下运动的电梯使得电梯以下空间向外排气，电梯以上空间向内吸气。由活塞效应引起的电梯上方与外界的压差 Δp_{s0} 为

$$\Delta p_{s0} = \frac{\rho}{2}\left\{\frac{A_s v}{N_a C A_e + C_c A_a\left[1+\left(\frac{N_a}{N_b}\right)^2\right]^{1/2}}\right\}^2 \quad (3\text{-}29)$$

式中 ρ——电梯井内空气密度，kg/m³；

A_s——电梯井的截面积，m²；

v——电梯的速度，m/s；

N_a——电梯以上的楼层数；

N_b——电梯以下的楼层数；

C——建筑物缝隙的流通系数；

A_e——每层中电梯井与外界的有效流通面积，m²；

A_a——电梯周围的自由流通面积，m²；

C_c——电梯周围流体的流通系数；对于一个可通行两部电梯的电梯井，若只有一部电梯运行，C_c 可取 0.94；两部电梯并行运动时，C_c 取 0.83。一部电梯在单电梯井中运动时产生的压力系数与两部电梯一起运动的压力系数大致相同。

为了简单起见，推导式（3-29）时，忽略了浮力、风、烟囱效应及通风系统的影响。

对于如图 3-19 所示的流动系统，在每一楼层中，从电梯井到外界包括 3 个串联通道，其有效流通面积 A_e 为

$$A_e = \left(\frac{1}{A_{rs}^2} + \frac{1}{A_{ir}^2} + \frac{1}{A_{oi}^2}\right)^{-1/2} \quad (3\text{-}30)$$

式中 A_{rs}——门厅与电梯井的缝隙面积，m²；

A_{ir}——房间与门厅的缝隙面积，m²；

A_{oi}——外界与房间的缝隙面积，m²。

与讨论烟囱效应的方法相似，门厅与建筑物内部房间之间的压差可表示为

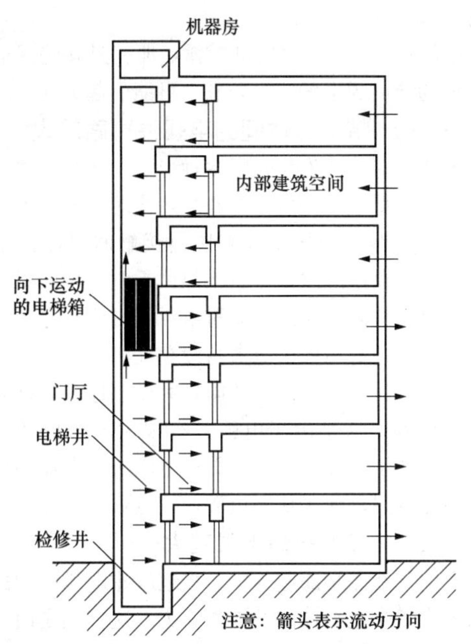

图 3-19 电梯向下运动引起的气体流动

$$\Delta p_{ri} = \Delta p_{s0}\left(\frac{A_e}{A_{ir}}\right)^2 \qquad (3\text{-}31)$$

式中 Δp_{ri}——门厅与房间的压差，Pa；

Δp_{s0}——电梯井与房间的压差，Pa；

A_e——电梯井与房间的有效流通面积，m^2；

A_{ir}——门厅与房间的缝隙面积，m^2。

这种串联流动路经分析不包括建筑物其他竖井的影响，如楼梯井及升降机井等。如果这些竖井与外界的缝隙面积比小得多，则式（3-30）也适用于估算楼层之间还有连通的建筑物的 A_e。进一步说，若所有流动通道都是串联的，并且在建筑物内的空间（除电梯井）可以忽略垂直流动，则式（3-31）适用于楼层之间隔断的情形。复杂流动系统需要依据具体情况使用有效面积方法逐一计算。

压差 Δp_{ri}不能超过式（3-32）的上限值，即

$$(\Delta p_{ri})_u = \frac{\rho}{2}\left(\frac{A_s A_e v}{A_a A_{ri} C_c}\right)^2 \qquad (3\text{-}32)$$

式中 Δp_{ri}——房间与门庭间压差的上限，Pa；

ρ——电梯井内空气密度，kg/m^3；

A_s——电梯井的截面积，m^2；

A_e——每层中电梯井与外界的有效流动面积，m^2；

v——电梯速度，m/s；

A_a——电梯周围的自由流动面积，m^2；

A_{ri}——房间与门庭的缝隙面积，m^2；

C_c——电梯周围气流的流动系数。

式（3-32）适用于通风口关闭的电梯井。压差强烈地依赖于 v、a_s和 a_a的大小。学者对具有单电梯井和多电梯井的情况下，当一部电梯运行时，$(\Delta p_{ri})_u$与 v 间的关系进行了研究。结果表明单电梯井中由活塞效应所引起的烟气问题比多电梯井严重。

第二节 短 路

统计数据显示，短路引起的火灾占电气火灾的一半以上。电气线路发生短路主要包括两个原因。一是受机械损伤，线芯外露接触不同电位导体而短路，比如线路布设过低，又未用套管或线槽等外护物做机械保护，受外物碰撞挤压因为绝缘损伤而短路，或线路穿墙或楼板没有穿套管，受外力损伤而短路等。关于机械损伤的防范措施，相关的电气线路安装规范中均有较为具体的规定，在此不再赘述。二是电气线路因过热、水浸、长霉、阳光辐射等的作用而导致绝缘水平下降，在电气外因触发下，比如受雷电瞬态过电压或电网暂时过电压的冲击，耐压强度过低的绝缘被击穿而短路。这些原因中以过热导致绝缘劣化为最多见。导致绝缘过热的热源有外部热源，例如，距电气线路过近的暖气管道、高温的炉子等；也有内部热源，即电气线路过载、温升过高的线芯。无论是哪种原因引起短路，其结果是一样的。

现以常用的 PVC 绝缘导线为例来说明过载内部热源引起短路的过程，如图 3-20 所示。图 3-20 中当线路中没有通过负载电流时，PVC 绝缘的温度和室温相同。当线路中有负载电流流过时，若电流未超过线路的额定载流量，则其工作温度不大于允许工作温度 70℃，线路按此状况工作，使用寿命可以达到预期寿命。若线路过载，则工作温度会超过允许工作温度 70℃，这时线路仍能正常工作，但绝缘的老化将

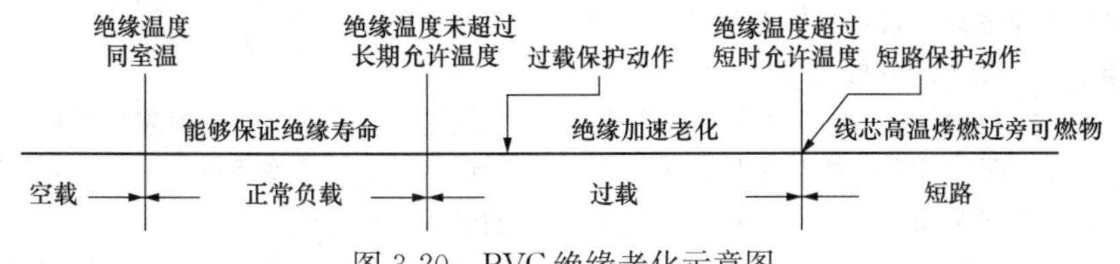

图 3-20 PVC 绝缘老化示意图

加速。过载越多，老化越快，使用寿命越短。因此，线路过载超过一定倍数和一定时间后，其过载防护应切断电源以防止线路的严重老化，否则会在过电压等外因触发下转化为短路。

若负载电流剧增而过载防护电器失效，当线芯温度达到大约160℃时，绝缘将熔化，过载可在短时间内转化为短路，这时的异常高温可引燃线路近旁的可燃物，导致火灾。

一、短路故障的接触形式

发生上面所描述的三种故障时，按照导体之间的接触形式不同可分为金属性接触和电弧性接触。

（一）金属性短路

当不同电位的两导体接触时，短路电流的热效应会形成高温，使接触点的金属熔化，如金属熔化成团收缩而脱离接触，电流就不再导通，短路现象自然消失，这种情况则不会引起电气事故。若两导体接触点熔化焊牢，阻抗可忽略不计，则成为金属性短路，短路电流可达到线路额定载流量的几百倍以至上千倍，这时保护设备若及时动作，则可以避免事故的发生。显然，金属性短路虽然起火危险大，但只要严格按规范要求安装短路防护电器，并保持其防护的有效性，这种短路火灾是可以避免的。

需要说明的是，电气线路的过载往往并不直接引起火灾，过载的后果是因绝缘劣化加速绝缘损坏而引起短路，短路才是发生火灾的直接起因。

（二）电弧性短路

若导体之间是电弧性接触，则情况大为不同，因故障点接触不良，未被熔融而迸发出电弧或电火花，导致故障点阻抗较大，电流并不大，这时短路保护不起作用，过电流保护又因电流不够大而无法及时动作，从而使电弧持续存在。一旦形成电弧，因为电弧的温度非常高，可达上千度，所以若产生电弧的部位周围存在可燃物，则引发火灾的危险性非常大。

二、电弧性短路的危险性分析

如对两电极间施加不超过300V的电压，不论极间空气间隙为多小，间隙是不会被击穿的。若空气间隙为10mm，则需施加30kV的电压方可击穿燃弧。这种电弧对于低压配电系统来说，只要电气设备的安装满足相关安全要求，则出现的可能很小。

若将两电极接触后再拉开来建立电弧，则维持10mm长的电弧只需20V的电压。电弧电压和电弧电流无多少关联，但电弧的局部温度却非常高，会成为引火源。这种电弧出现的概率要大大高于击穿空气产生的电弧。

电压小于300V时也可燃弧，那就是在绝缘表面上形成的导电膜上的爬电，它也可能引起火灾。

（一）带电导体间的电弧性短路起火

电弧性短路的发生包括多种形式，例如，当电气线路的两线芯相互接触而短路时，线芯并未焊死而熔化成团，两熔化金属团收缩脱离接触时可能建立电弧。又如线路绝缘水平严重下降，雷电产生的瞬态过电压或电网故障产生的暂态过电压均可能击穿劣化的线路绝缘而建立电弧。电弧持续存在极易导致火灾的发生。电弧性短路的起火危险远大于上述金属性短路的起火危险，这是由于电弧具有很大的阻抗和电压降，它限制了故障电流，使得过电流防护电器不能动作或不能及时动作来切断电源，使电弧持续存在。

（二）接地故障电弧起火

在电气线路短路起火中，接地故障电弧引起的火灾明显多于带电导体间的电弧火灾。这首先是由于接地故障发生的概率远大于带电导体间短路的概率。在电气线路施工中，穿钢管拉电线时带电导体绝缘外皮之间并没有因相对运动而产生摩擦，但带电导体绝缘外皮与钢管间的摩擦却使绝缘磨薄或受损。此外，发生雷击时地面上出现瞬变电磁场，它对电气线路将感应瞬态过电压。金属电缆梯架内敷设有电气回路，如图3-21所示，雷电瞬变电磁场在相邻电缆（电线）的芯线上感应的瞬态过电压是基本相同的，而电缆梯架则因被接地而为地电位，因此，图3-21中a、b、c点绝缘不受雷电过电压的伤害，而电缆和梯架接触的d、e、f、g点的绝缘却因为一再受雷电过电压的冲击而受损。因此，无论从机械的或电的原因进行分析，线路对地的绝缘水平总是小于带电导体间的绝缘水平的，发生接地故障的概率也大大高于带电导体间短路的概率。

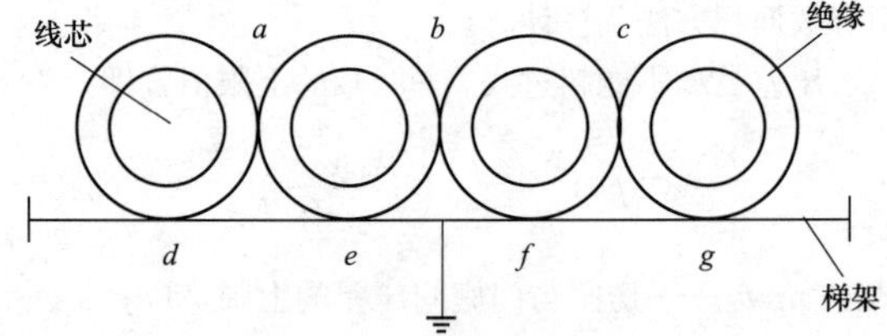

图3-21　雷击时电缆架内的线路对地绝缘承受瞬态过电压冲击

问题还不止这些，一旦发生接地故障，由它引发产生危险电弧的概率也远超过带电导体间产生危险电弧的概率，这可用图3-22来说明。图3-22中a、b、c和d各为相线、中性线和PE线的连接端子。a、b两

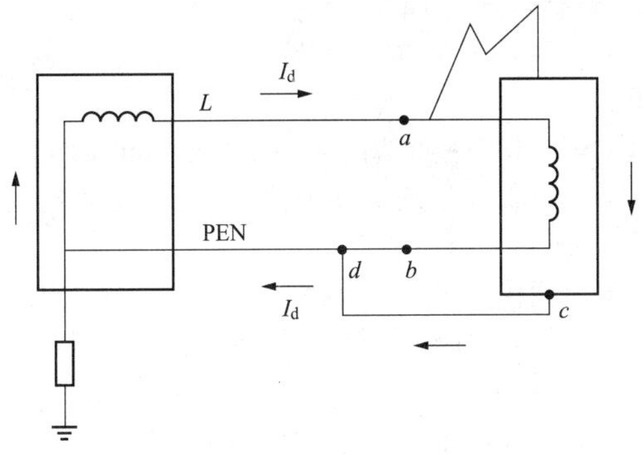

图 3-22 PE 线连接点接触不良

端子若连接不良或不导电，设备将不运转或运转不正常，可及时觉察加以修复，不会引发事故。但 *PE* 线端子 *c*、*d* 不导电或导电不良却不易觉察，设备仍能照常运转，此时 *c*、*d* 端子的连接不良成为一个事故隐患而持续存在。若一旦因为绝缘损坏发生图 3-22 所示相线碰外壳接地故障，若 *c*、*d* 端子不导电，设备外壳将对地带相电压而导致电击事故。若 *c*、*d* 端子连接松动导电不良，端子处将迸发电火花或电弧（延续和集中的电火花即为电弧），极易引燃近旁可燃物从而导致起火。

综上分析可知，在短路起火中电弧性接地故障引起火灾的危险最大。根据国外消防资料和我国一些电气短路火灾案例的分析，所谓短路起火实际上绝大多数为电弧性接地故障起火。

（三） 爬电起火

爬电也是导体之间的燃弧现象，但它不是建立在空气间隙中的电弧，而是发生在设备绝缘表面上的电弧。设备绝缘表面有带相电压的导体，也有带地电位的导体。比如电源插头的绝缘表面上有相线插脚和 PE 线插脚，它们之间的绝缘表面可能发生爬电，这种爬电就会燃弧起火。

绝缘表面爬电是缓慢形成的一种绝缘故障。设备工作环境中的空气中如果含有潮气，当空气由热变冷时潮气就凝结在绝缘表面，在两导体间就能形成可微弱导电的液膜。两导体间因电位差而产生极小的爬电电流，电流的热效应使液体汽化，电流被切断，但液膜中的盐分和导电尘埃等却被留在绝缘表面上。这一过程循环往复，遗留在绝缘表面上的盐分和导电尘埃不断增多，导电性也随之增强，使爬电电流缓慢增大。当导电性达到一定程度时，即使不存在水分的绝缘表面也可以导电。电流产生的热量能使绝缘炭化，绝缘表面将出现星星火花而慢慢形成爬弧。它不但能使绝缘失效、设备损坏，如果近旁有可燃物也可引燃起火。

上述问题可采用抗爬电的绝缘材料来降低这种爬电危险。在产品设计中适当加大两不同电位导体间绝缘表面的距离，在工程设计中采取措施减少这两导体间的电位差，均可减少这种爬电危险。但前者将增加产品成本，后者将增加建设投资。为了不过分增加产品成本及工程投资，IEC 绝缘配合标准规定 220/380V 设备两带电导体绝缘表面间允许最大持续电压相间为 400V，相地间为 250V，并按照此电压在产品设计中确定设备绝缘表面的爬电距离。为此在工程设计中需注意两导体绝缘表面间的正常和故障情况下的工频持续过电压不能大于上述值，以减少爬电危险。

低压设备承受的工频持续过电压分为两种，一种是带电导体间（即相线间和相线与中性线间）的过电压，这种过电压和网络运行条件有关；另一种是带电导体与地间的过电压，这种过电压和网络中的接地故障有关。前者一般是网络标称电压的正偏差，因为有电能质量标准的规定和限制，这一过电压的幅值不会太大，也不能长期持续存在；后者不但过电压幅值大，而且能长期持续存在，容易造成爬电故障而引发电气火灾。

第三节 连接不良

一、 建筑电气中的连接

（一） 连接种类

建筑电气的线路工程通常由入户线、配电盘（柜）（含断路器、电能表计）、建筑物内分支线路导线、墙壁插座、开关、固定安装的电器（灯具、电风扇）等组成——各部件之间必须经由连接实现导通。换言之，线路工程由多少设备和器件组成，就会出现多少个电气连接点，有些部件，例如开关、断路器、插座等，其内部与外部都涉及电气连接。

归纳起来，各种电气连接可按照图 3-23 方式进行分类：导线与设备端子之间、导线与导线之间的永久

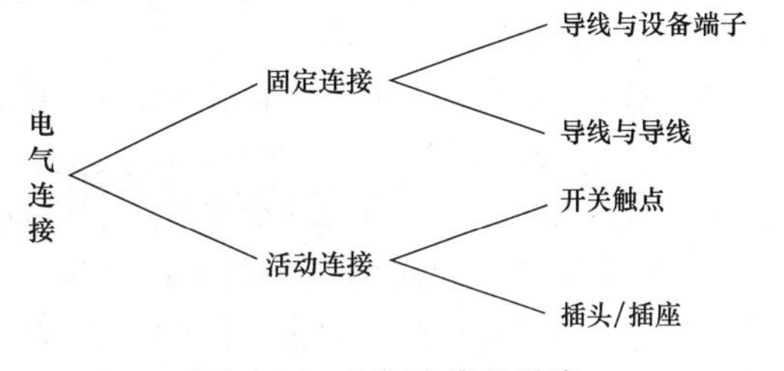

图 3-23 电气连接的种类

性连接，称为“固定连接”；开关触点、插头/插座等，随时可以完成开/合功能的连接，称为“活动连接”。

无论哪类连接，都应确保可靠的电气连通、适当的机械强度以及必要的保护措施。和电气系统其他部分相比，电气连接点在电气连通、机械强度和保护措施三方面均为最薄弱或最易出现故障的环节，会直接造成发热、打火或电弧，进而引起电气火灾。

（二）影响连接质量的因素

任何连接都不是完整的金属实体，而是由两部分及其以上的导体构成的，实现连接的过程中都会受到人为加工及外界因素的影响，包括接触力、接触面材料、接触面积及接触面状态（氧化、灰尘、油污等）等。

在实际工程中，实现可靠电气连接，必须遵守下列原则：

（1）导体接触面材质或镀层应尽可能一致，以减少因金属活动性不同，导致电化学腐蚀。

（2）尽可能避免使用易氧化、蠕变率高的铝导体。

（3）连接前做好清洁，降低接触点膜电阻。

（4）确保连接点实际接触面接近或达到导线截面积。

（5）提供强度足够、持久、稳定的接触压力。

（6）必要时应用抗氧化剂，封闭连接区域。

只有这样，才能尽量多地增加有效接触面积、减小或消除导体间隙、防止接触点氧化、避免产生电火花或电弧。

二、固定连接

（一）导线与设备端子之间的连接

典型导线与设备端子固定连接方式如图 3-24 所示，其接触力源于紧固螺栓或弹簧（簧片）。

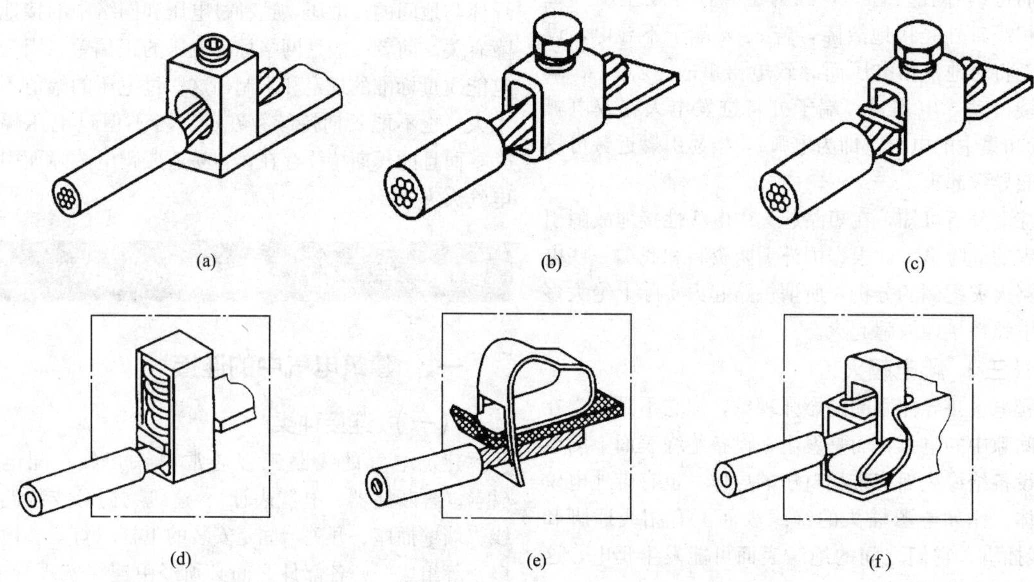

图 3-24　IEC 列举的导线与设备端子连接形式

（a）螺钉直接压接；（b）螺钉直接压接；（c）螺钉间接压接；（d）弹簧间接压接；（e）簧片间接压接；（f）带调节装置簧片直接压接

针对导线与设备端子之间的连接工艺，GB 50303—2015《建筑电气工程施工质量验收规范》第 17.2.2 条对导线与设备或器具的连接有如下规定：

（1）截面积在 10mm² 及以下的单股铜芯线和单股铝/铝合金芯线可直接与设备或器具的端子连接。

（2）截面积在 2.5mm² 及以下的多芯铜芯线应接续端子或拧紧搪锡后再与设备或器具的端子连接。

（3）截面积大于 2.5mm² 的多芯铜芯线，除设备自带插接式端子外，应接续端子后与设备或器具的端子连接；多芯铜芯线与插接式端子连接前，端部应拧紧搪锡。

（4）多芯铝芯线应接续端子后与设备、器具的端子连接，多芯铝芯线接续端子前应去除氧化层并涂抗氧化剂，连接完成后应清洁干净。

（5）每个设备或器具的端子接线不多于 2 根导线或 2 个导线端子。

（二）线路与线路之间的连接

（1）线路与线路之间的连接除受前文所述共性因

素的影响之外，还有以下特点：

1）除机械连接外，还可通过熔化金属实现连接，因此连接质量易受焊接温度、焊接材料等加工工艺影响。

2）线路连接后，通常要求采取绝缘措施，若绝缘措施强度不够或者处理不当，就会形成潜在故障点。

（2）实际工程中，对于 $6mm^2$ 及以下的细导线接续，最容易产生的问题是只将导线绞合在一起，既不采用机械加固，也不焊接，之后直接使用绝缘胶布包裹。这样的连接点存在以下安全隐患：

1）导体间没有足够的接触力，无法确保长期使用过程中的导电性。

2）连接的机械强度不够，容易松脱。

3）绝缘胶布附着力随时间降低，可能松脱。

解决导线接续问题，可借鉴美国《国家电气规范》（NEC）中的规定及发达国家成熟工艺。导体应采用特定连接装置接合或连接，或采用铜焊、熔焊、锡焊等熔化金属或合金方法连接。焊接前，首先应将导线接合或连接在一起，以确保机械和电气可靠性，然后再进行焊接。所有接合与连接点，以及导体自由端，均应用绝缘物覆盖，或采用特定绝缘装置达到同样效果。导线连接器或用于导体直埋的连接（编接、插接、捻接、叠接、拼接等）安装方法，都应列入此类用途。

“铰接+焊接”方式受施工现场条件及操作人员技术影响较大，易出现虚焊、假焊，特别不适合可焊性差的铝线接续。在电力布线中连接应避免使用焊接。若使用，连接设计应将蠕变和机械强度考虑在内。西方国家自20世纪20年代就开始采用“特定连接装置”——导线连接器，至20世纪40年代，在建筑电气的分支线路工程中，已普遍采用各类、各种形式的导线连接器。

（三）细导线的连接装置

根据上述分析，在导体满足要求的前提下，解决细导线连接问题实际即是解决连接点的“接触力”和“绝缘”问题。为实现这一目标而设计的导线连接装置主要分为材料挤压、螺纹挤压、扭绞挤压以及簧片挤压等方式。

1. 材料挤压方式

根据所要连接导线线径选择恰当的“连接套管”；利用带“止退”功能的压接工具，如图3-25所示；对连接套管进行挤压使其变形，如图3-26（a）所示；最后套接和连接套管匹配的绝缘套，如图3-26（b）所示，完成连接。

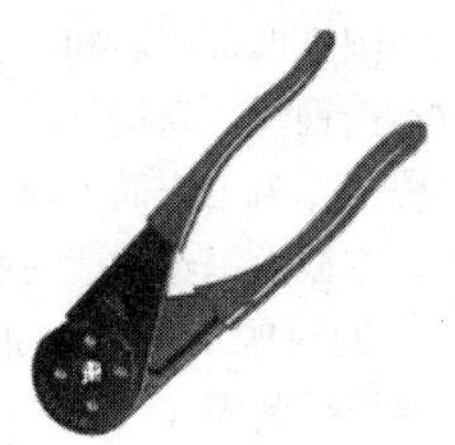

图3-25 带止退功能的压接工具

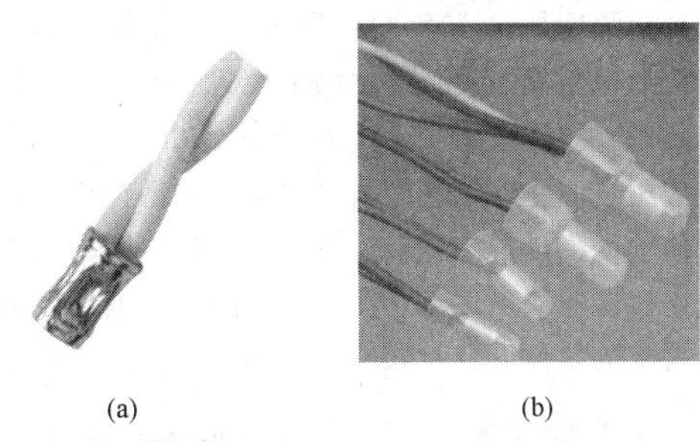

(a) (b)

图3-26 材料挤压式连接导线

（a）挤压；（b）连接

2. 螺纹挤压方式

根据所连接导线的线径，选用不同大小构件的连接器，如图3-27（a）所示，通过拧紧螺栓产生的压力，将多根导线固定在连接器金属构件内，然后通过安装绝缘罩（一般采用螺纹连接）形成完整的电气连接，如图3-27（b）所示。

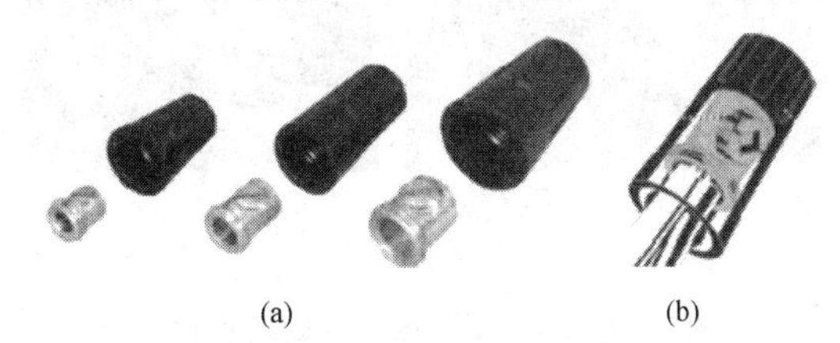

(a) (b)

图3-27 螺纹挤压式连接器

（a）选择连接器；（b）完成连接

3. 扭绞挤压方式

其使用方式类似于拧螺母，只是与之配合的不是螺栓而是导线，如图3-28所示。

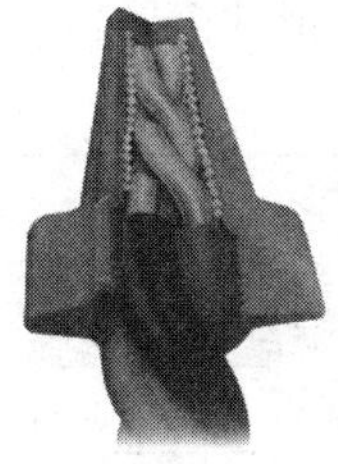

图3-28 扭绞挤压式连接器

连接器由螺旋圆锥形金属芯和绝缘外壳组成，金属芯材料通常为不锈钢丝，高端产品所使用的钢丝截面为方形，并以棱线作为工作面。因为钢的硬度大于铜，旋转过程中，方截面钢丝的棱线会在铜导体表面形成细小的刻痕，同时螺旋圆锥形钢丝发生扩张趋势，逐渐将被连接导线紧固在一起并防止脱落。实验表明，同样连接 2 根 2.5mm² 铜导线，使用焊接方式的抗拉强度是 57 磅（约 25.8kg）；使用扭绞式连接器的抗拉强度是 176 磅（约 79.8kg）；使用焊接方式的连接点电阻是 0.004Ω，使用扭绞式连接器的连接点电阻是 0.003 1Ω，接触电阻降低了 22.5%。

应用类似原理的连接器可以完全徒手操作，不使用任何辅助工具，施工极为方便和高效。因为旋接式导线连接器的很多优点，在其发展中，逐渐形成满足不同需求的多种形式，如图 3-29 所示。

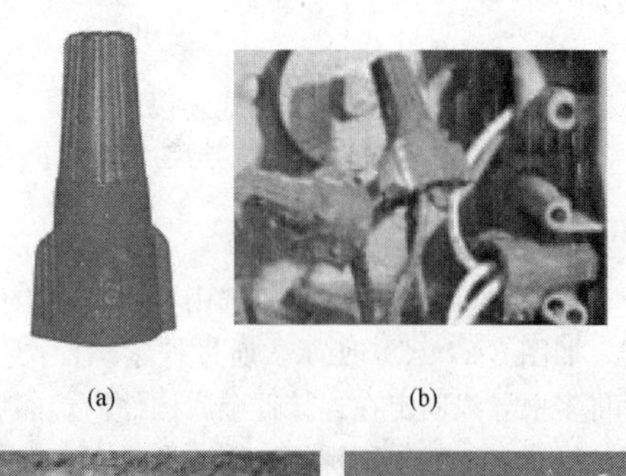

(a) (b)

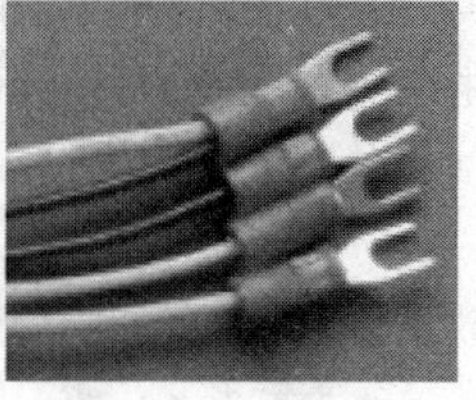

(c) (d)

图 3-29 用于不同场合的旋接连接器

(a) 带助力突起的连接器；(b) 防水型连接器；(c) 直接地埋型连接器；(d) 预制端子的旋接连接器

市场上一些产品为了节约成本，虽然形式上和此类连接器相似，但存在不使用钢丝内芯，或只使用圆截面钢丝内芯，以及不应用不锈钢材料等现象，显然这些做法达不到或削弱了装置本应具有的连接效果，成为电气火灾的隐患。

4. 簧片挤压方式

理论上，利用簧片挤压实现导线与设备端子连接原理，同样可用作导线与导线的接触。受材料和制造工艺的限制，直至 20 世纪 50 年代，才出现利用此原理的“插接式”导线连接器，如图 3-30 所示。插接式连接器有 2～8 孔等多种规格以满足连接不同数量导线的要求。

图 3-30 插接式导线连接器

连接器中决定接触力的簧片材质是弹簧钢，其加工形状一方面允许导线以较小的力插入，并确保足够的接触力；另一方面形成倒刺效果，将导线锁定以免脱落。

因其结构特点，插接式连接器和前三种导线连接装置相比，最大优点是：对操作人员的技能要求最低，完全徒手操作不用工具，连接效果最大限度地避免操作者人为因素的影响，而只由连接器本身质量决定；最大不同点（或称“弱点”）在于：连接器的导体部分参与导电，若连接器的原始设计、制造材料及加工工艺出现问题，以上优点将变为缺点，弱点将变为故障点。

为防止出现上述问题，GB 13140.3—2008《家用和类似用途低压电路用的连接器件 第 2 部分：作为独立单元的带无螺纹型夹紧件的连接器件的特殊要求》对连接器握持部分的设计明确规定：“其接触压力不通过除陶瓷或纯云母之外的其他绝缘材料来传递，除非金属部件有足够的回弹力，能补偿所用绝缘材料的任何可能的收缩或变形。横截面积不大于 0.75mm² 导线用的夹紧件可以有一个表面是由除陶瓷或纯云母之外的其他绝缘材料制成。”此条款可作为检查插接式导线连接器是否安全的重要评判依据。

上述 4 种连接方式的特点见表 3-30。

表 3-30 导线连接器特点对比

比较项目	连接方式			
	材料挤压	螺纹挤压	扭绞挤压	簧片挤压
连接线径范围（mm²）	0.65～16.0	0.65～6.0	0.65～30.0	0.65～6.0
是否参与导电	不参与	不参与	不参与	参与

续表

比较项目	连接方式			
	材料挤压	螺纹挤压	扭绞挤压	簧片挤压
是否防潮	不防潮	不防潮	有防潮类型	不防潮
安装工具	专用压接工具	普通螺丝刀	徒手操作也可利用辅助工具快速安装	徒手操作
拆卸检修并重复使用	不可拆卸	可拆卸检修、可重复使用	可拆卸检修、可重复使用	可拆卸检修、可重复使用
对操作人员技能要求	很高	高	低	很低
种类	少	少	很多	多

（四） 连接装置的使用寿命

无论哪种导线连接器，均是由有机绝缘材料和金属导体材料制造的，与绝缘导线相似，连接器寿命由制造材料寿命决定。

（五） 铝线连接不良起火

众所周知，铝线起火的危险远高于铜线，其实铝线的起火，其原因并不在于铝线本身，而在铝线的连接，与铜线相比，铝线连接的起火危险大的原因有如下几点：

(1) 铝线表面易在空气中氧化。只要是导体表面都或多或少地存在膜电阻。若膜电阻引起连接处过热，过热又导致膜电阻增大，导电情况就越恶化，而铝线连接中这类过热的情况格外严重。这是由于铝线表面即便刮擦光洁，它只需在空气中暴露数秒钟即可被氧化而立即形成一层氧化铝薄膜，其虽只有几微米，但却具有很高的电阻率，从而呈现较大的膜电阻。因此，在进行铝线施工连接时，应在刮擦干净铝线表面后迅速涂以导电膏并进行连接，以隔断铝线连接表面和空气的接触，否则将因接触电阻的增大而留下起火隐患。

(2) 高膨胀系数。铝的膨胀系数高达 $23\times10^{-6}℃^{-1}$，比铜大 39%，比铁大 97%。当铝线和这两种金属导体连接并通过电流时，连接点因为存在接触电阻而发热。这三种导体均膨胀，但铝比铜、铁膨胀更多，从而致使铝线受挤压。线路断电冷却后铝线稍许压扁而无法完全恢复原状，时间一久就在连接处出现空隙而松动，并因为进入空气而形成氧化铝薄膜，这样就使接触电阻增大。久而久之发热将严重，使情况更为恶化，严重时可能因产生异常高温或迸发电火花而引燃起火。因此，大截面的铝导体与铜、铁导体连接时需配置过渡接头。小截面（不大于 $6mm^2$）铝线的连接则应采用弹簧压接帽，这样无论连接处是否通电、有无发热，连接接触面均处于弹簧的压力下而使空气和潮气无隙可入，从而保持连接的始终良好。

(3) 易出现电解腐蚀作用。如果不同电位的两金属之间存在电解质液体，则两金属将形成局部电池。铝的电位为－0.78V，而铜为－0.17V，当铝导体和铜导体接触面间存在含盐水分时就形成此种局部电池。电解作用将使电位较低的铝导体受到腐蚀而增大接触电阻。此外，在潮湿场所内，若铝导体和铜导体相连接，应注意将铝导体放在铜导体的上方，因为铜盐如落在铝导体上也能腐蚀铝导体。

(4) 易被氯化氢腐蚀。对于 PVC 绝缘的铝芯电线、电缆，还可能出现另一个问题。为阻止 PVC 绝缘分解出氯化氢气体，PVC 绝缘内添加有阻止分解氯化氢的稳定剂。当线路温度大于 75℃时，例如，发生线路过载或连接处温度过高时，稳定剂就无法阻止氯化氢的形成，而氯化氢是要腐蚀铝的，这同样也将增加接触电阻和起火危险。

三、 活动连接

建筑电气中常见的活动连接包括交流接触器的触点、过流保护装置的触点、各类开关触点、插头/插座等。电器装置中的触点通常都处于相对密封环境中，其可靠性由产品的设计、材料、制造工艺保证，一般不会受工程安装的影响。而插头/插座连接比较特殊，其电气安全性不仅与产品本身质量有关，还与安装及日常使用有关。

（一） 插头/插座连接的特殊性

既然是电气连接，无论“活动”还是“固定”，影响其连接质量的因素即接触面积、接触面材料、接触面状态（氧化、灰尘、油污等）及接触压力等因素是一样的。插头/插座连接特殊之处在于：

1. 接触压力受限

为了方便接通与分断操作，插头/插座间的极片接触压力不能很大，不能像固定连接那样，通过增大接触力来补偿。因为接触力不便直接测量，一般通过“拔出力”间接评估接触力大小。GB 2099.1—2008《家用和类似用途插头插座　第1部分：通用要求》第22条款规定，用标准量规检测，单根极片的最大拔出力不超过17N。通常认为，极片间接触力是拔出力的1.25～1.3倍，即最大22.1N。

2. 接触面积受限

插座极片的形状与加工误差，使其无法与插头极片完全重合，两者实际只通过有限几个点形成电气连接，与固定连接相比，接触电阻更大。

因为上述原因，与其他类型的活动连接相比，插头/插座更易发生虚接、过载、过热。严重时，额定工作电流就会使接触点温度快速上升至300℃。限制流经插头/插座的电流强度是唯一保证安全的方法。GB 1002—2008《家用和类似用途单相插头插座　型式、基本参数和尺寸》规定，家用和类似用途单相插头/插座最大额定容量为10A，大功率电器用插头/插座最高为16A。GB 1003—2008《家用和类似用途三相插头插座　型式、基本参数和尺寸》规定，家用和类似用途三相插头/插座最大额定容量为32A。

表3-31是由GB 1002—2008《家用和类似用途单相插头插座　型式、基本参数和尺寸》、GB 2099.1—2008《家用和类似用途插头插座　第1部分：通用要求》、GB/T 1003—2016《家用和类似用途三相插头插座、型式、基本参数和尺寸》拼合而成的。表3-31列出了国家标准对插头/插座形式、容量等指标。

表3-31　国家标准对民用插头/插座主要指标的规定

类型	电压/电流	插头拔出力	插座外形	插头外形
2P	250V/6A、 250V/10A	（1）整体：≤40N。 （2）单电极：1.5N≤拔出力≤17N	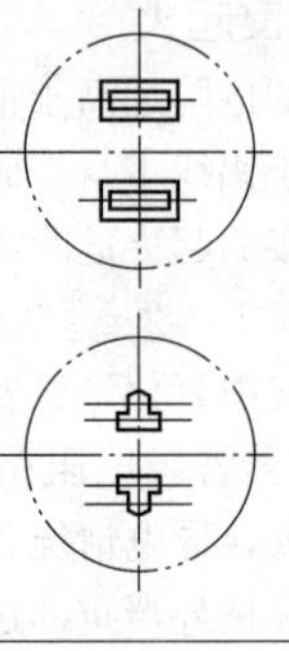	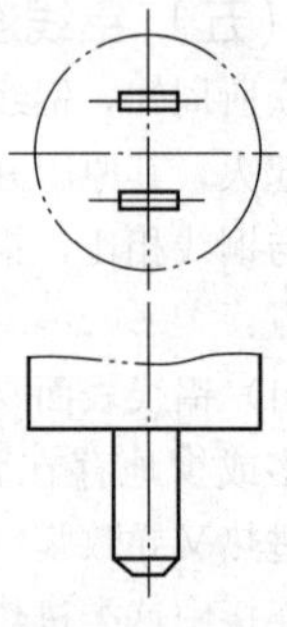
2P+PE	250V/6A、 250V/10A、 250V/16A	6～10A： （1）整体：≤50N。 （2）单电极：1.5N≤拔出力≤17N 10～16A： （1）整体：≤54N。 （2）单电极：2.0N≤拔出力≤18N	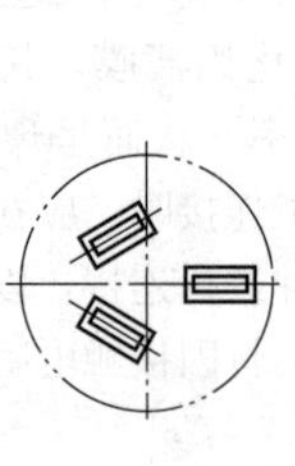	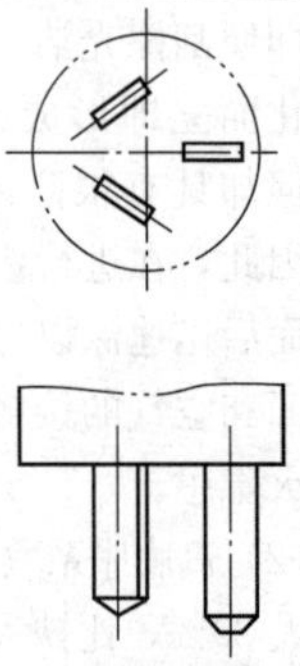
3P+PE	440V/15A、 440V/25A、 440V/32A	（1）整体：≤100N。 （2）单电极：3.0N≤拔出力≤27N	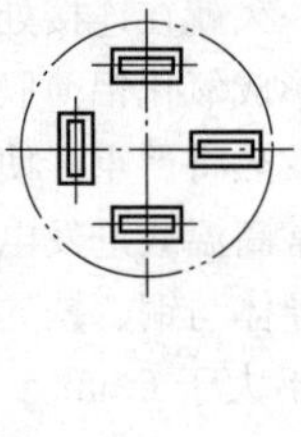	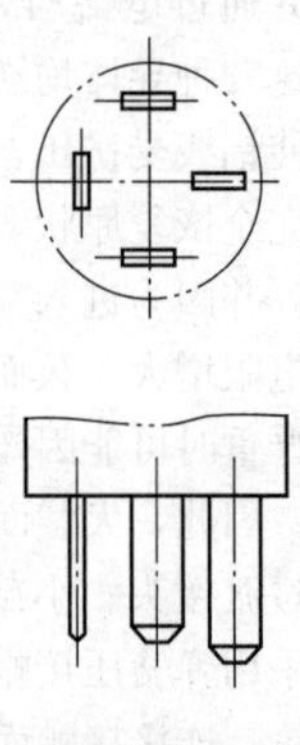

（二）插座/插座常见安全隐患

防止插头/插座出现火灾隐患必须保证：使用满足产品标准规定的插头/插座；线路和插座之间的固定连接可靠；负载电流不要超过插头/插座额定容量。另外，还要注意一个易被忽视的安全问题——接线极性。

1. 插座接线极性

GB 50303—2015《建筑电气工程施工质量验收规范》中对插座的接线要求是强制条款，第 20.1.3 条款规定：

（1）对于单相两孔插座，面对插座的右孔或上孔应与相线连接，左孔或下孔应与中性导体（N）连接，对于单相三孔插座，面对插座的右孔应与相线连接，左孔应与中性导体（N）连接。

（2）单相三孔、三相四孔及三相五孔插座的保护接地导体（PE）应接在上孔；插座的保护接地导体端子不得与中性导体端子连接；同一场所的三相插座，其接线的相序应一致。

（3）保护接地导体（PE）在插座之间不得串联连接。

（4）相线与中性导体（N）不应利用插座本体的接线端子转接供电。

用电器的电源插头按照同样规则定义接线，并且一般只在相线上设置开关。开关断开后，电器不再带电。若电源插座出现极性错误时，如“相线和零线接反”，即使断开设备电源开关，设备内部依旧带电，就有可能发生电击、漏电、短路等危险。电源插座的不同接线错误所发生的不同危害见表 3-32。

表 3-32　插座接线极性错误与危害

序号	错误种类	危　害
1	零线/相线接反	电源开关断开后，设备仍然带电，易发生触电、漏电、短路等事故
2	保护地线(PE)/相线接反	直接导致触电、漏电、短路等事故，或触发漏电保护器，使其他设备断电
3	零/地接反	引入干扰，或触发漏电保护器，使其他设备断电
4	不接保护地线(PE)	导致人员触电

2. 转接适配器带来的安全隐患

为了解决不同制式插头/插座的兼容问题，研发了转接适配器，如图 3-31 所示，这虽然解决了“化圆为方”或“化方为圆”问题，但也产生了安全隐患。首先，转接环节实际增加了活动连接点数量，发生高阻连接概率升高了，更易于发生过载；其次，转接后电源极性可能发生改变，产生安全隐患。

图 3-31　插头/插座转接适配器

以中国标准电源插头和美国标准插座互连为例，如图 3-32 所示，因两者 PE 线位置不同，若将中国插头插入美国的标准插座，则形成“零线与相线接反”，危险性不言而喻。

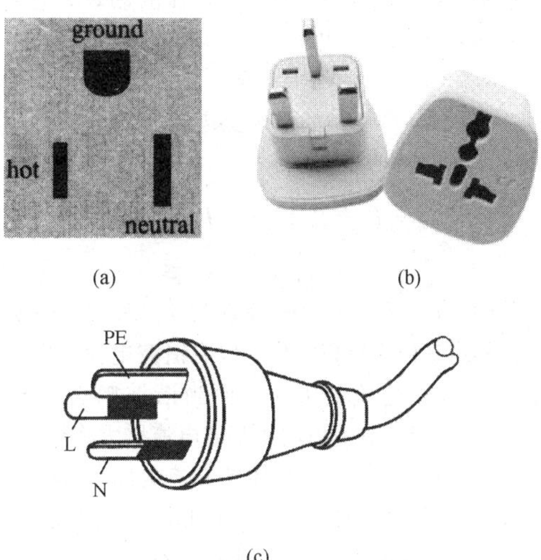

图 3-32　不同标准插头/插座转接后的极性错误
（a）美国标准插座；（b）转接适配器；
（c）中国标准插头

这类情况在使用类似样式插座的加拿大、日本、韩国等地也会出现。加上某些转接适配器未设计保护地（PE）线，虽然墙壁插座已经安装 PE 线，但经转接后并未引入用电器，造成安全隐患。

3. 多口适配器与插线板造成过载

插头/插座连接原理决定了单个插座的带载能力有限，固定安装的墙壁插座通常只设计为接入 1 到 2 个用电器，且用电器功率不得大于插座额定容量。然而在实际使用中，因为墙壁插座的安装数量、安装间距不能满足实际用电器的要求，通常需要使用多个插口适配器或带延长线的插线板，这样极易造成墙壁插座过载而起火。

防止此类问题最有效的办法是增加室内墙壁插座数量、缩短插座间距。

4. 带载接通与分断

若利用插头/插座代替电源开关完成电器设备，特别是大功率电器的接通与分断，很容易造成打火，甚至引起电弧。即使不会立即引起火灾，触点也会快速氧化甚至出现熔蚀，影响金属表面平整度，使连接状态劣化，造成火灾隐患。

第四节 谐波的影响

一、谐波电流导致线路损耗的增加

（一）影响线路损耗大小的因素

众所周知，电流流过导体，电流的热效应会造成导体发热，其大小由式（3-33）决定，即

$$P=I^2R \tag{3-33}$$

式（3-33）中 I 指的是线路电流的有效值，用式（3-34）表示，即

$$I=\sqrt{I_1^2+I_2^2+I_3^2+\cdots}=I_1\sqrt{1+THD^2} \tag{3-34}$$

其中，I_1、I_2、I_3、…分别为1、2、3、…次谐波电流的有效值。可以看出，没有谐波电流，电流有效值即是基波电流的大小，而当谐波畸变率达到100%时，电流的有效值则比基波电流增大将近50%。

式（3-33）中，R 是导体的交流电阻，分别考虑集肤效应与邻近效应的影响，可用式（3-35）表示为

$$R=k_cR_{dc}=(1+k_{SE}+k_{PE})R_{dc} \tag{3-35}$$

式中 k_c——交流电阻和直流电阻的比值，也叫作附加损耗系数；

R_{dc}——导体的直流电阻；

k_{SE}——集肤效应引起的电阻增大系数；

k_{PE}——邻近效应引起的电阻增大系数。

从式（3-33）可以看出影响线路损耗的因素有电流与电阻两个，它们同时又分别受其他因素制约。电流的大小主要由负载情况所决定，电阻则受到电流频率、导体材质和尺寸的影响。

一般情况下，因为谐波含量很低，可以忽略高频信号的影响，认为 k_c 等于1。但是当谐波畸变率高时，高频信号的影响就一定要考虑。电流频率越高，集肤效应和邻近效应就越显著，k_c 也越大。

对于 k_{SE} 有下面的计算公式，即

$$k_{SE}(x)=\begin{cases}10^{-3}(-1.04x^5+8.24x^4\\-3.24x^3+1.447x^2-0.276x\\+0.0166) & (x\leqslant 2)\\10^{-3}(+0.2x^5+6.616x^4-\\83.345x^3+500x^2-1061.9x\\+769.63) & (2<x\leqslant 10)\end{cases}$$

$$x=0.027678\sqrt{\frac{f\times\mu}{R_{dc}}}$$

式中 f——频率，Hz；

μ——导体的磁导率，对于非导磁材料，μ 等于1；

R_{dc}——每一千英尺导体的直流电阻。

对于 k_{PE} 有下面的计算公式

$$k_{PE}=k_{SE}\sigma^2\left(\frac{1.18}{k_{SE}+0.27}+0.312\sigma^2\right)$$

式中 σ——导体直径和导体间轴距离的比值。

以建筑物内电线电缆为例，分析集肤效应与邻近效应的影响。建筑物内用的电线电缆，截面尺寸从2.5mm²的电线到240mm²的电缆均可能涉及，由于尺寸及结构的不同，它们在不同频率情况下受集肤效应和邻近效应的影响也有所不同。对于电缆而言，绝缘导体只是靠绝缘层相互隔离，邻近效应中计算 k_{PE} 所需的 σ 可以通过此距离求得。500kcmil、4/0AWG、1/0AWG、12AWG四种尺寸的电缆在不同频率下 k_c 值的变化曲线如图3-33所示。这四种电缆尺寸是美制电线标准，转换为公制分别为253.5、107.2、53.5、3.3mm²，相当于我国电缆标准尺寸中240、120、50、4.0mm²四种型号的电缆。可以看出，随着线缆截面的增大，k_c 也一同变大。

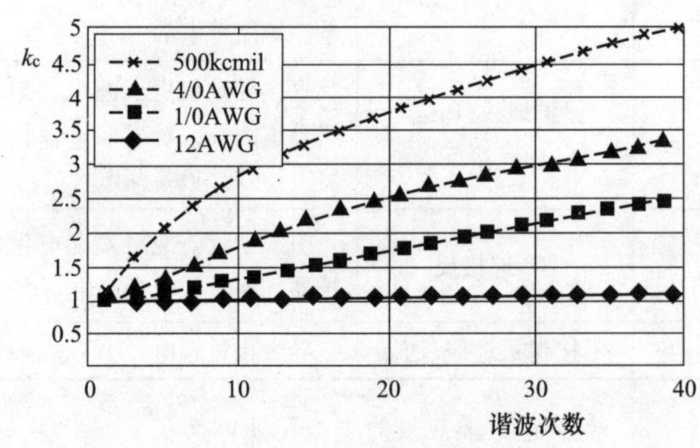

图3-33 不同电缆 k_c 值随谐波次数的变化曲线

12AWG和4/0AWG两种尺寸电缆的 k_{SE} 和 k_{PE} 值

随着谐波次数变化的曲线如图 3-34 所示。从图 3-34 中可以看出，对于像 12AWG 这样截面尺寸较小的电缆，在任何频率下都是邻近效应的影响占据主导地位。对于 4/0AWG 这样截面尺寸较大的电缆，情况则不同，在频率较低的时候，邻近效应的影响占据主导地位，而在频率较高时则是集肤效应的影响更大一些。因为实际线路中这个频率范围内的谐波电流幅值相当小，所以仍然可以说邻近效应的影响较为明显。

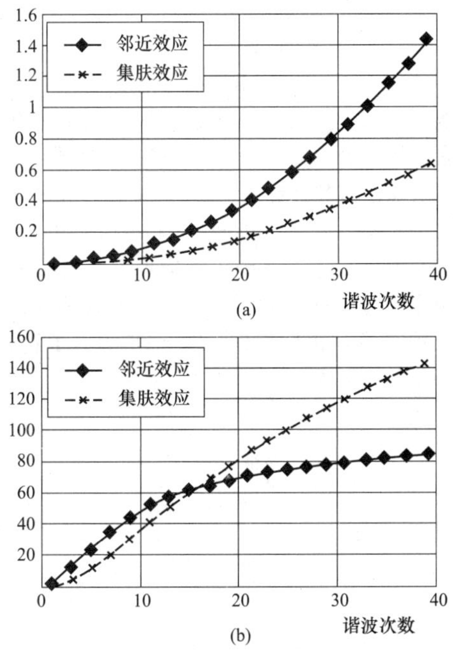

图 3-34　两种电缆 k_{SE} 和 k_{PE} 值随着谐波次数变化的曲线

(a) 12AWG 的电缆；(b) 4/0AWG 的电缆

（二）线路损耗计算

从上面的分析可以看出，因为集肤效应和邻近效应的影响，频率较高时线路电阻会有一定程度的增大，那么线路的损耗会增加。下面进行损耗的计算。

首先分析 12AWG 的电缆，从图 3-33 和图 3-34 可以看出，该尺寸的电缆受到集肤效应和邻近效应的影响非常小。因此可以认为对于该尺寸及更小尺寸的电缆，线路含有谐波与线路不含谐波时的损耗差异可忽略不计。对于 4/0AWG 这样尺寸的电缆，集肤效应与邻近效应的影响已经比较明显了，不能忽略不计，应按照式（3-36）进行损耗计算，即

$$P_l=\sum_{h=1}^{h_{\max}} I_h^2 R_h \tag{3-36}$$

式中　I_h——各次谐波的有效值；

R_h——不同谐波次数的导体电阻值，因为集肤效应和邻近效应在不同频率下的影响有所不同，所以导体的电阻值是随频率而变化的，可以通过图 3-33 求得该电阻值。

假设线路长 50 英尺，采用 4/0AWG 型电缆，电压为 208V，100%谐波畸变率下各次谐波的组成见表 3-33，根据式（3-36）计算得到的不同谐波畸变率下的线路损耗见表 3-34。

表 3-33　100%谐波畸变率下的谐波组成

谐波次数	1	3	5	7	9	11	13	15	17	19	21
电流大小（A）	100	77	46	27	20	18	15	11	8.5	6.0	4.2

表 3-34　不同谐波畸变率下线路的损耗

THD（%）	5	50	100
电流（A）	166.9	186.4	235.7
每相线路损耗 P_1（W）	69.65	90.99	151.82

对于表 3-35 中的数据，既然已经知道 P 与 I，则可以根据式（2-10）求得其电阻。这种计算方法忽略了不同谐波次数下集肤效应与邻近效应对电阻影响的区别，只分析总的电阻的变化情况。根据式（2-10）计算可知：谐波畸变率为 5%、50%和 100%三种情况下的电阻分别为 0.002 500、0.002 619、0.002 733Ω，也就是说在谐波畸变率为 50%和 100%的情况下：总的电阻分别比谐波畸变率为 5%时增加了 4.76%和 9.32%。显然，根据式（2-10）可得，谐波畸变率为 50%和 100%时，线路损耗也分别比谐波畸变率为 5%时增加了 4.76%和 9.32%。

通过上面的分析可以看出，无论是相线还是中性线，只要谐波畸变率大，导线线径粗，集肤效应和邻近效应带来的影响就必须要考虑。只不过对于中性线而言，零序性谐波叠加导致电流增大带来的影响占绝对主导地位，集肤效应与邻近效应带来的影响较小而已。

（三）线路损耗增加对导线温度的影响

线路损耗的增加必然造成线路温度的升高，下面估算上述情况下线路温度的升高。导线外面有保护层和绝缘层，温度的分析比较复杂，通过分析裸导体实现定性判断。

从式（2-13）可以看出，对于具体的电线电缆来说，若两种情况下流过的电流有效值相同，那么稳定

温升的差异仅取决于电阻的大小。考虑到集肤效应和邻近效应引起的电阻增大，根据式（2-13）不难计算出在上述情况下，谐波畸变率为50%和100%时，裸导体的稳定温升将比谐波畸变率为5%时分别增加4.76%和9.32%。也就是说若原来的稳定温升为50K，那么由于谐波的原因，实际的温升将分别达到52.4K和54.66K。对于电缆和电线来说，因为有厚厚的绝缘层和保护层，热交换的效率必然没有裸导体高，所以流过相同电流时，稳定温升一定会高一些，谐波电流引起的温升增加量相应也要增大。

线路中谐波含量的增加，一个显著的后果就是线路损耗的增加，进而引起线路发热的增加，发热增大加速绝缘的损坏，也必将增大火灾隐患发生的概率。

二、谐波电流引起中性线电流过大

（一）谐波电流引起中性线电流过大的原因

众所周知中性线流过的是三相不平衡电流，若三相负载完全平衡的话，中性线的电流为0，即

$$\dot{I}_N = \dot{I}_A + \dot{I}_B + \dot{I}_C = 0 \tag{3-37}$$

三相对称的矢量图如图3-35所示。

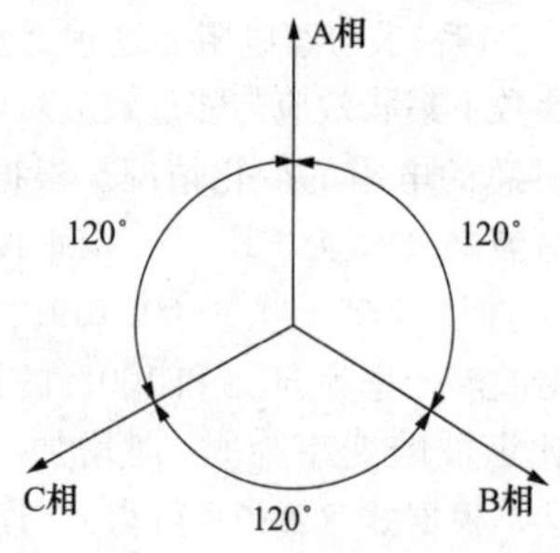

图3-35　三相对称矢量图

虽然实际中不可能存在完全的三相平衡，但是工程设计时通常都做了这方面的考虑。因为三相照明线路各相负荷的分配，宜保持平衡，所以一般情况下三相不平衡的程度很轻，流过中性线的电流比较小。对于严重的三相不平衡，流过中性线的电流也有可能很大，但是不会超过最大一相的相电流，最极端的情况就是只有一相有负载，中性线电流与相电流相同。

应当说明的是，上面的分析均是针对线性负载而言的，也就是只适用于不含有谐波或者谐波含量很小的情况，对于非线性负载情况完全不同。下面分析线路含有谐波时，中性线流过的电流情况。

将A相电流的第n次谐波表示为

$$I_{an} = \sqrt{2}\, I_{an} \sin\ (n\omega t + \theta_n)$$

则B、C两相第n次谐波为

$$I_{bn} = \sqrt{2}\, I_{bn} \sin\left(n\omega t - \frac{2n\pi}{3} + \theta_n\right)$$

$$I_{cn} = \sqrt{2}\, I_{cn} \sin\left(n\omega t + \frac{2n\pi}{3} + \theta_n\right) \tag{3-38}$$

式中　n——谐波次数；

ω——基波的角频率，rad/s；

I_{an}、I_{bn}、I_{cn}——A、B、C三相第n次谐波的有效值；

t——时间，s；

θ_n——第n次谐波的初相角。

为了更清楚地分析各次谐波的特点，必须掌握正、负、零序的含义。对于三相不对称向量，可以采用对称分量法将其分解为三组对称向量之和。其中正序分量三相幅值相等，相位是A相超前B相120°，B相超前C相120°，与系统正常运行方式下的相序相同；负序分量三相幅值相等，相位与正序相反；零序三相幅值相等，相位相同。图3-36给出了正、负、零序分量的向量图。

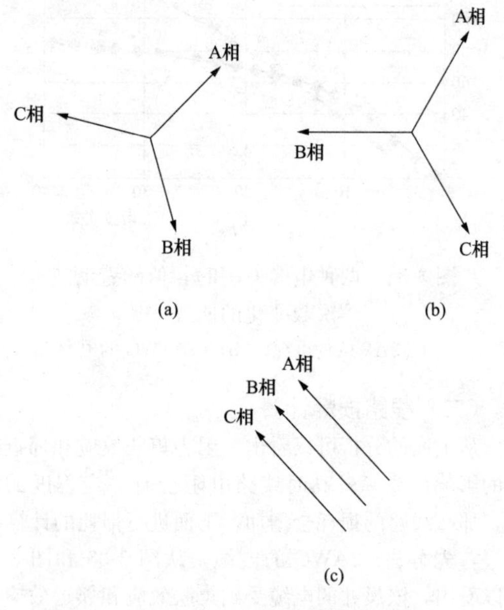

图3-36　正负序向量图

(a) 正序；(b) 负序；(c) 零序

对于式（3-38），分如下三种情况进行分析：

(1) 当$n=3k$（k为正整数）时，有$\frac{2n\pi}{3}=2k\pi$，三相电流相位相同形成三相零序电流，即第3，6，9，…次谐波均为零序性谐波。

(2) 当$n=3k+1$时，$\frac{2n\pi}{3}=2k\pi+\frac{2\pi}{3}$，三相电流

相位依次差 $\frac{2\pi}{3}$，形成三相正序电流，即 4，7，10，…次谐波均为正序性谐波。

(3) 当 $n=3k-1$ 时，$\frac{2n\pi}{3}=2k\pi-\frac{2\pi}{3}$，三相电流相位依次差$\frac{2\pi}{3}$，但形成三相负序电流，即 2，5，8，11…次谐波均为负序性谐波。

无论是正序性谐波还是负序性谐波，它们在中性线均是向量合成，不会叠加。但是三相零序性谐波的相位完全相同，它们在中性线里是叠加的，下面分析零序性谐波在中性线叠加的特点。

若三相非线性负载完全对称，各次谐波大小也一样，则流过中性线的电流即是三相零序性各次谐波的叠加，即

$$
\begin{aligned}
I_{N3}&=I_{a3}+I_{b3}+I_{c3}\text{；}\\
I_{N6}&=I_{a6}+I_{b6}+I_{c6}\text{；}\\
I_{N9}&=I_{a9}+I_{b9}+I_{c9}\text{；}\\
&\cdots
\end{aligned}
\tag{3-39}
$$

又三相负载完全对称，各次谐波大小相同，则 $I_{a3}=I_{b3}=I_{c3}$，因此

$$I_{N3}=3I_{a3}$$

以此类推，所有的零序性谐波全部如此叠加，即

$$I_{N6}=3I_{a6}\text{；}\ I_{N9}=3I_{a9}\text{；}\ \cdots$$

根据式 (3-33)，中性线电流用下式表示，即

$$I_N=\sqrt{I_{N1}^2+I_{N2}^2+I_{N3}^2+I_{N4}^2+\cdots}$$

由上面分析可知，除了零序性谐波，其他各次谐波都是零，则有

$$I_N=\sqrt{I_{N3}^2+I_{N6}^2+I_{N9}^2+\cdots}$$

又 $I_{N3}=3I_{a3}$；$I_{N6}=3I_{a6}$；$I_{N9}=3I_{a9}$；…，则

$$I_N=\sqrt{3I_{a3}^2+3I_{a6}^2+3I_{a9}^2+\cdots} \tag{3-40}$$

从式 (3-37) 和式 (3-40) 可以看出，同样是三相对称负载，非线性负载与线性负载导致中性线电流的差异非常大。上述过程也可以通过图形更加直观地表示，如图 3-37 所示，图3-37中仅画出了基波和三次谐波。从图 3-37 可以看出任一时间三相基波的合成均为零，而三次谐波则因方向相同而叠加。

若三相非线性负载不完全对称，那么对于零序性谐波则采用叠加求和的方法进行处理，来计算中性线流过的电流；对于正序、负序性谐波电流则采用向量合成法求有效值。但是从结果来看起主要作用的仍然是零序性谐波的叠加，毕竟通常情况下，三相不平衡的程度比较轻，非零序性谐波经向量合成后，有效值比较小。

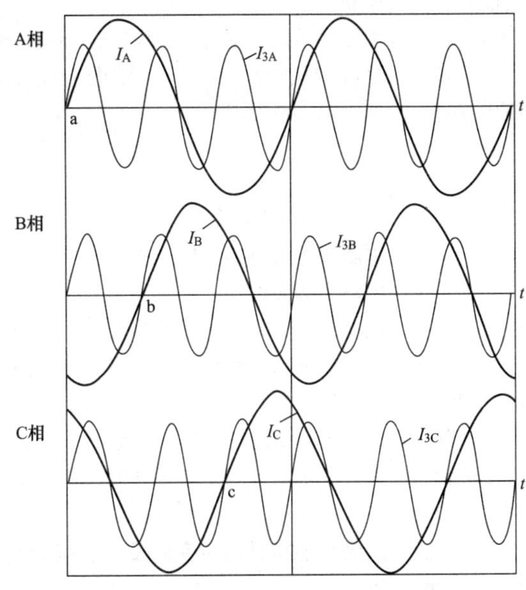

图 3-37　基波和三次谐波的波形图

因为谐波含量大时，流过中性线的电流不再是各相电流相互抵消而是零序性谐波的叠加，而且实际中零序性质的 3 次谐波电流含量只次于基波，一旦 3 次谐波的幅值超过基波幅值的 1/3，则流过中性线的电流就很可能大于相线电流，因此在非线性负载情况下，流过中性线的电流会显著增大，很可能大于相线电流。

（二）中性线电流过大对电气线路火灾的影响

从上面的分析可以知道中性线电流过大有两种可能，一种是三相负载严重不平衡，此外一种就是非线性负载引起的零序性谐波在中性线的叠加。对于三相线性负载不平衡引起的中性线电流增大，由于它无论如何不会大于相线电流，所以实际中只要选取的中性线截面和相线相同，则发生中性线过载的概率明显减少。非线性负载则不然，由于流过中性线的电流有可能比相线大很多，所以在目前大多数中性线截面选择和相线相同的情况下，中性线极有可能过载过热。

三、谐波导致谐振以及对保护设备的影响

（一）谐波造成的谐振

低压配电系统中往往采用并联电容器的方法，对感性负载（电动机、镇流器荧光灯）进行功率无功补偿，其参数都按工频情况设计。当系统中存在谐波时，因为谐波源在系统中所在位置不同，电容与电感

可能并联或者串联。

若谐波源中某次谐波频率与线路中容性和感性元件参数正好满足或者接近式（3-41），则会造成并联或串联谐振，即

$$f_0 = \frac{1}{2\pi\sqrt{LC}} \tag{3-41}$$

式中 f_0——谐振频率，Hz；

L——电路中等效电感，H；

C——电路中等效电容，F。

若某谐波频率导致电路发生并联谐振时，电容与电感支路中谐波电流都达到最大值，可能导致线路过载，形成火灾隐患。

若某谐波频率导致电路发生串联谐振时，此频率电流达到最大值，使得电容器或电感绕组的端电压增高，可能造成绝缘被击穿，形成短路。

（二）谐波对过流保护装置及剩余电流保护装置的影响

1. 谐波对过电流保护装置的影响

电流过大，通过热脱扣器触发保护动作，是保护装置的基本功能。依据上述分析，谐波电流过大造成发热增加会影响这种触发条件，导致保护装置误动作。若用户未考虑谐波影响，而错误地认为是保护装置容量不够引起跳闸，只是简单更换大容量断路器或熔断器，显然留下了安全及火灾隐患。这时，当发生线路过载时，保护装置不能正常动作，随后一定会出现：电器损坏、线路过热，直至起火或短路。

2. 谐波对剩余电流保护装置的影响

因为电气线路存在对地分布电容，高次谐波会通过分布电容形成对地泄漏电流，当对地漏电流超过RCD（剩余电流动作保护器）的额定动作电流时，装置即被触发。这时若未深入分析其动作原因，只是简单更换动作电流更大的RCD，则带来了火灾和安全隐患。

第五节 散热不良和电气装置的布置

一、散热不良

散热不良之所以会导致火灾，是因为散热不良会造成热量积聚，从而使电气设备或线路所在的微环境温度大于允许的最高环境温度，进而引起电气设备或线路的发热异常，轻则造成电气设备或线路的绝缘受到损害，重则引起绝缘燃烧。

导致散热不良的因素包括以下几个方面：

（1）设计时考虑不周，对电气线路及设备在该环境下的发热估计不准确。

（2）电气线路和设备的实际安装环境与设计时相比发生了变化，例如，电气线路或设备的实际安装位置出现了其他热源，造成环境温度高于设计时的温度。

（3）电气线路和设备安装位置的通风条件太差，电路及设备的热量不能及时散失，造成局部环境温度的升高超过允许值。

（4）电气线路和设备的安装空间较小，不利于热量散失，若连续工作时间过长，则有可能造成环境温度超过允许温度。

对于散热不良而言，最典型的例子就是荧光灯，很多情况下荧光灯安装在封闭的吊顶中，本身的散热通风条件就较差，而其中发热量最大的镇流器又安装在灯罩内部，不利于热量散失，与此同时，荧光灯一直长时间工作，甚至24h连续工作，上述因素共同作用导致镇流器发生散热不良，引起异常发热的风险比较大。

二、电气装置的布置

电气装置中的电气设备若设计时布置不当，离可燃物太近，即使没有发生故障，其正常工作时的高温或电火花也可能引燃起火。最常见的电气设备高温源是电灯泡。100W与200W白炽灯的玻璃壳表面温度分别达220℃和300℃，1000W碘钨灯的灯管表面温度可达到800℃，部分可燃物的燃点则低于此，见表3-35。

表3-35　部分可燃物的燃点

可燃物名称	纸张	棉花	布	麦草	豆油	松木	涤纶纤维
燃点（℃）	130	150	200	200	220	250	390

若实际中将大功率灯泡布置得太靠近可燃物，则烤燃起火的危险是非常大的。1994年，某剧场演出时烧死325人的大火即是灯泡烤燃舞台布幕引起的。在电气装置安装中这些高温电气设备必须与可燃物保持恰当的距离，或用低热导的隔板隔开。

目前，电气线路及设备也进入家具内部，成为电气装置的一个组成部分，例如，衣柜内安装照明灯泡，则应注意防止灯泡热量烤燃衣物起火。为此必须在衣柜门上安装连锁开关，在关上柜门时切断柜内照明电源，以免柜门关闭后热量积蓄引燃衣物起火。

荧光灯等气体放电灯，其工作温度不足以引燃起火，但其镇流器，不论是电感式或电子式，均有可能成为引发火灾的起火源，这是由于电感式镇流器是个发热器件，其温度是随着铁芯励磁电流的增大而升高的，当电网电压偏高（比如某个地区电压不稳定，夜间电压正偏差过大），而铁芯质量差时，镇流器的励磁电流剧增，铁芯将产生异常高温，镇流器如果安装在可燃物上很容易烤燃起火。例如，1993 年造成重大经济损失的北京隆福大厦火灾，就是因为镇流器半夜烤燃木质商品柜所致。电子式镇流器发热量小，但它含有很多的电子元件，当由于某种原因（例如电网中的各种电压）造成任一电子元件被击穿短路时，同样可能引起电气火灾。

在宾馆、旅店中，有时将小配电箱安装在客房的木质衣柜内，这种设置是存在起火危险的。配电箱内的微型塑壳断路器正常时发热量较小，但如断路器使用日久，由于各种原因触头间活动连接的接触电阻超过规定或触头间打火，或是接线端子的固定连接不良，断路器都可产生异常高温，它有可能烤燃木质衣柜而引燃起火。

有些线路防护电器动作时是要迸发电火花的，例如熔断器与火花间隙型的电涌防护器。这类防护电器的设置和安装应距离可燃物适当距离，其下方也不能放置可燃物，以防坠落的电气火星引燃可燃物。

第四章

电气绝缘材料的阻燃措施

第一节　电气绝缘材料

在电气工程中，为了使电气产品或电气系统可以正常工作，相关规范对电流的大小及流动路径作了一些具体规定。除此之外绝缘材料的性能也必须符合规定要求，可以归纳成以下四个方面：一是绝缘性，用来防止带相反电荷的导体之间产生电流；二是机械性能，采用绝缘材料在导体之间建立屏障，对导体实施隔离，以免电流在导体之间流动；三是热性能，为了避免电气设备在正常工作中产生的热量和介质损耗热量的积聚，破坏电绝缘性能，必须具备一定耐热性；四是能长期工作的性能，即对环境的适应性，不论是在严酷环境条件下还是在有害环境条件下都能连续运行与工作，如热稳定性、耐化学性、耐潮性、耐老化性等。

一、电气绝缘

电气绝缘材料是否合适，其评价指标主要包括介电强度、介质损耗、介电常数。对固体绝缘材料还需考虑它的机械强度，由于必须经得住在压缩、拉伸、弯曲及磨损方面变化的要求；对气体和液体，由于与固体相比其导热性较低，所以也要充分考虑导热性能。

对于长期运行的电气设备，要求它使用的绝缘材料热稳定性要好，由于在电流焦耳热的作用下材料要膨胀，若出现过载高温还会受到热分解；耐化学性要好，包括易氧化性、材料与降解溶剂及其他材料之间的相容性；要有耐潮性，是指材料处于潮湿环境时的化学稳定性和材料吸潮对介电性能的影响。至于材料运行中的老化，它不但受到热老化作用，而且还有长期电压作用的电老化现象。

常用的绝缘材料包括有机绝缘材料和无机绝缘材料两种。就可燃性分类，分为可燃性材料和不燃性材料两种。石棉与云母属于无机材料，不考虑它的易燃性，有机材料和可燃性材料中又分为纤维材料与合成材料。合成材料作为塑料的一种形式，无论从电绝缘性还是从易燃性方面均需给予充分的重视。在电气和电子市场中所用塑料1/2是作为电线电缆绝缘的，而且其中大部分是聚氯乙烯与聚乙烯，聚氯乙烯在电气和电子市场中占23%，在整个塑料市场中占15%，可见聚氯乙烯是相当主要的塑料。

电气绝缘材料的介电性能与最高工作温度是最重要的技术指标，见表4-1～表4-4。从工作温度看含氟聚合物具有它独特的特点，见表4-1。

表4-1　一般塑料绝缘材料的性能

序号	材料	最高工作温度（℃）	介电常数（测试频率为1MHz）
1	低密度聚乙烯	75	2.27
2	泡沫聚乙烯	75	1.50
3	阻燃聚乙烯	75	2.5
4	瑟林（Surlyn）	75	2.36
5	半硬性聚氯乙烯	80	4.3
6	低密度聚乙烯	80	2.27
7	泡沫聚乙烯	80	1.50
8	阻燃聚乙烯	80	2.50
9	高密度聚乙烯	80	2.27
10	聚丙烯	80	2.24
11	耐纶（Nylon）	105	4.0
12	热塑性弹性塑料	125	2.2
13	聚砜	130	3.1
14	基纳（Kynar）	135	6.4
15	交联聚乙烯	150	2.45
16	特氟泽尔（Tefzel）ETFE	150	2.6
17	哈拉（Halar）ETFE	150	2.5
18	聚酯	150	2.8
19	泰氟隆（Teflon）ETFE	200	2.1
20	有机硅橡胶	200	3.1
21	凯普顿（Kapton）F型	200	2.35
22	泰氟隆PFA	250	2.05
23	泰氟隆TFE	260	2.1

表 4-2　　常用导线的型号及使用场所

型号	名　　称	使用场所
BLX	棉纱编制，橡皮绝缘线（铝芯）	正常干燥环境
BX	棉纱编制，橡皮绝缘线（铜芯）	
RXS	棉纱编制，橡皮绝缘双绞软线（铜芯）	室内干燥环境，日用电器用
RS	棉纱总编制，橡皮绝缘软线（铜芯）	
BVV	铜芯，聚氯乙烯绝缘，聚氯乙烯护套电缆	潮湿和特别潮湿的环境
BLVV	铝芯，聚氯乙烯绝缘，聚氯乙烯护套电缆	
BXF	铜芯，氯丁橡皮绝缘电线	多尘环境（不含火灾及爆炸危险尘埃）
BLV	铝芯，聚氯乙烯绝缘电线	
BV	铜芯，聚氯乙烯绝缘电线	有腐蚀性的环境
ZL11	铜芯，纸绝缘铝包一级防腐电力电缆	
ZLL11	铝芯，纸绝缘铝包一级防腐电力电缆	
BBX	铜芯，玻璃丝编制橡皮线	有火灾危险的环境
BBLX	铝芯，玻璃丝编制橡皮线	
ZL	铜芯，纸绝缘铝包电力电缆	
ZLL	铝芯，纸绝缘铝包电力电缆	
BV	铜芯、聚氯乙烯绝缘电线	有爆炸危险的环境
ZQ20	铜芯，纸绝缘铅包，裸钢带铠装电力电缆	
ZQL20	铝芯，纸绝缘铅包，裸钢带铠装电力电缆	

表 4-3　　部分电气绝缘材料的分类、名称、符号和用途

序号	型　号	名　称	最高工作温度（℃）	绝　缘	用　途
1	BV BLVV、BVV BVVB、BLVBVR、BLVVB	聚氯乙烯绝缘（PVC）电线（电缆）	70	PVC 绝缘、PVC 护套	用于交流 450/750V 及以下，动力装置固定敷设
	BV-105		105	耐热 PVC 绝缘和护套	
2	RV、RVB、RVV、RVVB、RVS	聚氯乙烯绝缘（PVC）软电线（电缆）	70	PVC 绝缘、PVC 护套	用于交流 450/750V 以下家用电器、小型电动工具、仪器仪表及动力照明
	RV-105		105	耐热 PVC 绝缘和护套	
3	AVP、RVP、RYYP	聚氧乙烯绝缘（PVC）屏蔽电线（电缆）	70	PVC 绝缘，铜丝编制 PVC 护套	用于 U_0/U 为 300/300V 及以下电器、仪表、电子及设备及自动化（U_0 表示导体与绝缘屏蔽之间的电压，线电压；U 表示各相导体间的电压，相电压。电缆额定电压应适于使用电缆的系统电压和运行状况，用 U_0/U 表示）
	RVP-105、AVP-105		105	耐热 PVC 绝缘，铜丝编制	

续表

序号	型 号	名 称	最高工作温度（℃）	绝 缘	用 途
4	BLX、BX、BXR	橡皮绝缘电线	65	橡皮绝缘玻璃丝编制（浸沥青漆）	用于交流 500V 及以下电气设备及照明装置

表 4-4 电线电缆常用材料的允许工作温度

材料名称	允许工作温度（℃）
氟橡胶	180～200
硅橡胶	150～180
丁腈橡胶	100～120
丁基橡胶	80～90
氯丁橡胶	80～90
丁苯橡胶	60～75
天然橡胶	60～75
乙丙橡胶	80～90
丁腈-聚氯乙烯复合物	80
聚四氟乙烯	250
聚丙烯	80～90
聚乙烯	60～70
化学交联聚乙烯	80～90
辐射交联聚乙烯	90～100
氯磺化聚乙烯	80～90
聚氯乙烯塑料	65～70
耐热聚氯乙烯塑料	80～150
聚全氟乙丙烯塑料	150～200

二、耐热温度级别

我国标准规定，绝缘材料按照耐热温度分为七级（参见表 4-5）。绝缘材料在耐热温度下能长期工作 20 000h 而不致损坏。

表 4-5 各级绝缘材料的耐热温度

等级	耐热温度（℃）	相应的材料
Y	90	未浸渍过的棉纱、丝及电工绝缘纸等材料或组合物所组成的绝缘结构
A	105	浸渍过的 Y 等级绝缘结构材料
E	120	合成的有机薄膜、合成的有机磁漆等材料或组合物所组成的绝缘结构

续表

等级	耐热温度（℃）	相应的材料
B	1300	以合适的树脂黏合或浸渍、涂覆后的云母、玻璃纤维、石棉等
F	155	以合适的树脂黏合或浸渍、涂覆后的云母、玻璃纤维、石棉等，以及其他无机材料，合适的有机材料或其组合物所组成的绝缘结构
H	180	硅有机漆，云母、玻璃纤维、石棉等用硅有机树脂黏合材料，以及一切经过试验能用在此温度范围内的各种材料
C	>180	以合适的树脂（如热稳定性特别优良的硅有机树脂）黏合浸渍涂覆后的云母、玻璃纤维等，以及未经浸渍处理的云母、陶瓷、石英等材料或组合物所组成的绝缘结构

三、绝缘材料的物理分类

电绝缘材料经加工成一定物理形态的产品后，常见的有以下几种物理形态：

（一）电线电缆

电线是一种圆形、正方形或矩形的导体，它可以是裸导体，也可以是绝缘导体。电缆是一种绞合导体，它由导电线芯、绝缘层及外护层组成，如单芯电缆和由相互绝缘的数个芯线组合而成的多芯电缆。

（二）绝缘护套和绝缘管

由绝缘护套包覆的电线具有防机械、温度、化学腐蚀及环境破坏的防护作用。多芯电缆外的绝缘护套，对电缆具有防护与辅助绝缘作用，还能够增强内层电缆绝缘层的物理、化学、电气性能。热塑性绝缘套管不但对电线线束及电缆芯线具有保护作用，在工程中也常用此作为导线线端、铰接处、引线、接头、导线系统的绝缘与保护材料。套管常用的绝缘材料包括聚氯乙烯和氯丁橡胶以及尼龙。

（三）绝缘纸和绝缘板

绝缘纸广泛用于发电设备、输配电设备的电绝缘。例如线圈的层间绝缘、电机槽绝缘、开关盒衬垫、电机端面纸压板、隔板和垫片、电枢衬垫、电容器绝缘、线圈外表的绕包材料、绝缘垫、面板、外壳、电缆电线的绕包材料、变压器绝缘等。

（四） 绝缘带

主要作用是绝缘；其次是防止工作表面磨损，起到防潮、标记或隔离、补强以及绑扎的作用。它是一种由纤维、纸、薄膜材料经编织或分切而成的带状材料。

（五） 浇注和包封材料

在电气设备中常采用浇注和包封工艺来改进保护设备的电性能，因为复合物起到电介质作用，于是可以使设备远离环境的影响。石蜡常用于线圈、变压器、电容器等的电气零部件及环氧复合物，因为它固化时收缩较小而且没有重量变化，电性能优良，耐潮，耐化学药品，黏结性优良，应用的也比较广泛。

（六） 电气设备外壳

电气设备外壳是非导电材料，它将电气系统和其他导电材料隔离开来。一般并不把它当作绝缘看待，实际上它具有绝缘的功能。塑料具有绝缘性、柔软性、适应性及经济性好的优点，在实际中获得了广泛应用，大多金属外壳已被塑料外壳取代，比如计算机、开关、插座等。

（七） 电线管密封材料

电线管密封材料也称为堵料，一般并不把它当作电绝缘用，但在建筑物的输电线缆、通信线缆、控制线缆等施工安装中，无法避免地要穿过防火墙，在防火墙上开孔、开洞。为了维持防火墙耐火极限的原有消防安全水平，避免着火时的烟雾、有毒气体、火焰从孔洞穿过，成为火灾蔓延的通道，必须用堵料封堵。现已将其规定为电气消防安全的重要措施。

第二节 电气绝缘材料的燃烧

一、 微观燃烧过程

电气电绝缘材料在热的作用下，随着温度的升高，其性状将依以下五个阶段变化：

（一） 加热阶段

在加热阶段，材料在内部或外部热源作用下，温度缓慢升高，物理性能，比如弹性、颜色等变化较小。

（二） 物相转化阶段

这是材料进入玻璃化温度的阶段，该阶段温度范围相对狭窄。材料从比较硬和脆的状态，转变为具有黏性或橡胶状的状态，材料的机械性能和一些热性能快速改变。当温度超过玻璃化温度时材料的承载能力就下降，见表 4-6。

表 4-6 各种聚合物材料的玻璃化温度

材 料	玻璃化温度（℃）
聚乙烯	−125
聚丙烯	−20
聚丁烯	−25
聚丁二烯	−85
聚（4 甲基-1-戊烯）	29
聚四氟乙烯	127
聚三氟氯乙烯	45
聚氯乙烯	80
聚氟乙烯	−20
聚偏二氯乙烯	−18
聚苯乙烯	100
聚甲基丙烯酸甲酯	50
聚甲醛	−85
聚乙醛	−30
聚卡普纶（耐纶 6）	75
聚亚己基乙二酰胺（耐纶 6/6）	57
聚亚己基葵二酰胺（耐纶 6/10）	50
聚环氧丙烷	−75
双酚 A 聚碳酸酯	149
聚二甲基硅氧烷	−123
聚砜	190
聚砜醚	221
聚乙烯对苯二甲酸酯	70
聚丁烯对苯二甲酸酯	40

（三） 降解阶段

进入降解阶段，最初的降解温度使得材料中那些热稳定性最差，化学键最弱的化学键断裂。这时材料的整体或许还是稳定的，但因为化学键的断裂，使材料发生了褪色的现象。降解有两种类型：缺氧条件下的热降解和在热及氧共同作用下产生的热-氧化降解。此阶段导致材料内部热稳定性最差、化学键最弱的因素是：

（1）分解温度。

（2）所占有的比例。

(3) 分解潜热。

它们是材料的三个非常重要的特性。

材料的吸热性分解反应吸收热量，并能够减缓材料温度的升高；而放热性分解反应可产生热量，加快材料温度的升高。

（四）分解阶段

在分解阶段，材料大部分的化学键达到断裂点，质量也发生变化。因此，材料的性状差别很大，最严重时因为物理整体性的完全丧失，而使材料粉碎，例如，聚甲醛、聚甲基丙烯酸甲酯之类的聚合物会发生完全解聚；分解最轻者会因为质量损失而重新排列，然后使性能发生改变，典型的例子是像耐热性改性聚丙烯腈那样生成发黑聚丙烯腈丝。

只有在材料中热稳定性最差的键的断裂温度比材料内大部分分解温度低很多的情况下，降解和分解阶段才能区分开来。但是，若材料中所含各种键的分解温度谱呈连续分布时，降解和分解阶段就没有界限了。

聚合物分解的产物因聚合物的成分、温度、升温速率、吸热或放热反应、挥发物散发的速率而异。表4-7为各种聚合物的分解温度。

聚合物的分解将生成两种材料，一种是聚合物的残留分子链，这些残留分子链的存在，会使得聚合物继续保持它原有结构的某些完整性；另一种为聚合物的碎粒，这些碎粒非常容易氧化。当氧气接触到被加热的含碳残留物时，即发生灼热发光而碳化。但是火焰燃烧一般只发生在聚合物残存物附近的气相中，并产生气体和碎成细粒的固体材料。

聚合物如下特性对分解阶段的影响：

(1) 构成大块聚合物的各种化学键的分解温度。

(2) 各种键分解的潜热。若分解属于普通的吸热反应，则必须由其他热源提供热量以促进分解继续进行。若是放热反应，则分解可由聚合物本身来维持。

(3) 分解的性质，即聚合物的分解方式，由可燃与不可燃碎粒的相对数量决定。

表4-7　各种聚合物的分解温度

材料名称	分解温度范围（℃）
聚乙烯	335～450
聚丙烯	328～410
聚异丁烯	288～425
聚四氟乙烯	508～538
聚三氟氯乙烯	347～418
聚乙酸乙烯酯	213～325
聚乙烯醇	250
聚乙烯醇缩丁醛	300～325
聚氯乙烯	200～300
聚氟乙烯	372～480
聚偏二氯乙烯	225～275
聚偏二氯乙烯	400～475
聚苯乙烯	285～440
苯乙烯-丁二烯共聚物	327～430
聚甲基丙烯酸甲酯	170～300
聚丙烯腈	250～280
三乙酸纤维素	250～310
聚甲醛	222
聚环氧乙烷	324～363
聚环氧丙烷	270～355
耐纶6及6/6	310～380
聚对苯二亚甲基树脂	420～465
聚对苯二亚甲酸乙酯	283～306
聚碳酸酯	420～620

（五）氧化阶段

在足够高的温度以及氧气充足的情况下，聚合物碎粒的氧化急剧加速到足以产生热并在气相中燃烧，可能以固体残留物的形式灼热发光。

二、宏观燃烧过程

微观只考虑单一的基本材料，而宏观考虑的是材料整体的燃烧，包括材料中的添加剂。通常认为材料某一单独的"单位质量"（如1g）的燃烧有五个阶段：

（一）加热阶段

当来自外部热源的热量施加于材料时，材料温度将逐步升高。材料暴露表面的热量可能源于火焰的热辐射；燃烧气体的热传导及对流；而对于暴露表面里面有添加剂或是防护涂层或防护覆盖物的塑料而言，外部热的来源主要是接触固态物质的热传导。温升速率是外部热流速度的函数，同时也是温差以及材料的以下特性的函数。

1. 比热

比热是单位质量材料温度升高1℃（1K）所需的热量，例如聚乙烯（PE）的比热为2.3kJ/(kg·K)、聚氯乙烯（PVC）为0.84～1.17kJ/(kg·K)。

2. 导热系数

导热系数是在给定温差下，热量经过给定厚度材料的速率。导热系数越高的材料，由它传给相邻的"单位质量"材料传热的速率越高。而导热系数低的材料传热速率慢，例如，低密度聚乙烯的传热系数为37.26W/(m^2·K)；中密度聚乙烯为33.5～41.87W/(m^2·K)，而高密度聚乙烯为33.5～51.9W/(m^2·K)；聚氯乙烯（PVC）为12.56～29.3W/(m^2·K)。由此可知，聚氯乙烯比聚乙烯传热速度慢。

3. 熔化潜热、汽化潜热

熔化潜热、汽化潜热是材料在被加热期间内部产生的变化。

（二）分解阶段

1. 分解阶段材料释放的物质

材料被加热，当温度达到分解温度时，就将释放出下列物质：

（1）可燃气体。即在空气存在的情况下可以燃烧的气体，例如甲烷、乙烷、乙烯、甲醛、丙酮以及一氧化碳等。

（2）不可燃气体。即一般在空气存在的情况下，不会燃烧的气体，例如二氧化碳、氯化氢、溴化氢等。

（3）液体。一般是指因部分材料分解而产生的聚合物。

（4）固体。一般是以碳的残留物或炭的形式出现。

（5）带走的固体粒子。是指以烟雾的形式出现的聚合物颗粒。

因为在大多数情况下绝缘材料的着火及燃烧是在气相中发生的，所以，只要完全消除可燃气体，就能够有效地阻止燃烧。在有机材料制造中，要想让它在燃烧时完全不释放含氢的挥发性化合物气体是不可能的，否则燃烧产物就不会变成高含碳量的残余物。这些气体的释放都可导致该系统扩展到邻近单位物质或邻近的大气中，并且因为材料化学性质和物理结构的破坏进一步增加了其暴露在破坏性温度中的危险程度。有些气体还可能具有刺激性及毒性。

液体不如气体那样可燃，但它可能蔓延到单位质量，从而影响原来不与它相接触的其他"单位质量"，因为其温升及状态的变化，液体就具有转化为气体的潜在可能。

材料分解时最理想的产物是固体残留物。因为这些固体残留物有利于维持结构的稳定性，保护分解时的"单位质量"，阻碍空气与可燃气体的混合。所以，分解时重量损失的大小，是材料火焰燃烧的一个重要指标。

2. 影响分解状态的因素

分解作用会使材料出现不同程度的损害，材料颗粒从物质上分离出去被流动的气体带走，这些颗粒通常以烟雾粒子的形式出现，在火焰中呈现闪闪发光的状态。

分解状态将受以下材料特性的影响：

（1）起始分解温度。起始分解温度是发生分解作用的最低温度，若单位质量的温度没有达到这个温度，分解不仅不会发生，而且在其引燃之前燃烧过程就被终止了。若对两个比热、导热系数相等的聚合物的表面进行加热，那么分解作用扩展至整体的程度大小是起始温度的函数。

（2）分解潜热。即材料分解时吸收的热量或释放的热量，如果是分解放热反应，所释放的热量就将增加温升速率；若是吸热反应，材料将从原有的热源吸收热量，从而缓解加热过程。

（3）分解性状。既材料的分解方式，例如可燃气体、不可燃气体、液体、固体残留物以及固体粒子的相对数量，还有物相变化程序等。

（三）引燃阶段

可燃性气体在有充足氧气或氧化剂存在的条件下引燃，并开始燃烧。到底能否燃烧要根据周围有没有引燃源（如火焰、火花），以及气体混合物的温度和成分而定。具体讲引燃阶段受材料下列性能的影响：

（1）闪燃温度。是指材料释放出的气体能被火花或火焰引燃的温度。通常来讲闪燃温度要高于起始分解温度，否则就没有气体引燃现象的发生，见表4-8。

（2）自燃温度。在某一温度下，材料内部所发生的反应能使得材料自行维持于燃点，这一温度就是自燃温度。一般自燃温度高于闪燃温度，由于要维持材料自身的分解反应，比由外部热源引起的分解反应需要更多的热量，见表4-8。而硝酸纤维素则是一个十分明显的例外特例。

表4-8　各种材料的引燃温度

材料	闪燃温度（℃）	自燃温度（℃）
棉花	230～266	254
白报纸	230	230
白松、薄片	228～264	260
长叶松	220～230	
红栎木		416

续表

材料	闪燃温度（℃）	自燃温度（℃）
枞木	260	
羊毛	200	
聚乙烯	341～357	349
聚丙烯（纤维）		570
聚四氟乙烯		530
聚氯乙烯	391	454
聚氯乙烯-乙酸乙烯酯	320～340	435～557
聚偏二氯乙烯	532	532
聚苯乙烯	345～360	488～496
聚苯乙烯珠	296	491
聚酯，玻璃纤维层压材料	346～399	483～488
硅树脂，玻璃纤维层压材料	490～527	550～564
聚苯乙烯，发泡颗粒板	346	491
丙烯腈-丁二烯-苯乙烯共聚物		466
苯乙烯-丙烯腈共聚物	366	454
苯乙烯-甲基丙烯酸甲酯共聚物	329	485
聚甲基丙烯酸甲酯	280～300	450～462
丙烯酸（纤维）		560
硝酸纤维素	141	141
乙酸纤维素	305	475
三乙酸纤维素（纤维）		540
乙基纤维素	291	296
聚酰胺（耐纶）	421	424
耐纶 66（纤维）		532
聚碳酸酯	467	580
酚醛，玻璃纤维层压材料	520～540	571～580
三聚氰胺，玻璃纤维层压材料	475～500	623～645
聚氨酯，聚醚，硬开泡材料	310	416

（3）极限氧浓度。是材料能维持引燃和燃烧所需的最小氧气量。材料在正常使用中，若当氧气的含量少于 21%时就不能继续燃烧，即将这种材料看作自熄材料；若当氧气含量少于 21%时根本就不能引燃，即将这种材料看作不燃材料。但是，材料的“不燃”与“自熄”随其暴露的程度还有些不同之处，见表 4-9。

表 4-9　各种材料的氧指数

材　料	厚度	氧指数
聚乙烯	0.125	17.4～30.2
聚丙烯	0.125	17.4～29.2
聚丁二烯		18.3
氯化聚乙烯		21.1
聚四氟乙烯	0.125	95.0
三氟氯乙烯	0.125	83～95
乙烯-三氟氯乙烯共聚物	0.125	60.0
乙烯-四氟乙烯共聚物	0.125	30.0
氟化乙烯-丙烯共聚物	0.125	95.0
聚氯乙烯	0.062～0.25	26～80.7
聚乙烯醇		22.5
氟化聚乙烯		22.6
聚偏二氯乙烯		60.6
乙酸丁酸纤维素	0.125	18～20
聚偏二氟乙烯		43.7
聚苯乙烯	0.125	17～25.2
丙烯酸	0.030～0.125	16.7～25.1
改性丙烯		26.7～29.8
羊毛		23.8～25.2
木材		22.1～24.6
胶合板		25.4～73.6
卡片纸板		24.7
棉花		18.6～27.3
人造丝		18.7～19.7
乙酸纤维素	0.125	16.8～19
三乙酸纤维素		18.4
丁酸纤维素		18.8～19.9
橡胶		16.9～26.3
纤维素		20.1～28.6
缩醛	0.125	14.7～16.2
耐纶	0.125	20.1～28.9
芳香聚酰胺		26.7～28.2
聚酰亚胺		36.5
聚还氧乙烯		15.0
聚碳酸酯	0.125	25.0～44.0
聚砜	0.080～0.125	30.0～51.0
改性聚苯醚		24.0～30.0
酚醛	0.125	21.7～66.0

续表

材　　料	厚度	氧指数
环氧树脂		18.3～49.0
聚酯	0.125	20.9～55.0
醇酸树脂		29.0～63.4
硅橡胶		25.8～39.2

注　氧指数的高低随产品材料和生产厂家的不同而不同，表中数值仅作为参考。

（四）燃烧阶段

"单位质量"的燃烧会产生一定量的燃烧热，见表4-10。燃烧热使因为燃烧而产生的可燃、不可燃、有毒气体或腐蚀性气体的温度升高。在温度存在的条件下，因为热传导、被加热气体体积膨胀而发生的热对流、加热后被带走烟雾颗粒发出的白炽光产生的热辐射，以及被加热固体残留物的热传导作用的存在，从而加大了热量的传输作用。

表4-10　　各种材料的热化学特性

材料	燃烧热［kcal/(g·mol)］	热值(Btu/lb)	化学计算火焰温度(℃)
聚乙烯（高密度）	−312.5	20.050	2120
聚乙烯（低密度）	−312.0	20.020	2120
乙烯-丙烯共聚物	−360.8	20.270	2120
聚丙烯，全同立构，反式立构	−468.3	20.030	2120
聚丙烯，无规立构	−467.8	20.010	2120
聚-1-丁烯，全同立构	−625.4	20.060	2130
聚异丁烯	−628.2	20.150	2120
聚-3-甲基-1-丁烯，全同立构	−780.2	20.030	2120
聚-1-戊烯，全同立构	−780.8	20.010	2120
聚-4-甲基-1-丁烯，全同立构	−935.7	20.010	2220
聚-1，4-丁二烯，全同立构	−584.3	19.440	—
聚四氟乙烯	+8.01	−144	—
聚三氟氯乙烯	−31.2	482	320
聚氯乙烯	−268.0	7.720	1960
聚偏二氯乙烯	−232.4	4.315	1810
聚氟乙烯	−238.8	9.180	1710
聚偏二氟乙烯	−140.3	3.940	1090
聚苯乙烯，全同立构	−1033	17.850	2210
聚苯乙烯，无规立构，结晶	−1034	17.870	2210
聚-α-甲基苯乙烯	−1196	18.220	2210
丁二烯-苯乙烯（8.58%）共聚物	−604.2	19.300	2220
丁二烯-苯乙烯（25.5%）共聚物	−650.5	19.010	2220
丁二烯-丙烯腈（37%）共聚物	−512.6	17.180	2190
聚氧化甲烯	−121.4	7.280	2050
聚氧化三甲烯	−437.6	13.560	2130
聚还氧丙烯	−280.6	11.470	2120
聚还氧丙烷（27%），全同立构	−432.7	13.410	2100

续表

材料	燃烧热 [kcal/(g·mol)]	热值 (Btu/lb)	化学计算火焰温度 (℃)
聚丙烯，(100%) 无规立构	−432.3	13.400	2120
氯化聚醚	−660.7	7.673	1990
聚苯氧	−993.8	14.880	2200
聚丙烯砜	−462.7	7.850	1970
聚-1-丁烯砜	−618.9	9.290	2000
聚-1-己烯砜	−913.5	11.310	2010
聚甲基丙烯酸甲醛	−637.7	11.470	2070
酚醛-甲醛 (1∶1)	−1496	12.000	1860
尿素-醛 (1∶2)	−358.8	7.680	1950
三聚氰胺-甲醛 (1∶3)	−749.3	8.310	1990
聚氨酯，酯基	−743.1	10.180	2100
聚酯，不饱和	−723.2	12.810	2250
环氧，双酚 A	−1700	14.430	2220
聚碳酸酯	−1880	13.310	2190
聚低碳氧化物	−224.1	5.940	2260
聚四氢呋喃	−592.7	14.790	3850
聚乙烯醇	−263.2	10.760	1980
聚-β-丙醇酸内酯	−333.3	8330	2075
聚硝基乙烯	−278.7	6.870	2670
聚丙烯腈	−408.6	13.860	1860
纤维素	−1011	7.520	—
纸		7.590	—
木粉	—	8.520	—
木材	—	8835	—
粗纸板 (90%粗纸板，10%树脂)	—	8.715	—
烟煤	—	15.178	—
褐煤	—	11.084	—
泥煤	—	9.057	—
油页岩	—	6.300	—
1 号燃料油	—	19.800	—
6 号燃料油	—	18.300	—

注 Btu 是英国热量单位，1Btu=252cal，1cal=4.1868J。

当燃烧还处于“单位质量”这么小的量度时，这就意味着燃烧将要侵及整个范围，或者说燃烧范围将要全面扩大。一旦燃烧发展到这一阶段，就必须灭火，不能只限于抑制火焰，不然就会发生火灾危险。燃烧热，即“单位质量”的材料燃烧时所释放出的热量，属于材料在这一阶段最重要的特性。净燃烧热是燃烧反应所释放出的热量。当把“单位质量”的材料从它的原始状态加热至燃烧阶段时，燃烧热将减少。

这时，若净燃烧热是负值，那么要使燃烧继续进行就必须要存在一个外界热源；若净燃烧热是正值，则“单位质量”的燃烧将产生过剩的热量，它将使周围的“单位质量”暴露于火焰中。

（五） 蔓延阶段

材料燃烧时，总有部分热量要散发到周围介质中去，从而引起热量损失，使“单位质量”的净燃烧热减少，正好相反，来自邻近火焰的外部热源的热量将使得“单位质量”的燃烧热增加。要使燃烧作用从蔓延开始直至终止，“单位质量”的燃烧热必须足以使周围“单位质量”达到燃烧阶段，才能使蔓延发生。最初燃烧的“单位质量”外露表面，将对相邻“单位质量”的燃烧阶段产生影响，而且相邻“单位质量”与向着材料内部方向的相邻“单位质量”相比，与燃烧“单位质量”表面直接相邻的“单位质量”更易于达到燃烧阶段。所以，处于表面的材料将受到外部火焰的直接作用，而内部材料将被相邻“单位质量”先燃烧时所剩余的固体残留物阻隔。残留物虽然将内部材料和外部热量隔离开了，但内部材料还是会将热量扩散至材料内部更深的部位。在真实的火灾中，燃烧空气达到材料表面的程度比达到材料内部更容易，因此人们常将蔓延当作一种表面现象，当材料外表面暴露的范围相当大时，就可以采用表面火焰扩散来度量蔓延的程度。

三、 室内整体规模的燃烧过程

假定一个房间为火灾对象，在房间内布置了一般生活所需的器具和物品。例如木制家具、聚丙烯腈泡沫、聚氯乙烯板、聚酯织物、棉花织物及羊毛织物等。室内整体规模燃烧过程与“单位质量”燃烧过程的阶段类似，只是燃烧规模变大了。

（一） 最初火焰阶段

由在房间空间内火灾案例可知，起初的火种各不相同，例如，可能是一根点燃的火柴、落在织物上的一个香烟头、过热导线引起的电火花、邻近房间或燃烧的门窗等。在这些情况中，房间内的材料并不是最初的火源。房间材料的特性才是影响最初火焰阶段的相关因素：

（1）物品结构材料的分解温度。见表 4-7。

（2）物品引燃容易程度。该特性可以通过闪燃温度或自燃温度来测定。若材料直接处在火焰中，用闪燃温度测定；处于热源中，用自燃温度测定；处于空气及由最初火焰引起的可燃气体的混合气体中，则通过极限氧浓度来测定。

（3）暴露程度。具有暴露表面的材料与具有涂层或被覆盖层遮蔽的材料相比，有暴露表面的材料更容易被火焰烧坏。例如，房间顶棚材料就比地板材料更容易受热气流的损坏，由于受热气体总是由下向上先聚集在顶棚，然后又向下到地面的。

（4）房间材料的多寡。房间结构应用较多的材料（如顶棚、墙壁装饰材料等）和应用较少的材料（例如按钮和器具手柄等）相比，量多的材料比量少的材料更应当受到重视。

（二） 火焰增大阶段

最初火焰产生的热量在房间内积聚，在热传导、对流及热辐射的作用下，房间内材料温度升高，使火焰增大。其火焰扩散的极限值，由材料的以下性能决定。

1. 引燃容易程度

容易引燃的材料极易使火焰增大。

2. 材料表面的易燃性

暴露面积越大材料越易燃，比如房间的涂层和护墙板，这是表面易燃性的一个非常重要的特性。若材料在房间内被隔离开或存在于较小的单元内时，则不适于表面易燃性特性。

3. 放热作用

材料一旦被引燃，则在燃烧期间所产生的大量热量，将促进火焰增大。

4. 烟雾的产生

燃烧产生的浓密烟雾，不仅妨碍房间内人们的安全逃离、疏散，而且还会妨碍消防队员救火时对火焰位置的确定。

5. 暴露程度

暴露程度指材料处于火焰中的数量与面积。当材料处于火焰中时，研究暴露程度才有实际意义。

6. 房间内可燃材料的量

若房间内可燃材料非常少，那么就不可能真正促使火焰增大。

7. 燃烧气体

有毒的可燃气体，会对房间内人们的生命产生很大危险。

（三） 骤燃阶段

房间内可燃材料在某一引燃温度几乎同时发生火焰燃烧，这一引燃温度称为骤燃点。骤燃与材料的以下性能有关：

1. 引燃容易程度

房间发生骤燃时，除了耐高温聚合物外，温度可能均高于大多数塑料的引燃温度。因此，大多数塑料不存在引燃容易程度问题。

2. 表面易燃性

引起骤燃的热传递形式，通常是通过热辐射发生的，但是，材料的易燃性也促使了骤燃的发生。

3. 暴露程度

有暴露表面的材料更容易被火焰烧坏。

4. 房间内可燃材料的多寡

若房间内可燃材料非常多，就可能发生骤燃。

（四）火焰全面扩大阶段

火焰全面扩大阶段房间内所有的可燃材料都会助长燃烧，而火灾的危险性也均是由这些材料引起的。在火焰全面扩大阶段，与材料表面的易燃性已没有任何关系，原因是火焰已经达到材料所有的可燃表面，暴露程度也已达到了最大。因此，在这一阶段，要想控制火焰全面扩大的趋势的关键措施即是抑制火焰的发生，而不是等火焰全面扩大后再去扑灭。材料的以下特性决定了房间内所有材料总的放热作用：

1. 房间内材料的量

材料放热量的最大值是材料燃烧的单位热量及材料总数的函数。

2. 放热作用

材料一旦被引燃，则在燃烧期间所产生的大量热量，将促进火焰增大。

3. 烟雾的产生

燃烧产生的浓密烟雾，不仅妨碍房间内人们的安全逃离、疏散，而且还会妨碍消防队员救火时对火焰位置的确定。

4. 燃烧气体

有毒的可燃气体，会对房间内人们的生命产生很大危险。

（五）火焰蔓延阶段

房间内各种易燃材料的存在，相当于房间内放置了很多燃料，即火灾荷载。要使火焰全面扩大继续，就需要热量，可是内部材料的燃料补充作用已经减小了。这时房间四周的门宙和墙若不能将火焰围堵住，由于材料的全面燃烧将会导致火焰蔓延到邻近的其他房间。为了阻挡火焰蔓延，门窗、墙的耐火性能就十分重要。“防火墙”具有一定的耐火性，并能将火焰阻挡在一定空间内。

材料的以下性能将对火焰蔓延产生影响：

（1）建筑结构的耐火性。

（2）房间材料的多寡。

（3）材料放热作用。

（4）烟雾发生率。

（5）燃烧气体。

第三节　电气绝缘材料的火焰响应特性

火焰响应是材料具有的性能，当电气绝缘材料受到火焰作用时它的一些性能就表现出来。

一、闷燃（阴燃）

闷燃敏感性是材料内部维持文火燃烧的一种倾向，闷燃是无火焰的燃烧。而文火也是无火焰的燃烧，但是，文火在燃烧时有灼热白炽化现象，并伴随中等量烟雾。文火作用时间长，可能发展成燃烧，也可能不能。文火燃烧是经由疏松材料缓慢蔓延的，温度比较低，氧化不完全，其氧化燃烧快慢受疏松材料性质影响。可见文火燃烧需要疏松材料，而且在燃烧之前还必须先进行炭化。木材、棉花和一些人造纤维材料，极易被烧碳化形成文火，文火可以在纤维素绝缘以及纤维素板中发生。某些合成材料经设计或处理也极易生成碳，形成文火，如酚醛、聚氨酯泡沫塑料等。一些电绝缘也能生成产生文火的碳，如由纤维素纸与纤维素板制成的电绝缘就易于形成文火。但是这类绝缘材料，通常按照功能需要，已被浸渍处理或用其他方法变成了无孔绝缘材料，不易形成文火。而聚乙烯、耐纶之类的热塑性塑料燃烧时不会生成木炭，而且它受热熔化生成的熔融物，封闭了炭化孔隙，阻隔了空气，使闷燃扩散困难。因此，热塑性塑料可以抑制闷燃。大部分电绝缘材料不具有闷燃的敏感性。

二、着火性

着火性是材料在规定温度、时间、氧气浓度的条件下，被小火焰或火花点燃着火的容易程度。着火是当点火源移开后材料继续燃烧的现象，材料被加热后能否着火，由热量及加热时间决定，热量越大，材料达到燃烧的时间越短。具有隔热性能的材料，仅允许有少量的热从外表面传导到材料内部。因此，它的表面着火时间比隔热性能差的材料要快，原因是其表面能积聚较多的热量。在电器绝缘材料中，热传导较快的材料，要由一个很小的引火源引燃也非常不容易。在电器设备中，经常有两个着火温度不同的部件连接在一起，着火温度高的材料不可能暴燃。例如，断路器在规定的时间内，能使导体的温度维持在300℃以下，与之接触的着火温度在200℃的绝缘材料就有潜在的着火危险；而400℃的绝缘材料则不会发生潜在危险。对电气装置用材料的易着火性可以通过试验验证：

（一） 热线着火试验

材料试样尺寸为127mm×12.7mm，厚度为1.6、3.2、6.4mm。使用导线在其上饶三圈，每圈间隔6.4mm。导线内通入电流，功率为65W，使导线达炽热发红状态，时间最长不超过5min。

（二） 大电流电弧着火试验

电源电压为220V，电流为32.7A产生的电弧，以40次/min对试样进行加热烧蚀，时间不超过5min。

三、 闪燃倾向

闪燃是火灾危险性的一种特殊形式。闪燃是材料产生的火焰一闪即灭或扩散极快的燃烧现象，只要有引燃源就能发生闪燃，易燃可燃物燃烧所释放出的热量，只要达到易燃气体和空气混合物的闪点，混合物即发生燃烧并蔓延。例如可燃液体上方，通过挥发的可燃蒸汽混合物急速扩展的火焰。

闪燃和爆燃不同，爆燃是指所有材料的外露表面均同时达到了着火温度，火焰通过空间扩散，并使所有外露表面都产生火焰。外露热表面释放出的可燃气体与空气的混合物，只要一接触引燃源就会产生闪燃。在电器设备中使用的可燃气体电介质，可燃液体电介质均能形成可燃的空气混合物，这些混合物为闪燃提供了燃烧材料。

四、 火焰扩散

火焰扩散表明材料的易燃性，是火焰沿着某一材料表面扩展的燃烧想象。因此，火焰能不能在材料表面扩展，要根据材料内部能否产生可燃气体，并从材料表面逸出而定。火焰扩散形成后，它要求向前移动的火焰所产生的热量，能够逐渐地把前面与火焰连接的材料加热到引燃温度。火焰扩散与材料的易燃性有关，若绝缘材料表面能够迅速达到引燃温度，那么材料火焰扩散的速度就会很快，材料的易燃性也就越强。

绝缘电线电缆的火焰扩散是电绝缘材料发生火灾的主要危险。绝缘电缆燃烧所产生的火焰扩散和电绝缘材料的种类、线径、数量、电缆间隙、放置（水平、垂直）状态等有关。

五、 放热

材料燃烧释放的热量和速率，影响火焰周围的温度及火焰扩散的速率。放热速率是指材料完全燃烧期间，在单位时间、单位面积上所释放出的热量。电缆绝缘材料的类型、电缆规格、数量以及电缆间的间隙，均影响电缆放热的快慢。放热表明材料对火灾的危害程度，放热多危害大，否则危害小。某些电缆材料放热试验（试验条件相同）数据，见表4-11。

表4-11 电缆绝缘材料单位面积的放热速率

绝缘/护套	单位面积放热速率（kW/m^2）
低密度聚乙烯	1071
聚乙烯/聚氯乙烯	589
交联聚乙烯/阻燃交联聚乙烯	475
聚乙烯/聚氯乙烯	395
聚乙烯/聚氯乙烯	359
交联聚乙烯/氯丁橡胶	354
聚乙烯-聚丙烯/氯磺化聚乙烯	345
聚乙烯/聚氯乙烯	312
交联聚乙烯/氯丁橡胶	302
聚乙烯-聚丙烯/氯磺化聚乙烯	299
聚乙烯-聚丙烯/氯磺化聚乙烯	271
阻燃交联聚乙烯/氯磺化聚乙烯	258
聚乙烯-耐纶/聚氯乙烯	231
聚乙烯-耐纶/聚氯乙烯	218
交联聚乙烯/氯磺化聚乙烯	201
有机硅，玻璃丝织物、石棉	182
交联聚乙烯/交联聚乙烯	178
聚乙烯-聚丙烯/氯磺化聚乙烯	177
有机硅，玻璃丝织物	128
泰氟隆	98

六、 耐火性

耐火性是指材料或产品在规定的试验条件下，确保其性能的完整性不受破坏，而能够经受的时间，往往以小时计（大于或小于1h），是一个能承受的量度。通常耐火性的概念只是针对一个完整的系统，例如建筑中的墙和地板。因为耐火性与评价电线管密封材料的性能有关，当电线管穿过地板和墙壁时，需在地板和墙壁上开洞，这就破坏了建筑结构的耐火性能，会使烟雾及火焰穿过电线管孔洞形成蔓延，为了确保其耐火性能不因穿管而破坏，就必须将电线管孔洞用密封材料堵住，不让火焰烧穿。耐火特性是通过标准火灾的时间-温度曲线确定的。

七、 易灭火性

火焰熄灭的难易程度随燃烧材料种类而有所不同，有的材料燃烧起来就不容易熄灭。材料想要继续燃烧所需要的氧气浓度，即氧指数是衡量材料熄灭难易程度的标准。氧指数越高熄灭越容易，越低熄灭越难。材料的氧指数可以通过将试样放在氧、氮混合气体进行测试，用引燃火源将混合气体点燃，当刚好允许试样燃烧时的氧气浓度是氧、氮混合气体中的最低浓度时，即是实验材料的氧指数。

八、烟雾释放

烟雾是一个很重要的火焰响应特性，烟雾是因为燃烧而产生的一种可见的、不发光的、悬浮在空气中的粒子。这些烟雾粒子使得空气可见度降低，光线和视野模糊，人的视程下降。影响人在燃烧建筑中的安全疏散，影响消防队员探索生存者的位置以及灭火。烟雾密度是用光密度来度量的，电绝缘材料的光密度和绝缘种类、产品品牌、测试时间有关，例如，根据试验聚乙烯最大光密度无火焰时为150～380，有火焰时为357～528；聚氯乙烯无火焰为98～535，有火焰时为11～470；聚四氟乙烯无火焰为53，有火焰为0；聚氟乙烯无火焰为4，有火焰为1。由此可见氟塑料产生的烟雾最小，PVC、PE塑料产生的烟雾最大。表4-12是电绝缘材料释放的烟雾试验数据。

表4-12　电绝缘材料释放的烟雾试验数据

电绝缘材料	试样数	最大规定的光密度
石棉	2	9.6
泰氟隆	2	27.6
云母	1	93.1
乙丙橡胶	1	266.6
有机硅树脂	14	285.4
聚酯	2	381.1
聚乙烯	7	379.2
聚烯烃	13	496.3
聚氯乙烯	17	520.7
泰氟泽尔	9	221.0

九、有毒气体释放

有毒气体能破坏人体组织和器官或造成人体功能丧失并死亡。在火焰热威胁没有非常严重的情况下，有毒气体就成了对人生命的主要威胁。有机材料在热分解及燃烧时会释放出多种有毒气体，其中最主要的是CO，另外，含氮材料释放出氢氰酸（HCN）和NO_2，含氯材料会释放出HCl，含硫材料则释放出氧化硫（如SO_2、SO_3）和硫化物（如H_2S）。

目前，要利用现有的技术手段，对所有的有毒物质进行鉴别及分析还比较困难，对不同浓度和不同毒性材料所产生的综合影响也不能预测。只能在实验室通过对小动物老鼠30min的试验，对于规定材料释放出的空气混合物的毒性的作用，进行综合归纳，判定它的影响。电气、电子材料释放气体的相对毒性见表4-13。

表4-13　电气、电子材料释放气体的相对毒性

材料		出现眩晕时间（min）	致死时间（min）	CO浓度（$\times10^{-6}$，g/m³）
大容量电容器用液体电介质	氯化烃	15.92±5.02	24.32±0.91	5.395
	有机硅油	22.63±1.13	28.27±2.21	3.615
变压器用液体电介质	高级精制矿物油	12.44±2.04	21.43±0.82	11.050
	有机硅油	21.39±0.63	27.03±0.35	7.750
发泡电线管密封材料		17.81±0.77	25.00±0.57	6.550
橡胶	有机硅1	19.70±3.46	23.97±2.40	9.650
	有机硅2	17.79±3.39	22.86±0.21	8.850
电气绕组浸渍漆		14.84±3.33	20.83±0.74	7.300
浇注树脂混合物	环氧树脂1	14.94±5.22	21.06±0.44	14.450
	环氧树脂2	16.95±0.66	20.03±0.74	11.400
聚酰亚胺柔软泡沫塑料（试样数2）			13.74±1.45	
木（试样数12）			14.03±1.48	

续表

材　料	出现眩晕时间（min）	致死时间（min）	CO浓度（$\times10^{-6}$，g/m^3）
聚酰胺（试样数3）		14.36±1.71	
聚氨酯硬性泡沫塑料（试样数7）		15.49±4.06	
纤维素板（试样数8）		16.57±3.54	
聚氯乙烯（PVC，试样数2）		16.60±0.33	
酚醛（试样数1）		17.17	
聚乙烯，含泡沫塑料（试样数5）		17.31±2.89	
聚氟乙烯（试样数1）		20.50	
氯化聚氯乙烯（CPVC，试样数2）		22.25±0.69	
聚异戊二烯（天然橡胶，试样数1）		22.13	
有机硅泡沫塑料（试样数1）		25	
氯化聚乙烯（试样数2）		26.03±1.80	

表4-13中的相同材料是采用的不同公司的产品，采用相同实验方法测出的，数据也不同，分析时要仔细研究判断。例如，对多种均为1g的绝缘材料，用同一方法对相对毒性进行对比试验，聚乙烯毒性最小；可是对绝缘材料试验样本不是用1g而是用1m，采用相同的方法进行试验，结果发现，聚乙烯又成为毒性最强的材料。因此结论是，进行绝缘材料毒性对比试验时，应根据材料的实际应用条件来选择试验。

十、 腐蚀气体的释放

一些电绝缘材料可以析出腐蚀气体，并对电器形成侵蚀及损坏。聚氯乙烯释放出的氯化氢气体，对计算机装置之类的电子设备的性能造成的潜在威胁非常大。

第四节　电气绝缘材料的火灾预防

电绝缘材料的火灾预防和阻燃，必须从材料、系统、应用设计三个方面给予控制。

一、 提高电绝缘材料阻燃性能的途径

通过材料设计来提高材料阻燃性能，所谓阻燃性能是指在一个或多个阶段中破坏燃烧过程，从而达到其在允许的时间内终止燃烧过程，当然最理想的是在着火以前就使材料终止燃烧。

电绝缘材料多数为高聚物材料，而高聚物都具有热不稳定性，也就是它受到热的作用时，会发生化学破坏并生成挥发物，留下多孔残渣（碳渣）。空气中的氧极易从孔隙渗入，在高聚物固态基体中引起进一步的化学反应。碳渣从周围辐射热中吸收热量，加快材料的热裂解。温度继续升高的同时，挥发物会自燃或由外部火焰引燃，并起燃产生火焰。燃烧产生的热量持续不断地给基材热裂解提供所需要的热能从而维持燃烧。若能够使基材暴露于热和氧中而不发生燃烧，那么就必须制作热分解温度高即分解后生成固体残留碎粒多的热稳定性好的材料。当这种材料燃烧的热量无法提供必需的热量来引起材料的热裂解，并且不能以足够速率分解挥发物来起燃时，则火焰终将熄灭。

提高聚合物阻燃性的主要途径包括：

（1）涂复材料暴露表面减少氧的渗透，降低氧化反应速率，给熔胀性的防护层供应有效的热绝缘层，降低塑料基材热裂解挥发物的生成速率。

（2）产生大量的不可燃气体，如氨、氮、二氧化碳及卤化氢等，冲淡氧浓度，降低燃烧速率。降低材料温度，使其小于引燃温度而自熄。

（3）采用能在材料起燃温度左右升华的物质，促使暴露区域吸热反应，使温度降低到维持燃烧的温度以下。

（4）通过化合和（或）器壁效应捕获游离基或使其失去活性，控制游离基氧化过程，降低活性游离基OH·的形成速率。

常用塑料的结构、热裂解产物和燃烧产物与燃烧速率之间的关系见表4-14。

表 4-14　　常用塑料的结构、热裂解产物和燃烧产物与燃烧速率之间的关系

材料	热裂解产物	燃烧产物	骤燃温度（℃）	助氧极限氧指数（%）	燃烧速率（cm/min）
聚烯烃	烯烃、石蜡、脂环碳氢化合物	CO、CO_2	343	17.4	1.75～2.5
聚苯乙烯	苯乙烯单体、二聚物、三聚物	CO、CO_2	360	18.3	2.5～3.75
聚甲醛	甲醛	CO、CO_2		16.2	≦2.5
聚四氟乙烯		—	—		NB
丙烯酸系塑料	氟代烃、单体丙烯酸单体	CO、CO_2	338	17.3	1.2～5.0
聚氟乙烯	氯化烃、芳烃	HCl、CO、CO_2	454	47.0	SE
对苯二甲酸	烯烃、苯甲酸	CO、CO_2			
醋酸纤维	CO、CO_2、醋酸	CO、CO_2、醋酸	327	25.0	1.2～5.0
醋酸纤维塑料	乙胺	乙酸			SE
素聚碳酸酯	CO_2、酚	CO、CO_2	482		SE
尼龙 66	胺、CO、CO_2	$COHN_3$、CO_2	424	28.7	SE
酚醛树脂	酚、甲醛	CO、CO_2、HCOOH	482		SE
密胺塑料	NH_3 胺		602		SE
聚酯	苯乙烯、苯、甲酸等	CO、CO_2	485		≦3.7

注　SE 表示自熄，NB 表示非燃。

二、 电绝缘系统材料阻燃结构设计

在电气工程的很多情况下，电绝缘只是工程多组分系统的一个组成部分，对于多组分系统的设计应该考虑材料的火焰响应特性。若预测到潜在火焰威胁是来自外部，那么暴露于火焰中的组分就可能处于最外层，例如，设备外壳和多芯电缆套管。外层组分需具有耐火焰性，对此可通过对外层组分材料的选择，或者通过对绝缘材料排序的确定，使得比较耐火焰的材料处于多组分系统的外层。若预测到火焰威胁只是来自内热，例如，导线过载或短路产生的热量，那么靠近导体的组分就应该比较耐火焰。当电气工程系统电线穿管或电缆敷设在电缆沟时，只需电线管或电缆沟能耐受火焰，绝缘系统就很难遭受外部火焰的损坏，在这种情况下内部绝缘组分的耐火性要求就可降低些。

三、 绝缘材料应用

为确保安全，绝缘材料应用中必须考虑它暴露在火焰中的性状，环境火焰出现的可能性及其火焰种类，必须遵循以下通用原则：

（1）所有极易燃或者容易着火的材料均应从潜在热源或燃烧源旁边移开，就是在火焰源邻近工作的材料也均应该具有必要的阻燃性能。

（2）对容易着火的材料应采用不易燃烧的防火涂层或外罩实施隔离措施，防止氧气接触。

（3）用表面易燃性较低的材料对表面易燃性较大的材料实施防护，例如塑料泡沫制品具有隔热性能，阻止热量扩散的同时也加大了火焰扩散的可能，若不采用防护涂层或外罩时一般不用塑料泡沫制品。

（4）表面易燃性较高的材料，不应大范围连续应用，更不能用于表面火焰扩散可能性较高的区域，例如吊顶。

（5）有较高发烟性能的材料不得大量地暴露和大面积使用。

第五章 常用电气装置防火措施

第一节 变、配电站防火措施

一、变、配电站的耐火等级与防火间距

为保证变、配电站的防火安全，变、配电站建筑物、构筑物的耐火等级与防火间距应依据GB 50016—2014《建筑设计防火规范》的规定及要求确定。建筑物在生产和储存物品过程中火灾危险性的严重程度分为甲、乙、丙、丁、戊五类，甲类危险性最大，戊类危险性最小。建筑物和构筑物的最低耐火等级由建筑构件的燃烧性能及最低耐火极限决定，分为一、二、三、四共四个级别。一、二级耐火等级的建筑物防火条件较好，层数可不限。

（一）耐火等级

变、配电站的耐火等级除了油浸变压器室是一级外，其他为二级。部分电工建筑物、构筑物火灾危险性类别以及应达到的最低耐火等级见表5-1。

表5-1　建筑物、构筑物火灾危险性类别和耐火等级

序号	建筑物、构筑物名称		火灾危险性类别	最低耐火等级
1	油浸变压器室		丙	一
2	干式变压器室		丁	二
3	配电装置室（单台设备充油量）	≥100kg	丙	二
		<100kg	丁	二
4	母线室、母线廊道和竖井		丁	二
5	屋外主变压器构筑物		丙	二
6	屋外开关站构筑物、配电装置构架		丁	二
7	SF_6 封闭式组合电器开关站、SF_6 储气罐室		丁	二
8	高压充油电缆廊道、隧道、竖井		丙	二
9	电力电缆室、控制电缆室及廊道、隧道、竖井		丙	二
10	蓄电池室	开敞式	乙	二
		防酸隔爆型铅酸	丙	二
		碱性	丁	二
11	柴油发电机房		丙	二

注　屋内变压器室通常都安装在一个独立的防爆小间内，35kV电压等级的油浸变压器和10kV电压等级、容量为80kVA以上的油浸变压器，其油量都大于100kg。变压器室的耐火等级为一级。

（二）防火间距

为保证变、配电站的安全运行，变、配电站与建筑物的防火间距应依据建筑物在生产或储存物品过程中的火灾危险性类别以及建筑物应达到的最低耐火等级来设计。室外充油电气设备与建筑物、堆场、储罐的防火间距见表5-2。

表 5-2　　室外变、配电站与建筑物、堆场、储罐的防火间距

防火间距（m）／变压器总油量（t）／建筑物、堆场、储罐名称			5～10	10～50	>50
民用建筑	耐火等级	一、二级	15	20	25
		三级	20	25	30
		四级	25	30	35
丙、丁、戊类厂房及库房		一、二级	12	15	20
		三级	15	20	25
		四级	20	25	30
甲、乙类厂房			25		
甲、乙类库房	储量不超过 10t 的甲类 1、2、5、6 项物品和乙类物品		25		
	储量不超过 5t 的甲类 3、4 项物品和储量超过 10t 的甲类 1、2、5、6 项物品		30		
	储量不超 5t 的甲类 3、4 项物品		40		
稻草、麦秸、芦苇等易燃材料堆场			50		
甲、乙类液体储罐			总储量	1～50m³	25
				51～200m³	30
				201～1000m³	40
				1001～5000m³	50
丙类液体储罐				5～250m³	25
				251～1000m³	30
				1001～5000m³	40
				5001～25 000m³	50
液化石油气储罐				<10m³	35
				10～30m³	40
				31～200m³	50
				201～1000m³	60
				1001～2500m³	70
				2501～5000m³	80
湿式可燃气体储罐				≤1000m³	25
				1001～10 000m³	30
				10 001～50 000m³	35
				>50 000m³	40
湿式氧气储罐			总储量	≤1000m³	25
				1001～50 000m³	30
				>50 000m³	35

注　1. 防火间距应从距建筑物、堆场、储罐最近的变压器外壁算起，但屋外变、配电构架距堆场、储罐和甲、乙类的厂房不宜小于 25m，距其他建筑物不宜小于 10m。

2. 本条的屋外变、配电站，是指电力系统电压为 35～500kV 且每台变压器容量在 10 000kVA 以上的屋外配电站，以及工业企业的变压器总油量超过 5m³ 的屋外总降压变电站。

3. 发电厂内的主变压器油量可按单台确定。

4. 干式可燃气体储罐的防火间距应按本表湿式可燃气体储罐增加 25%。

室外主变压器等充油电气设备的内部均充有大量闪点在 130～140℃ 的可燃油。变压器油质量大于 2500kg 时，两台变压器之间的防火间距，根据其电压等级不同，不应小于表 5-3 所列数值。油质量 2500kg 以上的变压器或电抗器和油质量 600kg 以上的回路充油电气设备间的防火间距不应小于 5m。如果上述间距无法满足，中间应设防火墙且耐火极限不小于 4h。为了便于变压器散热、运行维护以及发生事故时的灭火作业，防火墙和变压器之间的距离不得小于 2m。

表 5-3　变压器之间的防火间距

电压等级（kV）	<35	63	110	>220
防火间距（m）	5	6	8	10

二、油浸式变压器防火

（一）变压器常见故障

变压器发生火灾是由绕组、放电（含火花、电弧）、绝缘、铁芯、分接开关、渗漏油、保护拒动等故障造成的。

1. 绕组

绕组故障主要包括匝间短路、绕组接地、相间短路、断线及接头开焊等几种。

（1）匝间短路。其是因为绕组导线本身的绝缘损坏产生的短路故障。匝间短路现象发生时，变压器过热油温增高，电源侧电流略有增大，油中有“吱吱”声与“咕嘟”声，严重时油枕喷油。匝间短路故障产生的原因是变压器长期过载应用，从而导致匝间绝缘损坏。

（2）绕组接地。绕组接地时，变压器油质变坏，长时间接地会导致接地相绕组绝缘老化。绕组接地产生的原因包括雷电大气过电压及操作过电压的作用使得绕组受到短路电流的冲击发生变形，主绝缘损坏、折断；变压器油受潮后绝缘强度下降。

（3）相间短路。相间短路是指绕组相间的绝缘被击穿引起短路。发生相间短路时应立即汇报值班调度员和上级领导，检修部门应立即查清故障原因并处理，使变压器及早恢复运行。

2. 放电

放电与火花、电弧放电是有区别的，放电属于一种非贯穿性的放电现象，在变压器内部也将它称为局部放电，它是由油中的气泡、绝缘空穴、尖角毛刺、导体接触不良导致的。放电能量密度不大，但是局部放电能释放气体，气体种类和数量随能量密度而变化。局部放电与火花放电发生时都有超声波表征信号出现，检测人员可以通过超声波检测仪去捕捉它。

3. 绝缘

绝缘是变压器正常工作及运行的基本条件，绝缘材料的寿命实际上决定了变压器的寿命。根据统计，因为绝缘损坏所造成的变压器损坏达 85%以上，所以预知性维护可以提高变压器的寿命和运行安全。油浸变压器内主要包括固体绝缘纸、板、垫、卷、绑扎带等纤维素和液体油两种绝缘，无论何种原因产生的温度升高对变压器油和纸绝缘均会造成影响。温度升高时油、纸水分含量比失调，油质劣化，纤维素裂解，油中 CO 与 CO_2 含量增加。因为温度决定着绝缘的老化程度，也决定了变压器的寿命，所以控制变压器的运行温度非常重要。

4. 铁芯

铁芯故障大部分是由铁芯柱的穿心螺杆或铁芯的夹紧螺杆绝缘损坏造成的，其后果可能使铁芯局部过热，导致铁芯烧坏、磁路短路、损耗增加，油分解性能降低，内部析出气体，继电器动作。

如果判断是绕组或铁芯故障应吊芯检查，然后进行处理，经试验合格后，变压器才能投入运行。

5. 分接开关

分接开关故障主要是由电接触及机械接触不良使局部过热造成的。有载分接开关密封不严时，因为雨水侵入还会导致分接开关相间短路，分接开关的限流阻抗在切换过程中，可能被击穿、烧断，在触头间的电弧可能越拉越长，导致故障扩大，造成变压器故障。

6. 过电压

运行中的变压器受到雷击时，因为雷电的电位很高，将导致变电压器外部过电压。当电力系统的某些参数发生变化时，因为电磁振荡，将引起变压器内部过电压。这两类过电压所造成的变压器损坏大多是绕组主绝缘击穿。为了防止变压器过电压引起故障，通常要求变压器高压侧和低压侧装设避雷器。

7. 渗漏油现象

变压器渗漏油通常很容易目测到，主要部位有焊缝、密封件、阀门、导电铜杆及有载分接开关盒等。渗漏会使内部油位下移，变压器箱体污损，产生爬电现象。

（二）防火安全措施

油浸式变压器的防火安全措施如下。

（1）油量在 2500kg 以上的油浸式变压器和油量在 600～2500kg 的充油电气设备之间，其防火间距不应小于 5m。

（2）当相邻两台油浸式变压器之间的防火间距无法满足要求时，应设置防火隔墙或防火隔墙顶部增加防火水幕。单相油浸式变压器之间可仅设置防火隔墙或防火水幕。

（3）当厂房外墙和屋外油浸式变压器外缘的距离小于规定时，该外墙应采用防火墙。该墙与变压器外缘的距离不得小于 0.8m。

（4）厂房外墙距油浸式变压器外缘 5m 以内时，在变压器总厚度加 3m 的水平线以下以及两侧外缘各加 3m 的范围内，不宜开设门窗和孔洞；在其范围以外的防火墙上的门及固定式窗，其耐火极限不宜低于 0.9h。

（5）油浸式变压器和其他充油电气设备单台油量在 1000kg 以上时，应设储油坑和公共集油池。

（6）油浸式变压器需设置固定式水喷雾等灭火系统。油浸式厂用变压器应布置在单独的房间内，房间的门应为向外开启的乙级防火门，并直接通往屋外或走廊，不应开向其他房间。

三、 干式变压器的安装、 运行及其防火性能

（一） 安装

（1）变压器带电导体与地的最小安全距离应符合 GB 1094.3—2017《电力变压器　第 3 部分：绝缘水平、绝缘试验和外绝缘空气间隙》的规定。通常与墙壁、其他障碍物以及相邻变压器之间的距离都是 300mm，若变压器有外壳可不受上述距离限制。

（2）干式变压器因为没有油也就没有火灾、爆炸和污染问题，GB 50053—2013《20kV 及以下变电所设计规范》规定："非充油的高、低压配电装置和非油浸型的电力变压器，可设置在同一房间内，当二者相互靠近布置时，应符合下列规定：

1）在配电室内相互靠近布置时，二者的外壳均应符合现行国家标准 GB 4208—2017《外壳防护等级（IP 代码）》中 IP2X 防护等级的有关规定。

2）在车间内相互靠近布置时，二者的外壳均应符合现行国家标准 GB 4208—2017《外壳防护等级（IP 代码）》中 IP3X 防护等级的有关规定"。

即使变压器单独设置在变压器室，为了美观、整齐和安全、可靠，干式变压器也应加装 IP20 或 IP23 的防护外壳。

（二） 变压器结线组别

在 TN（保护接零）和 TT（保护接地）系统接地方式的电网中应选用 DYn11 结线组别，原因就是激磁电流中以三次谐波为主的高次谐波电流在原边接成三角形的条件下，可以在三角形的原边形成环流，有利于抑制高次谐波；DYn11 结线组别单相短路电流是原边是星形的 Yyn0。结线组别的 3 倍；DYn11 结线组别对低压侧中性线电流无限制，可以达到相电流数值。

选用 DYn11 结线组别的优点是可以抑制电子元件和气体放电灯多的场所的高次谐波电流，确保供电质量；提高短路电流，方便单相接地保护装置的动作；在以单相负荷为主的三相不平衡配电系统，可充分利用干式变压器的过载能力。

（三） 运行与维护

1. 运行前的绝缘测试

运行前的绝缘测试与干燥处理条件见表 5-4。

表 5-4　运行前的绝缘测试与干燥处理条件（环境温度为 20～300℃，湿度小于或等于 90%）

测试项目		绝缘电阻（MΩ）	测试仪表	运行与干燥处理判别
绕组	高压-低压及地	≥300	2500V 绝缘电阻表	每 1000V 额定电压其绝缘电阻值不小于 2MΩ（1min、25℃读数）能满足运行。若有受潮凝露现象，不论绝缘电阻如何，必须进行干燥处理
	低压-地	≥100		
铁芯	铁芯-夹件及地	≥2	2500V 绝缘电阻表	在比较潮湿环境绝缘电阻值大于或等于 0.1MΩ 就能运行，若受潮严重则必须进行干燥处理
	穿心螺杆-铁芯及地	≥2		

2. 日常运行检查

（1）应经常检查运行状态，记录电压和电流并监视温控温显仪表的显示值，查看其有无异常，检查风机冷却装置运行是否正常。

（2）检查外壳内是否有异物、雨水进入，绝缘件、绕组外观表面有无龟裂、碳化及放电痕迹，附件有无异常声响和振动，外壳内有无共振声及接地不良引起的放电声。

（3）检查浇注绕组是否附着脏物，铁芯、套管是否被污染；附着脏物或绝缘件是否被高温烧焦而发出焦煳臭味。

（4）根据示温涂料及油漆变色情况，判断引线接

头、电缆、母线是否过热；有载分接开关有无过热及异常现象。

(5) 定期检查紧固件、连接件是否松动，导电零部件是否有生锈、腐蚀痕迹；观察绝缘漆表面有无爬电痕迹及炭化现象，各部位接地是否良好。

3. 停运情况

变压器声音异常、过热，有局部放电声响，保护装置拒动，产生冒烟、着火以及附近设备着火、爆炸或出现其他对变压器构成严重威胁的情况都应立即停运变压器。

四、高、低压配电室防火

（一）高压配电柜防火

高压配电柜内的高压电器如少油断路器油位应正常，没有渗漏油现象；电流、电压互感器接线正确；所用变压器没有异常现象；避雷器完好；高压母排及其支持绝缘子外部无破损、裂纹及放电痕迹；柜内各高压电器无超温及异常放电声音；高压电缆沟内无小动物尸体和异物，孔洞封堵完好。

（二）低压配电柜防火

低压配电柜内各低压电器，包括断路器开关、自动空气断路器、电流互感器、熔断器以及电瓷件等完好、无破损、灭弧罩齐全。接线排列整齐，接线端子（包括主母排与小母排）的连接正确而且无锈蚀、松动发热超温现象。相线与中性线无过负荷，地线连接良好，柜内无异声及火花放电现象。低压电缆沟电缆排列整齐，无积水和杂物，盖板不能为可燃材料，严格封堵缆沟孔洞。

（三）电容器室防火

电容器在变、配电站是作为功率因数补偿用的，1000V以上的电容器通常安装在专用电容器室，建筑耐火等级为二级；1000V以下的电容器或数量较少时，可以安装在低压配电室或高压配电室。

电容器在运行中常见的故障包括渗漏油、鼓肚和喷油现象，如不立即处理就会引起火灾，其防止措施如下。

(1) 室内要保持良好的通风条件，且温度不应超过40℃。

(2) 安装可靠的保护装置，用熔断器保护时，熔丝不得大于电容器额定电流的130%，并连接好接地线。

(3) 为防止过电压，运行电压不能超过1.1倍额定电压，运行电流不宜超过1.3倍额定电流。

(4) 平时加强维护管理，电容器要做到无鼓肚、无渗漏油、套管无松动与裂损、无火花放电等现象。

对于供高压开关试验用的电容器堆，除采用上述措施外，还应设置适用于扑救电气火灾的固定灭火装置及移动灭火器。

（四）蓄电池室防火

蓄电池室是蓄电池组充放电工作的地方，在高压配电室为操作回路、信号回路及继电保护回路提供直流电源。蓄电池室要防止火灾、爆炸事故必须做到如下几点。

(1) 设置自然通风或轴流式抽风设备，增强室内通风换气，但室内空气不能再循环使用。对独通风系统的管道，应使用非燃材料，并作接地处理。对小容量蓄电池室通风次数应控制在不少于10次/h，对大容量开口蓄电池室不少于15次/h。通风口距地1.5m，以确保吸入新鲜空气。

(2) 蓄电池室与调酸室的温度不应低于10℃。采暖（蒸汽或热水）管道需焊接连接，不允许安装法兰盘或阀门，以防漏气、漏水。

(3) 室内的抽风机及照明灯具应采用密封防爆式，电源开关应安装在蓄电池室外。

(4) 配电线路采用钢管布线，蓄电池间应使用裸导线连接。

（五）油断路器防火

断路器是电力系统配电装置中的主要控制元件，它可以接通或切断正常负荷电流和短路电流。根据其灭弧介质的不同，常见的包括油断路器、六氟化硫（SF_6）断路器、真空断路器。

六氟化硫（SF_6）断路器是用SF_6作为灭弧介质的一种断路器，SF_6沸点在标准大气压下为－60℃，加温到150℃时都不易和其他物质发生化学反应，到达500℃时仍无法自由分解，具有防火、防爆性能，而且无毒、无味。

真空断路器是一种利用空气绝缘和灭弧的断路器。因为真空中几乎没有什么气体分子可供游离导电，而且弧隙中少量导电粒子极易向周围真空扩散，故真空的绝缘及灭弧性能非常好，更没有爆炸和火灾的可能。

油断路器是将油作为灭弧介质的断路器，在断路器中它的火灾危险性最大，为此必须采取下列措施。

(1) 安装前应根据制造技术条件的要求严格检查，要注意断路器的短路容量必须超过电力系统所在装设处的短路容量。

(2) 保持油箱内的规定油位，以免油箱或充油套管渗油、漏油。

(3) 发现油温过高时应立即抽取油样化验。如果油色变黑、闪点降低或有可燃气体逸出，应对触头进行检修，并及时更换新油。

(4) 保证断路器机件灵活好用，定期试验绝缘性能，及时发现和消除缺陷。

第二节　低压配电线路的防火要求

一、对架空线路路径的防火要求

(1) 架空线路不得跨越以易燃材料作为屋顶的建筑物，以可燃材料搭建的露天粮囤、棉花堆垛、可燃材料堆垛。

(2) 架空线路不能跨越易燃易爆物品库，有爆炸危险的场所、易燃可燃液体储罐、可燃气体储罐及易燃材料堆场。

(3) 严格防止架空线路出现松弛、受风吹摇摆相碰产生的电弧熔融高温金属颗粒散落到可燃易燃物上的现象发生。

(4) 为防止倒杆、断线事故发生时，因为导线短路产生的火花、电弧引燃易燃易爆物，造成燃烧爆炸事故发生，架空线路和上述有燃烧、爆炸危险设施靠近时，必须保持不小于电杆高 1.5 倍的间距。

(5) 对已经建架空线路下方，也不应堆放可燃材料或易燃易爆物。

二、接户线与进户线敷设的防火要求

因为与地面垂直距离短，进户线和接户线的截面选择不当、线间距离不符合规程要求和机械外力作用的影响，往往因短路造成火灾事故的发生。因此，在敷设进户线和接户线时，必须符合要求。

(一) 进户线

进户线是指从用户屋外第一个支撑点至屋内第一个支撑点之间的引线。进户线应采用绝缘线穿管进户，且进户钢管应设置防水弯头，防止电线磨损、雨水倒流引起电线短路或受潮漏电的事故发生。禁止将电线从腰窗、天窗、老虎窗或从草、木屋顶直接引入建筑内。

爆炸物品库的进户线应用铠装电缆埋地引入，进户处穿管保护并且将电缆外皮接地。从电杆引下电缆的长度要大于 50m，并在电杆上安装低压避雷器，防止感应雷电波沿进户电缆侵入库内，引起爆炸事故。

(二) 接户线

接户线是指从架空线路电线杆引下至用户屋外第一个支撑点的线路。380/220V 低压接户线的挡距不应超过 25m，距地距离要大于 2.5m，线间距离不应小于 150mm，其导线截面不宜小于表 5-5 的规定。

表 5-5　低压接户线的最小截面面积

接户方式	挡距 (m)	最小截面 (mm^2)	
		绝缘铜线	绝缘铝线
从电杆上引下	10	2.5	4.0
	10～15	4.0	6.0

三、对低压配电线路防火的一般规定

(一) 敷设方式、导线选型要与环境相适应

电气设备所处的使用环境在实际生产、生活建筑中各种各样，因此对导线、电缆类型的选择，敷设方式的确定，必须符合各自不同环境特征的特殊要求。对高温场所需采用以石棉、玻璃丝、瓷管或云母等作耐火耐热配线处理的导线。

为了避免导线绝缘损坏引起火灾，敷设线路时，导线固定点之间，配线和建筑物、地面及其线间距离应符合规定要求。

(二) 电线电缆产品绝缘强度和绝缘电阻

1. 额定电压 (U_n)

为了保证电线电缆的耐电压水平，室内配线用绝缘电线额定电压需不小于 0.45/0.75kV，绝缘电缆额定电压不小于 0.6/1.0kV。额定电压是产品安全认证的标志，它满足相关标准及相关部门对产品制造和试验的标准要求，在加压 2500V 情况下 5min 内绝缘不会被击穿，能够满足用电电压为 220/380V 低压系统电压水平的需求。

2. 绝缘电阻 (R)

用 500V 绝缘电阻表测量电线绝缘强度，相间和相对地的 R 应不小于 0.5MΩ；用 1000V 绝缘电阻表测量电缆绝缘强度，R 应不小于 10MΩ。

(三) 线芯机械强度

采用不同的敷设方式，最小截面需符合机械强度的要求。铜芯绝缘导线穿管、槽管敷设及塑料绝缘护套线直敷最小截面都是 $1mm^2$，绝缘导线线槽敷设时为 $0.75mm^2$。

(四) 防机械损伤措施

导线敷设时，水平部分距地高度宜低于 2.5m，垂直部分低于 1.8m。对导线容易受到磕碰、拉磨机械损伤的部位，例如导线与导线间、导线与其他管道

交叉以及穿越建筑物时应采取穿管保护。

（五）对中性线 N 和保护性中性线 PEN 截面的要求

TN-S（五线制）、TN-C-S、TT 系统的中性线 N 和 TN-C-S、TN-C（四线制）保护性中性线 PEN，受单相负荷或三相负荷不平衡或谐波电流的影响，会使 N 与 PEN 线过负荷发生过热现象，具体的预防措施如下。

(1) 对于用电负荷以气体放电灯（如日光灯和汞灯等）为主的配电系统及单相负荷多或三相负荷严重不平衡的系统，N 与 PEN 线截面不得小于相线截面。

(2) 可控硅调光设备和计算机均为非线性负荷，在三相四线或两相三线配电系统中，因为非线性负荷产生的谐波电流，使配电线路电流波形出现畸变，不再是正弦波。这种情况下，即使三相负荷是平衡的，三相中只要是 3 的奇次倍数的奇次谐波电流都要从中性线流向电源，若中性线中也有三相不平衡电流，两者叠加就有可能导致中性线电流大于相线电流的两倍多。因此，在有可控硅调光或计算机负荷较多的配电系统，N 和 PEN 线截面不应小于相线截面的两倍。

（六）配电线路导线截面与保护装置的配合关系

1. 与过载保护配合关系

过载保护原则是自动开关过载（热）脱扣器的整定电流值 I_{zd} 和导线截面的允许电流 I_y 之间必须满足下列配合关系，即

$$I_{zd} \leqslant I_y \tag{5-1}$$

2. 与短路保护配合关系

用电磁脱扣器保护的原则是当短路热效应与电动力作用危害导线前，保护装置就应该切断电源。为此短路电流和导线截面之间必须满足一定的配合关系，即

$$S_{min} \geqslant \frac{I_d}{k}\sqrt{t} \tag{5-2}$$

式中 S_{min}——导线最小截面积，mm^2；

I_d——短路点的计算短路电流值，A；

t——短路电流作用的时间，s；

k——与导线线芯材料有关的系数。

（七）导线穿管或明配时与管道的最小交叉与平行距离

为确保配线的安全运行，配线与煤气、蒸汽、暖气、热水等管道接近时，管道间需保持一定的最小距离，见表 5-6。

表 5-6　配线与管道间最小距离　mm

管道名称	接近方式	穿管配线	绝缘导线明配	配电设备
煤气管	平行	100	1000	1500
	交叉	100	300	—
蒸汽管	平行	1000(500)	1000(500)	500
	交叉	300	300	—
暖气管、热水管	平行	300(200)	300(200)	100
	交叉	100	100	—
通风、上下水、压缩空气管	平行	100	200	—
	交叉	50	100	—

注 1. 表中括号内数值为配线在管道下边的最小距离。

2. 达不到表中最小距离的要求时，应采取下列措施：蒸汽管在管外包隔热层后，上、下平行净距可降为 200mm；交叉距离的确定须考虑便于维修的因素，但管线周围温度应经常保持在 35℃以下；暖气管、热水管应包隔热层。

（八）接地保护

为了保证接地通路的连续性，防止因为接地回路导体连接不良，在用电设备绝缘损坏时保护不动作而导致外露导电部分长期带电，外壳对地电位高于人身接触电压，电击伤人；或因为连接接触不良处产生局部过热引发火灾。必须根据规定，在配电线路中设置避免人身触电的漏电保护器或防止接地火灾的防火漏电保护器。

防火漏电保护器整定值为 300～500mA，为了和下级漏电保护开关做到保护性配合动作，可以带少量延时。防火漏电保护器应安置在用户进线配电箱处或树干式配线电源侧。配线末端接近用电设备处的漏电保护器也能起到漏电防火保护的作用，漏电保护值通常为 30mA，而且停电影响的只有此保护设备，在无拒动现象时不会扩大停电范围。

四、导线连接和封端的防火技术措施

导线相互连接处、导线分支连接处、导线与配电装置以及各种用电设备等接线端子的连接处是形成接触电阻过大、发生局部过热的主要部位，是电气火灾的引火源。导线连接和封端的防火技术要求见表 5-7。

表 5-7　导线连接和封端的防火技术要求

要求	具体内容
对连接的基本要求	（1）导线连接应接触良好、可靠不松动，保证接触性能稳定。接触电阻数值不应大于同长度、同截面导线的电阻值。 （2）连接接头要牢固、不受损，其机械强度不应小于同截面导线的 80%。 （3）焊接连接铝线时，要防止焊药与熔渣的化学腐蚀；铝线与铜线要有铜铝过渡措施，避免铜铝之间产生电化腐蚀，而且要防止松动、氧化和受潮。 （4）导线接头处包缠的绝缘材料的绝缘强度应和原导线绝缘相同
对导线进出线端子的装接要求	（1）一个接线端子导线连接根数不能超过 2 条。 （2）截面为 $10mm^2$ 及以下的单股铜芯线和单股铝芯线可直接和设备、器具的端子连接；截面为 $2.5mm^2$ 及以下多股铜芯线的线芯应先拧紧搪锡或压接端子后再和设备、器具的端子连接。 （3）铜芯线接线端子一般用锡焊接，焊接时应涂无酸焊接膏。 （4）室内导线连接接头需在接线盒内连接，接头绝缘包扎良好，接线盒配件齐全。配线分支接头不应受拉
对铜（铝）芯导线的中间连接和分支连接的要求	（1）根据施工图集的标准连接方法，需采用熔焊、锻焊、线夹、瓷（塑料）接头或压接法连接。 （2）在实际施工应用中，对截面不足 $2.5mm^2$ 的多股铜芯线多用铰接，截面为 $4mm^2$ 的单芯铜导线可用缠绕法连接，多芯铜线多用压接或铰接连接，铝芯线之间可使用铝管进行压接
接线端子温度的控制与判断	（1）接线端子压接绝缘导线时，温度依导线绝缘的允许温度确定，即塑料为 70℃、橡胶为 65℃。 （2）接线端子压接裸导体时，温度依低压电器端子长期允许温度控制。原因是温度升高到一定值时会使端子机械强度迅速下降甚至变形、破坏。 （3）接线端子温度的判断。通过测量各相电流以及上、下、左、右端子的温度，分析端子材质和环境条件等因素后再确定端子的热故障原因。端子温升在一定负荷条件下，是随着接触电阻大小、周围散热条件、季节温度等变化的。有的电气设备发热故障的判定是用温升控制的，这一原则无法用于接线端子
对恢复接头外包绝缘的要求	绝缘导线中间和分支接头的绝缘应包缠均匀、密实，不低于原有绝缘强度；接线端子端部与连接导线的绝缘层空隙长度不能太大，否则应用绝缘带包缠严密

五、建筑室内导线管和电缆贯穿孔口的防火封堵

（一）贯穿封堵的基本原则

（1）由被贯穿物（防火分隔构件、墙、楼板等）、贯穿物（导线管、金属线槽、封闭式母线、电缆桥架、电缆等）以及支撑体、防火封堵材料及其支撑体，填充材料构成的用来维持被贯穿物耐火能力的贯穿防火封堵组件的耐火极限，不得低于被贯穿物的耐火极限。

（2）所设计的贯穿防火封堵组件在正常应用或发生火灾时，应保持本身结构的稳定性，不出现脱落、移位及开裂等现象。

（3）封堵材料的选用需考虑贯穿物的类型、尺寸，贯穿孔口、环形间隙大小和被贯穿物的类型、特性以及环境温度、湿度等因素的影响。

（二）导线管贯穿楼板和墙体的防火封堵

导线管贯穿楼板及墙体的防火封堵做法如图 5-1 和图 5-2 所示。

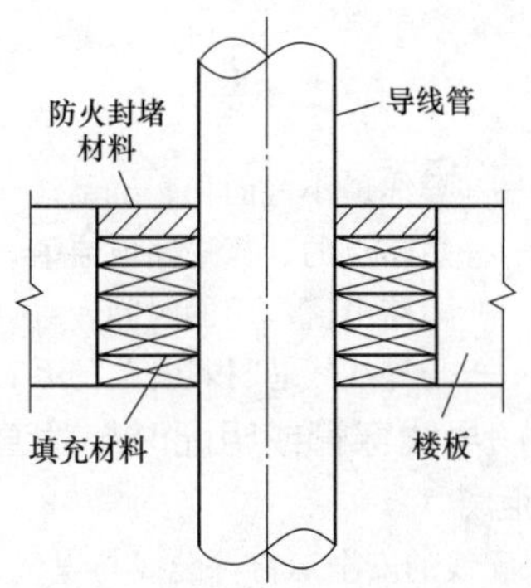

图 5-1　导线管贯穿楼板的防火封堵

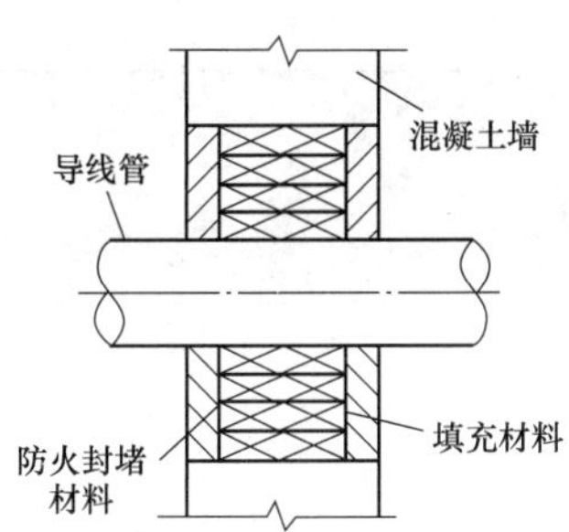

图 5-2　导线管贯穿墙体的防火封堵

（三）常用防火封堵材料

1. 防火灰泥

防火灰泥是以水泥为基料，调入填充料等混合而成的无机堵料，具有防火、防烟、防水、隔热和抗机械冲击的性能。

防火灰泥适用于混凝土及砌块内较大尺寸的贯穿孔口和空开口防火封堵，可根据孔口尺寸直接填入，也可与临时或永久性模板一同灌注，需要时还可与其他增强材料如焊接网、钢筋等配合应用。

2. 防火密封胶和防火泥

防火密封胶和防火泥具有防火、防烟及隔热功能，适用于较小环形间隙和管道公称直径小于 32mm 的可燃管道的防火封堵，以及电缆束之间间隙的封堵。使用时应清除孔口周边油污和杂物，放入矿棉等背衬材料。

3. 防火填缝胶

防火填缝胶在空气中固化后可成为具有一定柔韧性的弹性体，能够黏结在多种建筑材料表面，具有防火、防烟和伸缩功能。它适用于建筑缝隙、管道贯穿孔口环形间隙的封堵，特别适用于有位移的建筑缝隙封堵。

4. 防火发泡砖、防火塞

防火发泡砖通常是立方体，用于矩形孔口的封堵。防火塞通常是圆柱圆锥形，适用于圆形贯穿开口的封堵。防火塞处在高温、火灾环境中，材料体积膨胀、表面碳化，使用时可用手操作，不需专用工具，还可重复使用，适用于贯穿物常常变更的场所。对于大型洞口的封堵，需要加钢丝网辅助支持。

5. 防火泡沫

防火泡沫适用于施工困难、贯穿物复杂的贯穿孔口的防火封堵。

6. 防火板

防火板包括同质单体、复合体、混合体三种类型，具有防火、隔热性能及承载能力。防火板主要适于较大尺寸贯穿孔口和空开口处，切割后使用具有防火性能的紧固件固定在被贯穿物上即可。

7. 阻火圈和阻火带

阻火圈由具有防腐性能的钢质壳体与内部一个遇火膨胀的条带组成，是预制防火封堵专用装置，有预制型与后置型两种。火灾时，内部条带受热膨胀，挤压管道和周边缝隙，填满燃烧后的残留空隙。

阻火带是一种遇火膨胀的防火封堵材料，遇火时性能与阻火圈类似，但必须直接设置在防火分割构件内或用具有防火性能的专用箍圈固定。

阻火圈和阻火带均适用于公称直径在 32mm 以上的可燃管道、铝或铝合金等遇火易变形的不燃管道，还可用于封堵熔点不小于 1000℃ 的金属管道的可燃隔热层。两种材料在应用时需清除孔口周边油污和杂物，并使用防火密封胶封堵管道环形间隙。

第三节　电气照明装置防火措施

电气照明是现代照明的主要方式，电气照明往往伴随着大量的热和高温，若安装或使用不当，极易引发火灾事故。

照明器具包括室内各类照明及艺术装饰用的灯具，如各种室内照明灯具、镇流器与启辉器等。常用的照明灯具包括白炽灯、荧光灯、高压钠灯、高压汞灯、卤钨灯与霓虹灯。

照明器具的防火主要应从灯具选型、安装、使用上采取相应的措施。

一、电气照明灯具的选型

电气照明灯具的选型应符合国家现行相关标准的有关规定，既要满足使用功能及照明质量的要求，同时也要满足防火安全的要求。

（1）火灾危险场所应当选用闭合型、封闭型与密闭型灯具，灯具的选型见表 5-8。

火灾危险环境根据火灾事故发生的可能性和后果、危险程度及物质状态的不同，分为下述 3 类区域：

A 区：具有闪点高于环境温度的可燃液体，且其数量和配置能引起火灾危险的环境（H-1 级场所）。

B 区：具有悬浮状、堆积状的可燃粉尘或可燃纤维，虽无法形成爆炸混合物，但在数量和配置上能够引起火灾危险的环境（H-2 级场所）。

C 区：具有固体状可燃物质，其数量和配置上能引起火灾危险的环境（H-3 级场所）。

（2）爆炸危险场所应当选用防爆型、隔爆型灯具，见表 5-9。

表 5-8　　火灾危险场所照明装置的选型

<table>
<tr><th colspan="2">防护结构　火灾危险区域
照明装置</th><th>A区</th><th>B区</th><th>C区</th></tr>
<tr><td rowspan="2">照明灯具</td><td>固定安装</td><td>封闭型</td><td rowspan="4">密闭型</td><td>开启型</td></tr>
<tr><td>移动式、便携式</td><td rowspan="3">密闭型</td><td>封闭型</td></tr>
<tr><td colspan="2">配电装置</td><td rowspan="2">—</td></tr>
<tr><td colspan="2">接线盒</td></tr>
</table>

表 5-9　　爆炸危险场所照明装置的选型

<table>
<tr><th colspan="2">等级场所</th><th colspan="3">有可燃气体、液体的场所</th><th colspan="2">有可燃粉尘、纤维的场所</th></tr>
<tr><td colspan="2">选型电气设备及其使用条件</td><td>连续出现或长期出现气体混合物的场所</td><td>在正常运行时可能出现爆炸性气体混合物的场所</td><td>在正常运行时不可能出现或即使出现也仅是短时间存在的爆炸性气体混合物的场所</td><td>连续出现或长期出现爆炸性粉尘混合物的场所</td><td>有时会将积留下的粉尘扬起而出现爆炸性粉尘混合物的场所</td></tr>
<tr><td rowspan="2">照明灯具</td><td>固定安装
移动式</td><td>防爆型、防爆通风充气型</td><td>任意一种防爆类型</td><td>密闭型</td><td>任意一级隔爆型</td><td rowspan="3">密闭型</td></tr>
<tr><td>携带式</td><td>隔爆型</td><td>隔爆型</td><td>隔爆型、防爆安全型</td><td>任意一级隔爆型</td></tr>
<tr><td colspan="2">配电装置</td><td>防爆型、防爆通风充气型</td><td>任意一种防爆类型</td><td>密闭型</td><td>任意一级隔爆型、防爆通风充气型</td></tr>
</table>

(3) 有腐蚀性气体及特别潮湿的场所，应当用密闭型灯具，灯具的各种部件还应进行防腐处理。

(4) 潮湿的厂房内和户外可采用封闭型灯具，也可以采用有防水灯座的开启型灯具。

(5) 可能直接受外来机械损伤的场所及移动式和携带式灯具，应当采用有保护网（罩）的灯具。

(6) 振动场所（如有锻锤、空气压缩机、桥式起重机等）的灯具应当具有防振措施（如采用吊链等软性连接）。

(7) 有火灾危险和爆炸危险场所的电气照明开关、接线盒、配电盘等，其防护等级也应符合表 5-8 和表 5-9 的要求。

(8) 人防工程内的潮湿场所应当采用防潮型灯具；柴油发电机房的储油间、蓄电池室等房间应当采用密闭型灯具；可燃物品库房不应当设置卤钨灯等高温照明灯具。

二、照明灯具的设置要求

(1) 在连续出现或长期出现气体混合物的场所和连续出现或长期出现爆炸性粉尘混合物的场所选用定型照明灯具有困难时，可以将开启型照明灯具做成嵌墙式壁龛灯，检修门应向墙外开启，并确保有良好的通风；向室外照射的一面应有双层玻璃严密封闭，其中至少有一层必须是高强度玻璃，安装位置不应当设在门、窗及排风口的正上方，距门框、窗框的水平距离应当不小于 3m，距排风口水平距离应不小于 5m。

(2) 照明与动力合用一电源时，应有各自的分支回路，所有照明线路均应有短路保护装置。配电盘盘后接线要尽可能减少接头；接头应当采用锡焊焊接并应用绝缘布包好。金属盘面还应当有良好接地。

(3) 照明电压通常采用 220V；携带式照明灯具（俗称行灯）的供电电压不应超过 36V；如在金属容器内及特别潮湿场所内作业，行灯电压不得超过 12V，36V 以下照明供电变压器严禁使用自耦变压器。

(4) 36V 以下和 220V 以上的电源插座应有明显区别，低压插头应无法插入较高电压的插座内。

(5) 每一照明单相分支回路的电流不宜超过 16A，所接光源数不宜超过 25 个；当连接建筑组合灯具时，回路电流不宜超过 25A，光源数不宜超过 60 个；连接高强度气体放电灯的单相分支回路的电流不应当超过 30A。

(6) 插座不宜与照明灯接在同一分支回路。

(7) 各种零件必须符合电压、电流等级，不得过电压、过电流使用。

(8) 当明装吸顶灯具采用木制底台时，应当在灯具与底台中间铺垫石板或石棉布。附带镇流器的各式荧光吸顶灯，应当在灯具与可燃材料之间加垫瓷夹板隔热，禁止直接安装在可燃吊顶上。

(9) 可燃吊顶上所有暗装、明装灯具、舞台暗装彩灯、舞池脚灯的电源导线，均应穿钢管敷设。

(10) 舞台暗装彩灯泡，舞池脚灯彩灯灯泡，其功率均宜在 40W 以下，最大不应超过 60W。彩灯之间导线应当焊接，所有导线不应与可燃材料直接接触。

(11) 各种零件必须符合电压、电流等级，不得过电压、过电流使用。

第四节　电气装置件的防火

电气装置件包括开关设备、用电设备、保护设备、供电线路等。下面主要讨论常见的一些被广泛应用于生产和生活领域中的低压电器（开关箱、配电箱、隔离开关、接触器、自动空气断路器和控制继电器等）的防火安全问题。

电气装置件最基本的防火工作是电气装置件应安装牢固，配件完整、无损；外壳接地良好，端子温度应符合规定，无发热烧熔痕迹；电气防护和屏障应符合规范安全规定；导线采用额定电压不低于 750V 的绝缘电线或电缆，接线应排列整齐、美观。

以下是几种电气装置件的防火措施。

一、配电箱和开关箱

(1) 配电箱箱体应当采用不燃材料，近旁无可燃物。

(2) N 或 PEN、PE（接地）汇流母排分别设置，不混接。

(3) 测量 N 或 PEN、PE 电流，不超负荷。

(4) 箱内电器无损坏现象，导线排列整齐，端子温度符合规定，无烧蚀痕迹。

(5) 箱内电器及保护装置正确完好，接线正确、排列整齐。

二、隔离开关

瓷底胶盖隔离开关的特点就是本身并不能切断故障电流，只有采用有熔断器组合电器时，才能够接通和分断电路，熔断器在这里起着过载及短路保护元件的作用。

当隔离开关刀口接触不良、导线与开关端子连接松动时，会由于接触电阻过大引起局部发热，使刀片或导线熔融。如果是三相隔离开关，如果有一相刀片失效或由于熔体熔断没有及时更换修复，被控制电动机会处于单相运行或单相启动的状态，烧坏电动机；使开关分合出现火花和电弧点火源，引起火灾或爆炸。

为了防止隔离开关引起的火灾必须做到下述几点。

(1) 根据计算负荷选择隔离开关容量，一般触头额定电流为线路负荷计算电流的 2.5 倍以上。

(2) 隔离开关应当安装在有化学腐蚀、灰尘、潮湿场所的室外环境或者专用配电室内的开关箱内，而且安装正确，静触头接电源进线，熔断器装于出线端。

(3) 胶盖损坏、触头氧化或者接触松动、瓷底座破裂或手柄损坏以及熔断器熔丝熔断时，均要及时修理或更换。

(4) 拉合闸要快捷、迅速，以减少电弧伤害；触头结合要紧密，防止接触不良；操作人员在隔离开关侧面站立，防止电弧灼伤脸部。

三、接触器

接触器是一种控制电器，由主触头、辅助触头、电磁机构、灭弧装置、支架及外壳等组成。

因接触器常用于频繁接通和分断电路，能够实现远距离自动或连锁控制，因此控制器必须安全可靠：

(1) 接触器触头接触应良好，弹簧压力不能过小，防止接触电阻过大。

(2) 电磁机构应灵活，接触器动、静磁轭间隙不能太大，且无振动异声，防止绕组过热烧毁。

(3) 灭弧装置不得破损或短缺，防止失效，发生弧光短路；要保持接触器表面清洁，零部件完好、无损。

四、自动空气断路器

自动空气断路器在低压配电系统中，是分合、转换、保护线路或电气设备正常运行中，使之免受过载、短路、欠压等危害的。它的结构复杂、功能较多，如果操作使用和维护不当，造成脱扣器或操动机构失灵、接触不良、缺相运行等故障，将会烧坏电气设备，引燃可燃物，形成火灾。所以，不应安装在易燃、受振、潮湿、高温或多尘的场所，应当装于干燥明亮、便于维护操作的地方；断路器脱扣装置类型，一般均设置有过电流脱扣器、热脱扣器、欠压和接地脱扣器、漏电保护断路器。

五、 控制继电器

控制继电器是电路保护和生产过程自动控制中的重要部件。继电器本身火灾危险性并不大，可是如果发生误动作或失灵，将会使整个控制系统瘫痪，所以应当按照规定认真选择继电器，同时运行中要监视运行状态，注意日常维修。不要将它设置在多尘、潮湿场所，更不得设置在易燃、易爆的场所，防止产生的微小火花引燃易燃、易爆气体或是粉尘。

第五节 电动机防火

如果电动机选型不合理、本身质量差或使用维护不当等均可能造成铁芯、绕组等部件发热而引发火灾，如图 5-3 所示。

图 5-3 因绝缘损坏烧毁的电动机

一、 电动机的火灾危险性

电动机的具体火灾原因包括以下几个方面：

(1) 选型不当。应当根据不同的使用场所选择不同类型的电动机，如果在易燃易爆场所使用了一般防护式电动机，则当电动机发生故障时，产生的高温或火花可引燃可燃或可爆炸物质，引发火灾或爆炸。

(2) 过载。当电动机所带机械负载超过额定负载或者电源电压过低时，会造成绕组电流增加，绕组及铁芯温度上升，严重时会引发火灾。

(3) 缺相运行。处于运转中的三相异步电动机，若因电源缺相、接触不良、内部绕组断路等原因造成缺相，电动机虽然还能运转，但因绕组电流会增大以至烧毁电动机而引发火灾。

(4) 绝缘损坏。因长期过载使用、受潮湿环境或腐蚀性气体侵蚀、金属异物掉入机壳内、频繁启动、雷击或瞬间过电压等原因，造成电动机绕组绝缘损坏或绝缘能力降低，形成相间和匝间短路，因此引发火灾。

(5) 接触不良。电动机在运转时如果电源线、电源引线、绕组等电气连接点处接触不良，会造成接触电阻过大而发热或者产生电弧，严重时可引燃电动机内可燃物，进而引发火灾。

(6) 铁芯消耗过大。电动机在运行时，因定子和转子铁芯内部、外壳产生涡流、磁滞等，均会形成一定的损耗，这部分损耗叫作铁损。如果电动机铁芯的硅钢片因质量、规格、绝缘强度等不符合要求，使涡流损耗过大而造成铁芯发热和绕组过载，在严重时可引发火灾。

(7) 机械摩擦。当电动机轴承损坏时，摩擦增大，出现局部过热现象，润滑脂变稀溢出轴承，进一步加速轴承温度升高。当温度达到一定程度时，会引燃周围可燃物质而引发火灾。轴承损坏严重时可造成定子、转子摩擦或电动机轴被卡住，产生高温或绕组短路而引发火灾。

(8) 接地不良。当电动机绕组对发生短路时，如果接地保护不良，会导致电动机外壳带电，一方面可能引起人身触电事故，另一方面致使机壳发热，在严重时引燃周围可燃物而引发火灾。

二、 电动机的火灾预防措施

(1) 合理选择功率和形式。合理选择电动机有两方面的内容，一方面应当考虑传动过程中功率的损失和对电动机的实际功率需求，选择合适功率的电动机；另一方面应当根据使用环境、运行方式和生产工况等因素，特别是防潮、防腐、防尘及防暴等对电动机的要求，合理选择电动机的形式。

(2) 合理选择启动方式。三相异步电动机的启动方式包括直接启动、降压启动两种。其中直接启动适用于功率较小的异步电动机；降压启动包括星-三角形启动、定子串电阻启动、软启动器启动、自耦变压器启动及变频器启动等，适用于各种功率的电动机。因此，在使用电动机时应根据电动机的形式、容量及电源等情况选择合适的启动方式。

(3) 正确安装电动机。电动机应当安装在不燃材料制成的机座上，电动机机座的基础与建筑物或其他设备之间应留出距离不小于 1m 的通道。电动机与墙壁之间，或成列装设的电动机一侧已有通道时，另一侧的净距离应当不小于 0.3m。电动机与其他设备的裸露带电部分的距离不应小于 1m。

电动机及联动机械至开关的通道应保持畅通，急停按钮应当设置在便于操作的地方，以便于紧急事故时的处置。电动机及电源线管都应有牢固的保护接地，电源线靠近电动机一端必须用金属软管或塑料套管保护，保护管与电源线之间必须用夹头扎牢并固定，另一端要与电动机进线盒牢固连接并做固定支点。

电动机附近不准堆放可燃物，附近地面不应有油渍、油棉纱等易燃物。

(4) 启动符合规范要求。电动机启动前应按照规程进行试验和外观检查。所有试验应当符合要求，机械及电动机部分应当完好、无异状。电动机的绝缘电阻应当符合要求，380V 及以下电动机的绝缘电阻不应当小于 0.5MΩ，6kV 高压绝缘电阻应不小于6MΩ。电动机不允许频繁启动，冷态下启动次数不应当超过 5 次，热态下启动次数不应当超过 2 次。

(5) 应设置符合要求的保护装置。不同类型的电动机应当采用相适合的保护装置，例如中小容量低压感应电动机的保护装置应具备短路保护、过载保护、堵转保护、低压保护、断线保护、漏电保护、绕组温度保护等功能。

(6) 加强运行监视。电动机在运行中应当对电流、电压、温升、声音、振动、传动装置的状况等进行严格监视，当上述参数超出允许值或出现异常时，应当立即停止运行，检查原因，排除故障。

(7) 加强电动机的运行维护。电动机在运行中应当做好防雨、防潮、防尘和降温等工作，保持轴承润滑良好，电动机周围应当保持环境整洁。

第六节 插座、照明开关和风扇的防火

一、插座

(1) 插座的使用条件。同场所交流与直流电压插座应当分开安装，用电时也不能插错，主要是为了防止损坏设备，危及人身安全；在潮湿场所要有防水、防溅密封措施，而且安装高度不低于 1.5m；地插座面板与地面齐平或是紧贴地面，盖板固定牢固，密封良好，并有座盖；安置在可燃结构上的暗装插座要有专用接线盒，面板紧贴墙面，四周无缝隙，安装牢固，表面光洁、无裂纹、无划伤，装饰帽齐全，且有隔热、散热措施。卫生间应当使用防护型。

(2) 插座的移动。电源线要通过插头与固定插座插孔连接，不应当将电线导体直接插入插孔，更不应该用木塞在插孔中固定导体，护套线长度不大于 2m；严禁放置在可燃物上或吊装使用；组合插座不超负荷。

(3) 插座的接线。为了保证线路正常工作和用电安全，统一插座接线位置，特别是三相五线制的普遍应用，N 或接零（PEN）不能混同，除变压器中性点可互连外，其余各点均无法相互连接。因此，规定单相两孔插座面对插座右（上）孔与相线连接，左（下）孔与零线连接；单相三孔插座面对插座左孔与零线连接，右孔与相线连接；单相三孔、三相四孔及三相五孔插座的 PE（零线）或 PEN（接零）在上孔。插座地线端子不与零线端子连接。同一场所三相插座的接线相序一致。PE 端子或 PEN 线在插座之间不串联连接。

(4) 插座的外观。无论移动插座、固定插座板或插头，外观均应当无发热、烧损、缺件现象。

(5) 儿童聚集地点插座的高度。在托儿所、幼儿园、小学等儿童活动场所安装的非安全性插座，距离地面高度应不小于 1.8m。

二、照明开关

同一建（构）筑物中，开关系列相同，通断位置应一致，操作应灵活、接触应可靠；相线要经过开关控制，床头开关不得用软线作为控制线；暗装开关面板应紧贴墙面，配件齐全、无损，固定牢固，四周没有缝隙，无打火过热烧痕，有隔热、散热措施。

三、风扇

(1) 吊扇挂钩安装牢固，有防振橡胶垫，挂销防振零件齐全、可靠，防止坠落。

(2) 接线正确，运转扇叶没有明显颤动及异常声音。

(3) 壁扇底座应当采用尼龙塞或膨胀螺栓固定，而且要固定牢固、可靠。

(4) 壁扇防护罩扣紧、牢固，在运转时扇叶及防护罩没有明显颤动及异常声音。

第七节 电缆防火和阻燃的方法

一、电缆火灾特点

电缆火灾具有蔓延快、火势猛、扑救难、损失严重等特点。因电缆火灾的教训，目前已得到设计、施工、使用部门的高度重视。

（一）火势凶猛，延燃迅速

电缆绝缘本身就是一种易燃物，尤其是塑料电缆更易蔓延。发电厂、变电站、大型工厂、城市隧道等

处电缆数量多，且采用架空和隧道、缆沟密集敷设，有的还处于高温管道重叠或交错设置的环境中；电缆在电缆夹层内的敷设像蜘蛛网样纵横交错；电缆竖井形成的高差又有“烟囱效应”存在。一旦着火，凶猛的火焰将沿电缆束群快速延燃，再加上空间狭小，消防器具难以发挥灭火作用。

（二）扑救困难，二次危害

目前，工程中使用的大多是普通塑料电缆，它不仅易燃而且着火时要产生大量的烟雾和 CO、CO_2 等有毒有害气体以及氯化氢腐蚀性气体。氯化氢气体往往通过缝隙和孔洞蔓延到电气装置室内，形成稀盐酸附着在电气装置上，相当于一层导电膜，严重影响了设备和接线回路的绝缘性。这层氯化氢导电膜很难清理干净，即使在火灾扑灭后，仍会影响设备及接线回路的安全运行，即氯化氢的二次危害。

（三）损失严重，不易恢复

电缆火灾事故将导致大量电缆、盘柜等电气设备以及装置设施烧毁，控制回路失灵扩大事故范围，甚至主设备损坏、厂房坍塌，造成严重直接损失。根据粗略统计，1960～2002 年我国发生电缆火灾 62 起，累计烧毁各式电缆 32 万 m 以上，盘柜烧毁无数，直接损失达数千万元，损失电量 1×10^{11} kW·h。某电厂汽轮机油管法兰漏油，引起电缆着火，历时 363 天才恢复供电。

二、电缆火灾原因

常见的电缆火灾原因有内因与外因两种，内因是指电缆自身故障引起的火灾，外因是指引燃电缆的火源或火种来自外部。根据统计，引起电缆火灾的原因大多来源于外部。

（一）外因火灾

(1) 电缆沟盖板不严，预制板之间的缝隙没有封死，或是沟内混入了油泥、木板等易燃可燃物品。在地面进行电、气焊作业时，电焊渣火花掉落沟内引燃电缆绝缘或易燃可燃物而着火。

(2) 充油电气设备故障喷油起火，油火流入电缆沟引燃电缆。例如，变压器保护装置拒动发生爆炸起火，火焰沿电缆孔洞、电缆夹层蔓延到控制室，使主控室全部烧毁。

(3) 电缆排上堆积的粉尘（煤粉）受电缆本身温度或靠近高温管道温度的作用，自燃并且引燃电缆着火。

(4) 发电厂汽轮机油系统漏油，喷到高温管道上着火，将附近的电缆引燃。

(5) 锅炉防爆门爆破，锅炉热灰渣喷到附近的电缆上，导致电缆着火。

（二）内因火灾

(1) 电缆截面选型偏小和实际负荷不匹配、施工中局部接入了比设计截面小的电缆或原设计电缆截面损伤、运行中使用负荷增加等均会使电缆处于过负荷状态，使沿线或局部温度大于允许值，形成点火源。

(2) 因施工中机械损伤或接触不良使电缆绝缘（护套、统包）层或接头包扎绝缘胶布过热、使用年久、老化、超过绝缘寿命期等均会使绝缘失效。在一定条件下电流泄漏甚至短路，产生火花、电弧，将绝缘层或周围可燃物点燃着火。

(3) 电缆头是电缆线路的终端接头与电缆中间接头的总称。电缆头因为施工质量差或运行中受到污染而不清洁，会降低线间绝缘强度，使得绝缘物自燃或爆炸。

(4) 电缆接头连接不规范，违规绕接、虚接，压接不牢，发生松动，没有实施铜铝过渡等，都会造成电缆局部产生过热、炽热现象，形成点火源。

(5) 电缆制造质量差、施工不规范、没有设计和验收程序及违章操作使用也会引起电缆火灾。

三、电线电缆的选择及电气线路的保护措施

电气线路是用于传输电能、传递信息和宏观电磁能量转换的载体，电气线路火灾除了由外部的火源或火种直接引燃之外，主要是因自身在运行过程中出现的短路、过载、接触电阻过大及漏电等故障产生电弧、电火花或电线、电缆过热，引燃电线、电缆及其周围的可燃物而引发的火灾。通过对电气线路火灾事故原因进行统计分析，电气线路的防火措施主要应当从电线电缆的选择、线路的敷设及连接、在线路上采取保护措施等方面入手。

（一）电线电缆的选择

1. 电线电缆选择的一般要求

根据使用场所的潮湿、化学腐蚀、高温等环境因素及额定电压要求，选择适宜的电线电缆。同时，根据系统的载荷情况，合理选择导线截面，在经计算所需导线截面基础上留出适当增加负荷的余量。

2. 电线电缆导体材料的选择

固定敷设的供电线路应选用铜芯线缆。重要电源、重要的操作回路及二次回路、电机的励磁回路等需要确保长期运行在连接可靠的回路；移动设备的线路及振动场所的线路；对于铝有腐蚀的环境，潮湿环

境、高温环境、爆炸及火灾危险环境；工业及市政工程等场所不宜选用铝芯线缆。非熟练人员容易接触的线路，比如公共建筑与居住建筑；线芯截面为 $6mm^2$ 及以下的线缆不宜选用铝芯线缆。对于铜有腐蚀而对铝腐蚀相对较轻的环境、氨压缩机房等场所宜选用铝芯线缆。

3. 电线电缆绝缘材料及护套的选择

(1) 普通电线电缆。普通聚氯乙烯电线电缆适用温度范围是－15～60℃，当使用场所的环境温度超出该范围时，应当采用特种聚氯乙烯电线电缆；普通聚氯乙烯电线电缆在燃烧时会散放有毒烟气，不适用于地下客运设施、地下商业区、高层建筑及重要公共设施等人员密集场所。

交联聚氯乙烯（XLPE）电线电缆不具备阻燃性能，但燃烧时不会产生大量的有毒烟气，适用于有“清洁”要求的工业与民用建筑。

橡皮电线电缆弯曲性能较好，能在严寒气候下敷设，适用于水平高差大和垂直敷设的场所；橡皮电线电缆适用于移动式电气设备的供电线路。

(2) 阻燃电线电缆。其是指在规定试验条件下被燃烧，能够使火焰蔓延仅在限定范围内，撤去火源之后，残焰和残灼能够在限定时间内自行熄灭的电缆。

阻燃电线电缆的性能主要用氧指数和发烟性两指标进行评定。因为空气中氧气占 21%，所以氧指数超过 21 的材料在空气中会自熄，材料的氧指数越高，则表示它的阻燃性越好。

阻燃电缆燃烧时的烟气特性可以分为一般阻燃电缆、低烟低卤阻燃电缆、无卤阻燃电缆 3 大类。电线电缆成束敷设时，应当采用阻燃型电线电缆。当电缆在桥架内敷设时，应当考虑将来增加电缆时，也能够符合阻燃等级，宜按近期敷设电缆的非金属材料体积预留 20%余量。电线在槽盒内敷设时，也应按此原则来选择阻燃等级。在同一通道中敷设的电缆，应当选用同一阻燃等级的电缆。阻燃和非阻燃电缆也不应在同一通道内敷设。非同一设备的电力与控制电缆若在同一通道时，应互相隔离。

直埋地电缆、直埋入建筑孔洞或砌体的电缆及穿管敷设的电线电缆，可以选用普通型电线电缆。敷设于有盖槽盒、有盖板的电缆沟中的电缆，如果已采取封堵、阻水、隔离等防止延燃的措施，可以降低一级阻燃要求。

(3) 耐火电线电缆。其是指规定试验条件下，在火焰中被燃烧一定时间内能够保持正常运行特性的电缆。

耐火电线电缆按绝缘材质可以分为有机型和无机型两种。有机型主要是采用耐高温 800℃的云母带以 50%重叠搭盖率包覆两层作为耐火层。外部采用聚氯乙烯或交联聚乙烯为绝缘，如果同时要求阻燃，只要绝缘材料选用阻燃型材料即可。加入隔氧层后，可耐受 950℃高温。无机型是矿物绝缘电缆。它是采用氧化镁作为绝缘材料，铜管作为护套的电缆，国际上称为 MI 电缆。

耐火电线电缆主要适用于即使在火灾中仍需要保持正常运行的线路，如工业及民用建筑的消防系统、应急照明系统、救生系统、报警以及重要的监测回路等。

耐火等级应根据一旦火灾时可能达到的火焰温度确定。在火灾时，因环境温度剧烈升高，导致线芯电阻的增大，当火焰温度为 800～1000℃时，导体电阻增大 3～4 倍，此时，仍应确保系统正常工作，需要按照此条件校验电压损失。耐火电线电缆也应考虑自身在火灾时的机械强度，因此明敷的耐火电线电缆截面积应当不小于 $2.5mm^2$。应当区分耐高温电线电缆与耐火电线电缆，耐高温电线电缆只适用于调温环境。一般有机类的耐火电线电缆本身并不阻燃。如果既需要耐火又要满足阻燃，应当采用阻燃耐火型电线电缆或矿物绝缘电缆。普通电缆及阻燃电缆敷设在耐火电缆槽盒内，并不一定满足耐火的要求，在设计选用时必须注意这一点。

4. 电线电缆截面的选择

电线电缆截面的选型原则应当符合下列规定：

(1) 在通过负载电流时，线芯温度不超过电线电缆绝缘所允许的长期工作温度。

(2) 在通过短路电流时，不超过所允许的短路强度，高压电缆要校验热稳定性，母线要校验动、热稳定性。

(3) 电压损失在允许范围内。

(4) 满足机械强度的要求。

(5) 低压电线电缆应当符合负载保护的要求，TNT 系统中还应当保证在接地故障时保护电器能够断开电路。

（二）电气线路的保护措施

为了有效预防因电气线路故障引发的火灾，除合理地进行电线电缆的选型外，还应当根据现场的实际情况合理选择线路的敷设方式，并按照有关规定规范线路的敷设及连接环节，确保线路的施工质量。此外，低压配电线路还应当按照 GB 50054—2011《低压配电设计规范》等相关标准要求设置短路保护、过负载保护与接地故障保护。

(1) 短路保护。短路保护装置应确保在短路电流导体与连接件之间产生的热效应和机械力造成危害之前分断此短路电流；分断能力不应小于保护电气安装的预期短路电流，但在上级已装有所需分断能力的保护电气时，下级保护电路的分断能力允许小于预期短路电流，此时次上下级保护电器的特性必须配合，使得通过下级保护电器的能量不超过其能够承受的能量。应当在短路电流使导体达到允许的极限温度之前分断该短路电流。

(2) 过负载保护。保护电器应当在过负载电流引起的导体升温对导体的绝缘、接头、端子或导体周围的物质造成损害之前分断过负载电流。对于突然断电比过负载造成的损失更大的线路，如消防水泵之类的负荷，其过负载保护应当作为报警信号，不应作为直接切断电路的触发信号。

过负载保护电器的动作特性应当同时满足以下两个条件：

1) 线路计算电流小于或等于熔断器熔体额定电流，熔断器熔体额定电流应当小于或等于导体允许持续载流量。

2) 确保保护电器可靠动作的电流小于或等于1.45倍熔断器熔体额定电流。

注：当保护电器为断路器时，保证保护电器可靠动作的电流为约定时间内的约定动作电流；当保护电器为熔断器时，保证保护电器可靠动作的电流为约定时间内的熔断电流。

(3) 接地故障保护。当发生带电导体与外露可导电部分、装置外可导电部分、PE线、PEN线、大地等之间的接地故障时，保护电器必须切断此故障电路。接地故障保护电器的选择应当根据配电系统的接地形式、电气设备使用特点及导体截面等确定。

TN系统接地保护方式：

1) 当灵敏性符合要求时，采用短路保护兼做接地故障保护。

2) 零序电流保护模式适用于TN-C、TN-C-S与TN-S系统，不适用于谐波电流大的配电系统。

3) 剩余电流保护模式适用于TN-S系统，不适用于TN-C系统。

四、电缆敷设、施工与运行

(一) 电缆敷设要求

1. 远离热源和火源

缆道要尽量远离热源、火源，其最小距离若不符合规定数值，应在接近或交叉后1m处采取保护措施。可燃气体和可燃液体管沟内不得敷设电缆，敷设在热力和采暖管沟的电缆应有隔热措施。

2. 防止遭受机械和化学损坏

电缆应尽可能避免机械损伤、化学腐蚀、地下流散电流腐蚀、水土锈蚀、蚁鼠害等的损坏。在可能受机械损伤及机械振动影响的地方，电缆应穿入金属管或电缆外设置金属防护罩。用专用滑轮施放电缆时，其机械施放速度不得超过8m/min，并禁止在地上拖拽电缆，以防损伤绝缘层。

3. 线路要短

电缆线路路径要短，位置应顾及已有或拟建房屋的情况，避免和热力及其他各种管线的交叉。严禁将各路电缆平行敷设在管道的上部或下部。

4. 施放位置、间距、接地与防火处理

并列施放的动力电缆相互之间需保持一定间距，有利于散热，电缆在沟内应敷设在电缆支架上，不能在沟底交错施放。电缆所有金属保护层需接地并良好地引入主接地网。对钢带铠装电缆应剥除其黄麻保护层，以降低火灾蔓延的危险性，但是防腐漆层应保持完好。

(二) 各种电缆敷设方式的防火要点

1. 电缆桥架

为防止隧道（沟）内的积水和电缆与地下管沟交叉相碰问题，可将电缆设置在桥架上，封闭桥架有利于防火、防爆。在分界层的动力电缆，应用防火隔板托衬其层底。

2. 电缆隧道、电缆沟

电缆隧道是用来安放电缆的一种封闭狭长的构筑物，高1.8m以上，两侧设置有多层敷设电缆的支架，其上可以放置多条电缆，人可以在隧道内方便地施放、更换和维修电缆。电缆沟是有盖板的沟道，沟宽和深不足1m，施放、更换及维修电缆时，必须揭开水泥盖板。电缆隧道（沟）内易于积水、积灰。

电缆隧道（沟）在进入建筑物处，或是在电缆隧道每隔100m处，应设置带门的防火隔墙，电缆沟只设隔墙，防止电缆火灾时烟火向建筑物室内蔓延扩大，同时还可以避免小动物进入。如果要在隧道（沟）内同时敷设动力和控制电缆，应将两类电缆各占隧道（沟）的一侧；必须同侧敷设时，动力电缆应在电缆桥架上层，控制电缆在桥架下层。

隧道（沟）内应尽可能采用自然通风措施以利散热，当隧道电缆热损失超过150～200W/m时，应考虑设置机械通风。

3. 电缆竖井

竖井是电缆敷设的垂直通道，多用砖与混凝土砌筑而成。为满足大量电缆垂直敷设的要求，在发电厂的主控室、高层建筑的层间均应建造竖井。竖井在地面或每层的楼板处，往往设有封闭式防火门，底部和隧道（沟）相连。发电厂竖井为方便与隧道（沟）相连，多靠墙或柱子建造。高层建筑竖井通常位于电梯井两侧和楼梯走道附近，由每层配电小间连接形成。火焰在竖井内蔓延非常快，因此每层楼板都应隔开，电缆在楼板及墙上的贯穿孔洞，必须用防火材料封堵。

动力与控制电缆在同一竖井敷设时，两类电缆应占据竖井的对侧，并分别用防火隔板被遮盖。

4. 电缆排管

为防止机械损伤并有效防火，可将电缆敷设在排管中，但是这样做散热差，易于使电缆发热，且排管孔眼电缆的占积率不得大于66%。排管敷设在高于地下水位1m处时，材料可采用石棉水泥管或混凝土管；在潮湿地区，为防止电缆铅层受到化学腐蚀，可用PVC塑料管。为避免电缆着火延燃，地下全部用排管敷设，地上部分用阻燃电缆架空设置，地上、地下由竖井相通。

5. 电缆穿管

电缆在出入建、构筑物及贯穿楼板和墙壁的位置，与铁路、公路交叉处及从电缆沟（或地下）0.25m处至引出地面的2m处等都应穿管保护，保护管可选用水煤气管。对腐蚀性场所可采用PVC塑料管，管径应大于电缆外径的1.5倍，保护管的弯曲半径需不小于所穿电缆的最小允许弯曲半径。

6. 壕沟（直埋）

壕沟就是将电缆直接埋在地下，可防火但容易受机械损伤及化学腐蚀和电腐蚀，敷设电缆不多时可以选用这种方法。施工时埋深不得小于0.7m，电缆和建筑物基础的距离应不小于0.6m；电缆引出地面部分应采取机械保护，与各种管线、铁路、公路的接近交叉距离需符合规定。

（三）电缆运行要求

（1）应定期检查电缆隧道、电缆沟、电缆井、电缆夹层、电缆桥架等处的电缆防护层是否有放电烧损现象，支架有无固定不牢、松动或锈蚀情况。

（2）随时检查有无过载、温度过高现象以及电缆长期工作的允许温度是否超过表5-10的规定温度。

表 5-10　允许电缆导体长期工作的温度　℃

分类	额定电压				
	3kV及以下	6kV	10kV	20～35kV	110～330kV
天然橡胶绝缘电缆	65	65			
黏性绝缘电缆	80	65	60	50	
聚氯乙烯绝缘电缆	65	65			
聚乙烯绝缘电缆		70	70		
交联聚乙烯绝缘电缆	90	90	90	80	90
充油纸绝缘电缆				75	75

五、防止电缆着火延燃的措施

目前，防止电缆着火延燃的主要方法包括以下几种。

（一）阻止延燃

通常用涂覆防火涂料或缠绕阻燃包带的方法来阻止电缆延燃。用膨胀型防火涂料对电缆进行阻燃处理，阻止着火电缆延燃。其机理是涂覆于电缆表面的防火涂料，在受到火星或是火种作用时，很难引燃；受到高温或明火作用时，涂层则吸收热能，其中部分物质因受热分解而高速率地产生不燃气体，如CO_2和水蒸气，使涂层薄膜发泡并慢慢鼓起，形成致密的碳化泡沫。此泡沫具有排除氧气和对电缆基材的隔热作用，进而阻止了热量的传递，防止火焰直接烧到电缆，推迟了电缆的着火时间，在一定的条件下还可以将火阻熄。在应用中可根据需要用防火涂料对电缆实施全涂、局部涂覆、局部长距离大面积涂覆。

（1）对电缆实施全涂。沿电缆全线涂刷膨胀型防火涂料。

（2）对电缆实施局部涂覆。为了增大隔火距离，防止窜燃，对阻火墙一侧或两侧的电缆段，可以根据其数量及型号的不同，分别涂0.5～1.5m长距离的涂料。电缆明敷设时，电缆接头两侧各2～3m区段以及沿该接头电缆并行敷设的其他电缆同一长度内，涂刷厚度不小于1mm的防火涂料，为确保质量，应当分3～4次涂刷，每次间隔4h。

（3）对电缆实施局部长距离大面积涂覆。对邻近易着火部位的锅炉本体、煤粉防爆门、汽轮机机头及热、油路管道等处，架空敷设于难燃槽盒的电缆（主要是热控电缆）可以采用长距离大面积涂覆，对成束控制和热控电缆，可以只涂电缆束的外层。涂覆厚度可根据不同场所、不同环境、电缆数量及其重要性，作适当增减，通常以 1.0mm 左右为宜，最少 0.7mm，多则 1.2mm。涂覆比为 1～2kg/m^2。在需要阻燃处理的电缆段，如电缆头部位可用阻燃包带缠绕。

无论是哪一种涂覆，在施工中，涂料品种、涂刷位置、长度、面积与施工设计要求相符。且涂层光滑、完整，无结皮、龟裂现象。

（二）防火分隔

对电缆设置防火分隔就是设置防火墙、阻火段及阻火夹层等，将着火电缆控制在一定电缆区段，以缩小电缆着火范围。通常在电缆隧道（沟）、电缆井、电缆桥架的下列部位均应做防火分隔（不同厂房或车间交界处、进入室内处，不同电压配电装置交界处，不同机组及主变压器的缆道连接处，隧道与主控、集中控制室、网络控制室连接处）。长距离隧道每隔 100m 处，电缆隧道和重要回路的电缆沟中的适当部位应当设防火墙。对长距离的电缆竖井可以用阻火夹层分隔，对高层建筑竖井可以用每层的楼板分隔。中间电缆头处可设阻火段，达到阻燃目的。

两组或多组电缆交叉敷设时，在将电缆理顺的同时，交叉处的电缆应用防火包分层间隔堆砌实施分隔，以阻止火焰传播。沿多层桥架敷设的电缆，宜用耐火隔板分隔，邻近外部火源的桥架宜将电缆敷设于耐火槽盒中或用防火包保护。

防火隔板或槽盒的规格和安装符合设计要求，安装平整、美观、无裂缝、无破损；槽盒或隔板上的电缆平整、无扭结、无绝缘破损；槽盒电缆接地良好，接地点位置、间距及接地电阻符合设计要求。

（三）防火封堵

将电缆隧道（沟）、竖井、电缆夹层等电缆构筑物中电缆引致电气柜、箱、表盘或控制屏、控制台的开口部位，电缆贯穿墙壁、楼板和盘柜的孔洞，必须采用耐火材料严密封堵。包括公用电缆主隧道或电缆沟内引接的分支处、桥架电缆穿墙处与竖井接口处等。决不能用木板等易燃物品乘托或封堵，防止火焰从孔洞向非火灾区蔓延。

封堵常用的材料有有机和无机防火堵料、防火包（防火枕）与防火网 3 种。

防火包和防火网主要应用在既防火又通风的部位。电缆正常运行时可保持良好的通风条件，火灾时在火灾热的作用下，因其膨胀作用可将孔洞堵死，阻止火灾蔓延。因封堵会使电缆的散热能力降低，影响电缆的载流量，这是一个不影响电缆载流量的有效措施。

堵体表面应当光滑、平整，无裂缝、气孔。堵体与电缆及构筑物周边接触良好、无缝隙。防火包无论在电缆交叉点封堵码放，还是在电缆桥架靠近热源或泄压口进行分层错缝码放、竖井码放，都应该码放整齐、美观，每层接缝确已错开，与封堵口轮廓严密接触，码堆牢靠、稳定；防火包无破损和漏粉。

第八节　家用电器防火措施

一、电热毯

（1）不使用无检验合格证的粗制滥造、没有安全措施的产品。避免因质量不合格，比如电热线太细、绝缘性能低、接头连接不良或褥用布料不阻燃，而形成触电火灾伤亡事故。

（2）第一次使用前需仔细阅读说明书，注意电热毯的使用电压。不得将 220V 照明灯用电源电压，误接到电热褥的 36V 或 24V 的安全电压上。并且在初次（或因为长期搁置再次）使用时，连续通电 1h 后，监视观察无异常现象，确定安全时再用。

（3）使用时宜上、下各铺一层毛毯或棉褥平铺在床板上，不得固定一个位置来回折叠。用直线型电热线制成的电热毯，禁止在席梦思床或钢丝床上使用，因为电热线受拉搓揉容易断裂，引发火灾。

（4）通电后使用中不能远离放松监视，发现不热或其他异常现象，应迅速断电检修。对无温控的普通电热毯，当温度达到取暖温度时，应切断电源。

（5）使用中临时遇到停电，要断开电源，防止来电长期通，电温度升高着火。

（6）注意电热毯受潮使用，湿水受潮时应晾干再用。污脏清洗时不能用手搓揉，防折断电热线。

二、空调器

（1）窗式空调器的安装支架、隔板、遮阳罩需采用非燃材料。安装时要内高外低，向外稍微倾斜，防止雨水进入内部部件，受潮短路。

（2）窗帘布要和空调器保持一定距离，更不能遮盖在空调器的电源插座上。为防止空调器着火引燃窗帘布形成蔓延，窗帘布应选用阻燃性织物。

（3）空调器在使用中禁止短时连续通断电源，停电或停机要拔下插头，并将开关置于“停”的位置。用电热型空调器制热，关机时必须切断电源。需冷却的应坚持冷却 2min。

(4) 空调器要保持清洁，定期清洗空气过滤器。要向风扇电动机定期添加润滑油，发现有异常气味、声音或冒烟应立刻停机检查。

三、电视机

(1) 电视机应放置在有良好通风散热位置的地方，禁止放置在柜橱内，后盖距墙要保持 10cm 以上的间距距离。更不得靠近火炉或暖气管，收看电视时间应控制在 4～5h 内，防止机内温度过高。电视机周围要保持干燥，禁止放在雨水容易飞溅的窗户处，如果发现受潮应开机自热驱潮。

(2) 电源电压的波动范围不得超过额定电压(220V)的±5%，即最高 230V、最低 209V 的技术要求。收看完电视后需关掉电视本机电源开关，同时拔掉供电电源插头。

(3) 为避免电视机故障爆炸着火，收看中若遇到以下情况应立即关掉电源，停止收看并进行处理。

1) 打开电视机高压（10 000V）电路放电打火，闻到有异味、听到吱吱或噼啪声响；高压部分跳火引起电视屏幕出现不规则黑点、黑条或竖直黑带，可能造成显像管爆炸时。

2) 电源故障使得屏幕亮度突然变暗或整幅画面上、下、左、右突然缩小；开机不亮或关机出现亮点，屏幕图像扭曲，发生放射状周期变化或出现一条亮线、竖线时。

3) 电视机冒烟或发出刺鼻的焦糊味时。关掉电源的同时可用棉被、棉毯将电视盖上，隔绝空气窒息灭火，千万不可用水浇，防止显像管聚冷爆炸。有可能的可用 1211 或干粉进行灭火。

四、电饭煲

(1) 在厨房内应放在基座下没有可燃材料的专用地方，周围也不能有易燃、可燃物品，更不能靠近液化气瓶或天然气管道。

(2) 应使用厨房内的专用插座及专用耐热电线，而且要连接牢固，用后关闭电源，拔下插头。不得私拉电线或与其他电器合用电源。

(3) 保持电饭煲的完好状态并按规定使用。

五、电冰箱

冰箱冷凝器和墙保持一定距离，后面要干燥通风，禁止塞放可燃物，电源线也不要与冷凝器和压缩机接触。冰箱内不应存放化学危险品，若要存放，容器必须密封，严防泄漏，以免内置温控开关因火花点燃而爆炸；控制开关失灵检修，断电后至少要过 5min 方可重新启动。

六、洗衣机

(1) 洗衣前应接好接地线，接通电源电动机不转时，应立即断电检查，排除故障，若是定时器或选择开关接触不良应停止使用。使用中应经常检查电源线的绝缘，看有没有老化裂纹或破损的地方，以及漏水等可能使电动机、电线受潮漏电。

(2) 洗涤衣服前，要确定钥匙、小刀、硬币和其他金属物从衣袋中拿出；放入的洗涤衣服重量不能超过洗衣机的额定容量；更不能为了去除油污，将汽油倒入洗衣机内。

七、吸尘器

(1) 吸尘器功率较大应用专用插座，不宜与其他电器一同使用，要避免线路过负荷；使用时间也不要过长，手摸桶身外壳烫手时需停止使用，防止电动机被烧坏、着火；不能用水洗涤洗尘器主体部件，也不能吸烟缸和废纸篓内的杂物，防止电动机、线路受潮或铁丝、玻璃碎片损坏电器绝缘漏电；使用完毕断开电源，拔下插头。

(2) 在地面上洒落有香蕉水、汽油等可燃气体或是房间内有液化气、天然气易燃气体泄漏时，不可使用吸尘器从事洗尘工作，防止发生爆炸事故。

八、电风扇

电风扇的电源电压应符合产品说明书的要求，使用前要检查电源线路，看其是否存在破损漏电可能。放置位置应防晒、受潮，固定要牢靠，不能靠近窗帘等可燃物。发现异常现象应切断电源，查明原因。

九、家用电热电器

值得关注的是即使停止使用拔掉电源还有余热存在，这一点常常给人以错觉，把刚断电不用电热器具放在可燃物上，或将可燃物放置在电热器具上引发了火灾。

（一）电熨斗

(1) 使用前应检查插头是否完好，导线有无折断，绝缘损坏线芯裸露现象。

(2) 使用中应适宜控制熨烫温度。对普通型应根据衣物纤维种类及经验调节通电时间，对调温型调温旋钮位置要与熨烫衣物纤维名称相对应，防止温度过高熨坏衣物，碳化着火。在使用中有麻电感觉或恒温器失灵，应及时停用修复。

（3）电熨斗熨烫衣物完后，要拔下插头，禁止放在可燃物上，避免余热着火。

（二）电吹风

电吹风是给电热丝通电，使其产生热能将空气加热，然后用电动机把已加热的空气吹至要烘干的头部。功率通常为300～1000W，如果部件受潮会产生漏电，应用不当还会引发火灾。因此，电吹风在通电使用时，不能随手将其放在木台板、桌凳、沙发、床垫等可燃物上。用完断电拔下插头。

（三）电炉与电取暖器

电炉与电取暖器都是电加热器具，正常通电使用时温度很高，因此，必须与可燃物保持一定距离，防止热辐射引燃可燃物，更不能用于烘干衣服或把衣服等可燃物放置覆盖其上。使用结束拔去电源后，因为余热散去需要一段时间，所以不能错误地将可燃物放在其上，或将其搁置在木板等可燃物上，避免余热引起火灾。

第九节　电气线路火灾实例分析

一、电气线路火灾案例分析一

某老式居民住宅楼发生火灾，经消防官兵奋力扑救，火势在短时间内被控制，未造成人员伤亡，直接经济损失45万元。起火的建筑为二层砖木结构，东西联体坐北向南的围合老式居民住宅楼，建造于20世纪40年代初，建筑结构差且耐火等级低。发生火灾的是底楼东面第二户的南、北两个房间和北房间西侧的一个灶间，北间作为布料仓库。起火灾原因为底楼北房间的电气线路过负荷发热引起火灾。

火灾原因分析：

（1）在同一时间内同时使用微波炉、空调、电水壶和洗衣机等大功率电器设备。

（2）配电线路未按照GB 50054—2011《低压配电设计规范》要求装设短路保护、过载保护及接地故障保护。

（3）在墙式固定插座上设置连环托线板。

（4）托线板电源线采用花线。

二、电气线路火灾案例分析二

某老式居民住宅楼发生火灾，过火面积约为400m^2，火灾造成16户居民住宅不同程度烧损。起火建筑为砖木结构三层，底楼有9个房间，二楼有7个房间，三楼有5个房间。发生燃烧之后，整栋建筑除底楼东南侧和西南侧两个房间未发生燃烧外，其余房间均过火燃烧，二楼、三楼楼板部分被烧穿，三楼屋顶局部坍塌。火灾原因主要为底楼西侧后门过道内南墙配电板上的电气线路短路，引燃导线绝缘层和周边的可燃物。火灾造成1人死亡，直接财产损失112万元，善后处理造成民事纠纷。

火灾原因分析：

（1）配电板上私接、乱拉电线。

（2）电线老化有的已经裸露在外。

（3）熔丝采用铜丝代替。

（4）配电板采用木质材料。

第六章
各类民用建筑场所电气防火与火灾疏散

第一节　公众聚集场所

一、 公众聚集场所的火灾危险性

公众聚集场所是指宾馆、饭店、商场、集贸市场、客运车站候车室、客运码头候船厅、民用机场航站楼、大型体育场馆、会堂以及公共娱乐场所等。这些场所装修通常都比较豪华，共享空间大，经营的商品种类繁多，可燃物多，火灾荷载大，用电负荷大，一旦发生火灾极易造成群死群伤事故。公众聚集场所的火灾危险性可简略归纳为下列几个方面。

（一） 人员集中， 疏散困难

据统计，一个城市大型商场每天顾客流量可高达20余万，高峰时每平方米有5～6人。一旦发生火灾，会造成人们惊慌失措、争先逃生，再加上停电造成的视觉暗效应以及烟雾、高温气流、火焰的威胁使疏散失控，人流相互拥挤堵塞出口，发生踩踏、中毒和烧伤事故。

（二） 可燃物多， 火灾荷载大

可燃物多的主要表现：一是装修豪华，例如夜总会、舞厅、娱乐中心、卡拉OK包间、歌舞茶座等处的软包、地毯、顶棚及隔声用的大量木材、塑料、纤维纺织品、可燃装饰物材料；二是经营范围广、商品种类多，例如大型商场或集贸市场的百货、家具等可燃物；三是营业使用的可燃物多，例如影剧院舞台的布景和道具等可燃物最集中；体育场馆、俱乐部灌装氢气球使用氢气；少年宫制作航模用木材、香蕉水等，航模发动机发射使用乙醚、蓖麻油、煤油混合物燃料等。因此，公众聚集场所与其他建筑空间火灾荷载相比就增加了许多，火灾燃烧和蔓延的威胁也更大。

（三） 用电设备多、 着火源多

公共娱乐场所通常采用多种照明和各类音响设备，且数量多、功率大，若使用不当，很容易造成局部过载、短路等而引起火灾。有的装置表面温度较高，而且布置在幕布、布景物或窗帘附近；有的直接设置在可燃装修的顶棚、柱、墙上或橱窗、柜台内。公共娱乐场所因为用电设备多，连接的电器设备、线路也多，大多数影剧院、礼堂等观众厅的顶棚及舞台线路纵横交错，位置隐蔽不利检查，潜在线路过热、局部灼热隐患容易形成着火源。

（四） 发生火灾蔓延快， 扑救困难

公共娱乐场所的歌舞厅、影剧院、礼堂等发生火灾，因为建筑跨度大，空气流通，加上采用大量的可燃物料和可燃设备，火势急速发展，燃烧猛烈，极易造成房屋的倒塌，通常会给扑救工作带来很大的困难；高层宾馆、饭店建筑内，楼梯井、电梯井、管道井、电缆井、垃圾井、污水井等竖井，就像多个大烟囱林立其中，而且通风管道纵横交错，延伸到建筑的各个角落，一旦发生火灾，火焰将沿竖井和通风管道蔓延到全楼；集贸市场因为建筑耐火等级多数偏低，摊位柜台密度大，一旦着火，不可避免地会火烧连营、人财均伤。

二、 事故照明装置的设置

为了有效引导顾客、旅客、观众有序理性地安全疏散，克服恐惧及惊慌心理，必须设置事故照明装置，设置原则如下。

（1）在疏散门及各疏散走道上（包括封闭楼梯间和防烟楼梯间的疏散通道）应安装必要的事故照明，其最低照度不应低于0.5lx。对于影剧院、体育馆、多功能礼堂等公共娱乐场所的疏散走道及疏散门，还应安装灯光疏散指示标志。

（2）事故照明灯宜设置在墙面或顶棚上，疏散指示标志宜设置在疏散门的顶部和疏散走道及其转角处距地面1m以下的墙面上，走道上的指示标志间距不应大于20m。为便于管理和防护，事故照明和疏散指示标志均应设玻璃或其他不燃材料制作的保护罩，工作电源断电后备用电源应立即自动投入。

（3）公众聚集场所内的营业厅、走道、楼梯间、消防电梯前室、消防泵房、消防控制中心、消火栓等部位，均应设置事故照明，且最低照度不应低于5lx。在疏散走道及其交叉口、拐弯、安全出口等处应安装疏散指示标志灯，标志灯间距不得大于10m，距地高度为1～1.2m，标志正前方0.5m处的地面照度不应

低于 1lx；火灾事故照明灯的供电时间不应少于 20min。

第二节　公共娱乐场所

一、公共娱乐场所的界定

公共娱乐场所属于公众聚集场所，根据《公共娱乐场所消防安全管理规定》，公共娱乐场所是指向公众开放的下列室内场所。

(1) 影剧院、礼堂等演出、放映场所。

(2) 舞厅、卡拉 OK 厅等歌舞娱乐场所。

(3) 具有娱乐功能的夜总会、音乐茶座和餐饮场所。

(4) 游艺、游乐场所。

(5) 保龄球馆、旱冰场、桑拿浴室等营业性健身休闲场所。

为了加强管理，又将以赢利为目的、向社会开放、消费者自娱自乐的场所称为文化娱乐场所。它包括两类：一是以人际交往为主的歌厅、舞厅、卡拉 OK 场所等；二是指依靠游艺器械经营的场所，例如电子游戏厅、游艺厅、台球厅、网吧等。

《公共娱乐场所消防安全管理规定》规定：公共娱乐场所内应当设置火灾事故应急照明灯，照明供电时间不得少于 20min；公共娱乐场所必须加强电气防火安全管理，及时消除火灾隐患，不得超负荷用电，不得擅自拉接临时电线。

二、歌舞厅、夜总会电气火灾预防

(一) 安全疏散

(1) 安全出口、疏散走道和楼梯口必须设置符合标准要求的灯光疏散指示标志，疏散标志上应装有中、英文指示以及必要的图案。指示标志应设置在门的顶部、疏散走道和转角处距地 1m 以下的墙面上。疏散走道指示标志间距不应大于 20m。

(2) 歌舞厅、夜总会内必须设置火灾事故应急照明灯，照度不应低于 5lx；用蓄电池作备用电源，供电时间不得小于 20min。

(3) 事故照明灯及疏散指示标志，应有玻璃或其他非燃烧材料作保护罩。

(4) 歌舞厅、夜总会的音响播放设备在播放背景音乐的同时，应有火灾事故应急广播功能。

(二) 防火、隔热措施

(1) 灯饰材料不得低于 B1 级，灯具不能直接安装在可燃构件上，其高温部位靠近非 A 级材料时，需采取隔热、散热防火保护措施，距离非 A 级材料构件应超过 50cm。

(2) 墙壁上安装的壁灯、壁扇及吊顶上安装的吊灯、吊扇需安装牢固，电线不可受力，以免跌落引燃地上的地毯、沙发等可燃物。

(3) 吊顶内电线应穿金属管或阻燃塑料管敷设。吊顶应留有 1～2 处 70cm×70cm 的检修人孔，以利于检查维修。

(4) 装饰 60W 线应采用铜导线，接头应焊接，不得将接头留在管内，更不得直接敷设在装修层面内。每个装饰场所或装饰部位的配电支线，应单独安装开关和短路、过负荷保护。在设有电控设备及配电箱的房间，不能使用可燃材料进行装修。

(5) 60W 以上的荧光灯、碘钨灯、白炽灯以及荧光高压汞灯的镇流器需做好隔热措施，不可直接安装在可燃装饰材料上，其安装位置应利于检查。

(6) 动力、照明配线穿越可燃、易燃装修材料以及照明、动力、电热等设备的高温部位靠近或接触可燃材料时均应采用岩棉、玻璃棉或瓷管等非燃材料作隔热保护，而且周围散热措施也需得当。配线敷设在可燃装饰夹层内时，应穿金属管保护；如果受到装饰构造条件的限制，局部不能穿金属管时，必须采用金属软管加以保护，但不得用金属软管作为敷设主体方式。

(7) 照明系统每一个单相回路的负荷电流不应超过 16A；每一单相回路的灯具数量不应超过 25 个。建筑组合灯具每一单相回路负荷电流不应超过 25A，但灯具数量不应超过 60 个；建筑物轮廓照明每一单相回路的灯具不应超过 100 个。当插座与灯具为同一个回路时，插座不应超过 5 个；以插座为单相回路时，插座数量不应超过 10 个。

(三) 电气设备日常管理和维护

(1) 电气设备的安装和维护，必须由具有电工资质的人员进行，同时报公安消防监督机构备案备查。

(2) 所有带金属外壳的电气设备和金属管线都应有良好的接地保护。

(3) 电铃、电钟不得安装在可燃构件上，应安装在防雨淋的位置。当电铃、电钟通电不响、停走时应立即查明原因进行维修，排除火灾隐患。

(4) 移动电气设备的电源线禁止用普通塑料电线，应采用橡胶护套软电缆。地面上敷设的电线，应设有保护装置并采取防止机械损伤的保护措施，禁止用铜丝或铝丝代替熔丝。

(5) 装饰工程内禁止设临时电力线路；照明灯具

必须有非燃材料的外壳，插座需固定在非燃材料上，当贴近可燃、易燃材料时，必须采取隔热、散热措施。荧光灯镇流器不宜安装在木质吊顶内或直接安装在木质吊顶上。露天安装的霓虹灯、彩灯需有防水、防风功能，安装位置应高于 2m。

(6) 配电箱内导线在接线端子排上的连接要牢靠，而且要经常检查有无异常焦烟味、发热以及烤煳炭化现象。需定期测试、检查电气线路和电气设备的绝缘状况，保持线路绝缘和接头完好，防止发热和接触电阻过大。所有电气回路均应该在配电箱内设总电源开关，做到统一控制，非营业时间除事故照明外，其他用电设备均应处于关闭状态。

三、影剧院、礼堂电气火灾预防

(一) 建筑内装修

(1) 建筑内装修不得影响疏散指示标志和出口的辨认及使用，不应遮盖室内消火栓等消防设施，否则应设置明显的消防标志；也不得擅自更改消防设施的位置和影响消防设施的正常使用。

(2) 室内各种配电箱和电气线路不得直接安装在 B2 级或 B3 级墙面装修材料上，配电箱箱体必须采用 A 级材料制成。照明灯饰需采用不低于 B1 级的材料制成。

(二) 观众厅

观众厅场内观众集中，火灾发生会造成场内观众惊慌失措，争相逃生拥挤，疏散困难。观众厅“出口处”的红底白字标记字样亮度要明显，方便识别。照明线路和其他线路要分开布线，事故应急照明灯应带有蓄电池备用电源，供电时间不少于 20min。

(三) 舞台

在演出过程中，舞台上经常需要使用大量的灯光和电气设备，电气设备安装使用不当极易造成火灾事故。

(1) 舞台下面的灯光操作室应采用耐火极限不低于 1h 的非燃烧体与其他部位隔开。

(2) 舞台灯具在安装前应对其安装位置可燃物的燃烧性能以及与可燃物的安全距离进行检查确认，避免高温灯具烤燃可燃物。

(3) 演出前，剧场电工应向剧团电工进行电气安全技术交底。舞台固定安装的电气设备禁止随便挪动或拆卸。舞台电气线路必须采用铜芯绝缘导线，穿钢管敷设，不得使用铝芯绝缘导线。若需要增设临时照明，必须顾及舞台线路能承受的负荷情况，禁止擅自增加功率，乱接乱拉临时线路。对天幕灯、效果灯等移动照明灯具的电源引线，需采用柔韧性好的橡胶护套软电缆或塑料护套线。

(4) 移动式灯具的插头和插座孔要接触良好，调压器等易发热设备必须放置在非燃基座上。演出结束后，剧团应对舞台进行认真的防火检查，确定安全后，切断舞台电源。

(四) 电影放映室

(1) 发生卡片故障时，应先放下遮光板，及时隔断热源。放映机灯箱温度很高，若卡片故障不能及时排除就会使影片着火，因此，对放映的影片道要定期擦拭，清除碎片和污物，避免摩擦起火。影片着火时，应立刻关闭放映孔的阻火阀门。放映机用完替换下的炽热精棒头以及擦机用的油棉纱头应放在不燃容器内。

(2) 放映机散热管道穿过屋顶时，与可燃结构的距离应不小于 50cm，可避免散热管道温度过高烤燃可燃结构。

(3) 放映机倒片速度不能太快，太快可产生静电，因此，倒片时应有导除静电装置。

四、体育馆电气火灾预防

(1) 在进行大型重要比赛或文艺演出活动前，对电气设备及线路要进行全面检测检查。大功率的灯光设备不得靠近幕布或其他可燃物，禁止使用残损的导线或存在故障隐患的电气设备。演出期间不得使用运行中多次出现不明原因故障的用电设备，线路各相负荷要尽可能分配平衡运行。

(2) 为保证火灾发生时消防设备的运行，消防用电设备应使用单独回路供电，消防专用配电箱应有明显标志。火灾事故照明和疏散指示标志应用蓄电池作为备用电源，连续供电时间不小于 20min。

(3) 比赛厅干线电缆应沿地沟敷设，所有电气配电线路，必须采用铜芯绝缘电线穿钢管保护，大功率照明灯具灯头引入线需穿瓷管防护。

(4) 灯槽内安装有大量电灯泡或荧光灯灯管（含镇流器），灯槽侧面需开通风口散热，禁止将镇流器集中在一起或埋设在保温层内。

(5) 通风管道内设有电加热器的，加热器电源开关应和送风机的电源开关连锁控制。电加热器的导线截面不应小于电阻丝额定容量，禁止更换大功率电阻丝或使用断损的电阻丝。

(6) 所有电气设备必须具有可靠的接地装置。固定安装的电气设备和移动电器或避雷装置的接地装置中的接地电阻必须每年进行测试检查，不符合要求的应进行检修，保证安全运行。

第三节　宾馆（饭店）、旅馆

一、 内装修电气安装防火

(1) 建筑空间内必须采用金属管布线，对金属管有腐蚀的场所除外。采用金属管保护的交流线路，应将同一回路的各相导线穿在同一导管内。为确保整个管路成为一个导电通路，管接头处应跨接接地导线，并且焊接牢固。

(2) 可燃结构的顶棚内不允许安装电容器、电气开关及其他用电器具。顶棚内装设镇流器或变压器应布置在金属装置内，铁箱底应与电气管路连为一体，与吊顶净距应不小于 5cm，与可燃结构净距不小于 10cm，而且铁箱需采用石棉垫隔热。

(3) 顶棚外应设置切断顶棚内配电线路的电源开关。

(4) 插座容量与用电负荷应相互匹配，通常一个插座只允许插接一个用电器具，并有熔断器保护。插座安装高度通常为 1.3～1.5m，当小于 1.3m 时，直敷导线应增加防护板保护。任何情况下，插座距地面不得小于 0.15m。

(5) 导线可以用塑胶线或橡胶线，管内不得有导线接头，所有导线接头处应装设接线盒。难燃塑料管配线用接线盒、拉线盒、开关盒、灯头盒等应和难燃塑料盒配套使用，禁止用金属盒代替。

(6) 用电设备及管线必须要有良好的接地装置，可使用金属管道这类自然接地体，人工接地体可采用圆钢、扁钢、角钢或钢管等，接地电阻不超过 4Ω。禁止用金属软管、保温管金属网、低压照明网路导线外表的铅皮作为接地线。

二、 内装饰灯具防火

(1) 灯具宜采用吊装安装方式，灯座应用螺钉固定牢固。装饰室内时，尽可能采用冷光源或混合光源，灯泡瓦数不要太高，通常不宜采用碘钨灯或高压汞灯。若必须采用时，应加金属罩保护，并远离可燃物或用非燃材料对灯具四周与可燃物进行隔离。

(2) 嵌装式日光格珊灯和槽灯应采取金属或非燃材料作隔热保护，隔热保护罩上应有散热孔。白炽灯泡应设置在金属罩内，不可直接安装在可燃结构上，功率不得超过 60W，要想提高光亮度，可用日光型节能灯代替。日光灯管安装在装修木结构上时，必须要有安全型灯架，而且应进行隔热处理。

(3) 疏散走道和楼梯间等人员疏散部位需设置应急照明灯，且连续照明时间不少于 30min；在走道、交叉口、拐弯处、安全出口处需设置疏散指示标志灯，间距不大于 10m，距地高度为 1～1.2m。室内装饰面积超过 $100m^2$ 时，必须安装 1～2 套事故照明灯。事故照明和疏散指示标志灯保护罩需采用玻璃或其他非燃材料制作。

三、 电气设备防火及使用维护

随着科技的不断进步，宾馆、旅馆电气化与办公自动化的程度越来越高，电冰箱、电热器、电视机、各类照明灯具以及空调设备、电动扶梯、电灶炊具等已获得了广泛应用。随着国外长驻商社的办事机构以及一些经销商的入驻，复印机、电传机、打字机、载波机、碎纸机、计算机等现代设备也接踵而至，这使得用电量大大增加，经常超过设计负荷，使线路超载运行。因为线路都是敷设在闷顶和墙内的，极易发生火灾，所以必须对这些设备和线路做好安装、使用及维护工作，使其处于消防安全状态。

(1) 电气设备、移动电器和避雷装置等的接地装置，每年应检查两次并测量其绝缘电阻。配电室和装有电气设备的机房均应配备规定要求的灭火器。

(2) 消防设施需有备用电源，专用配线应穿管敷设在非燃烧体结构上，并需要定期检测并维护。

(3) 配电箱（盘）必须采用金属外壳箱（盘），禁止用可燃材料制作。客房金属开关箱（盘）需作隔热处理后方可隐蔽套装在墙上的木制壁箱（橱）内。配电箱（盘）内禁止放置异物，熔丝不能用铜、铁、铝丝代替。

(4) 所有电气设备的安装和电源线路的敷设需符合电气安装质量验收规程的要求，聘请专业资格的电工安装，严禁乱拉乱接电线。需要在已有线路上增加电气设备负荷时，需对线路能承载的负荷电流进行重新计算，经过有关部门批准后决定增减。

(5) 导线应采用铜芯线，不得采用铝芯线。导线在装修夹层或闷顶内敷设时需穿钢管，而且管路接线盒要封闭，导线不得裸露，保证导线处于封闭的管路中。

(6) 照明灯具的高温部位不得接近可燃物，碘钨灯、高压汞灯和荧光灯、镇流器均不应直接安装在可燃构件上；筒灯、射灯等深罩型灯安装在可燃构件附近时，需加垫石棉板或石棉布作为隔热层；对碘钨灯、大功率白炽灯的灯头线应用耐高温导线并且穿瓷管进行保护；厨房等潮湿房间应采用防潮灯具。

(7) 客房床头柜内设置有对灯光、电视、音响等电器设备的控制开关时，应做好防火隔热措施，从插座引入柜内的电源线需穿管。客房各种灯具以及厨房内电气设备的金属外壳需有可靠的接地保护。

(8) 客房楼内的配电室应单独布置在具有防火分隔墙和门窗的房间内，耐火极限不得低于 2h。配电室内禁止堆放纸箱、油漆桶等任何可燃、易燃物品。

(9) 宾馆（饭店）、旅馆门前的霓虹灯及灯箱应采用非燃或难燃材料制作，下方禁止有可燃装修材料。

第四节 商场、超市

一、安全疏散措施

(1) 营业厅应安装火灾事故照明，疏散用事故照明最低照度不得低于 0.5lx，安全出口应设疏散指示标志。事故照明及疏散指示标志的保护罩应用玻璃或非燃材料制作。

(2) 安全出口不少于两个；疏散楼梯宜布置在防火分区两侧，并靠近底层主要出口一侧，底层商店采用封闭楼梯间，高层和地下商店采用防烟楼梯间；疏散门应为平开门，并开向疏散方向。

(3) 商店内柜台、货架所占用面积与顾客占用面积比通常不大于 1∶1.5，较小的店不大于 1∶1.1。柜台或货架之间的距离应符合疏散规定，顾客选购商品主通道应保证有两个疏散方向直通疏散楼梯或室外安全出口。疏散出口和通道不得堆放杂物，应随时保持畅通。

二、照明灯具防火

(1) 照明灯具的防护性能应与使用环境相适应，例如防爆灯具用于爆炸危险环境，防水防尘灯具用于潮湿多尘环境。

(2) 嵌入式灯具或灯具高温表面靠近可燃物的部分需采取通风散热和隔热措施。柜台厂家的广告灯箱不能用可燃材料制作，灯箱内导线穿管禁止裸露。

(3) 高压汞灯、碘钨灯或荧光灯的镇流器只有采取隔热措施后才能安装于可燃装饰面或可燃构件上，吊顶嵌入灯具或槽灯的镇流器不能直接安装在隐蔽的顶棚或灯槽内。

(4) 灯具正下方禁止堆放可燃物，节日彩色串灯应有防水措施。

(5) 周转仓库内不得采用碘钨灯、日光灯照明，使用的白炽灯功率不超过 60W。灯具应安装在库房通道上方，距货架或货堆距离不少于 50cm。采暖散热器与可燃商品应保持一定通风间距，禁止覆盖散热器。

三、商场、超市电气线路防火

商场、超市电气线路的防火要点见表 6-1。

表 6-1 商场、超市电气线路的防火要点

序号	内容
1	电气线路应符合电气设计、安装、施工质量验收以及电气防火规范的有关规定
2	室内配电系统布线应与负荷布局相对应，以便按区操作控制
3	电线不得明敷于货柜顶部，或将带接线头的电线用装饰布覆盖。柜台照明灯具开关和线路不得隐蔽明装在存放衣服或杂物的柜台内，防止温度和电弧引燃着火
4	消防用电设备电源配线，应穿金属管暗敷在非燃烧体内，穿管明敷时应刷防火涂料保护。防火电缆可在电缆沟、槽直接敷设
5	商场营业厅和库房的配电导线必须采用铜芯绝缘线，不得采用铝芯导线。导线穿金属管敷设，导线分支或中间连接时，接头应设置在接线盒内，并连接牢固、可靠
6	商场仓库内不准乱拉、乱接临时电线。确有必要使用时应经过批准按照规定使用，用后及时拆除

第五节 医院

医院电气防火要点如下：

(1) 医院楼梯、通道等安全疏散设施必须比其他建筑更加宽敞且不得堆放物品，以利病人在其他人协助下的应急疏散。

(2) 电气线路要由正式电工安装，设备、开关、线路等应定期检查维修，不准乱拉临时线。

(3) 胶片室禁止安装动力设施，照明开关和灯具都要远离胶片存放点，做到人走断电。

(4) 手术室电气设备及其用电器件必须完好，不得出现火花。金属设备和人体均应良好接地。

(5) 生化检验及实验室普通电冰箱内，禁止储存开启未用完的乙醚，避免箱内电火花引起爆炸事故。

(6) 治疗用红外线、频谱等电加热器械，禁止靠近窗帘、被褥等可燃物，专用专管，用后断电。

(7) 医用高压氧舱内电线或电缆均要经过耐压试验合格，舱内电气设备开关一律设置在舱外。禁止任何电路的地线接在氧舱设备、系统的任何部分。纯氧舱必须使用舱外照明。非纯氧舱采用舱内照明时需符合永久性安装要求，灯头要焊死；非耐压灯泡应有封闭型的耐压灯罩，不能直接采用日光灯；电源电压应低于 30V，由舱外变压器供电。舱内不得使用一般家用插座，不得安装有感应线圈的电铃，电动机应为防爆结构。

(8) X 射线机电子管内，加速电子的极间电压可达到几万至十几万伏，阴极电子加速轰击阳极钨靶，在强电场作用下，电子能量一部分转变成 X 射线，还有一部分转变成热能。X 射线机电源应由专用变压器供电，开关及导线要满足最大计算负荷的要求，导线阻燃穿管敷设，高压电缆敷设在电缆沟内，沟内孔洞要封堵。X 射线机需接地良好。

第六节 学 校

一、托儿所、幼儿园防火

1. 托儿所、幼儿园的火灾危险性

托儿所、幼儿园是集中培养教育儿童的主要场所。其特点为孩子年龄小，遇紧急情况时，应变、自我保护及迅速撤离的能力有限；老师和保育员又多数是女同志；室内装饰、设备和孩子的玩具以易燃、可燃物居多；并有电视机、电风扇、电冰箱等用电设备。如果忽视消防安全，一旦发生火灾事故，疏散困难，极易造成伤亡。

2. 托儿所、幼儿园的建筑防火要求

(1) 托儿所、幼儿园应布置在安全地点。工矿企业所设置的托儿所、幼儿园应布置在生活区，远离生产厂房和仓库。如果受条件限制，应至少与甲、乙类生产厂房保持 50m 以上的安全距离。

(2) 托儿所、幼儿园通常单独建造，面积不应太大。其耐火等级不应低于三级。若设在楼层建筑中，最好布置在底层；如果必须布置在楼上时，三级耐火等级建筑不应超过两层，一、二级耐火等级建筑不宜超过三层。居民建筑中的托儿所、幼儿园应采用耐火极限不低于 1h 的不燃烧体与其他部位隔开。

(3) 托儿所、幼儿园不宜设置在易燃建筑内，与易燃建筑的防火间距不得小于 30m。

(4) 托儿所、幼儿园的儿童用房不宜设置在地下人防工程内。

(5) 托儿所、幼儿园建筑的耐火等级、层数、长度、面积以及与其他民用建筑的防火间距，需符合相关规定。

(6) 三级耐火等级的托儿所、幼儿园建筑的吊顶，应采用耐火极限不低于 0.25h 的难燃烧体。

(7) 托儿所、幼儿园内部的厨房、液化石油气储存间、杂品库房、烧水间应和儿童活动场所或儿童用房分开设置；如果毗邻建造时，应用耐火极限不低于 1h 的不燃烧材料与其隔开。

(8) 托儿所、幼儿园室内装饰材料宜采用不燃或难燃材料，尽可能不使用塑料制品。

3. 托儿所、幼儿园的安全疏散要求

(1) 托儿所、幼儿园的安全疏散出口不应少于两个。

(2) 托儿所、幼儿园房间门至外部出口或封闭楼梯间的最大距离：

1) 位于两个外部出口或楼梯间之间的房间，一、二级建筑为 25m，三级建筑为 20m。

2) 位于袋形走道或尽端的房间，一、二级建筑为 20m，三级建筑为 15m。

(3) 托儿所、幼儿园用于疏散的楼梯间内，不应设置烧水间、可燃材料的储藏室、非封闭的电梯井、可燃气体管道等。楼梯间内应有天然采光，不应有影响疏散的凸出物。

(4) 室外疏散楼梯和每层出口平台，都应采用不燃烧材料制作。楼梯和出口平台内禁止存放物品，保持通道畅通。

(5) 疏散用楼梯和疏散通道上的阶梯，不得采用螺旋楼梯和扇形踏步，踏步上下两级所形成的平面角度不大于 10°，但离扶手 25cm 的踏步宽度超过 22cm 时可不受此限制。

(6) 疏散用门不应采用吊门或拉门，禁止采用转门；并应向疏散方向开启。

4. 托儿所、幼儿园的采暖和电气设备的防火要求

(1) 托儿所、幼儿园内不应设置蒸汽锅炉房。采暖锅炉房宜单独建造，如果因条件规模限制，可在建筑的地下室、半地下室或首层中设置低压锅炉房，但锅炉房不得紧靠儿童比较集中的游戏室、教室等房间的左、右或上、下，以及主要疏散出口的两边。在锅炉房 30m 以内不准搭建易燃建筑或堆放可燃物。

(2) 托儿所、幼儿园采用火炉采暖时，必须注意安全。

(3) 托儿所、幼儿园配电线路需符合电气安装规程的要求。闷顶内有可燃物时，应采取隔热、散热等防火措施。

(4) 照明灯具的高温表面靠近可燃物时，应采取隔热、散热等防火保护措施。如果使用额定功率为 100W 或 100W 以上的白炽灯泡的吸顶灯、槽灯、嵌

入式灯，其引入线需采用瓷管、石棉、玻璃丝等不燃材料作为隔热保护。

(5) 日光灯（包括镇流器）及超过 60W 的白炽灯，不应直接安装在可燃构件上。白炽灯和可燃物的距离应不小于 0.5m。

(6) 托儿所、幼儿园不得使用落地灯和台灯照明，灯泡不准用纸或其他可燃物遮光。

(7) 电源开关、电闸、插座等距地面不应小于 1.3m，灯头距地面通常不应小于 2m，防止碰坏或儿童触摸而发生触电事故。

(8) 禁止在寝室内使用电炉、电熨斗等电气设备，不得随便乱拉电线。

(9) 电视机要放置在通风散热良好的地方，收看完电视后要切断电源；若使用室外天线，一定要装接地线，最好装避雷器，防止雷击。电视机出现故障时，必须立即关机，停止使用。

(10) 使用空调器的托儿所、幼儿园，空调器需有接地线，周围不得堆放易燃物品，窗帘不得搭贴在空调器上。

5. 对托儿所、幼儿园的消防管理要求

(1) 托儿所、幼儿园为多层楼房时，应将年龄较大的儿童安置在楼上，以便于安全疏散。

(2) 使用石油液化气的托儿所、幼儿园，应对使用人员进行安全教育，使其熟悉液化气的性质，懂得安全操作技术，并能正确处理设备故障及漏气事故。使用时先点火，后开气，使用后要将阀门关严。

(3) 老师、保育员用的火柴、打火机应保管好，放在孩子拿不到的地方，并应教育儿童禁止玩火。

(4) 托儿所、幼儿园应和当地消防部门共同制订应急方案。包括疏散、灭火等，使得工作人员明确各自的职责范围，并保持定期进行演练。

(5) 托儿所、幼儿园应按照相关规定配置消防器材，并定期进行检查、更换、保养。规模较大的托儿所、幼儿园应安装火灾自动报警及自动灭火系统。

二、中、小学校防火

1. 对中、小学校的消防管理要求

中、小学校是指小学一年级到高中三年级的学生接受教育的场所，遍及全国各地，人数多、班级也多，中学除了教室，还有图书馆、实验室、食堂、礼堂，有的还包括学生宿舍。做好中、小学生的消防工作，营造一个安全的学习环境，对顺利完成教学任务，使学生健康成长，具有重要意义。

中、小学校的防火工作，除在建筑方面必须符合 GB 50016—2014《建筑设计防火规范》的要求，在电气线路和设备及消防设施、消防器材配备等方面必须遵守有关规定外，还须强调如下几点：

(1) 根据中、小学生尚未成年，而活动能力较强，学校下课的时间又很集中等特点，对安全疏散问题必须引起高度重视。在正常情况下，学生下课时通常在楼梯通道上发生拥挤，偶尔也会出现伤害事故，如果发生火灾等紧急情况，势态就更为严重。因此，要求凡学生在 50 人以上的教室，须设置 2 个出口；疏散楼梯通道的建筑要求，可参照上述托儿所、幼儿园的有关要求。

(2) 实验室存放及使用的易燃易爆化学危险物品，必须加强管理，学生做实验必须要在老师指导下进行，避免发生事故。

(3) 食堂和学生宿舍应加强用火用电管理，建立规章制度，严格贯彻执行。

(4) 学校应对学生进行消防知识的普及教育，适当组织消防演习，以加强学生的消防意识。

2. 对普通教室的防火要求

普通教室除了由教师授课以外，有的常常还要在课堂上进行各种实验和演示，需要用火、用电和使用化学危险物品。因此，防火和安全疏散等问题不容忽视。

(1) 作为教室的建筑，应符合 GB 50016—2014《建筑设计防火规范》的要求，耐火等级不应低于三级；如因条件限制而低于三级耐火等级建筑时，层数不应超过一层，建筑面积不应超过 600m^2。

(2) 教学楼距离甲、乙类生产厂房，甲、乙类物品仓库以及火灾爆炸危险较大的独立实验室的防火间距不得小于 25m。

(3) 课堂上用于实验或演示的化学危险物品，需严格控制用量，用后应立即清出，严禁在教室内存放。

(4) 容纳人数超过 50 人的教室，其安全出口不能少于 2 个，疏散门应向疏散方向开启，不应设置门槛。

(5) 多层建筑的教学楼超过 5 层时应设置封闭楼梯间。

3. 对电化教室的防火要求

电化教室中的防火重点为演播室、维修间、电影放映室和磁带仓库等。

(1) 演播室防火要求。演播室是电视录像和播出传送的地方。演播室的吊顶、墙壁对于吸声的要求比较高，而吸声材料通常采用可燃建筑材料，有时还采用碎布条、锯末等可燃物作为填充物，加上室内铺有地毯，又安装了许多电气设备和碘钨灯、聚光灯等，起火的因素比较多，应采取的防火措施主要包括：

1）演播室的建筑耐火等级不得低于一、二级，室内的装饰材料及吸声材料应采用不燃或难燃材料。

2）照明灯具与可燃物之间需保持一定的安全距离，灯具前方与可燃物距离应超过1m，侧后方与可燃物距离应超过0.5m，或者在它们之间用石棉布、耐火隔热材料等隔开，聚光灯、碘钨灯前面应用的彩光纸必须是难燃型的；同时在灯具下面应设置金属纱网或石英玻璃、纤维玻璃等进行保护，以避免灯具的灯管破碎时，落在可燃物上引起火灾。

3）电线要有套管，电源线在吊顶内通过时，应穿金属管敷设，活动式灯具的电源线需采用橡套电缆线，灯尾线靠近灯具30cm处应采用耐高温线或加套瓷管保护。

4）使用易燃易爆化学危险物品的演播实验，应在演播室外进行录制。

5）在演播室内铺设的地毯，需采用阻燃型且能够导除静电的地毯。在铺有羊毛地毯的房间内禁止使用强酸、强碱物品。

（2）维修间防火要求。维修间用火、用电较多，且经常使用易燃液体，应采取如下防火措施：

1）使用电烙铁应注意防火。检修设备使用电烙铁时，需要有安放烙铁的金属架，架下应敷有石棉板，其周围不得堆放可燃材料及物品。工作完毕后必须立刻拔下烙铁的电源插头，下班时拉下总电闸。

2）使用化学危险物品需注意防火安全。清洗擦拭录音机磁头和电路板使用乙醇、丙酮等易燃液体时，周围应严禁有火源。这些易燃液体的存量不得超过500mL，并应存放在金属柜内，使用时需分装在小瓶内。

（3）电影放映室防火要求。电影放映室内有放映机及扩音设备。放映机的灯箱温度很高，如果发生卡片不能及时排除，就会使影片着火。修接胶片使用的丙酮，遇到明火很容易起火，应采取相应的防火措施。

（4）磁带仓库防火要求。磁带仓库通常存放了大量的教学磁带和一些珍贵资料，一旦发生火灾，后果极其严重。应该采取的防火措施有：

1）磁带仓库应为一、二级耐火等级的建筑，磁带须存放在金属柜中。

2）磁带仓库内应加强通风和温度控制，以免磁带受潮。

3）磁带仓库内设置的电气线路和灯具，应和磁带的可燃包装箱保持安全距离；电线应穿管敷设。

4. 对一般实验室的防火要求

实验室里有很多的电器设备、仪器仪表、化学危险物品，以及空调机、电炉、煤气灯、液化石油气等附属设备。如果用火、用电不慎和对化学危险物品使用不当，极易发生火灾。其防火要求如下：

（1）实验室内使用的电炉必须放置在安全位置，定点使用，专人管理，周围禁止堆放可燃物；电炉的电源线必须是橡套电缆线。

（2）实验室内的通风管道应为不燃材料，其保温材料应为不燃或难燃材料。

（3）实验室内应用的易燃易爆化学危险物品，应随用随领，不应在实验现场存放，零星少量备用的化学危险物品，需由专人负责，存放在金属柜中。

（4）电烙铁要放在不燃隔热的支架上，周围禁止堆放可燃物，用后应立即拔下其电源插头。离开实验室时应将实验室的电源切断。

（5）有变压器、电感线圈的设备必须放置在不燃的基座上，其散热孔不得被覆盖，周围严禁放置易燃可燃物品。

（6）实验室内的用电量禁止超过额定的负荷。

5. 化学实验室应采取的防火措施

化学实验室的种类较多，按实验内容分为无机化学实验室、有机化学实验室、高分子化学实验室、分析化学实验室以及物理化学实验室等。这些实验室的共同特点是，化学物品种类较多，其中大多数是易燃易爆物品，还包括一些不明性质的未知材料；有些物品能够自燃，有些物品化学性质相互抵触；在实验操作中，经常需进行蒸馏、回流、萃取、电解等火灾危险性较大的作业，用火、用电也比较多。一旦操作失败，很容易发生火灾。对化学实验室应采取如下防火措施：

（1）化学实验室应为一、二级耐火等级的建筑，有易燃易爆蒸汽及可燃气体散发的实验室，电气设备需符合防爆要求。

（2）实验室的建筑面积在30m^2以上时应设置两个安全出口。

（3）实验室内做实验剩余的或常用的少量易燃化学危险物品，总量不多于5kg时，应放在金属柜中，由专人保管，超过5kg时，禁止在实验室内存放。

（4）禁止使用没有绝缘隔热底座的电热仪器。

（5）在日光照射的房间内必须设置窗帘；在日光照射到的地方，不应摆设遇热蒸发的物品。

（6）实验性质不明或未知的物料，应先做小试验，从最小量开始，并采取安全措施，做好灭火防爆准备。

（7）在实验过程中，利用可燃气体作燃料时，其设备的安装及使用都应符合有关防火安全要求。

（8）任何化学物品置于容器中都必须立即贴上标签，如发现异常或有疑问，应检查验证或询问保管人员，严禁随意乱丢乱放。有毒的物品要集中存放或指定专人保管。

（9）在实验台的范围内，不得放置任何与实验工作无关的化学物品，特别是不应放置盛有浓酸或易燃易爆物品的容器。

（10）往容器内灌装大量的易燃、可燃液体（醇、酸等电解质除外）时需有防静电措施。

（11）实验室所用的各种气体钢瓶应远离火源，应放置在室外阴凉和空气流通的地方，用管道通入室内。氢、氧及乙炔不能混放在一处。

（12）实验室内为了实验临时拉用的电气线路需符合安全要求，电加热器、电烤箱等设备应做到人走电断，电冰箱内不得存放相互抵触的物品及低闪点的易燃液体。

（13）要建立、健全蒸馏、回流、萃取、电解等各种化学实验的安全操作规程及化学物品保管使用规则，并教育学生严格遵守。

（14）要做好灭火准备，配备轻便灭火器材。

第七节 图书馆和档案馆

一、图书馆和档案馆的火灾危险性

图书馆、档案馆收藏的各类图书报刊和档案材料，绝大多数是可燃物品；公共图书馆及科研、教育机构的大型图书馆还经常接待大量的读者。图书馆、档案馆一旦发生火灾，不但会使珍贵的孤本书籍、稀缺报刊和历史档案、文献资料化为灰烬，价值无法估计，损失难以弥补，而且会危及人员的生命安全。在我国历史上，曾经有大批珍贵图书资料毁于火患的记载；近代，这方面的火灾也屡见不鲜。图书馆等发生火灾的主要原因是电器安装使用不当和火源控制不严，也有受到外来火种的影响。必须将图书馆等列为消防工作的重点单位，采取严密的防范措施，做到万无一失。

二、选择图书馆、档案馆馆址的防火要求

图书馆、档案馆应设在环境清静的安全地带，尤其是国家级、省市级的公共图书馆、档案馆的选址，更要结合城市的远期及近期规划慎重选择，其与周围易燃易爆单位，应保持足够的安全距离。

三、对图书馆、档案馆的安全疏散要求

（1）图书馆、档案馆的疏散出口不得少于两个，但单层建筑小型图书馆，其面积在 $100m^2$ 左右的，允许设置一个疏散出口。

（2）阅览室的面积超过 $60m^2$，人数超过 50 人的，应设置两个安全出口，门必须向外开启，其宽度不小于 1.2m，不应设置门槛。

（3）装订、修理图书的房间，面积超过 $150m^2$，且同一时间内工作人数超过 15 人的，应设置两个安全出口。

（4）一般书库的安全出口应不少于两个，面积小的库房可设置一个。库房的门应向外或靠墙的外侧推拉。

四、对图书馆、档案馆防火分隔及设施的防火要求

（1）书库、档案库应作为一个单独的防火分区处理，与其他部分的隔墙，都应为不燃烧体，耐火极限不应低于 4h。

（2）书库、档案库内部的分隔墙，如果是防火单元的墙，应按防火墙的要求执行；如作为内部的一般分隔墙，也应采用不燃烧体，耐火极限不应低于 1h。

（3）书库、档案库与其他建筑直接相通的门，都应用防火门，其耐火极限应不小于 2h。内部分隔墙上设置的门要采取防火措施，耐火极限为 1.2h。

（4）书库、档案库内楼板上，不得随便开设洞孔（如吊装孔、垂直传送带孔等）。如果需要开设垂直联系通道时，应做成封闭式的吊井，其围护墙使用不燃烧材料制成并保持密闭。

（5）书库、档案库内设置的电梯应为封闭式，不得做成敞开式。电梯门不准直接设置在书库、资料库、档案库内，可做成电梯前室，以免起火时火势向上、下层蔓延。

（6）书库、档案库内需要安装空调时，应格外注意防火。空调机房要设置在专门的房间内，机房的门应采用防火门；输风管道应采用不燃烧材料制作；风管进书库、档案库时，都要安装阻火阀门，保温材料应全部为不燃烧体。

采用集中采暖的热介质温度不能过高，热水采暖不应超过 130℃，蒸汽采暖不应超过 110℃，书库、档案库禁止用明火炉和墙式火炉采暖。

（7）书库、档案库用于发书和发档案材料的门洞

和窗口，应安装防火门窗，其耐火极限不应低于0.75h。

五、图书馆、档案馆电气设备管理注意事项

(1) 重要的图书馆、档案馆的电气线路需全部采用铜芯线，外加金属套管保护。

(2) 书库、档案库内，禁止布置配电盘，人离库时，必须切断电源。

(3) 书库、档案库内不得用碘钨灯照明，也不宜用日光灯。采用白炽灯泡时，应尽可能不用吊灯，最好采用吸顶灯，灯座位置需在走道的上方，灯泡与图书、资料、档案等可燃物应保持50cm距离。

(4) 书库、档案库内不得使用电炉、电视机、交流收音机、电熨斗、电烙铁、电钟、电烘箱等设备。禁止用可燃物做灯罩，不准随便乱拉电线，禁止超负荷用电。

(5) 图书馆、档案馆的阅览室、办公室采用日光灯照明时，必须选用优质产品，严防镇流器过热起火；在安装时禁止把灯架直接固定在可燃构件上；人离开时必须切断电源。

(6) 大型图书馆、档案馆应设计安装避雷装置。

六、图书馆、档案馆火源管理注意事项

(1) 图书馆、档案馆需加强日常的防火管理，严格控制一切用火，禁止把火种带入书库和档案库，不得在阅览室、目录检索室等处吸烟和点蚊香。

(2) 工作人员必须在每天闭馆前，对书库、档案库和阅览室等处认真进行检查，避免留下火种或未切断电源而造成危害。

(3) 未经有关部门批准，防火措施不落实时，不得在馆内进行电焊等明火作业。

(4) 为保护图书、档案，必须进行熏蒸杀虫时需经有关领导批准，在技术人员的具体指导下，采取绝对可靠的防火安全措施。

七、在消防设施方面对图书馆、档案馆的一般要求

(1) 图书馆、档案馆都应安装室内、外消防给水设备。

(2) 重要的图书库、资料库、档案库，有条件的还需安装固定的卤代烷或二氧化碳自动灭火设备。

(3) 一般书库、资料库、档案库，可放置携带式卤代烷或二氧化碳灭火器。

(4) 一般装订、复印间（室），耐火等级为一、二级的每40m^2布置一只泡沫或酸碱灭火器；耐火等级为三级的每30m^2布置一只泡沫或酸碱灭火器。

八、对大型图书馆、档案馆防火要求

国家级、省市级以及相当于省市级的大型图书馆、档案馆，需采用现代化的消防管理手段，配备现代化的消防设施，建立消防控制中心，其功能主要包括：

(1) 火灾自动报警。

(2) 自动喷水灭火。

(3) 自动供水。

(4) 自动排烟。

(5) 消防电梯。

(6) 火灾紧急电话通信。

(7) 闭路电视监控。

(8) 事故广播。

(9) 防火门、卷帘门遥控启用。

(10) 空调机和通风管的遥控关闭。

第八节 古建筑物

一、古建筑的火灾危险性

1. 火灾荷载大

古建筑多数以木构架为主要结构形式，大量采用木材，因此具备了容易发生火灾的物质基础，使古建筑具有比较大的火灾危险性。

2. 具有良好的燃烧条件

木材是传播火焰的媒介，古建筑中的各种木材构件，具有非常良好的燃烧和传播火焰的条件。古建筑起火后，就像架满了干柴的炉膛，熊熊燃烧，难以控制，通常直到烧完为止。

3. 容易出现"火烧连营"

我国的古建筑均是以各式各样的单体建筑为基础，组成各种庭院、大型的建筑，又以庭院作为单元，组成庞大的建筑群体。从消防的观点来看，这种布局方式存在着极大的火灾危险。所有的古建筑，几乎都缺少防火分隔及安全空间。若其中一处起火，一时得不到有效地扑救，毗连的木结构建筑，迅速就会出现大面积的燃烧，形成火烧连营的局面。

4. 消防施救困难重重

因为我国的古建筑分布全国各地，且大多远离城镇，普遍缺少自卫自救的能力，既没有足够的训练有素的专业人员，也没有具有一定威力的灭火设备。加上水源缺乏，通道障碍，扑救条件差等原因，使得古

建筑发生火灾时经常损失惨重。

5. 使用管理问题较多

古建筑使用、管理方面，存在不少火灾危险因素，直接或间接地威胁并影响着古建筑的安全。这些火灾危险因素主要包括古建筑用途不当，未能得到良好的保护而隐患重重；周围环境不良，受到外来火灾的威胁；火源、电源管理较差，隐患多；消防器材短缺，装备落后，加上水源缺乏，不少古建筑单位，没有自救能力。

二、古建筑的火灾原因

引起古建筑火灾的直接原因包括：

（1）生活用火不慎引起火灾。生活用火主要指炊煮、取暖用火和照明灯火，分为两种情况：一是僧、尼、道士和居住在古建筑内的其他人员用火不慎引起；另一种与古建筑毗连的居民、商店等用火不慎，殃及古建筑。

（2）电气线路及电器设备安装、使用不当引起火灾。这是古建筑面临的一个新问题，主要包括三种情况：

1）电线陈旧，绝缘损坏，或安装不符合安全要求，造成短路起火。

2）电器设备不良或使用时间过长，使得温升过高引起火灾。

3）灯泡，特别是大功率灯泡紧靠可燃物，长时间烘烤而起火。

（3）烟头引起火灾。

（4）小孩玩火引起火灾。

（5）宗教活动中烧香焚纸、点烛燃灯发生火灾。

（6）雷击引起火灾。

（7）违反安全规定引起火灾。违反安全规定主要指利用古建筑进行生产违章作业引起火灾。

三、古建筑单位的防火措施

（1）古建筑单位需建立消防安全领导小组或消防安全委员会，定期检查、督促所属单位的消防安全工作。

（2）单位及其所属各部门均需确定一名主要行政领导为防火负责人，负责本单位或本部门的消防安全工作。认真贯彻并执行《中华人民共和国文物保护法》《中华人民共和国消防法》《古建筑消防管理规则》《博物馆安全保卫规定》以及有关的消防法规等。

（3）确定专职、兼职防火干部，负责本单位的日常消防安全管理工作。

（4）建立各项消防安全制度。如消防安全管理制度；逐级防火责任制度；用火、用电管理制度及用火、用电审批制度；逐级防火检查制度；消防设施、器材管理及检查维修保养制度；重点部位和重点工种人员的管理和教育制度；火灾事故报告，调查、处理制度；值班巡逻检查制度等。

（5）建立防火档案。将古建筑和管理使用的基本情况、各级防火责任人名单、消防组织状况、各种消防安全制度贯彻执行情况、历次防火安全检查的情况（包括自查、上级主管部门和消防监督部门的检查）、火险隐患整改的情况以及火灾事故的原因、损失、处理情况等，详细记录并存档。

（6）组织职工加强学习文物古建筑消防保护的法规，学习消防安全知识，不断提升群众主动搞好古建筑消防安全的自觉性。

（7）建立义务消防组织，定期进行训练，每个义务消防队员应做到：会防火安全检查，会宣传消防知识，会报火警，会扑救初起火灾，会保养、维护消防器材。

（8）古建筑单位均需制定灭火应急方案，并要配合当地公安消防队共同组织演习。

四、利用古建筑拍摄影视、组织庙会时的防火管理

（1）利用古建筑拍摄电影、电视和组织庙会、展览会等活动，主办单位必须事先将活动的时间、范围、方式、安全措施、负责人等，详细向公安消防管理部门及文化管理部门提出申请报告，经审查批准，才能进行活动。

（2）古建筑的使用和管理单位不能随意向未经公安消防部门和文物管理部门批准的单位提供拍摄电影、电视或举办展览会等活动的场地及文化资料。

（3）获准使用古建筑拍摄电影、电视或举办展览会活动的单位必须做到如下几点：

1）必须贯彻“谁主管、谁负责”的原则，严格遵守文物建筑管理使用单位的各项消防安全制度，负责抓好现场消防安全工作，保护好文物古建筑。

2）严格按照批准的计划进行活动，不能随意增加活动项目和扩大范围。

3）根据活动范围，配置足够适用的消防器材。古建筑的使用及管理单位要组织专门力量在现场值班，巡逻检查。

五、对古建筑改善防火条件、创造安全环境的要求

（1）凡是列为古建筑的，除建立博物馆、保管

所，或辟为参观游览的场所外，不得用于开设饭店、餐厅、茶馆、旅馆、招待所和生产车间、物资仓库、办公机关以及职工宿舍、居民住宅等，已经占用的，有关部门须按照国家规定，采取果断措施，限期搬迁。

(2) 在古建筑范围内，禁止堆放柴草、木料等可燃物品，禁止储存易燃易爆化学危险物品，已经堆放、储存的，须立即搬迁。

(3) 在古建筑范围内，严禁搭建临时易燃建筑，包括在殿堂内利用可燃材料进行分隔等，以免破坏原有的防火间距和分隔，已经搭建的，必须坚决拆除。

(4) 在古建筑外围，凡与古建筑毗连的易燃棚屋，必须拆除；有从事危及古建筑安全的易燃易爆物品生产或储存的单位，有关部门需协助采取消除危险的措施，必要时应予以关、停、并、转。

(5) 坐落在森林区域的古建筑，周围应开辟宽度为 30～35m 的防火线，防止在森林发生火灾时危及古建筑。在郊野的古建筑，即使没有森林，在秋冬枯草季节，也需将周围 30m 以内的枯草清除干净，以免野火蔓延。

(6) 对一些重要古建筑的木构件部分，尤其是闷顶内的梁架等应喷涂防火涂料以增加耐火性能。在修缮古建筑时，应对木构件进行防火处理。

(7) 古建筑内由各种棉、麻、丝、毛纺织品制作的饰物，尤其是寺院、道观内悬挂的帐幔、幡幢、伞盖等，应用阻燃剂进行防火处理。

(8) 一些规模较大的古建筑群，应考虑在不破坏原有格局的情况下，适当布置防火墙、防火门进行防火分隔，使某一处失火时，不会很快蔓延到另一处。

六、 对古建筑应完善的防火设施

1. 开辟消防通道

(1) 凡消防车无法到达的重要古建筑，除在山顶外，均需开辟消防通道，以便在发生火灾时，消防车能快速赶赴施救。

(2) 对古建筑群，应在不破坏原布局的情况下，开辟消防通道。消防通道最好形成环形。如果不能形成环形车道，其尽头应设置回车道或面积不小于 12m×12m 的回车场。供大型消防车使用的回车场，其面积应不小于 15m×15m。车道下面的管道及暗沟应能承受大型消防车的压力。

2. 改善消防供水

(1) 在城市间的古建筑，应利用市政供水管网，在每座殿堂、庭院内安装室外消火栓，有的还应设置水泵接合器。每个消火栓的供水量应按 10～15L/s 计算，要求能确保供应一辆消防车上两支喷嘴为 19mm 的水枪同时出水的量，消火栓采用环形管网设置，设两个进水口。

(2) 规模大的古建筑群，应设置消防泵站，以便补水加压，体积大于 3000m^3 的古建筑，需考虑安装室内消火栓。

(3) 在设有消火栓的地方，必须配置消防附件器材箱，箱内放置水带、水枪等附件，以便在发生火灾时充分发挥消防管网出水快的优点。

(4) 对郊野、山区中的古建筑，以及消防供水管网无法满足消防用水的古建筑，应修建消防水池，储水量应能够扑灭一次火灾，持续时间不少于 3h 的用水量。在通消防车的地方，水池周围需有消防车道，并有供消防车回旋停靠的余地，停消防车的地坪和水面距离，通常不大于 4m。在寒冷地区，水池还应采取防冻措施。

(5) 在有河、湖等天然水源可以利用的地方的古建筑，需修建消防码头，供消防车停靠汲水；在消防车无法到达的地方，应设置固定或移动消防泵取水。

(6) 在消防器材短缺的地方，为了能迅速就近取水，扑灭初起火灾，需备有水缸、水桶等灭火器材。

3. 采用先进的消防技术设施

凡属国家级重点文物保护单位的古建筑，应采用先进的消防技术设施。

(1) 安装火灾自动报警系统。根据 GB 50116—2013《火灾自动报警系统设计规范》及古建筑的实际情况，选择火灾探测器种类和安装方式。

(2) 重要的砖木结构及木结构的古建筑内，应安装闭式自动喷水灭火系统。在建筑物周围易于蔓延火灾的场合，设置固定或移动式水幕。

1) 为了不影响古建筑的结构及外观，自动喷水的水管和喷头，可安装在天花板的梁架部位及斗拱屋檐部位。

2) 为了避免误动作或冬季冰冻，自动喷水灭火装置应采用预作用的形式。

(3) 在重点古建筑内存放或陈列忌水文物的地方，应设置卤代烷或二氧化碳灭火系统。

(4) 安装上述自动报警和自动灭火系统的古建筑，应设置消防控制中心，对整个自动报警、自动灭火系统实行集中控制和管理。

4. 配置轻便灭火器

为防止万一，在一旦出现火情时，能及时有效地将火灾扑灭在初起阶段，可根据实际情况，参照有关标准配置轻便灭火器。

七、对古建筑生活和维修用火的管理

（1）在古建筑内禁止使用液化石油气和安装煤气管道。

（2）炊煮用火的炉灶烟囱，必须满足防火安全要求。

（3）冬季必须取暖的地方，取暖用火的设置应经单位相关人员检查后确定地点，指定专人负责。

（4）供游人参观和举行宗教等活动的地方，应禁止吸烟，并设置明显的标志。工作人员和僧、道等神职人员吸烟，应划定地方，烟头、火柴梗必须丢在带水的烟缸或是痰盂里，禁止随手乱扔。

（5）如因为维修需要，临时使用焊接、切割设备的，必须经单位领导批准，指定专人负责，落实安全措施。

八、对古建筑用电的管理

（1）凡列为重点保护的古建筑，除了砖、石结构外，国家有关部门明确规定，通常不准安装电灯和其他电器设备。如果必须安装使用，须经过当地文物行政管理部门和公安消防部门批准，并由正式电工负责安装维修，严格执行电气安装使用规程。

（2）古建筑内的电气线路，应全部采用铜芯绝缘导线，并用金属管穿管敷设。不得将电线直接敷设在梁、柱、枋等可燃构件上，禁止乱拉乱接电线。

（3）配线方式通常应以一座殿堂为一个单独的分支回路，独立设置控制开关，以便于在人员离开时切断电源；并安装熔断器，作为过载保护；控制开关、熔断器都应安装在专用的配电箱内。

（4）在重点保护的古建筑内，不应采用大功率的照明灯泡，禁止使用表面温度很高的碘钨灯之类的电光源和电炉等电加热器，灯具和灯泡不能靠近可燃物。

（5）没有安装电气设备的古建筑，如果临时需要使用电气照明或其他设备，也必须办理临时用电申请审批手续，经过批准后由电工安装。到批准期限结束，应即行拆除。

九、对古建筑使用香火的管理

（1）未经政府批准进行宗教活动的古建筑（寺庙、道观）内，不得燃灯、点烛、烧香、焚纸。

（2）经批准进行宗教活动的古建筑（寺庙、道观）内，允许燃灯、点烛、烧香、焚纸，但必须注意安全，小心用火。

（3）燃灯、点烛、烧香、焚纸，需规定地点和位置，并指定专人负责看管，最好以殿堂为单位，采用“众佛一炉香”的办法，集中一处，方便管理。

（4）神佛像前的“长明灯”，应设置固定的灯座，并把灯放置在瓷缸或玻璃缸内，以免碰翻。

（5）神佛像前的蜡烛，也应有固定的烛台，以免倾倒，发生意外。有条件的地方，可将蜡烛的头改装成低压小支光的灯泡，明亮又安全。

（6）香炉应用不燃烧材料制作，禁止使用木板制作。

（7）放置香、烛、灯的木制供桌上，应铺盖金属薄板，或涂防火涂料，防止香、烛、灯火跌落在上面时引起燃烧。

（8）放置香、烛、灯火，禁止靠近帐幔、幡幢、伞盖等可燃物。

（9）除“长明灯”在夜间应有人巡查外，香、烛必须在人员离开前熄灭。

（10）焚烧纸钱、锡箔的“化钱炉”，须设置在殿堂外，选择靠墙角避风处，采用不燃烧材料制作。

十、在古建筑修缮过程中应注意的防火事项

（1）修缮工程较大时，古建筑的使用管理单位及施工单位应遵照《古建筑消防管理规则》的规定，将工程项目、消防安全措施、现场组织制度、防火负责人、逐级防火责任制事先报送当地公安消防监督部门，未获批准，不能擅自施工。

（2）工地消防安全领导组织、义务消防队、值班巡逻、各项消防安全制度，以及配置足够的消防器材等消防安全措施均必须落到实处。

（3）在古建筑内和脚手架上，不准进行焊接、切割作业。如果必须进行焊接、切割时，必须按规定要求执行。

（4）电刨、电锯、电砂轮不得设在古建筑内；木工加工点，熬炼桐油、沥青等明火作业，要设在远离古建筑的安全地方。

（5）修缮用的木材等可燃烧物料不能堆放在古建筑内，也不能靠近重点古建筑堆放；油漆工的料具房，需选择在远离古建筑的地方单独设置；施工现场使用的油漆涂料，不得多于当天的使用量。

（6）贴金时要将作业点的下部封严，地面能浇湿的，要洒水浇湿，以免纸片乱飞遇到明火燃烧。

（7）支搭的脚手架应考虑防雷，在建筑的四个角和四个边的脚手架上安装数根接闪杆，并直接和接地装置相连，保证能保护施工场所全部面积，接闪杆至少要高出脚手架顶端30cm。

第九节 博物馆、展览馆

一、博物馆建筑的消防设施应符合的防火要求

（1）新建博物馆建筑必须符合 GB 50016—2014《建筑设计防火规范》的规定。

（2）陈列厅（室）为古建筑，尤其是属于文物保护单位的古建筑，不得改变原有的结构或在原结构上加装可燃构件，如吊顶等。

（3）陈列厅（室）需有两个安全出口，楼梯通道必须保持畅通。

（4）陈列厅（室）应安装火灾自动报警装置及自动喷水灭火系统，同时需配置轻便灭火器。

（5）大型博物馆应设置消防控制中心。

二、对陈列室的防火要求

（1）陈列厅（室）内供陈列用的台、柜、箱和墙架等应使用不燃烧材料制作，如必须选用夹板等可燃材料时，必须经过防火处理，如涂刷防火涂料等。

（2）忌水的文物和展品，应放置在既能防水又能防火的箱柜内。

（3）原状陈列、不得移动的文物，如壁画、泥塑、木雕等，应设置防火防水罩或应急用的防火防水保护毯。

（4）陈列厅（室）内展台、展柜、展板等以及其他展物的设置，应根据陈列厅（室）的面积，或采用环形布局，或采用单面布局。总的陈列面积不得超过陈列厅（室）总面积的1/3，需留出足够的通道，宽度通常不小于3m。平时便于观众参观，发生事故时方便抢救和疏散。

（5）陈列厅（室）的电气线路和照明应严格遵守防火安全要求：

1）吊顶内或在古建筑内敷设的电气线路，需采用铜芯线，穿金属管保护，接线盒、过线盒要封闭严密，具有防火隔热措施。

2）照明灯线路要分段分路控制，每段每路的用电总功率均不能超过额定的容量，以防止超负荷用电，引起危险。陈列厅（室）内，不得使用临时供电线路。

3）深罩灯、吸顶灯、槽灯、嵌入式灯的周围，禁止有可燃材料的结构，要做好防火隔热处理，灯尾线需套耐高温材料的套管进行保护。

4）日光灯的镇流器不得安装在可燃构件上，更不得安装在吊顶内，须做好散热防火处理。

5）陈列厅（室）不得使用碘钨灯和其他高温灯具。

三、文物库的消防安全注意事项

（1）库房建筑的耐火等级应为一级耐火建筑，面积不能过大，与易燃操作部位和使用明火部位需保持一定的安全距离。

（2）安装有火灾自动报警和自动灭火装置的库房，可为二级耐火等级的建筑。

（3）设置在古建筑内的文物库，应采取严密的防火分隔措施，与其他可燃构件隔断。

（4）库房内照明线路要求和陈列厅（室）相同，但灯具应采用密闭型。人员离开库房时，必须切断电源。

（5）文物库的消防管理除执行《仓库防火管理规则》的要求外，还应做到如下几点：

1）库房的门窗应保持严密，存放文物的柜、箱、架需采用不燃烧材料制作。

2）可燃材料包装物不得同文物一起进入库房，备用的箱、柜、盒、匣，应与文物分开，存放在其他库房里。

3）在库房内严禁进行文物修补作业及包装操作。

4）安装有去潮湿机的库房，应有专人负责，注意潮湿机的运行情况，发现问题应时检修，以确保安全运转。

四、展览馆的电气安装注意事项

（1）对电气设备的总负荷量应进行严格核算，必须使其低于变压器的总容量。如超过时，应与供电部门联系，增加临时供电量，防止变压器过载，导致起火。

（2）电气线路、设备的安装，应由正式电工操作。每台电气设备应设置空气自动开关，容量较大的动力设备，通常应设过载和缺相的保护装置。开关、插座及配电盘等，应设置在参观人员不易触及和便于工作人员操作的地方，周围不能存放其他物品。

（3）电动模型、彩灯及声、光控制装置所有的电源变压器，不得安装在可燃物上，应尽可能设置在展台、展箱及展品模型外的通风良好处，并且有不燃烧材料的壳、罩保护。

（4）展览会通常要敷设铜芯绝缘导线，不得使用铝芯绝缘导线，临时移动电线需采用橡套电缆或塑料护套线。当电线、电缆必须横穿人行道面敷设时，需穿入金属管，管外做木桥保护，防止参加人员踏破电

线或被电线绊倒。不同电压等级的电线禁止穿入同一管内，管内不得有接头；必须有接头时，需加装接线盒。金属管两端应加木护圈保护，防止绝缘擦破，产生短路。在模型侧接线处，电线应有固定措施，避免拉断。

（5）动力、彩灯、照明等不同电压等级线路需分开敷设。12～36V 与 110～220V 的插座应有区别：12～36V 采用两眼插座，110～220V 采用三眼插座，防止插错后发生事故。

（6）霓虹灯由于电压较高，易对地放电产生弧光和造成人身触电事故，安装时高度应不低于 2.5m，并避开展板、展柜、展台等可燃物质。霓虹灯需由专业技术人员按规程进行安装。

五、 展览馆的电气照明防火安全措施

（1）每一回路接装灯具的功率总和应当不超过其最大负荷量。

（2）灯具布置需避开可燃物，如白炽灯与可燃物的距离不少于 50cm。日光灯、高压汞灯及金属卤化物灯配用的镇流器、电子触发器，不得安装在可燃、易燃的地方；装在展箱里的日光灯，应将镇流器移出置于箱顶，以利于通风散热。

（3）有些展览会展出时间较长，中午也不休馆，对展柜、展板等处的照明灯具需考虑两组切换使用。

（4）展台、展板、展柜、电动模型和展棚内，禁止采用卤钨灯等高热灯具，防止引燃可燃物和灼伤人员。露天场地如果采用卤钨灯时，应与可燃、易燃物至少保持 1m 的防火间距。灯具正下方不能有展台、展品等可燃物。灯头接线应用瓷质鼓形绝缘子保护，以免导线绝缘体被高温烤焦剥落，短路起火。

（5）露天展览用的照明灯具及其电气设备需为防潮型或采取其他防雨水措施。

六、 展览馆布置防火安全规定

在展览厅布置期间，通常是木工、电工、焊接、油漆、喷漆、粉刷等多工种交叉作业，这段时间火灾危险性较大。因此，应把展览会的装修布置阶段，作为防火工作的重点，予以高度重视。

（1）展览会筹备、安装及展出期间的防火安全工作，由主办单位、出租场地单位共同负责，建立防火责任制、岗位责任制、防火组织，统一管理，对重点部位需经常进行检查，落实措施，保证安全。

（2）电锯、电刨等木工机械应放置在室外操作，如必须设在室内，应加强防火工作，随时清理刨花、木屑等废料。冬季施工，应加强用火管理。在进行油漆、喷漆作业时，需保持良好通风，周围不应有明火，禁止与气焊、电焊同时、同地进行操作。各种油漆、稀释剂等易燃危险物品，需储存在展区外安全地点。应随时检查搬运物品的铲车、电瓶车电刷、电路是否接触良好；铲车发动机排气管应装防火罩，用后应停在馆外；汽车通常不准进入馆内。电焊、气焊作业应严格执行防火要求。

（3）展台、展板、展具、模型等展品设置，应采用环形通道，展品摆放的总面积不应超过展览馆面积的 1/3，通道宽度应不少于 3m。

（4）大型展览厅的展板、图表等长度不得超过 20m，高度不得超过 3.5m，与后墙的距离不少于 60cm，以便维修检查。

（5）展板、展柜、展品摆放地点，不应挡住消火栓和堵塞太平门，以确保火灾时人员安全疏散和灭火的需要。

（6）露天展览需有环形消防车道，尽头式消防车道应设回车道或面积不小于 15m×15m 的回车场。消防车道的宽度不应小于 3.5m，道路上如果有支搭装饰的广告、凯旋门等，其净高不小于 4m。

（7）机械展品，如内燃机车、汽车、拖拉机及各类汽油、柴油发动机等都应在室外展出，油箱内的燃油不得超过一天展出发动时的用量。若在室内展出，不应操作、维修，油箱内不能存油，电瓶应拆除。

（8）易燃、易爆、腐蚀、剧毒、氧化剂等化学危险物品，禁止以实物展出，可用不燃烧物品、非危险物品及模型代替。

（9）展览会销售的物品储存量不应超过当天的销售量。

（10）展台、展板、图表、电动模型应尽可能减少使用木质等可燃材料制作；如使用木质材料应作防火处理。更不应使用石油化工产品板材。

（11）展厅内所有窗帘、装饰性彩带、彩旗等棉织品，都应经过防火处理。

第十节 广播电台、电视台

一、 广播电台、 电视台的火灾危险性

广播电台和电视台设置有发射机房和天线，以及播音室、演播室、电视播出的总控制中心，电影放映室、洗影室、录像录音磁带制作室、影片磁带以及唱片等资料储存室、电视转播车和编辑业务部等重要设施。其火灾危险性表现在如下几个方面：

（1）建筑物内部的可燃材料。播音室、录音室及

演播室内必须有隔声、吸声设施，顶棚和墙壁四周均敷着多孔吸声板，地面铺有地毯，这些大多是可燃材料，而且多孔吸声板结构松软，比一般大板更容易着火，其他附属房间中的吊顶及墙壁装修等，也大部分是可燃材料。

(2) 电气照明和空调设备。电视演播室顶棚下有大量的电气照明灯具，有的安装在固定的天桥上，每盏灯的功率高达 2～5kW。有时根据剧情的需要，还要增加照明和铺设临时电源线路。这些灯具在工作时，将散发出大量的热，室内温度升高，但演播时却又需要密闭隔声，不能打开门窗通风。因此，必须安装空调器。若电气设备使用不当，发生故障或高温灯具玻璃壳碎裂掉落，均可能引起火灾事故。演播室为电视台内的电负荷最高、火灾危险性最大的部位。

(3) 电视台经常录制电视片，需要应用大量的木材、影片、幕布、幔帐和油漆等可燃、易燃材料。有时一次搭景使用的木材可达数百立方米。并与拍摄电影相似，放置有摄影、洗印、剪辑等设备。另外，电视节目还播放电影，在电影放映室中，将放映的图像投射给摄像机，由摄像机转换成图像信号输送给技术控制室，再送至发射台。在摄制放映过程中，如果操作不慎或电器、线路发生故障，都有可能导致可燃物着火。

二、演播室防火措施

(1) 演播室应设置专门的、足够容量的配电线路，并应穿金属管或阻燃管敷设。所有灯具不得贴靠顶棚、墙壁、送风管道等可燃隔声材料及布景、幕布，以免因长时间的高温烘烤而引起火灾。有条件的地方应采用难燃的隔声材料，布景、幕布应经过防火处理。

(2) 演播室内尽可能不用碘钨灯作照明灯，如必须使用时，安装位置要固定，不得靠近可燃物，并在灯具的下方布置网眼不大于 3mm 细目的镍铬不锈钢丝网防护，避免高温灯管玻璃爆碎后，落在地毯和可燃物上，引起火灾。

(3) 演播室内的电气设备，应有专业人员负责操作管理，录制节目时所应用的大功率照明灯具，需有专人看护。使用完毕后，立即断电，并在 2h 内巡视检查 1～2 次，演播室不用时应切断总电源。

(4) 演播室的出口处应安装红色指示灯，并备有应急照明灯。

(5) 大型演播室内的吊顶和装修材料，应使用不燃材料；并安装自动报警和自动灭火等现代化消防设施。

(6) 为录制节目所搭设的舞台和场景应严加限制，其面积通常不超过演播室面积的 1/3；其高度应与演播室顶部留有一定的距离；影片距天幕必须保证不少于 80cm 的距离，其间距内不得堆放物品。所使用的可燃材料凡是靠近照明灯具和电气线路的部位，均应做好防火处理；现场临时使用的电源线，要使用胶皮线、护套线等有保护层的电线，不得使用塑料线和花线。

(7) 录制节目时，演播室内通常不应使用明火效果。如果必须使用时，应报单位消防保卫部门批准，并采取有效的防火措施。节目录制完毕后，要及时拆除舞台等场景，并不得在室内存放与所录节目无关的布景、道具等可燃物品。

(8) 演播室内禁止采用明火取暖，如采用其他方式取暖时，影片、幕布、布景、道具等必须与取暖、空调设备保持 50cm 的安全距离。

(9) 录制节日联欢等电视节目，因为演出人员多，还有观众参加，场面大，气氛热烈，主办单位应根据录制要求制订消防保卫工作方案，呈报消防监督机关审批；消防监督人员应到现场检查指导，以保证安全。

三、发射机房的防火要求

(1) 广播电台及电视台的发射机房和配电室、控制器，应用不燃烧体隔墙分隔，连通的门应采用防火门，机房内要求通风良好，不得存放其他可燃物品。

(2) 电源电缆和信号传输电缆，都应敷设在用不燃烧体修筑的管沟内，穿过防火分隔物的空隙部位，应采用不燃烧材料填实。

(3) 发射机房内如果设置冷凝器，应设在一、二级耐火等级建筑的独立房间里，其周围禁止堆放可燃物品。

(4) 机房与其他技术用房，严禁存放易燃物品。擦拭机器等使用的酒精、汽油、香蕉水及丙酮等易燃液体，使用时要采取安全措施，并禁止在室内存放。

(5) 为避免室外馈线和场地天线开关出现的火花，或其他火源引燃地面的杂草，应立即清除周围的杂草和易燃物。

(6) 机房周围的地面，要做 3～5m 的水泥地面或防火隔墙。技术区内禁止放火烧荒，避免引起火灾。

四、广播电台、电视台防火安全管理

(1) 广播电台与电视台要建立严格的防火管理制度。工作室内禁止吸烟，不得随意使用明火，并防止外来人员带入火种。重要设备的房间内应严禁用汽油擦拭地板。

（2）在广播电台和电视台的各部位，根据机器设备及储存物资的不同要求，应设置必要的灭火器材，以便能迅速扑灭初起火灾。在机房、演播室等重点部位，应设置火灾自动报警和自动灭火装置。

（3）电视台的中继转播站，通常都设在高山顶上，对建筑施工、维修和平时的生活用火应严加管理，以免在发生火灾时造成毁坏森林和文物古迹的严重后果。

（4）广播电台和电视台，应制定严格的电气安装、使用和管理制度，并严禁非正式电工进行安装和操作，保证用电安全。

五、音像资料馆的布置、耐火等级等的防火要求

（1）音像资料馆应设置在环境清静、周围无火灾威胁的安全地段。在选址时需结合城市规划慎重选择，馆址和周围建筑应留有适当的绿化隔离带，与易燃易爆单位更应保持足够的安全距离。

（2）音像资料馆应设置在耐火等级为一、二级的建筑物内。

（3）音像资料储存室、录像播放室、音像资料编辑制作室、卫星地面接收机房的内部装饰及吊顶均应采用不燃烧材料制成。

（4）一、二级耐火等级的多层建筑的音像资料馆，其占地面积应控制在2500m^{2}以内。

（5）闷顶内分隔物和走廊的墙，不应开洞孔，其耐火极限应不低于0.5h。

（6）录像播放室一个房间面积超过50m^2，且观众人数超过50人的，应设置在三层以下。

六、音像资料馆的安全疏散要求

（1）音像播放室的面积超过50m^2、人数超过50人时，应设置两个以上安全出口。门必须向外开启，不应设置门槛，紧靠门口1.4m内不宜设置踏步，门的宽度应不小于1.4m。

（2）音像播放室内布置疏散走道时，横走道之间的座位排数不应超过20排，纵走道之间的座位数，每排不应超过22个；仅有一侧走道时，座位或排数减半。疏散走道宽度应按照通过人数每100人不小于0.6m计算，但最小净宽度不应小于1.2m，边走道不宜小于0.8m。

（3）地下室、半地下室机房应设置两个安全出口，面积不超过50m^2，且人数不超过10人时，可设一个安全出口。

（4）安全出口通道和疏散楼梯需安装事故照明装置和疏散指示标志，事故照明的电源应有蓄电池等备用电源，以保证在事故情况下能指示人员安全及时地疏散。

第十一节　体　育　馆

一、体育馆的火灾危险性

体育馆是开展体育运动的公共场所。体育馆除了举行大型体操、各种球类和其他体育项目比赛外，还用于举行重要的集会、文艺演出、放映电影、时装表演等，成为用途广、观众多的体育、娱乐及社会活动的地方。其建筑特点为顶棚高、跨度大、电气线路多、灯光功率大，还有较多的装饰物。容纳观众的人数，少则数千，多则上万。这样大型的公共场所，一旦起火，在空气对流的作用下，不但燃烧猛烈，蔓延迅速，而且因为人员众多，疏散困难，极易造成严重的伤亡事故及重大的经济损失，而且在政治、社会等各个方面产生不良的影响。

二、体育馆建筑防火要求

体育馆的建筑，除了必须符合GB 50016—2014《建筑设计防火规范》的要求外，还应注意以下几点：

（1）体育馆应坐落在四周宽敞、方便疏散的地点，建筑应采用一、二级耐火等级。馆内的吊顶、装饰构件都应采用耐火极限不小于0.25h的不燃烧体。

（2）体育馆在原有建筑的基础上进行各种活动时，不得因活动的需要任意改变其原来的建筑结构。

（3）体育馆屋架是钢结构的，必须进行防火处理，同时不得增添任何可燃结构。未经设计部门和相关安全部门的同意，禁止在屋架上悬吊重物或增加任何承重负荷。

（4）体育馆内如果设置电影放映室，其建筑结构应参照影剧院的电影放映室要求建造，并增强防火安全管理。

（5）体育馆附设制冷设备和冰库时，其建筑结构应参照冷库的防火要求。氨压缩机房需列为乙类火灾危险性机房，采用一、二级耐火等级建筑。氨是可燃气体，其爆炸极限为16%～27%，因此，压缩机房应设置有规定的泄压面积、紧急泄压装置及可供抢救时喷洒水雾的消火栓。

（6）燃油、燃气锅炉房、油浸电力变压器以及充有可燃油的高压电容器和多油开关等设施，不应设置

在主体或紧邻馆的建筑内，应按 GB 50016—2014《建筑设计防火规范》中相关规定执行。

（7）附设车辆停放的场地，需标有车辆停放的方向排列线，方便疏散畅通，并设置消火栓，以备急用。

三、 体育馆的安全疏散要求

（1）体育馆的主要出口，至少应设置两条不同方向的道路干线，并留有一定的疏散缓冲场地。

（2）观众厅安全出口不应少于两个，而且每个安全出口的平均疏散人数不应超过 400～700 人。规模较大的观众厅，通常取上限。

（3）观众厅内的疏散走道宽度应按照其通过人数每 100 人不小于 0.6m 计算，但最小净宽度不得小于 1m，边走道不宜小于 0.8m。在设置疏散走道时，横走道之间座位排数不应超过 20 排。纵走道之间的座位数每排不宜超过 26 个，若前后排座椅的排距不小于 90cm 时，可增加至 50 个，仅一侧有纵走道时，则座位减半。走道上不得有任何突出部分妨碍通行。

（4）体育馆观众厅的疏散门、楼梯和走道各自宽度，都应符合有关规定。

（5）体育馆的楼梯，除门厅的主楼梯外，都应设置封闭楼梯间。

（6）观众厅的入场门、太平门不应设置门槛，其宽度不宜小于 1.4m。紧靠门口处不应设置踏步。太平门必须向外开，并宜设置自动门闩。室外的疏散小巷宽度不应小于 3m。

（7）安全出口、太平门、疏散通道、封闭楼梯间等，应设显著的疏散指示标志和事故照明。严禁上述部位增装卷帘门或增加观众座位。

四、 对体育馆电气设备的防火要求

（1）超过 3000 个座位的体育馆，其消防用电设备应按照 GB 50052—2009《供配电系统设计规范》二级负荷要求供电。

（2）母线电缆应采用地沟走线，配电干线要采用槽管敷设，其他走线的配电线路需穿金属管保护，大功率的灯具引入线要用瓷管作护套，所有电气设备均需有可靠的接地装置。火灾事故照明及疏散标志可采用蓄电池作备用电源，但连续供电时间不得少于 20min。

（3）消防用电设备需采用单独的供电回路。当发生火灾停电时，应仍能确保消防用电，其配电设备应有明显标志。

五、 体育馆应该设置的消防设施

（1）在市政消火栓超出 150m 半径保护以外或消防用水量超过 15L/s 及室内设置 800 个座位的体育馆和附设的停车场，应设置室内室外消火栓，具体要求按照消防给水的有关规定执行。

（2）超过 3000 个座位的体育馆，观众厅的吊顶上部、贵宾室、器材间、运动员休息室需设置自动喷水灭火设备和自动报警装置。

（3）变、配电设备室互为一体的场所，应布置自动报警（感烟、感温）和自动灭火（卤代烷或二氧化碳）装置。

（4）设置自动报警、自动灭火系统的体育馆（场），应设有消防控制室，同时有维护设施的技术人员负责管理，定期检查、测试、保养，保证正常使用。消防控制室应具有以下功能：

1）接受火灾报警，发出火灾的声、光信号，事故广播及安全疏散指令等。

2）控制消防水泵、固定灭火装置、通风空调系统、机械防烟排烟设施等。

3）显示电源或附设闭路电视监测人流活动、电梯运行等情况。

六、 体育馆在使用和管理时的防火要求

（1）馆内的门、窗帘以及幕布必须经过防火处理。

（2）举办庆祝活动火炬游行点火仪式，需在有关部门的配合下，做好防火安全工作，如果要施放氢气球必须注意，储气瓶的存放、灌装氢气的作业、氢气球类的存放，都应选择在安全地点，不要在室内进行。

（3）采暖、通风、空气调节系统管道的保温材料，需采用不燃烧材料。

（4）主要电气设备、移动电器、避雷装置及其他设备的接地装置，应每年不少于一次进行绝缘和接地电阻的测试，只要是不符合安全条件的，要进行检修，保证安全使用。

（5）要有应对突发事故的指挥方案。根据建筑结构、部位、观众座位、安全出口、太平通道等的布局及消防设施的分布情况，制订灭火作战和人员疏散的综合指挥方案。要对全体人员进行普及消防知识的培训教育，适当演练，熟练使用消防器材，以提高扑救火灾和迅速指导观众疏散的能力。

（6）大型重要的比赛、集会或演出等活动，对于用电、消防、体育器械、悬浮物体等设备以及安全出

口、疏散通道等，都应做好事前的检查，对隐患或险情应立即整改排除，防患于未然。

（7）安排文艺演出之前，对于剧团使用的道具、景幕、灯光电器和用电容量以及剧目是否使用发火、发烟等化学物品，要进行审查，在保证安全的前提下，才能演出。

（8）当馆内因为维修或增加设备需要而临时动火时，必须严格执行动火审批制度，落实防火安全措施。

（9）物资储藏室，应按照《仓库防火安全管理规则》的要求进行管理。禁止将易燃易爆化学危险物品混存在内。

（10）座位底层的场地，作为馆招待所时，应在不妨碍主体安全出口和人流疏散前提下进行规划。

第十二节　商　厦

一、商场的火灾危险性

1. 营业厅面积大

商场的营业厅，建筑面积通常都比较大，难以进行防火分隔。多层的商场，除了楼梯相通外，有的还打通商场楼面，安装有自动扶梯，更是层层相通，防火分隔问题非常突出。还有一些多层商场，采取“共享空间”的设计方法，每层四面环通，上、下、左、右都无防火分隔。如此面积和空间，一旦发生火灾，能够很快蔓延到整个商场。

2. 可燃物多

商场的可燃物有以下三个方面：

（1）商品。

（2）陈列和堆放商品的柜台、货架，有不少仍采用可燃材料制作。

（3）商场建筑的装饰材料，也多数为可燃物质。

上述三方面的可燃物质，填充整个商场，构成的火灾荷载，几乎接近于仓库。但就其火灾危险性而言，却又大于一般物资仓库。

3. 人员多

商场是人员密度高、流动量大的场所。在营业时间，稍有骚动，也会引发混乱。万一发生火灾，情况十分严重，疏散困难，难免造成人员重大伤亡。

4. 电气照明设备多

安装在商场顶、柱、墙上的照明、装饰灯，大多采用带状方式或分组安装的荧光灯具，有些豪华商场采用满天星式深罩灯。在商品橱窗及柜台内的照明灯具，除了荧光灯外，还包括各种射灯。有的还安装了操纵活动广告的电动机。在节假日，商场内外还会临时安装各种彩灯。上述各种电气照明设备，品种数量之多以及线路错综复杂的程度，都是其他公共建筑难以比拟的。加上每天使用时间长，至少在12h以上。如果设计、安装、使用稍有不慎，引起火灾的概率较大。

5. 其他危险因素

（1）为了方便用户，商场内有的附设服装加工部，家用电器维修部，钟表、眼镜、照相机修理部等。这些部门通常要使用熨斗、烙铁等电加热器和易燃的有机溶剂，容易发生火灾。

（2）有的商场在更新改建时，仍然照常营业。因为在更新改建施工中，须使用电动工具和易燃的油漆，甚至进行明火作业，增加了其火灾危险性。

二、商场在布局和分隔方面的防火要求

（1）商场作为公共场所，顾客所占的面积应满足以下要求：

1）柜台、货架同顾客所占的公共面积应有适当比例，综合性大型商场，通常应不小于1∶1.5，较小的商场最低应不小于1∶1。

2）柜台分组布局时，组和组之间的距离，应不小于3m。

3）顾客所占公共面积，按照高峰时间顾客平均流量计算，人均占有面积应不小于0.4m^2。

（2）面积超过1000m^2的大型商场，按照高层一类建筑要求，应采取防火分区的分隔措施，即每1000m^2为一个分区，区与区之间应设置耐火极限不低于1.2h的防火卷帘分隔；如果商场内装有自动喷水消防灭火系统，防火分区的面积限制可增加一倍，即不超过2000m^2。

（3）对于原有的电梯间及楼梯间、自动扶梯等贯通上下楼层之间的孔洞，如果再增加耐火的围蔽结构，安装防火门封闭的确有困难时，可以在这些垂直的孔洞口上，安装水幕或距离加密（每1.8m长度安装一个）的自动喷水头保护。

（4）商场的小型中转仓库，应与营业厅分开独立设置。无条件分开时，应用防火墙分隔。

三、商场的安全疏散要求

（1）影剧院、体育馆等公共场所的入口与出口是分开设置的，出口专门用来散场时安全疏散。商场则不同，集入口和出口于一门，既是入场的大门，又是商场的疏散通道。根据这一特点，商场的门应重点考虑安全疏散的问题。门不但要有足够的数量，而且应

该多方位地均匀设置。

（2）商场的门既要考虑顾客人流进、出便捷，又要考虑安全疏散的需要，因此不宜设置影响顾客人流进、出和安全疏散的旋转门、弹簧门等。如果设置旋转门，必须在旁边另设备用的安全疏散门。

（3）商场楼梯走道的最小宽度指标，按照一、二层0.85m/百人，三层0.77m/百人，四层0.6m/百人的标准计算。

（4）商场供疏散的门、楼梯等通道，应设置显著的标志和事故照明。

四、商场空调冷冻机房和通风管道的防火要求

（1）因为商场多布置在城市繁华中心地段，在选择供空调使用的冷冻机组时，应选用不含氟利昂或不造成破坏大气臭氧层的溴化锂冷冻机组。由于氨冷冻机房属于乙类火灾危险的厂房，氨气泄漏时既会引起人们严重惊慌（很臭，又有强烈的刺激性），而且在与空气混合达到一定比例时，遇到明火或电气火花还会产生爆炸（爆炸极限为16%～27%）。

（2）已经安装使用的氨冷冻机组（房）需做好防火防爆工作。

（3）空调机房进入每个楼层或防火分区的水平支管上，都应按规定设置在发生火灾时能自动关闭的防火阀门。

（4）空调风管上所使用的保温隔热材料，应选择不会燃烧的硅酸铝或岩棉制品。

五、商场防火设施

（1）应布置火灾自动报警系统和自动喷水灭火系统。

（2）常用灭火器配置，参照灭火器配置的相关规定执行。

六、商场的电气照明设备和电路防火要求

商场的电气装置及线路在公共建筑中是复杂的，而且设计与仓库不同，每个楼面都能集中控制，同时切断一切电源。因此，在消防安全上应注意如下几个方面：

（1）电气线路及设备安装，必须符合低压电气安装规程的要求。

（2）在吊顶内敷设电气线路，应使用铜芯线，并穿金属管，接头必须用接线盒密封。

（3）电气线路的敷设配线应根据负载情况，按照不同的使用对象来划分分支回路，以既局部集中控制又方便检修为原则。但在全部停止营业后，则仍要求做到除了必要的夜间照明外，能够分楼层集中控制，将每个楼面营业大厅内的一切其他电源全部切断。

（4）安装在吊顶内的埋入式照明灯具所使用的镇流器，除了安装中的防火措施外，建议在安装之前，再全部进行一次最少连续通电使用48h的安全试验。

（5）注意霓虹灯防火。

（6）商场内自动扶梯的一切带电的器件均必须封闭，以防止意外接触而酿成事故。

（7）商场如设置变压器室，则不应布置在疏散出口的旁边，有条件的应采用干式变压器，以降低发生火灾时因变压器油燃烧而增加危害程度。

（8）商场内禁止乱拉乱接临时电气线路。

七、商场防火安全管理

（1）在柜台内的营业人员，应禁止吸烟；商场内应设置明显的“禁止吸烟”标志，有条件的商场，可设置吸烟室。

（2）柜台内应保持整洁，废弃的包装纸、盒等易燃物，不得抛撒于地面，应集中并及时处理。

（3）经营指甲油、摩丝、火柴、蜡纸、改正液、赛璐珞制品和小包装的汽油、酒精、丁烷气等易燃危险物品的柜台，对进货量需加以限制，通常以不超过两天的销售量为宜。

（4）经营家具、沙发等大件易燃商品的地方，应设置绳索围栏，防止顾客吸烟入内。

（5）在商场营业厅内禁用电炉、电热杯、电水壶等电加热器具。

（6）商场在更新、改建或房屋设备检修以及安装广告装置等时，由于用电、用火和使用油漆等易燃危险物品而增加了火灾危险因素，因此尤需注意防火。尤其是进行焊接、切割作业时，必须经过严格的审批，落实防火措施，才能进行作业。

（7）为了确保顾客安全疏散，商场的楼梯、通道必须保持畅通，禁止堆放商品和物件，也不得临时设摊推销商品；在门外出口处，3m以内不得停放车辆，做好引导顾客安全疏散的录音、广播准备，以便在紧急需要时播放。

第十三节　邮政和电信建筑

一、邮政分拣房的防火要求

信件分拣在分拣车间（房）内进行。目前，有人

工与机械分拣两种。分拣工作对邮件的迅速、准确及安全投递，有着重要关系。

1. 手工分拣车间（房）的防火要求

（1）照明灯具及线路应固定安装。照明所需电源要设置室外总控开关与室内分控开关，以便停止工作时切断电源。

（2）照明线路应穿金属管或塑料管，闷顶内的布线必须穿金属管。日光灯的镇流器不得安装在可燃结构上。

（3）采暖设备应符合安全要求。

（4）分拣车间（房）内禁止吸烟及进行各种明火作业。

2. 机械分拣车间的防火要求

机械分拣车间分别安装信件分拣和包裹分拣设备，主要是信件分拣机和皮带输送设备等。除有照明用线路，还包括动力线路。机械分拣车间除应遵守信件分拣的防火要求外，还须注意如下几点：

（1）电力线路应穿金属管敷设。

（2）控制开关应安装在包铁皮的开关箱内，并勿使邮包靠近，防止发生意外。

（3）电动机周围要加设铁护栏，以避免可燃物靠近和人员受伤。

（4）机械设备应定期检查维护，传动部位要经常加润滑油，最好使用润滑胶皮带，防止机械摩擦发热，引起燃烧。

二、 邮政枢纽建筑防火措施

作为公共建筑，邮政枢纽设施通常都采用多层或高层建筑，并建在交通便利的繁华地区。新建的邮政枢纽工程，在总体设计上需对建筑的耐火等级、防火分隔、安全疏散、消防给水和自动报警、自动灭火系统等防火措施进行考虑，并严格执行 GB 50016—2014《建筑设计防火规范》的规定。

对于已经建成的邮政枢纽建筑，如果其防火措施不符合上述规范的规定，应采取措施，逐渐加以改善。

三、 邮票库房的防火要求

（1）库房的建筑不应低于一、二级耐火等级；如果库房与其他建筑相连时，必须用防火墙隔断。

（2）库内的货架不得用可燃材料制作，并应分区分组设置。

（3）库内的照明线路应用铜芯线，并穿金属管敷设；照明用的白炽灯，功率不应超过 60W；可燃物距离灯具不小于 50cm；控制开关设置在库外，人离开时切断电源。

（4）邮票总额在 50 万元以上的邮票库房，应设有火灾自动报警和自动灭火装置。

四、 电信建筑防火设施要求

（1）高层电信建筑，应安装室内消防给水系统及火灾自动报警和自动灭火系统。

（2）中、小型电信建筑内的机房，也需设置火灾自动报警和自动灭火系统。

（3）电信建筑内的机房及其他电信设备较集中的地方，应采用卤代烷或二氧化碳自动灭火系统。其余地方可用自动喷水灭火系统。

（4）在电信建筑的各种机房内，还需配备相应的常规灭火器。

五、 电信机房防火要求

（1）机房内不能存放易燃、可燃液体。需在临近的房间内存放生产中必须应用的少量易燃、可燃液体时，应严格限制其储存量。在机房内禁止使用易燃液体擦刷地板。

（2）机房内不应进行清洗设备的操作。在机房内用汽油等少量易燃液体擦拭接点时，需在设备不带电的情况下进行。若擦拭时设备带电，则应有可靠的防火措施。要用塑料小瓶盛装汽油，以免其大量发挥。所使用的刷子的铁质部分，应用绝缘材料包严，以免碰到设备上短路打火，引起汽油起火。

（3）机房内要尽可能减少可燃物。拖把、扫帚、地板蜡等应放在固定的安全地点。在机房内禁止吸烟。在电气开关、插入式熔断器、插座附近和下方以及电动机、电源线附近禁止堆放纸条、纸张等可燃物。

（4）各种通信设备的保护装置和报警设备需灵敏可靠，要经常检查维修。如果熔丝熔断，应及时查清原因，整修后再更换熔丝。

第十四节 电子计算机中心

一、 电子计算机房的火灾危险性

根据国内外发生的电子计算机房火灾事故分析，起火部位多数是计算机内部风扇、打印机、空调机、配电盘、通风管以及电度表。其火灾危险性缘于：

（1）保持电子计算机房的恒温和洁净，建筑物内部需要用一定数量的木材、胶合板及塑料板等可燃材料建造或装饰，使建筑物本身的可燃物增加，耐火性能相应降低，极易引燃成灾。

(2) 空调系统的通风管道应用聚苯乙烯泡沫塑料等可燃材料进行保温，如果保温材料靠近电加热器，长时间受热就会起火。

(3) 计算机中心的电缆竖井、电缆管道及通风管道等系统没有按规定独立设置和进行防火分隔，易造成外部火灾的引入或内部火灾蔓延。

(4) 机房内电气设备和电路较多，若电气设备和电线选型不合理或安装质量差；违反规程乱拉临时电线或随意增设电气设备，电炉、电烙铁用完后不拔插头，造成长时间通电或是与可燃物接触而没有采取隔热措施；日光灯镇流器与闷顶或活动地板内的电气线路缺乏检查维修；电缆线和主机柜的连接松动，造成接触电阻过大等，均可能起火。

(5) 电子计算机需要长时间连续工作，由于设备质量不合格或元器件发生故障等原因，有可能造成绝缘被击穿、稳压电源短路或高阻抗元件因为接触不良，接触点过热而起火。

(6) 机房内工作人员穿涤纶、腈纶等服装或聚氯乙烯拖鞋，容易发出静电火花。

(7) 废弃的纸张、清洗剂等可燃物品未能及时清理，或使用易燃清洗剂擦拭机器设备和地板等，遇电气火花、静电放电火花等火源而起火。

(8) 没有配备轻便灭火器材，没有按规范要求设计安装火灾自动报警和自动灭火等消防设施或消防设施出现故障，导致在起火时，不能及时发现和采取应急措施，使得火灾扩大、蔓延。

二、电子计算机中心空调系统的防火要求

(1) 大中型计算机中心的空调系统应和其报警控制系统实行联动控制。

(2) 通风、空调系统的风管及其保温材料、消声材料和胶黏剂都应采用不燃或难燃材料。风管内布置电加热器时，电加热器的开关和通风机开关应连锁控制。

(3) 通风、空调系统的送回风管道通过机房的隔墙和楼板处应设置防火阀。既要有手动装置，又要布置易熔片或其他感温、感烟等控制设备。当管内温度大于正常工作最高温度 25℃时，防火阀即顺气流方向严密关闭。并应采取附设单独支吊架等避免风管变形而影响关闭的措施。

三、电子计算机中心电气设备在防火方面的要求

(1) 电缆竖井及其他管道竖井在穿过楼板时，必须采用耐火极限不低于 1h 的不燃烧体隔板分开。水平方向的电缆管道及其他管道在穿过机房大楼的墙壁处，也应设置耐火极限不低于 0.75h 的不燃烧体隔板；电缆及其他管道穿过隔墙时，应用金属套管引出，缝隙采用不燃烧材料密封填实。

(2) 机房内要事前开设电缆沟，以便分层铺设信号线、电源电缆及地线等；电缆沟要采取防潮和防鼠咬的措施；电缆线和机柜的连接要有锁紧装置或采用焊接进行固定。

(3) 大、中型电子计算机中心应建立不间断供电系统或自备供电系统。对于 24h 内要求不间断运行的电子计算机系统，要按照一级负荷采取双路高压电源供电，电源必须具备两个不同的变压器，通过两条可交替的线路供电。

(4) 供电系统的控制部分需靠近机房并设置紧急断电装置，做到供电系统远距离控制，一旦系统发生故障，能够较快地切断电源。为确保安全稳定供电，不得在计算机系统的电源线路上接入负荷较大的空调系统、电动机等电气设备。其供电导线截面不得小于 2.5mm^2，并采用屏蔽接地。

(5) 弱电线路的电缆竖井宜和强电线路的电缆竖井分别设置。如果受条件限制必须合用时，弱电与强电线路应分别设置在竖井两侧。

(6) 计算机房和已记录的媒体存放间应布置事故照明，其照度在距地面 0.8m 处不应低于 5lx。主要通道和有关房间宜设事故照明，其照度在距地面 0.8m 处不应低于 1lx。事故照明可使用蓄电池作备用电源，连续供电时间不得少于 20min，并应设置玻璃或其他不燃材料制作的保护罩。

(7) 电气设备的安装及检查维修、重大改线和临时用线，应严格执行国家有关规定和标准，由正式电工操作安装。禁止使用漏电的烙铁在带电的机械上焊接，且信号线应分层分排整齐排列。

四、电子计算机房防雷和防静电措施

(1) 机房外面应设置良好的防雷设施，其接地体的接地电阻不应大于 10Ω。

(2) 计算机交流系统工作接地和安全保护接地电阻均不应大于 4Ω。直接系统工作接地的接地电阻不应大于 1Ω。

(3) 计算机直流系统工作接地极和防雷接地引下线之间距离应大于 5m，交流线路走线不宜与直流地线紧贴成平行敷设，更不得相互短接或混接。

(4) 机房内应选用具有防火性能的抗静电活动地板或水泥地板，以消除静电。

五、 电子计算机中心防火设施要求

（1）大、中型电子计算机中心需设置火灾自动报警和自动灭火系统，自动报警和自动灭火系统主要布置在计算机机房和已记录的媒体存放间。火灾自动报警和自动灭火系统的设备应使用经国家有关产品质量监督检测单位检验合格的产品。

（2）大、中型电子计算机中心应配套设置消防控制室。消防控制室应有下列功能：

1）接受火灾报警。

2）发出起火的声、光信号以及事故广播和安全疏散指令。

3）控制消防水泵、固定灭火装置、通风空调系统、电动防火门、阀门、防火卷帘和防排烟等设施。

4）显示电源运行情况。

（3）火灾自动报警和自动灭火系统应设置有主电源和直流备用电源，并且不允许兼作他用或随意拉闸断电。其主电源需采用专用消防电源，在专用配电盘上应涂有专用标志。直流备用电源宜采用火灾报警控制器专用蓄电池。

（4）计算机机房宜在感温、感烟及感光等不同类型的探测器中选用两种，采取立体安装，以便监控各个不同的空间。自动报警装置可布置在顶棚上、活动地板下、通风管道中、机器内部、电源室、磁带和磁盘的保护场所、备品备件保护场及通信装置等地方。设有空调设备的房间，探测器至空调送风口边缘的水平距离不宜小于 1.5m，至多孔送风顶棚孔口的水平距离不宜小于 0.5m。

（5）电报警器与探测器之间的电线，应尽量与强电流电缆分开敷设，并尽可能避开可能招致电磁干扰的区域或设备。

（6）火灾自动报警和自动灭火系统应安装自动和手动两种触发装置，以确保报警系统的可靠使用。

（7）设置火灾自动灭火设施的区域，其隔墙和门的耐火极限不得低于 1h，吊顶的耐火极限不得低于 0.25h。

六、 电子计算机中心的消防管理要求

在做好计算机中心的消防设计，确保其建筑和设备的施工及安装质量的基础上，还应增强计算机中心的日常消防管理工作，具体应做到：

（1）严禁存放腐蚀性物品和易燃易爆物品。维修中尽可能避免使用汽油、酒精、丙酮、甲苯等易燃溶剂。如果确因工作需要，则应采取限量办法，每次带入量不得超过 100g，随用随取。禁止使用易燃品清洗带电设备。

（2）维修设备时，必须先关闭设备电源，然后进行作业。维修中心使用的测试仪表、电烙铁、吸尘器等用电设备用完后应及时切断电源，存放到固定地点。

（3）机房及媒体存放间等重要场所需禁止吸烟和随意动火。

（4）计算机中心必须配备轻便的 1211、1301 等卤代烷灭火器，并放置在明显、方便取用的地方。

（5）对计算机中心的工作人员必须进行全员教育和培训，使之掌握必要的防火常识及灭火技能，并经考试合格方可上岗。

（6）计算机中心的值班人员应定时巡回检查，发现异常情况应及时处理和报告。处理不了时，要停机检查，排除隐患后，才能继续开动运行。并将巡视检查情况认真记录下来。

（7）定期组织检查设备运行状况以及技术安全制度和防火安全制度的执行情况，立即分析故障原因，及时进行修复，并切实落实可靠的安全防范措施，保证计算机中心的使用安全。

第十五节 仓 库

一、 日用百货库的防火要求

1. 仓库的布局和建筑

日用百货仓库要选择周围环境安全、交通便捷、有消防水源的地方建库。

仓库建筑的耐火等级、层数、防火间距、防火分隔、安全疏散等除了应符合 GB 50016—2014《建筑设计防火规范》的要求外，还需注意：

（1）仓库必须有良好的防火分隔，面积较大的或多层的百货仓库中，按照建筑防火要求而设计的防火墙或楼板，是防止火灾扩大蔓延的基本措施。但是，有些单位只从装运商品的方便考虑，为了要安装吊运，传送机械，竟恣意在库房的防火墙或楼板上打洞，破坏防火分隔，将整个库房变成上、下、左、右、前、后全都贯通的“六通仓库”。一旦发生火灾，火焰就会从这些洞孔向各个仓间和各个楼层迅速蔓延扩大。因此，决不容许这种情况存在。百货仓库的吊装孔及电梯井，一定要布置在仓间外，经过各层的楼梯平台相通，井孔周围还需有围蔽结构防护。仓库的输送带必须设置在防火分隔较好的专门走道内，严禁将输送带随便穿越防火分隔墙和楼板。

（2）禁止在仓间内用可燃材料搭建阁楼，并且不

得在库房内设办公室、休息室和住宿人员。

(3) 库房内禁止进行拆包分装等加工生产。这类加工必须在库外专门房间内进行。拆除的包装材料应及时清理，不可与百货商品混在一起。

2. 储存要求

(1) 百货商品必须按照性质分类分库储存。属于化学危险物品管理范围内的商品，必须储存在专用库中，不能在百货仓库中混放。

(2) 规模较小的仓库，对一些数量不多的易燃品，如乒乓球、火柴等，又没有条件分库存放时，可分间、分堆隔离储存，但必须严格控制储存量，与其他商品保持一定的安全距离，并注意通风，指定专人保管。

(3) 每个仓库均必须限额储存，否则商品堆得过多过高，平时检查困难，发生火灾时很难进行扑救和疏散，也不利于商品的养护。

(4) 面对库房门的主要通道宽度通常不应小于2m，仓库的门和通道不得堵塞。

(5) 在商品堆放时，垛距、墙距、柱距、梁距都不应小于50cm，库房照明灯应使用功率不超过60W的白炽灯或LED灯，并设置在走道或垛距的上方。

3. 火源管理

(1) 库内禁止吸烟、用火，严禁放烟花和爆竹。

(2) 储存易燃和可燃商品的库房内，不得进行任何明火作业。

(3) 库房内严禁明火采暖。商品因为防冻必须采暖时，可用暖气。采暖管道的保温材料需采用不燃烧材料，散热器和可燃商品堆垛应保持一定安全距离。

(4) 汽车、拖拉机进入库区时应戴防火罩，且不准进入库房。进入库房的电瓶车、铲车，必须有防止打出火花的防火铁罩等安全装置。

(5) 运输易燃、可燃商品的车辆，通常应将商品用篷布盖严。随车人员禁止在车上吸烟。押运人员对商品要严加监护，以防沿途飞来火星落在商品上。

4. 电气设备

(1) 库房的电线应按相关要求安装使用。严禁在库房的闷顶内架设电线。库房内不得乱拉临时电线，确有必要时，应经过领导批准，由正式电工安装，使用后应及时拆除。

(2) 库房内不得使用碘钨灯、日光灯照明，应采用白炽灯或LED灯照明。电灯需安装在库房的走道上方，并固定在库房顶部。灯具距离货堆、货架不得小于50cm，不准将灯头线随意延长，随意悬挂。灯具应该选用规定的形式，外面加玻璃罩或金属网保护。

(3) 库区电源，应当设置总闸、分闸，每个库房应单独安装开关箱，开关箱设置在库房外，并安装防雷、防潮等保护设施。下班后库内的电源必须切断。

(4) 库房为了使用起吊、装卸等设备而敷设的电气线路，必须使用橡套电缆，插座应设置在库房外，并避免被砸碰、撞击和车轮碾压，以保持绝缘良好。

(5) 仓库内禁止使用不合格的保护装置。电气设备及线路不准超过安全负载。

(6) 电气设备除经常检查外，每半年需进行一次绝缘测试，发现异常情况，必须立刻修理。

5. 灭火设施

(1) 在城市给水管网范围所及的百货仓库，应设置安装消火栓。室外消火栓的管道口径不得小于100mm。为了防止平时渗漏而造成水渍损失，室内消火栓不应设在库房内。

(2) 百货仓库还需根据规定要求配备适当种类和数量的灭火器。

(3) 大型的百货仓库，应设置自动报警装置。

二、 粮库的防火要求

1. 合理布局

在总体规划时，粮库需建在城、镇（村、屯）的边缘；并位于长年主导风向的上风或侧风方向；且不应与易燃、易爆工厂、仓库邻近布置。为便于管理，防止外来人员、牲畜家禽等随意进入库内，粮库应建立围墙，使用不燃材料建造，其高度根据实际需要和环境确定，通常应在2m以上。

粮库区内可根据不同建筑的使用性质分成若干小区，通常可划为六个区，即储粮区、化学药品区、粮食烘干区、粮食加工区、器材区、生活区。各区之间应有一定的防火间距。消防通道可与库区交通道路合用，但应成环形，通向各小区。当库区的围墙一侧长度大于150m时应设两个以上的出入口。

库区内需有足够的消防水源。如消防给水管道或备有专用泵的蓄水池、水井、水塔，也可使用天然水源。但应有停靠消防车辆的设施。供消防车取水的水池保护半径不能超过150m，且吸水高度不能超过6m。当消防用水和生产生活用水合用时，应有确保火灾时消防用水的措施。库区内还应布置其他的消防器材。消防设施的电源，应确保不中断供电。

粮库上方不能有架空电线通过，应尽量采用地埋线，以免电线杆倒断或电线松弛相碰产生火花，引起火灾。变压器不应设置在储粮区内或贴近堆场，否则，不但增加火灾危险性，而且还有导致雷击的可能，从而发生火灾。

粮库区需设置避雷设施，并定期检测避雷设施和接地装置的完好情况。

2. 防火间距

粮食储存，不论采取哪种形式，都必须留有防火间距。

库房、土圆仓及堆垛与围墙之间要留有6m的平坦空地；库房与库房之间应根据其耐火等级不同留出防火间距。

粮食库房的火灾危险性属于丙类，其耐火等级、层数及面积应符合规范的规定。

3. 严格控制火种和电源

（1）粮库内严禁吸烟和动用明火。如因为生产需要必须动用明火时，在动火前，应严格执行动火审批制度，贯彻落实防范措施，并有专人负责。在工作结束后，要仔细检查，彻底熄灭残火。在危险性大的地方作业结束后，应设专人监护，确实无火险后，才能离去，防止死灰复燃。

（2）机车或其他机动车辆进入库区时，应严格检查。机动车在排气管处必须设置防火罩（火星熄灭器）。

（3）粮库内除照明线路外不得安装其他动力电气线路和设备，引进库房内的电线必须穿金属管配线。灯具需设置在走道的上方，距离堆垛水平距离不应小于0.5m；不应采用碘钨灯、日光灯；电气开关应设在库房外，并有防雨设施。

（4）动力线路应设置在库房外面，使用装卸机械时，电源由橡套电缆引入库内，橡套电缆必须完好，不能损坏或有接头；机械设备的电气开关应配置金属防护罩。

（5）储粮区内电气线路安装需采用电缆线或地埋线。

（6）下班或作业结束后，必须切断仓库内的电源。

（7）做好库区周围居民的防火宣传教育工作，燃放鞭炮或其他动火时应尽可能远离库区。

（8）完善库区内各种防火安全管理制度。

4. 控制库区内的可燃物

（1）易燃、可燃材料，不得到处乱堆放，应整齐堆放在指定地点，并与库房和堆场保持一定的安全距离。

（2）库房外和露天堆场内应做到“三不留”，即不留杂草、不留垃圾、不留可燃物。

5. 粮食立筒仓的建筑防火要求

（1）GB 50016—2014《建筑设计防火规范》规定，筒仓的耐火等级不应低于二级，其顶部盖板应设置必要的泄压面积。作为泄压面积一部分的筒仓盖板，需采用轻质建材，每平方米质量不应超过120kg。

（2）工作塔应采用现浇钢筋混凝土框架结构建造，它的整体性好，抗爆能力较强。并应布置必要的泄压设施，泄压面积和工作塔体积的比值（m^2/m^3）取0.22，有条件时可将外墙的一面制成轻质泄压外墙，但应避开人员集中的场所及主要交通道路。

（3）立筒仓和工作塔内壁表面应垂直、平整、光滑，以减少积尘并方便清扫。储存面粉等粉料的筒仓壁应涂对人体无害的涂料，避免仓壁挂粉积尘。内墙面与地面连接处需做成圆角，以利清扫。

（4）变、配电室应与筒仓脱开建造，如果有困难可毗邻外墙设置，但应采用加强抗爆能力、耐火极限不低于3h的防爆墙隔开。

（5）安全疏散的出口不得少于两个，最远工作地点至楼梯间或外部出口的距离不应超过30m。

（6）机械化立筒仓整体建筑需有良好的避雷装置。

（7）工作面或楼梯仓整体建筑需有良好的避雷装置。

三、 木材库的防火要求

1. 木材仓库的布局

木材仓库应设置在城镇的边缘，靠近天然水源充足的地方。厂、库合一的单位应将厂区和库区分开设置。库区最好用围墙或铁丝网围拦起来。露天储木场的围墙高度不应低于2m。围墙外侧应留有10m宽的防火隔离带。

2. 成材储存库

成材仓库通常都是工厂的附属仓库。成材的储存形式比原木多，有露天、棚内和库内储存三种。

成材储存于棚内及库内时有面积限制。应按照成材长度、垛的尺寸，因地制宜。棚间和库房应留出间距，库房的耐火等级、层数和占地面积需符合规范要求。

3. 用火管理

（1）库区边缘外侧与国家铁路编组站钢轨距离不得小于50m。铁路蒸汽机车进入库区时，应关闭机车燃烧室的通风箱，机车烟囱设防火帽，且不得在库区清炉出灰。

（2）库区内不准明火作业，动火修理时，必须事先经过有关部门审批，开具动火证，并采取防火措施，如清除作业点周围的可燃及易燃物质，消防、安全员到场监护，准备好灭火器材等。作业后，应认真检查，确认安全，才能离开现场。大风天气应禁止一切明火作业。

（3）库内及周围严禁吸烟、用火，禁止燃放烟花、爆竹等。

（4）库区内必须用火炉取暖时，应经领导及消防安全部门批准，并符合火炉安全使用规定。

4. 电气防火

（1）电气设备的安装使用及线路敷设应按照有关规定执行。

（2）高压线要沿库区边缘布置，引入库区的接户线应尽可能缩短引入长度，防止高压线路发生故障引起火灾。

（3）库房内必须设电源时，应使用钢管布线，露天储木场电气线路敷设，应尽量采用直埋电缆。如采用架空线路，与堆垛的防火间距不得小于杆高度1.5倍。

（4）启动频繁的选材运输机等的供电电压，不得低于额定电压的95%，不经常启动的电动机供电电压，不低于90%，以免电压过低烧毁电动机引起火灾。

（5）作业场所的电气设备都应装设防护罩，或采用铁壳开关和封闭型电气设备，避免原木、枝桠等碰坏设备，造成短路，或粉尘进入电气设备引起火灾。电动机需设置短路保护、过载保护和失压脱扣保护。

（6）电动车辆钢轨所有的接头，必须采用钢筋全部焊接牢固，防止车辆行走时产生火花。

（7）各种电气设备的金属外壳均应可靠接地。门式起重机、装卸桥等设备轨道最少有两处作对角接地。其接地电阻不应大于10Ω，钢轨接头处应用$\phi 10$钢筋焊接并作保护接零。

（8）库区应根据第三类工业建筑物及构筑物防雷要求设置防雷设施。

此外，成材库房内应按GB 50016—2014《建筑设计防火规范》规定设置室内消防给水系统。

四、纺织原料库的防火要求

1. 库区的布局

（1）纺织原料的专业仓库应建在市区的边缘，并处在常年主导风向的上风或侧风方向，地势略高于周围地面，接近水源的地方；库区应修筑围墙或采取其他防护措施。

生产单位的原料库通常应建在厂区常年主导风向的上风侧，并将库区与生产、生活区分开设置，以防外来火源危及仓库安全。

（2）纺织原料仓库的库房与室外变、配电站之间的防火间距应符合相关要求。

（3）纺织原料库房与烟囱、明火作业场所的距离不应小于30m，烟囱高度超过30m，其间距应按照烟囱高度计算。现有距离不足者必须采取严密的防范措施。

（4）高压架空线和仓棚、堆垛的间距不应小于15m，电杆高度超过10m时，其间距不得小于电杆高度的1.5倍。

（5）库区围墙距库房不应小于5m，围墙两侧建筑物之间需满足防火间距要求。

（6）纺织原料仓库的库区和堆场内不能修建易燃建筑。电瓶车充电室及机动车辆的油库应建在库区外的安全地点。

（7）企业扩大生产规模时应增加相应的原料和成品仓库。

2. 库房的设置

（1）纺织原料库房的耐火等级、层数及面积应符合GB 50016—2014《建筑设计防火规范》有关规定。

（2）库房内储存的纺织材料，必须具有一定的限额，要合理布置垛位，不能过高、过满。堆垛与堆垛之间需留出必要的通道，其中主要通道的宽度通常不小于2m，小通道的宽度通常不小于1.5m。

1）在一、二级耐火等级的库房内，垛高距房顶不小于2m；

2）在人字形屋顶和三级耐火等级的库房内，垛高距房梁不小于1m。

3）堆垛距墙壁不小于0.5m，距柱不小于0.2m，以利通风、检查及装卸操作，也可避免堆垛倾斜靠在屋柱上，影响屋柱的支撑力。

（3）纺织原料堆垛下面应垫有一定高度，以利通风，防止原料受潮。

（4）纺织原料库房内不得设置保管员办公室、休息室等。保管员办公室需单独建造，如与库房连建时，应采用防火墙隔开。

（5）靠近库区的生产车间和辅助用房，不能在库区一侧开门、开窗或装设排气、排毒和排放其他杂物的洞口。

（6）占地面积超过1000m²的纺织原料库房内应安装火灾自动报警和自动灭火设备。

3. 电源、火源管理

（1）库区电线通常应设地缆线，不宜架设架空线。如临时采用架空线，需在库棚和货垛的外侧通过，架空线下不得堆垛。

（2）库房内不得装设电源线和电器装置，更不能架设临时电线，库内照明应采用投光灯采光。

（3）库区搬运、吊拉、提升设备及车辆应用电瓶供电，并安装防止迸出火花的安全装置。动力电源在未改电瓶之前，库内用电应在库外安装插座。使用机械装卸设备时，电源自橡套电缆引入库内；橡套电缆应不破损，并不得有接头，电线上和电闸插座下禁止存放原料和成品；机械的电开关需带金属防护罩。

（4）在下班或作业完毕，库房电源必须切断。

（5）在库区内严禁吸烟和进行明火作业，应有明显的禁火标志，任何人进入库区不得携带火柴、打火机和其他易燃物品。如果确因工作需要，在离库区30m以内进行明火作业时，必须经过批准，并且采取可靠的安全措施，由专职消防员在场监护；作业结束应彻底消灭火种后才能离开；值班警卫人员要加强巡回检查，以免死灰复燃。

（6）库房内不得安装采暖设备。

（7）进入库区站台的蒸汽和内燃机车必须设置防火罩，蒸汽机车应关闭灰箱和送风器，并不得在站台内清炉和停留，防止喷出火星引起火灾。仓库要派人监护，直到机车离去。刮大风时卸车，必须加强安全措施。

（8）进入库区的汽车、拖拉机等机动车辆，必须设置防火罩并减速行驶；严禁这些车辆进入库房内，装卸原料时发动机应熄火，排气管一侧不能靠近可燃物，仓库要派人监护。

（9）新进的棉、麻等原料及车间下脚棉成包后，必须在库外安全地点停放24h以上，方可入库和堆垛，防止外界的火种带入库房和堆垛内，引起火灾。

（10）库区的电气设备和线路，应由专人负责，每周最少进行一次检查，每年最少进行二次绝缘遥测，发现可能引起打火、短路、发热和绝缘不良等情况，必须立即停止使用，修复验收后再用。

（11）因为捆扎原棉、化纤等原料都用铁皮、铁丝、铁箍等，和吊钩、手钩、水泥地面、垫垛的花岗岩石等撞击或摩擦会产生火花，已有这样引起火灾的严重教训，必须重视。因此，操作时不能猛烈撞击或敲打，也不得在地面上拖拉；吊钩、手钩宜采用铜质或镀铜的材料制成，防止产生火花。

五、 冷藏库的防火要求

各地冷库火灾的严重教训表明，冷库的火灾事故主要发生在建库及维修过程中。冷库在正常使用情况时，火灾危险性较小，因此，冷库防火工作的重点，需放在冷库的施工建造和维修过程。

1. 冷底子油的配制和涂刷的防火要求

为了避免潮气从冷库外墙渗入，要在墙上粘贴油毡防潮层。在粘贴前，也需要在墙壁上先涂刷冷底子油。因为是进行大面积的涂刷施工，所以必须注意防火安全。

（1）在配制冷底子油时，应将用明火加热熔化的沥青移到安全地点，稍待冷却后，再缓缓加入煤油，而且要不断加以搅拌，使其均匀混合。

（2）在涂刷冷底子油，特别是在连续进行大面积涂刷时，应停止库内其他所有施工操作，照明要使用有防护外壳的投光灯，照明灯电线的接头、插座及开关都不应安装在库内，也不得在施工期间打开照明灯具的护罩和外壳进行修理，防止产生火花而引起燃烧爆炸事故。

（3）冷底子油全部涂刷完毕后，还需经过6～7d的安全干燥期，使表面和内部均达到一定的干燥程度。在此期间，库内仍需禁止火种入内，并派人值班看守。禁止用汽油或苯来取代煤油，或用在煤油掺入汽油的办法来配制冷底子油，也不能在施工中采用喷涂的方法操作。

2. 油毡防潮层施工的防火要求

（1）焊接插板墙柱的钢筋时，应采取防止火花直接飞溅到防潮层上的安全措施。比如采用铁板隔开，使火花、熔渣溅在铁板上，再散落至安全地点。在焊接点的下方，还需派人值班监护，准备好灭火器材。必要时，可将焊接过的部位和受传热影响的周围，以及有焊接火花掉入的防潮层或软木层等处注水浇湿，防止燃烧。

（2）施工现场的照明，应采用有防护外壳的投光灯。如果条件限制，而且是使用大功率灯泡时，因灯具的表面温度通常都在300℃以上，若贴靠可燃的防潮层、隔热层挂放，就容易烤着而起火。此时必须将灯泡临时固定在铁架上，与防潮层施工点（包括油毡的临时存放点）至少相距1.5～2m。

3. 软木隔热层施工的防火要求

在冷库的夹墙内，以及库房内部的墙、柱、顶部选用软木（砖）作隔热层时，施工中应注意：

（1）在粘贴软木时，工作面不得过于集中，也不要将几皮软木连接一次贴完。需在每皮软木粘贴完毕后，间隔一定时间，没有异常发热情况时，方可浇涂热沥青，稍经冷却后，再继续铺设另一皮软木砖。

（2）在库房建筑不规则，或软木砖有缺角处，通常需要用沥青拌碎木来填补，此时要在锅中用明火加热，手工炒制。一般当炒拌到开始冒青烟温度已接近300℃时，应停止加热。否则，温度抬高，填补面积又较大，易积热不散，导致沥青、油毡、软木自燃。

4. 稻壳隔热层的安全灌填

在冷库施工中从防潮、隔热材料的敷贴至稻壳的灌填这一阶段，是防火工作的关键时刻，基建单位应与施工单位密切配合，制订具体的安全施工方案，相应控制工地上的用火、用电、焊割等可能发生火灾的操作，双方派纠察人员加强值班，准备好灭火器材及消防车供水，必要时，还可以联系当地消防队，派消防车辆驻防保护。

稻壳运到工地后，需存放在安全地点，不得靠近冷库的主体建筑物；周围不要接近明火；临时堆场的建筑内的电线安装需符合规定；屋顶应防止漏雨。墙面灌填稻壳需在混凝土插板墙安装完毕后进行；分层灌填，每次大约灌 30cm，用棒捣实，灌满后再将顶部的混凝土防火盖板盖好。屋顶层的稻壳，可以通过屋面顶留孔洞顺序灌填，必须填足塞实。灌填完毕后，应将洞口盖板严密封实。

5. 电气线路和照明设备安装的防火要求

冷库的电气线路如果安装不当，也会引起火灾。

(1) 在线路设计安装时，不得使电源进线直接从可燃隔热层中穿过，而需在门框边上预埋套管，使电源进线从中通过。若必须从可燃隔热层中穿过时，则必须外加套管防护，并且在套管外 20～50cm 范围内，用石棉泥、玻璃纤维、蛭石或用氯化石蜡调和的瓷土等不燃烧材料填实隔断。

(2) 冷库内固定安装的电气线路应采用穿管明敷，照明灯具应采用防潮型，不得在可燃隔热层内直接敷线和将开关安装在库房内。

(3) 为了避免冷库的门及内部走道地面因温度过低而被冻住或结冰，影响操作，新的设计是在门框内及走道的地坪底下敷设一种穿在紫铜管内的软性康铜丝橡胶电阻线（防冻电热线），经过调压器调压，表面温度可控制在 20℃。但如果安装错误，将电源进线接头留在墙外，而使得防冻电热线穿过稻壳隔热层会因为电阻线过热而引起火灾。

正确的安装方法是将电源的接头盒箱安装在墙内，套管外再使用不燃的隔热材料隔断。防冻电热线的电压不应超过 36V，同时将调压器的调节范围限制在安全温度以内。

(4) 施工用的临时电线，必须使用橡套电缆，并绝对不允许从可燃隔热材料内通过。大功率照明灯具不得贴近可燃物或隔热层，且必须用灯架临时固定。停止施工时，需将电源切断。

6. 氨压缩机房的防火要求

氨是可燃气体，其爆炸极限为 16%～27%。GB 50016—2014《建筑设计防火规范》中，将氨压缩机房列入乙类火灾危险的厂房，应采用一、二级耐火等级的建筑。GB 50072—2010《冷库设计规范》对氨压缩机房也有专门的设计要求。

氨压缩机房的设计，应按照规定有足够的泄压面积；电气设备要防爆；设置有紧急泄压装置及可供抢救时喷洒水雾的消火栓。

7. 冷库的防雷和消防给水

万吨级的冷库建筑物，高度均在 40m 以上。在设计上必须采用可靠的防雷接地装置。可以利用土建结构的钢筋作引下线；柱子顶端的钢筋和屋面接闪线焊接连通；以基础的钢筋作接地极。

在冷库的每层常温穿堂平台或楼梯间需安装室内消防给水管、消火栓。

六、高架仓库的防火要求

高架仓库是一种应用现代化计算机技术控制搬运装卸操作，仓库容量利用率较高的仓库。其防火要求如下：

1. 建筑要求

高架仓库如果采用轻钢结构，对照建筑防火设计规范规定，通常达不到二级耐火等级建筑要求。为提高建筑物的耐火程度，需对建筑顶部钢屋架以及外部围护结构的钢构件采取以下防火措施：

(1) 喷涂防火涂料。

(2) 覆贴不燃的防火隔热板材。

在外墙周围不同高度及不同部位，要开设易于开启或易于破折、面积不小于 2m×2m、墙外有明显标志、以利于从外部进行灭火扑救的暗窗。因为高架仓库的建筑高度通常能达到 15～30m，而且这类仓库的建造位置都位于空旷部位，高度超过 24m 的高架仓库已列入高层建筑范畴，因此，应按规定安装避雷设施，并将金属货架有效接地。

2. 灭火设施

根据高架仓库的建筑及火灾特点，很多国家的消防部门做出规定，必须在高架仓库内安装自动喷水灭火系统，对于高度超过 24m 的高层高架仓库，还必须使用大水滴喷头，喷头的重点安装部位应该是堆垛吊车通道的上方和仓库建筑内壁不同水平高度的货架斜上方。

3. 其他防火要求

(1) 堆垛吊车的柔性悬挂电源线需定期检查，发现使用时伸缩不灵活应及时检修，因为绝缘老化损坏的要立即更换。总之不能因为高架仓库无人操作，设备也“无人”巡视检修，缺乏防火管理而酿成大祸。

（2）应禁止在仓库内动火检修，如果必须在内部动火时，需办理动火手续，动火前应清理一定范围内的可燃物，尤其是下方的可燃包装货物，并要有人监护、准备好灭火器材，动火结束后应经过仔细检查方可撤离。

（3）为避免无关人员接近，也是从安全保卫需要考虑，应在仓库一定范围外设置一定高度的围墙及软栅栏围护，必要时还应指派警卫人员守护。

七、 废旧物资仓库的防火要求

废旧物资通常被认为价值不高，因而管理不严，甚至无人看管。发生火灾后，又通常不容易被发现，也不能及时报警，加上消防设施较差，即使被发现，也难于及时扑救。

对废旧物资仓库，应采取如下防火措施：

（1）储存大量旧布、旧纱、废纸、废胶等可燃物的废旧物资仓库，要选择恰当的地址。这类物品不应储存在人员密集的城镇、街道或工厂企业附近。若必须储存时，要在不低于三级耐火等级的单独建筑内，并和周围其他建筑物至少保持 30m 的防火间距；严禁储存在用竹子、木板、稻草、芦苇、油毡等易燃材料搭建的易燃建筑物内。各收购点的仓库也需设在不贴靠居住建筑的周围、没有明火作业地点的砖瓦房内。

（2）从工厂回收的沾有油脂的废棉纱，或是接触过干性油、植物油的麻袋、布袋等，不应在收购店、站内存放时间过长，最好是在当天直接运至加工场处理，或将其拆开后浸泡到碱液池槽中，或者存放在加盖的铁桶内，防止发生自燃起火事故。

（3）从化工厂、农药厂、制药厂、染料厂等使用易燃、易爆物质的单位收购进来的各种包装材料及容器、设备，如麻袋、塑料袋和塑料桶、铁桶、玻璃瓶、反应釜、闸阀等，事先必须问清楚曾盛装过什么化学物品、有何危险性以及清洗的方法等。如果盛装过强氧化剂、酸性物质的麻袋储存不当，就容易发生自燃；盛装过腐蚀性物品或剧毒物品的容器，未经清洗就转手售给其他用户使用，也会造成严重后果。因此，必须分别情况，进行妥善处理。

（4）盛装过氢、氧、乙炔、液氯、液化石油气、有毒气体的各种高压容器，即使标志清晰，也不要随便收购，更不能随便处理。科研单位使用的小型废钢瓶很容易夹杂在其他铁器中，被一同收购进来。遇到这种情况，不要随意敲打，应请有关部门熟悉这方面业务的人员进行处理。

（5）从废旧电线中能够回收紫铜，这是非常有用的工业原料。收购后，通常要经过焚烧，以除去无用的绝缘材料层。这些绝缘材料层主要为橡胶、绝缘漆或聚氯乙烯塑料。在焚烧过程中，不但会产生大量的刺激性的烟雾，而且还能因为风吹造成飞火，使周围其他地方发生火灾。因此，焚烧废电线应选择在空旷的地方，在 50m 的范围内，不得有厂房建筑、露天堆垛或居民住宅，以免引起火灾。焚烧操作的地点，需三面围上矮墙，或挖掘焚烧坑。一次焚烧量不得过多，以 50kg 左右为宜。

（6）有些来自科研单位或医疗机构盛装过各种试剂、放射性物品的塑料以及玻璃等瓶形容器，比较精致，外形也比较美观，在未经彻底清洗、确认无毒无害之前，不得转售给居民使用，以免造成不必要的事故。

（7）废旧物资仓库需对职工群众加强防火安全思想教育，不能因是废旧物资，就放松防火安全检查管理工作。

第七章 电气装置防火安全检测

第一节 电气防火安全检测技术计划

一、电气防火安全检测的目的和意义

电气火灾隐患具有一定的“隐蔽性”及“潜伏期”，肉眼检查往往很难发现，这就迫切需要建立一套科学、准确、可操作的电气消防安全检测方法、手段和法规，同时成立相应的专业检测机构。电气消防安全检测作为社会发展的需要，展现出其在现代消防工作中不可替代的作用。

电气消防安全检测是电气防火安全检查的重要组成部分，它具有如下目的：

(1) 防止电气系统及电气设备因为各种故障及运行不当引起火灾爆炸事故。

(2) 避免出现电击事故，造成人员伤亡。电气设备消防安全检测工作的开展具有很强的社会效益和经济效益。

二、电气防火安全检测的范围和要求

电气防火安全检测有它特定的对象及范围，首先应从燃烧三原则的角度看电气设备的设计、安装、运行、使用以及使用环境是否满足消防安全规定，有没有潜在的能够引发火灾可能性的参数和危险状态。不得随意扩大检测范围，否则就没有重点，捕捉不到与着火相关的信息，失去检测作用。重点对象是各建筑内10kV以下电气系统的电气消防安全和易燃易爆场所的电气防爆，范围包括变、配电站的变压器，变、配电装置，开关电器，电线电缆线路，照明插座，防爆电器等。电气防火安全检测要点如下。

(1) 电气设备及线路绝缘材料的可燃性，与环境可燃物相对位置和采用的危险性。

(2) 对能引发电气火灾参数的监视和控制措施的完好性。

(3) 电气设备及线路安装对建筑耐火性能破坏与抑制火灾蔓延的措施。

(4) 安装中遗留的不规范现象及火灾隐患。

(5) 电气设备及线路运行中的热状态参数。

(6) 电气接地系统。

(7) 其他与电气火灾相关的设备、部件及环境。

(一) 检测范围

电气消防安全检测的范围主要是指电力用户，即电压等级在10kV及10kV以下的新建、改建及扩建的工业与民用建筑。10kV以上高压及超高压供电系统的检测应由电力系统进行。此外，对爆炸危险场所的电气消防安全检测需慎重，没有进行防火防爆专业知识培训、没有防爆检测仪器设备的公司不得承担此项检测。

检测范围包括变、配电站的变压器，变、配电装置，开关电器，电线电缆线路，照明插座，防爆电器等，具体范围如下。

(1) 变、配电站包括油浸式电力变压器、干式电力变压器、高压配电装置、低压配电装置、电力电容器、低压电器（如低压断路器、低压隔离开关、漏电保护器、配电箱及开关箱）等。

(2) 室内低压配电线路包括室内配线、导线连接、导线与设备的连接、导线的绝缘强度、电力电缆线路等。

(3) 照明装置、开关与插座。

(4) 一般低压用电设备，例如电动机、整流设备及其他小型用电设备等。

(5) 接地和等电位连接。

(二) 检测内容

(1) 电流。测量供配电设备、开关等通过的电流值是否正常，测量设备及开关通过的电流是否大于额定的荷载电流容量。

(2) 温度。电气线路及设备在异常情况下一定会出现异常的温度。因此，温度的检测是电气消防安全检测一个必不可少的方面。

(3) 绝缘电阻。绝缘电阻值反映电气线路和设备的绝缘能力。绝缘电阻值下降，表示绝缘老化，容易出现过热、短路等故障，从而发生火灾事故。

(4) 接地电阻。电气装置接地分为保护性接地及功能性接地。为了确保电气装置的正常工作，必须有

一个良好的接地系统。接地电阻是反映接地系统质量的一个重要指标，对于防雷、防爆、防静电场所特别重要。

（5）谐波分量及中性线过载电流。中性线电流是由三相不平衡负载电流与非线性负载电流的三次及其奇次倍的谐波电流两部分组成的。当中性线截面和相线截面相同时，中性线电流有效值不得超过相线电流；当中性线截面为相线截面两倍时，中性线电流有效值不得超过相线电流的两倍。

（6）火花放电。火花放电是形成火灾的火源条件，精准掌握火花放电部位是预防电气火灾的前提，用超声波泄漏检测仪能够检测出电气设备内部火花放电现象。

（三） 检测要求

在进行电气消防安全检测前，应首先检查电气线路及设备的使用环境条件（如高温、潮湿、多尘、有腐蚀性气体等）与规定的工作状态是否相符。电气消防检测需在电气线路和设备经过一定时间的有载运行并进入正常的热稳定工作状态后进行。

根据防火工作的要求，下列情况应适当进行电气消防安全检测。

（1）新建、改建、扩建及装饰装修工程竣工验收前。

（2）歌舞厅、影剧院、宾馆、饭店、商场等公众聚集场所使用和开业前。

（3）举办大型活动（如大型文艺晚会、灯会、焰火晚会、大型展览）前。

（4）雷雨季节前夕以及用电高峰前夕。

（5）使用新的大型用电设备之前。

（6）出现电气故障和火灾事故隐患之后。

三、 检测仪器的选择和配置

检测仪器的选择必须和电气防火安全检测的目的、内容相辅相成，满足检测要求即可，选择原则如下。

（1）顺利开展检测工作的可能性。

（2）仪器的先进性，检测结果的可靠性、实用性、方便性、性价比。

（3）考虑要到现场检测的特点，应选定便携式检测仪器。

（4）考虑检测内容的特点应选用简易与技术含量高的精密仪器配合使用。

四、 电气防火检测计划及其隐患诊断实施过程

对电气系统火险隐患的认定，是一个从在线检测到离线分析和评估的程序化过程。

（1）在现场充分应用传统与现代的检测方法，利用声、像、图表、文字等载体，广泛收集即时状态隐患信息。

（2）离线采用人-机结合的方式，充分利用计算机存储、数据处理及图像分析诊断的功能提取隐患特征信号。

（3）以国家有关电气防火安全技术规范、标准作为依据对隐患信息进行对比分析。

（4）编制图文并茂的检测报告，指出隐患类型、性质、部位及危险程度，预测可能趋势，提出整改意见，送到受检单位和报公安消防监督部门。

电气火险隐患故障诊断实施过程如图 7-1 所示。

建立电气装置火险隐患档案库（数据库）是图 7-1 中的重要环节，它是直接表示电气装置火险隐患状态的典型模式，只有它才是鉴别隐患的可靠依据，否则检测诊断将无法操作。建立档案库的方法较多，有意识地积累在线检测数据，然后对电气装置表征出的各种正常及隐患状态信息进行详细的观察、统计、分析和归纳，总结出典型隐患模式。实验研究分析与计算机辅助方法，虽有其先进、准确、周期短的特点，但目前应用条件还不成熟。

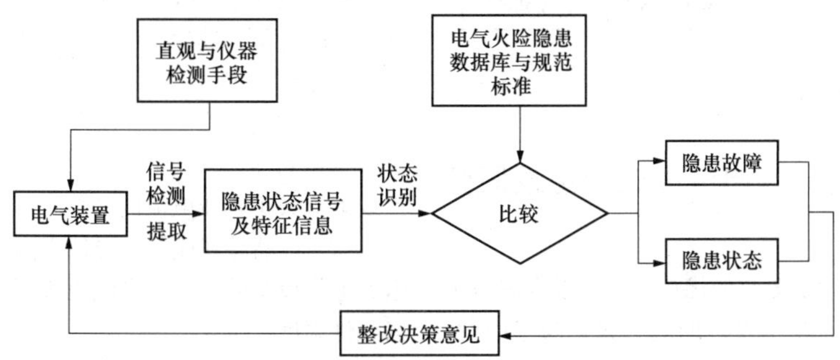

图 7-1　电气火险隐患故障诊断实施过程方框图

检测诊断实施过程中，应选用适当的仪表并采用正确的检测方法，这是决定检测诊断成败的关键。只有这样方可客观真实、充分地采集到表征电气装置故障状态的信息，然后才能从中将最能表征运行状态的隐患信息提取出来，与档案库中的标准隐患样式进行比较，判断其技术安全状态是否正常，预测可靠性及发展趋势，为评价故障原因、部位及火灾危险程度做出合理的整改决策。

第二节 电气防火安全检测程序

一、 检测工作流程框图

工作流程需包括与被检测单位签订检测约定书、编制检测计划以及下达检测任务、检测准备与检测任务的实施、编制检测报告、送检测报告和收取检测费用、对被检测单位整改情况进行复检等，具体工作流程如图 7-2 所示。

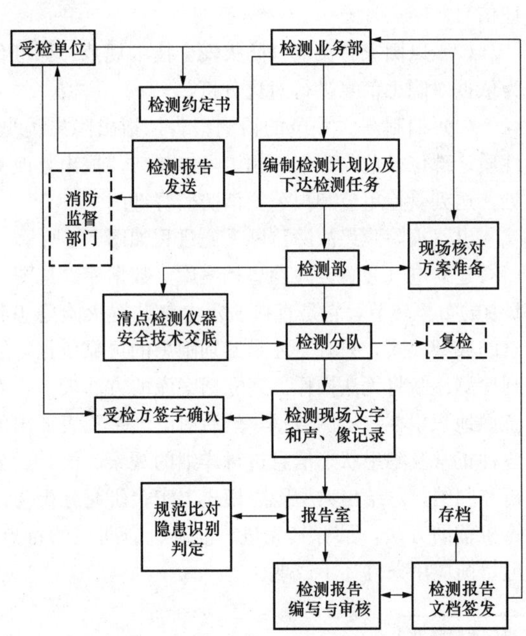

图 7-2 电气防火安全检测工作流程

二、 关于对制定电气火灾隐患性质分类判据的原则

电气火灾隐患性质分类的优点：方便报告编写工程师归纳现场检测记录中发现的电气火灾隐患问题；方便受检单位依照检测报告中指出的隐患问题，针对单位实际情况按照危险程度和轻重缓急顺序进行整改；方便消防监督部门掌握受检单位隐患存在的严重程度，依法对整改进度实施监督。

电气火灾隐患性质分类方法，目前还没有统一的国家或地方标准，下列参照有关电检公司的隐患分类情况，进行归纳整理，作为对火灾隐患判定指导依据的参考。

1. 一般电气火灾隐患

长期运行有可能造成电气火灾的隐患状态。

（1）已运行电气设备没有发现超负荷及热故障现象。

（2）同相上、下接线端子有温差，但不超过 5℃。

（3）运行电气设备不完好，存在缺损部件。

（4）线路施工安装质量差，管线具有固定不牢、松动、穿管不到位、穿墙无保护、导线捻接、移动插座有串接及采用塑胶线的现象。

（5）其他。

2. 严重电气火灾隐患

严重电气火灾隐患没有显著的热点，但施工安装不规范，有可能发生火灾的现象是正常情况下需要规范整改的问题，应要求受检单位限期进行整改。

（1）电气装置处于额定负荷运行状态，三相负荷严重不平衡，具有超负荷运行趋势。

（2）固定和移动线路敷设、接线不规范且穿管不到位，在特殊公共场所布线敷设未穿金属管。

（3）铁质配电箱内配电板是木质，插座、灯具直接安装在木质结构上。

（4）温度接近最高允许温度，同相上、下端子温差大于 10℃。

（5）爆炸和火灾危险环境防爆电气设备安装不规范，有缺损、锈蚀现象。

（6）其他违反规程规定的现象。

3. 重大电气火灾隐患

重大电气火灾隐患是指被检现场存在可以引发电气火灾的危险，被检单位应按照要求及时整改，不然将直接导致火灾。

（1）电气装置与线路处于超负荷运行状态，导线负荷率达到 105%，如断路器负荷率达到 150%、中性线电流大于相线电流的 2 倍。

（2）电器接线端子、导线中间连接处、变压器绕组、电气设备外表面、电线电缆等的工作温度大于最高允许温度。

（3）保护装置选用不当，切断动作电流和时间失效，没有保护作用；熔断器熔丝用金属丝代替。

（4）导线在有可燃物时没有穿金属管保护或直接敷设在闷顶和装饰夹层内。

（5）电气装置没有采取防火隔热措施，高温灯具直接靠近可燃物或防火间距不足，配电箱为木质，电器发热体安装在密闭空间内。

（6）爆炸及火灾危险环境采用非防爆电气设备，防火间距不够。

（7）其他严重违反规程规定的有关事项。

判断隐患危险性等级是一个复杂的认知过程，必须考虑电点火源、可燃物、通风条件三个燃烧因素，要以理论与经验作支持，结合定性和定量数据做出综合判断。

三、 电气防火检测报告的编写

编写电气防火检测报告的要点见表 7-1。

检测报告是一个电检企业的最终服务产品，同时也是对受检测单位电气火灾隐患状况的评判，因此检测报告要突出隐患重点，力求做到文字、表格、图片简明清晰，达到图文并茂的效果。为了保证报告的法律性质，在扉页或尾页应有即时检测报告属性及不得非法涂改采用的声明。检测报告的内容和格式见表 7-2。

表 7-1　电气防火检测报告的编写要点

序号	编写要点	具体内容
1	电气防火报告的性质	电气防火报告是电检企业向用户提供的一种服务性产品，具有产品的特性，即可用性、安全性、可靠性。报告提出的一个特定被检对象应具有独立性、不可互换的唯一性、可操作性。对火灾诉讼取证及法律文书的编写也是一个物证证据
2	编写格式	格式只是表现内容的一种形式，可以不拘一格，允许各企业形成各自特色的编写形式，从而实现优胜劣汰。目前，应用形式可归纳为以下两种： （1）直叙式。即将检测发现的隐患与规范规定条文对照表述，使内容与判据一一对应。 （2）表格式。将内容细化列成表格，判据用代码表示，使内容和判据分离，规范规定的条文在结尾集中列出
3	报告的基本内容	（1）检测单位的地址、名称、规模、联系电话、投诉电话、实力。 （2）约定内容、检测时间、地点、单位名称、联系人、检测人、联系方式（如电话）。 （3）被检单位性质与特点（建筑物结构、内装修、特殊性等）。 （4）检测条件，如预报温度、环境温度、通电运行时间、原始图纸和运行记录。 （5）检测使用的仪器。 （6）发现的违规问题：设计、安装、运行、管理、产品、材料。 （7）应说明的问题：与约定不符的内容。未检部位与原因。强调检测的及时性。 （8）必须做到图文并茂，应有可见光图像，隐患部位的可见光图像与热图像对应
4	报告禁忌的语言和弄虚作假	大概、可能、基本、非技术性的术语、隐患部位无法界定等禁忌语言不可出现在报告里；未检报检及隐患不报、瞒报、属弄虚作假
5	编写报告	（1）进一步精炼语句，及时修改或删除不适用语句，补充新语句。 （2）确定取舍隐患判据标准条文的正确性，深刻理解隐患判据标准条文的含义。 （3）对未检测项目的描述要与检测人员及时沟通，做到准确到位、不含糊

表 7-2　　　　检测报告的内容和格式

电气防火安全检测报告

一、受检单位及检测情况　　　　编号：

受检单位名称					
检测项目名称					
地址					
联系人			电话		
受检单位概况及约定检测范围内容					
约定检测范围内的实际检测项目及数量	变压器/台		照明开关/个		线路
	配电柜/面		插座/个		
	配电箱/个		荧光灯/盏		
	断路器/个				
检测时间					

二、检测使用仪器及检测方法

三、检测条件

四、检测结果

（一）配电装置火灾隐患与判定规范整改依据（略）

（二）照明装置火灾隐患与判定规范整改依据（略）

（三）开关、插座火灾隐患与判定规范整改依据（略）

（四）配电线路火灾隐患与判定规范整改依据（略）

五、检测评价与遗留问题说明（略）

六、提醒受检单位应注意的事项（略）

第三节　电气装置防火安全检测方法

一、红外检测法

红外测温技术主要是检测过热型电气火灾隐患。它借助光学、电子学的转换系统将物体的辐射能接收下来，转化成温度并表示出来，是一种非接触的测温方法，使用便捷，应用广泛。目前，普遍使用的有点温仪、热电视和热像仪等。

受检电气线路与设备在满载的情况下，使用红外测温仪检测电气装置相关发热部位的表面温度，再与所测部位的材质温度标准进行比较，判定是否存在火灾隐患。

二、电气设备超声检测法

超声波探测主要是检测放电型电气火灾隐患。电气设备和线路因为绝缘体受潮、老化变质、机械操作造成的电火花和电弧或者电气设备漏油，经过超声波探测将会测到异声，这种异声对应电火花及电弧的频率或波长，从而可以找到电气火灾隐患存在的部位。

低压带电导体产生火花及电弧放电现象时，使用超声波探测仪在频率响应的波段内对其进行探测。当接收到火花与电弧放电产生的超声波时，可以确定存在放电型火灾隐患。

因为用超声波检测仪检测到的超声信号，是电气设备内部局部放电发出的，所以超声检测法是一种动态无损检测方法，能够实时反映电气设备由于内部缺陷引发的放电动态信息。它操作方便、灵敏度高，在对电气设备放电信息诊断中，已得到广泛应用。

在对放电进行超声检测的实践中，仪器波段选择按钮通常放在固定波段。当环境噪声大时，可将声波频率调高一些，例如从 20kHz 调到 40kHz；当被测区域超声波信号太强时，可将仪器灵敏度设定值调低一点。要达到准确测量的目的，检测人员在现场必须依据仪器特性、环境条件和经验等进行正确操作和综合判断。

试验表明，有绝缘被覆层的金属在变压器油中过热时，也会间断地发出高电平超声波，而且在此类过热部分设备停止运行后的几分钟内，仍然会间断地发出超声波。利用这一点，即可在没有设备运行声的安静状态下，标定异常过热位置。关于发出超声波的原理，到目前还没有定论。过热模拟试验记录表明，脉冲状高电平超声波与稳定声波相叠加而存在。虽然稳定超声波难以与噪声区别开来，但对脉冲超声波却能够判断出来。

三、单相三级插座接线的检测

在电气系统施工安装中，经常出现将相线与保护性接地线 PE、相线与中性线 N 反接的情况，或者因为使用了劣质电线产品使接线端子氧化或松脱使线路断开、N 线断开。这样会导致与插座连接的用电设备，在无电压显示、没有负荷电流的情况下，外壳仍旧带有 220V 对地电压，潜伏人身触电和火灾的安全隐患。因此，在电气防火检测中必须使用插座安全检测器或其他具有此类检测功能的仪器，检测单相三级插座接线的正确性。其检测原理为，当 PE 线存在相电压时，就会有一定电流自 PE 端子流出，经过仪器内部电阻及操作人员身体，流入大地。电流在内部电阻上的电压降，可以被仪器电子电路检测到，并显示接错的隐患类型。

四、接地导体导通性检测

接地导体是指接地系统的保护性接地导体 PE 线、等电位联结及辅助等电位联结导体、与接地极联结的接地导体。这些导体截面的正确选择及联结能够防止危险电位的产生，但是在设计、施工安装或运行中，会因为导体过长、截面太小、接触不良、连接不当等原因造成电阻过大，失去防止危险电压出现的作用。因此，对总接地端子至分配电箱 PE 线接地端子、分 PE 线接线端子到各用电设备的 PE 导体、总接线端子至接地极（包括与避雷的共同接地部分）的导体的导通性，必须选择适当仪器给予测量，防止危险电位、局部发热或火花产生。保护接地线 PE、总等电位及辅助等电位联结如图 7-3 所示。

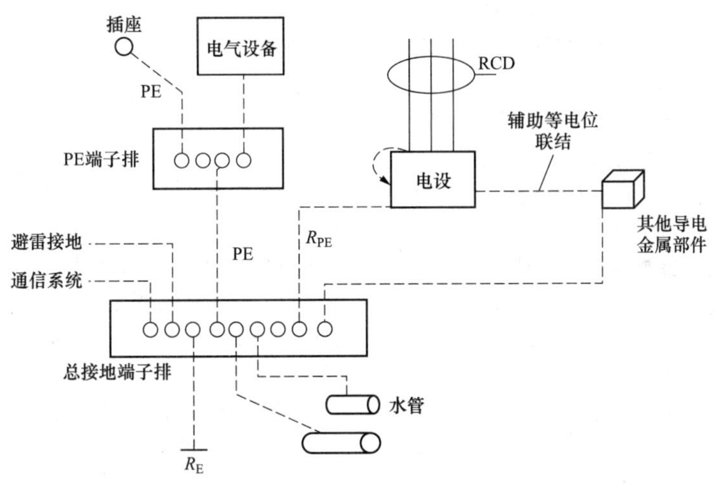

图 7-3 保护接地、总等电位和辅助等电位联结示意图

当电气设备的外露可导电部位出现危险电位时，若人或其他导电体与附近已接地的金属部件（如散热器）连接，就可以对人造成电击或与导电体间产生火花放电，这是非常危险的，因此，必须作辅助等电位联结。当外露可导电部件之间的距离不足 2.5m 时，对电气设备外露可导电部件保护接地导体电阻的测量值需满足下式要求，即

$$R_{PE} \leqslant U_L / I_a \quad (7\text{-}1)$$

式中 R_{PE}——所测的保护导体电阻，Ω；

U_L——人身安全接触电位，50V；

I_a——RCD 动作电流或过流保护装置的动作电流（≤5s），A。

五、漏电火灾在线监视与测量

1. 漏电火灾在线监视

漏电火灾在线监视即是用零序电流互感器对被保护线路的剩余电流进行探测，当其漏电电流达到报警设定值时，探测器就能够发出报警信号；或接收探测器的报警信号，并发出声、光信号及控制信号，指示报警部位，记录并保存报警信息；或由探测器及装置组成的电气火灾监控系统，进行实时监视。根据规定，探测器报警值不得小于 20mA、大于 1000mA，且报警值应在报警设定值的 80%～100%。达到报警设定值时，需在 60s 内报警。监控装置在接收到探测器监控报警信号后，可以在 30s 内发出声、光报警信号，指示报警部位，记录报警时间，并进行保持，值班人员可在主机处远程操作切断电源，或来到现场排除剩余电流故障后手动复位。

漏电火灾监视在电气配电系统的设置应采用三级防护方式。一级将剩余电流保护器布置在电源总进线侧，动作电流应选择在0.5～1A；二级将剩余电流保护器布置在分支干线电源端，动作电流应选择在100～500mA；三级将剩余电流保护器设置在分支线电源端或用电设备的电源线上，动作电流应选择在30mA，以防止人身触电为主，兼作漏电火灾保护。实际应用中，应实测线路的实际漏电电流，然后根据用户配线方式、线路距离、导线绝缘状况及经验选定适当的动作电流，作为漏电火灾保护值。

在TN-S和TT系统，线路各级保护之间需有时间差的配合关系，以保证供电电源的运行安全。

2. 漏电电流在线检测

电气火灾漏电监视装置是固定安装在建筑电气配电系统中对漏电电流进行跟踪检测的一种方法，安装价格比较贵。对没有安装电气火灾漏电监视装置的配电系统，可以采用便携式漏电检测装置，定期对配电系统各配电回路的漏电状况进行检测，随后分析判断漏电存在的火灾危险性，及时采取防范对策。

(1) 用钳形漏电电流表测量漏电电流。当低压配电线路产生漏电时，可以使用钳形漏电电流表，在检测漏电电流的同时检查并排除漏电电流产生的部位。用钳形漏电电流表能够在线路带电运行的状态下，对线路漏电电流大小在线进行测量，这种方法比较简单、方便，数值即时可读。

(2) 钳形漏电电流表的构成与原理。钳形漏电电流表主要由零序电流互感器（ZCT）与仪表构成。零序电流互感器检测出漏电电流，仪表显示漏电电流的大小。漏电电流的检测原理如图7-4所示。当相线漏电电流是零时，如图7-5(a)所示，在ZCT的铁芯中有因为负荷电流而引起的磁通Φ_1和Φ_2。穿过ZCT铁芯的电线L和N相互处于等值的位置，若ZCT铁芯

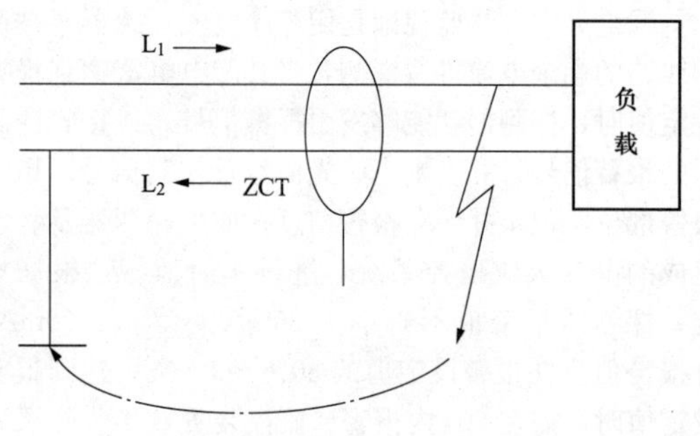

图7-4　漏电电流检测原理

的磁导率和二次绕组绕法均匀，磁通Φ_1和Φ_2又在铁芯的全周上积分，从铁芯的整体上来看Φ_1与Φ_2将相互作用而成为零，ZCT铁芯二次绕组因此没有感应电流输出。但是，如图7-5(b)所示，当相线中有漏电流时，产生磁通Φ_1与Φ_2的电流值中，具有漏电分量的数值$I_L=I_1-I_2$，因此，Φ_1和Φ_2无法完全抵消，产生与漏电流I_L相当的磁通Φ_L，于是ZCT二次绕组线圈中就有电流输出。仪表可以显示出漏电电流的大小。

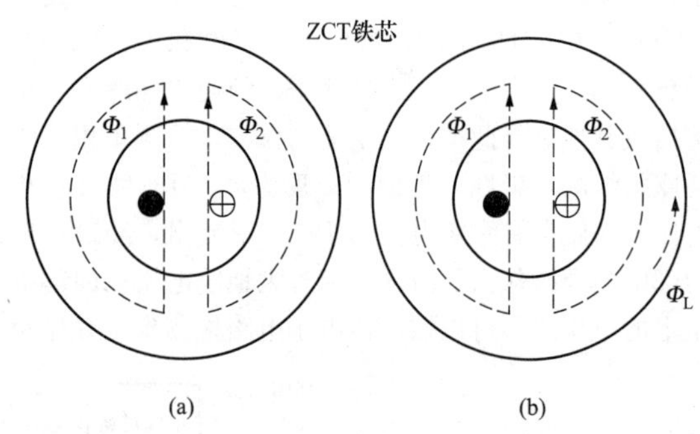

图7-5　ZCT中产生的磁通

(a) 无漏电电流时；(b) 有漏电电流时

(3) 用钳形漏电电流表对绝缘不良部位进行检测的顺序。在变压器中心点接地的TN系统中或住宅进户配电箱主开关处，若要检测整个电路的漏电流时，对不良部位的检测顺序可依照图7-6所示步骤进行，然后采用排除法确定不良部位点。不过在具体应用时需根据现场设备的不同情况，顺序也应有所调整，只有这样应用起来才比较便捷、可靠。

1) 变换测量位置进行检测。先将钳形漏电电流表置于a处检测漏电电流，然后分别放在引入线或是分支电路的b、c、d等处依次检测。若被检测到的漏电流很小，那么可以确定漏电流发生在A区内。若在c处检测出大的漏电电流，就能够知道漏电发生在用户L_{p2}或分支电路内，因此可以从c开始采用同样方法，依次对负荷侧的分支电路L_1、L_2、L_3进行测量，这样就能够发现产生漏电电流的部位。

2) 通过开关的通断操作进行检测。开关通断操作检测与图7-6 (a) 相同，如果在a处检测出漏电电流，可将钳形漏电电流表设置在a处的位置上，一面看漏电电流表的指示或显示值，另一面依次打开引入线或分支电路的开关zk_1、zk_2、zk_3，确定漏电电流表的指示或显示值。若打开zk_2后漏电电流变小，就可以确定漏电电流发生在zk_2的负荷侧。

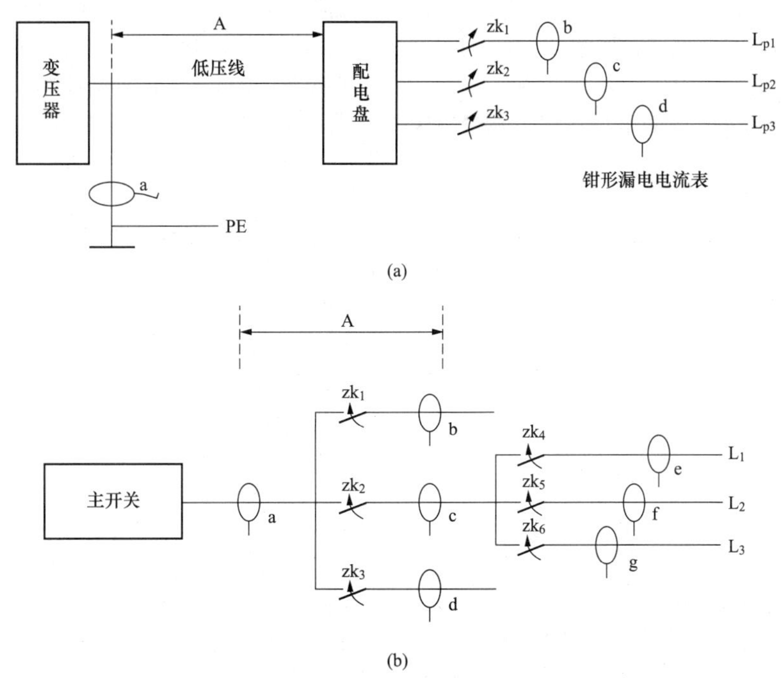

图 7-6 对绝缘不良部位的检测顺序

(a) 在低压配电线路上；(b) 在住宅进户配电箱

六、 对漏电电流危险值的界定

正确选择漏电保护器的安装位置及整定值，定期检测漏电保护器的灵敏性与动作时间。检测漏电保护器保护线路的漏电电流是保证漏电保护对象防火安全的一项重要措施。

能使人感知的漏电电流是 1mA，由交流电流（50Hz）流过人体时对人体的影响可知，在低压配电线路中即使有 1mA 漏电电流经过，也不会对人体造成触电危险。根据经验及火灾案例证明，即使它集中在一个部位上，也不一定会发生火灾。可能引起火灾危险的漏电电流数值的大小，通常界定为 1A 以上。在进户配电箱处，我国规范规定为 300～500mA，当然在负荷设备端仍应以能够使人致命的 30mA 为整定界限值。

七、 低压配电系统漏电检测

（一） 漏电保护与零序电流保护的区别

漏电保护电器中的剩余电流与一般所说的零序电流虽然有时电流值一样，但概念不同。零序电流是指三相电流之和不为零的那部分电流，即 $I_A+I_B+I_C=3I_0$，I_0为零序电流。图 7-7 中，RCD1 假定位置是零序电流保护，互感器设置在变压器工作接地线上，当发生相线和 PE 单相接地或与 N 单相短路时，互感器均能够检测出其接地或短路电流，而使过流保护装置动作。但是系统在正常运行（没有接地或短路故障发生）时，流过互感器一次测的电流仅能是三相不平衡电流及 3 的倍数的谐波电流。这时虽然可以设定过流保护装置的整定值躲开这个电流而不误动，但当人体遭到电击时，流过人体的电流，由于远小于三相不平衡电流与谐波电流之和，保护电器不会动作。

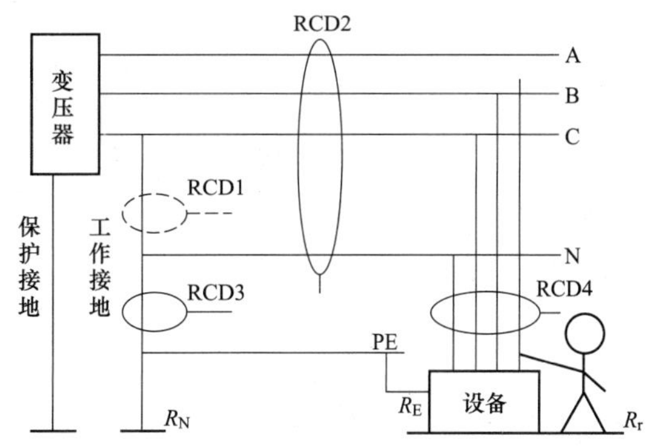

图 7-7 零序保护与剩余电流保护区别示意图

图 7-7 中，RCD2、RCD3、RCD4 设置位置是剩余电流保护，互感器测得的电流为 $I_R=I_A+I_B+I_C+I_N$，正常运行（系统没有故障）时，因为不平衡电流

$3I_0$是从中性线N流回电源的，所以无论 $I_A+I_B+I_C$是否为零，短路电流 I_K总是为零。仅在 $I_A+I_B+I_C\neq 0$的那部分电流从接地电阻 R_E 流回，而没有从N线流回，此时电流互感器才能测得电流的存在，测得的这个电流即为剩余电流。

可见正常工作时，虽然有零序电流存在，但是剩余电流保护电器并不动作。即使相线对N线发生单相短路时，RCD也不会动作。

（二）剩余电流保护电器

剩余电流保护电器简称RCD，是IEC对电流型漏电保护电器的规定名称。它的核心部分是剩余电流检测器件，在电磁型剩余电流保护电器中采用零序电流互感器作为检测器件。当线路电流通过零序电流互感器的铁芯时，依照基尔霍夫电流定律，正常工作时，电流向量和为零，互感器铁芯中不会形成磁通，二次侧也就不会有感生电流；当设备发生碰壳接地时，接地电流会流经设备接地电阻和大地流回电源，此时铁芯中产生磁通，互感器二次侧绕组感生电动势，闭合线圈内生成电流，这个电流即为漏电故障电流。

漏电电流的大小与互感器一次侧电流向量和不等于零的电流呈正相关。一次侧电流向量与不等于零的那部分电流称为剩余电流，这个“剩余电流”即为通常所说的漏电电流。它的流通路径通常是从设备的PE端子和设备工作端子以外的地方流走的，当人和设备外壳接触时，人体上流过的电流即为剩余电流。保护电器是根据测到的剩余电流大小来动作的。

（三）剩余电流保护对电气火灾防护的作用

RCD主要是对因为绝缘损坏产生的泄漏电流和单相接地故障电流引发火灾的防护。系统中虽然安装有过电流保护装置，但它对漏电及单相接地小电流故障是无效的，这种潜在的小电流，在泄漏通道的电阻上消耗的功率积蓄至60～100W时，就能引起绝缘材料的燃烧，实践证明不足300mA的RCD就能有效防止绝缘材料的燃烧。此外对电弧性接地故障，由于回路阻抗大，接地故障电流小，但远超过0.5A，不能使过电流保护装置动作，大于0.5A数值的电流就是剩余电流，由它生成的电弧能量足以引发电气火灾。因此，只要正确整定RCD的漏电动作电流，对防范电气火灾就有很大的意义。

第八章
雷电防护与接地

第一节　雷电的起因、种类及危害

一、雷电的起因

雷电是雷云之间或雷云对地面放电的一种自然现象。在雷雨季节里，地面上的水分受热变成水蒸气，并随着热空气上升，在空中与冷空气相遇，使上升气流中的水蒸气凝结成水滴或冰晶，形成积云。云中的水滴受到强烈气流的摩擦产生电荷，而且微小的水滴带负电，小水滴易于被气流带走形成带负电的云；较大的水滴留下来成为带正电的云。这种带电的云层称为雷云。雷云是产生雷电的基本因素，雷云的形成必须具有以下三个条件。

（1）空气中有足够的水蒸气。

（2）有使潮湿的空气可以上升，并凝结为水珠的气象或地形条件。

（3）具有使气流强烈持续地上升的条件。

雷云放电波形如图 8-1 所示。

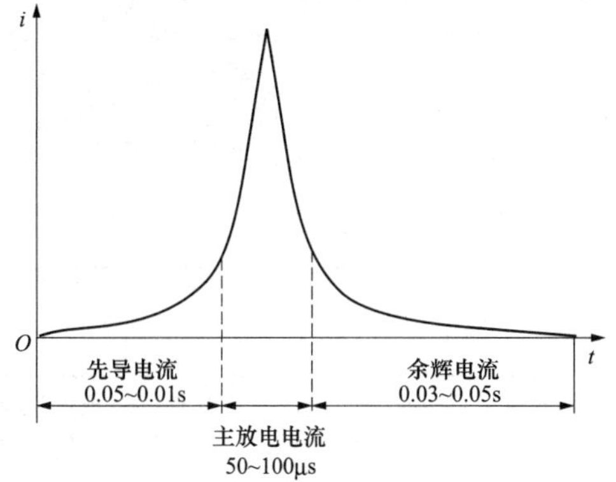

图 8-1　雷云放电波形

二、雷电的种类

雷电的种类可分为直击雷、感应雷（雷电感应）、雷电波侵入及球雷四种。

1. 直击雷

雷云与大地之间通过建筑物、电气设备或树木等放电称为直击雷，强大的雷电流通过被击物时生成大量的热量，而在短时间内又不易散发出来。因此，凡雷电流流过的物体，金属被融化，树木被烧焦，建筑物被炸裂。特别是雷电流流过易燃易爆体时，会引起火灾或爆炸，导致建筑物倒塌、设备毁坏及人身伤害等重大事故。直击雷的破坏最为严重。

2. 感应雷

感应雷是因为雷电流强大的电场和磁场变化产生的静电感应和电磁感应导致的。它能造成金属部件之间产生火花放电，引起建筑物内的危险物品爆炸或易燃物品燃烧。

（1）静电感应。当雷云出现在导体的上空时，因为感应作用，使导体上产生与雷云相反的电荷。雷云放电时，在导体上感应的电荷无法释放，会使导体与地之间形成很高的电位差，这些现象称为静电感应。

（2）电磁感应。由于雷电流幅值和陡度的快速变化，在它周围的空间里，会形成强大的变化的磁场。处于这一电磁场中的导体会感应产生强大的电动势，这种情况叫作电磁感应。

3. 雷电波侵入

因雷电对架空线路或金属导体的作用而产生的雷电波就可能沿着这些导体侵入屋内，危害人身安全或损坏设备。根据调查统计，供电系统中因为雷电波侵入而造成的事故，在整个雷害事故中占 50%～70%，因此，对雷电波侵入的防护应予以足够的重视。

4. 球雷

关于球雷的研究，现在还没有完整的理论。通常认为它是一个炽热的等离子体、温度极高并发出紫色或红色的发光球体，直径在 10～20cm 或以上。球雷一般沿地面滚动或在空中飘行，它能经烟囱、门、窗及其他缝隙进入建筑物内部，或无声消失，或发生剧烈爆炸，造成人身伤亡或使建筑物遭受严重破坏，有时甚至发生爆炸或火灾事故。

三、雷电的危害

雷电的危害主要表现在雷电放电时所出现的各种物理效应及作用。

1. 电效应

数十万至数百万伏的冲击电压可击毁电气设备的绝缘，烧断电线或劈裂电杆，引起大规模的停电；绝缘设备损坏还可能产生短路，导致火灾或爆炸事故；巨大的雷电流流经防雷装置时会造成防雷装置电位升高，这样的高电位同样能够作用在电气线路、电气设备或其他金属管道上，它们之间发生放电。由于雷电流的电磁效应，在它的周围空间里会形成强大的磁场，处于这电磁场中间的导体就会感应出较高的电动势。这种强大的电动势可使闭合的金属导体生成很大的感应电流引起发热及其他破坏。当雷电流入地时，在地面上可产生跨步电压，造成人身伤亡事故。

2. 热效应

巨大的雷电流通过导体，在极短的时间内转换成大量的热能。雷击点的发热量为500～2000J，可引起易爆物品燃烧或金属熔化、飞溅而引起火灾或爆炸事故。

3. 机械效应

当被击物遭受巨大的雷电流通过时，因为雷电流作用产生的温度很高，通常在6000～20 000℃，甚至高达数万摄氏度，被击物缝隙中的气体剧烈膨胀，缝隙中的水分也迅速蒸发为大量气体，因而在被击物体内部出现强大的机械压力，导致被击物体遭受严重破坏或发生爆炸。

4. 雷电对人的危害

雷击电流快速通过人体，可立即使呼吸中枢麻痹、心室纤颤或心跳骤停，使脑组织及一些主要器官受到严重损害，出现休克或忽然死亡；雷击时形成的电火花还可使人遭到不同程度的烧伤。

第二节　雷　电　防　护

一、防闪电对人直击对策

1. 人容易遭受雷击情况

(1) 雷雨来临时，在树下避雷是非常危险的，这种情况就像人站在接闪杆下一样，看似安全，但当树遭受落雷时，会使站在树旁的人遭到雷击，同样也不可靠近屋檐下的柱子。人只有在距离避雷引下线1.5m以上的地方才是安全的。

(2) 在宽阔的广场上，因为人体突出，也会遭受落雷伤害。

(3) 在远处有轻微雷响时，也常发生落雷突然伤人致死事故。

(4) 人在雷雨中，若人头上有发夹，帽子上有金属扣眼、金属纽扣等，容易引雷。

2. 屋外防雷注意事项

(1) 雷闪时，不能站在空旷、较高的地方，要迅速弯腰放低身体，到较低处避雷。

(2) 身上不能携带金属物，包括金属雨伞杆、自行车、摩托车等。

(3) 不要靠近电杆或树木，除非不得不在树下或铁柱下避雨时，至少要远离其2m以上。

(4) 电闪雷鸣时，不要打手机，迅速进入屋内避雷，并在屋内多待一些时间。

(5) 汽车在雷雨中行驶，应放下天线。

二、建筑物防雷

(一) 第一类防雷建筑物的防雷措施

1. 防直击雷的措施

(1) 应装设独立接闪杆或架空接闪线或网。架空接闪网的网格尺寸不应大于5m×5m或6m×4m。

(2) 排放爆炸危险气体、蒸汽或粉尘的放散管、呼吸阀、排风管等的管口外的下列空间应处于接闪器的保护范围内。

1) 当有管帽时应按表8-1确定。

2) 当无管帽时，应为管口上方半径5m的半球体。

3) 接闪器与雷闪的接触点应设在上述空间之外。

表8-1　有管帽的管口外处于接闪器保护范围内的空间

装置内的压力与周围空气压力的压力差（kPa）	排放物对比于空气	管帽以上的垂直距离（m）	距管口处的水平距离（m）
<5	重于空气	1	2
5～25	重于空气	2.5	5
≤25	轻于空气	2.5	5
>25	重或轻于空气	5	5

注　相对密度小于或等于0.75的爆炸性气体规定为轻于空气的气体；相对密度大于0.75的爆炸性气体规定为重于空气的气体。

(3) 排放爆炸危险气体、蒸汽或粉尘的放散管、呼吸阀、排风管等，当其排放物达不到爆炸浓度、长期点火燃烧、一排放就点火燃烧，以及发生事故时排放物才达到爆炸浓度的通风管、安全阀，接闪器的保护范围应保护到管帽，无管帽时应保护到管口。

(4) 独立接闪杆的杆塔、架空接闪线的端部和架空接闪网的每根支柱处应至少设一根引下线。对用金属制成或有焊接、绑扎连接钢筋网的杆塔、支柱，宜利用金属杆塔或钢筋网作为引下线。

（5）独立接闪杆和架空接闪线或网的支柱及其接地装置与被保护建筑物及与其有联系的管道、电缆等金属物之间的间隔距离（如图 8-2 所示）应按下列公式计算，且不得小于 3m。

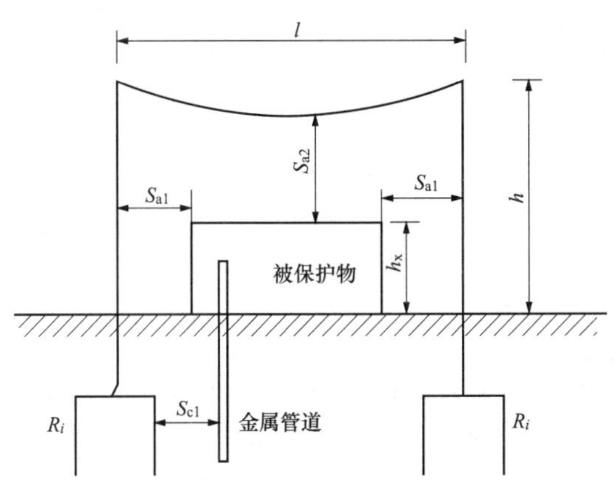

图 8-2　防雷装置至被保护物的距离

地上部分：当 $h_x<5R_i$ 时为

$$S_{a1}\geqslant 0.4(R_i+0.1h_x) \tag{8-1}$$

当 $h_x\geqslant 5R_i$ 时为

$$S_{a1}\geqslant 0.1(R_i+h_x) \tag{8-2}$$

地下部分为

$$S_{e1}\geqslant 0.4R_i \tag{8-3}$$

式中　S_{a1}——空气中距离，m；

S_{e1}——地中距离，m；

R_i——独立接闪杆、架空接闪线或网支柱处接地装置的冲击接地电阻，Ω；

h_x——被保护物或计算点的高度，m。

（6）架空接闪线至屋面和各种突出屋面的风帽、放散管等物体之间的距离（如图 8-3 所示）应按下列公式计算，且不应小于 3m。

当（$h+l/2$）$<5R_i$ 时为

$$S_{a2}\geqslant 0.2R_i+0.03(h+l/2) \tag{8-4}$$

当 $(h+l/2)\geqslant 5R_i$ 时为

$$S_{a2}\geqslant 0.05R_i+0.06(h+l/2) \tag{8-5}$$

式中　S_{a2}——接闪线至被保护物在空气中的间隔距离，m；

h——接闪线的支柱高度，m；

l——接闪线的水平长度，m。

（7）架空接闪网至屋面和各种突出屋面的风帽、放散管等物体之间的距离应按下列公式计算，且不应小于 3m。

当（$h+l_1$）$<5R_i$ 时为

$$S_{a2}\geqslant 1/n[0.4R_i+0.06(h+l_1)] \tag{8-6}$$

当 $(h+l_1)\geqslant 5R_i$ 时为

$$S_{a2}\geqslant 1/n[0.1R_i+0.12(h+l_1)] \tag{8-7}$$

式中　S_{a2}——接闪网至被保护物在空气中的间隔距离，m；

l_1——从接闪网中间最低点沿导体至最近支柱的距离，m；

n——从接闪网中间最低点沿导体至最近支柱并有同一距离 l_1 的个数。

（8）独立接闪杆、架空接闪线或架空接闪网应有独立的接地装置，每一引下线的冲击接地电阻不宜大于 10Ω。在土壤电阻率高的地区，可适当增大冲击接地电阻，但在 3000Ω·m 以下的地区，冲击接地电阻不应大于 30Ω。

（9）当难以装设独立的外部防雷装置时，可将接闪杆或网格不大于 5m×5m 或 6m×4m 的接闪网或由其混合组成的接闪器直接装在建筑物上，接闪网应沿屋角、屋脊、屋檐和檐角等易受雷击的部位敷设；当建筑物高度超过 30m 时，首先应沿屋顶周边敷设接闪带，接闪带应设在外墙外表面或屋檐边垂直面上，也可设在外墙外表面或屋檐边垂直面外。

1）建筑物易受雷击的部位主要包括：

a. 平屋面或坡度不大于 1/10 的屋面——檐角、女儿墙、屋檐。

b. 坡度大于 1/10 且小于 1/2 的屋面——屋角、屋脊、檐角、屋檐。

c. 坡度不小于 1/2 的屋面——屋角、屋脊、檐角。

当屋脊采用接闪带保护时，如果屋檐处于屋脊接闪带保护范围内，此时屋檐上可不设接闪带。

2）接闪器之间应互相连接。引下线不应少于 2 根，并应沿建筑物四周和内庭院均匀或对称布置，其间距沿周长计算不应大于 12m。

3）建筑物应装设等电位连接环，环间垂直距离不应大于 12m，所有引下线、建筑物的金属结构和金属设备均应连到环上。等电位连接环可利用电气设备的等电位连接干线环路。

4）外部防雷的接地装置应围绕建筑物敷设成环形接地体，每根引下线的冲击接地电阻不应大于 10Ω，并应与电气和电子系统等接地装置及所有进入建筑物的金属管道相连，此接地装置可兼作防闪电感应接地之用。

5）在电源引入的总配电箱处宜装设过电压保护器。

（10）当树木高于建筑物且不在接闪器保护范围之内时，树木与建筑物之间的净距不应小于 5m。

2. 防闪电感应的措施

（1）建筑物内的设备、管道、构架、电缆金属外皮、钢屋架、钢窗等较大金属物和突出屋面的放散管、风管等金属物，均应接到防闪电感应的接地装置上。

金属屋面周边每隔 18～24m 应采用引下线接地一次。

现场浇灌或用预制构件组成的钢筋混凝土屋面，其钢筋的交叉点应绑扎或焊接，并应每隔 18～24m 采用引下线接地一次。

（2）平行敷设的管道、构架和电缆金属外皮等长金属物，其净距小于 100mm 时应采用金属线跨接，跨接点的间距不应大于 30m；交叉净距小于 100mm 时，其交叉处也应跨接。

当长金属物的弯头、阀门、法兰盘等连接处的过渡电阻大于 0.03Ω 时，连接处应用金属线跨接。对有不少于 5 根螺栓连接的法兰盘，在非腐蚀环境下，可不跨接。

（3）防闪电感应的接地装置应与电气和电子系统的接地装置共用，其工频接地电阻不宜大于 10Ω。防闪电感应的接地装置与独立接闪杆、架空接闪线或架空接闪网的接地装置之间的距离应符合式（8-2）～式（8-4）的规定。

当屋内设有等电位连接的接地干线时，其与防闪电感应接地装置的连接不应少于 2 处。

3. 防闪电电涌侵入的措施

闪电电涌侵入造成的雷害事故非常多。在低压线路上的这种雷害事故占总雷害事故的 70%以上。

雷击低压线路时，雷电波将沿低压线路侵入用户。尤其是采用木杆或木横担的低压线路，因为其对地冲击电压较高，会导致很高的电压进入室内，酿成大面积雷害事故。除电气线路外，架空金属管道也有引入雷电波的危险。对于建筑物，雷电波侵入可能发生火灾或爆炸，也可能伤及人身，所以必须采取必要的防护措施。

（1）室外低压配电线路应全线采用电缆直接埋地敷设，在入户处应将电缆的金属外皮、钢管接到防闪电感应的接地装置上。当全线采用电缆有困难时，应采用钢筋混凝土杆和铁横担的架空线，并应使用一段金属铠装电缆或护套电缆穿钢管直接埋地引入，其埋地长度应符合式（8-8）的要求，但不应小于 15m，即

$$l \geqslant 2\rho^{1/2} \tag{8-8}$$

式中 l——金属铠装电缆或护套电缆穿钢管埋于地中的长度，m；

ρ——埋电缆处的土壤电阻率，Ω·m。

在电缆与架空线连接处应装设避雷器。电涌保护器、电缆金属外皮、钢管和绝缘子铁脚、金具等应连在一起接地，其冲击接地电阻不应大于 30Ω。所装设的电涌保护器应选用Ⅰ级试验产品，其电压保护水平应小于或等于 2.5kV，其每一保护模式应选冲击电流等于或大于 10kA；若无户外型电涌保护器，应选用户内型电涌保护器，其使用温度应满足安装处的环境温度，并应安装在 IP54 的箱内。

（2）架空金属管道，在进、出建筑物处，应与防闪电感应的接地装置相连。距离建筑物 100m 内的管道，宜每隔 25m 左右接地一次，其冲击接地电阻不应大于 30Ω，并应利用金属支架或钢筋混凝土支架的焊接、绑扎钢筋网作为引下线，其钢筋混凝土基础宜作为接地装置。

埋地或地沟内的金属管道，在进、出建筑物处应等电位连接到等电位连接带或防闪电感应的接地装置上。

（二）第二类防雷建筑物的防雷措施

（1）宜采用装设在建筑物上的接闪网、接闪带或接闪杆，也可采用由接闪网、接闪带或接闪杆或混合组成的接闪器。接闪网、接闪带应沿屋角、屋脊、屋檐和檐角等易受雷击的部位敷设，并应在整个屋面组成不大于 10m×10m 或 12m×8m 的网格；当建筑物高度超过 45m 时，首先应沿屋顶周边敷设接闪带，接闪带应设在外墙外表面或屋檐边垂直面上，也可设在外墙外表面或屋檐边垂直面外。接闪器之间应互相连接。

（2）突出屋面的放散管、风管、烟囱等物体，应按下列方式保护。

1）排放爆炸危险气体、蒸气或粉尘的放散管、呼吸阀、排风管等管道，同第一类建筑物防直击雷措施（2）相同。

2）排放无爆炸危险气体、蒸气或粉尘的放散管、烟囱，1、21、2 区和 22 区爆炸危险场所的自然通风管，0 区和 20 区爆炸危险场所的装有阻火器的放散管、呼吸阀、排风管，其防雷保护应符合下列规定。

a. 金属物体可不装接闪器，但应和屋面防雷装置相连。

b. 在屋面接闪器保护范围之外的非金属物体应装接闪器，并应与屋面防雷装置相连。

（3）专设引下线不应少于 2 根，并应沿建筑物四

周和内庭院四周均匀对称布置，其间距沿周长计算不应大于18m。当建筑物跨度较大，无法在跨距中间设引下线时，应在跨距两端设引下线并减小其他引下线的间距，转设引下线的平均间距不应大于18m。每根引下线的冲击接地电阻不应大于10Ω。防直击雷接地宜和防闪电感应、电气设备等接地共用同一接地装置，并宜与埋地金属管道相连；当不共用、不相连时，两者间在地中的距离应符合式（8-9）的要求，但不应小于2m，即

$$S_{e2}>0.3k_cR_i \tag{8-9}$$

式中 S_{e2}——地中距离，m；

k_c——分流系数，单根引下线应为1，两根引下线及接闪器不成闭合环的多根引下线应为0.66，接闪器成闭合环或网状的多根引下线应为0.44。

在共用接地装置与埋地金属管道相连的情况下，接地装置宜围绕建筑物敷设成环形接地体。

（4）第二类防雷建筑物可利用钢筋混凝土屋顶、梁、柱、基础内的钢筋作为引下线，部分建筑物可利用其做接闪器，也可利用基础内的钢筋作为接地装置。敷设在混凝土中作为防雷装置的钢筋或圆钢，其直径不应小于10mm；构件内的钢筋应采用绑扎或焊接连接，之间必须连接电气通路。

利用基础内钢筋网作为接地体时，在周围地面以下距地面不小于0.5m，每根引下线所连接的钢筋表面积总和应符合式（8-10）的要求，即

$$S\geqslant 4.24k_c^2 \tag{8-10}$$

式中 S——钢筋表面积总和，m^2。

（5）高度超过45m的钢筋混凝土结构、钢结构建筑物应有防侧击和等电位的保护措施。方法是应将45m及以上外墙上的栏杆、门窗等较大的金属物与防雷装置连接；竖直敷设的金属管道及金属物的顶端和底端与防雷装置连接。

（6）有爆炸危险的露天钢质封闭气罐，当其高度小于或等于60m、罐顶壁厚不小于4mm时，或当其高度大于60m、罐顶壁厚和侧壁壁厚均不小于4mm时，可不装设接闪器，但应接地，且接地点不应少于两处；两接地点间距离不宜大于30m，每处接地点的冲击接地电阻不应大于30Ω。防雷的接地装置应符合规定，放散管和呼吸阀的保护应符合要求。

（7）非金属储油罐（混凝土等），可采用独立接闪杆或在非金属贮油罐上安装接闪器来防止直击，同时还应有防闪电感应措施。建于地下、半地下的非金属贮油罐，为提高安全程度，在地面上排风管、呼吸阀处安装接闪杆保护。

（三）第三类防雷建筑物的防雷措施

（1）防直击雷的接闪器与第一、第二类防雷建筑物相同，只是接闪网（带）的敷设，应在整个屋面组成不大于20m×20m或24m×16m的网格。

（2）建筑物宜利用制筋混凝土屋面、梁、柱、基础内的钢筋作为引下线和接地装置，当其女儿墙以内的屋面钢筋网以上的防水和混凝土层允许不保护时，宜利用屋顶钢筋网作为接闪器，以及当建筑物为多层建筑，其女儿墙压顶板内或檐口内有钢筋且周围除保安人员巡逻外通常无人停留时，宜利用女儿墙压顶板内或檐口内的钢筋作为接闪器，并应符合“第二类防雷建筑物的防雷措施”中的相关规定。

利用基础内钢筋网作为接地体时，在周围地面以下距地面不小于0.5m深，每根引下线所连接的钢筋表面积总和应符合式（8-11）的要求。

$$S\geqslant 1.89k_c^2 \tag{8-11}$$

式中 S——钢筋表面积总和，m^2。

（3）属于第三类防雷建筑物突出屋面的物体的保护方式应与第二类防雷建筑物防直击雷措施（2）相同。

（4）砖烟囱、钢筋混凝土烟囱，宜在烟囱上装设接闪杆或接闪环保护。多支接闪杆应连接在闭合环上。

当非金属烟囱无法采用单支或双支接闪杆保护时，应在烟囱口上装设环形接闪带，并应对称布置三支高出烟囱口不低于0.5m的接闪杆。

钢筋混凝土烟囱的钢筋应在其顶部和底部与引下线和贯通连接的金属爬梯相连。利用钢筋作为引下线和接地装置，可不另设专用引下线。

高度不超过40m的烟囱可只设一根引下线，超过40m时应设两根引下线。可利用螺栓连接或焊接的一座金属爬梯作为两根引下线用。

金属烟囱本体可作为接闪器和引下线。

（5）建筑物的引下线不应少于2根，并应沿建筑物四周和内庭院四周均匀对称布置，其间距沿周长计算不应大于25m。当建筑物的跨度较大，无法在跨距中间设引下线时，应在跨距两端设引下线，并减小其他引下线的间距，专设引下线的平均间距不应大于25m。

（6）高度超过60m的建筑物，除屋顶的外部防雷装置应符合（1）的规定外，尚应符合下列规定。

1）对水平突出外墙的物体，当滚球半径60m球体从屋顶周边接闪带外向地面垂直下降接触到突出外墙的物体时，应采取相应的防雷措施。

2）高于60m的建筑物，其上部占高度20%并超

过 60m 的部位应防侧击，防侧击应符合下列规定：

a. 在建筑物上部占高度 20%并超过 60m 的部位，各表面上的尖物、墙角、边缘，设备，以及显著突出的物体，应按屋顶的保护措施处理。

b. 在建筑物上部占高度 20%并超过 60m 的部位，布置接闪器应符合对本类防雷建筑物的要求，接闪器应重点布置在墙角、边缘和显著突出的物体上。

c. 外部金属物，当其最小尺寸符合规定时，可利用其作为接闪器，还可利用布置在建筑物垂直边缘处的外部引下线作为接闪器。

d. 符合规定的钢筋混凝土内钢筋和建筑物金属框架，当其作为引下线或与引下线连接时均可利用作为接闪器。

3）外墙内，外竖直敷设的金属管道及金属物的顶端和底端，应与防雷装置等电位连接。

（四）其他防雷措施

（1）固定在建筑物上的节日彩灯、航空障碍信号灯及其他用电设备的线路，应根据建筑物的重要性采取相应的防止雷电波侵入的措施，并应符合下列规定。

1）无金属外壳或保护网罩的用电设备宜处在接闪器的保护范围内。

2）从配电盘引出的线路宜穿钢管。钢管的一端宜与配电箱和 PE 线相连；另一端应与用电设备外壳、保护罩相连，并应就近与屋顶防雷装置相连。当钢管因连接设备而中间断开时，应设跨接线。

3）在配电箱内应在开关的电源侧装设Ⅱ级实验的电涌保护器，其电压保护水平不应大于 2.5kV，标称放电电流值应根据具体情况确定。

（2）粮、棉及易燃物大量集中的露天堆场，当其年计算雷击次数大于或等于 0.05 时，应采用独立接闪杆或架空接闪线防直击雷。独立接闪杆和架空接闪线保护范围的滚球半径 h_r 可取 100m。

在计算雷击次数时，建筑物的高度可按堆放物可能堆放的高度计算，其长度和宽度可按可能堆放面积的长度和宽度计算。

（3）当采用接闪器保护建筑物、封闭气罐时，其外表面外的 2 区爆炸危险场所可不在滚球法确定的保护范围内。

（4）当一座防雷建筑物中兼有第一、第二、第三类防雷建筑物时，其防雷分类和防雷措施宜符合下列规定。

1）当第一类防雷建筑物的面积占建筑物总面积的 30%及以上时，该建筑物宜确定为第一类防雷建筑物。

2）当第一类防雷建筑物的面积占建筑物总面积的 30%以下，且第二类防雷建筑物的面积占建筑物总面积的 30%及以上时，或当这两类防雷建筑物的面积均小于建筑物总面积的 30%，但其面积之和又大于 30%时，该建筑物宜确定为第二类防雷建筑物。但对第一类防雷建筑物的防闪电感应和防闪电电涌侵入，应采取第一类防雷建筑物的保护措施。

3）当第一、第二类防雷建筑物的面积之和小于建筑物总面积的 30%，且不可能遭直接雷击时，该建筑物可确定为第三类防雷建筑物；但对第一、第二类防雷建筑物的防闪电感应和防闪电电涌侵入，应采取各自类别的保护措施；当可能遭直接雷击时，宜按各自类别采取防雷措施。

（5）当一座建筑物中仅有一部分为第一、第二、第三类防雷建筑物时，其防雷措施宜符合下列规定。

1）当防雷建筑物可能遭直接雷击时，宜按各自类别采取防雷措施。

2）当防雷建筑物不可能遭直接雷击时，可不采取防直击雷措施，可仅按各自类别采取防闪电感应和防闪电电涌侵入的措施。

3）当防雷建筑物的面积占建筑物总面积的 50%以上时，该建筑物宜按（4）的规定采取防雷措施。

（五）建筑物防雷分类的规定

建筑物根据其重要性、使用性质、发生雷电事故的可能性和后果，按防雷要求分为三类，见表 8-2。

表 8-2　　建筑物防雷分类规定

种类	分类规定
第一类防雷建筑物	（1）凡制造、使用或储存炸药、火药、起爆药、火工品等大量爆炸物质的建筑物，因电火花而引起爆炸，会造成巨大破坏和人身伤亡者。 （2）具有 0 区或 20 区爆炸危险环境的建筑物。 （3）具有 1 区或 21 区爆炸危险环境的建筑物，因电火花而引起爆炸，会造成巨大破坏和人身伤亡者

续表

种类	分类规定
第二类防雷建筑物	(1) 国家级重点文物保护的建筑物。 (2) 国家级的会堂、办公建筑物、大型展览和博览建筑物、大型火车站、国宾馆、国家级档案馆、大型城市的重要给水泵房等特别重要的建筑物。 (3) 国家级计算中心、国际通信枢纽等对国民经济有重要意义且装有大量电子设备的建筑物。 (4) 国家特级和甲级大型体育馆。 (5) 制造、使用或储存火炸药及其制品的危险建筑物，且电火花不易引起爆炸或不致造成巨大破坏和人身伤亡者。 (6) 具有 1 区或 21 区爆炸危险场所的建筑物，且电火花不易引起爆炸或不致造成巨大破坏和人身伤亡者。 (7) 具有 2 区或 22 区爆炸危险场所的建筑物。 (8) 有爆炸危险的露天钢质封闭气罐。 (9) 预计雷击次数大于 0.05 次/a 的部、省级办公建筑物及其他重要或人员密集的公共建筑物，以及火灾危险场所。 (10) 预计雷击次数大于 0.05 次/a 的住宅、办公楼等一般性民用建筑或一般性工业建筑物
第三类防雷建筑物	(1) 省级重点文物保护的建筑物及省级档案馆。 (2) 预计雷击次数大于或等于 0.01 次/a，且小于或等于 0.05 次/a 的部、省级办公建筑物及其他重要或人员密集的公共建筑物，以及火灾危险场所。 (3) 预计雷击次数大于或等于 0.05 次/a，且小于或等于 0.25 次/a 的住宅、办公楼等一般性民用建筑或一般性工业建筑物。 (4) 在平均雷暴日大于 15d/a 的地区，高度在 15m 及以上的烟囱、水塔等孤立的高耸建筑物；在平均雷暴日小于或等于 15d/a 的地区，高度在 20m 及以上的烟囱、水塔等孤立的高耸建筑物

（六）建筑物防雷装置

1. 防雷装置的组成与要求

防雷装置通常由接闪器、引下线、接地装置组成。接闪器包括接闪杆、接闪带（线、网）、金属屋面及金属构架等；连接接闪器与接地装置的金属导体（圆钢或扁钢）称为引下线；接地体是指埋在混凝土基础中的钢筋或土壤中的型钢、铜板之类用作散流的导体；从引下线断接卡或换接到接地体的连接导体，或从接地端子、等电位连接带至接地装置的连接导体，叫作接地线。

2. 接地装置的冲击接地电阻

雷电流是一个高达几万甚至几十万安的冲击电流，接地装置上的电流密度非常大，放电时间只有 3～6μs。在接地体与土壤间或土壤气隙中散泄放电时，土壤周围的电场强度通常可达 8.5kV/cm，土壤被击穿，土壤压降迅速降低到接近于零。为区别与工频接地电阻的不同，通常把由通过接地装置冲击电流而计算出的电阻称为冲击接地电阻。冲击电阻的大小与接地装置的形式、长度、冲击电流大小、土壤电阻率等因素有关，冲击电阻往往小于工频电阻。从引下线与接地体的连接点算起的接地体的有效长度，不应大于 $2\sqrt{\rho}$ m。

3. 等电位联结

将分开安装的接地装置及其他导电物用等电位联结导体连接起来，以缩小雷电流在它们之间形成的电位差。例如，金属结构、电力线路、通信线路和电缆钢铠等。

4. 用滚球法确定接闪器保护范围

独立接闪杆、架空接闪线或接闪网，以及直接安装在建筑物上的接闪杆（接闪网或接闪带）的保护范围，根据 IEC 标准及 GB 50057—2010《建筑物防雷设计规范》的规定，都要求采用滚球法进行计算确定。其基本理论认为，雷云形成初期在空间的运动无规律，当雷云运动到距被击物的距离达到空气击穿距离时，雷云会受到被击物的影响而定位。滚球法是防直击雷接闪器保护范围的一种计算方法，用滚球半径 h_r 制作一个球，球在滚动中只接触接闪器或只接触接闪器和地面，滚动中只要没有被触及部位，就得到了接闪器的保护。滚球半径 h_r 即是雷云到地面被击物的雷击距离。在计算时 h_r 是根据防雷建筑物的类别确定的，见表 8-3。

表 8-3　　接闪器的布置要求

建筑物防雷类别	滚球半径 h_r（m）	接闪网网格尺寸（m×m）
第一类防雷建筑物	30	≤5×5 或≤6×4
第二类防雷建筑物	45	≤10×10 或≤12×8
第三类防雷建筑物	60	≤20×20 或≤24×16

第三节　建筑物直击雷的防护装置

建筑物的直击雷防护装置通常由接闪器、引下线和接地装置三部分组成。接闪杆是最常见的接闪器，因为它高出被保护物，又和大地直接相连，当雷云接近时，它的顶部和雷云之间的电场强度最大，所以可将雷云的电荷吸引到接闪杆本身，并经引下线及接地装置将雷电流安全地泄放到大地中去，使被保护物免受直接雷击。

一、接闪器

接闪器就是专门直接接受雷击的金属导体。接闪的金属杆，叫作接闪杆；接闪的金属线，叫作接闪线；接闪的金属带，叫作接闪带；接闪的金属网，叫作接闪网。

1. 接闪杆

从 18 世纪中叶雷电科学家发明接闪杆以来，它一直是建筑物防避直击雷的重要手段，虽然陆续出现了形态各异的新型接闪杆，但是基本原理都没有变化。大量模拟试验与实际使用统计资料表明，接闪杆的外表形状与避雷效果并无显著关系。外表形状的变化通常是适应某些艺术造型的需要，并使售价大幅度提高。

正确设计或选择接闪杆是确保防避直击雷效果的重要条件，根据各国的实践经验，只要是设计正确、合理安装了避雷装置的建筑物，都极少发生直击雷害事故。

（1）独立接闪杆。独立接闪杆的结构如图 8-3 所示，由 A、B、C、D、E 五段组成，每段各 6m，通过结合板与螺栓连接。

（2）非独立接闪杆。非独立接闪杆的高度比独立接闪杆要小很多，具体数值由设计人员根据实际保护范围决定。

接闪杆针尖部分应采用圆钢或焊接钢管制成，其直径不应小于表 8-4 所列数值。独立接闪杆各段材料对照见表 8-5。

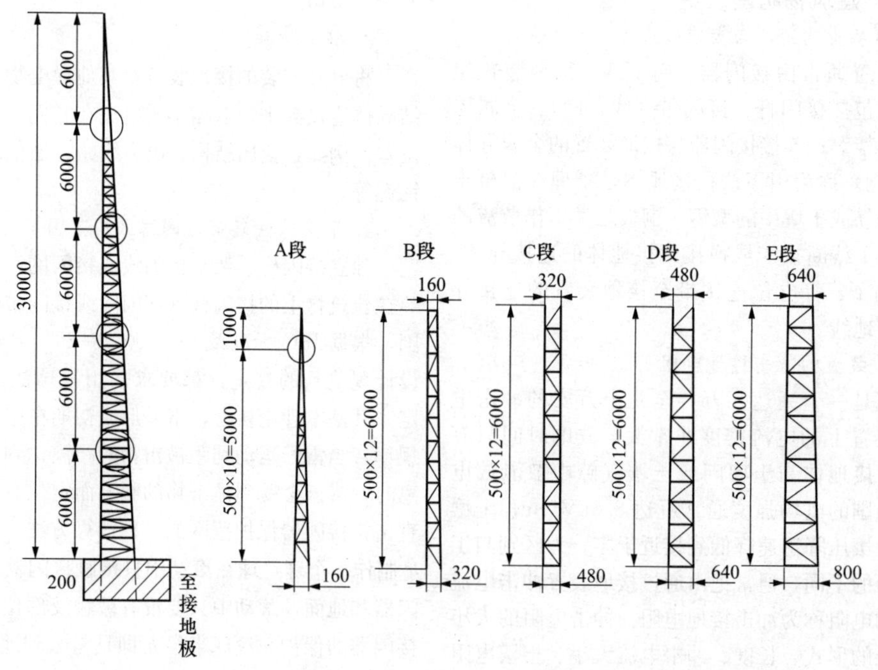

图 8-3　独立接闪杆的结构

表 8-4　　针长对应的材料的直径　　mm

针长 / 材料直径	针长 1m 以下	针长 1～2m	烟囱顶上的针
圆钢直径	12	16	20
钢管直径	20	25	40

表 8-5　　独立接闪杆各段材料对照　　mm

段别 / 材料	A 段	B 段	C 段	D 段	E 段
主材	ϕ16 圆钢	ϕ19 圆钢	ϕ22 圆钢	ϕ25 圆钢	ϕ25 圆钢
横材	ϕ12 圆钢	ϕ16 圆钢	ϕ16 圆钢	ϕ19 圆钢	ϕ19 圆钢
斜材	ϕ12 圆钢	ϕ16 圆钢	ϕ16 圆钢	ϕ19 圆钢	ϕ19 圆钢
接合板厚度	8 钢板	12 钢板	12 钢板	12 钢板	12 钢板

非独立接闪杆通常安装于建筑物的屋顶，由于其安装位置较高，设计安装时应注意以下两点。

1）砖木结构的房屋，可将接闪杆敷设在山墙顶部或屋脊上，用抱箍或对锁螺钉固定在梁上，固定部分的长度为针高的三分之一；也可将接闪杆嵌在砖墙或水泥中，为了结构的坚固，插在砖墙中的部分为针高的三分之一，插在水泥中的部分为针高的五分之一至四分之一。

2）平顶屋上的接闪杆应安装底座和屋顶连接，并用螺栓固定好。

2. 架空接闪线和架空接闪网

架空接闪线（网）架空安装在建筑物的上边，经过引下线和接地装置连接，用来保护建筑物免受直接雷击。接闪线架空又接地，所以又称架空地线。接闪线可看作是连续分布的接闪杆，其保护原理和接闪杆基本相同。架空接闪线（网）应选用截面积不小于 $50mm^2$ 的热镀锌钢绞线或铜绞线。它们应有独立的接地装置。

高大建筑物及因为造型和施工要求不便采用接闪杆、架空接闪线的建筑物，通常采用接闪带或接闪网。这两种方式已得到广泛的应用，在某些情况下能够节省工程费用。

3. 接闪带

接闪带是指在平顶房子四周的女儿墙或坡顶屋的屋脊、屋檐上安装金属带作为接闪器，并将它与大地良好连接。其保护原理和接闪杆相同。

4. 接闪网

最简单的接闪网就是利用钢筋砌体结构中的钢筋网构成的，因此又叫作暗装接闪网，它的保护原理是古典电学中的法拉第笼。鸟儿站在架空的裸电线上时，不论电压多高都不会被电击。当人和大地隔离时，可以带电修理高压电线，这表明人与带电体等电位时，是不会有触电危险的。所以，当把导体放入金属笼内，再将金属笼接以高电位，则笼内的人或物就能够避免被雷击。

接闪带(网)引下线的材料和最小截面积见表 8-6。

表 8-6　　接闪带（网）引下线的材料和最小截面积

材料	结构	最小截面积（mm^2）	备注⑩
铜，镀锡铜①	单根扁铜	50⑧	厚度 2mm
	单根圆铜⑦	50	直径 8mm
	铜绞线	50	每股线直径 1.7mm
	单根圆铜③④	176	直径 15mm
铝	单根扁铝	70	厚度 3mm
	单根圆铝	50	直径 8mm
	铝绞线	50	每股线直径 1.7mm

续表

材料	结构	最小截面积（mm^2）	备注[10]
铝合金	单根扁形导体	50	厚度 2.5mm
	单根圆形导体	50	直径 8mm
	绞线	50	每股线直径 1.7mm
	单根圆形导体[3]	176	直径 15mm
	外表面镀铜的单根圆形导体	50	直径 8mm，径向镀铜厚度至少 70μm，铜纯度 99.9%
热浸镀锌钢[2]	单根扁钢	50	厚度 2.5mm
	单根圆钢[9]	50	直径 8mm
	绞线	50	每股线直径 1.7mm
	单根圆钢[3][4]	176	直径 15mm
不锈钢[5]	单根扁钢[6]	50	厚度 2mm
	单根圆钢[6]	50	直径 8mm
	绞线	50	每股线直径 1.7mm
	单根圆钢[3][4]	176	直径 15mm
外表面镀铜的钢	单根圆钢（直径 8mm） 单根扁钢（厚 2.5mm）	50	镀铜厚度至 70μm，铜纯度 99.9%

① 热浸或电镀锡的锡层最小厚度为 1μm。

② 镀锌层宜光滑连贯、无焊剂斑点，圆钢镀锌层至少 22.7g/m^2，扁钢 32.4g/m^2。

③ 仅应用于接闪杆。当应用于机械应力没达到临界值之处，可采用直径 10mm、最长 1m 的接闪杆，并增加固定。

④ 仅应用于入地之处。

⑤ 不锈钢中，铬的质量分数等于或大于 16%，镍的等于或大于 8%，碳的等于或小于 0.08%。

⑥ 对埋于混凝土中，以及与可燃材料直接接触的不锈钢，其最小尺寸宜增大至直径 10mm、最小截面积 78mm^2（单根圆钢）和最小厚度 3mm、最小截面积 75mm^2（单根扁钢）。

⑦ 在机械强度没有重要要求之处，50mm^2（直径 8mm）可减为 28mm^2（直径 6mm），并应考虑减小固定支架间的间距。

⑧ 当温升和机械受力是重点考虑之处，这些尺寸可加大至 60mm^2（单根扁形导体）和 78mm^2（单根圆形导体）。

⑨ 避免在单位能量 10MJ/Ω 下熔化的最小截面积是铜 16mm^2、铝 25mm^2、钢 50mm^2、不锈钢 50mm^2。

⑩ 截面积允许误差为−3%。

二、引下线

引下线是用来传导和散发雷电流的。采用接闪带和接闪网保护时，每座房屋最少有两根引下线（投影面积小于 50mm^2 的建筑物可只用一段）。避雷引下线应尽可能对称均匀分布。引下线间距不应大于 18m，当大于 18m 时，需在中间加一根引下线。

引下线的材料、结构及最小截面积见表 8-6。

专设引下线通常沿建筑物外墙明敷，但应装在人不易碰到的隐蔽地点。为避免接触电压的危害，距地面 2m 以内的引下线，应有良好的保护物覆盖，防止与人接触。对于有混凝土柱的建筑物，可利用柱内的钢筋作为引下线，其钢筋直径不应小于 10mm，其间距按照设计要求设置。采用多根引下线时，为了方便检查避雷设施连接导线的导电情况和接地体的散流电阻，需在每根引下线上距地面 0.3～1.8m 装设断接卡。利用建筑物的柱筋作为避雷引下线，更可靠、免维护、易分流，既经济又不破坏建筑物的美观；但需注意其与接闪器及接地装置应有可靠的电气连接，以确保通过雷电流的安全。

三、接地装置

接地装置是指接地线和接地体，是防雷装置的重要组成部分。接地装置向大地均匀泄放雷电流，使防雷装置对地电压不会过高。

人工接地体通常分两种埋设方式，一种是垂直埋设，即人工垂直接地体；另一种是水平埋设，即人工水平接地体。

接地装置应采用扁钢、圆钢、角钢、钢管等。人工垂直接地体应采用角钢、钢管或圆钢；人工水平接地体应采用扁钢或圆钢。接地装置所用材料的最小尺寸见表 8-7。

表 8-7　　接地装置所用材料的最小尺寸

材料	结构	最小尺寸			备注⑦
		垂直接地体直径（mm）	水平接地体（mm）	接地板	
铜，镀锡铜	铜绞线	—	50	—	每股直径 1.7mm
	单根圆铜	15	50	—	—
	单根扁铜	—	50	—	厚度 2mm
	铜管	20	—	—	壁厚 2mm
	整块铜板	—	—	500mm×500mm	厚度 2mm
	网格铜板	—	—	600mm×600mm	各网格边截面 25mm×2mm，网格网边总长度不少于 4.8m
热镀锌钢①	圆钢②	14	78	—	—
	钢管⑦	20	—	—	壁厚 2mm
	扁钢	—	90		厚度 3mm
	钢板	—	—	500mm×500mm	厚度 3mm
	网格钢板	—	—	600mm×600mm	各网格边截面 30mm×3mm，网格网边总长度不少于 4.8m
	型钢③		—	—	—
裸钢④	钢绞线	—	70	—	每股直径 1.7mm
	圆钢	—	78	—	—
	扁钢	—	75	—	厚度 3mm
外表面镀铜的钢⑤	圆钢	14	50	—	镀铜厚度至少 250μm，铜纯度 99.9%
	扁钢	—	90（厚 3mm）	—	
不锈钢⑥	圆形导体	15	78	—	—
	扁形导体		100		厚度 2mm

① 镀锌层应光滑连贯、无焊剂斑点，镀锌层对圆钢至少 22.7g/m^2、对扁钢至少 32.4g/m^2。

② 热镀锌之前螺纹应先加工好。

③ 不同截面的型钢，其截面积不小于 290mm^2，最小厚度为 3mm，如可采用 50mm×50mm×3mm 的角钢。

④ 当完全埋在混凝土中时才允许采用。

⑤ 外表面镀铜的钢，铜应与钢结合良好。

⑥ 不锈钢中，铬的质量分数等于或大于 16%，镍的质量分数等于或大于 5%，钼的质量分数等于或大于 2%，碳的质量分数等于或小于 0.08%。

⑦ 截面积允许误差为−3%。

接地线应与水平接地体的截面积一致。

在腐蚀性强的土壤中，需采取镀锌等防蚀措施或加大截面积。

人工钢质垂直接地体的长度通常为 2.5mm。其间距及人工水平接地体的间距最好为 5m，当受地方限制时可适当减小。埋设深度不应小于 0.7m，北方地区需敷设在当地冻土层以下，其距墙或基础不应小于 3m。接地体宜远离由于烧窑、烟道等高温影响使土壤电阻率升高的地方。

人工水平接地体大多为放射性布置，也可成排布置或环形布置。

第四节　特殊建（构）筑物的防雷接地

一、露天可燃气储气柜的防雷接地

露天可燃气体储气柜壁厚大于 4mm 时，通常不装设接闪器，但应接地，柜壁上接地点不宜少于 2 处，其间距不宜大于 30m，冲击接地电阻不宜大于 30Ω；对放散管和呼吸阀宜在管口或其附近设置接闪杆，高出管顶不宜小于 3m，管口上方 1m 应在保护范围内；活动的金属柜顶用可挠的跨接线（25mm^2 软铜线或钢绞线）和金属柜体相连，接地装置离开闸门室宜大于 5m。

二、露天油罐的防雷接地

（1）易燃液体，闪点不大于环境温度的可燃液体的开式储罐和建筑物，正常时有挥发性气体生成，是属于第一类防雷构筑物，应设置独立接闪杆，保护范围按开敞面向外水平距离 20m、高 3m 进行计算；对于露天注送站，保护范围按照注送口以外 20m 以内的空间进行计算，独立接闪杆距开敞面不小于 23m，冲击接地电阻不超过 10Ω。

（2）带有呼吸阀的易燃液体储罐，罐顶钢板厚不小于 4mm，属于第二类防雷构筑物，可在罐顶直接安装接闪杆，但与呼吸阀的水平距离不应小于 3m，保护范围高出呼吸阀不得小于 2m，冲击接地电阻不大于 10Ω，罐上接地点不少于 2 处，两接地点间不应大于 24m。

（3）可燃液体储罐，壁厚不小于 4mm，属于第三类防雷构筑物，可不连接接闪杆，只作接地，冲击接地电阻不大于 30Ω。

（4）浮顶油罐，球形液化气储罐壁厚大于 4mm 时，只作接地，但浮顶和罐体应用 25mm^2 软铜线或钢绞线可靠连接。

（5）埋地式油罐，覆土在 0.5m 以上者可不考虑防雷设施，但如果有呼吸阀引出地面者，在呼吸阀处应作局部防雷处理。

三、户外架空管道的防雷接地

（1）户外输送可燃气体、易燃或可燃液体的管道，可在管道的始端、终端、分支处、转角处及直线部分每隔 100m 处接地，每处接地电阻不大于 30Ω。

（2）上述管道当与爆炸危险厂房平行敷设且间距不小于 10m 时，在接近厂房的一段，其两端及每隔 30～40m 应接地，接地电阻不大于 20Ω。

（3）当上述管道连接点（弯头、阀门、法兰盘等）无法保持良好的电气接触时，应用金属线跨接。

（4）接地引下线可利用金属支架，活动支架应增设跨接线，非金属支架必须另作引下线。

（5）接地装置可利用电气设备保护接地装置。

四、水塔的防雷接地

水塔属第三类防雷构筑物，可利用水塔顶上周围铁栅栏当作接闪器，或装设环形接闪带保护水塔边缘，并在塔顶中心安装 1 支 1.5m 高的接闪杆。冲击接地电阻不大于 30Ω，引下线通常不少于 2 根，间距不大于 30m。如果水塔周长和高度均不超过 40m，可设置 1 根引下线。可利用铁爬梯作为引下线。

五、烟囱的防雷接地

烟囱属于第三类防雷构筑物。砖砌烟囱和钢筋混凝土烟囱用设置在烟囱上的接闪杆或环形接闪带保护，多根接闪杆应用接闪带连接形成闭合环。冲击接地电阻不大于 30Ω。

当烟囱直径为 1.2m 以下、高度小于或等于 35m 时使用 1 根 2.2m 高的接闪杆；当烟囱直径小于或等于 1.7m、高度小于或等于 50m 时采用 2 根 2.2m 高的接闪杆；当烟囱直径大于 1.7m、高度大于或等于 60m 时采用环形接闪带保护，烟囱顶口装设的环形接闪带和烟囱各抱箍应和引下线连接；高 100m 以上的烟囱，在离地面 30m 处及以上每隔 12m 加装 1 个等电位连接环，并与引下线连接。

烟囱高度不超过 40m 时只设置 1 根引下线，40m 以上应设置 2 根引下线。可利用铁扶梯作引下线。钢筋混凝土烟囱应用两根以上主筋作为引下线，在烟囱顶部和底部与铁扶梯相连接。

六、 电视台和微波站的防雷接地

1. 天线塔防雷

天线防直击雷的接闪杆可固定在天线塔上，塔的金属结构也可作为接闪器与引下线。塔的接地电阻通常不大于 5Ω。可利用塔基基坑的四角埋设垂直接地体，水平接地体需围绕塔基做闭合形与垂直连接体相连。

塔上的所有金属构件及部件（如航空障碍信号灯具、天线的支杆或框架、反射器的安装框架等）都必须与铁塔的金属结构用螺栓连接或焊接。波导管或同轴传输电缆的金属外皮及敷设电缆、电线的金属保护管道，需在塔的上、下两端及每 12m 处与塔身金属结构连接，在机房内应与接地网连接。塔上的照明灯电源线应采用带金属铠装的电缆或将导线穿钢管敷设。电缆的金属外皮或钢管至少在上、下两端与塔身相连，并应水平埋入地中，埋地长度应超过 10m 才允许引入机房（或引至配电装置和配电变压器）。

2. 机房防雷

机房通常位于天线塔接闪杆的保护范围以内。若不在其保护范围内，则沿房顶四周敷设闭合环形接闪带，可用钢筋混凝土屋面板与柱子内的钢筋作引下线。在机房外地下应围绕机房敷设闭合环形水平接地体。在机房内宜沿墙敷设环形接地母线（用铜带 120mm×0.35mm）。机房内各种电缆的金属外皮、设备金属外壳及不带电的金属部分、各种金属管道等，都应以最短的距离与环形接地母线相连。室内的环形接地母线和室外的闭合接地带和屋顶的环形接闪带之间，最少应用 4 个对称布置的连接线互相连接，相邻连接线间的距离不宜大于 18m。在多雷区，室内高 1.7m 处沿墙一周应敷设等电位连接环，并与引下线连接。机房的接地网与塔体的接地网间，最少应有两根水平接地体连接，总接地电阻不应大于 1Ω。引入机房内的电力线、通信线需有金属外皮或金属屏蔽层或敷设在金属管内，并要求埋地敷设。从机房引出的金属管、线也应埋地敷设，在机房外埋地长度不宜小于 10m。微波站防雷接地示意如图 8-4 所示。

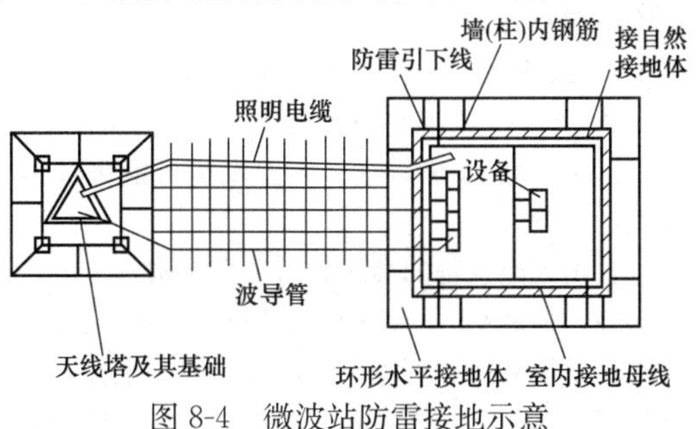

图 8-4　微波站防雷接地示意

七、 广播发射台的防雷接地

中波无线电广播电台的天线塔对地是绝缘的，通常在塔基设有球形或针板形间隙，接地装置采用放射形低电阻水平接地体，接地电阻不超过 0.5Ω，如图 8-5 所示。

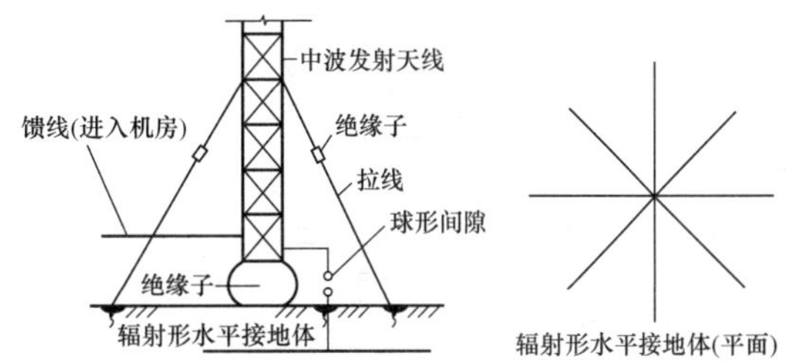

图 8-5　中波发射塔防雷接地示意

发射机房采用接闪杆或接闪网防直击雷。接地装置应用水平接地体围绕建筑物敷设闭合环形，接地电阻不超过 10Ω。发射机房内高频、低频工作接地母线采用 120mm×0.35mm 的紫铜带，机架用 40mm×4mm 的扁钢连接到环形接地体上，如图 8-6 所示。

短波广播发射台在天线塔上安装接闪杆，并将塔体接地，接地电阻不超过 10Ω，机房防雷措施和中波无线电广播电台的机房相同。

八、 卫星地面站的防雷接地

卫星地面站天线的防雷可用独立接闪杆或在天线反射体抛物面骨架两端，以及副面调整器顶端预留的安装接闪杆处分别安装接闪杆。引下线可利用钢筋混凝土内的钢筋。防雷接地、电子设备接地、保护接地可设置共同接地装置。接地体围绕四周敷设成闭合环形，接地电阻不大于 1Ω，机房防雷和微波站防雷相同，如图 8-7 所示。

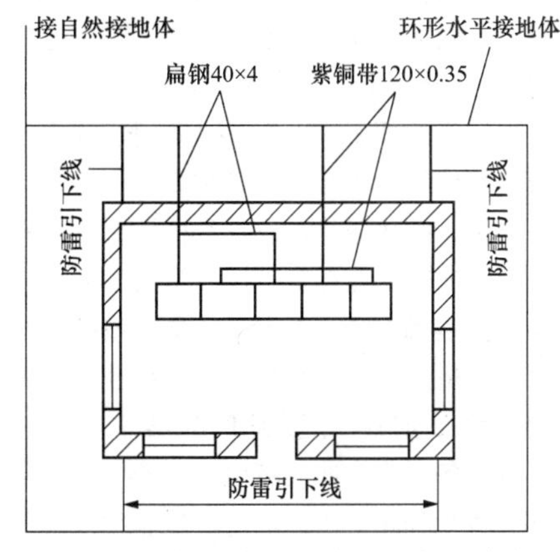

图 8-6　中波发射机房防雷接地示意（单位：mm）

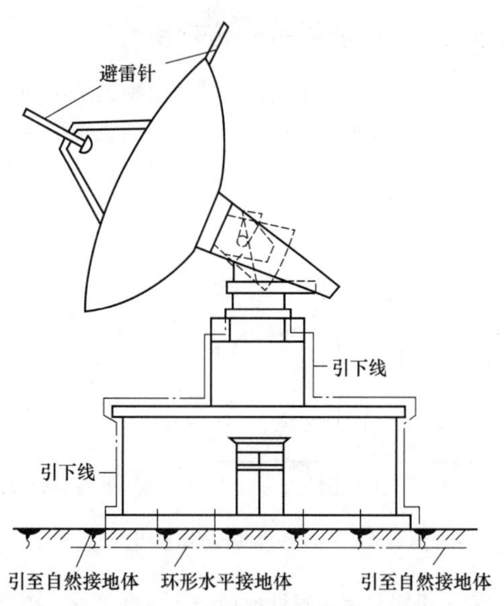

图 8-7 卫星地面防雷及接地示意

第五节 共用设施的接地

民用建筑的特点是建筑物内的人比较多而且大多数人不熟悉电气，故而电气安全问题更为重要，作为电气安全主要措施的接地工作更是不容忽视。

一、 接地制式的选用

高压系统的接地制式主要取决于地区的供电系统，通常与供电系统的接地制式相同。低压系统的接地制式则根据直接由市区电网供电还是由本建筑物（或建筑物群）的变电站供电而有所差别。

凡由市区电网直接供电者，如市区电网为 TT 系统，若必须转换为 TN 或 IT 系统，则必须采取适当措施，满足电气安全要求。如果由 TN-C 系统供电，则进入建筑物内应转换为 TN-S 系统，即在进线开关处，将 PEN 线分为 PE 和 N 线，再接入各用电设备或带有接地触头的插座。因为一般民用建筑中都有很多软线设备，软线设备必须由 TN-S 系统供电，如电冰箱、洗衣机、电热器等，设备本身带有供电软线和软电缆，软线或软电缆都有带接地触头的插头，所以插座必须有接地触头。为了人身安全，该接地触头应和保护线 PE 相连。如不采用 TN-S 系统，而将电源插头的接地触头通过插座接到 PEN 线上，一旦 PEN 线断裂，且设备产生接地故障后，人若接触设备的外露导电部分将受到相电压的电击，是非常危险的。如果建筑物内采用 TT 接地制式，应另设 PE 线，禁止将电源插头的接触头通过插座接到 N 线上，因为当 N 线断裂，且设备产生接地故障时，其危险程度与上述 TN-C 系统相同。由于建筑内的每个住户与公共建筑的每个部门各自设立 PE 线比较麻烦，因此 TT 系统也应在进户开关处分出一根 PE 线与相线及 N 线共同送入每个用户家中。

二、 进户线

当进户线为电缆时，如果电缆有金属外皮，则将其金属外皮在建筑物入口处接地。如果是塑料电缆穿钢管敷设，则将钢管在建筑物入口处接地。对于低压 TN 或 TT 系统而言，则将系统中的 PEN 线或 PE 线在建筑物入口处和电缆金属外皮或保护钢管连在一起共同接地，接地电阻不超过 10Ω，还可与建筑物的感应防雷接地连接在一起。

当进户线为低压架空线上有感应雷或引入雷时，雷电流击穿空气间隙流入地中，以免进入建筑物内造成危害，只作为防雷用的接地电阻不超过 30Ω。土壤电阻率 ρ 在 200Ω·m 及以下地区的铁横担钢筋混凝土杆线路，因为连续多杆自然接地作用，可不另外设置接地装置。建筑物内电气设备的总接地端子在入口处与绝缘子铁脚相连，如果自然接地极的接地电阻不大于 4Ω，则可不另外设置接地装置；否则在建筑物入口处设备集中的接地装置，将绝缘子铁脚与电气装置的总接地端子连接在一起，与自然接地极共同组成的接地电阻不超过 4Ω。人员密集的公共场所，如剧院和教室等的进户线，以及由木杆或木横担引下的进户线，其绝缘子铁脚需接地。如钢筋混凝土杆的自然接地电阻大于 30Ω 时，则应设置集中接地装置。

年平均雷暴日数不超过 30 天的地区，低压线被建筑物屏蔽的地区，以及进户线距低压线路接地点不大于 50m 的地方，进户线绝缘子铁脚可不接地。

在多雷区或容易产生雷击的地区，直接和架空线相连的电能表应考虑防雷接地。通常只要进线线路的绝缘子铁脚接地，而且电能表的金属外壳应接地。

TN-S 系统及电源端装有 RCD 的 TT 系统的 N 线，除电源点接地外，不应在进户点接地。IN-C 系统的 PEN 线应在进户点接地。IT 接地制式如采用 N 线，该 N 线禁止在进户点接地。因为 N 线接地后，IT 系统变成 TT 系统，原有保护设备可能失效而发生事故。

进、出入建筑物的金属管道与金属构件也应在进户处接地，最好和进户线接地采用共同接地装置，这样在进户处能够得到等电位，增加电气安全性，共同接地的接地电阻必须满足相关接地的接地电阻值，通常为1Ω。如共同接地确有困难，也可分开接地，且各接地装置间至少相距3m，否则不仅达不到分开接地的目的，而且甚至相互影响，产生危险的电压，接地装置如果不能连在一起，其间距至少为3m。

三、电气设备

在居住建筑内的电气设备，通常仅需将其外露导电部分接地，但对以下房间内的电气设备，则必须采用专用的PE线接地：地下室、技术屋、阁楼、电梯机房、供热站、泵房、通风机、锅炉房、洗衣间、烘衣间、熨衣间、配电室、垃圾间等。对于固定式电灶的金属外壳、手携式家用电器的金属外壳、空调器的金属外壳，以及功率大于1.3kW的电器设备的金属外壳的PE线应从进户线起或配电箱内和N线分开。当楼层较高或楼层面积较大时，也可接入垂直母线中的PE线或从该楼层配电箱中分出的PE线上，其截面和相线截面相同。如楼层配电箱未分出专用的PE线，则这些设备至少应接到电能表前分开的PE线上。

在公共建筑中的电气设备，通常只需将其外露导电部分接地，但以下场所内的电气设备则必须采用专用的PE线接地，这些场所包括公共饮食业的机械化加工生产车间、冷藏室、高温操作场所与产品运输场所、学校或建筑物内的机构加工工段、电梯机房等，公共饮食业的单相与三相电灶、电锅炉和其他加热设备的金属外壳，以及锅炉房、洗衣间、化学实验室内的外部导电部分也均应以与相线截面相同的专用PE线从配电箱连接至这些设备的外露导电部分上。若保护钢管能符合电气连续性的要求，可用作PE线，但不得作为PEN或N线。

第六节 生活、办公用高层建筑物的接地

高层建筑是指10层及以上的住宅建设（包括底层或在下面若干层设置商业服务点的住宅，也称商住楼）及办公建筑（包括底层或在下面若干层设置商业服务点的办公楼，也称商办楼），还有建筑高度超过24m的其他民用建筑（包括大会堂、百货楼、医院、电信楼、财贸楼、高级宾馆）。高层建筑的特点为人员比较密集，而且大多是不熟悉电气的人员；电气设备使用得很多，而且多数家用电器和办公室电器经常为人们所接触；较之工业建筑而言，空间比较小，而且电气线路纵横。因此必须建立一个电气安全空间，方可保障人身安全和设备免于损害，也可避免电气火灾的发生。在高层建筑内，电气设备、通信设备及变配电站、各种通信站的接地与其他建筑相同，最主要的是建立电气安全空间。

一、建立安全的法拉第笼

由于高层建筑每层的建筑面积并不太大，而且主要是钢筋混凝土或金属结构，只需将建筑物的基础、柱、梁内的钢筋通过焊接和绑扎，就可形成多个闭合的电气通路；金属结构的建筑只要金属件之间连接牢固，也是多个闭合的电气通路。因为高层建筑结构中钢筋或金属件很多，彼此又比较接近，所以形成一个完善的法拉第笼。在这种笼内的电气线路和设备不会因外界的雷电流而产生危险的电位，因为多个闭合的电气通路将阻止雷电流入建筑物内部。当雷电直接接触作为接闪器的建筑物的上部金属件或钢筋网时，冲击电流经过建筑物外的表面形成电磁屏蔽。当冲击电流流向建筑物中心时，被由屏蔽在闭合金属导电框架中生成的感应电流所抑制。电磁屏蔽所产生的感应电压降将伴生一个围绕整个建筑物结构的磁场。这个磁场围绕着建筑物内部的其他垂直导体，并在每个柱子的顶部和底部感应出相等的电压，所以电磁屏蔽上任何一个垂直导体和建筑物内部的垂直导体的电位差很小，不会超过不允许的接触电压，故而建立安全的法拉第笼是防雷的最好措施。

二、共同接地

在高层建筑中，除防雷接地外，还包括电力照明系统、电话系统、电视监视系统、访客对话系统、背景音乐及紧急广播系统、卫星电视及公共天线系统、楼宇管理及磁卡进出系统、火灾报警系统、双向无线电通信系统等，这些系统都需要接地，而且有些设备还具有接闪的天线，有些是精密的电子设备，均希望有低接地电阻值的接地，如果这些系统的接地极彼此独立，彼此不受影响，则应相距20m。在高层建筑中，地下金属构件很多，各种金属管道纵横交叉，即使单独接地，也不能做到彼此不受影响，所以只有采用共同接地。

（一）共同接地的优点

共同接地的优点主要有如下几点：

（1）由于各接地极是并联的，总的接地电阻比较小。

（2）即使有一个接地极没有起作用，可由其他接地极来担任接地工作，提高了可靠性。

（3）若要求的接地电阻值相同，可减少接地极数目，简化接地系统、节约费用。

（4）利用基础钢筋作接地极时，可得到比人工接地极小得多的接地电阻，有助于自动切断电源，保护间接电击，减少接触电压及方便泄放接地电流。

（二）共同接地存在的问题

（1）采用共同接地时，接地线和所有外露导电部分及外部导电部分相连。当产生接地故障在接地线上产生异常电压时，则此异常电压将呈现在工作正常的电气设备的外露导电部分及外部导电部分上，如此异常电压太大，不但损坏用电设备绝缘，而且甚至造成电击。

（2）接地线的截面如果选用太小，由于接地电阻小，接地电流可能较大，就可能出现烧毁接地线的事故。

（3）当保护接地、防雷接地和通信设备采用共同接地时，因为电力设备接地故障产生的接地电流或雷电流，可能产生通信设备的误动、拒动或性能不稳定等故障。

（三）高层建筑采用共同接地的特点

（1）接地电阻值低。高层建筑地下钢筋甚多，不论绑扎或焊接，只要连成连续的电气通路，即使在土壤电阻率很高的地区，根据对多个高层建筑基础钢筋网的测量，接地电阻通常在1Ω以下，有的只有0.2Ω甚至更小，这样低的接地电阻，即使是高压系统采取共同接地也是安全的，而且便于泄放接地电流，使该能量得到均衡，电位差不会超过安全容许的范围。

（2）提供基准电位。共同接地为通信设备，以及电子设备提供基准电位，从而消除各电路流经一个公共地线阻抗时耦合产生的干扰，防止电路受电磁和“地电位差”的影响。

（3）减少相对电位差。高层建筑是钢筋混凝土结构与钢筋网基础，具有很高的导电性能，各部分紧密地连在一起组成电气的整体，即成为导电非常好的“法拉第笼”。如果有直击雷、雷电流从顶部钢筋经过柱子钢筋流入基础钢筋，流散入大地，建筑物的电位升高，如图8-8中的E所示。建筑物内电气设备的电位相对于对大地上升了U_t，但对建筑物只上升ΔU。ΔU称为对地现在电位，通常不超过真正对地电位的1%。对于大接地电流系统而言，接地电阻R按2000/I选用，则接地电阻所产生的对地电位不大于2000V，人及用电设备所承受的电压不大于2000V×1%，即20V，因此是安全的。其他系统接地故障时，共同接地极所呈现的电压都小于2000V，故采用共同接地，无论对人、还是对用电设备都是安全的。这个电压很小，也不会导致通信设备或电子设备的误动、拒动或性能不稳定。

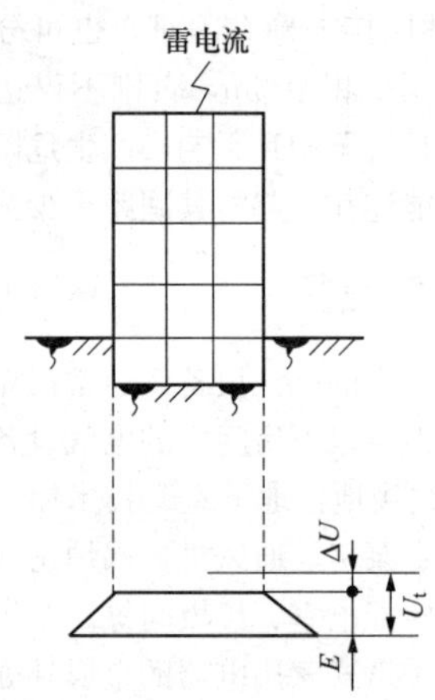

图8-8 高层建筑受雷击后电位上升

（4）足够的热稳定性。因为高层建筑内钢筋甚多，总截面很大，无论雷电流或故障电流都不会造成熔断现象，所以这种方法是安全的。

（四）高层建筑共同接地的原则

高层建筑中各种接地按照下列原则进行连接后再全部接到由基部钢筋连接成的接地网上。

（1）保护接地和系统接地可采用共同连接。

（2）保护接地与通信及电子设备接地，计算机机壳接地、计算机线路滤波器接地可用共同连接。

（3）计算机信号接地及医疗电气设备接地可与通信及电子设备接地、计算机机壳接地、计算机线路滤波器接地采用共同连接。

（4）防雷接地必须单独与接地网连接。

（5）采用共同接地后，通常情况下总接地电阻小于或等于1Ω，若接触电压和跨步电压不超过安全值，总接地电阻也可超过1Ω。

三、完善等电位连接

在高层建筑中，除了将各种电力、通信系统及设备按各自的要求进行接地外，还应将总水管、煤气管、空调暖气管、建筑构件等进行主等电位连接。为完善等电位措施，还要采取以下方法。

1. 将人们经常接触的外部导电部分进行等电位连接

（1）楼梯是人们经常行走的地方，其金属扶手是人们经常接触的物品，必须进行等电位连接。

（2）人员密集且经常触摸的门窗，比如电梯的金属门框、铝合金窗框进行等电位连接。

（3）厕所中的金属件经常被人们接触，也应进行等电位连接。

（4）天花板内通常设有各种管道，为防止检修时发生电击，也要将天花板的金属支撑件进行等电位连接。

（5）高层建筑常用电缆桥架敷设各种导线，其金属外露部分需进行等电位连接。

2. 将每个楼层做成等电位面

将每个楼层的等电位连接和建筑物柱内主钢筋相连，每个房间或每个区域设置接地端子。如每层面积较大，至少每个防火分区（通常为 2000m²）有一个接地端子，因为每层的所有接地端子彼此相连，而且又与柱内主钢筋相连，所以每个楼层都形成等电位面。

3. 将高层建筑所有接地极、接地端子等连接成一个等电位空间

图 8-9 为高层建筑接地系统。

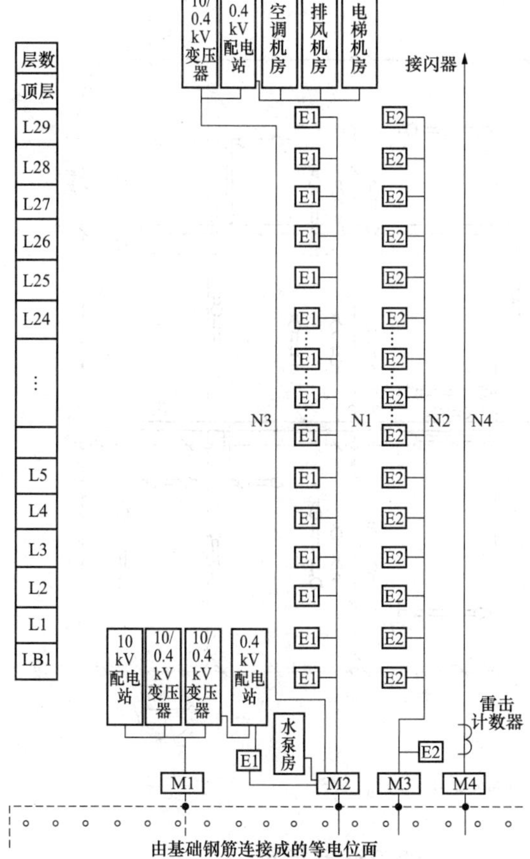

图 8-9　高层建筑接地系统

该高层建筑地面上 29 层，地下 1 层，地下 1 层设有 10/0.4kV 变配电站、给水泵房、污水处理泵房和车库。首层是商场及娱乐场所。地上 2、3 层是宴会厅、多功能厅。4～10 层为办公室。10～28 层为住宅，29 层为俱乐部。顶层为设备层，设置 10/0.4kV 变配电站、空调机房、排风机房及电梯机房等。顶层上设有水箱、卫星天线及共用天线接收系统，另外还设置一个环形接闪器。从地下 1 层到 29 层，每层设置有电力装置的总接地端子 E1 及各种通信设施共同的总接地端子 E2。这两个接地端子除与接地干线 N1 和 N3 连接外，均通过等电位连接与各层柱子的主钢筋有不少于 2 处相连。通过这种连接，各楼层已经成为等电位面。在地下 1 层，10kV 和 0.4kV 配电站各设接地端子。这种接地端子均接到接地连接箱 M1。顶层 10/0.4kV 变压器、0.4kV 配电站和空调机房、排风机房、电梯机房各接地端子通过接地干线 N3 接至接地连接箱 M2 上。水泵房（包括给水泵房和污水泵房）内电气设备的接地端子一同接到接地连接箱 M2 上，接地干线 N2 则直接连到连接箱 M3 上。接闪器另外设置接地干线 N4 通过雷击计数器接到接地连接箱 M4 上。基础的钢筋全部相连，在地下形成等电位面，接地连接箱 M1～M4 就近以最短距离接到地下由钢筋网构成的等电位面上。因为各层的等电位面通过柱内主筋钢和接地干线相连，并与地下等电位面相连，所以形成一个完整的法拉第笼和等电位网，保证了电气安全。除接地干线用40mm×4mm 两根镀锌扁钢外，其余接地线都是 20mm×3mm 铜排，分支接地线用 1 根 ϕ6 BV 线。

4. 接闪器

当高层建筑采用接闪器防雷时，接闪器引下线通过雷击计数器后连接到接地连接箱，即除引下线端子接地外，引下线外的铜带和导电外护层均要接地。接地连接箱引出的铜带采用热熔焊接方法，与接地的 40mm×5mm 镀锌接地扁钢相连后与建筑物的接地网相连。

第七节　变配电设备接地

一、变配电设备接地的组成

电气设备的接地组成部分在各种接地制中大体相同，只随着接地系统范围不同而稍有差异。

电气设备接地的组成如图 8-10 所示。

（1）接地极（T）。与大地紧密接触，并用来与大地发生电气接触的一个或一组导体。

（2）外露导电部分（M）。电气设备能触及的导电部分。正常时不带电，故障时可能带电，一般为电气设备的金属外壳。

（3）外部导电部分（C）。不属于电气设备的导电部分，但可引入电位，通常是地电位，如建筑物的金属结构。

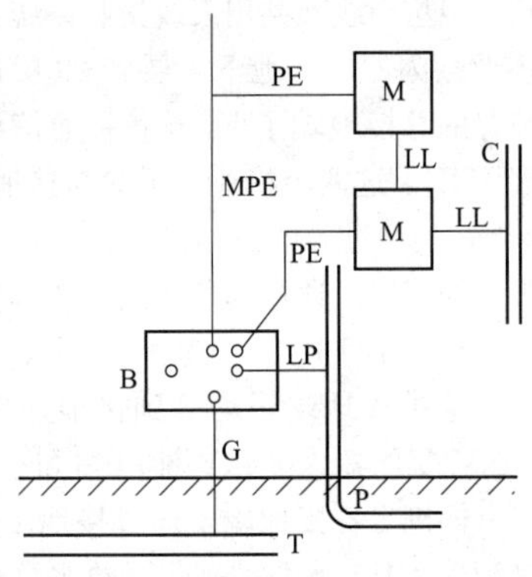

图 8-10　电气设备的接地组成

(4) 主接地端子板（B）。一个建筑物或部分建筑内各种接地（如工作接地、保护接地）端子与等电位连接线端子的组合；若成排排列则称为主接地端子排。

(5) 保护线（PE）。将以下任何部分作电气连接的导体：外部导电部分、外露导电部分、主接地端子板、接地极、电源接地点或人工接地点，其中连接多个外露导电部分的导体称为保护干线（MPE）。

(6) 接地线（G）。将主接地端子板或外露导电部分直接接入接地极的保护线。连接多个接地端子板的接地线称为接地干线（MT），MT 用于大的接地系统，图 8-11 中未示出。

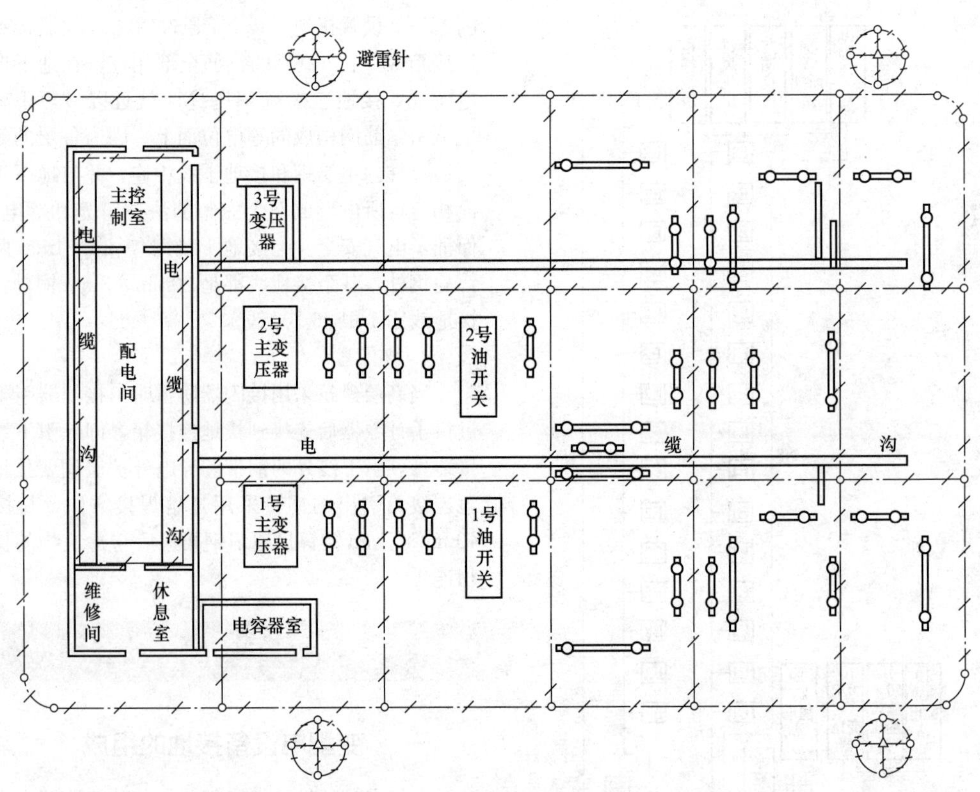

图 8-11　变、配电站接地布置

(7) 等电位连接线。将保护干线、接地干线、主接地端子板、建筑物内的金属管道（如图 8-11 中所示的金属水管 P），以及可利用的金属构件、集中采暖管和空调系统的金属管道连接起来的导体称为主等电位连接线（LP）。上述连接线仅用于一套电气设备、一个场所的称为辅助等电位连接线（LL）。等电位连接线在系统正常运行时不流通电流，只有在故障时方能流过故障电流。

二、变电设备接地

1. 变、配电站接地系统的安装

在变、配电站内，由于配电盘都有角钢基础，电容器架也采用角钢支架，因此在配电站内的接地系统主要是将这些角钢基础与角钢支架用 40mm×4mm 扁钢相连作为接地干线，再将这个接地干线延伸到变压器室内。接地干线在适当地点引到户外，如图 8-11 所示。接地干线引出户外后与户外接地装置相连接。

2. 变压器的接地

变压器接地要求和系统要求完全相同，因此其接地方式与接地电阻等的计算与选择也与系统完全一样。当变压器为“Y，y”接线和“Y，d”接线时，通常将“一次”侧的中性点接地。如变压器为“D，d”接线时，按照系统要求，在其一侧经接地变压器接地或经合适的电压互感器接地；在合乎安全运行的条件下，也有将三角形接线中的一点接地的。

低压电力网通常是由中性点不接地的 3、6、10kV 系统经过降压变压器供电。若变压器低压侧为中性点不接地系统，根据运行经验可知，曾经发生过变压器内部高低压绕组间绝缘损坏，导致高压窜到低压回路上，使低压系统中的电气设备的绝缘大量击穿而发生人身事故。为了防止这种情况，必须在中性点不接地低压系统中使用中性点或相线经过击穿熔断器接地。当高低压间绝缘损坏，高压加在低压绕组时，击穿熔断器便击穿，使低压绕组直接与地相连而消除危险。如果变压器低压侧绕组为星形接线时，则将击穿熔断器接在变压器中性点；如果变压器为三角形接线时，则接于其中一根相线上，如图 8-12 所示。如果变压器低压侧系统为接地系统，则变压器低压绕组应为星形接线，为避免事故发生，中性点必须接地。无论中性点直接接地或经击穿熔断器接地，接地电阻都不得超过 4Ω，同时还必须满足高压方面的接地要求。

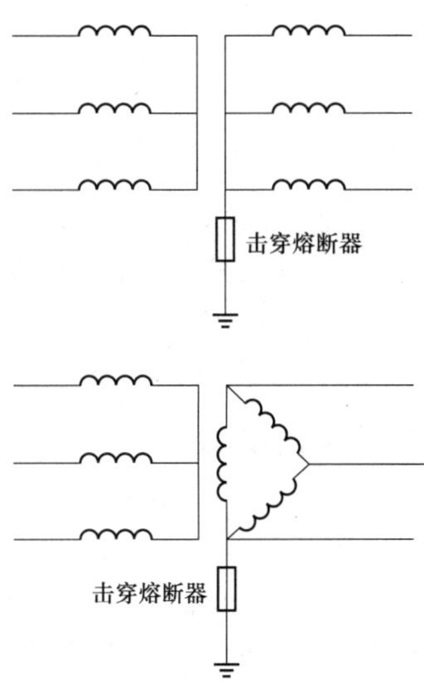

图8-12　中性点不接地系统中变压器低压侧经击穿熔断器的接地

3. 电压互感器接地安装

电压互感器的外壳和高压绕组的零点必须接地。其接地方法可用韧性铜线将高压绕组的零点和电压互感器的外壳相连，再用接地线与电压互感器外壳上的螺栓相连。若设计上规定低压绕组的零点及相线或击穿熔断器需要接地，则应根据设计要求安装。

4. 电流互感器接地安装

外壳和短接的二次绕组都应接地。若电流互感器安装在不导电的构架上，接地线应接到外壳的接地螺栓上。若电流互感器安装在钢构架上，接地线就接到紧固电流互感器的法兰盘或螺栓的下面。短接的二次绕组的端子应用韧性铜线和外壳相连。若设计规定电流互感器的二次绕组的相导线必须要接地的话，则按照设计要求安装。

5. 电容器接地安装

电容器的外壳应接地，即将接地线接到电容器外壳的接地螺栓上。

6. 电抗器接地安装

当电抗器垂直布置时，下面一相及上面一相的支柱绝缘子的法兰盘均需接地。如果下面一相采用拉紧螺丝，拉紧螺丝也应接地。如果电抗器水平布置，其每相支柱绝缘子的法兰盘均应接地。支柱绝缘子法兰盘的接地安装方法如图 8-13 所示。

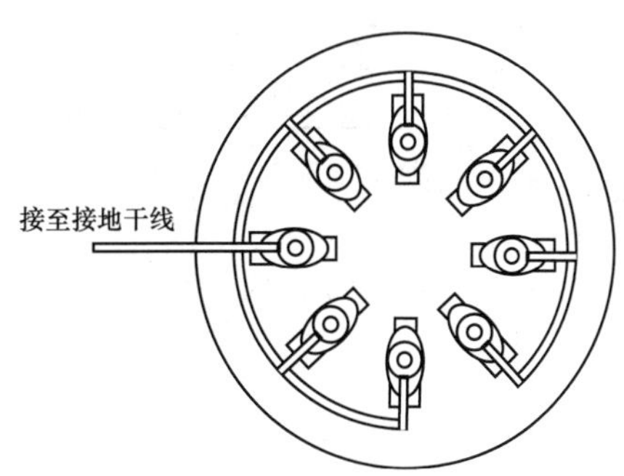

图 8-13　支柱绝缘子法兰盘的接地安装方法

7. 断路器接地安装

多油式断路器的器壳与传动机构的外壳或底座，以及少油式断路器及空气断路器的框架均必须接地。如果这些设备安装在不导电的支架或墙上，应将接地线和器壳或框架上的接地螺栓相连。有三个油箱的油断路器，则应和每个箱壳相连。

传动机构和单独的接地线相连，如图 8-14 所示。如果这些设备安装在钢结构上，接地线要焊接到支架或框架上。在断路器的外壳存在振动的情况下，应采用软线，并用锁紧螺帽或弹簧垫圈和外壳相连。

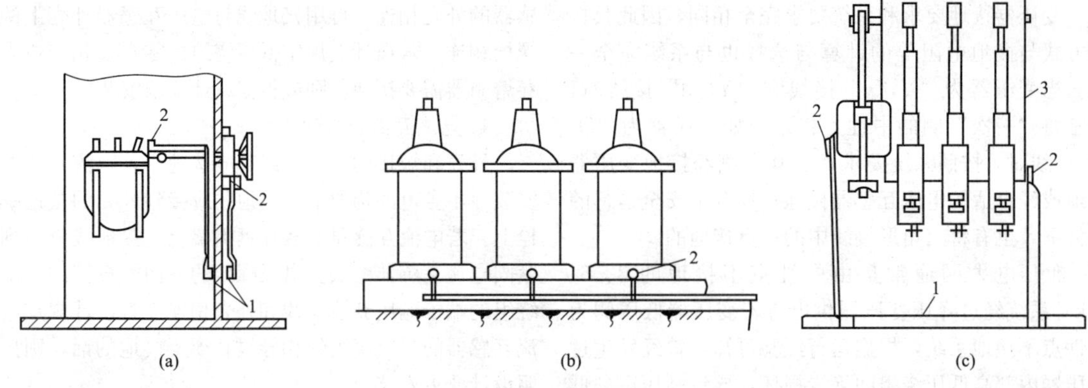

图 8-14　油断路器接地

（a）油箱悬挂接地；（b）油箱固定接地；（c）油箱安装在墙上

1—接地干线；2—接地螺栓；3—油断路器框架

8. 绝缘子、套管等的法兰盘底板接地安装

支柱绝缘子、套管绝缘子、线路套管、高压熔断器及附加电阻等的法兰盘或底板均必须接地。如果这些设备安装在不导电的结构或墙上时，接地线应连接到设备或绝缘子的接地螺栓上。如果没有接地螺栓，就接在设备的紧固螺栓上，如图 8-15 所示，如果这些设备安装在钢结构上，接地线应焊接在地钢结构上。每个支持设备的结构均以单独接地线接到接地干线上。

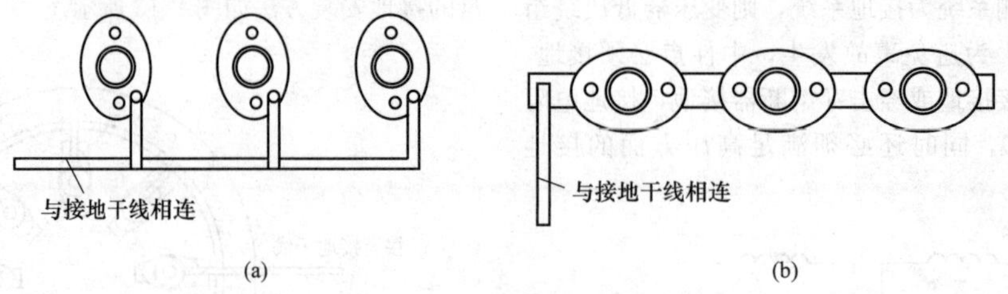

图 8-15　支柱绝缘子接地

（a）安装在墙上；（b）安装在金属构架上

9. 隔离开关接地安装

隔离开关的底板或框架、传动设备底板、支承轴承板和信号触头外壳等必须接地。接地的方法类似上述绝缘子的要求。另外，接地线还可接到传动装置的紧固螺栓上。在户外配电装置中，接地线应焊接到隔离开关和传动装置的钢支架结构上。当隔离开关安装在钢筋混凝土或木座上时，接地线则焊接到每相的框架及传动装置的底板上。

10. 悬式绝缘子的支持结构接地安装

在钢结构上的悬式绝缘子的支持结构也必须接地，接地线焊接到支持结构上。

11. 避雷器接地安装

放电器的铸铁底板和雷击计数器的出线端都必须接地。接地线接到每相底板的接地螺栓上或计数器的出线端，如图 8-16 所示。

12. 钢栅栏门框架接地

配电间隔离用的网状栅栏和门的钢框架均必须接地。接地线应焊到每扇门或栅栏的钢框架上，如图 8-17所示。

三、配电设备接地

在发电站及变电站内，发电机、变压器、配电装置及其他电气设备的底座与外壳，电气设备传动装置的金属结构和底座，控制设备的金属构架等在正常时都不带电，但当绝缘损坏时，可能出现对地电压，所以都必须接地。

电流互感器和电压互感器的二次绕组，当绝缘损坏时，可能带有高电压，所以也必须接地。接地点应尽量直接靠近这些设备的出线端子处或与接地干线有非常牢固的连接。假如接地能够引起继电保护装置误

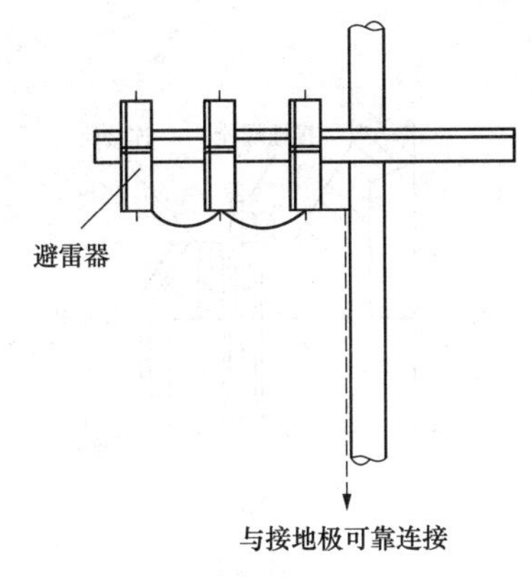

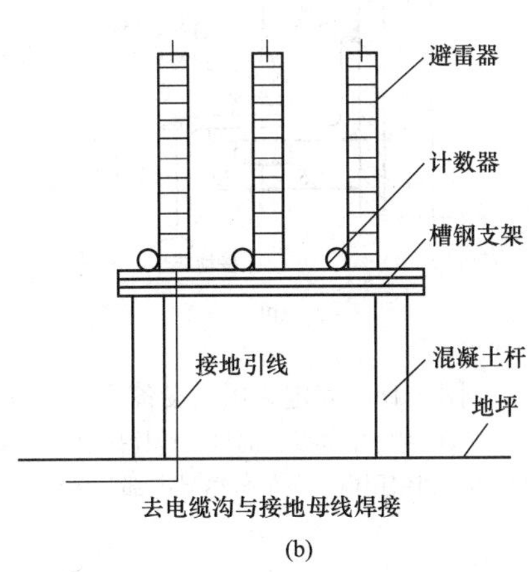

图 8-16　避雷器的接地安装
（a）杆上变配电设备避雷器的接地示意；
（b）台架接地安装

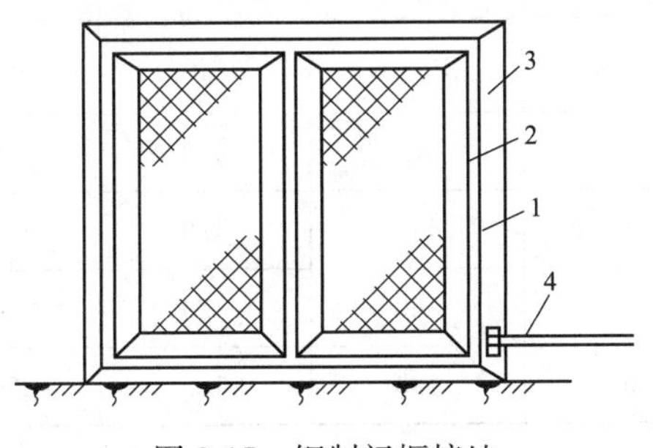

图 8-17　钢制门框接地
1—门框；2—门；3—铰链；4—接地干线

动作，如连接几组互感器的复杂装置，则该装置可不接地，但可经击穿熔断器或避雷器接地。

当电气设备的元件安装在金属构架上，如果其间有可靠金属接触时，则只需将这些构架接地，在其上的电气设备元件可不必接地。

测量表计、继电器及安装在配电盘、配电箱内和配电室墙上的电气设备的外壳，由于所有从互感器出来的回路都已接地，而且当表计直接接入一次回路时，只有经常监视的熟练人员方可接触，同时大部分维护工作均在绝缘台上进行，因此这些设备的外壳不必接地。

为避免雷电由架空线路侵入对配电装置造成危害所采用的避雷器应安装在每组母线上，并尽量经最短的连接线接到配电装置的总接地网上。又为了降低接地网的电感压降，宜在阀型避雷器附近加装集中接地装置。

有以下情况之一者，都必须接地。

（1）采用封闭金属外皮（壳）的电线、电缆，金属桥架布线或钢管布线供电者。

（2）在未隔离或防护的潮湿环境中。

（3）易爆炸及易燃环境内。

（4）运行时任一端对地电压在 150V 以上者。

（5）对于固定设备的控制器，无论电压高低（24V 及以下除外），都应将其外露导电部分（或金属外壳）接地。

根据接地制式的要求，可通过外露导电部分（如金属底座或外壳）上的接地螺栓接地，也可通过端子盒内的接地端子和电缆铠装、保护钢管、金属线槽或 PEN 线相连或与线路中的 PE 专用线相连，低压固定电气设备外露导电部分的接地电阻通常为 4Ω。

（一）常用固定式设备的接地

1. 配电设备的钢架

开关屏、控制屏、继电器屏、配电箱及保护干线的钢架，电缆槽盒等均必须接地，每个屏或箱的钢架最少一处接地，并列成排的柜最少要有两处或三处与接地线相连。保护干线的钢架每节至少有两点与接地线相连，如利用钢架作为接地线时，则必须成为一个连续的导体。

2. 配电设备的底座

露天配电设备的底座都必须接地，接地线焊接到每个设备的底座上，支持用的钢结构也应通过接地螺栓连接或与接地线焊接。

3. 电机的金属底板

发电机及电动机等的金属底板均必须接地。接地线与底板最好焊接，防止拆装修理电机后，忘记接地而造成事故。

4. 启动控制设备

启动设备、控制元件及操作板等，其中有电磁启动器、接触器、空气断路器、控制按钮、变阻器及一些操作或控制的板、盘等，这些设备的金属外壳也均应接地。接地线和这些设备的接地螺栓或紧固螺栓相连。若这些设备装在金属结构上，则接地线可与金属结构相连。如果这些设备的金属配线管作为保护线的话，则采用一段跨接线，该跨接线一端和设备的接地螺栓或固定螺栓相连，另一端与钢管相连。

5. 用电设备

通常固定式用电设备的接地如图 8-18 所示，其中图 8-18（a）为利用用电设备的接地螺栓接地，图 8-18（b）为利用用电设备的外露导电部分接地。图中连接片的制作材料和长度见表 8-8，可作为参考；接地耳由 25mm×4mm 扁钢制成，长度为 65mm，接地线的材料及规格按照工程设计决定。图 8-18 中焊接方法为四周焊接，焊缝为三角形，高度为 4mm，接地片的转角半径 R 根据接地螺栓规格而定。

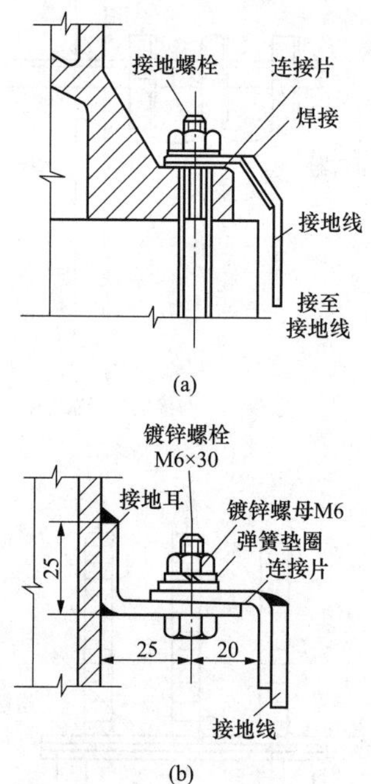

图 8-18　固定式用电设备接地

（a）利用用电设备的接地螺栓接地；

（b）利用用电设备的外露导电部分接地

（二）移动式设备的接地

移动式设备通常是装在金属轮、金属覆带或橡皮轮上。装在金属轮及金属覆带上的设备与大地常常连接在一起，装在橡皮轮上的设备，其中的梯子、操作杆、挂钩、钢索及链条等与大地可能有或多或少的连接，因此也应该作为与大地经常连接的设备来考虑。因为这种设备大部分是在露天工作，而且没有采用等化电位的措施，所以当其碰壳短路时，比固定式设备还要危险。同时由于这种设备是经常移动的，若考虑与固定设备同样接地的方法，不但投资费用很大，而且有时也达不到安全的要求。根据这类设备的具体情况，可采取下列措施。

表 8-8　　连接片的制作材料长度

安装螺栓直径（mm）			M6 以下	M（8～12）	M（14～18）	M（20～24）	M（27～30）
连接片规格（mm×mm）			12×4	25×4	40×4	50×4	60×4
当接地线为不同规格时，连接片的长度（mm）	扁钢	12×4	—	70	80	100	120
		25×4	—	—	110	150	160
	圆钢	ϕ（5～6）	80	80	100	120	140
		ϕ（8～10）	100	100	120	140	150

1. 由移动式发电站和变电站供电

在供给移动式设备或临时用电的移动式发电站或变电站中，因为这种特殊用户较多而且在一个地方运行的时间较长，所以应首先考虑自然接地体。当自然接地体的电阻不符合要求时，需再增加装配人工接地体。装配式人工接地体如图 8-19 所示，是一钻头式的金属棒，直径为 20mm，长度为 900mm。接地体采用直径为 25mm 的钢管，长 350mm，其上设置有蝴蝶式螺帽以便接线。这种接地体的优点是易于打入地下，并容易从地下拔起来。金属棒的根数根据接地电阻要求和土壤电阻系数而定，在地下排列成放射线形状，相互之间可用铜线连接起来。在土壤电阻系数较高的地方，要采取改善土壤措施。

有些移动式发电站及变电站的线路很短，接地电流也非常小，采用四线制的经济效果并不大。为改善碰壳短路的条件，可使用中性点不接地的三相 220V

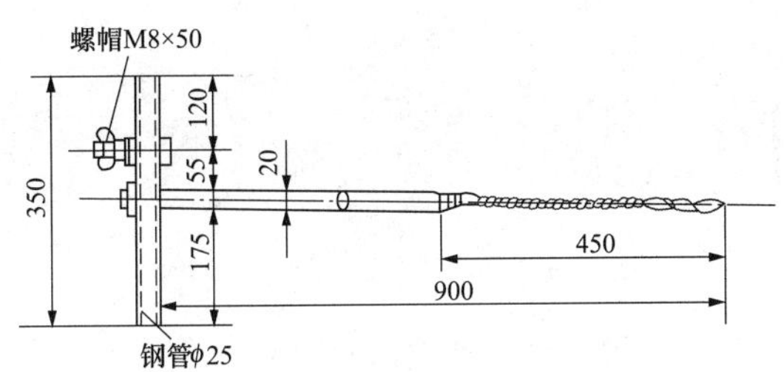

图 8-19　装配式人工接地体（单位：mm）

系统。

2. 移动式电气机械供电

在应用由外来电源供电的移动式电气机械（如挖土机等）时，供电电源采用中性点接地系统，则供电电缆或架空线上均应有零线，且该零线要与设备的外壳相连。由于连接到设备上的一段电缆经常移动，并受到拉力和弯曲，容易损坏，所以这一段电缆中接地芯线的截面应与相线截面相同，同时在连接的地方应有特殊标志，以利于损坏时及时发现和更换。当供电电源是中性点不接地系统时，则应采用保护切断设备，这样不但能改善单相接地时的安全条件，而且可预防两相短路的危险。

3. 本身设有发电装置的移动设备

对于本身设有发电装置的移动式设备，如电力拖动的汽车式起重机和钻探装置等，这类设备的特点为供电电源和全部电气线路都在设备的内部，而且设备的外部由金属外壳组成闭合的回路。因此当发生碰壳短路时，如图 8-20 所示，人虽触到 D 点，但其电位和 E 相等，也即与大地电位相等，人体与大地之间无电位差，所以不会发生触电危险。这种情况就不必接地。

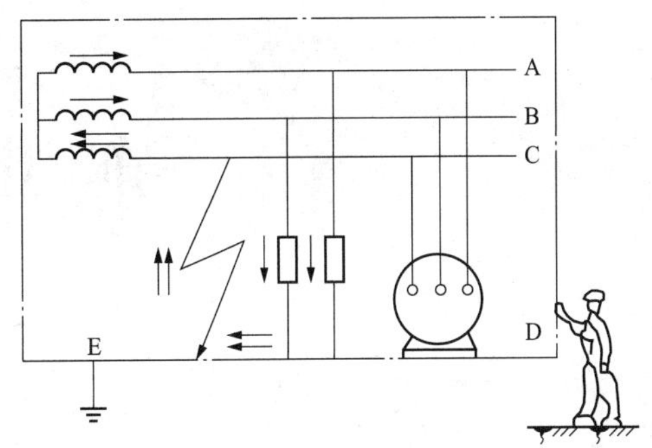

图 8-20　有自备电站的移动设备外壳短路的情况

4. 露天工作的高压电气移动式设备

露天属于非常危险的环境，最好由电阻接地的高压系统供电。移动设备的外露导电部分由专用的接地芯线连接至电源中性点电阻 R 的接地装置上，如图 8-21 所示。为降低线路电抗，该接地芯线通常与相线的芯线同在一根电缆内，大多采用有专用芯线的重型高压橡套电缆。为避免接地芯线断裂发生事故，还应设置专用的断线监视设备。

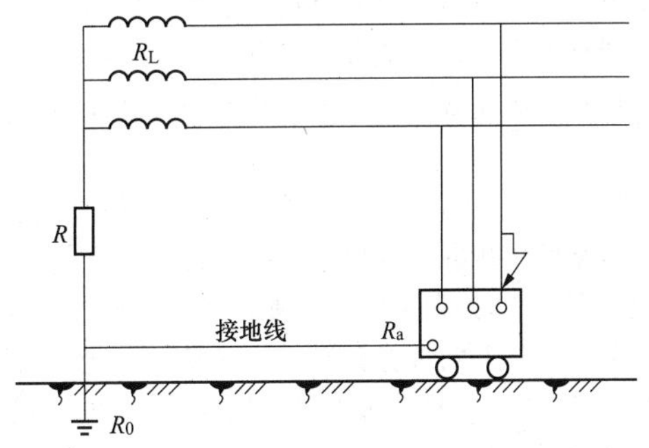

图 8-21　高压电气移动式设备接地

第九章
静电防护

第一节　静电的特点和危害

一、静电的特点

（一）静电的电荷少而电压高

生产工艺过程中局部范围内产生的静电的电荷通常都只是微库级的，即电荷很小，但是这样小的静电荷，在一定的条件下会产生很高的静电电压。高静电电压容易产生火花，可能发生火灾或爆炸事故。

平板电容器是由两块极板中间隔以绝缘材料组成的。电容器充电时，一个极板带正电荷，另一个极板带负电荷。而两块材料紧密接触再分离后，也是一边带正电荷，另一边带负电荷，和电容器具有类似的性质。根据电学知识，电容器的电容 C、电容器极板上的电荷 Q、电容器极板之间的电压 U 之间保持下列关系：

$$C=Q/U$$

若紧密接触的两种材料分离前后，其上电荷没有消散，即电荷 Q 保持不变，则电容 C 与电压 U 保持反比关系。随着两种材料空间位置发生改变，电容 C 也发生改变，电压 U 发生相应的改变。电容越大，电压越低；电容越小，电压越高。在产生静电的实际场所，电容的变化通常是很大的，这就有可能出现极高的电压。

以两种平面接触的材料为例，这两种材料形成平板电容器的两个极板，其间电容为

$$C=\varepsilon S/d \qquad (9\text{-}1)$$

式中　ε——平板间介质的介电常数，F/m；

S——平板面积，m^2；

d——平板间距离，m。

两种材料紧密接触时，其间距离 d_1 极小，只有 25×10^{-8} cm；假设分离后，其间距离增大至 $d_2=$ 1cm，则前后电容之比为

$$\frac{C_1}{C_2}=\frac{d_2}{d_1}=\frac{1}{25\times10^{-8}}=4\times10^6 \qquad (9\text{-}2)$$

即电容减小为原来的 $1/(4\times10^6)$，而电压则升高为原来的 400 万倍。如果这两种材料的接触电位差为 0.01V，分离 1cm 后两者之间的电位差骤升 40kV。当然，两种材料分开时，其上正、负电荷多少有些回流而中和，电压比上面计算的要小一些。但是，其间电压仍可能有几千伏，还是非常高的。

当人体和大地绝缘时，因为衣服之间、衣服与人体之间、衣服与其他装置或器具之间、鞋与地面之间的接触一分离，人体可带上静电。在不同条件下，人体静电可能达数千甚至上万伏。此外，人体由静电感应也可能带上静电。

粉体静电也可能达到数千至上万伏。飞机飞行时，静电电压可能高达数万甚至数十万伏。油料注入罐内时，罐内油的电位可高达数千到数万伏。蒸汽和气体的静电比固体、粉体和液体的静电要弱一些，但也可能达到万伏以上。

静电电压虽然很高，但因为其电荷很小，所以能量也很小，静电能量一般不超过数焦。

（二）静电放电

静电放电是静电荷消失的主要途径之一，通常是电位较高、能量较小、处于常温常压条件下的气体击穿。电极材料可以是导体或绝缘体，电场大多是不均匀的。如图 9-1 所示，静电放电形式主要包括以下三种形式。

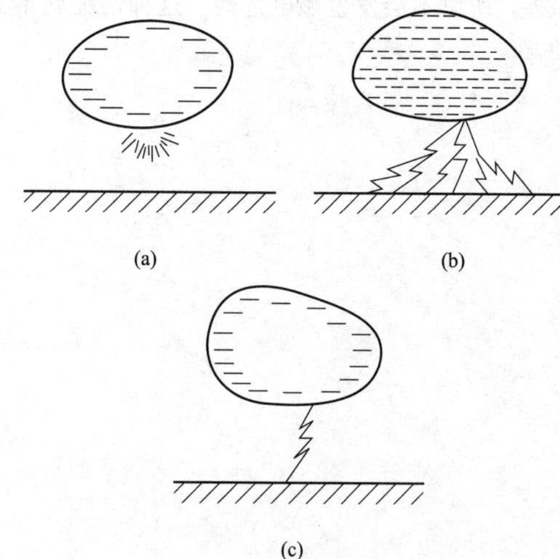

图 9-1　静电放电形式

（a）电晕放电；（b）刷形放电；（c）火花放电

(1) 电晕放电。电晕放电指气体介质在不均匀电场中的局部自持放电，属于最常见的一种气体放电形式。在曲率半径较小的尖端电极附近，由于局部电场强度超过气体的电离场强，使气体发生电离与激励，因此出现电晕放电。发生电晕时在电极周围可看到光亮，并伴有咝咝声。电晕放电可为相对稳定的放电形式，也可为不均匀电场间隙击穿过程中的早期发展阶段。

(2) 刷形放电。刷形放电指发生于带电荷量大的绝缘体与导体之间空气介质中的一种放电形式。该放电形式放电通道不集中，呈现分枝状。刷形放电是火花放电的一种。其一端存在放电集中点，另一端放电通道不集中，呈分枝状，伴有“啪”的较强破坏声。带电荷量大的非导体和数厘米以上的较平滑的接地导体之间易产生刷形放电。因为绝缘体束缚电荷的能力很强，其上电荷难以移动，于是表面上容易产生刷状放电通道。刷形放电的火花能量比较分散，但对于引燃能量较低的爆炸性混合物，也有引燃的危险性。刷形放电能量密度比电晕放电大，易于成为发生危害的原因。

(3) 火花放电。火花放电指当高压电源的功率不太大时，高电压电极间的气体被击穿，产生闪光和爆裂声的气体放电现象。在正常气压下，当对电极间加高电压时，如果电源供给的功率不太大，就会出现火花放电，火花放电时，碰撞电离并不发生在电极间的整个区域内，仅是沿着狭窄曲折的发光通道进行，并伴随爆裂声。因为放电能量集中，其引燃危险性大。

除上述几种放电外，对于静电，也可能出现沿绝缘固体表面进行的放电，即沿面放电；对于空间电荷，还可能产生云状放电。

静电放电也会受到电场均匀程度、电极极性和材料、电压作用时间、气体状态等因素的影响。

静电放电的另一种形式是尖端放电。导体尖端的电荷非常密集，尖端附近的电场特别强时，就会发生尖端放电。它属于一种电晕放电，其原理为物体尖锐处曲率大，电力线密集，因此电势梯度大，致使其附近部分气体被击穿而发生放电。若物体尖端在暗处或放电非常强烈，这时往往可看到它周围有浅蓝色的光晕。导体表面有电荷堆积时，电荷密度和导体表面的形状有关。在凹的部位电荷密度接近零，在平缓的位置小，在尖的位置最大。当电荷密度达到一定的量值后，电荷产生的电场会很大，以至于将空气击穿（电离），空气中与导体带电荷相反的离子会和导体的电荷中和，出现放电火花，并能听到放电声。

（三） 绝缘体上的静电消散

因为绝缘体的特殊电子排列结构，其对电荷的束缚力很强，如果让电荷自行消散，则需要很长的一个过程。通常，物体上静电的消散包括两种途径：一是与空气中的自由电子或离子互相中和；二是绝缘体直接或间接地与大地或其他物体相连接进行漏电，或与异性电荷中和。

（四） 静电屏蔽

静电屏蔽一般对有空腔导体而言，如果其在静电场中达到平衡状态，则其空腔内电场强度为零，如图 9-2 (a) 所示。而如果空腔内存在电荷，且其外表面接地，则其外表面的电荷将流入大地，所以导体外部场强为零，如图 9-2 (b) 所示。静电屏蔽在实际中有很多用处，如室内高压设备罩上接地的金属罩或较密的金属网罩，电子管用金属管壳等。

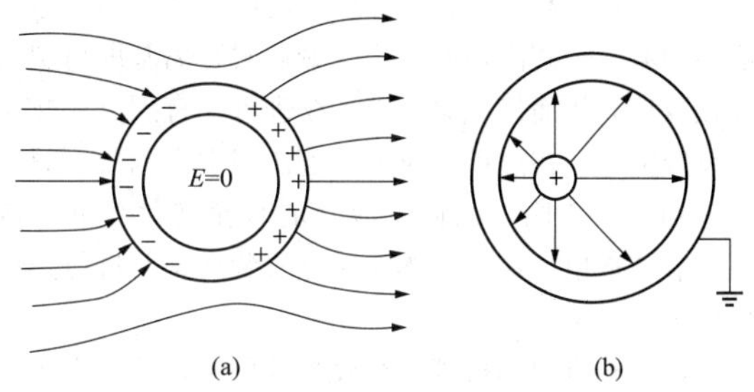

图 9-2 静电屏蔽

(a) 空腔内电场强度为零；(b) 导体外部场强为零

二、 静电的危害

静电主要包括以下几方面的危害：在生产中，静电力作用或高压击穿作用使产品质量下降，甚至造成生产故障；高压静电对人体机能的危害；静电放电过程往往伴有热能的放出，而热能可使各种易燃易爆物品达到各自的燃点，因此发生火灾或爆炸事故；静电放电过程中会形成电磁场，它会对各种无线传输和通信设备产生影响，甚至会对各种精密仪器造成伤害。

1. 静电火灾和爆炸事故的概念

通常情况下，发生火灾或爆炸要有三个不可缺少的条件，即可燃物、助燃剂、引燃源。静电火灾与爆炸也是如此，必须有可燃物和助燃剂的存在。而引燃源就是指静电荷由于摩擦等原因形成高电平，将周围的空气介质击穿，形成火花放电。火花放电可将电能转换为热能，这就是引起事故的火源。

显然，火花放电所释放的热能必须大于或等于可燃物的着火点。否则，即使具备三个条件，也因为能量不足，而不可能发生火灾或爆炸。

2. 静电火灾引燃机理

静电放电作为引燃源，怎样使可燃物区域内较小体积内的可燃气体经升温首先被点燃，而后又慢慢导致燃烧的蔓延扩散，应依据物体燃烧的连锁反应理论及热点引燃理论加以解释。

（1）连锁反应机理。连锁反应理论认为物质的燃烧经历如下过程：可燃物质或助燃物质先吸收能量而离解成为游离基，与其他分子相互作用发生一系列连锁反应，将燃烧热释放出来。最开始的游离基（或称活性中心、作用中心等）是在某种能源的作用下生成的，形成游离基的能源可以是受热分解或受光线、氧化、还原、催化和射线照射等。游离基因为比普通分子平均动能具有更多的活比能，所以其活动能力非常强，在通常条件下是不稳定的，容易和其他物质分子进行反应而生成新的游离基，或者自行结合成稳定的分子。所以，利用某种能源设法使反应物产生少量的活性中心——游离基时，这些最初的游离基即可引起连锁反应，进而使燃烧得以持续进行，直到反应物全部反应完毕。在连锁反应中，若作用中心消失，就会使连锁反应中断，而使反应减弱直至燃烧停止。因而，静电放电可加速可燃气体释放游离基并进行连锁反应。

（2）热点引燃机理。在放电过程中，某一个半径区域内的可燃气体将被火花放电所释放的热量加温。如果这一区域内的能量积累较大，并且热量并没有传导和辐射出去，则气体的温度上升到某一值时，这一区域内的可燃气体将被点燃；反之，可燃气体将不会发生燃烧反应。

若放电中止时，可燃性气体所产生的局部热量又会补充反应过程中的热损耗而使燃烧能继续进行，则燃烧可继续发展和蔓延。

3. 静电火灾发生的条件

通过进行各种火灾模拟实验，以及国内外大量静电火灾及爆炸事故的分析，得出了发生静电火灾和爆炸事故所必需的条件。

（1）在区域内能够积累静电。

（2）区域内必须有可燃物存在。

（3）当静电累积起足够高的静电电位后，必将周围的空气介质击穿而发生放电，构成放电的条件。

（4）区域内积累的能量应可以达到可燃物的着火点。

因此，只有同时具备上述四个条件时，静电放电才能成为火源，才能形成静电火灾。同样，当想要阻止静电火灾或爆炸时，只需破坏上述四个条件中的任何一个即可。

三、静电危害的危险界限

1. 静电危害的能量界限

静电放电可成为引火源，非常重要的依据是其放电能量必须不小于可燃物的最小点火能量。这是评价静电安全和危害的主要标准和依据之一。

静电火花的能量界限通常是按一次放电的能量来表示的，即

$$W = \frac{1}{2}CU^2 = \frac{1}{2}QU = \frac{Q^2}{2C} \tag{9-3}$$

式中 W——一次放电能量；

C——物体的静电电容；

U——物体放电时的电位与放电后剩余电位之差；

Q——物体一次放电的电荷。

2. 导体静电危害的危险界限

导体放电，一般是将其储存的静电能量一次性地全部释放出来，因此有较大的静电危险性。为此，通常使用换算导体储能的方法来评价其静电危险性。

导体储能的大小仍按式（9-3）来表示，即

$$W = \frac{1}{2}CU^2 \tag{9-4}$$

假设周围环境中可燃物的最小点火能量为 W_{min} 时，用式（9-4）计算出导体的储能 W，且其中

$$W \geqslant W_{min} \tag{9-5}$$

从式（9-5）可知，若导体上的储能大于或等于可燃物的最小点火能量，这种放电为危险性放电；而 $W<W_{min}$ 时应为安全性放电。所以，可燃物的最小点火能量就可看作静电放电的危险界限。

同时，还可根据 W_{min}，按照式（9-6）计算出导体的危险电位 U_{min}：

$$U_{min} = \sqrt{2W_{min}/C} \tag{9-6}$$

式中 W_{min}——可燃物的最小点火能量；

C——导体的静电电容。

对式（9-6）稍加变换，即可求出危险电量 Q_{min} 为

$$Q_{min} = \sqrt{2CW_{min}} \tag{9-7}$$

对于导体还可根据式（9-7），按照电场中的静电能量 W（mJ）绘制出不同电容情况下的危险电位曲线图，以供参考。

3. 非导体材料静电危害的界限

提供产生静电危害的非导体的危险界限标准通常很难办到，但以带电电位达 30kV 以上的非导体材料放电能量可达到数百微焦的能量的基础实验为依据，可推断出非导体界面不同电位、电荷密度放电时的引

燃能力的一般准则。

(1) 对于引燃 0.01mJ 以下的可燃物，带电体危险电位在 1kV 以上、表面电荷密度在 $1\times10^{-7}C/m^2$ 以上的带电。

(2) 对于引燃能量在 0.01～0.1mJ 的可燃物，带电体危险电位在 6～10kV、电荷密度在 $1\times10^{-6}C/m^2$ 以上的带电。

(3) 对于引燃能量在 0.1～1mJ 的可燃物，危险电位界限在 20～30kV，得出不超过 30kV 的实验结论。

(4) 对引燃能量在 1mJ 以上的可燃物，危险电位界限在 40～60kV。

(5) 紧贴导体而厚度在 8mm 以下的带电薄膜，表面电荷密度达到 $2.5\times10^{-4}C/m^2$，沿面放电能量可达数焦，目前称为传播型刷形放电。

第二节　静电的产生、积聚和消散

一、静电的产生

摩擦能够产生静电是人们早就知道的，但为什么摩擦能够产生静电呢？实验证明，不单单是摩擦时，而是只要两种物体紧密接触再分离时，均可能产生静电。静电的产生是与接触电位差和接触面上的双电层直接相关的。

（一）静电的起电方式

1. 接触—分离起电

两种物体接触，其间距离小于 25×10^{-8}cm 时，因为不同原子得失电子的能力不同，不同原子（包括原子团和分子）外层电子的能级不同，其间即发生电子的转移。所以，两种物质紧密接触，界面两侧会产生大小相等、极性相反的两层电荷。这两层电荷称为双电层，其间的电位差称为接触电位差。

接触电位差和物质性质及其表面状况有很大的关系。固体物质的接触电位差仅有千分之几至十分之几伏，最大 1V 左右。

根据双电层与接触电位差的理论，可推知两种物质紧密接触再分离时，即可能生成静电。两种物质互相摩擦后之所以会产生静电，其中就包括通过摩擦实现大面积的紧密接触，在接触面上生成双电层的过程。

导体与导体之间虽然也能产生双电层，但因为分离时所有互相接触的各点不可能同时分离，接触面两边的正、负电荷将通过尚未脱离开的那些点迅速中和，使两导体都不带电。

按照两种物质间双电层的极性，将相互接触时带正电的排在前面，带负电的排在后面，依次排列下去，能够排成一个长长的序列，这样的序列称为静电序列或静电起电序列。静电序列是实验结果，因为实验条件不同，结果不完全一样。同一静电序列中，前后两种物质紧密接触时，前者失去电子带正电，后者得到电子带负电。例如，玻璃和丝绸紧密接触或摩擦时，玻璃带正电，丝绸带负电。必须指出，物质呈现的电性在很大程度上还受到物质所含杂质成分、表面氧化及吸附情况、温度、湿度、压力、外接电场等因素的影响，有可能和序列指示的不相符。

2. 破断起电

无论材料破断前其内电荷分布是否均匀，破断后都可能在宏观范围内导致正、负电荷的分离，即产生静电，这种起电叫作破断起电。固体粉碎、液体分离过程的起电属于破断起电。

3. 感应带电

感应带电通常是指静电场对金属导体的感应带电现象。如果带电体接近孤立导体时，受外电场的作用，导体靠近带电体一侧的表面上会感应出和带电体相反极性的电荷，而远离带电体的一侧会感生出和带电体相同极性的电荷。孤立导体表面的电荷发生了重新分布现象，但是整个导体的正、负电荷仍然相等呈现电中性，因此只能是出现了局部电荷密集的现象，如图 9-3 所示。

4. 电荷迁移

当一个带电体与一个非带电体接触时，电荷将重新分配，即发生电荷迁移而导致非带电体带电。当带电雾滴或粉尘撞击在导体上时，会发生有力的电荷迁移；当气体离子流射到不带电的物体上时，也会发生电荷迁移。

除上述几种主要的起电方式外，电解、压电、热电等效应也能够产生双电层或起电。

（二）固体静电

固体静电可直接用双电层与接触电位差的理论来解释。双电层上的接触电位差是非常有限的，而固体静电电位高达数万伏以上，其原因不在于静电电荷大，而在于电容的变化。

电容器上的电压 U、电荷 Q、电容 C 三者之间具有 $U=Q/C$ 的关系。对于平板电容器，其电容为

$$C=\varepsilon S/D \tag{9-8}$$

式中　ε——极板间电介质的介电常数；

S——极板面积；

D——极板间距离。

由上述关系可导出

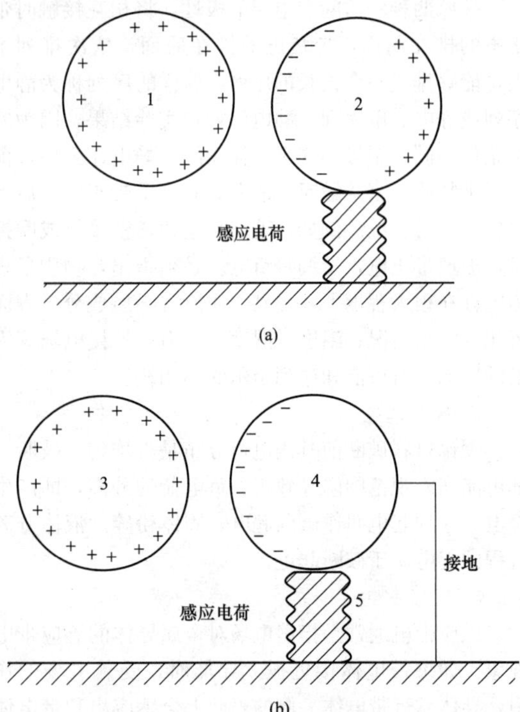

图 9-3　静电感应现象

(a) 电感应产生的表面带电；(b) 接地防止感应带电

1、3—带电物体；2—绝缘导体；4—接地导体；5—绝缘体

$$U = QD/\varepsilon S \tag{9-9}$$

也就是说，当 Q、ε、S 不变时，U 与 D 成正比。将两者相接近的两个带电面视为电容器的极板，紧密接触时，其间距离只有 25×10^{-8}cm。如果两者分开 1cm，距离即增大 400 万倍。因此，如果接触电位差仅为 0.01V，则在不考虑分开时电荷逆流的情况下，二者之间的电压可达 40 000V。应当指出，不仅平面接触产生的静电存在这种情况，而且由其他方式产生的静电也有相似的情况。由此不难理解静电电压高的道理。

固体物质大面积的接触—分离或大面积的摩擦，以及固体物质的粉碎过程中，均有可能产生强烈的静电。橡胶、塑料、纤维等行业工艺过程中的静电高达数万伏，甚至数十万伏，如果不采取有效措施，很容易发生火灾。

（三）人体静电

在从毛衣外面脱下合成纤维衣料的衣服时，或经由头部脱下毛衣时，在衣服之间或衣服人体之间，都有可能发生放电。这说明人体与衣服在一定条件下是会产生静电的。

人在活动过程中，人的衣服、鞋及所携带的用具与其他材料摩擦或接触—分离时，都可能产生静电。例如，人穿混纺衣料的衣服坐在人造革面的椅子上，如果人和椅子的对地绝缘都很高，则当人起立时，由于衣服与椅面之间的摩擦及接触—分离，人体静电高达 10 000V 以上。

液体或粉体从人拿着的容器中倒出来或流出时，带走一种极性的电荷，而人体上将留有另一种极性电荷。

人体是导体，在静电场中可能感应起电而变成带电体，也可能引起感应起电。

如果空间存在带电尘埃、带电水沫或其他带电粒子，并被人体所依附，人体也能带电。

人体静电和衣服料质、操作速度、地面和鞋底电阻、相对湿度、人体对地电容等因素有关。

由于人体活动范围较大，而人体静电又容易被人们忽视，因此，由人体静电引起的放电常常是酿成静电火灾的重要原因之一。

（四）蒸气和气体静电

不只固体会产生静电，蒸气或气体在管道内高速流动或由阀门、缝隙高速喷出时也会产生危险的静电。蒸气产生静电与液体产生静电相似，即其静电也是由于接触、分离和分裂等原因产生的。完全纯净的气体是不会产生静电的，因为气体内常常含有灰尘、铁末、干冰、液滴、蒸气等固体颗粒或液体颗粒，通过这些颗粒的碰撞、摩擦和分离等过程可产生静电。喷漆时含有大量杂质的气体高速喷出，会产生比较强的静电。

蒸气与气体静电比固体和液体的静电要弱一些，但也能达到数万伏以上。

二、静电的积聚

静电的产生与泄放是相关的两个过程，如果静电的产生量超过静电的泄漏量，则在物体上就会产生静电的积聚。显然，静电的积聚过程是静电产生和泄漏的代数和。

起初，静电的产生常常大于静电的泄漏，呈现线性上升，之后静电的泄漏量开始增长，而产生量降低，使静电累积趋于平缓，最后静电的产生量和泄漏量达到平衡，使静电的累积达到并趋于某一稳定值。

静电的积聚主要依赖于静电的产生。静电的产生主要取决于静电和物体的特性，特别是电学特性与产生静电的条件和环境等有关。

（一）物体的电学特性

1. 固体材料的体积电阻率与介电常数

固体材料产生静电的大小主要取决于物体电阻率

的大小。通过具体试验证明，在固体材料的使用、摩擦起电的过程中，固体的电阻率越大，形成静电场越高，反之亦然。这个对产生静电的大小的规律性认识，可通过表 9-1 得到。

表 9-1　物体起电能力与电阻率之间的关系

物体的起电能力	物体带电的最大电位（kV）	物体的表面电阻率（Ω·m）
不带电体	0.01	10^6以上
微量带电	0.01～0.1	10^6～10^8
带电体	0.1～1	10^8～10^{10}
高带电体	1以上	10^{10}以上

起电和介电常数之间的关系如下。

（1）两个物体接触的情况下，介电常数大的物体带正电，而另一个物体则带负电。

（2）电量和它们的介电常数差值有关。

上述两个问题，究竟是介质电阻率，还是介电常数起主导作用，目前对前者认识较为一致，后者虽不能全部解释实践中所遇到的一些问题，但和事实也有一定的吻合性。

2. 液体材料的主要影响因素

影响液体静电的主要因素是液体介质中的含杂与液体自身的体积电阻率。

液体之所以可以产生静电是因为液体中的含杂能离解成正、负离子。这些正、负离子会与导管之间形成偶电层，否则正、负离子含量太少而不容易产生静电。例如，当油品中含有水分杂质时，因为水为极性分子，同时在油液中不能共溶呈胶体杂质，这种水分子在下沉过程中，就会吸附油品中的正离子成为带电质点，所以水在沉降过程中使油品极易产生静电。实验证明，在 JP-4 燃料油中加入少量的沥青杂质时就会呈现明显的带电状态。

实验还证明，在油品中增加大量的离子杂质时，因为电导率增大，容易产生静电荷的泄漏，所以也不会产生大量的静电荷。

杂质含量除可改变液体介质的带电程度外，有时还可改变带电极性。如往油罐车内加油过程中，曾多次发现静电极性的变化。

液体自身电阻率对产生静电的影响。在一定范围内液体中静电的生成量随液体自身电阻率的增加而增大，但达到某一数值后，它又随电阻率的增加而减小。对于碳氢化合物，通过试验可知，电阻率在 10^{11}～10^{13}Ω·cm 内最容易产生静电，因此其静电危险性越大。具体影响，可由图 9-4 中清楚地看出电阻率大小对油品带电的影响。

鉴于上述原因，若在油品中加入某种静电添加剂改变油品自身的电阻率时，对于油品的冲流电流值的影响也是非常显著的。在图 9-5 中给出了喷气飞机燃料油 JP-4 中添加某种添加剂后，所获得的冲流电流和油品电阻率的关系曲线。

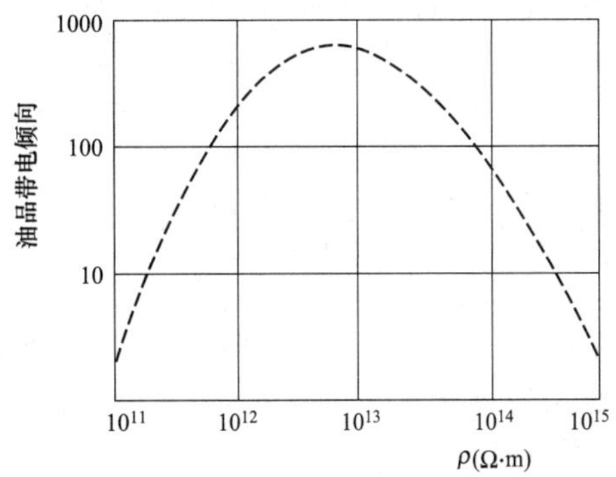

图 9-4　电阻率对油品带电的影响

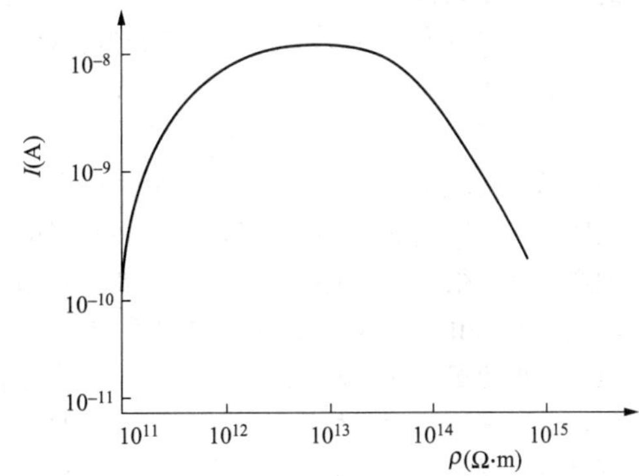

图 9-5　电阻率对冲流电流的影响

（二）其他影响静电产生的客观因素

1. 紧密接触、快速分离

所谓紧密接触是使两物体间的接触距离不足 25×10^{-8}cm，即接触面积增大；而快速分离，就是使两物体间分离速度增加，使单位时间内起电速率加快。很多静电事故往往是突发事件，例如装满爆炸药的漏斗阻塞，突然畅通后，瞬间起电量超过危险值而突发事故。又如气体本来是不易起电的材料，但从高压容器中快速喷出，当速度大于两倍马赫速度时，就会产生十几万伏的静电高压。在排放液氢或是石油液化气储罐内的残余气体时，一定要控制排放速度，对于氢气不得超过 10m/s 的流速。

2. 被接触物的材质、表面状况和几何尺寸的影响

静电的产生和被摩擦物的特性也是有关系的。例

如，将油品或轻质碳氢化合物通过橡胶或乳胶管输送，输送中将会产生很高的静电。因此油轮在装卸油品过程中常常采用导电金属管或导电橡胶或导电型塑料管作为连接的软管，使用绝缘橡胶或塑料管的话，很容易发生静电事故。所以特别好的绝缘材料要避免与导体或半导体材料接触。物体表面的粗糙度很大将会使物体间的接触机会增加，因而使物体间的接触面积增大，产生静电的概率会变大；物体表面平滑，自然接触的紧密程度就会减弱，将不利于静电的生成。同时，物体是亲水性物质时，它的表面容易覆盖一层很薄的水膜，这也有利于静电的泄漏。

接触物的数量、几何形状等因素对静电影响也非常大。试验表明，物体静电产生量和物体的数量（包括重量）基本成正比的关系；而物体带电的密集程度是由物体的几何形状决定的。例如，电荷往往在尖端聚集，所以曲率半径越小的物体，表面带电越多，此处的电场强度最大，因此容易形成放电现象。另外，物体的几何形状还能影响液体的流动速度，从而影响静电的产生。比如直线管道的流速比弯曲管道的流速快些，直线管道就容易生成静电，而弯曲管道就容易缓和静电的作用。

3. 环境条件的影响

消防部门火灾统计结果显示，大部分静电事故发生在气候比较干燥的冬、春季。所以说，相对湿度对静电的产生具有很大的影响。英国炸药发展中心的怀特等人做了相关的实验，验证了火炸药生产场合的温、湿度对火药爆炸的影响，结果发现在火炸药与火工品生产的车间如果相对湿度达到70%±5%时，火药则不会发生爆炸，通常条件下认为这个区间是静电安全区。

静电产生受相对湿度的影响，主要是因为静电存在两个泄漏通道，一是通过吸湿性材料，相对湿度大的物体表面能够产生水膜，利于表面导电，从而减少了静电的量；二是空气中的相对湿度大，空气中水分增大，会增加空间的导电性，静电会通过空气泄漏，也会减小。

除此之外，空气中相对湿度大时，摩擦带电物体表面的电学特性会发生变化。如棉布在相对湿度超过50%时，棉布的电阻是$10^8\Omega$，而相对湿度降至30%时，这时棉布的电阻增大到$10^{12}\Omega$，即棉花变成了容易带电的材料。在分析静电事故时，相对湿度对静电荷累积的影响是不可忽略的。

三、静电的消散

物体带有一定数量的静电，在不继续供给与产生的情况下，原有的静电总量会不断地减少。

一般物体上静电的消散主要包括两个途径，即自放电和泄漏。

（一）静电放电

静电放电又可分为两类，一类是强放电现象，其中包括火花放电、刷形放电及电晕放电等，而另一类则是弱放电现象，是电晕放电之前的现象。后者则是中和静电极其重要的措施之一。

1. 气体放电的物理过程

空气可视为绝缘体。在外加电场的作用下，分布在电场内部的带电离子在电场力的作用下就会沿电场力或电场力的反方向运动，当带电粒子被加速到足够能量时，它们之间就会出现互相碰撞，并与中性粒子碰撞产生游离，继而使电场中带电离子增多，从而使空间电荷被复合的机会增加，这个过程称为空气中的预放电现象，也是中和消除静电的最佳途径。但是当电场力继续加速，带电粒子使离子产生的能量明显大于空间的复合量时，自由电子与正离子像雪崩一样急剧增加就会发生电子雪崩。当发生电子雪崩时，两极间的电流可增大数万倍，而自由电子打击在阴极上形成二次电子发射，这时不再依靠空气中自由电子加速运动的结果，这称为自激导电。此时，极间空气形成可以导电的游离气体，这个过程称为气体击穿或气体的放电。实验结果显示，在均匀的电场中，大气压为1atm（1.01×10^5Pa）、温度为20℃、两极间距为0.01cm时，能够将空气击穿的均匀电场电压（kV）为

$$U_j = 30d + 1.35 \tag{9-10}$$

式中 U_j——空气击穿电压，kV；

d——两电极间的距离，cm。

2. 影响气体放电的因素

（1）电极形状和极性对击穿电压的影响。两个对称的平滑电极板之间会形成均匀的电场，因此气体放电是按照式（9-8）的规律进行的。当电极尖端曲率半径变小时，尖端电荷密度增加，形成的电场强度也增大，所以尖端附近比较容易被击穿，其击穿电压为均匀电场击穿电压的1/3。因此可利用尖端放电消除静电，当电极尖端小于30°时，最容易产生电晕放电，从而中和静电。

对空气做的实验结果显示，负极性比正极性电极容易击穿。这是由于自由电子质量小，在同样电场力条件下产生的速度比正离子运动要快得多，因此阴极比较容易被击穿。

（2）气体状态对放电的影响。气体密度小的电子的平均自由程大，易发生碰撞电离，容易产生放电

现象。

(3) 相对湿度对放电的影响。空气的相对湿度增加后，空气中水分增加，电离后在电场中的运动速度降低，所以使击穿电压增高。

(4) 电压作用时间对放电的影响。电压作用时间不够、积累击穿能量不够也不会产生放电现象。

（二） 静电的泄漏

1. 对静电泄漏的认识

泄漏发生在绝缘体上主要包括两种，一是绝缘体表面泄漏，二是绝缘体内部泄漏。这两个通道都受自身的体积、表面电阻率的影响。

静电通过绝缘体自身的泄漏，可用下列经验公式来近似表达：

$$Q = Q_0 e^{-1/\tau} \tag{9-11}$$

式中 Q_0——泄漏前存在于绝缘体上的电荷；

τ——泄漏时间常数，为导体电容率和导体电阻率的乘积。

式 (9-11) 可由高斯定律或欧姆定律的微分形式导出。

由此可见，绝缘材料上携带的静电，放电时间常数越大，静电累积也越大，而且静电荷不能很快泄漏，因此其危险性也越大；反之，物体放电时间常数越小，通过接地方式迅速把物体上的静电荷传导给大地，所以通常将导体接地放掉电荷，从而减小危险。但对于塑料物体，因为它不是整体导电，单点接地放电的效果是不怎么好的。

人们对静电泄漏半衰期定义为当绝缘体上的静电荷泄漏一半（即 $Q=Q_0/2$ 时）所消耗的时间，半衰期标志静电荷泄漏的快慢及静电危险性的大小。而半衰期为 $t_{1/2}=0.693\varepsilon\rho=0.693RC$，等式前半部适用于绝缘体，后半部分适用于导体或半导体材料。

2. 影响静电泄漏的因素

(1) 空气相对湿度的影响。亲水性材料表面吸湿后，静电能够从吸湿物体表面泄漏。主要是因为空气中的 CO_2 溶入了吸湿性材料吸湿后表面形成的一层水膜中，并且有可能溶入绝缘体中析出电解质的缘故，使表面电阻率大大降低，加速了静电的泄漏。试验证明，玻璃如果在 100％相对湿度下表面电阻率为 1 时，相对湿度降至 40％时电阻率将上升到 10^6 倍以上，可见相对湿度的影响还是非常大的。

(2) 气体中带电粒子的影响。利用放射性材料使空气电离，这样为消除绝缘体上的静电形成一个空间通道，因此大多数情况下使空气电离可消除绝缘体上的静电。

第三节 防止静电危害的基本措施

静电的危害在某些时候是非常大的，因此要尽力消除。消除静电包括两条主要途径，其一是创造条件使物体的静电中和，限制静电的积累，使其不大于安全范围；其二是在工艺过程中进行控制，限制静电的产生。

消除静电危害的措施大致可分为如下三大类。

(1) 泄漏法。采取接地、增湿、加入抗静电剂、涂导电涂层等措施，以加速消除生产工艺过程中产生的静电，以免静电的积累。

(2) 中和法。采用各种中和器（如感应静电消除器、高压静电消除器、放射线静电消除器），使带静电体附近的空气电离，让电离的空气离子中和物体所带的电荷，从而降低电荷的积累。

(3) 工艺控制法。这类方法是选择好的材料及制作工艺从而减少电荷的积累，使之不超过危险程度。

而几种常用的消除静电危害的措施主要包括静电接地、增湿、加抗静电添加剂、利用静电中和器及工艺控制等。

下面介绍几种预防静电的方法，以及在生产过程中消除静电的具体措施。

一、 控制静电场合的危险程度

可燃物存在是酿成静电灾害最基本的因素，因此在静电放电发生的场合，必须控制或排除放电场合的可燃物，就能在一定程度上防止静电灾害。

（一） 用非可燃物取代易燃介质

油类大多是可燃性物质（如煤油、汽油和甲苯等），这样在静电放电场合就会埋下极大的安全隐患。油的燃点很低，而且极易在常温常压条件下形成爆炸性混合物，易于形成火灾或爆炸事故。例如，在清洗机器设备的零件和精密加工机床油污的过程中，用非燃烧性的洗涤剂代替煤油或汽油时，就会大大降低静电危害的可能性。这些可作为替代品的非可燃性洗涤剂主要包括苛性钾（即氢氧化钾）、磷酸三钠、碳酸钠及水玻璃的水溶液。

（二） 降低爆炸性混合物在空气中的浓度

可燃液体和空气的气体混合物，当达到爆炸极限的浓度范围时，如果遇到明火就会发生爆炸事故，而且混合物的爆炸温度也有温度上限与温度下限之分。当温度在此上、下限范围内时，正好可燃物产生和蒸发的蒸气与空气混合的浓度也在爆炸极限的范围内，这样就可利用控制爆炸温度来限定可燃物的爆炸浓度。

（三）降低含氧量或采取通风的措施

燃烧的必要条件之一就是含氧量足够，因此可通过控制氧气的含量来控制爆炸，而减少空气中的氧含量可使用惰性气体。另外，增大空气的氧含量可降低可燃物跟氧气在混合物中的比例，这时可燃物与氧气混合浓度超过爆炸极限的上限也不会使可燃物引起燃烧或爆炸。此外，当可燃物接近爆炸浓度时采用强制通风的办法，使可燃物被抽走，新空气得以补充，也不会引起事故。

二、工艺控制

适当的工艺控制可限制并避免静电的产生和积累，而且工艺控制的方法应用广泛，是消除静电危害的主要方法之一。

（一）摩擦速度或流速的控制

高速摩擦可产生大量的电荷，降低流速和摩擦速度可限制静电的产生。对罐车装油试验表明，平均流速在 2m/s 时，测得油面电位为 2300V；当平均流速为 1.7m/s 时，油面电位是 580V。可见，控制流速是减少静电产生的有效措施。因此就有了这样的规定，汽车罐车浸没装油最大线速度不得超过 7m/s，铁路罐车用大鹤管装油流速不得大于 5m/s，其目的还是为了降低静电的产生。

烃类燃油在管道内流动时，流速和管径满足以下关系就可降低产生静电的危险：

$$v^2 D \leqslant 0.64 \tag{9-12}$$

式中 v——流速，m/s；

D——管径，m。

符合式（9-12）要求的最大流速和管径的关系见表 9-2。在某些情况下，流速超过表 9-2 所列数值也不一定会产生危险。但是，当第一次装油或油料带有水分时，必须将液体流速限制在 1m/s，否则将产生危险的静电。例如，铁路槽车和汽车油罐车装油时鹤管未浸没前的初速，油罐进油时进油管未淹没前的初速，内浮盘未起浮前的油品流速均必须限制在 1m/s，然后才能慢慢提高流速。当管径超过 25cm、流速超过 1m/s 时，为避免危险的静电，引入罐内的注油管出口浸入深度不应小于 50cm，并不应小于管径的 2 倍。

表 9-2　最大流速与管径的关系

管径（cm）	1	2.5	5	10	20	40	60
流速（m/s）	8	5.1	3.6	2.5	1.8	1.3	1

以上规定是指单一品种纯净产品在管道内的正常流动速度。当处于其他情况下时，应按照表 9-3 中的规定执行。

表 9-3　其他情况时管内流速

料中带有水分杂质时；甲、乙类两种以上油品混送；甲、乙类液体进入储罐、槽车的初速度	≤1m/s
入口管浸度 200mm 后液体中添加了抗静电剂，同时具有专门静电消除器、报警装置	≤6m/s

允许流速与液体电阻率也有十分密切的关系，见表 9-4。

表 9-4　允许流速与液体电阻率的关系

液体电阻率（Ω·m）	允许流速（m/s）
$<10^5$	<10
$10^5 \sim 10^9$	5
$>10^9$	1.2

粉体在管道中的允许输送速度取决于粉体的性质、荷载量、电阻率及管道内壁的光滑程度等。

（二）工艺的改进

（1）改进工艺过程可减少静电的产生。在制作橡胶过程中，作为橡胶的有机溶剂的汽油在常温下不易挥发，因为橡胶是绝缘材料，在摩擦过程中容易产生静电，所以很容易形成有爆炸危险的混合物，这就具有了危险性。又如在制造雨衣时，上胶后应用刮刀进行刮胶，刮刀（金属）与橡胶瞬间分离就会产生上万伏的静电，同时还容易产生静电火花，所以这个工序经常发生静电火灾事故。现将刮胶改用两个金属滚碾胶就大大降低了静电事故，也消除了刮胶过程的静电火灾危险。

（2）改变工艺操作程序可降低静电的危险性。在生产过程中，有时必须要搅拌，然而往往搅拌过程会产生大量的静电。但在搅拌过程中，如果适当地安排加料顺序，则可降低静电的危险性。例如，某一工艺过程中，如果最后加入汽油，液浆表面的静电电位高达 11～13kV。改进工艺是先加入部分汽油和氧化锌、氧化铁进行搅拌，最后再加入石棉填料和剩余的汽油，就会使这种浆液的表面电位降至 400V 以下。

（3）湿法生产也是防静电的有力措施。在黑火药的生产过程中也常常发生事故，这是因为在混制硝酸钾、木炭和硫黄三味粉时掺杂精加工的硫黄粉，所以会产生大量静电。研究黑火药特性可知，黑火药生产厂房内需保持足够的相对湿度，机器设备应保持接地良好，以减少静电积聚，这样就显著降低了黑火药生产中的静电危险性。

（三）正确选择材料

（1）选择不容易起电的材料。物体的电阻率达到 $10^{10}\Omega$ 以上时很容易因为摩擦带上几千伏的静电高压，所以在工艺和生产过程中，可选择固体材料电阻率在 10^{10} 以下的物体材料，一定程度上降低摩擦带电。例如，在煤矿中传输煤皮带的托辊换成金属或导电塑料就会防止静电荷的产生和积累。

（2）根据带电序列选用不同材料。物体摩擦起电，但起电特性与起电的速度还跟物质在带电序列中的位置有关，通常在带电序列前面的物质相互摩擦后是带正电荷，而后面的则带负电荷。我们可根据这个特性，在生产过程选择两种不同材料，这种材料和前者摩擦后带上了正电荷，而与后者摩擦带上了负电荷，最后物料上所形成的正、负静电荷恰好可以互相抵消，从而达到消除静电的效果。根据静电序列适当地选用不同的材料而消除静电的方法称为正、负相消法。

（3）选用吸湿性材料。吸湿性材料表面带上一层水膜后，其导电性能会增加，所以在生产过程中使用吸湿性塑料或将塑料用表面活性剂转变成吸湿性材料，当人为地增加空气湿度时，可使绝缘材料上的静电沿其表面泄漏掉，从而确保安全。

三、减少静电的积累

（一）静电接地

把物体跟大地相接时，物体上的电荷就会沿着导体流向大地，从而可降低静电积累。静电的衰减时间常数是泄漏电阻与该物体对地电容的乘积（$r=RC$）。显然，对接地导体而言，泄漏电阻为接地电极对地电阻，因为这个电阻很小，所以衰减时间常数很小，静电衰减很快。

1. 接地对象

（1）各种易燃液体、可燃气体和可燃粉尘的设备在加工、储存、运输过程中必须要接地，如油罐、储存罐、油品的运输装置、过滤器、吸附器等。

（2）输送可燃气体或可燃液体的管道必须进行良好的接地。

（3）注油漏斗、工作台、磅秤、金属检尺等辅助设备应予接地，并和金属管道互相跨接起来。

（4）在可能产生静电和累积静电的固体和粉体作业中，全部金属设备或装置的金属部分，如压延机、上光机、砂磨机、球磨机、筛分机、捏和机等，都应接地。

（5）采用绝缘管运输物料时，为避免静电的产生，管道外部采用屏蔽接地，管道内衬有金属螺旋软管并接地。

（6）人体是良好的静电导体，在危险的操作场合，为避免人体带电，对人体必须采取防静电措施。

（7）对不是导体的材料采用涂导电涂料接地。此外，为防止绝缘体带电，还可在绝缘体表面涂上导电涂料，使其达到消除静电的目的。

2. 接地要求

泄漏电阻达到 $10^{6}\Omega$ 就完全可导出静电电荷，达到减少带电的良好效果，但具体工艺条件不同时，要求静电荷的累积量也不同，应视具体情况选择接地电阻。

（1）室外储罐如已有防雷接地，可与静电接地公用，接地电阻不大于 10Ω，且每罐最少有两个接地点，其间距不应大于 30m，且接地点不得设在进液口附近。

（2）室外储罐如无防雷接地，应单独进行静电接地，其静电接地电阻不得大于 100Ω，且有两个接地点，其间隙仍然不应大于 30m。

（3）在无强电的场合，可不考虑人体误触电的危险，静电接地电阻可在 1000Ω 以下。

3. 接地方法

（1）固定设备的接地。静电接地与一般电气设备的接地相比，不需要太高的技术，重要的是接地可靠，并满足接地电阻的要求。所以，应连接良好（采用焊接或铆接，也可使用压接端螺母紧固），并确保足够的机械强度（要求 1.25mm² 截面积的实心线或绞合线为宜）。

（2）移动设备的接地。通常采用鳄鱼嘴夹子、电池夹子或押入式连接器等，也可采用导电纤维或导电布接地。

（3）采用导电覆盖层。导电覆盖层通常是使用导电涂料或掺有金属粉和石墨粉的聚合材料。覆盖层可完全覆盖也可不完全覆盖，但应满足未涂覆盖层部分的储能不得成为可燃物引火源的基本要求。

（4）采用导电地坪。导电地坪也称为导电平面，是一种消除人体静电的有效措施之一。其方法为人所储存的静电荷通过导电工作服、导电鞋和导电地面，构成一个接地系统，可将人体静电导走。

（二）增湿

亲水性物体可通过增湿使表面形成一层水膜，其表电阻将会减小，从而增加电荷的泄漏，以减小静电电荷。但增湿的作用主要是使静电沿绝缘体表面加速泄漏，而不是增加通过空气的泄漏量。所以，增湿法只对表面易被水润湿的非导体才有效，如醋酸纤维素、硝酸纤维纸张、纸张、橡胶等。对于表面不能形成水膜的物质，增湿是行不通的，如纯涤纶、聚四氟乙烯、聚乙烯等。此外，对于表面水分蒸发很快及孤立的非导体，由于空气增湿后虽然其表面上可形成水膜，但没有静电泄漏的途径，对消除静电也是无效的。而且，在这种情况下，一旦产生放电，由于能量释放比较集中，火花会非常强烈。基于同样理由，增湿对于悬浮粉体静电和液体静电同样是无效的。

增湿可通过吸收一定的能量，从而提高爆炸性混合物的最小引燃能量，能够减少燃烧或爆炸的概率。然而，对于允许增湿的范围还有一点的限制，需根据具体情况具体分析。从消除静电危害的角度考虑，维持相对湿度在 70%以上比较适宜。当相对湿度低于 30%时，产生的静电是比较强烈的。所以，有静电危险的场所，相对湿度不应低于 30%。

增湿的方法对于消除静电的效果还是很明显的。例如，某粉体筛选过程中，相对湿度低于 50%时，测得容器内静电电压是 40kV；相对湿度为 65%～80%时，静电电压降低为 18kV。

（三）使用抗静电添加剂

抗静电添加剂是化学药剂。在容易产生静电的高绝缘材料中加入抗静电添加剂后，可降低材料的体积电阻率或表面电阻率，能够加速静电的泄漏，消除静电的危险。

1. 抗静电添加剂的种类

抗静电添加剂因其良好的使用性能，近几年发展非常迅猛，概括起来可分成下面几个类别。

（1）无机盐类：包括碱金属和碱土金属形成的盐，如硝酸钾、氯化钾等。

（2）活化剂：包括硫酸盐、季铵盐、多元醇等。

（3）无机半导体盐：包括半导体盐和金属元素的卤化物，这类抗静电添加剂还有石墨。

（4）电解质高分子聚合物类：如苯乙烯季铵化合物等。

（5）非离子型抗静电剂：烷基酰胺类的 HZ-14（ECH），脂肪酸多元醇酯。

2. 抗静电添加剂的应用

（1）石油抗静电添加剂包括油酸盐、油酸、合成脂肪酸盐等。石油中仅需增加 $1/10^6$ 的油酸或油酸盐会产生很好的消除静电的效果。如苯骈三氮唑脂肪胺盐，又叫作 T406 石油添加剂，是一种多效能石油添加剂，具有抗磨、抗腐、抗氧化、防锈等多种性能，是一种高效复合剂。

（2）化纤工业使用的活化剂、季铵盐油剂，可使体表电阻率降低 3～4 个数量级，如十八烷基二甲基羟乙基季铵硝酸盐类（SN）。

（3）塑料行业采用的内加型表面活性剂，如酰胺基季铵硝酸盐适用于聚乙烯软质塑料。

（4）橡胶行业使用的炭黑及金属粉做抗静电添加剂。胶液中加入 10%～20%的炭黑就会使电阻率控制在 10^2～$10^4\Omega\cdot m$，抗静电效果极佳。

（四）静电消除器防止静电

静电消除器又称为静电消电器或静电中和器，它由高压电源产生器与放电极组成，通过尖端电晕放电将空气电离为正负离子以中和物体表面的电荷。

1. 静电消除器的分类

根据消除静电的原理和要求不同，静电消除器分为以下三种类型。

（1）自感应静电消除器。它利用带电体的电荷和被感应放电针发生的电晕放电使空气被电离产生电荷的方法来中和物体表面的静电。

（2）带附加高压的静电消除器。在放电针上加交、直流高压，使放电针和接地体之间形成强电场，增强电晕放电，增强空气电离，可达到迅速消除静电的效果。

（3）放射性静电消除器。利用放射性材料使空气电离，产生的离子中和物体表面的电荷。放射性材料特别是 α 射线对空气电离效果极佳，消除静电的效果也很好。

2. 各种消电器特性和使用范围

已将各种消电器的特性和使用范围列入表 9-5 中，请参照选择和使用。

表 9-5　消电器的特性和使用范围

种类		特征	主要消电对象
附加电压式消电器	标准型	消电能力强、机种丰富	薄膜、纸、布
	送风型	鼓风机型、喷嘴型	配管内、局部（场所）
	防爆型	不会成为引火源，但是机种受限制	可燃性液体
	直流型	消电能力强，但有时产生反放电	单极性薄膜
自身放电式消电器	加入导电性纤维的布、导电性薄膜	使用简单，不易成为引火源，但初期电位低，消电能力弱。在 2～3kV 以下时不能消电	薄膜、纸、布、橡胶、粉体等

续表

种类		特征	主要消电对象
放射线式消电器	线源	不会成为引火源，但要进行放射性管理，消电能力弱	密闭空间内

四、防止人体静电

人体是静电体，在不同湿度条件下，人体活动产生的静电电位有所差异。在干燥的季节，人体静电可达几千伏甚至几万伏。实验表明，静电电压为 5 万 V 时人体没有不适感觉，带上 12 万 V 高压静电时也没有生命危险。不过，静电放电也会在其周围产生电磁场，虽然持续时间非常短，但强度很大。当人体带电超过 10 000V 高压时，人体放电能量就可达到 5mJ 以上，可使可燃液体、可燃气体与空气的爆炸性混合物发生燃烧和爆炸。

（一）人体静电的产生

（1）鞋子与地面的摩擦带电。鞋子与地面的摩擦能够产生很高的静电。人的绝缘鞋底与绝缘地面摩擦时所产生的静电电位达到 2400V。

（2）人体与衣服之间的摩擦带电。人体脱衣时的带电属于快速剥离带电，虽然起电时间很短，但因为起电速率很快，而积累电位较高，具体结果见表 9-6。

表 9-6　所穿鞋、袜与人体带电的关系

鞋	袜			
	赤脚	尼龙袜	薄尼龙袜	导电袜
	人体电位（kV）			
橡胶底运动鞋	20.0	19.0	21.0	21.0
皮鞋（新）	5.0	8.5	7.0	4.0
静电鞋（$10^7\Omega$）	4.0	5.5	5.0	6.0
静电鞋（$10^6\Omega$）	2.0	4.0	3.5	3.0

（3）带电物之间的感应带电和接触带电。人体是导体，在靠近带电体时，就会出现静电感应现象，结果使人体呈现带电状态；而人体和带电体接触时，自然会发生电荷的转移，也会呈现人体带电状态。

（4）吸附带电。人体从带电粉尘、带电云雾等区域走过，因为带电粉尘吸附在人体上也会呈现强烈的带电现象。例如，当人体经过压力为 1.2MPa 的水蒸气内法兰盘喷出的地方，人体就会带上 50 000V 以上的静电高压。

（二）防止人体带电的方法

（1）到自然环境中去。有条件的话，在地上赤足运动一下，因为常见的鞋底均属绝缘体，身体不能和大地直接接触，也就无法释放身上积累的静电。

（2）尽可能少穿化纤类衣物，或者选用经过防静电处理的衣物。贴身衣服、被褥必须要选用纯棉制品或真丝制品；同时，远离化纤地毯。

（3）秋冬季应保持一定的室内湿度，这样静电就不容易积累。室内放上一盆清水或摆放些花草，能够缓解空气中的静电积累和灰尘吸附。

（4）长时间用计算机或看电视后，应及时清洗裸露的皮肤，多洗手、勤洗脸，对于消除皮肤上的静电很有好处。

（5）多饮水，同时补充钙质与维生素 C，减轻静电对人带来的影响。

（三）防止人体静电的基本要求

（1）对泄漏电阻的要求。为泄放人体静电，通常选择的人体泄漏电阻是在 $10^8\Omega$ 以下，同时考虑非常敏感的爆炸危险的场合，避免通过人体直接放电所造成的引燃性，因此泄漏电阻要选在 $10^7\Omega$ 以上。另外，在低压工频线路的场合，还需考虑人身误触电的安全防护问题，所以泄漏电阻选择在 $10^6\Omega$ 以上为宜。

（2）对导电工作服及导电地面等的要求。对于导电工作服，要求在摩擦过程中其带电电荷密度不应大于 $7.0\mu C/m^2$。对于导电地面，通常消电场合选择 $10^{10}\Omega$，爆炸危险场所选择在 $10^6\sim10^7\Omega$ 为宜；导电工作鞋以 $1.0\times10^8\Omega$ 以下为标准。

（3）对静电电位的要求。在操作对静电非常敏感的化工产品时，按照规定人体电位不能超过 10V，最大不能超过 100V。所以，人们可依据这个具体要求控制操作速度和操作方法。

五、抑制静电放电和控制放电能量

（一）抑制静电放电

静电火灾和爆炸危害是由静电放电造成的，所以只有产生静电放电，而放电能量不小于可燃物的最小点火能量时，才能引发出静电火灾。若没有放电现象，即使环境中存在的静电电位再高、能量再大也一样不会形成静电灾害。

而产生静电放电的条件是带电物体和接地导体或其他不接地体之间的电场强度达到或超过空间的击穿场强时，就会产生放电。对空气而言，其被击穿的均匀场强是 33kV/cm。对于非均匀场强，可降到均匀电场的 1/3。于是可使用静电场强计或静电电位计监察周围空间静电累积情况，以防止静电事故的发生。

（二）控制放电能量

综合所述，如果发生静电火灾或爆炸事故，其一是存在放电，其二是放电能量必须不小于可燃物的最小点火能量。于是可根据第二条引发静电事故的条件，采取控制放电能量的方法，来避免产生静电事故。

目前国外发展一项新技术，称为“安全火花”防侵技术，这种技术就是基于在线路或周围环境中能够存在放电现象，但这种放电必须是小能量火花（即安全火花）。

第十章
灭火器的选择配置

第一节　灭火器的结构及性能

一、 灭火器的类型

（一） 按操作使用分类

1. 手提式灭火器

手提式灭火器一般指灭火剂充装量小于 20kg，能手提移动实施灭火的便携式灭火器。手提式灭火器是应用较为广泛的灭火器材，绝大多数的建筑物配置该类灭火器。

2. 推车式灭火器

推车式灭火器总装量较大，灭火剂充装量一般在 20kg 以上，其操作一般需两人协同进行。通过其上固有的轮子可推行移动实施灭火。该灭火器灭火能力较大，特别适应于石油化工等企业。

3. 背负式灭火器

背负式灭火器能用肩背着实施灭火，灭火剂充装量较大，是消防人员专用的灭火器。

4. 手抛式灭火器

手抛式灭火器一般做成工艺品形状，内充干粉灭火剂，需要时将其抛掷到着火点，干粉散开实施灭火。

5. 悬挂式灭火器

悬挂式灭火器是悬挂在保护场所内，依靠火焰将其引爆自动实施灭火。

在上述各类灭火器中，背负式、手抛式、悬挂式灭火器一般不能作为标准灭火器配置使用。

（二） 按充装的灭火剂分类

1. 水型灭火器

水型灭火器以清水灭火器为主，使用水通过冷却作用灭火。

2. 泡沫型灭火器

泡沫型灭火器有空气泡沫灭火器和化学泡沫灭火器。化学泡沫灭火器目前已淘汰，空气泡沫灭火器内装水成膜泡沫灭火剂。

3. 干粉型灭火器

干粉型灭火器是我国目前使用的最为广泛的灭火器，其有两种类型。

（1）碳酸氢钠干粉灭火器：又叫 BC 类干粉灭火器，用于灭液体、气体火灾，对固体火灾效果较差，不宜使用。但对纺织品火灾非常有效。

（2）磷酸铵盐干粉灭火器：又叫 ABC 类干粉灭火器，可灭固体、液体、气体火灾，适用范围较广。

4. 卤代烷型灭火器

卤代烷型灭火器是气体灭火器中的一种，其最大的特点就是对保护对象不产生任何损害。出于保护环境的考虑，卤代烷 1211 灭火器和卤代烷 1301 灭火器目前已停止生产使用。现在已生产七氟丙烷灭火器，替代卤代烷 1211 灭火器和卤代烷 1301 灭火器。

5. 二氧化碳型灭火器

二氧化碳型灭火器也是一种气体灭火器，也具有对保护对象无污损的特点，但灭火能力较差。

（三） 按驱动压力形式分类

1. 储气瓶式灭火器

这类灭火器的动力气体储存在专用的小钢瓶内，是和灭火剂分开储存的，有外置和内置两种形式。使用时是将高压气体释放出充到灭火剂储瓶内，作为驱动灭火剂的动力气体。由于灭火器筒体平时不受压，有问题也不易发现，突然受压有可能出现事故，正逐步被淘汰。

2. 储压式灭火器

储压式灭火器是将动力气体和灭火剂储存在同一个容器内，依靠这些气体或蒸气的压力驱动将灭火剂喷出。

3. 化学反应式灭火器

通过酸性水溶液和碱性水溶液混合发生化学反应产生二氧化碳气体，借其压力将灭火剂驱动喷出灭火。酸碱灭火器、化学泡沫灭火器等属于这类灭火器。由于安全原因，这类灭火器属于淘汰产品。

4. 泵浦式灭火器

泵浦式灭火器是通过附加的手动泵浦加压，将灭火剂驱动喷出灭火，这种灭火器主要使用水作为灭火剂。对灭草丛火灾效果较好。其构造如图 10-1 所示。

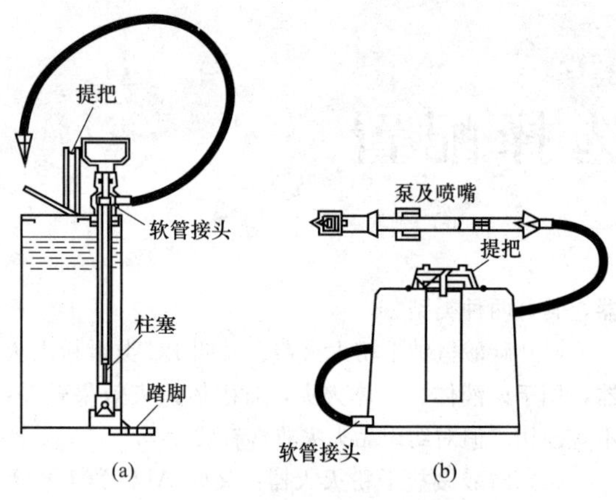

图 10-1　泵浦式灭火器

(a) 圆筒式；(b) 背负式

二、灭火器的技术性能

（一）灭火器的喷射性能

1. 有效喷射时间

有效喷射时间指将灭火器保持在最大开启状态下，自灭火剂从喷嘴喷出，至灭火剂喷射结束的时间。不同的灭火器要求的有效喷射时间也不一样，但要求在最高使用温度时不得小于6s。

2. 喷射滞后时间

喷射滞后时间指自灭火器的控制阀开启或达到相应的开启状态时起，至灭火剂从喷嘴开始喷出的时间。在灭火器使用温度范围内，要求不大于5s，间歇喷射的滞后时间不大于3s。

3. 有效喷射距离

有效喷射距离指从灭火器喷嘴的顶端起，至喷出的灭火剂最集中处中心的水平距离。不同类型的灭火器要求的喷射距离也不相同。

4. 喷射剩余率

喷射剩余率指额定充装的灭火器在喷射至内部压力与外界环境压力相等时，内部剩余的灭火剂量相对于喷射前灭火剂充装量的重量百分比，在（20±5)℃时，不大于10%，在灭火器使用温度范围内，不大于15%。

（二）灭火器的灭火性能

灭火器的灭火能力通过实验测定。

1. 灭A类火能力

灭A类火能力用灭木条垛火灾实验测试，按标准的试验方法进行。通过不同的木条垛的大小测定出相应的灭火级别，分3、5、8、13、21、34A等级别。

2. 灭B类火能力

灭B类火能力用灭油盘火实验测试，按标准的试验方法进行。油盘面积的大小和灭火级别有一个对应关系：1B→0.2m²，2B→0.4m²…20B→4.0m²…120B→24.0m²。

灭火级别的大小最终反映在灭火剂充装量上，见表10-1和表10-2。

表10-1　手提式灭火器类型、规格和灭火级别

灭火器类型	灭火剂充装量（规格）		灭火器类型规格代码（型号）	灭火级别	
	L	kg		A类	B类
水型	3	—	MS/Q3	1A	—
			MS/T3		55B
	6	—	MS/Q6	1A	—
			MS/T6		55B
	9	—	MS/Q9	2A	—
			MS/T9		89B
泡沫	3	—	MP3、MP/AR3	1A	55B
	4	—	MP4、MP/AR4	1A	55B
	6	—	MP6、MP/AR6	1A	55B
	9	—	MP9、MP/AR9	2A	89B
干粉（碳酸氢钠）	—	1	MF1	—	21B
	—	2	MF2	—	21B
	—	3	MF3	—	34B
	—	4	MF4	—	55B
	—	5	MF5	—	89B
	—	6	MF6	—	89B
	—	8	MF8	—	144B
	—	10	MF10	—	144B
干粉（磷酸铵盐）	—	1	MF/ABC1	1A	21B
	—	2	MF/ABC2	1A	21B
	—	3	MF/ABC3	2A	34B
	—	4	MF/ABC4	2A	55B
	—	5	MF/ABC5	3A	89B
	—	6	MF/ABC6	3A	89B
	—	8	MF/ABC8	4A	144B
	—	10	MF/ABC10	6A	144B
二氧化碳	—	2	MT2	—	21B
	—	3	MT3	—	21B
	—	5	MT5	—	34B
	—	7	MT7	—	55B

表 10-2　推车式灭火器类型、规格和灭火级别

灭火器类型	灭火剂充装量（规格）		灭火器类型规格代码（型号）	灭火级别	
	L	kg		A 类	B 类
水型	20	—	MST20	4A	—
	45	—	MST40	4A	—
	60	—	MST60	4A	—
	125	—	MST125	6A	—
泡沫	20	—	MPT20、MPT/AR20	4A	113B
	45	—	MPT40、MPT/AR40	4A	144B
	60	—	MPT60、MPT/AR60	4A	233B
	125	—	MPT125、MPT/AR125	6A	297B
干粉（碳酸氢钠）	—	20	MFT20	—	183B
	—	50	MFT50	—	297B
	—	100	MFT100	—	297B
	—	125	MFT125	—	297B
干粉（磷酸铵盐）	—	20	MFT/ABC20	6A	183B
	—	50	MFT/ABC50	8A	297B
	—	100	MFT/ABC100	10A	297B
	—	125	MFT/ABC125	10A	297B
二氧化碳	—	10	MTT10	—	55B
	—	20	MTT20	—	70B
	—	30	MTT30	—	113B
	—	50	MTT50	—	183B

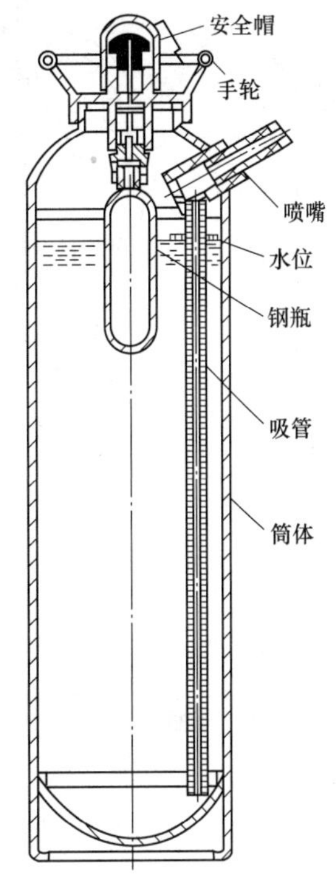

图 10-2　手提式水基型灭火器

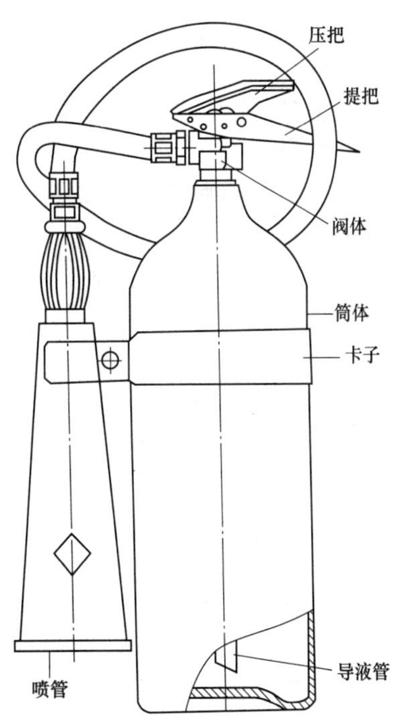

图 10-3　手提式二氧化碳灭火器

三、灭火器的结构及性能指标

（一）手提式灭火器

1. 规格

灭火器的规格，按其充装的灭火剂量来划分。

（1）水基型灭火器（如图 10-2 所示）为 2、3、6、9L。

（2）二氧化碳灭火器（如图 10-3 所示）为 2、3、5、7kg。

（3）干粉灭火器（如图 10-4 所示）为 1、2、3、4、5、6、8、9、12kg。

（4）洁净气体灭火器为 1、2、4、6kg。

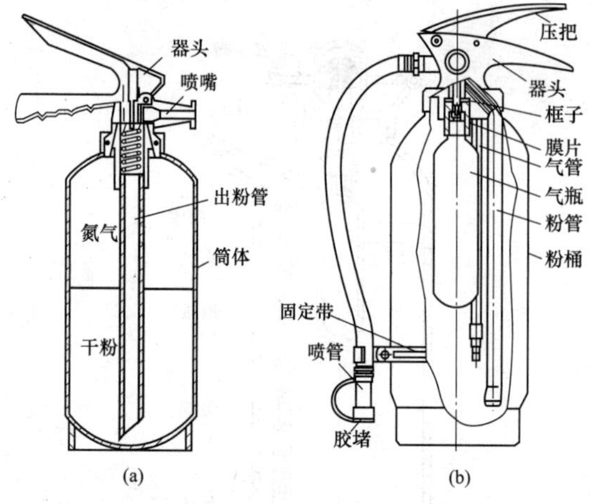

图 10-4 手提式干粉灭火器

(a) 储压式；(b) 储气瓶式

2. 型号

手提式灭火器的型号编制方法如下。

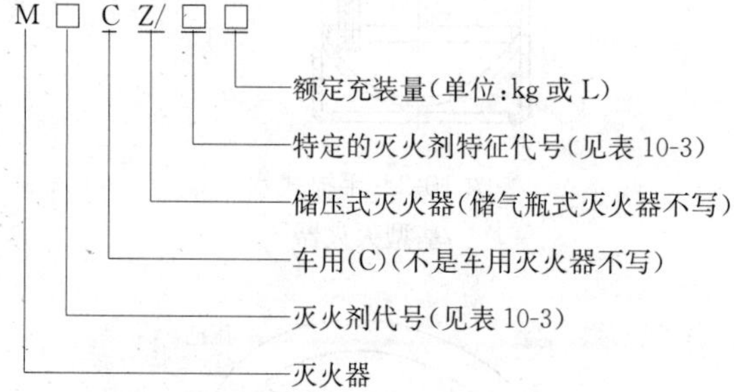

如产品结构有改变时，其改进代号可加在原型号的尾部，以示区别。

表 10-3 灭火剂代号和特定的灭火剂特征代号

分类	灭火剂代号	灭火剂代号含义	特定的灭火剂特征代号	特征代号含义
水基型灭火器	S	清水或带添加剂的水，但不具有发泡倍数和 25% 析液时间要求	AR（不具有此性能不写）	具有扑灭水溶性液体燃料火灾的能力
	P	泡沫灭火剂，具有发泡倍数和 25% 析液时间要求。包括 tP、FP、S、AR、AFFF 和 FFFP 等灭火剂	AR（不具有此性能不写）	具有扑灭水溶性液体燃料火灾的能力
干粉灭火器	F	干粉灭火剂。包括 BC 型和 ABC 型干粉灭火剂	ABC（BC 干粉灭火剂不写）	具有扑灭 A 类火灾的能力
二氧化碳灭火器	T	二氧化碳灭火剂		
洁净气体灭火器	J	洁净气体灭火剂。包括卤代烷烃类气体灭火剂、惰性气体灭火剂和混合气体灭火剂		

3. 技术要求

(1) 质量：灭火器的总质量不应大于 20kg，其中二氧化碳灭火器的总质量不应大于 23kg。灭火器的灭火剂充装总量误差应符合表 10-4 的规定。

表 10-4 灭火器的灭火剂充装总量误差

灭火器类型	灭火剂量	允许误差
水基型	充装量（L）	0%～−5%
洁净气体	充装量（kg）	0%～−5%
二氧化碳	充装量（kg）	0%～−5%
干粉	1kg	±5%
	>1～3kg	±3%
	>3kg	±2%

(2) 最小有效喷射时间：水基型灭火器在 20℃ 时的最小有效喷射时间应符合表 10-5 的规定。

表 10-5 水基型灭火器在 20℃ 时的最小有效喷射时间

灭火剂量（L）	最小有效喷射时间（s）
2～3	15
>3～6	30
>6	40

灭 A 类火的灭火器（水基型灭火器除外）在 20℃时的最小有效喷射时间应符合表 10-6 的规定。

表 10-6 灭 A 类火的灭火器（水基型灭火器除外）在 20℃ 时的最小有效喷射时间

灭火级别	最小有效喷射时间（s）
1A	8
≥2A	13

灭 B 类火的灭火器（水基型灭火器除外）在 20℃时的最小有效喷射时间应符合表 10-7 的规定。

表 10-7 灭 B 类火的灭火器（水基型灭火器除外）在 20℃ 时的最小有效喷射时间

灭火级别	最小有效喷射时间（s）
21～34B	8
55～89B	9
(113B)	12
≥144B	15

（3）最小喷射距离：灭 A 类火的灭火器在 20℃时的最小有效喷射距离应符合表 10-8 的规定。

表 10-8 灭 A 类火的灭火器在 20℃ 时的最小有效喷射距离

灭火级别	最小喷射距离（m）
1～2A	3.0
3A	3.5
4A	4.5
6A	5.0

灭 B 类火的灭火器在 20℃时的最小有效喷射距离应符合表 10-9 的规定。

表 10-9 灭 B 类火的灭火器在 20℃ 时的最小有效喷射距离

灭火器类型	灭火剂量	最小喷射距离（m）
水基型	2L	3.0
	3L	3.0
	6L	3.5
	9L	4.0
洁净气体	1kg	2.0
	2kg	2.0
	4kg	2.5
	6kg	3.0
二氧化碳	2kg	2.0
	3kg	2.0
	5kg	2.05
	7kg	2.5
干粉	1kg	3.0
	2kg	3.0
	3kg	3.5
	4kg	3.5
	5kg	3.5
	6kg	4.0
	8kg	4.5
	≥9kg	5.0

（4）使用温度范围：灭火器的使用温度应取下列规定的某一温度范围。

1）＋5～＋55℃。

2）0～＋55℃。

3）－10～＋55℃。

4）－10～＋55℃。

5）－30～＋55℃。

6）－40～＋55℃。

7）－5～＋55℃。

灭火器在使用温度范围内应能可靠使用、操作安全，喷射滞后时间不应大于 5s，喷射剩余率不应大于 15%。

（5）灭火性能：

1）灭 A 类火（固体有机物质燃烧的火，通常燃烧后会形成炙热的灰烬）的性能以级别表示。它的级别代号由数字和字母 A 组成，数字表示级别数，字母 A 表示火的类型。灭火器灭 A 类火的性能不应小于表 10-10 的规定。

表 10-10 灭火器灭 A 类火的性能

级别代号	干粉（kg）	水基型（L）	洁净气体（kg）
1A	≤2	≤6	≥6
2A	3～4	>6～≤9	
3A	5～6	>9	
4A	>6～≤9		
6A	>9		

2）灭 B 类火（液体或可熔化固体燃烧的火）的性能以级别表示。它的级别代号由数字和字母 B 组成，数字表示级别数，字母 B 表示火的类型。灭火器 20℃时灭 B 类火的性能，不应小于表 10-11 的规定。灭火器在最低使用温度时灭 B 类火的性能，可比 20℃时灭火性能降低两个级别。

表 10-11　灭火器 20℃时灭 B 类火的性能

级别代号	干粉 (kg)	洁净气体 (kg)	二氧化碳 (kg)	水基型 (L)
21B	1～2	1～2	2～3	
34B	3	4	5	
55B	4	6	7	≤6
89B	5～6	>6		>6～9
144B	>6			>9

3）灭 C 类火（气体燃烧的火）的性能：灭 C 类火的灭火器，可用字母 C 表示。GB 4351.1—2005《手提式灭火器　第 1 部分：性能和结构要求》中 C 类火无试验要求，也没有级别大小之分，只有干粉灭火器、洁净气体灭火器和二氧化碳灭火器才可以标有字母 C。

4）灭 E 类火（燃烧时物质带电的火）的性能：灭 E 类火的灭火器，可用字母 E 表示，E 类火没有级别大小之分，干粉灭火器、洁净气体灭火器和二氧化碳灭火器可标有字母 E。对于水基型的喷雾灭火器，如标有 E 的，应按要求进行试验。当灭火器喷射到带电的金属板时，整个过程，灭火器提压把或喷嘴与大地之间，以及大地与灭火器之间的电流不应大于 0.5mA。

（二）推车式灭火器

1. 驱动气体

用于储压式和储气瓶式推车式灭火器的驱动气体应是具有最大露点－55℃的空气、氢气、二氧化碳、氦气、氮气或这些气体的混合气体。用于储压式水基型推车式灭火器的驱动气体不需要满足露点的要求。

2. 充装量

（1）推车式二氧化碳灭火器的充装密度不应大于 0.74kg/L；推车式洁净气体灭火器的充装密度不应大于推车式灭火器筒体设计的充装密度值。

（2）推车式灭火器的灭火剂充装误差应符合下列要求。

1）推车式水基型灭火器：额定充装量的－5%～0%。

2）推车式干粉灭火器：额定充装量的－2%～＋2%。

3）推车式二氧化碳灭火器和推车式洁净气体灭火器：额定充装量的－5%～0%。

（3）推车式灭火器的额定充装量（即规格）。

1）推车式水基型灭火器：20、45、60L 和 125L。

2）推车式干粉灭火器：20、50、100kg 和 125kg。

3）推车式二氧化碳灭火器和推车式洁净气体灭火器：10、20、30kg 和 50kg。

3. 型号

推车式灭火器的型号编制方法如下。

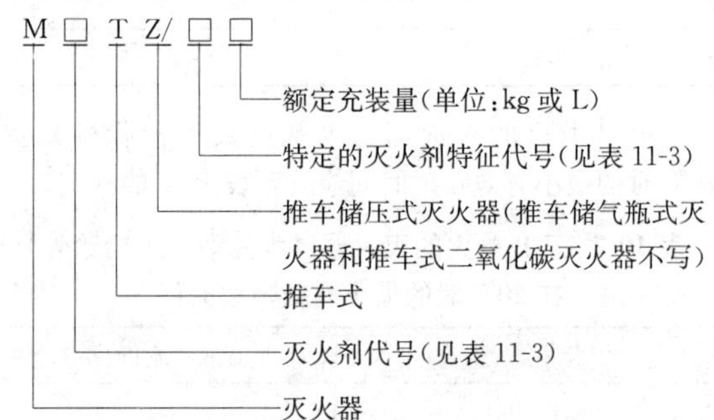

如产品结构有改变时，其改进代号可加在原型号的尾部，以示区别。

4. 使用温度范围

推车式灭火器的使用温度应取下列规定的某一温度范围。

（1）＋5～＋55℃。

（2）－5～＋55℃。

（3）－10～＋55℃。

（4）－20～＋55℃。

（5）－30～＋55℃。

（6）－40～＋55℃。

（7）－55～＋55℃。

5. 有效喷射时间

（1）推车式水基型灭火器的有效喷射时间不应小于 40s，且不应大于 210s。

（2）除水基型外的具有扑灭 A 类火能力的推车式灭火器的有效喷射时间不应小于 30s。

（3）除水基型外的不具有扑灭 A 类火能力的推车式灭火器的有效喷射时间不应小于 20s。

6. 喷射距离

具有灭 A 类火能力的推车式灭火器，当按 GB 8109—2005《推车式灭火器》的要求进行试验时，其喷射距离不应小于 6m。对于配有喷雾喷嘴的水基型推车式灭火器，其喷射距离不应小于 3m。

第二节　灭火器的应用

一、灭火器配置场所的火灾种类和危险等级

1. 火灾种类

（1）灭火器配置场所的火灾种类应根据该场所内

的物质及其燃烧特性进行分类。

(2) 灭火器配置场所的火灾种类可划分为以下五类。

1) A类火灾：固体物质火灾。

2) B类火灾：液体火灾或可熔化固体物质火灾。

3) C类火灾：气体火灾。

4) D类火灾：金属火灾。

5) E类火灾（带电火灾）：物体带电燃烧的火灾。

2. 危险等级

(1) 工业建筑灭火器配置场所的危险等级，应根据其生产、使用、储存物品的火灾危险性、可燃物数量、火灾蔓延速度、扑救难易程度等因素，划分为以下三级。

1) 严重危险级：火灾危险性大，可燃物多，起火后蔓延迅速，扑救困难，容易造成重大财产损失的场所。

2) 中危险级：火灾危险性较大，可燃物较多，起火后蔓延较迅速，扑救较难的场所。

3) 轻危险级：火灾危险性较小，可燃物较少，起火后蔓延较缓慢，扑救较易的场所。

工业建筑灭火器配置场所的危险等级举例见附录A。

(2) 民用建筑灭火器配置场所的危险等级，应根据其使用性质、人员密集程度、用电用火情况、可燃物数量、火灾蔓延速度、扑救难易程度等因素，划分为以下三级。

1) 严重危险级：使用性质重要，人员密集，用电用火多，可燃物多，起火后蔓延迅速，扑救困难，容易造成重大财产损失或人员群死群伤的场所。

2) 中危险级：使用性质较重要，人员较密集，用电用火较多，可燃物较多，起火后蔓延较迅速，扑救较难的场所。

3) 轻危险级：使用性质一般，人员不密集，用电用火较少，可燃物较少，起火后蔓延较缓慢，扑救较易的场所。

民用建筑灭火器配置场所的危险等级举例见附录B。

二、灭火器的选择

（一）选择灭火器时应考虑的因素

1. 灭火器配置场所的火灾种类

每类灭火器都有其特定的扑救火灾类别，如水型灭火器不能灭B类火，碳酸氢钠干粉灭火器对扑救A类火无效等。因此，选择的灭火器应适应保护场所的火灾种类。这一点非常重要。

2. 灭火器的灭火效能和通用性

尽管几种类型的灭火器均适应于灭同一种类的火灾，但它们在灭火程度上有明显的差异。如一具7kg二氧化碳灭火器的灭火能力不如一具2kg干粉灭火器的灭火能力。因此，选择灭火器时应充分考虑灭火器的灭火有效程度。

3. 灭火剂对保护物品的污损程度

不同种类的灭火器在灭火时不可避免地要对被保护物品产生不同程度的污渍，泡沫、水、干粉灭火器较为严重，而气体灭火器（如二氧化碳灭火器）则非常轻微。为保证贵重物质与设备免受不必要的污渍损失，灭火器的选择应充分考虑其对保护物品的污损程度。

4. 灭火器设置点的环境温度

灭火器设置点的环境温度对灭火器的喷射性能和安全性能均有影响。若环境温度过低，则灭火器的喷射性能显著降低；若环境温度过高，则灭火器的内压剧增，灭火器本身有爆炸伤人的危险。因此，选择时的环境温度要与灭火器的使用温度相符合。各类灭火器的使用温度范围见表10-12。

表10-12　各类灭火器的使用温度范围

灭火器类型		使用温度范围（℃）
水型、泡沫型灭火器		4～55
干粉型灭火器	储气瓶式	－10～55
	储压式	－20～55
卤代烷型灭火器		－20～55
二氧化碳型灭火器		－10～55

5. 使用灭火器人员的素质

灭火器是靠人来操作的，因此选择灭火器时还要考虑到建筑物内工作人员的年龄、性别、职业等，以适应他们的身体素质。

（二）灭火器类型的选择原则

(1) A类火灾场所应选择水型灭火器、磷酸铵盐干粉灭火器、泡沫灭火器或卤代烷灭火器。

(2) B类火灾场所应选择泡沫灭火器、碳酸氢钠干粉灭火器、磷酸铵盐干粉灭火器、二氧化碳灭火器、灭B类火灾的水型灭火器或卤代烷灭火器。

极性溶剂的B类火灾场所应选择灭B类火灾的抗溶性灭火器。

(3) C类火灾场所应选择磷酸铵盐干粉灭火器、碳酸氢钠干粉灭火器、二氧化碳灭火器或卤代烷灭火器。

(4) D类火灾场所应选择扑灭金属火灾的专用灭火器。

(5) E类火灾场所应选择磷酸铵盐干粉灭火器、碳酸氢钠干粉灭火器、卤代烷灭火器或二氧化碳灭火器，但不得选用装有金属喇叭喷筒的二氧化碳灭火器。

(6) 非必要场所不应配置卤代烷灭火器。非必要配置卤代烷灭火器的场所举例见附录C。必要场所可配置卤代烷灭火器。

(三) 选择灭火器时应注意的问题

(1) 在同一配置场所，当选用同一类型灭火器时，宜选用相同操作方法的灭火器。这样可为培训灭火器使用人员提供方便，为灭火器使用人员熟悉操作和积累灭火经验提供方便，也便于灭火器的维护保养。

(2) 根据不同种类火灾，选择相适应的灭火器。

(3) 配置灭火器时，宜在手提式或推车式灭火器中选用，因为这两类灭火器有完善的计算方法。其他类型的灭火器可作为辅助灭火器使用，如某些类型的微型灭火器作为家庭使用效果也很好。

(4) 在同一配置场所，当选用两种或两种以上类型灭火器时，应选用灭火剂相容的灭火器，以便充分发挥各自灭火器的作用。不相容的灭火剂见表10-13。

表10-13 不相容的灭火剂

灭火剂类型	不相容的灭火剂	
干粉与干粉	磷酸铵盐	碳酸氢钠、碳酸氢钾
干粉与泡沫	碳酸氢钠、碳酸氢钾	蛋白泡沫
泡沫与泡沫	蛋白泡沫、氟蛋白泡沫	水成膜泡沫

(5) 非必要场所不应配置卤代烷灭火器。宜选用磷酸铵盐干粉灭火器或泡沫灭火器等其他类型灭火器。

第三节 灭火器的设置

一、对灭火器设置位置的要求

(1) 固定牢固，铭牌必须朝外以便识别。对有视线障碍的灭火器设置点，应当设置指示其位置的发光标识。

(2) 位置要明显和便于取用，且不得影响安全疏散。不得设置于潮湿和有腐蚀的地点，在必要时应有相应的保护措施。

(3) 手提式灭火器适应设置在挂钩、托架或灭火器箱内；顶部距地高度不应大于1.50m，底部距地高度不应小于0.08m。灭火器箱不得上锁。

(4) 设置在室外的灭火器，要有保护措施。

(5) 灭火器不得设置于超出其使用温度范围的地点。

二、灭火器的保护距离

(1) 设置于A类火灾场所的灭火器，其最大保护距离应符合表10-14的规定。

表10-14 A类火灾场所灭火器最大保护距离 m

危险等级	灭火器形式	
	手提式灭火器	推车式灭火器
严重危险级	15	30
中危险级	20	40
轻危险级	25	50

(2) 设置于B、C类火灾场所的灭火器，其最大保护距离应符合表10-15的规定。

表10-15 B、C类火灾场所灭火器最大保护距离 m

危险等级	灭火器形式	
	手提式灭火器	推车式灭火器
严重危险级	9	18
中危险级	12	24
轻危险级	15	30

(3) D类火灾场所的灭火器，其最大保护距离应根据具体情况研究确定。

(4) E类火灾场所的灭火器，其最大保护距离不应低于该场所内A类或B类火灾的规定。

第四节 灭火器的配置

一、灭火器配置场所的最低配置基准

(1) A类火灾场所灭火器的最低配置基准，见表10-16。

表10-16 A类火灾场所灭火器的最低配置基准

危险等级	严重危险级	中危险级	轻危险级
单具灭火器最小配置灭火级别	3A	2A	1A
单位灭火级别最大保护面积 (m^2/A)	50	75	100

(2) B、C类火灾场所灭火器的最低配置基准，见表10-17。

表10-17　B、C类火灾场所灭火器的最低配置基准

危险等级	严重危险级	中危险级	轻危险级
单具灭火器最小配置灭火级别	89B	55B	21B
单位灭火级别最大保护面积（m^2/B）	0.5	1.0	1.5

(3) D类火灾场所的灭火器最低配置基准，应根据金属的种类、物态及其特征研究确定。

(4) E类火灾场所的灭火器最低配置基准，不应低于该场所内A类（或B类）火灾的规定。

二、灭火器配置场所的配置设计计算

为科学合理经济地对灭火器配置场所进行灭火器配置，首先应对配置场所的灭火器配置进行设计计算。灭火器的配置设计涉及许多方面，形式多种多样，但通常可按照以下步骤和要求进行考虑和设计。

(1) 确定各灭火器配置场所的火灾种类及危险等级。

(2) 划分计算单元，计算各单元的保护面积。

(3) 计算各单元的最小需配灭火级别。

(4) 确定各单元内的灭火器设置点的位置及数量。

(5) 计算每个灭火器设置点的最小需配灭火级别。

(6) 确定各单元及每个设置点灭火器的类型、规格与数量。

(7) 确定每具灭火器的设置方式和要求。

(8) 一个计算单元内的灭火器数量不应少于2具，每个设置点的灭火器数量不宜多于5具。

(9) 在工程设计图上用灭火器图例和文字标明灭火器的类型、规格、数量与设置位置。

三、灭火器配置场所计算单元的划分

1. 计算单元划分

灭火器配置场所是指生产、使用、储存可燃物，并要求配置灭火器的房间或部位。如油漆间、配电间、仪表控制室、实验室、办公室、库房、舞台、堆垛等。而计算单元则是指在进行灭火器配置设计过程中，考虑了火灾种类、危险等级和是否相邻等因素后，为便于设计而进行的区域划分。一个计算单元可以是只含有一个灭火器配置场所，也可以是含有若干个灭火器配置场所，但此时应当将该若干个灭火器配置场所视为一个整体来考虑保护面积、保护距离及灭火器配置数量等。

显然，对于不相邻的灭火器配置场所，应当分别作为一个计算单元进行灭火器的配置设计计算。但对于危险等级和火灾种类都相同的相邻配置场所，或危险等级和火灾种类有一个不相同的相邻配置场所，应当按照以下规定划分。

(1) 当一个楼层或一个水平防火分区内各场所的危险等级和火灾种类相同时，可将其作为一个计算单元。

(2) 灭火器配置场所的危险等级或火灾种类不相同的场所，应当分别作为一个计算单元。

(3) 同一计算单元不得跨越防火分区及楼层。

2. 计算单元保护面积（S）的计算

在划分灭火器配置场所后，还需对保护面积进行计算。对灭火器配置场所（单元）灭火器保护面积计算，规定如下。

(1) 建筑物应按其建筑面积进行计算。

(2) 可燃物露天堆场，甲、乙、丙类液体储罐区，可燃气体储罐区按照堆垛、储罐的占地面积进行计算。

四、计算单元的最小需配灭火级别的计算

在确定了计算单元的保护面积后，应根据式(10-1)计算该单元应当配置的灭火器的最小灭火级别。

$$Q = K\frac{S}{U} \tag{10-1}$$

式中　Q——计算单元的最小需配灭火级别（A或B）；

S——计算单元的保护面积（m^2）；

U——A类或B类火灾场所单位灭火级别最大保护面积（m^2/A或m^2/B）；

K——修正系数，修正系数值按照表10-18的规定取值。

表10-18　修正系数

计算单元	K
未设室内消火栓系统和灭火系统	1.0
设有室内消火栓系统	0.9
设有灭火系统	0.7
设有室内消火栓系统和灭火系统	0.5

续表

计算单元	K
可燃物露天堆场 甲、乙、丙类液体储罐区 可燃气体储罐区	0.3

注　歌舞娱乐放映游艺场所、网吧、商场、寺庙及地下场所等计算单元的最小需配灭火级别应在式（10-1）计算结果的基础上增加30%。

五、计算单元中每个灭火器设置点的最小需配灭火级别计算

计算单元中每个灭火器设置点的最小需配灭火级别按照式（10-2）进行计算。

$$Q_e = \frac{Q}{N} \tag{10-2}$$

式中　Q_e——计算单元中每个灭火器设置点的最小需配灭火级别（A或B）；

N——计算单元中的灭火器设置点数，个。

第五节　灭火器的检查与维护

一、灭火器检查的通用性项目

（1）证件检查。灭火器的生产厂家，此批产品是否通过国家级检测中心检查，是否有生产许可证、灭火器合格证及出厂与充装日期。

（2）外观检查。灭火器完好无碰伤，铭牌完整清楚，灭火器表面涂漆无剥落、锈蚀；灭火器器头正常，安全销及铅封完好，喷嘴无堵塞，橡胶管无老化，连接件牢固、无松动；无明显泄漏迹象等。

二、扑救电气火灾用灭火器的检查与维护项目

1. 干粉灭火器

（1）在使用周期内的保养。要放置于干燥通风的地方，防止简体受潮腐蚀；各连接件不得松动，喷嘴塞盖不得脱落，确保灭火器的密封性；避免强辐射热或日光曝晒，影响正常使用；按照制造厂的规定和检查周期定期检查，如果存在干粉结块或储存瓶的气量不足，应当更换或补足气量；整个检查应当由经过专业训练的人员进行。

（2）灭火器的维修和再充装。灭火器一经开启，就必须由专人或专门单位按照制造厂的要求和方法再重装，不得随意更换灭火剂的品种及数量；充装前，其器头、简体、储气瓶等主要受压部件应当按照规定进行水压试验，不合格不得使用；再充装好的储气瓶应当按照规定进行气密性试验，不合格不得使用；灭火器每五年或每次再充装前，应当进行1.5倍设计压力的水压试验，简体和储气瓶经过水压试验不合格的不准用焊接方法修复使用；经维修部门修复的灭火器，应当有当地消防部门认可的标记，并注明维修单位的名称及维修日期。

2. 1211灭火器

灭火器只要一经开启，即使喷射不多也要按照规定再充装，并在充装后检查其密封性能；每五年或是每两次再充装前，应当按照1.5倍设计压力进行水压试验合格后方可充装，并及时进行干燥检查，有明显锈蚀不得继续使用；检查灭火器的压力并对其称重，不符合规定的要再充装；维修应由专业单位进行。

3. 二氧化碳灭火器

灭火器的质量每年至少要检查一次，超过泄漏量应检修；一经开启必须重新充装，且在充装前要符合规定，否则不得再充装；每隔五年应当进行一次水压试验，同时测定残余变形率不得大于5%，并用钢印在简体肩部打上试验时间及单位代号；维修与充装由专业单位进行，并符合规定。

第六节　灭火器及其配置验收实例分析

某公司办公楼地上7层，建筑高度为23.80m，每层建筑面积为945m²，为“L”形外廊式建筑，“L”形建筑长边为45.60m，短边为22.20m，都采用不燃材料装修，办公场所设有电脑、复印机等办公用电子设备。办公楼内设有室内消火栓系统，每层作为一个灭火器配置的计算单元配置了手提式灭火器。经检查，2层及2层以上楼层仅设置了一个灭火器配置点，距离最远端办公室房门的距离为25.80m。

一、灭火器及灭火器箱的标志要求

1. 灭火器的标志要求

此建筑配置的灭火器为磷酸铵盐（ABC）干粉灭火器，其标志要求为：

（1）灭火器应粘贴发光标志，无明显缺陷和损伤，能在黑暗中显示灭火器位置。

（2）灭火器认证标志、铭牌的主要内容齐全，包括灭火器名称、型号及灭火剂种类，灭火级别及灭火种类，使用温度，驱动气体名称和数量（压力），制造企业名称，使用方法，再充装说明和日常维护说

明等。

(3) 灭火器底圈或颈圈等不受压位置的水压试验压力和生产日期等永久性钢印标志、钢印打制的生产连续序号等清晰。

(4) 2006 年及 2006 年后生产的灭火器压力指示器表盘有灭火剂适用标示，干粉灭火剂为”F”，指示器中的红区、黄区范围分别标有“再充装”“超充装”字样。

(5) 贴花端正平服、不脱落，不缺边少字，无明显皱褶、气泡等。

2. 灭火器箱的标志要求

此建筑中采用的灭火器箱为单体类置地型单开门式灭火器箱，其标志要求为：

(1) 箱体正面标注中文“灭火器”和英文“Fire extinguisher”，字体尺寸（宽×高）不得小于 30mm×60mm，并且字体要醒目、均匀、完整。

(2) 灭火器箱的正面右下角设置耐久性铭牌，铭牌内容包括产品名称、型号规格、注册商标或生产厂家名称、生产厂址、生产日期或产品批号、执行标准等。

二、 灭火器的外观质量与结构要求

1. 外观质量

(1) 灭火器筒体及其零部件无明显缺陷和机械损伤。

(2) 灭火器外表涂层色泽均匀，无龟裂、明显流痕、划痕、气泡、碰伤等缺陷；灭火器电镀件表面无气泡、明显划痕、碰伤等缺陷。

2. 结构要求

(1) 灭火器开启机构灵活，不得倒置开启或使用；提把和压把表面不得有毛刺、锐边等影响操作的缺陷。

(2) 灭火器器头（阀门）装有保险装置，保险装置的铅封完好。

(3) 压力指示器指针在绿色区域范围内；压力指示器在 20℃时显示的工作压力值与灭火器标志上标注的 20℃的充装压力相同。

(4) 3kg（L）以上充装量的手提式灭火器应配有喷射软管和间歇喷射机构。

三、 灭火器箱的外观质量与结构及开启性能要求

1. 外观质量

(1) 灭火器箱各表面没有明显加工缺陷、机械损伤，箱体无歪斜、翘曲等变形，放置于水平地面上无倾斜、摇晃等现象。

(2) 箱门关闭到位后，应与四周框面平齐，与箱框之间的间隙均匀平直，不影响箱门开启。

2. 结构及开启性能

(1) 开门式灭火器箱箱门应当设有箱门关紧装置，且无锁具。

(2) 灭火器箱箱门开启操作轻便灵活，无卡阻现象。

(3) 经测力计实测检查，开启力不大于 50N；箱门开启角度不小于 160°。

四、 灭火器配置中的部分设置要求

此建筑为中危险级 A 类火灾场所（或还含有 E 类火灾场所），其部分设置要求如下。

(1) 每个灭火器配置计算单元内的灭火器设置点最大保护距离为 20m。

(2) 配置的每具手提式灭火器的灭火级别要大于等于 2A。

(3) 设置点要设置在明显、便于取用，且不得影响安全疏散的地点。

(4) 手提式灭火器设置于灭火器箱内，灭火器箱不得被遮挡、拴系。

(5) 有视线障碍的灭火器设置点，在醒目部位设置指示灭火器位置的发光标志。

第十一章 火灾自动报警系统

第一节 火灾自动报警系统概述

一、火灾自动报警系统的基本组成和工作原理

（一）火灾自动报警系统的基本组成

火灾自动报警系统的组成形式有很多种，具体组成部分的名称也有所不同。但无论怎样划分，火灾自动报警系统基本可概括为触发器件、火灾报警装置、火灾警报装置、电源及控制装置五大部分，对于复杂系统还包括消防控制设备，如图 11-1 所示。

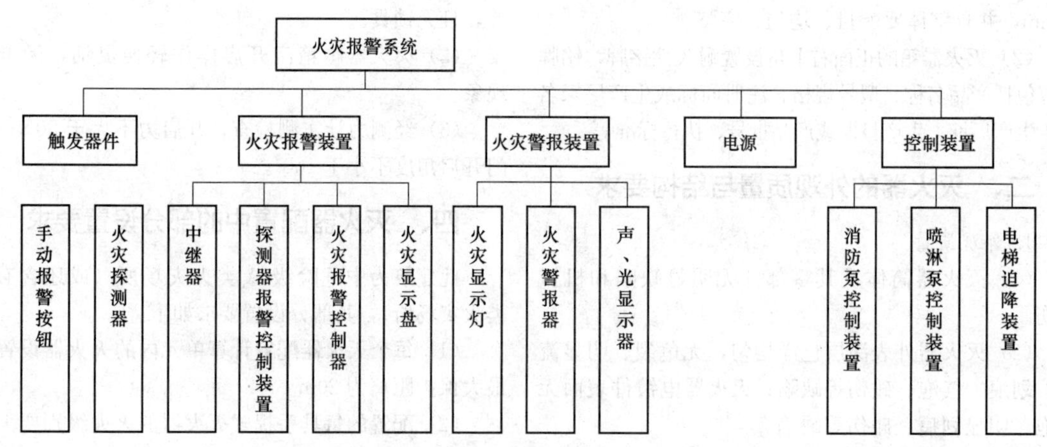

图 11-1 火灾自动报警系统的基本组成框图

1. 触发器件

在火灾自动报警系统中，自动或手动产生火灾报警信号的器件叫作触发器件，主要包括火灾探测器和手动火灾报警按钮。火灾探测器是能对火灾参数（如烟、温、光、火焰辐射及气体浓度等）响应，并自动产生火灾报警信号的器件。根据响应火灾参数的不同，火灾探测器分成感温火灾探测器、感烟火灾探测器、感光火灾探测器、可燃气体探测器及复合火灾探测器五种基本类型。不同类型的火灾探测器适用于不同类型的火灾及不同的场所。手动报警按钮是手动方式产生火灾报警信号、启动火灾自动报警系统的器件，也是火灾自动报警系统中不可缺少的组成部分之一。

现代消防设施中的重要部件，如自动喷水灭火系统中的压力开关、水流指示器及供水阀门等所处的状态直接反映出系统的当前状态，关系到灭火行动的成败。所以，在很多工程实践中已将此类与火灾有关的信号通过转换装置传送到火灾报警控制器。

2. 火灾报警装置

在火灾自动报警系统中，用来接收、显示和传递火灾报警信号，并能发出控制信号和具有其他辅助功能的控制指示设备叫作火灾报警装置。火灾报警控制器就是其中最为基本的一种。火灾报警控制器担负着为火灾探测器提供稳定的工作电源，监视探测器和系统自身的工作状态，接收、转换及处理火灾探测器输出的报警信号，进行声光报警，指示报警的具体部位及时间，同时执行相应的辅助控制等诸多任务，为火灾报警系统中的核心组成部分。

在火灾报警装置中，还有一些如中断器、区域显示器及火灾显示盘等功能不完整的报警装置，它们可视为火灾报警控制器的演变或补充。它们在特定条件下应用，和火灾报警控制器同属于火灾报警装置。

火灾报警控制器的基本功能主要有备用电源充电，主电源、备用电源自动转换，电源故障监测，电源工作状态指示，为探测器回路供电，控制器或系统故障声、光报警，火灾声、光报警，火灾报警记忆，火灾报警优先故障报警，时钟单元，声报警、音响消声及再次声响报警。

3. 火灾警报装置

在火灾自动报警系统中，用以发出区别于环境声、光的火灾警报信号的装置称为火灾警报装置。声光报警器就是最为基本的一种火灾警报装置，它以声、光方式向报警区域发出火灾警报信号，提醒人们展开安全疏散、灭火救灾措施。

警铃、讯响器也是一种火灾警报装置。火灾时，它们接收由火灾报警装置利用控制模块、中间继电器发出的控制信号，发出有别于环境声音的声响，它们大多安装在建筑物的公共空间部分，如走廊、大厅。

4. 电源

火灾自动报警系统属于消防用电设备，其主电源应采用消防电源，备用电源通常采用蓄电池组。系统电源除为火灾报警控制器供电外，还为和系统相关的消防控制设备等供电。

5. 控制装置（联动设备）

在火灾自动报警系统中，当接收到火灾报警后，能自动或手动启动相关消防设备，并显示其工作状态的装置，叫作控制装置。其主要包括火灾报警控制器，自动灭火系统的控制装置，室内消火栓系统的控制装置，防烟排烟系统和空调通风系统的控制装置，常开防火门、防火卷帘的控制装置，电梯迫降控制装置，以及火灾应急广播、消防通信设备、火灾警报装置、火灾应急照明与疏散指示标志的控制装置等控制装置中的部分或全部。控制装置通常设置在消防控制中心，以便于实行集中统一控制。若控制装置位于被控消防设备所在现场，其动作信号则必须返回消防控制室，以便实行集中和分散相结合的控制方式。

也可将火灾报警系统的组成形式按火灾报警控制器、火灾探测器、模块、按钮、警报器、联动控制盘、楼层火灾显示盘等设备进行划分。其中，火灾报警系统核心是火灾报警控制器，其主要外部设备为火灾探测器及模块。

（二）火灾自动报警系统的工作原理

火灾自动报警系统是为了尽早探测到火灾的发生且发出火灾警报，启动有关防火、灭火装置而设置于建筑物中的一种自动消防设施。通过设置在建筑物中的自动火灾探测装置和手动报警装置，火灾自动报警系统可在火灾发生的初期自动探测到火灾，并通过警报装置发出火灾警报，组织人员撤离，同时启动防烟、排烟及防火、灭火设施，以便人员撤离，避免火灾发展和蔓延，控制和扑灭火灾。

火灾自动报警系统（如图 11-2 所示）的工作原理：在火灾发生的初期，系统利用设置在现场的感烟、感温及感光火灾探测器等火灾触发器件自动接收火灾燃烧所产生的烟雾、温度变化和热辐射等物理量信息，并将其变换成电信号输入火灾报警控制器，也可通过手动报警按钮以手动的方式向火灾报警控制器通报火警。火灾报警控制器对输入的报警信号进行处理、分析，当经判断为火灾时，立即以声、光信号等火灾警报装置向人发出火灾警报，并记录、显示火灾发生的时间及位置，同时向防烟排烟系统、自动喷水灭火系统、室内消火栓系统、泡沫灭火系统、管网气体灭火系统、干粉灭火系统，以及防火卷帘、防火门、挡烟垂壁等防烟、防火设施发出控制指令，启动各种消防装置，指挥人员疏散，并控制火灾蔓延、发展。

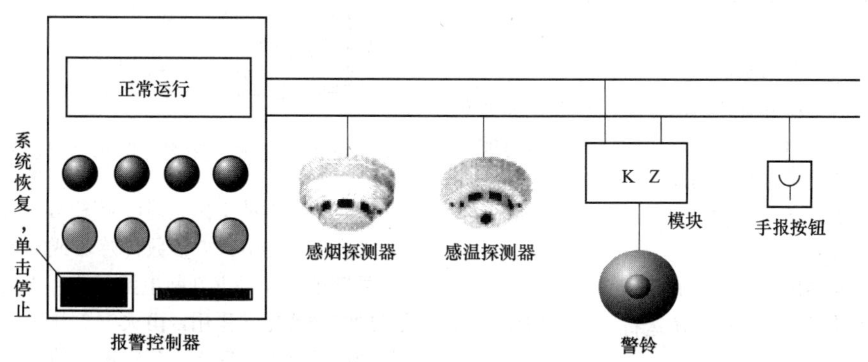

图 11-2　火灾自动报警系统的工作原理示意

二、 现代建筑对火灾报警系统的要求

现代建筑的特点是高层大型建筑增多。这主要是从缓解城市用地紧张的角度出发，同时考虑便于集中供电、供热及供气，便于集中管理和控制，如便于计算机管理控制系统和闭路电视及共用天线系统的应用等。

高层大型建筑不论普通型（如民用住宅）还是豪华型（如高级宾馆），均日益重视防火和保安技术的普及应用。国家建筑防火规范规定，住宅楼高10层以上、建筑物高24m以上的均属于高层建筑范畴。

高层建筑楼层多、人员密集，如果发生火灾，疏散困难，扑救也困难。所以高层建筑，特别是高级宾馆及居民楼，一旦失火，损失严重，极有可能造成人员伤亡。为确保高层建筑安全可靠、万无一失，必须从建筑设计上采取防范措施，安装功能齐全可靠的自动报警与消防系统。

依据现代高层建筑的特点，有必要提出以下要求，以确保所设计的火灾自动报警和消防系统优良、实用、可靠。

1. 设计火灾自动报警系统的目的和原则

（1）目的。为了及早发现和通报火灾，防止及减少火灾危害，保护人身和财产安全，保卫社会主义现代化建设，所以重要大型建筑及高层建筑必须考虑设计安装火灾自动报警系统。

（2）原则。安全可靠，使用方便，技术先进，经济合理。为方便起见，可以称为“16字方针”。

2. 设计火灾自动报警消防系统的要求

（1）当有火情时能及时准确地发出火警信号，并显示火情发生的地点（地址编号）。

（2）经查实确认火情后，应及时通报消防队救火，并通告火灾区域内人员，按照指定路线撤离。

（3）立即启动消防系统灭火及排烟。

（4）及时切断灾区电源，防止电气失火，同时启动安全疏散人员的照明系统。

（5）火灾报警器应有本机故障监测功能，能够及时报告探测器及线路等各部分故障，使值班人员能及时排除，保持自动报警系统功能完好。

（6）增加系统抗干扰能力，以减少非火情误报次数。

（7）应设置备用电源（发电机或蓄电池），当主电源停电时能及时投入备用电源运行，使火情监视不中断。

（8）火灾报警器应有记忆功能，自动记录火情和故障发生的地点与时间，以备查考和分析灾情之用。

现在国内外所有高层及大型建筑均必须安装火灾自动报警系统。我国有许多厂家已成批生产火灾自动报警设备。有些产品已装备有电脑控制功能，如JB-QB-50-2700/076型报警器，NA1000系列智能火灾报警系统，BMC-644-F型火灾报警控制系统，S11系列智能消防报警系统等。

第二节 火灾探测器的选择与应用

一、 火灾探测器的基本功能

火灾探测器探测火灾过程示意如图11-3所示。在火灾发生时，安装于建筑物内房间顶棚附近的火灾探测器将接收到一个火灾信号 FS_0。这个火灾信号和燃烧的物质种类［火灾参数 $f(t)$］、火灾的发展过程（时间 t）、测量火灾信号地点所在的坐标位置（x，y，z）及周围的环境条件［环境噪声 $n(t)$］等有关。对于火灾探测器外部火灾信号 FS_0 的测量过程是火灾探测器的敏感元件至少可与物质燃烧过程中产生的一个火灾参数起作用（如感温元件受火灾气流的热效应作用、电离室受燃烧产物烟粒子的吸附作用等），并且在火灾探测器内部发生物理量或化学量的转换，经过电子或机械方式处理，将处理结果经判断后用开关量报警信号传输给火灾报警控制器，或者不经过判断直接将数据处理获得的模拟量信号传输至火灾报警控制器。

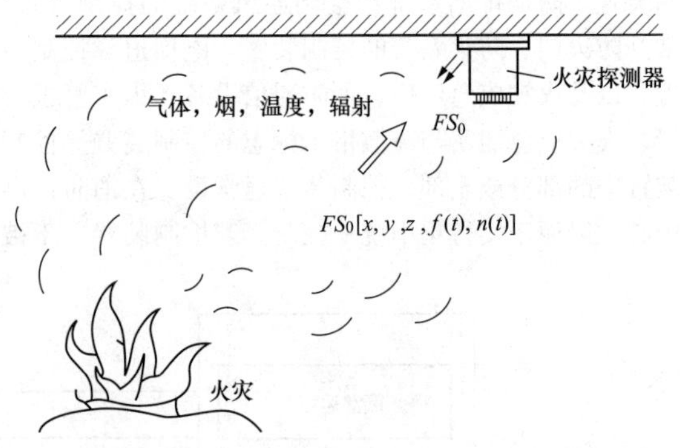

图11-3 火灾探测器探测火灾过程示意

火灾探测器的工作原理可用图11-4表示。通常来讲，火灾探测器由火灾参数传感器或测量元件、探测信号处理单元和火灾判断电路组成。火灾信号 FS_0 必须借助物理或化学作用，由火灾参数传感器或测量元件转换成某种测量值 M，经过测量信号处理电路产生用于火灾判断的数据处理结果量 Y，最后通过判断电路产生开关量报警信号 S。对于直接产生模拟量信号

的火灾探测器而言，火灾传感器输出的测量信号 M 是经过信号处理电路直接数据处理之后，产生模拟量信号 Y 并传输给火灾报警控制器，最终通过火灾报警控制器实现火警判断功能。整个火灾探测器对火灾参数的转换测量、数据处理和火灾判断过程，一般可用传输函数来表示，即 $M=T_0$（FS_0），$Y=T_1$（M），$S=T_2$（Y），其中，Y 是火灾探测器数据处理结果或模拟量传输信号，S 是火灾探测器输出的开关量报警信号。

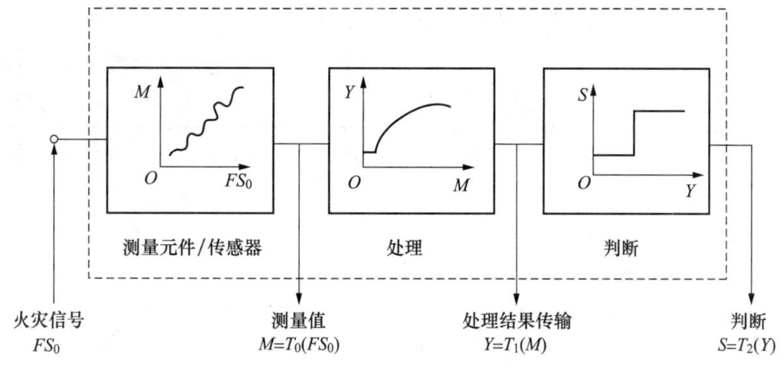

图 11-4 火灾探测器工作原理框图

必须指出，在某些无火灾的环境条件下，环境噪声有可能影响火灾参数传感器或测量元件输出信号幅值，产生较大的环境噪声测量值 M，从而有可能造成火灾探测器误报。

二、 火灾探测器分类及性能指标

（一） 火灾探测器分类型谱

根据不同的火灾探测方法可构成相应的火灾探测器。按不同的待测火灾参数，火灾探测器可划分为感烟式、感温式、感光式火灾探测器和可燃气体探测器，以及烟温、烟光、烟温光等复合式火灾探测器和多信号输出式火灾探测器。如图 11-5 所示为火灾探测器的分类框图。

感烟式火灾探测器是利用一个小型烟雾传感器响应悬浮于其周围附近大气中的燃烧和（或）热解产生的烟雾气溶胶（固态或液态微粒）的一种火灾探测器，通常情况下制成点型结构，主要有离子式和散射光式两种类型；此外，减光式感烟火灾探测器有点型与线型两种结构，其中线型结构一般制成主动红外对射式线型火灾探测器。

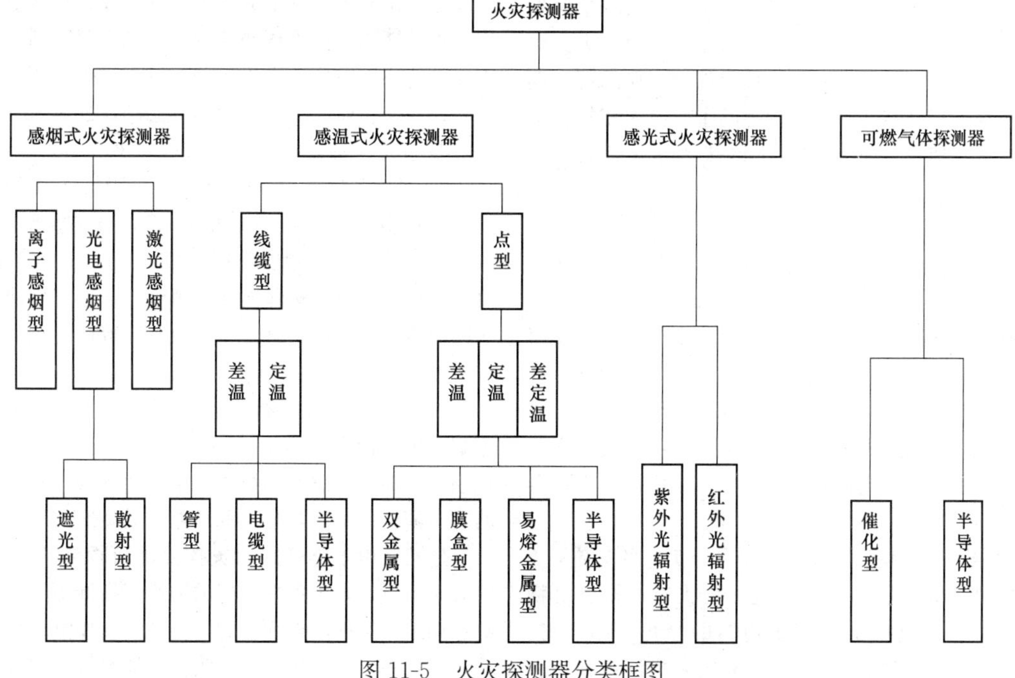

图 11-5 火灾探测器分类框图

感温式火灾探测器是利用一个点型或线缆型火灾参数传感器来响应其周围附近气流的异常温度和（或）升温速率的火灾探测器，其结构有点型与线缆型两种，当前广泛使用的是点型电子感温火灾探测器和线缆型易熔金属或记忆金属感温火灾探测器。

感光式火灾探测器是根据物质燃烧过程中火焰的特性及火焰的光辐射强度而构成的用于响应火灾时火焰光特性的火灾探测器，通常制作成被动式紫外或红外火焰光探测器。

可燃气体探测器是采用各种气敏元件或传感器来响应火灾初期物质燃烧产生的烟气体中某些气体浓度，或者液化石油气、天然气等环境中可燃气体浓度及气体成分的探测器，一般的结构为点型。当前用于火灾探测的可燃气体探测器主要采用催化燃烧式或气敏半导体式探测原理。

组合使用两种或两种以上火灾探测方法的复合式火灾探测器与双灵敏度火灾探测器通常是点型结构，它同时具有两个或两个以上火灾参数的探测能力，或是具有一个火灾参数、两种灵敏度的探测能力，目前使用较多的是烟温复合式火灾探测器与双灵敏度感烟输出式火灾探测器。此外，火灾探测器还可按照其火灾信息处理方式或报警方式的不同，划分为阈值比较式（开关量）、类比判断式（模拟量）及分布智能式（智能化）火灾探测器。

（二） 火灾探测器性能指标

火灾探测器作为火灾监控系统中的火灾现象探测装置，其本身长期处于监测工作状态，所以，火灾探测器的灵敏度、稳定性、维修性及长期工作的可靠性是衡量火灾探测器产品质量优劣的主要技术指标，也是保证火灾监控系统长期处于最佳工作状态的重要指标。

1. 火灾探测器的灵敏度

火灾探测器的灵敏度通常使用以下几个概念来表示。

（1）灵敏度（Sensitivity）。灵敏度指的是火灾探测器响应某些火灾参数的相对敏感程度。灵敏度有时也指火灾灵敏度。因为火灾探测器的作用原理和结构设计不同，各类火灾探测器对于不同火灾的灵敏度差异很大。所以，火灾探测器通常不单纯用某一火灾参数的灵敏度来衡量。

根据 GB/T 4968—2008《火灾分类》的规定，A类火灾是指固体物质火灾，这种物质通常指有机物质，一般在燃烧时能够产生灼热的余烬，如木材、棉、毛、麻、纸张等火灾；B类火灾是指液体火灾和可熔化的固体物质火灾，如汽油、煤油、柴油、原油、甲醇、乙醇、沥青、石蜡火灾等；C类火灾是指气体火灾，如煤气、天然气、甲烷、乙烷、丙烷、氢气火灾等。各种火灾探测器对各种类型火灾的灵敏度见表 11-1。

表 11-1 各种火灾探测器对各种类型火灾的灵敏度

火灾探测器类型	A类火灾	B类火灾	C类火灾
定温	低	高	低
差温	中等	高	低
差定温	中等	高	低
离子感烟	高	高	中等
光电感烟	高	低	中等
紫外火焰	低	高	高
红外火焰	低	高	低

（2）火灾灵敏度级别（firesensitivity classfication）。火灾灵敏度级别指的是火灾探测器响应几种不同的标准试验火时，火灾参数不同的响应范围。主要火灾参数取烟浓度 M 值（以减光率表示）、Y 值（以实测值表示）及温度增量 Δt。一般火灾探测器采用规定标准试验火条件下的火灾灵敏度级别来衡量其响应火灾的能力。火灾探测器的火灾灵敏度级别按照火灾参数的不同响应范围，可分为以下三级。

1）Ⅰ级：$M_{\text{I}} \leqslant 0.5$dB/m，$Y_{\text{I}} \leqslant 1.5$，$\Delta t_{\text{I}} \leqslant 15$℃。

2）Ⅱ级：$M_{\text{II}} \leqslant 1.0$dB/m，$Y_{\text{II}} \leqslant 3.0$，$\Delta t_{\text{II}} \leqslant 30$℃。

3）Ⅲ级：$M_{\text{III}} \leqslant 2.0$dB/m，$Y_{\text{III}} \leqslant 6.0$，$\Delta t_{\text{III}} \leqslant 60$℃。

（3）感烟灵敏度（smoke sensitivit）。感烟灵敏度指的是感烟火灾探测器响应烟粒子浓度（cm^3）的相对敏感程度，也可称作响应灵敏度。通常在生成的烟相同的条件下，高的感烟灵敏度意味着可对较低的烟粒子浓度响应。

（4）感烟灵敏度档次（smoke sensitivit stage）。感烟灵敏度档次指的是采用标准烟（或试验气溶胶）在烟箱中标定的感烟探测器几个（通常为 3 个）不同的响应阈值的范围，也可称作响应灵敏度档次。

显然，由于感烟式火灾探测器可探测 70%以上的火灾，所以，火灾探测器的灵敏度指标更多的是针对感烟式火灾探测器而规定的。在火灾探测器生产和消防工程中，一般所指的火灾探测器灵敏度实际是火灾探测器的灵敏度级别。

2. 火灾探测器的可靠性

火灾探测器的可靠性指的是在适当的环境条件下，火灾探测器长期不间断运行期间随时能够执行其预定功能的能力。在严酷的环境条件下，使用寿命长的火灾探测器可靠性高。通常感烟式火灾探测器使用的电子元器件多，长期不间断使用期间电子元器件的失效率较高，所以，其长期运行的可靠性相对较低，火灾探测器运行期间的维护保养十分重要。

3. 火灾探测器的稳定性

火灾探测器的稳定性指的是在一个预定的周期内，以不变的灵敏度重复感受火灾的能力。为避免稳定性降低，定期检验所有带电子元件的火灾探测器是十分重要的。

4. 火灾探测器的维修性

火灾探测器的维修性指的是对可维修的火灾探测器产品进行修复的难易程度。感烟式火灾探测器和电子感温式火灾探测器要求定期检查和维修，保证火灾探测器敏感元件和电子线路处于正常工作状态。

应指出，以上四项火灾探测器的主要技术指标一般不能精确测定，只能给出一般性的估计，所以，一般采用灵敏度级别作为火灾探测器的主要性能指标。对于某一具体的火灾探测器来说，其实际性能也将因其设计、制造工艺、控制质量和可靠性措施，以及火灾探测器及火灾监控系统的安装人员的训练和监督情况不同而有所不同。表 11-2 给出了常用火灾探测器的主要性能评价，供参考。

表 11-2　常用火灾探测器的主要性能评价

火灾探测器类型	灵敏度	可靠性	稳定性	维修性
定温	低	高	高	高
差温	中等	中等	高	高
差定温	中等	高	高	高
离子感烟	高	中等	中等	中等
光电感烟	中等	中等	中等	中等
紫外感烟	高	中等	中等	中等
红外感烟	中等	中等	低	中等

三、火灾探测器构成原理

（一）感烟式火灾探测器

烟雾是火灾的早期现象，借助感烟式火灾探测器可最早感受火灾信号，即火灾参数，所以，感烟式火灾探测器是目前世界上应用较普及、数量较多的火灾探测器。据了解，感烟式火灾探测器可探测 70%以上的火灾。目前，常用的感烟式火灾探测器是离子感烟式火灾探测器与光电感烟式火灾探测器。

1. 离子感烟式火灾探测器

离子感烟式火灾探测器是利用空气离化探测火灾方法构成和工作的。它借助放射性同位素释放的高能量 α 射线将局部空间的空气电离产生正、负离子，在外加电压的作用下形成离子电流。当火灾产生的烟雾及燃烧产物，也就是烟雾气溶胶进入电离空间（一般称作电离室）时，比表面积较大的烟雾粒子将吸附其中的带电离子，产生离子电流变化，通过电子线路加以检测，从而获得与烟浓度有直接关系的电测信号，用于火灾确认及报警。

采用空气离化探测法实现的感烟探测，对于火灾初起和阴燃阶段的烟雾气溶胶检测十分灵敏有效，可测烟雾粒径范围为 0.03～10μm。这类火灾探测器通常只适于构成点型结构。依据这种火灾探测器内电离室的结构形式，离子感烟式火灾探测器可分为双源式感烟和单源式感烟火灾探测器。

（1）感烟电离室特性。感烟电离室为离子感烟式火灾探测器的核心传感器件，其结构及特性如图 11-6 所示。电离室两电极 P_1、P_2［如图 11-6（a）所示］间的空气分子受到放射源不断放出的 α 射线照射，高速运动的 α 粒子撞击空气分子，使两电极间空气分子电离为正离子与负离子，这样，电极之间原来不导电的空气具有了导电性。此时在电场作用之下，正、负离子的有规则运动使电离室呈现典型的伏安特性，形成离子电流。离子电流的大小与电离室的几何尺寸、α 粒子能量、放射源的活度、施加的电压大小及空气的密度、温度、湿度和气流速度等因素有关。

在电离室中，用于产生放射线的 α 放射源有镭—266（Re^{266}）、钚—238（Pu^{238}）、钚—239（Pu^{239}）及镅—241（Am^{241}）。在目前，普遍采用 Am^{241} α 放射源作为离子感烟式火灾探测器的放射源。选择 Am^{241} 作为口放射源，是基于其几个显著的特点。

1）α 射线（高速运动的 α 粒子流）具有强的电离作用。

2）α 粒子射程较短。

3）成本低。

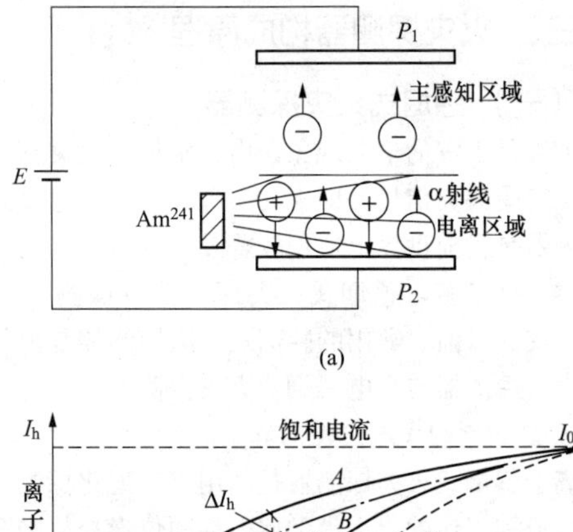

图 11-6　电离室结构和电特性示意

(a) 单极性电离室结构；(b) 电离室电背性

4) 半衰期较长（433 年）。为确保 Am^{241} 源的安全使用，我国标准规定 Am^{241} 的 α 射线能量低于 5MeV，放射性活度低于 0.9μCi。

在离子感烟式火灾探测器中，电离室可分为双极型与单极型两种结构。整个电离室全部被 α 射线照射的叫作双极型电离室；电离室局部被 α 射线照射，使一部分形成电离区，而未被 α 射线照射的部分成为非电离区，从而形成单极型电离室。通常离子感烟探测器的电离室均设计成单极型的。当发生火灾时，烟雾进入电离室后，单极型电离室要比双极型电离室的离子电流变化大，可得到较大的反映烟雾浓度的电压变化量，从而提高离子感烟式火灾探测器的灵敏度。

当有火灾发生时，烟雾粒子进入电离室后，被电离部分（区域）的正离子与负离子被吸附到烟雾粒子上，使正、负离子相互中和的概率增加，从而把烟雾粒子浓度大小以离子电流变化量大小表示出来，实现对火灾参数的检测。

(2) 双源式感烟探测原理。如图 11-7 所示为双源式感烟探测器的电路原理及其工作特性。在实际设计中，开室结构且烟雾容易进入的检测用电离室与闭室结构且烟雾难以进入的补偿用电离室采取反向串联连接，其中检测电离室一般工作在其特性的灵敏区，补偿电离室工作在其特性的饱和区。当无烟雾气溶胶进入火灾探测器时，火灾探测器工作在其特性曲线的 A 点；当有烟雾进入火灾探测器时，因为烟雾粒子对带电离子的吸附作用，火灾探测器工作在其特性曲线的 B 点，从而形成电压差 ΔV，其大小反映了烟雾粒子浓度的大小。经电子线路对电压差 ΔV 的处理可得到火灾时产生的烟浓度的大小，用于确认火灾发生及报警。

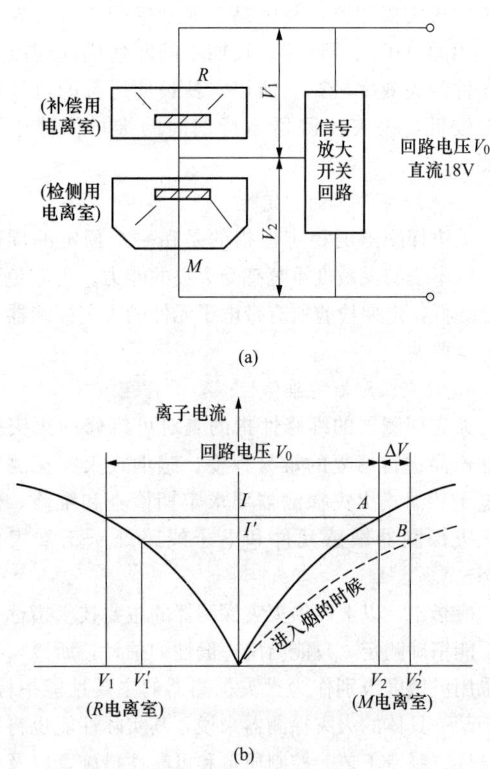

图 11-7　双源式感烟探测器的电路原理及其工作特性

(a) 电路原理；(b) 工作特性

在离子感烟式火灾探测器中，选择不同的电子线路，可实现不同的信号处理方式，从而构成不同形式的离子感烟式火灾探测器。例如，选用阈值比较放大与开关电路的电子线路时，可构成阈值报警式离子感烟火灾探测器；选用 A/D 转换和编码传输电路时，可构成带地址编码的类比式离子感烟火灾探测器；选用 A/D 转换、编码传输及微处理单元电路时，可构成分布智能式离子感烟火灾探测器。

采用双源反串联式结构的离子感烟火灾探测器可减少环境温度、湿度及气压等条件变化引起的对离子电流的影响，提高火灾探测器的环境适应能力与工作稳定性。典型的国产双源式离子感烟火灾探测器有西安 262 厂的 F732 型离子感烟式火灾探测器等。

(3) 单源式感烟探测原理。如图 11-8 所示为单源式感烟火灾探测器的电路原理示意，其检测电离室和补偿电离室由电极板 P_1、P_2 及 P_M 构成，共用一个 Am^{241} α 放射源。在火灾探测时，火灾探测器的烟雾检测电离室（外室）与补偿电离室（内室）都工作在其特性曲线的灵敏区，通过 P_M 极电位的变化量大小反映进入的烟雾浓度变化，实现火灾探测及报警。

单源式感烟火灾探测器的烟雾检测电离室与补偿电离室在结构上基本都是敞开的，两者受环境条件缓慢变化的影响相同，所以提高了对使用环境中微小颗粒缓慢变化的适应能力。尤其在潮湿地区要求的抗潮能力方面，单源式感烟火灾探测器的自适应性能要比双源式感烟火灾探测器要好得多，但是目前双源式感烟火灾探测器也可利用电路参数调整及与火灾报警控制器软件配合来提高抗潮能力。单源式感烟火灾探测器也可根据火灾信号数据处理要求，在信号处理电路方面采取不同的电路结构，构成阈值比较、类比判断及分布智能等火灾探测器结构类型和火灾信号处理方式。

（4）典型离子感烟式火灾探测器。依据单源式或双源式感烟火灾探测原理，配以不同的信号处理电路和火灾参数探测算法，可实现不同的火灾信号处理方式，从而构成不同形式的离子感烟式火灾探测器。国内外大多数专业生产厂家采用的典型类比式离子感烟火灾探测器原理如图 11-8 所示。这种探测器放射源一般为 0.7～0.9μCi（1Ci＝3.7×10^{10} Bq）Am^{241} 电离室离子电流监测时为 100μA，报警时为 500μA，火灾探测器信号线报警输出电流常值是 40mA，最大值是 500mA。该探测器的特点是火灾报警阈值由报警控制器软件设置，其本身相当于烟浓度传感器把测得的烟浓度信号发送给火灾报警控制器，通过火灾报警控制器进行存储分析、阈值多级类比判断，排除漂移和干扰影响，对环境温度、湿度、风速及污染等实施补偿，最终确认火灾。

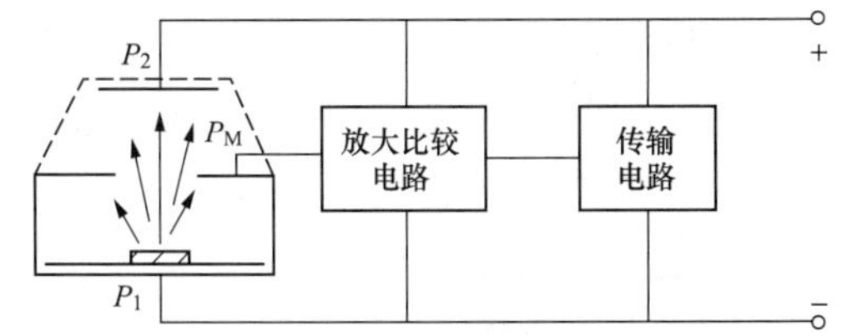

图 11-8　单源式感烟火灾探测器的电路原理示意

火灾探测器采用类比判断方式的突出特点为火灾探测灵敏度可任意用软件设置，实现预火警、火警及联动控制等多个输出信号；延时和非延时工作方式、白昼与夜间灵敏度自动调整、环境条件（特别是环境污染）自动补偿等，可用中心控制器处理软件与火灾探测器硬件电路配合完成。图 11-9 所示类比式离子感烟火灾探测器对环境条件变化的自动补偿过程如图 11-10 所示。若火灾探测器电离室的工作点为 A/C，此点对应有 $U_M+U_R=U_0$，U_0 与 ΔV_0 是按照应用要求和灵敏度要求设定的基础整定值，U_0 保持不变，A/C 点相对于纯净空气中电离室的正常工作点。当火灾探测器长期使用或环境条件变化，特别是灰尘污染使检测电离室（M）特性由 A 变动到 B 时，工作点偏移到 B/C，造成基础整定值变化，灵敏度改变并提高，这时如果出现暂时干扰和低浓度正常烟雾都有可能虚假报警（误报）。所以，当环境灰尘对火灾探测器的污染达到一定值时，如果控制 ΔV_0 改变到 ΔV，使补偿电离室特性从 C 变动到 C'，电离室得到电压 ΔU 来补偿灰尘污染带来的影响，可形成探测灵敏度自动调整，克服暂时干扰与低浓度正常烟雾产生的误报，提高火灾探测器的工作可靠性。

从图 11-9 和图 11-10 可知，模拟量火灾探测器的提出及类比判断方式的应用可使火灾探测器本身不判定火警，而只是给出代表敏感火灾现象值的一个真实的模拟信号或是一个与敏感值等效的数字编码，而将所有类比判断及数据分析集中放在火灾报警控制器中，由火灾报警控制器实现数据采集、存储、比较、分析及统计处理，并做出是否发生火灾的判断。类比式模拟量火灾探测器实质上就是作为火灾探测器用的传感器，它具有良好的静态特性与动态特性，其输出值能够真实地再现变化的输入量。采用类比式模拟量火灾探测器，并将对信号的判断处理交给火灾报警控制器完成，带来的主要问题是为使火灾监控系统能够识别真假火灾现象与防止误报，提高火灾探测器灵敏度，必须采用火灾参数探测算法及复杂的数据处理方法；为使反映火灾现象的模拟量被清楚地发送并以高分辨率传输，必须采用有效的数据技术并提出严格的要求；大量的火灾信息数据处理与算法运算，无疑增加了火灾报警控制器的复杂性。但是，模拟量火灾探测及类比判断数据处理方式是提高火灾探测输出可靠性的有效信息处理方式，也是实现分级报警式探测、响应阈值自动浮动式探测和多火灾参数复合式探测等初级智能判断与火灾探测的基本方式。因此，广泛应用于模拟量火灾报警系统与响应阈值自动浮动式模拟量火灾报警系统中。

典型的初级智能判断式离子感烟火灾探测器原理如图 11-11 所示。这种火灾探测器是在类比式模拟量火灾探测器基础上提出并实现的，它既可实现火灾现象的有效探测与可靠数据传输，还具有 SDN 功能。

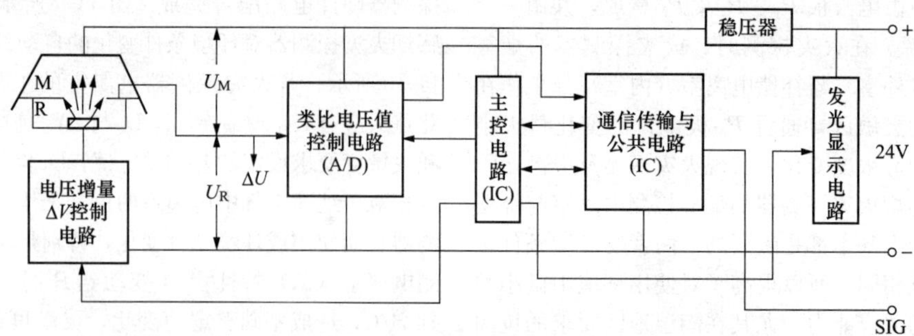

图 11-9 典型类比式离子感烟火灾探测器原理

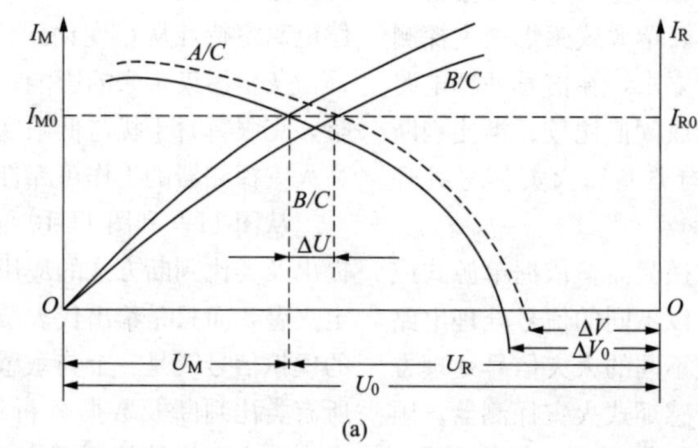

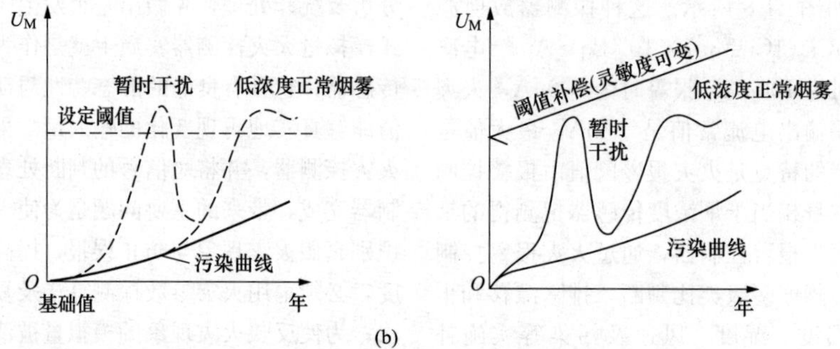

图 11-10 类比式感烟工作过程

（a）电离室工作特性；（b）环境自动补偿

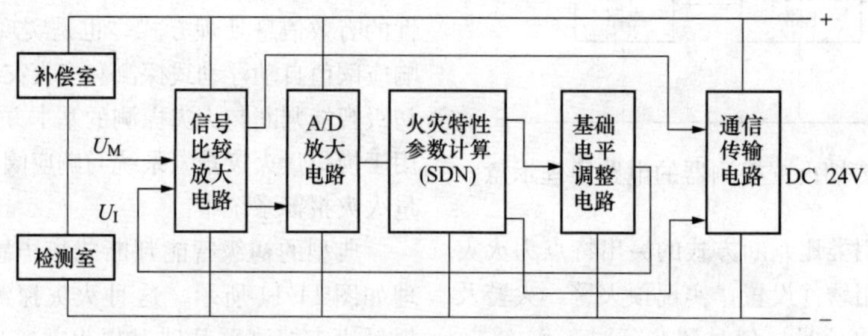

图 11-11 典型的初级智能判断式离子感烟火灾探测器原理

S——灵敏度自动调整功能。采用火灾探测器内置专用微处理器，实现了火灾探测器本身对信号进行不间断的真正的智能模拟量处理，当灵敏度阈值超出允许范围时，自动进行干扰参数计算。调整报警点阈值（将现场人工设定免去），使之与火灾探测器所处应用环境相适应。

D——自动诊断功能。采用综合诊断方式进行预防性维护，通过自动修正检测值，保证对火灾探测器电气性能进行诊断，以确定火灾探测器的老化程度。

N——自动报脏（报污染）功能。借助自动修正灵敏度阈值，补偿环境条件变化的影响，消除干扰和灰尘积累带来的信号偏差，使火灾探测器在相当长的时间内免维护，当自动修正已无法符合火灾探测灵敏度要求时，发出故障或严重污染信号，提醒人员维护。

可见，这种火灾探测器可对火灾参数直接进行采集、处理与算法运算，火灾探测器自身具有一定的分析诊断能力，可提供更有效的火灾信息，送入报警控制器中进一步处理及确认火灾。

如图 11-12 所示为图 11-11 所示的 SDN 型初级智能火灾探测器的信号处理模式。在 SDN 型初级智能

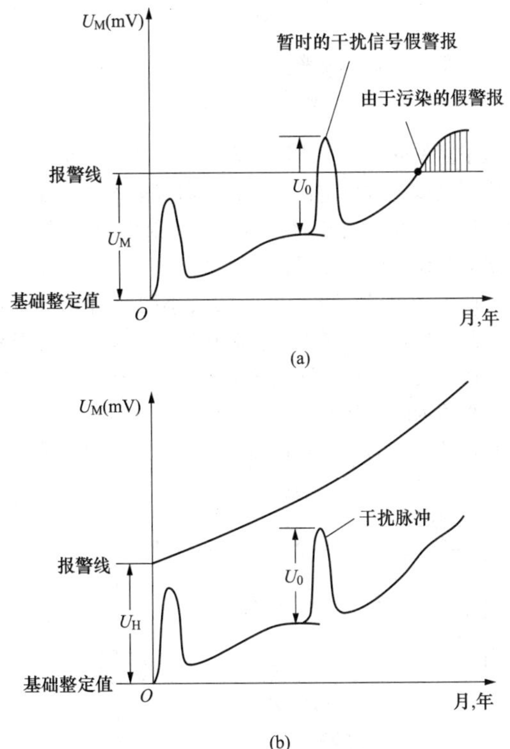

图 11-12　SDN 型初级智能火灾探测器的信号处理模式

（a）普通阈值报警模式；（b）SDN 型智能报警模式

火灾探测器基础上研究发展而产生的 MSR 型智能化离子感烟火灾探测器的电路结构同 SDN 型相似，但是内置微处理器及其应用软件与硬件配合所形成的智能式火灾探测，使之能够更进一步确认真实火灾，如图 11-13 所示。MSR 型智能化离子火灾探测器除具备 SDN 型初级智能火灾探测器的自动诊断维护及自动报脏功能外，其灵敏度可自动调整，火灾信息处理和火灾判断能力进一步提高，具有较高的火灾探测智能。通常正常使用时（监测状态）的 MSR 型智能化离子火灾探测器的报警阈值设定在希望灵敏度对应报警阈值的 1.25 倍；当有烟雾产生并进入 MSR 型智能化离子火灾探测器时，一旦烟雾粒子浓度满足火灾报警所希望的灵敏度对应阈值的 50%，MSR 型智能化离子火灾探测器的实际报警阈值将依据烟浓度的变化率大小采取不同的速率下降，提高实际火灾探测能力，有效识别并报出火警，有效地防止误报警，兼顾火灾探测器的报警及时性和工作可靠性。

由图 11-12 与图 11-13 可知，智能化火灾探测器与分布智能方式的设计目的是让火灾探测器保留一定的分析智能及判断功能，以构造简化为标准，减少从前端火灾传感器或火灾探测器向火灾报警控制器的信息传输量，适应降低数据传输速度或增大一定传输速度下的有效信息传输量，使火灾传感器或火灾探测器具有更高的火灾探测功能。通常采用分布智能数据处理方式的火灾监控系统，在其每个火灾探测器或火灾传感器上均设置一个原始微处理器，配合火灾探测器的电子线路进行数据处理并进行必要的分析判断，提高火灾探测器的有效数据输出。所以，分布智能数据处理方式在具有初级智能的模拟量火灾报警系统，特别是响应阈值自动浮动式模拟量火灾报警系统和智能化火灾监控系统中广泛应用。采用分布智能方式的智能化火灾监控系统在高层建筑尤其是智能建筑中，能够较好地协调早期发现火灾、消灭或基本消除误报、降低系统总成本费用三方面要求，使火灾监控系统具有较高的智能，并把智能化火灾信息处理分散配置在前端火灾探测器或传感器和火灾报警控制器中。在多种火灾参数探测报警方面，分布智能数据处理方式可显示出更多的优点。

2. 光电感烟式火灾探测器

根据烟雾粒子对光的吸收及散射作用，光电感烟式火灾探测器可分为减光式与散射光式两种。

（1）减光式光电感烟探测原理。如图 11-14 所示为减光式光电感烟探测原理。进入光电检测暗室内的烟雾粒子对光源发出的光产生吸收与散射作用，使通过光路上的光通量减少，从而在受光元件上产生的光

电流降低。光电流相对于初始标定值的变化量大小反映了烟雾的浓度大小，据此可通过电子线路对火灾信息进行阈值放大比较、类比判断处理或火灾参数运算，最后借助传输电路产生相应的火灾信号，构成开关量火灾探测器、类比式模拟量火灾探测器或分布智能式智能化火灾探测器。

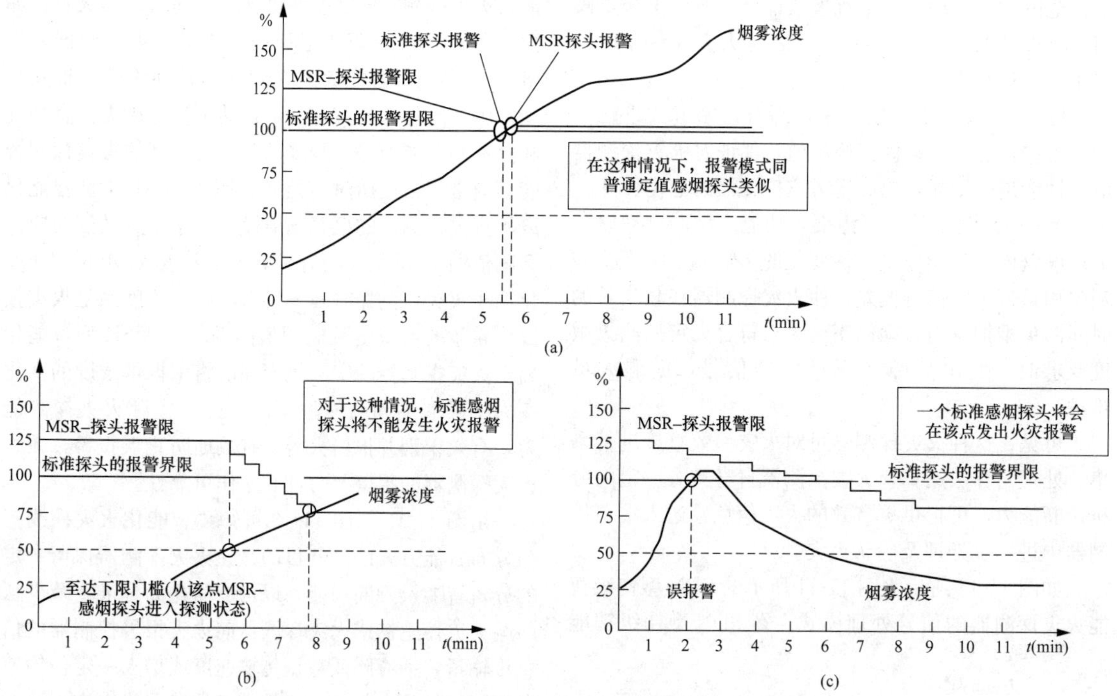

图 11-13　MSR 型智能化离子感烟火灾探测器的报警模式

（a）一般的烟雾浓度上升；（b）烟雾浓度缓慢上升；（c）烟雾浓度迅速变化

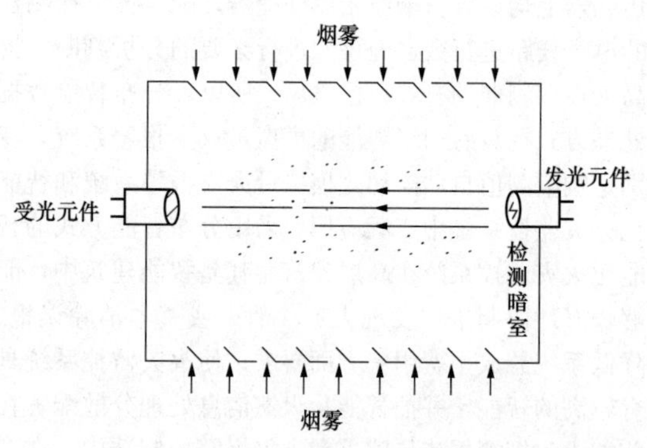

图 11-14　减光式光电感烟探测原理

减光式光电感烟火灾探测原理可用于构成点型结构的火灾探测器。通过微小的暗箱式烟雾检测室探测火灾产生的烟雾浓度大小，实现有效的火灾探测。但减光式光电感烟探测原理更适于构成线测结构的火灾探测器，实现大面积火灾探测，如收、发光装置分离式主动红外光束感烟火灾探测器。

（2）散射光式光电感烟探测原理。如图 11-15 所示为散射光式光电感烟探测原理。进入遮光暗室的烟雾粒子对发光元件（光源）发出一定波长的光产生散射作用（按光散射定律，烟粒子需轻度着色，并且当其粒径大于光的波长时将会产生散射作用），使处于一定夹角位置的受光元件（光敏元件）的阻抗发生变化，产生光电流。此光电流的大小同散射光强弱有关，并且根据烟粒子的浓度和粒径大小及着色与否来决定依据受光元件的光电流大小（无烟雾粒子时光电流大小约为暗电流），也就是当烟粒子浓度达到一定值时，散射光的能量就足以产生一定大小的激励用光

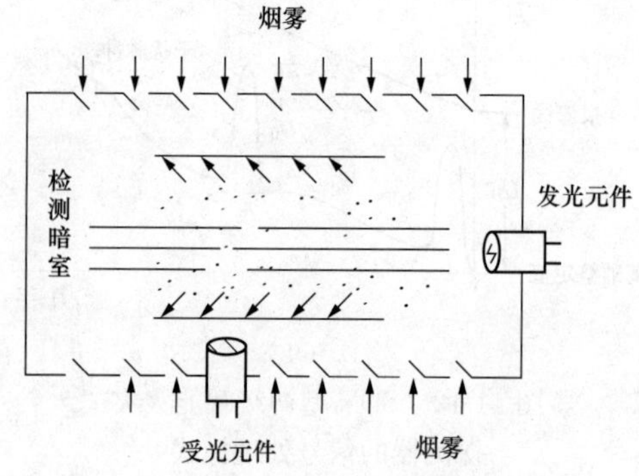

图 11-15　散射光式光电感烟探测原理

电流，可用于激励遮光暗室外部的信号处理电路发出火灾信号。显然，遮光暗室外部的信号处理电路采用的结构和数据处理方式不同，可构成不同类型的火灾探测器，如阈值报警开关量火灾探测器、类比判断模拟量火灾探测器及参数运算智能化火灾探测器。

散射光式光电感烟探测方式通常只适用于点型探测器结构。其遮光暗室中发光元件与受光元件的夹角在 90°～135°，其夹角越大，灵敏度越高。不难看出，散射光式光电感烟探测原理实质上是借助一套光学系统作为传感器，将火灾产生的烟雾对光的传播特性的影响，用电的形式表示出来并加以利用。因为光学器件特别是发光元件的寿命有限，所以，在电—光转换环节较多采用交流供电方案，利用振荡电路使发光元件产生间歇式脉冲光，并且发光元件和受光元件多采用红外发光元件——砷化镓二极管（发光峰值波长为 0.94μm）与硅光敏二极管配对。通常散射光式感烟火灾探测器中光源的发光波长约为 0.9μm，发光间歇时间为 3～5s，光脉冲宽度为 10μs～10ms，对燃烧产物中颗粒粒径为 0.9～10μm 的烟雾粒子能够灵敏探测，而对于 0.01～0.9μm 的烟雾粒子浓度变化无灵敏反映。

（3）典型的散射光式光电感烟火灾探测器。国内外消防电子产品专业生产厂家所采用的典型散射光式感烟火灾探测器电路原理如图 11-16 所示。一般这种火灾探测器的供电要求为 DC 15～30V，监测时静态电流为 50VA 左右，报警时电流范围是 30～100mA；在烟雾检测用遮光暗室中采用红外发光元件和防虫罩，每隔 3.5s 触发出波长约 0.9μm、脉冲宽度约 70μs 的红外光，发光元件同受光元件的夹角约为 135°；火灾探测器具有三级灵敏度级别，烟气流动速度在 0.2～0.4m/s 时的感烟响应时间不超过 30s；设有延时与非延时两种工作方式，可在烟浓度满足设定阈值时，在规定的感烟响应时间内敏感烟雾大小，并立即启动或经过一段延时判断后启动火灾探测器中开关电路输出火灾报警信号。

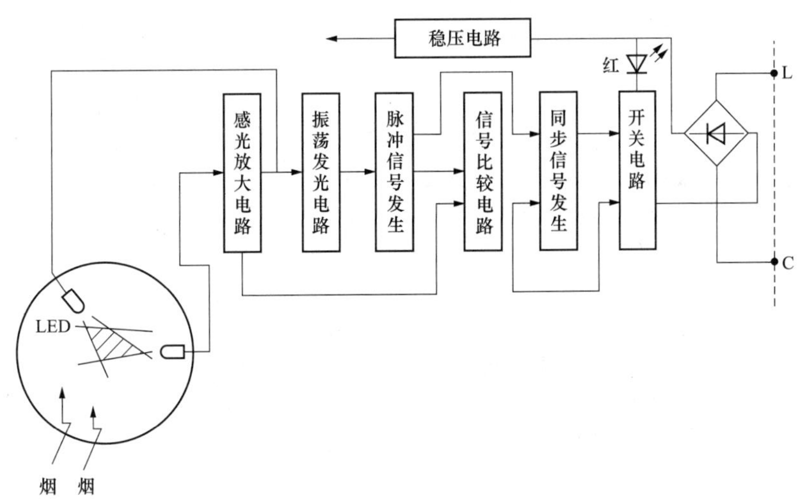

图 11-16　典型散射光式感烟火灾探测器电路原理

图 11-16 所示的典型散射光式感烟火灾探测器非延时工作过程为无烟雾进入遮光暗室时，受光元件没有接受红外光，只有很低的硅光敏二极管暗电流；当有烟雾进入遮光暗室时，烟雾颗粒对发光元件发出的红外光产生散射作用，使受光元件产生与烟雾粒子浓度大小成正比的光电流输出。光电流经过放大和信号比较（如阈值比较）后，若连续在 2 个光脉冲周期都高于设定值，则产生报警输出。这种火灾探测器的延时工作过程和非延时工作过程的区别仅在于同步比较电路中比较次数的设置。延时工作是采用多脉冲连续同步比较方式，同步比较次数可在 3～17 次设置，可实现 10～60s 延时。显然，延时工作方式有利于提高火灾探测及报警的可靠性。当同步比较次数设在 6 次时，烟浓度如果达到设定阈值（由火灾探测器的灵敏度级别确定），延时工作方式的火灾探测器将会在 30s 内感知烟浓度变化，并通过时钟与信号脉冲连续 6 次同步比较（延时约 20s），当信号脉冲一直存在且高于设定阈值时产生输出信号确认火灾，否则确认为假火灾。整个火灾探测及判断报警过程约为 50s，如图 11-17所示。

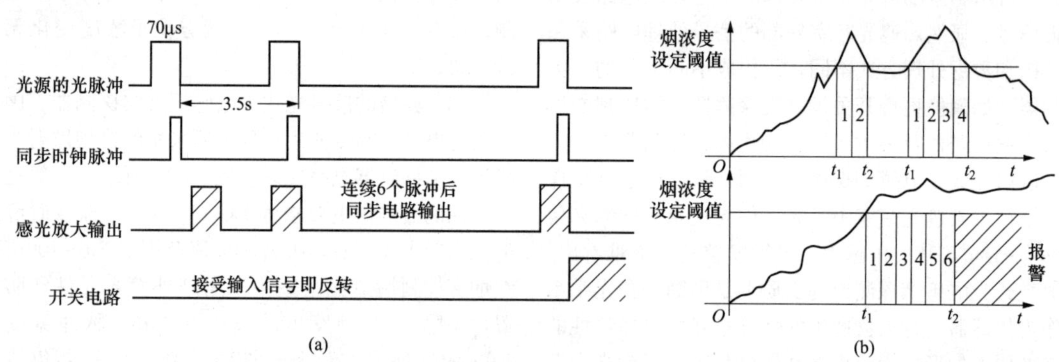

图 11-17　典型光电感烟火灾探测器延时工作方式

(a) 同步脉冲比较；(b) 同步过程示意

必须指出，图 11-16 所示典型散射光式感烟火灾探测器在结构上采用阈值比较电路与开关电路，构成开关量光电感烟火灾探测器。按散射光式光电感烟火灾探测原理，采用不同的火灾信息数据处理方法和电路结构，可构成不同形式的开关量光电感烟火灾探测器及类比式模拟量和智能化光电感烟火灾探测器。例如，图 11-18 所示为具有两种灵敏度信号输出的阈值比较式光电感烟火灾探测器原理。其中，火灾探测器供电仍是 DC 15～30V，监测电流约是 70μA，报警电流小于 100mA，暗室光源是 0.92μm 波长、70μs 脉冲宽度、周期 3.5s 的连续脉冲光，发光元件和受光元件夹角为 135°，通过非延时双脉冲两次同步比较工作方式，具有二级和三级灵敏度的信号输出。这种火灾探测器的特点是在按二级灵敏度探测工作并实现阈值报警（红灯亮）的同时，启动火灾探测器内部的灵敏度转换电路，把灵敏度自动切换成三级，而后随烟浓度继续升高，按照三级灵敏度探测工作和阈值报警（绿灯亮）。显然，这种双信号输出式火灾探测器在二级灵敏度阈值报警后，要经过至少一个周期以上延时才会有三级灵敏度阈值报警输出。一般，这种火灾探测器的二级灵敏度阈值报警输出信号多用于火灾自动报警，而三级灵敏度阈值报警输出信号多用于火灾确认与启动联动控制装置。

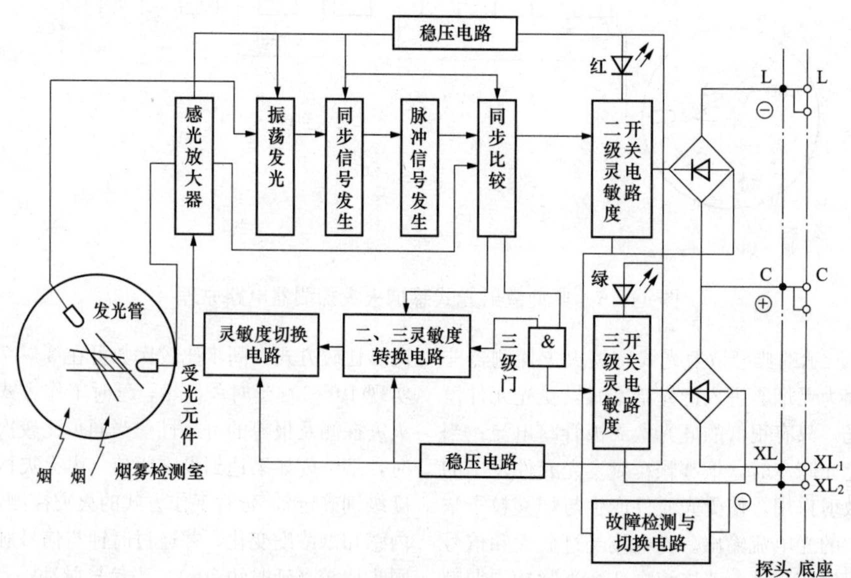

图 11-18　双信号输出式光电感烟火灾探测器原理

C—共用线；L—二级灵敏度信号线；XL—三级灵敏度信号线

典型热烟复合式火灾探测器原理如图 11-19 所示。其中，火灾探测器的感烟部分采用散射光式光电感烟原理和非延时双脉冲两次同步比较工作方式。火灾报警方式是二级灵敏度阈值报警，用于早期火灾探测；感温部分采用热敏电阻式定温火灾探测、设定在65℃动作且产生阈值报警，用于火灾报警后输出火灾确认信号，供建筑中消防喷淋系统及防火卷帘门等控制用。显然，这种火灾探测器可提供来自同一现场的两种必要的开关量信号（L-C 为烟信号输出，火灾报警用；XL-C 为热信号输出，供联动控制用），提高火灾探测器的工作可靠性与工程适应性。

比较图 11-17～图 11-19 可知，尽管阈值比较方式是目前火灾探测器中最普通的火灾信息处理方式，也是传统的（或经典的）火灾信息处理方式，但是只要采用不同的信号处理电路，同样可在阈值比较的基本方式下改善火灾探测器的性能，提高火灾探测器的工作可靠性与火灾判断准确性。所以，当前广泛使用的可寻址开关量火灾自动报警系统、响应阈值自动浮动式开关量火灾报警系统等都使用阈值比较方式判定火灾。此外，对于火灾现象采用光电感烟式火灾探测原理并合理配置信号处理方式和电路结构，同样可获得类比式模拟量光电感烟火灾探测器及分布智能式光电感烟火灾探测器。

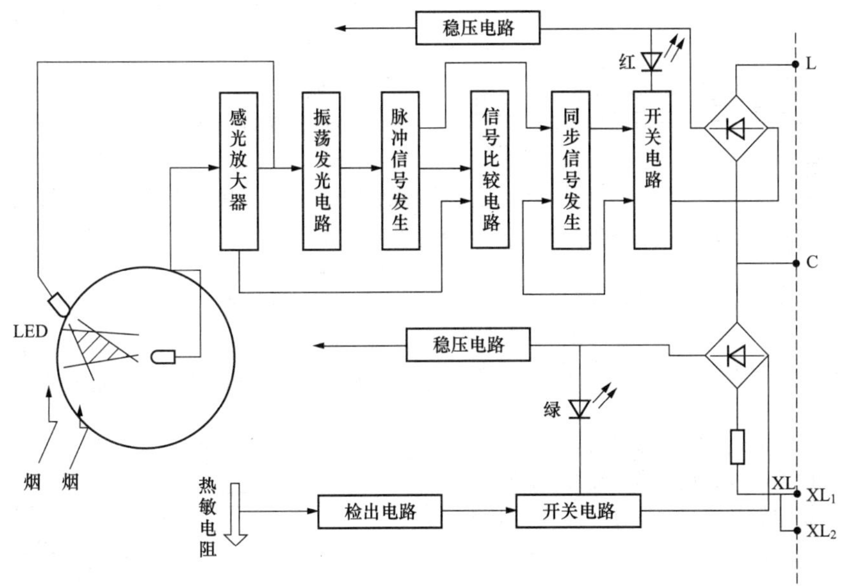

图 11-19　典型热烟复合式火灾探测器原理

（二）感温式火灾探测器

在火灾初起阶段，使用热敏元件来探测火灾的发生是一种有效的手段，尤其是那些经常存在大量粉尘、油雾及水蒸气的场所，无法使用感烟式火灾探测器，只有用感温式火灾探测器才比较合适。在某些重要的场所，为提高火灾监控系统的功能及可靠性或保证自动灭火系统动作的准确性，也要求同时使用感烟式与感温式火灾探测器。

感温式火灾探测器可根据其作用原理分为下列三大类。

1. 定温式火灾探测器

定温式火灾探测器是在规定时间内，火灾所引起的温度上升超过某个定值时启动报警的火灾探测器。它有点型与线型两种结构形式。其中，线型结构的温度敏感元件呈线状分布，所监视的区域是一条线带。当监测区域中某局部环境温度上升满足规定值时，可熔的绝缘物熔化使感温电缆中两导线短路，或者采用特殊的具有负温度系数的绝缘物质制成的可复用感温电缆产生明显的阻值变化，从而产生火灾报警信号。点型结构是通过双金属片、易熔金属、热电偶及热敏半导体电阻等元件，在规定的温度值产生火灾报警信号。目前，比较常用的定温式火灾探测器有双金属、易熔金属及热敏电阻几种形式。

（1）双金属型定温火灾探测器。如图 11-20 所示为一种双金属型定温火灾探测器的结构示意。它是在一个不锈钢的圆筒形外壳内固定两块磷铜合金片，磷铜片两端有绝缘套，而在中段部位装有一对金属触头，每个触头各由导线引出。因为不锈钢外壳的热膨胀系数大于磷铜片，所以在受热后磷铜片被拉伸而使两个触头靠拢；当满足预定温度时触点闭合，导线构成闭合回路，便能输出信号给报警装置报警。两块磷铜片的固定处有调整螺钉，可调整它们之间的距离，以改变动作值，通常可使探测器在标定的 40～250℃调整。但调整工作只能由制造厂家在专用设备上精密测试后加以标定，用户不得自行调整，而只能按照标定值选用。这种双金属型定温火灾探测器在环境温度恢复正常后（即火灾过后），其双金属片也复原，火灾探测器可长时间重复使用，因此它又称为可恢复型双金属定温火灾探测器。

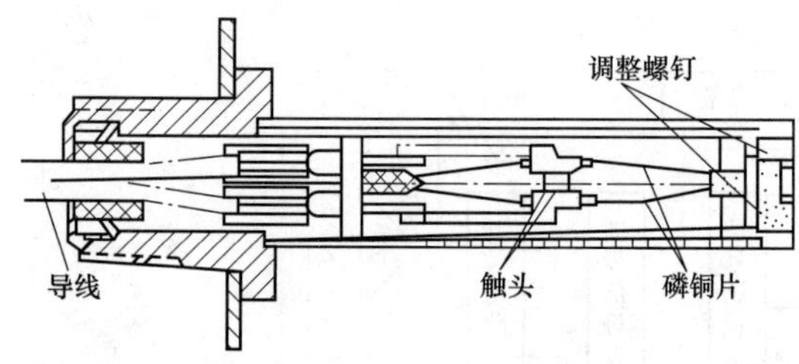

图 11-20　双金属型定温火灾探测器的结构示意（一）

另一种双金属型定温火灾探测器是由热膨胀系数不同的双金属片与固定触点组成，如图 11-21 所示。当环境温度升高时，双金属片由于热膨胀系数不同而向上弯曲，使触点闭合而产生（输出）电信号。双金属型定温火灾探测器既适用于一般场合，也适用于厨房及锅炉房等室内温度较高且经常有变化的场所。此外，这类双金属型定温火灾探测器在产品规格上还可做成防爆型（一般为圆筒型），特别适用于含有甲烷、一氧化碳、水煤气及汽油蒸气等易燃易爆场所。

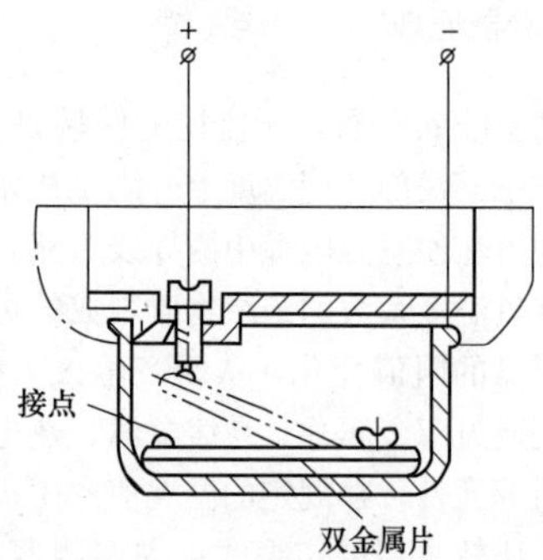

图 11-21　双金属型定温火灾探测器的结构示意（二）

在使用安装双金属型定温火灾探测器过程中，应当注意下列几点。

1）可采取天花板定点外露式安装方法。

2）安装防爆型双金属片定温火灾探测器时，引出线的连接应在防爆接线盒或分线盒内进行。

3）在使用和运输过程中，应避免火灾探测器外壳受机械损伤，以免影响标定的精确度。

4）在安装后，应采用模拟热源对每只火灾探测器进行现场测试。模拟热源可用电热吹风器、白炽灯泡或能升举的小型电炉。但在易燃、易爆场所进行上述测试时必须严格按防爆要求进行。

5）使用一段时期后，应对双金属型定温火灾探测器的标定温度进行抽查，发现已超过技术指标规定范围的，应修理或更换。

（2）易熔金属型定温火灾探测器。易熔金属型定温火灾探测器的原理是借助低熔点（易熔）金属在火灾初起环境温度升高且满足熔点温度时被熔化脱落，从而使机械结构部件动作（如弹簧弹出、顶杆顶起等），造成电触点接通或断开，发出电气信号。

JWD 型易熔金属定温火灾探测器结构示意如图 11-22 所示。在火灾探测器下端的吸热罩中间与特种螺钉间焊有一小块低熔点合金（熔点为 70～90℃）使顶杆和吸热罩相连接，离顶杆上端一定距离处有一弹性接触片及固定触点，平时它们并不相互接触。如遇火灾，当温度升至标定值时，低熔点合金熔化脱落，顶杆借助弹簧弹力弹起，使弹性接触片同固定触头相碰通电而发出报警信号。这种火灾探测器结构简单、牢固可靠，而且很少误动作。

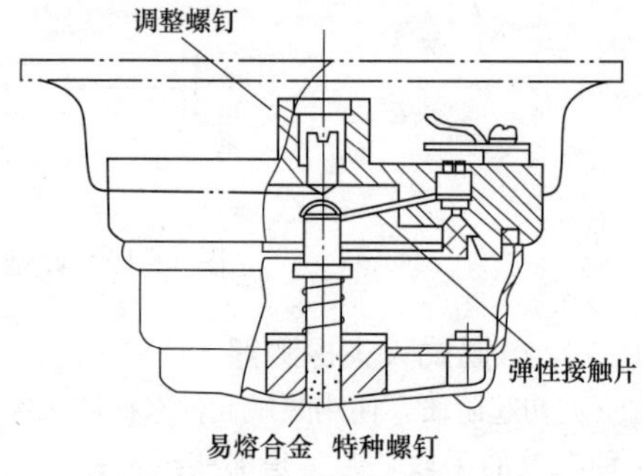

图 11-22　JWD 型易熔金属定温火灾探测器结构示意

易熔金属定温火灾探测器在适用范围和安装事项上与双金属型定温火灾探测器基本相同。但应当加以注意的是易熔金属定温火灾探测器一旦动作后，即不可复原再用，因此在安装时，不能在现场用模拟热源进行测试。另外，在安装之后每隔几年（一般为五年）应进行一次抽样测试，每次抽试数不应少于安装总数的 5%，并且最少应为 2 只。当抽样中出现一只失效，应再加倍抽试，如再有失效情况发生，则应全部拆除换新。

(3) 电子式定温火灾探测器。电子式定温火灾探测器是通过热敏电阻受到温度作用时，其自身在火灾探测器电路中起的特定作用，使火灾探测器实现定温报警功能的。热敏电阻定温火灾探测器的工作原理如图 11-23 所示。它采用一个 CIR 临界温度热敏电阻，当温度上升满足热敏电阻的临界值时，其阻值迅速从高阻态转向低阻态，把这种阻值的明显变化采集，并采用信号电路予以处理判断，可实现火灾报警。

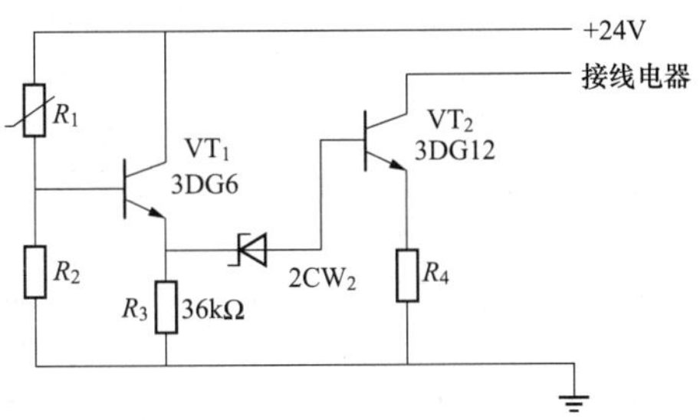

图11-23　热敏电阻定温火灾探测器工作原理

(4) 线型感温火灾探测器。线型感温火灾探测器通常采用定温式火灾探测原理，并制造成电缆状。它的热敏元件是沿着一条线连续分布的，只要在线段上任何一点的温度出现异常，就能够探测到并发出报警信号。常用的有热敏电缆型及同轴电缆型两种，可以复用式线型感温电线也有相应报道。

热敏电缆型定温火灾探测器的构造为在两根钢丝导线外面各罩上一层热敏绝缘材料后拧在一起，置于编织电缆的外皮内。热敏绝缘材料能在预定的温度下熔化，导致两条导线短路，使报警装置发出火灾报警信号。

同轴电缆型定温火灾探测器的构造为在金属丝编织的网状导体中放置一根导线，在内、外导体之间采用一种特殊绝缘物充填隔绝。这种绝缘物在常温下呈绝缘体特性，一旦遇热并达到预定温度则变成导体特性，于是导致内外导体之间的短路，使报警装置发出报警信号。

可复用电缆型定温火灾探测器的构造是采用四根导线两两短接构成两个相互比较的监测回路，四根导线的外层涂有特殊的具有负温度系数物质制成的绝缘体。在感温电缆所保护场所的温度发生变化时，两个监测回路的电阻值会发生明显的变化，满足预定的报警值时产生报警信号输出。这种感温电缆的特点为非破坏性报警，发出报警信号是在感温元件的常态下产生出来的，除非电缆工作现场温度过高，同时感温电缆暴露在高温下的时间过久（直接接触温度高于 250℃），否则它在报警过后仍能够恢复正常工作状态。

2. 差温式火灾探测器

差温式火灾探测器是在规定时间内，火灾造成的温度上升速率超过某个规定值时启动报警的火灾探测器。它也有线型与点型两种结构。线型结构差温式火灾探测器是根据广泛的热效应而动作的，主要的感温元件有按照面积大小蛇形连续布置的空气管、分布式连接的热电偶及分布式连接的热敏电阻等。点型结构差温式火灾探测器是依据局部的热效应而动作的，主要感温元件有空气膜盒及热敏半导体电阻元件等。消防工程中常用的差温式火灾探测器多是点型结构，差温元件多采用空气膜盒与热敏电阻。

膜盒型差温火灾探测器结构示意如图 11-24 所示。当火灾发生时，建筑物室内局部温度将以超过常温数倍的异常速率升高。膜盒型差温火灾探测器就是通过这种异常速率产生感应，并输出火灾报警信号。它的感热外罩与底座形成密闭的气室，只有一个很小的泄漏孔能同大气相通。当环境温度缓慢变化时，气室内外的空气可利用泄漏孔进行调节，使内外压力保持平衡。如遇火灾发生，环境温升速率很快，气室内空气由于急剧受热而膨胀来不及通过泄漏孔外逸，致使气室内空气压力增高，将波纹片鼓起同中心接线柱相碰，于是接通了电触点，便发出火灾报警信号。这种火灾探测器具有灵敏度高、可靠性好、不受气候变化影响的特点，所以应用十分广泛。

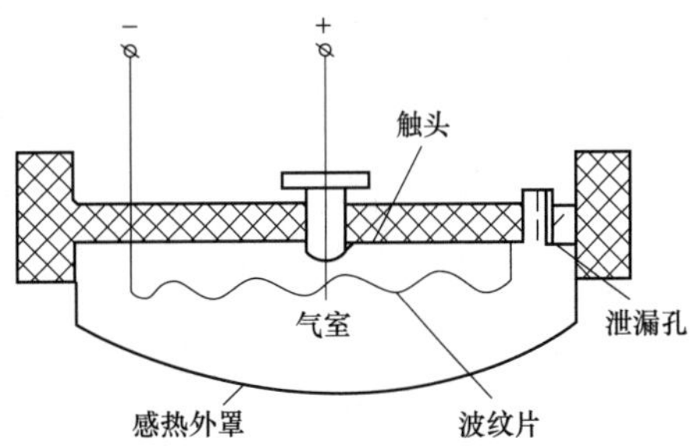

图 11-24　膜盒型差温火灾探测器结构示意

膜盒型差温火灾探测器属于机械式差温火灾探测器。关于电子式火灾探测器将会在下面的差定温组合式火灾探测器中介绍。

3. 差定温式火灾探测器

差定温式火灾探测器结合了定温式与差温式两种感温作用原理，并将两种火灾探测器结构组合在一起。在消防工程中，比较常见的火灾探测器就是差定温火灾探测器。若其中某一功能失效，则另一种功能仍然起作用。所以，大大提高了火灾监测的可靠性。差定温式火灾探测器通常多是膜盒式或热敏半导体电阻式等点型结构的组合式火灾探测器。差定温式火灾探测器按其工作原理，还可分为机械式和电子式两种。

（1）机械式差定温火灾探测器。机械式差定温火灾探测器结构示意如图 11-25 所示。它的差温探测部分基本与膜盒型差温火灾探测器相同；而定温探测部分则与易熔金属型火灾探测器相似。故其工作原理是弹簧片的一端用低熔点合金焊接在外罩内壁，当环境温度满足标定温度值时，低熔点合金熔化，弹簧片弹回，压迫固定在波纹片上的弹性触片（动触点），动触点动作将电源接通，发出电信号（火灾信号）。

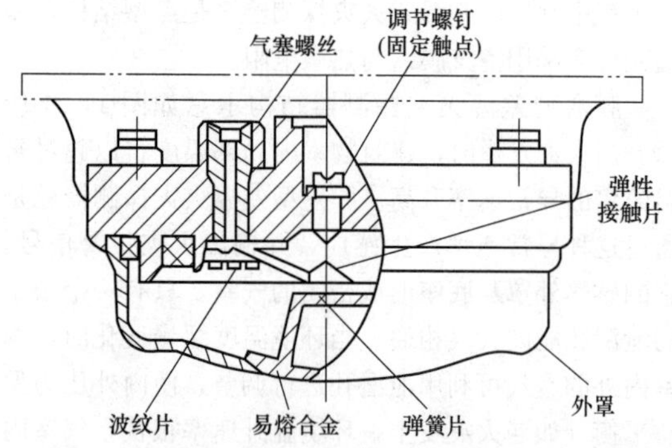

图 11-25　机械式差定温火灾探测器结构示意

图 11-25 所示机械式差定温火灾探测器的检查方法与易熔金属型定温火灾探测器检查方法相同。

（2）电子式差定温火灾探测器。电子式差定温火灾探测器在当前火灾监控系统中用得比较普遍。它的定温探测和差温探测两部分都是通过半导体电子电路来实现的。JW-DC 型电子式差定温火灾探测器电路原理如图 11-26 所示。它共采用三只热敏电阻 R_1、R_2 和 R_5，其特性均随着温度升高而阻值下降。其中差温探测部分的 R_1 与 R_2 阻值相同，特性相似，在探头中布置在不同的位置上：R_2 布置在铜外壳上，对外界温度变化比较敏感；R_1 布置在一个特制的金属罩内，对环境温度的变化不敏感。当环境温度缓慢变化时，R_1 与 R_2 的阻值相近，VT_1 维持在截止状态。当发生火灾时，温度急剧上升，R_2 因直接受热，阻值迅速下降；而 R_1 则反应较慢，阻值下降较小，从而造成 A 点电位降低；当电位降低至一定程度时，VT_1、VT_3 导通，向报警装置输出火警信号。

定温火灾探测器部分由 VT_2 与 R_5 组成。当温度升高至标定值时（如 70℃或 90℃），R_5 的阻值降低到动作值，使 VT_2 导通，随即 VT_3 也导通，并向报警装置发出火警信号。

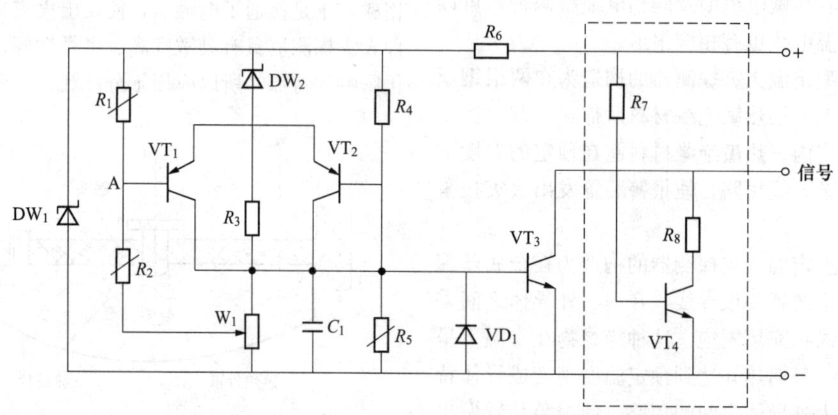

图 11-26　电子式差定温火灾探测器电路原理

图中虚线部分为火灾报警器到火灾探测器间断路自动监控环节。正常时 VT_4 处于导通状态，若火灾探测器三根引出线中任一根线断掉，VT_4 立即截止，向报警装置发出断路故障信号。这一监控环节只在报警装置的一个分路（也就是一个探测部位）上的最后一只（终端）火灾探测器上才设置，与之并联的其他火灾探测器上则均没有此监控环节，这也就是“终端型”火灾探测器与“非终端型”火灾探测器区别所在。

4. 感温式火灾探测器的主要性能指标

火灾探测器的性能指标是对其重要性能和其技术特征的一种表示，是工程技术人员在设计、安装、使用及维护火灾探测器时的主要参考依据。火灾探测器的性能指标，各国均有自己的提法及标准，不尽相同。近年来，国际消防组织提出了一个“国际标准草案”供各国参照执行，以期统一。依据我国现有状况，并参照“国际标准草案”，如下为对于感温火灾探测器主要性能指标及其标准规定。

(1) 灵敏度。灵敏度表示感温火灾探测器对标定的温度值（定温式火灾探测器）或对标定的温升速率（差温式火灾探测器）的敏感程度（敏感程度以动作时间值表示）。通常将感温火灾探测器的灵敏度标定为三个等级，即一级、二级、三级，并分别用绿色、黄色及红色三种色点标记表示。

(2) 标定值。标定值指的是规定感温火灾探测器动作的动作温度值（定温火灾探测器）或动作温升速率值（差温火灾探测器）。

对于定温火灾探测器，其标定动作温度值通常有60、65、70、75、80、90、100、110、120、130、140、150℃等，其误差均限定在±5%之内。

对于差温火灾探测器，标定动作温升速率值通常有：1、3、5、10、20、30℃/min等。

对于差定温火灾探测器，其中差温部分相同于差温火灾探测器标定动作值，定温部分基本与定温火灾探测器相同。而唯一不同之处是定温部分在温升速率小于1℃/min时，其标定动作温度值以上下限值给出，即

一级灵敏度：54℃＜标定动作温度值＜62℃；

二级灵敏度：54℃＜标定动作温度值＜70℃；

三级灵敏度：54℃＜标定动作温度值＜78℃。

(3) 动作时间。感温火灾探测器在某一设定的环境条件之下，对标定的温度（定温）或标定的温升速率（差温），由不动作到动作所需时间的上限值被定为动作时间值。显然，对于相同标定值而言，火灾探测器灵敏度越高，则动作时间值就越小。

表11-3给出了各级灵敏度的差温火灾探测器的动作时间值，其设定的环境条件为起始温度为25℃，风速为（0.8±0.1）m/s。表11-4则给出了各级灵敏度的定温火灾探测器动作时间值，其设定的环境条件为起始温度为25℃，垂直气流风速为1m/s，动作温度值是标定值的1.25倍。

表11-3　　各级灵敏度的差温火灾探测器的动作时间值

标定温升速度（℃/min）	动作时间下限		动作时间上限					
	各级灵敏度		一级灵敏度		二级灵敏度		三级灵敏度	
	min	s	min	s	min	s	min	s
1	29		37	20	45	40	54	0
3	7	13	12	40	15	40	18	40
5	4	9	7	44	9	40	11	36
10		30	4	2	5	10	6	18
20		22.5	2	11	2	55	3	37
30		15	1	34	1	8	2	42

表11-4　　各级灵敏度的定温火灾探测器动作时间值

灵敏度级别	动作时间下限（s）	动作时间上限（s）
一级	30	40
二级	90	110
三级	220	280

(4) 保护面积。火灾探测器的保护面积被定义成一只火灾探测器能够有效地探测到被监测区域中火灾信息的最大地面面积。应当指出，火灾探测器的保护面积同火灾探测器的安装位置、安装高度等多种因素有关。

(5) 工作电压及工作电流。国家标准规定火灾探测器的工作电压是DC 24V（±10%），其目的是为与国外消防器件、设备的工作电源DC 24V相统一。火灾探测器的最大报警工作电流通常不超过DC 100mA。

(6) 工作环境。火灾探测器是检测火灾信息的一次敏感元件，所以，使用环境状况对火灾探测器的灵敏度及准确性都有较明显的影响。工作环境指标一般都是从温度和湿度两方面提出限定范围值，一般火灾探测器的工作温度：－10～＋50℃（普通型）或－40～＋40℃（耐低温型）；环境湿度：不大于90%±3%（35℃时），或者不大于95%±3%（40℃时）。

（三）感光式火灾探测器

感光式火灾探测器主要指的是火焰光火灾探测器，目前广泛使用紫外式和红外式两种类型。

1. 紫外式感光火灾探测器

在有机化合物燃烧时，其氢氧根在氧化反应中

会辐射出强烈的波长为 250nm 的紫外光。紫外式感光火灾探测器就是通过火焰产生的强烈紫外辐射光来探测火灾的。

紫外式感光火灾探测器的敏感元件为紫外光敏管，如图 11-27 所示。它是在玻璃外壳内装置两根高纯度的钨或银丝制成的电极。当电极接收到紫外光辐射时立即发射出电子，并且在两极间的电场作用下被加速。由于管内充有一定量的氢气和氦气，因此，当这些被加速而具有较大动能的电子同气体分子碰撞时，将会使气体分子电离，电离后产生的正负离子又被加速，它们又会使更多的气体分子电离。于是在极短的时间内，导致“雪崩”式的放电过程，从而使紫外光敏管由截止状态变成导通状态，驱动电路发出报警信号。

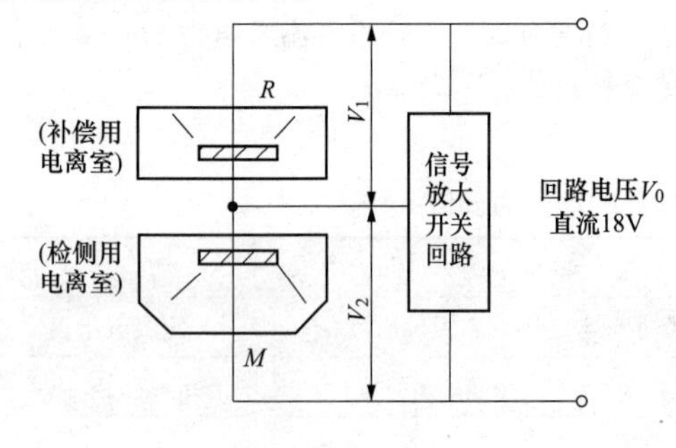

(a)

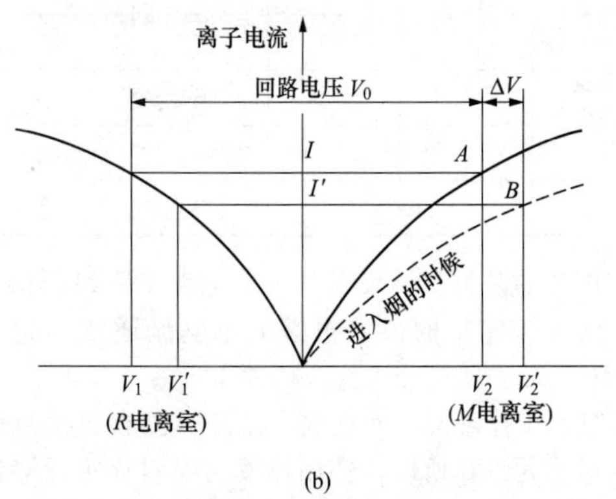

(b)

图 11-27 紫外光敏管结构示意

（a）紫外光敏管电路图；（b）紫外光敏管工作原理

一般紫外光敏管只对 190～290nm 的紫外光起感应。所以，它能有效地探测出火焰而又不受可见光和红外线辐射的影响。太阳光中虽然存在强烈的紫外光辐射，但是由于在透过大气层时，被大气中的臭氧层大量吸收，到达地面的紫外光能量很低。而其他的新型电光源，比如汞弧灯、卤钨灯等均辐射出丰富的紫外光，但是一般的玻璃能强烈吸收 200～300nm 的紫外光，所以紫外光敏管对有玻璃外壳的一般照明灯光是不敏感的。因此，采用紫外光敏管探测火灾有较高的可靠性。此外，紫外光敏管具有输出功率大、耐高温、寿命长及反应快速等特点，可在交直流电压下工作，所以已被广泛用于探测火灾引起的波长在 0.2～0.3μm 以下的紫外辐射和作为大型锅炉火焰状态的监视元件。它特别适用于火灾初期不产生烟雾的场所（如生产、储存酒精及石油等的场所），也适用于电力装置火灾监控和探测快速火焰及易爆的场所。

目前消防工程中所应用的紫外式感光火灾探测器均是由紫外光敏管与驱动电路组合而成的。依据紫外光敏管两端外施电压的特性，可分为直流供电式电路与交流供电式电路两种。

交流供电式电路原理如图 11-28 所示。电路的输出（报警）信号是继电器 JPX-13F 的动作接点信号，或是由 VT_2 的集电极输出的开关量（电位）信号。此电路的工作原理是紫外光敏管 ZK 经限流电阻 R_1、R_2，接到交流电源上。当没有火灾（火焰辐射）时，ZK 截止，无信号电流驱动后面电路，故由 VT1 与 VT2 组成的双稳态电路为正常状态，即 VT1 截止，VT2 导通，于是输出一个低电位信号，并且继电器呈吸合状态。当火灾（火焰）出现，ZK 受紫外光照射，产生“雪崩”现象，而呈导通状态，所以经二极管 VD1，给后面的双稳态电路一个正的触发脉冲信号，使双稳电路翻转，由原来 VT1 截止，VT2 导通状态翻转为 VT1 导通，VT2 截止，因此 VT2 输出一个高电位，且继电器由吸合变为释放状态，由此而向报警装置输出一个开关量报警信号。

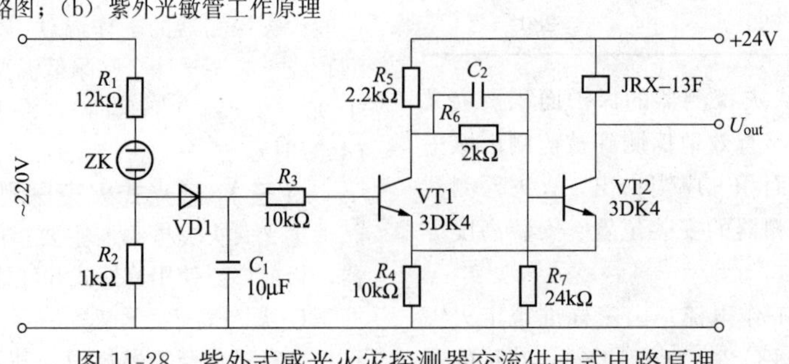

图 11-28 紫外式感光火灾探测器交流供电式电路原理

图 11-29 所示是一个直流供电式电路原理。加在紫外光敏管 ZK 两端的约为 300V 的直流电压，是由交流电压经二极管 VD1（2CP25）半波整流并通过电容 C_1 滤波后得到的。正常状态时（无火灾火焰信号），紫外光敏管 ZK 不导通，没有直流电流输出，晶闸管 3CT 也不导通，因此继电器 K 不动作。当出现火灾（火焰）时，ZK 发生“雪崩”而导通，直流电流经 ZK 向电容器 C_5 充电，A 点电压逐渐升高；当 A 点电压升高至双基极管 VT2 峰点电压时，VT 导通，为晶闸管 3CT 控制极输送一个正向脉冲而使其导通；晶闸管 3CT 一旦导通，其端电压降到 1V 左右，这个电压与 ZK 相并联且远远小于 ZK 的导通电压，ZK 立即恢复截止状态；但是此时 3CT 仍然导通，经 R_1、R_2 和 R_4 到 3CT 通路的电流仍存在，此电流在电阻 R_2 上产生的电压降使继电器 K 动作（吸合），发出接点报警信号。与此同时，R_4 上的电压降经 R_5 对 C_3 充电，造成另一只双基极二极管 VT1 导通，于是由 R_7、C_4 向晶闸管阳极电路送出一个断开信号（负脉冲），迫使 3CT 截止，继电器 K 失电而复原（释放）。

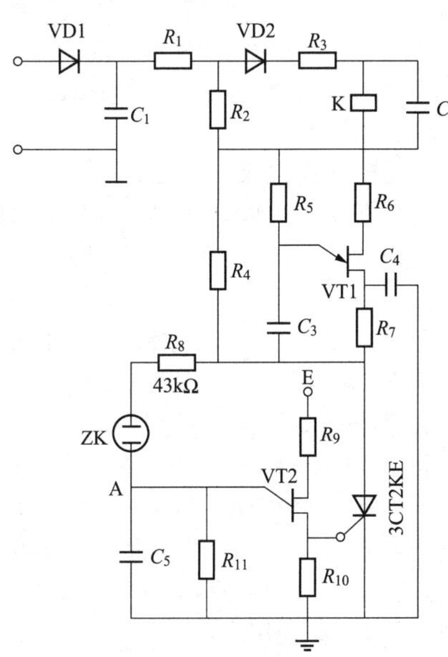

图 11-29 紫外式感光火灾探测器直流供电式电路原理

如果火灾火焰仍然存在，那么火灾探测器电路又重复以上动作，继电器 K 重复吸合断开。所以，直流供电电路的特点为紫外式光敏管 ZK 每导通一次，继电器动作一次后即自动复原。

紫外式感光火灾探测器在使用中应当注意下列事项。

（1）应避免阳光直接照射，以避免阳光中的微弱紫外光辐射造成误报警。

（2）不能在安装有紫外式感光火灾探测器的保护区域及其邻近区域内进行电焊操作；若必须进行电焊操作，则应采取相应措施，以避免误动作报警。

（3）在安装紫外式感光探测器的区域和其周围区域，不允许安装发射大量紫外线的碘钨灯等照明设备，以免造成误动作。

（4）在外界环境影响下，长期使用紫外光敏管可能会导致管子特性变化，形成自激现象，从而导致紫外式感光火灾探测器频繁误报警，这时需更换紫外光敏管。

（5）对紫外光敏管应经常清洁，定期维修，以保证透光性良好。

2. 红外式感光火灾探测器

红外式感光火灾探测器是利用红外光敏元件（硫化铅、硒化铅及硅光敏元件）的光电导或光伏效应来敏感地探测低温产生的红外辐射的，红外辐射光波波长通常大于 0.76μm。因为自然界中只要物体高于绝对零度都会产生红外辐射，所以，利用红外辐射探测火灾时，通常还要考虑物质燃烧时火焰的间歇性闪烁现象，以区别于背景红外辐射。物质燃烧时火焰的闪烁频率为 3～30Hz。

HWH-2 型红外式感光火灾探测器电路原理如图 11-30 所示。其工作原理是当出现火焰时，硫化铅红外光敏元件 R_y 将接收到的断续的红外光辐射能转换成电信号；此电信号经 VT1、VT2 及 VT3、VT4 组成两级放大电路，将信号送至后面三级阻容低通滤波器；该滤波器的作用是将白炽灯导致的 100Hz 干扰信号衰减约 60dB，而对火焰闪烁信号却衰减不多（约 10dB），于是有用信号通过后级放大器 VT5 放大后，送至由 VD1～VD4 组成的正反向限幅器，使任何有用信号均限幅在±1.2V；电容 C_{12} 与电容（$C_{13}+C_{14}$）组成电容分压电路，分压比是 1∶10，经过限幅器的信号幅度是 2.4V，分压后是 0.24V，可使任何瞬变干扰信号都不会导致后面的触发器导通。但当信号连续到达电容（$C_{13}+C_{14}$）时，将迅速充电达到 0.6V，足以使触发器导通，并通过驱动继电器 K 发出报警信号。

红外式感光火灾探测器在使用时应当注意下列事项。

（1）在安装红外式感光火灾探测器的探头时，应避开阳光的直射和反射，也应避开强烈灯光的照射，以防止由此造成的误报警。

（2）对探头光学部分应定期清洁，当红玻璃片有灰尘或水汽时，可用擦镜纸或绒布擦拭。

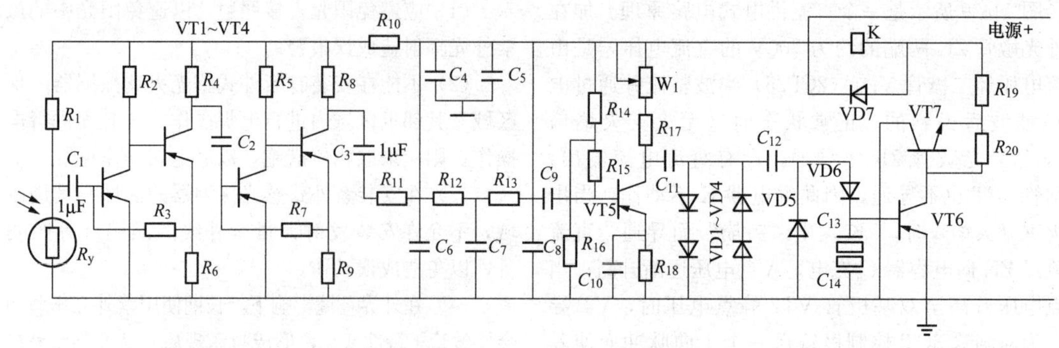

图 11-30　红外式感光火灾探测器电路原理

（3）红外式感光火灾探测器的报警灵敏度是经过电路中三极管 VT5 集电极回路上的 100kΩ 电位器 W_1来调节的，一般使电压放大级的放大倍数在 40～400 倍变化，可得到较为合适的灵敏度；灵敏度切不可调得太高，以免由于过于灵敏而出现误报警。

（四）可燃气体火灾探测器

可燃气体火灾探测器目前主要用于宾馆厨房或燃料气储备间、压气机站、汽车库、过滤车间、溶剂库、炼油厂及燃油电厂等存在可燃气体的场所。用于建筑火灾的烟气体的探测尚未普及，国外有应用报道，而国内也有相应的产品报道。

可燃气体的探测原理按照使用的气敏元件或传感器的不同分为热催化原理、热导原理、气敏原理及三端电化学原理四种。热催化原理指的是利用可燃气体在有足够氧气和一定高温条件下，发生在铂丝催化元件表面的无烟燃烧，放出热量并造成铂丝元件电阻的变化，从而达到可燃气体浓度探测的目的。热导原理是通过被测气体与纯净空气导热性的差异和在金属氧化物表面燃烧的特性，将被测气体浓度转换成热丝温度或电阻的变化，实现测定气体浓度的目的。气敏原理是利用灵敏度较高的气敏半导体元件吸附可燃气体后电阻变化的特性来达到测量与探测目的。三端电化学原理是借助恒电位电解法，在电解池内安置三个电极并施加一定的极化电压，以透气薄膜将电解池同外部隔开，被测气体透过此薄膜达到工作电极，发生氧化还原反应，从而使传感器产生和气体浓度成正比的输出电流，实现探测目的。

采用热催化原理与热导原理测量可燃气体时，不具有气体选择性，一般以体积百分浓度表示气体浓度。采用气敏原理与三端电化学原理测量可燃气体时，具有气体选择性，适用于气体成分检测和低浓度测量。

可燃气体火灾探测器通常只有点型结构形式，其传感器输出信号的处理方式多采用阈值比较方式。在实际应用中，通常多采用微功耗热催化元件实现可燃气体浓度检测，采用三端电化学元件实现可燃气体成分与有害气体成分检测。

可燃气体火灾探测器在使用过程中应当注意下列几点。

（1）安装位置应当根据待探测的可燃气体性质来确定，如果被探测气体（如天然气、煤气等）比空气轻，极易于飘浮上升，应将可燃气体火灾探测器安装在设备上方或天花板附近；如果被探测气体（如液化石油气等）比空气重，则应安装于距地面不超过 50cm 的低处。

（2）可燃气体火灾探测器处于长期通电工作状态，应每月检查一次。现场检查方法是用棉球蘸一点酒精靠近气敏元件，如给出报警（显示），则表明工作正常。

（3）催化元件对多种可燃气体几乎有相同的敏感性，因此，在有混合气体存在的场所，它不能作为分辨混合气体组分的敏感元件来使用。

（4）可燃气体敏感元件的理化特性研究表明，硫化物可使元件特性发生变化，且又不能恢复，出现所谓“中毒”现象。因此，可燃气体敏感元件需防“中毒”，并且避免直接油浸或油垢污染，也不能在有酸、碱腐蚀性气体中长期使用。

四、火灾探测器选用与布置

（一）火灾探测器种类的选择

火灾探测器种类的选择应根据探测区域内的环境条件、火灾特点、房间高度及安装场所的气流状况等，选用与其相适宜的火灾探测器或几种火灾探测器的组合。

（1）根据火灾特点、环境条件及安装场所选择火灾探测器。火灾受可燃物质的类别、可燃物质的分布、着火的性质、着火场所的条件、火灾荷载、新鲜空气的供给程度及环境温度等因素的影响，一般把火灾的发生与发展分为以下四个阶段。

1）前期。火灾尚未形成，只出现一定量的烟，基本尚未造成物质损失。

2）早期。火灾开始形成，烟量大增，温度上升，已开始出现火，导致较小的损失。

3）中期。火灾已经形成，温度很高，燃烧加速，导致了较大的物质损失。

4）晚期。火灾已经扩散。

依据以上对火灾特点的分析，对火灾探测器的选择方法如下。

感烟火灾探测器作为前期、早期报警是十分有效的，凡是要求火灾损失小的重要地点，对火灾初期有阴燃阶段，即产生大量的烟和小量的热，很少或没有火焰辐射的火灾，如棉、麻织物的阴燃等，都适于选用。不适于选用感烟火灾探测器的场所有正常情况下有烟的场所，常有粉尘及水蒸气等固体；液体微粒出现的场所，火灾发生迅速、生烟极少及爆炸性场合。

离子感烟同光电感烟火灾探测器的适用场合基本相同，但应注意它们各有不同的特点。离子感烟火灾探测器对人眼看不到的微小颗粒同样敏感，如人能嗅到的油漆味及烤焦味等都能引起火灾探测器动作，甚至一些分子量大的气体分子，也会使火灾探测器发生动作。在风速过大的场合（如风速大于 6m/s）将会造成火灾探测器不稳定，并且其敏感元件的寿命较光电感烟火灾探测器短。

对于有强烈的火焰辐射而仅有少量烟及热产生的火灾，如轻金属及它们的化合物的火灾，应选用感光火灾探测器。但是不宜在火焰出现前有浓烟扩散的场所和火灾探测器的镜头易被污染、遮挡及存在电焊、X射线等影响的场所中使用。

感温型火灾探测器在火灾形成早期（初期、中期）报警十分有效，其工作稳定，不受非火灾性烟雾汽尘等干扰。凡无法应用感烟火灾探测器、允许产生一定的物质损失、非爆炸性的场所均可采用感温型火灾探测器。它特别适用于常存在大量粉尘、烟雾、水蒸气的场所及相对湿度经常高于 95%的房间，但是不宜用于有可能产生阴燃的场所。

定温感温型火灾探测器允许温度有较大的变化，其工作较为稳定，但火灾造成的损失较大，在 0℃以下的场所不宜选用。差温感温型火灾探测器适用于火灾早期报警，火灾造成损失较小，但是如果火灾温度升高过慢则无反应而漏报。差定温感温型火灾探测器具有差温型的优点而又比差温型更可靠，因此最好选用差定温火灾探测器。

各种火灾探测器都可配合使用，比如感烟与感温火灾探测器的组合，宜用于大、中型计算机房、洁净厂房及防火卷帘设施的部位等。对于蔓延迅速、有大量的烟和热产生、有火焰辐射的火灾，如油品燃烧等，宜选用三种火灾探测器的组合。

总之，离子感烟火灾探测器具有稳定性好、误报率低、寿命长及结构紧凑等优点，因而得到广泛应用。其他类型的火灾探测器，只在某些特殊场合作为补充才用到。例如，在发电动机房、厨房、地下车库及具有气体自动灭火装置时，需要提高灭火报警可靠性而和感烟火灾探测器联合使用的地方才考虑用感温火灾探测器。

点型火灾探测器的适用场所见表 11-5。

表 11-5　点型火灾探测器的适用场所

序号	场所或情形	火灾探测器类型							说明
		感烟		感温			感光		
		离子	光电	定温	差温	差定温	红外	紫外	
1	饭店、宾馆、教学楼、办公楼的厅堂、卧室、办公室楼	○	○						厅堂、办公室、会议室、值班室、娱乐室、接待室等，灵敏度档次为中、低、可延时；卧室
2	电子计算机房、通信机房、通信机房、电影电视放映室等	○	○						这些场所灵敏度要高或高、中档次联合使用
3	楼梯、走道、电梯、机房等	○	○						灵敏度档次为高、中
4	书库、档案库	○	○						灵敏度档次为高

续表

序号	场所或情形	火灾探测器类型							说明
		感烟		感温			感光		
		离子	光电	定温	差温	差定温	红外	紫外	
5	有电器火灾危险	○	○						早期热解产物，气溶胶微粒小，可用离子型；气溶胶微粒大，可用光电塑
6	气流速度大于5m/s	×	○						
7	相对湿度经常高于95%以上	×				○			根据不同要求也可选用定温或差温型
8	有大量粉尘、水雾滞留	×	×	○	○	○			根据具体要求选用
9	有可能发生无烟火灾	×	×	○	○	○			
10	在正常情况下有烟和蒸汽滞留	×	×	○	○	○			
11	有可能产生蒸汽和油雾		×						
12	厨房、锅炉房、发电机房、茶炉房、烘干车间等			○		○			在正常高温环境下，感温火灾探测器的额定动作温度值可定得高些，或选用高温感温火灾探测器
13	吸烟室、小会议室等				○	○			若选用感烟火灾探测器则应选低灵敏档次
14	汽车库				○	○			
15	其他不宜安装感烟火灾探测器的厅堂和公共场所	×	×	○	○	○			
16	可能产生阴燃或如发生火灾不及早报警将造成重大损失的场所	○	○						
17	温度在0℃以下			×					
18	正常情况下，温度变化较大的场所	×							
19	可能产生腐蚀性气体	×							
20	产生醇类、醚类、酮类等有机物质		×						
21	可能产生黑烟		×						
22	存在高频电磁干扰		×						
23	银行、百货店、商场、仓库	○	○						
24	火灾时有强烈的火焰辐射						○	○	如含有易燃材料的房间、飞机库、油库、海上石油钻井和开采平台；炼油裂化厂

续表

序号	场所或情形	火灾探测器类型							说明
		感烟		感温			感光		
		离子	光电	定温	差温	差定温	红外	紫外	
25	需要对火焰做出快速反应						○	○	如镁和金属粉末的生产，大型仓库、码头
26	无阴燃阶段的火灾						○	○	
27	博物馆、美术馆、图书馆	○	○				○	○	
28	电站、变压器间、配电室	○	○				○	○	
29	可能发生无焰火灾						×	×	
30	在火焰出现前有浓烟扩散						×	×	
31	火灾探测器的镜头易被污染						×	×	
32	火灾探测器的“视线”易被遮挡						×	×	
33	火灾探测器易受阳光或其他光源直接或间接照射						×	×	
34	在正常情况下有明火作业及X射线、弧光等影响						×	×	
35	电缆隧道、电缆竖井、电缆夹层							○	发电厂、发电站、化工厂、钢铁厂
36	原料堆垛							○	纸浆厂、造纸厂、卷烟厂及工业易燃堆垛
37	仓库堆垛							○	粮食、棉花仓库及易燃仓库堆垛
38	配电装置、开关设备、变压器、电控中心						○		
39	地铁、名胜古迹、市政设施					○			
40	耐碱、防潮、耐低温等恶劣环境					○			
41	皮带运输机生产流水线和滑道的易燃部位					○			
42	控制室、计算机室的吊顶内、地板下及重要设施隐蔽处等					○			
43	其他环境恶劣不适合点型感烟火灾探测器安装的场所					○			

注 1.“○”表示适合的火灾探测器，应优先选用；“×”表示不适合的火灾探测器，不应选用；空白（无符号），表示需谨慎使用。
2. 在散发可燃气的场所宜选用可燃气体火灾探测器，实现早期报警。
3. 对可靠性要求高，需要有自动联动装置或安装自动灭火系统时，采用感烟、感温、火焰探测器（同类型或不同类型）的组合。这些场所通常都是很重要，且火灾危险性很大的。
4. 在实际使用时，如果在所列项目中找不到，可以参照类似场所，如果没有把握或难判定是否合适，最好做燃烧模拟试验最终确定。
5. 下列场所不设火灾探测器
（1）厕所、浴室等。
（2）不能有效探测火灾者。
（3）不便维修、使用（重点部位除外）的场所。

在实际工程中，危险性大又很重要的场所（即需设置自动灭火系统或联动装置的场所），均应采用感烟、感温装置与火焰探测器的组合。

线型火灾探测器的适用场所如下。

1）以下场所宜选用缆式线型定温火灾探测器。

a. 计算机室，控制室的吊顶内、地板下及重要设施隐蔽处等。

b. 开关设备、发电厂、变电站及配电装置等。

c. 电缆夹层、电缆竖井、电缆隧道等。

d. 各种皮带运输装置。

e. 其他环境恶劣不适合点型火灾探测器安装的危险场所。

2）以下场所宜选用空气管线型差温火灾探测器。

a. 不宜安装点型火灾探测器的夹层、吊顶。

b. 古建筑。

c. 公路隧道工程。

d. 可能产生油类火灾，并且环境恶劣的场所。

e. 大型室内停车场。

3）以下场所宜选用红外光束感烟火灾探测器。

a. 隧道工程。

b. 古建筑、文物保护的厅堂馆所等。

c. 档案馆、博物馆、飞机库及无遮挡大空间的库房等。

d. 发电厂、变电站等。

4）以下场所宜选用可燃气体火灾探测器。

a. 煤气表房、燃气站及大量存储液化石油气罐的场所。

b. 使用管道煤气或燃气的房屋。

c. 其他散发或积聚可燃气体与可燃液体蒸气的场所。

d. 有可能产生大量一氧化碳气体的场所，宜选用一氧化碳气体火灾探测器。

（2）根据房间高度选择火灾探测器。由于各种火灾探测器的特点各异，其适于的房间高度也不一致，为使选择的火灾探测器能更有效地达到保护的目的，表 11-6 列举了几种比较常用的火灾探测器对房间高度的要求，供学习及设计参考。

表 11-6　根据房间高度选择点型火灾探测器

房间高度 h（m）	点型感烟火灾探测器	点型感温火灾探测器			火焰探测器
		A1、A2	B	C、D、E、F、G	
$12<h\leqslant20$	不适合	不适合	不适合	不适合	适合
$8<h\leqslant12$	适合	不适合	不适合	不适合	适合
$6<h\leqslant8$	适合	适合	不适合	不适合	适合
$4<h\leqslant6$	适合	适合	适合	不适合	适合
$h\leqslant4$	适合	适合	适合	适合	适合

注　A1、A2、B、C、D、E、F、G 为点型感温火灾探测器的不同类别，其具体参数应符合规定。

如果高出顶棚的面积小于整个顶棚面积的 10%，只要这一顶棚部分的面积不超过 1 只火灾探测器的保护面积，则该较高的顶棚部分同整个顶棚面积一样看待；否则，比较高的顶棚部分应如同分隔开的房间处理。

在根据房间高度选用火灾探测器时，应注意这仅仅是按房间高度对火灾探测器选用的大致划分，具体选用时还需结合火灾的危险度和火灾探测器本身的灵敏度档次来进行；若判断不准时，需做模拟试验后确定。

（二）火灾探测器高度的确定

火灾探测器的安装高度 H_0 指的是火灾探测器安装位置（点）距该保护区域（层）地面的高度。火灾探测器的安装高度与火灾探测器的类型有一定的关系（见表 11-6）。如果安装面（房间顶面）不是水平的（即为斜面或曲面顶），则安装高度 H_0 取中值进行计算，如图 11-31 所示。

$$H_0=\frac{H+h}{2} \tag{11-1}$$

式中　H——安装面最高部位高度；

h——安装面最低部位高度。

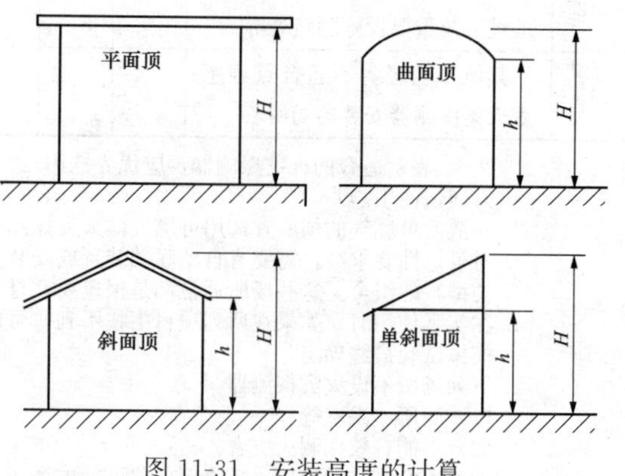

图 11-31　安装高度的计算

（三）火灾探测器数量的确定

在实际工程中，房间大小和探测区大小不一，房间高度、棚顶坡度也各异，那么怎样确定火灾探测器的数量呢？国家规范规定：探测区域内每个房间应至少设置一只火灾探测器。一个探测区域内所设置火灾探测器的数量应根据下式计算：

$$N \geqslant \frac{S}{K \cdot A} \qquad (11\text{-}2)$$

式中 N——一个探测区域内所设置的火灾探测器的数量，只，N 应取整数；

S——一个探测区域的地面面积，m^2；

K——安全修正系数；

A——火灾探测器的保护面积，m^2。

其中，A 指一只火灾探测器能有效探测的地面面积。

由于建筑物房间的地面通常为矩形，所以，所谓“有效”探测的地面面积实际上是指火灾探测器能探测到的矩形地面面积。火灾探测器的保护半径 R（m）指的是一只火灾探测器能有效探测的单向最大水平距离。

K 选取时依据设计者的实际经验，并考虑火灾可能对人身和财产的损失程度、火灾危险性的大小、疏散及扑救火灾的难易程度及对社会的影响大小等多种因素。

对于一个火灾探测器而言，其保护面积和保护半径的大小同火灾探测器的类型、探测区域的面积、房间高度及屋顶坡度都有一定的联系。表 11-7 以两种常用的火灾探测器反映了保护面积、保护半径同其他参量的相互关系。

表 11-7 感烟火灾探测器和 A1、A2、B 型感温火灾探测器的保护面积和保护半径

火灾探测器的种类	地面面积 S（m^2）	房间高度 h（m）	一只火灾探测器的保护面积 A 和保护半径 R					
			房顶坡度 θ					
			$\theta \leqslant 15°$		$15° < \theta \leqslant 30°$		$\theta > 30°$	
			A（m^2）	R（m）	A（m^2）	R（m）	A（m^2）	R（m）
感烟火灾探测器	$S \leqslant 80$	$h \leqslant 12$	80	6.7	80	7.2	80	8.0
	$S > 80$	$6 < h \leqslant 12$	80	6.7	100	8.0	120	9.9
		$h \leqslant 6$	60	5.8	80	7.2	100	9.0
感温火灾探测器	$S \leqslant 30$	$h \leqslant 8$	30	4.4	30	4.9	30	5.5
	$S > 30$	$h \leqslant 8$	20	3.6	30	4.9	40	6.3

另外，要确定火灾探测器的数量还要考虑通风换气对感烟火灾探测器保护面积的影响，在通风换气房间，烟的自然蔓延方式受到破坏。换气越频，燃烧产物（烟气体）的浓度越低，部分烟被空气带走，造成火灾探测器接受的烟减少，或者说火灾探测器感烟灵敏度相对降低。常用的补偿方法有两种：一是压缩每只火灾探测器的保护面积；二是增大火灾探测器的灵敏度，但是要注意防误报。

（四）火灾探测器的布置

火灾探测器布置及安装是否合理，直接影响其保护效果。一般火灾探测器应安装在屋内吊顶棚表面或顶棚内部（没有吊顶棚的场合，安装于室内顶棚表面上）。考虑到维护管理的方便，其安装面的高度不宜大于 20m。

在布置火灾探测器时，首先要考虑如何确定安装间距，同时考虑梁的影响及特殊场合火灾探测器的安装要求。

1. 火灾探测器安装间距的确定

（1）相关规范。

1）火灾探测器周围 0.5m 之内，不应有遮挡物。

2）火灾探测器至墙（梁边）的水平距离，不应小于 0.5m，如图 11-32 所示。

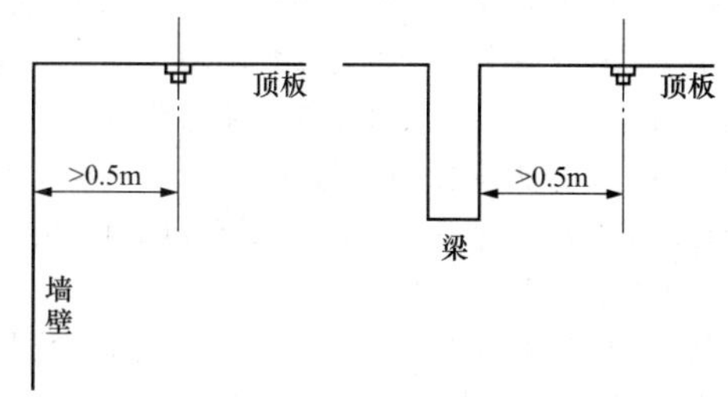

图11-32 火灾探测器在顶棚上安装时与墙或梁的距离

（2）火灾探测器的安装间距。火灾探测器在房间中布置时，若是多只火灾探测器，则两只火灾探测器的水平距离及垂直距离叫作安装间距，分别用 a 和 b 表示。

安装间距 a、b 的确定方法如下。

1）计算法：根据从表 11-7 中查得保护面积 A 和保护半径 R，计算 D 值（$D=2R$）；依据所算 D 值的大小和对应的保护面积 A 在图 11-33 曲线中的粗实线上（即由 D 值所包围部分）取一点，此点所对应的数就是安装间距 a、b 值。注意实际布置距离应不大于查得的 a、b 值。具体布置之后，应检验火灾探测器到最远点的水平距离是否超过了火灾探测器的保护半径，如超过则应重新布置或增加火灾探测器的数量。

图 11-33 曲线中的安装间距是通过二维坐标的极限曲线的形式给出的。也就是给出感温火灾探测器的三种保护面积（20、30m² 和 40m²）及其五种保护半径（3.6、4.4、4.9、5.5m 及 6.3m）所适宜的安装间距的极限曲线 $D_1 \sim D_5$；给出感烟火灾探测器的四种保护面积（60、80、100m² 及 120m²）及其六种保护半径（5.8、6.7、7.2、8.0、9.0m 及 9.9m）所适宜的安装间距的极限曲线 $D_6 \sim D_{11}$（含 D_9）。

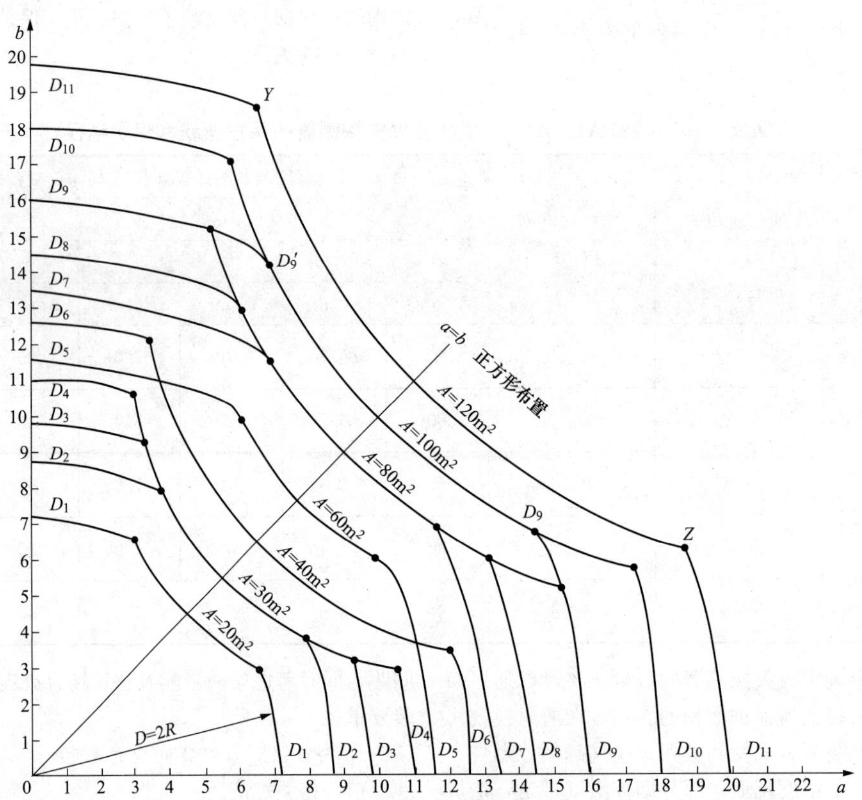

图 11-33　火灾探测器安装间距的极限曲线

由图 11-34 可看出，安装间距 a、b 的实际意义。以图中 1 号火灾探测器为例，安装间距是指 1 号火灾探测器与 2、3、4 号和 5 号相邻火灾探测器之间的距离，而不是 1 号火灾探测器与 6、7、8、9 号火灾探测器之间的距离。显然，只有当探测区域内火灾探测器按正方形布置时，才有 $a=b$。

从图 11-34 还可看出，火灾探测器保护面积 A、保护半径 R 与安装间距 a、b 具有以下近似关系：

$$R \geqslant \sqrt{\left(\frac{a}{2}\right)^2 + \left(\frac{b}{2}\right)^2} \tag{11-3}$$

$$A \geqslant a \cdot b \tag{11-4}$$

$$D = 2R \tag{11-5}$$

2）经验法：由于对于一般点型火灾探测器的布置为均匀布置法，因此，可根据工程实际经验总结火灾探测器安装距离的计算方法。具体公式为

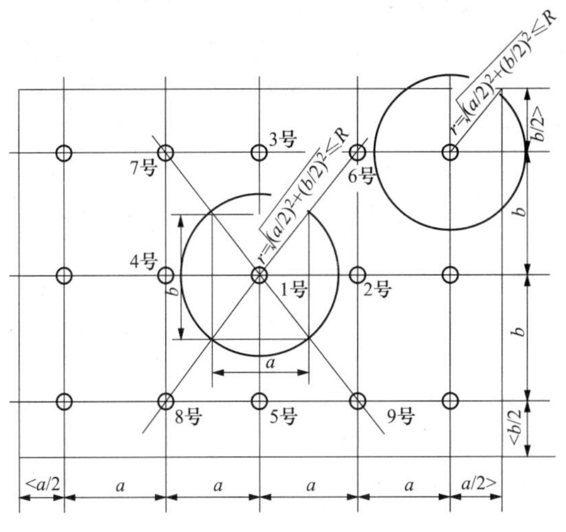

图 11-34　安装间距的说明图例

$$横向间距\ a=\frac{该房间（探测区域）的长度}{横向安装间距个数+1}=\frac{该房间的长度}{横向火灾探测器个数}$$

$$纵向间距\ b=\frac{该房间（探测区域）的宽度}{纵向安装间距个数+1}=\frac{该房间的宽度}{纵向火灾探测器个数}$$

由此可见，这种方法不需查表即可十分方便地求出 a、b 值，然后与前布置相同就可以了。

另外根据人们的实际工作经验，这里给出由保护面积与保护半径决定最佳安装间距的选择表（见表 11-8），供设计使用。

表 11-8　　由保护面积和保护半径决定最佳安装间距

火灾探测器种类	保护面积 A（m²）	保护半径 R 的极限值（m）	参照的极限曲线	最佳安装间距 a、b 及其保护半径 R 值（m）									
				$a_1\times b_1$	R_1	$a_2\times b_2$	R_2	$a_3\times b_3$	R_3	$a_4\times b_4$	R_4	$a_5\times b_5$	R_5
感温火灾探测器	30	3.6	D_1	4.5×4.5	3.2	5.0×4.0	3.2	5.5×3.6	3.3	6.0×3.3	3.4	6.5×3.1	3.6
	30	4.4	D_2	5.5×5.5	3.9	6.1×4.9	3.9	6.7×4.8	4.1	7.3×4.1	4.2	7.9×3.8	4.4
	30	4.9	D_3	5.5×5.5	3.9	6.5×4.6	4.0	7.4×4.1	4.2	8.4×3.6	4.6	9.2×3.2	4.9
	30	5.5	D_4	5.5×5.5	3.9	6.8×4.4	4.0	8.1×3.7	4.5	9.4×3.2	5.0	10.6×2.8	5.5
	40	6.3	D_6	6.5×6.5	4.6	8.0×5.0	4.7	9.4×4.3	5.2	10.9×3.7	5.8	12.2×3.3	6.3
感烟火灾探测器	60	5.8	D_5	7.7×7.7	5.4	8.3×7.2	5.5	8.8×6.8	5.6	9.4×6.4	5.7	9.9×6.1	5.8
	80	6.7	D_7	9.0×9.0	6.4	9.6×8.3	6.3	10.2×7.8	6.4	10.8×7.4	6.5	11.4×7.0	6.7
	80	7.2	D_8	9.0×9.0	6.4	10.0×8.0	6.4	11.0×7.3	6.6	12.0×6.7	6.9	13.0×6.1	7.2
	80	8.0	D_9	9.0×9.0	6.4	10.6×7.5	6.5	12.1×6.6	6.9	13.7×5.8	7.4	15.4×5.3	8.0
	100	8.0	D_9	10.0×10.0	7.1	11.1×9.0	7.1	12.2×8.2	7.3	13.3×7.5	7.6	14.4×6.9	8.0
	100	9.0	D_{10}	10.0×10.0	7.1	11.8×8.5	7.3	13.5×7.4	7.7	15.3×6.5	8.3	17.0×5.9	9.0
	120	9.9	D_{11}	11.0×11.0	7.8	13.0×9.2	8.0	14.9×8.1	8.5	16.9×7.1	9.2	18.7×6.4	9.9

【例 11-1】 某玩具装配车间，长 30m，宽 40m，高 7m，平顶，利用感烟火灾探测器保护，试问需多少火灾探测器？平面图上如何布置？

解：（1）确定感烟火灾探测器的保护面积 A 与保护半径 R。

由于保护区域面积 $S=30\times40=1200\text{m}^2$。

房间高度 $h=7\text{m}$，即 $6\text{m}<h\leqslant12\text{m}$。

顶棚坡度 $\theta=0°$，即 $\theta\leqslant150°$。

查表 11-7 可得，感烟探测器：

保护面积 $A=80\text{m}^2$；

保护半径 $R=6.7\text{m}$。

（2）计算所需探测器数 N。

根据建筑设计防火规范，该装配车间属非重点保护建筑，取 $K=1.0$。由式（11-2）有

$$N\geqslant\frac{S}{K\cdot A}=\frac{1200}{1.0\times80}=15(只)$$

（3）确定火灾探测器安装间距 a、b。

1）查极限曲线 D。由式（11-5），$D=2R=2\times6.7=13.4\text{m}$，$A=80\text{m}^2$。根据图 11-35 得极限曲线为 D_7。

2）确定 a，b。认定 $a=8\text{m}$，对应 D_7 查得 $b=10\text{m}$。

（4）平面图上按 a，b 值布置 15 只火灾探测器，如图 11-35 所示。

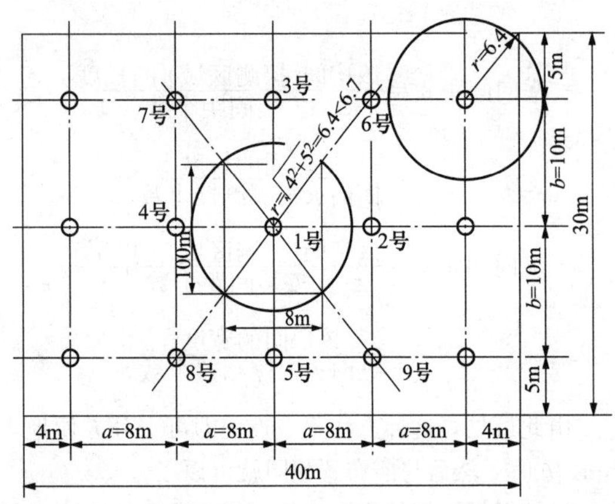

图 11-35　火灾探测器布置

(5) 校核。由式 (11-3) 算得

$$r=\sqrt{\left(\frac{a}{2}\right)^2+\left(\frac{b}{2}\right)^2}=\sqrt{\left(\frac{8}{2}\right)^2+\left(\frac{10}{2}\right)^2}=6.4(\mathrm{m})$$

即　6.7m $=R>r=$ 6.4m，符合保护半径 R 的要求。

综上所述，将火灾探测器平面布置的步骤归纳如下。

1）根据火灾探测器保护区域的地面面积 S、房间高度 h、屋顶坡度 θ 及选用的火灾探测器种类查表 11-7，得出使用该种火灾探测器的保护面积 A 和保护半径 R。然后按照式 (11-2) 计算所需设置的火灾探测器数量 N，计算结果取整数，所得 N 值为该保护区域所需设置的最小数量。其中式 (11-2) 的修正系数 K 值要按照建筑物的性质、有关规范来选取。

2）根据上述查得的保护面积 A 与保护半径 R 值，由图 11-33 查得对应的极限曲线 D 上选取安装间距 a、b，并且根据给定的平面图对火灾探测器进行布置。

3）对已绘出的火灾探测器布置平面图，校核火灾探测器到最远点水平距离 r 是否大于火灾探测器的保护半径 R，若超过则应重新选定安装间距 a、b，若仍然不能满足校核条件，则应增加火灾探测器的设置数量 N，并重新布置，直到满足 $R>r$ 为止。a、b 值差别不大的布置中，按照上述方法得出的结果，一般都能满足要求。a、b 值差别较大的布置中，通过会出现由式 (11-2) 算出的 N 值不能满足保护半径 R 的要求，需通过增大 N 值才能满足校核条件。

2. 梁对火灾探测器的影响

在顶棚有梁时，因为烟的蔓延受到梁的阻碍，火灾探测器的保护面积会受梁的影响。若梁间区域的面积比较小，梁对热气流（或烟气流）形成障碍，并吸收一部分热量，因而火灾探测器的保护面积必然下降。如图 11-36 及表 11-9 所示为梁对火灾探测器的影响。查表 11-9 可决定一只火灾探测器能够保护的梁间区域的个数，这样就减少了计算工作。根据图 11-36 的规定，房间高度在 5m 以下，感烟火灾探测器在梁高小于 200mm 时不必考虑梁的影响；房间高度在 5m 以上，梁高大于 200mm 时，火灾探测器的保护面积受房高的影响，可根据房间高度与梁高之间的线性关系考虑。

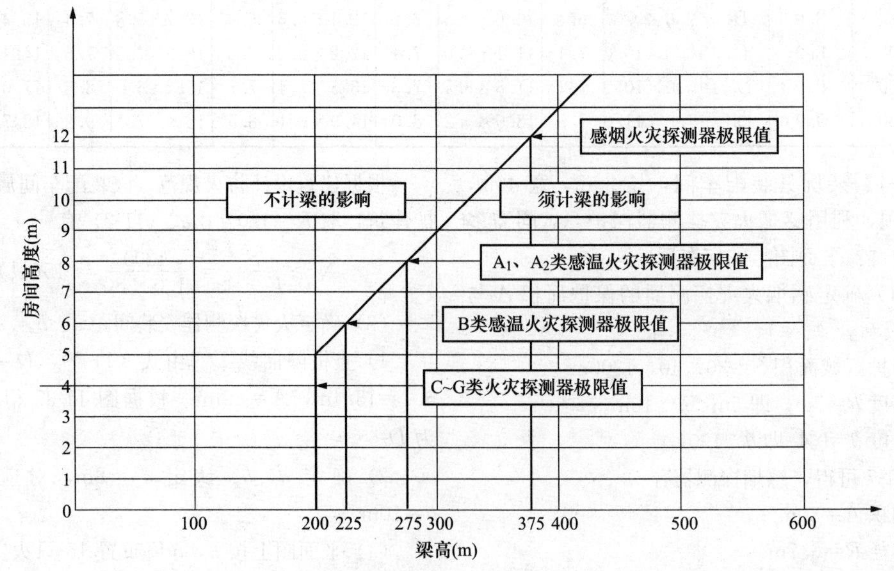

图 11-36　不同高度的房间梁对火灾探测器设置的影响

表 11-9　按梁间区域确定一只火灾探测器能够保护的梁间区域的个数

火灾探测器的保护面积 A（m²）		梁隔断的梁间区域面积 Q（m²）	一只火灾探测器保护的梁间区域的个数
感温火灾探测器	20	Q>12	1
		8<Q≤12	2
		6<Q≤8	3
		4<Q≤6	4
		Q≤4	5

由图 11-36 可查得，三级感温火灾探测器房间高度的极限值是 4m，梁高限度为 200mm；二级感温火灾探测器房间高度的极限值为 6m，梁高限度是 225mm；一级感温火灾探测器房间高度的极限值为 8m，梁高限度为 275mm；感烟火灾探测器房间高度的极限值是 12m，梁高限度为 375mm。在线性曲线的左边部分均不必考虑梁的影响。

可见当梁突出顶棚的高度在 200～600mm 时，应根据图 11-36 和表 11-9 确定梁的影响和一只火灾探测器能够保护的梁间区域的数目；当梁突出顶棚的高度大于 600mm 时，被梁阻断的部分需单独划为一个探测区域，也就是每个梁间区域应至少设置一只火灾探测器。

当被梁阻断的区域面积超过 1 只火灾探测器的保护面积时，则应把被阻断的区域视为一个探测区域，并应按规范的有关规定计算火灾探测器的设置数量。如图 11-37 所示为探测区域的划分。

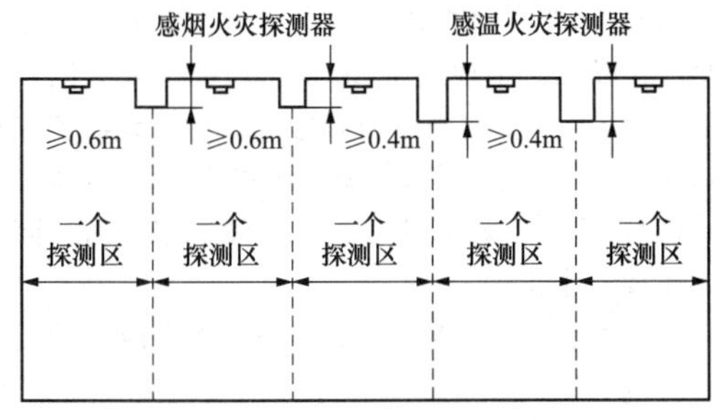

图 11-37　探测区域的划分

当梁间净距小于 1m 时，可视为平顶棚。

如果探测区域内有过梁，定温型感温火灾探测器安装在梁上时，其火灾探测器下端至安装面必须在 0.3m 以内；感烟型火灾探测器安装在梁上时，其火灾探测器下端至安装面必须在 0.6m 以内，如图 11-38 所示。

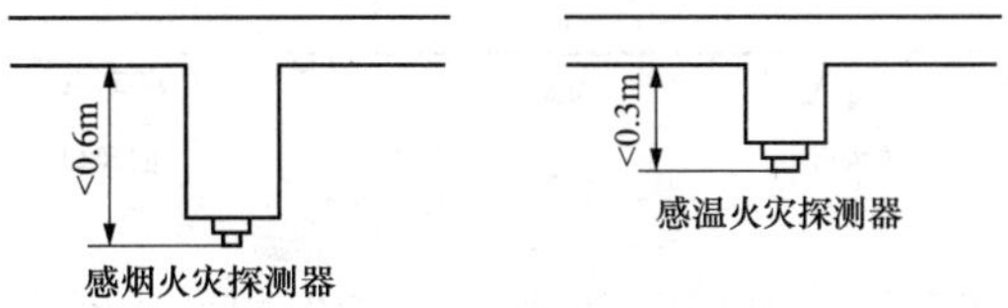

图 11-38　在梁下端安装时火灾探测器至顶棚的尺寸

3. 火灾探测器在一些特殊场合安装时的注意事项

（1）在宽度小于 3m 的内走道的顶棚设置火灾探测器时应居中布置。感温火灾探测器的安装间距不应大于 10m，感烟火灾探测器的安装间距不应大于 15m。火灾探测器到端墙的距离，不应大于火灾探测器安装间距的一半。建议在走道的交叉及会合区域上，必须安装 1 只火灾探测器，如图 11-39 所示。

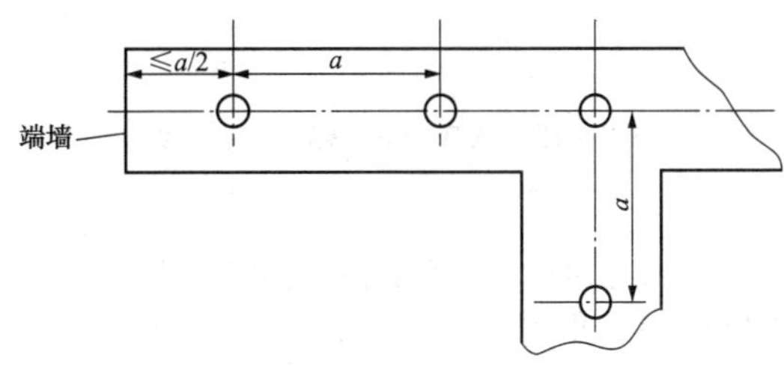

图 11-39　火灾探测器布置在内走道的顶棚上

（2）房间被书架、储藏架或设备等阻断分隔，当其顶部至顶棚或梁的距离小于房间净高的 5%时，则每个被隔开的部分应至少安装一只火灾探测器，如图 11-40 所示。

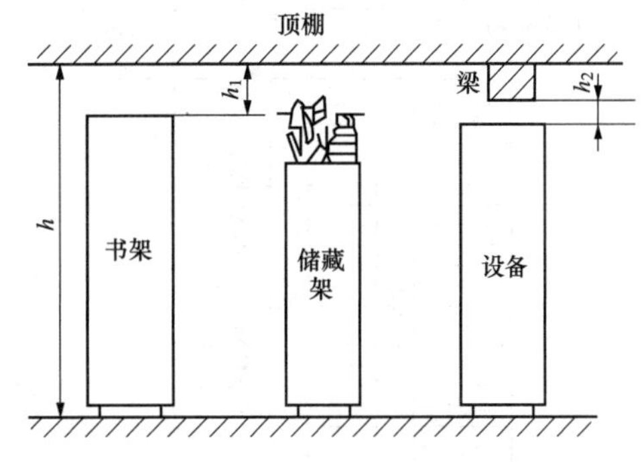

图 11-40　房间有书架、储藏架、设备等分隔时火灾探测器的设置

（3）在空调机房内，火灾探测器应安装于离送风口 1.5m 以上的地方，离多孔送风顶棚孔口的距离不应小于 0.5m，如图 11-41 所示。

（4）楼梯或斜坡道垂直距离每 15m（Ⅲ级灵敏度的火灾探测器为 10m）应至少安装一只火灾探测器。

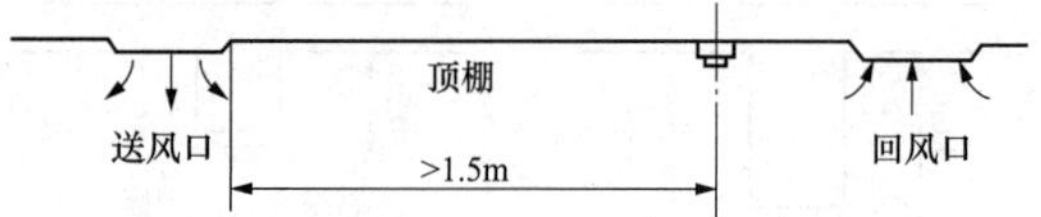

图 11-41 火灾探测器装于有空调机房间时的位置

（5）火灾探测器宜水平安装，如需倾斜安装时，倾斜角不应大于45°；当屋顶倾斜角大于45°时，应加木台或类似方法安装火灾探测器，如图 11-42 所示。

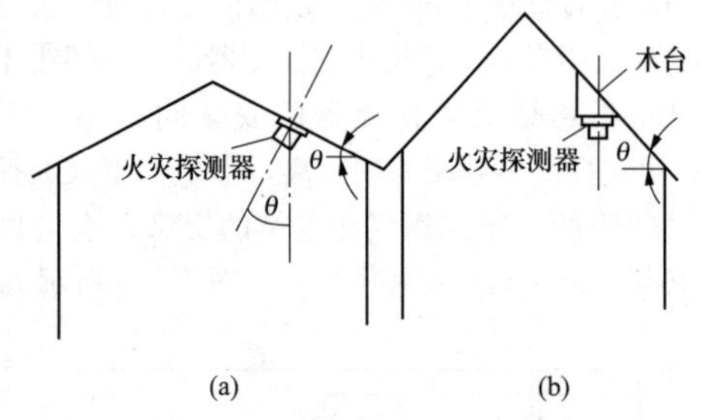

图 11-42 火灾探测器的安装角度

（a）不大于45°；（b）大于45°

（6）在电梯井、升降机井设置火灾探测器时，其安装位置宜在井道上方的机房顶棚上，如图 11-43 所示。这种设置既有利于井道中火灾的探测，又便于日常检验维修。由于在电梯井、升降机井的提升井绳索的井道盖上一般有一定的开口，烟会顺着井绳冲到机房内部，为尽早探测火灾，规定用感烟火灾探测器保护，并且在顶棚上安装。

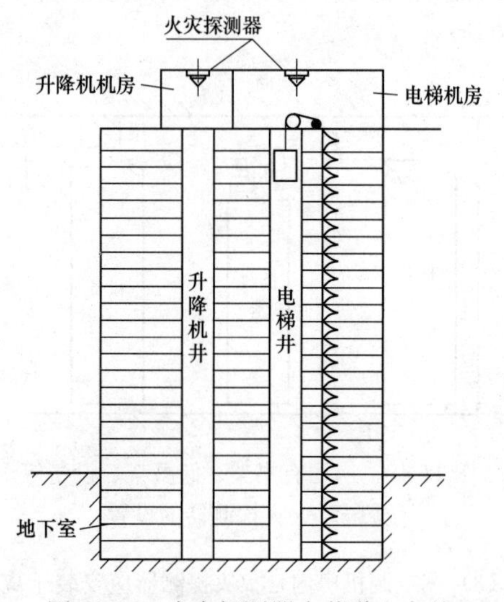

图 11-43 火灾探测器在井道上方的机房顶棚上的设置

（7）当房屋顶部有热屏障时，感烟火灾探测器下表面距顶棚距离应满足表 11-10 的规定。

表 11-10 点型感烟火灾探测器下表面至顶棚或屋顶的距离

火灾探测器的安装高度 h（m）	点型感烟火灾探测器下表面至顶棚或屋顶的距离 d（mm）					
	顶棚或屋顶坡度 θ					
	$\theta \leqslant 15°$		$15° < \theta \leqslant 30°$		$\theta > 30°$	
	最小	最大	最小	最大	最小	最大
$h \leqslant 6$	30	200	200	300	300	500
$6 < h \leqslant 6$	70	250	250	400	400	600
$6 < h \leqslant 10$	100	300	300	500	500	700
$10 < h \leqslant 12$	150	350	350	600	600	800

（8）顶棚较低（小于 2.2m）、面积比较小（不大于 10m²）的房间，安装感烟火灾探测器时，宜设置在入口附近。

（9）在楼梯间、走廊等处安装感烟火灾探测器时，宜安装于不直接受外部风吹入的位置处。安装光电感烟火灾探测器时，应避开日光或强光直射的位置。

（10）在浴室、厨房及开水房等房间连接的走廊安装火灾探测器时，应避开其入口边缘 1.5m。

（11）安装在顶棚上的火灾探测器边缘与以下设施边缘的水平间距：与电风扇不小于 1.5m；与自动喷水灭火喷头不小于 0.3m；与防火卷帘、防火门，通常在 1～2m 的适当位置；与多孔送风顶棚孔口不小于 0.5m；与照明灯具不小于 0.2m；与不突出的扬声器不小于 0.1m；与高温光源灯具（如碘钨灯及容量大于 100W 的白炽灯等）不小于 0.5m。

（12）对于煤气探测器，在墙上安装时，应距煤气灶 4m 以上，距地面 0.3m；在顶棚上安装时，应距煤气灶 8m 以上；当屋内有排气口时，允许装在排气口附近，但是应距煤气灶 8m 以上，当梁高大于 0.8m 时，应装在煤气灶一侧；在梁上安装时，同顶棚的距离应小于 0.3m。

（13）火灾探测器在厨房中的设置：饭店的厨房常有大的煮锅及油炸锅等，具有很大的火灾危险性，如果过热或遇到高的火灾荷载更易造成火灾。定温式火灾探测器适宜在厨房内使用，但是应预防煮锅喷出的一团团蒸汽，如在顶棚上使用隔板可避免热气流冲击火灾探测器，以减少或消除误报；而发生火灾时的热量足以克服隔板，使火灾探测器发生报警信号，如图 11-44 所示。

（14）火灾探测器在带有网格结构的吊装顶棚场所下的设置。在宾馆等较大的空间场所设有带网格或

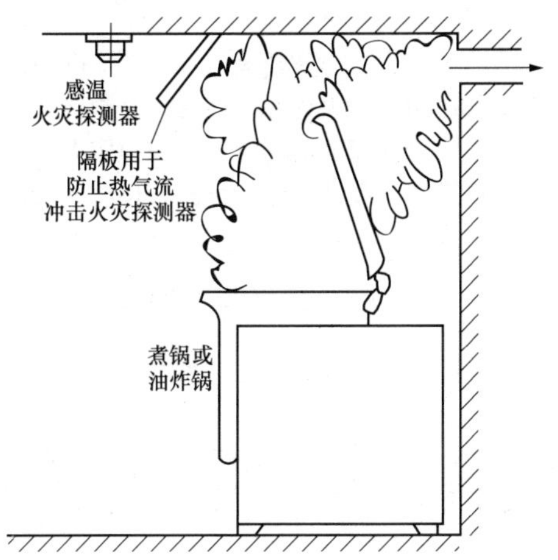

图 11-44　感温火灾探测器在厨房中的布置

格条结构的轻质吊装顶棚，起到装饰或屏蔽作用。这种吊装顶棚允许烟进入其内部，并影响烟的蔓延，在此情况下设置火灾探测器应谨慎处理。

1）如果至少有一半以上的网格面积是通风的，可将烟的进入看成是开放式的。如果烟可充分地进入顶棚内部，则只在吊装顶棚内部设感烟火灾探测器，火灾探测器的保护面积除考虑火灾危险性外，仍按照保护面和房间高度的关系考虑，如图 11-45 所示。

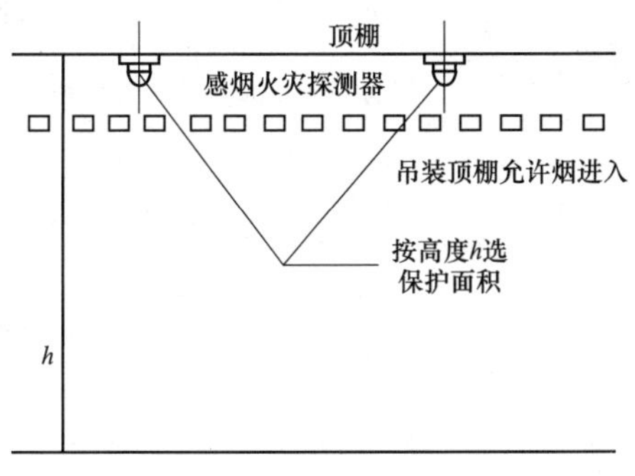

图 11-45　火灾探测器在吊装顶棚中的定位

2）若网格结构的吊装顶棚开孔面积相当小（一半以上顶棚面积被覆盖），则可看成是封闭式顶棚，在顶棚上方与下方空间须单独监视。特别是当阴燃火发生时，产生热量极少，不能提供充足的热气流推动烟的蔓延，烟达不到顶棚中的火灾探测器，此时可采取二级探测方式，如图 11-46 所示。在吊装顶棚下方，采用光电感烟火灾探测器，对阴燃火响应比较好；在吊装顶棚上方，采用离子感烟火灾探测器，对明火响应较好。每只火灾探测器的保护面积仍按照火灾危险度及地板和顶棚之间的距离确定。

（15）以下场所可不设置火灾探测器：厕所、浴

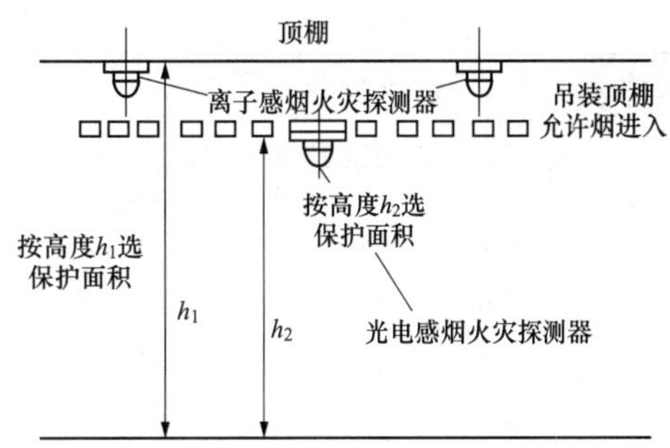

图 11-46　吊装顶棚探测阴燃火的改进方法

室及其类似场所；不能有效探测火灾的场所；不便维修、使用（重点部位除外）的场所。

关于线型红外光束感烟火灾探测器、热敏电缆线型火灾探测器及空气管线型差温火灾探测器的布置与上述不同，具体情况在安装中阐述。

（五）火灾探测器的接线形式

火灾探测器能够将烟雾、温度或火焰光等火灾信息由非电信号转换为电信号，并送给控制单元（或报警装置），所以，火灾探测器必不可少地要发生对外电气连接，它涉及火灾探测器的结构、线制等问题，也决定了火灾监控系统的接线形式。

1. 火灾探测器的外形结构

火灾探测器的外形结构随着制造厂家不同而略有差异，但总体形状大致相同。通常随使用场所不同，在安装方式上主要考虑露出型与埋入型两类。同时，为方便用户辨认火灾探测器是否动作，在外形结构上还可分为带（动作）确认灯型与不带确认灯型两种。如图 11-47 所示是各种火灾探测器的外形结构示意。

2. 火灾探测器的线制

火灾探测器的线制对火灾监控系统报警形式与特性有较大影响。线制就是火灾探测器的接线方式（出线方式）。火灾探测器的接线端子通常是 3～5 个，但是并非每个端子一定要有进出线相连接。在消防工程中，对于火灾探测器一般采用三种接线方式，即两线制、三线制及四线制，见表 11-11。

表 11-11　　火灾探测器的线制

线制	特　点
两线制	两线制通常由火灾探测器对外的信号线端和地线端组成。在实际使用中，两线制火灾探测器的 DC 24V 电源端、检查线端和信号线端合一，作为“信号线”形式输出，目前在火灾监控系统产品中应用广泛。两线制接法可完成火灾报警、断路检查及电源供电等功能，其优点为布线少、功能全、工程安装方便。所带来的缺点为使火灾报警装置电路更为复杂，不具备互换性

续表

线制	特　点
三线制	三线制在火灾监控系统中应用较为广泛。工程实际中常用的三线制出线方式是DC 24V+电源线、地线和信号线（检查线与信号线合一输出），或者DC 24V+电源线、检查线和信号线（地线与信号线合一输出）
四线制	四线制在火灾监控系统中应用较为普遍。四线制的通常出线形式是DC 24V+电源线、电源负极、信号线、检查线（一般是检入线）

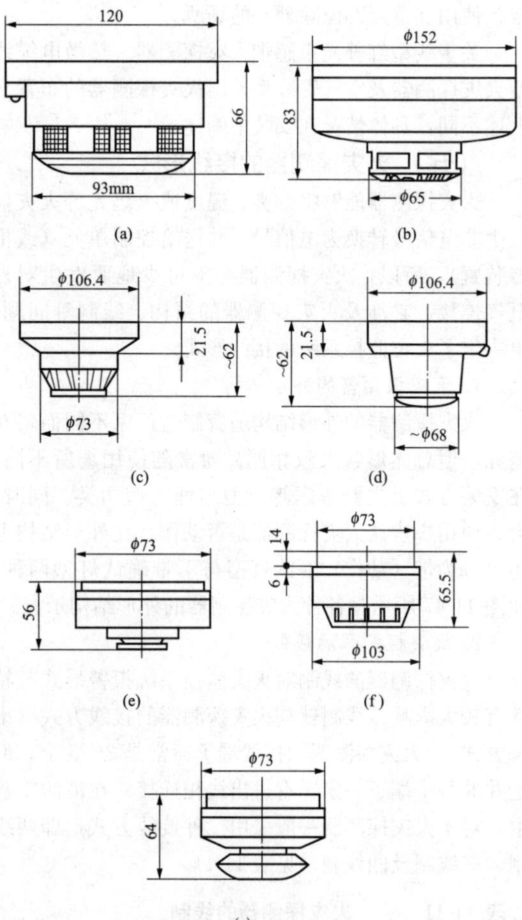

图 11-47　几种火灾探测器外形结构示意
(a) JTY-GD-2700/001光电感烟探测器；(b) H8050型定温探测器；(c) JTW-DZ-262/062定温探测器；(d) F732离子感烟探测器；(e) JTY-LZ-1101离子感烟探测器；(f) JTW-SD-130双金属片定温探测器；(g) JTW-MC-1302金属膜盒差温探测器

3. 火灾探测器的运用方式

在消防工程中，对保护区域内火灾信息的监测，有时是单独运用一个火灾探测器进行监测，有时是用两个或若干个火灾探测器同时监测。为使火灾监控系统的工作可靠性和联动有效性提高，目前多采用若干个火灾探测器同时监测的方式，见表 11-12。

表 11-12　火灾探测器的运用方式

运用方式	定义及优缺点
火灾探测器的单独运用形式	单独运用形式是指每个火灾探测器构成一个探测回路，即每个火灾探测器的信号线单独送入（输入）火灾报警装置（或控制器），而独立成为一个探测回路（也称探测支路）。 单独运用形式的最大优点是接线、布线简单，在传统的多线制系统中应用较多，形成火灾探测报区不报点，其监测的准确可靠性差一些，易于造成误报警和灭火控制系统的误动作
火灾探测器的并联运用形式	所谓并联运用形式是指若干个火灾探测器的信号线按一定关系并联在一起，然后以一个部位或区域的信号送入火灾报警装置（或控制器），即若干个火灾探测器连接起来后仅构成一个探测回路，并配合各个火灾探测器的地址编码实现保护区域内多个探测部位火灾信息的监测与传送。这里所谓“按一定关系并联”，大体可分为两种形式： (1) 若干个火灾探测器的信号线以某种逻辑关系组合，作为一个地址或部位的信号线送入火灾报警装置，如建筑中大面积房间的火灾探测。 (2) 若干个火灾探测器的信号线简单地直接并联在一起，然后送入火灾报警装置，如地址编码火灾探测器的应用。 火灾探测器并联运用的优点是克服了因火灾探测器自身质量（损坏等）造成的大面积空间不报警现象，从而提高了探测区域火灾信号的可靠性

应该强调说明，工程实际中火灾探测器采用什么样的线制及运用形式，应严格根据火灾监控系统的设计指标与所选用的火灾报警装置（或控制器）的要求而确定。

第三节　火灾报警系统附件的应用

一、手动报警按钮（也称手动报警开关）

（一）作用及构造原理

火灾自动报警系统应有自动与手动两种触发装置。各种类型的火灾探测器是自动触发装置，而手动火灾报警按钮为手动触发装置。它具有在应急情况下人工手动通报火警或确认火警的功能。

当人们发现火灾后，可利用装在走廊、楼梯口等处的手动报警开关进行人工报警。手动报警开关为装于金属盒内的按键，通常将金属盒嵌入墙内，外露红色边框的保护罩。人工确认火灾之后，敲破保护罩，将键按下，此时，一方面就地的报警设备（如火警讯响器及火警电铃）动作，另一方面手动信号还送到区域报警器，发出火灾警报。就像火灾探测器一样，手动报警开关也在系统中占有一个部位号。有的手动报警开关还具有动作指示及接受返回信号等功能。

手动报警按钮的紧急程度比火灾探测器报警紧急，通常不需要确认。因此手动按钮要求更可靠、更确切，处理火灾要求更快。

手动报警按钮宜与集中报警器连接，并且应单独占用一个部位号。由于集中控制器设在消防室内，能更快采取措施，因此当没有集中报警器时，它才接入区域报警器，但应占用一个部位号。

随着火灾自动报警系统的不断更新，手动报警按钮也在不断发展，不同厂家生产的不同型号的报警按钮各有特色，但是其主要作用基本是一致的。表 11-13 介绍几种手动报警按钮的构造及原理，以了解不同报警按钮的特征。

表 11-13　　几种手动报警按钮的构造及原理

型号	构造及原理
SHD-1 型手动报警按钮	SHD-1 型手动报警按钮由外壳、信号灯、小锤及较简单的按钮开关等构成，如图11-48所示。其内部的常开按钮在正常状态时被玻璃窗压合。 例如，在用于消火栓系统中时，当发生火灾时，人工用小锤击碎玻璃，常开按钮因不受压而复位，于是即有火灾信号至消防中心（集中报警器）或直接启动消火栓泵电动机进行灭火。由此可见，它的作用是当发生火情时，能向火灾报警器发送火灾信号，并由报警器反馈一个灯光信号至手动报警按钮，表示信号已送出
JQ-K/1644 地址编码手动报警开关	这种报警按钮属于编码型的，编码范围为 1～127，当出现火情时，手动破坏保护罩后，按下开关，火警讯号送到区域报警器（或进一步送到集中报警器），同时它的一组动合触点可接现场报警设备。当布线及内部电路损坏时，将自动发出故障报警信号
J-SAP-M-DBE1210 型编址手动报警按钮	（1）组成特点：该编址按钮设有电话通信插孔和地址拨码开关，报警操作可重复性使用。在紧急状态下，当人工确认火灾后，由手动操作方式向消防控制室报警，并且可通过话机手柄与消防控制室通话联系，适用于 DBE1000 系列总线制火灾报警控制系统。 （2）基本功能： 1）具有编址功能。安装时拨动拨码开关，设置编址按钮在系统中的地址编码，同火灾探测器一样直接与控制总线连接，不分极性。 2）按钮的防护罩采用可重复性使用结构，操作时不必敲碎防护罩，火警结束后人工将防护罩复位。 3）按下按钮上的保护罩，稍候片刻指示灯闪亮加强，表示控制器已收到报警信号。 4）具有电话通信功能，将话机手柄插头插入通信插孔内，可与消防控制室直接进行通话联系。 5）接线方法：总线采用双绞线，其接线端子如图 11-49 所示

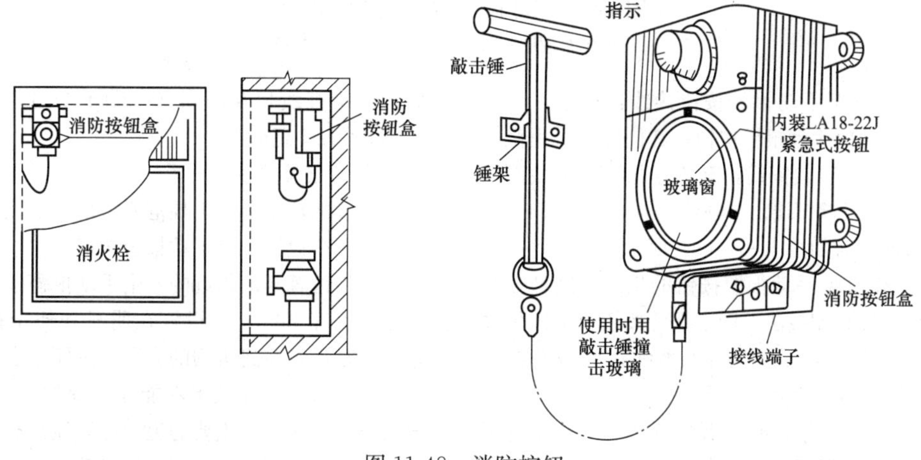

图 11-48　消防按钮

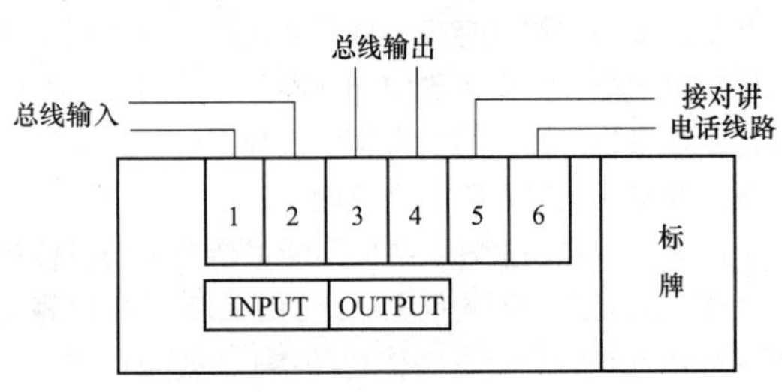

图 11-49　编址按钮接线端子

（二）手动报警按钮（开关）的接线与安装

1. 接线

对于不同的火灾自动报警系统，所选用的手动报警按钮也是不同的，其接线也因不同报警按钮而各异。现以三种手动报警按钮为例说明其布线方法。

（1）JQ-K/1644 型编码手动报警开关接线：手动报警开关可引出六条线，其中四条引线连到区域报警器引出的四条总线 P、S、T、G 上，另两条引线可连到现场设备上。其布线原理图、接线图及安装图如图 11-50 所示。

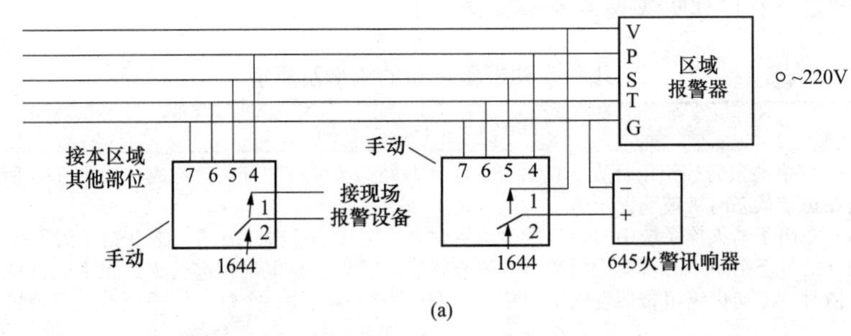

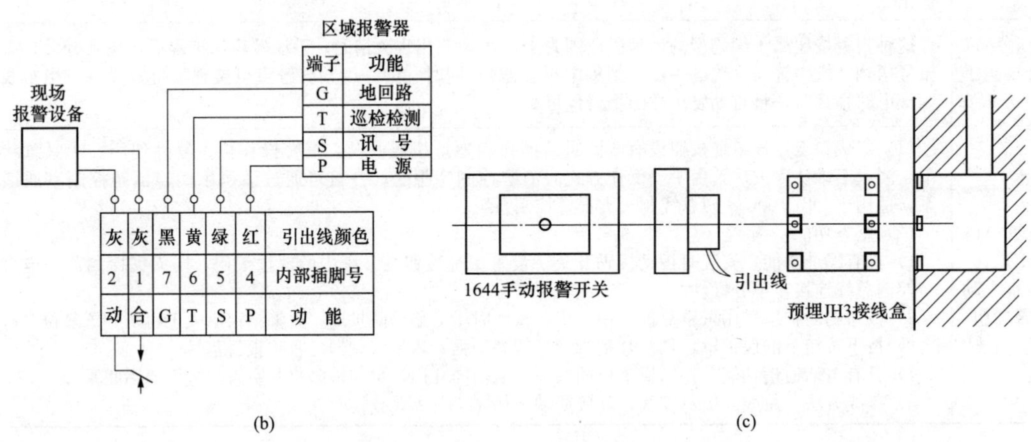

图 11-50　JQ-K/1644 手动报警开关

（a）布线原理图；（b）接线图；（c）安装图

（2）SA90D 型手动报警按钮接线：这是一个两线制带电话插孔的手动报警按钮，其信号线采用截面积大于 0.5mm² 多股软铜线，24V 电源线采用截面积大于 1.0mm² 多股软铜线。单独使用时如图 11-51（a）所示，并联使用时如图 11-51（b）所示。

（3）FJ-2712 型手动报警按钮的接线：这种报警按钮采用的是四线制接法，即由报警按钮引出四根线分别为 24V 电源、信号、检查及地线接到报警器上去。如图 11-52 所示为其电路图。

如火灾探测器并联时，需断开内部 51kΩ 电阻 R_3，端子 3～4 内部短接（终端盒不改装），然后将各并联盒的检查线相互串联（由端子 3 进，由端子 4 出），如图 11-53 所示。

2. 手动报警按钮的设置

由安装的数量上看，规范要求报警区域内每个防火分区应至少设置一只手动报警按钮。从一个防火分区内的任何位置至最邻近的一个手动报警按钮的步行距离不应大于 30m。应设置在明显和便于操作的部位，也就是设置在建筑物的大厅、过厅、主要公共活动场所出入口，餐厅及多功能厅等处的主要出入口，值班人员工作场所、主要通道门厅等经常有人通过的地方，安装于墙上距地（楼）面高度 1.5m 处明显和便于操作的部位。手动火灾报警按钮应在火灾报警控制器或消防控制室的控制盘上显示部位号，但是通过不同显示方式或不同的编码区段与其他触发装置信号区别开。

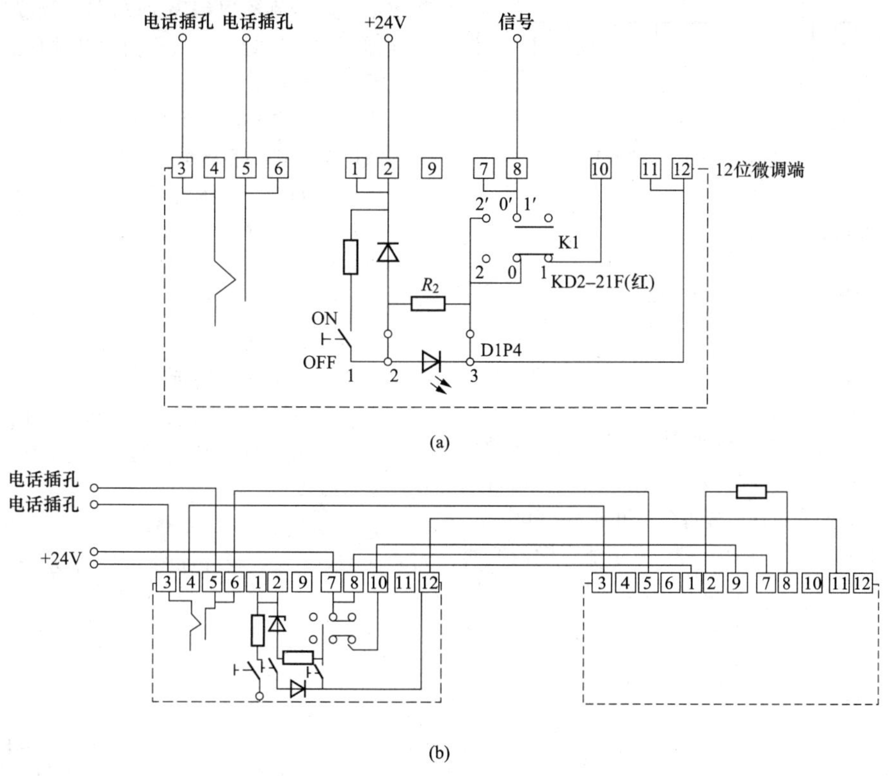

图 11-51 SA90D 手动按钮布线图

(a) 单独使用时布线示意（布线时去掉电话线两根）;

(b) 并联使用时布线示意（去掉电话线两根）

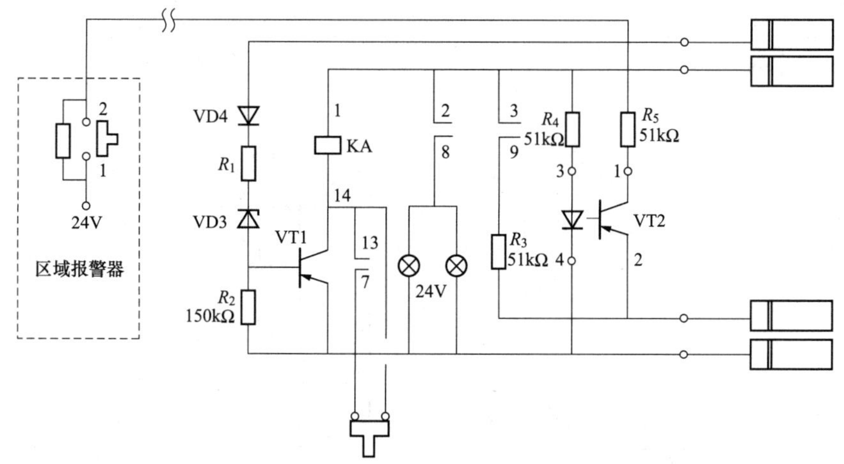

图 11-52 FJ-2712 手动火灾报警按钮电路图

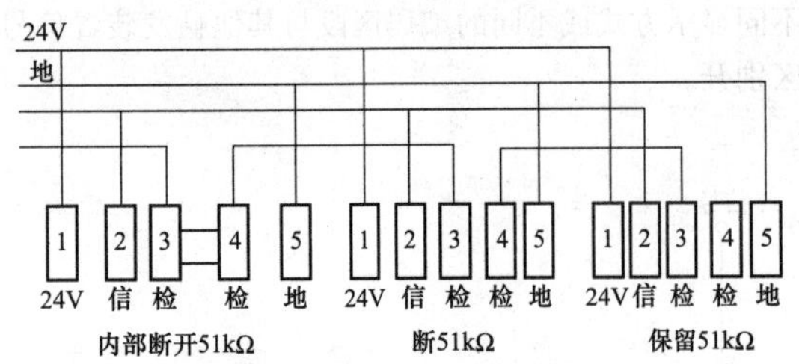

图 11-53　FJ-2712 并联接线图

二、 地址码中继器

（一） 作用及使用注意事项

当一个区域内火灾探测器数量太多（不超过 200 只）而部位数量却不够时，可把大空间的多个火灾探测器通过中继器占用同一个部位号（其作用可与中间继电器相比），在该系统中起到远距传输、放大驱动和隔离作用，也就是现场消防设备和控制器之间通过总线传输信号，便于控制器掌握每个中继器的工作情况。

这里以 JB-2/1401 型中继器（原子能科学研究所产品）为例进行说明。它按地址编码，其编码方式与火灾探测器相同，用一个七位微型开关编码。对于区域报警器来说，中继器就像一只火灾探测器，占有整个区域中的一个部位号。中继器所监控的火灾探测器最多 8 只，分别给以编码 1～8 号。当受监控的火灾探测器不足 8 只时，将八位微型开关任意一个关断，以便系统正常运行。

中继器所监控的火灾探测器，当任意一只报火警或报故障时，都会在区域报警控制器报警，并显示该部位中继器编号。具体是哪一只火灾探测器报警，则需到现场观察中继器分辨显示灯加以确定。由于区域报警器不能显示中继器所监控的火灾探测器的编号，因此不应将不同空间的火灾探测器共受一只中继器监控。目前其用途又有扩展。

（二） 接线与安装

火灾探测器及报警器如也是编码式的，则中继器输入线是四根，即它所监控的编码火灾探测器送来 PSTG 四根线。

它的输出线即为报警器发来的 PSTG 与 V 线（DC 24V）五根，接线如图 11-54 所示。

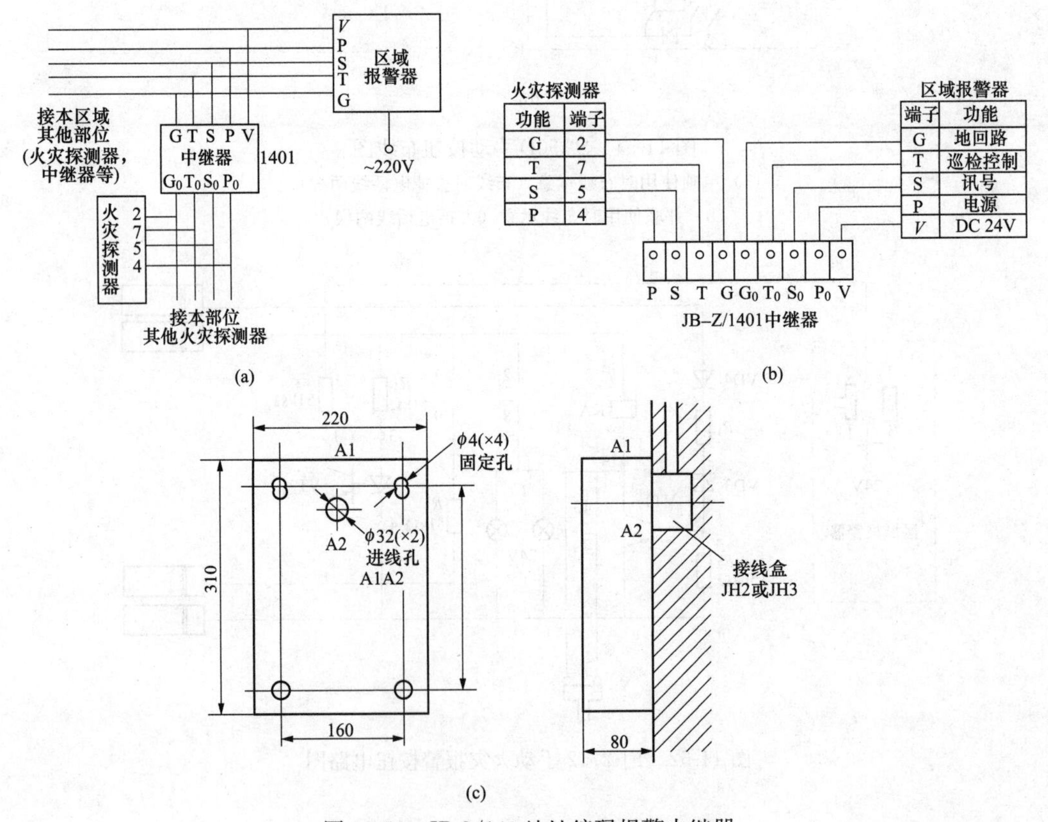

图 11-54　JB-8/140 地址编码报警中继器

（a）布线原理图；（b）接线端子图；（c）安装图

中继器为外挂式安装。

三、编址模块（DBE1400）

（一）编址输入模块

1. 用途和适用范围

输入模块可将各种消防输入设备的开关信号（报警信号或动作信号）接入探测总线，实现信号向火灾报警控制器的传输，从而达到报警或控制的目的。

输入模块适用于水流指示器、压力开关、报警阀、非编址手动火灾报警按钮及普通型感烟和感温火灾探测器等。

2. 接线

如图 11-55 所示为编址输入模块接线。

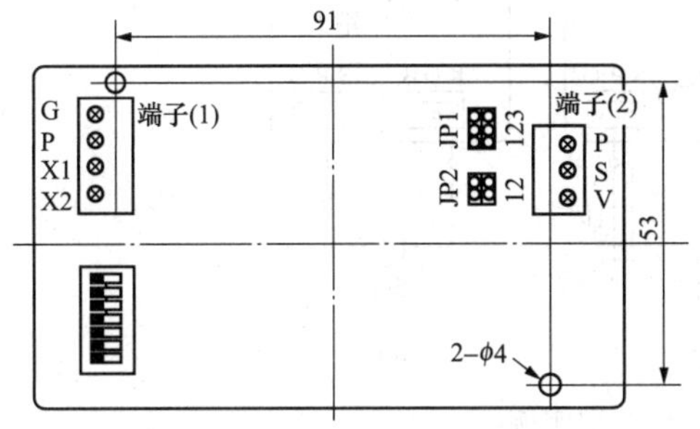

图 11-55　编址输入模块接线

端子（1）中：

G、P——DC 24V 电源输入，G 为负，P 为正；

X1、X2——总线输入（不分极性）。

端子（2）中：

P——外接 DC 24V 电源正极输出；

V——内部 DC 24V 电源正极输出；

S——设备动作信号输入，其应利用设备的无源触点与 DC 24V 正端即 P 端（外接 DC 24V 电源时）或 V 端（未接 DC 24V 电源时）相连；

JP1-a、JP1-b——电源选择跳线，外接 DC 24V 电源时，JP1-a、JP1-b 均为 2-3 短接；未外接 DC 24V 电源时，JP1-a、JP1-b 均为 1-2 短接，出厂为 1-2 短接；

JP2-a、JP2-b——调试跳线，厂家调试用，出厂为 JP2-a、JP2-b 的 1 端短接。

3. 应用实例

如图 11-56 所示为输入模块应用实例，图中 E 表示报警按钮、压力开关、水流指示器等消防设备的常开无源触点或普通型火灾探测器，*R* 表示终端电阻，其限位为 100kΩ。无论接入何种设备，都应在接线的最末端并接上终端电阻，以实现对连线的断线监视。另外，接入普通型火灾探测器时，其数目不宜大于 6 只。

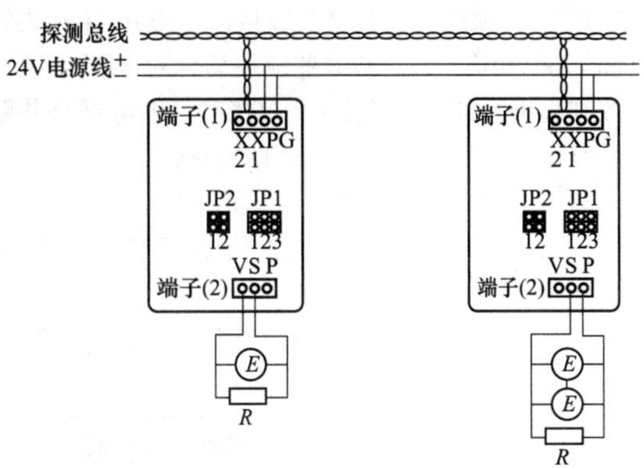

图 11-56　输入模块应用实例

（二）编址输入/输出模块（DBE1410）

1. 用途和适用范围

输入/输出模块能把报警器发出的动作指令通过继电器触点来控制现场设备以完成规定的动作；同时把动作完成信息反馈给报警器。它是联动控制柜和被控设备之间的桥梁，适用于排烟阀、送风阀、风机、喷淋泵、消防广播及警铃（笛）等。

2. 接线

如图 11-57 所示为编址输入/输出模块接线，其端子说明如下。

端子（1）中：

G、P——DC 24V 电源输入，G 为负，P 为正；

X1、X2——总线输入（不分极性）。

端子（2）中：

G、P——DC 24V 电压输出，G 为负，P 为正；

S——设备动作信号输入。

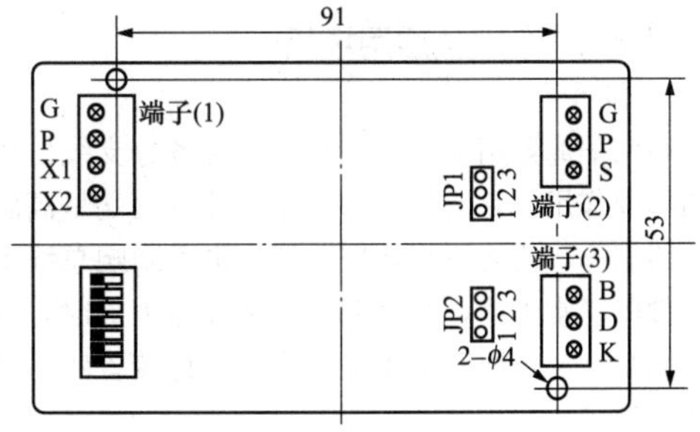

图 11-57　编址输入/输出模块

端子（3）中：

B、D、K——继电器触点。其中 D—B 为动断，D—K 为动合。

JP1——跳线，当其 2-3 短接时，模块内部的终端电阻被接入，适于对无动作返回信号的设备的控制，出厂为1-2短接。

JP2——跳线，当其2-3短接时，继电器公共触点和“G”相连，以适应某些应用场合对24V电源负极控制输出的需要；当其1-2短接时，继电器公共触点悬空，是无源触点，出厂为1-2短接。

3. 应用实例

如图11-58所示为编址输入/输出模块应用实例。如果被接设备动作信号返回端时，则将其动作信号的无源触点并接在模块的S、P端，终端电阻并接在设备的与模块的S、P端相连的接线端子上；若被控设备不具备动作信号返回端（如警笛、警铃等设备），则只需将模块短路跳线JP跳在2-3位即可。

如图11-59所示为控制接口原理。某些厂家不生产双控模块，必须用两个单控模块组成双控接口。

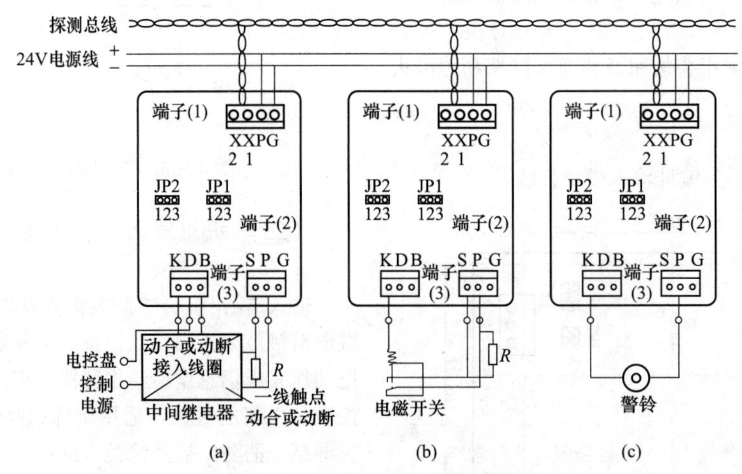

图11-58 输入/输出模块应用实例

（a）与具有电控盘的设备连接；

（b）与风阀等电磁类设备连接；（c）与警铃（笛）等设备连接

关于模块的名称有输入模块、输出模块，输入/输出模块、监视模块、控制模块、信号模块、信号接口、控制接口、单控模块及双控模块等，不同厂家产品各异，名称也不同，但是其用途基本是一致的。

四、短路隔离器（又称总线隔离器）

（一）作用及适用场所

1. 作用

短路隔离器用在传输总线上，对各分支线作短路时的隔离作用。它能够自动使短路部分两端呈高阻态或开路状态，使之不损坏控制器，也不影响总线上其他部件的正常工作，当这部分短路故障消除时，能够自动恢复这部分回路的正常工作，这种装置叫短路隔离器。

2. 适用场所

（1）一条总线的各防火分区。

（2）一条总线的不同楼层。

（3）总线的其他分支处。

（4）下接部件（手动开关、模块）接地址号个数小于或等于30个。

（5）下接火灾探测器个数小于或等于40个。

（6）下接中继器不超过一个。

（二）接线端子及应用

如图11-60所示为短路隔离器的接线端子，两组接线端子（1）、（2）中的X1、X2串接于控制器的总线中，不分输入、输出，无极性要求。

五、区域显示器（DBE1500）

（一）作用和适用范围

区域显示器显示来自报警器的火警及故障信息，适用于各防火监视分区或楼层。

（二）功能及特点

（1）具有声报警功能。当火警或故障送入时，将会发出两种不同的声报警（火警为变调音响，故障为长音响）。

（2）具有控制输出功能。具备一对无源触点，其在火警信号存在时吸合，可用来控制一些警报器类的设备。

（3）具有计时钟功能。在正常监视状态下，显示当前时间。

（4）采用壁式结构，体积小，安装方便。

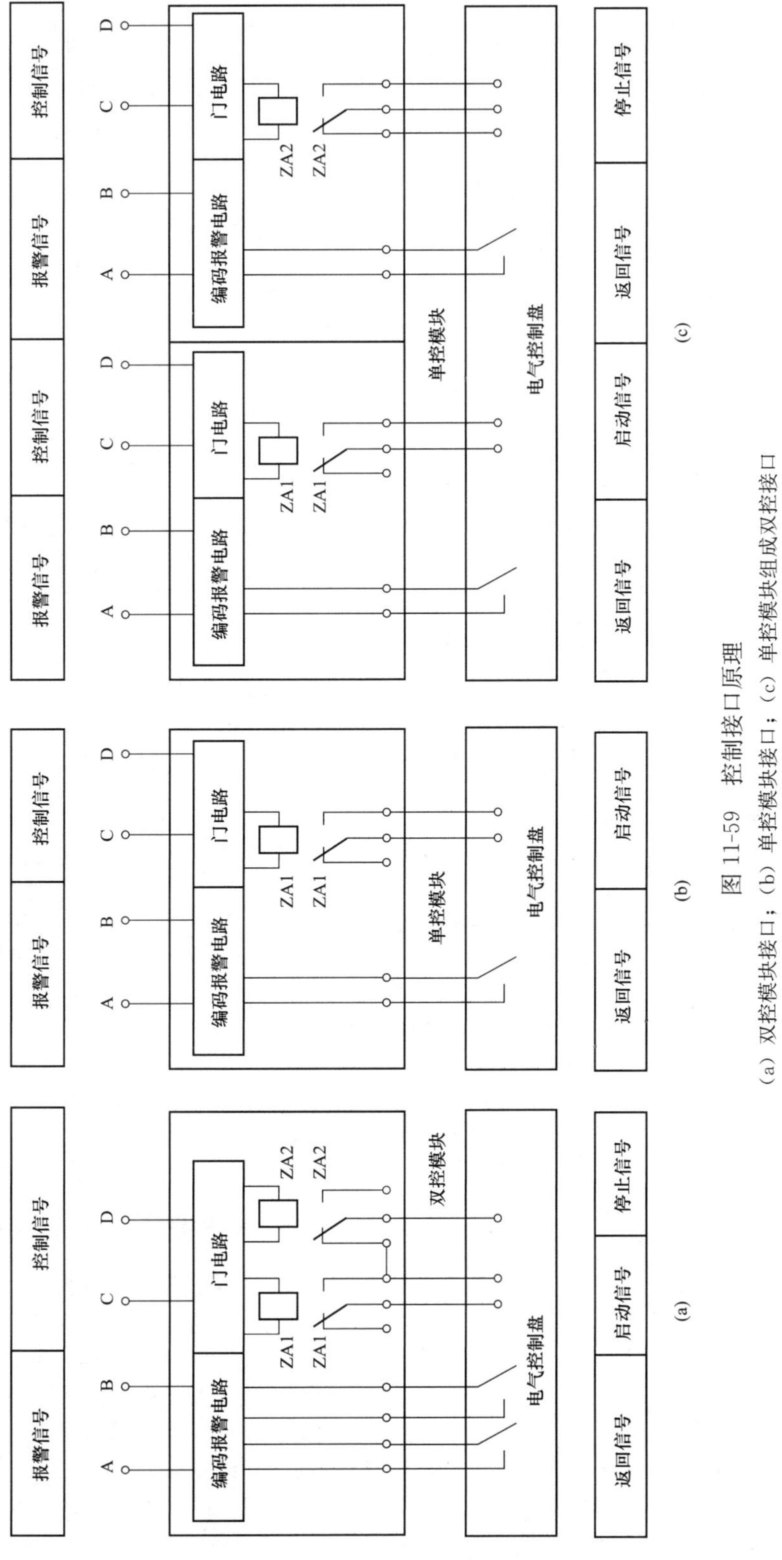

图 11-59 控制接口原理

（a）双控模块接口；（b）单控模块接口；（c）单控模块组成双控接口

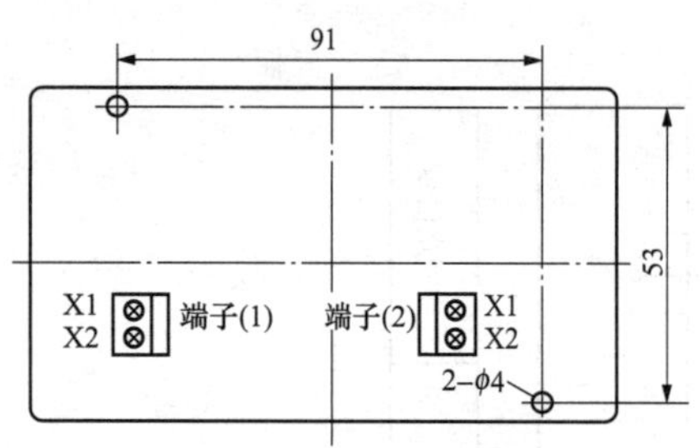

图 11-60　短路隔离器的接线端子

（三）接线

如图 11-61 所示为区域报警显示器的外形及端子。现将接线端子说明如下。

D、K——继电器动合触点。

GND——DC 24V 负极。

24V——DC 24V 正极。

T——通信总线数据发送端。

R——通信总线数据接收端。

G——通信总线逻辑地。

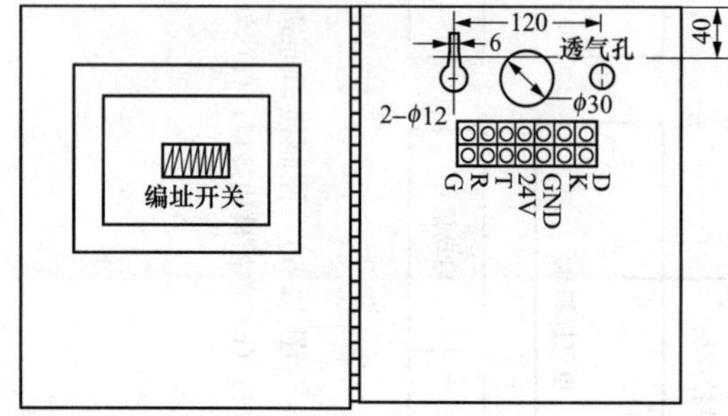

图 11-61　区域报警显示器的外形及端子

如图 11-62 所示为区域显示器与集中报警控制器的连线。在报警系统中的详细应用后面将叙述。

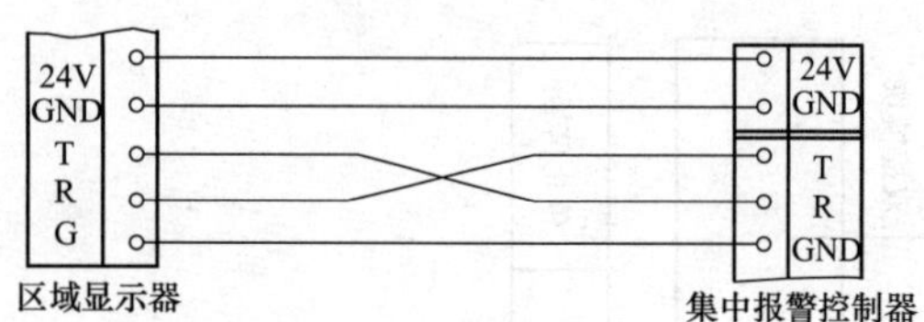

图 11-62　区域显示器与集中报警控制器的连线

六、报警门灯及诱导灯

（一）报警门灯

（1）报警门灯的作用。报警门灯应安装于每楼层的门顶上端，当某一火灾探测器报警时，门灯亮，指示火警楼层位置。

（2）报警门灯的分类和接线方式。报警门灯分为Ⅰ型与Ⅱ型。

Ⅰ型报警门灯接线方式如图 11-63 所示。

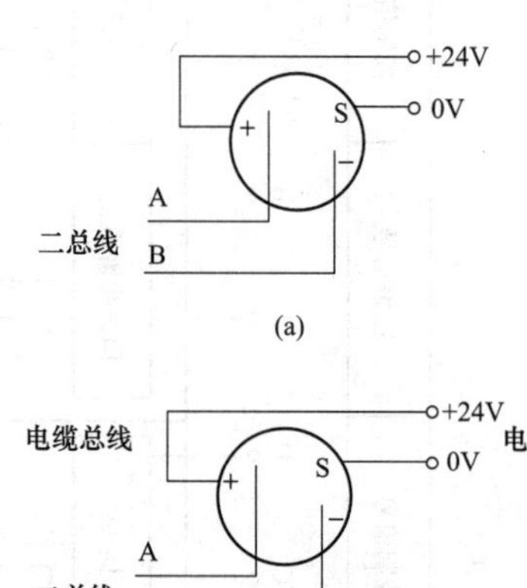

图 11-63　Ⅰ型报警门灯接线方式

（a）不带电池；（b）带电池

Ⅱ型报警门灯接线方式为带电池的接线是二总线，不带电池的，除 A、B 二总线连接外，还应与控制器接有＋24V 与 0V 线。接线方式如图 11-64 所示。

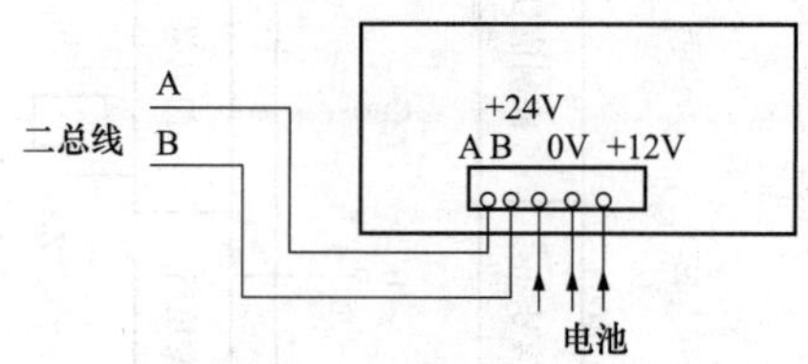

图 11-64　Ⅱ型报警门灯接线方式

（二）引导灯

引导灯安装在各疏散通道上，均同消防控制中心控制器相接。当火灾发生时，在消防中心手动操作打开有关的引导灯，并指示人员疏散通道。

七、声光报警盒（也称声光讯响器）

（一）声光讯响器的分类及作用

声光讯响器通常分为非编码型与编码型两种。非编码型可直接由有源 24V 常开触点进行控制，如用手动报警按钮的输出触点控制等，编码型可直接接入报警控制器的信号二总线（需由电源系统提供两根 DC 24V 电源线）。

声光讯响器的作用是当现场发生火灾并被确认后，安装在现场的声光讯响器可由消防控制中心的火灾报警控制器启动，发出强烈的声光信号，以实现提醒人员注意的目的。

（二）声光讯响器的技术指标、安装及接线

1. 主要技术指标

（1）工作电压 DC 24V。

（2）监视电流小于等于 0.8mA，报警电流小于等于 1mA（信号总线）。

（3）使用环境：温度为－10～50℃，相对湿度小于等于 95%[(40±2)℃]。

（4）外形尺寸：长 14.4cm，宽 9cm，厚 3.7cm。

如图 11-65 所示为声光讯响器外形示意。

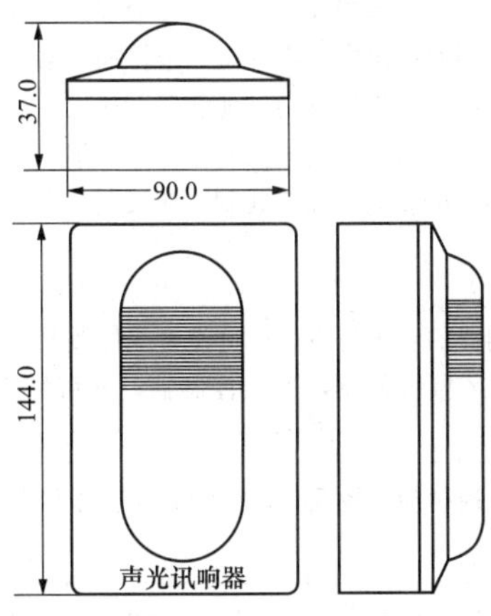

图 11-65 声光讯响器外形示意

2. 安装

声光讯响器安装在现场，采用壁挂式安装，通常情况下安装在距顶 0.2m 处。

3. 接线

如图 11-66 所示为声光讯响器接线端子示意。图中，Z_1、Z_2为与报警控制器信号二总线连接的端子，非编码型此端子无效；24V 为与 DC 24V 电源线（编码型）或 DC 24V 常开控制触点连接的端子；DGND 为地线端子。

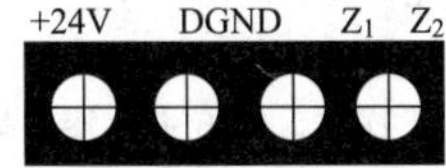

图 11-66 声光讯响器接线端子示意

布线要求：信号二总线 Z_1、Z_2采用 RVS 型双绞线，截面积小于等于 1.0mm^2，电源线＋24V，DGND 采用 BV 线，截面积大于等于 2.5mm^2。

八、CRT 彩色显示系统

在消防系统的控制中必须采用微机显示系统，它包括系统的接口板、彩色监示器、计算机、打印机，是一种高智能化的显示系统。此系统采用现代化手段、现代化工具及现代化的科学技术代替以往庞大的模拟显示屏，其先进性对造型复杂的建筑群体更为突出。

（1）CRT 报警显示系统的作用。CRT 报警显示系统是将所有与消防系统有关的建筑物的平面图形、报警区域及报警点存入计算机内，在火灾时，CRT 显示屏上能自动用声光显示部位，如用黄色（预警）与红色（火警）不断闪动，同时用不同的音响来反映各种火灾探测器、消火栓、报警按钮、水喷淋等各种灭火系统和送风口、排烟口等的具体位置。通过汉字和图形来进一步说明发生火灾的部位、时间及报警类型，打印机自动打印，以便于记忆着火时间，进行事故分析和存档，给消防值班人员更直观、更方便地提供火情和消防信息。

（2）对 CRT 报警显示系统的要求。随着计算机的更新换代，CRT 报警显示系统产品种类不断更新，在消防系统的设计过程中，选择合适的 CRT 系统是确保系统正常监控的必要条件，所以要求所选用的 CRT 系统必须具备下列功能。

1）报警时，自动显示，并打印火灾监视平面及平面中火灾点位置、火灾报警时间、报警探测器种类。

2）所有消火栓报警开关、手动报警开关、水流指示器及火灾探测器等均应编码，且在 CRT 平面上建立相应的符号。通过不同的符号、不同的颜色代表不同的设备，在报警时有明显的不同声响。

3）当火灾自动报警系统需进行手动检查时，能够显示并打印检查结果。

4）所具有的火警优先功能，应不受其他条件和用户所编制的软件影响。

第四节 火灾报警控制器

一、火灾报警控制器的种类及区别

（一）火灾报警控制器的种类

火灾报警控制器种类繁多，从不同角度有不同分类。火灾报警控制器的分类见表 11-14。

表 11-14　　火灾报警控制器的分类

分类角度	种类	说　明
按控制范围分类	区域火灾报警控制器	直接连接火灾探测器，处理各种报警信息。区域火灾报警控制器种类日益增多，而且功能不断完善和齐全。区域火灾报警控制器一般都是由火警部位记忆显示单元、自检单元、总火警和故障报警单元、电子钟、电源、充电电源及与集中火灾报警控制器相配合时需要的巡检单元等组成。区域火灾报警控制器有总线制区域火灾报警控制器和多线制区域火灾报警控制器之分。外形有壁挂式、立柜式和台式三种。区域火灾报警控制器可在一定区域内组成独立的火灾报警系统，也可与集中火灾报警控制器连接起来，组成大型火灾报警系统，并作为集中火灾报警控制器的一个子系统。总之，能直接接收保护空间的火灾探测器或中继器发来的报警信号的单路或多路火灾报警控制器称为区域火灾报警控制器
	集中火灾报警控制器	一般不与火灾探测器相连，而与区域火灾报警控制器相连，处理区域火灾报警控制器送来的报警信号，常使用在较大型的系统中。集中火灾报警控制器能接收区域火灾报警控制器（包括相当于区域火灾报警控制器的其他装置）或火灾探测器发来的报警信号，并能发出某些控制信号使区域火灾报警控制器工作。集中火灾报警控制器的接线形式根据不同的产品有不同的线制，如三线制、四线制、两线制、全总线制及二总线制等
	通用火灾报警控制器	兼有区域、集中两级火灾报警控制器的双重特点。通过设置或修改某些参数（可以是硬件或是软件方面），既可用于区域级使用，连接控制器；又可用于集中级，连接区域火灾报警控制器
按结构形式分类	壁挂式火灾报警控制器	连接火灾探测器回路相应少一些，控制功能较简单，区域火灾报警控制器多采用这种形式
	台式火灾报警控制器	连接火灾探测器回路数较多，联动控制较复杂，使用操作方便，集中火灾报警控制器常采用这种形式
	立柜式火灾报警控制器	可实现多回路连接，具有复杂的联动控制，集中火灾报警控制器属此类型。 壁挂式、立柜式、台式火灾报警控制器的外形如图 11-67 所示
按内部电路设计分类	普通型火灾报警控制器	其内部电路设计采用逻辑组合形式，具有成本低廉、使用简单等特点。虽然其功能较简单，但可采用以标准单元的插板组合方式进行功能扩展
	微机型火灾报警控制器	其内部电路设计采用微机结构，对软件及硬件程序均有相应的要求，具有功能扩展方便、技术要求复杂、硬件可靠性高等特点，是火灾报警控制器的首选形式
按系统布线方式分类	多线制火灾报警控制器	其火灾探测器与火灾报警控制器的连接采用一一对应的方式。每个火灾探测器至少有一根线与火灾报警控制器连接，有五线制、四线制、三线制、两线制等形式，但连线较多，仅适用于小型火灾自动报警系统
	总线制火灾报警控制器	火灾报警控制器与火灾探测器采用总线方式连接，所有火灾探测器均并联或串联在总线上，一般总线有二总线、三总线、四总线。其连接导线大大减少，给安装、使用及调试带来较大方便，适于大、中型火灾报警系统
按信号处理方式分类	有阈值火灾报警控制器	该类火灾探测器处理的探测信号为阶跃开关量信号，对火灾探测器发出的报警信号不能进一步处理，火灾报警取决于火灾探测器
	无阈值模拟量火灾报警控制器	该类火灾探测器处理的探测信号为连续的模拟量信号，其报警主动权掌握在控制器方面，可具有智能结构，是现代化报警的发展方向

续表

分类角度	种类	说明
按防爆性能分类	防爆型火灾报警控制器	有防爆性能，常用于有防爆要求的场所，其性能指标应同时满足 GB 4717—2005《火灾报警控制器》
	非防爆型火灾报警控制器	无防爆性能，民用建筑中使用的绝大多数控制器为非防爆型
按容量分类	单路火灾报警控制器	火灾报警控制器仅处理一个回路中火灾探测器的火灾信号，一般仅用在某些特殊的联动控制系统
	多回路火灾报警控制器	能同时处理多个回路中火灾探测器的火灾信号，并显示具体的着火部位
按使用环境分类	陆用型火灾报警控制器	在建筑物内或其附近安装，消防系统中通用的火灾报警控制器
	船用型火灾报警控制器	用于船舶、海上作业，其技术性能指标相应提高，如工作环境温度、湿度、耐腐蚀、抗颠簸等要求高于陆用型火灾报警控制器

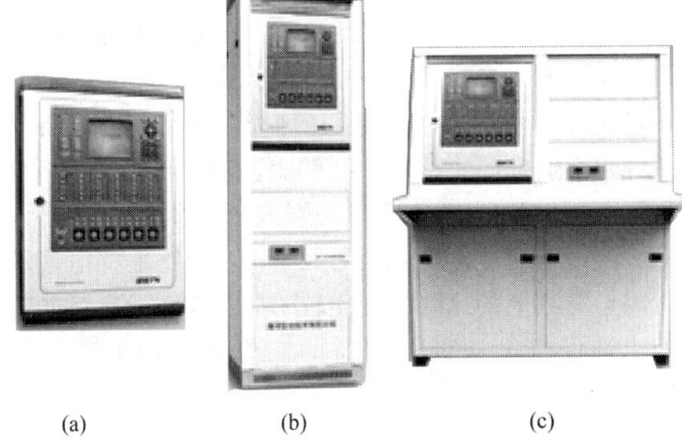

(a) (b) (c)

图 11-67　火灾报警控制器

(a) 壁挂式；(b) 立柜式；(c) 台式

(二) 区域火灾报警控制器和集中火灾报警控制器的区别

区域火灾报警控制器和集中火灾报警控制器在其组成和工作原理上基本相似，但选择上有以下几点区别。

(1) 区域火灾报警控制器控制范围小，可单独使用；而集中火灾报警控制器负责整个系统，不能单独使用。

(2) 区域火灾报警控制器的信号来自各种各样的火灾探测器，而集中火灾报警控制器的输入则一般来自区域火灾报警探测器。

(3) 区域火灾报警探测器必须具备自检功能，而集中火灾报警控制器应有自检和巡检两种功能。

由于以上区别，故使用时，两者不能混同。当监测区域较小时，可单独使用一台区域火灾报警控制器组成火灾自动报警控制系统，而集中火灾报警控制器则不能代替区域火灾报警控制器而单独使用。

二、 火灾报警控制器的工作原理和基本功能

(一) 火灾报警控制器的工作原理

火灾报警控制器主要包括主机与电源，其工作原理分别如下。

1. 主机部分

主机部分承担着把火灾探测源传来的信号进行处理、报警并中继的作用。从原理上讲，无论是区域火灾报警控制器，还是集中火灾报警控制器，均遵循同一工作模式，也就是收集探测源信号→输入单元→自动监控单元→输出单元。同时，为使用方便、增加功能，主机部分增加了辅助人机接口——键盘、显示部分、输出联动控制部分、计算机通信部分、打印机部分等。如图 11-68 所示为火灾报警控制器主机部分的工作原理框图。

主机的核心部件如下。

(1) 主板：主机主板是火灾报警控制器的核心，由于不同产品、不同型号而有所不同。它决定了火灾报警控制器的最大容量与性能。选用时要先了解本工程是否还有后期工程需要共用本主机，如有，要事先留好下期的容量；没有，则直接计算本次工程的所有设备地址点数，同时按照回路卡的数量选用主机主板即可。

(2) 回路卡：目前市场上通常都是双回路卡，单

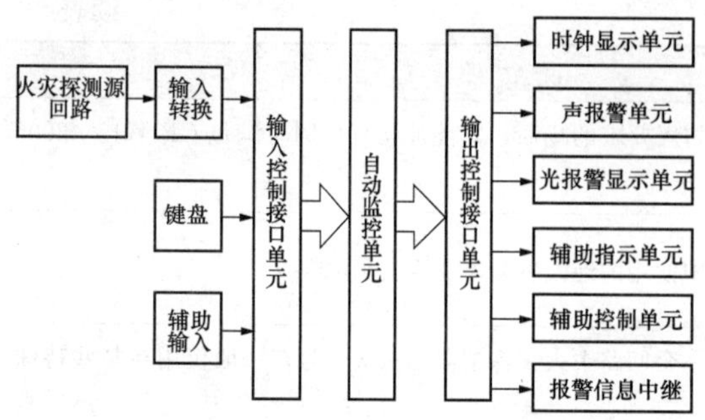

图 11-68 火灾报警控制器主机部分的工作原理框图

回路卡通常只用于点数很少的工程。回路卡因生产商的不同而有较大差异，在选用时一定要先了解该产品的具体情况。如 NOTIFIER 的 AFP-400 系列与 AM2020 系列的回路卡，可带智能探测器 99 只和可编码监视/控制模块 99 只，而 NFS-640 系列与 NFS-3030 系列的回路卡可带智能探测器 159 只和编址码模块 159 只。同一种品牌不同系列的回路卡可带设备数量都不相同，而海湾的回路卡则可将智能探测器与编址模块混带，可带点数为 242 点。所以，选择回路卡，首先要按照所选产品的容量和防火分区及楼层，计算出总的回路点数，然后再确定回路卡的需要数量。通常每个回路还应预留 15%～20% 的余量扩展用。

2. 电源部分

电源部分承担主机与火灾探测器供电的任务，是整个火灾报警控制器的供电保证环节。输出功率要求较大，大多采用线性调节稳压电路，在输出部分增加相应的过压及过流保护。线性调节稳压电路具有稳压精度高、输出稳定的特点，但是存在电源转换效率相对较低、电源部分热损耗较大及影响整机的热稳定性的缺点。目前，使用的开关型稳压电源，借助大规模微电子技术，将各种分立元器件进行集成及小型化处理，大大缩小了整个电源部分的体积。同时，输出保护环节也日趋完善，电源部分除具有通常的过电压、过电流保护外，还增加了过热、欠电压保护及软启动等功能。开关型稳压电源由于主输出功率工作在高频开关状态，整个电源部分转换效率也大大提高，可达 80%～90%，并使电源部分的热稳定性大大改善了，提高了整个火灾报警控制器的技术性能。

直流不间断电源在火灾自动报警及消防联动控制系统中是为联动控制模块及被控设备供电的。它在整个火灾自动报警及消防联动控制系统中是重中之重，一旦有问题出现，联动系统将会面临瘫痪。直流不间断电源主要由智能电源盘与蓄电池组成，以交流 220V 作为主电源，DC 24V 密封铅电池作为备用电源。备用电源应能断开主电源后确保设备工作至少 8h。选用的电源盘应有输出过流自动保护、主备电自动切换和备电自动充电及备电过放电保护功能。电源盘的选用主要考虑以下因素。

(1) 保证输出电流的大小能满足自动状态下需启动的最多设备时所需的电流即可。需要电源盘供电的设备有输出模块、输入模块、声光报警器、警铃模块、广播模块等。如果还有容性负载，则要考虑冲击电流即动作电流。这些模块巡检的电流通常为 5mA 左右，启动时电流为巡检电流的 7～10 倍；如果消防设备只是纯阻性负载，配置时只需考虑稳态电流。

(2) 保证线路满载时末端设备电压足够驱动设备。导线是有电阻的，当导线很长，线路上的电流较大时，导线上的压降就会比较明显。这样就有可能造成末端设备电压低于设备的工作电压而无法正常动作。

(3) 当采用了楼层显示时，由于其工作电流和报警电流都远远大于其他设备，所以需另外配置专供其使用的电源盘，并且布楼层显示电源专线。

(4) 每块电源盘都要配备一组蓄电池作为备用电源，主机主板也要配备一组蓄电池作为备用电源。

（二）火灾报警控制器的基本功能

火灾报警控制器的基本功能见表 11-15。

表 11-15 火灾报警控制器的基本功能

基本功能	具体说明
提供主、备电源	在火灾报警控制器中备有充电池，在火灾报警控制器投入使用时，应全部打开电源盒上方的主、备电开关。当主电网有电时，火灾报警控制器自动通过主电网供电，同时对电池充电；当主电网断电时，火灾报警控制器会自动切换改用电池供电，以确保系统的正常运行。在主电供电时，面板主电指示灯亮，时钟口正常显示时分值。备电供电时，备电指示灯亮，时钟口只有秒点闪烁，没有时分显示。这是为了节省用电，其内部仍在正常走时；当有故障或火警时，时钟口重新显示时分值，且锁定首次报警时间。在备电供电期间，控制器报类型号为 26 和主电故障。此外，当电池电压下降至一定数值时，火灾报警控制器还要报类型号是 24 的故障。当备电低于 20V 时关机，以避免电池过放而损坏（这里以 JB-TB/2A6351 型微机通风火灾报警控制器为例）

续表

基本功能	具体说明
火灾报警	当接收到火灾探测器、手动报警开关、消火栓报警开关及输入模块所配接的设备发来的火警信号时，都可在火灾报警控制器中报警。火灾指示灯亮并发出火灾变调声响，同时显示首次报警地址号和总数
故障报警	在系统正常运行时，主控单元能对现场所有的设备（如火灾探测器、手动报警开关、消火栓报警开关等）、火灾报警控制器内部的关键电路及电源进行监视，一有异常，立即报警。报警时，故障灯亮并发出长声故障声响，同时显示报警地址号和类型号（不同型号的产品报警地址编号不同）
时钟显示锁定	系统中时钟的走时是通过软件编程实现的，并显示年、月、日、时、分值。每次开机时，时分值从“00：00”开始，月日值从“01：01”开始，所以需要调校。当有火警或故障时，时钟显示锁定，但内部能正常走时；火警或故障一旦恢复，时钟将显示实际时间
火警优先	在系统存在故障的情况下出现火警，则火灾报警控制器能由报故障自动转变为报火警，而当火警被清除后又自动恢复报原有故障。当系统存在某些故障而又未被修复时，会影响火警优先功能。电源故障或是当本部位火灾探测器损坏，而该部位出现火警或总线部分故障（如信号线对地短路、总线开路与短路等）等，这些情况均会影响火警优先
调显火警	当火灾报警时，数码管显示首次火警地址，通过键盘操作可调显其他火警地址
自动巡检	报警系统长期处于监控状态，为提高报警的可靠性，控制器设置了检查键，供用户定期或不定期进行电模拟火警检查。处于检查状态时，凡是运行正常的部位均能向火灾报警控制器发回火警信号。只要火灾报警控制器能收到现场发回来的信号并有反应而报警，则说明系统处于正常的运行状态
自动打印	当有火警、部位故障或有联动时，打印机将自动打印记录火警、故障或联动的地址号。此地址号同显示地址号一致，并打印出故障、火警、联动的时间（月、日、时、分值）。当对系统进行手动检查时，如果控制正常，则打印机自动打印正常（OK）
测试	火灾报警控制器可对现场设备信号电压、总线电压、内部电源电压进行测试。通过测量电压值，判断现场部件、总线、电源等的正常与否
部位的开放及关闭	部位的开放及关闭有以下几种情况。 （1）子系统中空置不用的部位（不装现场部件），在火灾报警控制器软件制作中即被永久关闭，如需开放新部位应与制造厂联系。 （2）系统中暂时空置不用的部位，在火灾报警控制器第一次开机时需要手动关闭。 （3）系统运行过程中，已被开放部位的部件发生损坏后，在更新部件之前应暂时关闭，在更新部件之后将其开放。部位的暂时关闭及开放有以下几种方法。 1）逐点关闭及逐点开放。在火灾报警控制器正常运行中，将要关闭（或开放）部位的报警地址显示号用操作键输入火灾报警控制器，逐个地将其关闭或开放。被关闭的部位如果安装了现场部件，则该部件不起作用，被开放的部位如果未安装现场部件则将报出该部位故障。对于多部件部位（指编码不同的部件具有相同的显示号），进行逐点关闭（或开放），是将该部位中的全部部件实现了关闭（或开放）。 2）统一关闭及统一开放。统一关闭是在火灾报警控制器报警（火警或故障）的情况下，通过操作键将当时存在的全部非正常部位进行关闭；统一开放是在火灾报警控制器运行中，通过操作键将所有在运行中曾被关闭的部位进行开放。当部位是多部件部位时，统一关闭也只是关闭了该部位中的不正常部件。系统中只要有部位被关闭了，面板上的“隔离”灯就被点亮
显示被关闭的部位	在系统运行过程中，已开放的部位在其部件出现故障后，为了维持整个系统的正常运行，应将该部位关闭。但应能显示出被关闭的部位，以便人工监视该部位的火情，并及时更换部件。操作相应的功能键，火灾报警控制器便顺序显示所有在运行中被关闭的部位。当部位是多部件部位时，这些部件中只要有一个是关闭的，它的部位号就能被显示出来

续表

基本功能	具体说明
输出	(1) 火灾报警控制器中有V端子，VG端子间输出DC 24V、2A。向本控制器所监视的某些现场部件和控制接口提供24V电源。 (2) 火灾报警控制器有端子L1、L2，可用双绞线将多台火灾报警控制器连通以组成多区域集中火灾报警系统，系统中有一台作为集中火灾报警控制器，其他作为区域火灾报警控制器。 (3) 火灾报警控制器有GTRC端子，用来同CRT联机，其输出信号是标准RS-232信号
联动控制	联动控制可分自动联动和手动启动两种方式，但都是总线联动控制方式。在自动联动方式时，先按"E"键与"自动"键，"自动"灯亮，使系统处于自动联动状态。当现场主动型设备（包括火灾探测器）发生动作时，满足既定逻辑关系的被动型设备将自动被联动。联动逻辑因工程而异，出厂时已存储于火灾报警控制器中。手动启动在"手动允许"时才能实施，手动启动操作应按操作顺序进行。 无论是自动联动还是手动启动，应该动作的设备编号均应在控制面板上显示，同时"启动"灯亮。已发生动作的设备的编号也在此显示、同时"回答"灯亮。启动与回答能交替显示
阈值设定	报警阈值（即提前设定的报警动作值）对于不同类型的火灾探测器，其大小不一，而目前报警阈值是在火灾报警控制器的软件中设定。这样，火灾报警控制器不仅具有智能化，提供高可靠的火灾报警，而且可按各探测部位所在应用场所的实际情况，灵活方便地设定其报警阈值，以便更加可靠地报警

（三）智能火灾报警控制器

前面介绍的是火灾报警控制器的基本性能及原理，随着技术的不断革新，新一代的火灾报警控制器层出不穷，其功能更加强大、操作也更加简便。

(1) 火灾报警控制器的智能化。火灾报警控制器采用大屏幕汉字液晶显示，清晰直观。除可显示各种报警信息外，还可显示各类图形。火灾报警控制器可直接接收到火灾探测器传送的各类状态信号，通过火灾报警控制器可把现场火灾探测器设置成信号传感器，并把信号传感器采集到的现场环境参数信号进行数据和曲线分析，为更准确地判断现场是否发生火灾提供了有利的工具。

(2) 报警及联动控制一体化。火灾报警控制器采用内部并行总线设计及积木式结构，容量扩充简单方便。系统可采用报警与联动共线式布线，也可采用报警和联动分线式布线，适用于目前各种报警系统的布线方式，使变更产品设计带来的原设计图纸改动的问题得到彻底解决。

(3) 数字化总线技术。火灾探测器与火灾报警控制器采用无极性信号二总线技术，借助数字化总线通信，火灾报警控制器可方便地设置火灾探测器的灵敏度等工作参数，查阅火灾探测器的运行状态。因为采用二总线，整个报警系统的布线极大简化，便于工程安装和线路维修，同时也降低了工程造价。系统还设有总线故障报警功能，随时监测总线工作状态，确保系统可靠工作。

三、火灾报警控制器的选择

（一）火灾报警控制器容量的选择

1. 火灾报警控制器容量选择的原则

区域火灾报警控制器的容量应大于等于报警区域的探测区域总数；集中火灾报警控制器的部位号（M）应大于等于系统内最大容量的区域火灾报警控制器的容量。区域号（层号N）应大于等于系统内所连接区域火灾报警控制器的数量。

2. 火灾报警控制器容量选择的方法

划分报警区域。报警区域应按照防火分区或楼层划分，一个报警区域应由一个防火分区或同一楼层的几个防火分区组成；确定探测区域。一个探测区域应由一个独立房（套）间组成。从主要出入口处可看清其内部的房间。当其最大面积不超过1000m^{2}时，也可划为一个探测区域。非重点保护建筑，相邻的最多五个房间，总面积不超过400m^2，同时在门口附近设有灯光辅助显示装置；相邻的最多十个房间，总面积不超过1000m^2，同时在门口附近设有灯光辅助显示装置，都可划为一个探测区域。还有敞开楼梯间、防烟楼梯间前室、消防电梯前室、消防电梯与防烟楼梯间合用的前室，以及走廊、坡道、管道井、电缆隧道、建筑物闷顶、夹层等场所，需分别单独划分探测区域。

（二） 火灾报警控制器安装位置的选择

1. 区域火灾报警控制器安装位置的选择

区域火灾报警控制器应安装在经常有人值班的房间或场所，如值班室、警卫室、楼层服务台等。其环境条件需清洁、干燥、凉爽、外界干扰少，同时考虑管理、维修便捷等条件。

2. 集中火灾报警控制器安装位置的选择

集中火灾报警控制器需设置在专用的房间或消防值班室内，并有直接通向户外的通道，门应向疏散方向开启，入口处应设有明显标志，房间要有较高的耐火等级。其环境条件和区域火灾报警控制器安装场所的要求类同。

四、 火灾报警控制器的接线

接线形式根据不同产品有不同线制，如三线制、四线制、两线制、全总线制及二总线制等，这里只介绍传统的两线制及现代的全总线制两种。

（一） 两线制

两线制的接线计算方法因为不同厂家的产品有所区别，以下介绍的计算方法具有一般性。

区域火灾报警控制器的输入线数等于 $n+1$ 根，n 为报警部位数。

区域火灾报警控制器的输出线数等于 $10+n/10+4$，式中，n 为区域火灾报警控制器所监视的部位数目；10 为部位显示器的个数；$n/10$ 为巡检分组的线数；4 包括地线一根，层号线一根，故障线一根，总检线一根。

集中火灾报警控制器的输入线数为 $10+n/10+S+3$，式中，S 为集中火灾报警控制器所控制区域火灾报警控制器的台数；3 为故障线一根，总检线一根，地线一根。

（二） 址编码全总线火灾自动报警系统接线

这种接线方式在大系统中显示出其显著的优势，接线非常简单，给设计与施工带来了较大的方便，大大减少了施工工期。

区域火灾报警控制器输入线为 5 根，即 P、S、T、G 及 V 线，即电源线、信号线、巡检控制线、回路地线及 DC 24V 线。

区域火灾报警控制器输出线数等于集中火灾报警控制器接出的六条总线，即 P_0、S_0、T_0、G_0、C_0、D_0，C_0 为同步线，D_0 为数据线。所以称其为四全总线（或称总线）是因为该系统中所使用的火灾探测器、手动报警按钮等设备都采用 P、S、T、G 四根出线引到区域火灾报警控制器上。其布线如图 11-69 所示。

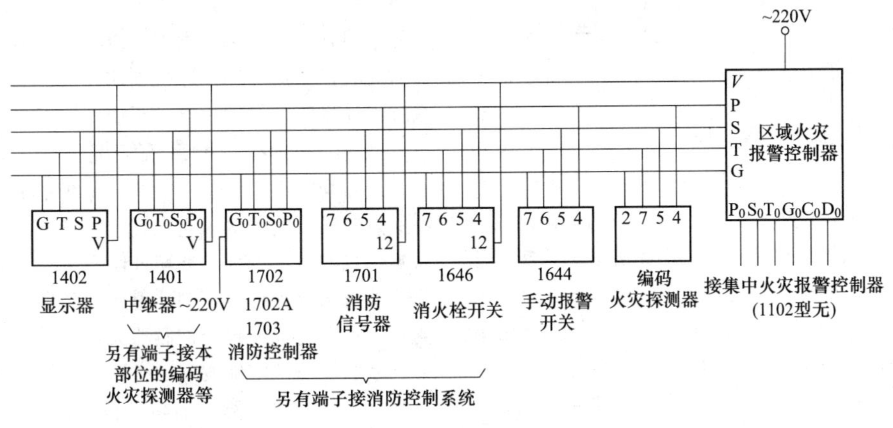

图 11-69 采用四全总线的接线示意

第五节 火灾自动报警系统的设计

一、 火灾自动报警系统结构形式

（一） 火灾自动报警系统基本结构

建筑中火灾自动报警系统一般由火灾探测器、区域火灾报警控制器和集中火灾报警控制器或通用火灾报警控制器及联动模块与控制模块，以及消防联动控制设备等组成。火灾探测器是对火灾现象进行有效探测的基础与核心，火灾探测器的选用和其与火灾报警控制器的有机配合，是火灾自动报警系统设计的关键。火灾报警控制器是火灾信息数据处理、火灾识别、报警判断及设备控制的核心，最终通过消防联动控制设备实施对消防设备及系统的联动控制和灭火操作。所以，根据火灾报警控制器功能与结构，以及系统设计构思的不同，火灾自动报警系统呈现出不同的技术产品形式。

无论火灾自动报警系统中火灾报警控制器形式和系统技术类型属于哪种模式，按照国家标准和火灾监控系统基本要求，火灾自动报警系统通常应具有图11-70所示的基本结构。

按图11-70所示基本结构，各专业生产厂家开发研制的火灾自动报警系统产品形式多样。根据火灾探测器与火灾报警控制器间连接方式不同可分为多线制与总线制系统结构；根据火灾报警控制器实现火灾信息处理及判断智能的方式不同可分为集中智能与分布智能系统结构；根据火灾自动报警系统对内对外数据通信方式不同可分为网络通信系统结构与非网络通信系统结构。

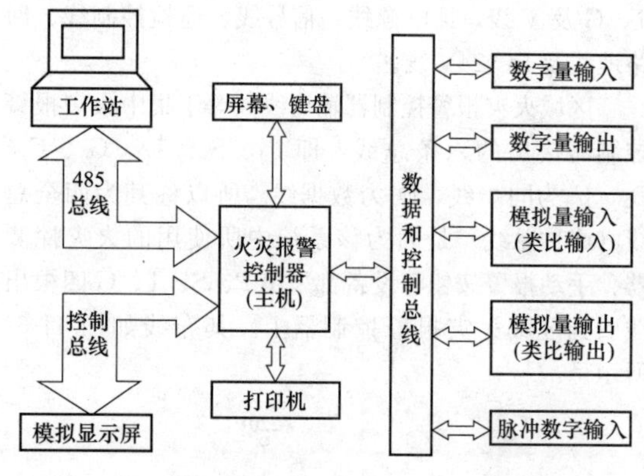

图 11-70　火灾自动报警系统基本结构框图

（二） 多线制系统结构

多线制系统结构形式同早期的火灾探测器设计、火灾探测器与火灾报警控制器的连接等有关。通常要求每个火灾探测器采用两条或更多条导线与火灾报警控制器相连接，以保证从每个火灾探测点发出火灾报警信号。简而言之，多线制结构的火灾自动报警系统采用简单的模拟或数字电路构成火灾探测器，并借助电平翻转输出火警信号，火灾报警控制器依靠直流信号巡检和向火灾探测器供电，火灾探测器和火灾报警控制器采用硬线一一对应连接，有一个火灾探测点便需要一组硬线与之对应，其接线方式，即线制可表示为$an+b$（其中，n为火灾探测器个数或火灾探测的地址编码个数；a和b为系数，通常取$a=1$，2，$b=1$，2，4），如$2n+1$，$n+1$等线制。多线制系统结构的最少线制为$n+1$，其设计、施工与维护复杂，已逐步被淘汰。

（三） 总线制系统结构

总线制系统结构形式是在多线制基础上发展起来的。微电子器件、数字脉冲电路和计算机应用技术用于火灾自动报警系统，改变了以往多线制结构系统的直流巡检与硬线对应连接方式，代之以数字脉冲信号巡检和信息压缩传输，采用大量编码、译码电路和微处理机实现火灾探测器与火灾报警控制器的协议通信和系统监测控制。使系统线制大大减少了，带来了工程布线灵活性，并形成了枝状和环状两种工程布线方式。总线制系统结构的线制也可表示为$an+b$，但其中$a=0$；$b=2$，3，4；n为火灾探测地址编码个数。总线制系统结构目前应用比较广泛，多采用二总线、三总线、四总线制，有模块联动消防设备，也有硬线联动消防设备，系统抗干扰能力强、误报率低，并且系统总功耗较低。

（四） 集中智能系统结构

集中智能型系统通常是二总线制结构，并选用通用火灾报警控制器，其特点为火灾探测器实际是火灾传感器，只完成对火灾参数的有效采集、变换和传输；火灾报警控制器采用微型机技术实现信息集中处理、数据储存及系统巡检等，并由内置软件完成火灾信号特征模型和报警灵敏度调整、火灾判别、网络通信、图形显示及消防设备监控等功能。在这种结构形式下，火灾报警控制器要一刻不停地处理每个火灾探测器送回的数据，并完成系统巡检、监控、判优及网络通信等功能；当建筑规模庞大，火灾探测器与消防设备数目众多时，单一火灾报警主机会出现应用软件复杂庞大、火灾探测器巡检周期过长、火灾自动报警系统可靠性降低及使用维护不便等缺点。

（五） 分布智能系统结构

分布智能型系统是在保留二总线制集中智能型系统优点基础上发展的。它把集中智能型系统中对火灾探测信息的基本处理、环境补偿、探头报脏及故障判断等功能由火灾报警控制器返还给现场真正的火灾探测器，从而将火灾报警控制器大量的信号处理负担免去，使之能够从容地实现上级管理功能，如系统巡检及火灾参数算法运算、消防设备监控及联网通信等，提高了系统巡检速度、稳定性与可靠性。显然，分布智能方式对火灾探测器设计提出了更高要求，要兼顾火灾探测及时性与报警可靠性，必须采用专用集成电路设计技术来使成本降低，提高系统的性能价格比。分布智能系统结构形式是火灾自动报警系统的发展方向，当前比较先进的技术产品有美国 Edward SIGA 系列多重复合火灾探测器及其 EST3 系统，德国 ef-feff M SR 型火灾探测器及其系统等。

（六） 网络通信系统结构

网络通信形式的系统既可在集中智能型结构上形

成，也可在分布智能型结构基础上形成。它主要是将计算机网络通信技术应用于火灾报警控制器，使火灾报警控制器之间能够利用令牌环网（Token Ring），令牌总线（roken Bus），以太网（Ethemet）网络结构及通信协议，以及专用通信干线交换数据与信息，实现火灾自动报警系统的层次功能设定、数据调用管理和网络服务等功能。通常在网络通信系统结构中，作为集中火灾报警和区域火灾报警用的通用火灾报警控制器的基本功能是相近的，或者可认为其基本配置是相同的。通用火灾报警控制器之间的通信传输能力要求较强，通常采用专用传输网络实现相互通信（如effeff的GEMAG网络，Johnson Controls的META-SYS网络等）；在联网的多台通用火灾报警控制器中，可依据建筑物结构和消防控制中心设置的实际需要来指定其中一台作为上级管理用的通用火灾报警控制器（具有集中火灾报警功能）。此机器同时具有区域控制能力，并且往往是借助增强其扩展功能（如增设扩展板、中心联机板、人机界面卡等）来实现所需的系统综合信息处理功能要求。网络通信系统结构的典型技术产品有 Merova M80，Sentrol 8000 及 Edwards EST3 等。

二、 火灾自动报警系统设计的基本要求

（一） 建筑设计防火规范的规定

按照我国目前消防法规的分类，火灾自动报警系统的设计人员需要掌握建筑设计防火规范、火灾探测和报警设备制造标准、火灾自动报警系统设计规范、火灾自动报警系统安装施工验收规范及消防行政管理法规五方面的消防法规。这五方面法规的内部关系为建筑设计防火规范（GB 50016—2014《建筑设计防火规范》、GB 50222—2017《建筑内部装修设计防火规范》等）对火灾探测与自动报警系统、自动喷水灭火系统及气体灭火系统、防排烟设施等消防系统的设置做出明确规定；火灾自动报警设备选型要掌握我国的设备制造标准；火灾自动报警系统设计规范和各类自动消防系统设计规范对每个系统的设计提出具体要求；火灾自动报警系统安装施工验收规范是对火灾自动报警系统设计、施工的最终检验和考核；消防法及消防管理规章制度是设计、施工及使用单位应该掌握的、设计人员在系统设计时更应了解和掌握的有关的消防行政法规。总之，火灾自动报警系统设计的核心为系统的设置应符合现行的建筑设计防火规范的规定。

设计火灾自动报警系统时，系统的设置应根据现行建筑类防火规范，包括 GB 50016—2014《建筑设计防火规范》、GB 50098—2009《人民防空工程设计防火规范》、GB 50067—2014《汽车库、修车库、停车场设计防火规范》等规定的设置范围进行设计。特别在设计智能建筑火灾自动报警系统时，应充分考虑智能建筑设计目前尚无国家标准这一现状，而应参照 GB 50016—2014《建筑设计防火规范》及相关规范的有关规定来确定系统的设置。

GB 50016—2014《建筑设计防火规范》第 8 章第 4 节对火灾自动报警系统设置做了如下规定。

（1）下列建筑或场所应设置火灾自动报警系统。

1）任一层建筑面积大于 1500m² 或总建筑面积大于 3000m² 的制鞋、制衣、玩具、电子等类似用途的厂房。

2）每座占地面积大于 1000m² 的棉、毛、丝、麻、化纤及其制品的库房，占地面积大于 500m² 或总建筑面积大于 1000m² 的卷烟库房。

3）任一层建筑面积大于 1500m² 或总建筑面积大于 3000m² 的商店、展览、财贸金融、客运和货运建筑等类似用途的建筑，总建筑面积大于 500m² 的地下或半地下商店。

4）图书或文物珍藏库，每座藏书超过 50 万册的图书馆，重要的档案馆。

5）地市级及以上广播电视建筑、邮政建筑、电信建筑，城市或区域性电力、交通和防灾指挥调度等建筑。

6）特等、甲等剧院，座位数超过 1500 个的其他等级的剧院或电影院，座位数超过 2000 个的会堂或礼堂，座位数超过 3000 个的体育馆。

7）大、中型幼儿园的儿童用房等场所，老年人建筑、任一楼层建筑面积大于 1500m² 或总建筑面积大于 3000m² 的疗养院的病房楼、旅馆建筑和其他儿童活动场所，不小于 200 床位的医院的门诊楼、病房楼和手术部等。

8）歌舞娱乐放映游艺场所。

9）净高大于 2.6m 且可燃物较多的技术夹层，净高大于 0.8m 且有可燃物的闷顶或吊顶内。

10）大、中型电子计算机房及其控制室、记录介质库，特殊贵重或火灾危险性大的机器、仪表、仪器设备室、贵重物品库房，设置有气体灭火系统的房间。

11）二类高层公共建筑内建筑面积大于 50m² 的可燃物品库房和建筑面积大于 500m² 的营业厅。

12）其他一类高层公共建筑。

13）设置机械排烟、防烟系统、雨淋或预作用自动喷水灭火系统、固定消防水炮灭火系统等需与火灾

自动报警系统连锁动作的场所或部位。

（2）建筑高度大于100m的住宅建筑，应设置火灾自动报警系统。

1）建筑高度大于54m、但不大于100m的住宅建筑，其公共部位应设置火灾自动报警系统，套内宜设置火灾探测器。

2）建筑高度不大于54m的高层住宅建筑，其公共部位宜设置火灾自动报警系统。当设置需联动控制的消防设施时，公共部位应设置火灾自动报警系统。

3）高层住宅建筑的公共部位应设置具有语音功能的火灾声警报装置或应急广播。

（3）建筑内可能散发可燃气体、可燃蒸气的场所应设置可燃气体报警装置。

同样，在GB 50098—2009《人民防空工程设计防火规范》、GB 50067—2014《汽车库、修车库、停车场设计防火规范》及其他建筑设计防火规范的有关章节中对火灾自动报警系统的设置范围都做了明确规定。

在执行GB 50116—2013《火灾自动报警系统设计规范》和有关消防技术规范时，一般应注意行业标准服从国家标准；就安全而言，标准就高不就低；若有疑问，报请公安部、建设部等规范制订的主管部门解决。

（二）火灾报警区域和探测区域划分

火灾报警区域是将火灾自动报警系统所警戒的范围按防火分区或楼层划分的报警单元。通过报警区域把建筑的防火分区与火灾自动报警系统有机地联系起来。在火灾自动报警系统设计中，首先要正确地划分火灾报警区域，将相应的报警系统确定，才能使报警系统及时、准确地报出火灾发生的具体部位，以便就近采取措施，扑灭火灾。在美国、英国、日本、德国等发达国家，为适合该国的建筑风格，均在该国的火灾自动报警系统设计规范中，对火灾报警区域做了明确规定。例如，德国VdS标准《火灾自动报警装置设计与安装规范》（1992年版）规定："安全防护区域必须划分为若干报警区域，而报警区域的划分应以能迅速确定报警及火灾发生的部位为原则"。依据国内外的经验及我国消防法规的体系情况，在划分报警区域时要充分考虑GB 50016—2014《建筑设计防火规范》中有关"防火分区"的概念。

火灾报警区域应以防火分区为基础。所以，GB 50116—2013《火灾自动报警系统设计规范》第3.3.1条规定：报警区域应根据防火分区或楼层划分。可将一个防火分区或一个楼层划分为一个报警区域，也可将发生火灾时需要同时联动消防设备的相邻几个防火分区或楼层划分为一个报警区域。按常规，每个火灾报警区域应设一台区域火灾报警控制器或区域显示盘，报警区域通常不跨越楼层。所以，除了高层公寓和塔楼式住宅，一台区域火灾报警控制器所警戒的范围通常也不得跨越楼层。

火灾探测区域是把报警区域按照探测火灾的部位划分的探测单元。每个火灾探测区域对应在火灾报警控制器（或楼层显示盘）上显示一个部位号。这样，才能迅速而准确地探测出火灾报警的具体部位。所以，在被保护的火灾报警区域内应按顺序划分火灾探测区域。国外规范也是这样规定的。

GB 50116—2013《火灾自动报警系统设计规范》第3.3.2条规定：探测区域应按独立房（套）间划分。一个探测区域的面积不宜超过500m²；从主要入口能看清其内部，且面积不超过1000m²的房间，也可划为一个探测区域。

GB 50116—2013《火灾自动报警系统设计规范》还规定，以下场所应单独划分探测区域：

（1）敞开或封闭楼梯间、防烟楼梯间。

（2）防烟楼梯间前室、消防电梯前室、消防电梯与防烟楼梯间合用的前室、走道、坡道。

（3）电气管道井、通信管道井、电缆隧道。

（4）建筑物闷顶、夹层。

GB 50116—2013《火灾自动报警系统设计规范》对近几年使用比较多又比较成熟的红外光束线型感烟、缆式感温及空气管差温火灾探测器的探测区域也给予了考虑，第3.3.2条规定：红外光束感烟火灾探测器和缆式线型感温火灾探测器的探测区域的长度不宜超过100m；空气管差温火灾探测器的探测区域长度宜在20～100m。

火灾探测区域为火灾自动报警系统的最小单位，代表了火灾报警的具体部位。它能帮助值班人员及时、准确地到达火灾现场，采取有效措施，扑灭火灾。所以，在设计火灾自动报警系统时，必须严格执行规范要求，正确划分火灾探测区域。

（三）自动和手动触发装置

火灾自动报警系统中应设自动与手动两种触发装置，已成为国际惯例。

GB 50116—2013《火灾自动报警系统设计规范》第3.1.2条规定：火灾自动报警系统应有自动和手动两种触发装置。所谓触发装置指的是能自动或手动产生火灾报警信号的器件。火灾探测器、水流指示器及压力开关等是自动触发器件，手动报警按钮、启泵按钮等是人工手动发送信号、通报火警的触发器件。在设计火灾自动报警系统时，应同时按照规范要求设置自动与手动两种触发装置。特别是人工报警简便易行、可靠性高，是自动系统必备的补充。

下面，利用手动报警器与消防启泵按钮的兼容性问题，说明手动触发装置的重要性。手动报警器与消防启泵按钮的区发别如下。

（1）手动报警器是人工报警装置，启泵按钮为启动消防泵的触发装置；虽然两种信号均接到消防控制室，但是两者的作用不同。

（2）手动报警按钮按防火分区设置，通常设在出入口附近，而消防启泵按钮按消火栓的布点设置，两者的设置位置及标准不同。

（3）手动报警按钮的信号接至火灾报警控制器上，消防启泵按钮的信号接到消防控制室的消防联动控制盘上；火灾报警时，不一定要启泵。因此，手动报警按钮通常情况下不兼作启泵用。如果这两个触发装置在某个具体工程中设置标准完全重合，可考虑两者兼容，设计火灾自动报警系统时应根据具体情况确定。

（四）火灾报警控制器产品型号编制

火灾报警控制器是火灾报警系统的核心单元，特别是在智能建筑中，火灾报警控制器中火灾信息数据处理方法和火灾模式识别方法决定了火灾自动报警系统基本性能与适应性。依据火灾报警控制器的产品类型编号，可初步了解火灾自动报警系统产品的基本性能，这对于智能建筑中火灾自动报警系统产品选型和系统性能初步判断非常重要。

鉴于火灾报警控制器基本类型划分为区域火灾报警控制器、集中火灾报警控制器及通用火灾报警控制器三种，火灾报警控制器产品型号含义如下所示。

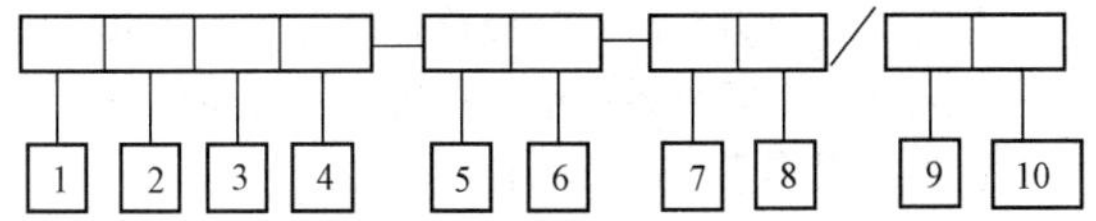

[1]——消防产品中火灾报警设备分类代号，用“J”表示。

[2]——火灾报警控制器产品代号，用“B”表示。

[3]、[4]——应用范围特征代号，表示火灾报警控制器的适用场所，具体表示方法是：

B——防爆型（位置在前），省略为非防爆型。

C——船用型（位置在后），省略为陆用型。

[5]——分类特征代号及参数，分类特征代号（在前）用一位字母表示：

Q——区域火灾报警控制器。

J——集中火灾报警控制器。

T——通用火灾报警控制器。

L——火灾报警控制器（联动型）。

分类特征参数用一位或两位阿拉伯数字表示：对于分类特征代号为集中、通用、集中（联动型）及通用（联动型）的火灾报警控制器，其分类特征参数是可连接的火灾报警控制器数；对于分类特征代号为区域、区域（联动型）的火灾报警控制器，其分类特征参数可省略。

[6]——结构特征代号，用字母表示：

G——柜式结构。

T——台式结构。

B——壁挂式结构。

[7]——传输方式特征代号及参数，传输方式特征代号用一位字母表示：

D——多线制。

Z——总线制。

W——无线制。

H——总线无线混合制或多线无线混合制。

传输方式特征参数用一位阿拉伯数字表示：对于传输方式特征代号为总线制或总线无线混合制的火灾报警控制器，其传输方式特征参数是总线数；对于传输方式特征代号为多线制、无线制及多线无线混合制的火灾报警控制器，其传输方式特征参数可忽略。

[8]——厂家代号，一般为二位至三位，用厂家名称中有代表性汉语拼音字母或英文字母表示。

[9]——主参数代码，用主参数的回路数或每回路的地址数与无线地址数之间用斜线隔开表示。具体方法是回路数用一位或两位阿拉伯数字表示，每回路的地址数用两位或三位阿拉伯数字表示，无线地址数用两位或三位阿拉伯数字表示。对于集中或集中（联动型）火灾报警控制器，主参数无须反映；对于区域、通用、区域（联动型）及通用（联动型）多线制火灾报警控制器，主参数表示火灾报警控制器的多线回路数；对于区域、通用、区域（联动型）及通用（联动型）总线制火灾报警控制器，主参数表示火灾报警控制器的总线回路数和每回路的地址数；对于区域、通用、区域（联动型）及通用（联动型）无线制火灾报警控制器，主参数表示火灾报警控制器的无线地址数；对于区域、通用、区域（联动型）及通用（联动型）总线无线混合制火灾报警控制器，主参数表示火灾报警控制器的总线回路数、每回路的地址数和无线

地址数；对于区域、通用、区域（联动型）及通用（联动型）多线无线混合制火灾报警控制器，主参数表示火灾报警控制器的多线回路数和无线地址数。

（五）系统工作接地和保护接地

火灾自动报警系统和消防控制室的接地，分为工作接地与保护接地。火灾报警系统和消防控制设备的工作接地十分重要。为确保火灾自动报警系统和消防设备正常工作，规范明确规定：

（1）火灾自动报警系统应在消防控制室设置专用接地板，接地装置的接地电阻值应符合以下要求：

1）当采用专用接地装置时，接地电阻值不应大于4Ω。

2）当采用共用接地装置时，接地电阻值不应大于1Ω。

（2）消防控制室接地板与建筑接地体之间应采用线芯截面面积不小于25mm²的铜芯绝缘导线连接。

（3）消防控制室内的电气和电子设备的金属外壳、机柜、机架、金属管、槽等应采用等电位连接。

（4）由消防控制室接地板引至各消防电子设备的专用接地线应选用铜芯塑料绝缘导线，其芯线截面积不应小于4mm²。

火灾自动报警系统和消防控制室的保护接地，在GB/T 50065—2011《交流电气装置的接地设计规范》中已有明确规定。

三、火灾自动报警系统基本设计形式

（一）区域报警系统

区域报警系统由火灾探测器、区域火灾报警控制器或通用火灾报警控制器、手动报警器、火灾警报装置和电源构成，图11-71所示为其原理框图。区域报警系统主要用于完成火灾探测和报警任务，适用于小型建筑对象或防火对象单独使用。通常使用这类系统的火灾探测和报警区域内最多不得超过3台区域火灾报警控制器或用作区域报警的小型通用火灾报警控制器（通常每台的探测点数小于256点）；如果多于3台，应考虑使用集中报警系统形式。

区域报警系统比较简单，但使用面很广。它既可单独用在工矿企业的计算机房等重要部位和民用建筑的塔楼公寓、写字楼等处，也可作为集中报警系统和控制中心系统中最基本的组成设备。如图11-72所示为公寓塔楼火灾自动报警系统示意。现在公寓火灾报警系统多数由环状网络构成（如图11-72右边所示），也可能由枝状线路构成（如图11-72左边所示），但是必须加设楼层报警确认灯。

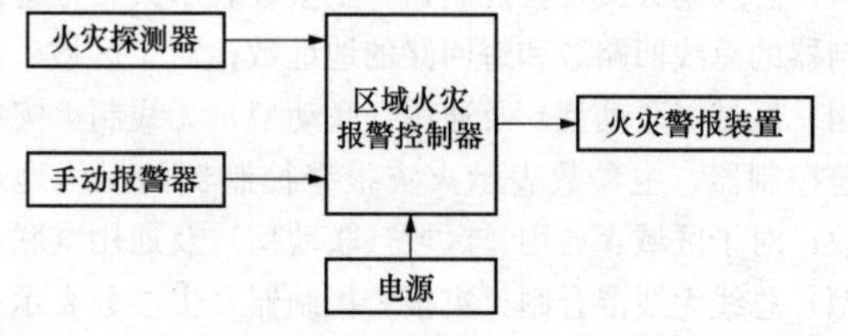

图11-71　区域报警系统原理框图

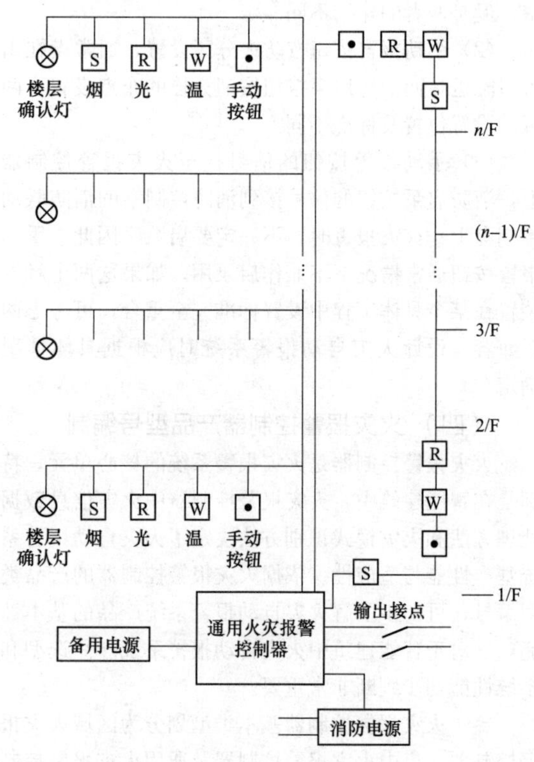

图11-72　公寓塔楼火灾报警系统示意

设计区域报警系统时，应符合以下几点要求。

（1）在一个区域系统中，宜选用一台通用火灾报警控制器，最多不能超过两台。

（2）区域火灾报警控制器应设于有人值班的房间。

（3）区域报警系统容量较小，只能设置一些功能简单的联动控制设备。

（4）当用区域报警系统警戒多个楼层时，应在每个楼层的楼梯口及消防电梯前室等明显部位设置识别报警楼层的灯光显示装置。

（二）集中报警系统

集中报警系统由火灾探测器、区域火灾报警控制器（或者用作区域报警的通用火灾报警控制器）和集中火灾报警控制器等组成。根据规范要求，集中报警系统形式适用于高层宾馆、写字楼等对象，其典型结构有传统型与总线制编码传输型两种形式（在国内的实际工程中同时并存），各有其特点，设计者可按照工程的投资情况及控制要求进行选择。

1. 传统型集中报警系统

传统型集中报警系统主要由集中火灾报警控制器、区域火灾报警控制器及火灾探测器等组成。根据规范规定，集中报警系统应设有一台集中火灾报警控制器（或通用火灾报警控制器）及两台以上区域火灾报警控制器（或楼层显示器、带声光报警器），如图11-73所示为其系统框图。其中，对于消防泵、喷淋泵及风机等联动控制部分没有画出；这类系统中的联动控制信号取自集中火灾报警控制器，并借助消防联动控制台对消防设备进行直接控制。

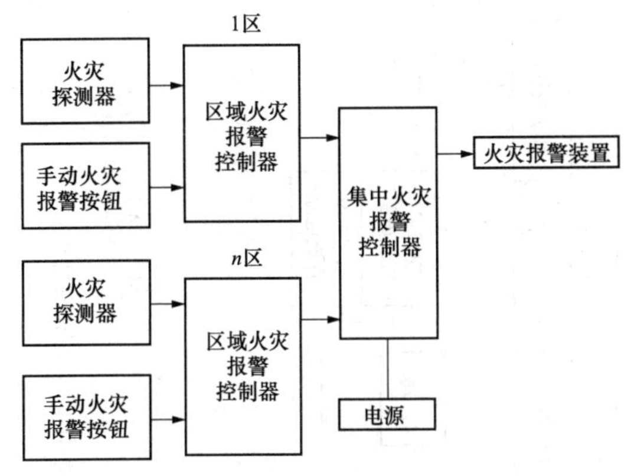

图11-73 集中报警系统框图

传统型集中报警系统在一级中档宾馆、饭店用得比较多。依据宾馆、饭店的管理情况，集中火灾报警控制器设在消防控制室，区域火灾报警控制器（或楼层显示器）设于各楼层服务台，管理比较方便。如图11-74所示为用于宾馆、饭店的传统型集中报警系统，这样的系统可在国内生产，价格便宜，质量也比较可靠。

2. 总线制编码传输型集中报警系统

近年来，火灾报警采用总线制编码传输技术，使集中报警系统成为完全不同于传统型集中报警系统的新型系统。这种新型的集中报警系统是由火灾报警控制器、区域显示器（又叫楼层显示器）、声光报警装置及感温或感烟火灾探测器（带地址模块），以及控制模块（控制消防联控设备）等组成的总线制编码传输型集中报警系统。目前，国内大多数生产厂家生产的总线制带编码传输的集中报警系统原理框图如图11-75所示。

在带有报警总线和联动总线的大型通用火灾报警控制器及各种火灾探测器和功能模块构成的总线制编

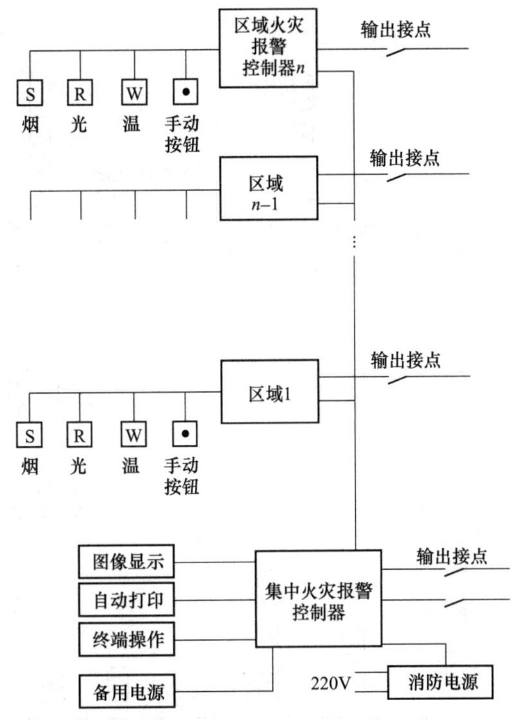

图11-74 用于宾馆、饭店的传统型集中报警系统

码传输集中报警系统中，消防泵及喷淋泵等消防主设备的联动控制仍然采用联动控制台实现直接硬线控制，但是对于空调系统、电梯、正压送风阀、防火阀、防火卷帘、排烟阀、灭火装置等则采用模块控制或模块传输控制信号，使消防设备控制可靠性（因模块被中心控制器监测）和控制实现的灵活性提高了，并且使火灾报警控制器对绝大多数消防设备实现了有效监测。此外，系统采用区域报警显示器（也称楼层显示器）来完成按照火灾报警分区实现监测和故障显示，用环状布线或枝状布线来提高火灾报警回路和控制回路的工作可靠性，提高了系统的工程适用性；系统还采用通用接口方式兼容了不同类型的火灾探测器，为系统设计带来了便利。这类系统比较适用于功能比较复杂的高级宾馆和写字楼、高层建筑及综合楼等。

无论是传统型集中报警系统还是总线制编码传输型集中报警系统，在设计时都应注意以下几点。

（1）集中报警控制系统中，应设置必要的消防联动控制输出接点与输入接点（或输入/输出模块），可控制有关消防设备，并接收其反馈信号。

（2）在火灾报警控制器上应能准确显示火灾报警的具体部位，并能实现简单的联动控制。

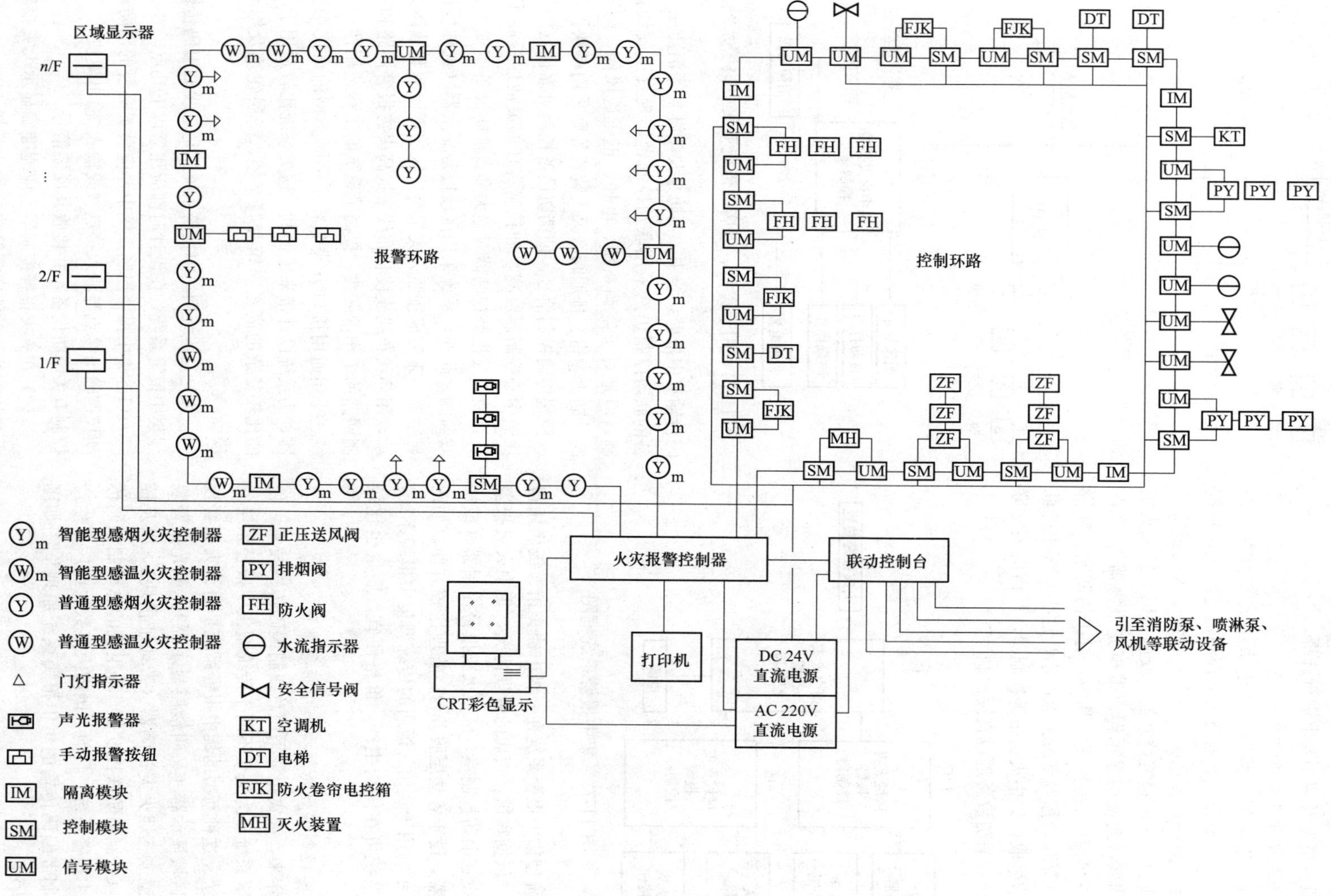

图 11-75 集中报警系统原理框图

（3）集中火灾报警控制器的信号传输线（输入/输出信号线）应利用端子连接，且应有明显的标记和编号。

（4）火灾报警控制器应设在消防控制室或有人值班的专门房间。

（5）控制盘前后应按照消防控制室的要求，留出便于操作、维修的空间。

（6）集中火灾报警控制器所连接的区域火灾报警控制器（或楼层显示器）应符合区域报警控制系统的技术要求。

（三）控制中心报警系统

控制中心报警系统由设置在消防控制中心（或消防控制室）的消防联动控制设备、集中火灾报警控制器、区域火灾报警控制器及各种火灾探测器等组成，或者由消防联动控制设备、环状布置的多台通用火灾报警控制器和各种火灾探测器及功能模块等组成。通常控制中心报警系统形式是高层建筑及智能建筑中自动消防系统的主要类型，为楼宇自动化系统的重要组成部分，其典型的系统结构有两种形式。

1. 传统型控制中心报警系统

传统型控制中心报警系统主要由区域火灾报警控制器、集中火灾报警控制器、各种火灾探测器及功能模块和消防控制设备等构成。这里所指的消防控制设备主要为火灾警报器的控制装置、火警电话、空调通风及排烟、消防电梯等控制装置、火灾事故广播及固定灭火系统控制装置等，如图 11-76 所示为其系统框图。它进一步加强了对消防设备的监测和控制，适用于大型建筑、大型综合商场、宾馆及公寓综合楼等对象，可对各类设置在建筑中的消防设备实现联动控制和手动/自动控制转换。

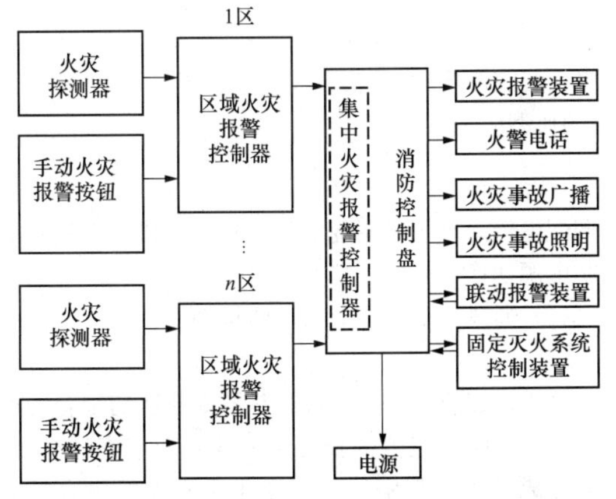

图 11-76　传统型控制中心报警系统框图

如图 11-77 所示为传统型控制中心报警系统在商场、宾馆、公寓合一的综合楼中的典型应用。综合楼的 1～4 层为商业用房，每层在商业管理办公室设区域火灾报警控制器或楼层显示器；5～12 层是宾馆客房，每层服务台设区域火灾报警控制器；13～15 层为出租办公用房，在 13 层设一台区域控制器警戒 13～15 层；16～18 层为公寓，在 16 层设一台区域火灾报警控制器。全楼 18 层按照其各自的用途和要求，共设置了 14 台区域火灾报警控制器或楼层显示器，一台集中火灾报警控制器及消防设备联动控制装置。

2. 综合型控制中心报警系统

如图 11-78 所示，随着科学技术的发展，控制中心报警系统也可能是由设在消防控制室的消防控制设备、通用火灾报警控制器、区域显示器（或灯光显示装置），以及火灾探测器等组成的功能复杂的火灾报警系统。它吸收了传统系统形式的优点，并加强了消防中心控制室对消防设备的监测和控制，增强了火灾应急通信及广播功能，兼容了各种类型的火灾探测器和功能模块。这种系统同样适用于大型宾馆、商场、饭店、大型综合性建筑对象和智能建筑对象。

必须指出，在一个大型建筑群里构成控制中心报警系统是一项十分复杂的消防工程，建立一个消防控制中心系统的耗资之多、难度之大、要求之高是可以想象的。基于集中报警系统加上消防联动控制设备就构成消防控制中心系统这一基本思想，大型建筑群中火灾自动报警系统的消防控制中心采取集中与分散相结合的控制方式，由技术角度看更趋于合理。大型建筑群的综合型控制中心报警系统如图 11-79 所示，这是北京国贸中心一期工程的系统示意，此工程内有两座高级宾馆、两栋公寓，还有办公楼及商业楼等，每栋楼按照其使用性质和管理情况设置消防控制室，在会议中心设置控制中心系统，也就是消防控制中心。消防控制中心集中了所有消防控制室的火灾报警及联动控制信号。

四、火灾自动报警系统设计程序

（一）初步设计

1. 确定设计依据

（1）相关规范，建筑的规模、功能、防火等级及消防管理的形式。

（2）所有土建和其他工种的初步设计图纸。

（3）采用厂家的产品样本。

2. 方案确定

由以上内容进行初步概算，通过比较及选择，决定消防系统采用的形式，确定合理的设计方案。设计方案的确定是设计成败的关键所在，一项优秀的设计不仅要精心绘制工程图纸，而更要重视方案的设计、比较和选择。

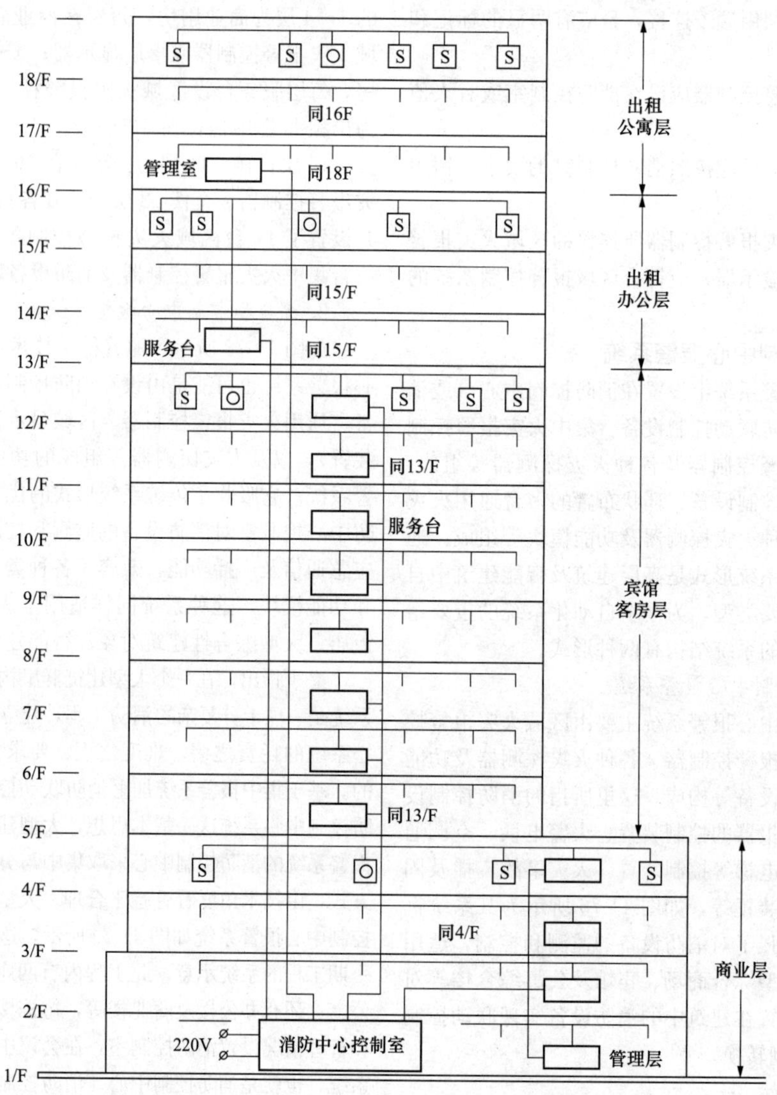

图 11-77 传统型控制中心报警系统在商场、宾馆、公寓合一的综合楼中的典型应用

火灾报警及联动控制系统的设计方案应按照建筑物的类别、防火等级、功能要求、消防管理及相关专业的配合才能确定。所以，必须掌握以下资料。

（1）建筑物类别和防火等级。

（2）土建图纸：防火分区的划分，烟道（烟口）、风道（风口）位置，防火卷帘数量及位置等。

（3）给排水专业给出消火栓、水流指示器及压力开关的位置等。

（4）电力、照明专业给出供电及有关配电箱（如空调配电箱、事故照明配电箱、防排烟机配电箱及非消防电源切换箱）的位置。

（5）通风与空调专业给出防排烟机及防火阀的位置等。

总之，建筑物的消防设计是各专业密切配合的产物，在总的防火规范的指导下，各专业应密切配合，共同完成任务。其中，电气专业应考虑的内容见表11-16。

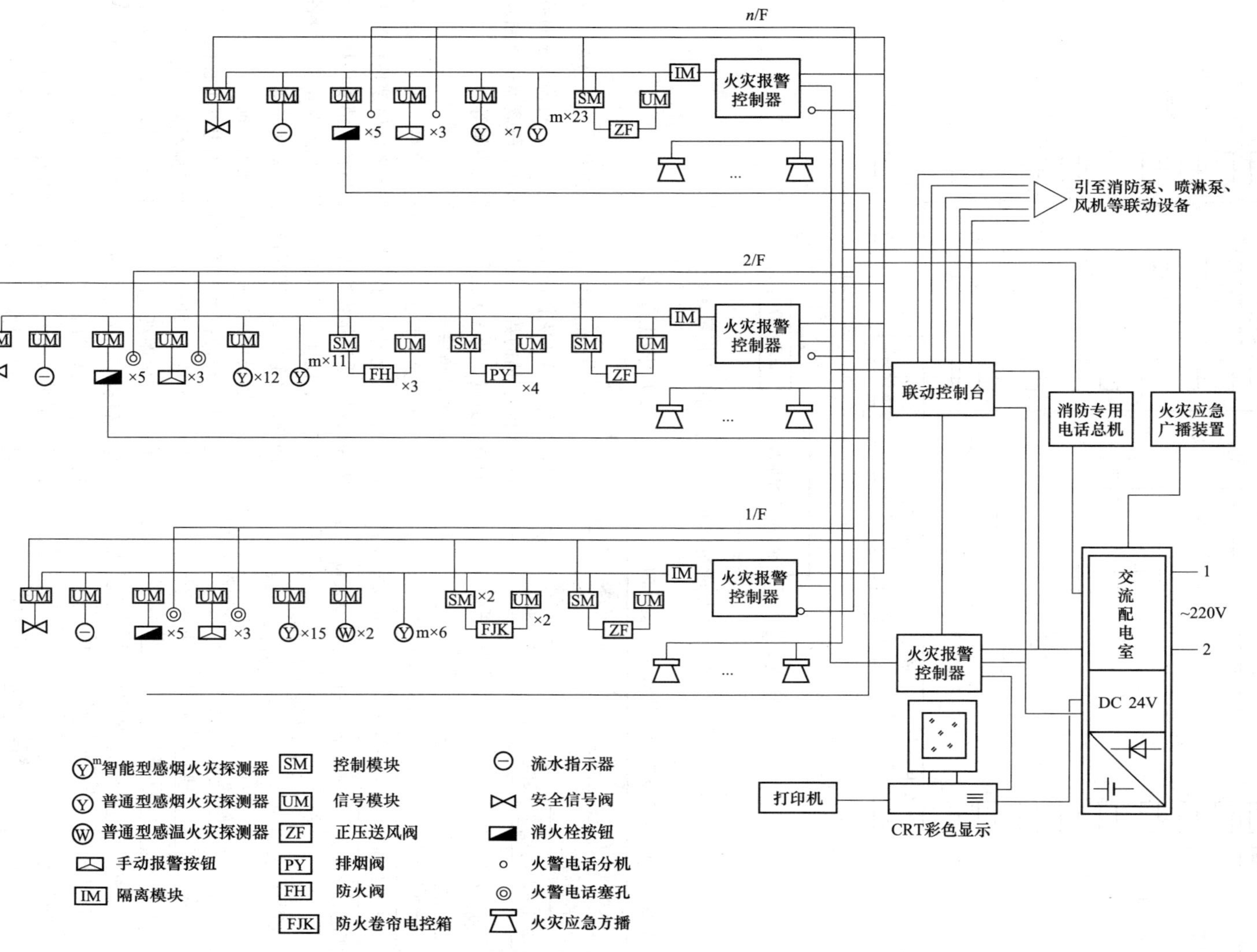

图 11-78 综合型控制中心报警系统

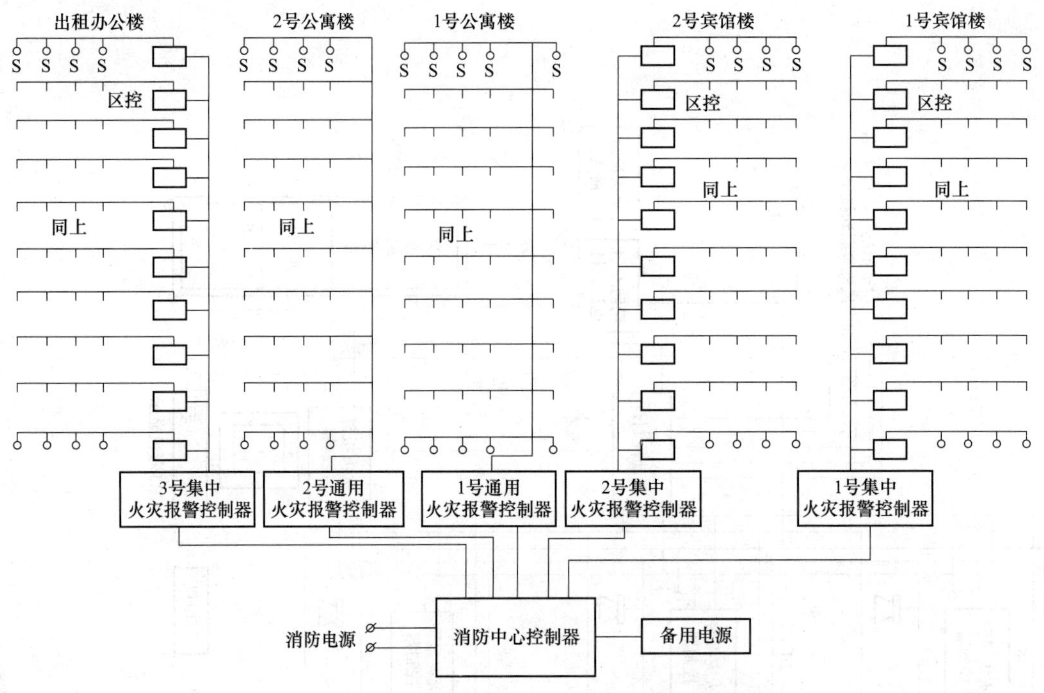

图 11-79　大型建筑群的综合型控制中心报警系统

表 11-16　　电气专业在消防设计中的设计内容

序号	设计项目	电气专业配合的内容
1	建筑物高度	确定电气防火设计范围
2	建筑防火分类	确定电气消防设计内容和供电方案
3	防火分区	确定区域报警范围、选用火灾探测器种类
4	防烟分区	确定防排烟系统控制方案
5	建筑物用途	确定火灾探测器形式类别和安装位置
6	构造耐火极限	确定各电气设备的设置部位
7	室内装修	选择火灾探测器的形式类别、安装方法
8	家具	确定保护方式、采用火灾探测器的类型
9	屋架	确定屋架探测方式和灭火方式
10	疏散时间	确定紧急疏散标志、事故照明时间
11	疏散路线	确定事故照明位置和疏散通路方向
12	疏散出口	确定标志灯位置、指示出口方向
13	疏散楼梯	确定标志灯位置、指示出口方向
14	排烟风机	确定控制系统与连锁装置
15	排烟口	确定排烟风机连锁系统
16	排烟阀门	确定排烟风机连锁系统
17	防火卷帘门	确定火灾探测器联动方式
18	电动安全门	确定火灾探测器联动方式

（二）施工图设计

1. 计算

按建筑物房间使用功能和层高计算布置设备的数量，具体包括火灾探测器的数量、手动报警按钮的数量、消防广播的数量，楼层显示器、隔离器、支路及回路的数量，及火灾报警控制器的容量等。

2. 施工图绘制

施工图是工程施工的重要技术文件，主要包括设计说明、系统图及平面图等。施工图应清楚地标明火灾探测器、手动报警按钮、消防电话、消防广播、消火栓按钮、防排烟机等各设备的平面安装位置、设备之间的线路走向及系统对设备的控制关系等。

施工图设计完成后，在开始施工之前，设计人员应与施工单位的技术人员或负责人做电气工程设计技术交底。在施工过程中，设计人员应经常去现场帮助施工人员解决图纸或施工技术上的问题，有时还要根据施工过程中出现的新问题做一些设计上的变动，并通过书面形式发出修改通知书或修改图。设计工作的最后一步是组织设计人员、建设单位、施工单位及相关部门对工程进行竣工验收。设计人员应检查电气施工符合设计要求与否，即详细查阅各种施工记录，到现场查看施工质量是否符合验收规范，检查设备安装措施是否符合图纸规定，把检查结果逐项写入验收报告，并最后作为技术文件归档。

五、火灾自动报警系统应用形式

（一）多线制系统与总线制系统

多线制系统应用形式为火灾自动报警系统的基本结构形式，同火灾自动报警系统的早期产品设计、开发及生产有关。多线制系统应用形式易于判断，系统中火灾探测器和各种功能模块与火灾报警控制器采用硬线对应连接方式，火灾报警控制器通过直流信号对火灾探测器进行巡检以实现火灾与故障判断处理。

典型的总线制系统应用形式是按照建筑物结构在每个楼层设置区域火灾报警控制器，在消防控制中心设置集中火灾报警控制器。火灾报警信号及消防设备联动控制信号均沿楼层纵向垂直传输；火灾报警、各种防火设备及灭火设备都自成系统，有相对的独立性。由设计看，这种火灾自动报警系统应用形式属于区域加集中模式，其传输线路多，投资较大，但是其各个子系统相互干扰小。控制指令是一级直接传输的。所以，系统可靠性较高。

总线制系统的另一种应用形式是整个火灾自动报警系统只在消防控制中心设置一台大容量、多功能的通用火灾报警控制器作为集中火灾报警控制器，并根据建筑结构要求在各个楼层设置显示控制器（楼层显示器）；其火灾报警信号与控制信号均采用编码信号，火灾报警信号纵向传输，而各个楼层消防设备的联动控制信号都是利用各个楼层显示控制器进行传输的，并且消防联动信号及反馈信号都分为两级传输，也就是首先由消防控制中心的手动或自动控制装置发出控制信号，送到各个楼层显示控制器的控制部分，然后再把指令发到每层的消防设备。由设计看，这种火灾自动报警系统应用形式是集中处理型，其传输线路较少、操作较为简单、工程施工方便，但其火灾报警控制器主机需要处理的信息量大，主机的性能要求高，通常采用微机或专用火警计算机构成，并且因为系统中各种火灾探测器和功能模块信号（包括电系统、水系统）是通过编码总线传输的，系统可靠性要求高，抗干扰能力要求强。必须要指出，采用微机控制的集中处理型火灾自动报警系统，既可接收消防控制中心的指令对区域消防设备进行控制，也可接收对火灾探测信号进行处理判断之后向区域消防设施发出的控制指令，其消防控制中心的要求比较高，系统的管理、维修水平要求强，信息处理量很大，系统传输线少而总的费用比较高。

（二）集中智能系统与分布智能系统

根据火灾自动报警系统的结构形式，在实际应用中集中智能系统也叫作主机智能系统。它是把典型火灾探测器的阈值比较电路取消，使火灾探测器成为火灾传感器，无论烟雾与温度等火灾参数的影响有多大，火灾探测器（即火灾传感器）本身不报警，而是把烟雾、温度影响产生的成比例的电流或电压变化信号借助 A/D 转换电路、编码译码电路和传输总线等传送给系统主机（报警控制器），由主机内置应用软件将传回的信号与火警典型信号比较，按照其变化速率、特征模式等因素判断出信号类型，并增加速率变化、连续变化量、时间及阈值幅度等一系列参考量的修正，只有信号特征和计算机内置的典型火灾特征模式相符合时才产生报警，极大地减少了误报。

主机智能系统应用形式的主要优点为火灾探测灵敏度和信号特征模型可按照所在环境特点来设置；可补偿各种环境干扰，特别是灰尘积累对火灾探测灵敏度的影响，并具有火灾探测器报脏功能；火灾自动报警系统主机通常是专用火警计算机，可实现火警、故障判断、数据存储、时钟、系统自检、联动联网及模型优化等多种管理功能；系统应用软件具有高级扩展功能和良好的人机界面。

分布智能系统应用形式实质上是主机智能系统和火灾探测器智能两者相结合，因此也称为全智能系统。全智能系统应用的特点为保留总线制集中智能型系统所具有的各项优势，把集中智能型系统中火灾报警控制器主机对探测信号的处理部分返还至现场火灾探测器，使火灾自动报警系统的“智能”分布在火灾探测器（或传感器）与通用火灾报警控制器上，提高系统巡检速度、稳定性及可靠性。

（三）主子机、中控机和网络通信系统

1. 主子机系统形式

主子机系统应用形式可由集中火灾报警控制器加上区域火灾报警控制器，或者由通用火灾报警控制器加上功能子机（完成区域或楼层显示与区域管理功能，或者仅完成区域管理功能），并且配以类比式或分布智能式火灾探测器和模块连接的普通火灾探测器所构成。系统通常采用总线制，火灾信息数据处理采用集中智能或分布智能方式。从消防工程实际来看，主子机系统主要应用形式是采用区域火灾报警控制器加上集中火灾报警控制器的设计模式，系统对于火灾信息的判断“智能”分布在火灾探测器（或传感器）、区域控制用主机和集中控制用主机上；区域控制子机具有独立应用功能，可构成小容量系统；集中控制主机功能丰富，既可直接挂接火灾探测器，也可挂接区域控制子机，构成大容量系统，比较适用于大型消防工程。

2. 中控机系统形式

中控机系统应用形式通常由通用火灾报警控制器、楼层显示器、类比式或分布智能式火灾探测器及模块连接的普通火灾探测器构成。系统采用总线制并根据基本设计容量配置形成系列，火灾探测器可连续采集火灾现场参数及特征，火灾报警控制器存储火灾特征数据，火灾识别方式采用对采集数据进行多级分析计算处理，并判定火灾。中控机系统形式基本容量通常设计在500～1000编码点，系统容量可扩展1～2倍，具有集中智能或分布智能的数据处理方式。

从消防工程设计和系统构成来看，中控机系统应用形式的主要特点为采用火灾探测器（或火灾传感器）与通用火灾报警控制器构成系统，对于火灾信息的“智能”处理集中由火灾报警控制器来完成，系统的火灾报警控制器主机通常是一台专用火警计算机，可实现火警、故障判断、时钟、数据存储、系统自检、联动联网及模型优化等多种管理功能，系统应用软件具有高级扩展功能和良好的视窗化人机界面。

3. 网络通信系统形式

网络通信系统应用形式的火灾自动报警系统强调数据通信要求，通常以枝状或环状连接的多台小容量通用火灾报警控制器为核心，并配以类比式或分布智能式火灾探测器和功能模块构成。网络通信系统应用形式的特点为相近于火灾自动报警系统中通用火灾报警控制器基本功能，或者可认为其基本功能和基本配置相同，既可作为上级集中管理主机使用（这时通常需要进行功能扩展或与系统中心计算机连接），也可作为区域火灾报警子机使用；但是，通用火灾报警控制器之间的数据通信传输能力要求比较高，通常多采用专用数据通信干线或网络实现数据通信。在互联的多台通用火灾报警控制器中，可依据建筑物结构特点和消防控制中心设置的实际需要来指定其中一台作为上级管理用火灾报警控制器（起集中报警功能），该机同时具有区域火灾报警与设备控制能力，并且往往利用增强其扩展功能（如增加扩展板、中心联机板及人机界面卡等）来实现所需要的系统处理方面的功能要求。

在实际工程中，网络通信系统应用形式主要借助通用火灾报警控制器来设计完成，其“智能”分布在火灾探测器（或传感器）与通用火灾报警控制器上，一般火灾探测器具有数据处理及简单的运算能力，任何一台火灾报警控制器均具有火警主机功能。总的来讲，采取不同的火灾信息判断处理方式和火灾模式识别方式，可得到不同形式的火灾自动报警系统，并造成在系统的火灾探测与报警能力、各类消防设备的协调控制和管理能力，以及系统本身同上级网络的数据通信能力等方面产生差别。所以，火灾自动报警系统的应用形式尽管随产品形式不同而呈现多样化，但是，依据系统的火灾模式识别方式、火灾探测器结构和电信号处理电路设计，以及与火灾报警控制器之间数据传输方式，可对火灾自动报警系统应用形式加以判断，这对于智能建筑火灾自动报警系统的选择和评价非常重要。

（四）智能建筑火灾自动报警系统网络化形式

根据智能建筑特点和防火设计规范要求，智能建筑火灾自动报警系统对火灾现象和其数据信息应具有类比判断或分布智能处理方式，并在系统设计中应采用控制中心报警系统形式。尽管如此，由于通用火灾报警控制器的结构、性能及数据通信能力存在差异，因而在符合控制中心报警系统基本设计要求的前提下，智能建筑火灾自动报警系统应用形式也有着明显的差异。

智能建筑火灾自动报警系统作为楼宇自动化系统（BAS）的一部分，在职能上既要同保安系统及其他建筑子系统联网通信，并且向建筑中上级管理系统报警及传输数据信息，同时要向远端的城市消防指挥中心或防灾管理中心实施远程报警和传递信息。所以，火灾自动报警系统在满足智能建筑防火安全要求的同时，系统的联网通信能力必不可少。目前，智能建筑火灾监控系统与楼宇自动化系统（BAS）或办公自动化系统（OAS）的联网形式有多种实现方案，相应的技术研究及产品开发路线也不尽相同。图11-80所示是美国Johnson Controls公司IFC-2020智能防火系统的METASYS网络配置。图11-81所示是德国Effeff公司智能防火系统的GEMAG网络配置。

智能建筑中火灾自动报警系统与BAS及OAS联网通信的意义在于向城市消防指挥系统、城市防灾调度中心或城市综合信息管理中心等提供火灾，以及楼宇消防系统状况的有关信息，并可利用城市信息网络实现数据和信息共享，在智能建筑等重要防火对象发生火灾并报警确认后，综合协调城市供水、供电及道路交通等多方面信息，为消防队及时到位提供道路交通保障，为有效灭火提供充足水源，为灭火指挥和火场讯情传递提供可靠的通信传输手段，最终保证及时有效地扑灭火灾，尽最大可能减少火灾损失。

从长远看，火灾自动报警系统除应符合智能建筑或高层建筑楼宇自动化系统的管理要求外，还将随着计算机网络和数据通信技术、卫星通信技术、多媒体技术、有线电视技术的发展而不断丰富其功能。智能

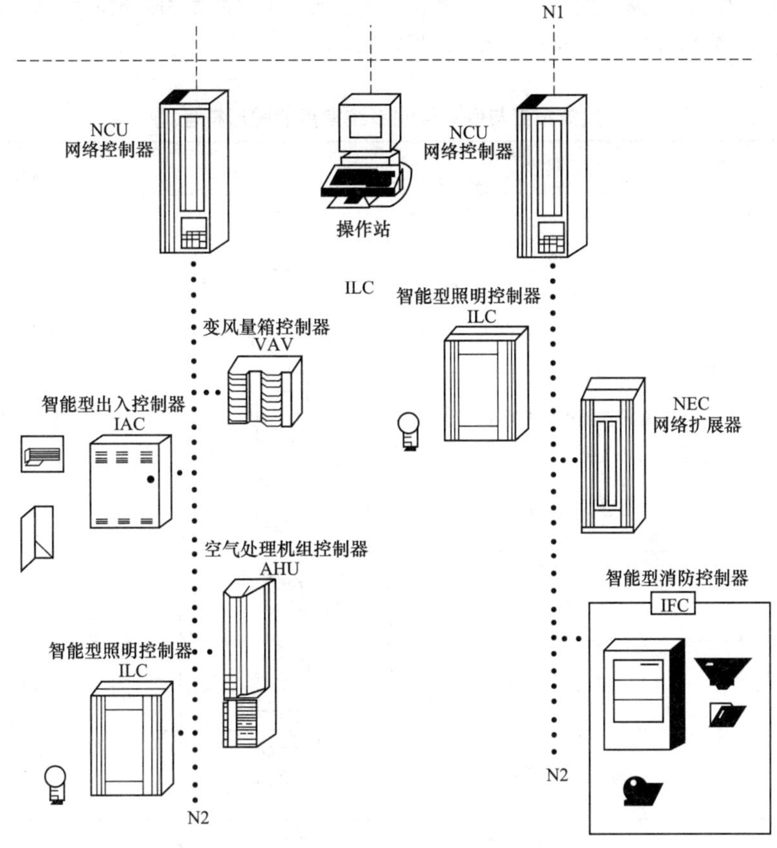

图 11-80 火灾自动报警系统的 METASYS 网络配置

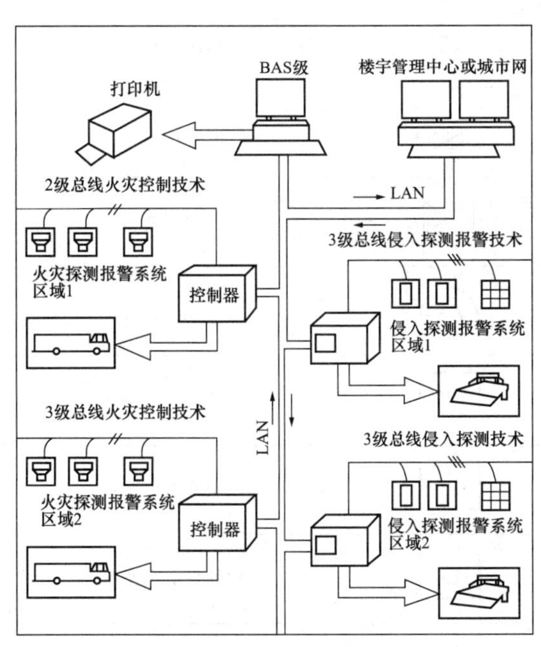

图 11-81 火灾自动报警系统的 GEMAG 网络配置

建筑火灾自动报警系统及其与 BAS 的联网，将会随着计算机技术和网络通信技术的飞速发展有更广阔的应用前景，它将为消防设备的监测、维护及最佳运行提供综合保障，为楼宇火灾模拟应用软件及实用的消防专家系统进入火灾自动报警系统提供基础，并且为楼宇消防管理人员的培训、消防设备监控管理及各种假想条件下火灾处置的方案设计服务。

第六节 火灾自动报警系统施工图识读

一、火灾报警及联动控制系统施工图纸的分类

1. 火灾报警及联动控制系统施工图常用的图形符号

电气工程中设备、元件及装置的连接线很多，结构类型千差万别，安装方法也多种多样。在电气工程图中，这些元件、设备、装置、线路及其安装方法等，均为借用图形符号、文字符号来表达的。同样，

分析火灾报警及联动控制系统施工图首先要了解和熟悉常用符号的形式、内容、含义，以及它们之间的相互关系。火灾报警与联动控制系统常用的图形符号见表 11-17。

表 11-17　火灾报警与联动控制系统常用的图形符号

图形符号	说明	图形符号	说明
	编码感烟火灾探测器		消防泵、喷淋泵
	普通感烟火灾探测器		排烟机、送风机
	编码感温火灾探测器		防火、排烟阀
	普通感温火灾探测器		防火卷帘
	煤气探测器		防火室
	编码手动报警按钮	T	电梯迫降
	普通手动报警按钮		空调断电
	编码消火栓按钮		压力开关
	普通消火栓按钮		水流指示器
	短路隔离器		湿式报警阀
	电话插口		电源控制箱
	声光报警器		电话
	楼层显示器	3202	报警输入中断器
	警铃	3221	控制输出中继器
	气体释放灯、门灯	3203	红外光束中继器
	广播扬声器	3601	双切换盒

在使用图形符号时应注意以下几点。

(1) 图形符号应按照无电压、无外力作用时的原始状态绘制。

(2) 图形符号可根据图面布置的需要缩小或放大，但是应保持各个符号之间及符号本身的比例不变，同一张图纸上的图形符号的大小、线条的粗细应一致。

(3) 图形符号的方位不是强制的，在不改变符号含义的前提下，可按照图面布置的需要旋转或镜像放置，但文字及指示方向不得倒置，旋转方位应是 90°的倍数。

(4) 为确保电气图形符号的通用性，不允许对标准中已给出的图形符号进行修改和派生，但如果某些特定装置的符号未做规定，允许按已规定的符号适当组合派生，但是同一套图纸中同一种元件只能选用一种符号。

2. 火灾报警及联动控制系统施工图纸的分类

火灾报警及联动控制系统施工图用来说明建筑中火灾报警及联动控制系统的构成及功能，描述系统装置的工作原理，以及提供安装技术数据和使用维护依据。比较常用的火灾报警及联动控制系统施工图种类及说明见表 11-18。

表 11-18　常用的火灾报警及联动控制系统施工图种类及说明

种　类	说　明
目录、设计说明、图例、设备材料明细表	图纸目录内容有序号、图纸名称、编号及张数等，一般归到电气施工图总目录中。 设计说明（施工说明）主要阐述工程设计的依据、业主的要求及施工原则，建筑特点、设备安装标准、工程等级、安装方法、工艺要求及有关设计的补充说明等。 图例即图形符号，通常只列出本套图纸中涉及的一些图形符号。 设备材料明细表列出了该项工程所需要的设备和材料的名称、型号、规格及数量，供设计概算及施工预算时参考
系统工作原理框图	火灾报警及联动控制系统框图用来说明系统的工作原理，以框图形式表示，对系统的调试与维护具有一定的指导作用。消防控制中心报警系统框图，如图 11-76 所示
系统图	火灾报警及联动控制系统图是表现工程的供电方式、分配控制关系和设备运行情况的图纸，从系统图可看出工程的概况。火灾报警及联动控制系统，如图 11-82 所示。系统图只表示电气回路中各元件的连接关系，不表示元件的具体情况、具体安装位置和具体接线方法
平面图	火灾报警及联动控制系统平面图是表示设备、装置与线路平面布置的图纸，是进行设备安装的主要依据。它是以建筑总平面图为依据，在图上绘出设备、装置及线路的安装位置、敷设方法等。气体灭火系统平面图，如图 11-83 所示。平面图采用了较大的缩小比例，不表现设备的具体形状，只反映设备的安装位置、安装方式和导线的走向及敷设方法等
设备布置图	设备布置图是表现报警控制设备的平面与空间的位置、安装方式及其相互关系的图纸，通常由平面图、立面图、剖面图及各种构件详图等组成。通常，设备布置图用来表示消防控制中心、水泵房等设备的布置
消防设备电气控制原理图	消防设备电气控制原理图是表现消防设备、设施电气控制工作原理的图纸，如排烟风机的电气控制原理图、自动喷淋水泵一用一备的电气控制原理图、防火卷帘门的电气控制原理图等：电气原理图不能表明电气设备和器件的实际安装位置和具体的接线，但可用来指导电气设备和器件的安装、接线、调试、使用与维修。排烟风机电气控制电路，如图 11-84 所示

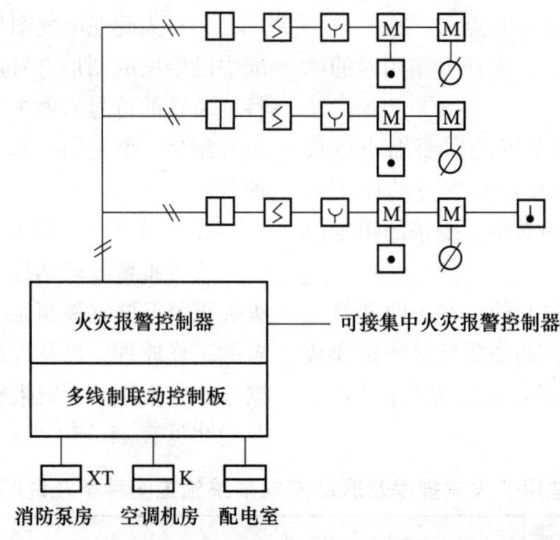

图 11-82　火灾报警及联动控制系统

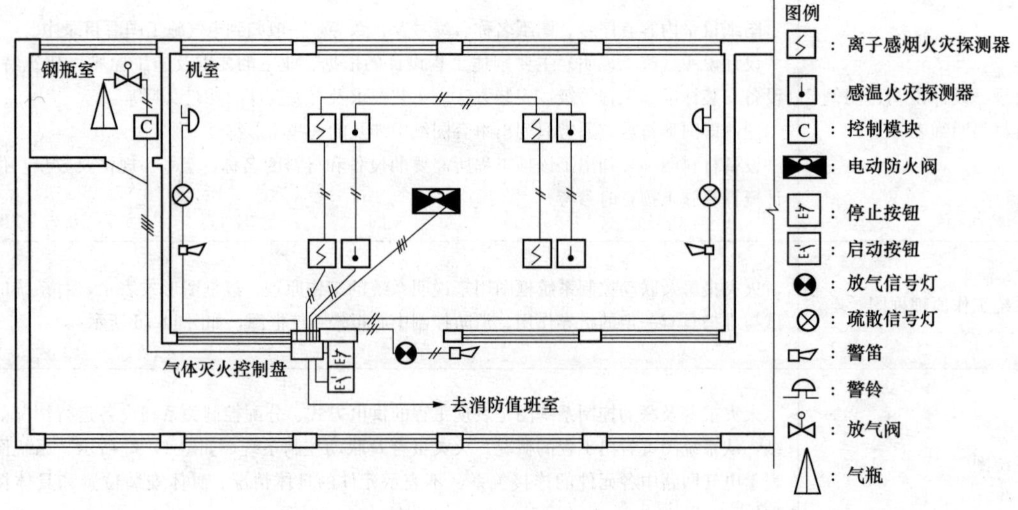

图 11-83　气体灭火系统平面图

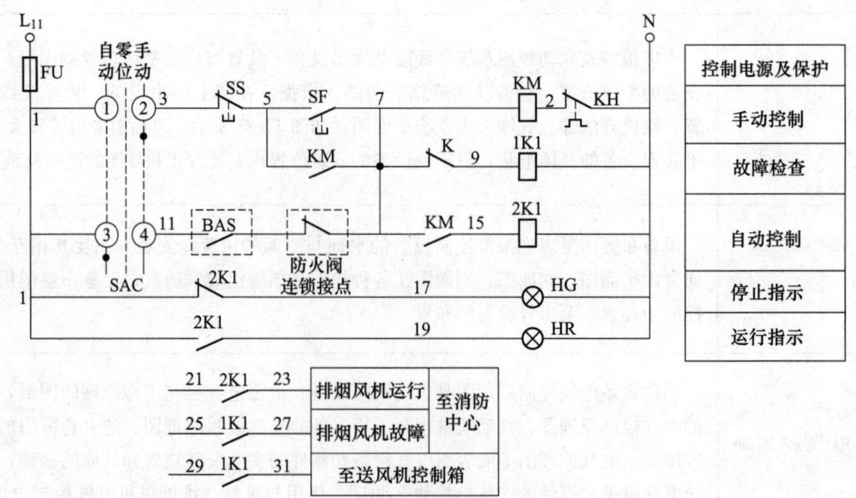

图 11-84　排烟风机电气控制电路

此外，火灾报警及联动控制系统是一项复杂的电气工程，它涉及多门专业知识，如电子技术、无线电技术、通信技术及计算机技术等。有关弱电工程的安装、调试，不但是要看懂平面图、系统图、系统工作原理框图，还应具有上述各门专业的基础知识。

二、 火灾报警及联动控制系统图识读

火灾报警及联动控制系统图是表示系统中设备及元件的组成、设备和元件之间相互连接关系的图纸。系统图的识读要与平面图的识读结合起来，它对于指导安装施工有着十分重要的作用。

系统图的绘制是按照报警联动控制器厂家的产品样本，再结合建筑平面设置的火灾探测器、手动报警按钮等设备的数量而画出，并进行相应的标注（如每处导线根数及走向、每层楼各种设备的数量及设备所对应的楼层数等）。

识读火灾报警及联动控制系统图应掌握下列概念。

（1）系统图是用来表示系统设备、部件的分布及系统的组成关系的。

（2）系统图帮助用户进行系统日常管理及故障维护。

（3）系统图要素包括设备部件类别、设备部件分布及设备部件连线走向和线数。

绘制火灾报警及联动控制系统图应首先选用国家标准及相关部门标准所规定使用的图形符号，下面通过两个典型的例子来说明如何识读系统图。

【例 11-2】多线制火灾报警与联动控制系统，如图 11-85 所示。

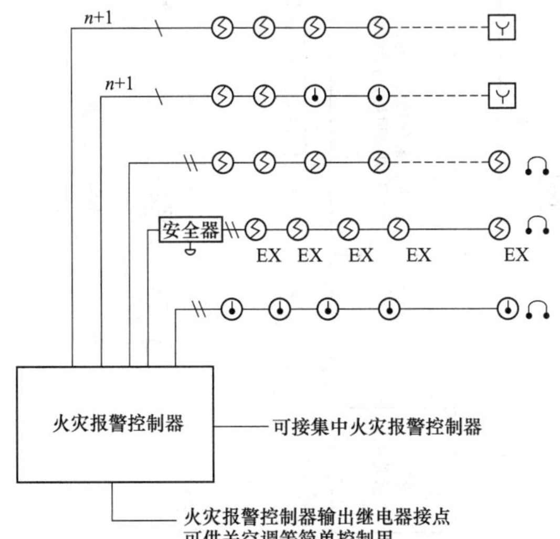

图 11-85　多线制火灾报警与联动控制系统

本图识读要点如下。

（1）本系统采用的是 $n+1$ 多线制报警方式，也即是每一个探测报警点与火灾报警控制器的接线端子相连接。

（2）本系统适用于小系统，如独立设置的小型歌厅及酒吧等。

（3）每层火灾探测器、报警按钮等设备的数量在图中标注出来，同平面图相对应。

【例 11-3】总线制火灾报警及联动控制系统，如图 11-86 所示。

本图识读要点如下。

（1）本系统采用总线报警、总线控制方式，报警与联动控制合用总线。

（2）由图中可看出，该消防中心设有火灾报警控制器及联动控制器、CRT 显示器、消防广播及消防电话。

（3）该报警控制器为 4 回路，每两层楼的报警控制信息点共用一条回路，图中地下一层与一层用一条回路，二层与三层用一条回路，依此类推。

（4）每层楼均设有楼层火灾显示器。

（5）自动报警系统的每一回路都装有感烟火灾探测器、感温火灾探测器、消火栓按钮、水流指示器、手动报警按钮等，设备的数量通过相应平面图确定。

（6）联动控制系统也为总线输出，利用控制模块与设备连接，被联动控制的设备有消防泵、喷淋泵、正压送风机、排烟风机及防火阀等。

（7）输出的报警装置有声光报警器及消防广播等。

三、 火灾报警及联动控制系统平面图识读

火灾报警及联动控制系统平面图是决定装置、设备、元件及线路平面布置的图纸。尽管火灾报警及联动控制系统工程比较复杂，但其平面图的阅读并不困难。由于在弱电工程中传输的信号往往只有一路信号，使线路敷设简化。只要有阅读建筑电气平面图的基础，就可看懂火灾报警系统平面图。

要结合系统图来识读平面图，可通过两个典型的例子来说明如何识读系统图。

【例 11-4】多线制火灾报警及联动控制系统平面，如图 11-87 所示。

本图识读要点如下。

（1）本系统采用的是 $n+1$ 多线制报警方式，也就是每一个探测报警点与火灾报警控制器的接线端子相连接。

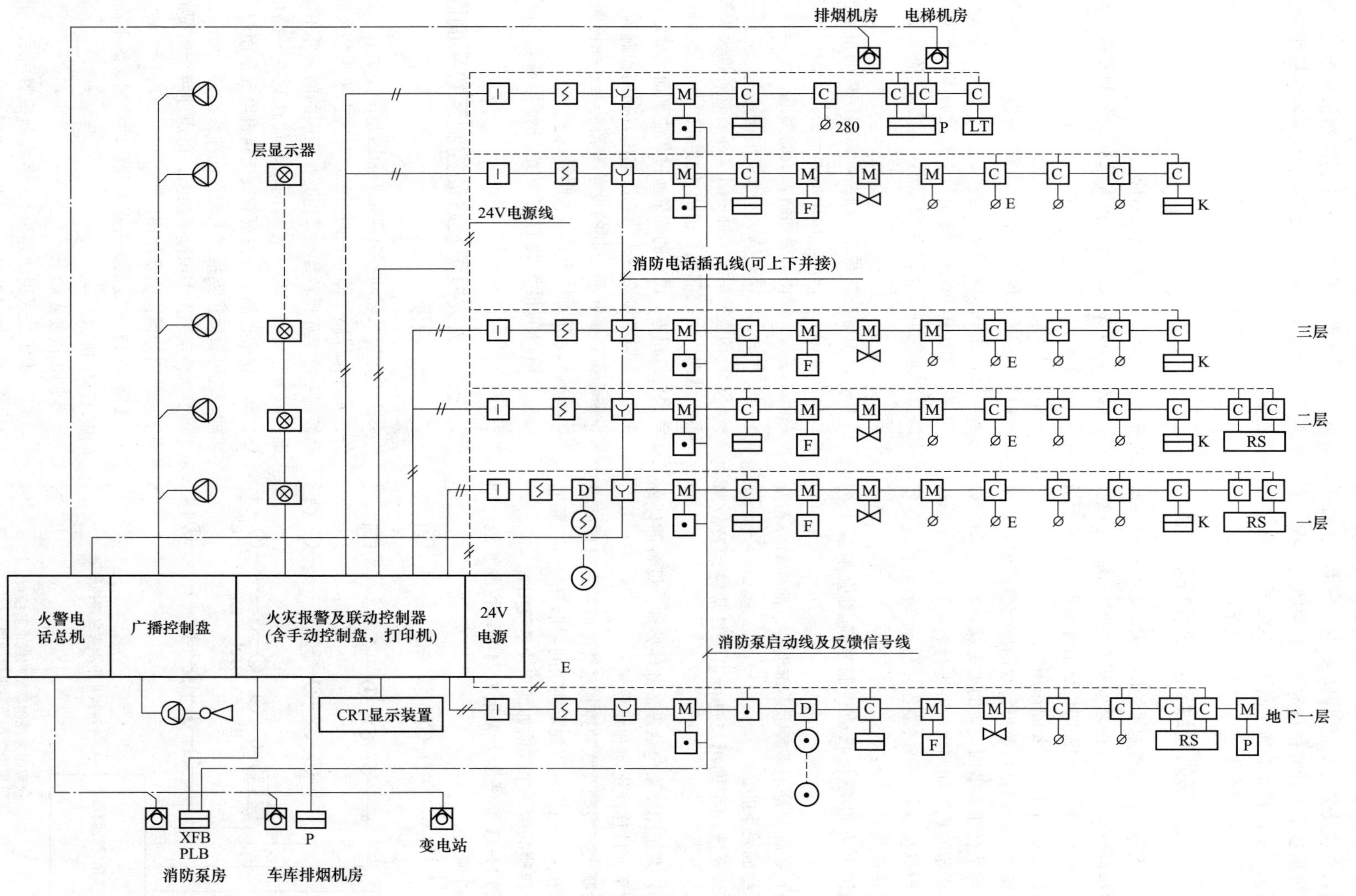

图 11-86 总线制火灾报警与联动控制系统

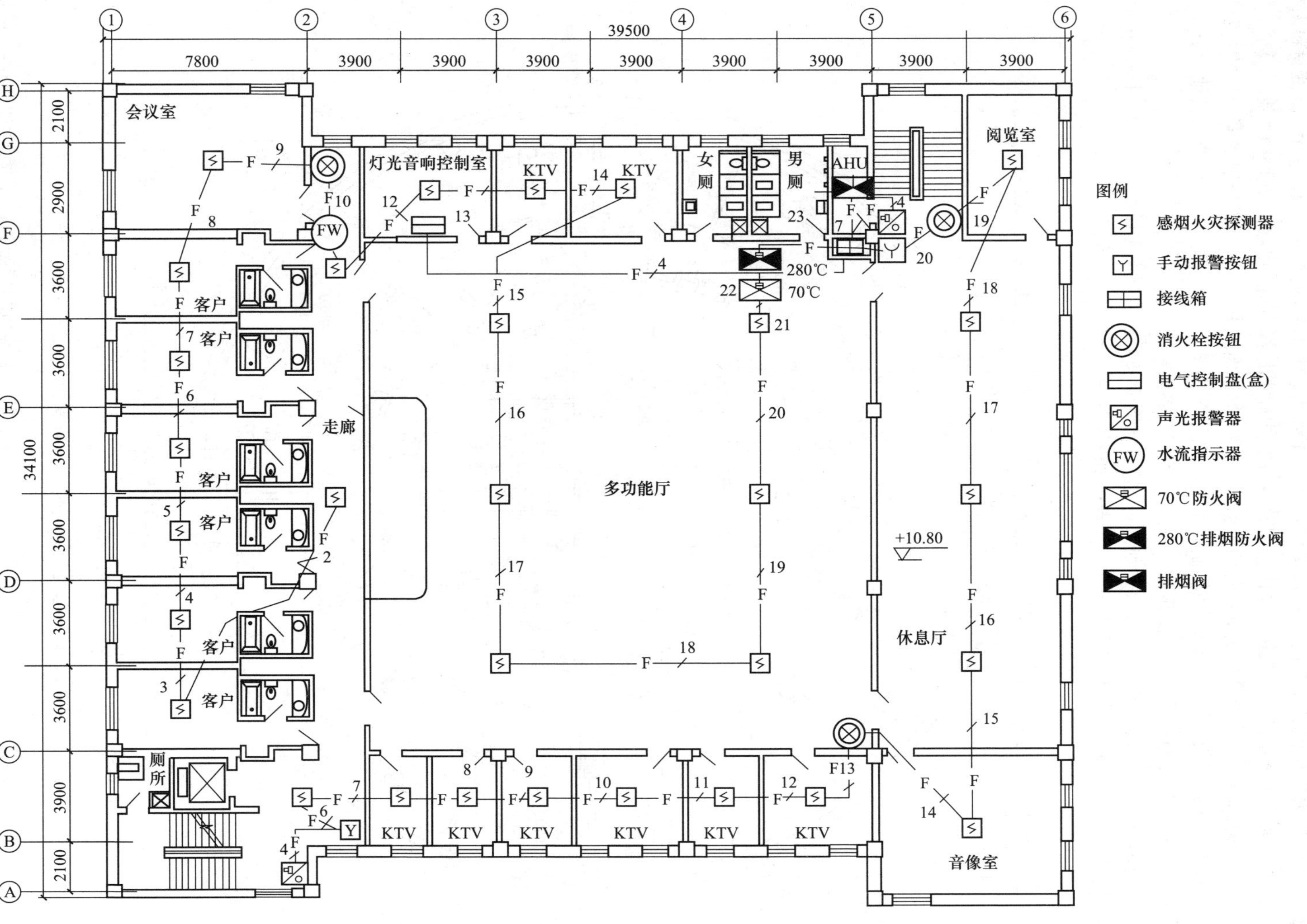

图 11-87 多线制火灾报警及联动控制系统平面

（2）看元件设置。图中每个小房间各设一个感烟火灾探测器，多功能大厅按火灾探测器的探测范围，均匀布置 6 个感烟火灾探测器；在两个楼梯口的位置，分别装设一个手动报警按钮；3 个消火栓按钮分别安装在建筑物的拐角处。另外，在建筑物的两个对角位置各装设了一个声光报警器；消防联动控制设备防火阀及防火排烟阀的控制箱设置于右上角楼梯旁。

（3）看线路敷设。由于该系统采用的是多线制，也就是每个元件都接在火灾报警控制器接线端子的一个点上；线管的敷设分了两路，由右上角楼梯旁的接线端子箱引出，每路线管内的导线根数随着元件的连接，每接一个元件，管内导线就减少一根；使用的导线材料未在本图中标注出来，可在相应的系统图中去找。

（4）平面图中不标注元件位置的安装尺寸，安装时要满足相关的标准、规范，并注意与其他专业的设备安装协调配合。

【例 11-5】总线制火灾报警与联动控制系统平面，如图 11-88 所示。

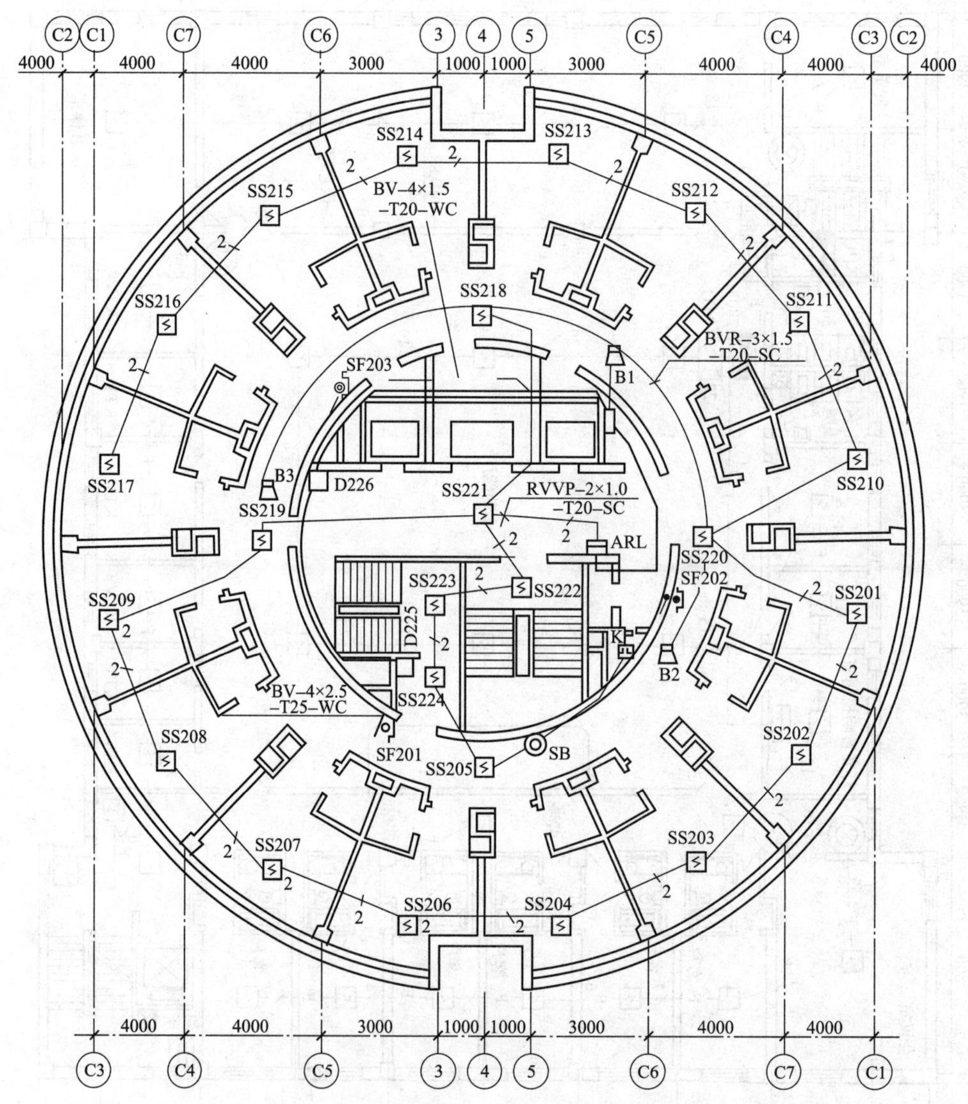

图 11-88　总线制火灾报警与联动控制系统平面

本图识读要点如下。

（1）本系统采用总线控制方式，火灾报警及联动控制系统合用总线。

（2）图 11-88 是某大厦某层火灾报警平面图，由图中可看出，在电梯厅旁装有区域火灾报警器（或楼层显示器），用于报警及显示着火区域；输入总线接到弱电竖井中的接线箱，然后借助垂直桥架中的防火电缆接至消防中心。

(3) 整个楼面装有 24 只带地址编码底座的感烟火灾探测器，采用二总线制，利用塑料护套屏蔽电缆 RVVP-2×1.0 穿电线管（T20）敷设，接线时要注意正负极。

(4) 在筒体的走廊平顶设置了 3 个消防广播喇叭箱，可用于通知、背景音乐及紧急时广播，用 3×1.5mm^2 的塑料软线穿 ϕ20 的电线管在平顶中敷设。

(5) 在圆形走廊内设置了 3 个消火栓箱，箱内装设带有指示灯的报警按钮，发生火灾时，只要敲碎按钮箱玻璃即可报警。消火栓按钮线用 4×2.5mm^2 的塑料软线穿 ϕ25 的电线管，沿着筒体垂直敷设至消防中心或消防泵控制器。

(6) D 为控制模块，D225 是前室正压送风阀控制模块，D226 是电梯厅排烟阀控制模块，由弱电竖井接线箱敷设 ϕ20 的电线管到控制模块，内穿 BV4×1.5 导线。KF 为水流指示器，利用输入模块连接二总线。SF 为消火栓按钮箱；B 为消防扬声器；SB 是带指示灯的报警按钮，含有输入模块；SS 是感烟火灾探测器；ARL 是楼层显示器（或区域报警器）。

【例 11-6】 北京中央电视塔。此塔位于北京玉渊潭公园西侧，塔高 405m，占地 15.6hm^2，装有世界先进水平的广播电视设备和完善的计算机控制系统，每天发射 7 套电视节目，8 套调频立体声广播节目。还担负微波通信等重要任务，是国内外游客上塔观光之所，也是高科技文化娱乐中心。如图 11-89 所示为中央电视塔外观。

图 11-89　中央电视塔外观

塔身是圆筒形，有四部高速电梯及密闭疏散楼梯。塔楼位于 197～256m 处，内设瞭望功能层、广播电视机房、微波机房、变配电室及综合利用等技术用房。在 220m 处有转动餐厅，可容纳 252 人。在 242m 处有贵宾厅。塔座为 4000m^2 的退台和栈桥，内设展览大厅、大型商城和娱乐厅。

因为该建筑的特殊结构和功能，因此在消防安全上必须做到万无一失。一旦发生火警情况，必须做到早期迅速全自动监控和紧急采取自救措施。所有灭火扑救手段应防止给电子电器设备带来损失和不利影响，此塔的消防报警工程由世界著名的跨国公司“英德（Enctech）工程公司”竞争中标，负责设计与施工。

该消防报警系统由两台控制主机、七部分机及一套中英文彩显存储系统组成，应用智能二总线模拟量探测报警系统。在机房及游览瞭望层等 19 个重点防护区，应用气体自动灭火设施，遇到火警时，可早期迅速自动报警显示出相应楼层平面火情状况，并能够揭示给工作人员应注意的事项及应采取的应急措施。

该系统还在塔中 200 多米高的强、弱电缆竖井中设置了线型感温火灾探测器，扩大了被监测保护的区域。

中央电视塔的火灾自动报警系统还重点突出了消防紧急广播及消防电话的作用。该塔使用 21 部防火卷帘门、13 部防火门。消火栓灭火系统分塔座（低区）与塔楼（高区）两个系统，消火栓射流水柱扬程 13m。塔座地下两层有生活及消防合用水池 600m^2，贮有 3h 消火栓连续消防用水量。塔座与塔各设有高位水箱两个，每个 25m^3，贮有 10min 消火栓消防用水量。塔座设置有两台消防水泵（一用一备），每台 40kW。在塔座的几处分隔处与各防火卷帘处，设置有水幕喷头。火灾时电磁阀门自动打开，开式水幕喷头喷出水幕，隔断及冷却火场。

塔楼上设置两台消防水泵（一用一备），每台 125kW，与塔外的消防水泵接合器连通抽水。管上电动阀平时关闭，在由接合器向塔内供水时，经压力开关控制将电动阀自动打开。每个消火栓处及消防控制室处均有手动消防按钮，可启动塔楼或塔座的消防水泵。

该塔的自动喷水灭火系统也分为低区与高区两个系统。在低区，凡是旅游性房间都设置有闭式玻璃球喷头，动作值为 57℃裂开喷水。厨房喷头动作温度是 68℃。各层分为若干小区，设置相应的水流指示器，并按层设置湿式报警阀。火灾时，玻璃球破裂喷水，则水流指示器动作，向消防中心报警，同时湿式阀也动作。其分出的水流使压力开关触点闭合，使消防水泵电源接通。此时如果火灾房间处的火灾探测器不报警，则工作人员可认为不是真正的火灾，为误报，便可断开消防水泵的电源，同时应检查玻璃球破裂喷水原因，及时换上新喷头。高度大于 8m 的大厅，采用开式雨淋喷头。火灾时手动或自动打开相应管路的雨淋阀，喷水灭火。在高、低两区的最高两层各增加一台加压泵，以确保静水压力在 0.1MPa 以上。为防止塔楼消防泵开机时水流冲击作用破坏管路，在管路中设置两级消声止回阀。为避免冬季高空气温低冻坏管路，采取消防管道电热保温措施。

塔内凡是不能用水灭火的机电设备与电子设备房间，均采用卤代烷 1301 自动灭火系统。1301 灭火剂贮瓶开启喷气，不需要启动小气瓶（内装 CO_2 或 N_2），而是由灭火控制盘直接给出电信号，控制启动瓶（也内装 1301 灭火剂）上的电磁阀动作，将瓶头阀开启，放出气体，经一个小口径管路，打开其他各瓶头阀门，释放 1301 气体，经过集流管通向分配阀。当某房间分配阀上的电磁阀接受控制盘信号动作打开时，便立即向此着火房间喷气灭火。

该塔还装有防排烟系统，有排烟机、正压风机、排烟口、正压风口、空调风机及防火阀等设备，可在火灾时自动联动关机（对风机、空调机）或开机（排烟机），自动关闭防烟防火阀，自动打开排烟阀和排烟口，也可就近手动控制或在中央控制室远程控制。

第七节 火灾自动报警系统工程应用

一、消防电源及其供电要求

（一）消防电源

向消防用电设备供给电能的独立电源称为消防电源。工业建筑、民用建筑、地下工程中的消防控制室、消防水泵、消防电梯、防排烟设施、自动灭火系统、火灾自动报警、应急照明、疏散指示标志和电动的防火门、卷帘门、阀门等消防设备用电的电源，均应按照 GB 50052—2009《供配电系统设计规范》、GB 50054—2011《低压配电设计规范》的规定设计。

若消防用电设备完全依靠城市电网供给电能，火灾时一旦失电，则势必影响早期报警、安全疏散和自动（或手动）灭火操作，甚至导致极为严重的人身伤亡和财产损失。所以，建筑电气设计中，必须认真考虑火灾消防用电设备的电能连续供给问题。图 11-90 为一个典型的消防电源系统框图，由电源、配电部分及消防用电设备三部分组成。

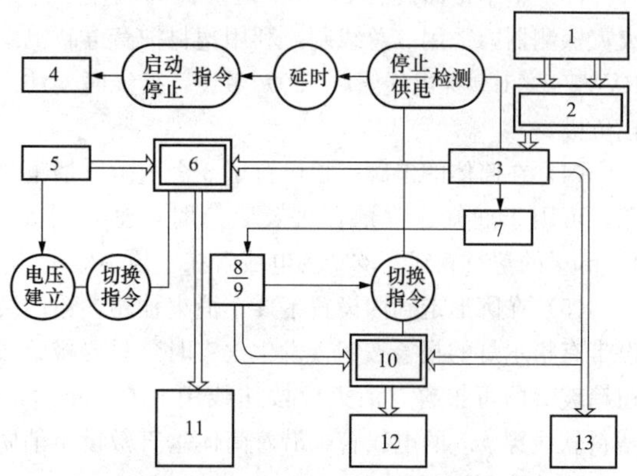

图 11-90　典型的消防电源系统框图

1—双回路电源；2—高压切换开关；3—低压变配电装置；4—柴油机；5—交流发电机；6、10—应急电源切换开关；7—充电装置；8—蓄电池；9—逆变器；11—消防动力设备（消防泵、消防电梯等）；12—应急事故照明与疏散指示标志；13—一般动力照明

在建筑电气防火设计中，消防对电源及配电提出的基本要求可归纳为以下几个方面。

(1) 可靠性。火灾时若供电中断，会使消防用电设备失去作用，贻误灭火战机，给人民的生命及财产带来严重后果。所以，在建筑电气防火设计中要确保消防电源及其配电的可靠性。消防设备的供电可靠性是诸要求中首先要考虑的问题。

(2) 耐火性。火灾时，消防设备供配电系统应具有耐火、耐热及防爆性能，土建方面采用耐火材料建造，以保障不间断供电的能力。

(3) 安全性。用于保障人身安全，避免触电事故。

(4) 有效性。保证供电持续时间，保证火灾应急期间消防用电设备的有效性。

(5) 科学性。在保证可靠性、耐火性、安全性及有效性的前提下，还应确保供电质量，力求系统接线简单、操作方便、投资省，并且运行费用低。

（二）消防负荷等级与供电要求

根据建筑物的结构、使用性质、火灾危险性、疏散和扑救难度、事故后果等的基本情况，可确定消防负荷等级划分及其供电方式。

1. GB 50016—2014《建筑设计防火规范》中的规定

高层建筑的消防安全指导思想是以自救为主。发生火灾时，主要是借助高层建筑本身的消防设施进行灭火和疏散人员、物资。若没有可靠的消防设备供电电源，就不能及时报警和组织灭火，不能有效地疏散人员、物资及控制火势蔓延，势必造成重大损失。所以，合理地确定负荷等级，保障高层建筑消防用电设备供电的可靠性非常重要。

GB 50016—2014《建筑设计防火规范》依据我国具体情况，按照建筑的使用性质、火灾危险性、疏散及扑救难度划分的类别，规定消防负荷等级参照电力负荷分级原则来划分，消防负荷供电方式按照高层建筑的类别确定，也就是一类高层建筑按一级负荷要求供电，二类高层建筑按不低于二级负荷要求供电。民用建筑分类见表 11-19。

表 11-19　　民用建筑分类

名称	高层民用建筑及其裙房		单层或多层民用建筑
	一类	二类	
住宅建筑	建筑高度大于 54m 的住宅建筑（包括设置商业服务网点的住宅建筑）	建筑高度大于 27m，但不大于 54m 的住宅建筑（包括设置商业服务网点的住宅建筑）	建筑高度不大于 27m 的住宅建筑（包括设置商业服务网点的住宅建筑）
其他民用建筑	（1）建筑高度大于 50m 的公共建筑。 （2）任一楼层建筑面积大于 1000m^2 的商店、展览、电信、邮政、财贸金融建筑和综合建筑。 （3）医疗建筑、重要公共建筑。 （4）省级及以上的广播电视和防灾指挥调度建筑、网局级和省级电力调度。 （5）藏书超过 100 万册的图书馆、书库	除一类外的其他高层民用建筑	（1）建筑高度大于 24m 的单层公共建筑。 （2）建筑高度不大于 24m 的其他民用建筑

注　1. 表中未列入的建筑，其类别应根据本表类比确定。住宅建筑的一、二层设置商业服务设施，当每个独立隔间的建筑面积不大于 300m^2时，该建筑仍可视为住宅建筑。

2. 除规范另有规定外，宿舍、公寓等非住宅类居住建筑的防火要求，应符合 GB 50016—2014《建筑设计防火规范》有关公共建筑的规定；裙房的防火要求应符合 GB 50016—2014《建筑设计防火规范》有关高层民用建筑的规定。

GB 50016—2014《建筑设计防火规范》依据各种建筑物的使用性质和重要性、火灾危险性、疏散和扑救难度，将建筑物、储罐、堆场的消防用电设备负荷等级划分如下。

（1）下列建筑物、储罐区和堆场的消防用电应按一级负荷供电。

1）建筑高度大于 50m 的乙、丙类厂房和丙类仓库。

2）一类高层民用建筑。

（2）下列建筑物、储罐（区）和堆场的消防用电应按二级负荷供电。

1）室外消防用水量大于 30L/s 的厂房、仓库。

2）室外消防用水量大于 35L/s 的可燃材料堆场、可燃气体储罐（区）和甲、乙类液体储罐（区）。

3）粮食仓库及粮食筒仓。

4）二类高层民用建筑。

5）座位数超过 1500 个的电影院、剧院，座位数超过 3000 个的体育馆、任一层建筑面积大于 3000m^2 的商店、展览建筑、省（市）级及以上的广播电视建筑、电信建筑和财贸金融建筑，室外消防用水量大于 25L/s 的其他公共建筑。

（3）除上述第（1）、第（2）外的建筑物、储罐（区）和堆场等的消防用电可采用三级负荷供电。

2. 国内外高层建筑消防电源设置举例

国内外新建的一些大型饭店、宾馆及综合建筑等高层建筑均设有双电源，见表 11-20。

表 11-20　　国内外高层建筑消防电源设置举例

序号	建筑名称	城市电网电压等级	备用发电机容量（kW）
1	中国北京长城饭店	35kV 两个不同变电站	750
2	日本东京阳光大厦	6.6kV 双电源	2500 蓄电池{400Ah×5 300Ah×7 250Ah×2
3	日本新宿中心大厦	22kV 双电源	1500 蓄电池{100V×1500Ah 100V×210Ah 100V×1500Ah
4	中国深圳国际贸易中心	10kV 双回路电源	900
5	中国香港上海汇丰银行	6.6kV 双电源	900
6	日本新大谷饭店	22kV 双电源	415
7	中国南京金陵饭店	10kV 双回路电源	415
8	中国北京国际饭店	10kV 双回路电源	415
9	中国长富宫饭店	10kV 双回路电源	1000
10	中国北京昆仑饭店	10kV 双回路电源	415
11	中国北京亮马河大厦	10kV 双回路电源	800

（三）火灾应急电源种类、供电范围和容量

智能建筑处于火灾应急状态时，为了保证安全疏散和火灾扑救工作的成功，担负向消防应急用电设备供电的独立电源，叫作火灾应急电源。火灾应急电源一般有三种类型，即城市电网电源、自备柴油发电机组和蓄电池。对供电时间要求特别严格的地方，还可采用不停电电源（UPS）作为应急电源。

建筑电气工程设计表明，在一个特定的防火对象物中，应急电源种类并不是单一的，多采用几个电源的组合方案。其供电范围和容量的确定，通常是由建筑负荷等级、供电质量、应急负荷数量和分布、负荷特性等因素决定的。

应急电源供电时间有限，其容量可按时间表计量。表 11-21 是应急电源种类、供电范围和容量一览表。

（四）消防用电设备负荷资料

消火栓水泵、自动喷淋系统水泵、消防电梯、防排烟设备及火灾应急照明等消防负荷由设计人员根据建筑防火要求确定。表 11-22 列出了部分小容量消防用电设备的负荷，供建筑电气防火设计时参考。

表 11-21　　应急电源种类、供电范围和容量

需备应急电源的消防设备	应急电源种类			容量（min）	
	应急专用供电设备	自备发电机	蓄电池	日本	中国
室内消火栓设备	适用	适用	适用	30	
机械排烟设备		适用	适用	30	30
自动喷水灭火设备	适用	适用	适用	60	60
泡沫灭火设备	适用	适用	适用	30	
CO_2、卤代烷、干粉灭火设备		适用	适用	60	
消防电梯		适用		60	
火灾自动报警装置	适用		适用	10	10
防火门		适用	适用	30	
应急事故广播	适用		适用	10	
应急插座	适用	适用	适用	30	
火灾应急照明和疏散指示标志		适用	适用	20	20

表 11-22　　部分小容量消防用电设备的负荷

设备名称	相数	耗电容量（W）	cosφ	计算电源（kW）
防火卷帘门（<10m²） 防火卷帘门（<20m²） 防火卷帘门（<40m²）	3	700 900 1800	0.7 0.7 0.8	1.6 2 3.4
自动防火、排烟阀 自动排烟口、排烟阀	直流 24V	17		0.8
手动防火、防排烟 手动排烟口、排烟阀	直流 24V	10		0.5
防火门自动释放器	直流 24V	15		0.6
防烟垂壁锁	直流 24V	20		0.9
火灾报警区域报警器（50 点）	直流 24V	80 60	0.8	0.5 2.5
火灾报警区域报警器（20×50 点）	直流 24V	100 80		0.6 3.4
可燃气体报警器（8 路）	直流 24V	100 80		0.6 0.4

（五）主电源与应急电源的切换

正常情况下消防用电设备由主电源供电，火灾时由应急电源供电；在火灾中停电时，应急电源应能自动投入以确保消防用电的可靠性。

（1）首端切换。如图 11-91 所示为主电源与应急电源的首端切换方式。消防负荷各独立馈电线分别接向应急母线，集中受电，并通过放射式向消防用电设备供电。柴油发电机组向应急母线提供应急电源。应急母线则以一条单独馈线经自动开关（称联络开关）和主电源变电站低压母线相连接。正常情况下，该联络开关是闭合的，消防用电设备经应急母线通过主电源供电。当主电源出现故障或因火灾而断开时，主电源低压母线失电，联络开关经延时后自动断开，柴油发电机组经 30s 启动后，仅向应急母线供电，实现首端切换目的，并确保消防用电设备的可靠供电。这里联络开关引入延时的目的，是为了避免柴油发电机组由于瞬间的电压骤降而进行不必要的启动。

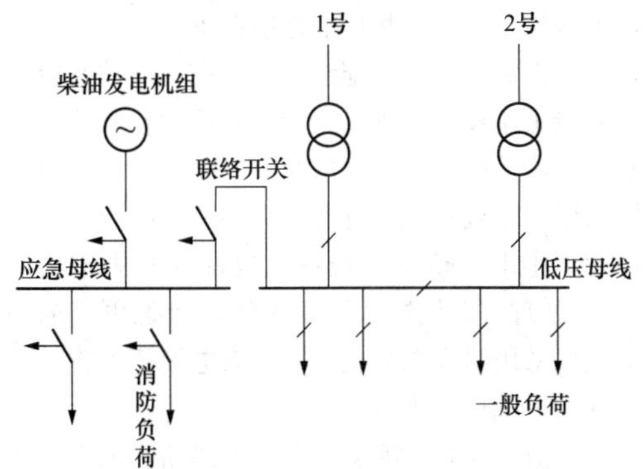

图 11-91　主电源与应急电源的首端切换方式

这种切换方式下，正常时应急电网实际变成主电源供电电网的一个组成部分。消防用电设备馈电线在正常情况下和应急时都由一条线完成，节约导线并且比较经济。但馈线一旦发生故障，它所连接的消防用电设备则失去电源。另外，因为选择柴油发电机容量时是依据消防泵等大电机的启动容量来定的，备用能力较大，应急时只能供应消防电梯、消防泵及事故照明等少量消防负荷，从而造成了柴油发电机组设备利用率低的情况。

（2）末端切换。电源的末端切换指的是引自应急母线和主电源低压母线的两条各自独立的馈线，在各自末端的事故电源切换箱内实现切换，如图 11-92 所示。因为各馈线是独立的，因而提高了供电的可靠性，但是其馈线数量比首端切换增加了一倍。火灾时当主电源切断，柴油发电机组启动供电后，如果应急馈线出现故障，同样有使消防用电设备失电的可能。对于不停电电源装置，因为已经两级切换，两路馈线无论哪一回路出现故障对消防负荷均是可靠的。

应当指出，依据建筑的消防负荷等级及其供电要求必须确定火灾监控系统连锁、联动控制的消防设备相应的电源配电方式，一级与二级消防负荷中的消防设备必须采用主电源与应急电源末端切换方式来

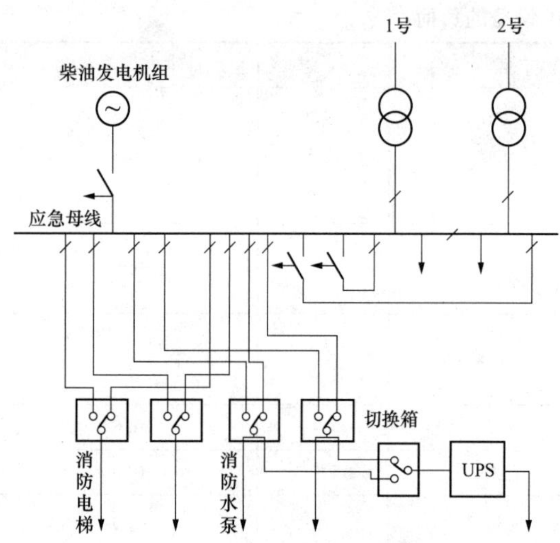

图 11-92 电源的末端切换方式

配电。

（六）消防配电线路的设置与标志

火灾实例证明，只有可靠电源，而消防用电设备的配电线路不可靠，仍不能确保火灾时消防用电设备的可靠供电。火灾时，消防设备电气线路有可能形成短路，或由于绝缘损坏而发生漏电，或火焰沿着电气线路蔓延扩大火灾范围。为避免消防人员触电并造成伤亡事故，防止火灾蔓延扩大，需要给消防设备设置单独供电回路，而且电源要由变电站配电室低压母线直接引出。同时，为防止火灾时在配电室内发生误操作，消防专用供电回路必须设置明显标志，以利于灭火抢救。

此外，为使消防电源供电系统的可靠性提高，除对电源种类、供配方式采取一定的可靠性措施外，还要考虑火灾高温对配电线路的影响，采取措施避免发生短路、接地故障，从而保证消防设备的安全运行，使安全疏散及扑救火灾的工作顺利进行。

二、消防设备耐火耐热配线

（一）消防设备电气配线基本措施

智能建筑消防设备电气配线的基本原则是在符合电气安全要求及供电可靠性的前提下，采用选线和配线措施使消防设备电气线路具有耐火耐热性，保证火灾时消防设备的有效供电与安全运行。根据消防有关试验，消防设备的耐火配线通常是指按照典型的火灾温升曲线对线路进行试验，从受火作用起，到火灾温升曲线达到 840℃时，在 30min 内仍能有效供电。消防设备的耐热配线是指按照典型火灾温升曲线的 1/2 曲线对线路进行试验，从受火作用起，到火灾温升曲线满足 380℃时，在 15min 内仍能有效供电。

按照现行建筑防火设计规范和有关电气设计规范要求，为保证消防设备可靠获得电能，在消防工程中采用以下四项基本措施来满足消防设备耐火耐热电气配线要求。

（1）当消防设备配电线路暗敷设时，配电线路一般采用普通电线电缆，并将其穿金属管或氧指数 LOI ≥35 的阻燃型硬质塑料管埋设在非燃烧体结构内，并且穿管暗敷保护层厚度不小于 30mm。这一指标是依据国家有关消防科研机构提供的钢筋混凝土构件内钢筋温度与保护层的关系曲线确定的。

（2）当消防设备配电线路明敷设时，应穿金属管或金属线槽保护且采用防火涂料提高线路的耐燃性能，或者直接选用经阻燃处理的电线电缆和铜皮防火电缆等，并敷设在电缆竖井或吊顶内有防火保护措施的封闭式线槽内。

（3）当消防设备配电线路采用绝缘层和护套为不延燃的电缆，并敷设在竖井中时，可不穿金属管保护；但是当与延燃电缆敷设在同一竖井时，两者间必须用耐火材料隔开。

（4）在建筑物吊顶内的消防电气线路，宜采用金属管或金属线槽布线；在难燃型材料吊顶内，可采用难燃型（最好是氧指数大于等于 50）硬质阻燃塑料管或塑料线槽布线。

（二）消防设备分系统配线方法

智能建筑消防设备电气配线防火安全的关键，是根据具体消防设备或自动消防系统确定其耐火耐热配线。在智能建筑消防电气设计中，原则上从建筑变电站主电源低压母线或应急母线到具体消防设备最末级配电箱的所有配电线路都是耐火耐热配线的考虑范围。因为目前我国还没有制订电线电缆耐火耐热配线标准，所以，在火灾监控系统工程设计中，消防设备耐火耐热配线可遵循上述配线原则和四项基本措施，按照以下各个分系统并参考图 11-93 确定具体配线措施，来考核是否达到相应的性能要求。

（1）火灾监控系统配线保护。火灾监控系统的传输线路应采用穿金属管、阻燃型硬质塑料管或封闭式线槽保护，消防控制、通信及警报线路在暗敷时最好采用阻燃型电线穿保护管敷设在不燃结构层内（保护层厚度不小于 30mm），或按电气配线基本措施（1）和（2）处理。总线制系统的干线需考虑更高的防火要求，如采用耐火电缆敷设在耐火电缆桥架内，或者有条件的可选用铜皮防火型电缆。

（2）消火栓泵、喷淋泵等配电线路。消火栓系统加压泵、水喷淋系统加压泵及水幕系统加压泵等消防

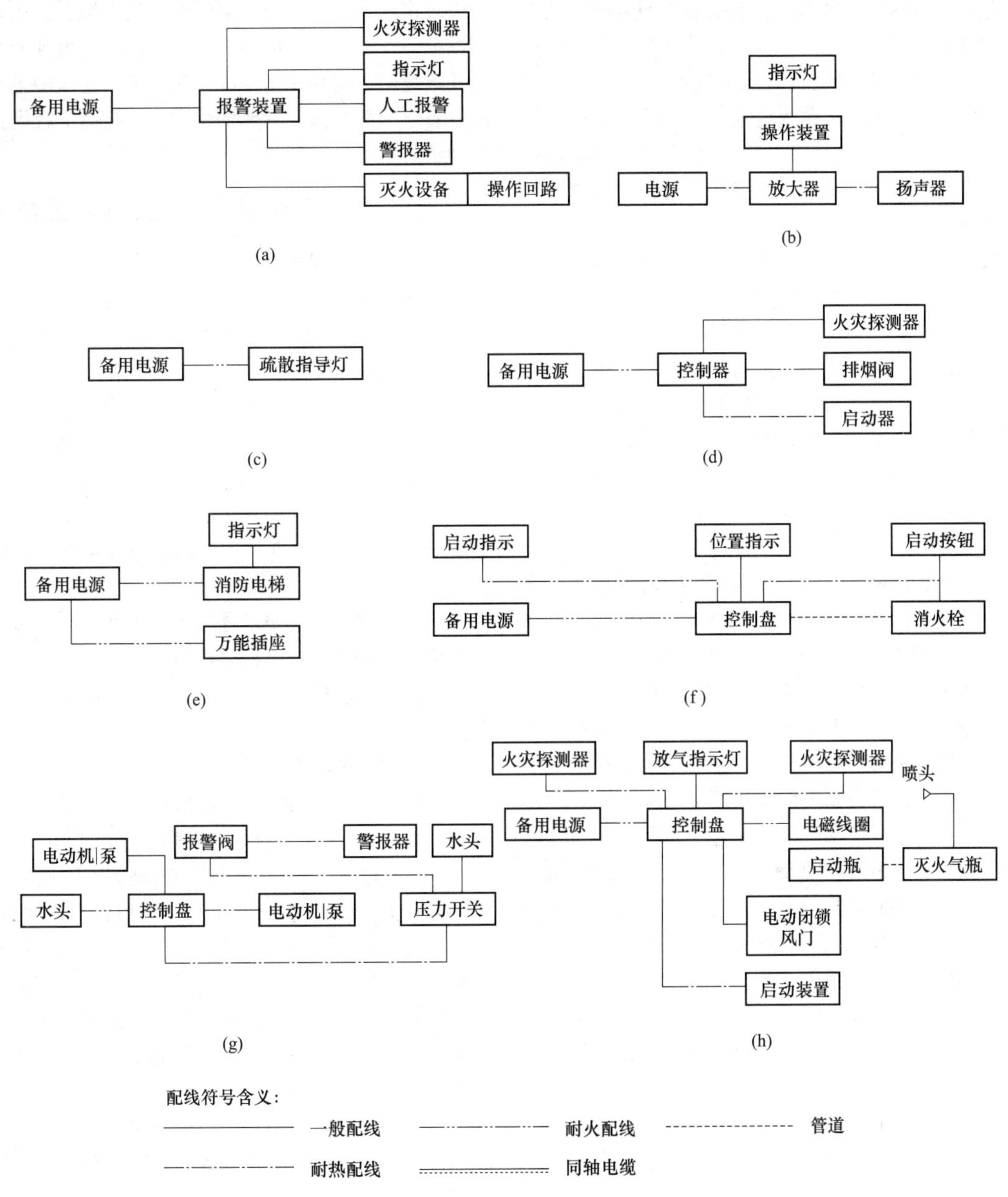

图 11-93 消防设备耐火耐热配线示例

(a) 火灾自动报警设备至系统配线；(b) 火灾广播系统配线；(c) 疏散照明系统配线；(d) 防排烟系统配线；(e) 消防电梯供电系统配线；(f) 消火栓设备系统配线；(g) 喷洒水、喷雾、泡沫灭火设备系统配线；(h) CO_2、卤代烷设备系统配线

水泵的配电线路包括消防电源干线与各水泵电动机配电支线两部分。一般水泵电动机配电线路可采用穿管暗敷，如选用阻燃型电线穿金属管并埋设于非燃烧体结构内，或者采用电缆桥架架空敷设，如选用耐火电缆并最好配以耐火型电缆桥架或选用铜皮防火型电缆，以提高线路耐火耐热性能。水泵房供电电源通常由建筑变电站低压总配电室直接提供；当变电站与水泵房贴邻或距离较近并属于同一防火分区时，供电电源干线可采用耐火电缆或耐火母线沿防火型电缆桥架明敷；当变电站与水泵房距离较远并穿越不同防火分区时，应尽可能采用铜皮防火型电缆。

(3) 防排烟装置配电线路。防排烟装置包括送风机、排烟机、各类阀门及防火阀等，一般布置较分散，其配电线路防火既要考虑供电主回路线路，也要考虑联动控制线路。因为阻燃型电缆遇明火时，其电气绝缘性能会迅速降低，所以，防排烟装置配电线路明敷时应采用耐火型交联低压电缆或铜皮防火型电缆，暗敷时可采用一般耐火电缆；联动与控制线路应采用耐火电缆。此外，防排烟装置配电线路和联动控制线路在敷设时应尽量缩短线路长度，防止穿越不同的防火分区。

（4）防火卷帘门配电线路。防火卷帘门隔离火势的作用就是建立在配电线路可靠供电使防火卷帘门有效动作基础上的。通常防火卷帘门电源引自建筑各楼层带双电源切换的配电箱，经防火卷帘门专用配电箱向控制箱供电，供电方式多采用放射式或环式。当防火卷帘门水平配电线路较长时，应采用耐火电缆，并在吊顶内使用耐火型电缆桥架明敷，以保证火灾时仍能可靠供电，并使防火卷帘门有效动作，阻断火势蔓延。

（5）消防电梯配电线路。消防电梯通常由高层建筑底层的变电站敷设两路专线配电至位于顶层的电梯机房，线路较长且路由复杂。为使供电可靠性提高，消防电梯配电线路应尽可能采用耐火电线；当供电可靠性有特殊要求时，两路配电专线中一路可选用铜皮防火型电缆，垂直敷设的配电线路应尽量设在电气竖井内，并考虑消防设备电气配线基本措施（3）。

（6）火灾应急照明线路。火灾应急照明包括疏散指示照明、火灾事故照明及备用照明。一般疏散指示照明采用长明普通灯具，火灾事故照明采用带镍镉电池的应急照明灯或可强行启点的普通照明灯具，备用照明则利用双电源切换来实现。因此，火灾应急照明线路一般采用阻燃型电线穿金属管保护暗敷于不燃结构内，并且保护层厚度不小于 30mm。在装饰装修工程中，可能遇到土建结构工程已经完工，应急照明线路不能暗敷而只能明敷于吊顶内，这时应采用耐热型或耐火型电线，并考虑消防设备电气配线基本措施（2）。

（7）消防广播通信等配电线路。火灾事故广播、消防电话及火灾警铃等设备的电气配线，在条件允许时可优先采用阻燃型电线穿保护管单独暗敷或按消防设备电气配线基本措施（1）处理；当必须采用明敷线路时，应对线路进行耐火处理，并参考消防设备电气配线基本措施（2）。

智能建筑消防设备电气配线直接关系到智能建筑的防火安全性，必须结合工程实际考虑耐火耐热配线原则，并选择合适的电气配线，以保证消防设备供电的可靠性和耐火性。当前，智能建筑消防设备电气配线应具有一定的超前性并向国际标准靠拢，如配线时可以较多地采用耐火型或阻燃型电线电缆、铜皮防火型电缆等产品。我国应尽快制订智能建筑设计规范及电线电缆耐火耐热技术标准，对于不同建筑中各类消防设备电气配线做出具体的规定，以提高工程设计质量和消防设备电气配线的防火性能。

三、火灾自动报警系统工程施工要求

（一）一般要求

（1）火灾监控系统施工前，应具备系统图、设备布置平面图、接线图、安装图及消防设备联动逻辑说明等必要的技术文件。

（2）火灾自动报警系统施工过程中，施工单位应做好施工（包括隐蔽工程验收）、检验（包括绝缘电阻、接地电阻测量）、调试、设计变更等相关记录。

（3）火灾自动报警系统的安装，不应增加可能影响系统正常工作的非火灾自动报警系统的设备、装置。

（4）火灾自动报警系统施工过程结束后，施工方应对系统的安装质量进行全数检查。

（5）火灾监控系统竣工时，施工单位应完成竣工图及竣工报告。

（二）布线要求

火灾自动报警系统的布线应符合下列要求。

（1）火灾监控系统的布线应符合 GB 50303—2015《建筑电气工程施工质量验收规范》的规定。

（2）火灾监控系统布线时，应根据 GB 50116—2013《火灾自动报警系统设计规范》的规定，对导线的种类、电压等级进行检查。

（3）在管内或线槽内的穿线，应在建筑抹灰及地面工程结束后进行。管内或线槽内不应有积水及杂物。

（4）火灾自动报警系统应单独布线，系统内不同电压等级、不同电流类别的线路，不应布在同一管内或线槽孔内。

（5）导线在管内或线槽内，不应有接头或扭结。导线的接头应在接线盒内焊接或用端子连接。

（6）从接线盒、线槽等处引到火灾探测器底座、控制设备、扬声器的线路，当采用金属软管保护时，其长度不应大于 2m。

（7）敷设在多尘或潮湿场所管路的管口和管子连接处，均应作密封处理。

（8）管路超过下列长度时，应在便于接线处装设接线盒。

1）管子长度每超过 30m，无弯曲时。

2）管子长度每超过 20m，有 1 个弯曲时。

3）管子长度每超过 10m，有 2 个弯曲时。

4）管子长度每超过 8m，有 3 个弯曲时。

(9) 金属管子入盒时，盒外侧应套锁母，内侧应装护口。在吊顶内敷设时，盒的内外侧均应套锁母。塑料管入盒应采取相应固定措施。

(10) 明敷设各类管路和线槽时，应采用单独的卡具吊装或支撑物固定。吊装线槽或管路的吊杆直径不小于 6mm。

(11) 线槽敷设时，应在下列部位设置吊点或支点。

1）线槽始端、终端及接头处。

2）距接线盒 0.2m 处。

3）线槽转角或分支处。

4）直线段不大于 3m 处。

(12) 线槽接口应平直、严密，槽盖应齐全、平整、无翘角。并列安装时，槽盖应便于开启。

(13) 管线经过建筑物的变形缝（包括沉降缝、伸缩缝、抗震缝等）处，应采取补偿措施，导线跨越变形缝的两侧应固定，并留有适当余量。

(14) 火灾监控系统导线敷设后，应对每回路的导线用 500V 的绝缘电阻表测量每个回路导线对地的绝缘电阻，该绝缘电阻值不应小于 20MΩ。

(15) 同一工程中的导线应根据不同用途选不同颜色加以区分，相同用途的导线颜色应一致。电源线正极应为红色，负极应为蓝色或黑色。

（三） 火灾探测器的安装要求

(1) 火灾探测器的安装应符合下列要求。

1）火灾探测器的安装位置、线型感温火灾探测器和管路采样式吸气感烟火灾探测器的采样管的敷设应符合设计要求。

2）火灾探测器在有爆炸危险性场所的安装，应符合 GB 50257—2014《电气装置安装工程 爆炸和火灾危险环境电气装置施工及验收规范》的相关规定。

(2) 点型感烟、感温火灾探测器的安装，应符合下列要求。

1）火灾探测器至墙壁、梁边的水平距离，不应小于 0.5m。

2）火灾探测器周围 0.5m 内，不应有遮挡物。

3）火灾探测器至空调送风口最近边的水平距离，不应小于 1.5m；至多孔送风顶棚孔口的水平距离，不应小于 0.5m。

4）在宽度小于 3m 的内走道顶棚上安装火灾探测器时，宜居中布置。点型感温火灾探测器的安装间距，不应超过 10m，点型感烟火灾探测器的安装间距，不应超过 15m。火灾探测器到端墙的距离，不应大于火灾探测器安装间距的一半。

5）火灾探测器宜水平安装。当必须倾斜安装时，倾斜角度不应大于 45°。

(3) 线型光束感烟火灾探测器的安装，应符合下列要求。

1）火灾探测器应安装牢固，并不应产生位移。在钢结构建筑中，发射器和接收器（反射式火灾探测器的探测器和反射板）可设置在钢架上，但应考虑建筑结构位移的影响。

2）发射器和接收器（反射式火灾探测器的探测器和反射板）之间的光路上应无遮挡物，并应保证接收器（反射式火灾探测器的探测器）避开日光和人工光源直接照射。

(4) 缆式线型感温火灾探测器的安装，应符合下列要求。

1）火灾探测器应采用专用固定装置固定在保护对象上。

2）火灾探测器应采用连续无接头方式安装，如确需中间接线，必须用专用接线盒连接。

3）火灾探测器安装敷设时不应硬性折弯、扭转，避免重力挤压冲击，火灾探测器的弯曲半径宜大于 0.2m。

(5) 敷设在顶棚下方的线型感温火灾探测器，至顶棚距离宜为 0.1m，火灾探测器的安装间距应符合点型感温火灾探测器的保护半径要求；火灾探测器至墙壁距离宜为 1～1.5m。

(6) 分布式线型光纤感温火灾探测器的安装，应符合下列要求。

1）感温光纤应采用专用固定装置固定。

2）感温光纤严禁打结，光纤弯曲时，弯曲半径应大于 0.05m。

3）感温光纤穿越相邻的报警区域应设置光缆余量段，隔断两侧应各留不小于 8m 的余量段；每个光通道始端及末端光纤应各留不小于 8m 的余量段。

(7) 光栅光纤线型感温火灾探测器的安装，应符合下列要求。

1）信号处理器安装位置不应受强光直射。

2）光纤光栅感温段的弯曲半径应大于 0.3m。

(8) 管路采样式吸气感烟火灾探测器的安装，应符合下列要求。

1）火灾探测器采样孔的设置应符合设计文件和产品使用说明书的要求。

2）采样管应固定牢固，有过梁、空间支架的建筑中，采样管路应固定在过梁、空间支架上。

(9) 点型火焰探测器和图像型火灾探测器的安装，应符合下列要求。

1) 火灾探测器的视场角应覆盖探测区域。

2) 火灾探测器与保护目标之间不应有遮挡物。

3) 应避免光源直接照射火灾探测器的探测窗口。

4) 火灾探测器在室外或交通隧道安装时，应有防尘、防水措施。

(10) 可燃气体探测器的安装，应符合下列要求。

1) 在火灾探测器周围应适当留出更换和标定的空间。

2) 线型可燃气体探测器的发射器和接收器的窗口应避免日光直射，发射器与接收器之间不应有遮挡物。

(11) 剩余电流式电气火灾探测器的安装，应符合下列要求。

1) 火灾探测器负载侧的中性线不应与其他回路共用，且不能重复接地。

2) 火灾探测器周围应适当留出更换和标定的空间。

(12) 测温式电气火灾监控探测器应采用专用固定装置固定在保护对象上。

(13) 火灾探测器的底座应安装牢固，与导线连接必须可靠压接或焊接。当采用焊接时，不应使用带腐蚀性的助焊剂。

(14) 火灾探测器底座的连接导线，应留有不小于150mm的余量，且在其端部有明显的永久性标志。

(15) 火灾探测器底座的穿线孔宜封堵，安装完毕的火灾探测器底座应采取保护措施。

(16) 火灾探测器报警确认灯应朝向便于人员观察的主要入口方向。

(17) 火灾探测器在即将调试时方可安装，在调试前应妥善保管，并应采取防尘、防潮、防腐蚀措施。

（四） 手动火灾报警按钮的安装要求

(1) 手动火灾报警按钮应安装在明显和便于操作的部位。当安装在墙上时，其底边距地（楼）面高度宜为1.3～1.5m。

(2) 手动火灾报警按钮应安装牢固，不应倾斜。

(3) 手动火灾报警按钮的连接导线应留有不小于150mm的余量，且在其端部应有明显标志。

（五） 消防电气控制装置安装要求

(1) 消防电气控制装置在安装前，应进行功能检查，检查结果不合格者严禁安装。

(2) 消防电气控制装置外接导线的端部，应有明显的永久性标志。

(3) 消防电气控制装置箱体内不同电压等级、不同电流类别的端子应分开布置，并应有明显的永久性标志。

(4) 消防电气控制装置应安装牢固，不应倾斜；安装在轻质墙上时，应采取加固措施。消防电气控制装置在消防控制室内安装时，还应符合GB 50166—2007《火灾自动报警系统施工及验收规范》3.3.1条要求。

（六） 模块安装要求

(1) 同一报警区域内的模块宜集中安装在金属箱内。

(2) 模块（或金属箱）应独立支撑或固定，安装牢固，并应采取防潮、防腐蚀等措施。

(3) 模块的连接导线应留有不小于150mm的余量，其端部应有明显标志。

(4) 隐蔽安装时，在安装处附近应有检修孔和尺寸不小于10cm×10cm的标识。

(5) 模块的终端部件应靠近连接部件安装。

（七） 火灾应急广播扬声器和火灾警报装置安装要求

(1) 火灾应急广播扬声器和火灾警报装置安装应牢固可靠，表面不应有破损。

(2) 火灾光警报装置应安装在安全出口附近明显处，其底边距地面高度应不大于2.2m以上。光警报器与消防应急疏散指示标志不宜在同一面墙上，安装在同一面墙上时，距离应大于1m。

(3) 火灾应急广播扬声器和火灾声警报装置宜在报警区域内均匀安装。

（八） 消防专用电话安装要求

(1) 消防电话、电话插孔、带电话插孔的手动报警按钮宜安装在明显、便于操作的位置；当在墙面上安装时，其底边距地（楼）面高度宜为1.3～1.5m。

(2) 消防电话和电话插孔应有明显的永久性标志。

（九） 消防设备应急电源安装要求

(1) 消防设备应急电源的电池应安装在通风良好的地方，当安装在密封环境中时应有通风措施。

(2) 酸性电池不得安装在带有碱性介质的场所，碱性电池不得安装在带有酸性介质的场所。

(3) 消防设备应急电源的电池不宜设置于有火灾爆炸危险环境的场所。

(4) 消防设备应急电源电池安装场所的环境温度不应超过电池标称的最高工作温度。

（十）消防设备电源监控系统安装

（1）监控器的安装应符合相关规范的要求。

（2）监控器的主电源引入线严禁使用电源插头，应直接与消防电源连接；主电源应有明显的永久标志。

（3）监控器内部不同电压等级、不同电流类别、不同功能的端子应分开，并有明显标志。

（4）传感器与裸带电导体应保证安全距离，金属外壳的传感器应有安全接地。

（5）同一区域内的传感器宜集中安装在传感器箱内，放置在配电箱附近，并预留与配电箱的接线端子。

（6）传感器（或金属箱）应独立支撑或固定，安装牢固，并应采取防潮、防腐蚀等措施。

（7）传感器输出回路的连接线，应使用截面积不小于 1.0mm^2 的双绞铜芯导线，并应留有不小于150mm 的余量，其端部应有明显标志。

（8）当不具备单独安装条件时，传感器也可安装在配电箱内，但不能对供电主回路产生影响。应尽量保持一定距离，并有明显标志。

（9）传感器的安装不应破坏被监控线路的完整性，不应增加线路接点。

（十一）系统接地装置的安装要求

（1）交流供电和 36V 以上直流供电的消防用电设备的金属外壳应有接地保护，接地线应与电气保护接地干线（PE）相连接。

（2）接地装置施工完毕后，应按规定测量接地电阻，并做记录。

四、火灾报警及联动控制设备的安装

（一）火灾报警设备安装的一般要求

为保证火灾报警及联动控制系统的正常运行，并提高其可靠性，不仅要合理地设计，还需要正确地安装、操作使用和经常维护。不管设备如何先进、设计如何完善、设备选择如何正确，如果安装不合理、管理不完善或操作不当，仍然会经常发生误报或漏报，容易造成建筑物内管理的混乱或贻误灭火时机。

以下为消防系统施工安装的一般要求。

（1）火灾报警及联动控制系统施工安装的专业性很强，为确保施工安装质量，确保安装后能投入正常运行，施工安装必须经有批准权限的公安消防监督机构批准，并且由有许可证的安装单位承担。

（2）安装单位应按照设计图纸施工，如需修改应征得原设计单位的同意，并有文字批准手续。

（3）火灾自动报警系统的安装应符合 GB 50166—2007《火灾自动报警系统施工及验收规范》的规定，并符合设计图纸和设计说明书的要求。

（4）火灾自动报警系统的设备应使用经国家消防电子产品质量监督检验测试中心检测合格的产品。

（5）安装前，应妥善保管火灾自动报警系统的火灾探测器、手动报警按钮、控制器和其他所有设备，避免受潮、受腐蚀及其他损坏，在安装时应避免机械损伤。

（6）施工单位在施工前应具有平面图、安装尺寸图、系统图、接线图及一些必要的设备安装技术文件。

（7）系统安装完毕后，安装单位应提交以下资料和文件。

1）变更设计部分的实际施工图。

2）变更设计的证明文件。

3）安装技术记录（包括隐蔽工程的检验记录）。

4）检验记录（包括绝缘电阻及接地电阻的测试记录）。

5）安装竣工报告。

（二）火灾报警控制器的安装

（1）火灾报警控制器的技术指标。火灾报警控制器的主要技术指标见表 11-23。

表 11-23 火灾报警控制器的主要技术指标

技术指标	说明
容量	容量是指能够接收火灾报警信号的回路数，用“M”表示。一般区域火灾报警控制器 M 的数值等于火灾探测器的数量；对于集中火灾报警控制器，容量数值等于 M 乘以区域报警器的台数 N，即 $M \cdot N$
使用环境条件	使用环境条件主要指火灾报警控制器能够正常工作的条件，即温度、湿度、风速、气压等。如陆用型火灾报警控制器的使用环境条件为温度 −10～50℃；相对湿度小于等于 92%（40℃）；风速小于 5m/s；气压为 85～106kPa
工作电压	工作时，电压可采用 220V 交流电和 24～32V 直流电（备用）。备用电源应优先选用 24V
满载功耗	满载功耗指当火灾报警控制器容量不超过 10 路时，所有回路均处于报警状态所消耗的功率；当容量超过 10 路时，20%的回路（最少按 10 路计）处于报警状态所消耗的功率。使用时要求在系统工作可靠的前提下，尽可能减小满载功耗；同时要求在报警状态时，每一回路的最大工作电流不超过 200mA

续表

技术指标	说　明
输出电压及允差	输出电压指供给火灾探测器使用的工作电压，一般为直流24V。此时输出电压允差不大于0.48V，输出电流一般应大于0.5A
空载功耗	空载功耗指系统处于工作状态时所消耗的电源功率。空载功耗表明了该系统日常工作费用的高低，因此功耗应是越小越好；同时要求系统处于工作状态时，每一报警回路的最大工作电流不超过20mA

(2) 火灾报警控制器的安装配线。火灾报警控制器通常安装在建筑物的火警值班室或消防中心。

1) 区域火灾报警控制器的安装。区域火灾报警控制器一般为壁挂式，可直接安装于墙上，也可安装于支架上，如图11-94所示。火灾报警控制器底边距地面的高度宜为1.3～1.5m，靠近其门轴的侧面距墙应不小于0.5m，正面操作距离应不小于1.2m。

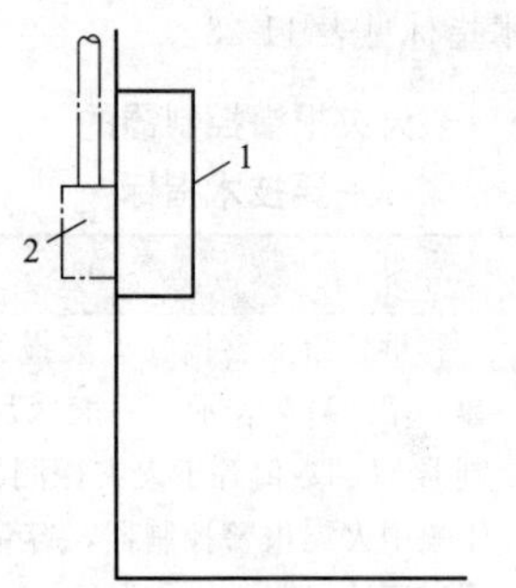

图11-94　区域火灾报警控制器的安装
1—区域火灾报警控制器；2—分线箱

火灾报警控制器安装在墙面上可采用膨胀螺栓固定。若火灾报警控制器质量小于30kg，则使用$\phi8\times120$膨胀螺栓固定；若火灾报警控制器质量大于30kg，则应使用$\phi10\times120$膨胀螺栓固定。安装时应首先按照施工图确定火灾报警控制器的具体位置。将箱体安装孔尺寸量好，在墙上画好孔眼位置，然后钻孔安装。

如果火灾报警控制器安装在支架上，应先将支架做好，并做防腐处理，将支架装在墙上后，再把火灾报警控制器安装在支架上。

2) 集中火灾报警控制器的安装。集中火灾报警控制器通常为落地式安装，柜下面有进出线地沟，如图11-95所示。如果需要从后面检修，柜后面板距墙应不小于1m。若有一侧靠墙安装，则另一侧距墙应

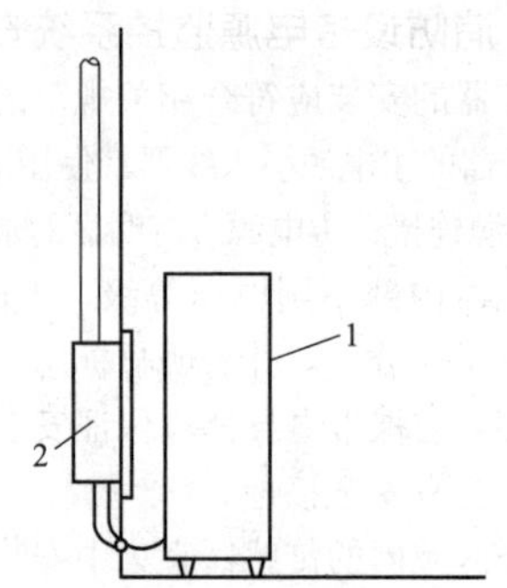

图11-95　集中火灾报警控制器的安装
1—集中火灾报警控制器；2—分线箱

不小于1m。集中火灾报警控制器的正面操作距离：如果设备单列布置，则应不小于1.5m；双列布置时，应不小于2m。在值班人员经常工作的一面，控制盘前距离不应小于3m。

在安装集中火灾报警控制器时，应把设备安装在型钢基础底座上，通常采用8～10号槽钢，也可采用相应的角钢。型钢底座的制作尺寸应同火灾报警控制器相等。安装火灾报警控制器前应检查内部元件是否完好、清洁整齐，各种技术文件齐全与否、盘面损坏与否。

一般设有集中火灾报警控制器的火灾自动报警系统的规模都比较大，竖向的传输线路应采用竖井敷设。每层竖井分线处应设端子箱，端子箱内最少应有7个分线端子，分别作为电源负极、火警信号线、故障信号线、自检信号线、区域信号线、两条备用线。两条备用线在安装调试时可作通信联络用。

3) 火灾报警控制器的配线

a. 引入火灾报警控制器的导线应符合的要求，见表11-24。

表11-24　引入火灾报警控制器的导线应符合的要求

序号	要　求
1	配线应整齐，避免交叉，并应用线扎或其他方式固定牢靠
2	电缆芯线和所配导线的端部，均应标明编号。火灾报警控制器内应将电源线、探测回路线、通信线分别加套并编号；楼层显示器内应将电源线、通信线分别加套管并编号；联动驱动器内应将电源线、通信线、音频信号线、联动信号线、反馈线分别加套管并编号；所有编号都必须与图纸上的编号一致，字迹要清晰；有改动处应在图纸上做明确标注

续表

序号	要　求
3	电缆芯和导线应留有不小于 20cm 的余量
4	接线端子上的接线必须用焊片压接在接线端子上，每个接线端子的压接线不得超过两根
5	导线引入线穿线后，在进线管处应封堵
6	火灾报警控制器的交流 220V 主电源引入线，应直接与消防电源连接，严禁使用电源插头。主电源应有明显标志
7	火灾报警控制器的接地应牢靠，并有明显标志
8	在火灾报警控制器的安装过程中，严禁随意操作电源开关，以免损坏机器

b. 火灾报警控制器的线路结构和端子接线图。因为各生产厂家的不同，其火灾报警控制器的线路结构和端子接线图也不同，现通过深圳赋安公司 AFN100 火灾报警控制器为例进行讲解。其中，图 11-96 为系统构成，图 11-97 为外形尺寸和安装尺寸，图 11-98 为 AFN100 接线端子，AFN100 接线端子说明见表 11-25。

表 11-25　AFN100 接线端子说明

S1－	S1＋	第一回路总线
S2-	S2＋	第二回路总线
BJK	BJD	直接启/停输出
FJK	FJD	火警继电器（常开或常闭）
BB1	AA1	第一回路 485 总线
BB2	AA2	第二回路 485 总线（接显示盘）
DGND	DCND	RS-485 通信接口公共地
GND	＋24V	直接 24V 电源输出（200mA）
VGND	V24V	受控 24V 输出（200mA）
VGND	V24V	受控 24V 输出（200mA）

（三）火灾探测器的安装

1. 火灾探测器的安装定位

（1）火灾探测器的定位。火灾探测器安装时，要按照施工图选定的位置现场画线定位。在吊顶上安装时，要注意纵横成排对称。火灾报警系统施工图通常只提供火灾探测器的数量及大致位置，在现场施工时会遇到诸如风管、风口、排风机、工业管道、天车及照明灯具等各种障碍，就需要对火灾探测器的设计位置进行调整。如需取消火灾探测器或调整位置后超过了火灾探测器的保护范围，应与设计单位联系，变更设计。

探测区域内的每个房间应至少设置一只火灾探测器。感温、感光火灾探测器距光源距离应大于 1m。感烟、感温火灾探测器的保护面积及保护半径应按表 11-7 确定。

火灾探测器通常安装在室内顶棚上。当顶棚上有梁时，如梁的净间距小于 1m，可不计梁对火灾探测器保护面积的影响。如梁突出顶棚的高度小于 200mm，在顶棚上安装感烟、感温火灾探测器时，可不考虑梁对火灾探测器保护面积的影响。如梁突出顶棚的高度在 200～600mm 时，应按照规定图、表确定火灾探测器的安装位置。当梁突出顶棚的高度大于 600mm 时，被梁隔断的每个梁间区域应至少设置一只火灾探测器。当被梁隔断的区域面积超过一只火灾探测器的保护面积时，则应将被隔断区域看作一个探测区域，并按有关规定计算火灾探测器的设置数量。

安装在顶棚上的火灾探测器的边缘与以下设施的边缘的水平间距应保持在以下范围内。

1）同照明灯具的水平净距应大于 1m。

2）感温式火灾探测器距高温光源灯具（如碘钨灯及容量大于 100W 的白炽灯等）的净距应不小于 0.5m。

3）与电风扇的净距应不小于 1.5m。

4）与不突出的扬声器净距应不小于 0.1m。

5）同各种自动喷水灭火喷头的净距应不小于 0.3m。

6）点型火灾探测器至空调送风口边的水平距离不应小于 1.5m，如图 11-99 所示，并宜接近回风口安装。火灾探测器至多孔送风顶棚孔口的水平距离不应小于 0.5m。

7）与防火门、防火卷帘门的间距应为 1～2m。

在宽度小于 3m 的走廊顶棚上设置火灾探测器时，宜居中布置。感温式火灾探测器的安装间距应不超过 10m。感烟式火灾探测器的安装间距应不超过 15m。如图 11-100 所示，火灾探测器至端墙的距离，应不大于火灾探测器安装间距的一半。如图 11-101 所示，火灾探测器至墙壁、梁边的水平距离，应不小于 0.5m。火灾探测器周围 0.5m 的距离内，应不宜有遮挡物。

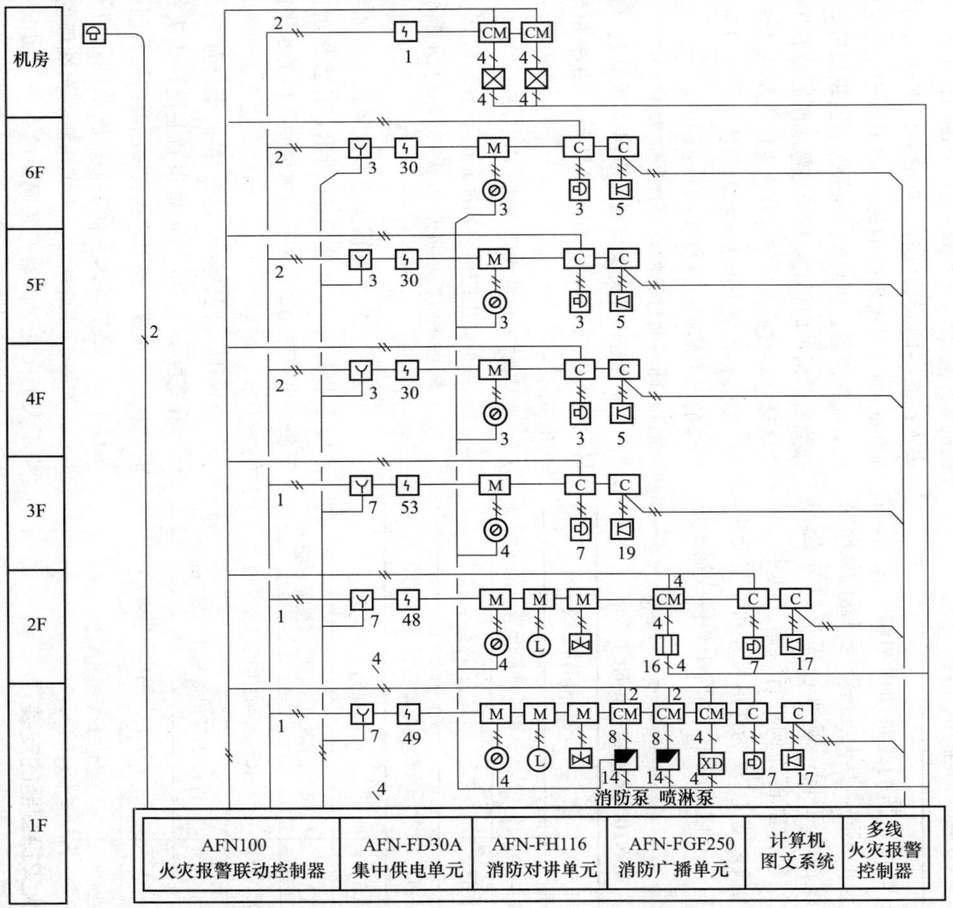

图例	名　称	型　号	数量	备　注
	智能感烟火灾探测器	FA1017	270	
	智能感温火灾探测器	FA1015	2	
	常规感温火灾探测器	FA1018	0	
	常规感烟火灾探测器	FA1016	0	
Y	编码按钮(含电话插口)	AFN-MB4	49	
	电　梯		4	
L	水流指示器		2	
	消防栓按钮	AFN-MB7	38	
M	区域中继器	AFN-M1219	4	
C	区域控制模块	AFN-M1218	36	
CM	区域监控模块	AFN-M1220	43	
	显示盘	AFN-FX01	0	
	风机电控箱		2	
	信号阀		2	
	扬声器	AFN-PG01	54	
	防火阀		0	
	火警电话分机	AFN-FH05	5	
	水泵电控箱		1	
	正压送风口		34	
	防火卷帘门		0	

图 11-96 AFN100 火灾报警控制系统构成

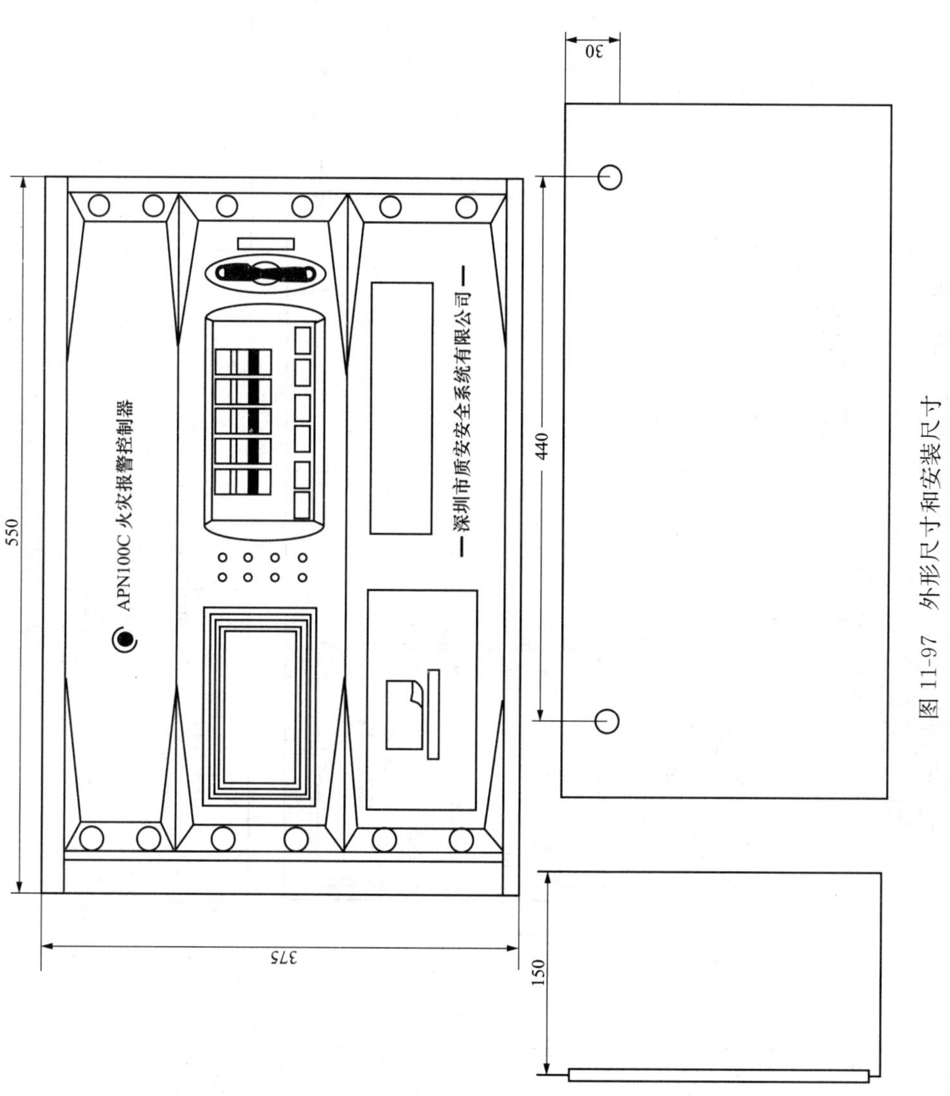

图 11-97 外形尺寸和安装尺寸

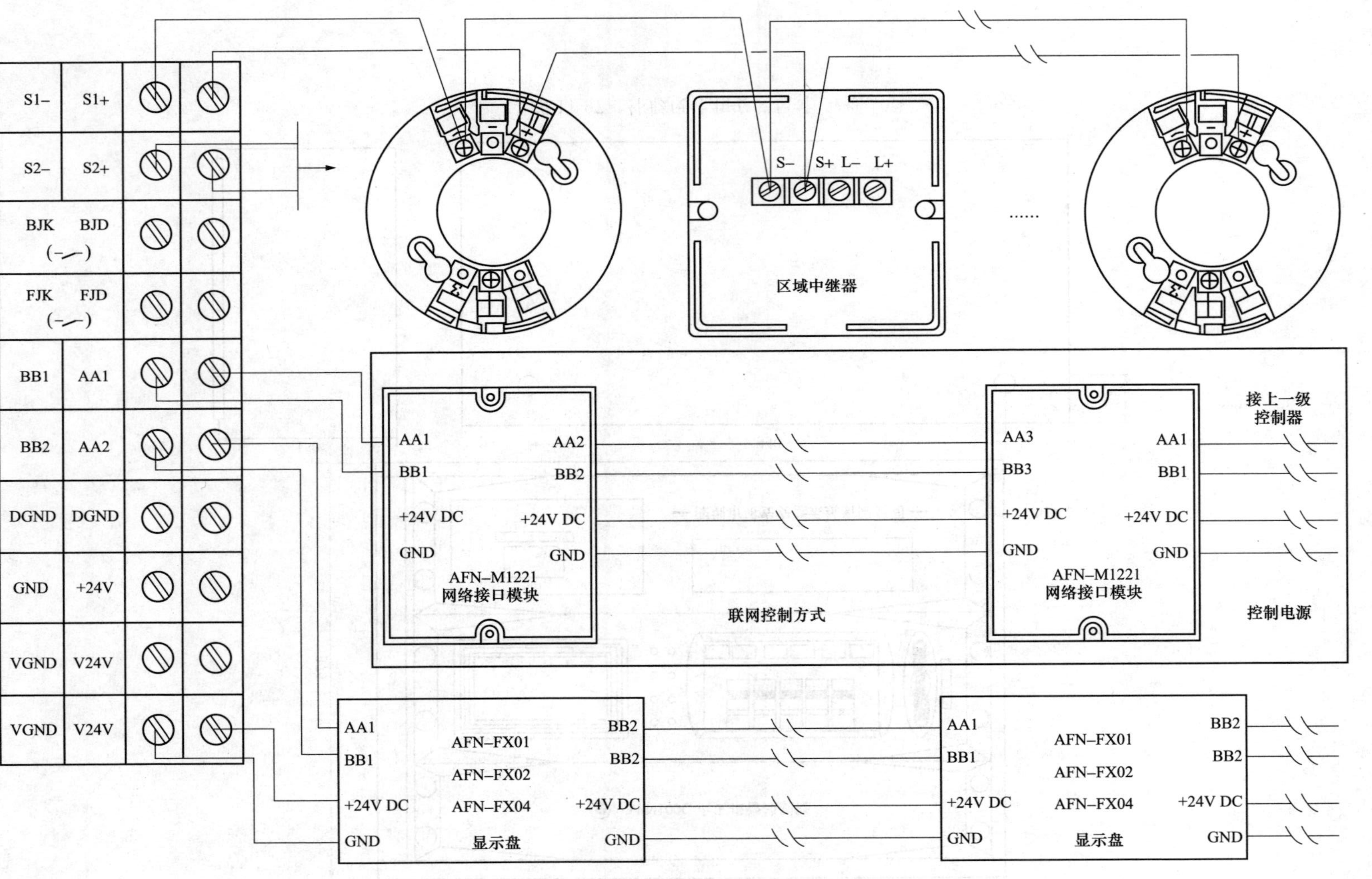

图 11-98 AFN100 接线端子

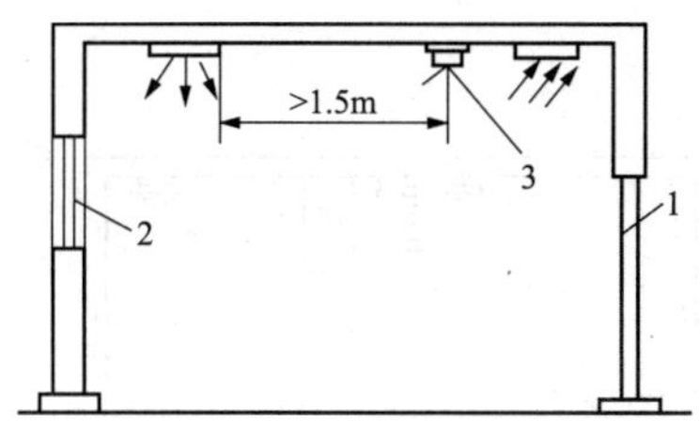

图 11-99　火灾探测器在有空调的室内的设置

1—门；2—窗；3—火灾探测器

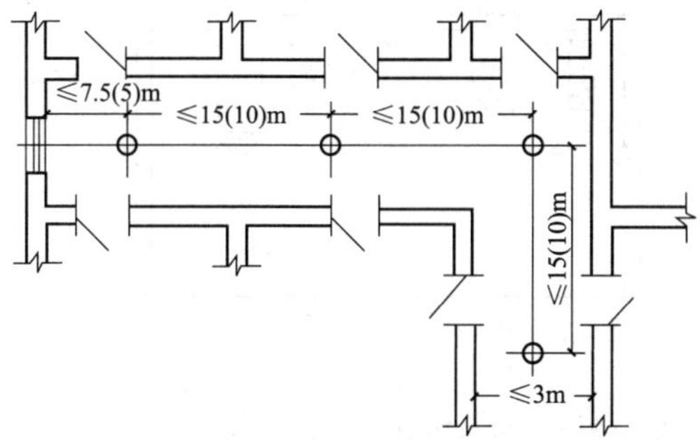

图 11-100　火灾探测器在宽度小于 3m 的走道内的设置

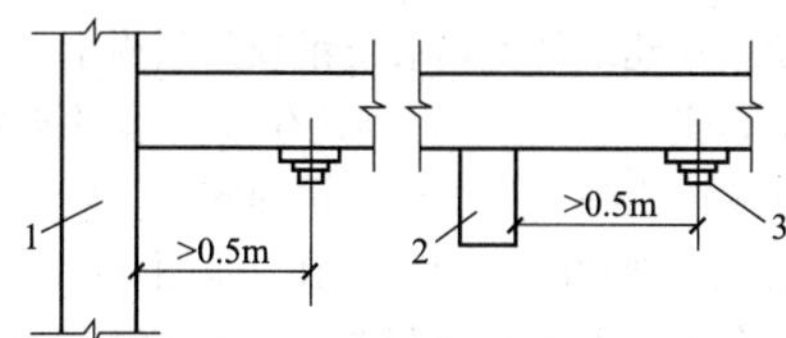

图 11-101　火灾探测器至墙、梁的水平距离

1—墙；2—梁；3—火灾探测器

如图 11-102 所示，房间被书架、设备或隔断等分隔时，其顶部至顶棚或梁的距离小于房间净高的 5%，则每个被隔开的部分应至少安装一只火灾探测器。

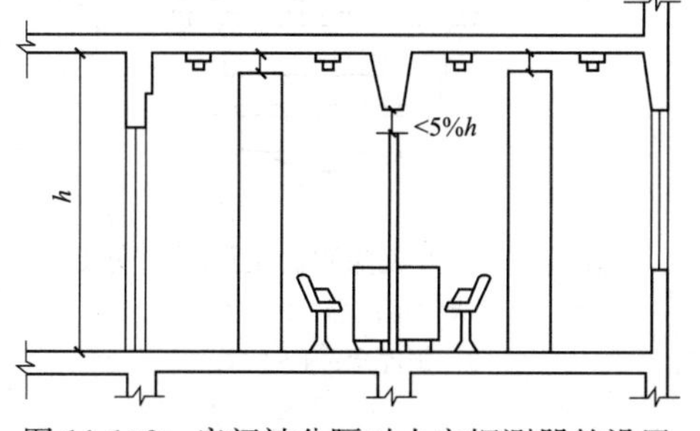

图 11-102　房间被分隔时火灾探测器的设置

当房屋顶部有热屏障时，点型感烟式火灾探测器下表面到顶棚的距离，应符合表 11-10 的规定。如图 11-103 所示，锯齿形屋顶和坡度大于 15°的人字形屋顶，应在每个屋脊处设置一排火灾探测器。火灾探测器下表面距屋顶最高处的距离，也应符合表 11-10 的规定。如图 11-104 所示，火灾探测器宜水平安装，如必须倾斜安装时，倾斜角度应不大于 45°。

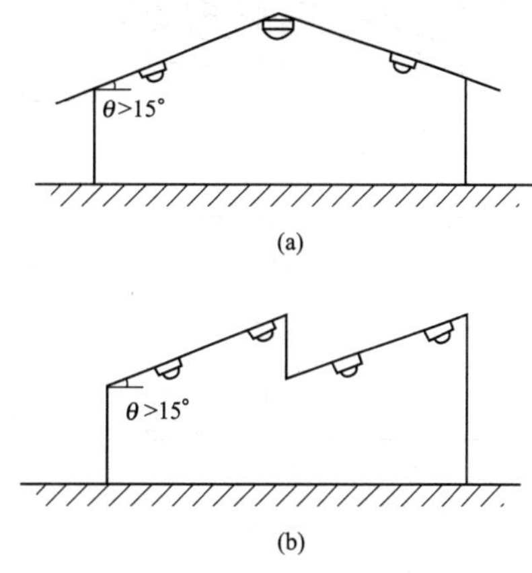

图 11-103　锯齿形和坡度大于 15°的人字形屋顶火灾探测器的安装

（a）坡度大于 15°的人字形屋顶火灾探测器的安装；（b）锯齿形屋顶火灾探测器的安装

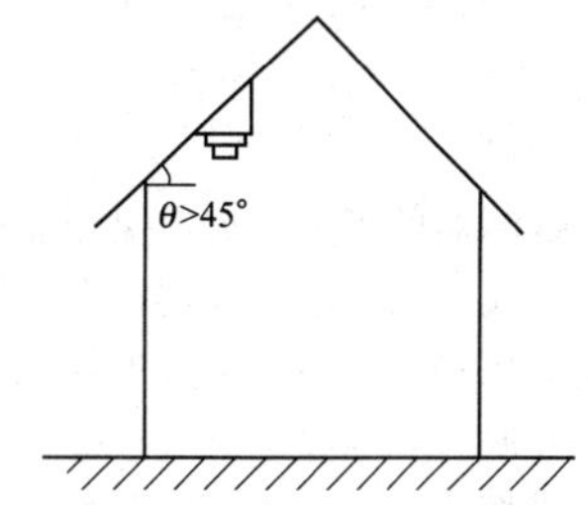

图 11-104　坡度大于 45°的屋顶上火灾探测器的安装

在与厨房、开水房及浴室等房间连接的走廊安装火灾探测器时，应避开其入口边缘 1.5m。在电梯井、升降机井及管道井装设火灾探测器时，其位置应在井道上方的机房顶棚上。未按每层封闭的管道井（竖井）安装火灾报警器时，应在最上层顶部安装。隔层楼板高度在 3 层以下且完全处于水平警戒范围内的管道井（竖井）可不安装。

煤气探测器分墙壁式与吸顶式安装。如图 11-105（a）所示，煤气探测器墙壁式安装应在距煤气灶 4m 之内，距地面高度为 0.3m。煤气探测器吸顶式安装时，应装设于距煤气灶 8m 以内的屋顶板上。如图 11-105（b）所示，当屋内有排气口时，煤气探测器允许装在排气口附近，但是位置应距煤气灶 8m 以上。

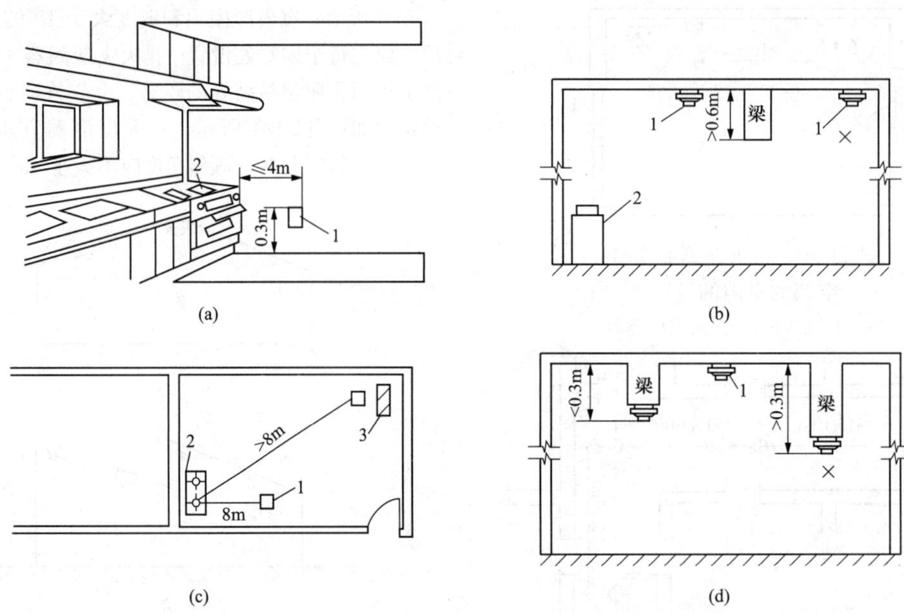

图 11-105 有煤气灶房间内煤气探测器的安装位置

(a) 安装位置一；(b) 安装位置二；(c) 安装位置三；(d) 安装位置四

1—煤气探测器；2—煤气灶；3—排气口

如图 11-105（c）所示，如果房间内有梁且高度大于 0.6m 时，煤气探测器应装在靠近煤气灶一侧。如图 11-105（d）所示，煤气探测器在梁上安装时，距屋顶应不大于 0.3m。

（2）火灾探测器的固定。火灾探测器由底座与探头两部分组成，属于精密电子仪器，在建筑施工交叉作业时，一定要保护好。在安装火灾探测器时，应先装设火灾探测器底座，当整个火灾报警系统全部安装完毕时，再装设探头，并做必要的调整工作。

常用的火灾探测器底座就其结构形式有普通底座、编码型底座、防爆底座及防水底座等专用底座；根据火灾探测器的底座是否明、暗装，又可分为直接安装和用预埋盒安装。

如图 11-106 所示，火灾探测器的明装底座有的可直接装设在建筑物室内装饰吊顶的顶板上。需要与专用盒配套安装或用 86 系列灯位盒安装的火灾探测器，盒体要同土建工程配合，预埋施工，底座外露于建筑物表面，如图 11-107 所示。如图 11-108 所示，使用防水盒安装的火灾探测器。火灾探测器如果安装在有爆炸危险的场所，应使用防爆底座，做法如图 11-109 所示。如图 11-110 所示为编码型底座的安装，带有火灾探测器锁紧装置，可避免火灾探测器脱落。

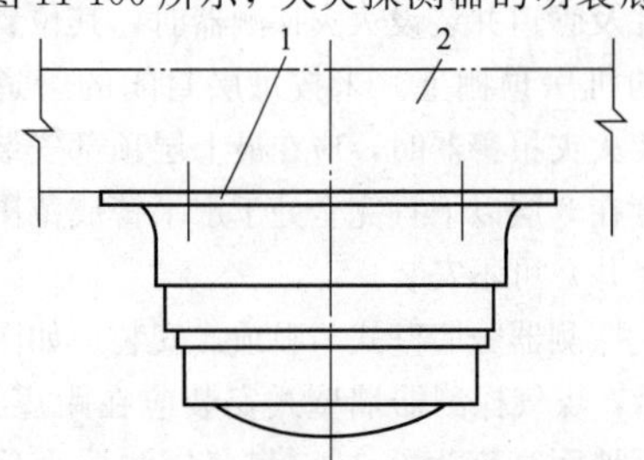

图 11-106 火灾探测器在吊顶顶板上的安装

1—火灾探测器；2—吊顶顶板

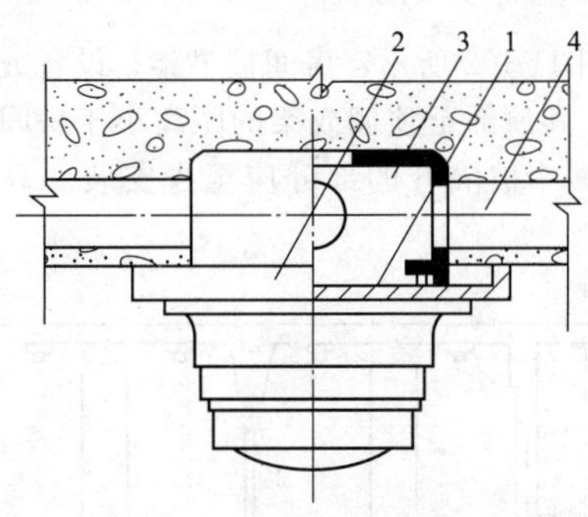

图 11-107 火灾探测器用预埋盒安装

1—火灾探测器；2—底座；3—预埋盒；4—配管

火灾探测器或底座上的报警确认灯应面向主要入口方向，以方便观察。顶埋暗装盒时，应将配管一并埋入，用钢管时应把管路连接成一导电通路。

在吊顶内安装火灾探测器，专用盒、灯位盒应装

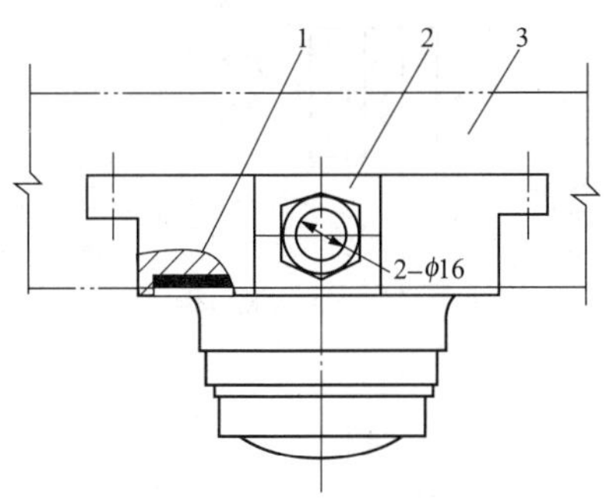

图 11-108　火灾探测器用 FS 型防水盒安装

1—火灾探测器；2—防水盒；3—吊顶或天花板

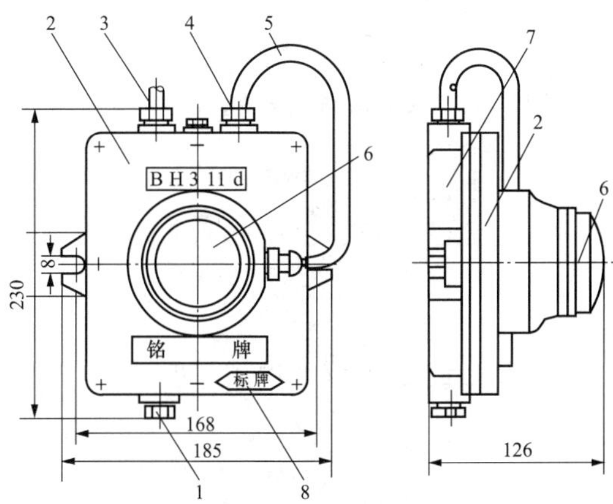

图 11-109　用 BHJW-1 型防爆底座安装感温式火灾探测器

1—备用接线封口螺帽；2—壳盖；3—用户自备线路电缆；4—火灾探测器安全火花电路外接电缆封口螺帽；5—安全火花电路外接电缆；6—二线制感温火灾探测器；7—壳体；8—"断电后方可启盖"标牌

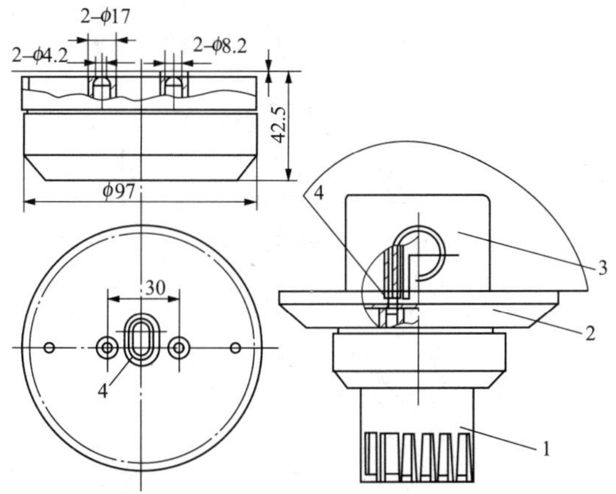

图 11-110　编码型底座外形及安装

1—火灾探测器；2—装饰圈；3—接线盒；4—穿线孔

设在顶板上面，根据火灾探测器的安装位置，先在顶板上钻个小孔，再根据孔的位置，把灯位盒与配管连接好，配至小孔位置，把保护管固定在吊顶的龙骨上或吊顶内的支、吊架上。灯位盒应紧贴在顶板上面，然后对顶板上的小孔扩大，扩大面积不应大于盒口面积。

因为火灾探测器的型号、规格繁多，其安装方式各异，所以在施工图下发后，应仔细阅读图纸和产品样本，了解产品的技术说明书，做到正确地安装，满足合理使用的目的。

(3) 火灾探测器的接线与安装。火灾探测器的接线其实就是火灾探测器底座的接线，在安装火灾探测器底座时，应先把预留在盒内的导线剥出线芯 10～15mm（注意保留线号）。将剥好的线芯与火灾探测器底座各对应的接线端子连接，需要焊接连接时，导线剥头应焊接焊片，通过焊片接于火灾探测器底座的接线端子上。

不同规格、型号的火灾探测器的接线方法也有所不同，一定要根据产品说明书进行接线。接线完毕后，把底座用配套的螺栓固定在预埋盒上，并上好防潮罩。按设计图检查无误后再拧上火灾探测器探头，探头一般以接插旋卡式与底座连接。火灾探测器底座上有缺口或凹槽，探头上有凸出部分，在安装时，探头对准底座以顺时针方向旋转拧紧。

火灾探测器安装时应注意以下问题。

1) 有些厂家的火灾探测器有中间型与终端型之分，每分路（一个探测区内的火灾探测器组成的一个报警回路）应有一个终端型火灾探测器，以达到线路故障监控。感温式火灾探测器探头上有红点标记的为终端型，没有红色标记的为中间型。感烟式火灾探测器确认灯为白色发光二极管的是终端型，为红色发光二极管的是中间型。

2) 最后一个火灾探测器加终端电阻 R，其阻值大小应参照产品技术说明书的规定取值。并联火灾探测器 R 值一般取 5.6Ω。有的产品不需接终端电阻；也有的用一个二极管与一个电阻并联，安装时二极管负极应同＋24V 端子相连。

3) 并联火灾探测器通常应少于 5 个，如要装设外接门灯必须用专用底座。

4) 当采用防水型火灾探测器有预留线时，应采用接线端子过渡分别连接，接好之后的端子必须用胶布包缠好，放入盒内后再固定火灾探测器。

5) 采用总线制并要进行编码的火灾探测器，在安装前应对照厂家技术说明书的规定，按层或区域事先进行编码分类，之后再按照上述工艺要求安装火灾探测器。

2. 具体厂家、型号的火灾探测器的安装

一般来讲，火灾探测器的安装一般主要由预埋盒、底座、探测器三个部分组成。火灾探测器的种类、型号以及厂家不同，其安装接线也有很大的不同。下面针对具体厂家、型号的火灾探测器，介绍它们安装的方法及程序。

(1) 点型火灾探测器安装，见表 11-26。

表 11-26　点型火灾探测器的安装

项目	安装说明
火灾探测器整体安装	首先安装预埋盒、底座及穿管布线，再把与底座有关的连线接在底座的正确位置。对美观有特殊要求的安装场所，可选用配有装饰圈的底座。图 11-111 和图 11-112 所示为火灾探测器安装的两种组合方式
预埋盒安装	预埋盒的安装尺寸如图 11-113 所示，不同的底座使用的预埋盒安装孔距也有所不同
底座安装	底座是和探测器相配套的器件，不同的探测器需要不同的底座。探测器的厂家不同，其底座有很大的区别；同一厂家，底座也有不同的系列。但底座的共同功能特点是与探测器配套的器件；通过导线连接控制器和探测器。底座型号很多，不能一一介绍，下面以几个典型产品为例，讲述探测器底座的安装
探测器的安装	(1) 在安装探测器之前，首先切断回路电源。 (2) 按照各自底座连接端子的要求，将底座接好线。 (3) 确定探测器类型与图纸或底座标签上要求的一致。 (4) 对于拨码式探测器，将探测器的拨码开关拨至预定的地址号。 (5) 将探测器插入底座。 (6) 顺时针方向旋转探测器直至其落入卡槽中。 (7) 继续顺时针方向旋转探测器直至锁定就位

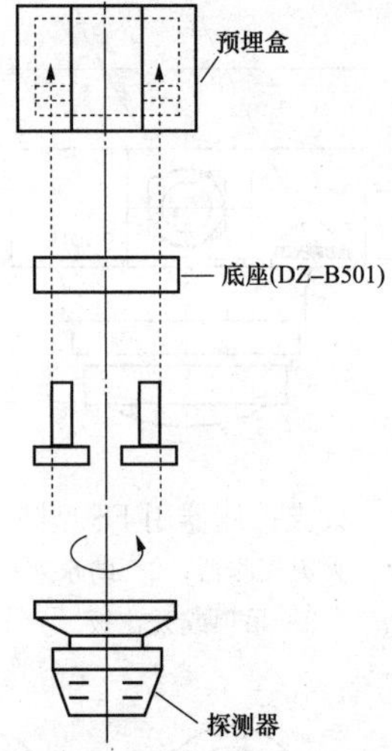

图 11-111　火灾探测器安装组合图（之一）

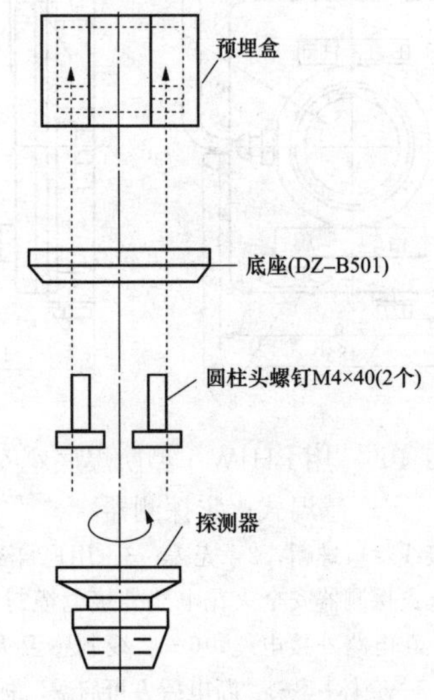

图 11-112　火灾探测器安装组合图（之二）（带装饰圈）

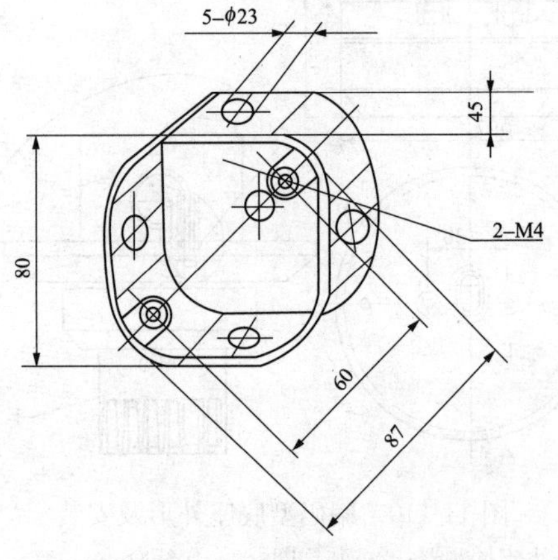

图 11-113　预埋盒的安装尺寸

【例 11-7】 以深圳赋安公司产品为例，其底座产品分为智能探测器底座（FA1104 和 FAB801 系列）和常规探测器底座（FA1103 与 FAB401 系列）。如图 11-114 和图 11-115 所示为 FA1104 和 FA1103 底座端子接线。

根据所选定的底座的安装说明接线，如图 11-116 和图 11-117 所示。底座上备有带螺钉的端子，提供各种方式的连接。

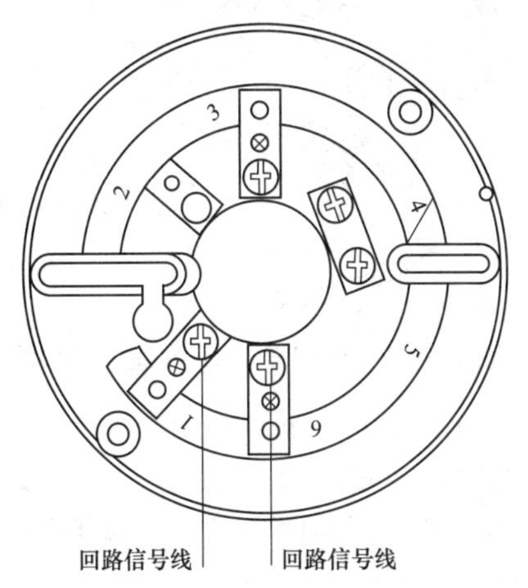

图 11-114　底座端子接线（FA1104）

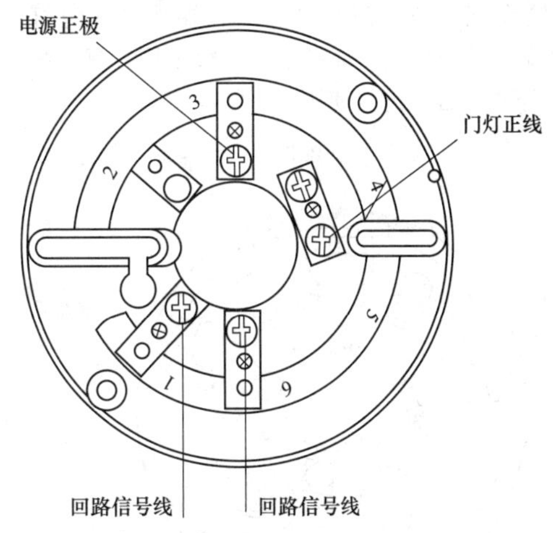

图 11-115　底座端子接线（FA1103）

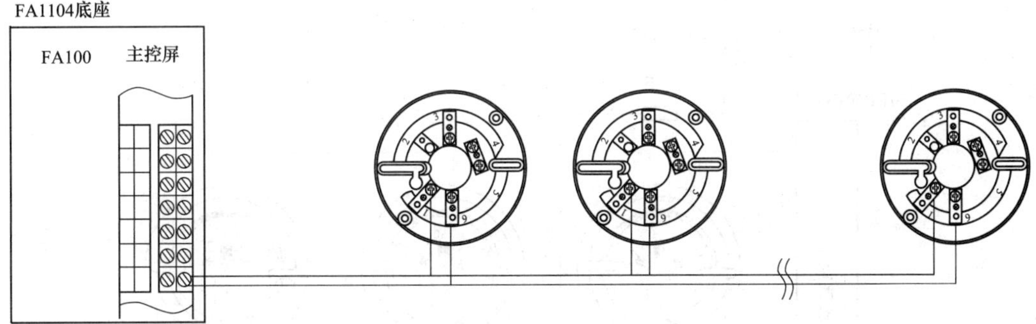

图 11-116　一个回路中多只智能探测器串联连接

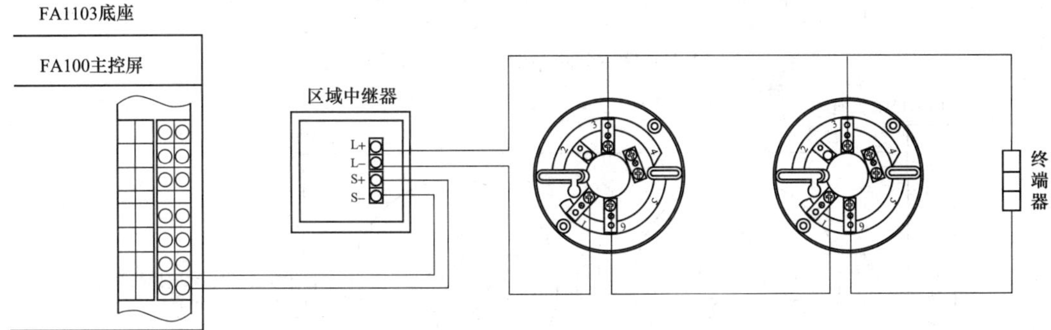

图 11-117　一个回路中多只常规探测器并联连接

安装时应注意：确认全部底座已安装好，且每个底座的连接线极性准确无误。在安装探测器前，应将回路的电源切断。

【例 11-8】 以美国诺帝菲尔（NOTIFIER）公司产品为例，其智能探测器底座产品型号是 B501/B501B（带装饰圈），常规探测器底座产品型号是

B401/B401B（带装饰圈）。底座端子接线，如图11-118和图11-119所示。B501/B501B底座有3个接线端子，接线时应注意极性，端子1接总线“－”。端子2接总线“＋”，端子3是门灯接线端子，可兼容的门灯接在端子3（门灯“＋”）、端子1（门灯“－”）上做远程复示用。而端子4一般不用，只在强干扰场合下做屏蔽线连接使用。

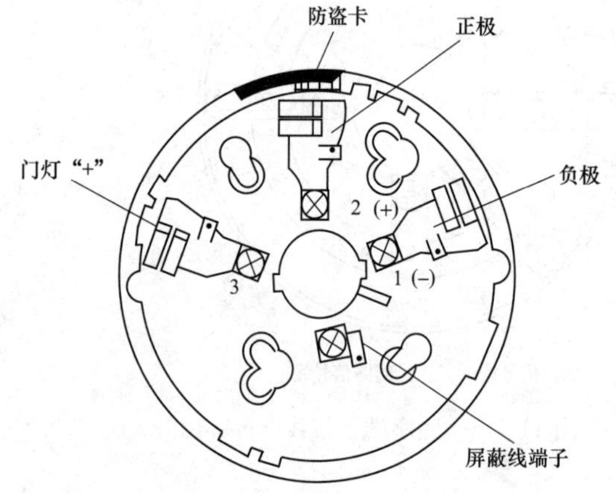

图11-118　B501/B501B底座端子接线

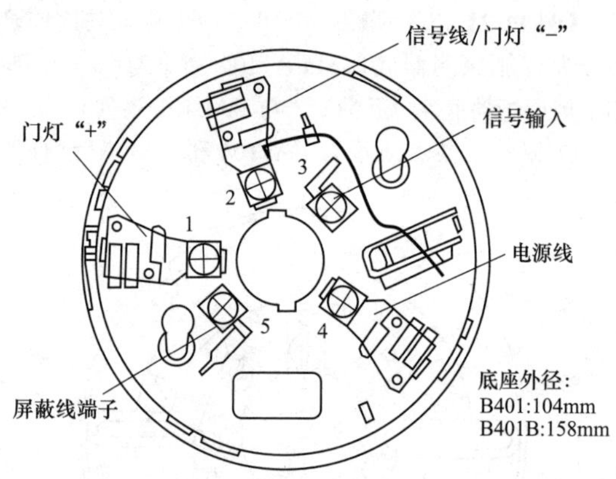

图11-119　B401/B401B底座端子接线

B401/B401B底座可提供5个端子，端子1接门灯“＋”，端子2接信号输出兼门灯“－”，端子3接信号输入，端子4接电源线“＋”，端子5接屏蔽线连接端子。

如图11-120和图11-121所示，根据所选定的底座的安装说明接线。底座上备有带螺钉的端子，提供各种方式的连接。

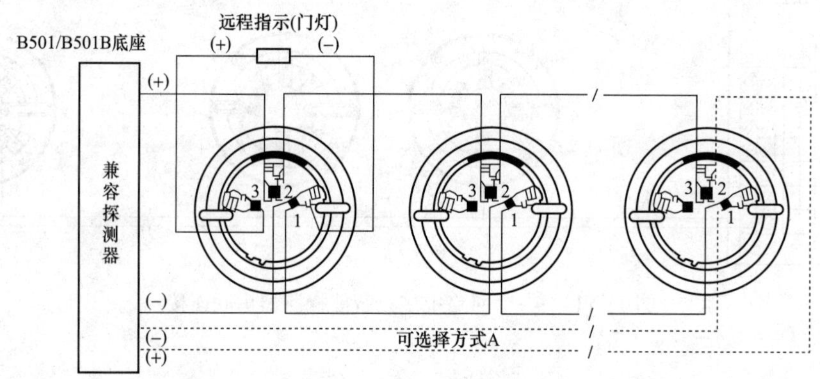

图11-120　一个回路中多只探测器的连接

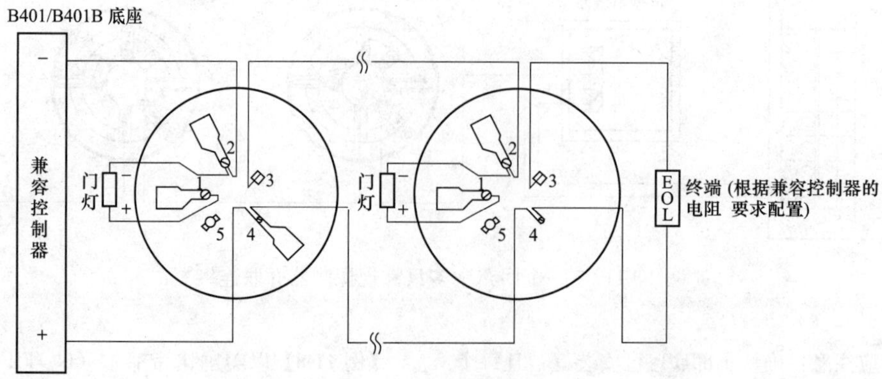

图11-121　多只探测器并联连接

（2）线型火灾探测器安装

1）红外光束火灾探测器。

a. 性能特点。对于使用环境温度范围宽（－33～55℃），点型感温、感烟火灾探测器的安装、维护都比较困难的区域，如车库、厂房、货仓等处，可采用红外光束火灾探测器对烟进行探测。

红外光束火灾探测器由一对发射器与接收器组成，对于超出点型感温、感烟火灾探测器的场所，能够提供可靠的报警信号。它同时具有对于灰尘影响的自动补偿的功能。

火灾探测器通常可工作在两种距离方式下：9～30m为短距离方式，30～100m为长距离方式。它可在天花板上安装，也可在墙壁上安装。红外光束火灾探测器设有报警、故障及正常三种状态指示灯，并设有4只准直用指示灯用于调试。

红外光束火灾探测器可安装于墙壁，也可安装于天花板。两种安装方式的安装支架不同。无论墙壁安装还是天花板安装，所要安装的表面必须无振动、位移，否则易造成火灾探测器误报故障。红外光束火灾探测器在墙壁上的安装，如图11-122所示。红外光束火灾探测器安装于天花板上，如图11-123所示。

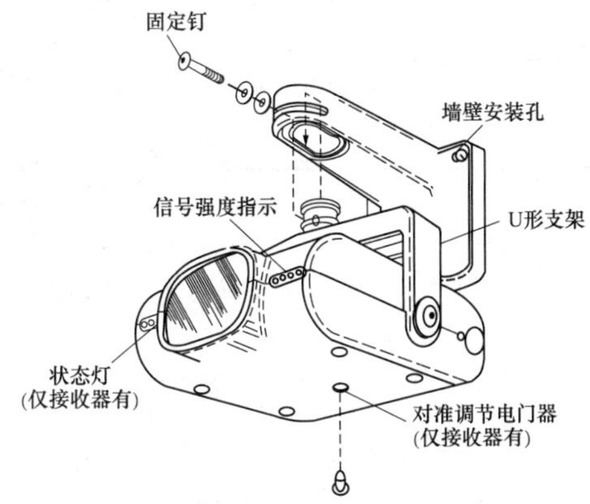

图11-122　火灾探测器在墙壁上的安装

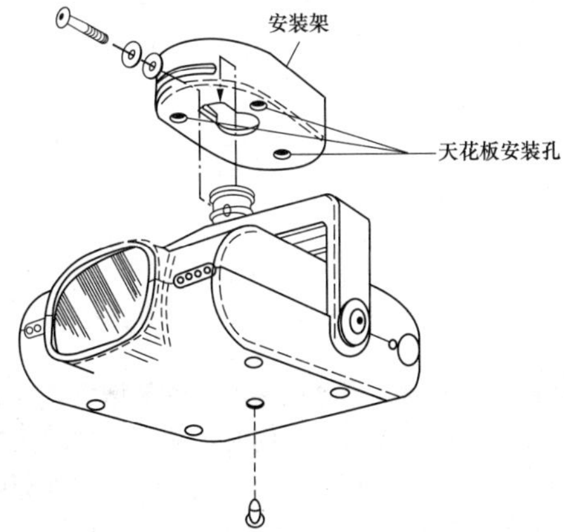

图11-123　火灾探测器在天花板上的安装

b. 安装的位置关系。安装的位置关系见表11-27。

表11-27　安装的位置关系

安装区域	安装的位置关系
平滑天花板区域	两对火灾探测器的水平间距可为9～18m，假设此距离为S，则靠墙一只火灾探测器距墙壁的最大距离为1/2S，火灾探测器距天花板的距离为0.3m，如图11-124所示。如果火灾探测器安装于天花板，则火灾探测器距墙壁的最大距离为1/4S，如图11-125所示。图中，TX表示发射器，RX表示接收器
斜顶或尖顶房屋	斜顶房屋与尖顶房屋火灾探测器的安装位置如图11-126和图11-127所示

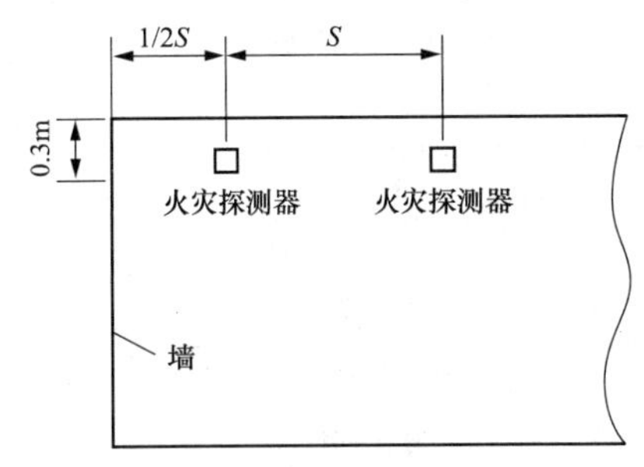

图11-124　火灾探测器之间的水平间距（侧视图）

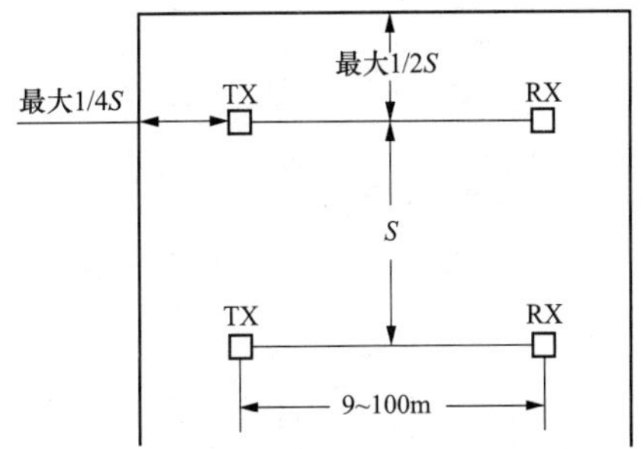

图11-125　火灾探测器与火灾探测器、墙壁的距离（水平图）

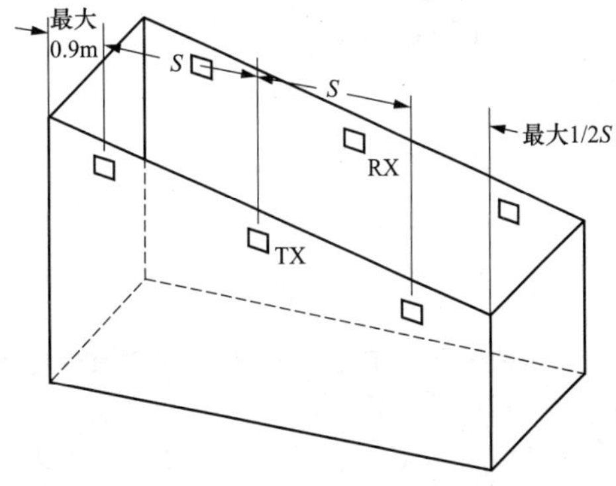

图11-126　斜顶房屋火灾探测器的安装位置

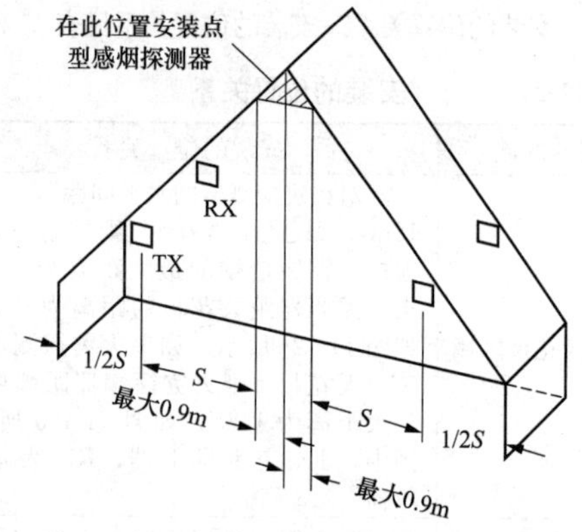

图 11-127　尖顶房屋火灾探测器的安装位置

火灾探测器的前面板如图 11-128 所示。

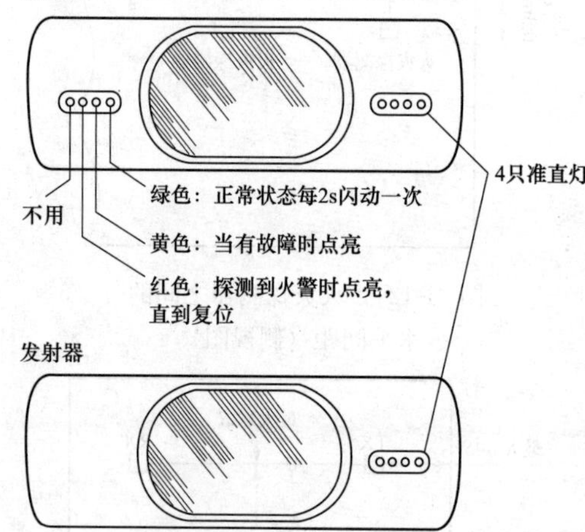

图 11-128　火灾探测器的前面板

发射器有 4 只灯，接收器有 8 只灯，如图 11-128 所示为各个指示灯的功能。接收器附加滤光棱镜，如图 11-129 所示。

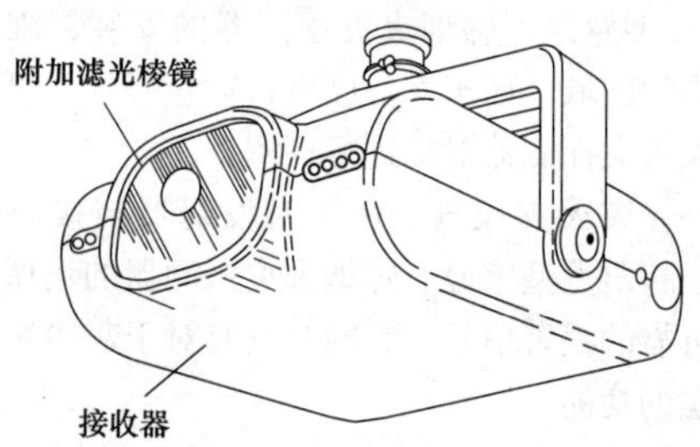

图 11-129　接收器附加滤光棱镜

2）线型感温电缆火灾探测器。

a. 性能特点。如图 11-130 所示，缆式线型定温火灾探测器由两根弹性钢丝、热敏绝缘材料、塑料包带和塑料外护套组成。在正常时，两根钢丝间呈绝缘状态。火灾报警控制器通过传输线、接线盒、热敏电缆及终端盒构成一个报警回路。报警控制器与所有的报警回路组成数字式线型感温火灾报警系统，如图 11-131 所示。

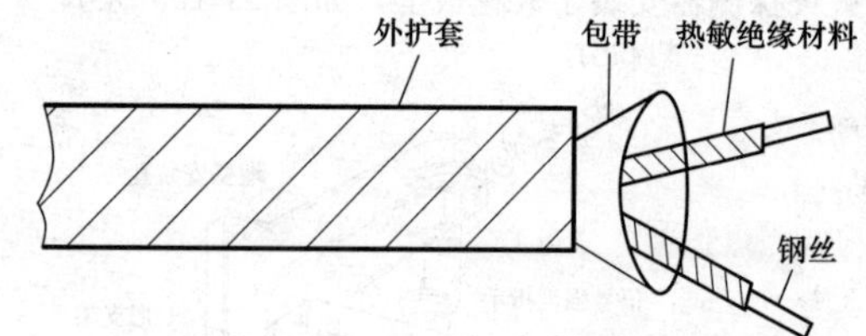

图 11-130　缆式线型定温火灾探测器

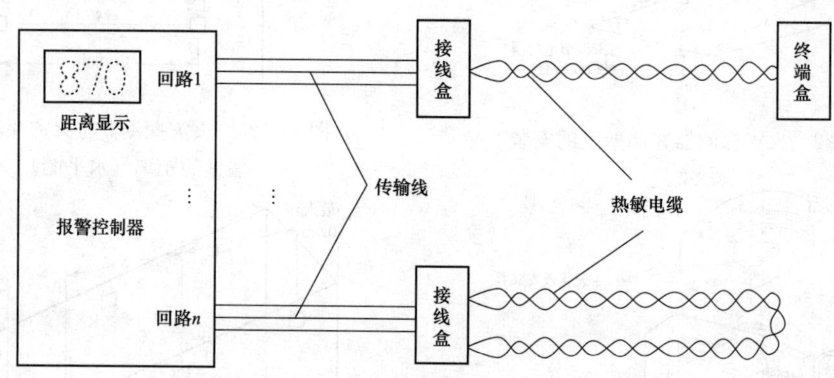

图 11-131　数字式线型感温火灾报警系统

在正常情况下，在每根热敏电缆中都有一极小的电流流动。当热敏电缆线路上任何一点的温度（可以是“电缆”周围空气或它所接触物品的表面温度）上升满足额定的动作温度时，其绝缘材料熔化，两根钢丝相互接触。此时，报警回路电流骤然增大，火灾报警控制器发出声、光报警的同时，数码管显示火灾报警的回路号与火警的距离（即热敏电缆动作部分的米数）。报警之后，经人工处理的热敏电缆可重复使用。

当热敏电缆或传输线任何一处断线时，火灾报警控制器可自动发出故障信号。缆式线型定温火灾探测器的动作温度见表 11-28。

表 11-28 缆式线型定温火灾探测器的动作温度

安装地点允许的温度范围（℃）	额定动作温度（℃）	备　注
−30～40	68×(1±10%)	适用于室内、可架空及靠近安装使用
−30～55	85×(1±10%)	适用于室内、可架空及靠近安装使用
−40～75	105×(1±10%)	适用于室内外
−40～100	138×(1±10%)	适用于室内外

b. 适用场合。适用场合有控制室、计算机室的吊顶内、地板下及公共重要设施隐蔽处等；配电装置包括电阻排、电机控制中心、变电站、变压器、开关设备等；灰土收集器、高架仓库、市政设施、冷却塔等；造纸厂、卷烟厂、纸浆厂及其他工业易燃的原料场所等；各种皮带输送装置、生产流水线和滑道的易燃部位等；电缆桥架、电缆隧道、电缆夹层及电缆竖井等；其他环境恶劣不适合点型火灾探测器安装的危险场所。

c. 典型应用。线型感温电缆探测器典型应用见表 11-29。

表 11-29 线型感温电缆探测器典型应用

项目	说　明
电缆桥架	如图 11-132 所示为一个线型感温电缆以正弦波的形式安装在电缆桥架上。该感温电缆沿电缆桥架所有电力、控制电缆的上部延续，其间隔如图 11-132 所示。当在电缆桥架上增设电缆时，它们也被置于感温电缆的下方。 感温电缆的长度＝电缆桥架长度×倍乘系数，倍乘系数可按表 11-30 选定。 安装的线卡数量＝电缆桥架长度÷3＋1
自储仓库	在自储设备中，感温电缆可以很容易地纵向安装在每一建筑中，因而能够覆盖每一独立的存储间隔。为了能确定分隔出的报警位置，可使用一个带有报警点定位仪表的消防系统控制板，在靠近控制板处标明一个设备安装平面图（如图 11-133 所示）。参照仪表上显示的报警点根据每一间隔的线性距离，可以很容易地确定出报警发生的位置

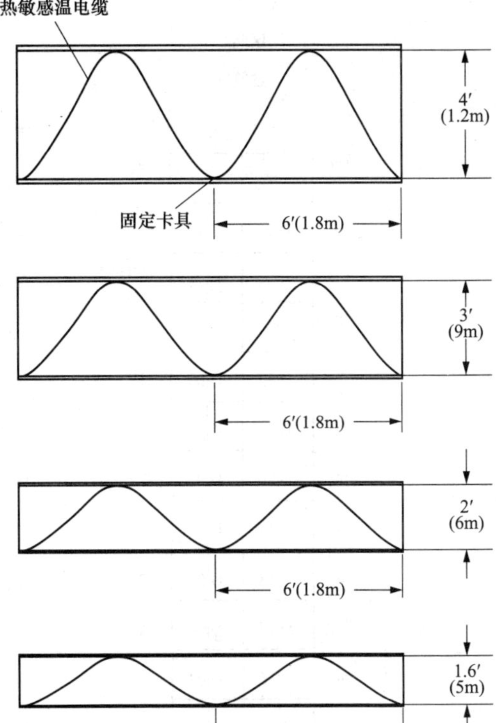

图 11-132 线型感温电缆以正弦波的形式在电缆桥架上安装的间隔尺寸

表 11-30 不同宽度的电缆桥架对应的倍乘系数

电缆桥架的宽度（m）	倍乘系数
1.2	1.75
0.9	1.50
0.6	1.25
0.2	1.15

（四）手报及模块等报警附件的安装

随着电子技术的发展，火灾报警产品不断更新，相关配套设备也层出不穷。不同厂家、不同系列的相关产品虽然不同，但是其产品性能基本相同。下面就介绍一些比较常见的火灾报警配套设备的安装。

1. 手动报警按钮的安装

在火灾报警系统中，常见的手动报警按钮有两大类：手动火灾报警按钮与消火栓手动报警按钮。

(1) 手动火灾报警按钮。火灾自动报警系统的触发装置应有自动与手动两种。各种类型的火灾探测器是自动触发装置，而手动火灾报警按钮是手动触发装置。它具有在应急情况下人工手动通报火警或确认火警的功能，可实现确认火情或人工发出火警信号的特殊作用。

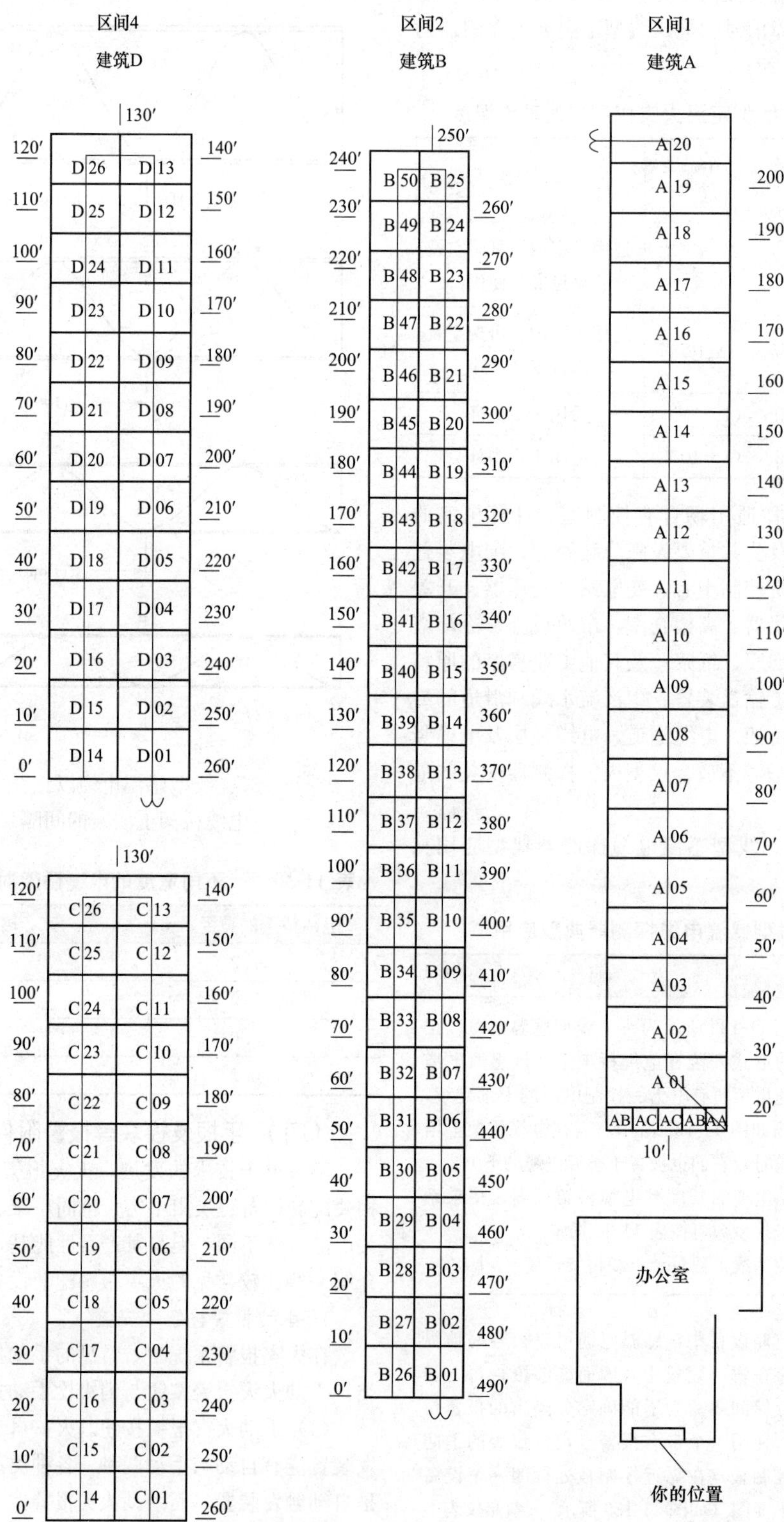

图 11-133 感温电缆在自储仓库中的设备安装平面图

手动报警按钮是人工发送火灾信号、通报火警信息的部件，通常安装在楼梯口、走道、疏散通道或经常有人出入的地方。当人们发现火灾后，可借助手动报警按钮进行人工报警。手动报警按钮的主体部分为装于金属盒内的按键，通常将金属盒嵌入墙内，外露带有红色边框的保护罩。人工确认火灾后，敲破保护罩，按下将键。此时，一方面，就地的报警设备（如火警讯响器与火警电铃）动作；另一方面，手动信号还送到区域火灾报警控制器，发出火灾警报。当火警信号消除后，该按钮可手工复位，不需借助工具，可多次重复使用，与火灾探测器一样，手动报警开关也在系统中占有一个部位号。有的手动报警开关还具有动作指示及接收返回信号等功能。

手动报警按钮的紧急程度比火灾探测器报警高，通常不需要确认。因此手动按钮要求更可靠、更确切，处理火灾要求更快。

手动报警按钮宜与集中火灾报警控制器连接，并应单独占用一个部位号。由于集中火灾报警控制器设在消防室内，能更快采取措施，因此当没有集中火灾报警控制器时，它才接入区域火灾报警控制器，但应占用一个部位号。

如图 11-134 所示为手动报警按钮的安装。

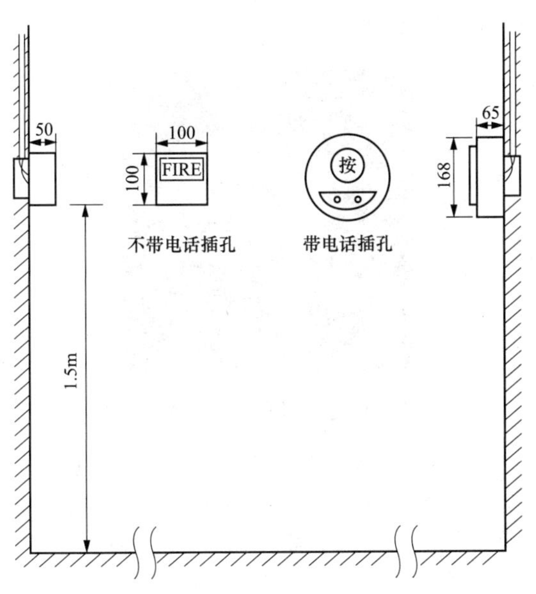

图 11-134　手动报警按钮的安装

手动报警按钮的安装要求如下。

1）手动报警按钮的安装高度距地为 1.5m。

2）手动报警按钮应安装在明显及便于操作的部位，如楼梯口处及走廊至疏散方向的明显处。

3）手动报警按钮处宜设电话插孔（一体或分体）。

4）报警区域内的每个防火分区，应至少设置一个手动火灾报警按钮。为避免误报警，一般为打破玻璃按钮，有的火警电话插孔也设置在报警按钮上。由一个防火分区内的任何位置到最邻近的一个手动火灾报警按钮的步行距离，不应大于 30m。

5）手动火灾报警按钮并联安装时，终端按钮内应加装监控电阻，其阻值由生产厂家提供。

总体来说，手动火灾报警按钮的安装基本上相同于火灾探测器，需采用相配套的灯位盒安装。随着火灾自动报警系统的不断更新，手动报警按钮也在不断发展，不同厂家生产的不同型号的手动报警按钮各有特色，但是其主要作用基本是一致的。下面介绍几种手动报警按钮的构造及原理，以了解不同手动报警按钮的特征。

手动报警按钮一般有普通手动火灾报警按钮和智能（编码）手动火灾报警按钮两大类，有些产品还具有电话插孔功能，可利用话机与消防控制室通话联系。

1）普通手动火灾报警按钮（简称“手报”）。它用于火警的确认，属于开关量或输入设备，正常状态下不耗电。它利用智能模块可接入智能火灾自动报警系统中。当发生火灾时，人工按下按钮上的玻璃片，发出火灾确认信号，并且指示灯常亮。当火灾信号消除后，将面板上的活动小面板打开，然后向下轻拨红色活动块即可使被压下的玻璃片恢复原状，不需利用工具，可多次重复使用。

如图 11-135 所示，普通手动火灾报警按钮（J-SJP-M-202 产品）的端子及其与智能监视模块配合使用时的接线。

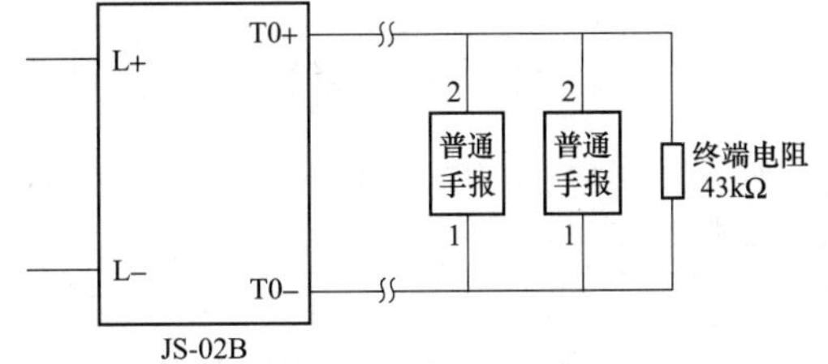

图 11-135　普通手动火灾报警按钮与智能监视模块配合使用时的接线

注：JS-02B 为智能监视模块。

2）智能（编码）手动火灾报警按钮。如图 11-136 所示为某智能（编码）手动火灾报警按钮的外形。它是人工发送火灾信号，通报火警信息的部件。当有人观察到火灾发生时，将按钮上的有机玻璃按下，即可向控制器发出报警信号。当火灾信号消除后，将面板上的活动小面板打开，然后向下轻拨红色活动块即可使被压下的玻璃片恢复原状，不需利用工

图 11-136 智能（编码）手动火灾报警按钮

具，可多次重复使用。为方便用户使用，智能手动火灾报警按钮内置电话插孔。将活动小面板打开，露出电话插孔，将电话插头（两线）插入即可。

智能手动火灾报警按钮可直接接到二总线智能系统中，占用模块类地址。它具有地址编码功能，把编码器的输出插头（耳机插头）插到耳机插座中，把编码器调整为编码功能，并设置正确的地址，将编码键按下，完成地址编码。不同厂家生产的按钮型号不同，功能接线也不同，下面通过深圳三江 J-SJP-M-202（X）产品对其接线进行讲解。

如图 11-137 所示为智能手动火灾报警按钮基本使用功能及接线。

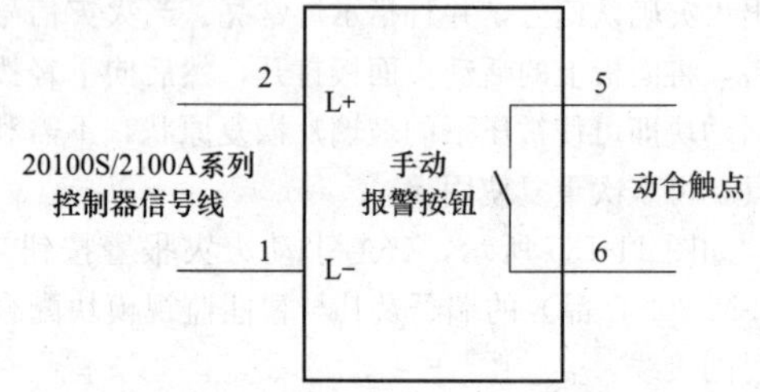

图 11-137 智能手动火灾报警按钮基本使用功能及接线

如图 11-138 所示为智能手动火灾报警按钮扩展使用功能及接线。

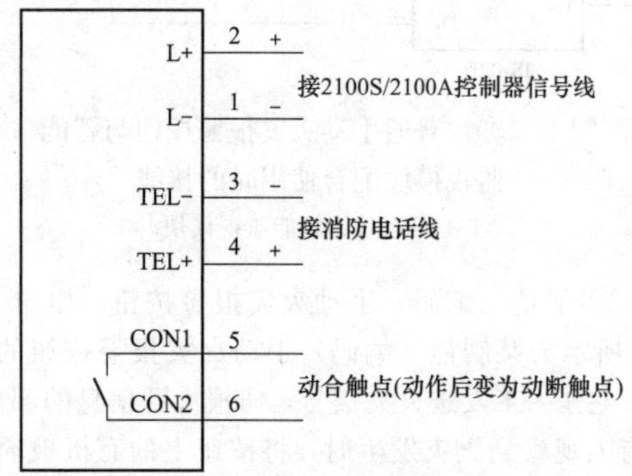

图 11-138 智能手动火灾报警按钮扩展使用功能及接线

注：图中标有“+”“−”号的端子接线时，要分清正负。

（2）消火栓手动报警按钮。消火栓手动报警按钮为人工发送火灾信号、通报火警信息及启动消防水泵的触发部件，通常安装在楼梯口的消火栓箱内。按照市场现有的产品，可分为普通型消火栓报警按钮与智能（编码）型消火栓报警按钮两大类。

1）普通型消火栓报警按钮。普通型消火栓报警按钮内部的常开按钮在正常状态时被玻璃窗压合；当发生火灾时，人工用小锤击碎玻璃，常开按钮因不受压而复位，于是即有火灾信号至消防中心（集中火灾报警控制器）或直接启动消火栓泵电动机进行灭火。由此可见，普通型消火栓报警按钮的作用是当发生火情时，能向火灾报警器发送火灾信号，并由火灾报警控制器反馈一个灯光信号至手动报警按钮，表示信号已送出。

2）智能（编码）型消火栓报警按钮。如图 11-139 所示为某智能型消火栓报警按钮外形，当人工确认火灾后，将按钮上的有机玻璃按下，即可向火灾报警控制器发出火警信号，且常开触点闭合，启动消火栓泵进行灭火。接收到消防泵的运行反馈信号之后，消火栓按钮上的“运行”灯点亮。当火灾信号消除后，打开面板上的活动小面板，然后向下轻拨红色活动块即可使被压下的玻璃片恢复原状，不需利用工具，可多次重复使用。

图11-139 智能（编码）型消火栓报警按钮

智能型消火栓报警按钮可直接接到二总线智能系统中，占用模块类地址。它具有地址编码功能，将编码器的输出插头（耳机插头）插至耳机插座中，将编码器调整为编码功能，并设置正确的地址，将编码键按下，完成地址编码。不同厂家生产的按钮型号不同，功能接线也就不同，下面通过三江 J-SJP-M-202（X）产品为例对其接线进行讲解。

如图 11-140 所示为智能型消火栓报警按钮的端子接线。

2. 模块的安装

模块具体包括输入模块、输出模块，输入/输出

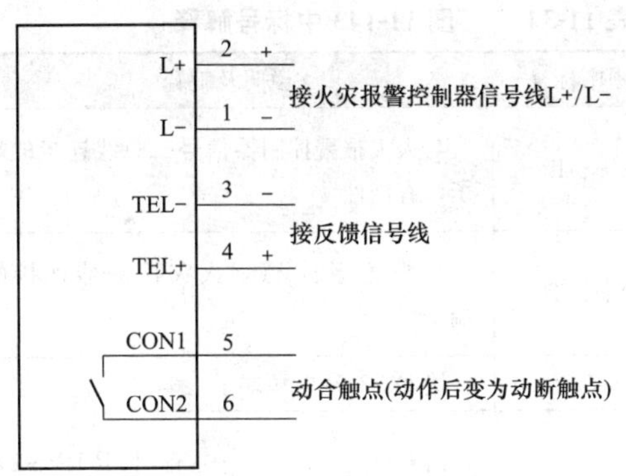

图 11-140 智能型消火栓报警按钮的端子接线

注：图中有“+”“-”号的端子接线时要分清正、负。

模块、信号模块、监视模块、控制模块、信号接口、控制接口（即相当于中继器的作用）、单控模块及双控模块等。不同厂家的产品各异，名称也不同，但是其用途基本是一致的。下面通过深圳三江公司的产品为例进行讲解。

（1）智能输入模块（也称智能监视模块，以 JS-02B 型模块为例）。

1）智能输入模块用途及适用范围（见表 11-31）。

表 11-31 智能输入模块用途及适用范围

项目	内　容
用途	输入模块可将各种消防输入设备的开关信号（报警信号或动作信号）接入探测总线，实现信号向火灾报警控制器的传输，从而实现报警或控制的目的
适用范围	输入模块可监视水流指示器、报警阀、压力开关、非编址手动火灾报警按钮、70℃或 280℃防火阀等开关量是否动作。本模块地址采用电编写方式，简单、可靠

2）结构、安装与布线。该模块端子接线如图 11-141 所示。

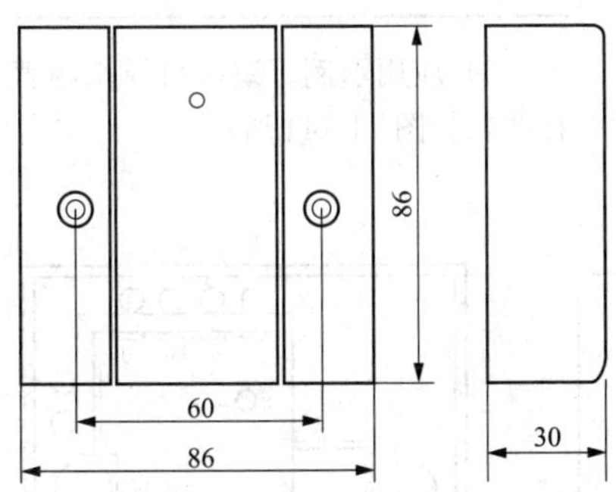

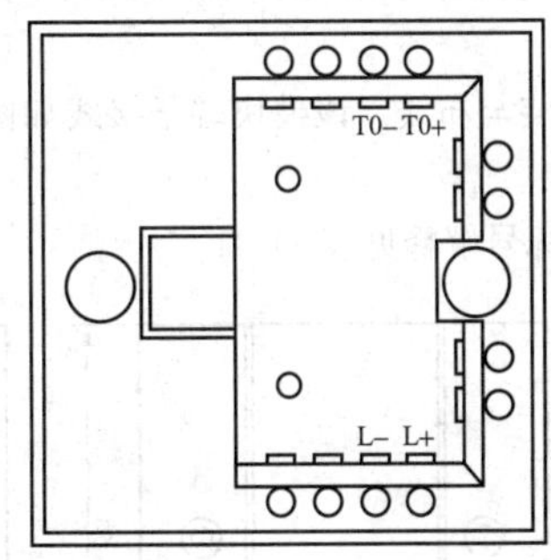

图 11-141 JS-02B 型输入模块的接线端子

图 11-141 中标号解释见表 11-32。

表 11-32 图 11-141 中标号解释

图中标号	说 明 解 释
L+、L-	同火灾报警控制器信号二总线连接的端子
T0+、T0-	同设备的无源动合触点（设备动作闭合报警型）连接的端子
布线要求	信号总线（L+/L-）宜用 ZR-RVS-2×1.5mm² 双色双绞多股阻燃塑料软线；穿金属管（线槽）或阻燃 PVC 管敷设；模块采用有极性两总线，接线时最好用双色线区分，防止接错；模块不能外接任何电源线，否则引起模块及系统损坏

3）应用示例。该模块接收外部开关量输入信号，并将开关量报警信号传送给火灾报警控制器，如图 11-142 所示为该模块与设备的接线。

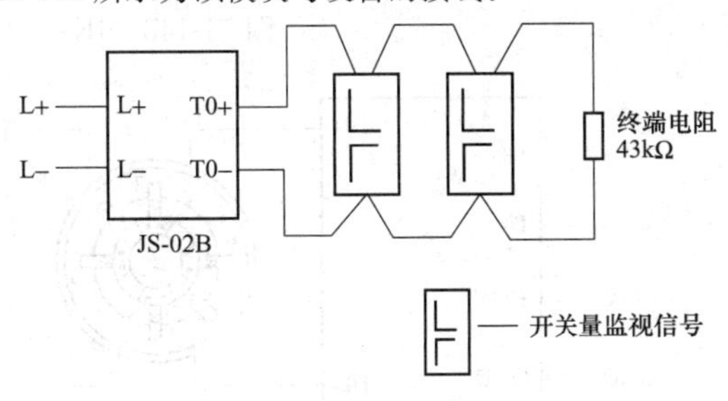

图 11-142 JS-02B 型模块与设备的连接

（2）智能接口模块（以三江 JK-02B 型模块为例）。

1）智能接口模块的用途及适用范围（见表 11-33）。

表 11-33　智能接口模块的用途及适用范围

项目	内　容
用途	用于连接普通感温/感烟火灾探测器，并将火灾探测器的报警信号传送给火灾报警控制器
适用范围	在智能型总线制报警系统中，火灾探测器的输出为模拟量，它们在总线上都占用一个独立地址。智能火灾探测器不能并联常规火灾探测器，所以对于走廊、大厅等大面积场所，需要并联安装时，可利用接口模块来完成。接口模块在回路总线上占一个地址。一个 JK-02B 型接口模块连接常规火灾探测器的数量不能大于 8 个

本模块地址采用电编写方式，可靠、简单；采用数字传输通信接口协议；内置单片微处理器；可在线编码，无须拆卸。

2）结构、安装与布线。该模块端子接线如图 11-143 所示。

图 11-143 中标号解释见表 11-34。

表 11-34　图 11-143 中标号解释

图中标号	说明及解释
L＋、L－	与火灾报警控制器信号二总线连接的端子，有极性
T0＋、T0－	与普通感温/感烟火灾探测器连接的端子
＋24V、GND	接 DC 24V 电源端子
布线要求	信号总线（L＋/L－）宜用 ZR-RVS-2×1.5mm^{2}双色双绞多股阻燃塑料软线；采用穿金属管（线槽）或阻燃 PVC 管敷设；＋24V/GND 电源线宜选用截面积 $S\geqslant$ 1.5mm^{2}的铜线；因 JK-02B 型模块信号总线及电源线都有极性，接线时最好用双色线区分，以免接错；因接口模块接有 DC 24V 电源，应切记总线端子不能与电源信号端子接混或接反，否则易烧毁模块

3）应用示例。该接口模块与普通火灾探测器的接线，如图 11-144 所示。

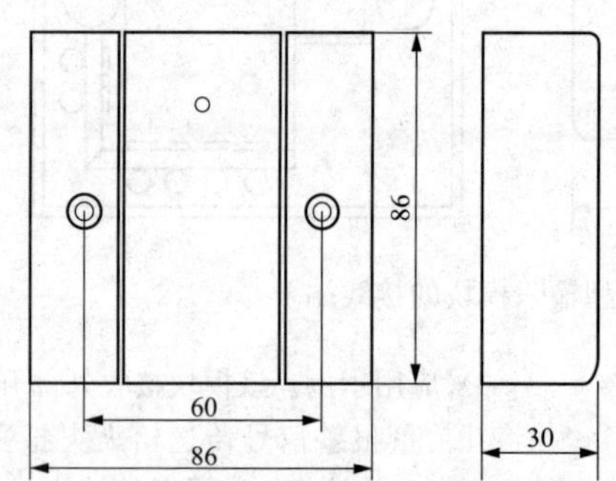

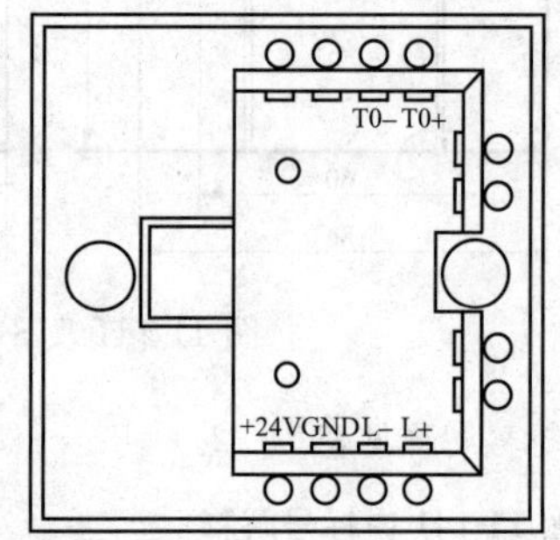

图 11-143　JK-02B 型接口模块的接线端子

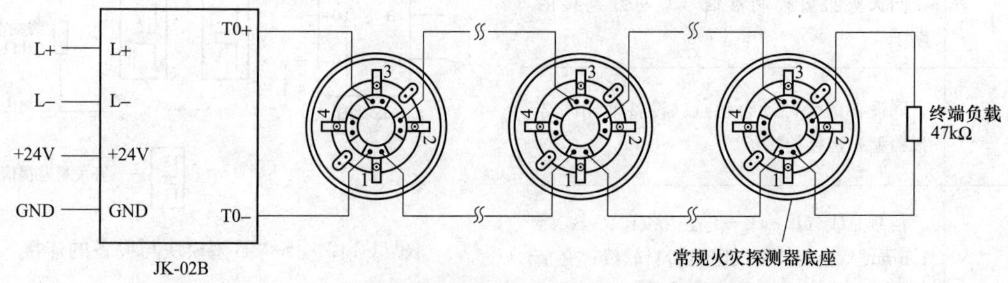

图 11-144　JK-02B 型接口模块与常规火灾探测器的接线

（3）智能控制模块（以三江 K2-02B 型模块为例）。

1）智能控制模块的用途及适用范围（见表 11-35）。

表 11-35　智能控制模块的用途及适用范围

项目	内　容
用途	该模块用于火灾报警控制器向外部受控设备发出控制信号，驱动受控设备动作。火灾报警控制器发出的动作指令通过继电器触点来控制现场设备以完成规定的动作；同时将动作完成信息反馈给火灾报警控制器
适用范围	它是联动控制柜与被控设备之间的桥梁，适用于排烟阀、送风阀、风机、喷淋泵、消防广播、警铃（笛）等

本模块地址采用电编写方式，可靠、简单；采用数字传输通信接口协议；内置单片微处理器；可在线编码，无须拆卸。

2）结构、安装与布线。该模块外形尺寸、结构如图 11-145 所示，如图 11-146 所示为其端子接线（无源输出方式）。

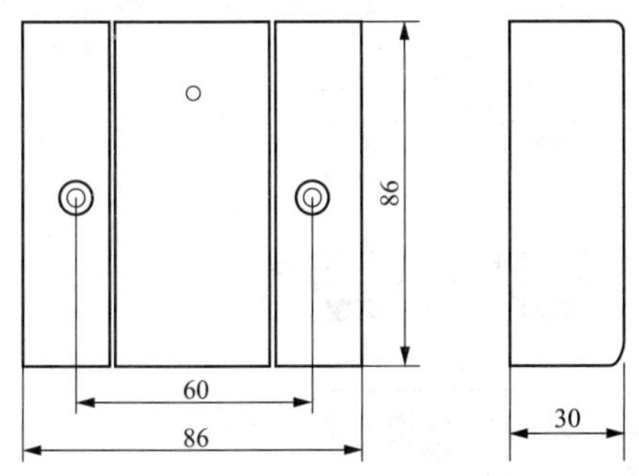

图 11-145　K2-02B 型控制模块的外形尺寸、结构

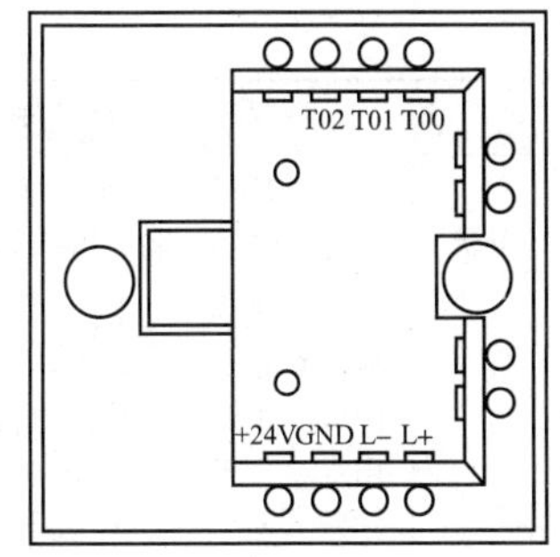

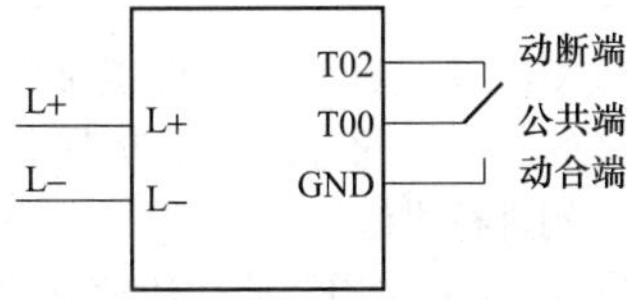

图 11-146　K2-02B 型控制模块的接线端子

图 11-146 中标号解释见表 11-36。

表 11-36　图 11-146 中标号解释

图中标号	说明及解释
L+、L−	与火灾报警控制器信号二总线连接的端子，有极性
+24V、GND	接 DC 24V 电源端子
T00、T02、GND	模块动合、动断接线端子
布线要求	信号总线（L+/L−）宜用 ZR-RVS-2×1.5mm² 双色双绞多股阻燃塑料软线；采用穿金属管（线槽）或阻燃 PVC 管敷设；+24V、GND 电源线宜选用截面积 $S \geqslant 1.5mm^2$ 的铜线；因 KZ-02B 型模块信号总线及电源线都有极性，接线时最好用双色线区分，以免接错；模块输出节点容量最大为 DC 24V、1A，接入电压或电流不要超出此参数

3）应用示例。如图 11-147 所示为该智能控制模块的接线。

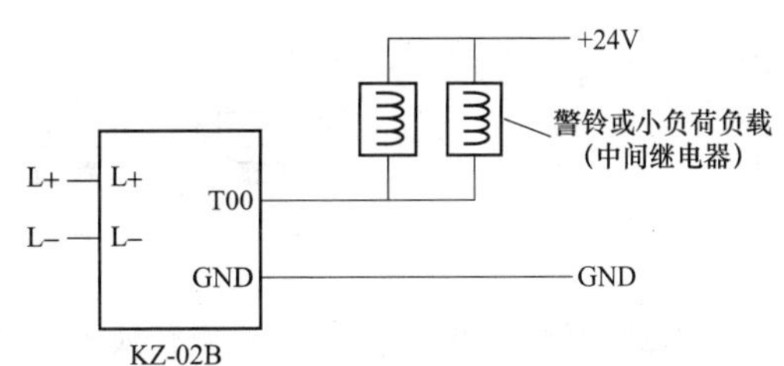

图 11-147　K2-02B 型控制模块与被控设备的接线

注：此图为无源输出方式时，驱动警铃或小负荷负载（中间继电器）的接线。

（4）总线隔离模块（也叫故障隔离模块，以 GL-02B 模块为例）。

1）用途及适用范围。此模块用于报警总线回路，将发生短路故障的线路部分从总线回路中分离。当总线回路中出现短路故障时，故障隔离器可限制受故障影响的火灾探测器数量。排除故障后，被分离部分自动恢复至正常工作状态。总线隔离模块本身不占用模块地址。

2）结构、安装与布线。该模块端子接线如图 11-148 所示。

图 11-148 中标号解释见表 11-37。

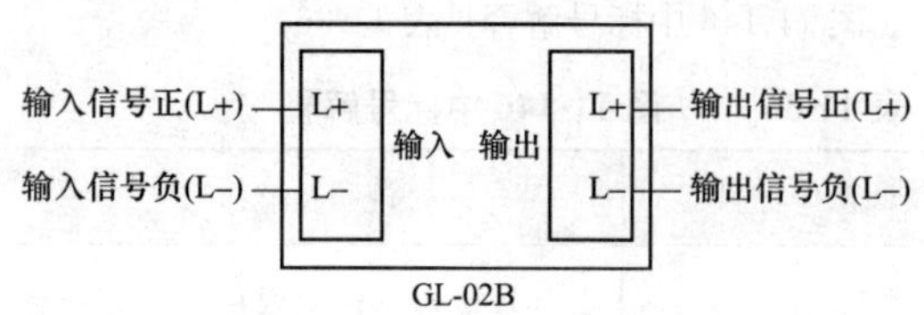

图 11-148 GL-02B 型隔离模块的接线

表 11-37 图 11-148 中标号解释

图中标号	说明及解释
两组接线端子（L+/L−）	串接于火灾报警控制器的总线上，分信号输入和输出端子，有极性
布线要求	信号总线（L+/L−）宜用 ZR-RVS-2×1.5mm² 双色双绞多股阻燃塑料软线；采用穿金属管（线槽）或阻燃 PVC 管敷设

3）总线隔离模块的用途及适用场所（见表 11-38）。

表 11-38 总线隔离模块的用途及适用场所

项目	内　容
用途	此总线隔离模块在各分支回路中起到短路保护的作用，如图 11-149 和图 11-150 所示
适用场所	（1）一条总线的各防火分区。 （2）一条总线的不同楼层。 （3）总线的其他分支处

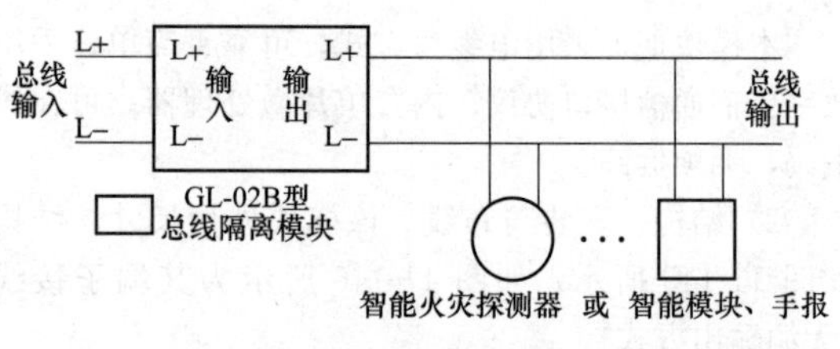

图 11-149 GL-02B 型隔离模块的接线方法示例

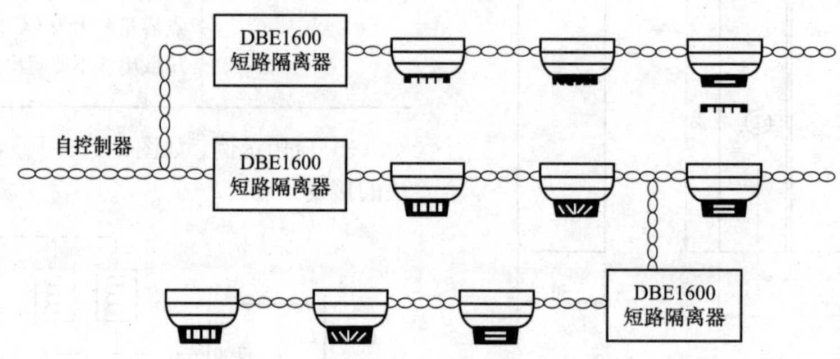

图 11-150 隔离模块的应用示例

（5）转换模块（以三江 ZF-02B 型转换模块为例），见表 11-39。

表 11-39 转 换 模 块

项目	内　容
性能特点	该模块用于现场联动设备控制，通过转换模块将控制模块（DC 24V 设备）和被控制设备（AC 220V/AC 380V 用电设备）隔离开，有效保护火灾自动报警控制系统。当控制回路中有 AC 220V 设备需要经过控制模块触点时，由转换模块接收控制模块的触点控制命令，由转换模块的输出触点和控制回路中的 AC 220V 设备相连接，实现控制功能。转换模块本身不占用模块地址
结构、安装与布线	该模块外形尺寸、结构如图 11-151 所示，其端子接线如图 11-152 所示
布线要求	信号总线（L+/L−）宜用 ZR-BV-2×1.0mm² 阻燃塑料铜线；采用穿金属管（线槽）或阻燃 PVC 管敷设；DC 24V 线和 AC 220V 线接线时一定要用双色线区分，以免接错，造成系统损坏

（6）区域中继器。有些厂家将模块称为中继器，其作用是一样的。下面通过深圳赋安 AFN-M1219 型区域中继器为例进行讲解。

1）区域中继器的作用及使用注意事项（见表 11-40）。

2）接线与安装。如图 11-153 所示为区域中继器连

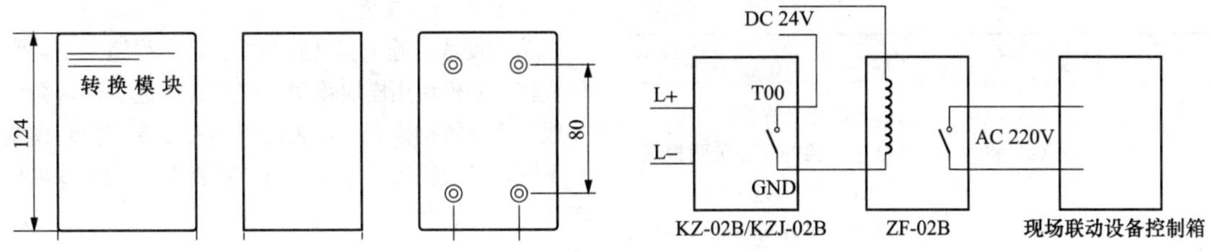

图 11-151　ZF-02B 型转换模块的外形尺寸、结构

图 11-152　ZF-02B 型转换模块的端子接线

表 11-40　区域中继器的作用及使用注意事项

项目	内　　容
作用	当一个区域内火灾探测器数量太多（不超过 200 个）而部位数量又不够时，可将大空间的多个火灾探测器利用中继器占用同一个部位号（其作用可与中间继电器相比）。区域中继器在该系统中起到远距离传输、放大驱动和隔离的作用，使现场消防设备和火灾报警控制器之间通过总线传输信号，便于火灾报警控制器掌握每个中继器的工作情况
使用注意事项	中继器所监控的火灾探测器，当任意一个报火警或报故障时，均会在区域火灾报警控制器报警，并显示该部位中继器的编号。具体是哪一个火灾探测器报警，则需到现场观察中继器分辨显示灯加以确定。因区域火灾报警控制器不能显示中继器所监控的火灾探测器的编号，故不应将不同空间的火灾探测器共受一个中继器监控

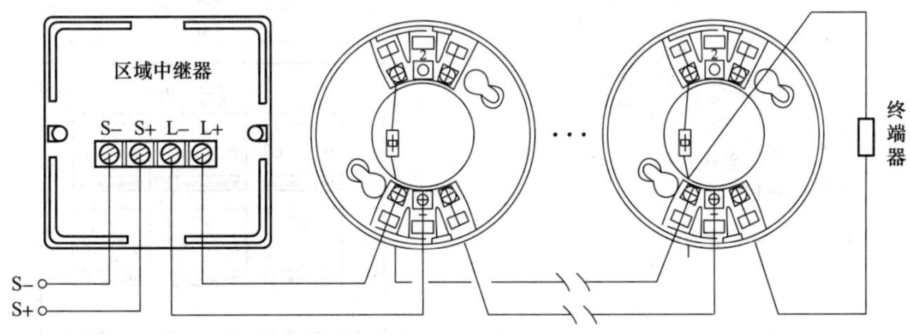

图 11-153　区域中继器连接常规火灾探测器的端子接线

接常规火灾探测器的端子接线，区域中继器连接开关量输入信号的接线如图 11-154 所示。

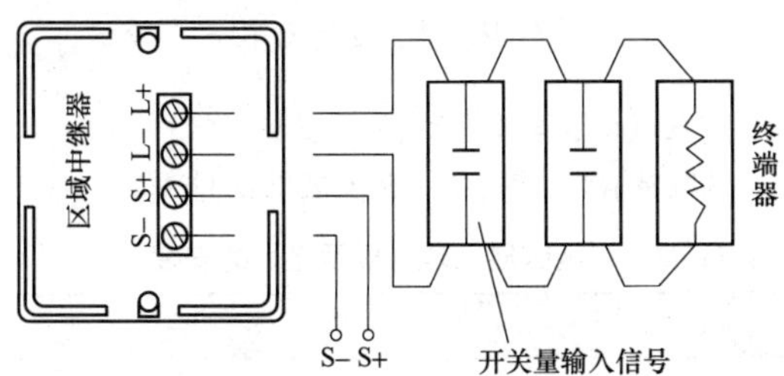

图 11-154　区域中继器连接开关量输入信号的接线

图 11-153 和图 11-154 中标号解释如下。

L+/L−：用于接常规火灾探测器的端子。

S+/S−：用于接开关量输入设备的端子。

3. 警铃的安装

警铃的安装见表 11-41。

表 11-41　警铃的安装

项目	内　　容
安装部位	警铃是火灾报警的一种讯响设备，一般应安装在门口、走廊和楼梯等人员众多的场合。每个火灾检测区域内应至少安装一个，并应安装在明显的位置，能在防火分区的任何一处都能听到铃声。警铃应安装在室内墙上距楼（地）面 2.5m 以上的位置，由于有很强的振动，其固定螺钉上要加弹簧垫片。警铃的安装如图 11-155 所示，警铃的接线如图 11-156 所示

续表

项目	内　容
安装步骤	（1）将铃盖螺钉卸掉以卸下铃盖。 （2）将现场导线接至警铃的正、负两根线上，注意红色导线为正，黑色导线为负。 （3）将警铃主体部分用螺钉安装至预埋盒上，安装时注意警铃的撞针应朝下。 （4）用铃盖螺钉将铃盖重新安装至警铃主体上，注意必须旋紧螺钉，警盖上的标签应正面放置。 （5）检查导线正、负极性准确无误后才能给警铃加电，确认警铃声响是否正常
注意事项	（1）安装之前应确保电源关闭。 （2）警铃的安装高度应符合国家规范。 （3）不可引入强电，否则将损坏警铃。 （4）不可在现场更换警铃部件，如果发现有失效警铃，应与供应商联系进行维修

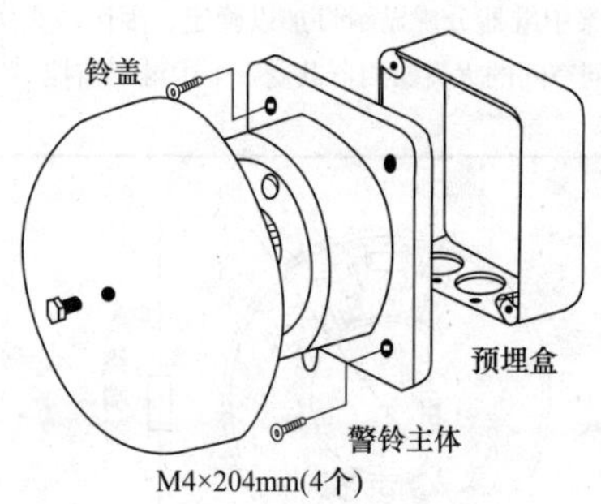

图 11-155　警铃的安装

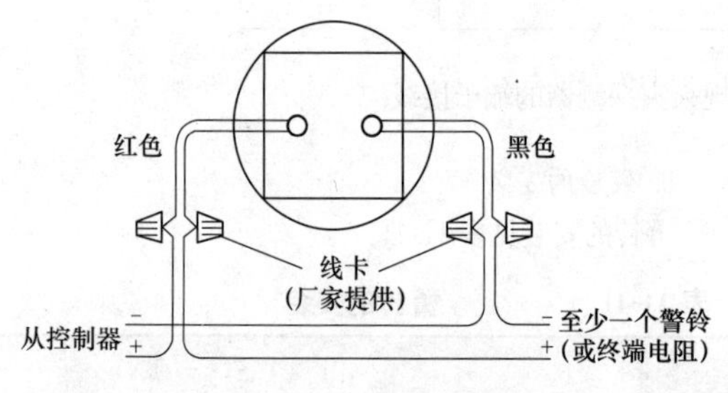

图 11-156　警铃的接线

4. 门灯的安装

多个火灾探测器并联时，可在房门上方或建筑物其他的明显部位安装门灯，用于火灾探测器或火灾探测器报警时的重复显示。在接有门灯的并联回路中，任何一个火灾探测器报警，门灯均可发出报警指示。门灯安装仍需选用相配套的灯位盒或接线盒，预埋在门上方墙内，并且不应凸出墙体装饰面。门灯的接线可根据厂家的接线示意图进行。

5. 模块箱的安装

为方便线路施工和日后的维护，工程施工中经常把位置较近的模块用模块箱集中安装在一起。模块箱外壳一般采用电解钢板制作，表面用塑粉喷涂。安装模块数量不同，模块箱的尺寸也不同。安装 8、6 只模块的模块箱的外形尺寸、安装尺寸，如图 11-157 与图 11-158 所示。

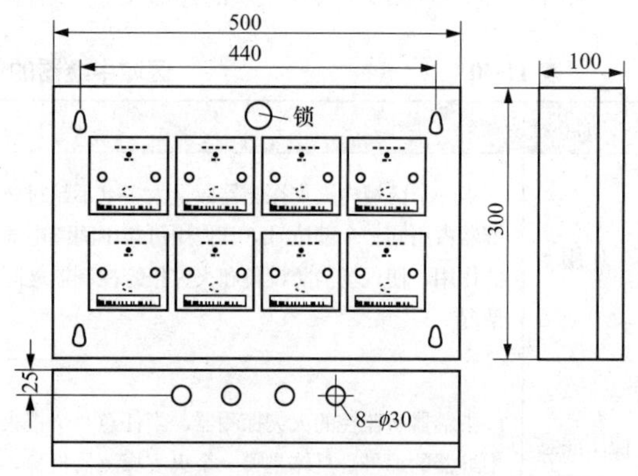

图 11-157　安装 8 只模块的模块箱的外形尺寸、安装尺寸

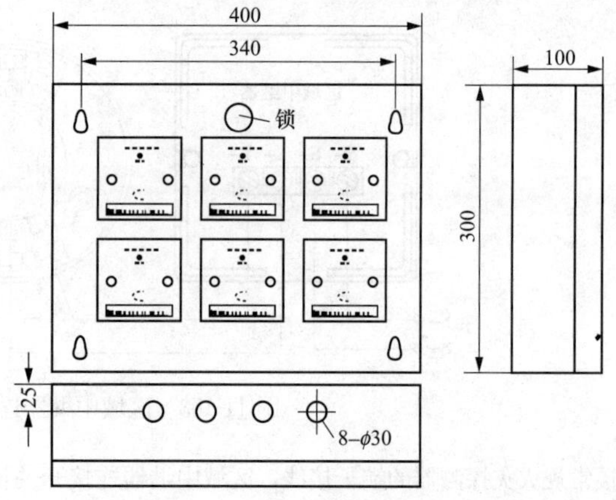

图 11-158　安装 6 只模块的模块箱的外形尺寸、安装尺寸

6. 区域显示器（复示盘）的安装

区域显示器（复示盘）的安装见表 11-42。

表 11-42　区域显示器（复示盘）的安装

项目	内　容
作用及适用范围	当一个系统中不安装区域火灾报警控制器时，应在各报警区域安装区域显示器。其作用是显示来自消防中心火灾报警控制器的火警及故障信息，适用于各防火监视分区或楼层

续表

项目	内 容
功能及特点	(1) 具有声报警功能。当火警或故障送入时，将发出两种不同的声报警（火警为变调音响，故障为长音响）。 (2) 具有控制输出功能。具备一对无源触点，其在火警信号存在时吸合，可用来控制一些警报器类的设备。 (3) 具有计时钟功能。在正常监视状态下，显示当前时间。 (4) 采用壁式结构，体积小，安装方便
接线	区域报警显示器的外形及端子，如图 11-159 所示。 接线端子中各符号的意义如下。 D、K——继电器常开触点； GND——DC 24V 负极； 24V——DC 24V 正极； T——通信总线数据发送端； R——通信总线数据接收端； G——通信总线逻辑端

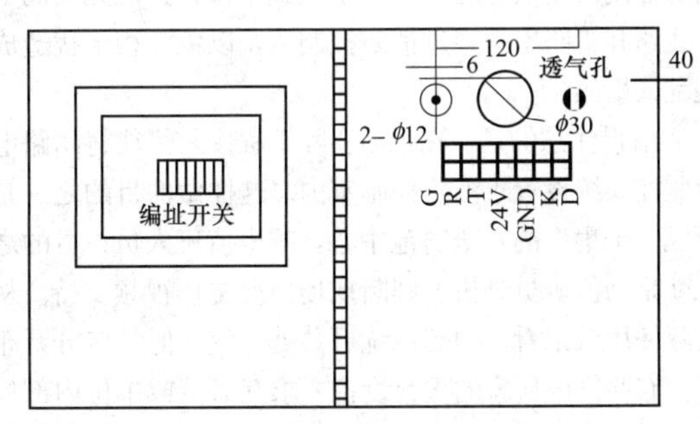

图 11-159　区域报警显示器的外形及端子

区域报警显示器与集中报警显示器的接线，如图 11-160 所示。近年来大多数厂家的显示器通常为四根线，即两根电源线，两根信息线，使系统更加简化。

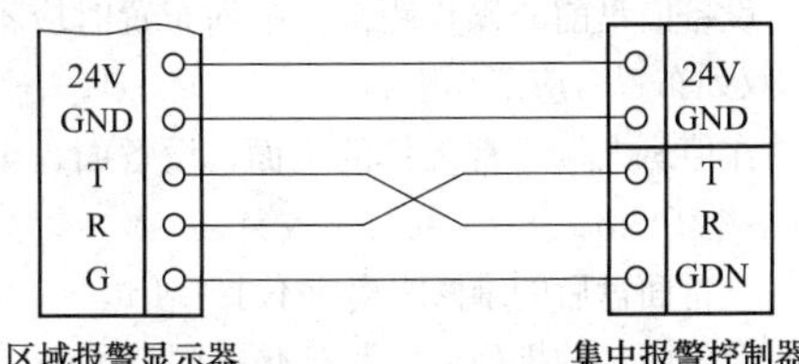

图 11-160　区域报警显示器与集中报警显示器的接线

7. CRT 彩色图文显示系统的安装

CRT 彩色图文显示系统为火灾报警及联动控制系统中的辅助部分，它有助于火灾自动报警及联动控制系统的信息管理、储存及查阅。它通常由个人计算机、打印机及专用图文显示系统软件组成，通过 RS-232 接口（或现场总线）采集火灾报警控制器传送来的火警、故障和联动信息。按照所采集信息的地址，自动显示该地址的模拟平面图，并以醒目的闪烁图标表示火警、故障及联动，方便直观，一目了然。它通常放在消防控制中心，是一种高智能化的显示系统。此系统采用现代化手段、现代化工具及现代化的科学技术代替以前庞大的模拟显示屏，其先进性对造型复杂的建筑群体更加突出。CRT 报警显示系统的作用及要求见表 11-43。

表 11-43　CRT 报警显示系统的作用及要求

项目	内 容
CRT 报警显示系统的作用	CRT 报警显示系统是把所有与消防系统有关的建筑物的平面图形及报警区域和报警点存入计算机内。在火灾时，CRT 显示屏上能自动用声光显示其部位，如用黄色（预警）和红色（火警）不断闪动，同时用不同的音响来反映各种火灾探测器、报警按钮、消火栓、水喷淋等各种灭火系统和送风口、排烟口等的具体位置；用汉字和图形来进一步说明发生火灾的部位、时间及报警类型，打印机自动打印，以便记忆着火时间，进行事故分析和存档，给消防值班人员提供更直观、更方便的火情和消防信息
对 CRT 报警显示系统的要求	随着计算机的不断更新换代，CRT 报警显示系统产品的种类也不断更新。在消防系统的设计过程中，选择合适的 CRT 系统是保证系统正常监控的必要条件，因此要求所选用的 CRT 系统必须具备下列功能。 (1) 报警时，自动显示和打印火灾监视平面及平面中火灾点位置、报警探测器种类、火灾报警时间。 (2) 所有消火栓报警开关、手动报警开关、水流指示器、火灾探测器等均应编码，且在 CRT 平面上建立相应的符号。利用不同的符号、不同的颜色代表不同的设备，在报警时有明显的不同声响。 (3) 当火灾自动报警系统需进行手动检查时，显示并打印检查结果

（五）消防控制中心及接地装置的安装

1. 消防控制室的设置要求

为使消防控制室能在火灾预防、火灾扑救及人员、物资疏散时确实发挥作用，并能在发生火灾时坚持工作，对消防控制室的设置位置、耐火等级、建筑结构、室内照明、通风空调、电源供给及接地保护等方面都有明确的技术要求。

(1) 消防控制室的设置位置、建筑结构、耐火等级。为确保发生火灾时消防控制室内的人员能坚持工作而不受火灾的威胁，消防控制室最好独立设置，其耐火等级应不低于二级。附设在建筑物内的消防控制室宜设置在建筑物内首层的靠外墙部位，也可设置在建筑物的地下一层，并应采用耐火极限不低于 2h 的隔墙和 1.5h 的楼板与其他部位隔开，其安全出口应直通室外，控制室的门应选用乙级防火门，并朝疏散方向开启。消防控制室设置的位置、耐火极限见表 11-44。

表 11-44　消防控制室设置的位置、耐火等级

规范名称	设置位置	隔墙	楼板	隔墙上的门
GB 50016—2014《建筑设计防火规范》	首层的靠外墙部位或地下一层	2h	1.5h	乙级防火门
GB 50098—2009《人民防空工程设计防火规范》	地下一层	3h	2h	甲级防火门

为便于消防人员扑救工作，应在消防控制室门上设置明显标志。如果消防控制室设在建筑物的首层，消防控制室门的上方应设标志牌或标志灯，地下室内的消防控制室门上的标志必须是带灯光的装置。设标志灯的电源应从消防电源接入，以确保标志灯电源可靠。

高频电磁场对火灾报警控制器及联动控制设备的正常工作影响较大，如卫星电视接收站等。为确保报警设备的正常运行，要求控制室周围不能布置干扰场强超过消防控制室设备承受能力的其他设备用房。

(2) 对消防控制室通风、空调设置的要求。为确保消防控制室内工作人员和设备运行的安全，应设独立的空气调节系统。独立的空气调节系统可根据控制室面积的大小选用窗式、分体壁挂式及分体柜式空调器，也可使用独立的吸顶式家用中央空调器。

当利用建筑内已有的集中空调时，应在送风和回风管道穿过消防控制室墙壁处设置防火阀，以阻止火灾烟气顺着送、回风管道窜进消防控制室，危及工作人员及设备的安全。该防火阀应能在消防控制室内手动或自动关闭，动作信号应能反馈回来。

(3) 对消防控制室电气的要求。消防控制室的火灾报警控制器和各种消防联动控制设备属于消防用电设备，火灾时是要坚持工作的。所以，消防控制室的供电应按一、二级负荷的标准供电。当按二级负荷的两回线路要求供电时，两个电源或两回线路应能在消防控制室的最末一级配电箱处自动切换。

消防控制室内应设置应急照明装置，其供电电源应采用消防电源。若使用蓄电池供电，其供电时间至少应大于火灾报警控制器的蓄电池供电时间，以确保在火灾报警控制器的蓄电池停止供电后，能为工作人员的撤离提供照明。应急照明装置的照度应满足在距地面 0.8m 处的水平面上任何一点的最低照度不低于正常工作时的照度（100lx）。

消防控制室内禁止与火灾报警及联动控制无关的电气线路及管路穿过。根据消防控制室的功能要求，火灾自动报警、电动防火门、防火卷帘及消防专用电话、固定灭火装置、火灾应急广播等系统的信号传输线、控制线路等都应进入消防控制室。控制室内（包括吊顶上和地板下）的线路管路已经很多，大型工程更多，为确保消防控制设备安全运行，便于检查维修，其他无关的电气线路和管路不得穿过消防控制室，以免互相干扰造成混乱或事故。

值得注意的是，在很多实际工程中，往往将闭路电视监控系统设置于消防控制室内。这样做的目的之一是形成一个集中的安全防范中心，减少值班人员；目的之二就是为值班员分析、判断现场情况提供视频支持。从实际使用效果看，两套系统可共处一室，但是应分开布置。有些国内厂家的报警设备要求互联网或单位内部局域网的网线不得与其火灾报警信号传输线和联动控制线共管，为避免相互干扰，两者应相距 3m 以上。

(4) 对消防控制室内设备布置的要求。为方便设备操作和检修，GB 50116—2013《火灾自动报警系统设计规范》对消防控制室内的消防设备布置做了如下规定。

1) 设备面盘前的操作距离：单列布置时应不小于 1.5m；双列布置时应不小于 2m。

2) 在值班人员经常工作的一面，设备面盘至墙的距离应不小于 3m。

3) 设备面盘后的维修距离应不小于 1m。

4) 设备面盘的排列长度大于 4m 时，其两端应设置宽度不小于 1m 的通道。

5) 与建筑其他弱电系统合用的消防控制室内，消防设备应集中设置，并应与其他设备之间有明显间隔。

如图 11-161 所示为消防警报控制室内的设备布置。

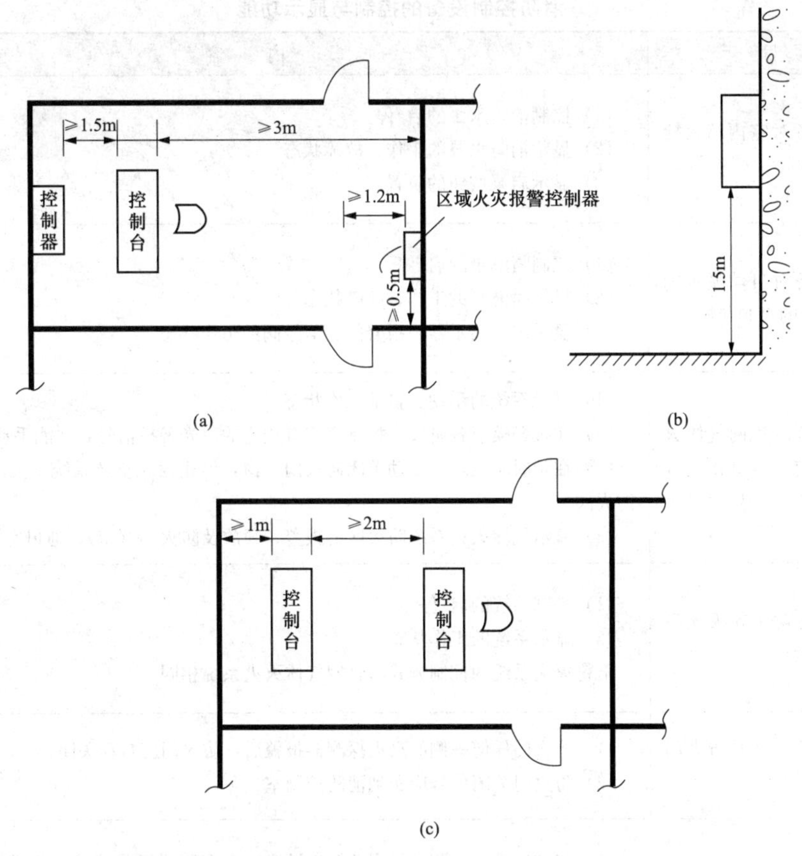

图 11-161　消防报警控制室内的设备布置

(a) 布置图；(b) 壁挂式侧面图；(c) 双列布置图

2. 消防控制室的控制功能

因为每座建筑的使用性质和功能不完全一样，其消防控制设备所包括的控制装置也不尽相同，通常应把该建筑内的火灾报警及其他联动控制装置都集中于消防控制室中。即使控制设备分散在其他房间，各种设备的操作信号也应反馈至消防控制室。为完成这一功能，消防控制室设备的组成可根据需要由以下部分或全部控制装置组成：火灾报警控制器，自动灭火系统的控制装置(包括自动喷水灭火系统、干粉灭火系统、泡沫灭火系统、有管网的二氧化碳及卤代烷灭火系统等)，室内消火栓系统的控制装置，防烟、排烟系统及空调通风系统的控制装置，装配常开防火门、防火卷帘的控制装置，火灾应急广播的控制装置，电梯回降控制装置，火灾警报装置的控制装置，火灾应急照明及疏散指示标志的控制装置，消防通信设备的控制装置等。

消防控制设备的控制方式应按照建筑的形式、工程规模、管理体制及功能要求综合确定。单体建筑宜集中控制，也就是要求在消防控制室集中显示报警点、控制消防设备及设施；而对于占地面积大、较分散的建筑群，由于距离较大及管理单位多等原因，如果采用集中管理方式将会造成系统大、不易使用和管理等诸多不便。所以，可根据实际情况采取分散与集中相结合的控制方式。信号及控制需集中的，可由消防控制室集中显示和控制；不需要集中的，设置在分控室就近显示和控制。

消防控制设备的控制电源及信号回路电压宜采用直流 24V。

(1) 消防控制室的控制及显示功能。

1) 控制消防设备的启/停，并且应显示其工作状态。

2) 消防水泵和防烟、排烟风机的启/停，除自动控制外，应有手动直接控制。

3) 显示火灾报警及故障报警部位。

4) 显示保护对象的重点部位、疏散通道及消防设备所在位置的平面图或模拟图。

5) 显示系统供电电源的工作状态。

(2) 消防控制设备的控制与显示功能（见表 11-45)。

表 11-45　　消防控制设备的控制与显示功能

项　目	内　容
消防控制设备对室内消火栓系统的控制与显示	(1) 控制消防水泵的启/停。 (2) 显示消防水泵的工作、故障状态。 (3) 显示启泵按钮的位置
消防控制设备对自动喷水和水喷雾灭火系统的控制与显示	(1) 控制喷淋泵的启/停。 (2) 显示喷淋泵的工作、故障状态。 (3) 显示水流指示器、报警阀、信号阀的工作状态
消防控制设备对管网气体灭火系统（卤代烷、二氧化碳等灭火系统）的控制与显示	(1) 显示系统的手动、自动工作状态。 (2) 在报警喷射各阶段，控制室应有相应的声光警报信号，并能手动切除声响信号。 (3) 在延时阶段，应自动关闭防火门、窗，停止通风空调系统，关闭有关部位上的防火阀。 (4) 显示气体灭火系统防火区的报警、喷放及防火门（帘）、通风空调设备的状态
消防控制设备对干粉灭火系统的控制与显示	(1) 控制系统的启/停。 (2) 显示系统的工作状态。 干粉灭火系统的控制方式与管网气体灭火系统相同
消防控制设备对常开防火门的控制	(1) 防火门任何一侧的火灾探测器报警后，防火门应自动关闭。 (2) 防火门关闭信号应送到消防控制室
消防控制设备对防火卷帘的控制	(1) 疏散通道上的防火卷帘两侧应设置火灾探测器组及其报警装置，且两侧应设置手动控制按钮。 (2) 疏散通道上的防火卷帘应按下列程序自动控制下降：感烟火灾探测器动作后，卷帘下降距地（楼）面 1.8m；感温火灾探测器动作后，卷帘下降到底。 (3) 用作防火分隔的防火卷帘，火灾探测器动作后，卷帘应下降到底。 (4) 感烟、感温火灾探测器的报警信号及防火卷帘的关闭信号应送至消防控制室
消防控制设备对防烟、排烟设施的控制与显示	火灾报警后，为防止火灾产生的烟气沿空调送、回风管道蔓延，消防控制室应在接到火灾报警信号后停止相关部位的空调风机，并将该通向区域的水平支管通过关闭防火阀来切断其与总风管的联系，风机停止工作和防火阀关闭的信号应反馈到消防控制室。因此，消防控制设备应具备以下几种功能。 (1) 停止有关部位的空调送风，关闭电动防火阀，并接收其反馈信号。 (2) 启动有关部位的防烟、排烟风机，排烟阀等，并接收其反馈信号。 (3) 控制挡烟垂壁等防烟设施。 建筑物中的机械防烟系统的工作程序框图如图 11-162 所示；建筑物中的机械排烟系统的工作程序框图如图 11-163 所示。 挡烟垂壁主要是用来避免烟气四处蔓延，在火灾初期将烟限定在一定范围内。形成防烟分区一般的做法是利用建筑物固有的建筑结构，如大梁、突出于吊顶或顶板的装饰构件，如透明的玻璃等，也有的是采用机械的挡烟垂壁。这种挡烟垂壁平时隐藏在吊顶上，其朝下的一面与所处吊顶在同一水平面上，火灾发生时，可以自动或由现场人员手动操作，将其释放出来，形成距吊顶面 60～70cm 的挡烟垂壁，以防止烟气蔓延

续表

项　目	内　容
消防控制室对非消防电源、警报装置、火灾应急照明灯和疏散标志灯的控制	为了扑救方便，避免电气线路由于火灾而造成短路，形成二次灾害，同时也为了防止救援人员触电，发生火灾时切断非消防电源是必要的。但是切断非消防电源应控制在一定的范围内，一定范围指的是着火的那个防火分区或楼层。切断方式可为人工切断，也可自动切断；切断顺序应考虑按楼层或防火分区的范围，逐个实施，以减少断电带来的不必要的惊慌。非消防电源的配电盘应具有联动接口，否则消防控制设备是不能完成切断功能的。 在正常照明被切断后，应急照明和疏散标志灯就担负着为疏散人群提供照明和诱导指示的重任。由于火灾应急照明和疏散标志灯属于消防用电设备，因此其电源应选用消防电源；如果不能选用消防电源，则应将蓄电池组作为备用电源，且主、备电源应能自动切换。 火灾状态下，为避免人为的紧张，导致混乱，影响疏散，同时也是为了通知尚不知道火情的人员，首先应在最小范围内发出警报信号并进行应急广播，如图 11-164 所示。 （1）消防控制室的消防通信功能。为了能在发生火灾时发挥消防控制室的指挥作用，在消防控制室内应设置消防通信设备，并应满足以下几点要求。 （2）应有一部能直接拨打“119”火警电话的外线电话机。 （3）应有与建筑物内其他重要消防设备室直接通话的内部电话。 （4）应有无线对讲设备。 考虑到一般建筑物均设有内部程控交换机，消防控制室及其他重要的消防设备房都装设了内部电话分机，在程控交换机上就可设定消防控制室的电话分机，并具有拨打外线电话的功能。无线对讲设备是重要的辅助通信设备，它具有移动通话的作用，可避免线路的束缚，但它的通信距离和通话质量受诸多条件的限制
消防控制室对电梯的控制与显示	发生火灾时，消防控制室应能将全部电梯迫降至首层，并接收其反馈信号。 对电梯的控制有两种方式：一种是将电梯的控制显示盘设在消防控制室，消防值班人员在必要时可直接操作；另一种是在人工确认发生火灾后，消防控制室向电梯控制室发出火灾信号及强制电梯下降的指令，所有电梯下行停于首层

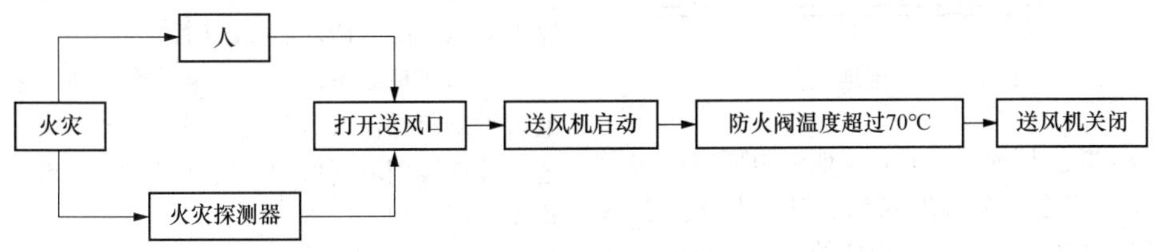

图 11-162　建筑物中的机械防烟系统的工作程序框图

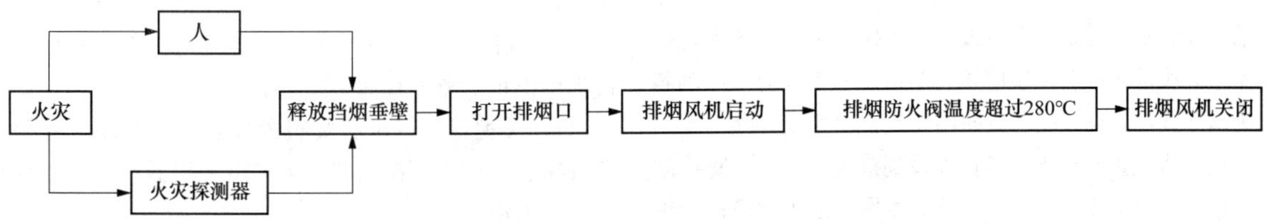

图 11-163　建筑物中的机械排烟系统的工作程序框图

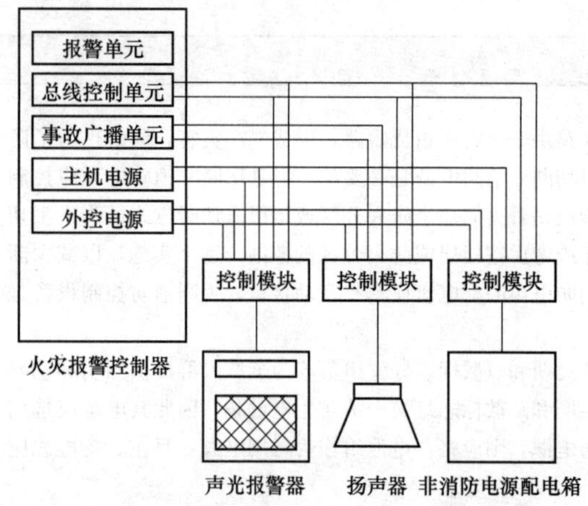

图 11-164 总线控制非消防电源、警报装置

3. 报警系统接地装置的安装

火灾自动报警系统接地装置的接地电阻值应符合以下要求。

（1）采用专用接地装置时，接地电阻值应不大于4Ω，这一取值是同计算机接地要求规范一致的。如图 11-165 所示为专用接地装置。

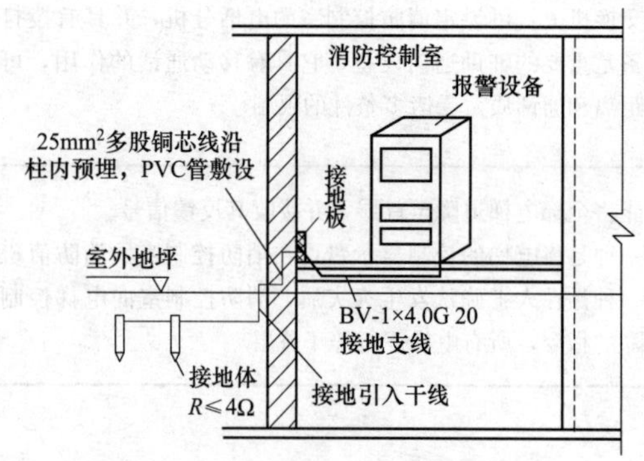

图 11-165 专用接地装置

（2）采用共用接地装置时，接地电阻值应不大于1Ω，这也是同国家有关接地规范中对于电气防雷接地系统共用接地装置时接地电阻值的要求一致的。如图 11-166 所示为共用接地装置。

（3）火灾自动报警系统应设专用接地干线，并应在消防控制室设置专用接地板。专用接地干线应从消防控制室专用接地板引至接地体。专用接地干线应采用铜芯绝缘导线，并且其线芯截面面积应不小于 25mm²。专用接地干线宜套上硬质塑料管埋设到接地体。由消防控制室接地板引至各消防电子设备的专用接地干线应选用铜芯绝缘导线，其线芯截面面积不应小于 4mm²。

在消防控制室设置专用的接地板有利于确保系统

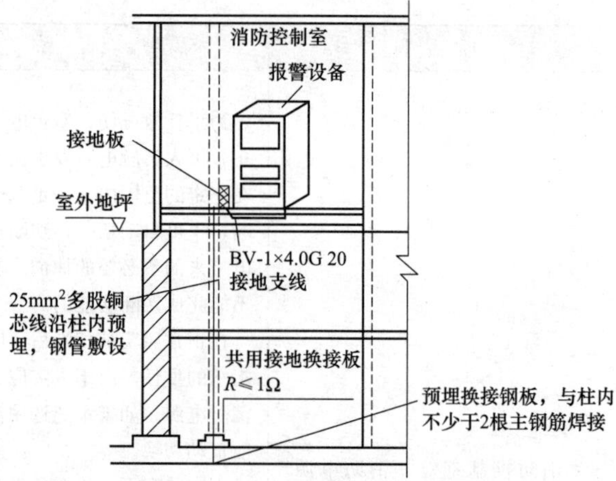

图 11-166 共用接地装置

正常工作。专用接地干线是指从消防控制室接地板引至接地体的这一段，如果设有专用接地体则是指从接地板引至室外的这一段接地干线。计算机及电子设备接地干线的引入段通常不能采用扁钢或裸铜排等方式，主要是为了与防雷接地（建筑构件防雷接地、钢筋混凝土墙体）分开，保持一定的绝缘，防止直接接触，影响消防电子设备的接地效果。所以，规定专用接地干线应采用铜芯绝缘导线，其线芯截面面积不应小于 25mm²。采用共用接地装置时，通常接地板引至最底层地下室内相应钢筋混凝土柱的基础作为共用接地点，不宜从消防控制室内柱子上的焊接钢筋直接引出作为专用接地板。由接地板引至各消防电子设备的专用接地线线芯的截面面积不应小于 4mm²。

（4）消防电子设备凡采用交流电供电时，设备金属外壳与金属支架等应作保护接地，接地线应与电器保护接地干线（PE 线）相连接。

在消防控制室内，消防电子设备通常采用交流供电，为避免操作人员触电，都应将金属支架作保护接地。接地线用电气保护地线（PE 线），也就是供电线路应采用单相三线制供电。

五、住宅建筑火灾自动报警系统

1. 一般规定

（1）住宅建筑火灾自动报警系统可根据实际应用过程中保护对象的具体情况分类。

1）A 类系统可由火灾报警控制器、手动火灾报警按钮、家用火灾探测器、火灾声警报器、应急广播等设备组成。

2）B 类系统可由控制中心监控设备、家用火灾报警控制器、家用火灾探测器、火灾声警报器等设备组成。

3）C类系统可由家用火灾报警控制器、家用火灾探测器、火灾声警报器等设备组成。

4）D类系统可由独立式火灾探测报警器、火灾声警报器等设备组成。

（2）住宅建筑火灾自动报警系统的选择应符合以下规定。

1）有物业集中监控管理且设有需联动控制的消防设施的住宅建筑应选用A类系统。

2）仅有物业集中监控管理的住宅建筑宜选用A类或B类系统。

3）没有物业集中监控管理的住宅建筑宜选用C类系统。

4）别墅式住宅和已投入使用的住宅建筑可选用D类系统。

2. 系统设计

（1）A类系统的设计应符合下列规定。

1）系统在公共部位的设计应符合相关规范的规定。

2）住户内设置的家用火灾探测器可接入家用火灾报警控制器，也可直接接入火灾报警控制器。

3）设置的家用火灾报警控制器应将火灾报警信息、故障信息等相关信息传输给相连接的火灾报警控制器。

4）建筑公共部位设置的火灾探测器应直接接入火灾报警控制器。

（2）B类和C类系统的设计应符合以下规定。

1）住户内设置的家用火灾探测器应接入家用火灾报警控制器。

2）家用火灾报警控制器应能启动设置在公共部位的火灾声警报器。

3）B类系统中，设置在每户住宅内的家用火灾报警控制器应连接到控制中心监控设备，控制中心监控设备应能显示发生火灾的住户。

（3）D类系统的设计应符合以下规定。

1）有多个起居室的住户，宜采用互连型独立式火灾探测报警器。

2）宜选择电池供电时间不少于3年的独立式火灾探测报警器。

（4）采用无线方式将独立式火灾探测报警器组成系统时，系统设计应符合A类、B类或C类系统之一的设计要求。

3. 火灾探测器的设置

（1）每间卧室、起居室内应至少设置一只感烟火灾探测器。

（2）可燃气体探测器在厨房设置时，应符合下列规定。

1）使用天然气的用户应选择甲烷探测器，使用液化气的用户应选择丙烷探测器，使用煤制气的用户应选择一氧化碳探测器。

2）连接燃气灶具的软管及接头在橱柜内部时，火灾探测器宜设置在橱柜内部。

3）甲烷探测器应设置在厨房顶部，丙烷探测器应设置在厨房下部，一氧化碳探测器可设置在厨房下部，也可设置在其他部位。

4）可燃气体探测器不宜设置在灶具正上方。

5）宜采用具有联动关断燃气关断阀功能的可燃气体探测器。

6）火灾探测器联动的燃气关断阀宜为用户可以自己复位的关断阀，并应具有胶管脱落自动保护功能。

4. 家用火灾报警控制器的设置

（1）家用火灾报警控制器应独立设置在每户内，且应设置在明显和便于操作的部位。当采用壁挂方式安装时，其底边距地高度宜为1.3～1.5m。

（2）具有可视对讲功能的家用火灾报警控制器宜设置在进户门附近。

5. 火灾声警报器的设置

（1）住宅建筑公共部位设置的火灾声警报器应具有语音功能，且应能接受联动控制或由手动火灾报警按钮信号直接控制发出警报。

（2）每台警报器覆盖的楼层不应超过3层，且首层明显部位应设置用于直接启动火灾声警报器的手动火灾报警按钮。

6. 应急广播的设置

（1）住宅建筑内设置的应急广播应能接受联动控制或由手动火灾报警按钮信号直接控制进行广播。

（2）每台扬声器覆盖的楼层不应超过3层。

（3）广播功率放大器应具有消防电话插孔，消防电话插入后应能直接讲话。

（4）广播功率放大器应配有备用电池，电池持续工作不能达到1h时，应能向消防控制室或物业值班室发送报警信息。

（5）广播功率放大器应设置在首层内走道侧面墙上，箱体面板应有防止非专业人员打开的措施。

六、电气火灾监控系统

1. 一般规定

（1）电气火灾监控系统可用于具有电气火灾危险的场所。

（2）电气火灾监控系统应由下列部分或全部设备组成。

1）电气火灾监控器。

2）剩余电流式电气火灾监控探测器。

3）测温式电气火灾监控探测器。

(3) 电气火灾监控系统应根据建筑物的性质及电气火灾危险性设置，并应根据电气线路敷设和用电设备的具体情况，确定电气火灾监控探测器的形式与安装位置。在无消防控制室且电气火灾监控探测器设置数量不超过8只时，可采用独立式电气火灾监控探测器。

(4) 非独立式电气火灾监控探测器不应接入火灾报警控制器的探测器回路。

(5) 在设置消防控制室的场所，电气火灾监控器的报警信息和故障信息应在消防控制室图形显示装置或起集中控制功能的火灾报警控制器上显示，但该类信息与火灾报警信息的显示应有区别。

(6) 电气火灾监控系统的设置不应影响供电系统的正常工作，不宜自动切断供电电源。

(7) 当线型感温火灾探测器用于电气火灾监控时，可接入电气火灾监控器。

2. 剩余电流式电气火灾监控探测器的设置

(1) 剩余电流式电气火灾监控探测器应以设置在低压配电系统首端为基本原则，宜设置在第一级配电柜（箱）的出线端。在供电线路泄漏电流大于500mA时，宜在其下一级配电柜（箱）设置。

(2) 剩余电流式电气火灾监控探测器不宜设置在IT系统的配电线路和消防配电线路中。

(3) 选择剩余电流式电气火灾监控探测器时，应计及供电系统自然漏流的影响，并应选择参数合适的火灾探测器；火灾探测器报警值宜为300～500mA。

(4) 具有探测线路故障电弧功能的电气火灾监控探测器，其保护线路的长度不宜大于100m。

3. 测温式电气火灾监控探测器的设置

(1) 测温式电气火灾监控探测器应设置在电缆接头、端子、重点发热部件等部位。

(2) 保护对象为1000V及以下的配电线路，测温式电气火灾监控探测器应采用接触式布置。

(3) 保护对象为1000V以上的供电线路，测温式电气火灾监控探测器宜选择光栅光纤测温式或红外测温式电气火灾监控探测器，光栅光纤测温式电气火灾监控探测器应直接设置在保护对象的表面。

4. 独立式电气火灾监控探测器的设置

(1) 独立式电气火灾监控探测器的设置应符合2、3中的规定。

(2) 设有火灾自动报警系统时，独立式电气火灾监控探测器的报警信息和故障信息应在消防控制室图形显示装置或集中火灾报警控制器上显示；但该类信息与火灾报警信息的显示应有区别。

(3) 未设火灾自动报警系统时，独立式电气火灾监控探测器应将报警信号传至有人值班的场所。

5. 电气火灾监控器的设置

(1) 设有消防控制室时，电气火灾监控器应设置在消防控制室内或保护区域附近；设置在保护区域附近时，应将报警信息和故障信息传入消防控制室。

(2) 未设消防控制室时，电气火灾监控器应设置在有人值班的场所。

第八节　火灾自动报警系统实例分析

一、某综合楼设计实例

1. 工程概况

某综合楼共18层，1～4层是商业用房，每层在商业管理办公室设区域火灾报警控制器或楼层显示器；5～12层是宾馆客房，每层服务台均设区域火灾报警控制器；13～15层是出租办公用房，在13层设一台区域火灾报警控制器警戒13～15层；16～18层为公寓，在16层设一台区域火灾报警控制器。全楼根据用途及要求设置了14台区域火灾报警控制器或楼层显示器和一台集中火灾报警控制器及联动控制装置。此工程采用上海松江电子仪器厂生产的JB-QB-DF1501型火灾报警控制器，是一种可编程的两总线制通用火灾报警控制器。选用一台立柜式二总线制火灾报警控制器作集中火灾报警控制器；有8对输入总线，每对输入总线可并联127个（总计8×127=1016个）编码底座或模块（感烟、感温火灾探测器及手动报警开关等）；2对输出总线，每对输出总线可并联32台重复显示器（总计62台）；利用RS-232通信接口（三线）把报警信号送入联动控制器，以实现对建筑物内消防设备的自动、手动控制；内装有打印机，可利用通信接口与PC机连机，通过彩色CRT图形显示建筑的平、立面图，并显示着火部位，还有中西文注释；火灾报警控制器的形式有柜式与台式两种，其外形尺寸(宽×高×厚)：柜式600mm×1800mm×400mm，台式380mm×540mm×166mm。

每层设置一台重复显示屏，可作为区域火灾报警控制器，显示屏可自检，内装有四个输出中间继电器，每个继电器均有输出触点四对（触点容量：AC 220V，2A)，计16对触点，按照需要可控制消防联动设备，控制方式由屏内联动控制器发出的控制总线控制。

消防广播系统采用一台定压式120V、150W扩音机，也可按照配接的扬声器数量而定。

消防电话系统选用一台电话总机，其容量可按照每层电话数量而定，每部电话机占用一对电话线，电话插孔可单独安装，也可和手动按钮组合装在一起。

2. JB-QB-DF1501 型火灾报警控制器系统

如图 11-167 所示为 JB-QB-DF1501 型火灾报警控制器系统配置示意。

3. 火灾报警及联动控制系统

当需要进行联动控制时，如图 11-168 所示，JB-QB-DF1501 型火灾报警控制器可和 HJ-1811 型（或 HJ-1810 型）联动控制器构成火灾报警及联动系统。

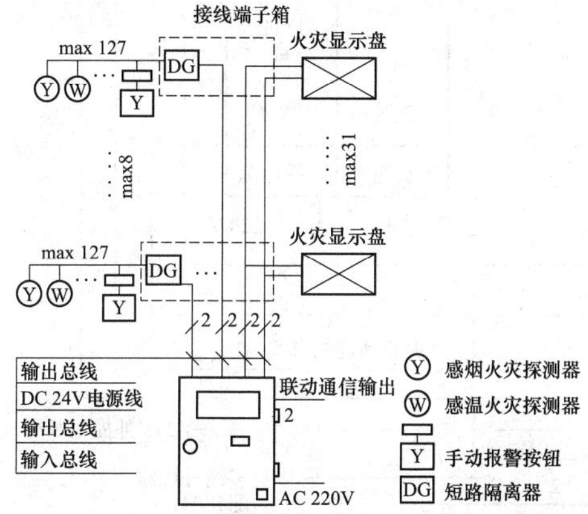

图11-167　JB-QB-DF1501 型火灾报警控制器系统配置示意

4. 中央/区域火灾报警联动系统

当一台 1501 火灾报警控制器容量不足时，可采用中央/区域机联机通信的方法，组成中央/区域机报警系统，如图 11-169 所示(其报警点最多可达1016×8 个点)。

5. 平面布置图

火灾报警及联动系统平面图只画一张示意，如图 11-170 所示。

6. 水泵房平面图及配电系统图

如图 11-171 所示为水泵房平面布置图，配电系统如图 11-172 所示。此综合楼内有 6 台水泵，其中两台消防水泵，一备一用，采用一台电源进线柜 N_1，常用电源与备用电源进 N_1 柜后进行自动切换，S_1～S_6 为各台水泵的降压启动控制箱。生活泵每台容量是 10kW，生活泵有屋顶水箱水位控制线 BV-3×2.5，穿电线管直径是 20mm，通过屋顶水箱的水位控制器（采用干簧水位控制器）引入生活水泵控制箱。

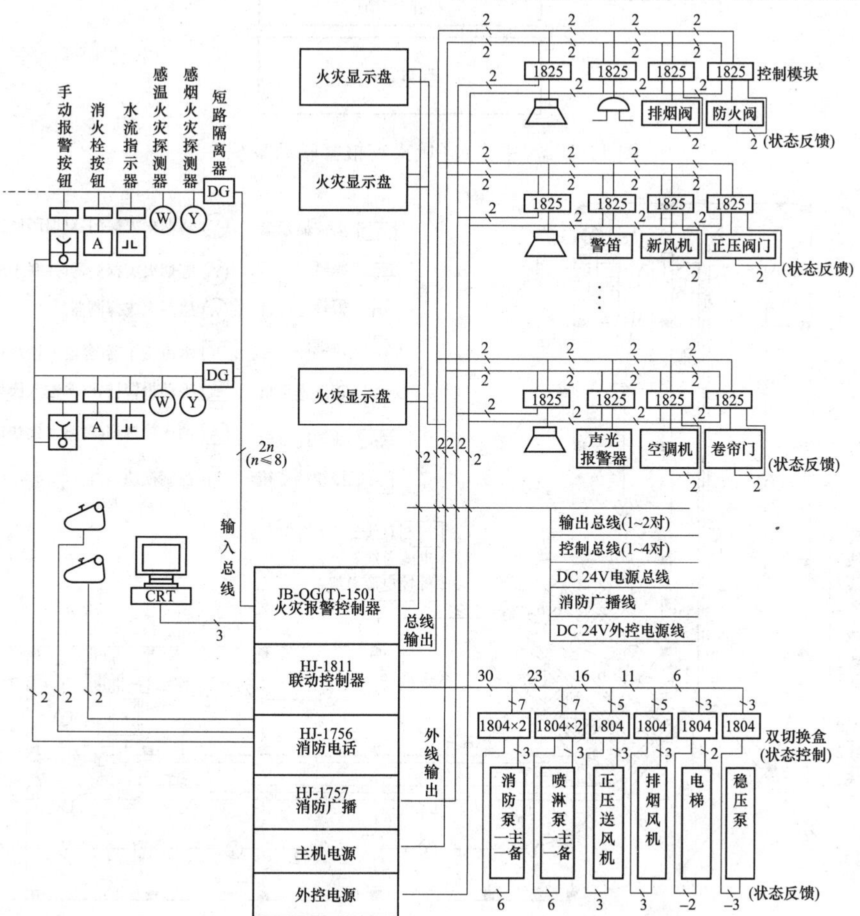

图 11-168　1501-1811 火灾报警及联动控制系统示意

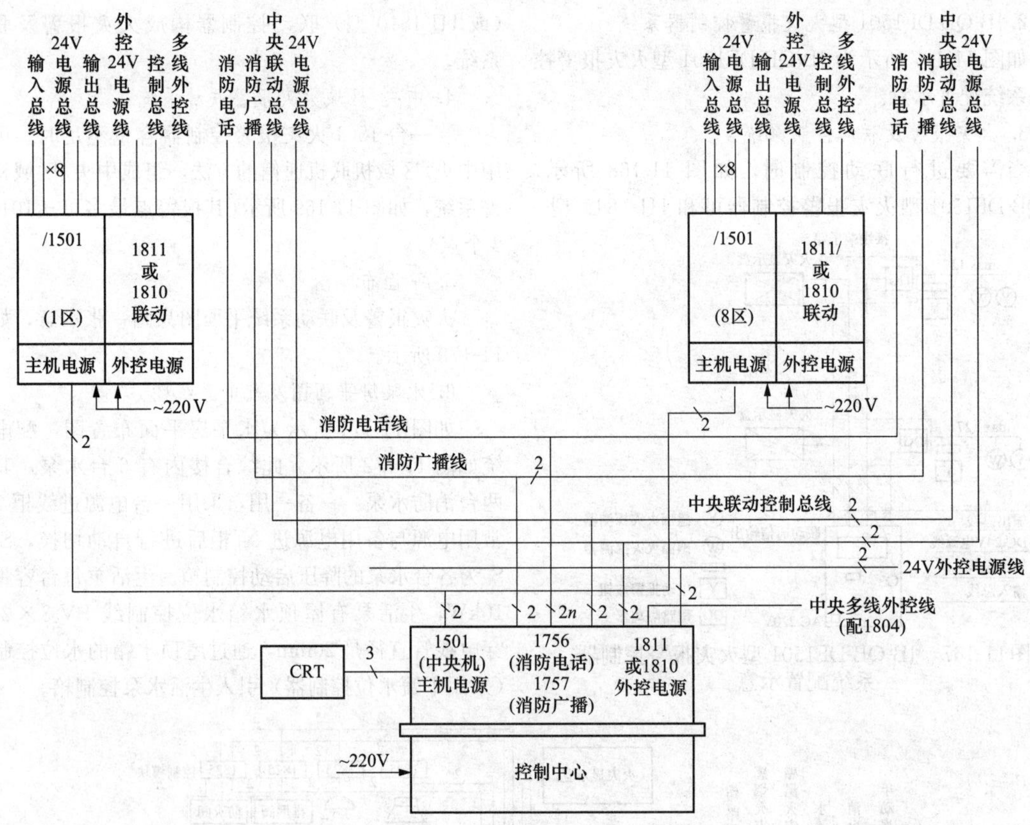

图 11-169 中央/区域火灾报警联动系统

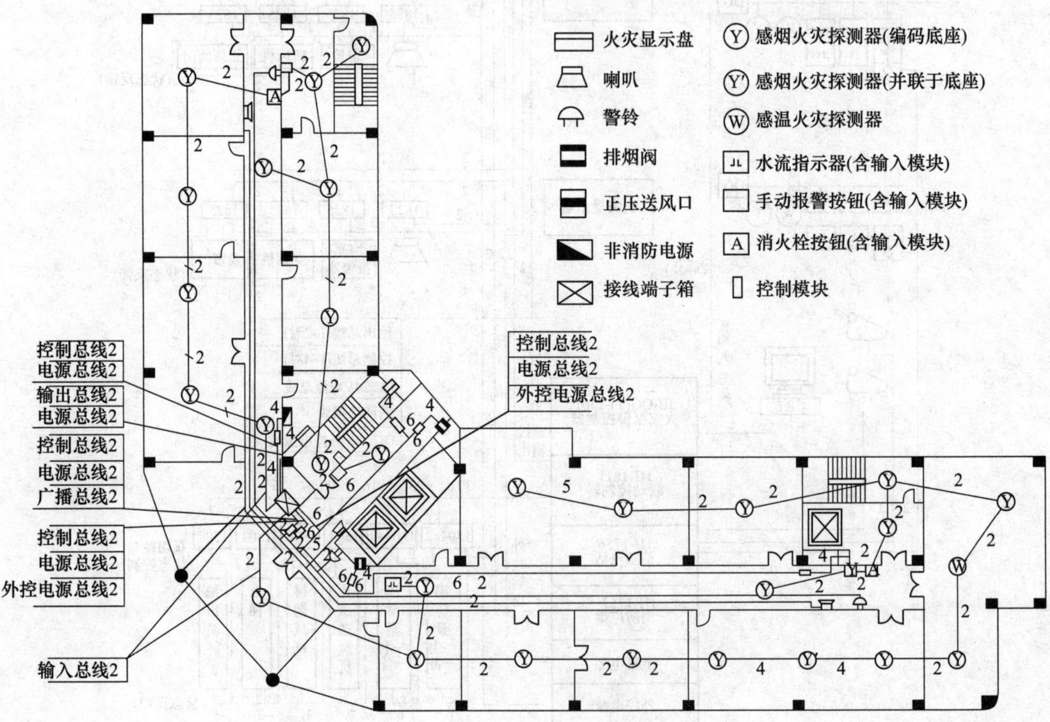

图 11-170 火灾报警及联动控制平面图（1：100）

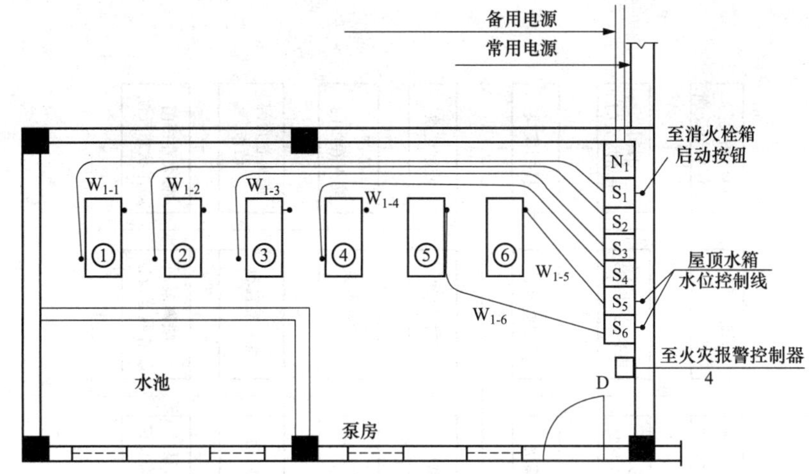

图 11-171　水泵房平面布置图（1∶100）

①、②—消防泵；③、④—喷淋泵；⑤、⑥—生活泵；D—86 型接线盒；N_1—电源柜；S_1～S_6—水泵控制箱

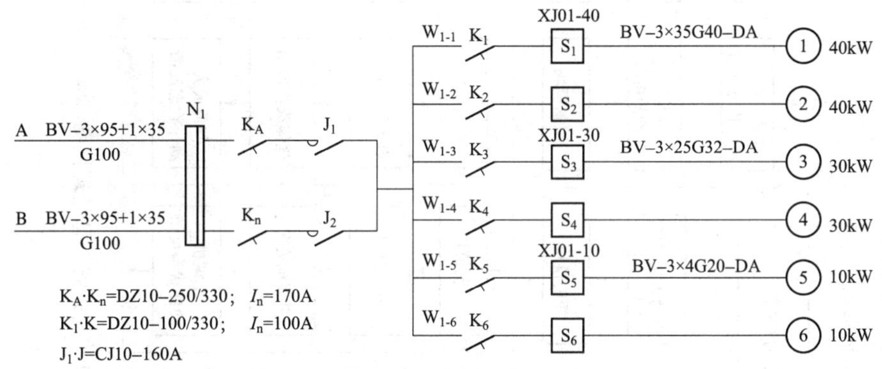

图 11-172　配电箱 Ni 配电系统

消防水泵每台容量是 40kW，喷淋泵每台容量是 30kW，各层消火栓箱内有消防启动按钮控制线引入消防泵启动控制箱。

当有火灾报警系统时（通常有空调的酒店、宾馆都设置火灾报警系统），由火灾报警控制器引两路控制线进入水泵房分别控制消防泵与喷淋泵。在此设计中，把消防用报警控制线引到 86 型接线盒内，接线盒 D 装在水泵控制启动箱旁以便接线用。图中$W_{1\text{-}1}$～$W_{1\text{-}6}$为埋地敷设管线，分别通过相关的启动箱至各水泵，至水泵基础旁的出地面立管高出基础 100mm。水泵房一般均设置在建筑物的底层或地下室，因此穿线导管应采用镀锌钢管。设计中导线采用 BV—500 型，其标注方式如下。

$W_{1\text{-}1}$、$W_{1\text{-}2}$：BV-3×35-SC40-FC。

$W_{1\text{-}3}$、$W_{1\text{-}4}$：BV-3×25-SC32-FC。

$W_{1\text{-}5}$、$W_{1\text{-}6}$：BV-3×4-SC20-FC。

其中，FC 为敷设在地坪层的标记。导线规格是按水泵拖动电机的容量选定的，管子直径是根据穿线线径导线根数选定的。

水泵启动控制箱 S_1～S_4 选用 XJ01 型，电源进线箱 N_1 使用 XL-21 型动力配电箱的改进型。

以上是设计实例。在消防工程的设计中，采用不同厂家的不同产品，就会有不同的系统图，其线制也各异。下面给出几种不同线制的系统图和平面图，使读者对消防系统设计更有把握。

（1）火灾信息处理（消防联动）：关于消防系统的联动控制是十分复杂的，各环节的联动功能前已叙及，这里为了对联动关系有总体的掌握，给出图 11-173。

（2）火灾报警及消防集中控制系统：此系统无区域火灾报警控制器，采用楼层显示器显示，如图 11-174 所示。

（3）传统的多线制控制实例：这里仅以两线制（也叫 $n+1$）为例，其系统如图 11-175 所示，如图 11-176 所示为其平面布置。

（4）现代总线制系统实例：这里通过二总线火灾报警系统为例，说明其平面布置情况，如图 11-177 所示。

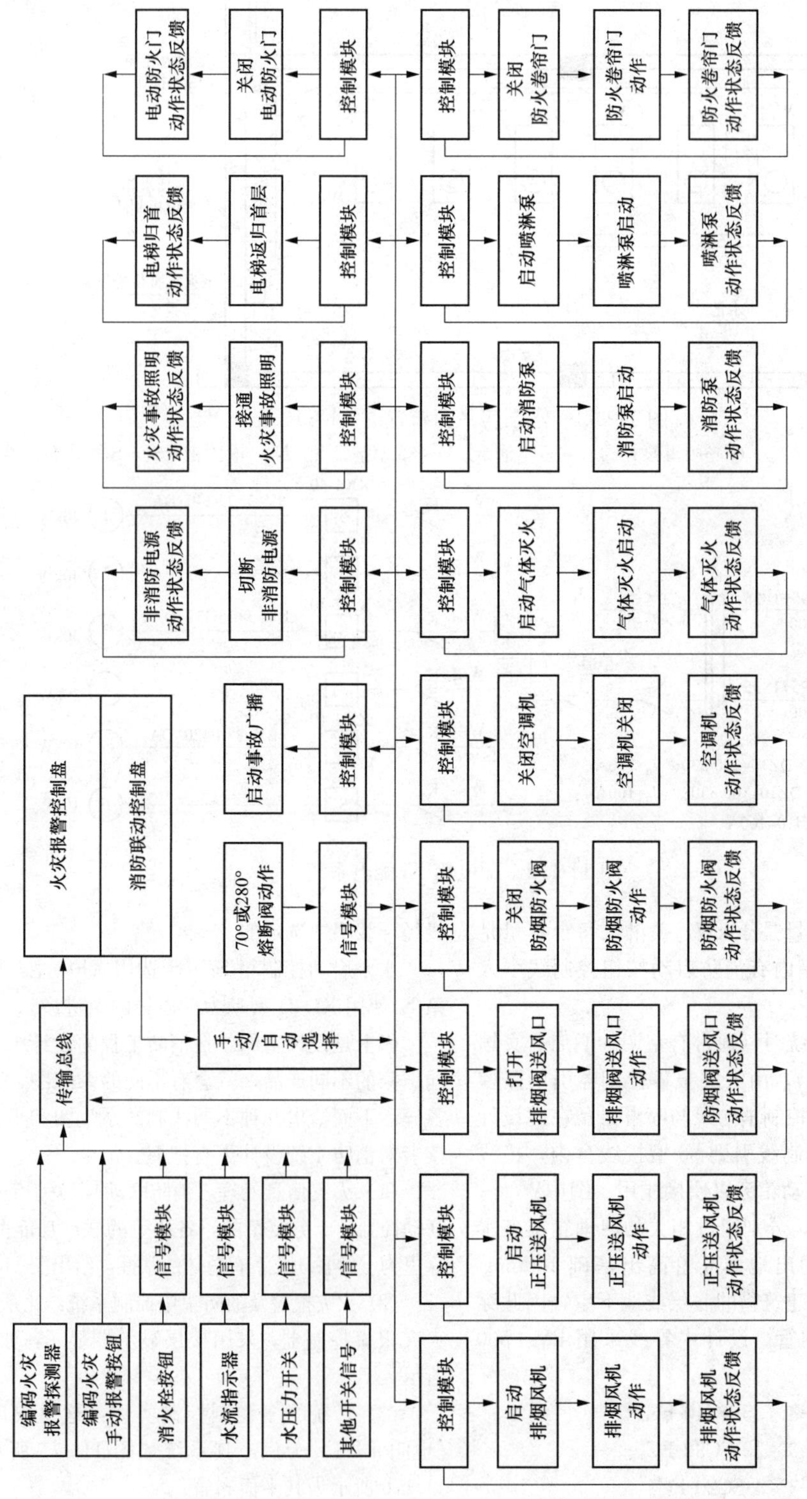

图 11-173 火灾信息处理框图

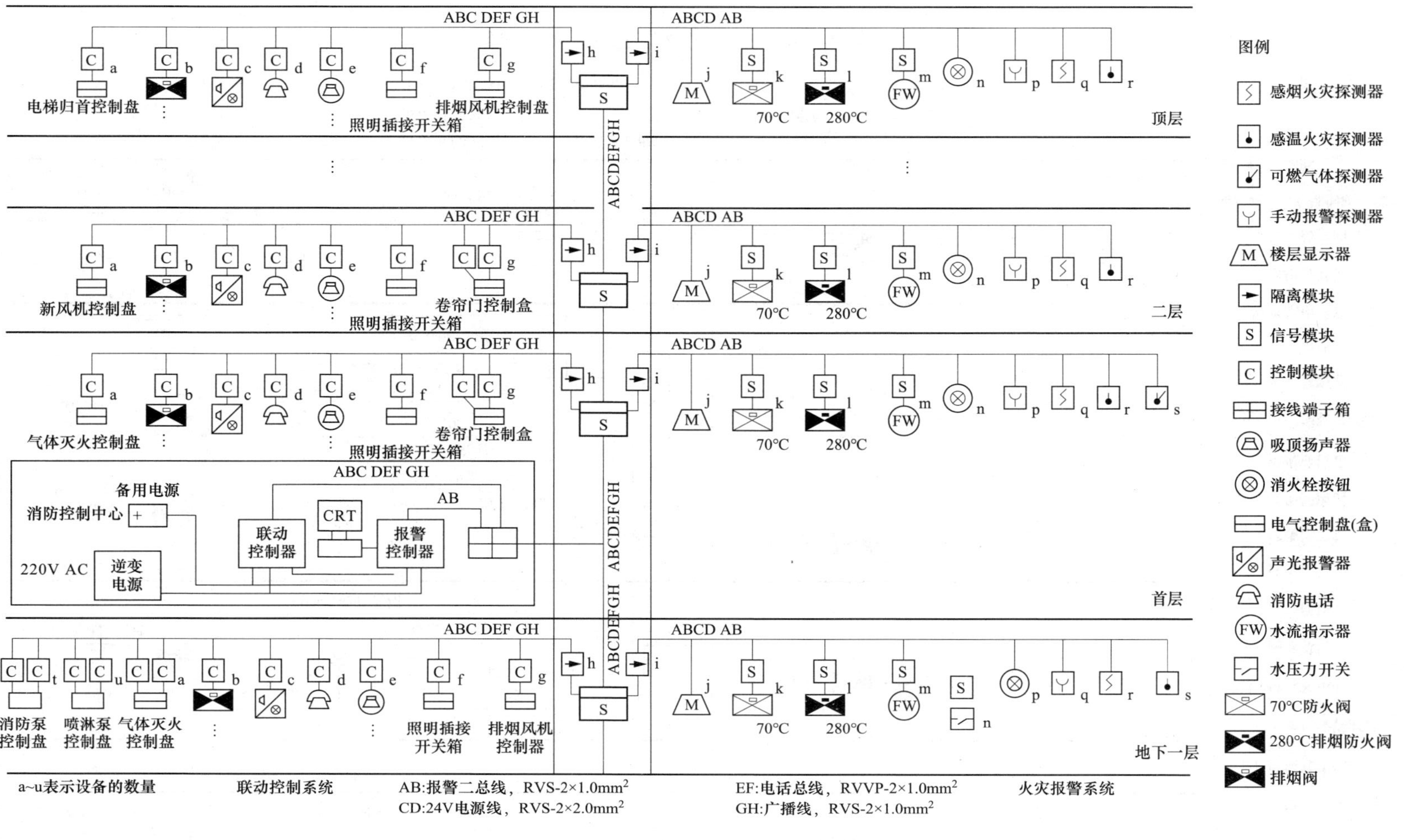

图 11-174 火灾报警及消防集中控制系统示意

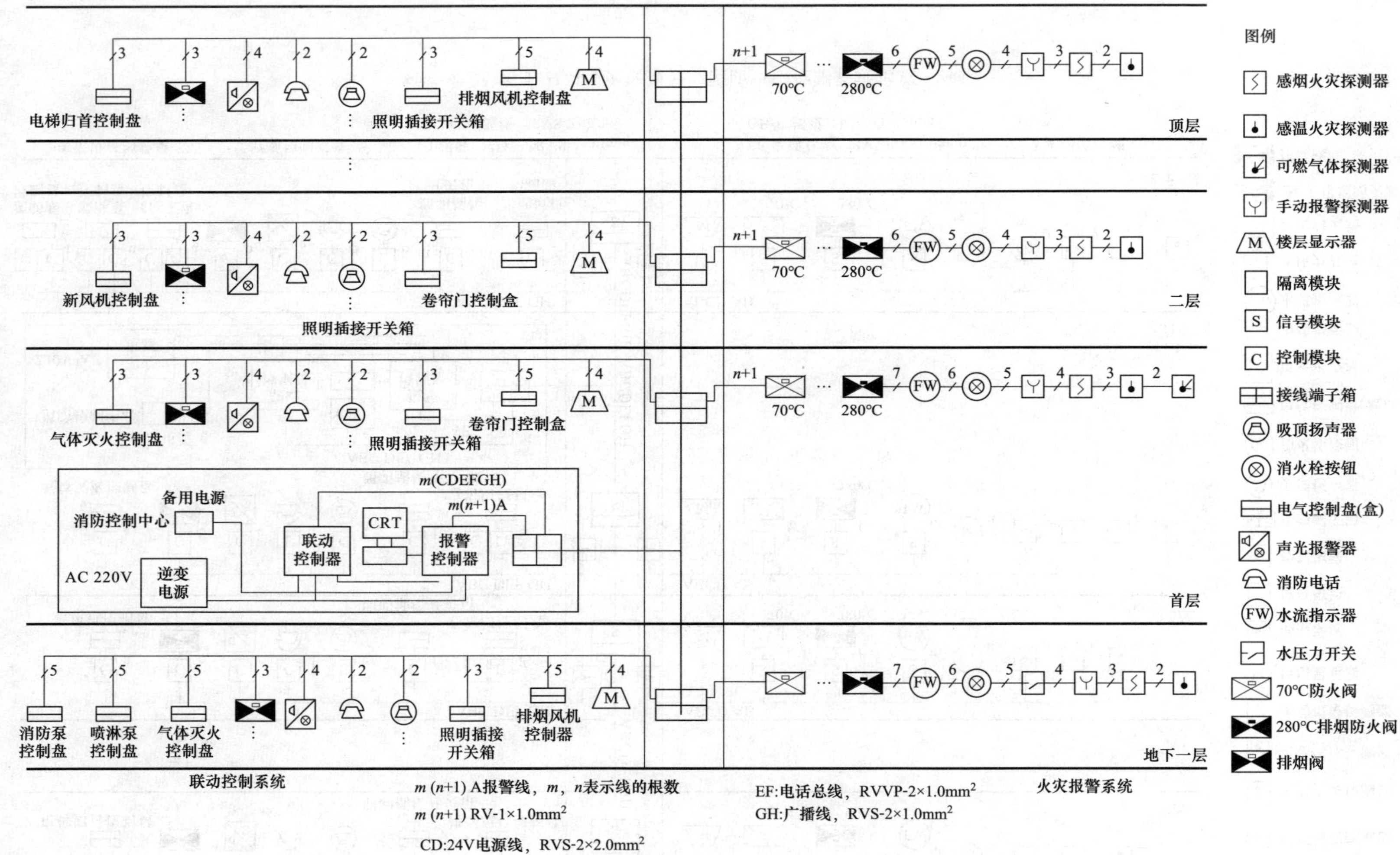

图 11-175　$n+1$ 火灾报警及消防控制系统示意

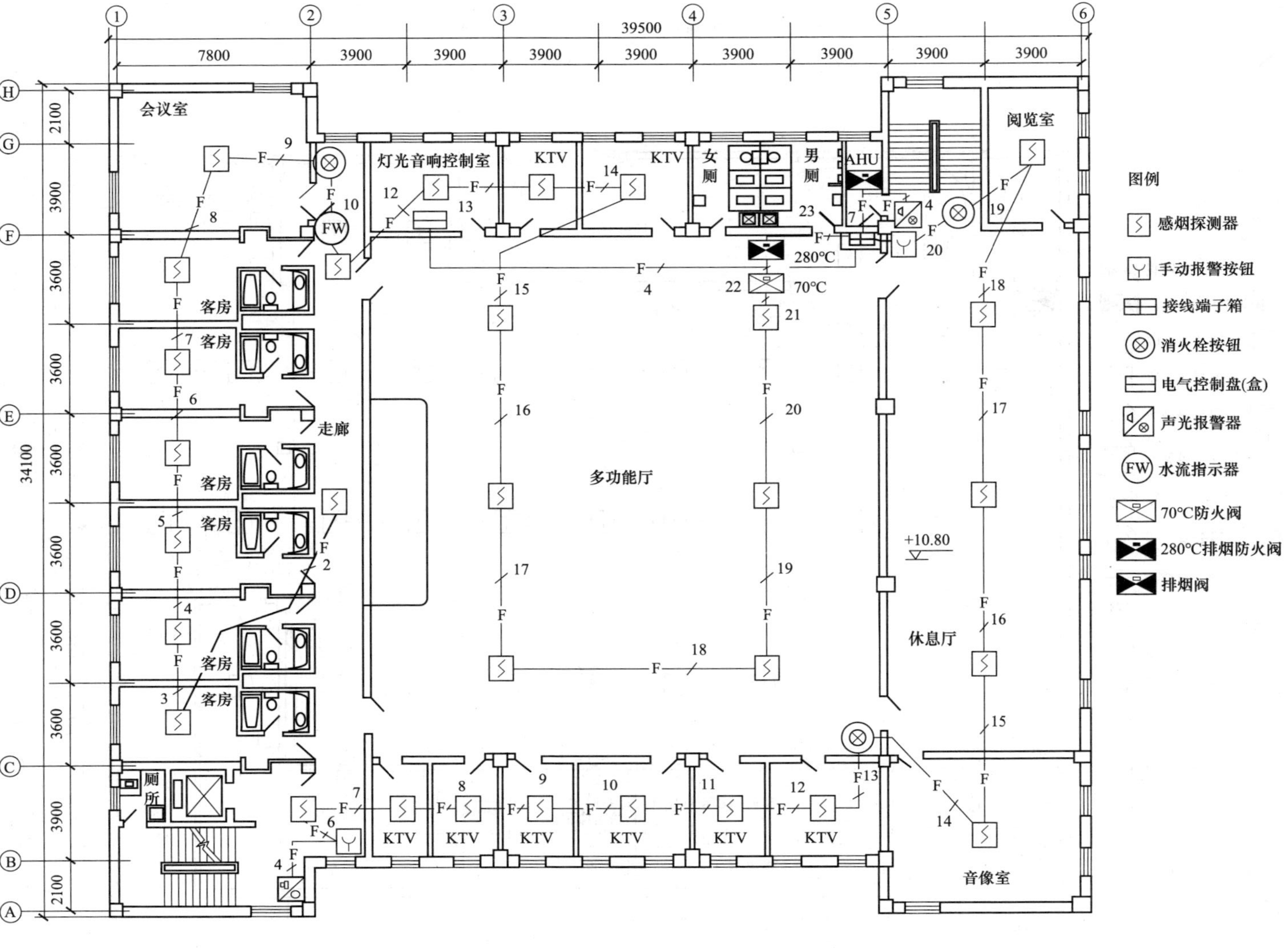

图 11-176　$n+1$ 线火灾报警平面图布置示例

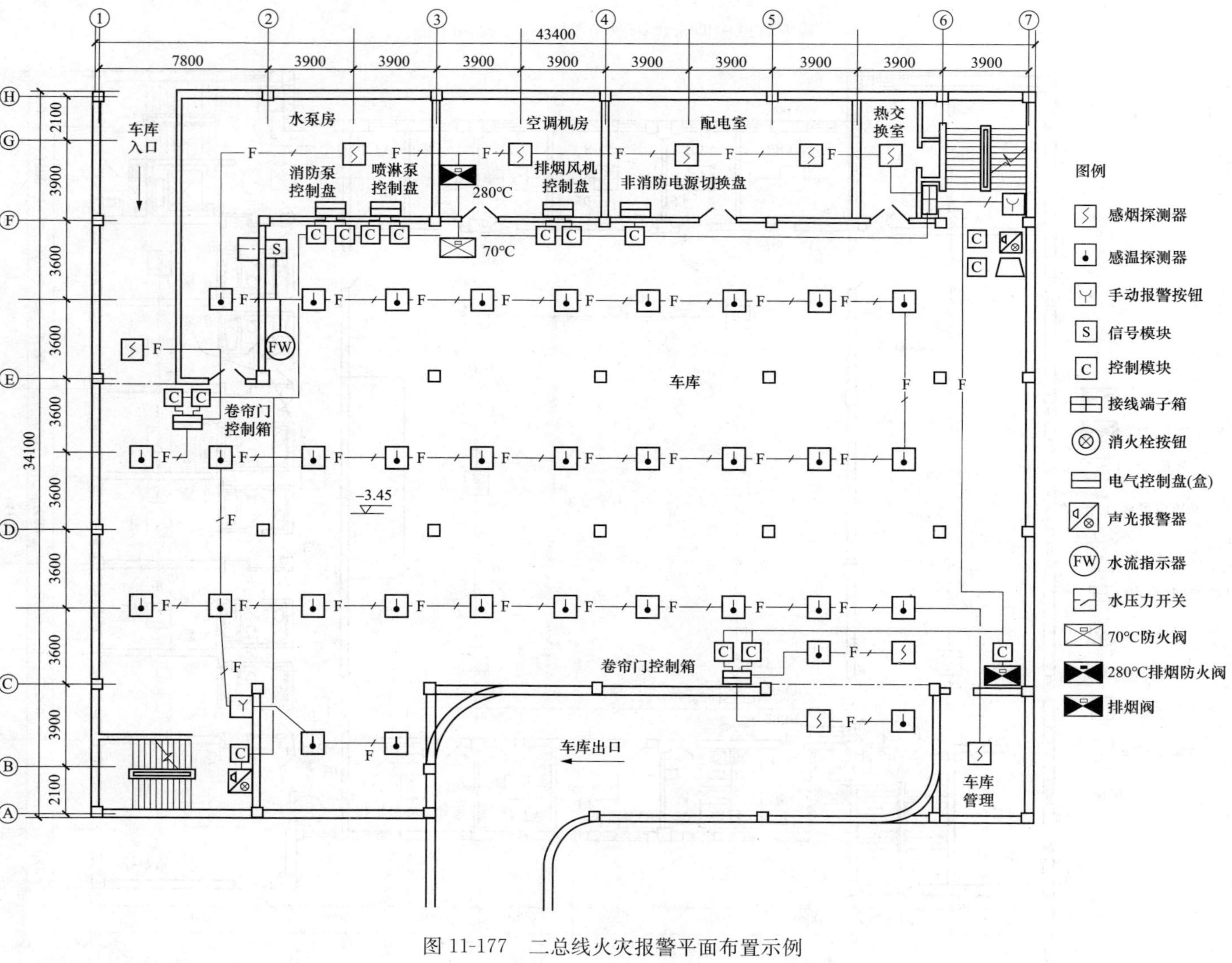

图 11-177 二总线火灾报警平面布置示例

综上所述可知，消防系统的设计中，选用不同厂家不同系列的产品，其所绘制的图形是不同的。

二、 火灾探测器选择及布置实例

某工程地下一层一个柱网土建条件如图 11-178 所示，试布置火灾探测器。

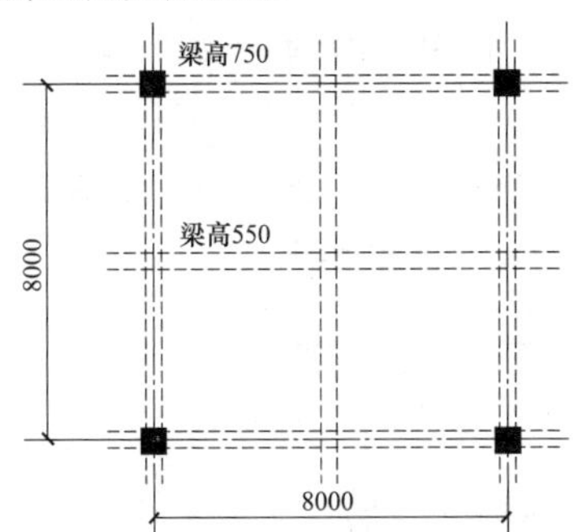

图 11-178 柱网土建条件

方案一：采用感温火灾探测器（如车库），4 只满足要求，如图 11-179 所示。

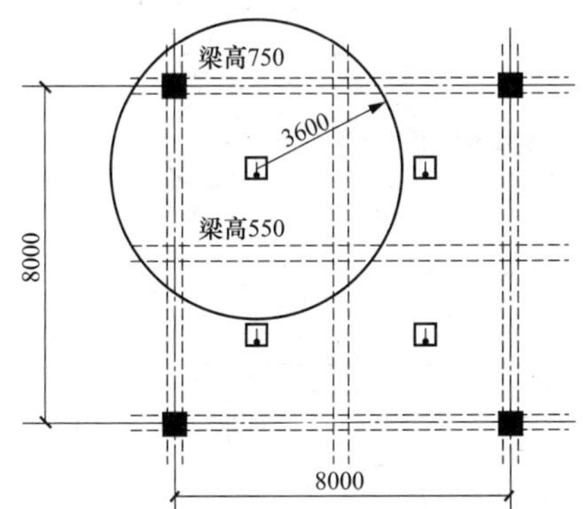

图 11-179 采用感温火灾探测器（如车库）

方案二：采用感烟火灾探测器（如风机房），1 只不满足要求，如图 11-180 所示。

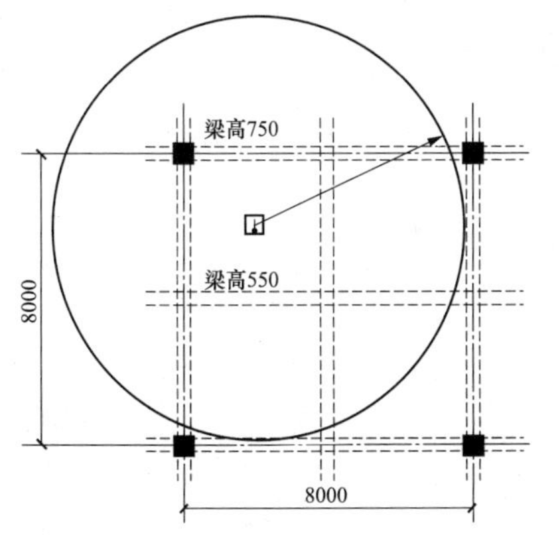

图 11-180 采用感烟火灾探测器（如风机房）

方案三：采用感烟火灾探测器（如风机房），2 只满足要求，如图 11-181 所示。

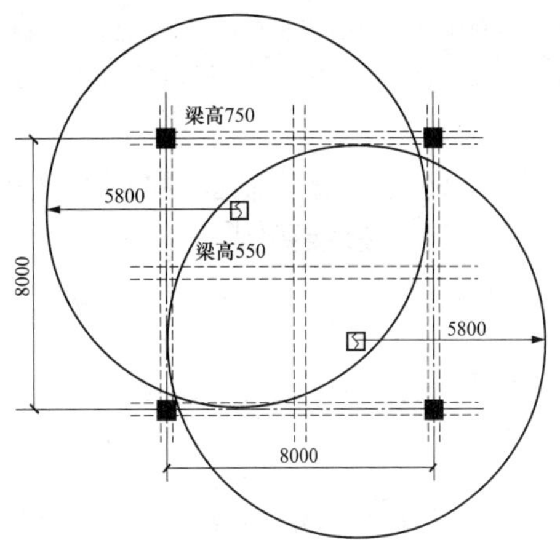

图 11-181 采用感烟火灾探测器（如风机房）

三、 区域报警控制系统应用示例

区域报警系统简单且使用广泛，通常在工矿企业的计算机房等重要部位和民用建筑的塔楼式公寓、写字楼等处采用区域报警系统，另外，还可作为集中报警系统和控制中心系统中最基本的组成设备。目前区域系统多数由环状网络构成（如右边所示），也可能是支状线路构成（如左边所示），但必须加设楼层报警确认灯。

四、 集中报警控制系统应用示例

集中报警控制系统在一级中档宾馆、饭店用得较多。根据宾馆、饭店的管理情况，集中火灾报警控制器（或楼层显示器）设在各楼层服务台，管理较方便。

五、 控制中心报警系统应用示例

控制中心报警系统主要用于大型宾馆、饭店、商场、办公楼等。此外，多用在大型建筑群和大型综合楼工程中。发生火灾后区域火灾报警控制器报到集中火灾报警控制器，集中火灾报警控制器发声光信号的同时向联动部分发出指令。当每层的火灾探测器、手动报警按钮的报警信号送同层区控。同层的防排烟阀门、防火卷帘等对火灾影响大的重要设备直接通过母线送到集控。误动作不会造成损失的设备由区控联动。联动的回授信号也进入区控，然后通过母线送到集控。控制中心配有 IBM-PC 微机系统。将集控接口来的信号经处理、加工、翻译，在彩色 CRT 显示器上用平面模拟图形显示出来，便于正确判断和采取有效措施。火灾报警和处理过程经过加密处理后存入硬盘，同时由打印机打印给出，供分析记录事故用。全部显示、操作设备集中安装在一个控制台上。控制台上除 CRT 显示器外，还有立面模拟盘和防火分区指示盘。

六、火灾报警控制器两线制（多线制）接线实例

某高层建筑的层数为 50 层，每层一台区域火灾报警控制器，每台区域火灾报警控制器带 50 个报警点，每个报警点有一只火灾探测器，试计算火灾报警控制器的线数，并画出布线图。

区域火灾报警控制器的输入线数为 50＋1＝51 根。

区域火灾报警控制器的输出线数为 $10+\frac{50}{10}+4=19$ 根。

集中火灾报警控制器的输入线数为 $10+\frac{50}{10}+50+3=68$ 根。

两线制接线如图 11-182 所示，这种接线大多在小系统中应用，目前已很少使用。

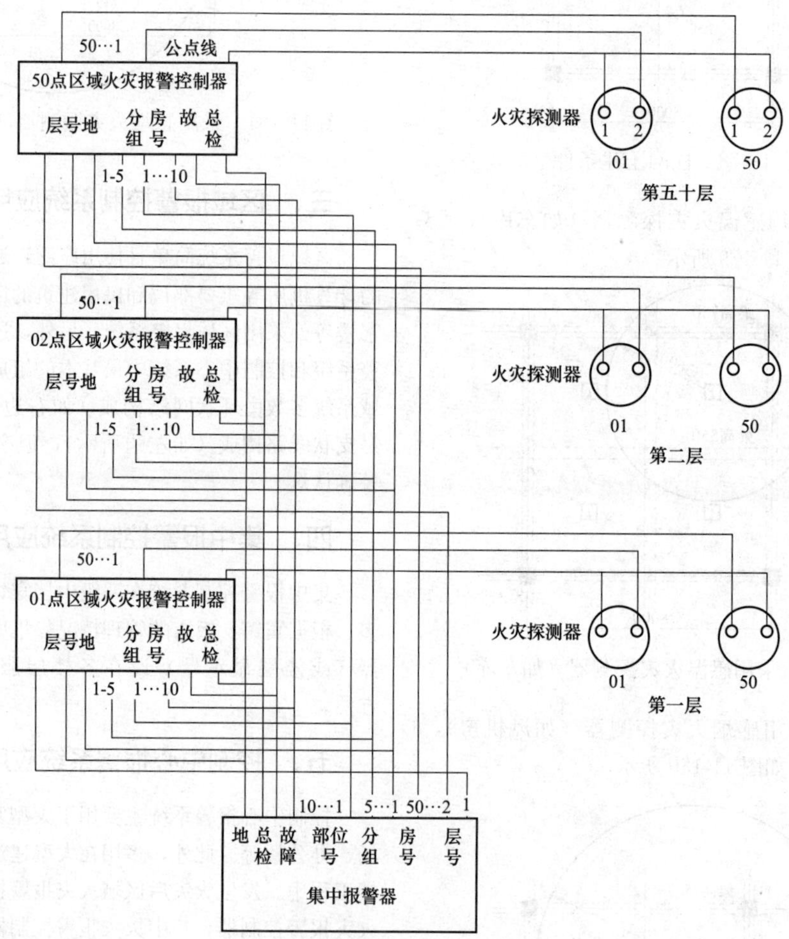

图 11-182　两线制的接线

第十二章 消防灭火系统

第一节　消防灭火系统认知

一、 灭火系统分类及基本功能

（一） 分类

1. 自动喷水灭火系统的分类

自动喷水灭火系统可分为以下几类：

（1）湿式喷水灭火系统。

（2）室内消火栓灭火系统。

（3）干式喷水灭火系统。

（4）干湿两用灭火系统。

（5）预作用喷水灭火系统。

（6）雨淋灭火系统。

（7）水幕系统。

（8）水喷雾灭火系统。

（9）轻装简易系统。

（10）泡沫雨淋系统。

（11）大水滴（附加化学品）系统。

（12）自动启动系统。

2. 固定式喷洒灭火剂系统的分类

固定式喷洒灭火剂系统可分为以下几类：

（1）泡沫灭火系统。

（2）干粉灭火系统。

（3）二氧化碳灭火系统。

（4）卤代烷灭火系统。

（5）气溶胶灭火系统。

（二） 基本功能

（1）能在火灾发生后，自动地进行喷水灭火。

（2）能在喷水灭火的同时发出警报。

二、 灭火的基本方法

燃烧是一种发光放热的化学反应。要达到燃烧必须同时具备三个条件：①有可燃物（汽油、甲烷、木材、氢气、纸张等）；②有助燃物（如高锰酸钾、氯、氯化钾、溴、氧等）；③有火源（如高热、化学能、电火、明火等）。通常灭火方法有以下三种。

（一） 化学抑制法

灭火器：二氧化碳、卤代烷等。将灭火剂施放到燃烧区上，就能起到中断燃烧的化学连锁反应，达到灭火的目的。

（二） 冷却法

灭火器：水。将灭火器喷在燃烧物上，通过吸热使温度下降到燃点以下，火随之熄灭。

（三） 窒息法

灭火器：泡沫。这种方法是阻止空气流入燃放区域，即将泡沫喷射至燃烧物体上，将火窒息；或适用不燃物质进行隔离（如用石棉布、浸水棉被覆盖在燃烧物上，使燃烧物因为缺氧而窒息）。

总之，灭火剂的种类较多，目前应用的灭火剂包括泡沫（有低倍数泡沫、高倍数泡沫），卤代烷1211、二氧化碳、四氯化碳、干粉、水等，但相较而言用水灭火具有方便、有效、价格低廉的优点，所以被广泛使用。然而由于水和泡沫会导致设备污染，在有些场所（如档案室、图书馆、文物馆、精密仪器设备、电子计算机房等）可采用卤素和二氧化碳等灭火剂灭火。常用的卤代烷（卤素）灭火剂见表12-1。

表 12-1　　常用的卤代烷（卤素）灭火剂

介质代号	名称	化学式
1101	一氯一溴甲烷	CH_2BrCl
1211	二氟一氯一溴甲烷	$CBrClF_2$
1202	二氯二溴甲烷（红P912）	CBr_2F_2
1301	三氟一溴甲烷	$CBrF_3$
2404	四氟二溴乙烷	$CBrF_2CBrF_2$

表12-1中列有五种卤素灭火剂，最常用的“1211”和“1301”灭火剂具有无污染、毒性小、易氧化、电器绝缘性能好、体积小、灭火能力强、灭火速度快、化学性能稳定等优点。

在实际工程设计中，应根据现场的实际情况来选择并确定灭火方法和灭火剂，以达到最理想的灭火效果。

第二节 室内消火栓灭火系统

一、 室内消火栓的设置

（1）室内消火栓的选型应根据使用者、火灾危险性、火灾类型和不同灭火功能等因素综合确定。

（2）室内消火栓的配置应符合下列要求。

1）应采用 DN65 室内消火栓，并可与消防软管卷盘或轻便水龙设置在同一箱体内。

2）应配置 DN65 有内衬里的消防水带，长度不宜超过 25.0m；消防软管卷盘应配置内径不小于 $\phi 19$ 的消防软管，其长度宜为 30.0m；轻便水龙应配置 DN25 有内衬里的消防水带，长度宜为 30.0m。

3）宜配置当量喷嘴直径 16mm 或 19mm 的消防水枪，但当消火栓设计流量为 2.5L/s 时宜配置当量喷嘴直径 11mm 或 13mm 的消防水枪；消防软管卷盘和轻便水龙应配置当量喷嘴直径 6mm 的消防水枪。

（3）设置室内消火栓的建筑，包括设备层在内的各层均应设置消火栓。

（4）屋顶设有直升机停机坪的建筑，应在停机坪出入口处或非电器设备机房处设置消火栓，且距停机坪机位边缘的距离不应小于 5.0m。

（5）消防电梯前室应设置室内消火栓，并应计入消火栓使用数量。

（6）室内消火栓的布置应满足同一平面有 2 支消防水枪的 2 股充实水柱同时达到任何部位的要求，但建筑高度小于或等于 24.0m 且体积小于或等于 5000m³ 的多层仓库、建筑高度小于或等于 54m 且每单元设置一部疏散楼梯的住宅，以及表 12-2 中规定可采用 1 支消防水枪的场所，可采用 1 支消防水枪的 1 股充实水柱到达室内任何部位。

表 12-2　建筑物室内消火栓设计流量

<table>
<tr><th colspan="3">建筑物名称</th><th colspan="3">高度 h（m）、层数、体积 V（m³）、座位数 n（个）、火灾危险性</th><th>消火栓设计流量（L/s）</th><th>同时使用消防水枪数（支）</th><th>每根竖管最小流量（L/s）</th></tr>
<tr><td rowspan="14">工业建筑</td><td colspan="2" rowspan="7">厂房</td><td rowspan="3">h≤24</td><td colspan="2">甲、乙、丁、戊</td><td>10</td><td>2</td><td>10</td></tr>
<tr><td rowspan="2">丙</td><td>V≤5000</td><td>10</td><td>2</td><td>10</td></tr>
<tr><td>V>5000</td><td>20</td><td>4</td><td>15</td></tr>
<tr><td rowspan="2">24<h≤50</td><td colspan="2">乙、丁、戊</td><td>25</td><td>5</td><td>15</td></tr>
<tr><td colspan="2">丙</td><td>30</td><td>6</td><td>15</td></tr>
<tr><td rowspan="2">h>50</td><td colspan="2">乙、丁、戊</td><td>30</td><td>6</td><td>15</td></tr>
<tr><td colspan="2">丙</td><td>40</td><td>8</td><td>15</td></tr>
<tr><td colspan="2" rowspan="5">仓库</td><td rowspan="3">h≤24</td><td colspan="2">甲、乙、丁、戊</td><td>10</td><td>2</td><td>10</td></tr>
<tr><td rowspan="2">丙</td><td>V≤5000</td><td>15</td><td>3</td><td>15</td></tr>
<tr><td>V>5000</td><td>25</td><td>5</td><td>15</td></tr>
<tr><td rowspan="2">h>24</td><td colspan="2">丁、戊</td><td>30</td><td>6</td><td>15</td></tr>
<tr><td colspan="2">丙</td><td>40</td><td>8</td><td>15</td></tr>
<tr><td rowspan="9">民用建筑</td><td rowspan="9">单层及多层</td><td rowspan="2">科研楼、试验楼</td><td colspan="3">V≤10 000</td><td>10</td><td>2</td><td>10</td></tr>
<tr><td colspan="3">V>10 000</td><td>15</td><td>3</td><td>10</td></tr>
<tr><td rowspan="3">车站、码头、机场的候车（船、机）楼和展览建筑（包括博物馆）等</td><td colspan="3">5000<V≤25 000</td><td>10</td><td>2</td><td>10</td></tr>
<tr><td colspan="3">25 000<V≤50 000</td><td>15</td><td>3</td><td>10</td></tr>
<tr><td colspan="3">V>50 000</td><td>20</td><td>4</td><td>15</td></tr>
<tr><td rowspan="4">剧场、电影院、会堂、礼堂、体育馆等</td><td colspan="3">800<n≤1200</td><td>10</td><td>2</td><td>10</td></tr>
<tr><td colspan="3">1200<n≤5000</td><td>15</td><td>3</td><td>10</td></tr>
<tr><td colspan="3">5000<n≤10 000</td><td>20</td><td>4</td><td>15</td></tr>
<tr><td colspan="3">n>10 000</td><td>30</td><td>6</td><td>15</td></tr>
</table>

续表

建筑物名称			高度 h（m）、层数、体积 V（m^3）、座位数 n（个）、火灾危险性	消火栓设计流量（L/s）	同时使用消防水枪数（支）	每根竖管最小流量（L/s）
民用建筑	单层及多层	旅馆	5000<V≤10 000	10	2	10
			10 000<V≤25 000	15	3	10
			V>25 000	20	4	15
		商店、图书馆、档案馆等	5000<V≤10 000	15	3	10
			10 000<V≤25 000	25	5	15
			V>25 000	40	8	15
		病房楼、门诊楼等	5000<V≤25 000	10	2	10
			V>25 000	15	3	10
		办公楼、教学楼、公寓、宿舍等其他建筑	高度超过15m或V>10 000	15	3	10
		住宅	21<h≤27	5	2	5
	高层	住宅	27<h≤54	10	2	10
			h>54	20	4	10
		二类公共建筑	h≤50	20	4	10
		一类公共建筑	h≤50	30	6	15
			h>50	40	8	15
国家级文物保护单位的重点砖木或木结构的古建筑			V≤10 000	20	4	10
			V>10 000	25	5	15
地下建筑			V≤5000	10	2	10
			5000<V≤10 000	20	4	15
			10 000<V≤25 000	30	6	15
			V>25 000	40	8	20
人防工程	展览厅、影院、剧场、礼堂、健身体育场所等		V≤1000	5	1	5
			1000<V≤2500	10	2	10
			V>2500	15	3	10
	商场、餐厅、旅馆、医院等		V≤5000	5	1	5
			5000<V≤10 000	10	2	10
			10 000<V≤25 000	15	3	10
			V>25 000	20	4	10
	丙、丁、戊类生产车间、自行车库		V≤2500	5	1	5
			V>2500	10	2	10
	丙、丁、戊类物品库房、图书资料档案库		V≤3000	5	1	5
			V>3000	10	2	10

注 1. 丁、戊类高层厂房（仓库）室内消火栓的设计流量可按本表减少 10L/s，同时使用消防水枪数量可按本表减少 2 支。
2. 消防软管卷盘、轻便消防水龙及多层住宅楼梯间中的干式消防竖管，其消火栓设计流量可不计入室内消防给水设计流量。
3. 当一座多层建筑有多种使用功能时，室内消火栓设计流量应分别按本表中不同功能计算，且应取最大值。

(7) 建筑室内消火栓的设置位置应满足火灾扑救要求，并应符合下列规定。

1) 室内消火栓应设置在楼梯间及其休息平台和前室、走道等明显易于取用，以及便于火灾扑救的位置。

2) 住宅的室内消火栓宜设置在楼梯间及其休息平台。

3) 汽车库内消火栓的设置不应影响汽车的通行和车位的设置，并应确保消火栓的开启。

4) 同一楼梯间及其附近不同层设置的消火栓，其平面位置宜相同。

5) 冷库的室内消火栓应设置在常温穿堂或楼梯间内。

(8) 建筑室内消火栓栓口的安装高度应便于消防水龙带的连接和使用，其距地面高度宜为 1.1m；其出水方向应便于消防水带的敷设，并宜与设置消火栓的墙面成 90°或向下。

(9) 设有室内消火栓的建筑应设置带有压力表的试验消火栓，其设置位置应符合下列规定。

1) 多层和高层建筑应在其屋顶设置，严寒、寒冷等冬季结冰地区可设置在顶层出口处或水箱间内等便于操作和防冻的位置。

2) 单层建筑宜设置在水力最不利处，且应靠近出入口。

(10) 室内消火栓宜按直线距离计算其布置间距，并应符合下列规定。

1) 消火栓按 2 支消防水枪的 2 股充实水柱布置的建筑物，消火栓的布置间距不应大于 30.0m。

2) 消火栓按 1 支消防水枪的 1 股充实水柱布置的建筑物，消火栓的布置间距不应大于 50.0m。

(11) 消防软管卷盘和轻便水龙的用水量可不计入消防用水总量。

(12) 室内消火栓栓口压力和消防水枪充实水柱，应符合下列规定。

1) 消火栓栓口动压力不应大于 0.50MPa；当大于 0.70MPa 时必须设置减压装置。

2) 高层建筑、厂房、库房和室内净空高度超过 8m 的民用建筑等场所，消火栓栓口动压不应小于 0.35MPa，且消防水枪充实水柱应按 13m 计算；其他场所，消火栓栓口动压不应小于 0.25MPa，且消防水枪充实水柱应按 10m 计算。

(13) 建筑高度不大于 27m 的住宅，当设置消火栓时，可采用干式消防竖管，并应符合下列规定。

1) 干式消防竖管宜设置在楼梯间休息平台，且仅应配置消火栓栓口。

2) 干式消防竖管应设置消防车供水接口。

3) 消防车供水接口应设置在首层便于消防车接近和安全的地点。

4) 竖管顶端应设置自动排气阀。

(14) 住宅户内宜在生活给水管道上预留一个接 DN15 消防软管或轻便水龙的接口。

(15) 跃层住宅和商业网点的室内消火栓应至少满足一股充实水柱到达室内任何部位，并宜设置在户门附近。

二、 室内消火栓系统的设计

(一) 室内消火栓系统的类型

室内消火栓系统可从不同角度进行划分。

1. 按建筑高度分类

(1) 单层或多层建筑消火栓系统。9 层及 9 层以下的住宅（包括底层设定商业服务网点的住宅），建筑高度不超过 24m 的其他民用建筑、厂房和库房，以及建筑高度超过 24m 的单层公共建筑、工业建筑，属于单层或多层建筑。

设置在单层或多层建筑物内的消火栓系统称为单层或多层建筑消火栓系统。

这类建筑发生火灾，用消防车从室外水源抽水，接出水带与水枪，就能直接有效地进行扑救，所以，该系统主要用于扑救建筑物初期火灾。

该系统的特点是水量小、水压低，所以经常与生活、生产用水共用一套管网，只有在合用不经济或技术上不可能时，才分开单独设置。

(2) 高层建筑消火栓系统。10 层及 10 层以上的住宅（包括首层设置商业服务网点的住宅），建筑高度超过 24m 的 2 层及 2 层以上的其他民用、工业建筑，属于高层建筑。

设置在高层建筑物内的消火栓系统称为高层建筑消火栓系统。

高层建筑一旦发生火灾，火势猛、蔓延快、人员疏散困难、灭火难度高，如果不能及时控制和扑灭火灾，将会导致大量的人员伤亡和重大的经济损失。此外，高层建筑层数高、高度大，无法直接利用消防车从室外消防水源抽水送到高层部分进行灭火，所以，高层建筑必须立足于自救，即主要依靠建筑物内安装的消火栓系统进行扑救。该系统所需水量大、水压高，为确保火场供水安全可靠，高层建筑应采用独立的消火栓系统。

2. 按用途分类

(1) 合用的消火栓系统。合用的消火栓系统又分为生活、生产及消防合用消火栓系统，生产与消防合用消火栓系统，生活与消防合用消火栓系统（图 12-1）。

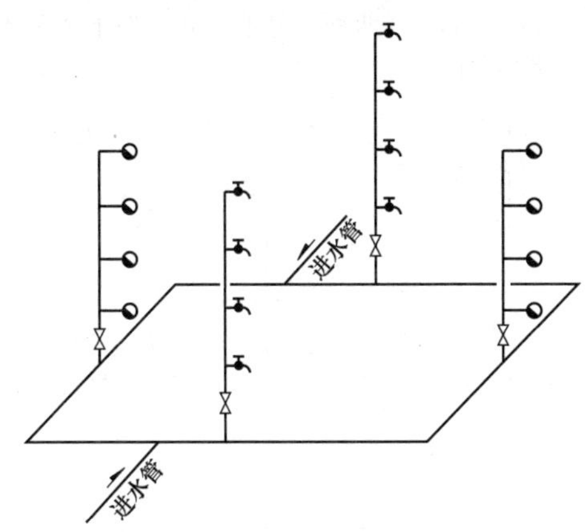

图 12-1　合用的消火栓系统

（2）独立的消火栓系统。高层建筑发生火灾应立足于自救。为确保充足的消防用水量和水压，该建筑消火栓系统应采用独立的系统。对于低层建筑，如果生产、生活和消防合用不经济或技术不可行时，可采用独立的消火栓系统（图 12-2）。

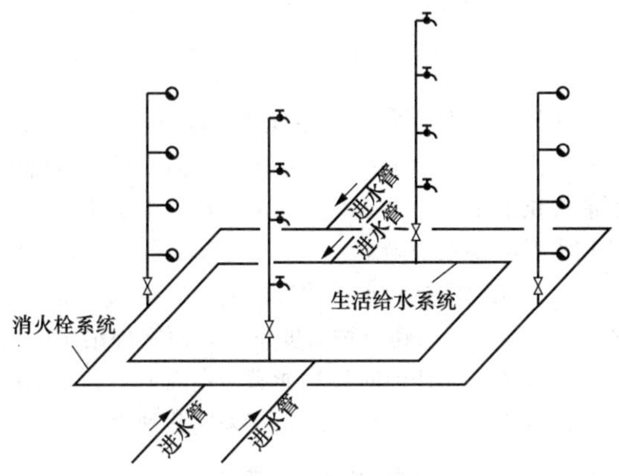

图 12-2　独立的消火栓系统

3. 按服务范围分类

（1）独立的高压（或临时高压）消火栓系统。独立的高压（或临时高压）消火栓系统是指每幢建筑物独立设置水池、水泵和水箱的高压（或临时高压）消火栓系统。该系统供水安全可靠，但投资大，管理分散。所以此系统只在重要的高层建筑及地震区、人防要求较高的建筑使用。

（2）区域集中的高压（或临时高压）消火栓系统。区域集中的高压（或临时高压）消火栓系统是指数幢或数十幢建筑共用一个加压水泵房的高压（或临时高压）消火栓系统。该系统管理集中、投资省，但在地震区安全性低。所以，这种系统在有合理规划的建筑小区适用。

4. 按管网布置形式分类

（1）枝状管网消火栓系统。管网在平面上或立面上布置成树枝状（图 12-3）。其特点为水流从消防水源地向灭火设备单一方向流动，当某管段检修或损坏时，其后方无水，导致火场供水中断。所以，应该限制枝状管网消防系统使用。

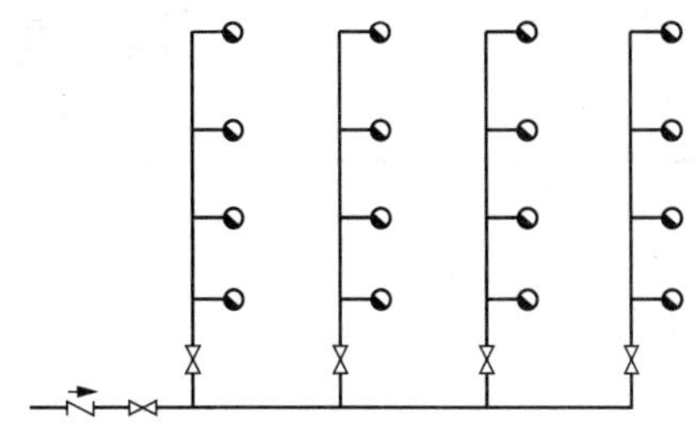

图 12-3　枝状管网消火栓系统

（2）环状管网消火栓系统。消防水平干管或立管相互连接，在水平面或立面上形成环状管网（图 12-4）。这种管网供水安全可靠，适合高层建筑和室内消火栓数量超过 10 个且室外为环状管网的多层建筑。

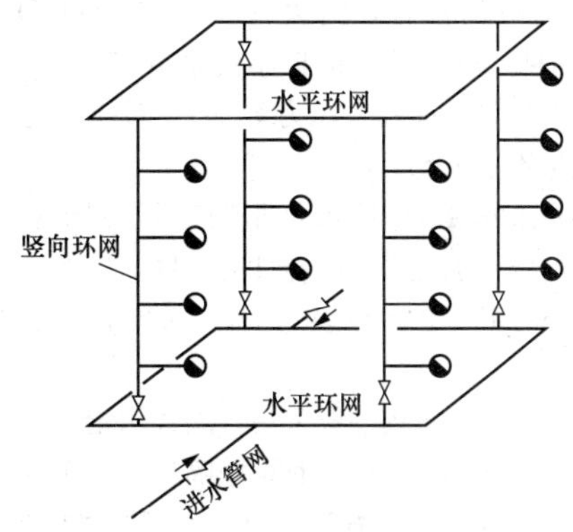

图 12-4　环状管网消火栓系统

（二）室内消火栓系统组成

建筑高度不超过 9 层的住宅及高度小于 24m 的民用建筑物内设置的室内消火栓给水系统，称为低层建筑室内消火栓给水系统。其主要用于扑救建筑物内的初期火灾，特点是消防用水量少、水压低。

室内消火栓给水系统主要由室内消火栓、水龙带、水枪、消防卷盘（消防水喉设备）、水泵接合器，以及消防管道（进户管、干管、立管）、水箱、增压设备和水源等组成，如图 12-5 所示。

（1）室内消火栓。室内消火栓分为单阀和双阀两种。单阀消火栓又分为单出口、双出口和直角双出口三种。双阀消火栓为双出口。在低层建筑中，多采用

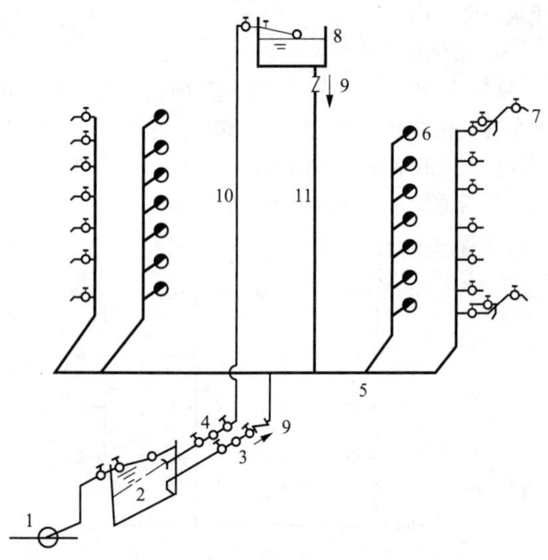

图 12-5　室内消火栓给水系统

1—室外给水管；2—储水池；3—消防泵；4—生活水泵；5—室内管网；6—消火栓及消火立管；7—给水立管及支管；8—水箱；9—单向阀；10—进水管；11—出水管

单阀单出口消火栓，消火栓出口直径有 DN50 和 DN65 两种。对应的水枪最小流量分别为 2.5L/s 和 5L/s。双出口消火栓直径为 DN65，对应的每支水枪最小流量不小于 5L/s。

（2）水龙带。消防水龙带有麻质、棉织和衬胶水龙带。前两种水龙带抗折叠性能较好，后者水流阻力小，规格有 DN50 和 DN65 两种，长度有 15、20m 和 25m 三种。

（3）水枪。室内一般采用直流式水枪，喷口直径有 13、16mm 和 19mm 三种。喷嘴口径为 13mm 的水枪配 DN50 接口；喷嘴口径为 16mm 的水枪配 DN50 或 DN65 两种接口；喷嘴口径为 19mm 的水枪配 DN65 接口。

（4）消防卷盘（消防水喉设备）。消防卷盘是由 DN25 的小口径消火栓、内径不小于 19mm 的橡胶胶带和口径不小于 6mm 的消防卷盘喷嘴组成，胶带缠绕在卷盘上。

消火栓、水枪、水龙带设于消防箱内，常用消防箱的规格有 800mm×650mm×200mm，用钢板和铝合金等制作。消防卷盘设备可与 DN65 的消火栓同放在一个消防箱内，也可设单独的消防箱。

（5）水泵接合器。当建筑物发生火灾，室内消防水泵不能启动或流量不足时，消防车可由室外消火栓、水池或天然水源取水，通过水泵接合器向室内消防给水管网供水。水泵接合器是消防车或移动式水泵向室内消防管网供水的连接口。水泵接合器的接口直径有 DN65 和 DN80 两种，分地上式、地下式和墙壁式三种类型（图 12-6）。

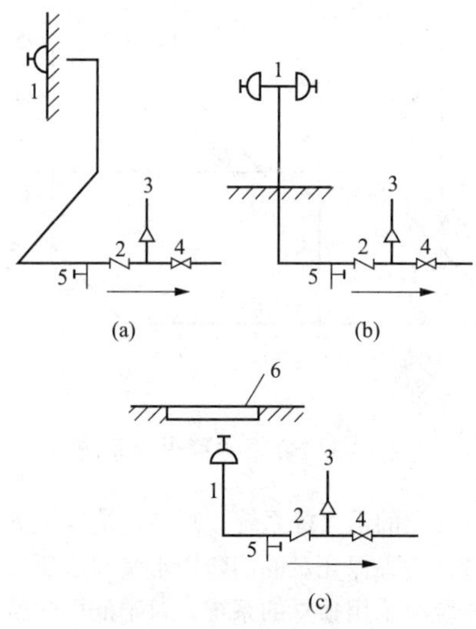

图 12-6　水泵接合器

（a）墙壁式；（b）地上式；（c）地下式

1—消防接口；2—止回阀；3—安全阀；4—阀门；5—放水阀；6—井盖

（三）室内消火栓系统给水方式

室内消火栓给水系统的给水方式由室外给水管网所能提供的水量、水压及室内消火栓给水系统所需水压和水量的要求来确定。

（1）无加压泵和水箱的室内消火栓给水系统（如图 12-7 所示）。当建筑物高度不大，而室外给水管网的压力和流量在任何时候均能满足室内最不利点消火栓所需的设计流量和压力时，宜采用此种方式。

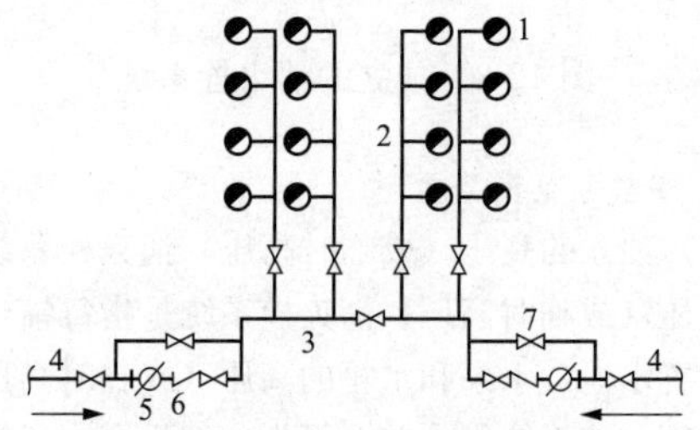

图 12-7　无加压泵和水箱的室内消火栓给水系统

1—室内消火栓；2—消防竖管；3—干管；4—进户管；5—水表；6—止回阀；7—闸门

（2）设有水箱的室内消火栓给水系统（如图 12-8 所示）。在室外给水管网中水压变化较大的居住区和城市，当生产、生活用水量达到最大时，室外管网不

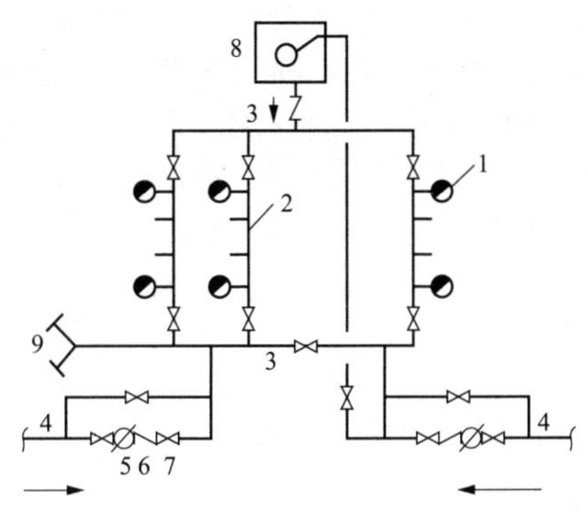

图 12-8　设有水箱的室内消火栓给水系统

1—室内消火栓；2—消防竖管；3—干管；4—进户管；5—水表；6—止回阀；7—阀门；8—水箱；9—水泵接合器

能保证室内最不利点消火栓的流量和压力；而当生活、生产用水量较小时，室内管网的压力又能较高出现，昼夜内间断地满足室内需求，在这种情况下，宜采用此种方式。当室外管网水压较大时，室外管网向水箱充水，由水箱储存一定水量，以备消防使用。

（3）设有消防泵和水箱的室内消火栓给水系统（如图 12-9 所示）。当室外管网水压经常不能满足室内消火栓给水系统的水量和水压要求时，宜采用此给水方式。

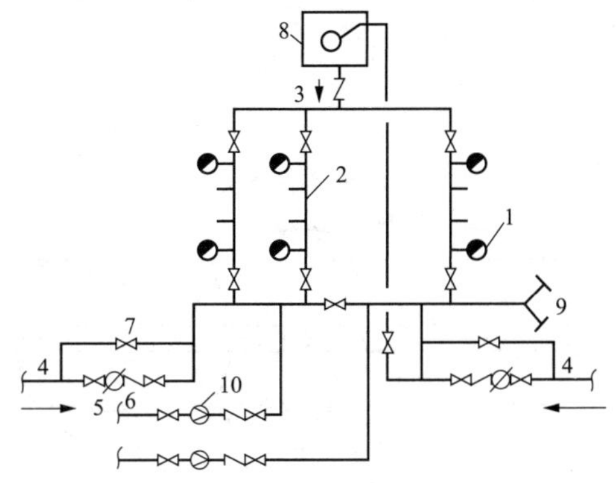

图 12-9　设有消防泵和水箱的室内消火栓给水系统

1—室内消火栓；2—消防竖管；3—干管；4—进户管；5—水表；6—止回阀；7—阀门；8—水箱；9—水泵接合器；10—消防泵

（四）室内消防用水量

（1）建筑物室内消火栓设计流量，应根据建筑物的用途功能、体积、高度、耐火等级、火灾危险性等因素综合确定。

（2）建筑物室内消火栓设计流量不应小于表 12-2 的规定。

（3）建筑物室内设有自动喷水灭火系统、水喷雾灭火系统、泡沫灭火系统或固定消防炮灭火系统等一种或两种以上自动水灭火系统全保护时，高层建筑当高度不超过 50m 且室内消火栓设计流量超过 20L/s 时，其室内消火栓设计流量可按表 12-2 减少 5L/s；多层建筑室内消火栓设计流量可减少 50%，但不应小于 10L/s。

（4）宿舍、公寓等非住宅类居住建筑的室内消火栓设计流量，当为多层建筑时，应按表 12-2 中的宿舍、公寓确定，当为高层建筑时，应按表 12-2 中的公共建筑确定。

（五）消防水枪设计

1. 消防水枪的充实水柱长度

水枪的充实水柱指的是靠近水枪出口的一段密集不分散的射流。充实水柱长度指的是从喷嘴出口起到射流总量 90%的水柱水量穿过直径 380mm 圆孔处的一段射流长度。充实水柱具有扑灭火灾的能力，充实水柱长度为直流水枪灭火时的有效射程，如图 12-10 所示。

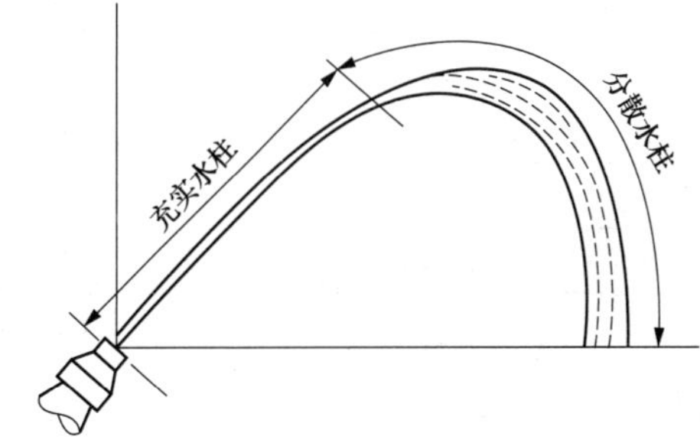

图 12-10　直流水枪密集射流

为防止火焰热辐射烤伤消防队员和使消防水枪射出的水流能射及火源，水枪的充实水柱应具有一定的长度，如图 12-11 所示。

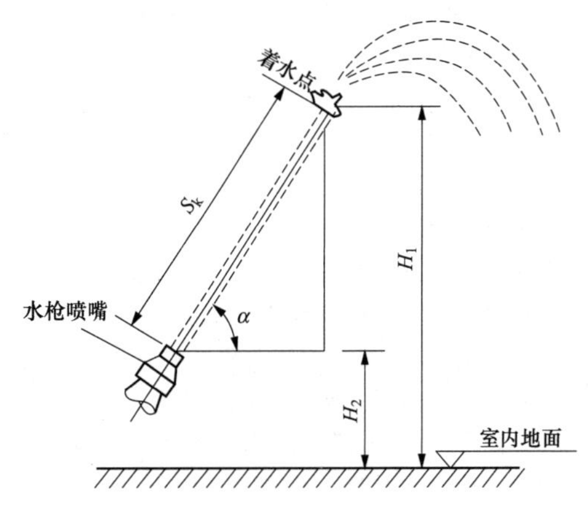

图 12-11　消防射流

建筑物灭火所需的充实水柱长度按下式计算：

$$S_k = \frac{H_1 - H_2}{\sin\alpha} \tag{12-1}$$

式中 S_k——所需的水枪充实水柱长度，m；

H_1——室内最高着火点距室内地面的高度，m；

H_2——水枪喷嘴距地面的高度，m；一般取 1m；

α——射流的充实水柱与地面的夹角，一般取 45°或 60°。

水枪的充实水柱长度应按式（12-1）计算，但不应小于表 12-3 中的规定。

表 12-3 各类建筑要求的水枪充实水柱长度

建筑物类别		充实水柱长度(m)
低层建筑	一般建筑	≥7
	甲、乙类厂房，大于 6 层民用建筑，大于 4 层厂、库房	≥10
	高架库房	≥13
高层建筑	民用建筑高度大于等于 100m	≥13
	民用建筑高度小于 100m	≥10
	高层工业建筑	≥13
人防工程内		≥10
停车库，修车库内		≥10

2. 同时使用水枪数量

同时使用水枪数量是指室内消火栓灭火系统在扑救火灾时需要同时打开灭火的水枪数量。

（1）低层、建筑室内消火栓给水系统的消防用水量是扑救初期火灾的用水量。高层民用建筑室内消火栓给水系统的用水量是指火灾延续时间内的灭火用水量。根据扑救初期火灾使用水枪数量与灭火效果统计，在火场出 1 支水枪时的灭火控制率为 40%，同时出两支水枪时的灭火控制率可达 65%，可见扑救初期火灾使用的水枪数不应少于两支。

（2）考虑到仓库内一般平时无人，着火后人员进入仓库使用室内消火栓的可能性也不很大。因此，对高度不大（<24m）、体积较小（<5000m³）的仓库，可在仓库的门口处设置室内消火栓，故采用 1 支水枪的消防用水量。为发挥该水枪的灭火效能，规定水枪的用水量不应小于 5L/s。其他情况的仓库和厂房的消防用水量不应小于 2 支水枪的用水量。

（3）高层工业建筑防火设计应立足于自救，应使其室内消火栓给水系统具有较强的灭火能力。根据灭火用水量统计，有成效地扑救较大火灾的平均用水量为 39.15L/s，扑救大火的平均用水量达 90L/s。根据室内可燃物的多少、建筑物高度及其体积，并考虑到火灾发生概率和发生火灾后的经济损失、人员伤亡等可能的火灾后果及投资等因素，高层厂房的室内消火栓用水量采用 25～30L/s，高层仓库的室内消火栓用水量采用 30～40L/s。若高层工业建筑内可燃物较少且火灾不易迅速蔓延时，消防用水量可适当减少。因此，丁、戊类高层厂房和高层仓库（可燃包装材料较多时除外）的消火栓用水量可减少 10L/s，即同时使用水枪的数量可减少两支。

（六）室内消火栓设计

1. 室内消火栓的保护半径计算

消火栓的保护半径是指以消火栓为中心，一定规格的消火栓、水龙带、水枪配套后，消火栓能充分发挥灭火作用的圆形区域的半径。可按下式计算：

$$R = 0.8L + S_k\cos\alpha \tag{12-2}$$

式中 R——消火栓的保护半径，m；

L——水龙带长度，m；

S_k——充实水柱长度，m；

α——水枪射流倾角，一般取 45°～60°。

2. 室内消火栓布置间距

室内消火栓布置间距应由计算确定。

（1）当要求有一股水柱到达室内任何部位，并且室内只有一排消火栓时，如图 12-12 所示，消火栓的间距按下式计算：

$$S_1 = 2\sqrt{R^2 - b^2} \tag{12-3}$$

式中 S_1——一股水柱时的消火栓间距，m；

b——消火栓的最大保护宽度，m。

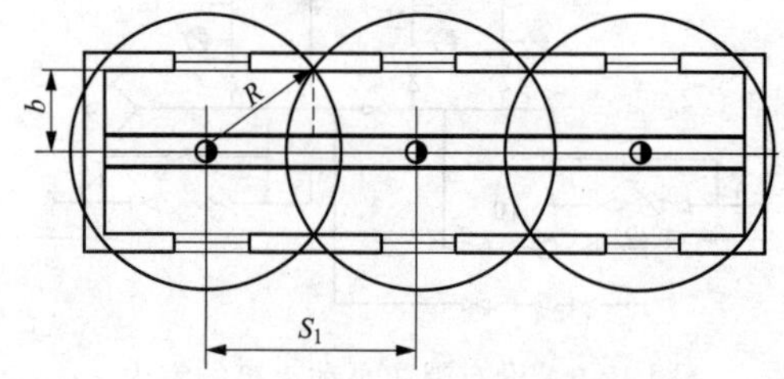

图 12-12 一股水柱时的消火栓布置间距

（2）当要求有两股水柱同时到达室内任何部位时，并且室内只有一排消火栓，如图 12-13 所示，消火栓间距按下式计算：

$$S_2 = 2\sqrt{R^2 - b^2} \tag{12-4}$$

式中 S_2——两股水柱时的消火栓间距，m。

（3）当房间较宽，要求多股水柱到达室内任何部位，且需要布置多排消火栓时，消火栓间距按下式计算：

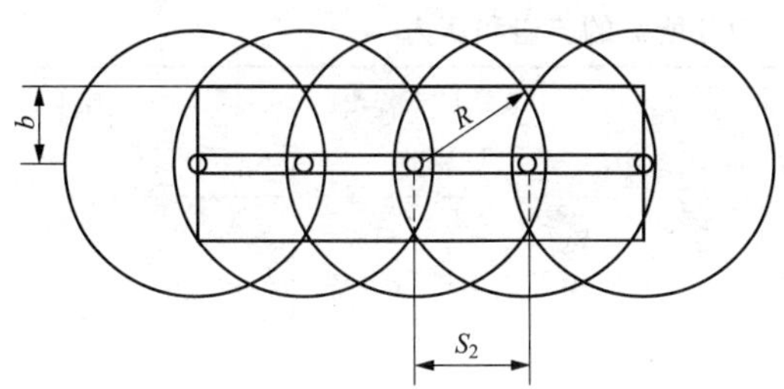

图 12-13 两股水柱时的消火栓布置间距

$$S_n = \sqrt{2}R = 1.41R \qquad (12\text{-}5)$$

式中 S_n——多排消火栓一股水柱时的消火栓间距，m。

(4) 当要求有一股水柱或两股水柱到达室内任何部位，并且室内需要布置多排消火栓时，可按照如图 12-14 (a)、(b) 所示进行布置。

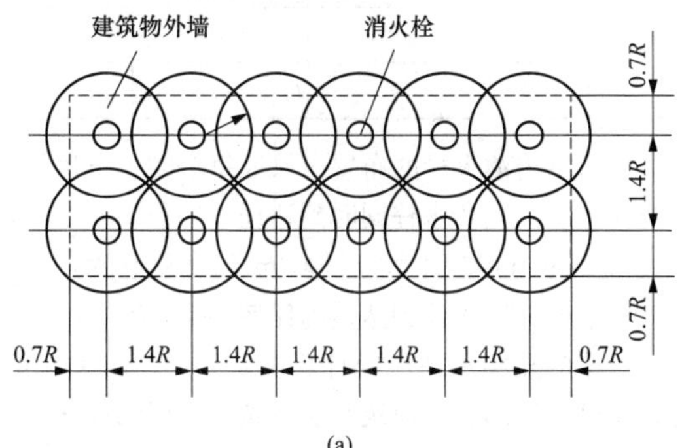

(a)

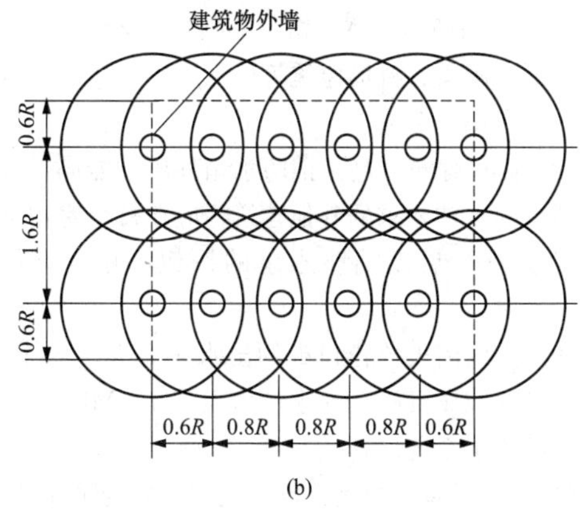

(b)

图 12-14 多排消火栓布置间距
(a) 一股水柱时的消火栓布置间距；
(b) 两股水柱时的消火栓布置间距

3. 室内消火栓出口处所需水压

消火栓出口处所需水压按下式计算：

$$H_{xh} = H_d + H_q = A_z L_d q_{xh}^2 + q_{xh}^2/B \qquad (12\text{-}6)$$

式中 H_{xh}——消火栓出口处所需水压，kPa；

H_d——消防水龙带的压力损失，kPa；

H_q——水枪喷嘴所需压力，kPa；

A_z——水龙带比阻，按表 12-4 取用；

L_d——水龙带长度，m；

q_{xh}——消防射流量，L/s；

B——水流特性系数，与水枪喷嘴直径有关（按表 12-5 取用）。

表 12-4 水龙带比阻 A_z 值

水龙带口径（mm）	A_z 值	
	帆布、麻织水龙带	衬胶水龙带
50	0.150 1	0.067 7
65	0.043 0	0.017 2

表 12-5 水流特性系数 *B* 值

喷嘴直径（mm）	6	7	8	9	13
B	0.001 6	0.002 9	0.005 0	0.007 9	0.034 6

喷嘴直径（mm）	16	19	22	25
B	0.079 3	0.157 7	0.283 4	0.472 7

水枪出口处所需要的压力 H_q 与水枪喷口直径、射流量及充实水柱长度有关，为简化计算根据式 (12-6) 制成表 12-6。

4. 室内消火栓给水系统的水力计算步骤

消火栓给水系统的水力计算包括了流量和压力的计算。低层建筑室内消火栓给水系统的水力计算步骤如下。

(1) 从室内消防给水管道系统图上，确定出最不利点消火栓。当要求两个或有多个消火栓同时使用时，在单层建筑中以最高、最远的两个或多个消火栓作为最不利供水点。在多层建筑中按表 12-7 进行最不利消防竖管的流量分配。

(2) 计算最不利消火栓出口处所需的水压。

(3) 确定最不利管路（计算管路）及计算最不利管路的沿程压力损失和局部压力损失，其方法与建筑内部给水系统水力计算方法相同。在流速不超过 2.5m/s 的条件下确定管径，消防管道的最小直径为 50mm。管道局部压力损失可按沿程压力损失的 10%计算。

(4) 计算室内消火栓给水系统所需的总压力，即

$$H = 10H_0 + H_{xh} + \sum h \qquad (12\text{-}7)$$

式中 H——室内消火栓给水系统所需总压力，kPa；

H_0——最不利点消火栓与室外地坪的标高差，m；

H_{xh}——最不利点消火栓出口处所需水压，kPa；

$\sum h$——计算管路总压力损失，为沿程压力损失与局部压力损失之和，kPa。

表 12-6　　室内消火栓、水枪喷嘴直径及栓口处所需的流量和压力

规范要求		栓口直径（mm）	喷嘴直径（mm）	射流出水量（L/s）	充实水柱长度（m）	喷嘴压力（kPa）	水龙带压力损失（kPa）		栓口水压（kPa）	
Q_{xh}（L/s）≥	S_{km}≥						帆布、麻织水龙带	衬胶水龙带	帆布、麻织水龙带	衬胶水龙带
2.5	7.0	50	13	2.50	11.6	181.3	23.5	10.6	205	192
			16	2.72	7.0	93.1	27.8	12.5	121	106
2.5	10.0	50	13	2.50	11.6	191.3	23.5	10.6	205	192
		65	16	3.34	10.0	140.8	12.0	4.8	152	146
5.0	10.0	6	19	5.00	11.4	158.3	26.9	10.8	185	169
5.0	13.0	65	19	5.42	13.0	186.1	31.6	12.6	218	199

表 12-7　　最不利点计算流量分配

室内消防计算流量（L/s）	1×5	2×2.5	2×5	3×5	4×5	6×5
最不利消防主管出水枪数（支）	1	2	2	2	2	2
相邻消防主管出水枪数（支）	—	—	—	1	2	3

（5）核算室外给水管道水压，确定本系统所选用的给水方式。

如果市政给水管道的供水压力满足式（12-7）的条件，则可选择无加压水泵的室内消火栓供水系统，否则应采用其他供水方式。

5. 室内消火栓布置要求

（1）除无可燃物的设备层外，设置室内消火栓的建筑物，其各层均应设置消火栓。单元式、塔式住宅建筑中的消火栓宜设置在楼梯间的首层和各层楼层休息平台上，当设 2 根消防竖管确有困难时，可设 1 根消防竖管，但必须采用双口双阀型消火栓。干式消火栓竖管应在首层靠出口部位设置便于消防车供水的快速接口和止回阀。

（2）消防电梯间前室内应设置消火栓。

（3）室内消火栓应设置在位置明显且易于操作的部位。栓口离地面或操作基面高度宜为 1.1m，其出水方向宜向下或与设置消火栓的墙面成 90°；栓口与消火栓箱内边缘距离不应影响消防水带的连接。

（4）冷库内的消火栓应设置在常温穿堂或楼梯间内。

（5）室内消火栓的间距应由计算确定。对于高层民用建筑、高层厂房（仓库）、高架仓库和甲、乙类厂房，室内消火栓的间距不应大于 30m；对于其他单层和多层建筑高度不超过 24m 的裙房，室内消火栓的间距不应大于 50m。

（6）同一建筑物内应采用统一规格的消火栓、水枪和水带。每条水带的长度不应大于 25m。

（7）室内消火栓的布置应保证每个防火分区同层有两支水枪的充实水柱同时到达任何部位。建筑高度不大于 24m 且体积不大于 5000m^3 的多层仓库，可采用 1 支水枪充实水柱到达室内任何部位。

水枪的充实水柱应经计算确定，甲、乙类厂房、层数超过 6 层的公共建筑和层数超过 4 层的厂房（仓库），不应小于 10m；高层建筑、高架仓库和体积大于 25 000m^3 的商店、体育馆、影剧院、会堂、展览建筑，车站、码头、机场建筑等，不应小于 13m；其他建筑，不宜小于 7m。

（8）高层建筑和高位消防水箱静压不能满足最不利点消火栓水柱要求的其他建筑，应在每个室内消火栓处设置直接启动消防水泵的按钮，并应有保护设施。

（9）室内消火栓栓口处的出水压力大于 0.5MPa 时，应设置减压设施；静水压力大于 1.0MPa 时，应采用分区给水系统。

（10）设置有室内消火栓的建筑，如为平屋顶时，宜在平层顶上设置试验和检查用的消火栓，采暖地区可设在顶层出口处或水箱间内。

（七）室内消防给水管道设计要求

（1）室内消火栓超过 10 个且室外消防用水量大于 15L/s 时，其消防给水管道应连成环状，且至少应有两条进水管与室外管网或消防水泵连接。当其中一条进水管发生事故时，其余的进水管应仍能供应全部消防用水量。

(2) 高层建筑应设置独立的消防给水系统。室内消防竖管应连成环状，每根消防竖管的直径应按通过的流量经计算确定，但不应小于 DN100。

(3) 60m 以下的单元式住宅建筑和 60m 以下、每层不超过 8 户、建筑面积不超过 650m^2 的塔式住宅建筑，当设两根消防竖管有困难时，可设一根竖管，但必须采用双阀双出口型消火栓。

(4) 室内消火栓给水管网应与自动喷水灭火系统的管网分开设置；当合用消防泵时，供水管路应在报警阀前分开设置。

(5) 高层建筑设置室内消火栓且层数超过 4 层的厂房（仓库），设置室内消火栓且层数超过 5 层的公共建筑，其室内消火栓给水系统和自动喷水灭火系统应设置消防水泵接合器。

消防水泵接合器应设置在室外便于消防车使用的地点，与室外消火栓或消防水池取水口的距离宜为 15～40m。消防水泵接合器宜采用地上式，当采用地下式消防水泵接合器时，应有明显标志。

消防水泵接合器的数量应按室内消防用水量计算确定。每个消防水泵接合器的流量宜按 10～15L/s 计算。消防给水为竖向分区供水时，在消防车供水压力范围内的分区应分别设置消防水泵接合器。

(6) 室内消防给水管道应采用阀门分成若干独立段。对于单层厂房（仓库）和公共建筑，检修停止使用的消火栓不应超过 5 个。对于多层民用建筑和其他厂房（仓库），室内消防给水管道上阀门的布置应保证检修管道时关闭的竖管不超过 1 根，但设置的竖管超过 3 根时，可关闭 2 根；对于高层民用建筑，当竖管超过 4 根时，可关闭不相邻的两根。

阀门应保持常开，并应有明显的启闭标志或信号。

(7) 消防用水与其他用水合用的室内管道，当其他用水达到最大流量时，应仍能保证供应全部消防用水量。

(8) 允许直接吸水的市政给水管网，当生产、生活用水量达到最大且仍能满足室内外消防用水量时，消防泵宜直接从市政给水管网吸水。

(9) 严寒和寒冷地区非采暖的厂房（仓库）及其他建筑的室内消火栓系统，可采用干式系统，但在进水管上应设置快速启闭装置，管道最高处应设置自动排气阀。

（八）消防水箱的设置要求

(1) 设置常高压给水系统，并能保证最不利点消火栓和自动喷水灭火系统等的水量和水压的建筑物或设置干式消防竖管的建筑物，可不设置消防水箱。

(2) 设置临时高压给水系统的建筑物应设置消防水箱（包括气压水罐、水塔、分区给水系统的分区水箱）。消防水箱的设置应符合下列规定。

1) 重力自流的消防水箱应设置在建筑的最高部位。

2) 消防水箱应储存 10min 的消防用水量。当室内消防用水量不大于 25L/s，经计算消防水箱所需消防储水量大于 12m^3 时，仍可采用 12m^3；当室内消防用水量大于 25L/s，经计算消防水箱所需消防储水量大于 18m^3 时，仍可采用 18m^3。

3) 消防用水与其他用水合用的水箱应采取消防用水不作他用的技术措施。

4) 消防水箱可分区设置。并联给水方式的分区消防水箱容量应与高位消防水箱相同。

5) 除串联消防给水系统外，发生火灾后由消防水泵供给的消防用水不应进入消防水箱。

(3) 建筑高度不超过 100m 的高层建筑，其最不利点消火栓静水压力不应低于 0.07MPa；建筑高度超过 100m 的建筑，其最不利点消火栓静水压力不应低于 0.15MPa。当高位消防水箱不能满足上述静压要求时，应设增压设施。增压设施应符合下列规定。

1) 增压水泵的出水量，对消火栓给水系统不应大于 5L/s；对自动喷水灭火系统不应大于 1L/s。

2) 气压水罐的调节水容量宜为 450L。

(4) 建筑的室内消火栓、阀门等设置地点应设置永久性固定标识。

(5) 建筑内设置的消防软管卷盘的间距应保证有一股水流能到达室内地面任何部位，消防软管卷盘的安装高度应便于取用。

三、室内消火栓系统的安装

（一）消火栓按钮安装

消火栓按钮安装在消火栓内，可直接接入控制总线。按钮还带有一对动合输出控制触点，可用来做直接起泵开关。消火栓按钮的安装方法如图 12-15 所示。

消火栓按钮的信号总线采用 RVS 型双绞线，截面积大于等于 1.0mm^2；控制线和应答线采用 BV 线，截面积大于等于 1.5mm^2。用消火栓按钮 LD-8403 启动消防泵接线如图 12-16 所示。

（二）消火栓安装要求

(1) 室内消火栓口距地面安装高度为 1.1m。栓口出口方向宜向下或与墙面垂直以便于操作，而且水头损失较小，屋顶应设检查用消火栓。

(2) 建筑物设有消防电梯时，则在其前室应设室

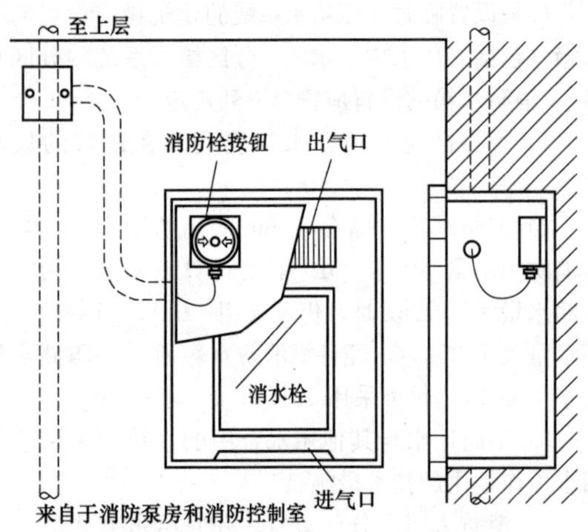

图 12-15　消火栓按钮的安装方法

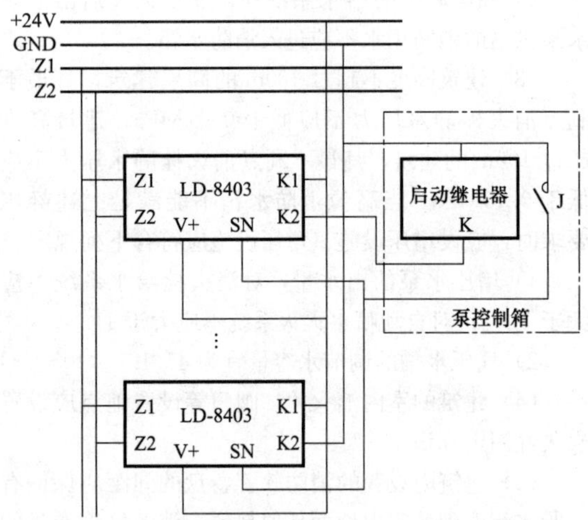

图 12-16　消火栓按钮 LD-8403 启动消防泵接线

内消火栓。

(3) 同一建筑内应采用同一规格的消火栓、水带和水枪。消火栓口出水压力超过 5.0×10^3 Pa 时，应设减压孔板或减压阀减压。为保证灭火用水，临时高压消火栓给水系统的每个消火栓处应设置直接启动水泵的按钮。

(4) 消防水喉用于扑灭在普通消火栓使用前的初期火灾，只要求有一股水射流能到达室内地面任何部位，安装高度应便于取用。

(三) 消火栓系统的配线

消火栓系统的配线及相互关系如图 12-17 所示。

(四) 消防水泵的控制方式

在现场，对消防水泵的手动控制有两种方式：一种是通过消火栓按钮（打破玻璃按钮）直接启动消防水泵；另一种是通过手动报警按钮，将手动报警信号

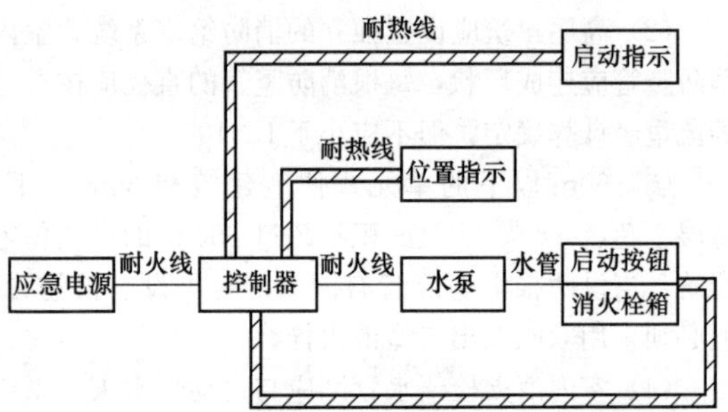

图 12-17　消火栓系统配线及相互关系

送入控制室的控制器后，由手动或自动信号控制消防水泵启动，同时接收返回的水位信号。一般消防水泵都是经中控室联动控制的，其联动控制过程如图 12-18 所示。

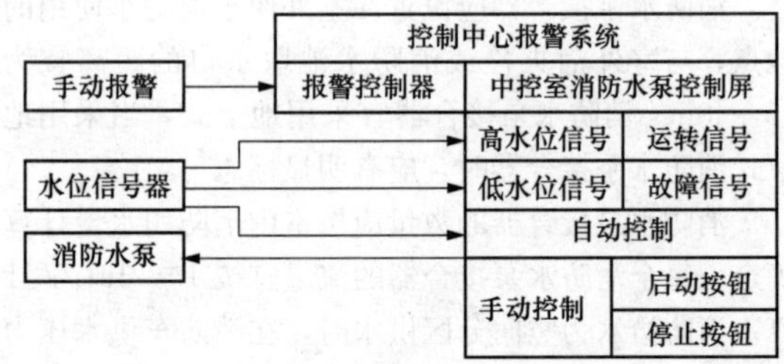

图 12-18　消防水泵联动控制过程

(五) 消防水泵的电气控制

消火栓水灭火供水系统一般设置两台消防水泵，可手动控制，也可自动控制（两台泵互为备用），其启停控制原理电路如图 12-19 所示。

消防水泵的电气控制电路的工作原理，根据功能转换开关 SA 的功能选择要求，可分为“1 号泵自动、2 号泵备用”“2 号泵自动、1 号泵备用”和“手动”三种工作状态。

1. 1 号泵自动、2 号泵备用

将转换开关 SA 置于左位（1 号自、2 号备），合上主电路断路器 QF1、QF2 及操作电源，为水泵启动运行做好准备。如某楼层发生火灾时，手动操作消火栓启动按钮，其内部接点 SB_{XF} 断开，使中间继电器 K_{1-1} 失电（正常为通电动作状态），动断接点 K_{1-1-1} 返回闭合，使时间继电器 KT3 线圈通电后启动，经延时后动合接点 KT_{3-1} 闭合，使中间继电器 KA3 线圈通电动作（由 K_{1-1-2} 或 KA_{1-2-2} 与 KA_{3-2} 自锁），通过 KA_{3-1}、SA_{1-2} 和 FR_{1-1} 接点可使交流接触器 KM1 线圈也通电动作，KM1 主接点闭合使消防水泵 M1 启动运行，消防水泵向管网提供水量和增加水压，确保消火栓水枪灭火出水用水需要。KM1 辅助接点 KM_{1-2} 闭合，HW1 点亮，指示 1 号泵投入运行；同时。KM_{1-2}

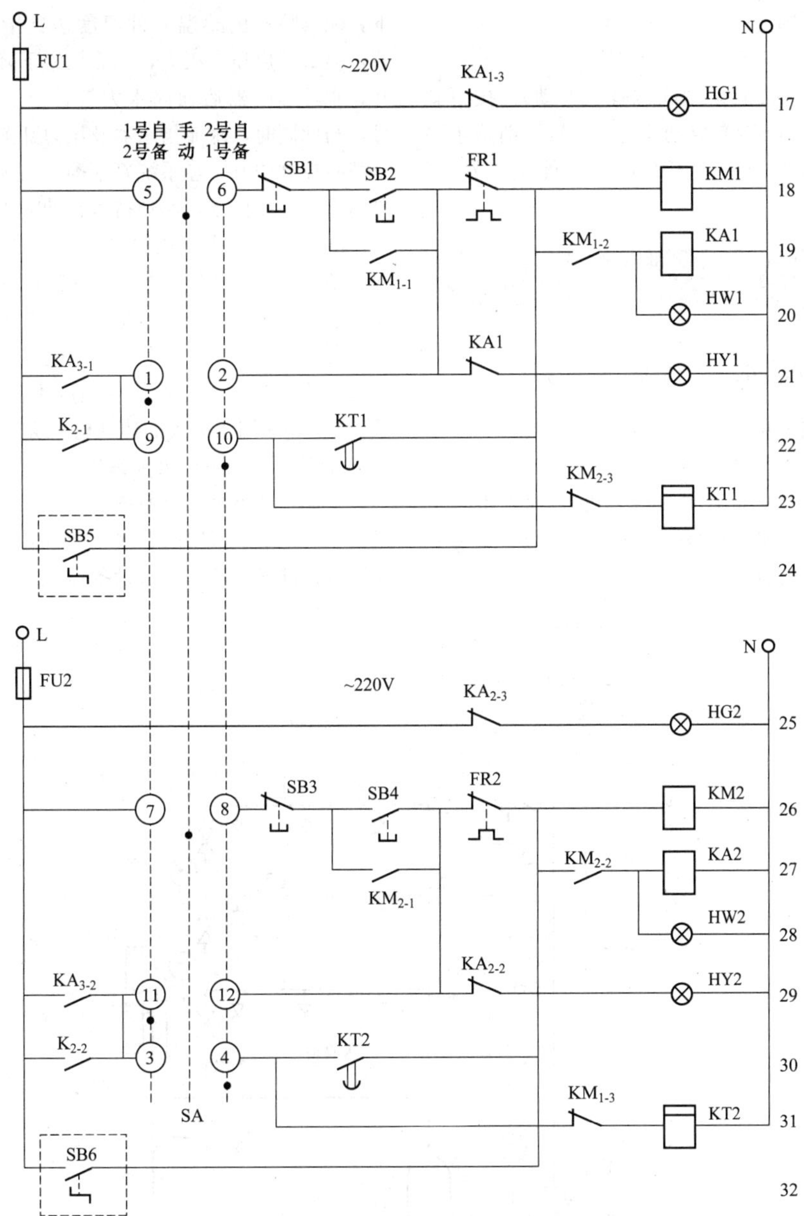

图 12-19　消防水泵启停控制原理电路

闭合后使中间继电器 KA1 动作，接点 KA_{1-2} 断开，做好 1 号泵故障信号准备。接点 KA_{1-1} 闭合向消火栓箱内发送 1 号泵运行信号；接点 KA_{1-1} 闭合向控制室发送 1 号泵运行信号。需要停泵时，按下水泵停止按钮 SB1，即可使 1 号泵停止运行。

如在灭火过程中（或准工作状态），交流接触器 KM1 意外断开（或无法启动，即 1 号泵停止运行，同时中间继电器 KA1 断电后，其接点 KA_{1-2} 返回闭合，1 号泵故障指示灯 HY2 点亮），其动断接点 KM_{1-3} 返回闭合使时间继电器线圈 KT2 通电启动，经延时后动合接点 KT2 闭合，通过 KA_{3-2}、SA_{3-4} 接点使交流接触器 KM2 线圈通电动作，KM2 主接点闭合使消防泵 M2 启动运行。而辅助接点 KM_{2-2} 闭合后，HW2 点亮指示 2 号泵投入运行，并使中间继电器 KA2 通电动作，通过 KA_{2-2} 向控制室发出 2 号泵运行信号。需要停泵时，按下水泵停止按钮 SB3，即可使 2 号泵停止运行。

2. 2 号泵自动、1 号泵备用

将转换开关 SA 置于右位（2 号自、1 号备），合上主电路断路器 QF1、QF2，为水泵启动运行做好准备。其动作过程同上。

3. 手动

将转换开关 SA 置于中间位置（手动）。按下就地控制按钮 SB2（SB4）启动 1 号（2 号）消防水泵运行；按下就地控制按钮 SB1（SB3）停止 1 号（2 号）消防水泵运行。

第三节 自动喷水灭火系统

一、自动喷水灭火系统的类型

（一）闭式自动喷水灭火系统

1. 湿式自动喷火灭火系统

湿式自动喷水灭火系统（图 12-20）通常由管道系统、闭式喷头、湿式报警阀、水流指示器、报警装置和供水设施等组成。火灾发生时，在火场温度作用下，闭式喷头的感温元件温度达到指定的动作温度后，喷头开启喷水灭火，阀后压力下降，湿式阀瓣打开，水经延时器后通向水力警铃，发出声响报警信号，与此同时，水流指示器及压力开关也将信号传送至消防控制中心，经系统判断确认火警后启动消防水泵向管网加压供水，实现持续自动喷水灭火。

湿式自动喷水灭火系统具有施工和管理维护方便、结构简单、使用可靠、灭火速度快、控火效率高及建设投资少等优点。但是其管路在喷头中始终充满水，所以，一旦发生渗漏会损坏建筑装饰，应用受环境温度的限制，适合安装在温度不高于 70℃，且不低于 4℃，能用水灭火的建（构）筑物内。

2. 干式自动喷水灭火系统

干式自动喷水灭火系统（图 12-21）由管道系统、闭式喷头、干式报警阀、水流指示器、报警装置、充气设备、排气设备和供水设备等组成。

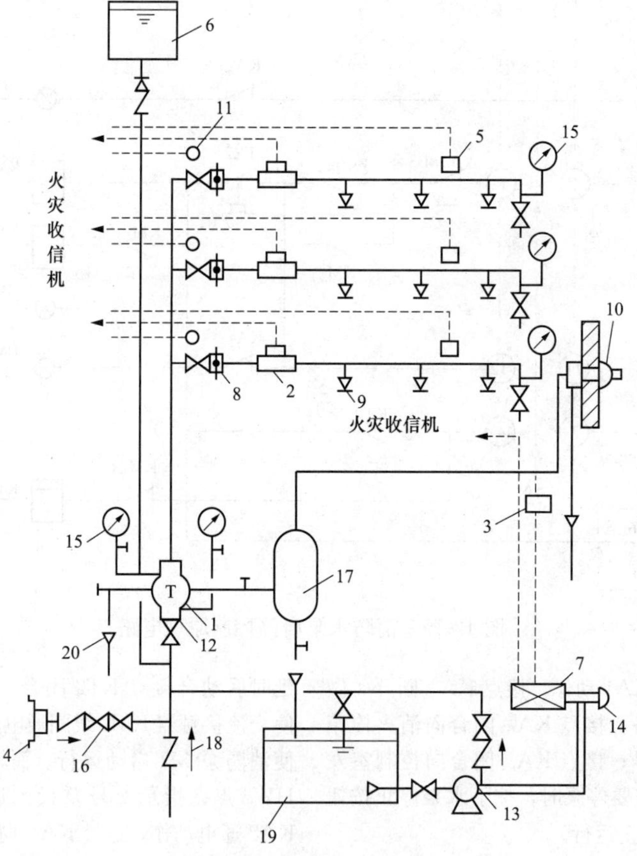

图 12-20 湿式自动喷水灭火系统

1—湿式报警阀；2—水流指示器；3—压力继电器；4—水泵接合器；5—感烟火灾探测器；6—水箱；7—控制箱；8—减压孔板；9—喷头；10—水力警铃；11—报警装置；12—闸阀；13—水泵；14—按钮；15—压力表；16—安全阀；17—延迟器；18—止回阀；19—储水池；20—排水漏斗

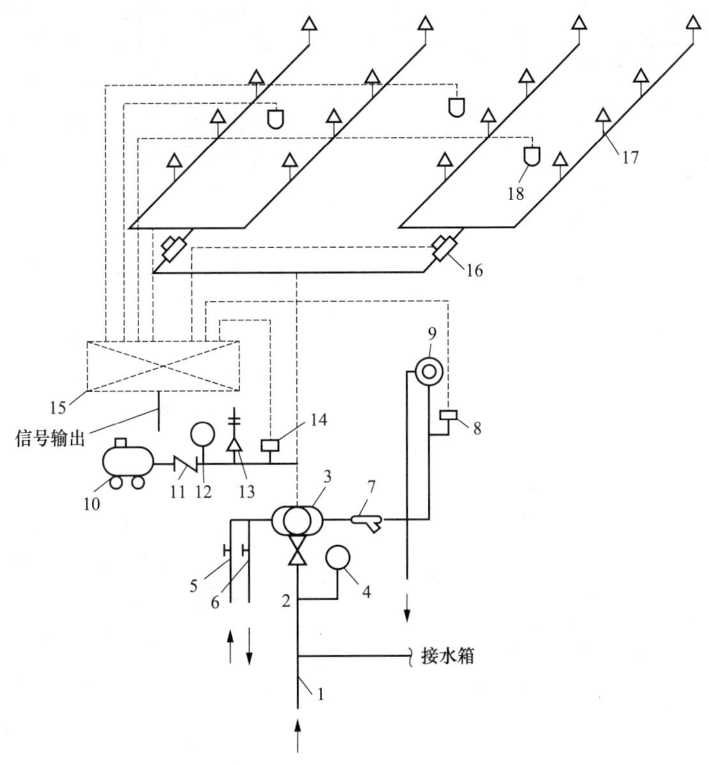

图 12-21　干式自动喷水灭火系统

1—供水管；2—闸阀；3—干式报警阀；4—压力表；5、6—截止阀；7—过滤器；8、14—压力开关；9—水力警铃；10—空气压缩机；11—止回阀；12—压力表；13—安全阀；15—火灾报警控制箱；16—水流指示器；17—闭式喷头；18—火灾探测器

干式自动喷水灭火系统由于报警阀后的管路中无水，不怕环境温度高，不怕冻结，因而适用于环境温度低于 4℃或高于 70℃的建筑物和场所。

干式自动喷水灭火系统与湿式自动喷水灭火系统相比，增加了一套充气设备，管网内的气压要经常保持在一定范围内，因而管理比较复杂，投资较多。喷水前需排放管内气体，灭火速度不如湿式自动喷水灭火系统快。

3. 干湿式自动喷水灭火系统

干湿式自动喷水灭火系统是干式自动喷水灭火系统与湿式自动喷水灭火系统交替使用的系统。其组成包括闭式喷头、管网系统、干湿两用报警阀、水流指示器、信号阀、末端试水装置、充气设备和供水设施等。干湿式自动喷水灭火系统在使用场所环境温度高于 70℃或低于 4℃时，系统呈干式；环境温度在 4～70℃时，可将系统转换成湿式系统。

4. 预作用自动喷水灭火系统

预作用自动喷水灭火系统（图 12-22）由管道系统、闭式喷头、雨淋阀、火灾探测器、报警控制装置、控制组件、充气设备和供水设施等部件组成。

预作用自动喷水灭火系统在雨淋阀以后的管网中平时充氮气或低压空气，可避免因系统破损而造成的水渍损失。另外这种系统有能在喷头动作之前及时报警，并转换成湿式自动喷水灭火系统的早期报警装置，克服了干式自动喷水灭火系统必须待喷头动作，完成排气后才可以喷水灭火，从而延迟喷水时间的缺点。但预作用自动喷水灭火系统比干式自动喷水灭火系统或湿式自动喷水灭火系统多一套自动探测报警和自动控制系统，建设投资多，构造比较复杂。对于要求系统处于准工作状态时严禁管道漏水、严禁系统误喷、替代干式自动喷水灭火系统等场所，应采用预作用自动喷水灭火系统。

5. 自动喷水-泡沫联用灭火系统

在普通湿式自动喷水灭火系统中并联一个钢制带橡胶囊的泡沫罐，橡胶囊内装轻水泡沫浓缩液，在系统中配上控制阀及比例混合器就成了自动喷水-泡沫联用灭火系统，如图 12-23 所示。

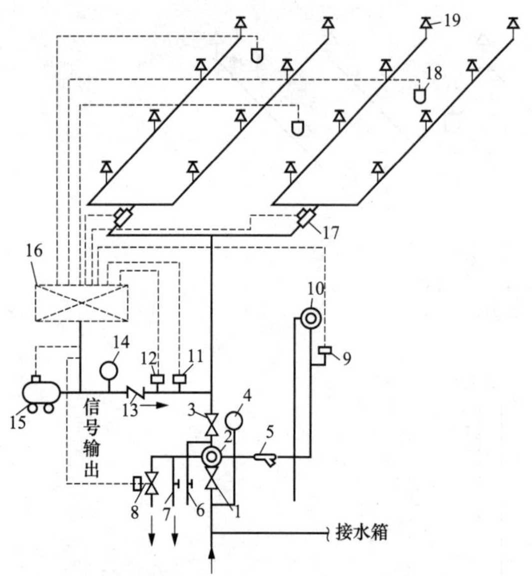

图 12-22　预作用自动喷水灭火系统

1—总控制阀；2—预作用阀；3—检修闸阀；4、14—压力表；5—过滤器；6—截止阀；7—手动开启阀；8—电磁阀；9、11—压力开关；10—水力警铃；12—低气压报警压力开关；13—止回阀；15—空气压缩机；16—报警控制箱；17—水流指示器；18—火灾探测器；19—闭式喷头

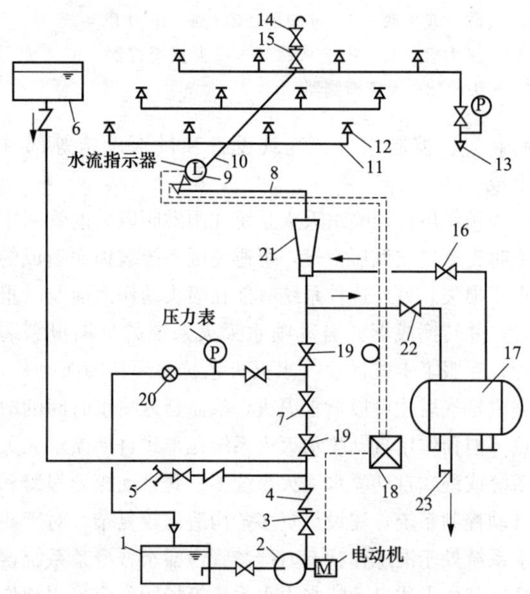

图 12-23　自动喷水-泡沫联用灭火系统

1—水池；2—水泵；3—闸阀；4—止回阀；5—水泵接合器；6—消防水箱；7—预作用报警阀组；8—配水干管；9—水流指示器；10—配水管；11—配水支管；12—闭式喷头；13—末端试水装置；14—快速排气阀；15—电动阀；16—进液阀；17—泡沫罐；18—火灾报警控制器；19—控制阀；20—流量计；21—比例混合器；22—进水阀；23—排水阀

该系统的特点是闭式自动喷水灭火系统采用泡沫灭火剂，强化了自动喷水灭火系统的灭火性能。当采用先喷水后喷泡沫的联用方式时，前期喷水起控火作用，后期喷泡沫可强化灭火效果；当采用先喷泡沫后喷水的联用方式时，前期喷泡沫起灭火作用，后期喷水可起冷却及防止复燃效果。

该系统流量系数大，水滴穿透力强，可有效地用于高堆货垛和高架仓库、柴油发动机房、燃油锅炉房和停车库等场所。

6. 重复启闭预作用系统

重复启闭预作用系统是在预作用系统的基础上发展起来的。该系统不但能自动喷水灭火，而且能在火灾扑灭后自动关闭系统。重复启闭预作用系统的工作原理和组成与预作用系统相似，不同之处是重复启闭预作用系统采用了一种既可在环境恢复常温时输出灭火信号，又可输出火警信号的感温火灾探测器。当感温火灾探测器感应到环境的温度超出预定值时，报警并打开具有复位功能的雨淋阀和开启供水泵，为配水管道充水，并在喷头动作后喷水灭火。喷水的情况下，当火场温度恢复至常温时，火灾探测器发出关停系统的信号，在按设定条件延迟喷水一段时间后停止喷水，关闭雨淋阀。若火灾复燃、温度再次升高时，系统则再次启动，直至彻底灭火。

重复启闭预作用系统优于其他喷水灭火系统，但造价高，一般只适用于灭火后必须及时停止喷水，要求减少不必要水渍的建筑，如集控室计算机房、电缆间、配电间和电缆隧道等。

（二）开式自动喷水灭火系统

1. 雨淋喷水灭火系统

雨淋喷水灭火系统采用开式洒水喷头，由雨淋阀控制喷水范围，利用配套的火灾自动报警系统或传动管系统监测火灾，并自动启动系统灭火。发生火灾时，火灾探测器将信号送至火灾报警控制器，压力开关、水力警铃一起报警，火灾报警控制器输出信号打开雨淋阀，同时启动水泵连续供水，使整个保护区内的开式喷头喷水灭火。雨淋喷水灭火系统可由电气控制启动、传动管控制启动或手动控制。传动管控制启动包括湿式和干式两种方法，如图 12-24 所示。雨淋喷水灭火系统具有出水量大、灭火及时的优点。

发生火灾时，湿（干）式导管上的喷头受热爆破，喷头出水（排气），雨淋阀控制膜室压力下降，雨淋阀打开，压力开关动作，启动水泵向系统供水。电动启动雨淋系统如图 12-25 所示，保护区内的火灾自动报警系统探测到火灾后发出信号，打开控制雨淋阀的电磁阀，雨淋阀控制膜室压力下降，雨淋阀开

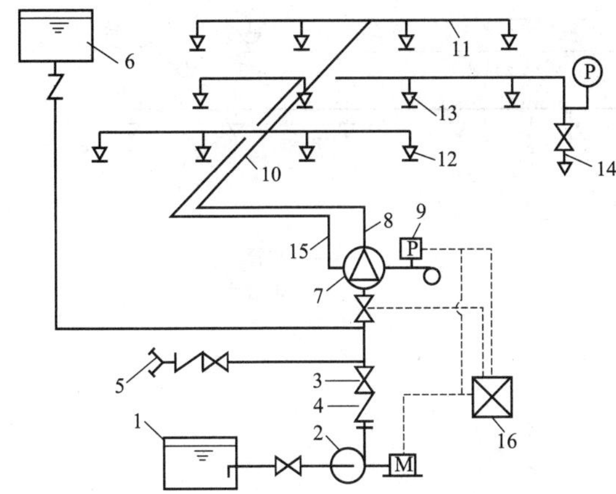

图 12-24　传动管控制启动雨淋系统

1—水池；2—水泵；3—闸阀；4—止回阀；5—水泵接合器；6—消防水箱；7—雨淋报警阀组；8—配水干管；9—压力开关；10—配水管；11—配水支管；12—开式洒水喷头；13—闭式喷头；14—末端试水装置；15—传动管；16—火灾报警控制器

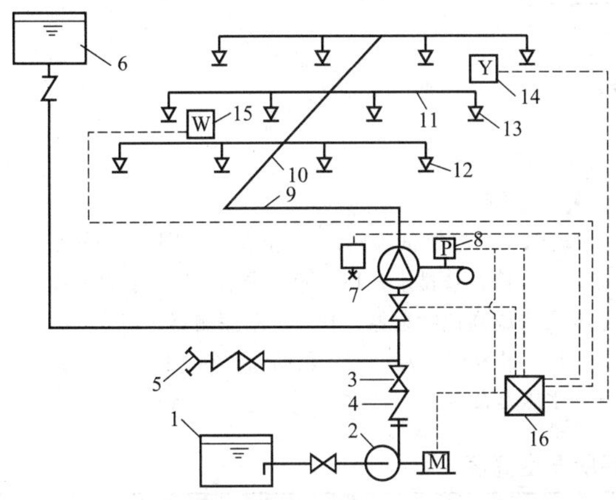

图 12-25　电动启动雨淋系统

1—水池；2—水泵；3—闸阀；4—止回阀；5—水泵接合器；6—消防水箱；7—雨淋报警阀组；8—压力开关；9—配水干管；10—配水管；11—配水支管；12—开式洒水喷头；13—闭式喷头；14—感烟火灾探测器；15—感温火灾探测器；16—火灾报警控制器

启，压力开关动作，启动水泵向系统供水。

2. 水幕消防给水系统

水幕消防给水系统主要由开式喷头、水幕系统控制设备及探测报警装置、供水设备和管网等组成，如图 12-26 所示。

3. 水喷雾灭火系统

水喷雾灭火系统是用水喷雾头取代雨淋灭火系统中的干式洒水喷头而形成的。水喷雾是水在喷头内直接经历冲撞、回转和搅拌后再喷射出来成为细微的水滴。它具有较好的冷却、窒息与电绝缘效果，灭火效

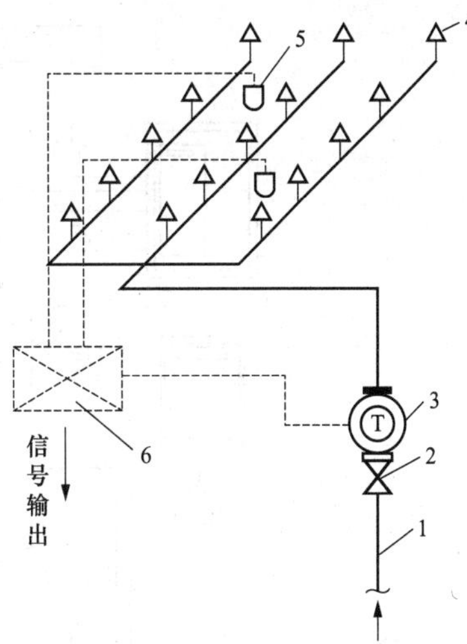

图 12-26　水幕消防给水系统

1—供水管；2—总闸阀；3—控制阀；4—水幕喷头；5—火灾探测器；6—火灾报警控制器

率高，可扑灭液体火灾、电气设备火灾、石油加工厂，多用于变压器等，其系统组成如图 12-27 所示。

（三）自动喷水灭火系统的选型

（1）自动喷水灭火系统选型应根据设置场所的建筑特征、环境条件和火灾特点等选择相应的开式或闭式系统。露天场所不宜采用闭式系统。

（2）环境温度不低于 4℃且不高于 70℃的场所，应采用湿式系统。

（3）环境温度低于 4℃或高于 70℃的场所，应采用干式系统。

（4）具有下列要求之一的场所，应采用预作用系统。

1）系统处于准工作状态时严禁误喷的场所。

2）系统处于准工作状态时严禁管道充水的场所。

3）用于替代干式系统的场所。

（5）灭火后必须及时停止喷水的场所，应采用重复启闭预作用系统。

（6）具有下列条件之一的场所，应采用雨淋系统。

1）火灾的水平蔓延速度快、闭式洒水喷头的开放不能及时使喷水有效覆盖着火区域的场所。

2）设置场所的净空高度超过表 12-8 的规定，且必须迅速扑救初期火灾的场所。

3）火灾危险等级为严重危险级Ⅱ级的场所。

（7）符合下列条件之一的场所，宜采用设置早期抑制快速响应喷头的自动喷水灭火系统。当采用早期抑制快速响应喷头时，系统应为湿式系统，且系统设计基本参数应符合表 12-9 的规定。

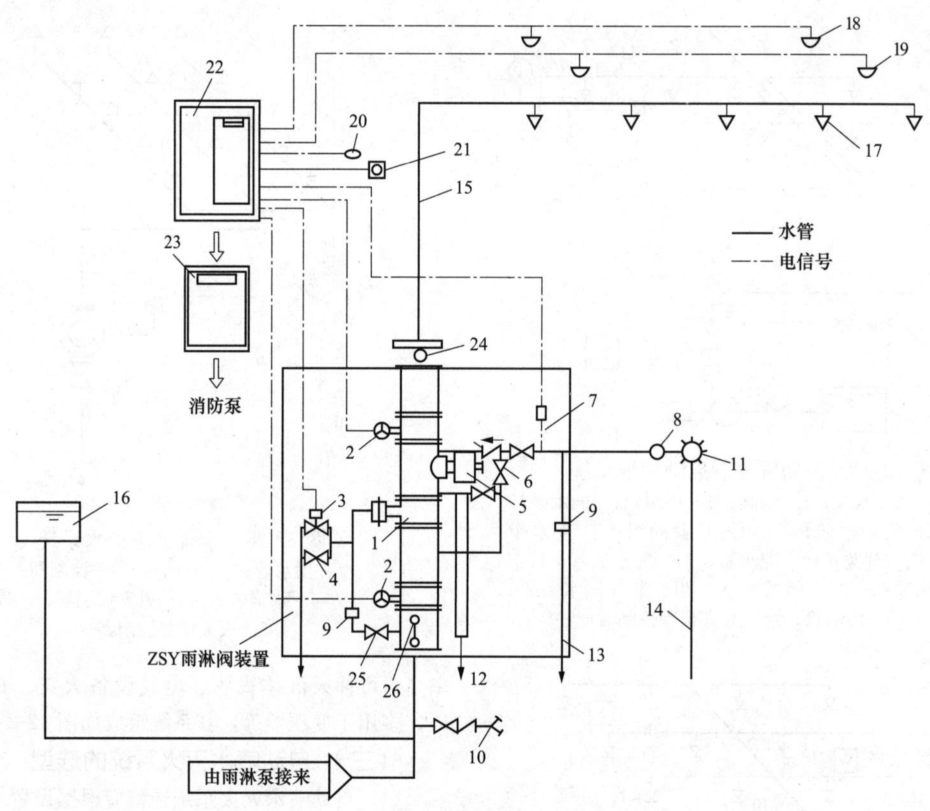

图 12-27 水喷雾灭火系统

1—雨淋阀；2—蝶阀；3—电磁阀；4—应急球阀；5—泄放试验阀；6—报警试验阀；7—报警止回阀；8—过滤器；9—节流孔；10—水泵接合器；11—墙内外水力警铃；12—泄放检查管排水；13—漏斗排水；14—水力警铃排水；15—配水干管（平时通大气）；16—水塔；17—中速水雾接头或高速喷射器；18—定温探测器；19—差温探测器；20—现场声报警；21—防爆遥控现场电启动器；22—火灾报警控制器；23—联动箱；24—挠曲橡胶接头；25—截止阀；26—水压力表

表 12-8　　洒水喷头类型的场所净空高度

<table>
<tr><th colspan="2" rowspan="2">设置场所</th><th colspan="3">喷 头 类 型</th><th rowspan="2">场所净空高度 h（m）</th></tr>
<tr><th>一只喷头的保护面积</th><th>响应时间性能</th><th>流量系数 K</th></tr>
<tr><td rowspan="5">民用建筑</td><td rowspan="2">普通场所</td><td>标准覆盖面积洒水喷头</td><td>快速响应喷头
特殊响应喷头
标准响应喷头</td><td>K≥80</td><td rowspan="2">h≤8</td></tr>
<tr><td>扩大覆盖面积洒水喷头</td><td>快速响应喷头</td><td>K≥80</td></tr>
<tr><td rowspan="3">高大空间场所</td><td>标准覆盖面积洒水喷头</td><td>快速响应喷头</td><td>K≥115</td><td rowspan="2">8<h≤12</td></tr>
<tr><td colspan="3">非仓库型特殊应用喷头</td></tr>
<tr><td colspan="3">非仓库型特殊应用喷头</td><td>12<h≤18</td></tr>
<tr><td colspan="2" rowspan="4">厂房</td><td>标准覆盖面积洒水喷头</td><td>特殊响应喷头
标准响应喷头</td><td>K≥80</td><td rowspan="2">h≤8</td></tr>
<tr><td>扩大覆盖面积洒水喷头</td><td>标准响应喷头</td><td>K≥80</td></tr>
<tr><td>标准覆盖面积洒水喷头</td><td>特殊响应喷头
标准响应喷头</td><td>K≥115</td><td rowspan="2">8<h≤12</td></tr>
<tr><td colspan="3">非仓库型特殊应用喷头</td></tr>
</table>

续表

设置场所	喷头类型			场所净空高度 h（m）
	一只喷头的保护面积	响应时间性能	流量系数 K	
仓库	标准覆盖面积洒水喷头	特殊响应喷头 标准响应喷头	$K \geqslant 80$	$h \leqslant 9$
	仓库型特殊应用喷头			$h \leqslant 12$
	早期抑制快速响应喷头			$h \leqslant 13.5$

表 12-9　　采用早期抑制快速响应喷头的系统设计基本参数

储物类别	最大净空高度（m）	最大储物高度（m）	喷头流量系数 K	喷头设置方式	喷头最低工作压力（MPa）	喷头最大间距（m）	喷头最小间距（m）	作用面积内开放的喷头数
Ⅰ、Ⅱ级、沥青制品、箱装不发泡塑料	9.0	7.5	202	直立型	0.35	3.7	2.4	12
				下垂型				
			242	直立型	0.25			
				下垂型				
			320	下垂型	0.20			
			363	下垂型	0.15			
	10.5	9.0	202	直立型	0.50	3.0		
				下垂型				
			242	直立型	0.35			
				下垂型				
			320	下垂型	0.25			
			363	下垂型	0.20			
	12.0	10.5	202	下垂型	0.50			
			242	下垂型	0.35			
			363	下垂型	0.30			
	13.5	12.0	363	下垂型	0.35			
袋装不发泡塑料	9.0	7.5	202	下垂型	0.50	3.7		
			242	下垂型	0.35			
			363	下垂型	0.25			
	10.5	9.0	363	下垂型	0.35	3.0		
	12.0	10.5	363	下垂型	0.40			
箱装发泡塑料	9.0	7.5	202	直立型	0.35	3.7		
				下垂型				
			242	直立型	0.25			
				下垂型				
			320	下垂型	0.25			
			363	下垂型	0.15			
	12.0	10.5	363	下垂型	0.40	3.0		
袋装发泡塑料	7.5	6.0	202	下垂型	0.50	3.7		
			242	下垂型	0.35			
			363	下垂型	0.20			
	9.0	7.5	202	下垂型	0.70			
			242	下垂型	0.50			
			363	下垂型	0.30			
	12.0	10.5	363	下垂型	0.50	3.0		20

1）最大净空高度不超过 13.5m 且最大储物高度不超过 12.0m，储物类别为仓库危险级Ⅰ、Ⅱ级或沥青制品、箱装不发泡塑料的仓库及类似场所。

2）最大净空高度不超过 12.0m 且最大储物高度不超过 10.5m，储物类别为袋装不发泡塑料、箱装发泡塑料和袋装发泡塑料的仓库及类似场所。

（8）符合下列条件之一的场所，宜采用设置仓库型特殊应用喷头的自动喷水灭火系统，系统设计基本参数应符合表 12-10 的规定。

1）最大净空高度不超过 12.0m 且最大储物高度不超过 10.5m，储物类别为仓库危险级Ⅰ、Ⅱ级或箱装不发泡塑料的仓库及类似场所。

2）最大净空高度不超过 7.5m 且最大储物高度不超过 6.0m，储物类别为袋装不发泡塑料和箱装发泡塑料的仓库及类似场所。

表 12-10　采用仓库型特殊应用喷头的湿式系统设计基本参数

<table>
<tr><th>储物类别</th><th>最大净空高度（m）</th><th>最大储物高度（m）</th><th>喷头流量系数 K</th><th>喷头设置方式</th><th>喷头最低工作压力（MPa）</th><th>喷头最大间距（m）</th><th>喷头最小间距（m）</th><th>作用面积内开放的喷头数</th><th>持续喷水时间（h）</th></tr>
<tr><td rowspan="14">Ⅰ、Ⅱ级</td><td rowspan="6">7.5</td><td rowspan="6">6.0</td><td rowspan="2">161</td><td>直立型</td><td rowspan="2">0.20</td><td rowspan="12">3.7</td><td rowspan="29">2.4</td><td rowspan="3">15</td><td rowspan="29">1.0</td></tr>
<tr><td>下垂型</td></tr>
<tr><td>200</td><td>下垂型</td><td>0.15</td></tr>
<tr><td>242</td><td>直立型</td><td>0.10</td><td rowspan="3">12</td></tr>
<tr><td rowspan="2">363</td><td>下垂型</td><td>0.07</td></tr>
<tr><td>直立型</td><td>0.15</td></tr>
<tr><td rowspan="6">9.0</td><td rowspan="6">7.5</td><td rowspan="2">161</td><td>直立型</td><td rowspan="2">0.35</td><td rowspan="4">20</td></tr>
<tr><td>下垂型</td></tr>
<tr><td>200</td><td>下垂型</td><td>0.25</td></tr>
<tr><td>242</td><td>直立型</td><td>0.15</td></tr>
<tr><td rowspan="2">363</td><td>直立型</td><td>0.15</td><td rowspan="2">12</td></tr>
<tr><td>下垂型</td><td>0.07</td></tr>
<tr><td rowspan="2">12.0</td><td rowspan="2">10.5</td><td rowspan="2">363</td><td>直立型</td><td>0.10</td><td rowspan="2">3.0</td><td>24</td></tr>
<tr><td>下垂型</td><td>0.20</td><td>12</td></tr>
<tr><td rowspan="9">箱装不发泡塑料</td><td rowspan="6">7.5</td><td rowspan="6">6.0</td><td rowspan="2">161</td><td>直立型</td><td rowspan="2">0.35</td><td rowspan="8">3.7</td><td rowspan="4">15</td></tr>
<tr><td>下垂型</td></tr>
<tr><td>200</td><td>下垂型</td><td>0.25</td></tr>
<tr><td>242</td><td>直立型</td><td>0.15</td></tr>
<tr><td rowspan="2">363</td><td>直立型</td><td>0.15</td><td rowspan="5">12</td></tr>
<tr><td>下垂型</td><td>0.07</td></tr>
<tr><td rowspan="2">9.0</td><td rowspan="2">7.5</td><td rowspan="2">363</td><td>直立型</td><td>0.15</td></tr>
<tr><td>下垂型</td><td>0.07</td></tr>
<tr><td>12.0</td><td>10.5</td><td>363</td><td>下垂型</td><td>0.20</td><td>3.0</td></tr>
<tr><td rowspan="6">箱装发泡塑料</td><td rowspan="6">7.5</td><td rowspan="6">6.0</td><td rowspan="2">161</td><td>直立型</td><td rowspan="2">0.35</td><td rowspan="6">3.7</td><td rowspan="6">15</td></tr>
<tr><td>下垂型</td></tr>
<tr><td>200</td><td>下垂型</td><td>0.25</td></tr>
<tr><td>242</td><td>直立型</td><td>0.15</td></tr>
<tr><td rowspan="2">363</td><td>直立型</td><td rowspan="2">0.07</td></tr>
<tr><td>下垂型</td></tr>
</table>

（四） 其他

（1）建筑物中保护局部场所的干式系统、预作用系统、雨淋系统、自动喷水-泡沫联用系统，可串联接入同一建筑物内的湿式系统，并应与其配水干管连接。

（2）自动喷水灭火系统应有下列组件、配件和设施。

1）应设有洒水喷头、报警阀组、水流报警装置等组件和末端试水装置，以及管道、供水设施等。

2）控制管道静压的区段宜分区供水或设减压阀，控制管道动压的区段宜设减压孔板或节流管。

3）应设有泄水阀（或泄水口）、排气阀（或排气口）和排污口。

4）干式系统和预作用系统的配水管道应设快速排气阀。有压充气管道的快速排气阀入口前应设电动阀。

（3）防护冷却水幕应直接将水喷向被保护对象；防火分隔水幕不宜用于尺寸超过 15m（宽）×8m（高）的开口（舞台口除外）。

二、 自动喷水灭火系统用装置

（一） 喷头

1. 喷头的类型

喷头根据结构和用途的不同，可按表 12-11 中的形式分类。

表 12-11　　喷头的类型

喷头类型		图　　例	特　　点
闭式喷头	玻璃球闭式喷头	阀座 填圈 阀片 玻璃球 色液 支架 锥体 溅水盘	玻璃球用于支撑喷小口的阀盖，玻璃球内充装一种高膨胀液体，如乙醚、酒精等。球内留有一个小气泡，当温度升高时，小气泡会缩小，溶入液体中，在低于动作温度 5℃时，液体全部充满玻璃球容积，温度再升高，玻璃球爆炸成碎片，喷水口阀盖脱落，喷水口开启，喷水灭火
	易熔合金闭式喷头	锁片 支架 溅水盘	喷口平时被玻璃阀堵塞封盖住，玻璃阀堵由三片锁片组成的支撑顶住，锁片由易熔合金焊料焊住。当喷头周围温度达到预定限制时，焊接锁片的易熔合金焊料熔化，三锁片各自分离落下，管路中的压力水冲开玻璃阀堵喷出
	直立型洒水喷头		直立安装于供水支管上；洒水形状为抛物体形，它将水量的 60%～80%向下喷洒，同时还有一部分喷向顶棚
	下垂型洒水喷头		下垂安装于供水支管上，洒水的形状为抛物体形，它将水量的 80%～100%向下喷洒

续表

喷头类型		图　　例	特　　点
闭式喷头	边墙型洒水喷头	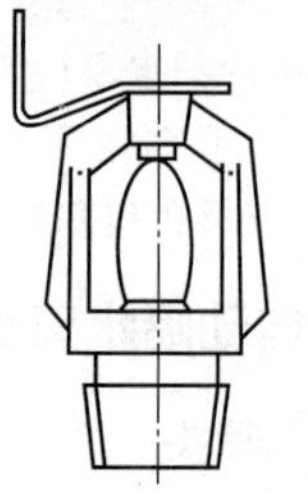	靠墙安装，分为水平和直立型两种类型。喷头的洒水形状为半抛物体形，它将水直接洒向保护区域
	普通型洒水喷头	—	既可直立安装也可下垂安装，洒水的形状为球形。它将水量的40%～60%向下喷洒，同时还将一部分水喷向顶棚
	吊顶型洒水喷头	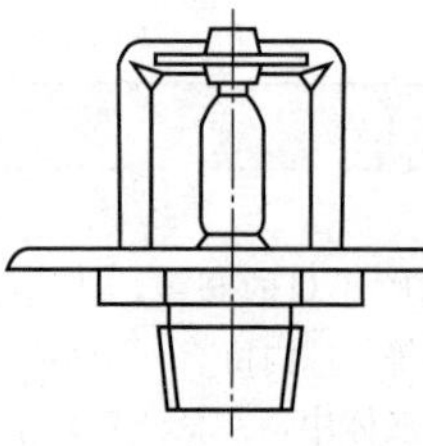	吊顶型洒水喷头安装于隐蔽在吊顶内的供水支管上，分为平齐型、半隐蔽型和隐蔽型三种类型。喷头的洒水形状为抛物线形
	干式洒水喷头	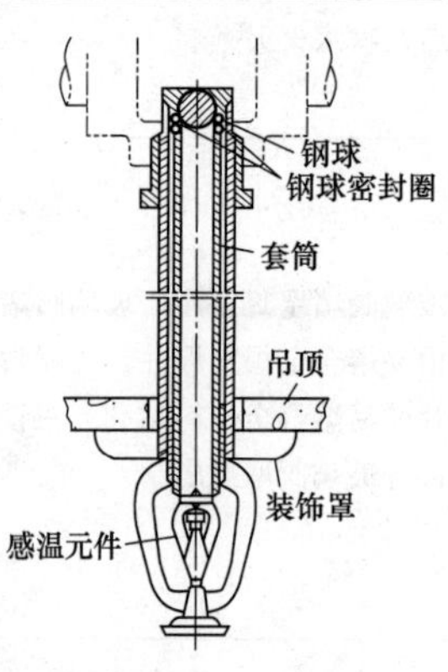 钢球 钢球密封圈 套筒 吊顶 装饰罩 感温元件	专用于干式自动喷水灭火系统或其他充气系统的下垂型喷头。与上述喷头的差别，只是增加了一段辅助管，管内有活动套筒和钢球。喷头未动作时钢球将辅助管封闭，水不能进入辅助管和喷头体内，这样可避免干式自动喷水灭火系统喷水后，未动作的喷头体内积水排不出而造成冻结的弊病。喷头动作时，套筒向下移动，钢球由喷口喷出，水就喷出来了
开式喷头	开式洒水喷头	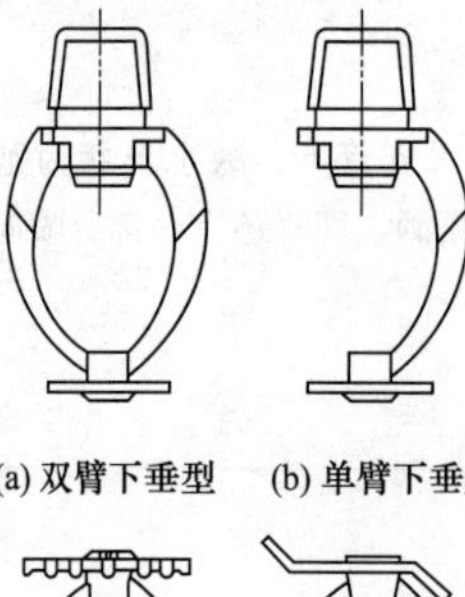 (a) 双臂下垂型　(b) 单臂下垂型 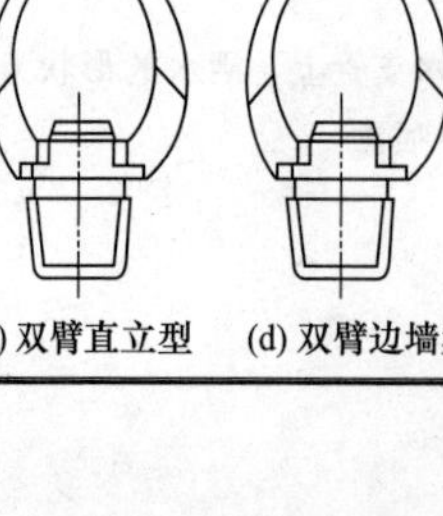 (c) 双臂直立型　(d) 双臂边墙型	主要用于雨淋喷水灭火系统，它按安装形式可分为直立型和下垂型，按结构可分为单臂和双臂两种

续表

喷头类型		图例	特点
开式喷头	喷雾喷头	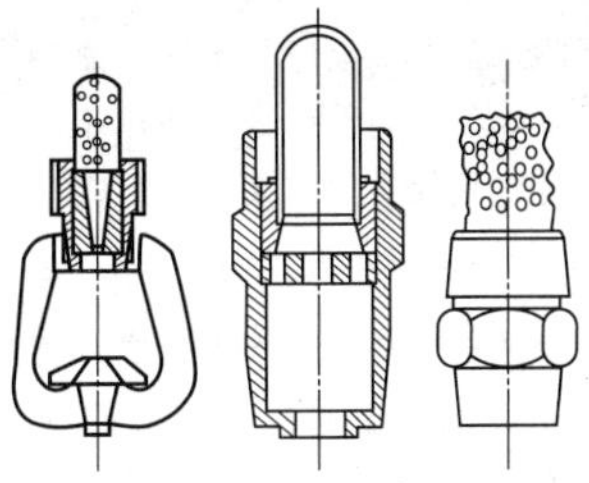 (a) 中速型 (b) 高速型	是在一定压力下将水流分解为细小的水滴，以锥形喷出的喷头，主要用于水雾系统。这种喷头由于喷出的水滴细小，使水的总表面积比一般的洒水喷头要大几倍，在灭火中吸热面积大，冷却作用强。同时，水雾受热气化形成的大量水蒸气对火焰起窒息作用
	幕帘式水幕喷头	—	幕帘式水幕喷头有缝隙式和雨淋式两类
	缝隙式水幕喷头	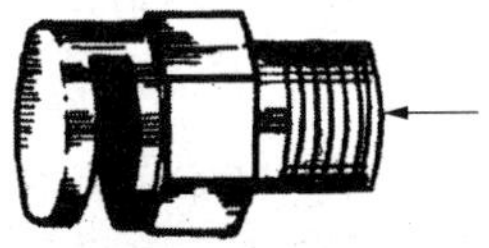 (a)单缝隙水幕喷头  (b)双缝隙水幕喷头	缝隙式水幕喷头能形成带形水幕，起分隔作用。如设在露天生产装置区，将露天生产装置分隔成数个小区，或保护个别建筑物避开相邻设备火灾的危害等。它又有单缝隙式和双缝隙式两种
	雨淋式水幕喷头	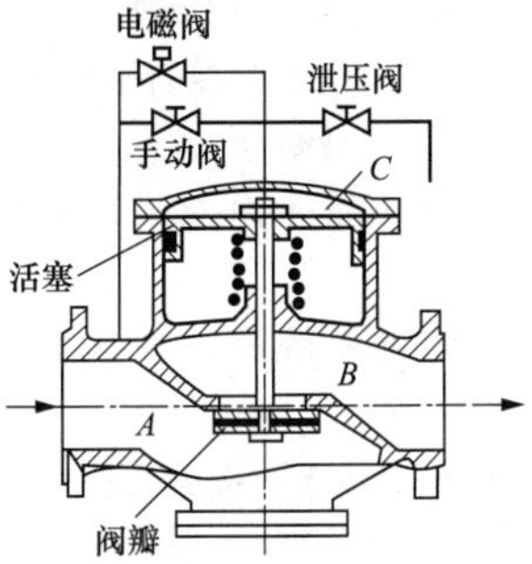 电磁阀、泄压阀、手动阀、活塞、阀瓣、A、B、C	雨淋式水幕喷头用于造成防火水幕带，起着防火分隔作用。如开口部位较大，用一般的水幕难以阻止火势扩大和火灾蔓延的部位，常采用此种工喷头 *A*—阀隔膜腔；*B*—阀控制腔；*C*—阀压力腔
	窗口水幕喷头	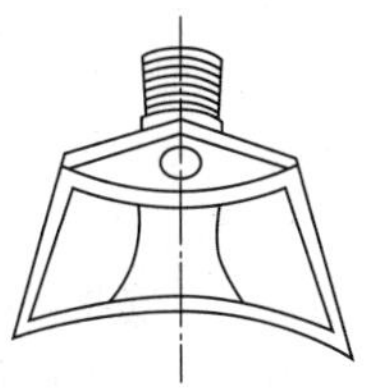	为防止火灾通过窗口蔓延扩大或增强窗扇、防火卷帘、防火幕的耐火能力而设置的水幕喷头
	檐口水幕喷头	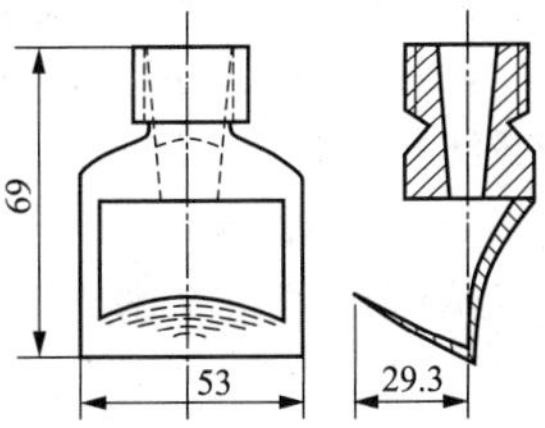 69、53、29.3 单位：mm	用于防止邻近建筑火灾对屋檐（可燃或难燃屋檐）的威胁或增加屋檐的耐火能力而设置的向屋檐洒水的水幕喷头

续表

喷头类型		图　例	特　点
特殊喷头	大水滴洒水喷头	—	有一个复式溅水盘，从喷口喷出的水流经溅水盘后形成一定比例的大小水滴，均匀喷向保护区。适用于湿式、预作用等自动喷水灭火系统，特别是保护那些火灾时燃烧较猛烈的大空间场所
	自动启闭洒水喷头	—	在火灾发生时能自动开启喷水，火灾扑灭后又能自动关闭。是利用双金属片组成的感温元件的变形控制，启闭喷口阀的先导阀，实现喷口的自动启闭
	快速反应洒水喷头	—	主要用于住宅、医院等场所。具有在火灾时能快速感应火灾并迅速出水灭火的特性，能减少喷头的启动数和灭火所需的水量
	扩大覆盖面洒水喷头	—	比其他喷头的喷水保护面积大，可近 31～36m^2，而一般喷头只有 9～21m^2

2. 喷头的选型

(1) 湿式系统的洒水喷头选型应符合下列规定。

1) 不做吊顶的场所，当配水支管布置在梁下时，应采用直立型洒水喷头。

2) 吊顶下布置的洒水喷头，应采用下垂型洒水喷头或吊顶型洒水喷头。

3) 顶板为水平面的轻危险级、中危险级Ⅰ级住宅建筑、宿舍、旅馆建筑客房、医疗建筑病房和办公室，可采用边墙型洒水喷头。

4) 易受碰撞的部位，应采用带保护罩的洒水喷头或吊顶型洒水喷头。

5) 顶板为水平面，且无梁、通风管道等障碍物影响喷头洒水的场所，可采用扩大覆盖面积洒水喷头。

6) 住宅建筑和宿舍、公寓等非住宅类居住建筑宜采用家用喷头。

7) 不宜选用隐蔽式洒水喷头；确需采用时，应仅适用于轻危险级和中危险级Ⅰ级场所。

(2) 干式系统、预作用系统应采用直立型洒水喷头或干式下垂型洒水喷头。

(3) 水幕系统的喷头选型应符合下列规定。

1) 防火分隔水幕应采用开式洒水喷头或水幕喷头。

2) 防护冷却水幕应采用水幕喷头。

(4) 自动喷水防护冷却系统可采用边墙型洒水喷头。

(5) 下列场所宜采用快速响应洒水喷头。当采用快速响应洒水喷头时，系统应为湿式系统。

1) 公共娱乐场所、中庭环廊。

2) 医院、疗养院的病房及治疗区域，老年、少儿、残疾人的集体活动场所。

3) 超出消防水泵接合器供水高度的楼层。

4) 地下商业场所。

(6) 同一隔间内应采用相同热敏性能的洒水喷头。

(7) 雨淋系统的防护区内应采用相同的洒水喷头。

(8) 自动喷水灭火系统应有备用洒水喷头，其数量不应少于总数的 1%，且每种型号均不得少于10只。

(二) 报警阀

1. 常用报警阀类型

(1) 湿式报警阀。湿式报警阀是湿式自动喷水灭火系统的主要部件，安装在总供水干管上，连接供水设备和配水管网，是一种只允许水流单方向流入配水管网，并在规定流量下报警的止回型阀门，在系统动作前，它将管网与水流隔开，避免用水和可能的污染；当系统开启时，报警阀打开，接通水源和配水管；在报警阀开启的同时，部分水流通过阀座上的环形槽，经信号管道送至水力警铃，发出声响报警信号。

主要用于湿式自动喷水灭火系统上，在其立管上安装。湿式报警阀接线如图 12-28 所示。

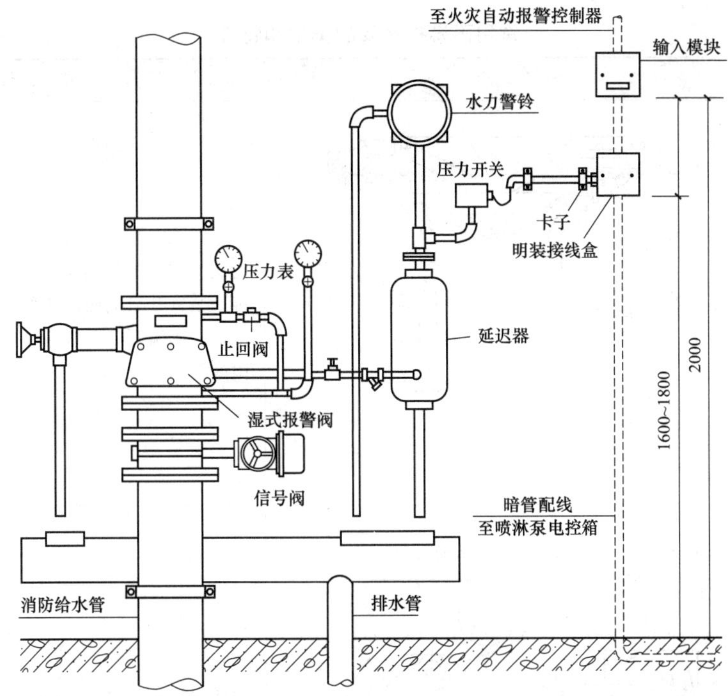

图 12-28　湿式报警阀接线

湿式报警阀平时阀芯前后水压相等（水通过导向管中的水压平衡小孔，保持阀板前后水压平衡）。由于阀芯的自重和阀芯前后所受水的总压力不同，阀芯处于关闭状态（阀芯上面的总压力大于阀芯下面的总压力）。发生火灾时，闭式喷头喷水，因为水压平衡小孔来不及补水，报警阀上面水压下降，此时阀下水压大于阀上水压，于是阀板开启，向立管及管网供水，同时发出火警信号并启动消防泵。

（2）干式报警阀。干式报警阀主要用在干式自动喷水灭火系统和干湿式自动喷水灭火系统中。其作用是用来隔开喷水管网中的空气和供水管道中的压力水，使喷水管网始终保持干管状态，当喷头开启时，管网空气压力下降，干式阀阀瓣开启，水通过报警阀进入喷水管网，同时部分水流通过报警阀的环形槽进入信号设施进行报警。

干式报警阀由阀体、差动双盘阀板、充气塞、信号管网、控制阀等组成，构造如图 12-29 所示。

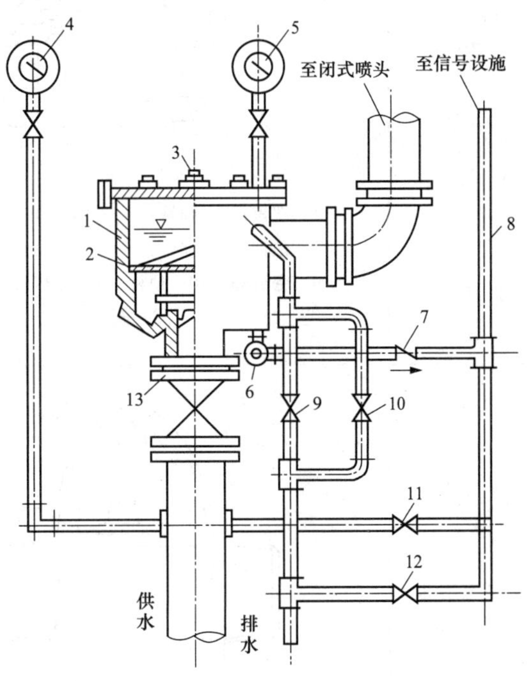

图 12-29　干式报警阀的构造

1—阀体；2—差动双盘阀板；3—充气塞；4—阀前压力表；5—阀后压力表；6—角阀；7—止回阀；8—信号管；9～11—截止阀；12—小孔阀；13—总闸阀

（3）雨淋报警阀。雨淋报警阀用于雨淋喷水灭火系统、预作用自动喷水灭火系统、水幕消防给水系统和水喷雾灭火系统。这种阀的进口侧与水源相连，出口侧与系统管路和喷头相连。一般为空管，仅在预作用自动喷水灭火系统中充气。雨淋报警阀的开启由各种火灾探测装置控制。雨淋报警阀主要有杠杆型、隔膜型、活塞型和感温型等几种，其重要特性见表 12-12。

表 12-12　　　　常用雨淋报警阀的类型和特性

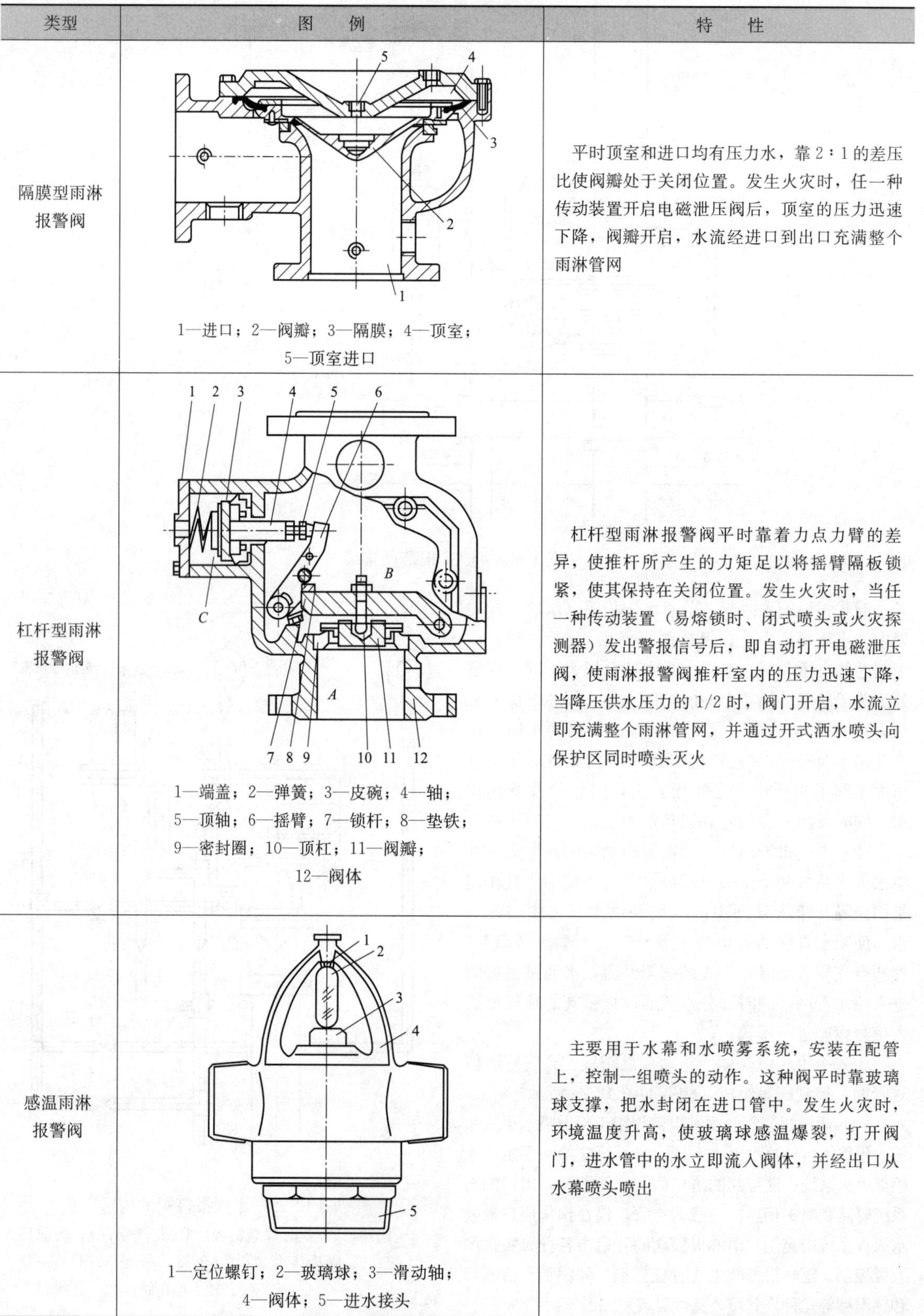

类型	图　例	特　性
隔膜型雨淋报警阀	1—进口；2—阀瓣；3—隔膜；4—顶室；5—顶室进口	平时顶室和进口均有压力水，靠 2∶1 的差压比使阀瓣处于关闭位置。发生火灾时，任一种传动装置开启电磁泄压阀后，顶室的压力迅速下降，阀瓣开启，水流经进口到出口充满整个雨淋管网
杠杆型雨淋报警阀	1—端盖；2—弹簧；3—皮碗；4—轴；5—顶轴；6—摇臂；7—锁杆；8—垫铁；9—密封圈；10—顶杠；11—阀瓣；12—阀体	杠杆型雨淋报警阀平时靠着力点力臂的差异，使推杆所产生的力矩足以将摇臂隔板锁紧，使其保持在关闭位置。发生火灾时，当任一种传动装置（易熔锁时、闭式喷头或火灾探测器）发出警报信号后，即自动打开电磁泄压阀，使雨淋报警阀推杆室内的压力迅速下降，当降压供水压力的 1/2 时，阀门开启，水流立即充满整个雨淋管网，并通过开式洒水喷头向保护区同时喷头灭火
感温雨淋报警阀	1—定位螺钉；2—玻璃球；3—滑动轴；4—阀体；5—进水接头	主要用于水幕和水喷雾系统，安装在配管上，控制一组喷头的动作。这种阀平时靠玻璃球支撑，把水封闭在进口管中。发生火灾时，环境温度升高，使玻璃球感温爆裂，打开阀门，进水管中的水立即流入阀体，并经出口从水幕喷头喷出

续表

类型	图例	特性
活塞型雨淋报警阀	1—进口；2—活塞腔连通管；3—活塞；4—活塞腔；5—电磁阀；6—出口	活塞型雨淋报警阀的作用原理与隔膜型相同，只是在结构上用活塞代替了隔膜
蝶阀式雨淋报警阀	1—空气压缩机；2—手动阀；3—压力表；4—玻璃球喷头；5—隔膜；6—推杆；7—阀瓣	当火灾发生时，感温装置（通常为玻璃球喷头或易熔合金喷头）在火焰温度作用下动作，*C*室压力骤降，阀瓣出口侧密封力降低或消失，雨淋报警阀打开出水灭火

2. 常用报警阀组的设置

（1）自动喷水灭火系统应设报警阀组。保护室内钢屋架等建筑构件的闭式系统，应设独立的报警阀组。水幕系统应设独立的报警阀组或感温雨淋报警阀。

（2）串联接入湿式系统配水干管的其他自动喷水灭火系统，应分别设置独立的报警阀组，其控制的喷头数计入湿式阀组控制的喷头总数。

（3）一个报警阀组控制的喷头数应符合下列规定。

1）湿式系统、预作用系统不宜超过 800 只；干式系统不宜超过 500 只。

2）当配水支管同时安装保护吊顶下方和上方空间的喷头时，应只将数量较多一侧的喷头计入报警阀组控制的喷头总数。

（4）每个报警阀组供水的最高与最低位置喷头，其高程差不宜大于 50m。

（5）雨淋阀组的电磁阀，其入口应设过滤器。并联设置雨淋阀组的雨淋系统，其雨淋阀控制腔的入口应设止回阀。

（6）报警阀组宜设在安全及易于操作的地点，报警阀距地面的高度宜为 1.2m。安装报警阀的部位应设有排水设施。

（7）连接报警阀进出口的控制阀，宜采用信号阀。不用信号阀时，控制阀应设锁定阀位的锁具。

（8）水力警铃的工作压力不应小于 0.05MPa，并应符合下列规定：

1）应设在有人值班的地点附近；

2）与报警阀连接的管道，其管径应为 20mm，总长不宜大于 20m。

（三）报警控制装置

1. 报警控制器

报警控制器是将火灾自动探测系统或火灾探测器与自动喷水灭火系统连接起来的控制装置。

报警控制器的基本功能主要包括三部分，具体见表 12-13。

报警控制器根据功能和系统应用的不同，可分为湿式系统报警控制器、雨淋和预作用系统报警控制器两种。

（1）湿式系统报警控制器。湿式系统报警控制器是较大型湿式系统或多区域湿式系统配套报警控制电气装置，可实现对喷水部位指示、湿式阀开启指示、总管控制阀启闭状态指示、水箱水位指示、系统水压指示、报警状态指示及控制消防泵的启动。其工作原理如图 12-30 所示。

表 12-13　报警控制器的基本功能

控制类型	基本功能
接收信号	（1）火灾探测器信号。 （2）监测器信号。 （3）手动报警信号
输出信号	（1）声光报警信号。 （2）启动消防泵。 （3）开启雨淋报警阀或其他控制阀门。 （4）向控制中心或消防部门发出报警信号
监控系统自身工作状态	（1）火灾探测器及其线路。 （2）水源压力或水位。 （3）充气压力和充气管路

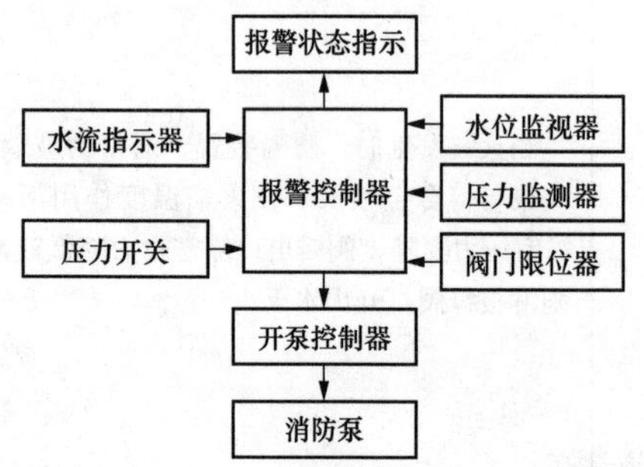

图 12-30　湿式系统报警控制器工作原理

（2）雨淋和预作用系统报警控制器。雨淋和预作用系统的控制功能包括火灾的自动探测报警和雨淋阀、消防泵的自动启动两个部分，而报警控制器则是实现和统一两部分功能的一种电气控制装置，其工作原理如图 12-31 所示。

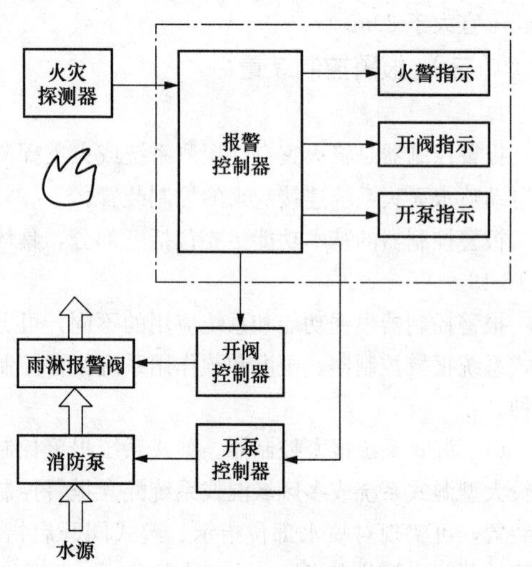

图 12-31　雨淋和预作用系统报警控制器工作原理

2. 监测器

（1）水流指示器。水流指示器安装在管网中，当有大于预定流量的水流通过管道时，水流指示器能发出电信号，显示水的动用情况。通常水流指示器设在喷水灭火系统的分区配水管上，当喷头开启时，向消防控制室指示开启喷头所处的位置分区，有时也可设在水箱的出水管上，一旦系统开启，水箱水被动用，水流指示器可以发出电信号，通过消防控制室启动水泵供水灭火。为便于检修分区管网，水流指示器前宜装设安全信号阀。

桨状水流指示器主要由桨片、法兰底座、螺栓、本体和电气线路等构成，如图 12-32 所示。

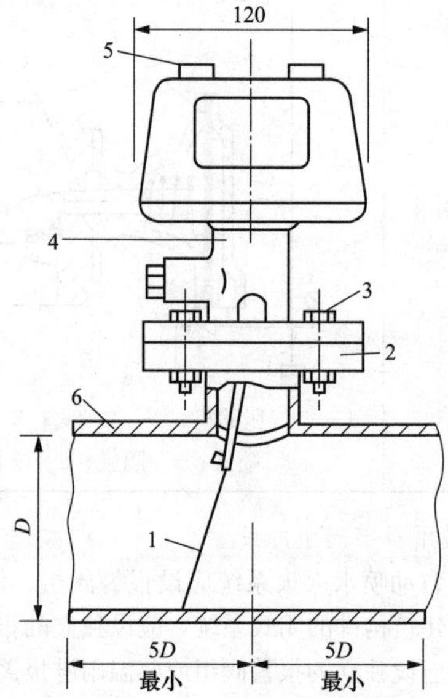

图 12-32　桨状水流指示器结构
1—桨片；2—法兰底座；3—螺栓；4—本体；5—接线孔；6—喷水管道
D—喷水管道公称直径

（2）水流指示器的接线。水流指示器在应用时应通过模块与系统总线相连，水流指示器的接线如图 12-33 所示。

（3）阀门限位器。阀门限位器是一种行程开关，通常配置在干管的总控制闸阀上和通径大的支管闸阀上，用于监视闸阀的开启状态；一旦发生部分或全部关闭时，即向系统的报警控制器发出警告信号。

（4）压力监测器。压力监测器是一种工作点在一定范围内可调节的压力开关，在自动喷水灭火系统中常用作稳压泵的自动开关控制器件。

3. 报警器

（1）水力警铃。水力警铃是一种靠压力水驱动的撞击式警铃。由警铃、铃锤、转动轴、水轮机、输水管等组成，如图 12-34 所示。

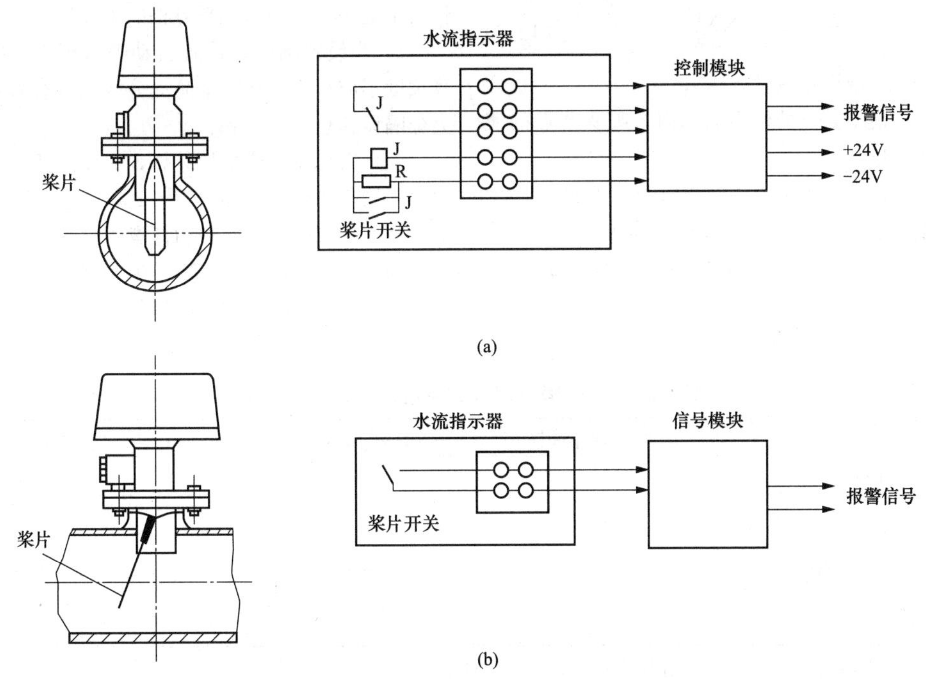

图 12-33　水流指示器的接线

(a) 电子接点方式；(b) 机械接点方式

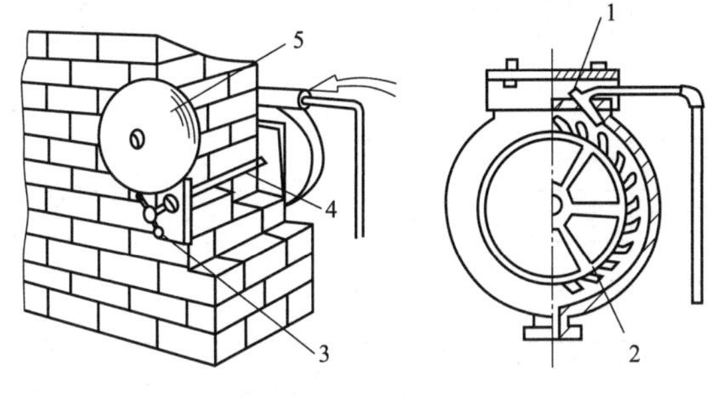

图 12-34　水力警铃

1—喷水嘴；2—水轮机；3—击铃锤；4—转轴；5—警铃

水力警铃的动力来自报警阀的一股小的水流。压力水由输水管通过导管从喷嘴喷出，冲击水轮转动，使转轴及系于另一端的铃锤也随着转动，不断地击响警铃，发出报警铃声。

水力警铃的特点是结构简单、耐用可靠、灵敏度高、维护工作量小。因此，是自动喷水各个系统中不可缺少的部件。

(2) 压力开关。压力开关（压力继电器）一般安装在延迟器和水力警铃之间的管道上，当喷头启动喷水且延迟器充满水后，水流进入压力继电器，压力继电器接到水压信号，即接通电路报警，并启动喷洒泵。

压力开关内部装有一对动合接点，在系统中常与报警系统的输出/输入模块连接，以便使压力信号转换成电信号，向消防控制室发出压力报警信号，其接线示意如图 12-35 所示。

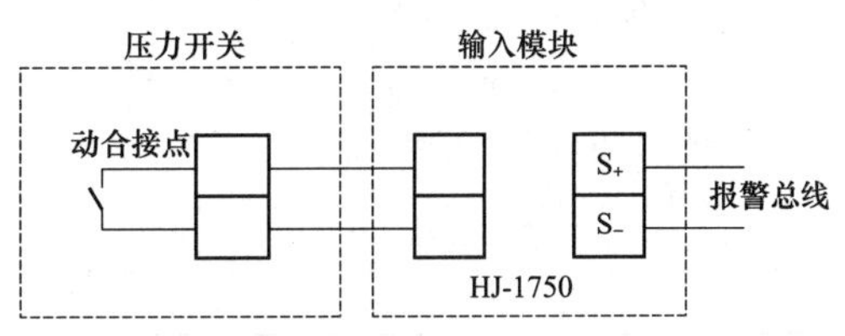

图 12-35　压力开关接线示意

三、自动喷水灭火系统设计

（一）系统水力计算

1. 系统的设计流量

(1) 系统最不利点处喷头的工作压力应计算确定，喷头的流量应按下式计算：

$$q = K\sqrt{10p} \tag{12-8}$$

式中　q——喷头流量，L/min；

p——喷头工作压力，MPa；

K——喷头流量系数。

(2) 水力计算选定的最不利点处作用面积宜为矩形，其长边应平行于配水支管，其长度不宜小于作用面积平方根的 1.2 倍。

(3) 系统的设计流量，应按最不利点处作用面积内喷头同时喷水的总流量确定，且应按下式计算：

$$Q=\frac{1}{60}\sum_{i=1}^{n}q_i \tag{12-9}$$

式中 Q——系统设计流量，L/s；

q_i——最不利点处作用面积内各喷头节点的流量，L/min；

n——最不利点处作用面积内的喷头数。

（4）保护防火卷帘、防火玻璃墙等防火分隔设施的防护冷却系统，系统的设计流量应按计算长度符合下列要求。

1）当设置场所设有自动喷水灭火系统时，计算长度不应小于作用面积平方根的1.2倍。

2）当设置场所未设置自动喷水灭火系统时，计算长度不应小于任意一个防火分区内所有需保护的防火分隔设施总长度之和。

（5）系统设计流量的计算，应保证任意作用面积内的平均喷头强度不低于表12-14～表12-20的规定值。最不利点处作用面积内任意4只喷头围合范围内的平均喷水强度，轻危险、中危险级不应低于表12-14规定值的85%；严重危险级和仓库危险级不应低于表12-14和表12-16～表12-20的规定值。

表12-14　　民用建筑和厂房采用湿式系统涉及的基本参数

火灾危险等级		最大净空高度 h(m)	喷水强度[L/(min·m²)]	作用面积(m²)
轻危险级		$h\leqslant8$	4	160
中危险级	Ⅰ级		6	
	Ⅱ级		8	
严重危险级	Ⅰ级		12	260
	Ⅱ级		16	

注　系统最不利点处洒水喷头的工作压力不应低于0.05MPa。

表12-15　　民用建筑和厂房高大空间场所采用湿式系统的设计基本参数

适用场所		最大净空高度 h(m)	喷水强度[L/(min·m²)]	作用面积(m²)	喷头间距 S(m)
民用建筑	中庭、体育馆、航站楼等	$8<h\leqslant12$	12	160	$1.8<S\leqslant3.0$
		$12<h\leqslant18$	15		
	影剧院、音乐厅、会展中心等	$8<h\leqslant12$	15		
		$12<h\leqslant18$	20		
厂房	制衣制鞋、玩具、木器、电子生产车间等	$12<h\leqslant18$	15		
	棉纺厂、麻纺厂、泡沫塑料生产车间等		20		

注　1. 表中未列入的场所，应根据本表规定场所的火灾危险性类比确定。

2. 当民用建筑高大空间场所的最大净空高度为 $12\text{m}<h\leqslant18\text{m}$ 时，应采用非仓库型特殊应用喷头。

表12-16　　仓库危险级Ⅰ级场所的系统设计基本参数

储存方式	最大净空高度 h(m)	最大储物高度 h_s(m)	喷水强度[L/(min·m²)]	作用面积(m²)	持续喷水时间(h)
堆垛、托盘	9.0	$h_s\leqslant3.5$	8.0	160	1.0
		$3.5<h_s\leqslant6.0$	10.0	200	1.5
		$6.0<h_s\leqslant7.5$	14.0		
单、双、多排货架		$h_s\leqslant3.0$	6.0	160	
		$3.0<h_s\leqslant3.5$	8.0		
单、双排货架		$3.5<h_s\leqslant6.0$	18.0	200	
		$6.0<h_s\leqslant7.5$	14.0+1J		
多排货架		$3.5<h_s\leqslant4.5$	12.0		
		$4.5<h_s\leqslant6.0$	18.0		
		$6.0<h_s\leqslant7.5$	18.0+1J		

注　1. 货架储物高度大于7.5m时，应设置货架内置洒水喷头。顶板下洒水喷头的喷水强度不应低于18L/（min·m²），作用面积不应小于200m²，持续喷水时间不应小于2h。

2. “J”表示货架内置洒水喷头，“J”前的数字表示货架内置洒水喷头的层数。

表 12-17　　仓库危险级Ⅱ级场所的系统设计基本参数

储存方式	最大净空高度 h(m)	最大储物高度 h_s(m)	喷水强度 [L/(min·m²)]	作用面积 (m²)	持续喷水时间 (h)
堆垛、托盘	9.0	$h_s \leqslant 3.5$	8.0	160	1.5
		$3.5 < h_s \leqslant 6.0$	16.0	200	2.0
		$6.0 < h_s \leqslant 7.5$	22.0		
单、双、多排货架		$h_s \leqslant 3.0$	8.0	160	1.5
		$3.0 < h_s \leqslant 3.5$	12.0	200	
单、双排货架		$3.5 < h_s \leqslant 6.0$	24.0	280	2.0
		$6.0 < h_s \leqslant 7.5$	22.0+1J	200	
多排货架		$3.5 < h_s \leqslant 4.5$	18.0		
		$4.5 < h_s \leqslant 6.0$	18.0+1J		
		$6.0 < h_s \leqslant 7.5$	18.0+2J		

注　货架储物高度大于 7.5m 时，应设置货架内置洒水喷头。顶板下洒水喷头的喷水强度不应低于 20L/（min·m²），作用面积不应小于 200m²，持续时喷水时间不应小于 2h。

表 12-18　　货架储存时仓库危险级Ⅲ级场所的系统设计基本参数

序号	最大净空高度 h(m)	最大储物高度 h_s(m)	货架类型	喷水强度 [L/(min·m²)]	货架内置洒水喷头		
					层数	高度(m)	流量系数 K
1	4.5	$1.5 < h_s \leqslant 3.0$	单、双、多	12.0	—	—	—
2	6.0	$1.5 < h_s \leqslant 3.0$	单、双、多	18.0	—	—	—
3	7.5	$3.0 < h_s \leqslant 4.5$	单、双、多	24.5	—	—	—
4	7.5	$3.0 < h_s \leqslant 4.5$	单、双、多	12.0	1	3.0	80
5	7.5	$4.5 < h_s \leqslant 6.0$	单、双	24.5	—	—	—
6	7.5	$4.5 < h_s \leqslant 6.0$	单、双、多	12.0	1	4.5	115
7	9.0	$4.5 < h_s \leqslant 6.0$	单、双、多	18.0	1	3.0	80
8	8.0	$4.5 < h_s \leqslant 6.0$	单、双、多	24.5	—	—	—
9	9.0	$6.0 < h_s \leqslant 7.5$	单、双、多	18.5	1	4.5	115
10	9.0	$6.0 < h_s \leqslant 7.5$	单、双、多	32.5	—	—	—
11	9.0	$6.0 < h_s \leqslant 7.5$	单、双、多	12.0	2	3.0，6.0	80

注　1. 作用面积不应小于 200m²，持续喷水时间不应低于 2h。
2. 序号 4，6，7，11：货架内设置一排货架内置洒水喷头时，喷头的间距不应大于 3.0m；设置两排或多排货架内置洒水喷头时，喷头的间距不应大于 3.0×2.4（m）。
3. 序号 9：货架内设置一排货架内置洒水喷头时，喷头的间距不应大于 2.4m，设置两排或多排货架内置洒水喷头时，喷头的间距不应大于 2.4×2.4（m）。
4. 序号 8：应采用流量系数 K 等于 161，202，242，363 的洒水喷头。
5. 序号 10：应采用流量系数 K 等于 242，363 的洒水喷头。
6. 货架储物高度大于 7.5m 时，应设置货架内置洒水喷头，顶板下洒水喷头的喷水强度不应低于 22.0L/（min·m²），作用面积不应小于 200m²，持续喷水时间不应小于 2h。

表 12-19　　堆垛储存时仓库危险级Ⅲ级场所的系统设计基本参数

最大净空高度 h(m)	最大储物高度 h_s(m)	喷水强度[L/(min·m²)]			
		A	B	C	D
7.5	1.5	8.0			
4.5	3.5	16.0	16.0	12.0	12.0
6.0		24.5	22.0	20.5	16.5
9.0		32.5	28.5	24.5	18.5
6.0	4.5	24.5	22.0	20.5	16.5
7.5	6.0	32.5	28.5	24.5	18.5
9.0	7.5	36.5	34.5	28.5	22.5

注　1. A表示袋装与无包装的发泡塑料橡胶；B表示箱装的发泡塑料橡胶；C表示袋装与无包装的不发泡塑料橡胶；D表示箱装的不发泡塑料橡胶。

2. 作用面积不应小于240m²，持续喷水时间不应低于2h。

表 12-20　　仓库危险级Ⅰ级、Ⅱ级场所中混杂储存仓库危险级Ⅲ级场所物品时的系统设计基本参数

储物类别	储存方式	最大净空高度 h(m)	最大储物高度 h_s(m)	喷水强度 [L/(min·m²)]	作用面积 (m²)	持续喷水时间 (h)
储物中包括沥青制品或箱装A组塑料橡胶	堆垛与货架	9.0	$h_s \leqslant 1.5$	8	160	1.5
		4.5	$1.5 < h_s \leqslant 3.0$	12	240	2.0
		6.0	$1.5 < h_s \leqslant 3.0$	16	240	2.0
		5.0	$3.0 < h_s \leqslant 3.5$			
	堆垛	8.0	$3.0 < h_s \leqslant 3.5$	16	240	2.0
	货架	9.0	$1.5 < h_s \leqslant 3.5$	8+1J	160	2.0
储物中包括袋装A组塑料橡胶	堆垛与货架	9.0	$h_s \leqslant 1.5$	8	160	1.5
		4.5	$1.5 < h_s \leqslant 3.0$	16	240	2.0
		5.0	$3.0 < h_s \leqslant 3.5$			
	堆垛	9.0	$1.5 < h_s \leqslant 2.5$	16	240	2.0
储物中包括袋装不发泡A组塑料橡胶	堆垛与货架	6.0	$1.5 < h_s \leqslant 3.0$	16	240	2.0
储物中包括袋装发泡A组塑料橡胶	货架	6.0	$1.5 < h_s \leqslant 3.0$	8+1J	160	2.0
储物中包括轮胎或纸卷	堆垛与货架	9.0	$1.5 < h_s \leqslant 3.5$	12	240	2.0

注　1. 无包装的塑料橡胶视同纸袋、塑料袋包装。

2. 货架内置洒水喷头应采用与顶板下洒水喷头相同的喷水强度，用水量应按开放6只洒水喷头确定。

(6) 设置货架内置洒水喷头的仓库，顶板下洒水喷头与货架内置洒水喷头应分别计算设计流量，并应按其设计流量之和确定系统的设计流量。

(7) 建筑内设有不同类型的系统或有不同危险等级的场所时，系统的设计流量应按其设计流量的最大值确定。

(8) 当建筑物内同时设有自动喷水灭火系统和水幕系统时，系统的设计流量应按同时启用的自动喷水灭火系统和水幕系统的用水量计算，并应按二者之和中的最大值确定。

（9）雨淋系统和水幕系统的设计流量，应按雨淋阀控制喷头的流量之和确定。多个雨淋阀并联的雨淋系统，系统设计流量应按同时启用雨淋阀流量之和的最大值确定。

（10）当原有系统延伸管道、扩展保护范围时，应对增设洒水喷头后的系统重新进行水力计算。

2. 管道水力计算

（1）管道内的水流速度宜采用经济流速，必要时可超过 5m/s，但不应大于 10m/s。

（2）管道单位长度的沿程阻力损失应按下式计算：

$$i = 6.05\left(\frac{q_g^{1.85}}{C_h^{1.85} d_j^{4.87}}\right)\times 10^7 \qquad (12\text{-}10)$$

式中 i——管道单位长度的水头损失，kPa/m；

d_j——管道计算内径，mm；

q_g——管道设计流量，L/min；

C_h——海澄 - 威廉系数，见表 12-21。

表 12-21 不同类型管道的海澄 - 威廉系数

管道类型	C_h值
镀锌钢管	120
铜管、不锈钢管	140
涂覆钢管、氯化聚氯乙烯（PVC - C）管	150

（3）管道的局部水头损失宜采用当量程度法计算，宜应符合表 12-22 的规定。

表 12-22 当量长度 m

管件和阀门	公称直径（mm）								
	25	32	40	50	65	80	100	125	150
45°弯头	0.3	0.3	0.6	0.6	0.9	0.9	1.2	1.5	2.1
90°弯头	0.6	0.9	1.2	1.5	1.8	2.1	3	3.7	4.3
90°长弯管	0.6	0.6	0.6	0.9	1.2	1.5	1.8	2.4	2.7
三通或四通(侧向)	1.5	1.8	2.4	3	3.7	4.6	6.1	7.6	9.1
蝶阀	—	—	—	1.8	2.1	3.1	3.7	2.7	3.1
闸阀	—	—		0.3	0.3	0.3	0.6	0.6	0.9
止回阀	1.5	2.1	2.7	3.4	4.3	4.9	6.7	8.2	9.3
异径接头	32/25	40/32	50/40	65/50	80/65	100/80	125/100	150/125	200/150
	0.2	0.3	0.3	0.5	0.6	0.8	1.1	1.3	1.6

注 1. 过滤器当量长度的取值，由生产厂提供。

2. 当异径接头的出口直径不变而入口直径提高 1 级时，其当量长度应增大 0.5 倍；提高 2 级或 2 级以上时，其当量长度应增大 1.0 倍。

（4）水泵扬程或系统入口的供水压力应按下式计算：

$$H = (1.20 \sim 1.40)\sum p_p + p_0 + Z - h_c \qquad (12\text{-}11)$$

式中 H——水泵扬程或系统入口的供水压力，MPa；

$\sum p_p$——管道沿程和局部水头损失的累计值，MPa，报警阀的局部水头损失应按照产品样本或检测数据确定，当无上述数据时，湿式报警阀取值 0.04MPa、干式报警阀取值 0.02 MPa、预作用装置取值 0.08MPa、雨淋报警阀取值 0.07MPa、水流指示器取值 0.02MPa；

p_0——最不利点处喷头的工作压力，MPa；

Z——最不利点处喷头与消防水池的最低水位或系统入口管水平中心线之间的高程差，当系统入口管或消防水池最低水位高于最不利点处喷头时，Z 应取负值，MPa；

h_c——从城市市政管网直接抽水时城市管网的最低水压，MPa；当从消防水池吸水时，h_c取 0。

3. 减压措施

（1）减压孔板应符合下列规定。

1）应设在直径不小于 50mm 的水平直管段上，前后管段的长度均不宜小于该管段直径的 5 倍。

2）孔口直径不应小于设置管段直径的 30%，且不应小于 20mm。

3）应采用不锈钢板制作。

按常规确定的孔板厚度：$\phi50 \sim \phi80$ 时，$\delta=3\text{mm}$；$\phi100 \sim \phi150$ 时，$\delta=6\text{mm}$；$\phi200$ 时，$\delta=9\text{mm}$。减压孔板的结构示意如图 12-36 所示。

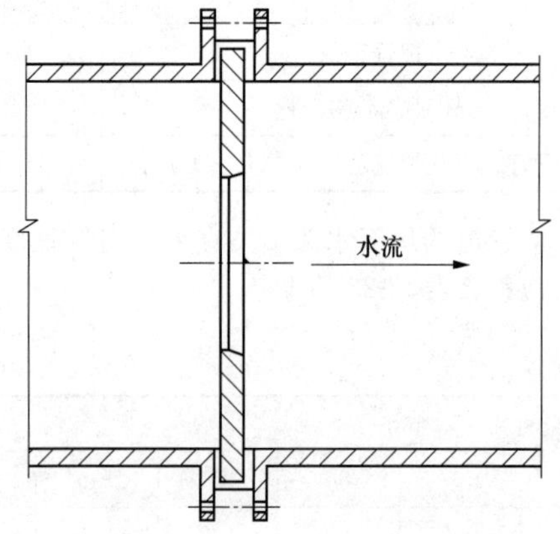

图 12-36　减压孔板的结构示意

（2）节流管（图 12-37）应符合下列规定。

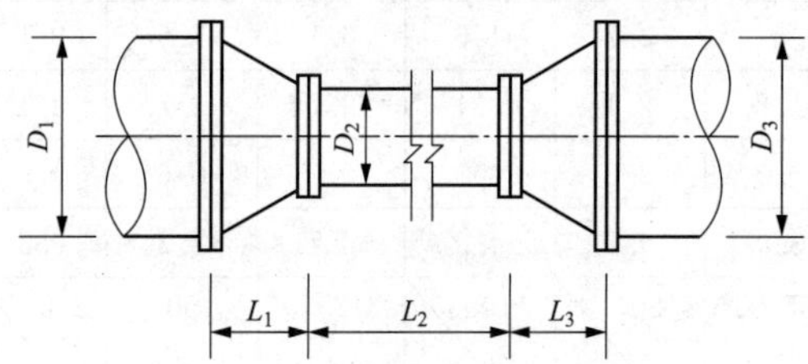

图 12-37　节流管结构示意

D_1、D_3—扩管直径；L_2—干管长度；

L_1、L_3—渐缩管、渐扩管

技术要求：$L_1=D_1$；$L_3=D_3$

1）直径宜按上游管段直径的 1/2 确定。

2）长度不宜小于 1m。

3）节流管内水的平均流速不应大于 20m/s。

（3）减压孔板的水头损失，应按下式计算：

$$H_k = \xi \frac{v_k^2}{2g} \tag{12-12}$$

式中　H_k——减压孔板的水头损失，10^{-2}MPa；

v_k——减压孔板后管道内水的平均流速，m/s；

ξ——减压孔板的局部阻力系数，取值应按式（12-13）计算，按表 12-23 确定。

$$\xi = \left(1.75\frac{d_j^2}{d_k^2} \times \frac{1.1-\frac{d_k^2}{d_j^2}}{1.175-\frac{d_k^2}{d_j^2}} - 1\right)^2 \tag{12-13}$$

式中　d_k——减压孔板的孔口直径，m；

d_j——管道的计算内径，m。

表 12-23　减压孔板的局部阻力系数

d_k/d_j	0.3	0.4	0.5	0.6	0.7	0.8
ξ	292	83.3	29.5	11.7	4.75	1.83

（4）节流管的水头损失，应按下式计算：

$$H_g = \xi \frac{v_g^2}{2g} + 0.00107L\frac{v_g^2}{d_g^{1.3}} \tag{12-14}$$

式中　H_g——节流管的水头损失，10^{-2}MPa；

ξ——节流管中渐缩管与渐扩管的局部阻力系数之和，取值 0.7；

v_g——节流管内水的平均流速，m/s；

d_g——节流管的计算内径，m，取值应按节流管内径减 1mm 确定；

L——节流管的长度，m。

（5）减压阀的设置应符合下列规定。

1）应设在报警阀组入口前。

2）入口前应设过滤器，且便于排污。

3）当连接两个及以上报警阀组时，应设置备用减压阀。

4）垂直设置的减压阀，水流方向宜向下。

5）比例式减压阀宜垂直设置，可调式减压阀宜水平设置。

6）减压阀前后应设控制阀和压力表，当减压阀主阀体自身带有压力表时，可不设置压力表。

7）减压阀和前后的阀门宜有保护或锁定调节配件的装置。

（二）喷头的布置

1. 一般规定

（1）喷头应布置在顶板或吊顶下易于接触到火灾热气流，并有利于均匀布水的位置。当喷头附近有障碍物时，应符合相关规定或增设补偿喷水强度的喷头。

（2）直立型、下垂型标准覆盖面积洒水喷头的布置，包括同一根配水支管上喷头的间距及相邻配水支管的间距，应根据设置场所的火灾危险等级、洒水喷头类型和工作压力确定，并不应大于表 12-24 中的规定，且不应小于 1.8m。

（3）边墙型标准覆盖面积洒水喷头的最大保护跨度与间距，应符合表 12-25 的规定。

（4）直立型、下垂型扩大覆盖面积洒水喷头应采用正方形布置，其布置间距不应大于表 12-26 的规定，且不应小于 2.4m。

表 12-24　同一根配水支管上喷头的间距及相邻配水支管的间距

火灾危险等级	正方形布置的边长（m）	矩形或平行四边形布置的长边边长（m）	一只喷头的最大保护面积（m^2）	喷头与端墙的距离（m）	
				最大	最小
轻危险级	4.4	4.5	20.0	2.2	0.1
中危险级Ⅰ级	3.6	4.0	12.5	1.8	
中危险级Ⅱ级	3.4	3.6	11.5	1.7	
严重危险级、仓库危险级	3.0	3.6	9.0	1.5	

注　1. 设置单排洒水喷头的闭式系统，其洒水喷头间距应按地面不留漏喷空白点确定。

2. 严重危险级或仓库危险级场所宜采用流量系数大于 80 的洒水喷头。

表 12-25　边墙型标准覆盖面积洒水喷头的最大保护跨度与间距

火灾危险等级	配水支管上喷头的最大间距（m）	单排喷头的最大保护跨度（m）	两排相对喷头的最大保护跨度（m）
轻危险级	3.6	3.6	7.2
中危险级Ⅰ级	3.0	3.0	6.0

注　1. 两排相对洒水喷头应交错布置。

2. 室内跨度大于两排相对喷头的最大保护跨度时，应在两排相对喷头中间增设一排喷头。

表 12-26　直立型、下垂型扩大覆盖面积洒水喷头的布置间距

火灾危险等级	正方形布置的边长（m）	一只喷头的最大保护面积（m^2）	喷头与端墙的距离（m）	
			最大	最小
轻危险级	5.4	29.0	2.7	0.1
中危险级Ⅰ级	4.8	23.0	2.4	
中危险级Ⅱ级	4.2	17.5	2.1	
严重危险级	3.6	13.0	1.8	

（5）边墙型扩大覆盖面积洒水喷头的最大保护跨度和配水支管上的洒水喷头间距，应按洒水喷头工作压力下能够喷湿对面墙和临近端墙距溅水盘 1.2m 高度以下的墙面确定，且保护面积内的喷水强度应符合表 12-14 的规定。

（6）除吊顶型洒水喷头及吊顶下设置的洒水喷头外，直立型、下垂型标准覆盖面积洒水喷头和扩大覆盖面积洒水喷头溅水盘与顶板的距离应为 75～150mm，并应符合下列规定。

1）当在梁或其他障碍物底面下方的平面上布置喷头时，溅水盘与顶板的距离不应大于 300mm，同时溅水盘与梁等障碍物底面的垂直距离应为 25～100mm。

2）当在梁间布置洒水喷头时，洒水喷头与梁的距离应符合 GB 50084—2017《自动喷水灭火系统设计规范》相关规定。确有困难时，溅水盘与顶板的距离不应大于 550mm。梁间布置的洒水喷头，溅水盘与顶板距离达到 550mm 仍不能符合规定时，应在梁底面的下方增设洒水喷头。

3）密肋梁板下方的洒水喷头，溅水盘与密肋梁板底面的垂直距离应为 25～100mm。

4）无吊顶的梁间洒水喷头布置可采用不等距方式，但应符合表 12-14～表 12-20 的要求。

（7）除吊顶型洒水喷头及吊顶下设置的洒水喷头外，直立型、下垂型早期抑制快速响应喷头、特殊应用喷头和家用喷头溅水盘与顶板的距离应符合表 12-27 的规定。

表 12-27　喷头溅水盘与顶板的距离　mm

喷头类型		喷头溅水盘与顶板的距离 S_L
早期抑制快速响应喷头	直立型	$100 \leqslant S_L \leqslant 150$
	下垂型	$150 \leqslant S_L \leqslant 360$
特殊应用喷头		$150 \leqslant S_L \leqslant 200$
家用喷头		$20 \leqslant S_L \leqslant 100$

(8) 图书馆、档案馆、商场、仓库中的通道上方宜设有喷头。喷头与被保护对象的水平距离不应小于0.3m，喷头溅水盘与保护对象的最小垂直距离不应小于表12-28的规定。

表12-28 喷头溅水盘与保护对象的最小垂直距离

m

喷头类型	最小垂直距离
标准覆盖面积洒水喷头、扩大覆盖面积洒水喷头	450
特殊应用喷头、早期抑制快速响应喷头	900

(9) 货架内置洒水喷头宜与顶板下洒水喷头交错布置，其溅水盘与上方层板的距离，应符合第(6)条的规定，与其下部储物顶面的垂直距离不应小于150mm。

(10) 挡水板应为正方形或圆形金属板，其平面面积不宜小于$0.12m^2$，周围弯边的下沿宜与洒水喷头的溅水盘平齐。除下列情况和另有规定外，其他场所或部位不应采用挡水板。

1) 设置货架内置洒水喷头的仓库，当货架内置洒水喷头上方有空洞、缝隙时，可在洒水喷头的上方设置挡水板。

2) 宽度大于"2. 喷头与障碍物的距离"中(3)规定的障碍物，增设的洒水喷头上方有空洞、缝隙时，可在洒水喷头的上方设置挡水板。

(11) 净空高度大于800mm的闷顶和技术夹层内应设置洒水喷头，当同时满足下列情况时，可不设置洒水喷头。

1) 闷顶内敷设的配电线路采用不燃材料套管或封闭式金属线槽保护。

2) 风管保温材料等采用不燃、难燃材料制作。

3) 无其他可燃物。

(12) 当局部场所设置自动喷水灭火系统时，局部场所与相邻不设自动喷水灭火系统场所连通的走道和连通门窗的外侧，应设洒水喷头。

(13) 装设网格、栅板类通透性吊顶的场所，当通透面积占吊顶总面积的比例大于70%时，喷头应设置在吊顶上方，并应符合下列规定。

1) 通透型吊顶开口部位的净宽度不应小于10mm，且开口部位的厚度不应大于开口的最小宽度。

2) 喷头间距及碱水盆与吊顶上表面的距离应符合表12-29的规定。

表12-29 喷头间距及碱水盆与吊顶上表面的距离

火灾危险等级	喷头间距S(m)	喷头溅水盘与吊顶上表面的最小距离(mm)
轻危险级、中危险级Ⅰ级	$S \leqslant 3.0$	450
	$3.0 < S \leqslant 3.6$	600
	$S > 3.6$	900
中危险级Ⅱ级	$S \leqslant 3.0$	600
	$S > 3.0$	900

(14) 顶板或吊顶为斜面时，喷头的布置应符合下列要求。

1) 喷头应垂直于斜面，并应按斜面距离确定喷头间距。

2) 坡屋顶的屋脊处应设一排喷头，当屋顶坡度不小于1/3时，喷头溅水盘至屋脊的垂直距离不应大于800mm；当屋顶坡度小于1/3时，喷头溅水盘至屋脊的垂直距离不应大于600mm。

(15) 边墙型洒水喷头溅水盘与顶板和背墙的距离应符合表12-30的规定。

表12-30 边墙型洒水喷头溅水盘与顶板和背墙的距离

mm

喷头类型		喷头溅水盘与顶板的距离S_L	喷头溅水盘与背墙的距离S_W
边墙型标准覆盖面积洒水喷头	直立式	$100 \leqslant S_L \leqslant 150$	$50 \leqslant S_W \leqslant 100$
	水平式	$150 \leqslant S_L \leqslant 300$	—
边墙型扩大覆盖面积洒水喷头	直立式	$100 \leqslant S_L \leqslant 150$	$100 \leqslant S_W \leqslant 150$
	水平式	$150 \leqslant S_L \leqslant 300$	—
边墙型家用喷头		$100 \leqslant S_L \leqslant 150$	—

(16) 防火分隔水幕的喷头布置，应保证水幕的宽度不小于6m。采用水幕喷头时，喷头不应少于3排；采用开式洒水喷头时，喷头不应少于2排。防护冷却水幕的喷头宜布置成单排。

(17) 当防火卷帘、防火玻璃墙等防火分隔设施需采用防护冷却系统保护时，喷头应根据可燃物的情况一侧或两侧布置；外墙可只在需要保护的一侧布置。

2. 喷头与障碍物的距离

(1) 喷头与梁、通风管道的距离(图12-38)宜符合表12-31的规定。

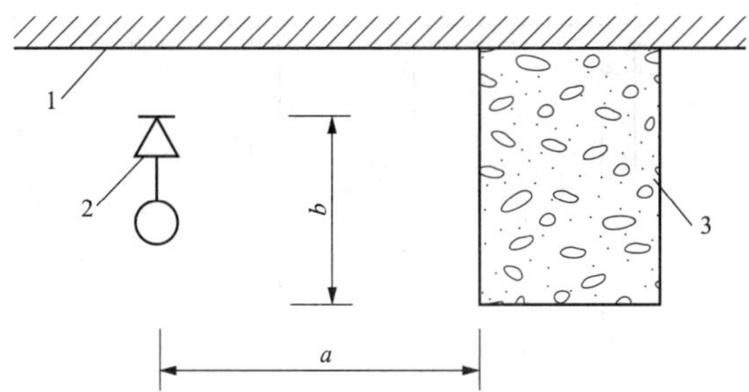

图 12-38　喷头与梁、通风管道的距离

1—顶板；2—直立型喷头；3—梁（或通风管道）

表 12-31　喷头与梁、通风管道的距离　mm

喷头与梁、通风管道的水平距离 a	喷头测水盘与梁或通风管道底面的垂直距离 b		
	标准覆盖面积洒水喷头	扩大覆盖面积洒水喷头、家用喷头	早期抑制快速响应喷头、特殊应用喷头
$a<300$	0	0	0
$300\leqslant a<600$	$b\leqslant 60$	0	$b\leqslant 40$
$600\leqslant a<900$	$b\leqslant 140$	$b\leqslant 30$	$b\leqslant 140$
$900\leqslant a<1200$	$b\leqslant 240$	$b\leqslant 80$	$b\leqslant 250$
$1200\leqslant a<1500$	$b\leqslant 350$	$b\leqslant 130$	$b\leqslant 380$
$1500\leqslant a<1800$	$b\leqslant 450$	$b\leqslant 180$	$b\leqslant 550$
$1800\leqslant a<1200$	$b\leqslant 600$	$b\leqslant 230$	$b\leqslant 780$
$a\geqslant 2100$	$b\leqslant 800$	$b\leqslant 350$	$b\leqslant 780$

（2）特殊应用喷头溅水盘以下 900mm 范围内，其他类型喷头溅水盘以下 450mm 范围内，当有屋架等间断障碍物或管道时，喷头与邻近障碍物的最小水平距离宜符合表 12-32 的规定（图 12-39）。

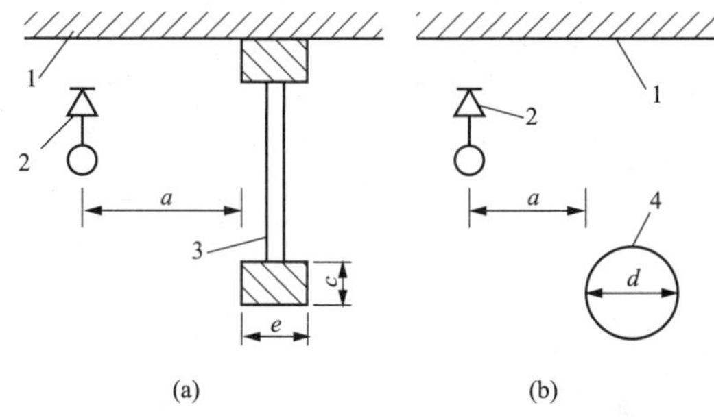

图 12-39　喷头与邻近障碍物的最小水平距离

（a）有屋架等间断障碍物或管道；

（b）无屋架等间断障碍物或管道

1—顶板；2—直立型喷头；3—屋架等间断障碍物；4—管道

表 12-32　喷头与邻近障碍物的最小水平距离　mm

喷头类型	喷头与邻近障碍物的最小水平距离 a	
标准覆盖面积洒水喷头、特殊应用喷头	c、e 或 $d\leqslant 200$	$3c$ 或 $3e$（c 与 e 取大值）或 $3d$
	c、e 或 $d>200$	600
扩大覆盖面积洒水喷头、家用喷头	c、e 或 $d\leqslant 225$	$4c$ 或 $4e$（c 与 e 取大值）或 $4d$
	c、e 或 $d>225$	900

（3）当梁、通风管道、成排布置的管道、桥架等障碍物的宽度大于 1.2m 时，其下方应增设喷头（图 12-40）；采用早期抑制快速响应喷头和特殊应用喷头的场所，当障碍物宽度大于 0.6m 时，其下方应增设喷头。

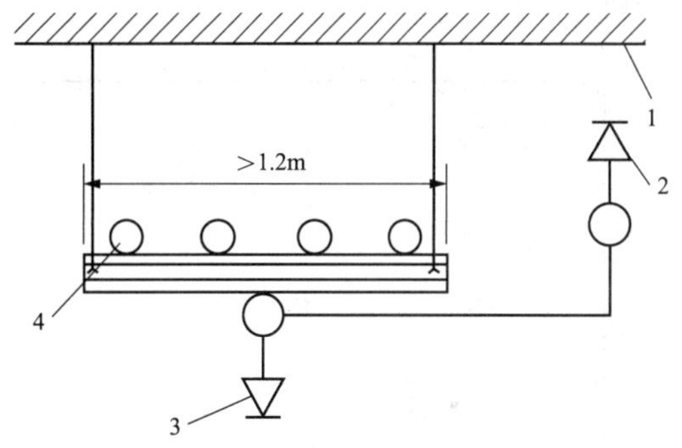

图 12-40　障碍物下方增设喷头

1—顶板；2—直立型喷头；3—下垂型喷头；4—成排布置的管道（或梁、通风管道、桥架等）

（4）标准覆盖面积洒水喷头、扩大覆盖面积洒水喷头和家用喷头与不到顶隔墙的水平距离和垂直距离（图 12-41）应符合表 12-33 的规定。

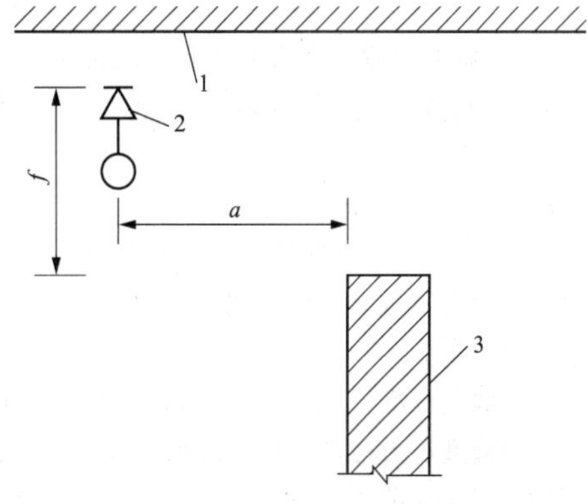

图 12-41　喷头与不到顶隔墙的水平距离

1—顶板；2—直立型喷头；3—不到顶隔墙

表 12-33　喷头与不到顶隔墙的水平距离和垂直距离　mm

喷头与不到顶隔墙的水平距离 a	喷头溅水盘与不到顶隔墙的垂直距离 f
$a<150$	$f \geqslant 80$
$150 \leqslant a<300$	$f \geqslant 150$
$300 \leqslant a<450$	$f \geqslant 240$
$450 \leqslant a<600$	$f \geqslant 310$
$600 \leqslant a<750$	$f \geqslant 390$
$a \geqslant 750$	$f \geqslant 450$

（5）直立型、下垂型喷头与靠墙障碍物的距离，应符合下列规定（图 12-42）。

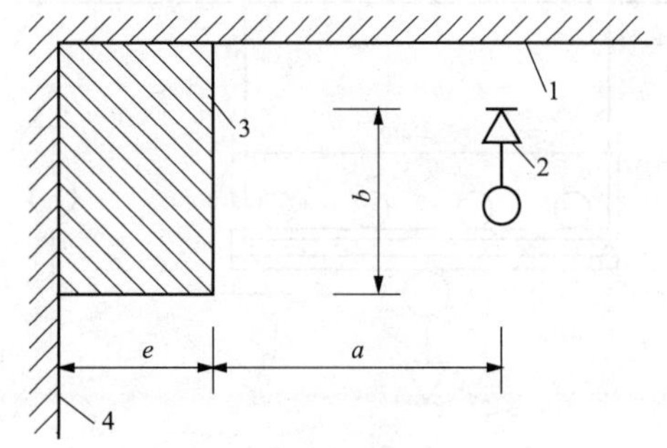

图 12-42　喷头与靠墙障碍物的距离
1—顶板；2—直立型喷头；3—靠墙障碍物；4—墙面

1）障碍物横截面边长小于 750mm 时，喷头与障碍物的距离应按式（12-15）确定：

$$a \geqslant (e-200)+b \qquad (12\text{-}15)$$

式中　a——喷头与障碍物的水平距离，mm；

b——喷头溅水盘与障碍物底面的垂直距离，mm；

e——障碍物横截面的边长，mm，$e<750$。

2）障碍物横截面边长等于或大于 750mm 或 a 的计算值大于喷头与端墙距离的规定值时，应在靠墙障碍物下增设喷头。

（6）边墙型标准覆盖面积洒水喷头正前方 1.2m 范围内，边墙型扩大覆盖面积洒水喷头和边墙型家用喷头正前方 2.4m 范围（图 12-43）内，顶板或吊顶下不应有阻挡喷水的障碍物，其布置要求应符合表 12-34 和表 12-35 的规定。

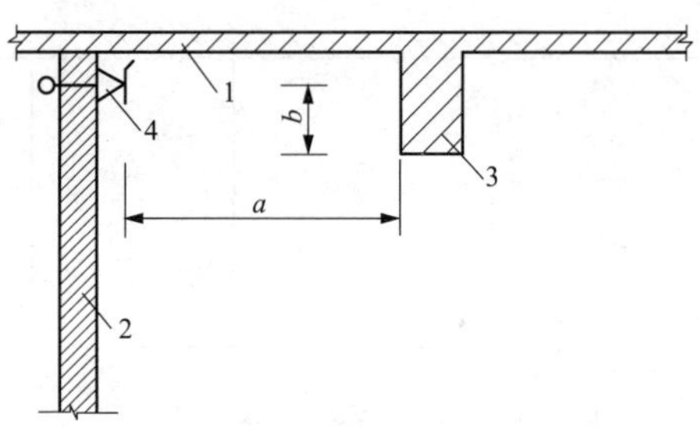

图 12-43　边墙型洒水喷头与正前方障碍物的距离
1—顶板；2—背墙；3—梁（或通风管道）；4—边墙型喷头

表 12-34　边墙型标准覆盖面积洒水喷头与正前方障碍物的垂直距离　mm

喷头与障碍物的水平距离 a	喷头溅水盘与障碍物底面的垂直距离 b
$a<1200$	不允许
$1200 \leqslant a<1500$	$b \leqslant 25$
$1500 \leqslant a<1800$	$b \leqslant 50$
$1800 \leqslant a<2100$	$b \leqslant 100$
$2100 \leqslant a<2400$	$b \leqslant 175$
$a \geqslant 2400$	$b \leqslant 280$

表 12-35　边墙型扩大覆盖面积洒水喷头和边墙型家用喷头与正前方障碍物的垂直距离　mm

喷头与障碍物的水平距离 a	喷头溅水盘与障碍物底面的垂直距离 b
$a<2400$	不允许
$2400 \leqslant a<3000$	$b \leqslant 25$
$3000 \leqslant a<3300$	$b \leqslant 50$
$3300 \leqslant a<3600$	$b \leqslant 75$
$3600 \leqslant a<3900$	$b \leqslant 100$
$3900 \leqslant a<4200$	$b \leqslant 150$
$4200 \leqslant a<4500$	$b \leqslant 175$
$4500 \leqslant a<4800$	$b \leqslant 225$
$4800 \leqslant a<5100$	$b \leqslant 280$
$a \geqslant 5100$	$b \leqslant 350$

（7）边墙型洒水喷头两侧与顶板或吊顶下梁、通风管道等障碍物的距离（图 12-44），应符合表 12-36 和表 12-37 的规定。

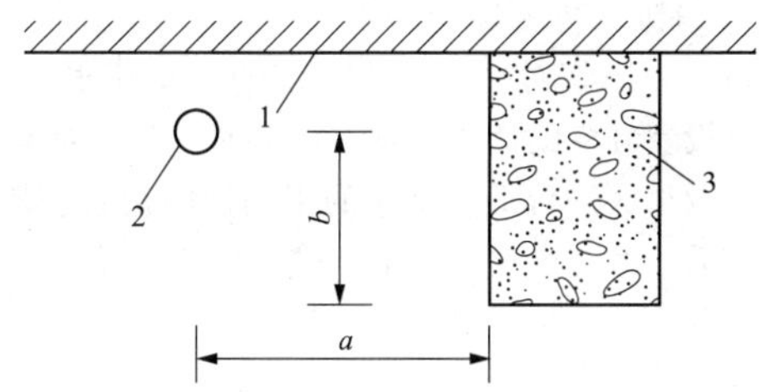

图 12-44 边墙型洒水喷头与沿墙障碍物的距离

1—顶板；2—边墙型洒水喷头；3—梁（或通风管道）

表 12-36 边墙型标准覆盖面积洒水喷头与沿墙障碍物底面的垂直距离 mm

喷头与障碍物的水平距离 a	喷头溅水盘与障碍物底面的垂直距离 b
$a<300$	$b\leqslant 25$
$300\leqslant a<600$	$b\leqslant 50$
$600\leqslant a<900$	$b\leqslant 140$
$900\leqslant a<1200$	$b\leqslant 200$
$1200\leqslant a<1500$	$b\leqslant 250$
$1500\leqslant a<1800$	$b\leqslant 320$
$1800\leqslant a<2100$	$b\leqslant 380$
$2100\leqslant a<2250$	$b\leqslant 440$

表 12-37 边墙型扩大覆盖面积洒水喷头和边墙型家用喷头与沿墙障碍物底面的垂直距离 mm

喷头与障碍物的水平距离 a	喷头溅水盘与障碍物底面的垂直距离 b
$a\leqslant 450$	0
$450<a\leqslant 900$	$b\leqslant 25$
$900<a\leqslant 1200$	$b\leqslant 50$
$1200<a\leqslant 1350$	$b\leqslant 125$
$1350<a\leqslant 1800$	$b\leqslant 175$
$1800<a\leqslant 1950$	$b\leqslant 225$
$1950<a\leqslant 2100$	$b\leqslant 275$
$2100<a\leqslant 2250$	$b\leqslant 350$

（三）管道的布置

（1）配水管道的工作压力不应大于 1.20MPa，并不应设置其他用水设施。

（2）配水管道可采用内外壁热镀锌钢管、涂覆钢管、铜管、不锈钢管和氯化聚氯乙烯（PVC-C）管。当报警阀入口前管道采用不防腐的钢管时，应在报警阀前设置过滤器。

（3）自动喷水灭火系统采用氯化聚氯乙烯（PVC-C）管材及管件时，设置场所的火灾危险等级应为轻危险级或中危险级Ⅰ级，系统应为湿式系统，并采用快速响应洒水喷头，且氯化聚氯乙烯（PVC-C）管材及管件应符合下列要求。

1）应符合 GB/T 5135.19—2010《自动喷水灭火系统 第 19 部分：塑料管道及管件》的规定。

2）应用于公称直径不超过 DN80 的配水管及配水支管，且不应穿越防火分区。

3）当设置在有吊顶场所时，吊顶内应无其他可燃物，吊顶材料应为不燃或难燃装修材料。

4）当设置在无吊顶场所时，该场所应为轻危险级场所，顶板应为水平、光滑顶板，且喷头溅水盘与顶板的距离不应大于 100mm。

（4）洒水喷头与配水管道采用消防洒水软管连接时，应符合下列规定。

1）消防洒水软管仅适用于轻危险级或中危险级Ⅰ级场所，且系统应为湿式系统。

2）消防洒水软管应设置在吊顶内。

3）消防洒水软管的长度不应超过 1.8m。

（5）配水管道的连接方式应符合下列要求。

1）镀锌钢管、涂覆钢管可采用沟槽式连接件（卡箍）、螺纹或法兰连接，当报警阀前采用内壁不防腐钢管时，可焊接连接。

2）铜管可采用钎焊、沟槽式连接件（卡箍）、法兰和卡压等连接方式。

3）不锈钢管可采用沟槽式连接件（卡箍）、法兰、卡压等连接方式，不宜采用焊接。

4）氯化聚氯乙烯（PVC-C）管材、管件可采用粘接连接，氯化聚氯乙烯（PVC-C）管材、管件与其他材质管材、管件之间可采用螺纹、法兰或沟槽式连接件（卡箍）连接。

5）铜管、不锈钢管、氯化聚氯乙烯（PVC-C）管应采用配套的支架、吊架。

（6）系统中直径等于或大于 100mm 的管道，应分段采用法兰或沟槽式连接件（卡箍）连接。水平管道上法兰间的管道长度不宜大于 20m；立管上法兰间的距离，不应跨越 3 个及以上楼层。净空高度大于 8m 的场所内，立管上应有法兰。

（7）管道的直径应经水力计算确定。配水管道的布置应使配水管入口的压力均衡。轻危险级、中危险级场所中各配水管入口的压力均不宜大于 0.40MPa。

（8）配水管两侧每根配水支管控制的标准流量洒水喷头数量，轻危险级、中危险级场所不应超过 8 只，同时在吊顶上下设置喷头的配水支管，上下侧均不应超过 8 只。严重危险级及仓库危险级场所均不应超过 6 只。

(9) 轻危险级、中危险级场所中配水支管、配水管控制的标准流量洒水喷头数量，不宜超过表 12-38 规定。

表 12-38 轻、中危险级场所中配水支管、配水管控制的标准流量洒水喷头数量

公称管径（mm）	控制的标准喷头数（只）	
	轻危险级	中危险级
25	1	1
32	3	3
40	5	4
50	10	8
65	18	12
80	48	32
100	—	64

(10) 短立管及末端试水装置的连接管，其管径不应小于 25mm。

(11) 干式系统、由火灾自动报警系统和充气管道上设置的压力开关开启预作用装置的预作用系统，其配水管道充水时间不宜大于 1min；雨淋系统和仅由火灾自动报警系统联动开启预作用装置的预作用系统，其配水管道充水时间不宜大于 2min。

(12) 干式系统、预作用系统的供气管道采用钢管时，管径不宜小于 15mm；采用铜管时，管径不宜小于 10mm。

(13) 水平设置的管道宜有坡度，并应坡向泄水阀。充水管道的坡度不宜小于 2‰，准工作状态不充水管道的坡度不宜小于 4‰。

（四）供水系统设计

1. 一般规定

(1) 系统用水应无污染、腐蚀、悬浮物。可由市政或企业的生产、消防给水管道供给，也可由消防水池或天然水源供给，并应确保持续喷水时间内的用水量。

(2) 与生活用水合用的消防水箱和消防水池，其储水的水质应符合饮用水标准。

(3) 严寒与寒冷地区，对系统中遭受冰冻影响的部分，应采取防冻措施。

(4) 当自动喷水灭火系统中设有 2 个及以上报警阀组时，报警阀组前应设环状供水管道。环状供水管道上设置的控制阀应采用信号阀；当不采用信号阀时，应设锁定阀位的锁具。

2. 消防水泵

(1) 采用临时高压给水系统的自动喷水灭火系统，宜设置独立的消防水泵，并应按一用一备或二用一备，及最大一台消防水泵的工作性能设置备用泵。当与消防栓系统合用消防水泵时，系统管道应在报警阀前分开。

(2) 按二级负荷供电的建筑，宜采用柴油机泵作备用泵。

(3) 系统的消防水泵、稳压泵，应采用自灌式吸水方式。采用天然水源时，消防水泵的吸水口应采取防止杂物堵塞的措施。

(4) 每组供水泵的吸水管不应少于 2 根。报警阀入口前设置环状管道的系统，每组消防水泵的出水管不应少于 2 根。消防水泵的吸水管应设控制阀和压力表；出水管应设控制阀、止回阀和压力表，出水管上还应设置流量和压力检测装置或预留可供连接流量和压力检测装置的接口。必要时，应采取控制消防水泵出口压力的措施。

3. 高位消防水箱

(1) 采用临时高压给水系统的自动喷水灭火系统，应设高位消防水箱。自动喷水灭火系统可与消火栓系统合用高位消防水箱，其设置应符合 GB 50974—2014《消防给水及消火栓系统技术规范》的要求。

(2) 高位消防水箱的设置高度不能满足系统最不利点处喷头的工作压力时，系统应设置增压稳压设施，增压稳压设施的设置应符合 GB 50974—2014《消防给水及消火栓系统技术规范》的规定。

(3) 采用临时高压给水系统的自动喷水灭火系统，当按 GB 50974—2014《消防给水及消火栓系统技术规范》的规定可不设置高位消防水箱时，系统应设气压供水设备。气压供水设备的有效水容积，应按系统最不利处 4 只喷头在最低工作压力下的 5min 用水量确定。干式系统、预作用系统设置的气压供水设备，应同时满足配水管道的充水要求。

(4) 高位消防水箱的出水管应符合下列规定。

1) 应设止回阀，并应与报警阀入口前管道连接。

2) 出水管管径应经计算确定，且不应小于 100mm。

4. 水泵接合器

(1) 系统应设水泵接合器，其数量应按系统的设计流量确定，每个消防水泵接合器的流量宜按 10～15L/s 计算。

(2) 当消防水泵接合器的供水能力不能满足最不利点处作用面积的流量和压力要求时，应采取增压措施。

四、 自动喷水灭火系统安装

(一) 供水设施的安装

1. 一般要求

(1) 消防水泵、消防水箱、消防水池、消防气压给水设备、消防水泵接合器等供水设施及其附属管道的安装，应清除其内部污垢和杂物。安装中断时，其敞口处应封闭。

(2) 消防供水设施应采取安全可靠的防护措施，其安装位置应便于日常操作和维护管理。

(3) 消防供水管直接与市政供水管、生活供水管连接时，连接处应安装倒流防止器。

(4) 供水设施安装时，环境温度不应低于 5℃，当环境温度低于 5℃时，应采取防冻措施。

2. 消防水泵和稳压泵安装

(1) 消防水泵的规格、型号应满足设计要求，并应有产品合格证和安装使用说明书。

(2) 消防水泵的安装，应符合 GB 50231—2009《机械设备安装工程施工及验收通用规范》、GB 50275—2010《风机、压缩机、泵安装工程施工及验收规范》的有关规定。

(3) 吸水管及其附件的安装应符合下列要求。

1) 吸水管上宜设过滤器，并应安装在控制阀后。

2) 吸水管上的控制阀应在消防水泵固定于基础上之后再进行安装，其直径不应小于消防水泵吸水口直径，且不应采用没有可靠锁定装置的蝶阀，蝶阀应采用沟槽式或法兰式蝶阀。

3) 当消防水泵和消防水池位于独立的两个基础上且互为刚性连接时，吸水管上应加设柔性连接管。

4) 吸水管水平管段上不应有气囊和漏气现象。变径连接时，应采用偏心异径管件，并应采用管顶平接。

(4) 消防水泵的出水管上应安装止回阀、控制阀和压力表，或安装控制阀、多功能水泵控制阀和压力表；系统的总出水管上还应安装压力表；安装压力表时应加设缓冲装置。缓冲装置的前面应安装旋塞；压力表量程应为工作压力的 2.0～2.5 倍。止回阀或多功能水泵控制阀的安装方向应与水流方向一致。

(5) 在水泵出水管上，应安装由控制阀、检测供水压力、流量用的仪表及排水管道组成的系统流量压力检测装置或预留可供连接流量压力检测装置的接口，其通水能力应与系统供水能力一致。

消防水泵吸水管的正确安装是消防水泵正常运行的根本保障。吸水管上安装控制阀是为了便于消防水泵的维修。先固定消防水泵，然后安装控制阀门，防止消防水泵承受应力。蝶阀由于水阻力大、受振动等因素容易自行关闭或关小，因此不得在吸水管上使用。

当消防水泵和消防水池位于独立基础上时，因为沉降不均匀，可能造成消防水泵吸水管承受内应力。最终应力加在消防水泵上，就会造成消防水泵损坏。最简单的解决方法是加一段柔性连接管，如图 12-45 所示。

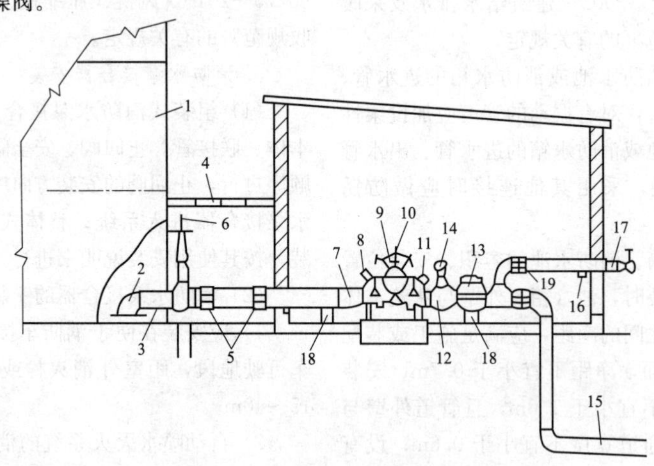

图 12-45 消防水泵消除应力的安装图示

1—消防水池；2—进水弯头；3—吸水管；4—防冻盖板；5—消除应力之柔性联接管；6—闸阀；7—偏心异径接头；8—吸水压力表；9—卧式泵体可分式消防泵；10—自动排气装置；11—出水压力表；12—渐缩的出水三通；13—出水止回阀；14—减压阀；15—出水管；16—泄水阀或球形滴水器；17—有水带阀门的水带阀门集合管；18—管道支座；19—指示性闸阀或指示性蝶阀

消防水泵吸水管安装如果有倒坡现象则会产生气囊；采用大小头和消防水泵吸水口连接，如果是同心大小头，则在吸水管上部产生倒坡现象。异径管的大小头上部会存留从水中析出的气体，所以必须采用偏心异径管且要求吸水管的上部保持平直，如图 12-46 所示。

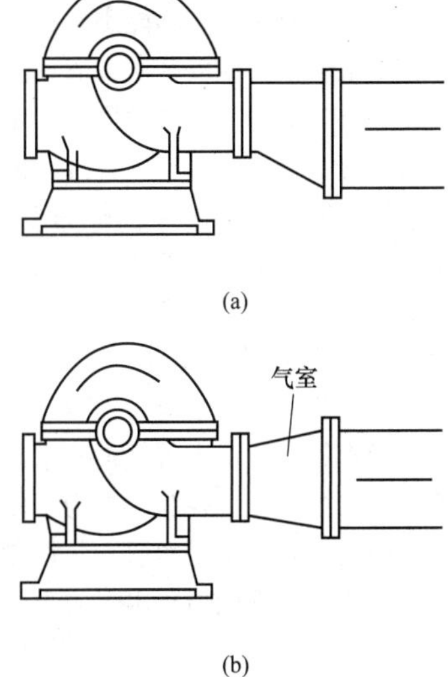

图 12-46 正确和错误的水泵吸水管
(a) 正确；(b) 错误

3. 消防水箱安装和消防水池施工

(1) 消防水池、高位消防水箱的施工和安装，应符合 GB 50141—2008《给水排水构筑物工程施工及验收规范》、GB 50242—2002《建筑给水排水及采暖工程施工质量验收规范》的有关规定。

(2) 钢筋混凝土消防水池或消防水箱的进水管、出水管应加设防水套管，对有振动的管道应加设柔性接头。组合式消防水池或消防水箱的进水管、出水管接头宜采用法兰连接，采用其他连接时应做防锈处理。

(3) 高位消防水箱、消防水池的容积、安装位置应符合设计要求。安装时，池（箱）外壁与建筑本体结构墙面或其他池壁之间的净距，应满足施工或装配的需要。无管道的侧面，净距不宜小于 0.7m；安装有管道的侧面，净距不宜小于 1.0m，且管道外壁与建筑本体墙面之间的通道宽度不宜小于 0.6m；设有人孔的池顶，顶板面与上面建筑本体板底的净空不应小于 0.8m，拼装形式的高位消防水箱底与所在地坪的距离不宜小于 0.5m。

(4) 消防水池、高位消防水箱的溢流管、泄水管不得与生产或生活用水的排水系统直接相连，应采用间接排水方式。

(5) 高位消防水箱、消防水池的人孔宜密闭。通气管、溢流管应有防止昆虫及小动物爬入水池（箱）的措施。

(6) 当高位消防水箱、消防水池与其他用途的水箱、水池合用时，应复核有效的消防水量，满足设计要求，并应设有防止消防用水被他用的措施。

(7) 高位消防水箱、消防水池的进水管、出水管上应设置带有指示启闭装置的阀门。

(8) 高位消防水箱的出水管上应设置防止消防用水倒流进入高位消防水箱的止回阀。

4. 消防气压给水设备安装

(1) 消防气压给水设备的气压罐，其容积（总容积、最大有效水容积）、气压、水位及工作压力应符合设计要求。

(2) 消防气压给水设备安装位置、进水管及出水管方向应符合设计要求；出水管上应设止回阀，安装时其四周应设检修通道，其宽度不宜小于 0.7m，消防气压给水设备顶部至楼板或梁底的距离不宜小于 0.6m。

(3) 消防气压给水设备上的安全阀、压力表、泄水管、水位指示器、压力控制仪表等的安装应符合产品使用说明书的要求。

(4) 稳压泵的规格、型号应符合设计要求，并应有产品合格证和安装使用说明书。

(5) 稳压泵的安装应符合 GB 50231—2009《机械设备安装工程施工及验收通用规范》和 GB 50275—2010《风机、压缩机、泵安装工程施工及验收规范》的有关规定。

5. 消防水泵接合器安装

(1) 组装式消防水泵接合器的安装，应按接口、本体、联接管，止回阀、安全阀、放空管、控制阀的顺序进行，止回阀的安装方向应使消防用水能从消防水泵接合器进入系统；整体式消防水泵接合器的安装，按其使用安装说明书进行。

(2) 消防水泵接合器的安装应符合下列规定。

1) 应安装在便于消防车接近的人行道或非机动车行驶地段，距室外消火栓或消防水池的距离宜为 15～40m。

2) 自动喷水灭火系统的消防水泵接合器应设置与消火栓系统的消防水泵接合器区别的永久性固定标志，并有分区标志。

3) 地下消防水泵接合器应采用铸有“消防水泵接合器”标志的铸铁井盖，并应在附近设置指示其位置的永久性固定标志。

4) 墙壁消防水泵接合器的安装应符合设计要求。

设计无要求时，其安装高度距地面宜为0.7m，与墙面上的门、窗、孔、洞的净距离不应小于2.0m，且不应安装在玻璃幕墙下方。

（3）地下消防水泵接合器的安装，应使进水口与井盖底面的距离不大于0.4m，且不应小于井盖的半径。

（4）地下消防水泵接合器井的砌筑应有防水和排水措施。

（二）管网的安装

（1）管道的安装位置应符合设计要求。当设计无要求时，管道的中心线与梁、柱、楼板等的最小距离应符合表12-39的规定。公称直径大于或等于100mm的管道，其距离顶板、墙面的安装距离不宜小于200mm。

表12-39 管道的中心线与梁、柱、楼板的最小距离 mm

公称直径	25	32	40	50	70	80	100	125	150	200	250	300
距离	40	40	50	60	70	80	100	125	150	200	250	300

（2）管道支架、吊架、防晃支架的安装应符合下列要求。

1）管道应固定牢固，管道支架或吊架之间的距离不应大于表12-40～表12-44的规定。

表12-40 镀锌钢管道、涂覆钢管道支架或吊架之间的距离

公称直径（mm）	25	32	40	50	70	80	100	125	150	200	250	300
距离（m）	3.5	4.0	4.5	5.0	6.0	6.0	6.5	7.0	8.0	9.5	11.0	12.0

表12-41 不锈钢管道的支架或吊架之间的距离

公称直径DN（mm）	25	32	40	50～100	150～300
水平管（m）	1.8	2.0	2.2	2.5	3.5
立管（m）	2.2	2.5	2.8	3.0	4.0

注 1. 在距离各管件或阀门100mm以内应采用管卡牢固固定，特别在干管变支管处。
2. 阀门等组件应加设承重支架。

表12-42 铜管道的支架或吊架之间的距离

公称直径DN(mm)	25	32	40	50	70	80	100	125	150	200	250	300
水平管（m）	1.8	2.4	2.4	2.4	3.0	3.0	3.0	3.0	3.5	3.5	4.0	4.0
立管(m)	2.4	3.0	3.0	3.0	3.5	3.5	3.5	3.5	4.0	4.0	4.5	4.5

表12-43 氯化聚氯乙烯（PVC－C）管道支架或吊架之间的距离

公称外径（mm）	25	32	40	50	65	80
最大间距（m）	1.8	2.0	2.1	2.4	2.7	3.0

表12-44 沟槽连接管道最大支承间距

公称直径（mm）	最大支承间距（m）
65～100	3.5
125～200	4.2
250～315	5.0

注 1. 横管的任何两个接头之间应有支承。
2. 不得支承在接头上。

2）管道支架、吊架、防晃支架的型式、材质、加工尺寸及焊接质量等，应符合设计要求和国家现行有关标准的规定。

3）管道支架、吊架的安装位置不应妨碍喷头的喷水效果；管道支架、吊架与喷头之间的距离不宜小于300mm；与末端喷头之间的距离不宜大于750mm。

4）配水支管上每一直管段、相邻两喷头之间管段设置的吊架均不宜少于1个，吊架的间距不宜大于3.6m。

5）当管道的公称直径大于或等于50mm时，每段配水干管或配水管设置防晃支架不应少于1个，且防晃支架的间距不宜大于15m；当管道改变方向时，应增设防晃支架。

6）竖直安装的配水干管除中间用管卡固定外，还应在其始端和终端设防晃支架或采用管卡固定，其安装位置距地面或楼面的距离宜为1.5～1.8m。

（3）管道穿过建筑物的变形缝时，应采取抗变形措施。穿过墙体或楼板时应加设套管，套管长度不得小于墙体厚度，穿过楼板的套管顶部应高出装饰地面20mm；穿过卫生间或厨房楼板的套管，其顶部应高出装饰地面50mm，且套管底部应与楼板底面相平。套管与管道的间隙应采用不燃材料填塞密实。

（4）管道横向安装宜设2‰～5‰的坡度，且应坡向排水管；当局部区域难以利用排水管将水排净时，应采取相应的排水措施。当喷头数量小于或等于5只时，可在管道低凹处加设堵头；当喷头数量大于5只时，宜装设带阀门的排水管。

（5）配水干管、配水管应做红色或红色环圈标志。红色环圈标志，宽度不应小于20mm，间隔不宜大于 4m，在一个独立的单元内环圈不宜少于 2 处。

(6) 管网在安装中断时，应将管道的敞口封闭。

(7) 涂覆钢管的安装应符合下列有关规定。

1) 涂覆钢管严禁剧烈撞击或与尖锐物品碰触，不得抛、摔、滚、拖。

2) 不得在现场进行焊接操作。

3) 涂覆钢管与铜管、氯化聚氯乙烯（PVC-C）管连接时应采用专用过渡接头。

(8) 不锈钢管的安装应符合下列有关规定。

1) 薄壁不锈钢管与其他材料的管材、管件和附件相连接时，应有防止电化学腐蚀的措施。

2) DN25～DN50 的薄壁不锈钢管道与其他材料的管道连接时，应采用专用螺纹转换连接件（如环压或卡压式不锈钢管的螺纹转换接头）连接。

3) DN65～DN100 的薄壁不锈钢管道与其他材料的管道连接时，宜采用专用法兰转换连接件连接。

4) DN≥125 的薄壁不锈钢管道与其他材料的管道连接时，宜采用沟槽式管件连接或法兰连接。

(9) 铜管的安装应符合下列有关规定。

1) 硬钎焊可用于各种规格铜管与管件的连接；对管径不大于 DN50、需拆卸的铜管可采用卡套连接；管径不大于 DN50 的铜管可采用卡压连接；管径不小于 DN50 的铜管可采用沟槽连接。

2) 管道支承件宜采用铜合金制品。当采用钢件支架时，管道与支架之间应设软性隔垫，隔垫不得对管道产生腐蚀。

3) 当沟槽连接件为非铜材质时，其接触面应采取必要的防腐措施。

(10) 氯化聚氯乙烯（PVC-C）管道的安装应符合下列有关规定。

1) 氯化聚氯乙烯（PVC-C）管材与氯化聚氯乙烯（PVC-C）管件的连接应采用承插式黏接连接；氯化聚氯乙烯（PVC-C）管材与法兰式管道、阀门及管件的连接，应采用氯化聚氯乙烯（PVC-C）法兰与其他材质法兰对接连接；氯化聚氯乙烯（PVC-C））管材与螺纹式管道、阀门及管件的连接应采用内丝接头的注塑管件螺纹连接；氯化聚氯乙烯（PVC-C）管材与沟槽式（卡箍）管道、阀门及管件的连接，应采用沟槽（卡箍）注塑管件连接。

2) 黏接连接应选用与管材、管件相兼容的黏接剂，黏接连接宜在 4～38℃的环境温度下操作，接头黏接不得在雨中或水中施工，并应远离火源，避免阳光直射。

(11) 消防洒水软管的安装应符合下列有关规定。

1) 消防洒水软管出水口的螺纹应和喷头的螺纹标准一致。

2) 消防洒水软管安装弯曲时应大于软管标记的最小弯曲半径。

3) 消防洒水软管应安装相应的支架系统进行固定，确保连接喷头处锁紧。

4) 消防洒水软管波纹段与接头处 60mm 之内不得弯曲。

5) 应用在洁净室区域的消防洒水软管应采用全不锈钢材料制作的编织网形式焊接软管，不得采用橡胶圈密封组装形式的软管。

6) 应用在风烟管道处的消防洒水软管应采用全不锈钢材料制作的编织网形式焊接软管，且应安装配套防火底座和与喷头响应温度对应的自熔密封塑料袋。

（三）喷头的安装

(1) 喷头安装必须在系统试压、冲洗合格后进行。

(2) 喷头安装时，不应对喷头进行拆装、改动，并严禁给喷头、隐蔽式喷头的装饰盖板附加任何装饰性涂层。

(3) 喷头安装应使用专用扳手，严禁利用喷头的框架施拧；喷头的框架、溅水盘产生变形或释放原件损伤时，应采用规格、型号相同的喷头更换。

(4) 安装在易受机械损伤处的喷头，应加设喷头防护罩。

(5) 喷头安装时，溅水盘与吊顶、门、窗、洞口或障碍物的距离应符合设计要求。

(6) 安装前检查喷头的型号、规格、使用场所应符合设计要求。系统采用隐蔽式喷头时，配水支管的标高和吊顶的开口尺寸应准确控制。

(7) 当喷头的公称直径小于 10mm 时，应在配水干管或配水管上安装过滤器。

(8) 当喷头溅水盘高于附近梁底或高于宽度小于 1.2m 的通风管道、排管、桥架腹面时，喷头溅水盘高于梁底、通风管道、排管、桥架腹面的最大垂直距离应符合表 12-45～表 12-53 的规定（如图 12-47 所示）。

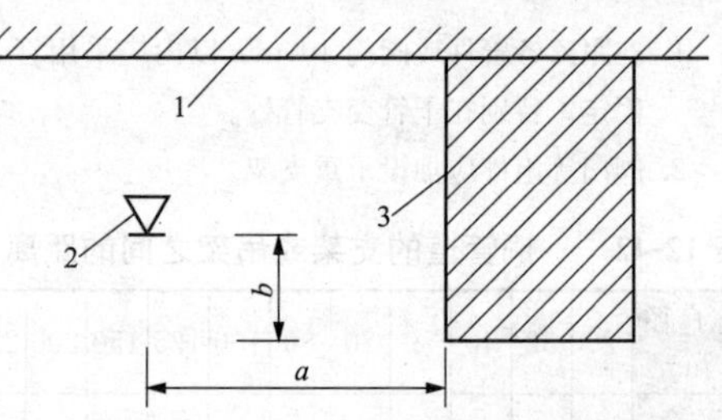

图 12-47 喷头与梁等障碍物的距离

1—天花板或屋顶；2—喷头；3—障碍物

表 12-45　喷头溅水盘高于梁底、通风管道腹面的最大垂直距离（标准直立与下垂喷头）

喷头与梁、通风管道、排管、桥架的水平距离 a（mm）	喷头溅水盘高于梁底、通风管道、排管、桥架腹面的最大垂直距离 b（mm）
$a<300$	0
$300\leqslant a<600$	60
$600\leqslant a<900$	140
$900\leqslant a<1200$	240
$1200\leqslant a<1500$	350
$1500\leqslant a<1800$	450
$1800\leqslant a<2100$	600
$a\geqslant 2100$	880

表 12-46　喷头溅水盘高于梁底、通风管道腹面的最大垂直距离（边墙型喷头与障碍物平行）

喷头与梁、通风管道、排管、桥架的水平距离 a（mm）	喷头溅水盘高于梁底、通风管道、排管、桥架腹面的最大垂直距离 b（mm）
$a<300$	30
$300\leqslant a<600$	80
$600\leqslant a<900$	140
$900\leqslant a<1200$	200
$1200\leqslant a<1500$	250
$1500\leqslant a<1800$	320
$1800\leqslant a<2100$	380
$2100\leqslant a<2250$	440

表 12-47　喷头溅水盘高于梁底、通风管道腹面的最大垂直距离（边墙型喷头与障碍物垂直）

喷头与梁、通风管道、排管、桥架的水平距离 a（mm）	喷头溅水盘高于梁底、通风管道、排管、桥架腹面的最大垂直距离 b（mm）
$a<1200$	不允许
$1200\leqslant a<1500$	30
$1500\leqslant a<1800$	50
$1800\leqslant a<2100$	100
$2100\leqslant a<2400$	180
$a\geqslant 2400$	280

表 12-48　喷头溅水盘高于梁底、通风管道腹面的最大垂直距离（扩大覆盖面直立与下垂喷头）

喷头与梁、通风管道、排管、桥架的水平距离 a（mm）	喷头溅水盘高于梁底、通风管道、排管、桥架腹面的最大垂直距离 b（mm）
$a<300$	0
$300\leqslant a<600$	0
$600\leqslant a<900$	30
$900\leqslant a<1200$	80
$1200\leqslant a<1500$	130
$1500\leqslant a<1800$	180
$1800\leqslant a<2100$	230
$2100\leqslant a<2400$	350
$2400\leqslant a<2700$	380
$2700\leqslant a<3000$	480

表 12-49　喷头溅水盘高于梁底、通风管道腹面的最大垂直距离（扩大覆盖面边墙型喷头与障碍物平行）

喷头与梁、通风管道、排管、桥架的水平距离 a（mm）	喷头溅水盘高于梁底、通风管道、排管、桥架腹面的最大垂直距离 b（mm）
$a<450$	0
$450\leqslant a<900$	30
$900\leqslant a<1200$	80
$1200\leqslant a<1350$	130
$1350\leqslant a<1800$	180
$1800\leqslant a<1950$	230
$1950\leqslant a<2100$	280
$2100\leqslant a<2250$	350

表 12-50　喷头溅水盘高于梁底、通风管道腹面的最大垂直距离（扩大覆盖面边墙型喷头与障碍物垂直）

喷头与梁、通风管道、排管、桥架的水平距离 a（mm）	喷头溅水盘高于梁底、通风管道、排管、桥架腹面的最大垂直距离 b（mm）
$a<2400$	不允许
$2400\leqslant a<3000$	30
$3000\leqslant a<3300$	50
$3300\leqslant a<3600$	80
$3600\leqslant a<3900$	100
$3900\leqslant a<4200$	150
$4200\leqslant a<4500$	180
$4500\leqslant a<4800$	230
$4800\leqslant a<5100$	280
$a\geqslant 5100$	350

表 12-51 喷头溅水盘高于梁底、通风管道腹面的最大垂直距离（特殊应用喷头）

喷头与梁、通风管道、排管、桥架的水平距离 a（mm）	喷头溅水盘高于梁底、通风管道、排管、桥架腹面的最大垂直距离 b（mm）
a＜300	0
300≤a＜600	40
600≤a＜900	140
900≤a＜1200	250
1200≤a＜1500	380
1500≤a＜1800	550
a≥1800	780

表 12-52 喷头溅水盘高于梁底、通风管道腹面的最大垂直距离（ESFR 喷头）

喷头与梁、通风管道、排管、桥架的水平距离 a（mm）	喷头溅水盘高于梁底、通风管道、排管、桥架腹面的最大垂直距离 b（mm）
a＜300	0
300≤a＜600	40
600≤a＜900	140
900≤a＜1200	250
1200≤a＜1500	380
1500≤a＜1800	550
a≥1800	780

表 12-53 喷头溅水盘高于梁底、通风管道腹面的最大垂直距离（直立和下垂型家用喷头）

喷头与梁、通风管道、排管、桥架的水平距离 a（mm）	喷头溅水盘高于梁底、通风管道、排管、桥架腹面的最大垂直距离 b（mm）
a＜450	0
450≤a＜900	30
900≤a＜1200	80
1200≤a＜1350	130
1350≤a＜1800	180
1800≤a＜1950	230
1950≤a＜2100	280
a≥2100	350

（9）当梁、通风管道、排管、桥架宽度大于1.2m时，增设的喷头应安装在其腹面以下部位。

（10）当喷头安装在不到顶的隔断附近时，喷头与隔断的水平距离和最小垂直距离应符合表 12-54 的规定（如图 12-48 所示）。

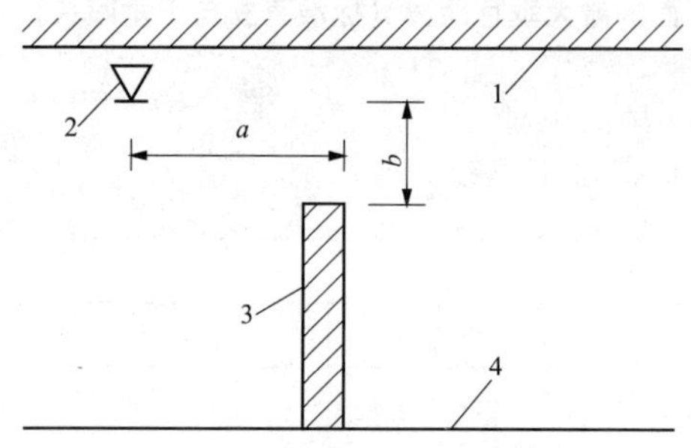

图 12-48 喷头与隔断障碍物的距离

1—天花板或屋顶；2—喷头；3—障碍物；4—地板

表 12-54 喷头与隔断的水平距离和最小垂直距离 mm

喷头与隔断的水平距离 a	喷头与隔断的最小垂直距离 b
a＜150	80
150≤a＜300	150
300≤a＜450	240
450≤a＜600	310
600≤a＜750	390
a≥750	450

（11）下垂式早期抑制快速响应（ESFR）喷头溅水盘与顶板的距离应为 150～360mm。直立式早期抑制快速响应（ESFR）喷头溅水盘与顶板的距离应为 100～150mm。

（12）顶板处的障碍物与任何喷头的相对位置，应使喷头到障碍物底部的垂直距离（H）及到障碍物边缘的水平距离（L）满足图 12-49 的要求。当无法满足要求时，应满足下列要求之一。

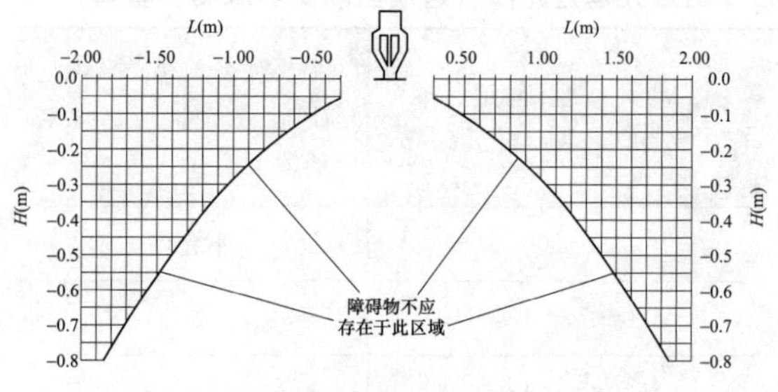

图 12-49 喷头与障碍物的相对位置

1）当顶板处实体障碍物宽度不大于 0.6m 时，应在障碍物的两侧都安装喷头，且两侧喷头到该障碍物的水平距离不应大于所要求喷头间距的一半。

2）对顶板处非实体的建筑构件，喷头与构件侧缘应保持不小于 0.3m 的水平距离。

（13）早期抑制快速响应（ESFR）喷头与喷头下障碍物的距离应满足图 12-49 的要求。当无法满足要求时，喷头下障碍物的宽度与位置应满足表 12-55 的规定。

表 12-55　喷头下障碍物的宽度与位置

<table>
<tr><th rowspan="2">喷头下障碍物宽度 W（cm）</th><th colspan="2">障碍物位置或其他要求</th></tr>
<tr><th>障碍物边缘距喷头溅水盘最小允许水平距离 L（m）</th><th>障碍物顶端距喷头溅水盘最小允许垂直距离 H（m）</th></tr>
<tr><td>W≤2</td><td>任意</td><td>0.1</td></tr>
<tr><td rowspan="2">2<W≤5</td><td>任意</td><td>0.6</td></tr>
<tr><td>0.3</td><td>任意</td></tr>
<tr><td>5<W≤30</td><td>0.3</td><td>任意</td></tr>
<tr><td>30<W≤60</td><td>0.6</td><td>任意</td></tr>
<tr><td>W≥60</td><td colspan="2">障碍物位置任意。障碍物以下应加装同类喷头，喷头最大间距应为 2.4m。若障碍物底面不是平面（如圆形风管）或不是实体（如一组电缆），应在障碍物下安装一层宽度相同或稍宽的不燃平板，再按要求在这层平板下安装喷头</td></tr>
</table>

（14）直立式早期抑制快速响应（ESFR）喷头下的障碍物，满足下列任一要求时，可忽略不计。

1）腹部通透的屋面托架或桁架，其下弦宽度或直径不大于 10cm。

2）其他单独的建筑构件，其宽度或直径不大于 10cm。

3）单独的管道或线槽等，其宽度或直径不大于 10cm，或者多根管道或线槽，总宽度不大于 10cm。

（四）报警阀组安装

（1）报警阀组的安装应在供水管网试压、冲洗合格后进行。安装时应先安装水源控制阀、报警阀，然后进行报警阀辅助管道的连接。水源控制阀、报警阀与配水干管的连接，应使水流方向一致。报警阀组安装的位置应符合设计要求；当设计无要求时，报警阀组应安装在便于操作的明显位置，距室内地面高度宜为 1.2m；两侧与墙的距离不应小于 0.5m；正面与墙的距离不应小于 1.2m；报警阀组凸出部位之间的距离不应小于 0.5m。安装报警阀组的室内地面应有排水设施，排水能力应满足报警阀调试、验收和利用试水阀门泄空系统管道的要求。

（2）报警阀组附件的安装应符合下列要求。

1）压力表应安装在报警阀上便于观测的位置。

2）排水管和试验阀应安装在便于操作的位置。

3）水源控制阀安装应便于操作，且应有明显开闭标志和可靠的锁定设施。

（3）湿式报警阀组的安装应符合下列要求。

1）应使报警阀前后的管道中能顺利充满水；压力波动时，水力警铃不应发生误报警。

2）报警水流通路上的过滤器应安装在延迟器前，且便于排渣操作的位置。

（4）干式报警阀组的安装应符合下列要求。

1）应安装在不发生冰冻的场所。

2）安装完成后，应向报警阀气室注入高度为 50～100mm 的清水。

3）充气连接管接口应在报警阀气室充注水位以上部位，且充气连接管的直径不应小于 15mm；止回阀、截止阀应安装在充气连接管上。

4）气源设备的安装应符合设计要求和国家现行有关标准的规定。

5）安全排气阀应安装在气源与报警阀之间，且应靠近报警阀。

6）加速器应安装在靠近报警阀的位置，且应有防止水进入加速器的措施。

7）低气压预报警装置应安装在配水干管一侧。

8）下列部位应安装压力表。

a. 报警阀充水一侧和充气一侧。

b. 空气压缩机的气泵和储气罐上。

c. 加速器上。

9）管网充气压力应符合设计要求。

（5）雨淋报警阀组的安装应符合下列要求。

1）雨淋报警阀组可采用电动开启、传动管开启或手动开启，开启控制装置的安装应安全可靠。

水传动管的安装应符合湿式系统有关要求。

2）预作用系统雨淋报警阀组后的管道若需充气，其安装应按干式报警阀组有关要求进行。

3）雨淋报警阀组的观测仪表和操作阀门的安装位置应符合设计要求，并应便于观测和操作。

4）雨淋报警阀组手动开启装置的安装位置应符合设计要求，且在发生火灾时应能安全开启和便于操作。

5）压力表应安装在雨淋报警阀的水源一侧。

（五）其他组件安装

1. 主控项目

（1）水流指示器的安装应符合下列要求。

1）水流指示器的安装应在管道试压和冲洗合格后进行，水流指示器的规格、型号应符合设计要求。

2）水流指示器应使电器元件部位竖直安装在水平管道上侧，其动作方向应和水流方向一致；安装后的水流指示器桨片、膜片应动作灵活，不应与管壁发生碰擦。

（2）控制阀的规格、型号和安装位置均应符合设计要求；安装方向应正确，控制阀内应清洁、无堵塞、无渗漏；主要控制阀应加设启闭标志；隐蔽处的控制阀应在明显处设有指示其位置的标志。

（3）压力开关应竖直安装在通往水力警铃的管道上，且不应在安装中拆装改动。管网上压力控制装置的安装应符合设计要求。

（4）水力警铃应安装在公共通道或值班室附近的外墙上，且应安装检修、测试用的阀门。水力警铃和报警阀的连接应采用热镀锌钢管，当镀锌钢管的公称直径为20mm时，其长度不宜大于20m；安装后的水力警铃启动时，警铃声强度应不小于70dB。

（5）末端试水装置和试水阀的安装位置应便于检查、试验，并应有相应排水能力的排水设施。

2. 一般项目

（1）信号阀应安装在水流指示器前的管道上，与水流指示器之间的距离不宜小于300mm。

（2）排气阀的安装应在系统管网试压和冲洗合格后进行；排气阀应安装在配水干管顶部、配水管的末端，且应确保无渗漏。

（3）节流管和减压孔板的安装应符合设计要求。

（4）压力开关、信号阀、水流指示器的引出线应用防水套管锁定。

（5）减压阀的安装应符合下列要求。

1）减压阀安装应在供水管网试压、冲洗合格后进行。

2）减压阀安装前应检查：其规格、型号应与设计相符；阀外控制管路及导向阀各连接件不应有松动；外观应无机械损伤，并应清除阀内异物。

3）减压阀水流方向应与供水管网水流方向一致。

4）应在进水侧安装过滤器，并宜在其前后安装控制阀。

5）可调式减压阀宜水平安装，阀盖应向上。

6）比例式减压阀宜垂直安装；当水平安装时，单呼吸孔减压阀的孔口应向下，双呼吸孔减压阀的孔口应呈水平位置。

7）安装自身不带压力表的减压阀时，应在其前后相邻部位安装压力表。

（6）多功能水泵控制阀的安装应符合下列要求。

1）安装应在供水管网试压、冲洗合格后进行。

2）在安装前应检查：其规格、型号应与设计相符；主阀各部件应完好；紧固件应齐全，无松动；各连接管路应完好，接头紧固；外观应无机械损伤，并应清除阀内异物。

3）水流方向应与供水管网水流方向一致。

4）出口安装其他控制阀时应保持一定间距，以便于维修和管理。

5）宜水平安装，且阀盖向上。

6）安装自身不带压力表的多功能水泵控制阀时，应在其前后相邻部位安装压力表。

7）进口端不宜安装柔性接头。

（7）倒流防止器的安装应符合下列要求。

1）应在管道冲洗合格后进行。

2）不应在倒流防止器的进口前安装过滤器或使用带过滤器的倒流防止器。

3）宜安装在水平位置，当竖直安装时，排水口应配备专用弯头。倒流防止器宜安装在便于调试和维护的位置。

4）倒流防止器两端应分别安装闸阀，而且至少有一端应安装挠性接头。

5）倒流防止器上的泄水阀不宜反向安装，泄水阀应采取间接排水方式，其排水管不应直接与排水管（沟）连接。

6）安装完毕后，首次启动使用时，应关闭出水闸阀，缓慢打开进水闸阀，待阀腔充满水后，缓慢打开出水闸阀。

五、自动喷水灭火系统的控制

（一）一般规定

（1）预作用系统、雨淋系统和自动控制的水幕系统，应同时具备下列三种启动供水泵和开启雨淋报警阀的控制方式。

1）自动控制。

2）消防控制室（盘）手动远控。

3）水泵房现场应急操作。

（2）雨淋报警阀的自动控制方式，可采用电动、液（水）动或气动。

当雨淋报警阀采用充液（水）传动管自动控制时，闭式喷头与雨淋报警阀之间的高程差应根据雨淋报警阀的性能确定。

（3）快速排气阀入口前的电动阀，应在启动供水泵的同时开启。

（4）消防控制室（盘）应能显示水流指示器、压力开关、信号阀、水泵、消防水池及水箱水位、有压气体管道气压，以及电源和备用动力等是否处于正常状态的反馈信号，并应能控制水泵、电磁阀、电动阀等的操作。

（二） 自动喷水灭火系统的电气控制

采用两台水泵的湿式喷水灭火系统的电气控制线路如图 12-50 所示。图中 B1、B2、B3 为各区流水指示器，如果分区很多，则可以有多个流水指示器及多个继电器与之配合。

电路工作过程如下。某层发生火灾并在温度达到一定值时，该层所有喷头自动爆裂并喷出水流。平时将开关 QS1、QS2、QS3 合上，转换开关 SA 至左位（1 自、2 备）。当发生火灾喷头喷水时，由于喷水后压力降低，压力开关 Bn 动作（同时管道里有消防水流动时，水流指示器触头闭合），因而中间继电器 KA（n+1）通电，时间继电器 KT2 通电，经延时，其常开触点闭合，中间继电器 KA 通电，使接触器 KM1 闭合，1 号消防加压水泵电动机 M1 启动运转（同时警铃响、信号灯亮），向管网补充压力水。

当 1 号泵发生故障时，2 号泵自动投入运行。若 KM1 机械卡住不动，由于 KT1 通电，经延时后，备用中间继电器 KA1 线圈通电动作，使接触器 KM2 线圈通电，2 号消防水泵电动机 M2 启动运转，向管网补充压力水。如将开关 SA 拨向手动位置，也可按下 SB2 或 SB4 使 KM1 或 KM2 通电，使 1 号泵和 2 号泵电动机启动运转。

除此之外，水幕阻火对阻止火势扩大与蔓延有较好的效果，因此在高层建筑中，超过 800 个座位的剧院、礼堂的舞台口和设有防火卷帘、防火幕的部位，均宜设水幕设备。其电气控制电路与自动喷水系统相似。

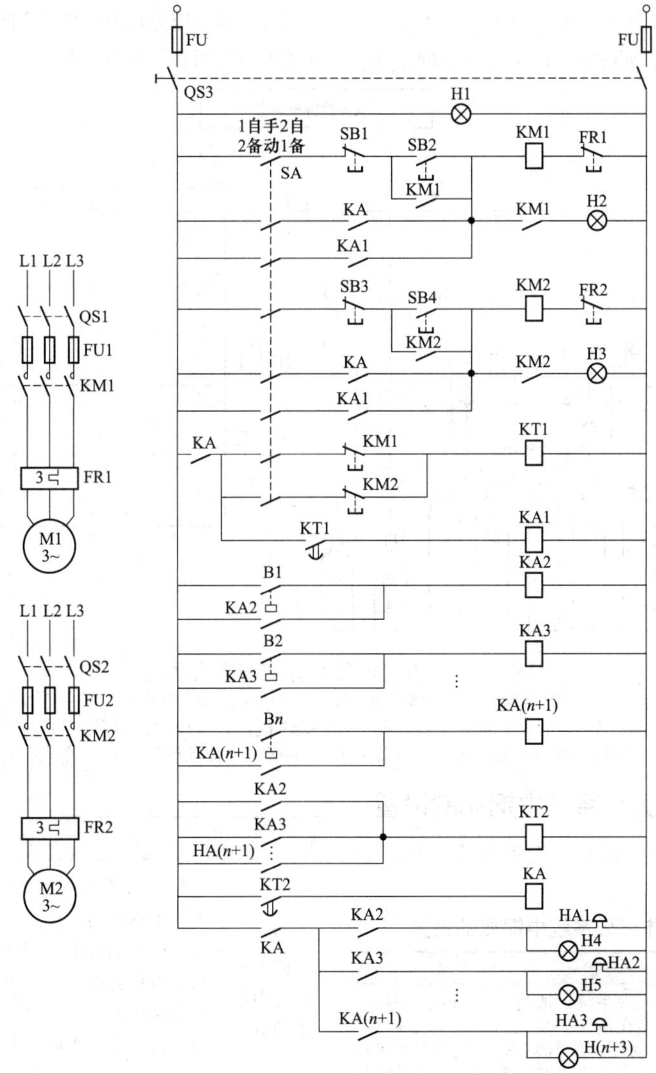

图 12-50 湿式喷水灭火系统的电气控制线路

第四节　卤代烷灭火系统

一、 卤代烷灭火系统的分类

按照灭火方式、系统结构、加压方式及所使用的灭火剂种类的不同，卤代烷灭火系统可分为以下几类。

(1) 按照灭火方式分为全淹没系统、局部应用系统。

(2) 按照系统结构分为有管网灭火系统、无管网灭火系统。

(3) 按照加压方式分为临时加压系统、预先加压系统。

(4) 按照灭火剂种类分为1211灭火剂、1301灭火剂。

二、 卤代烷灭火系统的适用范围

卤代烷1211、1301灭火系统可用于下列火灾。

(1) 可燃性气体火灾，如煤气、甲烷、乙烯等的火灾。

(2) 液体火灾，如甲醇、乙醇、丙酮、苯、汽油、煤油、柴油等的火灾。

(3) 固体的表面火灾，如木材、纸张等的表面火灾，对固体深部位的火灾也具备一定灭火能力。

(4) 电气火灾，如电子设备、变配电设备、发电机组、电缆等带电设备及电气线路的火灾。

(5) 热塑性塑料火灾。

三、 1211气体灭火系统的组成

有管网1211气体灭火系统由监控系统、灭火剂存储与释放装置、管道与喷嘴三部分组成。监控系统由控制器、火灾探测器、手动操作盘、施放灭火剂显示灯、声光报警器等组成。灭火剂存储器和释放装置由1211存储容器（钢瓶）、启动气瓶、单向阀、瓶头阀、分配阀、压力信号发送器（压力开关）与安全阀等组成。如图12-51所示为有管网组合分配型灭火系统。

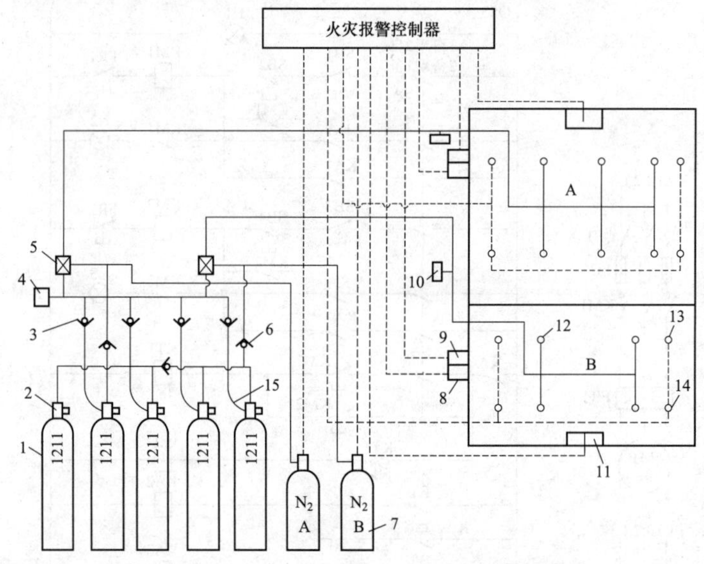

图12-51　有管网组合分配型灭火系统

1—存储容器；2—容器阀；3—液体单向阀；4—安全阀；5—选择阀；6—气体单向阀；7—启动气瓶；8—施放灭火剂显示灯；9—手动操作盘；10—压力信号器；11—声报警器；12—喷嘴；13—感温式火灾探测器；14—感烟式火灾探测器；15—高压软管

四、 1211气体灭火系统中钢瓶的设置

1211气体灭火系统中钢瓶的设置极为重要，具体内容见表12-56。

表12-56　1211气体灭火系统中钢瓶的设置

项目	内　容
1211气体灭火系统中钢瓶的集中设置	采用有管网灭火系统，通过管路分配，钢瓶可跨区共用。但在钢瓶间须设置钢瓶分盘，在分盘上设有区域灯、放气灯和声光报警音响等。当发生火灾需要灭火时，先打开气体分配管路阀门（选择阀），再打开钢瓶的气动瓶头阀，将灭火剂喷洒到火灾防护区，实施灭火

续表

项目	内　容
1211气体灭火系统中钢瓶的分区设置	1211气体灭火系统中钢瓶的分区设置方式无集中钢瓶间，自然也无钢瓶分盘，但每个灭火区应当自设一个现场分盘。在分盘上设有烟、温报警指示灯、灭火报警音响、放气灯、灭火区指示灯等；另外，分盘上通常装有备用继电器，其触头可供在放气前的延时过程中关闭本灭火区电动门窗、进风阀、回风阀等设备或关、停相应的风机等

续表

项目	内　容
1211 气体灭火系统中灭火分区划分的要求	(1) 灭火分区应当以固定的封闭空间来划分。 (2) 当采用有管网灭火系统时，一个灭火分区的防护面积不宜大于 $500m^2$，容积不宜大于 $2000m^3$。 (3) 当采用无管网灭火装置时，一个灭火分区的防护面积不宜大于 $100m^2$，容积不宜大于 $300m^3$，且设置的无管网灭火装置数不应当超过 8 个。无管网灭火装置是将存储灭火剂的容器、阀门及喷嘴等组合在一起的灭火装置

五、1211 气体灭火系统的控制

每个灭火区均设有信号道、灭火驱动道，并设有紧急启动、紧急切断按钮和手动、自动方式的选择开关等；另外，在消防工程中，1211 气体灭火系统应当作为独立单元处理，即需要 1211 保护的场所的火灾报警、灭火控制等不应当参与一般的系统报警，但是系统灭火的结果应当在消防控制中心显示。

(1) 报警信号道感烟、感温回路的分配。每个报警信号道内都有 10 个报警回路，分为感烟、感温两组。感烟探测回路之间取逻辑“或”，感温探测回路之间也取逻辑“或”，而随后的两组再取逻辑“与”构成灭火条件。这 10 个报警回路如何分配可根据工程设计具体要求而定，其分配比例可取下面介绍的任意一种，但总数保持 10 路不变。

1) 感烟回路：2、3、4、5、6、7、8。

2) 感温回路：8、7、6、5、4、3、2。

采用两组火灾探测器逻辑“与”的方式的特点是当一组火灾探测器动作时，只发出预报警信号，只有当两组火灾探测器同时动作时，才执行灭火联动。这就大大减少了由误报而引起的误喷，减少了损失。但事物总是两方面的，这种相“与”也延误了执行灭火的时间，使火势可能扩大。另外，相“与”的两个（或两组）火灾探测器，如果其中一个（或一组）火灾探测器损坏，将使整个系统无法“自动”工作。所以对小面积的保护区，如果计算结果只需两个火灾探测器，从可靠性考虑应装上 4 个，再分成两组取逻辑“与”，对大面积的保护区，由于火灾探测器数量较多，可不考虑此问题。

(2) 火灾“报警”和灭火“警报”。在灭火区的信号道内如果只有一种火灾探测器报警，控制柜只发出火灾“报警”，即信号道内信号灯亮，发出慢变调警报声响，但不对灭火现场发出指令，只限在消防控制中心（消防值班室）内有声光报警信号。当任一灭火分区的信号道内任意两种火灾探测器同时报警时，控制柜则由火灾“报警”立即转变为灭火“警报”。在警报的情况下：

1) 控制柜上的两种火灾探测器报警信号（房号）灯亮。

2) 在消防控制中心（消防值班室）内发出快变调警报声响，同时向报警的灭火现场发出声光“警报”。

3) 延时 20～30s，此时如果有人将紧急切断按钮按下，则只有“警报”而不开启钢瓶（假设控制柜已置于自动工作位置），如果无人按下紧急切断按钮，则延时 20～30s 后自动开启钢瓶电磁阀，实现自动灭火。

4) 钢瓶在开启后，钢瓶上有一对动合触头闭合，使灭火分区门上的“危险”“已充满气”“请勿入内”等字样的警告指示灯点亮。

5) 在开始报警时，控制柜上电子钟停走，记录灭火报警发出的时间，控制柜上的外控触头也同时闭合，关停风机。

6) 如果工作方式为手动方式，控制柜只能报警而钢瓶开启则靠值班人员操作紧急启动按钮来实现。为保证安全，防止误操作，按按钮后也须延时 20～30s 后才开启钢瓶灭火。

7) 灭火后，应当打开排气、排烟系统，以便及时清理现场。

六、1211 气体灭火系统的工作情况分析

为便于分析，下面给出有管网自动灭火系统(如图 12-52 所示)、有管网自动灭火系统工作流程(如图 12-53 所示)、钢瓶室及其主要设备连接示意(如图 12-54 所示)。

1. 系统中主要器件的作用

(1) 感烟、感温火灾探测器。安装在各保护区内，通过导线和分检箱与总控室的控制柜连接，及时将火警信号送入控制柜，再由控制柜分别控制钢瓶室外的组合分配系统及单元独立系统。

(2) 瓶 A、B。二者都为 ZLGQ4.2/60 启动小钢瓶，用无缝钢管滚制而成。启动钢瓶中装有 $60kgf/cm^2$（5.88MPa）1211 气体灭火剂用于启动灭火系统，当火灾发生时，靠电磁瓶头阀产生的电磁力（也可以手动）驱动释放瓶内充压氮气，启动灭火剂储瓶组（1211 储瓶组）的气动瓶头阀，将 1211 灭火剂释放到灾区，达到灭火的目的。

(3) 选择阀 A、B。选择阀用不锈钢、铜等金属材料制成，由阀体活塞、弹簧及密封圈等组成，用于控制灭火剂的流动去向，可以用气体和电磁阀两种方式启动，还应当有备用手动开关，以便于自动选择阀失灵时，用手动开关释放 1211 灭火剂。

(4) 其他器件

1) 止回阀安装于汇集管上，用以控制灭火剂流

动方向；

2）安全阀安装在管路的汇集管上，当管路中的压力大于（70±5）kgf/cm² （7.35～6.37MPa）时，安全阀自动打开，对系统起到保护作用。

3）压力开关的作用是在释放灭火剂时，向控制柜发出回馈信号。

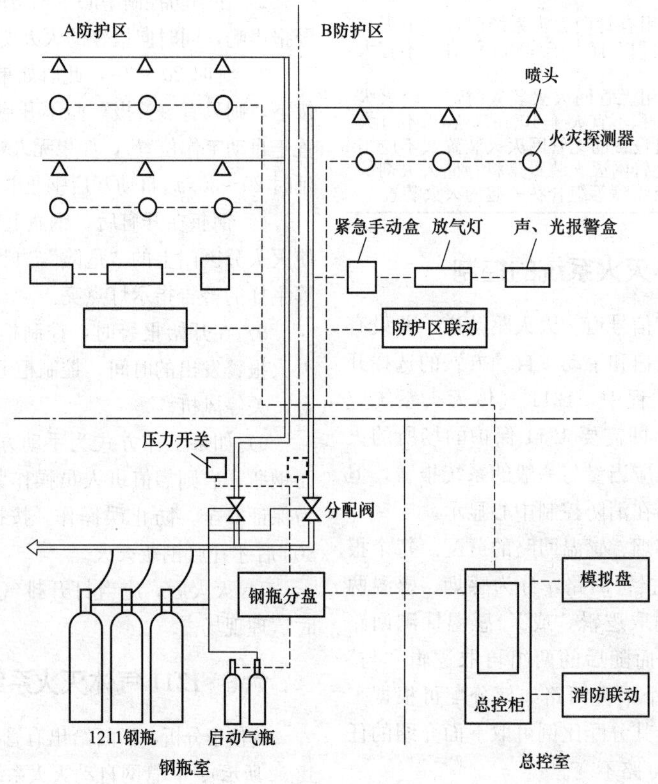

图 12-52　1211 有管网自动灭火系统

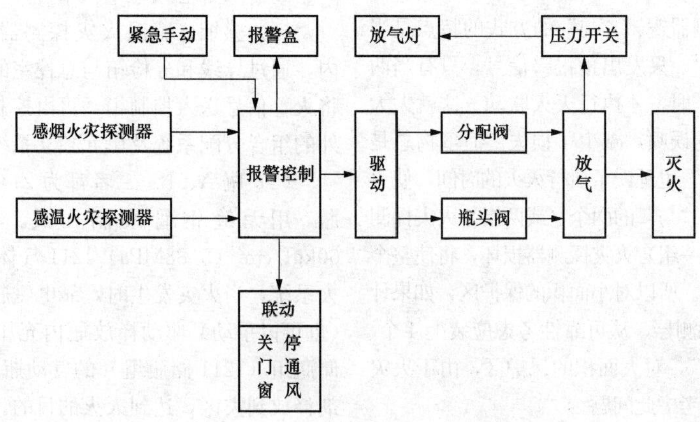

图 12-53　1211 有管网自动灭火工作流程

2.1211 气体灭火系统的工作情况

当某分区发生火灾，感烟（温）火灾探测器均报警，则控制柜上两种火灾探测器报警房号灯亮，由电铃发出变调“警报”声响，并向灭火现场发出声、光警报。同时，电子钟停走记下着火时间。灭火指令需要经过延时电路延时 20～30s 发出，以确保值班人员有时间确认是否发生火灾。将转换开关置于“自动”位上，假如接到 B 区发出火警信号后，值班人员确认火情并组织人员撤离。经过 20～30s 后，执行电路自动启动小钢瓶 B 的电磁瓶头阀，释放充压氯气，将 B

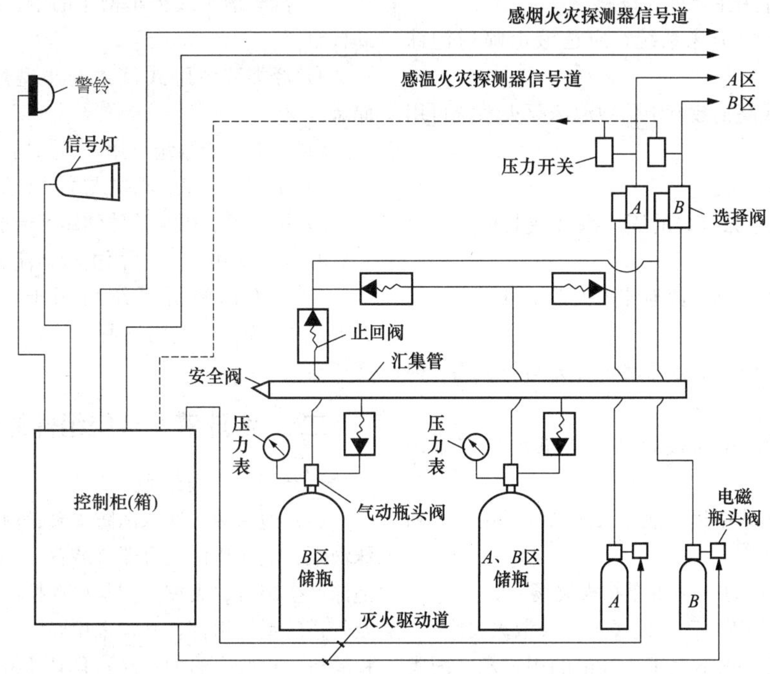

图 12-54 钢瓶室及其主要设备连接示意

选择阀和止回阀打开，使B区储瓶和A、B区储瓶同时释放1211药剂至汇集管，并通过B选择阀将1211灭火剂释放到B火灾区域。1211药剂沿管路由喷嘴喷射到B火灾区域，途经压力开关，使压力开关触点闭合，即将回馈信号送至控制柜，指示气体已经喷出实现了自动灭火。将控制柜上的转换开关置于“手动”位，则控制柜只发出灭火报警，当手动操作后，经20～30s，才使小钢瓶释放出高压氮气，打开储气钢瓶，向灾区喷灭火剂。在接到火情20～30s内，如无火情或火势小，可用手提式灭火器扑灭时，应当立即按现场手动“停止”按钮，以停止喷灭火剂。如值班人员发现有火情，而控制柜并没发出灭火指令，则应当立即按“手动”启动按钮，使控制柜对火灾区发火警，人员可以撤离，经20～30s后释放灭火剂灭火。

值得注意的是消防中心有人值班时均应当将转换开关置于“手动”位，当值班人离开时，转换开关置于“自动”位，其目的是防止因环境干扰、报警控制元件损坏产生的误报而造成误喷。

第五节 泡沫灭火系统

一、 泡沫灭火系统形式的选择

（1）甲、乙、丙类液体储罐区宜选用低倍数泡沫灭火系统；单罐容量不大于5000m^3的甲、乙类固定顶与内浮顶油罐和单罐容量不大于10 000m^3的丙类固定顶与内浮顶油罐，可选用中倍数泡沫系统。

（2）甲、乙、丙类液体储罐区固定式、半固定式或移动式泡沫灭火系统的选择应符合下列规定。

1）低倍数泡沫灭火系统，应符合相关现行国家标准的规定。

2）油罐中倍数泡沫灭火系统宜为固定式。

（3）全淹没式、局部应用式和移动式中倍数、高倍数泡沫灭火系统的选择，应根据防护区的总体布局、火灾的危害程度、火灾的种类和扑救条件等因素，经综合技术经济比较后确定。

（4）储罐区泡沫灭火系统的选择，应符合下列规定。

1）烃类液体固定顶储罐，可选用液上喷射、液下喷射或半液下喷射泡沫系统。

2）水溶性甲、乙、丙液体的固定顶储罐，应选用液上喷射或半液下喷射泡沫系统。

3）外浮顶和内浮顶储罐应选用液上喷射泡沫系统。

4）烃类液体外浮顶储罐、内浮顶储罐、直径大于18m的固定顶储罐及水溶性液体的立式储罐，不得选用泡沫炮作为主要灭火设施。

5）高度大于7m、直径大于9m的固定顶储罐，不得选用泡沫枪作为主要灭火设施。

6）油罐中倍数泡沫系统，应选液上喷射泡沫系统。

（5）全淹没式高倍数、中倍数泡沫灭火系统可用于下列场所。

1）封闭空间场所。

2）设有阻止泡沫流失的固定围墙或其他围挡设施的场所。

（6）局部应用式高倍数泡沫灭火系统可用于下列场所。

1）不完全封闭的A类可燃物火灾与甲、乙、丙类液体火灾场所。

2）天然气液化站与接收站的集液池或储罐围堰区。

（7）局部应用式中倍数泡沫灭火系统可用于下列场所。

1）不完全封闭的A类可燃物火灾场所。

2）限定位置的甲、乙、丙类液体流散火灾。

3）固定位置面积不大于100m^{2}的甲、乙、丙类液体流淌火灾场所。

（8）移动式高倍数泡沫灭火系统可用于下列场所。

1）发生火灾的部位难以确定或人员难以接近的火灾场所。

2）甲、乙、丙类液体流淌火灾场所。

3）发生火灾时需要排烟、降温或排除有害气体的封闭空间。

（9）移动式中倍数泡沫灭火系统可用于下列场所。

1）发生火灾的部位难以确定或人员难以接近的较小火灾场所。

2）甲、乙、丙类液体流散火灾场所。

3）不大于100m^{2}的甲、乙、丙类液体流淌火灾场所。

（10）泡沫-水喷淋系统可用于下列场所。

1）具有烃类液体泄漏火灾危险的室内场所。

2）单位面积存放量不超过25L/m^{2}或超过25L/m^{2}但有缓冲物的水溶性甲、乙、丙类液体室内场所。

3）汽车槽车或火车槽车的甲、乙、丙类液体装卸栈台。

4）设有围堰的甲、乙、丙类液体室外流淌火灾区域。

（11）泡沫炮系统可用于下列场所。

1）室外烃类液体流淌火灾区域。

2）大空间室内烃类液体流淌火灾场所。

3）汽车槽车或火车槽车的甲、乙、丙类液体装卸栈台。

4）烃类液体卧式储罐与小型烃类液体固定顶储罐。

（12）泡沫枪系统可用于下列场所。

1）小型烃类液体卧式与立式储罐。

2）甲、乙、丙类液体储罐区流散火灾场所。

3）小面积甲、乙、丙类液体流淌火灾场所。

（13）泡沫喷雾系统可用于保护面积不大于200m^{2}的烃类液体室内场所、独立变电站的油浸电力变压器。

二、泡沫液和系统组件的要求

（一）一般规定

（1）泡沫液、泡沫消防水泵、泡沫混合液泵、泡沫液泵、泡沫比例混合器（装置）、泡沫液压力储罐、泡沫产生装置、火灾探测与启动控制装置、控制阀门及管道等系统组件，必须采用经国家级产品质量监督检验机构检验合格的产品，且必须符合设计要求。

（2）系统主要组件宜按下列规定涂色。

1）泡沫混合液泵、泡沫液泵、泡沫液储罐、压力开关、泡沫管道、泡沫混合液管道、泡沫液管道、泡沫比例混合器（装置）、泡沫产（发）生器、管道过滤器宜涂红色。

2）泡沫消防水泵、给水管道宜涂绿色。

3）当管道较多与工艺管道涂色有矛盾时，可涂相应的色带或色环。

4）隐蔽工程管道可不涂色。

（二）泡沫液的选择、储存和配制

（1）烃类液体储罐的低倍数泡沫灭火系统泡沫液的选择应符合下列规定。

1）当采用液上喷射泡沫灭火系统时，可选用蛋白、氟蛋白、成膜氟蛋白或水成膜泡沫液。

2）当采用液下喷射泡沫灭火系统时，应选用氟蛋白、成膜氟蛋白或水成膜泡沫液。

3）当选用水成膜泡沫液时，其抗烧水平不应低于GB 15308—2006《泡沫灭火剂》规定的C级。

（2）保护非水溶性液体的泡沫-水喷淋系统、泡沫枪系统、泡沫炮系统泡沫液的选择应符合下列规定。

1）当采用吸气型泡沫产生装置时，可选用蛋白、氟蛋白、水成膜或成膜氟蛋白泡沫液。

2）当采用非吸气型喷射装置时，应选用水成膜或成膜氟蛋白泡沫液。

（3）水溶性甲、乙、丙类液体和其他对普通泡沫有破坏作用的甲、乙、丙类液体，以及用一套泡沫灭火系统同时保护水溶性和非水溶性液体的，必须选用抗溶性泡沫液。

(4) 中倍数泡沫灭火系统泡沫液的选择应符合下列规定。

1) 用于油罐的中倍数泡沫灭火剂应采用专用8%型氟蛋白泡沫液。

2) 除油罐外的其他场所，可选用中倍数泡沫液或高倍数泡沫液。

(5) 高倍数泡沫灭火系统利用热烟气发泡时，应采用耐温耐烟型高倍数泡沫液。

(6) 当采用海水作为系统水源时，必须选择适用于海水的泡沫液。

(7) 泡沫液宜储存在通风干燥的房间或敞棚内；储存的环境温度应符合泡沫液使用温度的要求。

(三) 泡沫消防泵

(1) 泡沫消防水泵、泡沫混合液泵的选择与设置应符合下列规定。

1) 应选择特性曲线平缓的离心泵，且其工作压力和流量应满足系统设计要求。

2) 当采用水力驱动式平衡式比例混合装置时，应将其消耗的水流量计入泡沫消防水泵的额定流量内。

3) 当采用环泵式比例混合器时，泡沫混合液泵的额定流量应为系统设计流量的 1.1 倍。

4) 泵出口管道上，应设置压力表、单向阀和带控制阀的回流管。

(2) 泡沫液泵的选择与设置应符合下列规定。

1) 泡沫液泵的工作压力和流量应满足系统最大设计要求，并应与所选比例混合装置的工作压力范围和流量范围相匹配，同时应保证在设计流量下泡沫液供给压力大于最大水压力。

2) 泡沫液泵的结构形式、密封或填充类型应适宜输送所选的泡沫液，其材料应耐泡沫液腐蚀且不影响泡沫液的性能。

3) 应设置备用泵，备用泵的规格型号应与工作泵相同，且工作泵故障时应能自动与手动切换到备用泵。

4) 泡沫液泵应能耐受时长不低于 10min 的空载运行。

5) 除水力驱动型外，泡沫液泵的动力源设置应符合 GB 50151—2010《泡沫灭火系统设计规范》第 8.1.4 条的规定，且宜与系统泡沫消防水泵的动力源一致。

(四) 泡沫比例混合器 (装置)

(1) 泡沫比例混合器（装置）的选择，应符合下列规定。

1) 系统比例混合器（装置）的进口工作压力与流量，应在标定的工作压力与流量范围内。

2) 单罐容量不小于 20 000m^3 的非水溶性液体与单罐容量不小于 5000m^3 的水溶性液体固定顶储罐及按固定顶储罐对待的内浮顶储罐、单罐容量不小于 50 000m^3 的内浮顶和外浮顶储罐，宜选择计量注入式比例混合装置或平衡式比例混合装置。

3) 当选用的泡沫液密度低于 1.12g/mL 时，不应选择无囊的压力式比例混合装置。

4) 全淹没高倍数泡沫灭火系统或局部应用高倍数、中倍数泡沫灭火系统，采用集中控制方式保护多个防护区时，应选用平衡式比例混合装置或囊式压力比例混合装置。

5) 全淹没高倍数泡沫灭火系统或局部应用高倍数、中倍数泡沫灭火系统保护一个防护区时，宜选用平衡式比例混合装置或囊式压力比例混合装置。

(2) 当采用平衡式比例混合装置时，应符合下列规定。

1) 平衡阀的泡沫液进口压力应大于水进口压力，且其压差应满足产品的使用要求。

2) 比例混合器的泡沫液进口管道上应设置单向阀。

3) 泡沫液管道上应设置冲洗及放空设施。

(3) 当采用计量注入式比例混合装置时，应符合下列规定。

1) 泡沫液注入点的泡沫液流压力应大于水流压力，且其压差应满足产品的使用要求。

2) 流量计进口前和出口后直管段的长度不应小于管径的 10 倍。

3) 泡沫液进口管道上应设置单向阀。

4) 泡沫液管道上应设置冲洗及放空设施。

(4) 当采用压力式比例混合装置时，应符合下列规定。

1) 泡沫液储罐的单罐容积不应大于 10m^3。

2) 无囊式压力比例混合装置，当泡沫液储罐的单罐容积大于 5m^3 且储罐内无分隔设施时，宜设置 1 台小容积压力式比例混合装置，其容积应大于 0.5m^3，并应保证系统按最大设计流量连续提供 3min 的泡沫混合液。

(5) 当采用环泵式比例混合器时，应符合下列规定。

1) 出口背压宜为零或负压，当进口压力为 0.7～0.9MPa 时，其出口背压可为 0.02～0.03MPa。

2) 吸液口不应高于泡沫液储罐最低液面 1m。

3）比例混合器的出口背压大于零时，吸液管上应有防止水倒流入泡沫液储罐的措施。

4）应设有不少于1个的备用量。

(6) 当半固定式或移动式系统采用管线式比例混合器时，应符合下列规定。

1）比例混合器的水进口压力应为0.6～1.2MPa，且出口压力应满足泡沫产生装置的进口压力要求。

2）比例混合器的压力损失可按水进口压力的35%计算。

（五）泡沫液储罐

(1) 泡沫液储罐宜采用耐腐蚀材料制作，且与泡沫液直接接触的内壁或衬里不应对泡沫液的性能产生不利影响。

(2) 常压泡沫液储罐应符合下列规定。

1）储罐内应留有泡沫液热膨胀空间和泡沫液沉降损失部分所占空间。

2）储罐出液口的设置应保障泡沫液泵进口为正压，且应设置在沉降层之上。

3）储罐上应设置出液口、液位计、进料孔、排渣孔、人孔、取样口、呼吸阀或通气管口。

(3) 泡沫液储罐上应有标明泡沫液种类、型号、出厂与灌装日期及储量的标志。不同种类、不同牌号的泡沫液不得混存。

（六）泡沫产（发）生装置

(1) 泡沫产生器应符合下列要求。

1）固定顶储罐、按固定顶储罐防护的内浮顶罐，宜选用立式泡沫产生器。

2）泡沫产生器进口的工作压力，应为其额定值±0.1MPa。

3）泡沫产生器及露天的泡沫喷射口应设置防止异物进入的金属网。

4）泡沫产生器进口前应有不小于10倍混合液管径的直管段。

5）外浮顶储罐上的泡沫产生器不应设置密封玻璃。

(2) 高背压泡沫产生器应符合下列要求。

1）进口工作压力应在标定的工作压力范围内。

2）出口工作压力应大于泡沫管道的阻力和罐内液体静压力之和。

3）泡沫的发泡倍数不应小于2倍，且不应大于4倍。

(3) 中倍数泡沫产生器应符合下列规定。

1）发泡网应采用不锈钢材料。

2）安装于油罐上的中倍数泡沫产生器，其进空气口应高出罐壁顶。

(4) 高倍数泡沫产生器应符合下列规定。

1）在防护区内设置并利用热烟气发泡时，应选用水力驱动型泡沫产生器。

2）在防护区内固定设置泡沫产生器时，应采用不锈钢材料的发泡网。

(5) 泡沫-水喷头、泡沫-水雾喷头的工作压力应在标定的工作压力范围内，且不应小于其额定压力的0.8倍。

（七）控制阀门和管道

(1) 泡沫灭火系统中所用的控制阀门应有明显的启闭标志。

(2) 当泡沫消防水泵或泡沫混合液泵出口管道口径大于300mm时，不宜采用手动阀门。

(3) 低倍数泡沫灭火系统的水与泡沫混合液及泡沫管道应采用钢管，且管道外壁应进行防腐处理。

(4) 中倍数泡沫灭火系统的干式管道，应采用钢管；湿式管道，宜采用不锈钢管或内、外部进行防腐处理的钢管。

(5) 高倍数泡沫灭火系统的干式管道，宜采用镀锌钢管；湿式管道，宜采用不锈钢管或内、外部进行防腐处理的钢管；高倍数泡沫产生器与其管道过滤器的连接管道应采用不锈钢管。

(6) 泡沫液管道应采用不锈钢管。

(7) 在寒冷季节有冰冻的地区，泡沫灭火系统的湿式管道应采取防冻措施。

(8) 泡沫-水喷淋系统的管道应采用热镀锌钢管。其报警阀组、水流指示器、压力开关、末端试水装置、末端放水装置的设置，应符合GB 50084—2017《自动喷水灭火系统设计规范》的有关规定。

(9) 防火堤或防护区内的法兰垫片应采用不燃材料或难燃材料。

(10) 对于设置在防爆区内的地上或管沟敷设的干式管道；应采取防静电接地措施。钢制甲、乙、丙类液体储罐的防雷接地装置可兼作防静电接地装置。

三、低倍数泡沫灭火系统

（一）一般规定

(1) 甲、乙、丙类液体储罐固定式、半固定式或移动式泡沫灭火系统的选择，应符合国家现行有关标准的规定。

(2) 储罐区低倍数泡沫灭火系统的选择，应符合下列规定。

1）非水溶性甲、乙、丙类液体固定顶储罐，应选用液上喷射、液下喷射或半液下喷射系统。

2）水溶性甲、乙、丙类液体和其他对普通泡沫有破坏作用的甲、乙、丙类液体固定顶储罐，应选用液上喷射系统或半液下喷射系统。

3）外浮顶和内浮顶储罐应选用液上喷射系统。

4）非水溶性液体外浮顶储罐、内浮顶储罐、直径大于18m的固定顶储罐及水溶性甲、乙、丙类液体立式储罐，不得选用泡沫炮作为主要灭火设施。

5）高度大于7m或直径大于9m的固定顶储罐，不得选用泡沫枪作为主要灭火设施。

（3）储罐区泡沫灭火系统扑救一次火灾的泡沫混合液设计用量，应按罐内用量、该罐辅助泡沫枪用量、管道剩余量三者之和最大的储罐确定。

（4）设置固定式泡沫灭火系统的储罐区，应在其防火堤外设置用于扑救液体流散火灾的辅助泡沫枪，其数量及其泡沫混合液连续供给时间，不应小于表12-57的规定。每支辅助泡沫枪的泡沫混合液流量不应小于240L/min。

表12-57　泡沫枪数量和连续供给时间

储罐直径（m）	配备泡沫枪数（支）	连续供给时间（min）
≤10	1	10
>10且≤20	1	20
>20且≤30	2	20
>30且≤40	2	30
>40	3	30

（5）当储罐区固定式泡沫灭火系统的泡沫混合液流量大于或等于100L/s时，系统的泵、比例混合装置及其管道上的控制阀、干管控制阀宜具备远程控制功能。

（6）在固定式泡沫灭火系统的泡沫混合液主管道上应留出泡沫混合液流量检测仪器的安装位置；在泡沫混合液管道上应设置试验检测口；在防火堤外侧最不利和最有利水力条件处的管道上，宜设置供检测泡沫产生器工作压力的压力表接口。

（7）储罐区固定式泡沫灭火系统与消防冷却水系统合用一组消防给水泵时，应有保障泡沫混合液供给强度满足设计要求的措施，且不得以火灾时临时调整的方式保障。

（8）采用固定式泡沫灭火系统的储罐区，宜沿防火堤外均匀布置泡沫消火栓，且泡沫消火栓的间距不应大于60m。

（9）储罐区固定式泡沫灭火系统应具备半固定式系统功能口。

（10）固定式泡沫灭火系统的设计应满足在泡沫消防水泵或泡沫混合液泵启动后，将泡沫混合液或泡沫输送到保护对象的时间不大于5min。

（二）固定顶储罐

（1）固定顶储罐的保护面积，应按其横截面积计算确定。

（2）泡沫混合液供给强度及连续供给时间应符合下列规定。

1）非水溶性液体储罐液上喷射泡沫灭火系统，其泡沫混合液供给强度和连续供给时间不应小于表12-58的规定。

表12-58　烃类液体泡沫混合液供给强度和连续供给时间

系统形式	泡沫液种类	供给强度［L/（min·m²）］	连续供给时间（min）	
			甲、乙类液体	丙类液体
固定、半固定式系统	蛋白	6.0	40	30
	氟蛋白、水成膜、成膜氟蛋白	5.0	45	30
移动式系统	蛋白、氟蛋白	8.0	60	45
	水成膜、成膜氟蛋白	6.5	60	45

注　1. 如果采用大于表中规定的混合液供给强度，混合液连续供给时间可按相应的比例缩短，但不得小于表中规定时间的80%。

2. 含氧添加剂含量体积比大于10%的无铅汽油，其抗溶泡沫混合液供给强度不应小于6L/（min·m²）、连续供给时间不应小于40min。

3. 沸点低于45℃的烃类液体，设置泡沫灭火系统的适用性及其泡沫混合液供给强度，应由试验确定。

2）非水溶性液体储罐液下或半液下喷射系统，其泡沫混合液供给强度不应小于5.0L/（min·m²）、连续供给时间不应小于40min。

注：沸点低于45℃的非水溶性液体、储存温度超过50℃、黏度大于40mm²/s的非水溶性液体，液下喷射系统的适用性及其泡沫混合液供给强度，应由试验确定。

3）水溶性液体和其他对普通泡沫有破坏作用的甲、乙、丙类液体储罐液上或半液下喷射系统，其泡沫混合液供给强度和连续供给时间不应小于表12-59的规定。

表 12-59 水溶性液体泡沫混合液供给强度和连续供给时间

液体类别	供给强度［L/（min·m²）］	连续供给时间（min）
丙酮、异丙醇、甲基异丁酮	12	30
甲醇、乙醇、正丁醇、丁酮、丙烯腈、醋酸乙酯、醋酸丁酯	12	25
含氧添加剂含量体积比大于10%的汽油	6	40

注 表中未列出的水溶性液体，其泡沫混合液供给强度和连续供给时间由试验确定。

（3）液上喷射泡沫灭火系统泡沫产生器的设置，应符合下列规定。

1）液上喷射泡沫产生器的型号及数量，应根据（1）和（2）计算所需的泡沫混合液流量确定，且设置数量不应小于表 12-60 的规定。

表 12-60 泡沫产生器设置数量

储罐直径（m）	泡沫产生器设置数量（个）
≤10	1
>10 且≤25	2
>25 且≤30	3
>30 且≤35	4

注 对于直径大于 35m 且小于 50m 的储罐，其横截面积每增加 300m²，应至少增加 1 个泡沫产生器。

2）当一个储罐所需的泡沫产生器数量超过一个时，宜选用同规格的泡沫产生器，且应沿罐周均匀布置。

3）水溶性储罐应设置泡沫缓冲装置。

（4）液下喷射高背压泡沫产生器的设置，应符合下列规定。

1）高背压泡沫产生器应设置在防火堤外，设置数量及型号应根据（1）和（2）计算所需的泡沫混合液流量确定。

2）当一个储罐所需的高背压产生器数量大于 1 个时，宜并联使用。

3）在高背压泡沫产生器的进口侧应设置检测压力表接口，在其出口侧应设置压力表、背压调节阀和泡沫取样口。

（5）液下喷射泡沫喷射口的设置，应符合下列规定。

1）泡沫进入甲、乙类液体的速度不应大于 3m/s；泡沫进入丙类液体的速度不应大于 6m/s。

2）泡沫喷射口宜采用向上斜的口型，其斜口角度宜为 45°，泡沫喷射管的长度不得小于喷射管直径的 20 倍。当设有一个喷射口时，喷射口宜设在储罐中心；当设有一个以上喷射口时，应沿罐周均匀设置，且各喷射口的流量宜相等。

3）泡沫喷射口应安装在高于储罐积水层 0.3m 之上，泡沫喷射口的设置数量不应小于表 12-61 的规定。

表 12-61 泡沫喷射口的设置数量

储罐直径（m）	喷射口数量（个）
≤23	1
>23 且≤33	2
>33 且≤40	3

注 对于直径大于 40m 的储罐，其横截面积每增加 400m² 应至少增加 1 个泡沫喷射口。

（6）储罐上液上喷射泡沫灭火系统泡沫混合液管道的设置应符合下列规定。

1）每个泡沫产生器应用独立的混合液管道引至防火堤外。

2）除立管外，其他泡沫混合液管道不得设置在罐壁上。

3）连接泡沫产生器的泡沫混合液立管应用管卡固定在罐壁上，管卡间距不宜大于 3m。

4）泡沫混合液的立管下端应设锈渣清扫口。

（7）防火堤内泡沫混合液或泡沫管道的设置应符合下列规定。

1）地上泡沫混合液或泡沫水平管道应敷设在管墩或管架上，与罐壁上的泡沫混合液立管之间宜用金属软管连接。

2）埋地泡沫混合液或泡沫管道距离地面的深度应大于 0.3m，与罐壁上的泡沫混合液立管之间应用金属软管或金属转向接头连接。

3）泡沫混合液或泡沫管道应有 3‰的放空坡度。

4）在液下喷射泡沫灭火系统靠近储罐的泡沫管线上应设置供系统试验带可拆卸盲板的支管。

5）液下喷射泡沫灭火系统的泡沫管道上应设钢质控制阀和逆止阀及不影响泡沫灭火系统正常运行的防油品渗漏设施。

（8）防火堤外泡沫混合液或泡沫管道的设置应符合下列规定。

1）固定式液上喷射泡沫灭火系统的每个泡沫产

生器，应在防火堤外设置独立的控制阀，且应在靠近防火堤外侧处的水平管道上设置供检测泡沫产生器工作压力的压力表接口。

2）半固定式液上喷射泡沫灭火系统的每个泡沫产生器应在防火堤外距地面 0.7m 处设置带闷盖的管牙接口；半固定式液下喷射泡沫灭火系统的泡沫管道应引至防火堤外，并应设置相应的高背压泡沫产生器快装接口。

3）泡沫混合液或泡沫管道上应设置放空阀，且其管道应有 2‰的坡度坡向放空阀。

（三）外浮顶储罐

（1）钢制单盘式与双盘式外浮顶储罐的保护面积，应按罐壁与泡沫堰板间的环形面积确定。

（2）非水溶性液体的泡沫混合液供给强度不应小于 12.5L/（min・m^2），连续供给时间不应小于 30min，单个泡沫产生器的最大保护周长应符合表 12-62 的规定。

表 12-62　单个泡沫产生器的最大保护周长

泡沫喷射口设置部位	堰板高度（m）		保护周长（m）
罐壁顶部、密封或挡雨板上方	软密封	≥0.9	24
	机械密封	<0.6	12
		≥0.6	24
金属挡雨板下部	<0.6		18
	≥0.6		24

注　当采用从金属挡雨板下部喷射泡沫的方式时，其挡雨板必须是不含任何可燃材料的金属板。

（3）外浮顶储罐泡沫堰板的设计，应符合下列规定。

1）当泡沫喷射口设置在罐壁顶部、密封或挡雨板上方时，泡沫堰板应高出密封 0.2m；当泡沫喷射口设置在金属挡雨板下部时，泡沫堰板高度不应小于 0.3m。

2）当泡沫喷射口设置在罐壁顶部时，泡沫堰板与罐壁的间距不应小于 0.6m；当泡沫喷射口设置在浮顶上时，泡沫堰板与罐壁的间距不宜小于 0.6m。

3）应在泡沫堰板的最低部位设置排水孔，排水孔的开孔面积宜按每 $1m^2$ 环形面积 $280mm^2$ 确定，排水孔高度不宜大于 9mm。

（4）泡沫产生器与泡沫喷射口的设置，应符合下列规定。

1）泡沫产生器的型号和数量应按（2）的规定计算确定。

2）泡沫喷射口设置在罐壁顶部时，应配置泡沫导流罩。

3）泡沫喷射口设置在浮顶上时，其喷射口应采用两个出口直管段的长度均不小于其直径 5 倍的水平 T 形管，且设置在密封或挡雨板上方的泡沫喷射口在伸入泡沫堰板后应向下倾斜 30°～60°。

（5）当泡沫产生器与泡沫喷射口设置在罐壁顶部时，储罐上泡沫混合液管道的设置应符合下列规定。

1）可每两个泡沫产生器合用一根泡沫混合液立管。

2）当三个或三个以上泡沫产生器一组在泡沫混合液立管下端合用一根管道时，宜在每个泡沫混合液立管上设置常开控制阀。

3）每根泡沫混合液管道应引至防火堤外，且半固定式泡沫灭火系统的每根泡沫混合液管道所需的混合液流量不应大于 1 辆消防车的供给量。

4）连接泡沫产生器的泡沫混合液立管应用管卡固定在罐壁上，管卡间距不宜大于 3m，泡沫混合液的立管下端应设置锈渣清扫口。

（6）当泡沫产生器与泡沫喷射口设置在浮顶上，且泡沫混合液管道从储罐内通过时，应符合下列规定。

1）连接储罐底部水平管道与浮顶泡沫混合液分配器的管道，应采用具有重复扭转运动轨迹的耐压、耐候性不锈钢复合软管。

2）软管不得与浮顶支承相碰撞，且应避开搅拌器。

3）软管与储罐底部伴热管的距离应大于 0.5m。

（7）防火堤内泡沫混合液管道的设置应符合（二）中（7）条的规定。

（8）防火堤外泡沫混合液管道的设置应符合下列规定。

1）固定式泡沫灭火系统的每组泡沫产生器应在防火堤外设置独立的控制阀。

2）半固定式泡沫灭火系统的每组泡沫产生器应在防火堤外距地面 0.7m 处设置带闷盖的管牙接口。

3）泡沫混合液管道上应设置放空阀，且其管道应有 2‰的坡度坡向放空阀。

（9）储罐梯子平台上管牙接口或二分水器的设置，应符合下列规定。

1）直径不大于 45m 的储罐，储罐梯子平台上应设置带闷盖的管牙接口；直径大于 45m 的储罐，储罐梯子平台上应设置二分水器。

2）管牙接口或二分水器应由管道接至防火堤外，且管道的管径应满足所配泡沫枪的压力、流量要求。

3）应在防火堤外的连接管道上设置管牙接口，管牙接口距地面高度宜为 0.7m。

4）当与固定式泡沫灭火系统连通时，应在防火堤外设置控制阀。

（四）内浮顶储罐

（1）钢制单盘式、双盘式与敞口隔舱式内浮顶储罐的保护面积，应按罐壁与泡沫堰板间的环形面积确定；其他内浮顶储罐应按固定顶储罐对待。

（2）钢制单盘式、双盘式与敞口隔舱式内浮顶储罐的泡沫堰板设置、单个泡沫产生器保护周长及泡沫混合液供给强度与连续供给时间，应符合下列规定。

1）泡沫堰板与罐壁的距离不应小于 0.55m，其高度不应小于 0.5m。

2）单个泡沫产生器保护周长不应大于 24m。

3）非水溶性液体的泡沫混合液供给强度不应小于 12.5L/（min・m^2）。

4）水溶性液体的泡沫混合液供给强度不应小于表 12-59 规定的 1.5 倍。

5）泡沫混合液连续供给时间不应小于 30min。

（3）按固定顶储罐对待的内浮顶储罐，其泡沫混合液供给强度和连续供给时间及泡沫产生器的设置，应符合下列规定。

1）非水溶性液体，应符合表 12-58 的规定。

2）水溶性液体，当设有泡沫缓冲装置时，应符合表 12-59 的规定。

3）水溶性液体，当未设泡沫缓冲装置时，泡沫混合液供给强度应符合表 12-59 的规定，但泡沫混合液连续供给时间不应小于表 12-59 规定的 1.5 倍。

4）泡沫产生器的设置应符合（二）中（3）条的规定，且数量不应少于 2 个。

（4）按固定顶储罐对待的内浮顶储罐，其泡沫混合液管道的设置应符合（二）中的（6）～（8）条相关规定；钢制单盘式、双盘式与敞口隔舱式内浮顶储罐，其泡沫混合液管道的设置应符合（二）中（7）条、（三）中（5）和（8）条的有关规定。

四、中倍数泡沫灭火系统

（一）全淹没与局部应用系统及移动式系统

（1）全淹没系统可用于小型封闭-空间场所与设有阻止泡沫流失的固定围墙或其他围挡设施的小场所。

（2）局部应用系统可用于下列场所。

1）四周不完全封闭的 A 类火灾场所。

2）限定位置的流散 B 类火灾场所。

3）固定位置面积不大于 100m^2 的流淌 B 类火灾场所。

（3）移动式系统可用于下列场所。

1）发生火灾的部位难以确定或人员难以接近的较小火灾场所。

2）流散的 B 类火灾场所。

3）不大于 100m^2 的流淌 B 类火灾场所。

（4）全淹没中倍数泡沫灭火系统的设计参数宜由试验确定，也可采用高倍数泡沫灭火系统的设计参数。

（5）对于 A 类火灾场所，局部应用系统的设计应符合下列规定。

1）覆盖保护对象的时间不应大于 2min。

2）覆盖保护对象最高点的厚度宜由试验确定。

3）泡沫混合液连续供给时间不应小于 12min。

（6）对于流散 B 类火灾场所或面积不大于 100m^2 的流淌 B 类火灾场所，局部应用系统或移动式系统的泡沫混合液供给强度与连续供给时间，应符合下列规定。

1）沸点不低于 45℃的非水溶性液体，泡沫混合液供给强度应大于 4L/（min・m^2）。

2）室内场所的泡沫混合液连续供给时间应大于 10min。

3）室外场所的泡沫混合液连续供给时间应大于 15min。

4）水溶性液体、沸点低于 45℃的非水溶性液体，设置泡沫灭火系统的适用性及其泡沫混合液供给强度，应由试验确定。

（二）油罐固定式中倍数泡沫灭火系统

（1）丙类固定顶与内浮顶油罐，单罐容量小于 10 000m^3 的甲、乙类固定顶与内浮顶油罐，当选用中倍数泡沫灭火系统时，宜为固定式。

（2）油罐中倍数泡沫灭火系统应采用液上喷射形式，且保护面积应按油罐的横截面积确定。

（3）系统扑救一次火灾的泡沫混合液设计用量，应按罐内用量、该罐辅助泡沫枪用量、管道剩余量三者之和最大的油罐确定。

（4）系统泡沫混合液供给强度不应小于 4L/（min・m^2），连续供给时间不应小于 30min。

（5）设置固定式中倍数泡沫灭火系统的油罐区宜设置低倍数泡沫枪，并应符合表 12-57 的规定；当设置中倍数泡沫枪时，其数量与连续供给时间，不应小于表 12-63 的规定。

表 12-63　中倍数泡沫枪数量和连续供给时间

油罐直径（m）	泡沫枪流量（L/s）	泡沫枪数量（支）	连续供给时间（min）
≤10	3	1	10
>10 且≤20	3	1	20
>20 且≤30	3	2	20
>30 且≤40	3	2	30
>40	3	3	30

（6）泡沫产生器应沿罐周均匀布置，当泡沫产生器数量大于或等于 3 个时，可每两个产生器共用一根管道引至防火堤外。

（7）系统管道布置，可按三中（二）的有关规定执行。

五、 高倍数泡沫灭火系统

（一） 一般规定

（1）系统型式的选择应根据防护区的总体布局、火灾的危害程度、火灾的种类和扑救条件等因素，经综合技术经济比较后确定。

（2）全淹没系统或固定式局部应用系统应设置火灾自动报警系统，并应符合下列规定。

1）全淹没系统应同时具备自动、手动和应急机械手动启动功能。

2）自动控制的固定式局部应用系统应同时具备手动和应急机械手动启动功能；手动控制的固定式局部应用系统尚应具备应急机械手动启动功能。

3）消防控制中心（室）和防护区应设置声光报警装置。

4）消防自动控制设备宜与防护区内门窗的关闭装置、排气口的开启装置，以及生产、照明电源的切断装置等联动。

（3）当系统以集中控制方式保护两个或两个以上的防护区时，其中一个防护区发生火灾不应危及其他防护区；泡沫液和水的储备量应按最大一个防护区的用量确定；手动与应急机械控制装置应有标明其所控制区域的标记。

（4）高倍数泡沫产生器的设置应符合下列规定。

1）高度应在泡沫淹没深度以上。

2）宜接近保护对象，但其位置应免受爆炸或火焰损坏。

3）应使防护区形成比较均匀的泡沫覆盖层。

4）应便于检查、测试及维修。

5）当泡沫产生器在室外或坑道应用时，应采取防止风对泡沫产生器发泡和泡沫分布产生影响的措施。

（5）当高倍数泡沫产生器的出口设置导泡筒时，应符合下列规定。

1）导泡筒的横截面积宜为泡沫产生器出口横截面积的 1.05～1.10 倍。

2）当导泡筒上设有闭合器件时，其闭合器件不得阻挡泡沫的通过。

3）应符合（4）的规定。

（6）固定安装的高倍数泡沫产生器前应设置管道过滤器、压力表和手动阀门。

（7）固定安装的泡沫液桶（罐）和比例混合器不应设置在防护区内。

（8）系统干式水平管道最低点应设置排液阀，且坡向排液阀的管道坡度不宜小于 3‰。

（9）系统管道上的控制阀门应设置在防护区以外，自动控制阀门应具有手动启闭功能。

（二） 全淹没系统

（1）全淹没系统可用于下列场所。

1）封闭空间场所。

2）设有阻止泡沫流失的固定围墙或其他围挡设施的场所。

（2）全淹没系统的防护区应为封闭或设置灭火所需的固定围挡的区域，且应符合下列规定。

1）泡沫的围挡应为不燃结构，且应在系统设计灭火时间内具备围挡泡沫的能力。

2）在保证人员撤离的前提下，门、窗等位于设计淹没深度以下的开口，应在泡沫喷放前或泡沫喷放的同时自动关闭；对于不能自动关闭的开口，全淹没系统应对其泡沫损失进行相应补偿。

3）利用防护区外部空气发泡的封闭空间，应设置排气口，排气口的位置应避免燃烧产物或其他有害气体回流到高倍数泡沫产生器进气口。

4）在泡沫淹没深度以下的墙上设置窗口时，宜在窗口部位设置网孔基本尺寸不大于 3.15mm 的钢丝网或钢丝纱窗。

5）排气口在灭火系统工作时应自动或手动开启，其排气速度不宜超过 5m/s。

6）防护区内应设置排水设施。

（3）泡沫淹没深度的确定应符合下列规定。

1）当用于扑救 A 类火灾时，泡沫淹没深度不应小于最高保护对象高度的 1.1 倍，且应高于最高保护对象最高点 0.6m。

2）当用于扑救 B 类火灾时，汽油、煤油、柴油或苯火灾的泡沫淹没深度应高于起火部位 2m；其他

B类火灾的泡沫淹没深度应由试验确定。

（4）淹没体积应按下式计算：

$$V = S \times H - V_g \tag{12-16}$$

式中 V——淹没体积，m^3；

S——防护区地面面积，m^2；

H——泡沫淹没深度，m；

V_g——固定的机器设备等不燃物体所占的体积，m^3。

（5）泡沫的淹没时间不应超过表12-64的规定。系统自接到火灾信号至开始喷放泡沫的延时不应超过1min。

表 12-64 泡沫的淹没时间 min

可燃物	高倍数泡沫灭火系统单独使用	高倍数泡沫灭火系统与自动喷水灭火系统联合使用
闪点不超过40℃的非水溶性液体	2	3
闪点超过40℃的非水溶性液体	3	4
发泡橡胶、发泡塑料、成卷的织物或皱纹纸等低密度可燃物	3	4
成卷的纸、压制牛皮纸、涂料纸、纸板箱、纤维圆筒、橡胶轮胎等高密度可燃物	5	7

注 水溶性液体的淹没时间应由试验确定。

（6）最小泡沫供给速率应按下式计算：

$$R = \left(\frac{V}{t} + R_S\right) \times C_N \times C_L \tag{12-17}$$

$$R_S = L_S \times Q_Y \tag{12-18}$$

式中 R——泡沫最小供给速率，m^3/min；

t——淹没时间，min；

C_N——泡沫破裂补偿系数，宜取1.15；

C_L——泡沫泄漏补偿系数，宜取1.05～1.2；

R_S——喷水造成的泡沫破泡率，m^3/min；

L_S——泡沫破泡率与水喷头排放速率之比，应取0.074 8，m^3/L；

Q_Y——预计动作最大水喷头数目时的总水流量，L/min。

（7）泡沫液和水的连续供给时间应符合下列规定。

1）当用于扑救A类火灾时，不应小于25min。

2）当用于扑救B类火灾时，不应小于15min。

（8）对于A类火灾，其泡沫淹没体积的保持时间应符合下列规定。

1）单独使用高倍数泡沫灭火系统时，应大于60min。

2）与自动喷水灭火系统联合使用时，应大于30min。

（三）局部应用系统

（1）局部应用系统可用于下列场所。

1）四周不完全封闭的A类火灾与B类火灾场所。

2）天然气液化站与接收站的集液池或储罐围堰区。

（2）系统的保护范围应包括火灾蔓延的所有区域。

（3）当用于扑救A类火灾或B类火灾时，泡沫供给速率应符合下列规定。

1）覆盖A类火灾保护对象最高点的厚度不应小于0.6m。

2）对于汽油、煤油、柴油或苯，覆盖起火部位的厚度不应小于2m；其他B类火灾的泡沫覆盖厚度应由试验确定。

3）达到规定覆盖厚度的时间不应大于2min。

（4）当用于扑救A类火灾和B类火灾时，其泡沫液和水的连续供给时间不应小于12min。

（5）当设置在液化天然气集液池或储罐围堰区时，应符合下列规定。

1）应选择固定式系统，并应设置导泡筒。

2）宜采用发泡倍数为300～500的高倍数泡沫产生器。

3）泡沫混合液供给强度应根据阻止形成蒸汽云和降低热辐射强度试验确定，并应取两项试验的较大值；当缺乏试验数据时，泡沫混合液供给强度不宜小于7.2L/（min·m^2）。

4）泡沫连续供给时间应根据所需的控制时间确定，且不宜小于40min，当同时设有移动式系统时，固定式系统的泡沫供给时间可按达到稳定控火时间确定。

5）保护场所应有适合设置导泡筒的位置。

6）系统设计尚应符合GB 50183—2015《石油天然气工程设计防火规范》的有关规定。

（四）移动式系统

（1）移动式系统可用于下列场所。

1）发生火灾的部位难以确定或人员难以接近的场所。

2）流淌的B类火灾场所。

3）发生火灾时需要排烟、降温或排除有害气体的封闭空间。

（2）泡沫淹没时间或覆盖保护对象时间、泡沫供给速率与连续供给时间，应根据保护对象的类型与规模确定。

（3）泡沫液和水的储备量应符合下列规定。

1）当辅助全淹没高倍数泡沫灭火系统或局部应用高倍数泡沫灭火系统使用时，泡沫液和水的储备量可在全淹没高倍数泡沫灭火系统或局部应用高倍数泡沫灭火系统中的泡沫液和水的储备量中增加5%～10%。

2）当在消防车上配备时，每套系统的泡沫液储存量不宜小于0.5t。

3）当用于扑救煤矿火灾时，每个矿山救护大队应储存大于2t的泡沫液。

（4）系统的供水压力可根据高倍数泡沫产生器和比例混合器的进口工作压力及比例混合器和水带的压力损失确定。

（5）用于扑救煤矿井下火灾时，应配置导泡筒，且高倍数泡沫产生器的驱动风压、发泡倍数应满足矿井的特殊需要。

（6）泡沫液与相关设备应放置在便于运送到指定防护对象的场所；当移动式高倍数泡沫产生器预先连接到水源或泡沫混合液供给源时，应放置在易于接近的地方，且水带长度应能达到其最远的防护地。

（7）当两个或两个以上移动式高倍数泡沫产生器同时使用时，其泡沫液和水供给源应满足最大数量的泡沫产生器的使用要求。

（8）移动式系统应选用有衬里的消防水带，并应符合下列规定。

1）水带的口径与长度应满足系统要求。

2）水带应以能立即使用的排列形式储存，且应防潮。

（9）系统所用的电源与电缆应满足输送功率要求，且应满足保护接地和防水的要求。

六、泡沫－水喷淋系统与泡沫喷雾系统

（一）一般规定

（1）泡沫－水喷淋系统可用于下列场所。

1）具有非水溶性液体泄漏火灾危险的室内场所。

2）存放量不超过25L/m^{2}或超过25L/m^{2}但有缓冲物的水溶性液体室内场所。

（2）泡沫喷雾系统可用于保护独立变电站的油浸电力变压器、面积不大于200m^{2}的非水溶性液体室内场所。

（3）泡沫－水喷淋系统泡沫混合液与水的连续供给时间，应符合下列规定。

1）泡沫混合液连续供给时间不应小于10min。

2）泡沫混合液与水的连续供给时间之和不应小于60min。

（4）泡沫－水雨淋系统与泡沫－水预作用系统的控制，应符合下列规定。

1）系统应同时具备自动、手动和应急机械手动启动功能。

2）机械手动启动力不应超过180N。

3）系统自动或手动启动后，泡沫液供给控制装置应自动随供水主控阀的动作而动作或与之同时动作。

4）系统应设置故障监视与报警装置，且应在主控制盘上显示。

（5）当泡沫液管线长度超过15m时，泡沫液应充满其管线，且泡沫液管线及其管件的温度应在泡沫液的储存温度范围内；埋地铺设时，应设置检查管道密封性的设施。

（6）泡沫－水喷淋系统应设置系统试验接口，其口径应分别满足系统最大流量与最小流量要求。

（7）泡沫－水喷淋系统的防护区应设置安全排放或容纳设施，且排放或容纳量应按被保护液体最大泄漏量、固定式系统喷洒量，以及管枪喷射量之和确定。

（8）为泡沫-水雨淋系统与泡沫-水预作用系统配套设置的火灾探测与联动控制系统，除应符合GB 50116—2013《火灾自动报警系统设计规范》的有关规定外，尚应符合下列规定。

1）当电控型自动探测及附属装置设置在有爆炸和火灾危险的环境时，应符合GB 50058—2014《爆炸危险环境电力装置设计规范》的有关规定。

2）设置在腐蚀性气体环境中的探测装置，应由耐腐蚀材料制成或采取防腐蚀保护。

3）当选用带闭式喷头的传动管传递火灾信号时，传动管的长度不应大于300m，公称直径宜为15～25mm，传动管上的喷头应选用快速响应喷头，且布置间距不宜大于2.5m。

（二）泡沫-水雨淋系统

（1）泡沫－水雨淋系统的保护面积应按保护场所内的水平面面积或水平面投影面积确定。

（2）当保护非水溶性液体时，其泡沫混合液供给

强度不应小于表 12-65 的规定；当保护水溶性液体时，其泡沫混合液供给强度和连续供给时间应由试验确定。

表 12-65　泡沫混合液供给强度

泡沫液种类	喷头设置高度（m）	泡沫混合液供给强度［L/（min·m²）］
蛋白、氟蛋白	≤10	8
	>10	10
水成膜、成膜氟蛋白	≤10	6.5
	>10	8

（3）系统应设置雨淋报警阀、水力警铃，并应在每个雨淋报警阀出口管路上设置压力开关，但喷头数小于 10 个的单区系统可不设雨淋报警阀和压力开关。

（4）系统应选用吸气型泡沫-水喷头、泡沫-水雾喷头。

（5）喷头的布置应符合下列规定。

1）喷头的布置应根据系统设计供给强度、保护面积和喷头特性确定。

2）喷头周围不应有影响泡沫喷洒的障碍物。

（6）系统设计时应进行管道水力计算，并应符合下列规定。

1）自雨淋报警阀开启至系统各喷头达到设计喷洒流量的时间不得超过 60s。

2）任意四个相邻喷头组成的四边形保护面积内的平均泡沫混合液供给强度，不应小于设计供给强度。

（7）飞机库内设置的泡沫－水雨淋系统应按 GB 50284—2008《飞机库设计防火规范》的有关规定执行。

（三）闭式泡沫-水喷淋系统

（1）下列场所不宜选用闭式泡沫－水喷淋系统。

1）流淌面积较大，按 GB 50151—2010《泡沫灭火系统设计规范》规定的作用面积不足以保护的甲、乙、丙类液体场所。

2）靠泡沫混合液或水稀释不能有效灭火的水溶性液体场所。

3）净空高度大于 9m 的场所。

（2）火灾水平方向蔓延较快的场所不宜选用泡沫-水干式系统。

（3）下列场所不宜选用管道充水的泡沫-水湿式系统。

1）初始火灾为液体流淌火灾的甲、乙、丙类液体桶装库、泵房等场所。

2）含有甲、乙、丙类液体敞口容器的场所。

（4）系统的作用面积应符合下列规定。

1）系统的作用面积应为 465m²。

2）当防护区面积小于 465m² 时，可按防护区实际面积确定。

3）当试验值不同于 1）、2）的规定时，可采用试验值。

（5）闭式泡沫－水喷淋系统的供给强度不应小于 6.5L/（min·m²）。

（6）闭式泡沫－水喷淋系统输送的泡沫混合液应在 8L/s 至最大设计流量范围内达到额定的混合比。

（7）喷头的选用应符合下列规定。

1）应选用闭式洒水喷头。

2）当喷头设置在屋顶时，其公称动作温度应为 121～149℃。

3）当喷头设置在保护场所的中间层面时，其公称动作温度应为 57～79℃；当保护场所的环境温度较高时，其公称动作温度宜高于环境最高温度 30℃。

（8）喷头的设置应符合下列规定。

1）任意四个相邻喷头组成的四边形保护面积内的平均供给强度不应小于设计供给强度，且不宜大于设计供给强度的 1.2 倍。

2）喷头周围不应有影响泡沫喷洒的障碍物。

3）每只喷头的保护面积不应大于 12m²。

4）同一支管上两只相邻喷头的水平间距、两条相邻平行支管的水平间距，均不应大于 3.6m。

（9）泡沫－水湿式系统的设置应符合下列规定。

1）当系统管道充注泡沫预混液时，其管道及管件应耐泡沫预混液腐蚀，且不应影响泡沫预混液的性能。

2）充注泡沫预混液系统的环境温度宜为 5～40℃。

3）当系统管道充水时，在 8L/s 的流量下，自系统启动至喷泡沫的时间不应大于 2min。

4）充水系统的环境温度应为 4～70℃。

（10）泡沫－水预作用系统与泡沫-水干式系统的管道充水时间不宜大于 1min。泡沫-水预作用系统每个报警阀控制喷头数不应超过 800 只，泡沫－水干式系统每个报警阀控制喷头数不宜超过 500 只。

（11）当系统兼有扑救 A 类火灾的要求时，尚应符合 GB 50084—2017《自动喷水灭火系统设计规范》的有关规定。

（四）泡沫喷雾系统

（1）泡沫喷雾系统可采用下列形式。

1）由压缩氮气驱动储罐内的泡沫预混液经泡沫

喷雾喷头喷洒泡沫到防护区。

2）由压力水通过泡沫比例混合器（装置）输送泡沫混合液经泡沫喷雾喷头喷洒泡沫到防护区。

（2）当保护油浸电力变压器时，系统设计应符合下列规定。

1）保护面积应按变压器油箱本体水平投影且四周外延 1m 计算确定。

2）泡沫混合液或泡沫预混液供给强度不应小于 8L/（min・m^2）。

3）泡沫混合液或泡沫预混液连续供给时间不应小于 15min。

4）喷头的设置应使泡沫覆盖变压器油箱顶面，且每个变压器进出线绝缘套管升高座孔口应设置单独的喷头保护。

5）保护绝缘套管升高座孔口喷头的雾化角宜为 60°，其他喷头的雾化角不应大于 90°。

6）所用泡沫灭火剂的灭火性能级别应为Ⅰ级，抗烧水平不应低于 C 级。

（3）当保护非水溶性液体室内场所时，泡沫混合液或预混液供给强度不应小于 6.5L/（min・m^2），连续供给时间不应小于 10min。系统喷头的布置应符合下列规定。

1）保护面积内的泡沫混合液供给强度应均匀。

2）泡沫应直接喷洒到保护对象上。

3）喷头周围不应有影响泡沫喷洒的障碍物。

（4）喷头皮带过滤器的工作压力不应小于其额定压力，且不宜高于其额定压力 0.1MPa。

（5）系统喷头、管道与电气设备带电（裸露）部分的安全净距应符合国家现行有关标准的规定。

（6）泡沫喷雾系统应同时具备自动、手动和应急机械手动启动方式。在自动控制状态下，灭火系统的响应时间不应大于 60s。与泡沫喷雾系统联动的火灾自动报警系统的设计应符合 GB 50116—2013《火灾自动报警系统设计规范》的有关规定。

（7）系统湿式供液管道应选用不锈钢管；干式供液管道可选用热镀锌钢管。

（8）当动力源采用压缩氮气时，应符合下列规定。

1）系统所需动力源瓶组数量应按下式计算：

$$N = \frac{p_2 V_2}{(p_1 - p_2) V_1} k \qquad (12\text{-}19)$$

式中 N——所需动力源瓶组数量，只，取自然数；

p_1——动力源瓶组储存压力，MPa；

p_2——系统泡沫液储罐出口压力，MPa；

V_1——动力源单个瓶组容积，L；

V_2——系统泡沫液储罐容积与动力气体管路容积之和，L；

k——裕量系数（通常取 1.5～2.0）。

2）系统储液罐、启动装置、氮气驱动装置应安装在温度高于 0℃的专用设备间内。

（9）当系统采用泡沫预混液时，其有效使用期不宜小于 3 年。

第六节 二氧化碳灭火系统

二氧化碳灭火系统是由二氧化碳供应源、喷嘴和管路组成的灭火系统。二氧化碳在空气中含量达到 15%以上时能使人窒息死亡；达到 30%～35%时，能使一般可燃物质的燃烧逐渐窒息；达到 43.6%时，能抑制汽油蒸气及其他易燃气体的爆炸。二氧化碳灭火系统就是利用通过减少空气中氧的含量，使其达不到支持燃烧的浓度而达到灭火的目的。

二氧化碳灭火系统主要应用在经常发生火灾的生产作业设施和设备，如浸渍槽、熔化槽、轧制机、轮转印刷机、烘干设备、干洗设备和喷漆生产线等；油浸变压器、高压电容器室及多油开关断路器室；电子计算机房、数据储存间、贵重文物库等重要物品场所；船舶的机舱、货舱等场所。

一、 二氧化碳灭火系统的类型

（一） 按灭火方式分类

二氧化碳灭火系统按灭火方式分类可分为全淹没灭火系统和局部应用系统。

1. 全淹没灭火系统

全淹没灭火系统是由一套储存装置在规定时间内，向防护区喷射一定浓度的灭火剂，并使其均匀地充满整个防护区空间的系统。它由二氧化碳容器（钢瓶）、容器阀、管道、喷嘴、操纵系统及附属装置等组成。全淹没灭火系统应用于扑救封闭空间内的火灾。

采用全淹没灭火系统的防护区，应符合下列规定。

（1）对气体、液体、电气火灾和固体表面火灾，在喷放二氧化碳前不能自动关闭的开口，其面积不应大于防护区总内表面积的 3%，且开口不应设在底面。

（2）对固体深位火灾，除泄压口外的开口，在喷放二氧化碳前应自动关闭。

（3）防护区的围护结构及门、窗的耐火极限不应低于 0.50h，吊顶的耐火极限不应低于 0.25h；围护结构及门窗的允许压强不宜小于1200Pa。

(4) 防护区用的通风机和通风管道中的防火阀，在喷放二氧化碳前应自动关闭。

2. 局部应用灭火系统

局部应用灭火系统应用于扑救不需封闭空间条件的具体保护对象的非深位火灾。

采用局部应用灭火系统的保护对象，应符合下列规定。

(1) 保护对象周围的空气流动速度不宜大于3m/s。必要时，应采取挡风措施。

(2) 在喷头与保护对象之间，喷头喷射角范围内不应有遮挡物。

(3) 当保护对象为可燃液体时，液面至容器缘口的距离不得小于150mm。

（二）按系统结构分类

按系统结构特点可分为管网系统和无管网系统。管网系统又可分为单元独立系统和组合分配系统。

1. 单元独立系统

单元独立系统是用一套灭火剂储存装置保护一个防护区的灭火系统。一般说来，用单元独立系统保护的防护区在位置上是单独的，离其他防护区较远不便于组合，或是两个防护区相邻，但有同时失火的可能。对于一个防护区包括两个以上封闭空间也可用一个单元独立系统来保护，但设计时必须做到系统储存的灭火剂能满足这几个封闭空间同时灭火的需要，并能同时供给它们各自所需的灭火剂量。当两个防护区需要灭火剂量较多时，也可采用两套或数套单元独立系统保护一个防护区，但设计时必须做到这些系统同步工作。

2. 组合分配系统

组合分配系统由一套灭火剂储存装置保护多个防护区。组合分配系统总的灭火剂储存量只考虑按照需要灭火剂最多的一个防护区配置，如果组合中某个防护区需要灭火，则通过选择阀、容器阀等控制，定向释放灭火剂。这种灭火系统的优点是储存容器数和灭火剂用量可以大幅度减少，有较高应用价值。

3. 按储压等级分类

按二氧化碳灭火剂在储存容器中的储压分类，可分为高压（储存）系统和低压（储存）系统。

(1) 高压（储存）系统，储存压力为5.17MPa。高压储存容器中二氧化碳的温度与储存地点的环境温度有关。因此，容器必须能够承受最高预期温度时所产生的压力。储存容器中的压力还受二氧化碳灭火剂充填密度的影响。所以，在最高储存温度下的充填密度要注意控制。充填密度过大，会在环境温度升高时因液体膨胀造成保护膜片破裂而自动释放灭火剂。

(2) 低压（储存）系统，储存压力为2.07MPa。低压储存容器内二氧化碳灭火剂温度利用绝缘和制冷手段被控制在-18℃。典型的低压储存装置是压力容器外包一个密封的金属壳，壳内有绝缘体，在储存容器一端安装一个标准的空冷制冷机装置，它的冷却管装于储存容器内。该装置以电力操纵，用压力开关自动控制。

二、二氧化碳灭火系统设计

（一）一般规定

(1) 二氧化碳灭火系统按应用方式可分为全淹没灭火系统和局部应用灭火系统。全淹没灭火系统应用于扑救封闭空间内的火灾；局部应用灭火系统应用于扑救不需封闭空间条件的具体保护对象的非深位火灾。

(2) 采用全淹没灭火系统的防护区，应符合下列规定。

1) 对气体、液体、电气火灾和固体表面火灾，在喷放二氧化碳前不能自动关闭的开口，其面积不应大于防护区总内表面积的3%，且开口不应设在底面。

2) 对固体深位火灾，除泄压口外的开口，在喷放二氧化碳前应自动关闭。

3) 防护区的围护结构及门、窗的耐火极限不应低于0.50h，吊顶的耐火极限不应低于0.25h；围护结构及门窗的允许压强不宜小于1200Pa。

4) 防护区用的通风机和通风管道中的防火阀，在喷放二氧化碳前应自动关闭。

(3) 采用局部应用灭火系统的保护对象，应符合下列规定。

1) 保护对象周围的空气流动速度不宜大于3m/s。必要时，应采取挡风措施。

2) 在喷头与保护对象之间，喷头喷射角范围内不应有遮挡物。

3) 当保护对象为可燃液体时，液面至容器缘口的距离不得小于150mm。

(4) 启动释放二氧化碳之前或同时，必须切断可燃、助燃气体的气源。

组合分配系统的二氧化碳储存量，不应小于所需储存量最大的一个防护区域或保护对象的储存量。

(5) 当组合分配系统保护5个及以上的防护区或保护对象时，或者在48h内不能恢复时，二氧化碳应有备用量，备用量不应小于系统设计的储存量。

对于高压系统和单独设置备用储存容器的低压系

统，备用量的储存容器应与系统管网相连，应能与主储存容器切换使用。

（二）全淹没灭火系统

（1）二氧化碳设计浓度不应小于灭火浓度的 1.7 倍，并不得低于 34%，可燃物的二氧化碳设计浓度可按规定采用。

（2）当防护区内存有两种及两种以上可燃物时，防护区的二氧化碳设计浓度应采用可燃物中最大的二氧化碳设计浓度。

（3）二氧化碳的设计用量应按下式计算：

$$m=K_b(K_1A+K_2V) \quad (12\text{-}20)$$

$$A=A_v+30A_0 \quad (12\text{-}21)$$

$$V=V_v-V_g \quad (12\text{-}22)$$

式中 m——二氧化碳设计用量，kg；

K_b——物质系数；

K_1——面积系数，kg/m^3，取 $0.2kg/m^3$；

K_2——体积系数，kg/m^3，取 $0.7kg/m^3$；

A——折算面积，m^2；

A_v——防护区的内侧面、底面、顶面（包括其中的开口）的总面积，m^2；

A_0——开口总面积，m^2；

V——防护区的净容积，m^3；

V_v——防护区容积，m^3；

V_g——防护区内不燃烧体和难燃烧体的总体积，m^3。

（4）当防护区的环境温度超过 100℃时，二氧化碳的设计用量应在（3）计算值的基础上每超过 5℃增加 2%。当防护区的环境温度低于－20℃时，二氧化碳的设计用量应在（3）计算值的基础上每降低 1℃增加 2%。

（5）防护区应设置泄压口，并宜设在外墙上，其高度应大于防护区净高的 2/3。当防护区设有防爆泄压孔时，可不单独设置泄压口。

（6）泄压口的面积可按下式计算：

$$A_x=0.0076\frac{Q_t}{\sqrt{p_t}} \quad (12\text{-}23)$$

式中 A_x——泄压口面积，m^2；

Q_t——二氧化碳喷射率，kg/min；

p_t——围护结构的允许压强，Pa。

（7）全淹没灭火系统二氧化碳的喷放时间不应大于 1min。当扑救固体深位火灾时，喷放时间不应大于 7min，并应在前 2min 内使二氧化碳的浓度达到 30%。

（8）二氧化碳扑救固体深位火灾的抑制时间应按表 12-66 规定采用。

表 12-66　物质系数、设计浓度和抑制时间

可燃物	物质系数 K_b	设计浓度 C（%）	抑制时间（min）
丙酮	1.00	34	—
乙炔	2.57	66	—
航空燃料 115 号/145 号	1.06	36	—
粗苯（安息油、偏苏油）、苯	1.10	37	—
丁二烯	1.26	41	—
丁烷	1.00	34	—
丁烯-1	1.10	37	—
二硫化碳	3.03	72	—
一氧化碳	2.43	64	—
煤气或天然气	1.10	37	—
环丙烷	1.10	37	—
柴油	1.00	34	—
二甲醚	1.22	40	—
二苯与其氧化物的混合物	1.47	46	—
乙烷	1.22	40	—
乙醇（酒精）	1.34	43	—
乙醚	1.47	46	—
乙烯	1.60	49	—
二氯乙烯	1.00	34	—
环氧乙烷	1.80	53	—
汽油	1.00	34	—
乙烷	1.03	35	—
正庚烷	1.03	35	—
氢	3.30	75	—
硫化氢	1.06	36	—
异丁烷	1.06	36	—
异丁烯	1.00	34	—
甲酸异丁酯	1.00	34	—
航空煤油 JP-4	1.06	36	—
煤油	1.00	34	—
甲烷	1.00	34	—
醋酸甲酯	1.03	35	—
甲醇	1.22	40	—
甲基丁烯-1	1.06	36	—
甲基乙基酮（丁酮）	1.22	40	—

续表

可燃物	物质系数 K_b	设计浓度 C（%）	抑制时间（min）
甲酸甲酯	1.18	39	—
戊烷	1.03	35	—
正辛烷	1.03	35	—
丙烷	1.06	36	—
丙烯	1.06	36	—
淬火油（灭弧油）、润滑油	1.00	34	—
纤维材料	2.25	62	20
棉花	2.00	58	20
纸	2.25	62	20
塑料（颗粒）	2.00	58	20
聚苯乙烯	1.00	34	—
聚氨基甲酸甲酯（硬）	1.00	34	—
电缆间和电缆沟	1.50	47	10
数据储存间	2.25	62	20
电子计算机房	1.50	47	10
电器开关和配电室	1.20	40	10
待冷却系统的发电机	2.00	58	至停止
油浸变压器	2.00	58	—
数据打印设备间	2.25	62	20
油漆间和干燥设备	1.20	40	—
纺织机	2.00	58	—

（三）局部应用灭火系统

（1）局部应用灭火系统的设计可采用面积法或体积法。当保护对象的着火部位是比较平直的表面时，宜采用面积法。当着火对象为不规则物体时，应采用体积法。

（2）局部应用灭火系统的二氧化碳喷射时间不应小于 0.5min。对于燃点温度低于沸点温度的液体和可熔化固体的火灾，二氧化碳的喷射时间不应小于 1.5min。

（3）当采用面积法设计时，应符合下列规定。

1）保护对象计算面积应取被保护表面整体的垂直投影面积。

2）架空型喷头应以喷头的出口至保护对象表面的距离确定设计流量和相应的正方形保护面积；槽边型喷头保护面积应由设计选定的喷头设计流量确定。

3）架空型喷头的布置宜垂直于保护对象的表面，其应瞄准喷头保护面积的中心。当确需非垂直布置时，喷头的安装角不应少于 45°，其瞄准点应偏向喷头安装位置的一方（图 12-55），喷头偏离保护面积中心的距离可按表 12-67 确定。

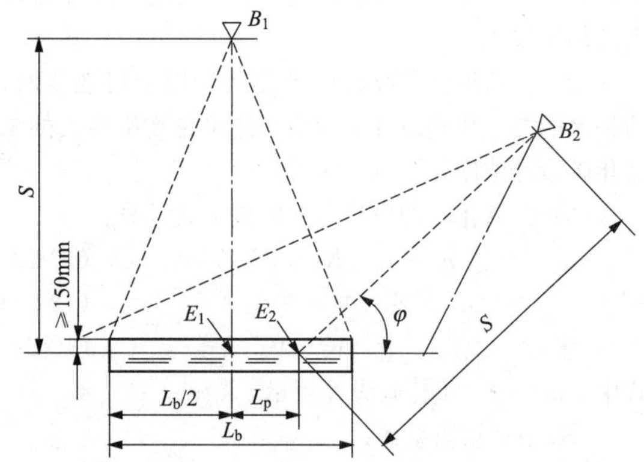

图 12-55 架空型喷头布置方法

B_1、B_2—喷头布置位置；E_1、E_2—喷头瞄准点；S—喷头出口至瞄准点的距离（m）；L_b—单个喷头正方形保护面积的边长（m）；L_p—瞄准点偏离喷头保护面积中心的距离（m）；φ—喷头安装角（°）

表 12-67 喷头偏离保护面积中心的距离

喷头安装角	喷头偏离保护面积中心的距离（m）
45°～60°	$0.25L_b$
60°～75°	$0.25L_b$～$0.125L_b$
75°～90°	$0.125L_b$～0

注 L_b为单个喷头正方形保护面积的边长。

4）喷头非垂直布置时的设计流量和保护面积应与垂直布置的相同。

5）喷头宜等距布置，以喷头正方形保护面积组合排列，并应完全覆盖保护对象。

6）二氧化碳的设计用量应按下式计算：

$$m=N\cdot Q_i\cdot t \tag{12-24}$$

式中 m——二氧化碳设计用量，kg；

N——喷头数量；

Q_i——单个喷头的设计流量，kg/min；

t——喷射时间，min。

（4）当采用体积法设计时，应符合下列规定。

1）保护对象的计算体积应采用假定的封闭罩的体积，封闭罩的底应是保护对象的实际底面；封闭罩的侧面及顶部当无实际围封结构时，它们至保护对象外缘的距离不应小于 0.6m。

2）二氧化碳的单位体积的喷射率应按下式计算：

$$q_V=K_b\left(16-\frac{12A_p}{A_t}\right) \tag{12-25}$$

式中 q_V——单位体积的喷射率，kg/（min·m^3）；

A_t——假定的封闭罩侧面围封面面积，m^2；

A_p——在假定的封闭罩中存在的实体墙等实际围封面的面积，m^2。

3）二氧化碳设计用量应按下式计算：

$$m=V_1\cdot q_V\cdot t \quad (12\text{-}26)$$

式中 V_1——保护对象的计算体积，m^2。

4）喷头的布置与数量应使喷射的二氧化碳分布均匀，并满足单位体积的喷射率和设计用量的要求。

（四）管网计算

（1）二氧化碳灭火系统按灭火剂储存方式可分为高压系统和低压系统，管网起点计算压力（绝对压力）：高压系统应取 5.17MPa，低压系统应取 2.07MPa。

（2）管网中干管的设计流量应按下式计算：

$$Q=m/t \quad (12\text{-}27)$$

式中 Q——管道的设计流量，kg/min。

（3）管网中支管的设计流量应按下式计算：

$$Q=\sum_{1}^{N_g}Q_1 \quad (12\text{-}28)$$

式中 N_g——安装在计算支管流程下游的喷头数量；

Q_1——单个喷头的设计流量，kg/min。

（4）管道内径可按下式计算：

$$D=K_d\sqrt{Q} \quad (12\text{-}29)$$

式中 D——管道内径，mm；

K_d——管径系数，取值范围 1.41～3.78。

（5）管段的计算长度应为管道的实际长度与管道附件当量长度之和，管道附件的当量长度应采用经国家相关检测机构认可的数据，当无相关认证数据时，可按表 12-68 采用。

表 12-68 管道附件的当量长度

管道公称直径（mm）	螺纹连接			焊接		
	90°弯头（m）	三通的直通部分（m）	三通的侧通部分（m）	90°弯头（m）	三通的直通部分（m）	三通的侧通部分（m）
15	0.52	0.3	1.04	0.24	0.21	0.64
20	0.67	0.43	1.37	0.33	0.27	0.85
25	0.85	0.55	1.74	0.43	0.34	1.07
32	1.13	0.7	2.29	0.55	0.46	1.4
40	1.31	0.82	2.65	0.64	0.52	1.65
50	1.68	1.07	3.24	0.85	0.67	2.1
65	2.01	1.25	4.09	1.01	0.82	2.5
80	2.50	1.56	5.06	1.25	1.01	3.11
100	—	—	—	1.65	1.34	4.09
125	—	—	—	2.04	1.68	5.12
150	—	—	—	2.47	2.01	6.16

（6）管道压力降可按下式换算：

$$Q^2=\frac{0.8725\times10^{-4}\times D^{5.25}\times Y}{L+(0.04319\times D^{1.25}\times Z)} \quad (12\text{-}30)$$

式中 D——管道内径，mm；

L——管段计算长度，m；

Y——压力系数，MPa·kg/m^3；

Z——密度系数。

（7）管道内流程高度所引起的压力校正值，应计入该管段的终点压力。终点高度低于起点的取正值，终点高度高于起点的取负值。

（8）喷头入口压力（绝对压力）计算值：高压系统不应小于 1.4MPa；低压系统不应小于 1.0MPa。

（9）低压系统获得均相流的延迟时间，对全淹没灭火系统和局部应用灭火系统分别不应大于 60s 和 30s，其延迟时间可按下式计算：

$$t_d=\frac{m_g c_p(t_1-t_2)}{0.507Q}+\frac{16850V_d}{Q} \quad (12\text{-}31)$$

式中 t_d——延迟时间，s；

m_g——管道质量，kg；

c_p——管道金属材料的比热，kJ/（kg·℃）；钢管可取 0.46kJ/（kg·℃）；

t_1——二氧化碳喷射前管道的平均温度，℃；可取环境平均温度；

t_2——二氧化碳平均温度，℃；取－20.6℃；

V_d——管道容积，m^3。

（10）喷头等效孔口面积应按下式计算：

$$F=Q_i/q_0 \quad (12\text{-}32)$$

式中 F——喷头等效孔口面积，mm^2；

q_0——单位等效孔口面积的喷射率，kg/（min·mm^2）。

（11）二氧化碳储存盘可按下式计算：

$$m_c=K_m m+m_v+m_s+m_r \quad (12\text{-}33)$$

$$m_v=\frac{m_g c_p(t_1-t_2)}{H} \quad (12\text{-}34)$$

$$m_r=\sum V_i\rho_i\text{（低压系统）} \quad (12\text{-}35)$$

$$\rho_i=-261.6718+545.9939p_i-114740p_i^2-230.9276p_i^3+122.4873p_i^4 \quad (12\text{-}36)$$

$$p_i=\frac{p_{j-1}+p_j}{2} \quad (12\text{-}37)$$

式中 m_c——二氧化碳储存量，kg；

K_m——裕度系数；对全淹没灭火系统取 1；对局部应用系数：高压系统取 1.4，低压系统取 1.1；

m_v——二氧化碳在管道中的蒸发量，kg；高压全淹没灭火系统取 0；

t_2——二氧化碳平均温度，℃；高压系统取

15.6℃，低压系统取−20.6℃；

H——二氧化碳蒸发潜热，kJ/kg；高压系统取 150.7kJ/kg，低压系统取 276.3kJ/kg；

m_s——储存容器内的二氧化碳剩余量，kg；

m_r——管道内的二氧化碳剩余量，kg；高压系统取 0；

V_i——管网内第 i 段管道的容积，m^3；

ρ_i——第 i 段管道内二氧化碳平均密度，kg/m^3；

p_i——第 i 段管道内的平均压力，MPa；

p_{j-1}——第 i 段管道首端的节点压力，MPa；

p_j——第 i 段管道末端的节点压力，MPa。

（12）高压系统储存容器数量可按下式计算：

$$N_p = \frac{m_c}{\alpha V_0} \tag{12-38}$$

式中 N_p——高压系统储存容量数量；

α——充装系数，kg/L；

V_0——单个储存容器的容积，L。

（13）低压系统储存容器的规格可依据二氧化碳储存量确定。

（五）系统组件设计

1. 储存装置

（1）高压系统的储存装置应由储存容器、容器阀、单向阀、灭火剂泄漏检测装置和集流管等组成，并应符合下列规定。

1）储存容器的工作压力不应小于 15MPa，储存容器或容器阀上应设泄压装置，其泄压动作压力应为（19.00±0.95）MPa。

2）储存容器中二氧化碳的充装系数应按国家现行规范执行。

3）储存装置的环境湿度应为 0～49℃。

（2）低压系统的储存装置应由储存容器、容器阀、安全泄压装置、压力表、压力报警装置和制冷装置等组成，并应符合下列规定。

1）储存容器的设计压力不应小于 2.5MPa，并应采取良好的绝热措施，储存容器上至少应设置两套安全泄压装置，其泄压动作压力应为（2.38±0.12）MPa。

2）储存装置的高压报警压力设定值应为 2.2MPa，低压报警压力设定值应为 1.8MPa。

3）储存容器中二氧化碳的装量系数应按 TSG 21—2016《固定式压力容器安全技术监察规程》执行。

4）容器阀应能在喷出要求的二氧化碳量后自动关闭。

5）储存装置应远离热源，其位置应便于再充装，其环境温度宜为−23～49℃。

（3）储存容器中充装的二氧化碳应符合 GB 4396—2005《二氧化碳灭火剂》的规定。

（4）储存装置应具有灭火剂泄漏检测功能，当储存容器中充装的二氧化碳损失量达到其初始充装量的 10%时，应能发出声光报警信号并及时补充。储存装置的布置应方便检查和维护，并应避免阳光直射。

（5）储存装置宜设在专用的储存容器间内。局部应用灭火系统的储存装置可设置在固定的安全围栏内，专用的储存容器间的设置应符合下列规定。

1）应靠近防护区，出口应直接通向室外或疏散走道。

2）耐火等级不应低于二级。

3）室内应保持干燥和良好通风。

4）不具备自然通风条件的储存容器间，应设置机械排风装置，排风口距储存容器间地面高度不宜大于 0.5m，排出口应直接通向室外，正常排风量宜按换气次数不小于 4 次/h 确定，事故排风量应按换气次数不小于 8 次/h 确定。

2. 选择阀与喷头

（1）在组合分配系统中，每个防护区或保护对象应设一个选择阀，选择阀应设置在储存容器间内，并应便于手动操作，方便检查维护，选择阀上应设有标明防护区的铭牌。

（2）选择阀可采用电动、气动或机械操作方式，选择阀的工作压力：高压系统不应小于 12MPa，低压系统不应小于 2.5MPa。

（3）系统在启动时，选择阀应在二氧化碳储存容器的容器阀动作之前或同时打开；采用灭火剂自身作为启动气源打开的选择阀，可不受此限。

（4）全淹没灭火系统的喷头布兰应使防护区内二氧化碳分布均匀，喷头应接近天花板或屋顶安装。

（5）设置在有粉尘或喷漆作业等场所的喷头，应增设不影响喷射效果的防尘罩。

3. 管道及其附件

（1）高压系统管道及其附件应能承受最高环境温度下二氧化碳的储存压力；低压系统管道及其附件应能承受 4.0MPa 的压力，并应符合下列规定。

1）管道应采用符合 GB 8163—2008《输送流体用无缝钢管》的规定，并应进行内外表面镀锌防腐处理。

2）对镀锌层有腐蚀的环境，管道可采用不锈钢管、铜管或其他抗腐蚀的材料。

3）挠性连接的软管应能承受系统的工作压力和湿度，并宜采用不锈钢软管。

（2）低压系统的管网中应采取防膨胀收缩措施。

（3）在可能产生爆炸的场所，管网应吊挂安装并采取防晃措施。

（4）管道可采用螺纹连接、法兰连接或焊接，公称直径小于或等于 80mm 的管道，宜采用螺纹连接，公称直径大于 80mm 的管道，宜采用法兰连接。

（5）二氧化碳灭火剂输送管网不应采用四通管件分流。

（6）管网中阀门之间的封闭管段应设置泄压装置，其泄压动作压力：高压系统应为（15±0.75）MPa，低压系统应为（2.38±0.12）MPa。

三、 二氧化碳灭火系统的主要组件

二氧化碳灭火系统的主要组件主要有储存容器、容器阀、安全阀、选择阀、单向阀、压力开关、喷嘴等。

（一） 储存容器

二氧化碳容器有低压和高压两种。一般当二氧化碳储存量在 10t 以上才考虑采用低压容器，下面主要介绍高压容器。

1. 构造

二氧化碳容器由无缝钢管制成，内外均经防锈处理。容器上部装设容器阀，内部安装虹吸管。虹吸管内径不小于容器阀的通径，一般采用 13～15mm，下端切成 30°斜口，距瓶底约 5～8mm。

2. 性能及作用

目前我国使用的二氧化碳容器工作压力为 15MPa，容量 40L，水压试验压力为 22.5MPa。其作用是储存液态二氧化碳灭火剂。

3. 使用要求

（1）钢瓶应固定牢固，确保在排放二氧化碳时，不会移动。

（2）在使用中，每隔 8～10 年做水压试验一次，其永久膨胀率不得大于 10%。凡未超过 10%即为合格，打上水压试验钢印。超过 10%则应报废。

（3）水压试验前需先经内部清洁及检视，以查明容器内部是否有裂痕等缺陷。

（4）容器的充装率（每升容积充装的二氧化碳千克数）不宜过大。二氧化碳容器所受的内压是由充装率及温度来确定的。对于工作压力为 15MPa，水压试验压力为 22.5MPa 的容器，其充装率不应大于 0.68kg/L。这样才能保证在环境温度不超过 45℃时容器内压力不致超过工作压力。

（二） 容器阀

瓶头阀种类甚多，但都是由充装阀部分（截止阀或止回阀）、施放阀部分（截止阀或闸刀阀）和安全膜片组成。

1. 性能

（1）容器阀的气密性要求很高，总装后需进行气密性试验。

（2）容器阀上应安装安全阀，当温度达到 50℃或压力超过 18MPa 时，安全片会自行破裂，放出二氧化碳气体，以防止钢瓶因超压而爆裂。

（3）一般二氧化碳容器阀大都具有紧急手动装置，既能自动又能手动操作。为使阀门开启可靠，手动这一附加功能是必要的。

2. 作用

平时封闭容器，火灾时排放容器内储存的灭火剂；还通过它充装灭火剂和安装防爆安全阀。

3. 使用要求

（1）瓶体上的螺纹型式必须与容器阀的锥形螺纹相吻合。在接合处一般不得使用填料。

（2）先导阀在安装时需旋转手轮，使手轮轴处于最上位置，并插入保险销，套上保险铜丝栓，再加铅封。

（3）先导阀安装到容器上前，必须将活塞和活塞杆都上推至不工作（复位）位置，即离下阀体的配气阀面约 20mm 处。

（4）对于同组内各容器的闸刀式容器阀，其闸刀行程及闸刀离工作铜膜片的间距必须协调一致，以保证刀口基本上均能同时闸破膜片。否则，不能同步，而是个别膜片先被闸破，则将会造成背压，以致难以再闸破同组的其余各容器上的膜片，对这一要求应予以注意。

（5）在搬运时，应防止闸刀转动，保证不破坏工作膜片。因而闸刀式容器阀在经装配试验合格后，必须用直径 1mm 的保险铁丝插入，将手柄固定，直至被安装到灭火装置时，才能将铁丝拆除。

（6）电爆阀的电爆管每四年应更换一次，以防雷管变质，影响使用。

（7）机械式闸刀瓶头阀上的连接钢丝绳应安装正确，防止钢丝绳及拉环、手柄动作时碰及障碍物。

（8）检修时，对保险用的铜、铁丝、销及杠杆锁片应锁紧，修后再复原。检修量大时，还应拆除电爆阀的引爆部分。

4. 几种常用容器阀的结构形式

（1）气动容器阀。一般二氧化碳灭火系统都由先导阀、电磁阀、气动阀组成施放部分。先导阀及配用的电磁阀装于启动用气瓶上。平时由电磁阀关住瓶中高压气体，只在接受火灾信号后，电磁阀才开放，高压气体便先后开启先导阀和安装在二氧化碳钢瓶上的气动阀而喷电。

（2）机械式闸刀容器阀。它安装在二氧化碳钢瓶上，其结构如图 12-56 所示。开启时，只需将手柄上钢丝绳牵动，闸刀杆便旋入，切破工作膜片，放出二氧化碳。该阀在单个瓶或少量瓶成组安装的管系中，应用较多。

（3）膜片式容器阀。膜片式容器阀的结构如图 12-57 所示。主要由阀体、活塞杆及活塞刀、密封膜片、压力表等组成。

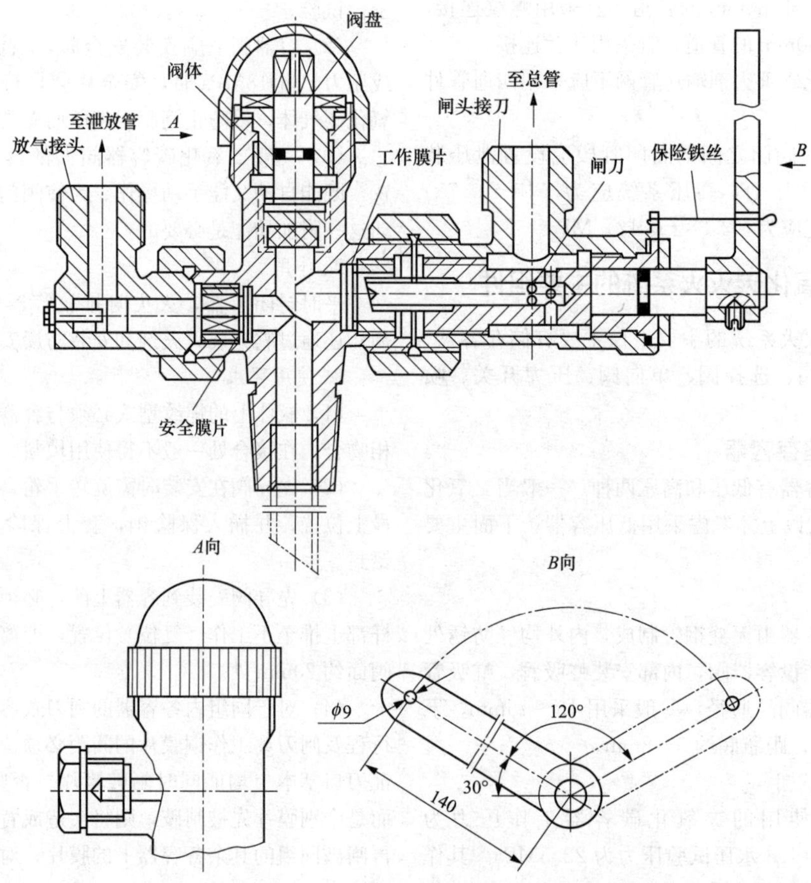

图 12-56 机械式闸刀容器阀

工作原理是平时阀体的出口与下腔由密封膜片隔绝，当外力压下启动手柄或启动气源进入上腔时，则压下活塞及活塞刀，刺破密封膜片，释放气体灭火剂。特点是结构简单，密封膜片的密封性能好，但释放气体灭火剂时阻力损失较大，每次使用后，需更换封膜片。

（三）安全阀

安全阀一般装置在储存容器的容器阀上，以及组合分配系统中的集流管部分。在组合分配系统的集流管部分，由于选择阀平时处于关闭状态，所以从容器阀的出口处至选择阀的进口端之间，就形成了一个封闭的空间，而在此空间内形成一个危险的高压压力。为防止储存容器发生误喷射，因此在集流管末端设置一个安全阀或泄压装置，当压力值超过规定值时，安全阀自动开启泄压，保证管网系统的安全。

（四）选择阀

1. 构造

按释放方式，一般可分为电动式和气动式两种。电动式靠电爆管或电磁阀直接开启选择阀活门；气动式依靠由启动用气容器输送来的高压气体推开操纵活塞，而开放阀门。选择阀的结构如图 12-58 所示。

2. 性能

其流通能力，应与保护区所需要的灭火剂流量相适应。

3. 作用

主要用于一个二氧化碳供应源供给两个以上保护

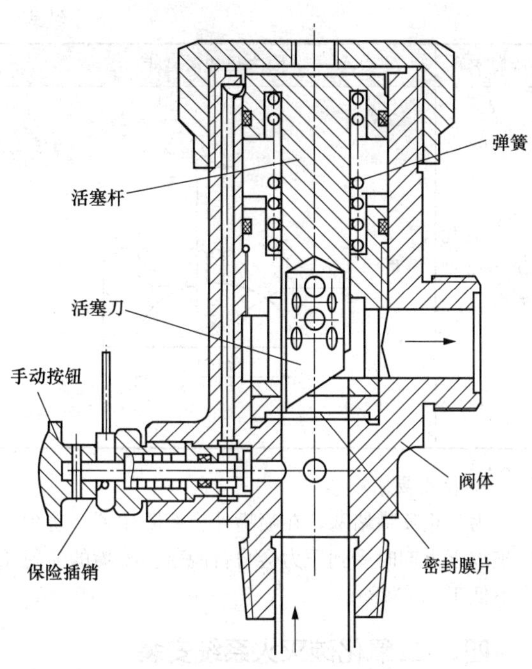

图 12-57　膜片式容器阀

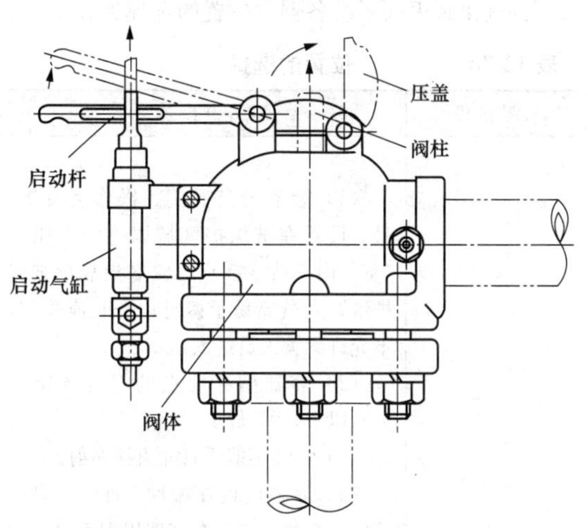

图 12-58　选择阀的结构

区域的装置上，其作用为当某一保护区发生火灾时，能选定方向排放灭火剂。

4. 使用要求

(1) 灭火时，它应在容器阀开放之前或同时开启。

(2) 应有紧急手动装置，并且安装高度一般为0.8～1.5m。

（五） 单向阀

单向阀是控制流动方向，在容器阀和集流管之间的管道上设置的单向阀是防止灭火剂的回流；气动气路上设置的单向阀是保证开启相应的选择阀和容器阀，这样有些管道可以共用。

（六） 压力开关

1. 压力开关的用途

压力开关是将压力信号转换成电气信号。在气体灭火系统中，为及时、准确了解系统，各部件在系统启动时的动作状态，一般在选择阀前后设置压力开关，以判断各部件的动作正确与否。虽然有些阀门本身带有动作检测开关，但用压力开关检测各部件的动作状态，则最为可靠。

2. 压力开关的结构与原理

压力开关由壳体、波纹管或膜片、微动开关、接头座、推杆等组成。其动作原理是当集流管或配管中灭火剂气体压力上升至设定值时，波纹管或膜片伸长，通过推杆或拨臂拨动开关，使触点闭合或断开，来达到输出电气信号的目的。压力开关的结构如图12-59 所示。

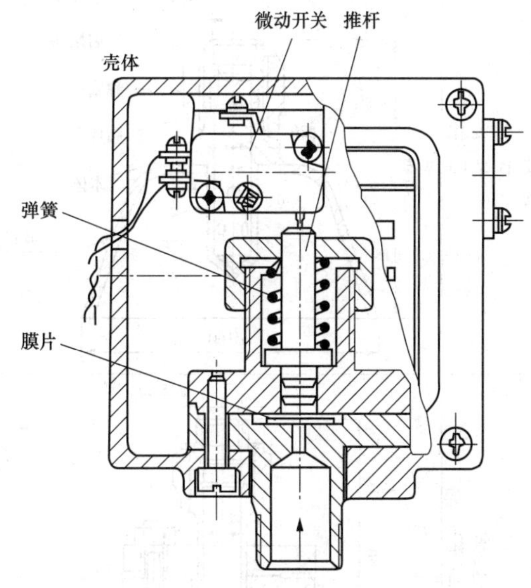

图 12-59　压力开关的结构

（七） 喷嘴

1. 构造

喷嘴构造应能使灭火剂在规定压力下雾化良好。喷嘴出口尺寸应能使喷嘴喷射时不会被冻结。目前我国常用的二氧化碳喷嘴的构造和基本尺寸见表 12-69。

2. 性能及作用

喷嘴的喷射能力应能使规定的灭火剂量在预定的时间内喷射完。通信设备室使用的喷嘴，一般喷射时间不超过 3.5min 为宜。其他保护对象，通常应在 1min 左右。喷嘴的作用是使灭火剂形成雾状向指定方向喷射。

表 12-69　我国常用的二氧化碳喷嘴的构造和基本尺寸

喷嘴名称	构造及基本尺寸
二氧化碳 A 型喷嘴	
二氧化碳 B 型喷嘴	
二氧化碳 C 型喷嘴	
二氧化碳 PZ-1 型喷嘴	
二氧化碳 PZ-2 型喷嘴	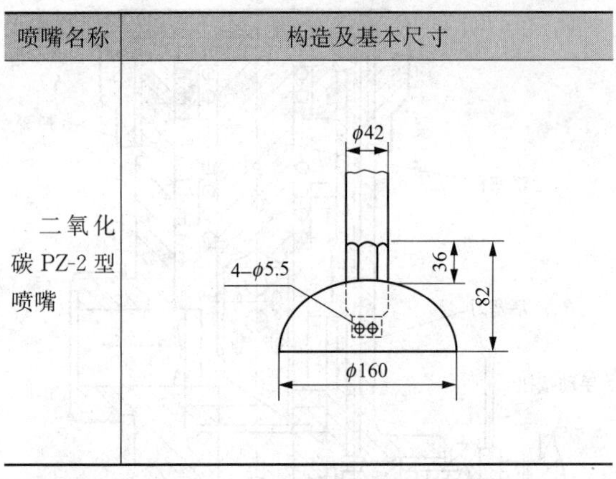

3. 使用要求

为防止喷嘴堵塞，在喷嘴外应有防尘罩。防尘罩在施放灭火剂时受到压力会自行脱落。喷嘴的喷射压力不低于 1.4MPa。

四、二氧化碳灭火系统安装

（一）位置的选择

二氧化碳灭火系统各器件位置的选择见表 12-70。

表 12-70　位置的选择

安装部件	安装位置
容器组设置	（1）容器及其阀门、操作装置等，最好设置在被保护区域以外的专用站（室）内，站（室）内应尽量靠近被保护区，人员要易于接近；平时应关闭，不允许无关人员进入。 （2）容器储存地点的温度规定在 40℃以下，0℃以上。 （3）容器不能受日光直接照射。 （4）容器应设在振动、冲击、腐蚀等影响少的地点。在容器周围不得有无关的物件，以免妨碍设备的检查，维修和平稳可靠地操作。 （5）容器储存的地点应安装足够亮度的照明装置。 （6）储瓶间内储存容器可单排布置或双排布置，其操作面距离或相对操作面之间的距离不宜小于 1.0m。 （7）储存容器必须固定牢固，固定件及框架应做防腐处理。 （8）储瓶间设备的全部手动操作点，应有表明对应防护区名称的耐久标志

续表

安装部件	安装位置
喷嘴位置	1. 全淹没灭火系统 (1) 喷嘴的位置应使喷出的灭火剂在保护区域内迅速而均匀地扩散。通常应安装在靠近顶棚的地方。 (2) 当房高超过5m时，应在房高大约1/3的平面上装设附加喷嘴。当房高超过10m时，应在房高1/3和2/3的平面上安装附加喷嘴。 2. 局部应用灭火系统 (1) 喷嘴的数量和位置以使保护对象的所有表面均在喷嘴的有效射程内为准。 (2) 喷嘴的喷射方向应对准被保护物。 (3) 不要设在喷射灭火剂时会使可燃物飞溅的位置
火灾探测器位置	(1) 火灾探测器的设置要求，应符合本手册相关内容。 (2) 由火灾报警控制器引向火灾探测器的电线应尽量与电力电缆分开敷设，并应尽量避开可能受电信号干扰的区域或设备
报警器位置	(1) 声响报警装置一般设在有人值班、尽量远离容易发生火灾的地方，其火灾报警控制器应设在保护区域内或离保护对象25m以内、工作人员都能听到警报的地点。 (2) 安装火灾报警控制器的数量，如需要监控的地点不多，则一台火灾报警控制器即可。如需要监控的地方较多，就需要总火灾报警控制器和区域火灾报警控制器联合使用。 (3) 全淹没灭火系统报警装置的电器设备，应设置在发生火灾时无燃烧危险，且易维修和不易受损坏的地点
启动、操纵装置位置	(1) 启动容器应安装在灭火剂钢瓶组附近安全地点，环境温度应在40℃以下。 (2) 报警接收显示盘、灭火控制盘等均应安装在值班室内的同一操纵箱内。 (3) 启动器和电气操纵箱安装高度一般为0.8～1.5m

（二）一般安装要求

二氧化碳灭火系统的一般安装要求如下。

(1) 容器组、阀门，配管系统、喷嘴等安装都应牢固可靠（移动式除外）。

(2) 管道敷设时，还应考虑到灭火剂流动过程中因温度变化所引起的管道长度变化。

(3) 管道安装前，应进行内部防锈处理；安装后，未装喷嘴前，应用压缩空气吹扫内部。

(4) 各种灭火管路应有明确标记，并须核对无误。

(5) 从灭火剂容器到喷嘴之间设有选择阀或截止阀的管道，应在容器与选择阀之间安装安全装置。其安全工作压力为（15±0.75）MPa。

(6) 灭火系统的使用说明牌或示意图表应设置在控制装置的专用站（室）内明显的位置上。其内容应有灭火系统操作方法和有关路线走向及灭火剂排放后再灌装方法等简明资料。

(7) 容器瓶头阀到喷嘴的全部配管连接部分均不得松动或漏气。

五、二氧化碳灭火系统联动控制

（一）一般要求

(1) 二氧化碳灭火系统应设有自动控制、手动控制和机械应急操作启动方式；当局部应用灭火系统用于经常有人的保护场所时可不设自动控制。

(2) 当采用火灾探测器时，灭火系统的自动控制应在接收到两次独立的火灾信号后才能启动，根据人员疏散要求，宜延迟启动，但延迟时间不应大于30s。

(3) 手动操作装置应设在防护区外便于操作的地方，并应能在一处完成系统启动的全部操作。局部应用灭火系统手动操作装置应设在保护对象附近。

对于采用全淹没灭火系统保护的防护区，应在其入口处设置手动、自动转换控制装置；有人工作时，应置于手动控制状态。

(4) 二氧化碳灭火系统的供电与自动控制应符合GB 50116—2013《火灾自动报警系统设计规范》的有关规定。当采用气动动力源时，应保证系统操作与控制所需要的压力和用气量。

(5) 低压系统制冷装置的供电应采用消防电源，制冷装置应采用自动控制，且应设手动操作装置。

（二）联动控制过程

二氧化碳灭火系统联动控制内容有火灾报警显示、灭火介质的自动释放灭火、切断保护区内的送排风机、关闭门窗及联动控制等。

当保护区发生火灾时，灾区产生的烟、温或光使保护区设置的两路火灾探测器（感烟、感温）报警，两路信号为“与”关系发至消防中心报警控制器上，驱动控制器一方面发声、光报警，另一方面发出联动控制信号（如停空调、关防火门等），待人员撤离后再发信号关闭保护区门。从报警开始延时约 30s 后发出指令启动二氧化碳储存容器，储存的二氧化碳灭火剂通过管道输送到保护区，经喷嘴释放灭火。如果手动控制，可按下启动按钮，其他同上，如图 12-60 所示。

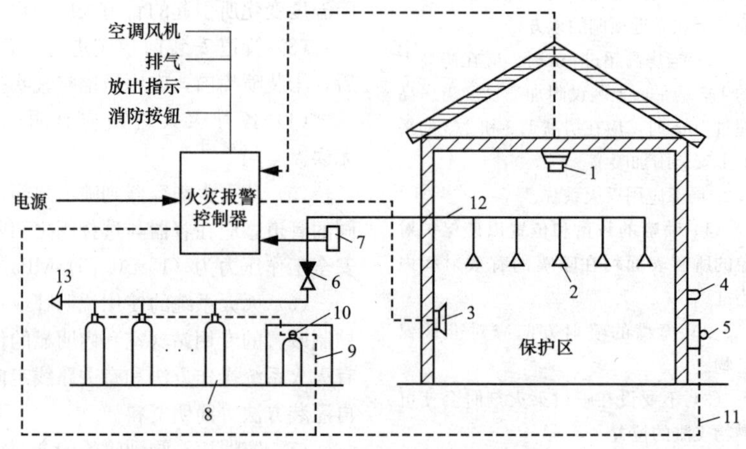

图 12-60　二氧化碳灭火系统例图

1—火灾探测器；2—喷头；3—警报器；4—放气指示灯；5—手动启动按钮；6—选择阀；7—压力开关；8—二氧化碳钢瓶；9—启动气瓶；10—电磁阀；11—控制电缆；12—二氧化碳管线；13—安全阀

压力开关为监测二氧化碳管网的压力设备，当二氧化碳压力过低或过高时，压力开关将压力信号送至控制器，控制器发出开大或关小钢瓶阀门的指令，可释放介质。

为实现准确而更快速灭火，当发生火灾时，用手直接开启二氧化碳容器阀或将放气开关拉动，即可喷出二氧化碳灭火。这个开关一般装在房间门口附近墙上的一个玻璃面板内，火灾即将玻璃面板击破，就能拉动开关喷出二氧化碳气体，实现快速灭火。

装有二氧化碳灭火系统的保护场所（如变电站或配电室），一般都在门口加装选择开关，可就地选择自动或手动操作方式。当有工作人员进入里面工作时，为防止意外事故，即避免有人在里面工作时喷出二氧化碳影响健康，必须在入室之前把开关转到手动位置，离开时关门之后复归自动位置。同时也为避免无关人员乱动选择开关，宜用钥匙型转换开关。

第七节　蒸汽灭火系统

一、蒸汽灭火系统的适用范围

（一）适用范围

蒸汽灭火机理：蒸汽是热含量高的惰性气体，将其排放到燃烧区后，会使燃烧区的含氧量降低，当下降到一定限度时，燃烧即会停止。

众所周知，水由常温加热到 100℃以上就会变成水蒸气。水蒸气热含量高且又是非燃烧的惰性气体，它是一种较经济的灭火剂，可在建筑内和设备内形成蒸汽幕，能冲淡燃烧区的可燃气体。当空气中的水蒸气超过 30%（体积比）时，即可降低空气中氧的含量，促使燃烧区迅速停止燃烧，有良好的灭火效果。在石油化工企业内或是有蒸汽源的燃油锅炉房、油泵房、重油储罐区、火灾危险性较大的石油化工露天生产装置等场所，得到广泛应用。

根据蒸汽的物理特性、作用机理和灭火效果，蒸汽灭火系统主要用于下列场所。

（1）操作温度高于易燃和可燃液体自燃点的泵房（体积一般不超过 500m^3），接近或高于自燃点的热油泵，燃油或燃气的工业锅炉房。

（2）多层厂房、框架、露天设备区和管沟，以及设备管道漏出物料易着火的地点。

（3）使用蒸汽甲、乙类厂房及操作温度等于或超过本身自燃点的丙类液体厂房。

（4）单台锅炉蒸发量大于 2t/h 的燃油、燃气锅炉房。

（5）火柴厂的火柴生产联合机部位，以及其他有蒸汽源的生产部位，但遇水蒸气会发生爆炸的部位不得采用。

（6）污水处理场隔油池。

（二）应用特点及其局限性

1. 特点

（1）设备简单，安装方便，应用灵活，维修容易。

（2）蒸汽价格低廉，设备费与安装费较低是一种经济可行的灭火系统。

（3）蒸汽比重较小，可在整个保护空间快速均匀分布，适合扑救密闭空间火灾。

2. 局限性

（1）不适用于遇水蒸气发生剧烈化学反应及爆炸等事故的生产工艺装置和设备，如二硫化碳设备等。

（2）冷却作用不大，影响扑救效果，不适于体积大、面积大的火灾。

（3）蒸汽冷凝后的水有一定的腐蚀及浸渍破坏作用，不适合扑救电气设备、精密仪表、文物档案及贵重物品火灾。

二、蒸汽灭火系统的类型及其管径确定

（一）蒸汽灭火系统类型

蒸汽灭火系统从安装方式来看，可分为固定式和半固定式两种。采用固定式灭火系统时，通常还应适当设置半固定式接头。

1. 固定式蒸汽灭火系统

固定式灭火系统通常由蒸汽源、蒸汽总管、蒸汽分配箱、输汽干管、蒸汽分配管和固定式筛孔管组成，如图 12-61 所示。

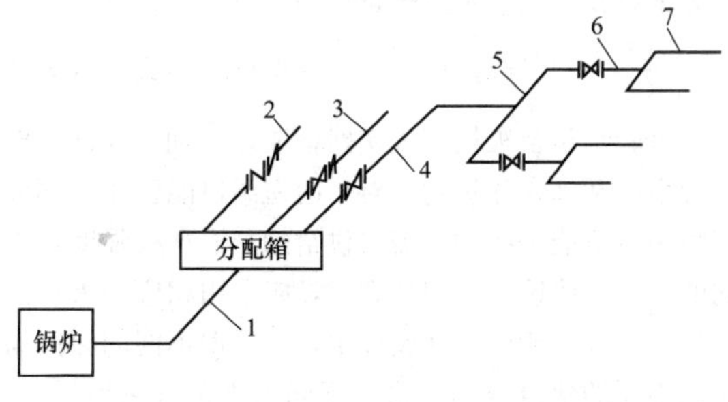

图 12-61　固定式蒸汽灭火系统组成

1—蒸汽总管；2—生活用蒸汽管道；3—生产用蒸汽管道；4—灭火蒸汽干管；5—灭火蒸汽分配管；6—支管；7—固定式筛孔管

固定式灭火系统适用于室内空间小于 $500m^3$ 的封闭式甲、乙、丙类泵房或甲类气体压缩机房内及加热炉的炉膛和回弯头箱内。

2. 半固定式蒸汽灭火系统

半固定式蒸汽灭火系统通常由蒸汽源蒸汽总管、蒸汽分配箱、输汽干管、蒸汽分配管、支管、半固定接头组成，如图 12-62 所示。

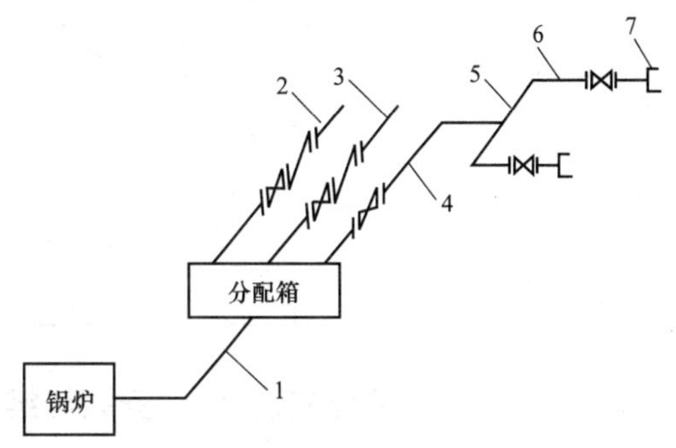

图 12-62　半固定式蒸汽灭火系统组成

1—蒸汽总管；2—生活用蒸汽管道；3—生产用蒸汽管道；4—灭火蒸汽干管；5—灭火蒸汽分配管；6—支管；7—半固定式接头（即半固定式灭火蒸汽快速接头）

半固定式蒸汽灭火系统常用于装置区的炼塔、换热器、反应器、冷却器、框架及甲、乙、丙类泵房或可燃气体压缩机房内。

（二）蒸汽灭火系统管径选用

1. 输汽干管和配汽支管直径

输汽干管或配汽支管的直径选用，见表 12-71。

表 12-71　输汽干管或配汽支管的直径选用

保护空间体积（m^3）	干管或支管直径（mm）			
	蒸汽供给强度［kg/（s·m^3）］			
	0.001 5	0.002	0.003	0.005
<25	20	20	25	32
28～150	25	25	32	40
151～450	32	32	50	70
451～850	50	50	70	100
851～1700	50	70	70	100
1701～3850	70	70	80	125
3851～5400	70	80	100	150

2. 保护空间固定筛孔管的最少设置数量及其最小直径

筛孔管数最少设置数量及其最小直径选用，见表 12-72。

表 12-72　筛孔管最少设置数量及其最小直径选用

保护空间体积（m^3）	配汽管最少设置数量（根）	配汽管最小直径（mm）			
		供给强度［kg/（s·m^3）］			
		0.001 5	0.002	0.003	0.005
<25	1	20	20	25	32
25～150	1	25	25	32	40
151～450	1	32	32	40	70
451～850	2	32	32	40	70
851～1700	2	32	40	70	70
1701～3850	3	40	70	70	70
3851～5400	4	40	40	70	70

三、蒸汽灭火系统的设计、安装与维护

（一）系统设计的基本要求

1. 蒸汽灭火浓度

采用蒸汽占燃烧空间体积的百分比浓度超过35%，即要求燃烧区空间每立方米体积内的蒸汽量大于0.29kg。

2. 蒸汽灭火强度

为达到较好的灭火效果，不但需向燃烧区喷射足够量的蒸汽，而且要求在短时间内，快速形成汽幕，因此在达到要求的百分比浓度的同时，还必须确保足够的蒸汽灭火强度。试验证明蒸汽灭火供给强度不应小于表 12-73 给出的数值。

表 12-73　蒸汽灭火供给强度

保护对象名称	供给强度［kg/s·m^3）］
全封闭的厂（库）房和有门窗而不能自动关闭的较小房间	0.001 5
封闭良好的保护空间	0.002
除窗口、通风天窗外，全能封闭的建筑空间	0.003
厂房、库房等封闭性较差的保护空间	0.005

（二）系统主要设计参数的确定

1. 灭火蒸汽量计算

厂房、库房等的灭火需要的蒸汽量可按照式(12-39) 计算：

$$Q = I \times V \qquad (12\text{-}39)$$

式中　Q——灭火需要最小蒸汽量，kg；

V——灭火空间体积，m^3；

I——灭火蒸汽供给强度，kg/s·m^2，见表 12-73。

为增加对灭火需要的蒸汽量的了解，还可以单位体积内（$1m^3$）的空间所需要的蒸汽量来计算。每立方米空间内灭火需要的蒸汽为：

1g 分子水蒸气的分子量（H_2O）=2+16=18g。

1g 分子水蒸气的体积为 22.4L，最低灭火浓度要求 $1m^3$ 内需要 350L 水蒸气，所以，$1m^3$ 空间内灭火需要的水蒸气的质量为

$$X = \frac{18 \times 350}{22.4} = 281.25\text{g（可取 281g 计算）}$$

因此，灭火空间内所需要蒸汽量，可按式（12-40）计算：

$$1W = 0.281V \qquad (12\text{-}40)$$

式中　W——灭火空间内需要的蒸汽量，kg；

V——灭火空间内体积，m^3；

0.281——$1m^3$ 空间内灭火需要的蒸汽量，kg/m^3。

2. 灭火延续时间的确定

根据灭火试验及灭火实践说明，采用蒸汽灭火必须在较短的时间内，使保护建筑物内有充足的蒸汽浓度，以达到迅速有效地将火灾扑灭的目的。这是因为如果不能及时扑灭火灾，势必保护建筑物内的门窗玻璃等快速破碎，建筑物内的密封性就遭到破坏。因此，为使燃烧区有足够的灭火蒸汽浓度，并保持房间内密闭，就要及时地向保护的房间施放充足灭火蒸汽，则蒸汽灭火时间不得超过 3min，即在 3min 内使燃烧区空间达到灭火的需求。

3. 蒸汽灭火供给强度的确定

蒸汽灭火供给强度 q 是指每立方米空间在每秒钟内需要供给的蒸汽量，单位用 kg/（s·m^3）表示。

那么，在 3min 内，使保护空间内的每立方米的体积含有 281g 的水蒸气，则每秒钟内保护空间的每立方米体积内供应水蒸气量应为

$$q = \frac{281}{3 \times 60} = 1.56\text{g/（s·m}^3\text{）} = 0.001\,56\text{kg/（s·m}^3\text{）}$$

试验结果及火场灭火实践证明，汽油、煤油、柴油等生产和储存建筑物，对于门窗洞口能密闭和部分门窗洞口不能密闭的，需要供给的蒸汽灭火强度是不同的，同时建筑物空间较大时，应采用相应的灭火蒸汽供给强度。所以，在设计中，要根据不同的保护场所和不同的建筑空间，采用不同灭火蒸汽供给强度，见表 12-73。

试验与火场灭火实践还说明，当保护空间增大时，蒸汽灭火效果要相应降低。为确保灭火效果，应提高蒸汽的供应强度，这是因为蒸汽灭火效果受到周围环境影响很大，特别是房间的密封性能对蒸汽灭火效果影响更大。当房间不密封时，则水蒸气就会伴随

气流而外流。在设计时，为方便计算起见，通常将门窗视为关闭状态，而在实际火场上，由于火焰作用、人员疏散和通风等原因，可能有的门窗是开着的，有的门窗上的玻璃已破碎等，无法很好密封，水蒸气向外流失量就增多。因此，应比表 12-73 采用更大的供给强度，以提高灭火效果。

（三）系统类型的选择

1. 全充满固定灭火系统

所谓固定式水蒸气灭火系统是指供给一座厂房，库房（如有机溶剂的提炼、回收或洗涤工段及其泵房，青霉素提炼部位，冰片精制部位，苯酚厂房的磺化、蒸馏部位，甲醇、乙醇、醋酸乙酯、苯等的合成、精制厂房等）的固定蒸汽灭火系统。这个灭火系统通常适用于建筑体积小于 500m^3 的保护空间，其系统布置示意如图 12-63 所示。

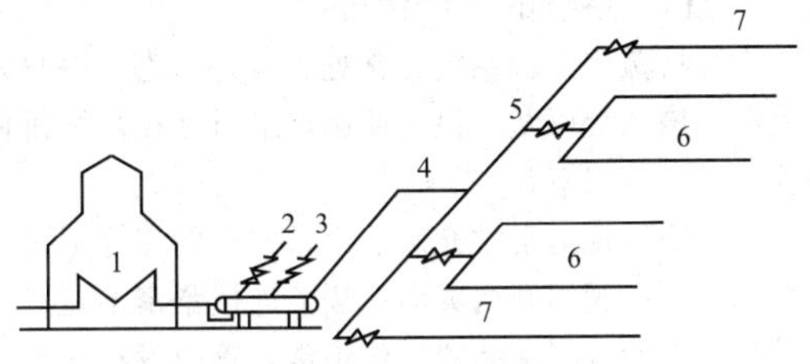

图 12-63 固定蒸汽灭火系统布置示意

1—蒸汽锅炉房；2—生活蒸汽管；3—生产蒸汽管；4—输汽干管；5—配汽支管；6—配汽管；7—蒸汽幕（管道钻孔）

2. 半固定式蒸汽灭火设备

半固定式蒸汽灭火设备是凭借蒸汽的机械冲击力量喷散可燃气体，并在瞬间在火焰周围形成蒸汽层而灭火。这种灭火设备一般用于扑救局部火灾，包括有机溶剂的提炼、回收或洗涤装置，石油气体分馏或分离装置，氯乙烯生产装置，乙烯生产装置及可燃液体储罐（组），车间内局部的油品设备常常在高温高压下对可燃液体进行生产的装置等。特别是高温高压进行生产的设备，一旦发生泄漏，容易形成大火并蔓延扩大，为阻止泄漏出的液体和可燃气体蔓延扩大，及时进行扑灭，则设置半固定式灭火设备，是十分必要的。

半固定式蒸汽灭火设备通常是将灭火用的蒸汽管道通至被保护区，如图 12-64 所示。

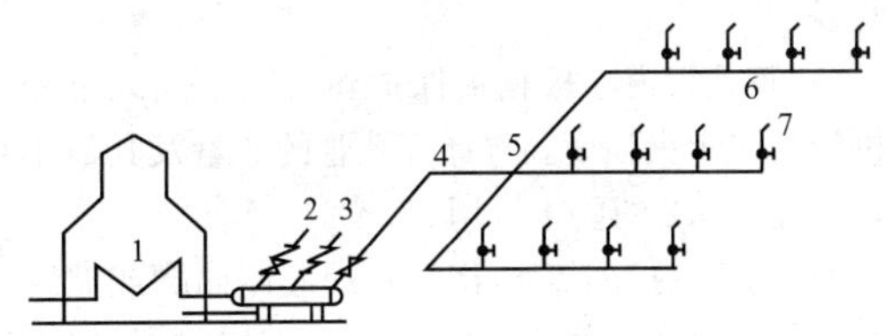

图 12-64 半固定蒸汽灭火设备示意

1—蒸汽锅炉房；2—生活蒸汽管线；3—生产蒸汽管线；4—输汽管线；5—配汽管线；6—配汽管；7—接口短管（接金属软管及蒸汽喷嘴）

在蒸汽灭火设备中，备有蒸汽喷枪。在蒸汽管道各端部接出竖管，同时安装有阀门，在阀门上部再连接一根短管，在短管一端接软管，再在软管上装上蒸汽喷枪，如图 12-65 所示。蒸汽软管的长度需根据被保护区面积或范围的大小确定，通常为 25～30m。

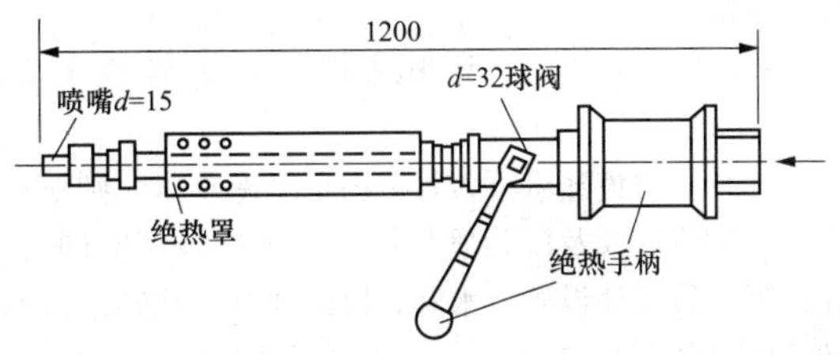

图 12-65 蒸汽喷枪示意

（四）系统设计要点与管道设置

（1）充分利用蒸汽源。用作蒸汽灭火的设备必须经常处于准备状态，则蒸汽源应能达到灭火时的要求。为利于节约投资，又能有效地进行灭火，所以，不应单独设置灭火蒸汽锅炉，应充分利用本单位的工业和民用锅炉蒸汽。

（2）为避免管道内的蒸汽倒流，凡与生产、生活和消防合用的蒸汽管道，应在生产与生活的蒸汽管道上设置止回阀和闸阀。尤其要注意的是，用于灭火的蒸汽源，切忌被润滑油或其他油脂污染。

（3）选择合适的蒸汽压力。灭火实践证明，灭火蒸汽源具有足够的灭火压力，对于有效灭火特别重要，一般不宜小于 0.6MPa。同时还证明，蒸汽输送干管和蒸汽支管的长度不得超过 60m（即蒸汽源起点到被保护区的距离），若长度超过 60m 时，宜设灭火蒸汽分配设备，以保证蒸汽灭火的效果。

（4）半固定式蒸汽灭火管线接口短管的设置必须确保有一股蒸汽射流到达或露天生产装置区的甲、乙、丙类液体生产设备或可燃气体设备任何部位，其接口短管上连接的胶管长度不宜小于 15～20m，短管的直径不宜小于 20mm。

（5）合理选用蒸汽灭火管道。蒸汽灭火管道主要包括输汽干管、配汽支管和筛孔管三种。

1）输汽干管或配汽支管：设计中可根据保护建筑物的体积及蒸汽供给强度，按表 12-71 的要求选用其管径。

2）筛孔管道：根据被保护建筑物空间大小和需要供给蒸汽灭火强度，选择筛孔管的数量及其最小直径，按表 12-72 的要求选用。

3）用于保护闪点大于 45℃的液体储罐或储罐区的蒸汽灭火设备，每个接口短管保护油罐数量应由储罐容量大小而定，通常不能大于 4 个。接口短管直径按下列要求选择（按其中最大储罐确定）。

a. 油罐容量大于 5000m³ 时，接口短管直径选用 80mm。

b. 油罐容量为 1000～5000m³ 时，短管直径选用 50mm。

c. 油罐容量小于 1000m³ 时，短管直径选用 40mm。

(6) 为避免蒸汽灭火管道内积聚冷凝水，则输汽干管、配汽支管及配汽管均应有一定的坡度的同时，在最低的管段处设置放水阀，以便及时排除凝结水和防止寒冷季节结冻。

(7) 蒸汽灭火管道必须设置膨胀接头，且应选用绝缘隔热材料保温。

(8) 固定式筛孔管的设置要求如下。

1）建筑物内固定式筛孔管的设置高度应在地面上 200mm，油船舱室内固定式筛孔管距最高液面最好为 150mm。

2）加热炉的炉膛和输送腐蚀性介质或带堵头的回弯头箱内应设固定筛孔管，每条筛孔管需单独从蒸汽分配箱（管）引出，该分配箱（管）距加热炉不应小于 7.5m。

3）固定式筛孔管上排气孔需钻成一直线，其孔面积之和近似于管道截面积，孔径可分为 3～5mm，排气孔的中心距可为 30～80mm。

4）排气孔的位置应使蒸汽水平方向喷射，排气孔的直径应从进气端开始，由小逐渐增大，尽可能使蒸汽喷射均匀。

5）筛孔管不宜过长，长度较大的配汽管应选用两端进气。

6）筛孔管应存在 3‰的坡度，且坡向放水阀以排除冷凝水。

(9) 半固定式灭火蒸汽快送接头（简称半固定式接头）的设置要求如下。

1）半固定式接头的公称直径应为 DN20，与其连接的耐热胶管长度应为 15～20m。

2）半固定式接头的设置数量，应确保有一股蒸汽射流到达室内或露天装置区油品设备（或可燃气体设备）的任何部位。

在如下位置应按照半固定式接头。

a. 加热炉灭火蒸汽的分配箱（管）上应至少安装两个半固定式接头。

b. 设有固定式筛孔管的建筑物内还应安装半固定式接头。

c. 在甲、乙、丙类设备区附近，在操作温度不低于自燃点的气体或液体设备附近应安装半固定式接头。

d. 在甲、乙、丙类设备的多层框架或塔群联合平台上应安装半固定式接头。

(10) 蒸汽灭火系统的控制阀门应安装在建筑物的室外方便操作的地方；当控制设在室内时，阀门的手轮应安装在建筑物外壁上，并有明显标志，便于识别。阀门杆穿过墙壁的孔洞，应严密封堵。阀门手轮的位置离门、窗、孔、洞的距离不宜小于 1m，以利于安全操作。

（五）系统的维修保养

为维持蒸汽灭火系统经常处于良好状态，一旦发生火灾，该系统可及时投入使用，平时必须加强维修保养，应做到以下几点。

(1) 输气管道常常充满蒸汽，并做到完好不漏。

(2) 所有阀门开启灵活，法兰连接紧密不漏。

(3) 排除冷凝水装置工作正常，管内没有积水。

(4) 保温设施补偿器的支、吊架保持完好无损。

(5) 短管上橡胶管连接牢固可靠。

(6) 筛孔管、配气管畅通无阻。

第八节　七氟丙烷灭火系统

七氟丙烷（HFC-227ea、FM-200）灭火系统是一种高效能的灭火设备，其灭火剂七氟丙烷（HFC-227ea、FM-200）是无色、无味、不导电、无二次污染的气体，具有清洁、低毒、电绝缘性好、灭火效率高的特点，特别是它对臭氧层无破坏，在大气中的残留时间比较短，其环保性能明显优于卤代烷，是目前为止研究开发比较成功的一种洁净气体灭火剂，被认为是替代卤代烷 1301、1211 最理想的产品之一。

一、概述

（一）七氟丙烷灭火系统适用范围

七氟丙烷灭火系统主要适用于计算机房、通信机房、配电房、油浸变压器、自备发电机房、图书馆、档案室、博物馆及票据、文物资料库等场所，可用于扑救电气火灾、液体火灾或可熔化的固体火灾，固体表面火灾及灭火前能切断气源的气体火灾。

(1) 七氟丙烷灭火系统可用于扑救下列火灾。

1）电气火灾。

2）液体火灾或可熔化的固体火灾。

3）固体表面火灾。

4）灭火前应能切断气源的气体火灾。

（2）七氟丙烷灭火系统不得用于扑救含有下列物质的火灾。

1）含氧化剂的化学制品及混合物，如硝化纤维、硝酸钠等。

2）活泼金属，如钾、钠、镁、钛、锆、铀等。

3）金属氰化物，如氰化钾、氰化钠等。

4）能自行分解的化学物质，如过氧化氢、联胺等。

（二）防护区的基本要求

（1）防护区的划分，应符合下列规定。

1）防护区宜以固定的单个封闭空间划分；当同一区间的吊顶层和地板下需同时保护时，可合为一个防护区。

2）当采用管网灭火系统时，1个防护区的面积不宜大于 $500m^2$；容积不宜大于 $2000m^3$。

3）当采用预制灭火系统（成品灭火装置）时，1个防护区的面积不应大于 $100m^2$；容积不应大于 $300m^3$。

（2）防护区的最低环境温度应不低于－10℃。

（3）防护区围护结构及门窗的耐火极限均不应低于0.5h；吊顶的耐火极限应不低于0.25h。

（4）防护区围护结构承受内压的允许压强不宜低于1.2kPa。

（5）防护区灭火时应保持封闭条件，除泄压口外的开口，以及用于该防护区的通风机和通风管道中的防火阀，在喷放七氟丙烷前，应做到关闭。

（6）防护区的泄压口宜设在外墙上，应位于防护区净高的2/3以上。

泄压口面积：

$$F_x = 0.15\frac{Q}{p_f} \tag{12-41}$$

式中 F_x——泄压口面积，m^2；

Q——七氟丙烷在防护区的平均喷放速率，kg/s；

p_f——围护结构承受内压的允许压强，Pa。

设有外开门弹性闭门器或弹簧门的防护区，其开口面积不小于泄压口计算面积的，不需另设泄压口。

（7）2个或2个以上邻近的防护区，宜采用组合分配系统，1个组合分配系统所保护的防护区不应超过8个。

（三）系统控制方式

从火灾发生、报警到灭火系统启动至灭火完成，整个工作过程，如图12-66所示。

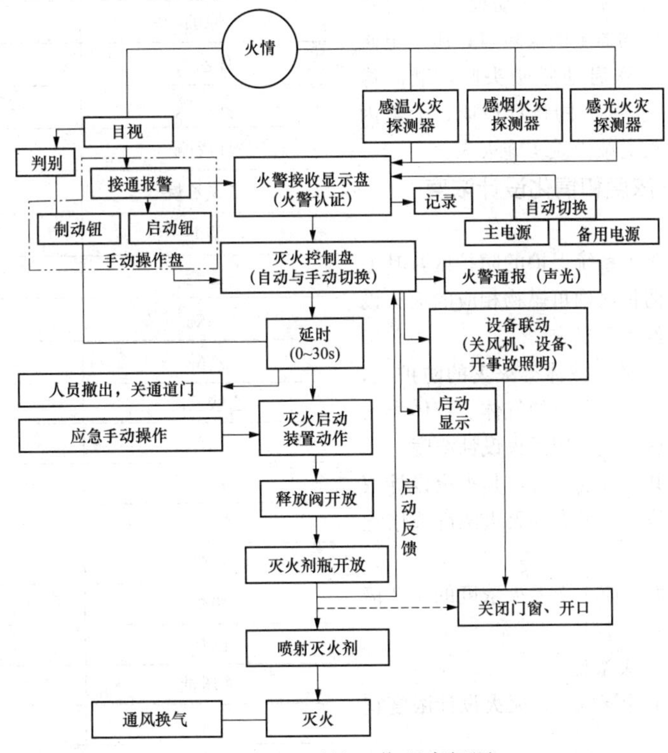

图12-66 系统工作程序框图

七氟丙烷灭火系统的控制方式有3种。

1. 自动控制

应将灭火控制盘的控制方式选择键拨到“自动”位置。保护区有火灾发生，火灾探测器接收到火情信息并经甄别后，由报警和灭火控制系统发出声、光报警及下达灭火指令。从而按下列程序工作：完成“联动设备”的启动（如停电、停止通风及关闭门窗等），延迟0～30s通电打开电磁启动器；继而打开N_2启动瓶瓶头阀→分区释放阀→各七氟丙烷储瓶→瓶头阀→释放七氟丙烷实施灭火。

2. 手动控制

将灭火控制盘（或自动/手动转换装置）的控制方式选择键拨到“手动”位置。此时自动控制无从执行。人为发觉火灾或火灾报警系统发出火灾信息，即可操作灭火控制盘上（或另设的）灭火手动按钮，仍将按上述既定程序实施灭火。

一般情况，手动灭火控制大都在保护区现场执行。保护区门外设有手动控制盒。有的手动控制盒内还设紧急停止按钮，用它可停止执行“自动控制”灭火指令（只要是在延迟时间终了前）。

3. 应急操作

火灾报警系统、灭火控制系统发生故障不能投入工作，此时人们发现火情欲启动灭火系统的话，就应通知人员撤离保护区，人为启动“联动设备”，再执行灭火行动：拨下电磁启动器上的保险盖，压下电磁铁芯轴。这样就打开了N_2启动瓶瓶头阀，继而像“自动控制”程序一样，会相应的将释放阀、七氟丙烷储瓶瓶头阀打开，释放七氟丙烷实施灭火。

（四）灭火设计浓度和惰化设计浓度

1. 一般规定

（1）采用七氟丙烷灭火系统保护的防护区，其七氟丙烷设计用量应根据防护区内可燃物相应的灭火设计浓度或惰化设计浓度经计算确定。

（2）有爆炸危险的气体、液体类火灾的防护区，应采用惰化设计浓度；无爆炸危险的气体、液体类火灾和固体类火灾的防护区，应采用灭火设计浓度。

（3）当几种可燃物共存或混合时，其灭火设计浓度或惰化设计浓度，应按其中最大的灭火浓度或惰化浓度确定。

（4）灭火剂设计浓度不应小于灭火浓度的1.2倍或惰化浓度的1.1倍且不应小于7.35%。

2. 有关场所的设计灭火浓度

（1）通信机房和电子计算机房，灭火设计浓度宜采用8%。

（2）油浸变压器室、带油开关的配电室和自备发电机房的灭火设计浓度宜采用8.3%。

（3）图书、档案、票据和文物资库等，灭火设计浓度宜采用10%。

3. 部分可燃物的最小设计灭火浓度和最小设计惰化浓度

部分可燃物的最小设计灭火浓度可按表12-74确定，部分可燃物的最小设计惰化浓度可按表12-75确定。未给出的应经试验确定。

表12-74　部分可燃物的最小设计灭火浓度

可燃物名称	最小设计灭火浓度
丙酮	9.1%
乙腈	8.4%
戊醇	9.6%
苯	8.0%
丁烷	8.7%
丁醇	10.0%
丁乙醇	9.8%
丁氧基醋酸脂	9.1%
丁基醋酸脂	9.2%
碳二硫化物	15.6%
氯乙烷	8.3%
原油	8.6%
环乙烷	9.5%
环乙胺	8.8%
环戊酮	9.8%
二氯乙烷	8.0%
柴油	8.8%
乙醚	9.9%
乙烷	8.8%
乙醇	11.0%
乙酸乙酯	9.0%
乙苯	8.3%
乙烯	11.1%
乙二醇	10.0%
汽油	9.1%
庚烷	8.0%
已烯	8.0%
液压油	8.0%
氢	17.4%
异丁醇	10.0%

续表

可燃物名称	最小设计灭火浓度
异丙醇	9.9%
JP4 航空油	9.1%
JP5 航空油	9.1%
煤油	9.8%
甲烷	8.0%
甲醇	13.7%
甲氧基乙醇	12.4%
溶剂油	8.7%
吗琳	10.4%
硝基甲烷	13.1%
戊烷	9.0%
丙烷	8.8%
丙醇	10.2%
丙烯	8.2%
丙二醇	11.4%
吡咯烷	9.6%
四氢呋喃	9.8%
四氢噻吩	8.7%
甲苯	8.0%
甲苯基聚酯	8.0%
变压器油	9.6%
二甲苯	8.0%

表 12-75　部分可燃物的最小设计惰化浓度

可燃物名称	最小设计灭火浓度
1-丁烷	11.3%
1-氯-1，1-二氟乙烷	2.6%
1，1-二氟乙烷	8.6%
二氟甲烷	3.5%
乙烯氧化物	13.6%
甲烷	8.0%
戊烷	11.6%
丙烷	11.6%

二、七氟丙烷灭火系统组成和部件

（一）七氟丙烷灭火系统的组成

一般来说，七氟丙烷灭火系统由火灾报警系统、灭火控制系统和灭火系统三部分组成。而灭火系统又由七氟丙烷储存装置与管网系统两部分组成，其构成形式如图 12-67 所示。

如果每个防护区设置一套储存装置，成为单元独立灭火系统。如果将几个防护区组合起来，共同设立 1 套储存装置，则成为组合分配灭火系统。

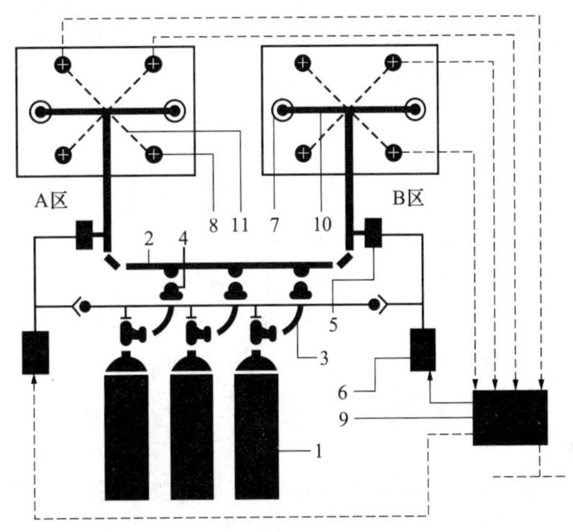

图 12-67　七氟丙烷灭火系统的构成

1—七氟丙烷储瓶（含瓶头阀和引升管）；2—汇流管（各储瓶出口连接在它上面）；3—高压软管（实现储瓶与汇流管之间的连接）；4—单向阀（防止七氟丙烷向储瓶倒流）；5—释放阀（用于组合分配系统，用其分配、释放七氟丙烷）；6—启动装置（含电磁方式、手动方式与机械应急操作）；7—七氟丙烷喷头；8—火灾探测器（含感温、感烟等类型）；9—火灾报警及灭火控制设备；10—七氟丙烷输送管道；11—探测与控制线路（图中虚线表示）

（二）七氟丙烷灭火系统的部件

1. 七氟丙烷储瓶

（1）用途。瓶口安装瓶头阀，按设计要求充装七氟丙烷和增压 N_2。瓶头阀出口与管网系统相连。平时储瓶用来储存七氟丙烷，火灾发生时将七氟丙烷释放出去实施灭火。

（2）结构。总体钢瓶为锰钢，焊接钢瓶为 16MnV，瓶内做防锈处理，规格尺寸见表 12-76。

表 12-76　七氟丙烷储瓶规格尺寸

型号	容积（L）	公称工作压力（MPa）	外径（mm）
JR-70/54	70	5.4	273
JR-100/54	100	5.4	366
JR-120/54	120	5.4	350

续表

高度（mm）	瓶重（kg）	瓶口连接尺寸	材料
1530	82	M80×3（阳）	锰钢
1300	100	M80×3（阳）	16MnV
1600	130	M80×3（阴）	锰钢

（3）应用要求。

1）储存容器应设压力指示器。

2）储存容器应能承受最高环境温度下灭火剂的储存压力，储存容器上应设安全泄压装置，安全泄压装置的动作压力应符合下列规定。

a. 储存压力为2.5MPa时，应为(4.4±0.2)MPa。

b. 储存压力为4.2MPa时，应为(6.7±0.3)MPa。

3）储存容器的设置应符合下列规定。

a. 储存容器应设置在防护区外专用的储存容器间内。

b. 同一集流管上的储存容器，其规格、尺寸、灭火剂充装量、充装压力均应相同。

c. 储存容器上应设耐久的固定标牌，标明每个储存容器的编号、容积、灭火剂名称、充装压力和充装日期等。

d. 储存容器安装应能便于再充装和装卸，宜留出不小于1m的操作间距。

e. 储存容器应固定牢固。采用固定支架固定时宜背靠背安装；采用固定夹固定时，可单排或双排安装。

f. 储存容器间宜靠近防护区，其出口应直通室外或疏散通道。

g. 储存容器间的室内温度应为0～50℃，并应保持干燥和良好通风，避免阳光直接照射。

h. 备用储存容器应与系统管网相连，且能与主储存容器切换使用。

i. 储存容器采用氮气（N_2）增压，其含水率体积比不应大于0.006%。

2. 瓶头阀

（1）用途。瓶头阀安装在七氟丙烷储瓶瓶口上，具有封存、释放、充装、超压排放等功能。

（2）结构。瓶头阀由瓶头阀本体、开启膜片、启动活塞、安全阀门和充装接嘴、压力表接嘴等部分组成。零部件采用不锈钢与铜合金材料，其规格尺寸见表12-77。

（3）应用要求。瓶头阀装上瓶体前，应按技术要求检查试验合格；按瓶身内部高度（减短10mm）在阀入口内螺纹ZG1 1/2（或ZG2）处装上长短合适通径为40mm（或50mm）的引升管（用钢管时内外镀锌，管端为45°斜口），拧入时无需用密封带，但必须拧牢。

表12-77　瓶头阀规格尺寸

型号	公称通径（mm）	公称工作压力（MPa）	进口尺寸	出口尺寸	启动接口尺寸	当量长度（m）
JVF-40/54	40	5.4	M80×3（阴）	M60×2（阳）	M10×1（阴）	3.6
JVF-50/54	50	5.4	M80×3（阳）	M72×2（阳）	M10×1（阴）	4.5

瓶头阀装上瓶体后，应根据储瓶设计工作压力（2.5MPa或4.2MPa）向储瓶充气进行气密试验。进行气密试验时，将瓶倒挂使瓶头阀与瓶的颈部浸入无水酒精槽内，保持10min应无气泡泄出。

充装七氟丙烷时，将七氟丙烷气源的软管接头拧在充装接嘴上，然后开启充装阀实行充装。按设计充装率充装完毕，在关闭气源之后和卸下软管之前，必须关闭充装阀。另外，将充装接嘴卸下换装压力表接嘴，需装上压力表。

3. 电磁启动器

（1）用途。安装在启动瓶瓶头阀上，按灭火控制指令给其通电（直流24V）启动，进而打开释放阀及瓶头阀，释放七氟丙烷实施灭火。并且，它可实行机械应急操作，实施灭火系统启动。

（2）结构。电磁启动器由电磁铁、释放机构、作动机构组成；电磁铁顶部有手动启动孔，具有结构简单、作动力大、使用电流小、可靠性高等特点。其规格尺寸见表12-78。

表12-78　瓶头阀规格尺寸

型号	公称通径（mm）	公称工作压力（MPa）	进口尺寸	出口尺寸	启动接口尺寸	当量长度（m）
JVF-40/54	40	5.4	M80×3（阴）	M60×2（阳）	M10×1（阴）	3.6
JVF-50/54	50	5.4	M80×3（阳）	M72×2（阳）	M10×1（阴）	4.5

（3）应用要求。当七氟丙烷储瓶已充装好并就位固定在储瓶间里，才可将电磁启动器装在启动瓶瓶头阀上，连接牢靠。连接时将连接嘴从启动器上卸下，拧到启动瓶瓶头阀的启动接口上。拧紧之后，将接嘴

的另一端插入启动器并用锁帽固紧；检查作动机构有无异常，检查正常，并盖好盒盖。注意，N_2启动瓶预先充装（7.0±1.0）MPa的N_2。

保证电源要求，接线牢靠。

4. 释放阀

（1）用途。灭火系统为组合分配时设释放阀。对应各个保护区各设1个，安装在七氟丙烷储瓶出流的汇流管上，由它开放并引导七氟丙烷喷入需要灭火的保护区。

（2）结构。释放阀由阀本体和驱动汽缸组成，结构简单、动作可靠。零件采用铜合金和不锈钢材料制造，其规格尺寸见表12-79。

表12-79　释放阀规格尺寸

型号	公称直径（mm）	工作压力（MPa）	当量长度（m）	进出口尺寸	外形尺寸（mm）			
					L	B	H	h
EIS-40/12	40	12	5	ZG1 $\frac{1}{2}$	146	110	137	59
EIS-50/12	50	12	6	ZG2	146	124	153	67
EIS-65/12	65	12	7.5	ZG2 $\frac{1}{2}$	176	151	190	81
JS-80/4	80	4	9	ZG3	198	175	220	95
JS-100/4	100	4	10	ZG4	230	210	135	115

（3）应用要求。安装完毕，检查压臂是否能正常抬起。应将摇臂调整到位，并将压臂用固紧螺钉压紧。

释放动作后，应由人工调整复位才可再用。

5. 七氟丙烷单向阀

（1）用途。七氟丙烷单向阀安装在七氟丙烷储瓶出流的汇流管上，防止七氟丙烷从汇流管向储瓶倒流。

（2）结构。七氟丙烷单向阀由阀体、阀芯、弹簧等部件组成。密封采用塑料网，零件采用铜合金及不锈钢材料制造，其规格尺寸见表12-80。

表12-80　七氟丙烷单向阀规格尺寸

型号	公称直径（mm）	工作压力（MPa）	动作压力（MPa）	当量长度（m）	进口尺寸	出口尺寸
JD-40/54	40	5.4	0.15	3.0	M60×2（阳）	M65×2（阳）
JD-50/54	50	5.4	0.15	3.5	M72×2（阳）	M80×3（阳）

（3）应用要求。定期检查阀芯的灵活性与阀的密封性。

6. 高压软管

（1）用途。高压软管用于瓶头阀与七氟丙烷单向阀之间的连接，形成柔性结构，适于瓶体称重检漏和安装方便。

（2）结构。高压软管夹层中缠绕不锈钢螺旋钢丝，内外衬夹布橡胶衬套，按承压强度标准制造。进出口采用O形圈密封连接，其规格尺寸见表12-81。

表12-81　高压软管规格尺寸

型号	公称直径（mm）	工作压力（MPa）	动作压力（MPa）	当量长度（m）	进口尺寸	出口尺寸
JL-40/54	40	5.4	0.3	0.5	M60×2（阴）	M60×2（阴）
JL-50/54	50	5.4	0.4	0.6	M72×2（阴）	M72×3（阴）

（3）应用要求。弯曲使用时不宜形成锐角。

7. 气体单向阀

（1）用途。气体单向阀用于组合分配的系统启动操纵气路上。控制那些七氟丙烷瓶头阀的应打开，另外的不应打开。

（2）结构。气体单向阀由阀体、阀芯和弹簧等部件组成。密封件采用塑料，零件采用铜合金及不锈钢材料制造，其规格尺寸见表12-82。

表12-82　气体单向阀规格尺寸

型号	公称直径（mm）	工作压力（MPa）	动作压力（MPa）	长度（mm）	进出接口
EID4/20	4	20	0.2	105	DN4扩口式接头

（3）应用要求。定期检查阀芯的灵活性与阀的密封性。

8. 安全阀

（1）用途。安全阀安装在汇流管上。由于组合分配系统采用了释放阀使汇流管形成封闭管段，一旦有七氟丙烷积存在里面，可能由于温度的关系会形成较高的压力，为此需装设安全阀。它的泄压动作压力为（6.8±0.4）MPa。

（2）结构。安全阀由阀体及安全膜片组成。零件采用不锈钢与铜合金材料制造，其规格尺寸见表12-83。

表12-83　安全阀性能及规格尺寸

型号	公称直径（mm）	公称工作压力（MPa）	泄压动作压力（MPa）	连接尺寸
JA-12/4	12	4.0	6.0±0.4	ZG $\frac{3}{4}$

（3）应用要求。安全膜片应经试验确定。膜片装入时涂润滑脂，并与汇流管一道进行气密性试验。

9. 压力信号器

（1）用途。压力信号器安装在释放阀的出口部位（对于单元独立系统，则安装在汇流管上）。当释放阀开启释放七氟丙烷时，压力信号器动作送出工作信号给灭火控制系统。

（2）结构。由阀体、活塞和微动开关等组成，采用不锈钢和铜合金材料制造。其规格尺寸见表 12-84。

表 12-84　压力信号器规格尺寸

型号	公称直径（mm）	公称工作压力（MPa）	最小动作压力（MPa）	接点电压电流	连接尺寸
EIX4/12	4	12	0.2	DC 24V，≤1A	ZG $\frac{1}{2}$

（3）应用要求。安装前进行动作检查，送进 0.2MPa 气压时信号器应动作。接线应正确，一般接在常开接点上，动作后应经人工复位。

10. 喷头

七氟丙烷灭火系统的喷头规格尺寸见表 12-85，JP6-36 型喷头流量曲线如图 12-68 所示。

11. 管道及其附件

（1）灭火剂输送管道应采用 GB/T 8163—2008《输送流体用无缝钢管》中规定的无缝钢管，其规格应符合表 12-86 的要求。

表 12-85　七氟丙烷喷头规格尺寸

规格 型号	接管尺寸	当量标准号	喷口计算面积（cm^2）	保护半径（m）	应用高度（m）
JP-6	ZG0.75″（阴）	6	0.178	7.5	5.0
JP-7	ZG0.75″（阴）	7	0.243	7.5	5.0
JP-8	ZG0.75″（阴）	8	0.317	7.5	5.0
JP-9	ZG0.75″（阴）	9	0.401	7.5	5.0
JP-10	ZG0.75″（阴）	10	0.495	7.5	5.0
JP-11	ZG0.75″（阴）	11	0.599	7.5	5.0
JP-12	ZG0.1″（阴）	12	0.713	7.5	5.0
JP-13	ZG0.1″（阴）	13	0.836	7.5	5.0
JP-14	ZG0.1″（阴）	14	0.970	7.5	5.0
JP-15	ZG0.1″（阴）	15	1.113	7.5	5.0
JP-16	ZG1″（阴）	16	1.267	7.5	5.0
JP-18	ZG1.25″（阴）	18	1.603	7.5	5.0
JP-20	ZG1.25″（阴）	20	1.977	7.5	5.0
JP-22	ZG1.25″（阴）	22	2.395	7.5	5.0
JP-24	ZG1.5″（阴）	24	2.850	7.5	5.0
JP-26	ZG1.5″（阴）	26	3.345	7.5	5.0
JP-28	ZG1.5″（阴）	28	3.879	7.5	5.0
JP-30	ZG2″（阴）	30	4.453	7.5	5.0
JP-32	ZG2″（阴）	32	5.067	7.5	5.0
JP-34	ZG2″（阴）	34	5.720	7.5	5.0
JP-36	ZG2″（阴）	36	6.413	7.5	5.0

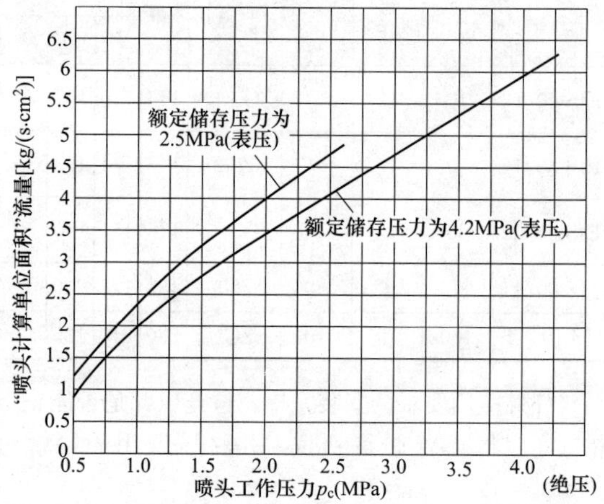

图 12-68　七氟丙烷 JP6-36 型喷头流量曲线

表 12-86　系统无缝钢管的规格

储存压力	公称直径		集流管	气体输送管道
MPa	mm	in	外径×壁厚（mm×mm）	外径×壁厚（mm×mm）
2.5	15	1/2	22×3	22×3
	20	3/4	27×3.5	27×3.45
	25	1	34×4.5	34×4.5
	32	1-1/4	42×4.5	42×4.5
	40	1-1/2	48×4.5	48×4.5
	50	2	60×5.0	60×5.0
	65	2-1/2	76×5.0	76×5.0
	80	3	89×5.0	89×5.0
	100	4	114×5.5	114×5.5

续表

储存压力	公称直径		集流管	气体输送管道
MPa	mm	in	外径×壁厚（mm×mm）	外径×壁厚（mm×mm）
4.2	15	1/2	22×3	22×3
	20	3/4	27×3.5	27×3.5
	25	1	34×4.5	34×4.5
	32	1-1/4	42×4.5	42×4.5
	40	1-1/2	48×4.5	48×4.5
	50	2	60×5	60×5
	65	2-1/2	76×5	76×5
	80	3	89×5.5	89×5.5
	100	4	114×6	114×6
	125	5	140×6	140×6
	150	6	167×7	167×7

（2）灭火剂输送管道内外表面应做镀锌防腐处理，并应采用热浸镀锌法。镀锌层的质量可参照 GB/T 3091—2015《低压流体输送用焊接钢管》的规定。当环境对管道的镀锌层有腐蚀时，管道可采用不锈钢管、铜管或其他抗腐蚀耐压管材。

（3）气体驱动装置的输送管道宜采用铜管或不锈钢管，且应能承受相应启动气体的最高储存压力。输送管道从驱动装置的出口到储存容器和选择阀的距离，应满足系统生产厂商产品的技术要求。

（4）灭火剂输送管道可采用螺纹连接、法兰连接或焊接。公称直径小于或等于 80mm 的管道，宜采用螺纹连接；公称直径大于 80mm 的管道，宜采用法兰连接。灭火剂输送管道采用螺纹连接时，应采用GB/T 12716—2011《60°密封管螺纹》中规定的螺纹。灭火剂输送管道采用法兰连接时，应采用 JB/T 82—2015《对焊钢制管法兰》中规定的法兰，并应采用金属齿形垫片。

（5）灭火剂输送管道与选择阀采用法兰连接时，法兰的密封面形式和压力等级应与选择阀本身的技术要求相符。

（6）灭火剂输送管道不宜穿越沉降缝、变形缝，当必须穿越时应有可靠的抗沉降和变形措施。灭火剂输送管道不应设置在露天。

（7）灭火剂输送管道应设固定支架固定，支、吊架的安装应符合下列要求。

1）管道应固定牢靠，管道支、吊架的最大间距应符合表 12-87 的规定。

2）管道末端喷嘴处应采用支架固定，支架与喷嘴间的管道长度不应大于 300mm。

3）公称直径大于或等于 50mm 的主干管道，在其垂直方向和水平方向至少应各安装一个防晃支架。当穿过建筑物楼层时，每层应设一个防晃支架。当水平管道改变方向时，应设防晃支架。

表 12-87　灭火剂输送管道固定支、吊架的最大间距

管道公称直径（mm）	15	20	25	32	40	50	65	80	100	150
最大间距（m）	1.5	1.8	2.1	2.4	2.7	3.4	3.5	3.7	4.3	5.2

三、七氟丙烷灭火系统设计与计算

（一）灭火剂用量计算

系统的设置用量，应为防护区灭火设计用量（或惰化设计用量）与系统中喷放不尽的剩余量之和。

1. 防护区灭火设计用量（或惰化设计用量）

$$W = K \cdot \frac{V}{S} \cdot \frac{c_1}{100 - c_1} \quad (12\text{-}42)$$

式中　W——防护区七氟丙烷灭火（或惰化）设计用量，kg；

K——海拔高度修正系数；

V——防护区的净容积，m^3；

c_1——七氟丙烷灭火（或惰化）设计浓度，%；

S——七氟丙烷过热蒸气在 101kPa 和防护区最低环境温度下的比容，m^3/kg。

七氟丙烷在不同温度下的过热蒸气比容：

$$S = K_1 + K_2 t \quad (12\text{-}43)$$

式中　K_1、K_2——海拔修正系数；

t——温度，℃。

2. 灭火剂剩余量

灭火剂喷放不尽的剩余量，应包含储存容器内的剩余量和管网内的剩余量。

（1）储存容器内的剩余量，可按储存容器内引升管管口以下的容器容积量计算。

（2）均衡管网和只含一个封闭空间的防护区的非均衡管网，其管网内的剩余量，均可不计。

防护区中含 2 个或 2 个以上封闭空间的非均衡管网，其管网内的剩余量可按管网第一分支点后各支管的长度，分别取各长支管与最短支管长度的差值为计算长度，计算出的各长支管末段的内容积量，应为管网内的容积剩余量。

当系统为组合分配系统时，系统设置用量中有关防护区灭火设计用量的部分应采用该组合中某个防护区设计用量最大者替代。

用于需不间断保护的防护区的灭火系统和超过 8 个防护区组合成的组合分配系统，应设七氟丙烷备用量，备用量应按原设置用量的 100%确定。

（二）管网计算

进行管网计算时，各管道中的流量宜采用平均设计流量。

（1）管网中主干管的平均设计流量按式（12-44）计算：

$$Q_w = \frac{W}{t} \tag{12-44}$$

式中 Q_w——主干管平均设计流量，kg/s；

t——七氟丙烷的喷放时间，s。

（2）管网中支管的平均设计流量，按式（12-45）计算：

$$Q_g = \sum_{1}^{N_g} Q_c \tag{12-45}$$

式中 Q_g——支管平均设计流量，kg/s；

N_g——安装在计算支管流程下游的喷头数量，个；

Q_c——单个喷头的设计流量，kg/s。

宜采用喷放七氟丙烷设计用量 50%时的“过程中点”容器压力和该点瞬时流量进行管网计算。该瞬时流量宜按平均设计流量计算。

（3）喷放“过程中点”容器压力，宜按式（12-46）计算：

$$p_m = \frac{p_0 V_0}{V_0 + \frac{W}{2\gamma} + V_p} \tag{12-46}$$

式中 p_m——喷放“过程中点”储存容器内压力，MPa；

p_0——储存容器额定增压压力，MPa；

V_0——喷放前，全部储存容器内的气相总容积，m^3；

W——防护区七氟丙烷灭火（或惰化）设计用量，kg；

γ——七氟丙烷液体密度，kg/m^3，20℃时，$\gamma=1407$；

V_p——管网管道的内容积，m^3。

$$V_b = nV_b\left(1 - \frac{\eta}{\gamma}\right) \tag{12-47}$$

式中 n——储存容器的数量，个；

V_b——储存容器的容量，m^3；

η——七氟丙烷充装率，kg/m^3。

（4）七氟丙烷管流采用镀锌钢管的阻力损失，可按式（12-48）计算（或按图 12-69 确定）：

$$\Delta p = \frac{5.75 \times 10^5 Q_p^2}{\left(1.74 + 2\log\frac{D}{0.12}\right)^2 D^5} L \tag{12-48}$$

式中 Δp——计算管段阻力损失，MPa；

Q_p——管道流量，kg/s；

L——计算管段的计算长度，m。

初选管径，可按平均设计流量及采用管道阻力损失为 0.003～0.02MPa/m 进行计算（图 12-69）。

（5）喷头工作压力：

$$p_c = p_m - \sum_{1}^{N_d} \Delta p \pm p_h \tag{12-49}$$

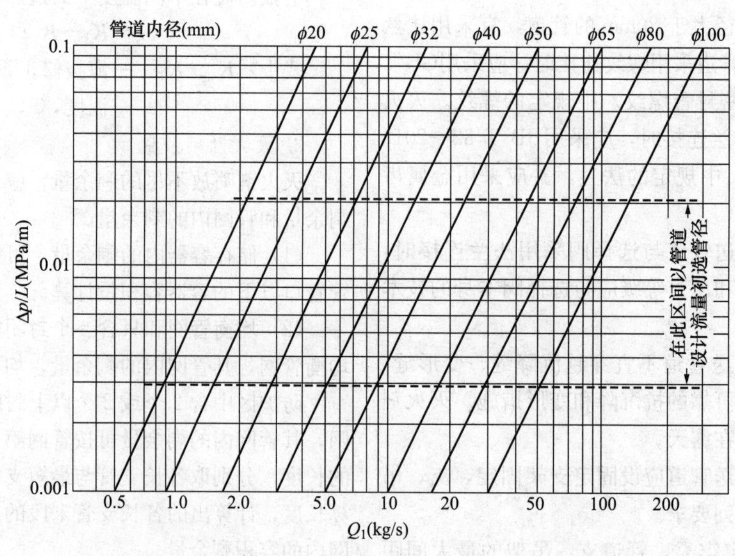

图 12-69 镀锌钢管阻力损失与七氟丙烷流量的关系

式中 p_c——喷头工作压力，MPa；

p_m——喷放“过程中点”储存容器内压力，MPa；

$\sum_{1}^{N_d}\Delta p$——系统流程阻力总损失，MPa；

N_d——管网计算管段的数量；

p_h——高程压头，MPa。

（6）高程压头：

$$p_h=10^{-6}\gamma Hg \tag{12-50}$$

式中 H——喷头高度相对“过程中点”时储存容器液面的位差。

喷头工作压力的计算结果，应符合下列规定：

1）一般：$p_c>0.8$MPa，最小 $p_c\geqslant 0.5$MPa。

2）$p_c\geqslant \frac{p_m}{2}$。

（7）喷头孔口面积

$$F_c=\frac{10Q_c}{\mu_c\ \sqrt{2\gamma p_c}} \tag{12-51}$$

式中 F_c——喷头孔口面积，cm^2；

Q_c——喷头设计流量，kg/s；

μ_c——喷头流量系数。

喷头流量系数由储存容器的充装压力与喷头孔口结构等因素决定，应经试验得出。

四、七氟丙烷灭火系统安装

（一）施工前准备

（1）施工前应具备下列技术资料。

1）施工设计图、设计说明书、系统及主要组件的使用维护说明书和安装手册。

2）系统组件的出厂合格证（或质量保证书）、国家消防产品质量检验机构出具的型式检验报告、管道及配件的出厂检验报告与合格证、进口产品的原产地证书。

（2）施工应具备下列条件。

1）防护区和储存间设置条件与设计要求相符。

2）系统组件与主要材料齐全，且品种、型号、规格符合设计要求。

3）系统所需的预埋件和预留孔洞符合设计要求。

（3）施工前应进行系统组件检查。

1）外观检查应符合下列规定。

a. 无碰撞变形及机械性损伤。

b. 表面涂层完好。

c. 外露接口设有防护装置且封闭良好，接口螺纹和法兰密封面无损伤。

d. 铭牌清晰。

e. 同一集流管的灭火剂储存容器规格应一致。

2）灭火剂的实际储存压力不应低于相应温度下储存压力的10%，且不应超过5%。

3）系统安装前应对驱动装置进行检查，并符合下列规定。

a. 电磁驱动装置的电源、电压应符合设计要求；电磁驱动装置应满足系统启动要求，且动作灵活无卡阻。

b. 气动驱动装置或储存容器的气体压力和气量应符合设计要求，单向阀阀芯应启闭灵活、无卡阻。

（二）系统安装

（1）施工应按设计施工图纸和相应的技术文件进行。当需要进行修改时，应经原设计单位同意。

（2）施工应按规定的内容做好施工记录。

（3）灭火剂储存容器的安装应符合下列规定。

1）储存容器上的压力指示器应朝向操作面，安装高度和方向应一致。

2）储存容器正面应有灭火剂名称标志和储存容器编号，进口产品应设中文标识。

（4）气体驱动管的安装应符合下列规定。

1）用螺纹连接的管件，宜采用扩口式管件连接或密封带、密封胶密封，但螺纹的前二牙不应有密封材料，以免堵塞管道。

2）驱动管应固定牢靠，必要时应设固定支架和防晃支架。

（5）集流管的安装应符合下列规定。

1）集流管的安装高度应根据储存容器的高度确定，并应用支框架牢固固定。

2）集流管的两端宜装螺纹管帽或法兰盖作集污器。

（6）灭火剂输送管道安装应符合下列规定。

1）管道穿过墙壁、楼板处应安装套管。穿墙套管的长度应和墙厚相等，穿过楼板的套管应高出楼面50mm。管道与套管间的空隙应用柔性不燃烧材料填实。

2）管道应固定牢靠，管道支、吊架的最大间距应符合表12-87的规定。

3）所有管道的末端应安装一个长度为50mm的螺纹管帽作集污器。

4）管道末端及喷嘴处应采用支架固定，支架与喷嘴间的管道长度不应大于300mm，且不应阻挡喷嘴喷放。

5）管道变径可采用异径套筒、异径管、异径三通或异径弯头。

6）管道安装前管口应倒角，管道应清理和吹净。

7）用螺纹连接的管件，应符合本小节（4）第1款的规定。

（7）选择阀的安装应符合下列规定。

1）选择阀应有强度试验报告。

2）选择阀的操作手柄应安装在操作面一侧，当安装高度超过1.7m时应采取便于手动操作的措施。

3）采用螺纹连接的选择阀，其与管道连接处宜采用活接头。

（8）驱动装置的安装应符合下列规定。

1）电磁驱动装置的电气连接线应沿储存容器的支、框架或墙面固定。

2）拉索式手动驱动装置应固定牢靠、动作灵活，在行程范围内不应有障碍物。

（9）灭火剂输送管道安装完毕后应进行水压强度试验和气压严密性试验，并应符合下列要求。

1）水压强度试验的试验压力，应为储存压力的1.5倍，稳压3min，检查管道各连接处应无明显滴漏，目测管道无明显变形。

2）气压严密性试验压力等于储存压力，试验时应逐步缓慢增加压力，当压力升至试验压力的50%时，如未发现异状或泄漏，继续按试验压力的10%逐级升压，每级稳压3min，直至试验压力。稳压3min后，以涂刷肥皂水方法检查无气泡产生为合格。

3）不宜进行水压强度试验的防护区，可用气压强度试验代替，但必须有设计单位和建设单位同意并应采取有效的安全措施后，方可采用压缩空气或氮气做气压强度试验。试验压力应为储存压力的1.2倍，应先做预试验，试验压力宜为0.2MPa，然后逐步缓慢增加压力，当压力升至试验压力的50%时，如未发现异状或泄漏，继续按试验压力的10%逐级升压，每级稳压3min，直至试验压力。稳压3min后，再将压力降至管道的工作压力，目测管道无明显变形。

（10）水压强度试验后或气压严密性试验前管道要进行吹扫，并应符合以下要求。

1）吹扫管道可采用压缩空气或氮气。

2）吹扫完毕，采用白布检查，直至无铁锈、尘土、水渍及其他杂物出现。

（11）灭火剂输送管道的外表面应涂红色油漆。在吊顶内、活动地板下等隐蔽场所内的管道，可涂红色油漆色环。每个防护区的色环宽度、间距应一致。

（12）喷嘴的安装。

1）喷嘴安装前应与施工设计图纸上标明的型号规格和喷孔方向逐个核对，并应符合设计要求。

2）安装在吊顶下的喷嘴，其连接螺纹不应露出吊顶。喷嘴挡流罩应紧贴吊顶安装。

（13）施工完毕，防护区中的管道穿越孔洞应用不燃材料封堵。

（三）系统施工安全要求

（1）防护区内的灭火浓度应校核设计最高环境温度下的最大灭火浓度，并应符合以下规定。

1）对于经常有人工作的防护区，防护区内最大浓度不应超过表12-88中的NOAEL值。

2）对于经常无人工作的防护区或平时虽有人工作但能保证在系统报警后30s延时结束前撤离的防护区，防护区内灭火剂最大浓度不宜超过表12-88中的LOAEL值。

表12-88　七氟丙烷的生理毒性指标（体积百分比）

%

灭火剂名称	NOAEL	LOAEL
七氟丙烷	9	10.5

（2）防护区内应设安全通道和出口以保证现场人员在30s内撤离防护区。

（3）防护区内的疏散通道与出口应设置应急照明装置和灯光疏散指示标志。

（4）防护区的门应向疏散方向开启并能自动关闭，疏散出口的门在任何情况下均应能从防护区内打开。

（5）防护区应设置通风换气设施，可采用开启外窗自然通风、机械排风装置的方法，排风口应直通室外。

（6）系统零部件和灭火剂输送管道与带电设备应保持不小于表12-89中最小安全间距。

表12-89　系统零部件和灭火剂输送管道与带电设备之间的最小安全间距

带电设备额定电压（kV）	最小安全间距（m）	
	与未屏蔽带电导体	与未接地绝缘支撑体
10	2.60	2.5
35	2.90	
110	3.35	
220	4.3	

注　绝缘体包括所有形式的绝缘支架和悬挂的绝缘体、绝缘套管、电缆密封端等。

（7）当系统管道设置在有可燃气体、蒸汽或有爆炸危险场所时应设防静电接地。

（8）防护区内外应设置提示防护区内采用七氟丙烷灭火系统保护的警告标志。

五、 七氟丙烷灭火系统操作与控制

（1）管网灭火系统应同时具有自动控制、手动控制和机械应急操作三种启动方式。在防护区内设置的预制灭火装置应有自动控制和手动控制两种启动方式。

（2）自动控制应具有自动探测火灾和自动启动系统的功能。

（3）灭火系统的自动控制应在收到防护区内两个独立的火灾报警信号后才能启动。自动控制启动时可设置最长为30s的延时，以使防护区内人员撤离和关闭通风管道中的防火阀。

（4）在有架空地板和吊顶的防护区域，若架空地板和吊顶内也需要加以保护，应在其中设置火灾探测器。

（5）每个防护区应设置一个手动/自动选择开关，选择开关上的手动和自动位置应有明显的标识。当选择开关处于手动位置时，选择开关上宜有明显的警告指示灯。

（6）防护区入口处应设置紧急停止喷放装置。紧急停止喷放装置应有防止误操作的措施。

（7）机械应急操作装置宜设置在储存容器间内。

（8）组合分配系统的选择阀应在灭火剂释放之前或同时开启。

（9）当采用气体驱动钢瓶作为启动动力源时，应保证系统操作与控制所需的气体压力和用气量。

（10）灭火系统的驱动控制盘宜设置在经常有人的场所，并尽量靠近防护区。驱动控制盘应符合GA 61—2010《固定灭火系统驱动、控制装置通用技术条件》。

（11）当防护区内设置的火灾探测器直接连接至驱动控制盘时，驱动控制盘应能向消防控制中心反馈防护区的火灾报警信号、灭火剂喷放信号和系统故障信号。

（12）防护区内应设置火灾声、光报警，防护区外应设置灭火剂喷放指示信号。

（13）手动操作装置的安装高度应为中心距地1.5m。驱动控制盘应保证正面信号显示位置距地1.5m。声、光报警装置宜安装在防护区出入口门框的上方。

第九节　干粉灭火系统

一、 干粉灭火机理

干粉灭火剂平时储存在干粉灭火器或干粉灭火设备中，灭火时凭借加压气体（二氧化碳或氮气）的压力将干粉从喷嘴射出，形成雾状粉流，射向燃烧物。当干粉和火焰接触时，发生一系列的物理、化学作用，将火扑灭。

（一） 对燃烧的抑制作用

燃烧反应是一种链式反应，反应中生成的·OH和H·是维护燃烧链式反应的活性基团，它们和燃料分子作用，不断生成新的活性基团及氧化物，同时放出大量的热，维护燃烧反应的继续进行。

干粉灭火剂的灭火组分为燃烧的非活性物质，当把干粉灭火剂加入燃烧区和火焰混合后，干粉粉末M就和火焰中的活性自由基接触，并把它瞬时吸附在自己的表面，发生如下反应：

$$\mathrm{M(粉末)+OH\cdot \rightarrow MOH}$$

$$\mathrm{MOH+H\cdot \rightarrow M+H_2O}$$

通过上述反应，M与·OH和H·反应生成了不活泼的水，消耗了燃烧反应中的活性基团·OH与H·。当大量的粉末以雾状形式喷向火焰时，火焰中的自由基被大量吸附并转化，使自由基数量急剧减少，抑制能量生成，致使燃烧的链反应中断，最终使火焰熄灭。干粉粉末的这种灭火作用称为“抑制作用”。

（二） 烧爆作用

某些化合物[如含有一个结晶水的草酸钾($K_2C_4O_4 \cdot H_2O$)，尿素和氢氧化钠、氢氧化钾的反应产物($NaC_2H_2H_3O_3$、$KC_2N_2H_3O_3$)]，当和火焰接触时，其粉料受高热的作用，可爆裂成很多更小的颗粒，这种现象称为“烧爆”。因为烧爆，使火焰中的粉末比表面积或蒸发量急剧增大，与火焰的接触面积显著增加，所以表现出很高的灭火效能。氨基干粉的灭火效力是碳酸氢钠干粉的3～4倍，烧爆现象是其主要原因之一。

（三） 其他灭火作用

干粉灭火时，还存在着物理灭火作用。浓云般的粉雾包裹了火焰，可减少火焰对燃料的热辐射；粉末受高温的作用放出结晶水或产生分解，可吸收火焰的一部分能量，而且分解生成的不活泼气体稀释燃烧区的氧浓度，进而起到冷却与窒息的作用。当然，这些作用对灭火的影响没有抑制作用大。

对于多用干粉灭火剂，除上述几种灭火作用外，还因它和火焰接触后，生成的多聚磷酸盐在着火物表面上生成一定厚度的玻璃层状物，它可渗透到可燃物的气孔内，并阻止空气和可燃物的接触，起到防火层的作用；另外，磷酸铵盐分解放出的氨对火焰也能起类似于卤代烷那样的均相负催化作用，还可使燃烧物表面炭化，这种炭化层是热的不良导体，能够减缓燃烧过程，降低火焰温度。

金属干粉灭火剂的主要作用机理是隔绝与“屏蔽”，虽然作用较弱，沉落在固体可燃材料表面上的干粉还具有冷却作用；投放干粉灭火剂的方式应使其在固体可燃材料表面上能产生较厚的一层干粉，使火焰的空气动力和燃烧区的气流尽可能少地带走干粉。

二、干粉灭火剂用量

（一）干粉设计用量

(1) 全淹没式干粉灭火系统干粉灭火剂用量计算。全淹没式干粉灭火系统干粉灭火剂用量分为两部分：一部分是确保在封闭空间形成灭火浓度所需的干粉灭火剂量；另一部分是补偿各种可能减弱灭火效率所消耗干粉灭火剂的附加量。灭火剂设计用量应按下式计算：

$$m=K_1V+\sum(K_{oi}A_{oi}) \tag{12-52}$$

$$V=V_v-V_g-V_z \tag{12-53}$$

$$V_z=Q_zt \tag{12-54}$$

其中 $K_{oi}=0$，$A_{oi}<1\%A_v$

$K_{oi}=2.5$，$1\%A_v\leqslant A_{oi}<5\%A_v$

$K_{oi}=5$，$5\%A_v\leqslant A_{oi}\leqslant 15\%A_v$

式中 m——干粉设计用量，kg；

K_1——灭火剂设计浓度，kg/m^3，不得小于 $0.65kg/m^3$；

V——防护区净容积，m^3；

K_{oi}——开口补偿系数，kg/m^2；

A_{oi}——无法自动关闭的防护区开口面积，m^2；

V_v——防护区容积，m^3；

V_g——防护区内不燃烧体和难燃烧体的总体积，m^3；

V_z——无法切断的通风系统的附加体积，m^3；

Q_z——通风流量，m^3/s；

t——干粉喷射时间，s，不宜超过 30s；

A_v——防护区的内侧面、底面、顶面（包括其中开口）的总内表面积，m^2。

(2) 局部应用灭火系统干粉灭火剂用量计算。局部应用灭火系统的设计可选用面积法或体积法。当保护对象的着火部位是平面时，宜选用面积法；当采用面积法无法做到使所有表面被完全覆盖时，应选用体积法。

1）面积法。干粉设计用量按下列公式计算：

$$m=NQ_it \tag{12-55}$$

式中 N——喷头数量；

Q_i——单个喷头的干粉输送速率，kg/s，按产品样本取值；

t——室内系统的干粉喷射时间不宜小于 30s；室外或有复燃危险的系统的干粉喷射时间不宜小于 60s。

采用面积法设计时，应满足下列规定：①保护对象计算面积应取被保护表面的垂直投影面积；②架空型喷头应以喷头的出口到保护对象表面的距离确定其干粉输送速率及相应保护面积；槽边型喷头保护面积应由设计选定的干粉输送速率确定；③喷头的设置应使喷射的干粉完全覆盖保护对象。

根据相关资料介绍，扑救敞口易燃液体火灾应采用碳酸氢钠干粉灭火剂，对于醇类罐，喷射速度为 0.3kg/（s·m²）；对于烃类罐，喷射速度为 0.26～0.38kg/（s·m²）。

2）体积法。干粉设计用量可按下列公式计算：

$$m=V_1q_Vt \tag{12-56}$$

$$q_V=0.04-0.006A_p/A_t \tag{12-57}$$

式中 V_1——保护对象的计算体积，m^3；

q_V——单位体积的喷射速率，kg/（s·m³）；

t——干粉喷射时间；室内系统干粉喷射时间不宜小于 30s；室外或有复燃危险的系统干粉喷射时间不宜小于 60s；

A_p——在假定封闭罩中存在的实体墙等实际围封面积，m^2；

A_t——假定封闭罩的侧面围封面积，m^2。

采用体积法设计时，应满足下列规定：①保护对象的计算体积应采用设定的封闭罩的体积，封闭罩的底应是实际底面；封闭罩的侧面和顶部无实际围护结构时，它们至保护对象外缘的距离不宜小于 1.5m；②喷头的布置应使喷射的干粉完全覆盖保护对象，并应符合单位体积的喷射速度和设计用量的要求。

（二）干粉储存量

干粉储存量可按下式计算：

$$m_c=m+m_s+m_r \tag{12-58}$$

$$m_r=V_D(10p_p+1)\rho_{q0}/\mu \tag{12-59}$$

式中 m_c——干粉储存量，kg；

m——干粉设计用量，kg；

m_s——干粉储存容器内干粉剩余量，kg；

m_r——管网内干粉残余量，kg；

V_D——整个管网系统的管道容积，m^3；

p_p——管道平均压力，MPa；

ρ_{q0}——常态下驱动气体密度，kg/m^3；

μ——驱动气体系数。

（三）干粉备用量

当防护区与保护对象之和多于 5 个时，或者在喷放后 48h 内无法恢复到正常工作状态时，灭火剂应有备用量。备用量不宜小于系统设计的储存量。备用干粉储存容器应与系统管网相连，并能与主用干粉储存容器切换使用。

三、干粉储罐容积

干粉储罐的大小应确保系统所需的干粉灭火剂用量。所以，其干粉储存容器容积可按下式计算：

$$V_c = \frac{m_c}{k\rho_f} \quad (12\text{-}60)$$

式中 V_c——干粉储存容器容积，m^3，取系列值；

k——干粉储存容器的装量系数，不宜超过 0.85；

ρ_f——干粉灭火剂的松密度，kg/m^3。

储压系统的干粉罐容积应经由试验确定，有时也可以估算。据相关资料介绍，储压系统输送 1kg 干粉约需 10L 常温、常压状态下的气体，储存压力通常为 2MPa，干粉罐的容积就为干粉灭火剂占有的体积和动力气体的体积（在 2MPa 状态时）之和。

四、驱动气体储存量

驱动气体有非液化驱动气体与液化驱动气体两类。

（1）非液化驱动气体储存量计算式

$$m_{gc} = N_p V_0 \ (10p_c + 1)\ \rho_{q0} \quad (12\text{-}61)$$

$$N_p = \frac{m_g + m_{gs} + m_{gr}}{10V_0(p_c - p_0)\rho_{q0}} \quad (12\text{-}62)$$

（2）液化驱动气体储存量计算式

$$m_{gc} = \alpha N_p V_0 \quad (12\text{-}63)$$

$$N_p = \frac{m_g + m_{gs} + m_{gr}}{V_0[\alpha - (10p_0 + 1)\rho_{q0}]} \quad (12\text{-}64)$$

$$m_{gs} = V_c \ (10p_0 + 1)\ \rho_{q0} \quad (12\text{-}65)$$

$$m_{gr} = V_D \ (10p_p + 1)\ \rho_{q0} \quad (12\text{-}66)$$

式中 m_{gc}——驱动气体储存量，kg；

N_p——驱动气体储瓶数量；

V_0——驱动气体储瓶容积，m^3；

p_c——非液化驱动气体充装压力，MPa；

m_g——驱动气体设计用量，kg；

m_{gs}——干粉储存容器内驱动气体剩余量，kg；

m_{gr}——管网内驱动气体残余量，kg；

p_0——管网起点压力，MPa；

α——液化驱动气体充装系数，kg/m^3。

五、干粉输送速率

（一）干管的干粉输送速率

管网中干管的干粉输送速率应按照下式计算：

$$Q_0 = m/t \quad (12\text{-}67)$$

式中 Q_0——干管的干粉输送速率，kg/s；

m——干粉设计用量，kg；

t——干粉喷射时间，s。

（二）支管的干粉输送速率

管网中支管的干粉输送速率应按照下式计算：

$$Q_b = n/Q_i \quad (12\text{-}68)$$

式中 Q_b——支管的干粉输送速率，kg/s；

n——安装在计算管段下游的喷头数量；

Q_i——单个喷头的干粉输送速率，kg/s，按产品样本取值。

六、干粉管道设计

（一）管道的管径

干粉输送管内流体属于固体颗粒和气体的两相流，其流动状态和管道阻力、干粉粉末的粒度分布、组成成分、固气比、干粉的流动性等诸因素相关。当管路较长、管道容积超过干粉罐容积的 30%时，气、固两相流的稳流时间较短，粉气流的状态变化更加复杂，其流体特性很难掌握。

管道管径的大小对系统正常工作影响较大。管径过小，压力损失过大；管径过大，会出现压力、流量的波动。所以，管径的设计必须要达到一个合理的流量值。合理的流量值可通过理论计算的方法求得。为避免波动现象的发生，要保持干粉管道内的流动为紊流。所以管道内径宜按下式计算：

$$d \leqslant 22\sqrt{Q} \quad (12\text{-}69)$$

式中 d——管道内径，mm；

Q——管道中的干粉输送速率，kg/s。

表 12-90 规定了各种不同管径的干粉灭火剂的最小流量值，如此要求可简化计算过程。在管路的设计中，应使管路中的干粉灭火剂流量超过表中规定的数值。试验证明，在确定管径时，设计流量值取最小流量的 4～5 倍比较适宜。若通过某管道的干粉流量为 10kg/s，则宜选择直径 32mm 的管道。但要指出，干粉灭火系统管道直径的选择，最好通过试验确定，以保证系统的安全可靠性。

表 12-90　各种不同管径的干粉灭火剂的最小流量值

管道直径（mm）	10	15	20	25	32	40	50	65	80	90	100	125
最小流量（kg/s）	0.3	0.5	0.9	1.5	2.5	3.2	5.7	9.6	13.5	18.0	23.5	35

（二）管段的长度

干粉管段的计算长度应按下式计算：

$$L=L_Y+\sum L_J \quad (12\text{-}70)$$

$$L_J=f(d) \quad (12\text{-}71)$$

式中 L——管段计算长度，m；

L_Y——管段几何长度，m；

L_J——管道附件当量长度，m，可按表 12-91 取值。

表 12-91　管道附件当量长度　m

DN (mm)	15	20	25	32	40	50	65	80	100
弯头	7.1	5.3	4.2	3.2	2.8	2.2	1.7	1.4	1.1
三通	21.4	16.0	12.5	9.7	8.3	6.5	5.1	4.3	3.3

设计管网时，应尽可能地设计成结构对称均衡管网，使干粉灭火剂均匀分布在防护区内。但在实践中，不可能做到管网结构绝对精确对称布置，仅需其结构对称度在±5%范围内，就可认为是结构对称均衡管网，可实现喷粉的有效均衡。在系统中，可使用不同喷射率的喷嘴来调节管网的不均衡。

（三）管道的压力损失

当系统选用设计型干粉灭火系统时，有时需要计算干粉管道的压力损失。必须说明的是，干粉管道的压力损失计算非常复杂，其流动特性不但受系统设备的影响，而且干粉灭火剂的类型对其也有很大影响，甚至同一种类的干粉灭火剂，因为生产厂家不同，其流动特性参数也不一样，这就是说流动特性参数无法通用。所以，干粉灭火系统生产厂家应提供其产品的相关设计参数，供设计人员设计计算时使用。

（四）高程压差校正

高程校正前管段首端压力可按照下式估算：

$$p'_b=p_e+(\Delta p/L)_i L_i \quad (12\text{-}72)$$

式中 p'_b——高程校正前管段首端压力，MPa；

p_e——消防炮的设计工作压力，MPa；

Δp——计算管段阻力损失，MPa；

L——管段的计算长度，m；

L_i——单位管段的长度。

高程校正后管段首端压力可按照下式计算：

$$p_b=p'_b+9.81\times10^6\rho_H L_Y\sin\gamma \quad (12\text{-}73)$$

$$\rho_H=\frac{2.5\rho_f(1+\mu)\rho_Q}{2.5\mu\rho_f+\rho_Q} \quad (12\text{-}74)$$

$$\rho_Q=(10p_p+1)\rho_{q0} \quad (12\text{-}75)$$

式中 p_b——高程校正后管段首端压力，MPa；

ρ_H——干粉-驱动气体二相流密度，kg/m³；

γ——流体流向与水平面所成的角，(°)；

ρ_Q——管道内驱动气体的密度，kg/m³；

ρ_f——干粉灭火剂的松密度，kg/m³；

μ——驱动气体系数；

ρ_{q0}——常态下驱动气体密度，kg/m³。

（五）系统控制压力

干粉管网起点就是干粉储存容器输出容器阀出口，其压力不宜超过 2.5MPa；管网最不利点喷头工作压力不宜小于 0.1MPa。

第十节　消防炮灭火系统

水、泡沫或二者混合液流量超过 16L/s 或干粉喷射率超过 7kg/s，以射流形式喷射灭火剂的灭火装置称为“消防炮”。消防炮属于一种高效的灭火设备，具有流量范围大、射程远、扬程高、远控化、智能化、操作灵活方便等优点，炮身可做水平、俯仰回转，并可实现定位锁紧。

消防炮可安装在各种消防车、消防艇、消防船上，增强其灭火救灾能力。还可设置在固定炮塔、大型库房、娱乐场所、电影院、展馆等大型空间建筑场所，用来保护面积较大、高度较高、火灾危险性严重且价值较高的重点工程的群组设备等要害场所，能及时有效地扑灭较大规模的区域性火灾。

一、消防炮灭火系统工作原理

消防炮根据控制方式分为手动消防炮和自动消防炮。

手动消防炮的工作原理是火灾探测器检测到火灾后发出报警信号或在工作人员发现火灾后，由消防管理人员或消防队员现场手动控制消防炮，上下左右转动消防炮，对准着火点进行灭火。

自动消防炮目前分为两种控制模式：一种为双波段图像火灾探测系统自动控制；另一种为红外火灾探测自动控制。自动消防炮系统由电动消防炮与控制器两部分组成。

火灾探测系统自动控制电动消防炮的电动机使消防炮可自动移动，瞄准火源，准确将水喷射到着火点。

控制器由定位器、控制主机、解码器、控制盘等部件和装置组成。定位器安装在消防炮炮体上，能向控制主机提供现场的有效火灾及空间定位信号，如红外视频信号和彩色视频信号等。控制主机接收定位器提供的信号，控制解码器驱动消防炮扫描，并确定着火点。解码器可根据控制主机的指令控制消防炮转动。控制盘具备全自动和半自动两种控制功能，可通过手动按钮开启消防炮电磁阀出水。

自动消防炮定位灭火流程如下。

（1）火灾探测器探测到火灾后，按照控制器的指令，消防炮在电动机的带动下，自动进行旋转及上下转动，瞄准起火点进行喷水灭火。

（2）双波段火灾探测系统控制的消防炮，火灾定位器设置在消防炮的喷管上，定位器与消防炮在水平电动机驱动下以 9°/s 速度水平扫描，并将动态图像送入计算机进行分析判断。

当发现有异常热辐射时，停止旋转，进行进一步判断。当确定异常热辐射为火灾时，调整水平和垂直电动机使着火点落入图像预设的确定位置（火点影像处于此位置后，消防炮的水柱对应于实际着火处），开启消防泵和电动阀门进行喷水灭火，否则继续旋转。

水平 180°扫描完成后，垂直电动机旋转 50°并重复上述过程，在此过程中发现火灾后调整消防炮角度进行灭火，直至再次水平 180°扫描完成后，垂直电动机再旋转 50°重复以上过程。

每次水平旋转扫描时间是 20s，三次共 60s，每次垂直旋转为 6s，两次共 12s，中间间歇时间为 30s。扫描完整个控制区域的时间总计为 102s。所以，消防炮系统在接到火灾报警后，最终实现瞄准定位的时间不超过 102s，这确保了系统完全满足 GB 50338—2003《固定消防炮灭火系统设计规范》中 4.1.6 的“水炮系统和泡沫炮系统从启动至炮口喷射水或泡沫的时间不应大于 5min，干粉炮系统从启动至炮口喷射干粉的时间不应大于 2min”的规定。双波段探测器控制的消防炮工作流程如图 12-70 所示。

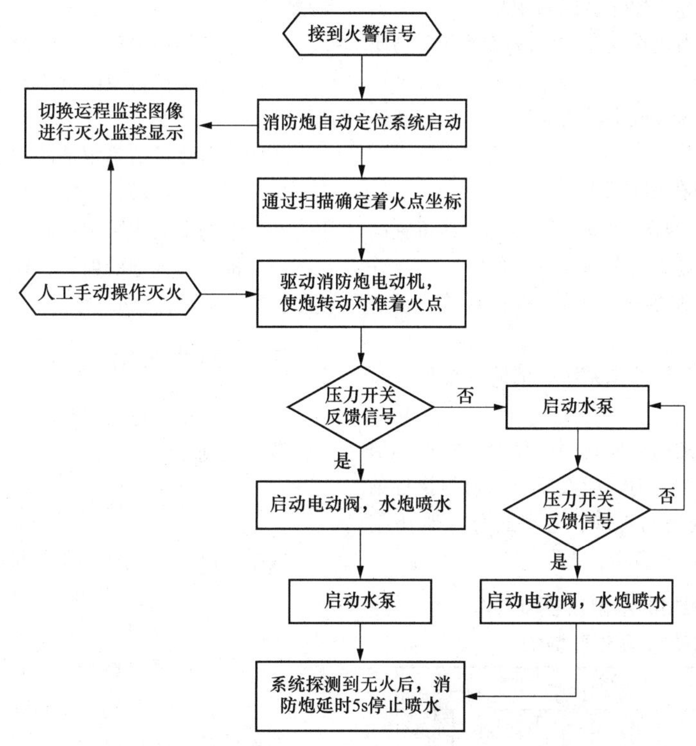

图 12-70　双波段探测器控制的消防炮工作流程

二、 消防炮灭火系统的设计与选型

（一） 宜设置自动消防炮灭火系统的场所

（1）建筑物净空高度超过 18m 的场所。

（2）有爆炸危险性的场所。

（3）有大量有毒气体生成的场所。

（4）燃烧猛烈，具有强烈热辐射的场所。

（5）火灾蔓延面积较大，且损失严重的场所。

（6）使用性质重要和火灾危险性大的场所。

（7）灭火人员很难接近或接近后很难撤离的场所。

（二） 自动消防炮灭火系统的选用应符合下列要求

（1）有人员活动的场所，应采用带有雾化功能的自动消防炮灭火系统。

（2）高架仓库和狭长场所宜采用轨道式自动消防炮灭火系统。

（3）有防爆要求的场所，应选用具有防爆功能的自动消防炮灭火系统。

（4）有隐蔽要求的场所，应采用隐蔽式自动消防炮灭火系统。

（5）在大空间建筑物内使用自动消防炮灭火系统时，宜采用双波段探测器、火焰探测器、光截面探测器、红外光束感烟探测器等火灾探测器。

（6）自动消防炮灭火系统宜选用感烟和感焰的复合火灾探测器，也可选用同类型或不同类型火焰探测器组合进行探测。

（三）消防水炮灭火系统和消防泡沫炮灭火系统不得用于扑救下列物品的火灾

（1）遇水发生爆炸或加速燃烧的物品。

（2）遇水发生剧烈化学反应或生成有毒有害物质的物品。

（3）洒水将导致喷溅或沸溢的液体。

（4）带电设备。

（四）消防炮布置原则

室内消防炮的布置数量不宜少于两门，其布置高度应确保消防炮的射流不受上部建筑构件的影响，并应能使两门水炮的水射流同时送达被保护区域的任一部位。

室内系统应采用湿式给水系统，消防炮位处应设置消防水泵开启按钮。

室内布置消防炮的射程应按照产品射程的指标值计算，室外布置消防炮的射程应按照产品射程指标值的90%计算。不同规格的水炮在各种工作压力下射程试验数据见表12-92和表12-93。

表12-92　不同规格的水炮在各种工作压力下的射程试验数据

水炮型号	射程（m）				
	0.6MPa	0.8MPa	1.0MPa	1.2MPa	1.4MPa
PS40	53	62	70	—	—
PS50	59	70	79	86	—
PS60	64	75	84	91	—
PS80	70	80	90	98	104
PS100	—	86	96	104	112

室外消防炮的布置应能使消防炮的射流完全包裹被保护场所及被保护物，且应满足灭火强度及冷却强度的要求。消防炮应安装在被保护场所常年主导风向的上风方向；当灭火对象高度较高、面积较大时，或在消防炮的射流遭受较高大障碍物的阻挡时，应设置消防炮塔。室外设置水炮的额定流量不宜小于30L/s。室外配置泡沫炮的额定流量不宜小于48L/s。

表12-93　不同规格的泡沫炮在各种工作压力下的射程试验数据

水炮型号	射程（m）			
	0.6MPa	0.8MPa	1.0MPa	1.2MPa
PP32	39	47	52	59
PP48	55	65	74	81
PP64	58	68	75	83
PP100	—	73	80	88

（五）消防炮灭火系统设计计算的一般步骤

（1）根据保护对象和场所确定选用消防炮类型。

（2）根据保护对象的大小及相关规范计算出所需流量。

（3）根据流量值确定消防炮的型号。

（4）型号选定后，确定了水炮的流量和水炮工作压力及水炮的最大水平射程。

（5）根据所选炮的射程、射高及相关规范来确定被保护区所需炮的数量。

三、水力计算

（1）消防炮的设计射程。

按下式确定：

$$D_s = D_{s0}\sqrt{\frac{p_e}{p_0}} \tag{12-76}$$

式中　D_s——消防炮的设计射程，m；

D_{s0}——消防炮在额定工作压力时的射程，m；

p_e——消防炮的设计工作压力，MPa；

p_0——消防炮的额定工作压力，MPa。

如果计算消防炮设计射程无法满足消防炮布置的要求时，应调整原设定水炮数量、布置位置或规格型号，直至符合要求。

（2）消防炮的设计流量。

按下式确定：

$$Q_s = Q_{s0}\sqrt{\frac{p_e}{p_0}} \tag{12-77}$$

式中　Q_s——消防炮的设计流量，L/s；

Q_{s0}——消防炮的额定流量，L/s。

室内配置水炮的额定流量不宜小于20L/s，室外配置水炮的额定流量不宜小于30L/s。扑救室内通常固体物质的火灾的提供强度，其用水量应按2门水炮的水射流同时到达防护区内任一部位的要求计算。民用建筑的用水量不宜少于40L/s，工业建筑的用水量不宜少于60L/s。水炮系统的计算总流量应为系统中需要同时开启的水炮设计流量的总和。

（3）系统的供水设计总流量。

按下式计算：

$$Q=\sum N_p Q_p+\sum N_s Q_s+\sum N_m Q_m \quad (12\text{-}78)$$

式中 Q——系统供水设计总流量，L/s；

N_p——系统中需要同时开启的泡沫炮的数量，门；

Q_p——泡沫炮的设计流量，L/s；

N_s——系统中需要同时开启的水炮的数量，门；

Q_s——水炮的设计流量，L/s；

N_m——系统中需要同时开启的保护水幕喷头的数量，只；

Q_m——保护水幕喷头的设计流量，L/s。

（4）供水或供泡沫混合液管道总水头损失。

按下式计算：

$$\sum h=h_1+h_2 \quad (12\text{-}79)$$

式中 $\sum h$——水泵出口至最不利点消防炮进口供水或供泡沫混合液管道总水头损失，m；

h_1——沿程水头损失，m；

h_2——局部水头损失，m。

$$h_1=iL_1 \quad (12\text{-}80)$$

式中 i——单位管长沿程水头损失，m/m；

L_1——计算管道长度，m。

$$i=0.001\,07\frac{v^2}{d^{1.3}} \quad (12\text{-}81)$$

式中 v——设计流速，m/s；

d——管道内径，m。

$$h_2=\Sigma\xi\frac{v^2}{2g} \quad (12\text{-}82)$$

式中 ξ——局部阻力系数。

（5）系统中的消防水泵供水压力。

按下式计算：

$$p=0.01\ (Z+\sum h)\ +p_e \quad (12\text{-}83)$$

式中 p——消防水泵供水压力，MPa；

Z——最低引水位至最高位消防炮进口的垂直高度，m；

$\sum h$——水泵出口至最不利点消防炮进口供水或供泡沫混合液管道总水头损失，m；

p_e——泡沫（水）炮的设计工作压力，MPa。

第十一节 消防灭火系统实例分析

一、某大剧院建筑消防给水系统实例

（一）工程简介

某大剧院总占地面积为11.893hm²，总建筑面积约为20万m²。地上高度为46.285m，歌剧院台仓地下深度为27.5m，室外景观水池3.5万m²。本工程共有3个分区。北区包括六级人防地下车库、水下通廊、画廊、艺术用房、商店、茶室、咖啡厅及预售票房、检票处等。中区是剧场区，外观是一个超椭圆形壳体，处在水池中央。东西向长212.24m，南北向长143.64m。内部包括2500座的歌剧院、2000座的音乐厅及1200座的戏剧场。本区还包括为剧场服务配套的化妆间、排练厅、练琴房、录像录音室、布景制作间、仓库、技术用房、维修间、办公室、会议室、接待室、消防控制室等。南区包括多功能厅（600人的小剧场）、化妆间、餐厅、厨房、前厅、休息厅、预售票房、检票处、技术用房、变配电室、冷冻站、热力点、排风排烟机房等。

（二）消防给排水设计

（1）设计参数。一次火灾时最大用水量是表12-94合计与表12-95中3、6、9、10、11项之和。

表12-94 某大剧院消防水炮及消火栓系统用水量

用水类型	用水量标准（L/s）	火灾延续时间（h）	一次火灾用水量（m³）
室外消火栓	30	3	324
室内消火栓	40	3	432
消防炮灭火系统	20×2	1	144
合计			900

（2）消防水源。由市政给水管网和地下室2200m³消防水池（共分5格）及消防水泵联合供水。在歌剧院屋顶层水箱间内设置80m³（分2格）消防水箱，450L气压罐和2台增压稳压泵$Q=6$L/s、$H=25$m，以保证各消防系统最不利处消防初期用水，消防水箱、水池内都分格设有水箱自洁消毒器。

（3）消火栓系统。

1）室外消火栓系统。从大剧院东、西两侧市政管道分别引入DN200给水管和大剧院室外DN200环状给水管网（即消防环管）相连。室外消火栓沿景观

水池外路边设置，采用地下式消火栓，间距不超过120m。在大剧院中区周围有宽度为8m的消防通道（－11.5m），布有消防人员专用室外消火栓（间距为60m）和室内各消防系统的消防水泵接合器。消防通道室外消火栓系统如图12-71所示。

表 12-95　　某大剧院消防水炮及用水量

序号	设置场所	系统类别	喷水强度［L/（min·s）］	计算流量（L/s）	火灾用水量（m³）
1	休息厅、前厅、贵宾室、办公室、会议室、餐厅、厨房等	湿式系统	6	16	58
2	地下商店服装鞋帽间等	湿式系统	10.4	27.7	100
3	舞台上部	湿式系统	8	21.3	77
4	集装箱仓库	湿式系统	6.1	73.2	264
5	物流通道	干式系统	8	27.7	100
6	歌剧院、戏剧院主舞台葡萄架下部	雨淋系统	16	100	360
7	后舞台、两侧舞台上部	雨淋系统	16	100	360
8	布景组装场、绘景间、布景道具库房	雨淋系统	16	100	360
9	主舞台与观众厅金属防火幕	水幕系统	1	19.8	71
10	主舞台与侧舞台金属防火幕	水幕系统	1	44.8	161
11	主舞台与后舞台金属防火幕	水幕系统	1	23.2	84
12	地下车库	预作用自动喷水－泡沫联用系统	8	21.3	77

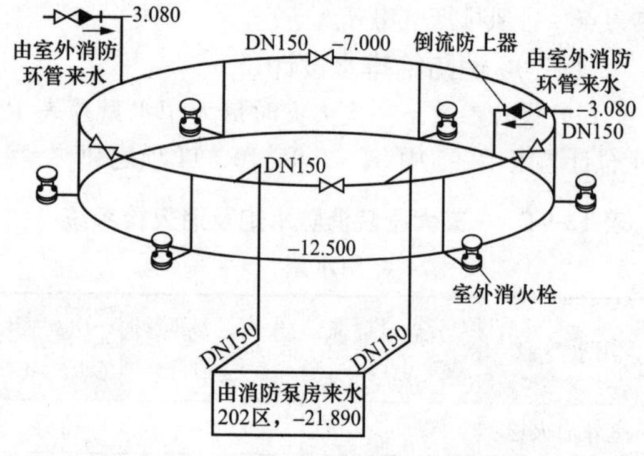

图 12-71　消防通道室外消火栓系统

2）室内消火栓系统。本工程室内消火栓是1个系统，当消火栓栓口的出水压力超过0.5MPa时，选用减压稳压消火栓。室内消火栓的间距为30m，消火栓的栓口直径为65mm，水带长度为25m，水枪喷嘴口径为19mm。所有双出口、单出口消火栓都是带消防卷盘的消火栓，消防卷盘的栓口直径为25mm，配备的胶带内径为19mm，消防卷盘喷嘴口径为6mm。歌剧院屋顶上安装1个装有显示装置试验检查用的试验消火栓。

（三）自动喷水灭火系统

（1）湿式系统。歌剧院、戏剧场舞台上部、地下排练厅、地下画廊、地下商店等都是按GB 50084—2017《自动喷水灭火系统设计规范》中危险级Ⅱ级设计。办公室、会议室、贵宾室、休息厅、前厅、走道、维修间、化妆间、预售票房、检票处、餐厅、厨房、茶室、咖啡厅及层高小于8m高的观众厅和大于800mm的观众厅吊顶内等，按GB 50084—2017《自动喷水灭火系统设计规范》中危险级Ⅰ级设计。

除集装箱仓库外，自动喷水灭火系统采用快速响应喷头，玻璃球直径是3mm，流量系数$K=80$，厨房喷头动作温度是93℃，歌剧院、戏剧场舞台格栅上部喷头动作温度是79℃，其他都是68℃。－21.89m层集装箱仓库按照GB 50084—2017《自动喷水灭火系统设计规范》仓库危险级Ⅱ级设计，选用快速响应早期抑制喷头。玻璃球直径是1.5mm，流量系数$K=200$，喷头动作温度是68℃。

喷头在有吊顶时向下安装，选用下垂型喷头；无吊顶时向上安装，选用直立型喷头；而安装快速响应早期抑制喷头处，喷头必须向下设置。观众厅、公共大厅及环廊、贵宾室等采用隐蔽式喷头，一般房间都采用下垂型喷头。当吊顶高度超过800mm且有可燃物时，吊顶内也设有喷头，喷头向上安装，距顶板100～150mm。

喷洒管道按每800只左右喷头设置1个报警阀，在每个报警阀组控制的最不利点喷头处，都设有规格为DN25的末端试水装置。在防火分区，各楼层的最不利点喷头处，设置规格为DN25的试水阀。在喷洒管道上设置消防水泵接合器。

(2) 干式系统。中区－7m层物流通道处都在室外，冬季温度在0℃以下，所以按GB 50084—2017《自动喷水灭火系统设计规范》中危险级Ⅱ级设计为干式自动喷水灭火系统。喷头采用直立型向上安装。干式系统管道的末端设置快速排气阀。干式系统的配水管道充水时间小于1min。喷洒水泵与消防水泵接合器，干式系统和湿式系统合用。空气压缩机控制系统的压力低于0.05MPa。

(3) 预作用自动喷水-泡沫联用灭火系统。北区地下车库由于冬季不采暖，采用了预作用自动喷水－泡沫联用灭火系统，如图12-72所示。按GB 50084—2017《自动喷水灭火系统设计规范》中危险级Ⅱ级设计。连续喷泡沫时间大于10min。泡沫喷淋系统采用水成膜泡沫液。泡沫混合液至车库最远点喷头的时间，经计算为5min。喷头在－11m层都是向上安装，－7m有部分喷头为向下安装，上喷选用直立型喷头，下喷选用下垂型喷头。

(4) 雨淋系统。在歌剧院、戏剧场的主舞台葡萄架下部，歌剧院后舞台及两侧舞台上部，戏剧场两侧舞台上部，布景制作间、布景绘制间及布景装配区等设雨淋灭火系统。按GB 50084—2017《自动喷水灭火系统设计规范》严重危险级Ⅱ级设计。雨淋喷头选用开式喷头，其开启可用火灾探测器控制或闭式喷头控制。各雨淋系统给水进口处选用雨淋报警阀及手动快开阀。雨淋报警阀分别设置在歌剧院和戏剧场舞台后部入口处附近，以利于操作管理。雨淋报警阀在演出期间为防止误喷设为手动启动，其余时间都是自动控制。雨淋系统如图12-73所示。

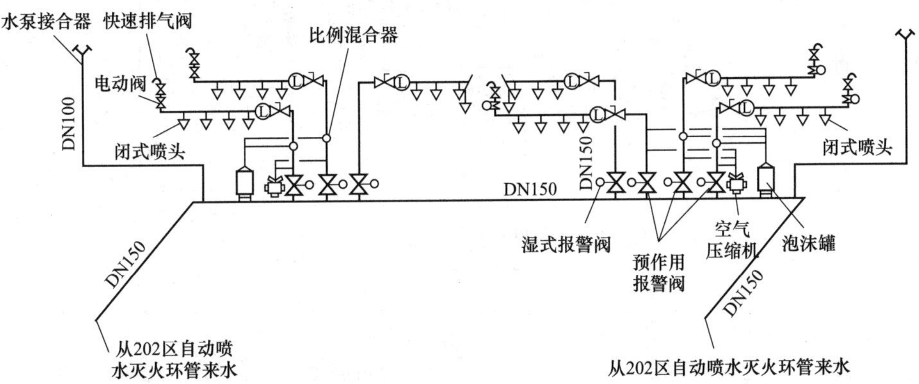

图12-72　北区预作用自动喷水－泡沫联用灭火系统

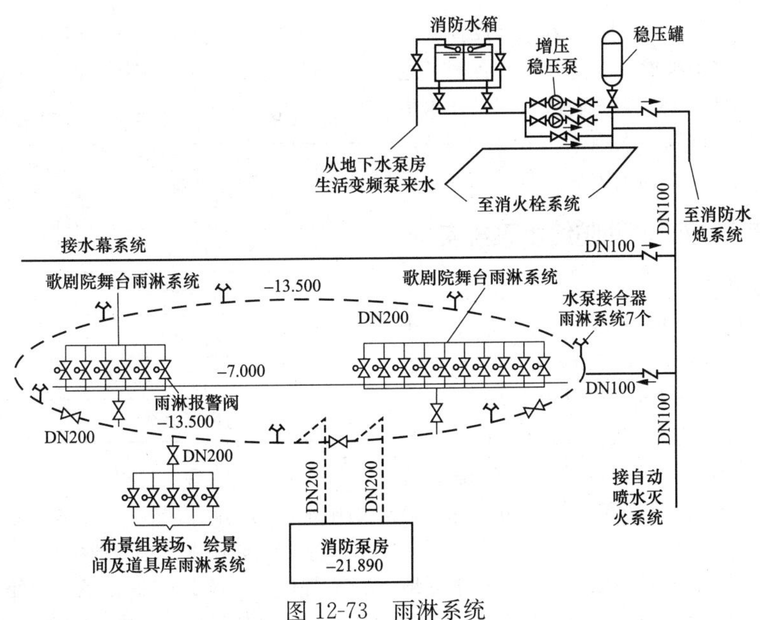

图12-73　雨淋系统

（5）水幕系统。在歌剧院主舞台和观众厅的金属防火幕、主舞台和侧舞台的金属防火幕、主舞台和后舞台的金属防火幕设防护冷却水幕系统；在戏剧场主舞台和观众厅的金属防火幕、主舞台和侧舞台的防火卷帘处也设防护冷却水幕系统；在中区－6m层，货仓和台仓进出口处，当防火卷帘耐火极限无法满足3h时，设防护冷却水幕系统。水幕系统采用水幕喷头。各水幕系统给水进口处选用控制阀（雨淋报警阀或电磁阀）和手动快开阀（蝶阀）。水幕系统如图12-74所示。

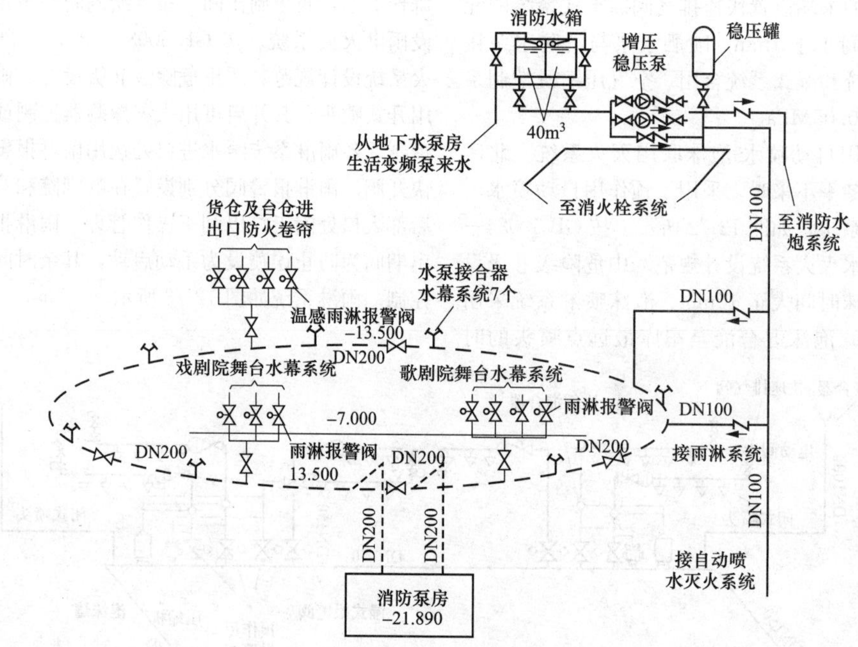

图12-74　水幕系统

（四）自动消防炮灭火系统

在壳体内发生火灾时，消防车不能进入其中灭火。作为室外消火栓的补充，在剧场区10层设置4门移动式水炮。在歌剧院、戏剧场、音乐厅屋顶共安装14门固定水炮及移动水炮，以便火灾时各剧场之间相互喷水灭火，并对壳体上部进行喷水保护。水炮可遥控、自控或手动控制。水炮水平扫射（旋转）180°；上下喷射角度145°，向上100°，向下－45°。

二、某体育场馆建筑消防给水系统实例

（一）工程简介

某体育馆建设用地面积为35 560m²，属于集中心主体育馆、运动员训练馆、配套体育健身场所及综合商业为一体的大型综合体育馆。体育馆地下1层、地上2层，其中地下一层是运动员训练馆、体育健身场所及大型超市，一层以上为中心主体育馆。最多容纳座位数量是6188座，建筑高度为34.51m，总建筑面积为40 858m²。

根据使用要求新建体育馆等级为乙级，可承办地区性比赛及全国单项比赛。体育馆建设高起点、高标准。除可满足各类正式体育比赛的要求外，还要可以开展综合文艺演出、群众性娱乐健身及大型商贸展览等活动。

（二）消防给水排水设计

（1）设计参数。某体育馆消防用水量见表12-96。

表12-96　某体育馆消防用水量

用水类别	用水量标准（L/s）	火灾延续时间（h）
室外消火栓	30	2
室内消火栓	20	2
仓库自动喷淋	63	1.5
训练馆及观众休息厅自动喷淋	78	1
自动消防炮灭火系统	40	1

（2）消防水源。根据当地市政给水能确保室外消防用水量的实际情况，室外消防用水由市政管网提供，室内消防用水由室内消防水池经各自的消防泵加压后提供。另设18m³高位消防水箱（不锈钢）1个，供给消防初期用水。室内消防水池的有效容积按室内

一个最不利着火点考虑为 490m³（消火栓系统的用水量为 20L/s、火灾延续时间为 2h、室内自动喷淋系统的用水量为 63L/s、火灾延续时间为 1.5h）。消防水池设置在地下室。

（3）消火栓系统。体育馆应用一套临时高压消火栓系统，整个消火栓系统为环状设置。消防泵房设在地下室。在体育馆主要楼梯出入口、走道、训练比赛馆、观众席等各处安装有消火栓箱（带卷盘，灭火器），确保两股水柱可到达室内任何部位。消火栓箱内存有 DN65 消火栓口、DN65 长 25m 衬胶水带、ϕ19 水枪、水泵启动按钮、指示灯；带卷盘的消火栓箱内还存有 DN25 消防卷盘栓口、DN19 长 30m 衬胶水带、ϕ6 水枪 1 支。消火栓泵设置在地下室消防泵房内，从室内消防水池抽吸供水。设置 2 台消防泵，一用一备，其技术参数为 Q＝20L/s、H＝60m、N＝22kW。

室内消火栓系统应用临时高压消防给水系统，在体育馆内高位水箱间安装 18m³ 高位消防水箱（不锈钢）气压供水设备 1 套（Q＝5L/s、H＝10m、N＝1.5kW，一用一备）。

在室外适当位置按规范要求安装消火栓水泵接合器 2 个。消火栓系统如图 12-75 所示。

（三）自动喷水灭火系统

本工程喷淋按多功能体育馆考虑。除主赛场外的所有有空调风管的场所都设置喷淋系统。地下仓库按仓库危险Ⅱ级考虑，储物高度不高于 3.5m，喷水强度为 12L/（min·m²），保护面积为 240m²，喷头 k＝115；地下超市按净空高度不高于 8m，物品高度不高于 3.5m 的自选商场考虑，为中危险Ⅱ级，喷水强度为 8L/（min·m²），保护面积为 160m²，喷头 k＝115；训练馆和大空间观众休息厅喷水强度为 12L/（min·m²），保护面积为 300m²，喷头 k＝115；办公等为中危险Ⅰ级，选用喷头 k＝80。

喷淋给水泵设置在地下室消防泵房内，从室内消防水池抽吸供水。喷淋泵一共 3 台，二用一备，其技术参数为 Q＝40L/s、H＝70m、N＝55kW。室内自动喷水灭火系统选用临时高压系统。在体育馆内水箱间安装 18m³ 高位消防水箱及气压供水设备 1 套（Q＝1L/s、H＝40m、N＝1.5kW，一用一备）。满足喷头最不利点喷头压力 0.10MPa。

自动喷水灭火系统按每 800 个喷头设置一套独立的湿式报警阀，体育馆内共设置 4 套，置于消防泵房内，每个防火分区或每层都设有 1 只水流指示器及监控蝶阀。

在室外适当位置按规范要求安装自动喷淋水泵接合器 5 个。自动喷淋系统如图 12-76 所示。

（四）自动消防炮灭火系统

体育馆的大空间主赛场及空间高度大于 12m 部分大空间观众休息厅内应用数字图像控制消防炮灭火系统，整个系统为湿式系统，主赛场选用大炮，观众休息厅选用小炮，其技术参数为大炮流量 Q＝20L/s，小炮流量 Q＝5L/s，额定工作压力为 0.8MPa，仰角

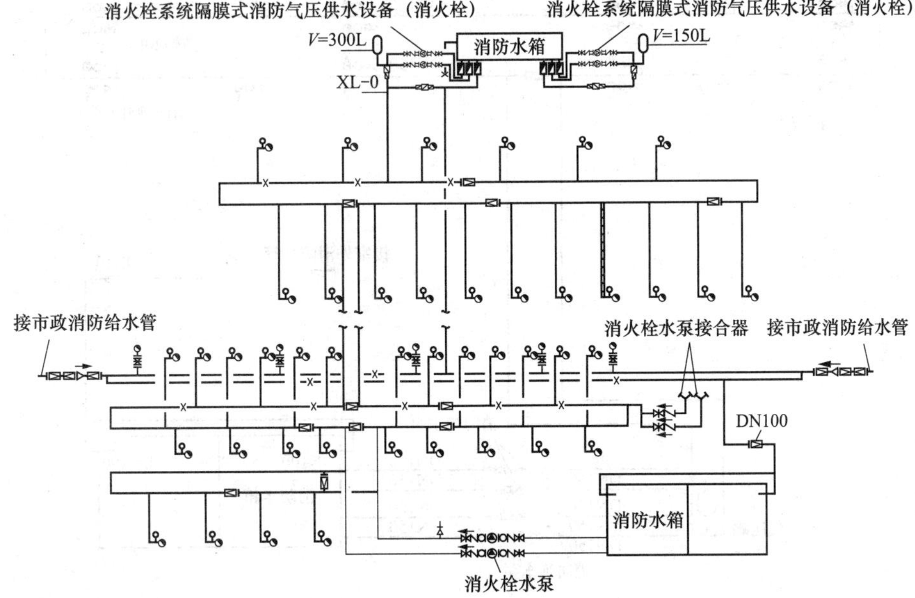

图 12-75　消火栓系统

为－85°～＋90°，射程不大于 50m，水平转角为－180°～＋180°。

在体育馆比赛场地内按规范要求安装自动消防炮（大炮）共 8 个，观众休息厅安装自动消防炮（小炮）共 12 个，确保两股水炮射流可到达任何部位，如图 12-77 所示。消防炮位处设有消防炮启动按钮。电控消防炮灭火系统给水泵选用 2 台固定消防专用泵，一用一备，其技术参数为 Q=40L/s、H=120m、N=90kW。消防炮灭火系统应用稳高压消防给水系统，系统内设置稳压泵 2 台，其技术参数为 Q=5L/s、H=125m、N=7.5kW，稳压罐 1 只，其有效容积为 150L。

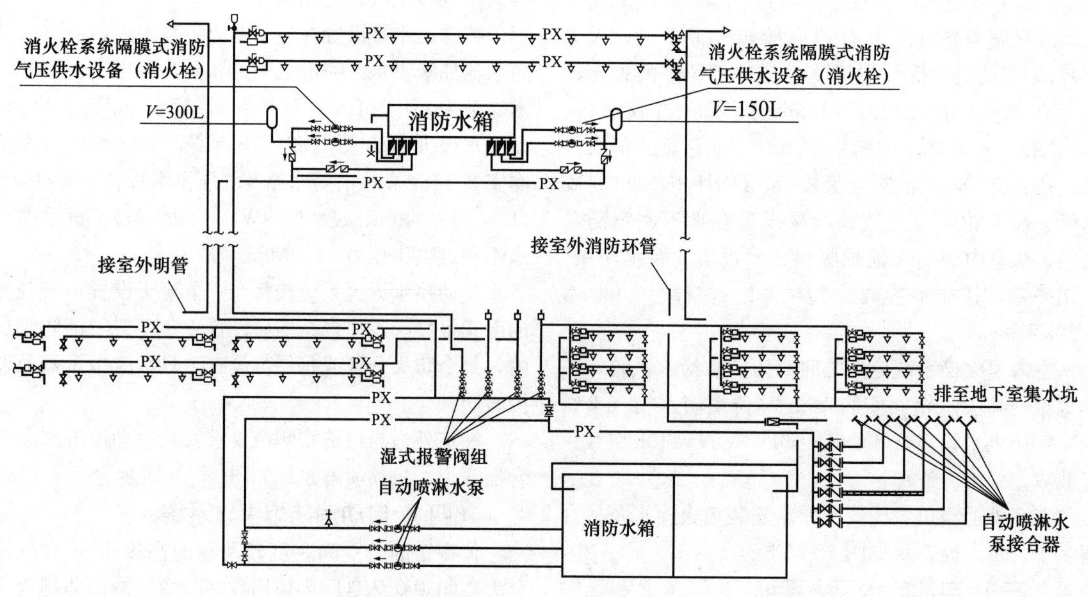

图 12-76　自动喷淋系统

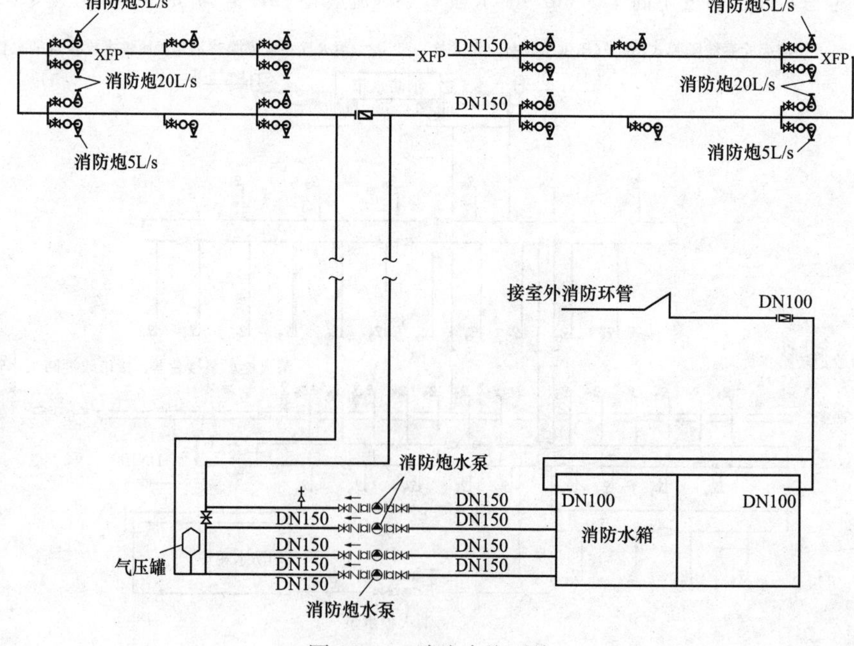

图 12-77　消防水炮系统

（五）室外消防系统

室外消防连接市政给水管（2 根 DN200）为低压供水，在基地内连成环状，同时设置室外消火栓，其间距小于 120m。

三、某高层建筑室内消火栓给水系统实例

（一）工程概况

某高层民用建筑由主楼与裙房组成。主楼地面以上有 50 层，高 160m。裙房为 4 层，局部为 6 层。主楼地下有 2 层；裙房地下一层。总建筑面积为 100 000m^2。大楼是以商业办公为主的综合性大厦，主楼除 47 层是旋转餐厅外，主要为办公用房，裙房有音乐喷泉中庭、展销厅、超级商场、中西餐厅、咖啡厅、舞厅等用房，地下室为停车场。

（二）水源选择

室外有给水管网，水压不小于 350kPa，能确保不小于 0.10MPa。室内需设加压用的消防水泵，因为市政管网不允许室内消防水泵从室外给水管网直接吸水，且建筑高度大于 100m，属于超高层建筑，所以消防水源为室外给水管网和消防水池。

具体功能区分为室外给水管网供水给室外消火栓与室内下区消防用水，以及对消防水池的水源补给；消防水池供水给室内中区及上区消防用水。

（三）室外消防给水管网计算

（1）进水管。消火栓给水系统进水管数量为两条，从市政给水管接入，当其中一条发生故障时，另一条仍能提供全部用水量，进水管管径按式（12-84）计算：

$$D=\sqrt{\frac{4Q}{\pi(n-1)v}} \tag{12-84}$$

式中 D——进水管或引入管管径，m；

Q——室内消防用水量，m^3/s；

n——进水管或引入管数量，根；

v——进水管或引入管水流速度，一般不宜大于 2.5m/s。

管材选用给水铸铁管，流量 Q 为 70L/s，流速 v 控制在 2.5m/s 以内，可选择 2.25m/s，据此可算得进水管管径为 199mm，取管径为 200mm，沿途水头损失值 1000i 为 44.2。

（2）室外消防给水管网。管道围绕建筑物设置成环状，进水管从上方和右方与环网连接，在进水管上和进水管与环网连接处各安装阀门一个，以保证管网中某一管段维修或出现故障时，其余管段仍能通水并正常工作，如图 12-78 所示。

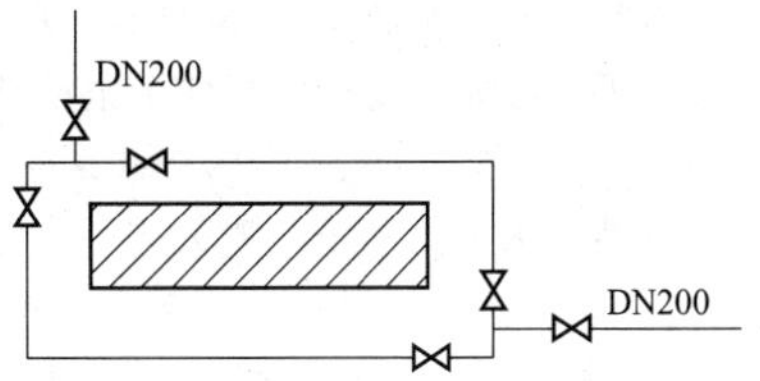

图 12-78　室外消防给水管网布置示意

（四）消防水池

本高层民用建筑应设有消防水池，其原因是：

（1）建筑高度超过 100m。

（2）市政有关部门禁止室内消防水泵从室外给水管网直接吸水。

消防水池容积计算：

在火灾延续时间内，室外消火栓用水量由室外消火栓提供，不储存在消防水池内，消防水池储存室内消火栓用水与自动喷水用水量，重要的综合楼火灾延续时间为 3h，自动喷水灭火系统的火灾延续时间为 1h。所以，消防水池容积为

$$\frac{(30+40-30)\times 3600}{1000}\times 3+\frac{30\times 3600}{1000}\times 1$$

$$=432+108=540m^3$$

按总量超过 500m^3 的消防水池宜分成两个的规定，本工程消防水池设置两个，每个容积为 300m^3。消防水池补水时间为 48h，补水量为 600m^3，补水流量为（600×1000）/（48×3600）=3.47L/s，采用管径为 100mm 的给水铸铁管。

消防水池设置在建筑物地下室箱形基础内，平面为方形，消防专用，钢筋混凝土制造，整体式施工，水深为 2m，每个水池的平面尺寸为 10m×15m。

（五）室外消火栓

室外消火栓选用地上式室外消火栓。室外消火栓沿消防管道靠高层建筑一侧均匀设置。室外消火栓数量用室外消火栓用水量除以每个室外消火栓用水量即可求得，为 30/15=2 个。

（六）室内消防给水系统

按室内消防给水系统应与生活、生产给水系统分开独立设置的原则，本工程室内消防给水系统和生活给水系统分开独立设置。

（1）室内消防给水系统设置。该建筑必须设置室内、室外消火栓给水系统。

建筑物为每层面积超过 1000m^2 的综合楼，按建筑物分类属于一类高层公共建筑。对消火栓给水系统

和自动喷水灭火系统合并与分开问题，考虑到两者作用时间、压力要求、对水质要求都不同，通过分析及参考国外实际工程经验，设计中将两个消防给水系统分开。

所设的自动喷水灭火系统，喷头选用广泛应用的玻璃球型，每个喷头保护面积为 9～12m^2，喷头间距在 3.5m 左右。自动喷水灭火系统的设计流量根据计算取 30L/s。

(2) 引入管。引入管按消火栓给水系统与自动喷水灭火系统分别设置。

室内消火栓给水系统的引入管为两条，从室外消防给水环网接入，室内消火栓用水量为 40L/s，当其中一条发生故障时，另一条引入管仍能确保全部用水量，引入管管径采用 150mm，管材采用给水铸铁管，流速为 2.29m/s，沿途水头损失值 $1000i$ 为 66.9。

室内消防给水管网设置成平面和竖向环网，节点间的阀门按 ($n-1$) 原则设置。每根竖管的最小流量按规范规定为 15L/s，管径选用 $\phi100$，管材采用钢管，流速 1.73m/s，沿途水头损失 $1000i$ 为 60.2。

(3) 消防给水竖向分区。消火栓给水系统在竖向按消火栓处静水压不大于 1.0MPa 进行分区，共分三个区。

下区，即Ⅰ区，地下室到 4 层。由城市给水管网直接供水，并可由消防车提供水泵接合器加压，也可由地下室消防水泵供水。

中区，即Ⅱ区，5 层到 20 层。在 26 层设分区水箱，消防水前 10min 由水箱提供，消防水泵启动后，由地下室消防水泵提供，也可由消防车经水泵接合器同时提供。

上区，即Ⅲ区，21 层到 50 层。在 48 层设分区水箱，消防水前 10min 由水箱提供，消防水泵启动后，由地下室消防水泵和 25 层加压泵串联进行提供，其中 39 层至 50 层的起始 10min 由 44 层消防水泵进行供水，10min 后该泵自动停止。

由此可见，上述分区情况实际上是分两个区，下区不设水泵。该建筑的竖向分区划分如图 12-79 所示。

(4) 水泵接合器。水泵接合器设置在室外，采用地上式。每个水泵接合器流量是 15L/s。用于室内消火栓给水系统消防用水量的水泵接合器数量为 40/15＝2.66，取 3 个，用于自动喷水灭火系统消防用水量的水泵接合器数量为 30/15＝2 个。

消防给水系统分下区与中、上区供水。上区已超过消防车供水压力范围，所以水泵接合器只在下区和中区设置，共有四组，共计 10 个水泵接合器。

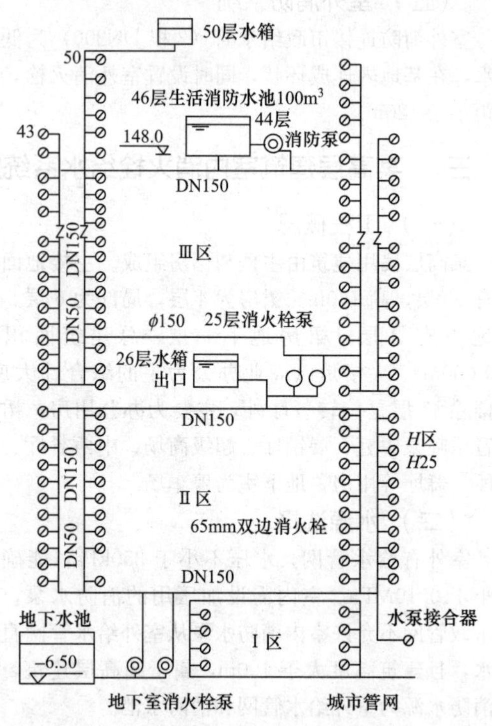

图 12-79 消火栓给水系统

1) 下区消火栓系统，水泵接合器数为 3 个。

2) 中区消火栓系统，水泵接合器数为 3 个。

3) 下区自动喷水灭火系统，水泵接合器数为 2 个。

4) 中区自动喷水灭火系统，水泵接合器数为 2 个。

(5) 消防水箱。上区和中区设分区水箱，一类建筑的消防水箱容量不小于 18m^3，中区生活和消防水箱各自独立设置，消防水箱容积为 18m^3，安装在 26 层。上区生活与消防水箱共用，容积为 100m^3，安装在 46 层。顶层 (50) 层水箱容积为 18m^3。消防水箱为矩形，钢筋混凝土制造。

(6) 消火栓布置。主楼每层设置两个楼梯间，在每层楼梯间处各设一个 SNS65 型双阀双口消火栓，每个消火栓可供应两股流量为 5L/s、射流高度为 13m 以上的充实水柱，保证每个着火点有两股消防水柱同时达到。消火栓栓口离地面高度为 1.1m。

为有效扑灭初期火灾，在每层消火栓箱内设有 25mm 自救式消火栓，便于非消防人员使用，在消火栓箱处安装消防按钮，可向消防控制室发出火灾信号，并直接启动消火栓系统消防水泵。

消火栓箱内配置喷嘴口径 19mm 的水枪，水带长度 25m。同时设置自救式小口径水枪，喷嘴口径 9mm，胶带内径 19mm，长度 30m，不计消防用水量。

(7) 消防水箱设置高度。消火栓栓口处所需水压按 $H_{xh}=h_d+H_q=A_dL_dq_{xh}+\frac{q_{xh}^2}{B}$ 计算。当 S_k 为 13m 时，H_{xh} 为 $21.84mH_2O$，消火栓出水量 q_{xh} 为 5.4L/s。

消防水箱设置高度按 $H_x=H_{xh}+H_w$ 计算，式中 H_w 是管道水头损失，按 $H_w=iL+h_j$ 计算。消防水箱到最不利点消火栓的管道长度 $L=40$m，$i=66.9/1000$，$h_j=10\%iL$，则

$$H_w=40\times(66.9/1000)\times1.1=2.94mH_2O$$

$$H_z=21.84+2.94=24.78mH_2O$$

每层高 3.2m，则 $H_x=24.78mH_2O$，相当于楼层为 24.78/3.2=7.74 层。

水箱应超过消火栓 8 层，下区的水箱设在 26 层，供 5～20 层消火栓的消防用水。上区的水箱设置在 46 层，供 21～40 层消火栓的消防用水。

(8) 顶部几层增压方式的比较。高层建筑顶部水箱的高度一般无法满足顶部几层消火栓或自动喷水头的水压要求，因此常需另设增压装置。通常采用的增压方式有：①顶部加设气压装置；②顶部设置一套恒压泵组；③顶部加设一套由顶部几层消防按钮直接开启的水泵（此法仅适用于消火栓系统）。该建筑采用了加设恒压泵，但因为管道中压力波动快，存在着水泵频繁启闭的弊病。

当顶部水箱低于最高层时，用按钮启动顶部消火栓泵进行加压（此泵由顶部水箱抽水，10min 后自动关闭），这种增压设施存在着控制比较复杂，以及开泵前顶部消火栓管道中无水的缺点。而气压装置平时水泵启闭次数较少，顶部管网经常处于承压充水的状态，比较安全可靠，两种消防给水系统都可优先选用。

(9) 消防水泵选择（以中区消防水泵为例）。消防水泵扬程按 $H_b=H_q+h_d+H_g+H_z$ 进行计算。自水泵至水箱的管道长度为 3.0×(46+2)=144.0m，$i=66.9/1000$，$h_j=10\%iL$，$H_g=144.0\times66.9/1000=10.60$m，消防水池水面到消防水箱水面的高差为 154m，则 $H_b=16.97+10.60+154=181.57$m。

消防水泵流量为 40L/s，根据扬程及流量，选用 60A－8×7 型水泵。其流量 35～50L/s，扬程 203～164.5m，转速 1450r/min，功率 135kW。

其他消防水泵选择从略。

(10) 减压孔板。中区水箱设在 26 层，高 78.0m。消火栓栓口出水压力超过 0.5MPa 时需减压 78.0－50=28.0m，28.0/3.0=9.33 层，10 层以下消火栓都需减压。

按此类推，上区水箱在 46 层，21～35 层的消火栓也都需减压。每层层高 3.00m，即每层可减少的水头损失为 $3.0mH_2O$。

四、某超高层建筑消防给水系统实例

(一) 工程简介

本工程是一栋超高层综合楼，地下 2 层，地面共有 53 层，建筑高度为 179m。地上总建筑面积为 68 015m²，其中裙房为 21 068m²，塔楼为 46 947m²；地下为 16 148m²。地下一、二层是车库及设备用房，地上一至七层是裙房，主要为商业和餐饮，八层是绿化架空层，九至五十二层是高级住宅，每层 4 户，五十三层是 1 套豪宅。

此地块已敷设 DN600 市政雨污合流管，末端标高是 18.59m；已敷设 DN500 市政给水干管，其供水压力是 0.28MPa。

(二) 消防给水排水设计

(1) 设计参数。本项目消防用水量包括消火栓用水量、自动喷淋用水量和消防炮用水量，见表 12-97。

表 12-97　某超高层消防用水量

用水类别	用水量标准（L/s）	火灾延续时间（h）	一次火灾用水量（m³）
室外消火栓	30	3	324
室内消火栓	40	3	432
消防炮	40	1	144
自动喷淋	28	1	100

(2) 消火栓系统。本工程选用临时高压系统。1 区为地下室二层至地上八层，火灾初期消火栓用水由七层高位水箱提供，火灾期间消火栓用水由低区消火栓泵提供，其中地下二层至三层使用减压稳压型消火栓；2 区为九层至二十五层，由消防转输泵经过减

压稳压后供水；3 区为二十六层至五十三层，火灾初期消火栓用水由屋顶水箱通过增压稳压设备供应，火灾期间由消防转输泵供应。这样分区的优点是消火栓扬程不至于过高，管道和设备的耐压等级不至于过大。消防竖管布置确保同层相邻两个消防栓水枪的充实水柱能同时到达被保护范围的任何部位。消火栓的充实水柱不低于 13m，除消防电梯前室的消火栓外，其余消火栓都配有消防卷盘。1 区管网设置 3 个地上式水泵接合器。当 1 区发生火灾，只启动－2F 消防水泵，2 区发生火灾，启动－2F 与 7F 的消防水泵。住宅消火栓原理如图 12-80 所示。

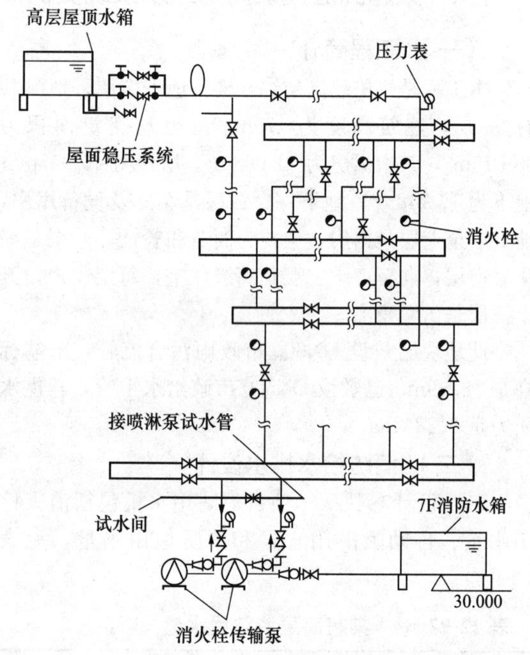

图 12-80　住宅消火栓原理

消防水池位于地下二层泵房内，容积按照 3h 室内消火栓用水量和 1h 的消防炮用水量考虑，容积为 576m³。消防水池分开设置，以便水池检修、清洗时仍能保证消防用水的安全性。在七层设置 1 座 18m³ 的消防水箱用作裙房的高位水箱、24m³ 的消防转输水箱和消火栓转输泵及自动喷淋转输泵。屋顶设置 18m³ 的消防水箱和增压稳压设备，储备火灾初期 10min 的消防水量。在七层水泵房和屋顶水箱间各设有 1 套湿式自动喷淋系统、消火栓系统共用的消防增压稳压设备，保持平时管网压力。裙房自动喷淋原理如图 12-81 所示。

（三）自动喷水灭火系统

1 区是地下室二层至地上七层，火灾初期自动喷

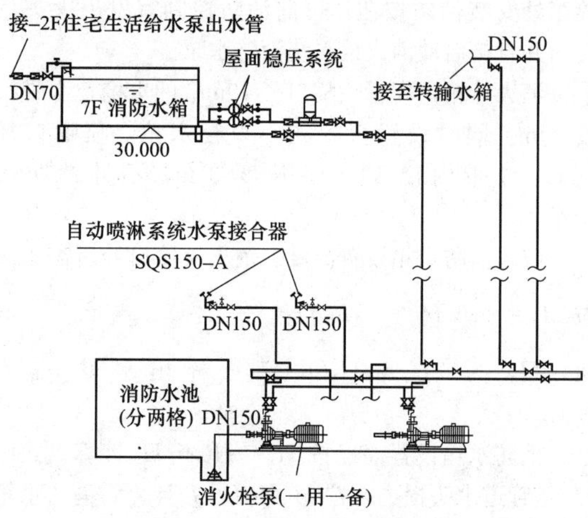

图 12-81　裙房自动喷淋原理

水灭火系统用水由七层高位水箱提供，火灾期间由低区自动喷水灭火系统泵提供。2 区为八层至三十八层，由喷淋转输泵经过减压稳压后提供；3 区为三十九层至五十三层，火灾初期自动喷水灭火系统用水由屋顶水箱通过增压稳压设备提供，火灾期间由喷淋转输泵提供。当 1 区发生火灾，只启动－2F 喷淋水泵，2 区发生火灾，启动－2F 和 7F 的喷淋水泵。

根据规范，一个报警阀组供水最高和最低位置喷头高差不大于 50m，并且一个报警阀组控制喷头数不多于 800 只，本建筑自动喷淋系统分为 4 个区。1 区水力报警阀集中安装在地下二层，2 区水力报警阀安装在七层，3 区水力报警阀安装在二十四层，4 区水力报警阀安装在三十九层。每层每个防火分区设置 1 个水流指示器，水流指示器前安装信号阀，以显示阀门的启闭状态。

（四）自动消防炮灭火系统

裙房中间有两个中庭，一个贯穿 1～3F，在 3F 顶位置靠柱子设置 2 个固定消防炮，另一个中庭贯穿 1～7F，在 6F 顶位置靠柱子设有 2 个固定消防炮。此系统选用 ZDMS0.8/20SYA 型自动扫描射水高空水炮，每只炮的口径是 DN65，工作压力是 0.8MPa，单炮流量是 20L/s，保护半径为 50m。固定消防炮给水系统作为临时高压系统，在地下室消防水泵房设固定消防炮消防泵。屋顶设置消防专用水高位水箱（储水量为 18m³）提供火灾初期灭火用水。固定消防炮系统如图 12-82 所示。

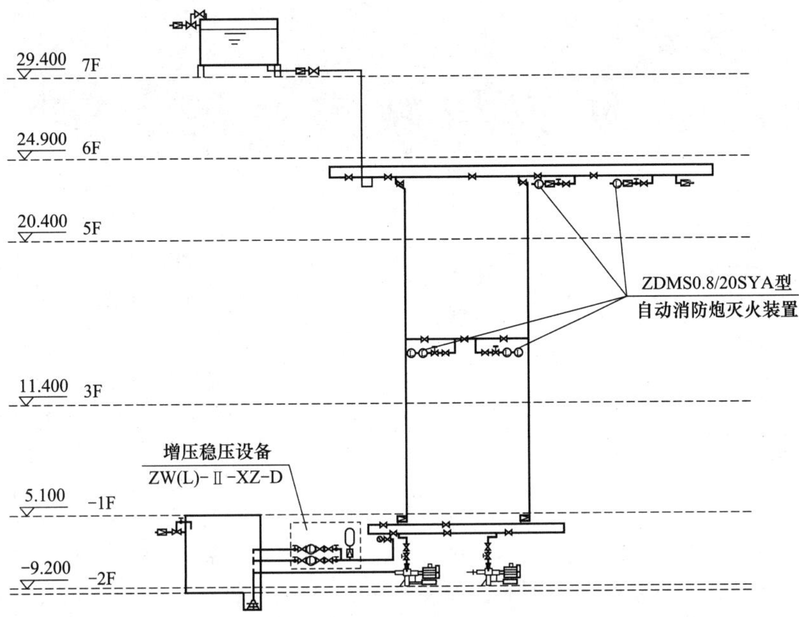

图 12-82 固定消防炮系统

第十三章 防灾与减灾系统

第一节 防排烟系统

一、建筑防烟系统设计

（一）机械加压送风量的确定

1. 计算法

机械加压送风量的计算法可分为风速法和压差法两种。风速法是基于门开启时门洞处要保持一定的风速而得出的，而压差法是基于门关闭时门两侧要保持一定的压差而得出的。在讨论防排烟设计时，将它们分别考虑是有好处的。当分隔物上存在一个或几个大的开口，则无论对设计还是测量来说都适宜采用空气流速法；但是对于门缝、裂缝等小缝隙，按流速设计和测量空气流速都不现实，适宜使用压差法。另外，将两者分别考虑，强调了对于开门或关门的情况应采取不同的处理方法，即在防烟系统设计过程中加压送风机的送风量应按保持加压部位规定正压值所需的漏风量或门开启时保持门洞处规定风速所需的送风量计算。

(1) 压差法。当楼梯间和前室之间的门及前室和走廊之间的门关闭时，保持加压部位一定的正压值所需的加压送风量计算式为

$$L_1 = 0.827A\Delta p^{\frac{1}{n}} \times 1.25N_1 \qquad (13\text{-}1)$$

式中 L_1——保持加压部位一定的正压值所需的送风量，m^3/s；

A——每个电梯门或疏散门的有效漏风面积，m^2；

Δp——压力差，Pa；

n——指数，一般取 2；

1.25——不严密处附加系数；

N_1——漏风门的数量，当采用常开风口时，取实际楼层数；当采用常闭风口时，取 1。

(2) 风速法。当楼梯间和前室之间的门或前室和走廊之间的门开启时，保持门洞处风速所需的加压送风量计算式为

$$L_2 = FvN_2 \qquad (13\text{-}2)$$

式中 L_2——开启着火层疏散门时为保持门洞处风速所需的送风量，m^2/s；

F——每层开启门的总断面面积，m^2；

v——门洞断面风速，m/s，取 0.7～1.2m/s；

N_2——开启楼层的数量。采用常开风口时，20 层及以下取 2，20 层以上取 3；采用常闭风口时取 1。

2. 有效漏风面积的计算

在工程中经常会出现多个疏散门、电梯门从前室或楼梯间向外漏风，有时所漏出去的风没有直接进入常压区。因此在计算漏风量时，应先分析漏风途径，根据有关算法计算有效的漏风面积，然后采用式 (13-1) 进行漏风量的计算。

门的有效漏风面积计算时，门缝的宽度：疏散门为 0.002～0.004m，电梯门为 0.005～0.006m。各种门的门缝长度见表 13-1。

表 13-1 各种门的门缝长度

门的类型	宽×高 (m×m)	缝隙长度 (m)
开向正压间的小型单扇门	2.0×0.8	5.6
从正压间向外开启的小型单扇门	2.0×0.8	5.6
双扇门	2.0×1.6	9.2
电梯	2.0×1.8	7.6

（二）门开启的数量与送风量的关系

起火时，防烟楼梯间与前室间的门、前室与走廊间的门，开启数量及频率是一个复杂的因素，如在门开启情况下要维持前述全压值，必将使送风量过大，并且会给在门关闭时泄压带来一定的困难，如不能正常地泄压，必将使门前后压差过大，使人不能正常开启要开的门，带来危险。

前室送风量，按照与走廊压差 25Pa 计算；门开启数量见表 13-2。

防烟楼梯间送风量，按与加压前室压差 25Pa 计算，与非加压前室或走廊压差 50Pa 计算；门开启数量见表 13-2。

表 13-2　　门开启数量

建筑物总层数	开启门的数量	备　注
<10	1	不计其他层漏风量
11～15	1	应计其他层漏风量
15～20	2	应计其他层漏风量
21～32	3	应计其他层漏风量
>32		系统分段设计

（三）防烟加压系统最大允许压差和最小设计压差

（1）最大允许压差。最大允许压差即为保证逃生要求门两侧最大允许压差。计算式为

$$\Delta p_{\max} = 2(N-T)/F \tag{13-3}$$

式中　$\Delta p_{\max}$——防火门两侧最大允许压差，Pa；

N——人的平均推力，N，取 130；

T——门的自闭配件反扣力，N，一般为 27～64；

F——门的面积，m^2，双扇门算一半。

（2）最小设计压差。加压送风时，前室最小余压值为 25～30Pa，即防烟楼梯间合用前室最小余压值为 40～50Pa。任何时刻，都应保证下面的压力梯度，即防烟楼梯间>前室>走廊，如图 13-1 所示。

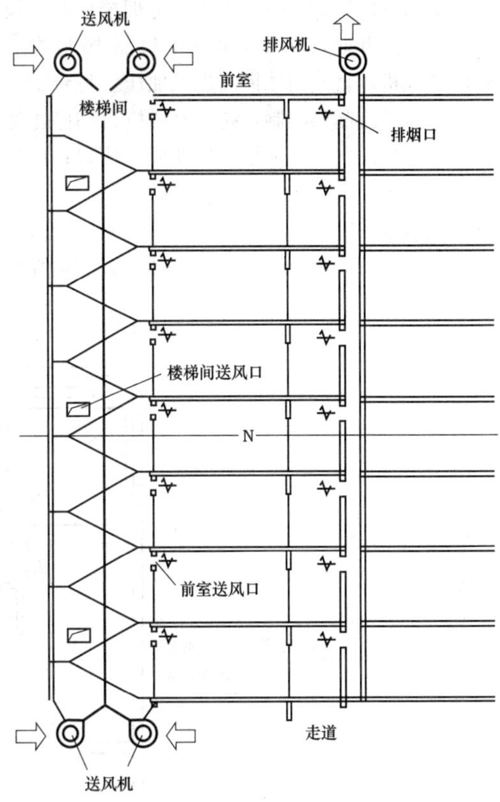

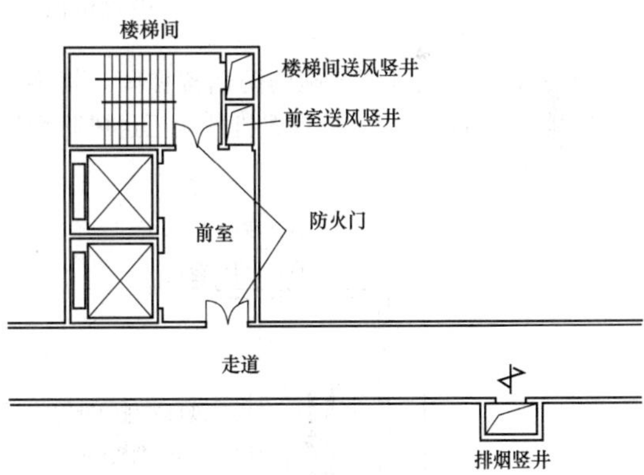

图 13-1　防烟楼梯间、前室、走廊的压力梯度

（四）机械加压防烟系统的泄压

机械加压防烟系统对防烟楼梯间及前室送风时，楼梯间及前室的正压值过低，起不到防烟作用；过高，妨碍门的开启，起不到保证人员逃生的安全作用。所以，需采取恒压措施维护楼梯间及前室的正压值在一定范围内，并使楼梯间至走廊的压力呈递降趋势。以下是几种泄压方法。

（1）余压阀泄压。采用余压阀泄压，不需要外接动力及仪表，设计、施工及维护比较简单，但必须保证有足够的泄压面积。

余压阀有效截面积可按生产厂家资料计算，或按下式估算：

$$F_y = \frac{L_w}{3 \times 1.25 \times 0.827(A_n + A) \times 3600} \tag{13-4}$$

式中　F_y——余压阀有效截面积，m^2；

L_w——需由余压阀泄出的风量，m^3/h，即为门关闭前后的漏风量差；

A_n——余压阀有效漏风面积，m^2；

A——楼梯间有效漏风面积，m^2。

（2）加压风机旁通管泄压。在加压风机的出口管上设一根通大气的短管或一根接风机入口的旁通管，并在其上装一个电动阀，此阀受压差控制器控制，防烟楼梯间或前室超压时，电动阀开启泄压，当压差在规定范围内时阀门关闭。

（3）电动送风口恒压。每个送风口都是一个电动多叶风口，电动风口受压差控制器控制，超压时关小，欠压时开大。

（4）泄压风机恒压。在防烟楼梯间上部墙上设一台小型轴流风机，它受压差控制器控制，超压时启动排风泄压。

(5) 加压风机兼泄压风机泄压。防烟楼梯间不设或无法设送风竖井时，在楼梯间墙上每隔 10 层左右设 1 台轴流风机，直接向楼梯间送风加压。每台轴流风机受一个压差控制器控制，超压时风机自动停止运行，该轴流风机便立即由加压风机变成泄压口；欠压时立即恢复送风。

(6) 变风量系统恒压。加压送风系统采用带微压负反馈的变风量系统，使加压送风量与正压值相对应。

(五) 机械加压送风防烟设施的设置

(1) 不具备自然排烟条件的防烟楼梯间应设置机械加压送风防烟设施，如图 13-1 所示。

(2) 不具备自然排烟条件的消防电梯间前室或合用前室应设置机械加压送风防烟设施，如图 13-2 所示。

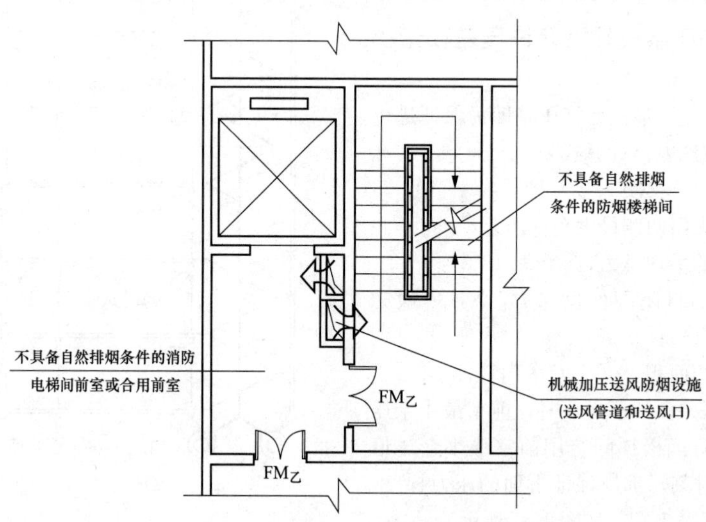

图 13-2 应设置机械加压送风防烟设施的场所（一）

(3) 设置自然排烟设施的防烟楼梯间，其不具备自然排烟条件的前室，应设置机械加压送风防烟设施，如图 13-3 所示。

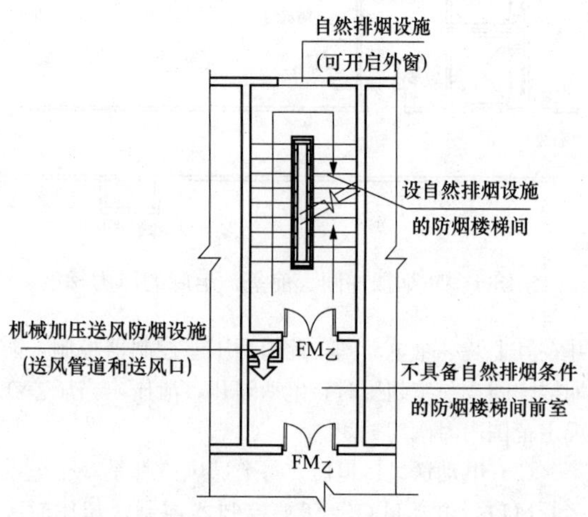

图 13-3 应设置机械加压送风防烟设施的场所（二）

(4) 封闭的避难层（间）及不宜进行自然排烟的场所。当高层民用建筑的防烟楼梯间及其前室，消防电梯间前室或合用前室，在裙房以上的部分利用可开启外窗进行自然排烟，在裙房以下部分不具备自然排烟条件时，其前室或合用前室应设置局部正压送风系统。

(六) 机械加压送风防烟余压值

防烟楼梯间内机械加压送风防烟系统的余压值应为 40～50Pa；前室、合用前室、封闭避难层（间）、避难走道内机械加压送风防烟系统的余压值应为 25～30Pa。

机械加压送风系统最不利环路阻力损失外的余压值是加压送风系统设计中的一个重要技术指标。该数值是指在加压部位相通的门窗关闭时，足以阻止着火层的烟气在热压、风压、浮力、膨胀力等联合作用下进入加压部位，而同时又不致过高造成人们推不开通向疏散通道的门。

吸风管道和最不利环路的送风管道的摩擦阻力与局部阻力的总和为加压送风机的全压。

二、建筑自然排烟系统设计

(一) 自然排烟的方式

房间和走道可利用直接对外开启的窗或专为排烟

设置的排烟口进行自然排烟。

无窗房间、内走道可用上部的排烟口接入专用的排烟竖井进行自然排烟。我国设计人员认为，这种方式由于竖井需要两个很大的截面，给设计布置带来了很大的困难，同时也降低了建筑的使用面积，因此近年来这种方式已很少被采用了。

靠外墙的防烟楼梯间前室、消防电梯间前室及合用前室，在采用自然排烟时，一般可根据不同情况选择下面的方式（图 13-4）。

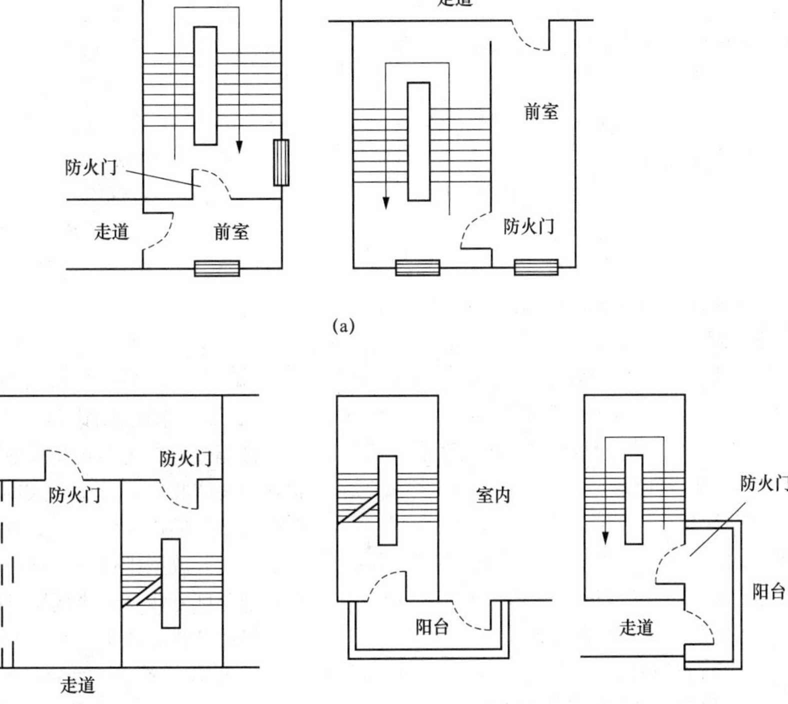

图 13-4 自然排烟方式

（a）靠外墙的防烟楼梯间及其前室；（b）带凹廊的防烟楼梯间；（c）带阳台的防烟楼梯间

（1）利用阳台或凹廊进行自然排烟。

（2）利用防烟楼梯间前室或合用前室所具有的两个或两个以上不同朝向的对外开窗自然排烟。

（3）利用防烟楼梯间前室、消防电梯间前室及合用前室直接对外开启的窗自然排烟。

（二）自然排烟系统设计要求

排烟窗应设置在排烟区域的顶部或外墙，并应符合下列要求。

（1）当设置在外墙上时，排烟窗应在储烟仓以内或室内净高度的 1/2 以上，并应沿火灾气流方向开启。

（2）宜分散布置，除带型排烟窗外每组排烟窗的长度不宜大于 2.5m。

（3）设置在防火墙两侧的排烟窗之间水平距离应不小于 2m。

（4）自动排烟窗附近应同时设置便于操作的手动开启装置。

（5）走道设有机械排烟系统的办公楼，当办公室的面积小于 $300m^2$ 时，排烟窗的设置高度及开启方向可不限制。

三、建筑机械排烟系统设计

（一）机械排烟量计算

为保持着火区域的负压，机械排烟量应大于火灾时产生的已受热膨胀的烟气发生量。根据下式可计算出火灾烟气的发生量。

$$V=\frac{M_{\rho}T_{p}}{\rho_{0}T_{0}} \tag{13-5}$$

式中 V——排烟量，m^3/s；

M_{ρ}——烟缕质量流量，kg/s；

ρ_0——环境温度下的气体密度，kg/m^3，通常情况下当温度为 20℃时，ρ_0 取 1.2；

T_0——环境的绝对温度，K；

T_p——烟气的平均绝对温度，K。

其中，烟缕质量流量应分以下情况计算。

(1) 轴对称型烟缕。

当 $Z>Z_1$ 时：$M_\rho = 0.071Q_c^{1/3}Z^{5/3} + 0.0018Q_c$

当 $Z\leqslant Z_1$ 时：$M_\rho = 0.032Q_c^{3/5}Z$

$$Z_1 = 0.166Q_c^{2/5}$$

式中 Q_c——热释放量的对流部分，kW；

Z——燃料面到烟层底部的高度，m；

Z_1——火焰极限高度，m。

(2) 阳台溢出型烟缕。

$$M_\rho = 0.36(QW^2)^{1/3}(Z_b + 0.025H_1)$$

$$W=w+d \tag{13-6}$$

式中 H_1——燃料至阳台的高度，m；

Z_b——从阳台下缘至烟层底部的高度，m；

W——烟缕扩散宽度，m；

w——火源区域的开口宽度，m；

d——从开口至阳台边沿的距离，m，$d\neq 0$。

当 $Z_b\geqslant 13W$ 时，阳台型烟缕的质量流量可使用对称型烟缕公式进行计算。

(3) 窗口型烟缕。

$$M_\rho = 0.68(A_w H_w{}^{1/2})^{1/3}(Z_w + \alpha_w)^{3/5} + 1.59A_w H_w{}^{1/2}$$

$$\alpha_w = 2.4A_w{}^{2/5}H_w{}^{2/5} - 2.1H_w \tag{13-7}$$

式中 A_w——窗口开口的面积，m^2；

H_w——窗口开口的高度，m；

Z_w——开口的顶部到烟层的高度，m；

α_w——窗口烟缕型的修正系数。

(4) 墙型烟缕。

当 $Z>Z_1$ 时：$M_\rho = 0.0355(2Q_c)^{1/3}Z^{5/3} + 0.0018Q_c$。

当 $Z=Z_1$ 时：$M_\rho = 0.035Q_c$。

当 $Z<Z_1$ 时：$M_\rho = 0.016(2Q_c)^{3/5}Z$。

式中 Q_c——热释放量的对流部分，kW，一般取值为 $0.7Q$。

Z——燃料面到烟层底部的高度，m；

Z_1——火焰极限高度，m。

(5) 角型烟缕。

当 $Z>Z_1$ 时：$M_\rho = 0.01775(4Q_c)^{1/3}Z^{5/3} + 0.0018Q_c$。

当 $Z=Z_1$ 时：$M_\rho = 0.035Q_c$。

当 $Z<Z_1$ 时：$M_\rho = 0.008(4Q_c)^{3/5}Z$。

式中 Q_c——热释放量的对流部分，kW，一般取值为 $0.7Q$；

Z——燃料面到烟层底部的高度，m；

Z_1——火焰极限高度，m。

另外，机械排烟系统中，每个排烟口的排烟量不应大于临界排烟量 V_{crit}，V_{crit} 按以下公式计算。

$$V_{crit} = 0.00887\beta d_b^{5/2}(\Delta t_p T_0)^{1/2}$$

$$d_b/D\geqslant 2 \tag{13-8}$$

式中 V_{crit}——临界排烟量，m^3/s；

β——无因次系数，当排烟口设于吊顶并且其最近的边离墙小于 0.5m 或排烟口设于侧墙并且其最近的边离吊顶小于 0.5m 时，β 取 2.0；当排烟口设于吊顶并且其最近的边离墙大于 0.5m 时，β 取 2.8；

d_b——排烟窗（口）下烟气的厚度，m；

T_0——环境的绝对温度，K；

Δt_p——烟层平均温度与环境温度之差，℃；

D——排烟口的当量直径，m，当排烟口为矩形时，$D=2ab/(a+b)$；

a，b——排烟口的长和宽，m。

（二）排烟口设计

排烟口分关闭型和开放型两类。关闭型排烟口平时处于关闭状态，发生火灾时由开启装置瞬时开启，进行排烟，适用于两个以上防烟分区共用一台排烟机的情况。开放型排烟口平时处于开放状态，适用于一个防烟分区专用一台排烟风机的情况，用手动操作装置直接启动排烟风机。

1. 设置位置

(1) 排烟口的设置高度。当顶棚高度小于 3m 时，排烟口可设置在顶棚，或从顶棚起的 800mm 以内；当用挡烟垂壁作防烟分区时，设置在挡烟垂壁下沿的以上部位。

当顶棚高度大于等于 3m 时，排烟口可设置在楼面起 2.1m 以上，或者楼层高度的 1/2 以上。

(2) 排烟口在平面上的设置排烟口尽量设在防烟分区的中心位置，排烟口至该防烟分区最远点的水平距离不应超过 30m（图 13-5）。并且，在排烟口 1.0m 范围内不得有可燃材料。

排烟口的尺寸可根据烟气通过排烟口有效断面时的速度不小于 10m/s 进行计算，排烟口的最小面积一般不应小于 $0.04m^2$。

同一分区内设置数个排烟口时，要求做到所有排烟口能同时开启，排烟量应等于各排烟口排烟量之和。

(3) 疏散方向与排烟口的布置。排烟口的位置应使排烟烟流方向与人流疏散方向相反。例如在走廊里，尽量使烟气远离安全要求更高的前室和楼梯间（图 13-6）。

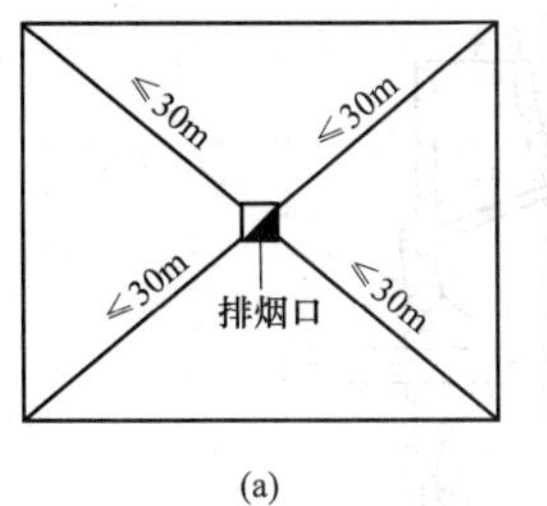

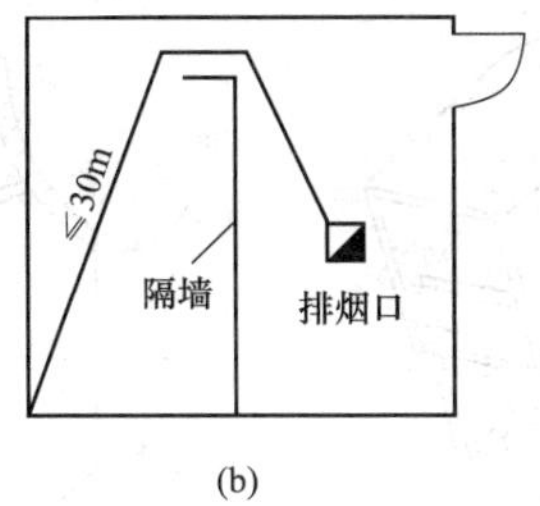

(a) (b)

图 13-5　排烟口在平面上的设置

(a) 设置一；(b) 设置二

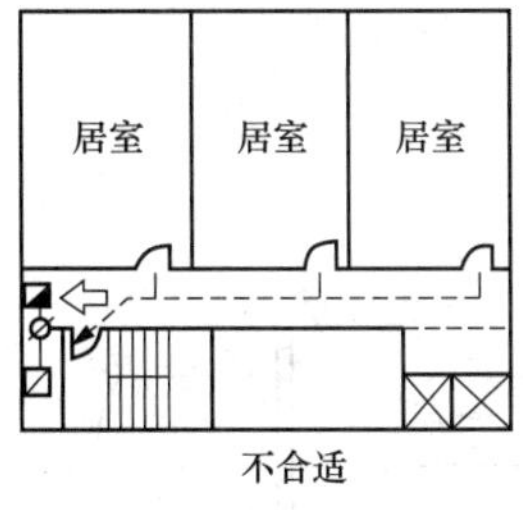

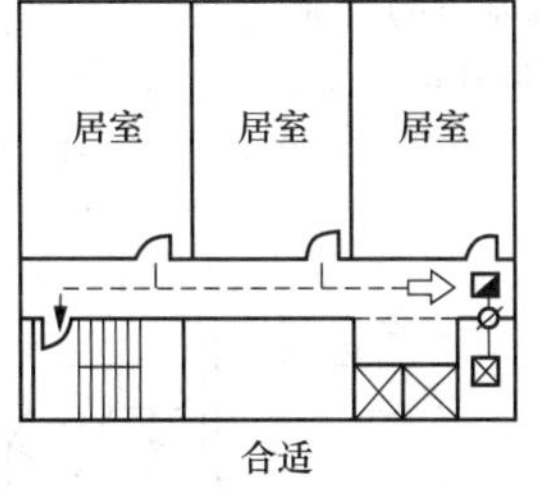

图 13-6　疏散方向与排烟口的布置

2. 排烟口的形状

为防止烟流向下侧流动，在走廊或门洞上部设置排烟口，采用长条缝形的排烟口效果最好。走廊排烟实验研究表明，尽管排烟口面积相同，但排烟口长度与走廊宽度相同的长条缝排烟口比方形排烟口的排烟效果好，排烟量大。方形排烟口只对其宽度范围的烟流有效，对其周围烟气的抽吸效果较差（图 13-7）。

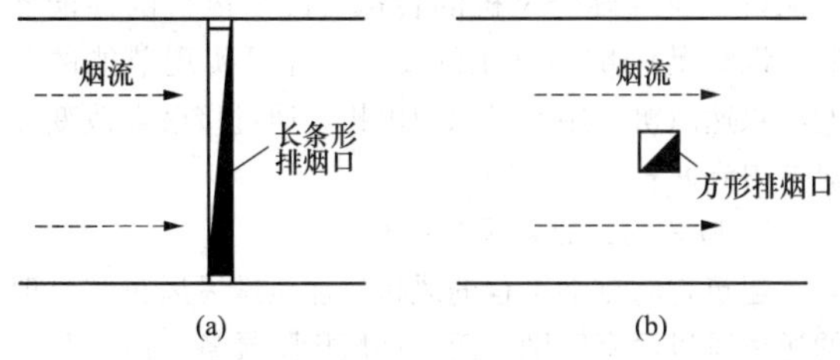

图 13-7　走廊排烟口的形状与效果

(a) 长条形；(b) 方形

3. 排烟口的启动装置

排烟口应设手动开启装置或设与感烟探测联动的自动开启装置，设有防灾中心的建筑物，还应设由防灾中心控制的遥控装置。手动开启装置宜设在墙面上，距地面 0.8～1.5m 处。

（三）排烟风道设计

1. 排烟风道的风量确定

风道内通过的风量，应按该排烟系统各分支风管所有排烟口中最大排烟口的两倍计算。

当采用镀锌金属风管时，排烟风速不应超过 20m/s；当采用混凝土砌块或石棉板等其他非金属材料风道时，不应超过 15m/s。

当某个排烟系统各个排烟口风量都小于 60m^3/min 时，其排烟总管可按 120m^3/min 计算，其余各支管的风量均按各自担负的风量计算确定。

2. 排烟道构造要求

（1）排烟风道外表面与木质等可燃构件的距离不应小于 15cm，或在排烟道外表面包有厚度不小于 10cm 的保温材料进行隔热。

（2）排烟风道穿过防火隔墙时，风道与防火隔墙之间的空隙应用水泥砂浆等不燃材料严密填塞。

（3）排烟风道与排烟风机的连接宜采用法兰连接，或采用不燃烧的软性连接。

（4）需要隔热的金属排烟道必须采用不燃保温材料，如矿棉、玻璃棉、岩棉、硅酸铝等材料。

3. 烟气排出口设置要求

（1）烟气排出口的材料，可采用 1.5mm 厚钢板或用具有同等耐火性能的材料制作。

（2）烟气排出口的设置，应根据建筑物所处的条件（风向、风速、周围建筑物及道路等情况）考虑确定，保证既不将排出的烟气直接吹在其他火灾危险性较大的建筑物上，也不妨碍人员避难和灭火活动的进行，更不能让排出烟气再被通风或空调设备等吸入。此外，必须避开有燃烧危险的部位。因此，一般烟气排出口至少应高出周围最高建筑物 0.2～0.5m。

（3）烟气排出口设在室外时，应防止雨水、虫、鸟等侵入，并要求在排烟时坚固而不脱落。

四、防排烟系统常用设备

（一）防排烟风机

1. 防排烟风机的类型

（1）根据作用原理分类。根据作用原理，风机分为离心式风机、轴流式风机和混流风机。

1）离心式风机。离心式风机由叶轮、机壳、转轴、支架等部分组成，叶轮上装有一定数量的叶片，如图 13-8 所示。气流从风机轴向入口吸入，经 90°转弯进入叶轮中，叶轮叶片间隙中的气体被带动旋转而获得离心力，气体由于离心力的作用向机壳方向运动，并产生一定的正压力，由蜗壳汇集沿切向引导至排气口排出，叶轮中则由于气体离开而形成了负压，气体因而源源不断地由进风口轴向地被吸入，从而形成了气体被连续地吸入、加压、排出的流动过程。

2）轴流式风机。轴流式风机的叶片安装在旋转的轮毂上，当叶轮由电动机带动而旋转时，将气流从

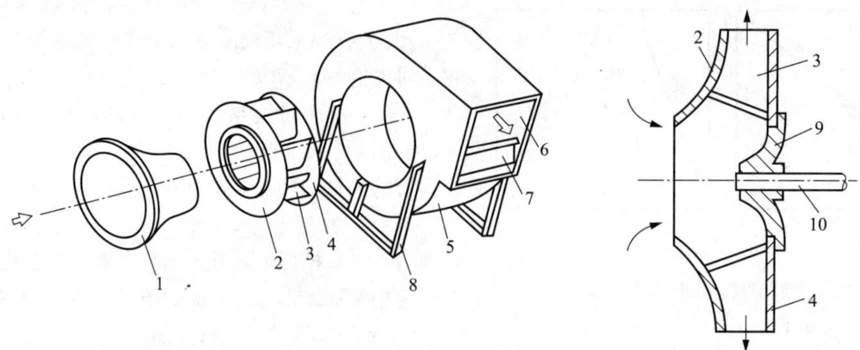

图 13-8　离心式风机的组成

1—吸入口；2—叶轮前盘；3—叶片；4—后盘；5—机壳；6—出口；7—截流盘（风舌）；8—支架；9—轮毂；10—轴

轴向吸入，气体受到叶片的推挤而升压，并形成轴向流动，由于风机中的气流方向始终沿着轴向，故称为轴流式风机，如图 13-9 所示。

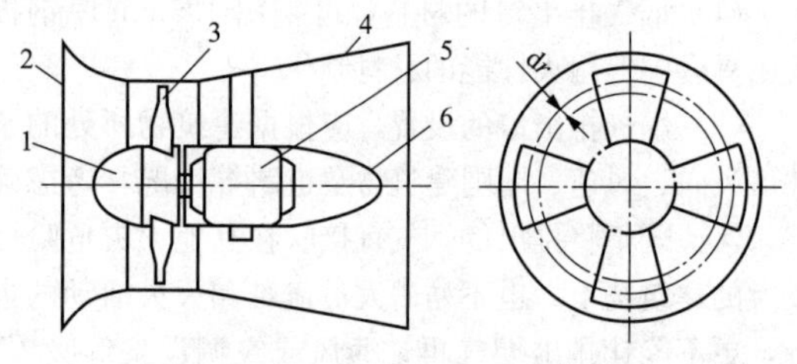

图 13-9　轴流式风机的组成

1—轮毂；2—前整流罩口；3—叶轮；4—扩压管；5—电动机；6—后整流罩

3）混流风机。混流风机（又叫斜流风机）的外形、结构都是介于离心风机和轴流风机之间，是介于轴流风机和离心风机之间的风机，斜流风机的叶轮高速旋转让空气既做离心运动，又做轴向运动，既产生离心风机的离心力，又具有轴流风机的推升力，机壳内空气的运动混合了轴流与离心两种运动形式。斜流风机和离心风机比较，压力低一些，而流量大一些，它与轴流风机比较，压力高一些，但流量又小一些。斜流风机具有压力高、风量大、高效率、结构紧凑、噪声低、体积小、安装方便等优点。斜流式风机外形看起来更像传统的轴流式风机，机壳可具有敞开的入口，排泄壳缓慢膨胀，以放慢空气或气体流的速度，并将动能转换为有用的静态压力。如图 13-10 所示。

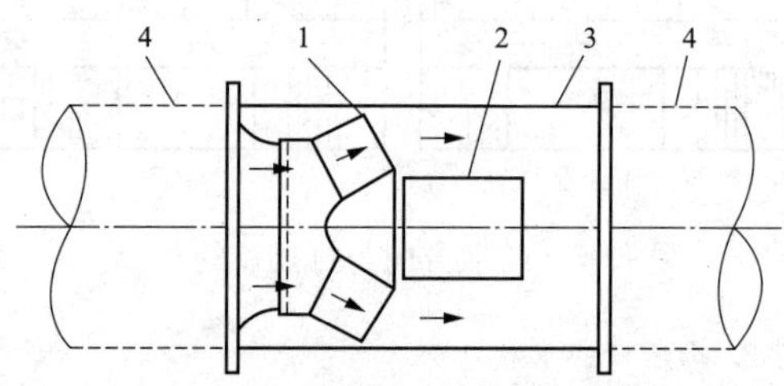

图 13-10　混流风机示意

1—叶轮；2—电动机；3—风筒；4—连接风管

（2）根据风机的用途分类。根据风机的用途，可将风机分为一般用途风机、排尘风机、防爆风机、防腐风机、消防用排烟风机、屋顶风机、高温风机、射流风机等。

在建筑防排烟工程中，由于加压送风系统输送的是一般的室外空气，因此可采用一般用途风机，而排烟系统中的风机可采用消防用排烟风机。

另外，根据风机的转速将风机分为单速风机和双速风机。通过改变风机的转速可改变风机的性能参数，以满足风量和全压的要求，并可实现节能的目的。双速风机采用的是双速电机，通过接触器改变极对数得到两种不同转速。

2. 防排烟工程对风机的要求

建筑物防排烟工程的风机，加压送风风机与一般的送风风机没有区别，而排烟风机除具备一般工程中所用的风机的性能外，还应满足以下要求。

（1）排烟风机排出的是火灾时的高温烟气，因此排烟风机应能够保证烟气温度低于 85℃时长时间运行，在烟气温度为 280℃的条件下连续工作不小于 30min（地铁用轴流风机需要在 250℃高温下可连续运转 1h），当温度冷却至环境温度时仍能连续正常运转。当排烟风机及系统中设置有软接头时，该软接头应能在 280℃的环境条件下连续工作不少于 30min。

（2）排烟风机可采用离心风机或消防专用排烟轴流风机，风机采用不燃材料制作，高温变形小。排烟专用轴流风机必须有国家质量检测认证中心，按照相应标准进行性能检测的报告。普通离心式通风机是按输送密度较大的冷空气设计的，当输送火灾烟气时风量保持不变，由于烟气密度小、风机功耗小、电机线圈发热量小，这对风机有利。

(3) 排烟风机的全压应满足排烟系统最不利环路的要求，考虑排烟风道漏风量的因素，排烟量应增加10%～20%的富裕量。

(4) 在排烟风机入口或出口处的总管应设置排烟防火阀，当烟气温度超过280℃时，排烟防火阀能自行关闭，该阀应与排烟风机连锁，该阀关闭时排烟风机应能停止运转。

(5) 加压风机和排烟风机应满足系统风量和风压的要求，并尽可能使工作点处在风机的高效区。机械加压送风风机可采用轴流风机或中、低压离心风机，送风机的进风口宜直接与室外空气相通。

(6) 高原地区由于海拔高、大气压力低、气体密度小，对于排烟系统在质量流量、阻力相同时，风机所需要的风量和风压都比平原地区的大，不能忽视当地大气压力的影响。

(7) 轴流式消防排烟通风机应在风机内设置电动机隔热保护与空气冷却系统，电动机绝缘等级应不低于F级。

(8) 轴流式消防排烟通风机电动机动力引出线，应由耐温隔热套管包容或采用耐高温电缆。

3. 防排烟风机的选型

防排烟风机选型主要包含两项内容，一是确定风机的性能指标，二是确定风机的具体规格型号。

(1) 风机性能指标的确定。根据前述计算规则确定了防排烟风系统的阻力和流量后，便可确定所要选择风机的风量、风压和功率。鉴于实际运行条件和理论计算条件之间存在着一定的偏差，所以无论是风量、风压还是功率，都必须考虑一定的富裕量。

风机的风量Q为

$$Q=\beta_Q Q_j \tag{13-9}$$

式中 β_Q——风机的风量储备系数，风机取$\beta_Q=1.1\sim1.12$；

Q_j——防排烟系统计算得到的气体体积流量，m^3/s。

风机的风压p为

$$p=\beta_p \sum \Delta p \frac{p_b}{B} \frac{(273+t)}{(273+t_b)} \tag{13-10}$$

式中 β_p——风机的风压储备系数，可取$\beta_p=1.11\sim1.2$；

$\sum \Delta p$——防排烟系统的总阻力，Pa；

p_b——标准大气压，Pa；

B——当地大气压，Pa；

t——防排烟系统气体的温度，℃；

t_b——标准状态下气体的温度，℃。

风机的轴功率N_z为

$$N_z=\frac{Qp}{\eta}\times10^{-3} \tag{13-11}$$

风机配用电动机所需的功率N_D为

$$N_D=K_N\frac{N_z}{\eta_c}=K_N\frac{QH}{\eta\cdot\eta_c}\times10^{-3} \tag{13-12}$$

式中 K_N——电动机的功率储备系数；

η_c——风机传动效率；

η——风机的效率。

(2) 确定风机的具体型号规格。目前国内离心式风机和轴流式风机的型号繁多、规格齐全，那么，单从满足风量和风压的要求出发，可选用很多型号和规格的风机。但从运行的经济性及节能的要求来看，还必须使工作点处在最高效率区内。如前所述，风机产品性能表是将最高效率90%范围内的性能按流量等分而成的，通常有5等分，则相应于中间的流量的效率最高。所以，借助风机产品性能表可大体上选定出工作点效率最高的风机型号规格。

（二）阀门

1. 防火阀和排烟防火阀

防火阀与排烟防火阀都是安装在通风、空气调节系统的管道上，用于火灾发生时控制管道开通或关断的重要组件。

(1) 防火阀。防火阀一般安装在通风、空气调节系统的风路管道上。它的主要作用是防止火灾烟气从风道蔓延，当风道从防火分隔构件处及变形缝处穿过，或风道的垂直管与每层水平管分支的交接处时都应安装防火阀。

防火阀是借助易熔合金的温度控制，利用重力作用和弹簧机构的作用，在火灾时关闭阀门的。新型产品中也有利用记忆合金产生形变使阀门关闭的。火灾时，火焰侵入风管，高温使阀门上的易熔合金熔解或记忆合金产生形变，阀门自动关闭，其工作原理如图13-11所示。

防火阀一般由阀体、叶片、执行机构和温感器等部件组成，如图13-12所示。

防火阀的阀门关闭驱动方式有重力式、弹簧力驱动式（或称电磁式）、电机驱动式及气动驱动式等四种。常用的防火阀有重力式防火阀、弹簧式防火阀、弹簧式防火调节阀、防火风口、气动式防火阀、电动防火阀、电子自控防烟防火阀。图13-13所示为重力式圆形单板防火阀，图13-14所示为弹簧式圆形防火阀，图 13-15 所示为温度熔断器的构造。

(2) 排烟防火阀。排烟防火阀安装在排烟管道上。它的主要作用是在火灾时控制排烟口或管道的开通或关断，以保证排烟系统的正常工作，阻止超过 280℃ 的高温烟气进入排烟管道，保护排烟风机和排烟管道。排烟防火阀的构造如图 13-16 和图 13-17 所示。

(3) 防火调节阀。防火调节阀是防火阀的一种，平时常开，阀门叶片可在 0°～90°内调节，气流温度达到 70℃时，温度熔断器动作，阀门关闭；也可手动关闭，手动复位。阀门关闭后可发出电信号至消防控制中心。其构造如图 13-18 所示。

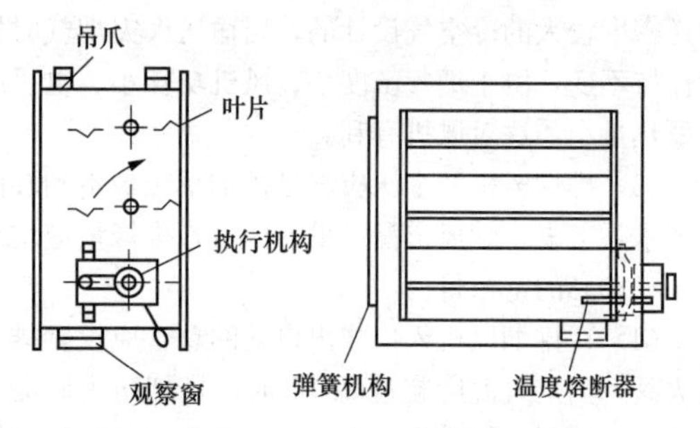

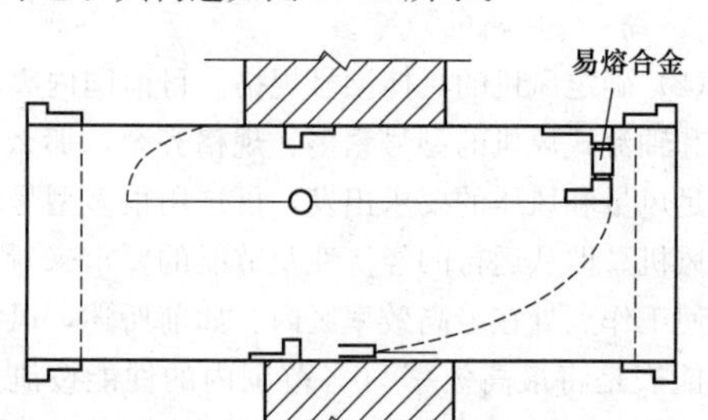

图 13-11　防火阀的工作原理

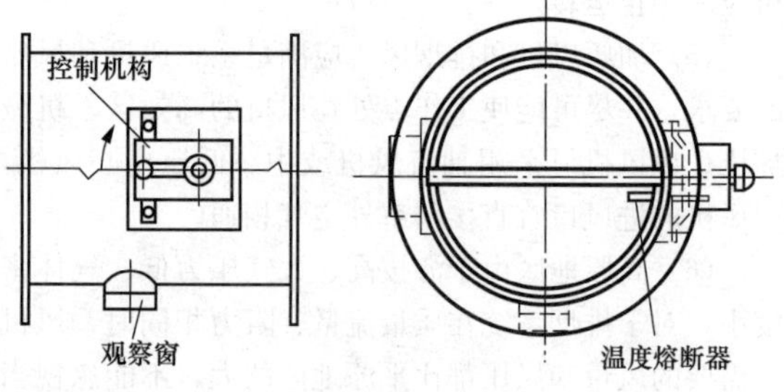

图 13-12　防火阀构造示意

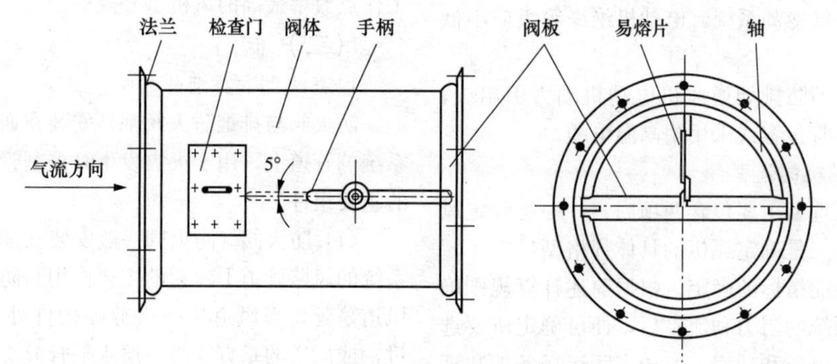

图 13-13　重力式圆形单板防火阀

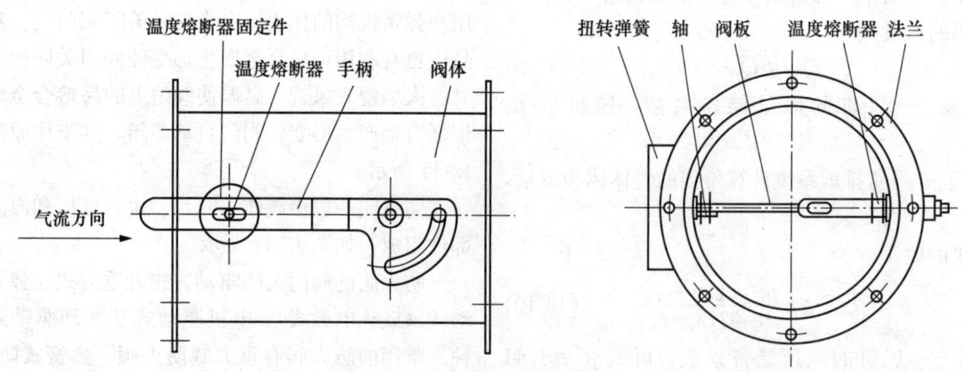

图 13-14　弹簧式圆形防火阀

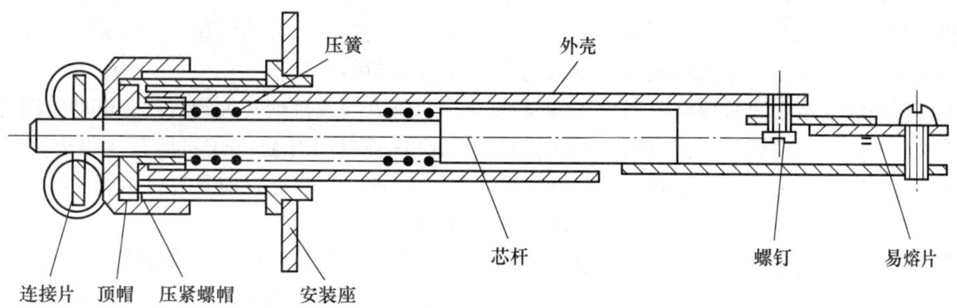

图 13-15　温度熔断器的构造

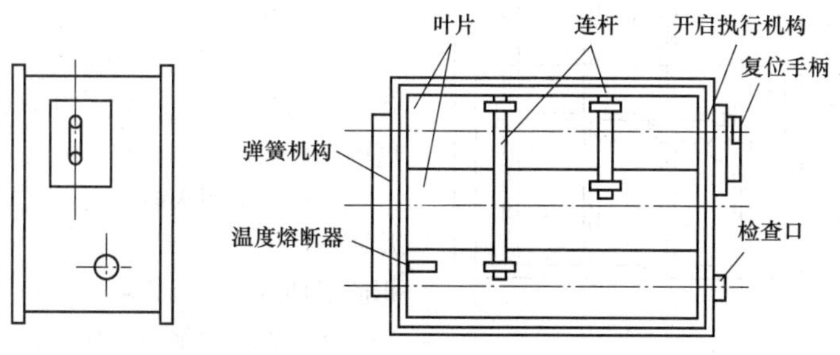

图 13-16　排烟防火阀

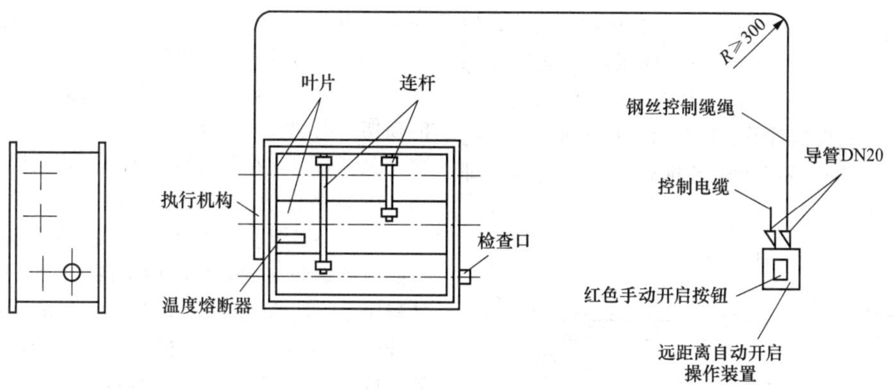

图 13-17　远程排烟防火阀

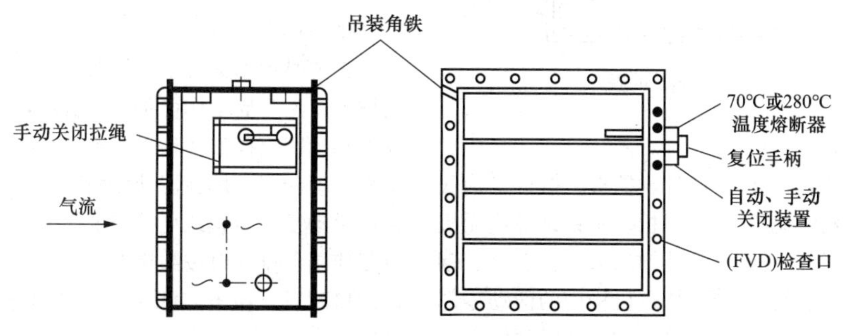

图 13-18　防火调节阀结构示意

（4）防火风口。工程中常用的防火风口是由铝合金风口和薄型防火阀组合而成的（图 13-19），它主要用于有防火要求的通风空调系统的送回风管道的出口处或吸入口，一般安装于风管侧面或风管末端及墙上，平时作风口用，可调节送风气流方向，其防火阀可在 0°～90°无级调节通过风口的气流量，气流温度达到 70℃时，温度熔断器动作，阀门关闭，切断火势和烟气沿风管蔓延。也可手动关闭，手动复位。

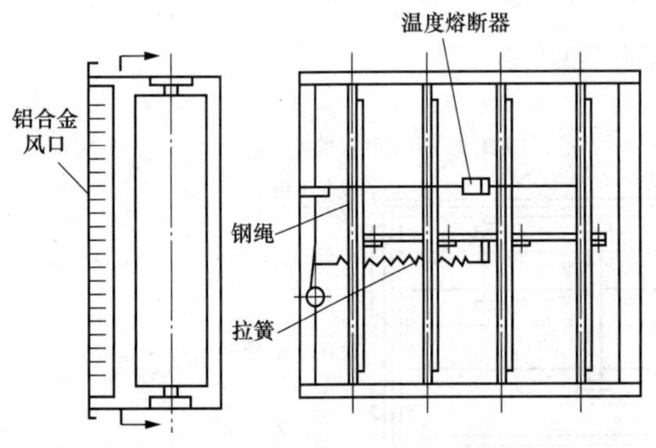

图 13-19　防火风口示意

2. 排烟阀

排烟阀由叶片、执行机构、弹簧机构等组成，如图 13-20 所示。其安装在机械排烟系统各支管端部（烟气吸入口）处，平时呈关闭状态并满足漏风量要求，火灾或需要排烟时手动和电动打开起排烟作用的阀门。带有装饰口或进行过装饰处理的阀门称为排烟口。

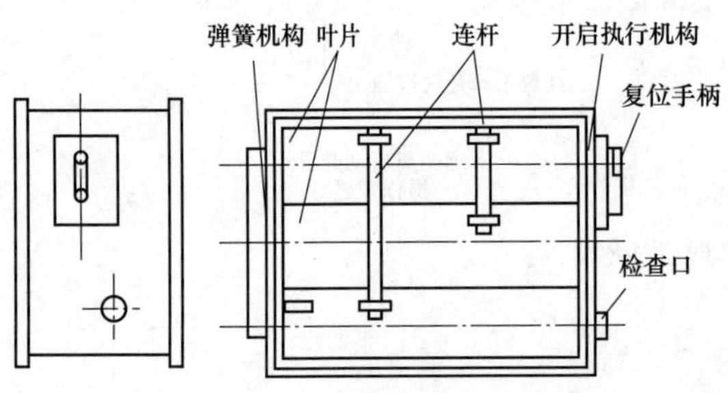

图 13-20　排烟阀示意

3. 阀门的设置要求

（1）阀门材料。阀体、叶片、挡板、执行机构底板及外壳采用冷轧钢板、镀锌钢板、不锈钢板或无机防火板等材料制作。排烟阀的装饰口采用铝合金、钢板等材料制作。轴承、轴套、执行机构中的活动零部件，采用黄铜、青铜、不锈钢等耐腐蚀材料制作。

（2）控制方式。防火阀或排烟防火阀应具备温感器控制方式，使其自动关闭，防火阀或排烟防火阀宜具备手动关闭方式；排烟阀应具备手动开启方式。手动操作应方便、灵活可靠，手动关闭或开启操作力应不大于 70N。

防火阀或排烟防火阀宜具备电动关闭方式；排烟阀应具备电动开启方式。具有远距离复位功能的阀门，当通电动作后，应具有显示阀门叶片位置的信号输出。

阀门执行机构中电控电路的工作电压宜采用 DC 24V 工作电压。其额定工作电流应不大于 0.7A。

（3）耐火性能。防火阀或排烟防火阀必须采用不燃材料制作，在规定的耐火时间内阀门表面不应出现连续 10s 以上的火焰，耐火时间不应小于 1.50h。

耐火试验开始后 1min 内，防火阀的温感器应动作，阀门关闭。耐火试验开始后 3min 内，排烟防火阀的温感器应动作，阀门关闭。

在规定的耐火时间内，使防火阀或排烟防火阀叶片两侧保持（300±15）Pa 的气体静压差，其单位面积的漏烟量（标准状态）应不大于 $700m^3/(m^2 \cdot h)$。

（4）关闭可靠性。防火阀或排烟防火阀经过 50 次开关试验后，各零部件应无明显变形、磨损及其他影响其密封性能的损伤，叶片仍能从打开位置灵活可靠地关闭。

（5）开启可靠性。排烟阀经过 50 次开关试验后，各零部件应无明显变形、磨损及其他影响其密封性能的损伤，电动和手动操作均应立即开启。排烟阀经 5 次开关试验后，在其前后气体静压差保持在（1000±15）Pa 的条件下，电动和手动操作均应立即开启。

（6）环境温度下的漏风量。在环境温度下，使防火阀或排烟防火阀叶片两侧保持（300±15）Pa 的气体静压差，其单位面积的漏风量（标准状态）应不大于 $500m^3/(m^2 \cdot h)$。在环境温度下，使排烟阀叶片两侧保持（1000±15）Pa 的气体静压差，其单位面积上的漏烟量（标准状态）应不大于 $700m^3/(m^2 \cdot h)$。

（三）排烟口

排烟口安装在烟气吸入口处，平时处于关闭状态，火灾时根据火灾烟气扩散蔓延情况打开相关区域的排烟口。开启动作可手动或自动，手动又分为就地操作和远距离操作两种。自动也可分有烟（温）感电信号联动和温度熔断器动作两种。排烟口动作后，可通过手动复位装置或更换温度熔断器予以复位，以便重复使用。排烟口按结构形式分为板式排烟口和多叶排烟口两种，按开口形状分为矩形排烟口和圆形排烟口。

1. 板式排烟口

板式排烟口由电磁铁、阀门、微动开关、叶片等组成。板式排烟口应用在建筑物的墙上或顶板上，也可直接安装在排烟风道上。火灾发生时，操作装置在控制中心输出的 DC 24V 电源或手动作用下将排烟口打开进行排烟。排烟口打开时输出电信号，可与消防系统或其他设备连锁；排烟完毕后需要手动复位。在人工手动无法复位的场合，可采用通过全自动装置进行复位。图 13-21 为带手动控制装置的板式排烟口。

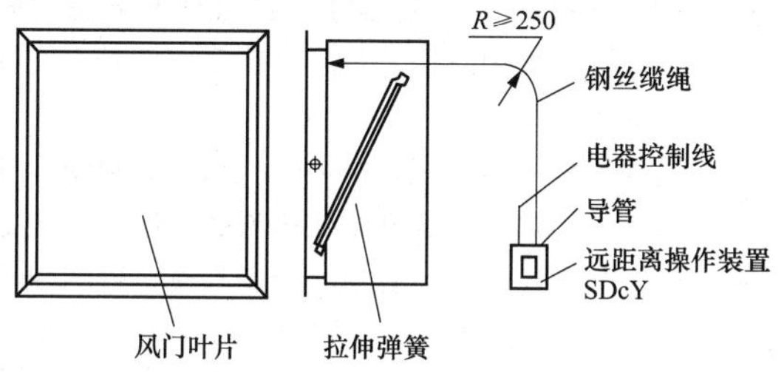

图 13-21　带手动控制装置的板式排烟口

2. 多叶排烟口

多叶排烟口内部为排烟阀门，外部为百叶窗，如图 13-22 所示。多叶排烟口用于建筑物的过道、无窗房间的排烟系统上，安装在墙上或顶板上。火灾发生时，通过控制中心 DC 24V 电源或手动使阀门打开进行排烟。

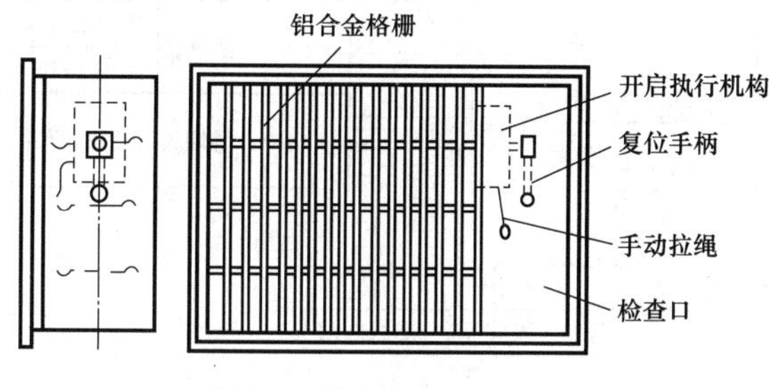

图 13-22　多叶排烟口示意

（四） 加压送风口

加压送风口用于建筑物的防烟前室，安装在墙上，平时常闭。火灾发生时，通过电源 DC 24V 或手动使阀门打开，根据系统的功能为防烟前室送风，多叶式加压送风口的外形和结构与多叶式排烟口相同，图 13-23 为多叶式加压送风口。楼梯间的加压送风口，一般采用常开的形式，一般采用普通百叶风口或自垂式百叶风口。

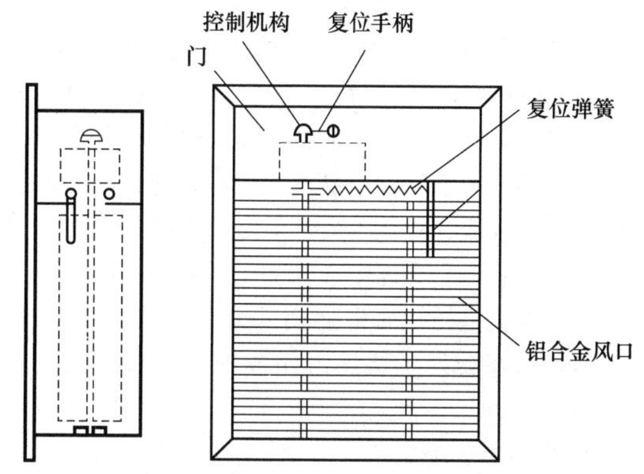

图 13-23　多叶式加压送风口示意

（五） 余压阀

余压阀是为维持一定的加压空间静压、实现其正压的无能耗自动控制而设置的设备，它是一个单向开启的风量调节装置，按静压差来调整开启度，用重锤的位置来平衡风压，如图 13-24 所示。一般在楼梯间与前室和前室与走道之间的隔墙上设置余压阀。这样空气通过余压阀从楼梯间送入前室，当前室超压时，空气再从余压阀漏到走道，使楼梯间和前室能维持各自的压力。

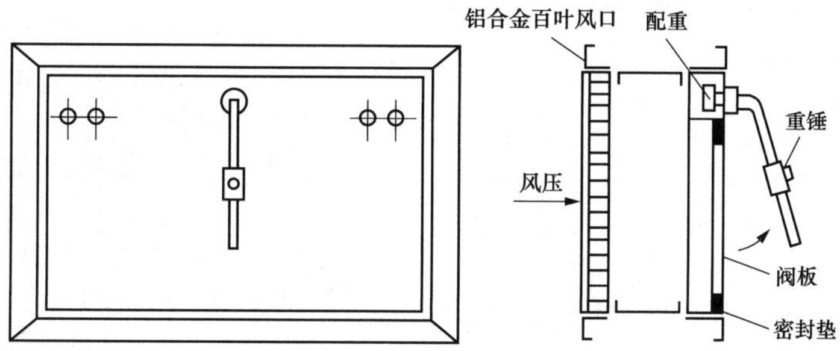

图 13-24　余压阀示意

（六） 挡烟垂壁

挡烟垂壁是指安装在吊顶或楼板下或隐藏在吊顶内，火灾时能够阻止烟和热气体水平流动的垂直分隔物。挡烟垂壁主要用来划分防烟分区，由夹丝玻璃、不锈钢、挡烟布、铝合金等不燃材料制成，并配以电控装置。挡烟垂壁按活动方式可分为卷帘式挡烟垂壁和翻板式挡烟垂壁。

根据挡烟垂壁的材质不同可将常用的挡烟垂壁分为以下几种。

1. 高温夹丝防火玻璃型

高温夹丝防火玻璃又称安全玻璃，玻璃中间镶有钢丝。它的一个最大的特点就是夹丝防火玻璃挡烟垂壁遇到外力冲击破碎时，破碎的玻璃不会脱落或整个垮塌而伤人，因而具有很强的安全性。

2. 单片防火玻璃型

单片防火玻璃是一种单层玻璃构造的防火玻璃。在一定的时间内能保持耐火完整性、阻断迎火面的明火及有毒、有害气体，但不具备隔温绝热功效。单片防火玻璃型挡烟垂壁一个最大的特点就是美观，其广泛地使用在人流、物流不大，但对装饰要求很高的场所，如高档酒店、会议中心、文化中心、高档写字楼等，其缺点就是挡烟垂壁遇到外力冲击发生意外时，整个挡烟垂壁会发生垮塌击伤或击毁下方的人员或设备。

3. 双层夹胶玻璃型

夹胶防火玻璃型是综合了单片防火玻璃型和夹丝防火玻璃的优点的一种挡烟垂壁。它是由两层单片防火玻璃中间夹一层无机防火胶制成的。它既有单片防火玻璃型的美观度，又有夹丝防火玻璃型的安全性，是一种比较完美的固定式挡烟垂壁，但其造价较高。

4. 板型挡烟垂壁

板型挡烟垂壁用涂碳金刚砂板等不燃材料制成。板型挡烟垂壁造价低，使用范围主要是车间、地下车库、设备间等对美观要求较低的场所。

5. 挡烟布型挡烟垂壁

挡烟布是以耐高温玻璃纤维布为基材，经有机硅橡胶压延或刮涂而成，是一种高性能、多用途的复合材料。挡烟布型挡烟垂壁的使用场所和板型挡烟垂壁的场所基本相同，价格也基本相同。

（七）挡烟窗

排烟窗是在火灾发生后，能够通过手动打开或通过火灾自动报警系统联动控制自动打开，将建筑火灾中热烟气有效排出的装置。排烟窗分为自动排烟窗和手动排烟窗。自动排烟窗与火灾自动报警系统联动或可远距离控制打开，手动排烟窗火灾时靠人员就地开启。

用于高层建筑物中的自动排烟窗由窗扇、窗框和安装在窗扇、窗框上的自动开启装置组成。开启装置由开启器、报警器和电磁插销等主要部件构成。自动排烟窗能在火灾发生后自动开启，并在60s内达到设计的开启角度，起到及时排放火灾烟气、保护高层建筑的重要作用。

五、防排烟设备的联动控制

（一）防排烟设备联动控制原理

根据GB 50116—2013《火灾自动报警系统设计规范》的要求，联动控制对防烟、排烟设施应有下列控制、显示功能：停止有关部位的空调送风，关闭电动防火阀，并接收其反馈信号；启动有关部位的防烟、排烟风机、排烟阀等，并接收其反馈信号；控制挡烟垂壁等防烟设施。

为达到规范的要求，防排烟系统联动控制的设计是在选定自然排烟、机械排烟及机械加压送风方式之后进行的。排烟控制一般有中心控制和模块控制两种方式。图13-25为排烟中心控制方式，消防中心接到火警信号后，直接产生信号控制排烟阀门开启、排烟风机启动，空调、送风机、防火门等关闭，并接收各设备的返回信号和防火阀动作信号，监测各设备的运行状况。图13-26为排烟模块控制方式，消防中心接收到火警信号后，产生排烟风机和排烟阀门等动作信号，经总线和控制模块驱动各设备动作并接收其返回信号，监测其运行状态。

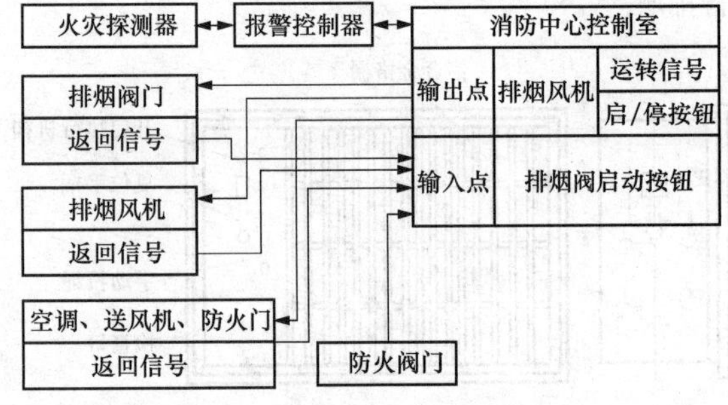

图13-25　排烟中心控制方式

机械加压送风控制的原理和过程与排烟控制相似，只是控制对象由排烟风机和相关阀门变成正压送风机和正压送风阀门。

（二）各种防排烟设施的联动控制

1. 送风口和排烟口的控制

送风口和排烟口的控制基本相同，这里以最常用的板式排烟口及多叶排烟口的控制为例进行介绍。

（1）多叶排烟口。多叶排烟口平时关闭，火灾发生时自动开启。装置接到感烟（温）火灾探测器通过控制盘或远距离操纵系统输入的电信号（DC 24V）后，电磁铁线圈通电，多叶排烟口打开，手动开启为就地手动拉绳使阀门开启。阀门打开后，其联动开关接通信号回路，可向控制室返回阀门已开启的信号或

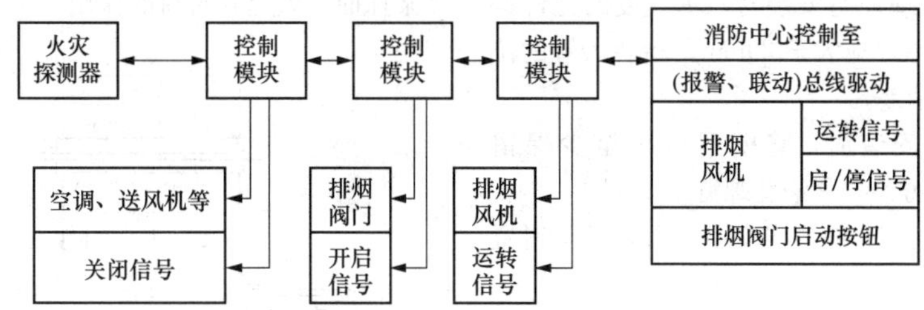

图 13-26　排烟模块控制方式

联动开启排烟风机。在执行机构的电路中，当烟气温度达 280℃时，熔断器动作，排烟口立即关闭。当温度熔断器更换后，阀门可手动复位。

（2）板式排烟口。板式排烟口平时关闭，火灾时自动开启。火灾发生时，自动开启装置接到感烟（温）火灾探测器通过控制盘或远距离操纵系统输入的电信号（DC 24V）后，电磁铁线圈通电，动铁芯吸合，通过杠杆作用使卷绕在滚筒上的钢丝绳释放，于是叶片被打开，同时微动开关动作，切断电磁铁电源，并将阀门开启动作显示线接点接通，将信号返回控制盘并联动启动风机。

2. 排烟防火阀的联动控制

排烟防火阀用在单独设置的排烟系统时，其平时关闭，火灾时自动开启。当联动的感烟（温）火灾探测器将火灾信号输送到消防控制中心的控制盘上后，由控制盘再将火灾信号输入到自动开启装置。接受火灾信号后，电磁铁线圈通电，动铁芯吸合，使动铁芯挂钩与阀门叶片旋转轴挂钩脱开，阀门叶片受弹簧力作用迅速开启，同时微动开关动作，切断电磁铁电源，并接通阀门关闭显示线接点，将阀门开启信号返回控制盘，联动通风、空调机停止运行，排烟风机启动。温度熔断器安装在阀体的另一侧，熔断片设在阀门叶片的迎风侧，当管道内烟气温度上升到 280℃时，温度熔断片熔断，阀门叶片受弹簧力作用而迅速关闭，同时微动开关动作，显示线同样发出关闭信号至消防控制中心，同时联动关闭排烟风机。

3. 挡烟垂壁的联动控制

由电磁线圈及弹簧锁等组成翻板式挡烟垂壁锁，平时用它将防烟垂壁锁在吊顶中。火灾时可通过自动控制或手柄操作使垂壁降下。火灾时从感烟火灾探测器或联动控制盘发来电信号（DC 24V），电磁线圈通电把弹簧锁的销子拉进去，开锁后挡烟垂壁由于重力的作用靠滚珠的滑动而落下，下垂到 90°至挡烟工作位置。另外，当系统断电时，挡烟垂壁能自动下降至挡烟工作位置。手动控制时，操作手动杆也可使弹簧锁的销子拉回开锁，挡烟垂壁落下。把挡烟垂壁升回原来的位置即可复原。

4. 排烟窗的联动控制

排烟窗平时关闭，并用排烟窗锁（或插销）锁住。当发生火灾时，可自动或手动将排烟窗打开。自动控制：火灾发生时，感烟火灾探测器或联动控制盘发来的指令信号将电磁线圈接通，弹簧锁的锁头偏移，利用排烟窗的重力打开排烟窗。手动控制：火灾发生时，将操作手柄扳倒，弹簧锁的锁头偏移而打开排烟窗。

六、防排烟系统安装

（一）防排烟管道安装

1. 风管的吊装

风管吊装前应检查各支架安装位置、标高是否正确、牢固，应清除内、外杂物，并做好清洁和保护工作。根据施工方案确定的吊装方法（整体吊装或分节吊装，一般情况下风管的安装多采用现场地面组装，再分段吊装的方法），按照先干管后支管的安装程序进行吊装。吊装可用滑轮、麻绳起吊，滑轮一般挂在梁、柱的节点上或挂在屋架上。

根据现场的具体情况，挂好滑轮，穿上麻绳，风管绑扎牢固后即可起吊。当风管离地 200～300mm 时，停止起吊，检查滑轮的受力点和所绑扎的麻绳、绳扣是否牢固，风管的重心是否正确。当检查没问题后，再继续起吊到安装高度，把风管放在支、吊架上，并加以稳固后方可解开绳扣。

水平管段吊装就位后，用托架的衬垫、吊架的吊杆螺栓找平，然后用拉线、水平尺和吊线的方法来检查风管是否满足水平和垂直的要求，符合要求后即可固定牢固，然后进行分支管或立管的安装。

2. 风管安装的要求

（1）风管（道）的规格、安装位置、标高、走向应符合设计要求，现场安装风管时，不得缩小接孔的有效截面积。

（2）风管的连接应平直、不扭曲。明装风管水平安装时，水平度的允许偏差为 3/1000，总偏差不应大于 20mm。明装风管垂直安装时，垂直度的允许偏差为 2/1000，总偏差不应大于 20mm。暗装风管的位置应正确、无明显偏差。

（3）风管沿墙安装时，管壁到墙面至少保留 150mm 的距离，以方便拧紧法兰螺钉。

（4）风管的纵向闭合缝要求交错布置，且不得置于风管底部。

（5）风管与配件的可拆卸接口不得置于墙、楼板和屋面内。

（6）无机玻璃钢风管安装时不得碰撞和扭曲，以防树脂破裂、脱落及分层。

（7）风管与砖、混凝土风道的连接口，应顺着气流方向插入，并应采取密封措施。

（8）风管与风机的连接宜用不燃材料的柔性连接。柔性短管的安装应松紧适度，无明显扭曲。

（9）风管穿越隔墙时，风管与隔墙之间的空隙应采用水泥砂浆等非燃材料严密填塞。

（10）风管法兰的连接应平行、严密，用螺栓紧固，螺栓露出长度一致，同一管段的法兰螺母应在同一侧。风管法兰的垫片材质应符合系统功能的要求，厚度不应小于 3mm。垫片不应嵌入管内，也不宜突出法兰外。

（11）排烟风管的隔热层应采用厚度不小于 40mm 的绝热材料（如矿棉、岩棉、硅酸铝等）。

（12）送风口、排烟阀（口）与风管（道）的连接应严密、牢固。

（二）阀门和风口安装

1. 防火阀、排烟防火阀的安装

防火阀要保证在火灾时能起到关闭和停机的作用。防火阀有水平安装、垂直安装和左式、右式之分，安装时不能弄错，否则将造成不应有的损失。为防止防火阀易熔件脱落，易熔件应在系统安装后再装。安装时严格按照所要求的方向安装，以使阀板的开启方向为逆气流方向，易熔片处于来流一侧。外壳的厚度不小于 2mm，以防止火灾时变形导致防火阀失效。转动部件转动灵活，并应采用耐腐蚀材料制作，如黄铜、青铜、不锈钢等金属材料。防火阀应有单独的支吊架，不能让风管承受防火阀的重量。防火阀门在吊顶和墙内侧安装时要留出检查开闭状态和进行手动复位的操作空间，阀门的操作机构一侧应有 200mm 的净空间。防火阀安装完毕后，应能通过阀体标识，判断阀门的开闭状态。

风管垂直或水平穿越防火分区及穿越变形缝时，都应安装防火阀，其形式如图 13-27～图 13-29 所示。风管穿过墙体或楼板时，先用防火泥封堵，再用水泥砂浆抹面，以达到密封的作用。

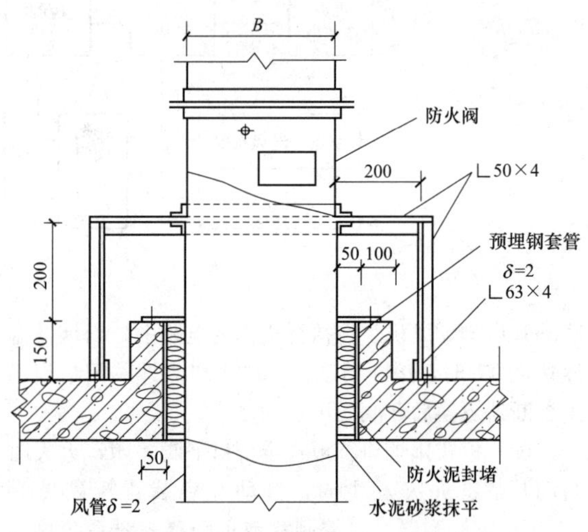

图 13-27　楼板处防火阀的安装

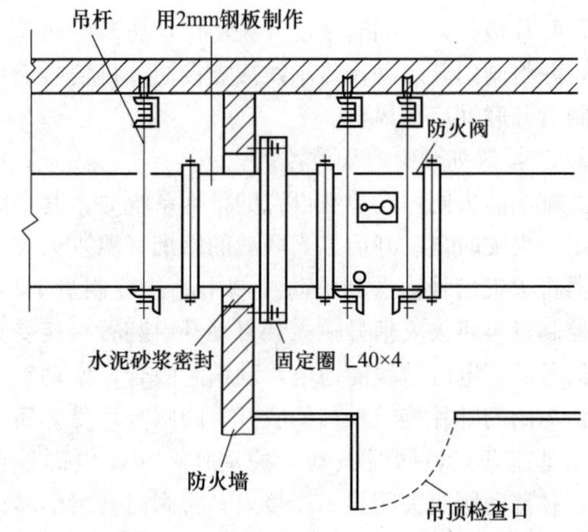

图 13-28　穿防火墙处防火阀的安装

排烟防火阀是用来在烟气温度达到 280℃时切断排烟，并连锁关闭排烟风机的，它安装在排烟风机的进口处。排烟防火阀与防火阀只是功能和安装位置不同，安装的方式基本相同。

防火阀和排烟防火阀安装的方向、位置应正确；手动和电动装置应灵活、可靠，阀板关闭应保持严密。防火阀直径或长边尺寸大于或等于 630mm 时，应设独立支、吊架。

2. 排烟风口的安装

排烟风口有多叶排烟口和板式排烟口，它们都既可直接安装在排烟管道上，也可安装在墙壁上，与排烟竖井相连。

多叶排烟口的铝合金百叶风口可拆卸，安装在风管上时，先取下百叶风口，用螺栓、自攻螺钉将阀体

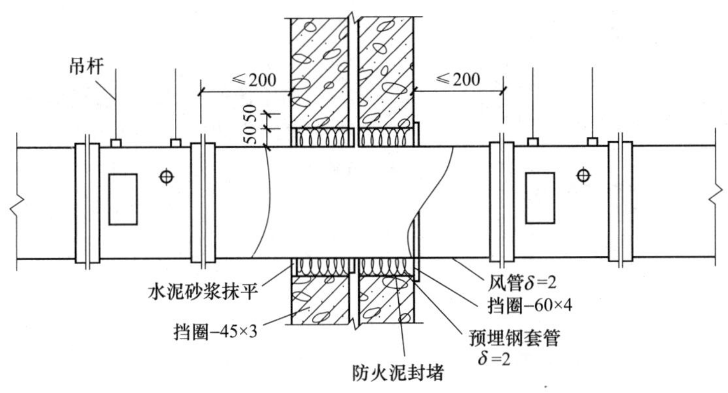

图 13-29　变形缝处防火阀的安装

固定在连接法兰上，然后将百叶风口安装到位，如图 13-30 所示。多叶排烟口安装在排烟井壁上时，先取下百叶风口，用自攻螺钉将阀体固定在预埋在墙体内的安装框上，然后装上百叶风口，如图 13-31 所示。

板式排烟口在吊顶安装时，排烟管道安装底标高距吊顶面大于 250mm。排烟口安装时，首先将排烟口的内法兰安装在短管内。定好位后用铆钉固定，然后将排烟口装入短管内，用螺栓和螺母固定，也可用自攻螺钉把排烟口外框固定在短管上，如图 13-32 所示。板式排烟口安装在排烟竖井壁上时，也是用自攻螺钉将阀体固定在预埋在墙体内的安装框上的，如图 13-33 所示。

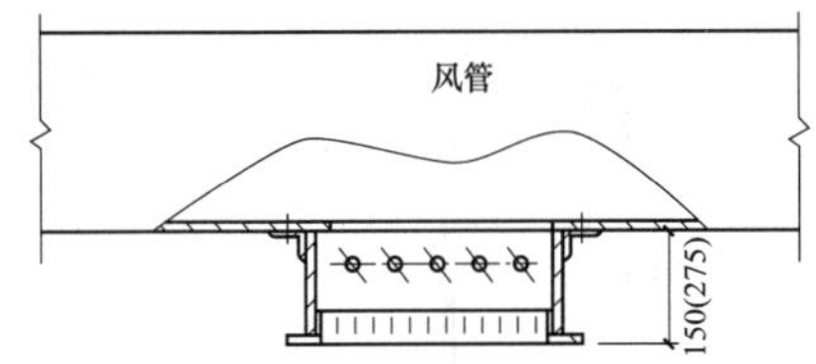

图 13-30　多叶排烟口在排烟风管上的安装

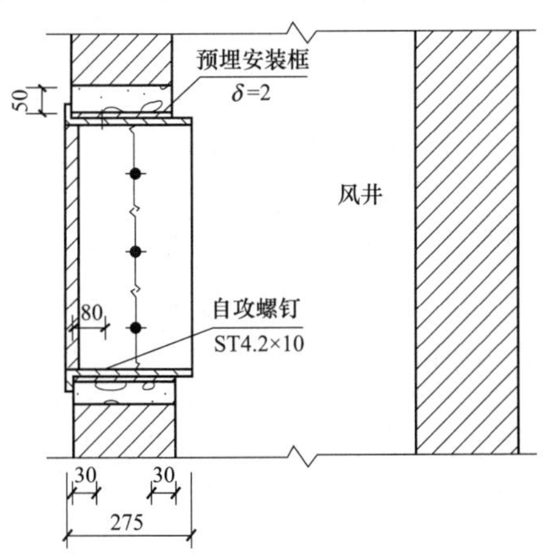

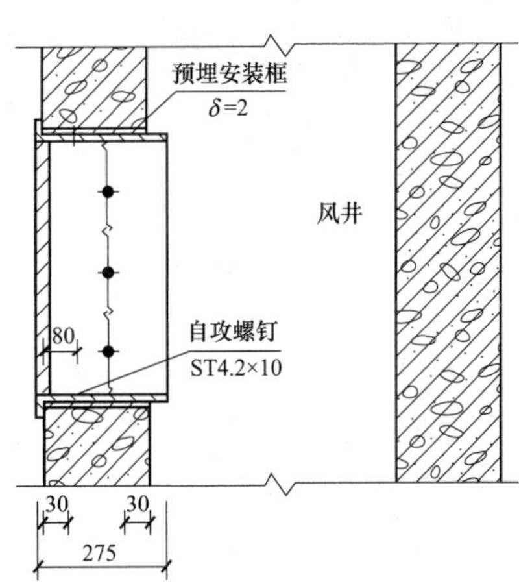

图 13-31　多叶排烟口在排烟竖井上的安装

排烟口安装应注意的事项如下。

(1) 排烟口及手控装置（包括预埋导管）的位置应符合设计要求。

(2) 排烟口安装后应做动作试验，手动、电动操作应灵活、可靠，阀板关闭时应严密。

(3) 排烟口的安装位置应符合设计要求，并应固定牢靠、表面平整、不变形、调节灵活。

(4) 排烟口距可燃物或可燃构件的距离不应小于 1.5m。

(5) 排烟口的手动驱动装置应设在明显可见且便于操作的位置，距地面 1.3～1.5m，并应明显可见。预埋管不应有死弯、瘪陷，手动驱动装置操作应灵活。

(6) 排烟口与管道的连接应严密、牢固，与装饰

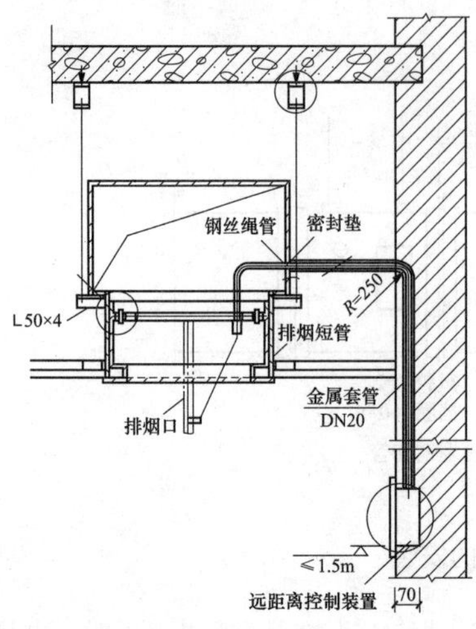

图 13-32 板式排烟口在吊顶上的安装

面相紧贴；表面平整、不变形。同一厅室、房间内的相同排烟口的安装高度应一致，排列应整齐。

3. 加压送风口的安装

加压送风口用于建筑物的防烟前室，安装在墙上，平时常闭。火灾发生时，根据火灾的通过电源DC 24V或手动使阀门打开，根据系统的功能为防烟前室送风。用于楼梯间的加压送风口一般采用常开的形式，采用普通百叶风口或自垂式百叶风口。

加压前室安装的多叶加压送风口安装在加压送风井壁上，安装方式与多叶排烟口相同，详见图 13-33，前室若采用常闭的加压送风口，其中都有一个执行装置，楼梯间安装的自垂式加压送风口是用自攻螺钉将风口固定在预埋在墙体内的安装框上的，如图 13-34 所示。楼梯间的普通百叶风口安装方式与自垂式加压送风口的安装方式相同。

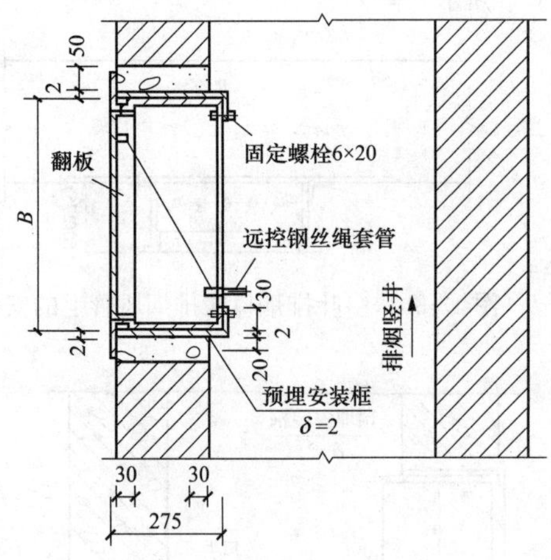

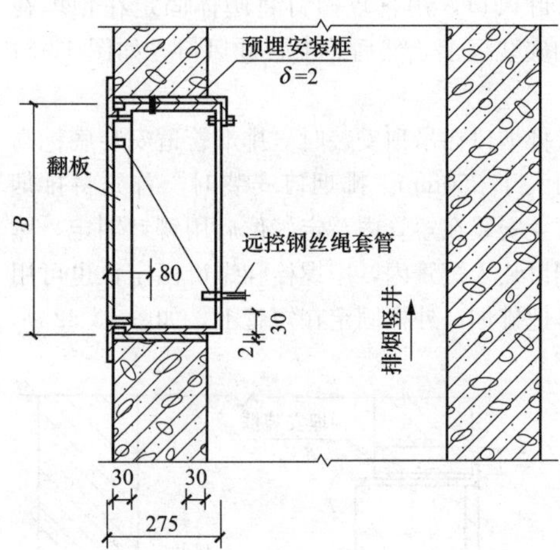

图 13-33 板式排烟口在排烟竖井上的安装

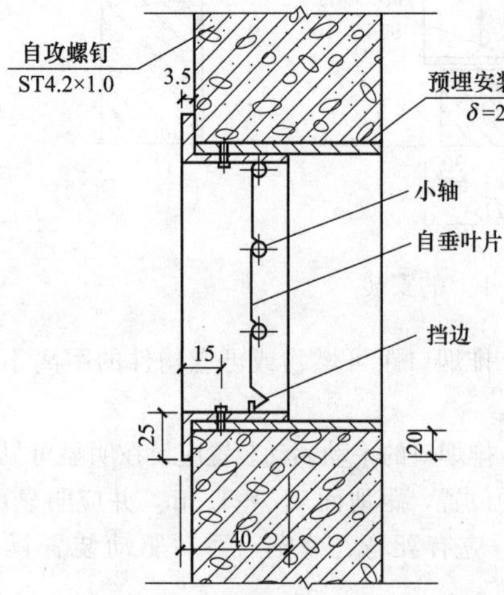

图 13-34 自垂式加压送风口

送风口的安装位置应符合设计要求，并应固定牢靠，表面平整、不变形，调节灵活。常闭送风口的手动驱动装置应设在便于操作的位置，预埋套管不得有死弯及瘪陷，手动驱动装置操作应灵活。手动开启装置应固定安装在距楼地面 1.3～1.5m，并应明显可见。

（三）防排烟风机安装

在工程中，防排烟风机主要有在屋顶的钢筋混凝土基础上安装、在钢架基础上安装和在楼板下吊装三种形式，如图 13-35～图 13-37 所示。

防排烟风机安装应满足如下要求。

(1) 防排烟风机安装的允许偏差应满足表 13-3 的要求。

(2) 安装风机的钢支、吊架，其结构形式和外形尺寸应符合设计或设备技术文件的规定，焊接应牢固，焊缝应饱满、均匀，支架制作安装完毕后不得有扭曲现象。

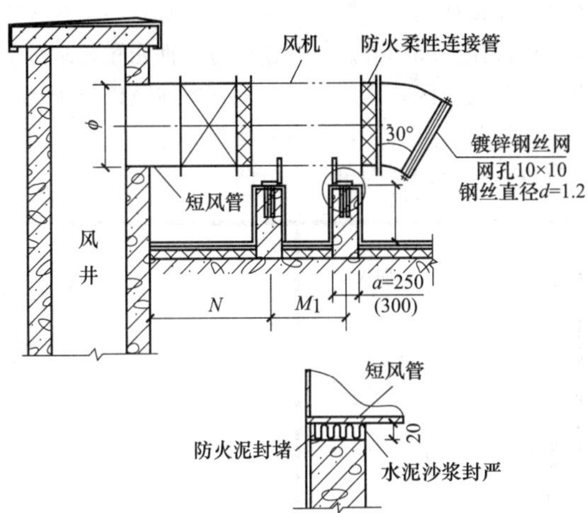

图 13-35　屋顶防排烟风机在钢筋混凝土基础上安装

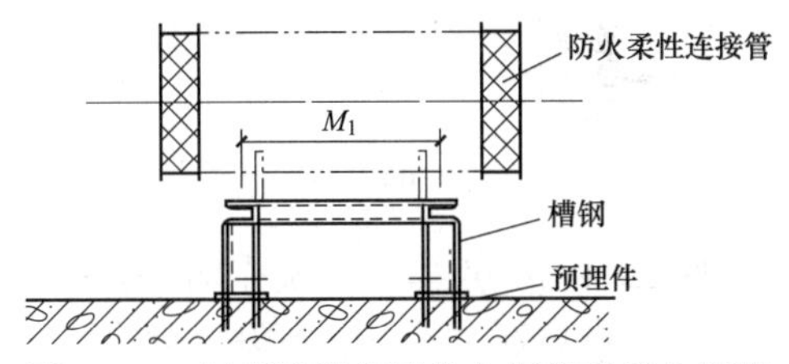

图 13-36　屋顶防排烟风机在钢架基础上安装

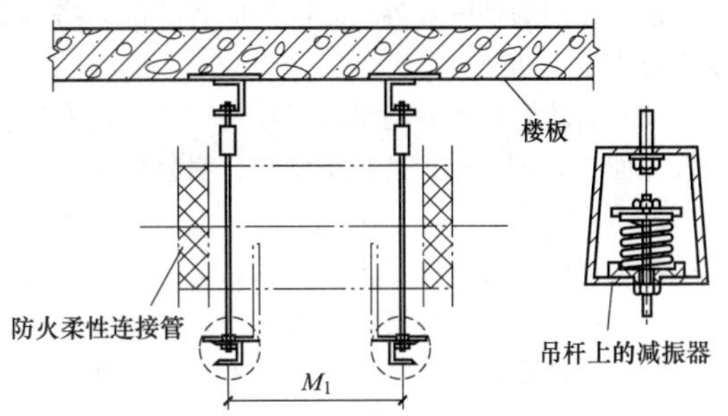

图 13-37　防排烟风机在楼板下吊装

（3）风机进出口应采用柔性短管与风管相连。柔性短管必须采用不燃材料制作。柔性短管长度一般为150～250m，应留有20～25mm的搭接量。

（4）离心式风机出口应顺叶轮旋转方向接出弯管。如果受现场条件限制达不到要求，应在弯管内设导流叶片。

（5）单独设置的防排烟系统风机，在混凝土或钢架基础上安装时可不设减振装置；若排烟系统与通风空调系统共用时需要设置减振装置。

（6）风机与电动机的传动装置外露部分应安装防护罩。风机的吸入口、排出口直通大气时，应加装保护网或其他安全装置。

（7）风机外壳至墙壁或其他设备的距离不应小于600mm。

表 13-3　　防排烟风机安装的允许偏差

项次	项目		允许偏差	检验方法
1	中心线的平面位移		10mm	经纬仪或拉线和尺量检测
2	标高		±10mm	水准仪或水平仪、直尺、拉线和尺量检测
3	带轮轮宽中心平面偏移		1mm	在主、从动带轮端面拉线和尺量检查
4	传动轴水平度		纵向 0.2/1000 横向 0.3/1000	在轴或带轮0°和180°的两个位置上，用水平仪检查
5	联轴器	两轴心径向位移	0.05mm	在联轴器互相垂直的四个位置上，用百分表检查
		两轴线倾斜	0.2/1000	

（8）排烟风机宜设在该系统最高排烟口之上，且与正压送风系统的吸气口两者边缘的水平距离不应少于10m，或吸气口必须低于排烟口3m。不允将排烟风机设在封闭的吊顶内。

（9）排烟风机宜设置机房，机房与相邻部位应采用耐火极限不低于2h的隔墙、1h的楼板和甲级防火门隔开。

（10）设置在屋顶的送、排风机，阀门不能日晒雨淋，应当设置避挡防护设施。

（11）固定防排烟系统风机的地脚螺栓应拧紧，并有防松动措施。

（四）其他设施安装

1. 挡烟垂壁

挡烟垂壁的安装应满足如下要求。

（1）型号、规格、下垂的长度和安装位置应符合设计要求。

（2）活动挡烟垂壁与建筑结构（柱或墙）面的缝隙不应大于60mm，由两块或两块以上的挡烟垂帘组成的连续性挡烟垂壁，各块之间不应有缝隙，搭接宽度不应小于 100mm。

（3）活动挡烟垂壁的手动操作装置应固定安装在距楼地面 1.3～1.5m，且便于操作、明显可见。

2. 排烟窗

排烟窗的安装应满足下列要求。

（1）型号、规格和安装位置应符合设计要求。

（2）手动开启装置应固定安装在距楼地面 1.3～1.5m，且便于操作明显可见。

（3）自动排烟窗的驱动装置应灵活、可靠。

第二节　防火分隔设施

一、高层民用建筑防火分区

防火分区是指采用具有较高耐火极限的墙和楼板等构件作为一个区域的边界构件划分出的，能在一定时间内阻止火势向同一建筑的其他区域蔓延的防火单元。防火分区的面积大小应当根据建筑物的使用性质、高度、火灾危险性、消防扑救能力等因素确定。我国高层民用建筑每个防火分区的最大允许面积不应超过表 13-4 的规定。

表 13-4　我国高层民用建筑每个防火分区的最大允许面积

名称	耐火等级	防火分区的最大允许面积（m^2）	备注
高层民用建筑	一、二级	1500	对于体育馆、剧场的观众厅，防火分区的最大允许建筑面积可适当增加

当建筑内设置自动灭火系统时，防火分区最大允许建筑面积可按照表 13-4 的规定增加 1.0 倍；局部设置时，防火分区的增加面积可按该局部面积的 1.0 倍计算。裙房与高层建筑主体之间设置防火墙时，裙房的防火分区可按单、多层建筑的要求确定。

二、高层建筑防火分区分隔

高层建筑防火分区划分的目的是采用防火措施控制火灾蔓延，减少人员伤亡和经济损失。划分防火分区应当考虑水平方向的划分和垂直方向的划分，如图 13-38 所示。水平防火分区，即采用一定耐火极限的墙、楼板、门窗等防火分隔物按防火分区的面积进行分隔的空间。按照垂直方向划分的防火分区也称竖向防火分区，可将火灾控制在一定的楼层范围内，防止火灾向其他楼层垂直蔓延，主要采用具有一定耐火极限的楼板做分隔构件。每个楼层可根据面积要求划分成多个防火分区，高层建筑在垂直方向应以每个楼层为单元划分防火分区，所有建筑物的地下室在垂直方向应当以每个楼层为单元划分防火分区。

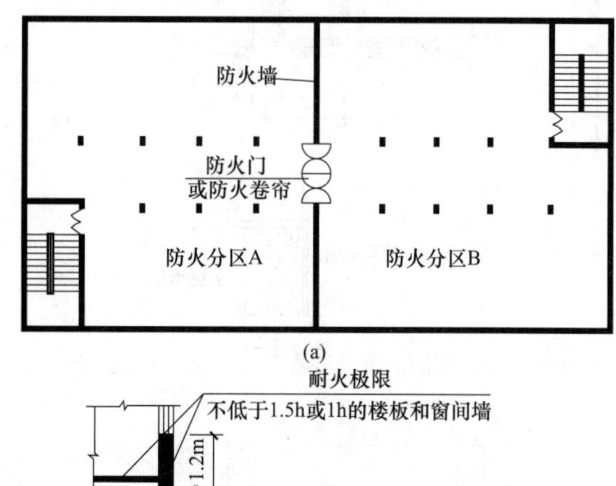

图 13-38　高层建筑内防火分区的划分
（a）水平防火分区；（b）垂直防火分区

三、高层建筑内商业营业厅、展览厅的防火分区规定

一、二级耐火等级建筑内的商业营业厅、展览厅，当设置自动灭火系统和火灾自动报警系统并采用不燃或难燃装修材料时，每个防火分区的最大允许建筑面积可适当增加，设置在高层建筑内时，不应大于 4000m^2；设置在地下或半地下时，不应大于 2000m^2。如图 13-39 所示。

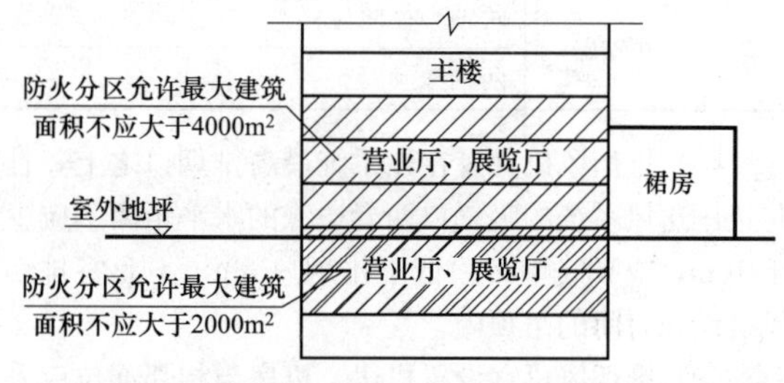

图 13-39　高层建筑内的商业营业厅、展览厅防火分区规定

注：商业营业厅、展览厅设有火灾自动报警系统和自动灭火系统，且采用不燃烧或难燃烧材料装修。

四、 高层建筑裙房防火分区规定

与高层建筑相连的裙房建筑高度较低，火灾时疏散较快，且扑救难度也比较小，易于控制火势蔓延。因此，当高层建筑与其裙房之间设有防火墙等分隔设施时，其裙房的防火分区允许最大建筑面积不应大于2500m²，当设有自动喷水灭火系统时，防火分区允许最大建筑面积可增加1倍。如图13-40所示。

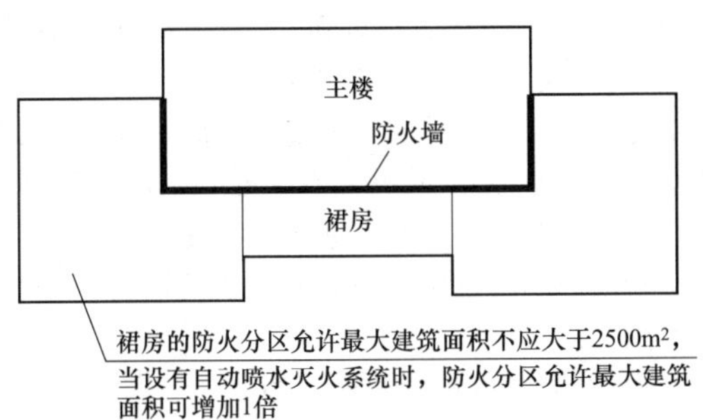

图13-40　高层建筑裙房防火分区规定

五、 高层建筑中庭防火分区规定

高层建筑中庭无法像一般建筑物那样进行防火分区，由于它被上下贯通的大空间所破坏，为确保火灾时室内人员的安全，高层建筑中庭防火分区面积应当按上、下层连通的面积叠加计算，当超过一个防火分区面积时，应当符合下列规定。

（1）房间与中庭回廊的相同的门、窗，应当设自行关闭的乙级防火门、窗。

（2）与中庭相通的过厅、通道等，应当设乙级防火门或耐火极限大于3h的防火卷帘分隔。

（3）中庭每层回廊应当设有自动喷水灭火系统。

（4）中庭每层回廊应当设火灾自动报警系统。

如图13-41所示，形象地给出了高层建筑中庭的防火分区规定。

六、 防火墙

（1）防火墙应直接设置在建筑的基础或框架、梁等承重结构上，框架、梁等承重结构的耐火极限不应低于防火墙的耐火极限。防火墙应从楼地面基层隔断至梁、楼板或屋面板的底面基层。当高层厂房（仓库）屋顶承重结构和屋面板的耐火极限低于1.00h，其他建筑屋顶承重结构和屋面板的耐火极限低于0.50h时，防火墙应高出屋面0.5m以上。

（2）防火墙中心距天窗端面的水平距离小于4.0m，且天窗端面为可燃性墙体时，应采取防止火势蔓延的设施。

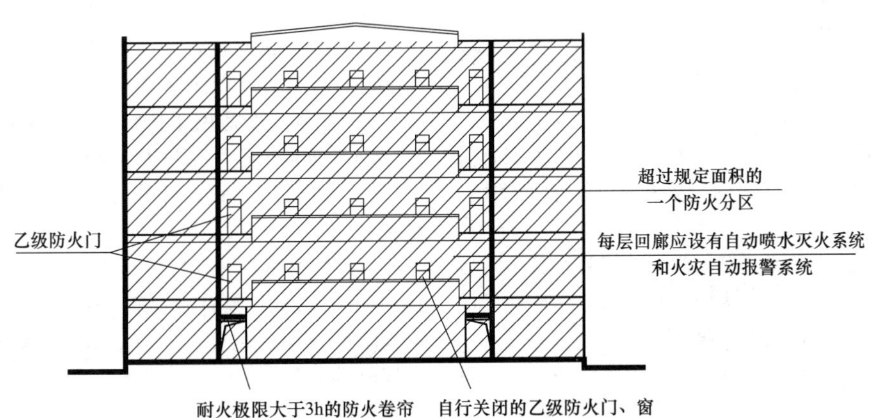

图13-41　高层建筑中庭的防火分区规定

（3）建筑外墙为难燃性或可燃性墙体时，防火墙应凸出墙的外表面0.4m以上，且防火墙两侧的外墙均应为宽度不小于2.0m的不燃性墙体，其耐火极限不应低于外墙的耐火极限。

（4）建筑外墙为不燃性墙体时，防火墙可不凸出墙的外表面，紧靠防火墙两侧的门、窗、洞口之间最近边缘的水平距离不应小于2.0m；采取设置乙级防火窗等防止火灾水平蔓延的措施时，该距离不限。

（5）建筑物内的防火墙不应当设置在转角处。如设在转角附近，内转角两侧上的门窗洞口之间最近的水平距离不应小于4.0m，采取设置乙级防火窗等防止火灾水平蔓延的措施时，该距离不限。

(6) 防火墙上不应开设门、窗、洞口，确需开设时，应设置不可开启或火灾时能自动关闭的甲级防火门、窗。

可燃气体和甲、乙、丙类液体的管道严禁穿过防火墙。防火墙内不应设置排气道。

(7) 除上述 (6) 规定外的其他管道不宜穿过防火墙，确需穿过时，应采用防火封堵材料将墙与管道之间的空隙紧密填实，穿过防火墙处的管道保温材料，应采用不燃材料；当管道为难燃及可燃材料时，应在防火墙两侧的管道上采取防火措施。

(8) 防火墙的构造应能在防火墙任意一侧的屋架、梁、楼板等受到火灾的影响而破坏时，不会导致防火墙倒塌。

七、防火门

防火门是指具有一定耐火极限，在发生火灾时能自行关闭的门，并应具有信号反馈的功能。建筑中设置的防火门应保证门的防火和防烟性能符合 GB 12955—2008《防火门》的有关规定，并经消防产品质量检测中心检测试验认证才能使用。

1. 分类

(1) 按耐火极限：防火门分为甲、乙、丙三级，甲、乙、丙级防火门应符合 GB 12955—2008《防火门》的规定。

(2) 按材料：可分为填充材料、木质、钢质、人造板防火门。

(3) 按门扇结构：可分为带亮子，不带亮子；单扇、多扇；全玻门、防火玻璃防火门。

2. 防火要求

(1) 设置在建筑内经常有人通行处的防火门宜采用常开防火门。常开防火门应能在火灾时自行关闭，并应具有信号反馈的功能。

(2) 除允许设置常开防火门的位置外，其他位置的防火门均应采用常闭防火门。常闭防火门应在其明显位置设置“保持防火门关闭”等提示标识。

(3) 除管井检修门和住宅的户门外，防火门应具有自行关闭功能。双扇防火门应具有按顺序自行关闭的功能。

(4) 除 GB 50016—2014《建筑设计防火规范》第 6.4.11 条第 4 款的规定外，防火门应能在其内外两侧手动开启。

(5) 设置在建筑变形缝附近时，防火门应设置在楼层较多的一侧，并应保证防火门开启时门扇不跨越变形缝。

(6) 防火门关闭后应具有防烟性能。

(7) 甲、乙、丙级防火门应符合 GB 12955—2008《防火门》的规定。

八、防火窗

防火窗是能起到隔离和阻止火势蔓延的窗，一般设置在防火间距不足部位的建筑外墙上的开口或天窗，建筑内的防火墙或防火隔墙上需要观察等部位及需要防止火灾竖向蔓延的外墙开口部位。

防火窗按照安装方法可分为固定窗扇与活动窗扇两种。固定窗扇防火窗不能开启，平时可采光、遮挡风雨，发生火灾时可阻止火势蔓延；活动窗扇防火窗能开启和关闭，起火时可自动关闭，阻止火势蔓延，开启后可排除烟气，平时还可采光和通风。为使防火窗的窗扇能够开启和关闭，需要安装自动和手动开关装置。

防火窗的耐火极限与防火门相同。设置在防火墙、防火隔墙上的防火窗应采用不可开启的窗扇或具有火灾时能自行关闭的功能。

防火窗应当符合 GB 16809—2008《防火窗》的有关规定。

九、防火卷帘

防火卷帘是在一定时间内，连同框架能满足耐火稳定性和完整性要求的卷帘，由帘板、卷轴、电机、导轨、支架、防护罩和控制机构等组成。

1. 类型

(1) 按叶板厚度，可分为轻型：厚度为 0.5～0.6mm；重型：厚度为 1.5～1.6mm。一般情况下，0.8～1.5mm 厚度适用于楼梯间或电动扶梯的隔墙，1.5mm 厚度以上适用于防火墙或防火分隔墙。

(2) 按启闭方式，可分为垂直卷、侧向卷、水平卷。

(3) 按材料，可分为普通型钢质，耐火极限分别达到 1.5、2.0h；复合型钢质，中间加隔热材料，耐火极限可分别达到 2.5、3.0、4.0h。此外，还有非金属材料制作的复合防火卷帘，主要材料是石棉布，有较高的耐火极限。

2. 设置要求

防火分隔部位设置防火卷帘时，应符合下列规定。

(1) 除中庭外，当防火分隔部位的宽度不大于 30m 时，防火卷帘的宽度不应大于 10m；当防火分隔部位的宽度大于 30m 时，防火卷帘的宽度不应大于该部位宽度的 1/3，且不应大于 20m。

(2) 不宜采用侧式防火卷帘。

(3) 除本规范另有规定外，防火卷帘的耐火极限不应低于本规范对所设置部位墙体的耐火极限要求。

当防火卷帘的耐火极限符合 GB/T 7633—2008《门和卷帘的耐火试验方法》有关耐火完整性和耐火隔热性的判定条件时，可不设置自动喷水灭火系统保护。

当防火卷帘的耐火极限仅符合 GB/T 7633—2008《门和卷帘的耐火试验方法》有关耐火完整性的判定条件时，应设置自动喷水灭火系统保护。自动喷水灭火系统的设计应符合 GB 50084—2017《自动喷水灭火系统设计规范》的规定，但火灾延续时间不应小于该防火卷帘的耐火极限。

(4) 防火卷帘应具有防烟性能，与楼板、梁、墙、柱之间的空隙应采用防火封堵材料封堵。

(5) 需在火灾时自动降落的防火卷帘，应具有信号反馈的功能。

(6) 其他要求，应符合 GB 14102—2005《防火卷帘》的规定。

3. 设置部位

一般设置在电梯厅、自动扶梯周围，中庭与楼层走道、过厅相通的开口部位，生产车间中大面积工艺洞口及设置防火墙有困难的部位等。

需要注意的是为保证安全，除中庭外，当防火分隔部位的宽度不大于 30m 时，防火卷帘的宽度不应大于 10m；当防火分隔部位的宽度大于 30m 时，防火卷帘的宽度不应大于该防火分隔部位宽度的 1/3，且不应大于 20m。

十、 变形缝

高层建筑的变形缝，按抗震需要，通常要留 50～70cm 宽。这种缝隙有很大的拔烟火作用。有些高层建筑利用变形缝的框架填充墙作为防火分区的防火分隔墙，而内走道通过该隔墙的洞口，一旦发生火灾，不利于阻止火灾蔓延。所以在设计时应当注意以下几点。

(1) 室内变形缝四周的基层应当采用金属板、钢筋混凝土等非燃烧材料，其表面覆盖装饰层宜结合室内装饰要求，采用不锈钢、铜合金板等不燃烧材料，如有困难，可采用经过防火处理的木质难燃材料，但必须覆盖严密。其构造如图 13-42 所示。

(2) 变形缝内不应当敷设电缆、电线和煤气、乙炔气、氢气等可燃气体管道及甲、乙、丙类液体管道。这些管道穿过变形缝时，应当在穿过处加设钢管等不燃烧材料的套管，并应当采用不燃烧材料将套管的两端缝隙填塞密实。

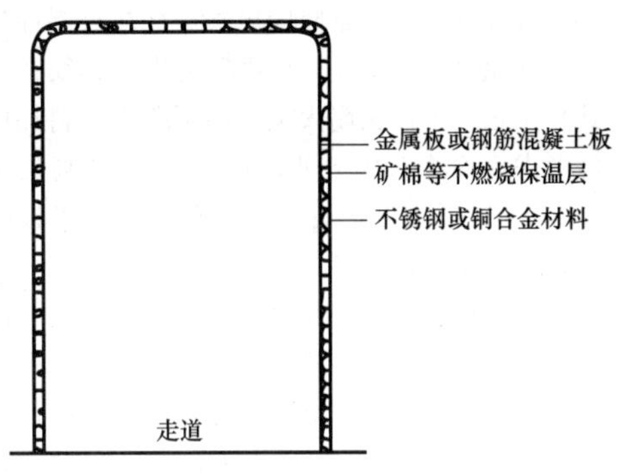

图 13-42　变形缝构造

十一、 各种竖井的防火分隔

大量的火灾实践表明，高层建筑的各种竖向管井，如在设计、施工中疏忽，没有很好封隔，一旦发生火灾，便会成了拔烟拔火的通道，助长火势蔓延扩大，造成严重损失。所以在设计中，对电梯井、管道井、电缆井、垃圾道等竖向管井的防火要求，要十分注意，认真加以考虑，具体要求做好下述几点。

(1) 竖向管井的井壁要具备较好的耐火能力。为阻止火灾向上蔓延，各种竖向管井的井壁必须具有足够的耐火能力。一般来说，电梯井的墙，其耐火极限不应低于 2.50～3.00h；管道井、电缆井、垃圾道等其他竖向管井的井壁，其耐火极限均不应低于 1.00h；高度超过 100m 的建筑，其耐火极限不低于 1.50h。同时，管道上的检查门，要采用耐火极限不低于 0.60h 的防火门。

(2) 电缆井、管道井、电梯井、排烟道、垃圾道等竖向管井因用途各不相同，并考虑到当某个竖向管井发生事故，不致相互影响，扩大灾情。所以必须分别单独设置，同时必须避免与房间、吊顶和壁柜等相连通。

(3) 高层建筑的电梯是平时垂直交通的主要工具，一旦发生火灾事故，易造成严重损失。所以电梯井内除可敷设供电梯本身使用的电缆、电线外，不要敷设煤气、液化石油气、氢气等可燃气体管道，可燃、易燃液体管道及电缆等。

(4) 电梯墙除可开设电梯门和通风透气孔洞外，不应开设其他孔洞，有个别高层建筑的电梯井，敷设与电梯无关的电缆，并在每层楼板处开设穿越电缆的孔洞，这样设计是极不安全的，应当极力避免。电梯井通风透气孔洞要采取火灾时能自行关闭的不燃烧材料制成的门。平时可开启，在火灾时能自动关闭，以防止火灾蔓延。

(5) 各种管井(包括竖向风管)宜在每层穿过楼板处(高度超过100m以上的超高层建筑必须在每层楼板处)用相当于楼板耐火极限的不燃烧材料加以封隔,但考虑到检修时的方便,100m以下的高层建筑可每隔2～3层楼板处进行分隔。对于穿越楼板的竖向风管,宜在每层楼板穿过处设防火阀。

(6) 垃圾管道内常常积存着可燃废物,还可能有未熄灭的烟头等火源,容易起火。所以在设计中,对垃圾管道防火要认真处理好。具体要注意以下几点。

1) 宜避免布置在疏散楼板平台上,宜设置在外壁(墙)的安全地点,并应当设有垃圾间,其面积为1.5～4m^2。

2) 垃圾管道内壁应光滑,没有突出物。

3) 排气口不应靠近可燃构件和可燃物,并应直接开向室外。

4) 垃圾斗及其盖板应用金属等不燃烧材料制作,垃圾斗的盖板应能自行关闭。

第三节 火灾消防广播与消防通信

一、火灾应急广播

(一) 火灾应急广播系统的构成

1. 独立的火灾应急广播

这种系统配置了专用的功率放大器、分路控制盘、音频传输网络及扬声器。在发生火灾时,由值班人员发出控制指令,接通功率放大器电源,并按消防程序启动相应楼层的火灾事故广播分路,如图13-43所示。

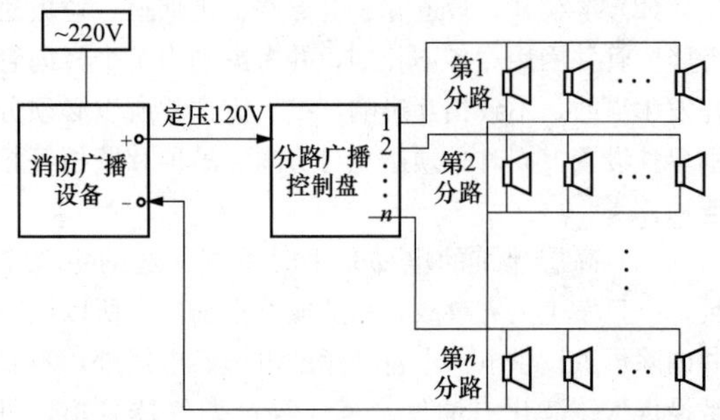

图13-43 独立的火灾应急广播系统

2. 火灾应急广播与广播音响系统合用

在这种系统中,广播室内应设有一套火灾应急广播专用的功率放大器及分路控制盘,音频传输网络及扬声器共用。火灾事故广播功率放大器的开机及分路控制指令由消防控制中心输出,通过强拆器中的继电器切除广播音响而接通火灾事故广播,将火灾事故广播送入相应的分路,其分路应与消防报警分区相对应。

利用具有切换功能的联动模块可将现场的扬声器接入消防控制室的总线上,由正常广播和消防广播送来的音频信号分别通过此联动模块的无源常闭触点和无源常开触点接在扬声器上。火灾发生时,联动模块根据消防控制室发出的信号,无源常闭触点打开,切除正常广播,无源常开触点闭合,接入消防广播,实现消防强切功能。一个广播区域可由一个联动模块控制,如图13-44所示。

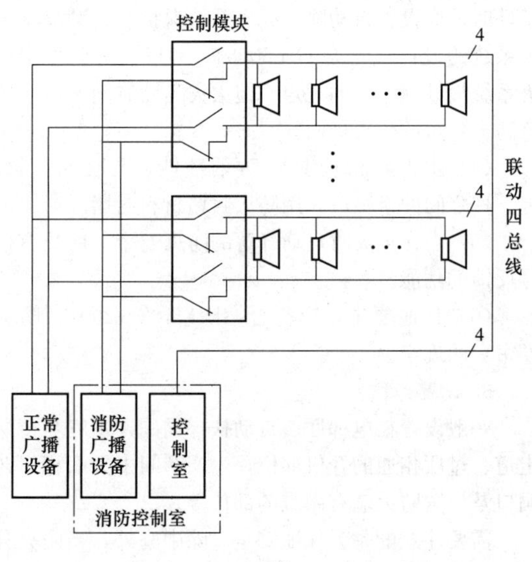

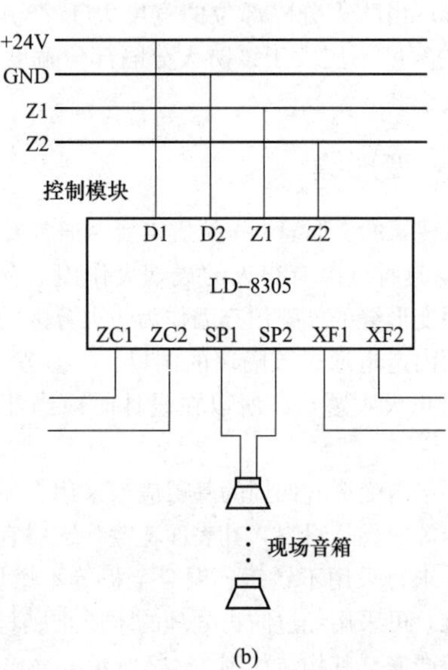

图13-44 火灾应急广播与广播音响系统合用时的安装

(a)控制原理;(b)模块接线

Z1、Z2—信号二总线连接端子;D1、D2—电源二总线连接端子;ZC1、ZC2—正常广播输入端子;XF1、XF2—消防广播输入端子;SP1、SP2—与扬声器连接的输出端子

（二）火灾应急广播的设置

（1）消防应急广播扬声器的设置，应符合下列规定。

1）民用建筑内扬声器应设置在走道和大厅等公共场所。每个扬声器的额定功率不应小于3W，其数量应能保证从一个防火分区内的任何部位到最近一个扬声器的直线距离不大于25m，走道末端距最近的扬声器距离不应大于12.5m。

2）在环境噪声大于60dB的场所设置的扬声器，在其播放范围内最远点的播放声压级应高于背景噪声15dB。

3）客房设置专用扬声器时，其功率不宜小于1W。

（2）壁挂扬声器的底边距地面高度应大于2.2m。

（三）火灾应急广播的控制方式

（1）发生火灾时，为便于疏散和减少不必要的混乱，火灾应急广播发出警报时不能采用整个建筑物火灾应急广播系统全部启动的方式，而应仅向着火楼层及其相关楼层进行广播，具体应符合以下原则。

1）当着火层在二层以上时，仅向着火层及其上下各一层或下一层上二层发出火灾报警。

2）当着火层在首层时，需要向首层、二层及全部地下层进行紧急广播。

3）当着火层在地下的任一层时，需要向全部地下层和首层紧急广播。

（2）火灾应急广播与建筑物内其他广播音响系统合用扬声器时，一旦发生火灾，要在消防控制室采用如下切换方式将火灾疏散层的扬声器和广播音响功率放大器强制转入火灾事故广播状态。

1）火灾应急广播系统仅利用音响广播系统的扬声器和传输线路，其功率放大器等装置却是专用时，火灾发生后，应由消防控制室切换输出线路，使音响广播系统投入火灾紧急广播。

2）火灾应急广播系统完全利用音响广播系统的功率放大器、扬声器和传输线路等装置时，消防控制室应设有紧急播放盒（内含传声器、放大器和电源、线路输出遥控按键等），用于火灾时遥控音响广播系统紧急开启作火灾紧急广播。

以上两种控制方式都注意使扬声器无论处于关闭或在播放音乐等状态下，都可紧急播放火灾广播。特别是在设有扬声器开关或音量调节器的系统中，紧急广播方式时，应采用继电器切换到火灾应急广播线路上。无论采用哪种控制方式，都应能使消防控制室采用传声器直接广播和遥控功率放大器的开闭及输出线路的分区播放，还能显示火灾事故广播功率放大器的工作状态。

（四）火灾应急广播的安装接线

1. 系统连接

消防广播按分区设置的线路连接如图13-45所示，其中，总线控制模块可用于联动控制一个楼层（或防火分区）的消防广播，以实现在火灾时，有选择性地选择着火层及相邻上下层的火灾事故广播，以便进行防火区域和一定范围内的人员疏散和灭火指挥。

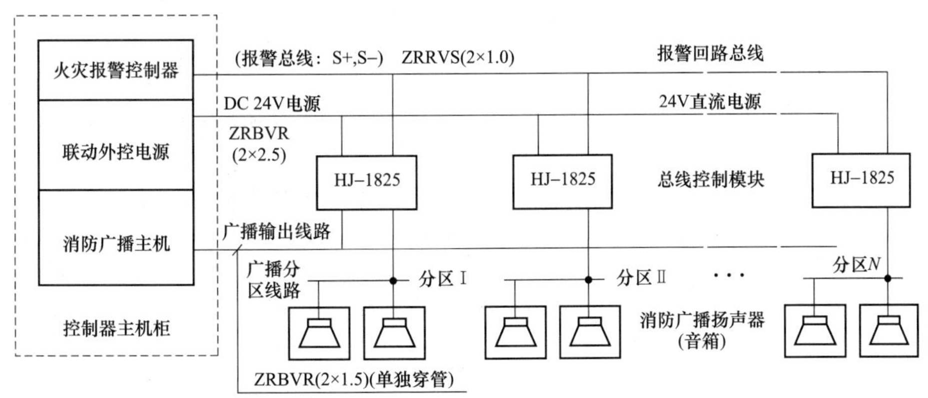

图13-45 消防广播按分区设置的线路连接

2. 事故切换

在火灾发生时，可通过控制模块输出继电器的两对“动合”“动断”转换接点，以控制着火层和上、下相邻层的火灾应急广播系统的接通；也可实现背景广播（公共广播）与消防广播的事故切换，即在火灾发生时，将扬声器或音箱由公共广播系统强行转换至消防应急广播。消防广播分层或分区联动控制和消防广播与公共广播联动切换接线如图13-46所示。

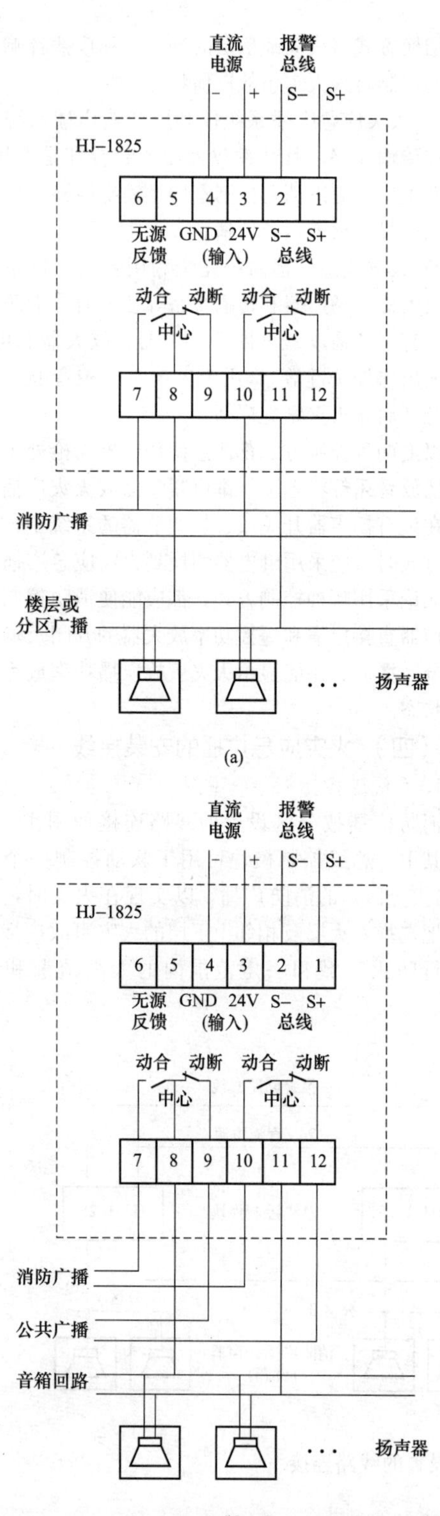

图 13-46 消防广播与公共广播联动切换接线
(a) 消防广播分层或分区联动控制；(b) 消防广播与公共广播切换

二、消防专用电话

（一）消防专用电话的设置

(1) 消防专用电话网络应为独立的消防通信系统。

(2) 消防控制室应设置消防专用电话总机。

(3) 多线制消防专用电话系统中的每个电话分机应与总机单独连接。

(4) 电话分机或电话插孔的设置，应符合下列规定。

1) 消防水泵房、发电机房、配变电室、计算机网络机房、主要通风和空调机房、防排烟机房、灭火控制系统操作装置处或控制室、企业消防站、消防值班室、总调度室、消防电梯机房及其他与消防联动控制有关的且经常有人值班的机房应设置消防专用电话分机。消防专用电话分机应固定安装在明显且便于使用的部位，并应有区别于普通电话的标识。

2) 设有手动火灾报警按钮或消火栓按钮等处，宜设置电话插孔，并宜选择带有电话插孔的手动火灾报警按钮。

3) 各避难层应每隔 20m 设置一个消防专用电话分机或电话插孔。

4) 电话插孔在墙上安装时，其底边距地面高度宜为 1.3～1.5m。

5) 消防控制室、消防值班室或企业消防站等处，应设置可直接报警的外线电话。

（二）消防专用电话的接线

消防通信系统根据线制的不同，可采用以下几种方式的系统，如图 13-47 所示。

1. 总线制消防电话

总线制电话为四总线制，其中 2 根导线为编码通信线（S+、S-），每个电话分机均有编码地址，一般采用阻燃型 ZRRVS 双绞线；另 2 根导线为总线电话线（TEL 总）。总线制消防电话一般用于电话分机，设置在重要部位（见消防电话的设置要求）和其他需要设置的部位。其接线端子示意如图 13-48 所示。

2. 二线制消防电话

二线制消防电话一般为电话塞孔（电话插孔，无编码地址），设置在一般部位，供巡视人员用手持电话插入电话塞孔，即可与消防控制室进行通信联络。目前，二线制消防电话插孔多设置于手动报警按钮内，其接线端子示意如图 13-49 所示。

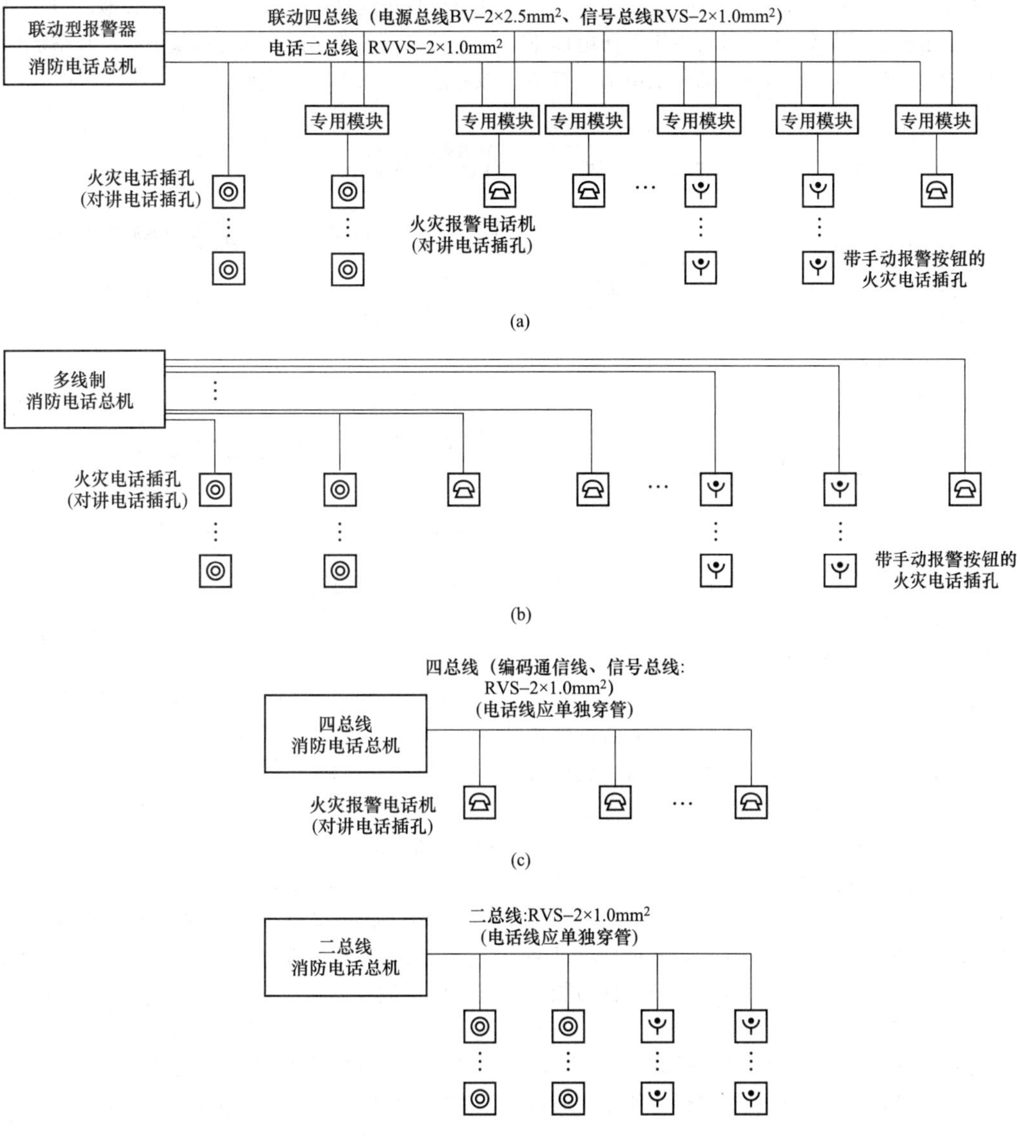

联动型报警器
消防电话总机
联动四总线（电源总线BV−2×2.5mm²、信号总线RVS−2×1.0mm²）
电话二总线 RVVS−2×1.0mm²
专用模块
火灾电话插孔
(对讲电话插孔)
火灾报警电话机
(对讲电话插孔)
带手动报警按钮的
火灾电话插孔
(a)
多线制
消防电话总机
火灾电话插孔
(对讲电话插孔)
带手动报警按钮的
火灾电话插孔
(b)
四总线（编码通信线、信号总线:
RVS−2×1.0mm²)
(电话线应单独穿管)
四总线
消防电话总机
火灾报警电话机
(对讲电话插孔)
(c)
二总线:RVS−2×1.0mm²
(电话线应单独穿管)
二总线
消防电话总机
(d)

图 13-47　消防通信系统接线图

(a) 六总线制接线方式；(b) 多线制接线方式；(c) 四总线制接线方式；(d) 二总线制接线方式（系统不编码）

编码总线
S+
S−
电话线路
S+
S−
电话线
总线
总线制电话出口

图 13-48　总线制消防电话接线端子示意

二线电话
S+
S−
DC₁
DC₂
报警
总线
并接于手动
报警按钮
二线
电话
J−SAP−M−02手报按钮

图 13-49　二线制消防电话接线端子示意

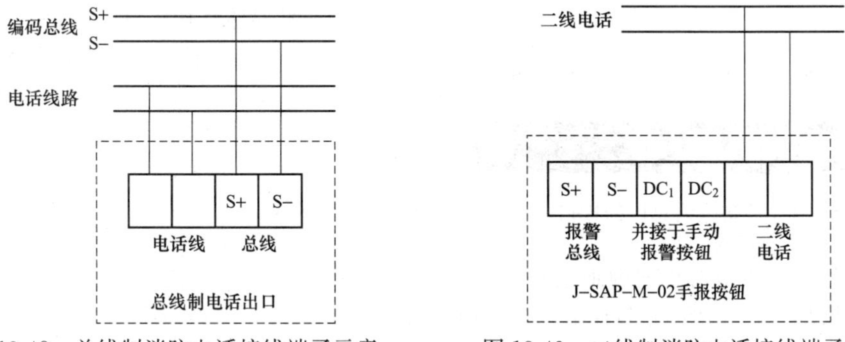

3. 多线制消防电话

多线制消防电话即每部电话分机占用消防电话总机（电话主机）的一路，采用独立的两根电话线与消防电话总机连接，即与普通市话相类似。但其中一路可连接二线插孔电话，并且数量不限。其系统构成和线路连接如图 13-50 所示。

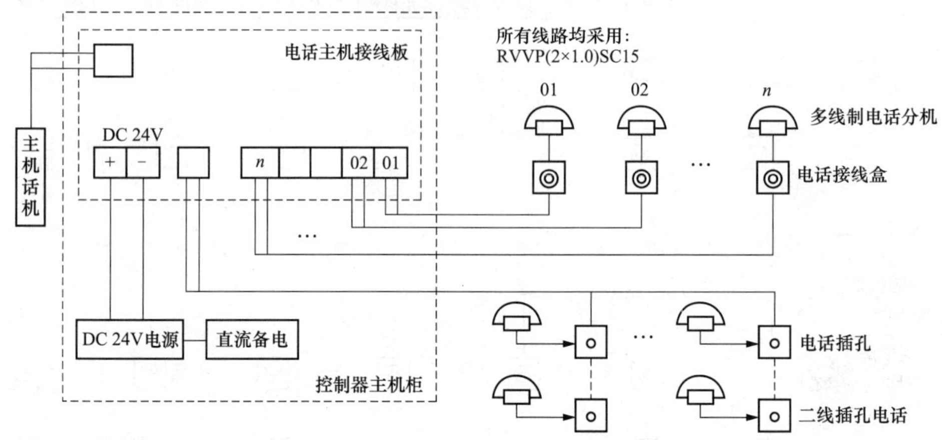

图 13-50　多线制消防电话构成和线路连接

（三）消防专用电话系统安装

1. 消防电话主机的安装

GST-TS-Z01A/CST-TS-Z01B 型消防电话总机是消防通信专用设备，当发生火灾报警时，可由它提供方便快捷的通信手段。它是消防控制及其报警系统中不可缺少的通信设备，主要具有以下特点。

(1) 每台总机可连接最多 512 路消防电话分机或 51 200 个消防电话插孔。

(2) 总机采用液晶图形汉字显示，通过显示汉字菜单及汉字提示信息，非常直观地显示了各种功能操作及通话呼叫状态，使用非常便利。

(3) 在总机前面板上设计有 15 路的呼叫操作键，和现场电话分机形成一对一的按键操作，使呼叫通话操作非常直观方便。

(4) 总机中使用了固体录音技术，可存储呼叫通话记录。

本消防电话总机采用标准插盘结构安装，其后部示意如图 13-51 所示。

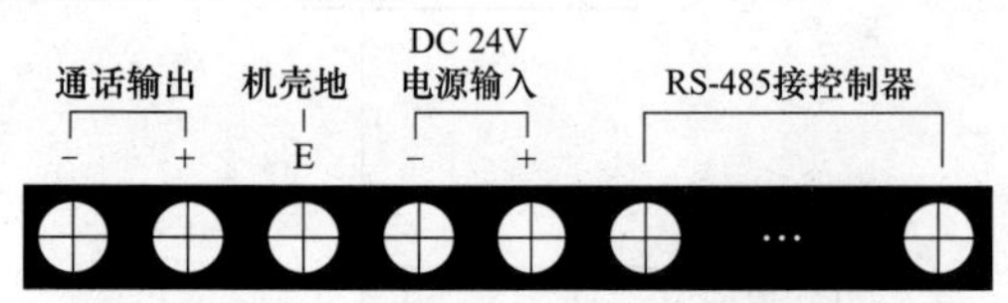

图 13-51　消防电话总机的接口

其中，接线为机壳地与机架的地端相接；DC 24V 电源输入接 DC 24V；RS-485 接控制器与火灾报警控制器相连接；消防电话总线与 GST-LD-8304 接口连接。

布线要求：通话输出端子接线采用截面积大于等于 1.0mm^2 的阻燃 RVVP 屏蔽线，最大传输距离为 1500m。特别注意：现场布线时，总线通话线必须单独穿线，不要同控制器总线同管穿线，否则会对通话声产生很大的干扰。

2. 消防电话插孔的安装

GST-LD-8312 型消防电话插孔是非编码设备，主要应用于将手提消防电话分机连入消防电话系统。消防电话插孔需通过 GST-LD-8304 型消防电话接口接入消防电话系统，不能直接接入消防电话总线。多个消防电话插孔可并联使用，接线方便、灵活。每只消防电话接口最多可连 100 只消防电话插孔。电话插孔安装采用进线管预埋装方式，取下电话插孔的红色盖板，用螺钉或自攻螺钉将电话插孔安装在 86H50 型预埋盒上，安装孔距为 60mm，装好红色盖板，安装方式如图 13-52 所示。

电话插孔对外端子为 TL1、TL2，是消防电话线与 GST-LD-8304 型连接的端子。端子 XT1 为电话线输入端，端子 XT2 为电话线输出端，接下一个电话插孔，最末端电话插孔 XT2 接线端子接 15kΩ 终端电阻。TL1、TL2 采用截面积大于等于 1.0mm^2 的阻燃 RVVP 屏蔽线。

3. 消防电话接口模块的安装

GST-LD-8304 型消防电话接口适用于将手提/固定消防电话分机连入总线制消防电话系统。GST-LD-8304 型消防电话接口是一种编码接口，占用一个编码点，与

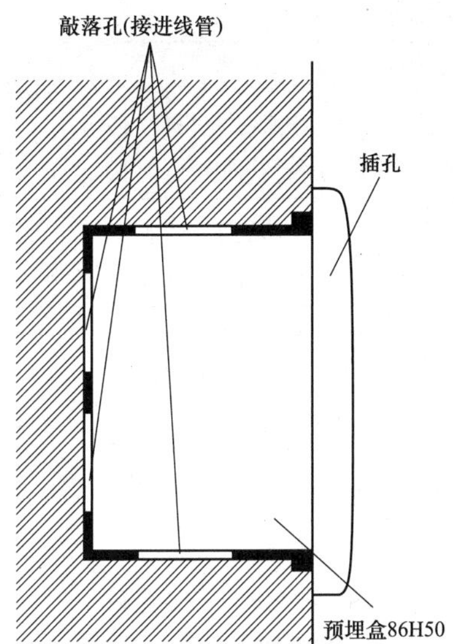

图 13-52 GST-LD-8304 型消防电话插口的安装方式

火灾报警控制器进行通信，实现消防电话总机和消防电话分机的驳接，同时也实现了消防电话总线断、短检线功能。当消防电话分机的话筒被提起，消防电话分机通过消防电话接口自动向消防电话总机请求接入，接收请求后，由火灾报警控制器向该接口发出启动命令，将消防电话分机接入消防电话总线。当消防电话总机呼叫时，通过火灾报警控制器向电话接口发启动命令，电话接口将消防电话总线接到消防电话分机。

GST-LD-8304 型消防电话接口可连接一台固定消防电话分机或最多连接 100 个消防电话插孔。可通过四线水晶头插座直接连接 GST-TS-100A 型固定电话分机，通过连接 TL1、TL2 端子的电话线连接 GST-LD-8312 型消防电话插孔。多个电话插孔可并接在此电话线上。GST-LD-8304 型消防电话接口的对外端子示意如图 13-53 所示。

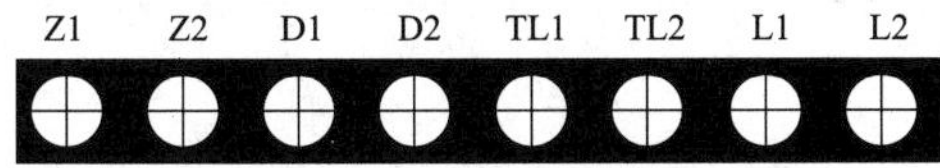

图 13-53 GST-LD-8304 型消防电话接口的对外端子示意

Z1、Z2—接火灾报警控制器两总线，无极性；D1、D2—DC 24V 电源，无极性；TL1、TL2—与 GST-LD-8312 型连接的端子；L1、L2—消防电话总线，无极性

布线要求：Z1、Z2 采用截面积大于等于 1.0mm^2 的阻燃 RVS 双绞线，DC 24V 电源线采用截面积大于等于 1.5mm^2 的阻燃 BV 线，TL1、TL2、L1、L2 采用截面积大于等于 1.0mm^2 的阻燃 RVVP 屏蔽线。

第四节 火灾应急照明与疏散指示标志

一、火灾应急照明

（一）应急照明的设置方式

1. 独立使用方式

独立使用方式即设置独立照明回路作为应急照明，该回路照明灯平时处于关闭状态，只有发生火灾时，通过应急照明事故切换控制使该回路通电投入运行，点燃火灾事故照明灯。

2. 混合使用方式

混合使用方式即利用正常照明的一部分灯具作为事故照明，正常时做普通照明灯使用，并连接于事故照明回路。火灾事故时，正常工作电源（非消防电源）被切断，其事故照明灯具通过事故照明切换装置，将正常电源转换为事故照明线路供电，以保证供电的连续性，提供事故状态下所需的应急照明。

3. 自带电源应急灯方式

自带电源应急灯方式即正常情况下，由交流电源对应急照明灯具内的蓄电池进行充电；当发生火灾事故，交流电断电时，由灯具内蓄电池进行放电，以提供应急照明灯电源。

（二）应急照明的设置部位

除建筑高度小于 27m 的住宅建筑外，民用建筑、厂房和丙类仓库的下列部位应设置疏散照明。

（1）封闭楼梯间、防烟楼梯间及其前室、消防电梯间的前室或合用前室、避难走道、避难层（间）。

（2）观众厅、展览厅、多功能厅和建筑面积大于 200m^2 的营业厅、餐厅、演播室等人员密集的场所。

（3）建筑面积大于 100m^2 的地下或半地下公共活动场所。

（4）公共建筑内的疏散走道。

（5）人员密集的厂房内的生产场所及疏散走道。

（三）应急照明的供电要求

火灾应急照明在正常电源断电后，应能在规定时间内自动启燃并达到所需最低的照度，其供电时间、照度及场所举例见表 13-5。疏散指示照明是在发生火灾时能指明疏散通道及出入口的位置和方向，便于有秩序地疏散的照明。因此，疏散照明除了在能由外来光线识别安全出入口和疏散方向，或防火对象在夜间、假日无人工作时之外，平时均处于燃亮状态。当采用自带蓄电池的应急照明灯时，平时应使电池处于充电状态。

表 13-5　　火灾应急照明的供电时间、照度及场所举例

名称	供电时间	照度	电源转换时间（s）	场所举例
火灾疏散标志照明	不小于 20min	最低不应低于 0.5lx	电梯轿厢内、消火栓处、自动扶梯安全出口、台阶处、疏散走廊、室内通道、公共出口	≤15
暂时继续工作的备用照明	不小于 1h	不少于正常照度的 50%	人员密集场所观众厅、餐厅、多功能厅、营业厅和危险场所、避难层等	≤15（金融交易场所：≤0.5）
继续工作的备用照明	连续	保持正常照明时的照度	配电室、消防控制室、消防水泵房、防排烟机房、发电机房、蓄电池室、电话总机房、火灾广播室、BAS 中控室及其他重要房间	≤15
安全照明	连续	保持正常照明时的照度	医院内重要的手术室、急救室	≤0.5

当设有两台及两台以上电力变压器时，宜与正常照明供电线路分别接入不同的变压器。仅设有一台变压器时，宜与正常照明供电线路在变电站内的低压配电屏（或低压母线）上分开。未设变压器时，应在电源进户线处与正常照明供电线路分开，且不得与正常照明共用一个总电源开关。

为充分保证应急照明的供电，应采用有足够容量的蓄电池或柴油发电机装置作为备用电源，其备用电源的形式可根据建筑物的规模、用途、灯具的数量等因素选定，一般以建筑面积 $2000m^2$ 为界限。当建筑面积不足 $2000m^2$ 时，采用备用电源内设型应急照明器具，即采用自带备用电源的应急照明灯；当建筑面积超过 $2000m^2$ 时，则采用备用电源外设型应急照明器具，即采用独立于正常电源的柴油发电机或蓄电池组集中供电，这样在经济上十分有利。

（四）应急照明的安装

事故照明灯的安装方式和形式应根据设计施工图进行。其一般安装形式与普通照明灯相同，常用的有吊链式、吊杆式、吸顶式、嵌入式和壁式等形式。而公共建筑的应急照明可采用自带电源（蓄电池）的应急照明灯，多采用在墙壁上明装。灯具安装如图 13-54 所示。

（五）应急照明的联动控制

应急照明（灯）的工作方式分为专用和混用两种：专用者平时不点亮，事故时强行启点，混用者与正常工作照明一样。混用者往往装有照明开关，必要时则需要在火灾事故发生后强迫启点。高层建筑中的楼梯间照明兼作事故疏散照明，通常楼梯灯采用自熄

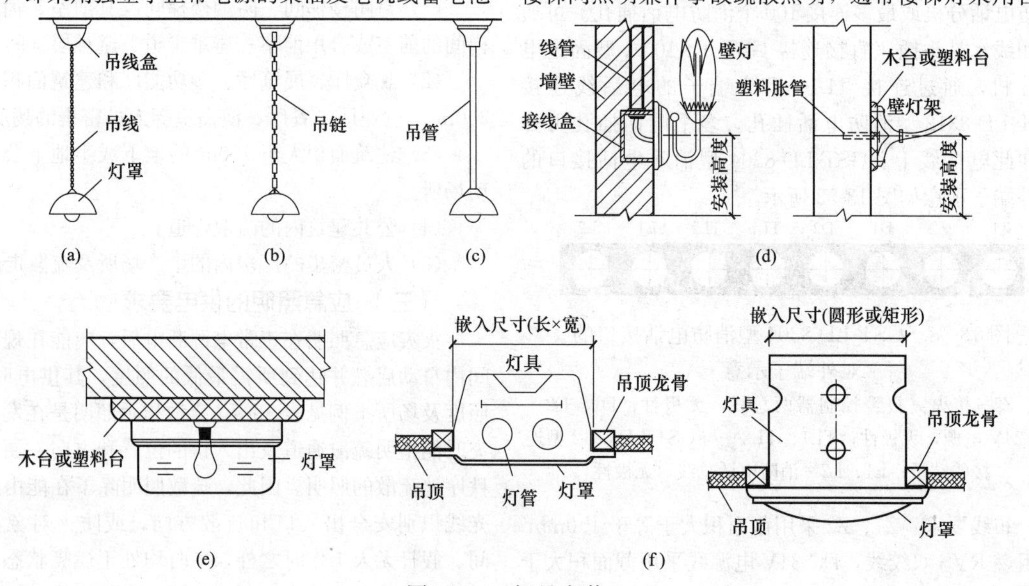

图 13-54　灯具安装

(a) 吊线灯 CP；(b) 吊链灯 CH；(c) 吊管灯 P；(d) 壁灯 W；(e) 吸顶灯 S；(f) 嵌入灯 R

开关，因此需在火灾事故时强行启点。其接线如图13-55所示。

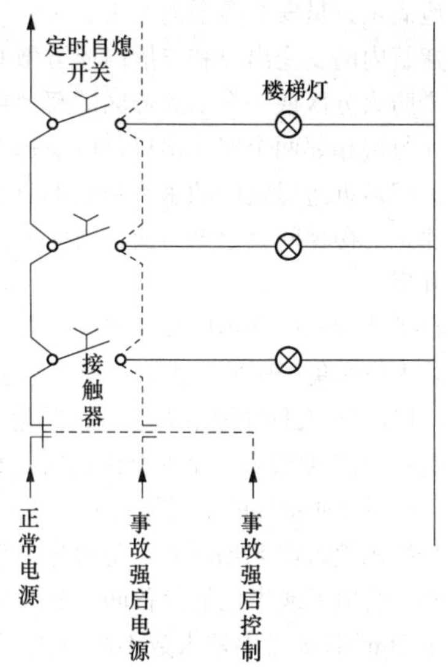

图 13-55　楼梯定时自熄开关的事故强行点亮示意

二、疏散指示标志

（一）疏散标志照明的设置

1. 照度设置

供人员疏散的疏散标志灯，在主要通道上的照度不低于0.5lx。

2. 维持时间

疏散标志灯维持时间按楼层高度及疏散距离计算，一般维持时间为20～60min。

3. 色别要求

按防火规范要求，疏散标志灯的指示标志应采用白底绿字或绿底白字，并用箭头或图形指示疏散方向，以达到醒目效果，使光的距离传播较远。

4. 设置部位

疏散标志照明具体设置部位主要有以下场所。间距设置要求如图13-56所示。

（1）封闭楼梯间、防烟楼梯间及前室、消防电梯及前室。

（2）配电室、消防控制室、自备发电机房、消防水泵房、消火栓处、防烟排风机房、供消防用电的蓄电池室、电话总机房、BMS中央控制室，以及在发生火灾时，仍需坚持工作的其他房间。

（3）大面积的商场、展厅等安全通道上，且一般采用顶棚下吊装。

（4）观众厅，每层面积超过1500m²的展览厅、营业厅，建筑面积超过200m²的演播室，人员密集且建筑面积超过300m²的地下室及汽车库。

（二）疏散标志照明的供电

疏散标志照明的供电及要求与应急照明相同。疏散标志照明也应采用双电源供电。除正常电源外，还应设置备用电源，一般可取自消防备用电源，并能实现备电的自投功能。

（三）疏散指示标志的安装

疏散标志灯应设玻璃或其他非燃烧材料制作的保护罩。疏散指示灯的布置方法如图13-57所示。箭头表示疏散方向。疏散指示灯的点亮方式有两种：一种平时不亮，当遇到火灾时接收指令，按要求分区或全部点亮；另一种平时即点亮，兼作平时出入口的标志。

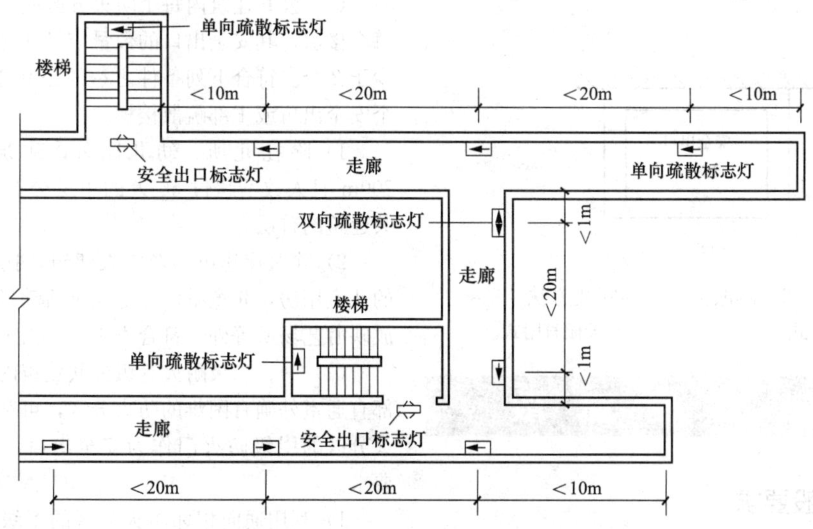

图 13-56　疏散标志灯间距设置要求

无自然采光的地下室等处，通常采用平时点亮方式。

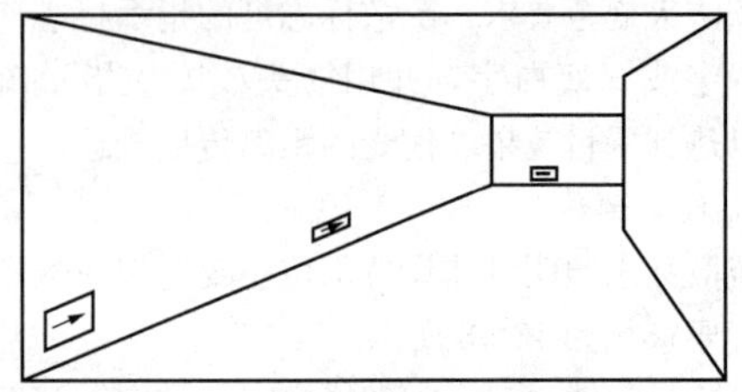

图 13-57　疏散指示灯的布置方法

疏散指示灯可分为大、中、小三种，可按应用场所的不同进行选择。安装方式主要有明装直附式、明装悬吊式和暗装式三种。室内走廊、门厅等处的壁面或棚面可安装标志灯，可明装直附、悬吊或暗装。一般新建筑（与土建一起施工）多采用暗装（壁面），旧建筑改造可使用明装方式，靠墙上方可用直附式，正面通道上方可采用悬吊式。疏散指示灯的安装方法如图 13-58 所示。

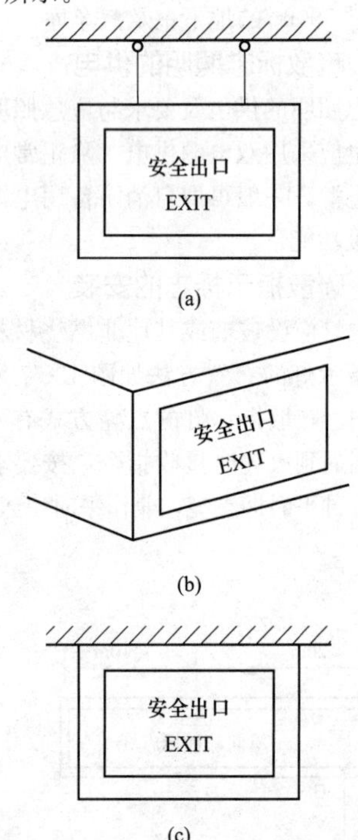

图 13-58　疏散指示灯的安装方法

（a）悬吊式；（b）暗装式；（c）天棚直附式

第五节　安　全　疏　散

一、一般要求

（1）民用建筑应根据其建筑高度、规模、使用功能和耐火等级等因素合理设置安全疏散和避难设施。安全出口和疏散门的位置、数量、宽度及疏散楼梯间的形式，应满足人员安全疏散的要求。

（2）建筑内的安全出口和疏散门应分散布置，且建筑内每个防火分区或一个防火分区的每个楼层、每个住宅单元每层相邻两个安全出口，以及每个房间相邻两个疏散门最近边缘之间的水平距离不应小于 5m。

（3）建筑的楼梯间宜通至屋面，通向屋面的门或窗应向外开启。

（4）自动扶梯和电梯不应计作安全疏散设施。

（5）除人员密集场所外，建筑面积不大于 500m²、使用人数不超过 30 人且埋深不大于 10m 的地下或半地下建筑（室），当需要设置 2 个安全出口时，其中一个安全出口可利用直通室外的金属竖向梯。

除歌舞娱乐放映游艺场所外，防火分区建筑面积不大于 200m² 的地下或半地下设备间、防火分区建筑面积不大于 50m² 且经常停留人数不超过 15 人的其他地下或半地下建筑（室），可设置 1 个安全出口或 1 部疏散楼梯。

建筑面积不大于 200m² 的地下或半地下设备间、建筑面积不大于 50m² 且经常停留人数不超过 15 人的其他地下或半地下房间，可设置 1 个疏散门。

（6）直通建筑内附设汽车库的电梯，应在汽车库部分设置电梯候梯厅，并应采用耐火极限不低于 2.00h 的防火隔墙和乙级防火门与汽车库分隔。

（7）高层建筑直通室外的安全出口上方，应设置挑出宽度不小于 1.0m 的防护挑檐。

二、公共建筑

（1）公共建筑内每个防火分区或一个防火分区的每个楼层，其安全出口的数量应经计算确定，且不应少于 2 个。符合下列条件之一的公共建筑，可设置 1 个安全出口或 1 部疏散楼梯。

1）除托儿所、幼儿园外，建筑面积不大于 200m² 且人数不超过 50 人的单层公共建筑或多层公共建筑的首层。

2）除医疗建筑，老年人建筑，托儿所、幼儿园的儿童用房，儿童游乐厅等儿童活动场所和歌舞娱乐放映游艺场所等外，符合表 13-6 规定的公共建筑。

（2）一、二级耐火等级公共建筑内的安全出口全部直通室外确有困难的防火分区，可利用通向相邻防火分区的甲级防火门作为安全出口，但应符合下列要求。

1）利用通向相邻防火分区的甲级防火门作为安全出口时，应采用防火墙与相邻防火分区进行分隔。

表 13-6　可设置 1 部疏散楼梯的公共建筑

耐火等级	最多层数	每层最大建筑面积（m）	人　数
一、二级	3 层	200	第二、三层的人数之和不超过 50 人
三级	3 层	200	第二、三层的人数之和不超过 25 人
四级	2 层	200	第二层人数不超过 15 人

2）建筑面积大于 1000m² 的防火分区，直通室外的安全出口不应少于 2 个；建筑面积不大于 1000m² 的防火分区，直通室外的安全出口不应少于 1 个。

3）该防火分区通向相邻防火分区的疏散净宽度不应大于其按（14）规定计算的所需疏散总净宽度的 30%，建筑各层直通室外的安全出口总净宽度不应小于按照（14）规定计算的所需疏散总净宽度。

（3）高层公共建筑的疏散楼梯，当分散设置确有困难且从任一疏散门至最近疏散楼梯间入口的距离不大于 10m 时，可采用剪刀楼梯间，但应符合下列规定。

1）楼梯间应为防烟楼梯间。

2）梯段之间应设置耐火极限不低于 1.00h 的防火隔墙。

3）楼梯间的前室应分别设置。

（4）设置不少于 2 部疏散楼梯的一、二级耐火等级多层公共建筑，如顶层局部升高，当高出部分的层数不超过 2 层、人数之和不超过 50 人且每层建筑面积不大于 200m² 时，高出部分可设置 1 部疏散楼梯，但至少应另外设置 1 个直通建筑主体上人平屋面的安全出口，且上人屋面应符合人员安全疏散的要求。

（5）一类高层公共建筑和建筑高度大于 32m 的二类高层公共建筑，其疏散楼梯应采用防烟楼梯间。

裙房和建筑高度不大于 32m 的二类高层公共建筑，其疏散楼梯应采用封闭楼梯间。

注：当裙房与高层建筑主体之间设置防火墙时，裙房的疏散楼梯可按有关单、多层建筑的要求确定。

（6）下列多层公共建筑的疏散楼梯，除与敞开式外廊直接相连的楼梯间外，均应采用封闭楼梯间。

1）医疗建筑、旅馆、老年人建筑及类似使用功能的建筑。

2）设置歌舞娱乐放映游艺场所的建筑。

3）商店、图书馆、展览建筑、会议中心及类似使用功能的建筑。

4）6 层及以上的其他建筑。

（7）公共建筑内的客、货电梯宜设置电梯候梯厅，不宜直接设置在营业厅、展览厅、多功能厅等场所内。

（8）公共建筑内房间的疏散门数量应经计算确定且不应少于 2 个。除托儿所、幼儿园、老年人建筑、医疗建筑、教学建筑内位于走道尽端的房间外，符合下列条件之一的房间可设置 1 个疏散门。

1）位于两个安全出口之间或袋形走道两侧的房间，对于托儿所、幼儿园、老年人建筑，建筑面积不大于 50m²；对于医疗建筑、教学建筑，建筑面积不大于 75m²；对于其他建筑或场所，建筑面积不大于 120m²。

2）位于走道尽端的房间，建筑面积小于 50m² 且疏散门的净宽度不小于 0.90m，或由房间内任一点至疏散门的直线距离不大于 15m、建筑面积不大于 200m² 且疏散门的净宽度不小于 1.40m。

3）歌舞娱乐放映游艺场所内建筑面积不大于 50m² 且经常停留人数不超过 15 人的厅、室。

（9）剧场、电影院、礼堂和体育馆的观众厅或多功能厅，其疏散门的数量应经计算确定且不应少于 2 个，并应符合下列规定。

1）对于剧场、电影院、礼堂的观众厅或多功能厅，每个疏散门的平均疏散人数不应超过 250 人；当容纳人数超过 2000 人时，其超过 2000 人的部分，每个疏散门的平均疏散人数不应超过 400 人。

2）对于体育馆的观众厅，每个疏散门的平均疏散人数不宜超过 400～700 人。

（10）公共建筑的安全疏散距离应符合下列规定。

1）直通疏散走道的房间疏散门至最近安全出口的直线距离不应大于表 13-7 的规定。

表 13-7　直通疏散走道的房间疏散门至最近安全出口的直线距离　m

名称	位于两个安全出口之间的疏散门			位于袋形走道两侧或尽端的疏散门		
	一、二级	三级	四级	一、二级	三级	四级
托儿所、幼儿园、老年人建筑	25	20	15	20	15	10
歌舞娱乐放映游艺场所	25	20	15	9	—	—

续表

名称			位于两个安全出口之间的疏散门			位于袋形走道两侧或尽端的疏散门		
			一、二级	三级	四级	一、二级	三级	四级
医疗建筑	单、多层		35	30	25	20	15	10
	高层	病房部分	24	—	—	12	—	—
		其他部分	30	—	—	15	—	—
教学建筑	单、多层		35	30	25	22	20	10
	高层		30	—	—	15	—	—
高层旅馆、展览建筑			30	—	—	15	—	—
其他建筑	单、多层		40	35	25	22	20	15
	高层		40	—	—	20	—	—

注 1. 建筑内开向敞开式外廊的房间疏散门至最近安全出口的直线距离可按表中的规定增加 5m。
2. 直通疏散走道的房间疏散门至最近敞开楼梯间的直线距离，当房间位于两个楼梯间之间时，应按表中的规定减少 5m；当房间位于袋形走道两侧或尽端时，应按表中的规定减少 2m。
3. 建筑物内全部设置自动喷水灭火系统时，其安全疏散距离可按表中的规定增加 25%。

2）楼梯间应在首层直通室外，确有困难时，可在首层采用扩大的封闭楼梯间或防烟楼梯间前室。当层数不超过 4 层且未采用扩大的封闭楼梯间或防烟楼梯间前室时，可将直通室外的门设置在离楼梯间不大于 15m 处。

3）房间内任一点至房间直通疏散走道的疏散门的直线距离，不应大于表 13-7 规定的袋形走道两侧或尽端的疏散门至最近安全出口的直线距离。

4）一、二级耐火等级建筑内疏散门或安全出口不少于 2 个的观众厅、展览厅、多功能厅、餐厅、营业厅等，其室内任一点至最近疏散门或安全出口的直线距离不应大于 30m；当疏散门不能直通室外地面或疏散楼梯间时，应采用长度不大于 10m 的疏散走道通至最近的安全出口。当该场所设置自动喷水灭火系统时，室内任一点至最近安全出口的安全疏散距离可分别增加 25%。

（11）除本规范另有规定外，公共建筑内疏散门和安全出口的净宽度不应小于 0.90m，疏散走道和疏散楼梯的净宽度不应小于 1.10m。

高层公共建筑内楼梯间的首层疏散门、首层疏散外门、疏散走道和疏散楼梯的最小净宽度应符合表 13-8 的规定。

（12）人员密集的公共场所、观众厅的疏散门不应设置门槛，其净宽度不应小于 1.40m，且紧靠门口内外各 1.40m 范围内不应设置踏步。

人员密集的公共场所的室外疏散通道的净宽度不应小于 3.00m，并应直接通向宽敞地带。

（13）剧场、电影院、礼堂、体育馆等场所的疏散走道、疏散楼梯、疏散门、安全出口的各自总净宽度，应符合下列规定。

表 13-8 高层公共建筑内楼梯间的首层疏散门、首层疏散外门、疏散走道和疏散楼梯的最小净宽度 m

建筑类别	楼梯间的首层疏散门、首层疏散外门	走道		疏散楼梯
		单面布房	双面布房	
高层医疗建筑	1.30	1.40	1.50	1.30
其他高层公共建筑	1.20	1.30	1.40	1.20

1）观众厅内疏散走道的净宽度应按每 100 人不小于 0.60m 计算，且不应小于 1.00m；边走道的净宽度不宜小于 0.80m。

布置疏散走道时，横走道之间的座位排数不宜超过 20 排；纵走道之间的座位数：剧场、电影院、礼堂等，每排不宜超过 22 个；体育馆，每排不宜超过 26 个；前后排座椅的排距不小于 0.90m 时，可增加 1.0 倍，但不得超过 50 个；仅一侧有纵走道时，座位数应减少一半。

2）剧场、电影院、礼堂等场所供观众疏散的所有内门、外门、楼梯和走道的各自总净宽度，应根据疏散人数按每 100 人的最小疏散净宽度不小于表 13-9 的规定计算确定。

表 13-9 剧场、电影院、礼堂等场所每 100 人所需最小疏散净宽度 m

观众厅座位数（座）			≤2500	≤1200
耐火等级			一、二级	三级
疏散部位	门和走道	平坡地面	0.65	0.85
		阶梯地面	0.75	1.00
	楼梯		0.75	1.00

3）体育馆供观众疏散的所有内门、外门、楼梯和走道的各自总净宽度，应根据疏散人数按每 100 人的最小疏散净宽度不小于表 13-10 的规定计算确定。

表 13-10 体育馆每 100 人所需最小疏散净宽度 m

观众厅座位数范围（座）			3000～5000	5001～10 000	10 001～20 000
疏散部位	门和走道	平坡地面	0.43	0.37	0.32
		阶梯地面	0.50	0.43	0.37
	楼梯		0.50	0.43	0.37

注 表中对应较大座位数范围按规定计算的疏散总净宽度，不应小于对应相邻较小座位数范围按其最多座位数计算的疏散总净宽度。对于观众厅座位数少于 3000 个的体育馆，计算供观众疏散的所有内门、外门、楼梯和走道的各自总净宽度时，每 100 人的最小疏散净宽度不应小于表 13-9 的规定。

4）有等场需要的入场门不应作为观众厅的疏散门。

（14）除剧场、电影院、礼堂、体育馆外的其他公共建筑，其房间疏散门、安全出口、疏散走道和疏散楼梯的各自总净宽度，应符合下列规定。

1）每层的房间疏散门、安全出口、疏散走道和疏散楼梯的各自总净宽度，应根据疏散人数按每 100 人的最小疏散净宽度不小于表 13-11 的规定计算确定。当每层疏散人数不等时，疏散楼梯的总净宽度可分层计算，地上建筑内下层楼梯的总净宽度应按该层及以上疏散人数最多一层的人数计算；地下建筑内上层楼梯的总净宽度应按该层及以下疏散人数最多一层的人数计算。

2）地下或半地下人员密集的厅、室和歌舞娱乐放映游艺场所，其房间疏散门、安全出口、疏散走道和疏散楼梯的各自总净宽度，应根据疏散人数按每 100 人不小于 1.00m 计算确定。

表 13-11 每层的房间疏散门、安全出口、疏散走道和疏散楼梯的每 100 人最小疏散净宽度 m

建筑层数		建筑的耐火等级		
		一、二级	三级	四级
地上楼层	1～2 层	0.65	0.75	1.00
	3 层	0.75	1.00	—
	≥4 层	1.00	1.25	—
地下楼层	与地面出入口地面的高差 $\Delta H \leqslant 10$m	0.75	—	—
	与地面出入口地面的高差 $\Delta H > 10$m	1.00	—	—

3）首层外门的总净宽度应按该建筑疏散人数最多一层的人数计算确定，不供其他楼层人员疏散的外门，可按本层的疏散人数计算确定。

4）歌舞娱乐放映游艺场所中录像厅的疏散人数，应根据厅、室的建筑面积按不小于 1.0 人/m^2 计算；其他歌舞娱乐放映游艺场所的疏散人数，应根据厅、室的建筑面积按不小于 0.5 人/m^2 计算。

5）有固定座位的场所，其疏散人数可按实际座位数的 1.1 倍计算。

6）展览厅的疏散人数应根据展览厅的建筑面积和人员密度计算，展览厅内的人员密度不宜小于 0.75 人/m^2。

7）商店的疏散人数应按每层营业厅的建筑面积乘以表 13-12 规定的人员密度计算。对于建材商店、家具和灯饰展示建筑，其人员密度可按表 13-12 规定值的 30%确定。

表 13-12 商店营业厅内的人员密度 人/m^2

楼层位置	地下第二层	地下第一层	地上第一、二层	地上第三层	地上第四层及以上各层
人员密度	0.56	0.60	0.43～0.60	0.39～0.54	0.30～0.42

（15）人员密集的公共建筑不宜在窗口、阳台等部位设置封闭的金属栅栏，确需设置时，应能从内部易于开启；窗口、阳台等部位宜根据其高度设置适用的辅助疏散逃生设施。

（16）建筑高度大于 100m 的公共建筑，应设置避难层（间）。避难层（间）应符合下列规定。

1）第一个避难层（间）的楼地面至灭火救援场

地地面的高度不应大于 50m，两个避难层（间）之间的高度不宜大于 50m。

2）通向避难层（间）的疏散楼梯应在避难层分隔、同层错位或上下层断开。

3）避难层（间）的净面积应能满足设计避难人数避难的要求，并宜按 5.0 人/m^2 计算。

4）避难层可兼作设备层。设备管道宜集中布置，其中的易燃、可燃液体或气体管道应集中布置，设备管道区应采用耐火极限不低于 3.00h 的防火隔墙与避难区分隔。管道井和设备间应采用耐火极限不低于 2.00h 的防火隔墙与避难区分隔，管道井和设备间的门不应直接开向避难区；确需直接开向避难区时，与避难层区出入口的距离不应小于 5m，且应采用甲级防火门。

避难间内不应设置易燃、可燃液体或气体管道，不应开设除外窗、疏散门之外的其他开口。

5）避难层应设置消防电梯出口。

6）应设置消火栓和消防软管卷盘。

7）应设置消防专线电话和应急广播。

8）在避难层（间）进入楼梯间的入口处和疏散楼梯通向避难层（间）的出口处，应设置明显的指示标志。

9）应设置直接对外的可开启窗口或独立的机械防烟设施，外窗应采用乙级防火窗。

（17）高层病房楼应在二层及以上的病房楼层和洁净手术部设置避难间。避难间应符合下列规定。

1）避难间服务的护理单元不应超过 2 个，其净面积应按每个护理单元不小于 25.0m^2 确定。

2）避难间兼作其他用途时，应保证人员的避难安全，且不得减少可供避难的净面积。

3）应靠近楼梯间，并应采用耐火极限不低于 2.00h 的防火隔墙和甲级防火门与其他部位分隔。

4）应设置消防专线电话和消防应急广播。

5）避难间的入口处应设置明显的指示标志。

6）应设置直接对外的可开启窗口或独立的机械防烟设施，外窗应采用乙级防火窗。

三、住宅建筑

（1）住宅建筑安全出口的设置应符合下列规定。

1）建筑高度不大于 27m 的建筑，当每个单元任一层的建筑面积大于 650m^2，或任一户门至最近安全出口的距离大于 15m 时，每个单元每层的安全出口不应少于 2 个。

2）建筑高度大于 27m、不大于 54m 的建筑，当每个单元任一层的建筑面积大于 650m^2 或任一户门至最近安全出口的距离大于 10m 时，每个单元每层的安全出口不应少于 2 个。

3）建筑高度大于 54m 的建筑，每个单元每层的安全出口不应少于 2 个。

（2）建筑高度大于 27m，但不大于 54m 的住宅建筑，每个单元设置一座疏散楼梯时，疏散楼梯应通至屋面，且单元之间的疏散楼梯应能通过屋面连通，户门应采用乙级防火门。当不能通至屋面或不能通过屋面连通时，应设置 2 个安全出口。

（3）住宅建筑的疏散楼梯设置应符合下列规定。

1）建筑高度不大于 21m 的住宅建筑可采用敞开楼梯间；与电梯井相邻布置的疏散楼梯应采用封闭楼梯间，当户门采用乙级防火门时，仍可采用敞开楼梯间。

2）建筑高度大于 21m、不大于 33m 的住宅建筑应采用封闭楼梯间；当户门采用乙级防火门时，可采用敞开楼梯间。

3）建筑高度大于 33m 的住宅建筑应采用防烟楼梯间。户门不宜直接开向前室，确有困难时，每层开向同一前室的户门不应大于 3 樘且应采用乙级防火门。

（4）住宅单元的疏散楼梯，当分散设置确有困难且任一户门至最近疏散楼梯间入口的距离不大于 10m 时，可采用剪刀楼梯间，但应符合下列规定。

1）应采用防烟楼梯间。

2）梯段之间应设置耐火极限不低于 1.00h 的防火隔墙。

3）楼梯间的前室不宜共用；共用时，前室的使用面积不应小于 6.0m^2。

4）楼梯间的前室或共用前室不宜与消防电梯的前室合用；楼梯间的共用前室与消防电梯的前室合用时，合用前室的使用面积不应小于 12.0m^2，且短边不应小于 2.4m。

（5）住宅建筑的安全疏散距离应符合下列规定。

1）住宅建筑直通疏散走道的户门至最近安全出口的直线距离不应大于表 13-12 的规定。

2）楼梯间应在首层直通室外，或在首层采用扩大的封闭楼梯间或防烟楼梯间前室。层数不超过 4 层时，可将直通室外的门设置在离楼梯间不大于 15m 处。

3）户内任一点至直通疏散走道的户门的直线距离不应大于表 13-13 规定的袋形走道两侧或尽端的疏散门至最近安全出口的最大直线距离。

注：跃层式住宅，户内楼梯的距离可按其梯段水平投影长度的 1.50 倍计算。

表 13-13　住宅建筑直通疏散走道的户门至最近安全出口的直线距离　m

住宅建筑类别	位于两个安全出口之间的户门			位于袋形走道两侧或尽端的户门		
	一、二级	三级	四级	一、二级	三级	四级
单、多层	40	35	25	22	20	15
高层	40	—	—	20	—	—

注　1. 开向敞开式外廊的户门至最近安全出口的最大直线距离可按表中的规定增加 5m。
2. 直通疏散走道的户门至最近敞开楼梯间的直线距离，当户门位于两个楼梯间之间时，应按表中的规定减少 5m；当户门位于袋形走道两侧或尽端时，应按表中的规定减少 2m。
3. 住宅建筑内全部设置自动喷水灭火系统时，其安全疏散距离可按表中的规定增加 25%。
4. 跃廊式住宅的户门至最近安全出口的距离，应从户门算起，小楼梯的一段距离可按其水平投影长度的 1.50 倍计算。

（6）住宅建筑的户门、安全出口、疏散走道和疏散楼梯的各自总净宽度应经计算确定，且户门和安全出口的净宽度不应小于 0.90m，疏散走道、疏散楼梯和首层疏散外门的净宽度不应小于 1.10m。建筑高度不大于 18m 的住宅中一边设置栏杆的疏散楼梯，其净宽度不应小于 1.0m。

（7）建筑高度大于 100m 的住宅建筑应设置避难层，避难层的设置应符合（二）中第（16）条有关避难层的要求。

（8）建筑高度大于 54m 的住宅建筑，每户应有一间房间符合下列规定。

1）应靠外墙设置，并应设置可开启外窗。

2）内、外墙体的耐火极限不应低于 1.00h，该房间的门宜采用乙级防火门，外窗的耐火完整性不宜低于 1.00h。

第六节　消　防　电　梯

一、消防电梯的设置范围

（1）建筑高度大于 33m 的住宅建筑。

（2）一类高层公共建筑和建筑高度大于 32m 的二类高层公共建筑。

（3）设置消防电梯的建筑的地下或半地下室，埋深大于 10m 且总建筑面积大于 3000m^2 的其他地下或半地下建筑（室）。

（4）建筑高度大于 32m 且设置电梯的高层厂房（仓库），每个防火分区内宜设置 1 台消防电梯，但符合下列条件的建筑可不设置消防电梯。

1）建筑高度大于 32m 且设置电梯，任一层工作平台上的人数不超过 2 人的高层塔架。

2）局部建筑高度大于 32m，且局部高出部分的每层建筑面积不大于 50m^2 的丁、戊类厂房。

二、消防电梯设计要求

消防电梯应分别设置在不同防火分区内，且每个防火分区不应少于 1 台。相邻两个防火分区可共用 1 台消防电梯。

消防电梯布置于高层建筑时，应考虑到消防人员使用的方便性，并宜与疏散楼梯间结合布置。消防电梯的具体设置应符合下列规定。

（1）消防电梯宜分别设在不同的防火分区内，且每个防火分区不应少于 1 台。相邻两个防火分区可共用 1 台消防电梯。

（2）消防电梯应设前室，前室的使用面积不应小于 6m^2。与防烟楼梯间合用前室时，其面积：住宅建筑不应小于 6m^2，公共建筑不应小于 10m^2，如图 13-59 所示。楼梯间的前室或公用前室不宜与消防电梯的前室合用；合用时，合用前室的使用面积不应小于 12.0m^2，且短边不应小于 2.4m。

（3）前室宜靠外墙设置，并应在首层直通室外或经过长度不大于 30m 的通道通向室外。

（4）消防电梯间前室的门，应当采用乙级防火门。但合用前室的门不应采用防火卷帘，如图 13-60 所示。

（5）消防电梯的载重量不应小于 800kg。

（6）消防电梯井、机房与相邻其他电梯井、机房之间，应当采用耐火极限不低于 2.00h 的防火隔墙隔开，当在隔墙上开门时，应当设置甲级防火门。

（7）为使消防人员迅速到达起火层，消防电梯的行驶速度应当按照从首层到顶层的运行时间不超过 60s。

（8）消防电梯轿厢的内装修应当采用不燃烧材料。

（9）消防电梯轿厢内应当设置消防专用对讲电话，并应在首层消防电梯的入口处设供消防队员专用的操纵按钮。

（10）消防电梯间前室门口宜设挡水设施。消防电梯井底应当设置排水设施，排水井容量不应小于 2m^3，排水泵排水量不应小于 10L/s。

（11）动力与控制电缆、电线、控制面板应采取防水措施。

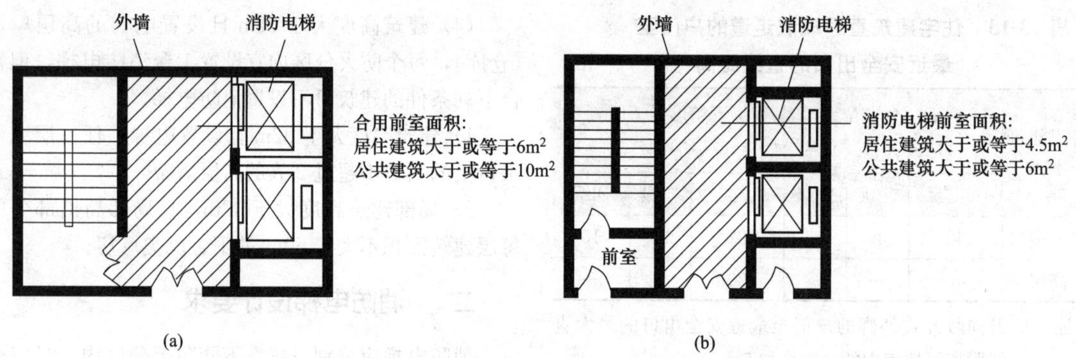

图 13-59 消防电梯间前室的设置及其建筑面积的规定

（a）消防电梯间与防烟楼梯间合用前室设置；（b）消防电梯前室设置

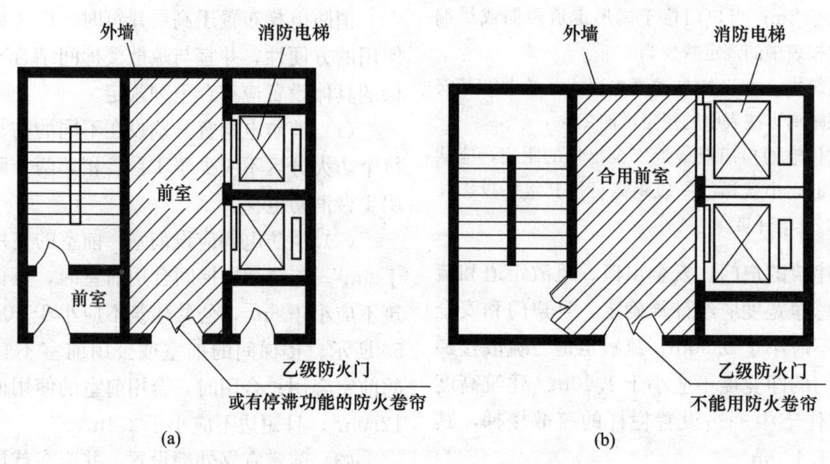

图 13-60 消防电梯间前室门的设置

（a）消防电梯前室门设置；（b）消防电梯间与防烟楼梯间合用前室门设置

（12）消防电梯可与客梯或工作电梯兼用，但应当符合上述各项要求。

三、消防电梯的安装

1. 安装前的准备工作

（1）在安装前，参加安装的人员必须认真学习图纸、资料，掌握和熟悉图纸资料，熟练操作，准确施工。

（2）产品安装应当遵守原则和步骤，熟悉掌握各厂家安装图纸及说明书。

（3）与设计、安装工程技术人员交流，掌握设计意图、安装程序和施工方法。

（4）安装中如有不明确的问题，应当及时请厂家技术人员解答，明了后再进行操作安装。

2. 安装注意事项

（1）按照图施工安装。消防电梯的设置方式可以是单独布置，也可与防烟楼梯合在一起或与其他电梯设置在一起。

（2）还可根据建筑物的具体情况布置电梯。

（3）在安装时，按厂家规定的程序进行，遇到问题应及时汇报，请求解决。

（4）消防电梯必须满足消防队员扑救高层建筑火灾的要求。具体要求是轿厢内应设有专用电话，在首层还应设有专用的操纵按钮。其作用在于发生火灾时，消防队员启用按钮后，日常电梯均降到首层，其控制系统断电无效，确保消防队员的正常使用。

（5）专用的消防按钮是消防电梯特有的装置，它设在首层靠近电梯轿厢门的附近。

（6）经调试验收合格后，投入使用，为保证电梯（包括专用的消防电梯）经常处于良好的运行状态，平时使用中应当妥善维护管理。

四、消防电梯的维护管理

消防电梯的运行维护应当实施定人管理、定时检查、定期检修的“三定”做法。具体做法如下。

（1）为结合平时客梯或工作梯的运行，采取定人定职管理。管理人员要熟悉消防电梯的特点、运行特性，并做好运行记录，发现问题或有不正常情况均应写入运行记录中。

(2) 定时检查可由运行人员负责，也可由保安或维护人员共同参加。检查主要的范围如下。

1) 检查电源系统和电气元件设备，确保电气线路正常完好。

2) 检查动力传动机械有无磨损或变形，润滑是否良好，钢丝绳是否发生毛刺或受损等。

3) 检查消防安全设施是否完整可靠，专用控制设施和信号是否灵敏正常。

如有条件可采用电脑自动巡检装置，每日自动巡检并打印出巡检记录，人员检查也应做出检查记录。对查出的问题进行落实整改措施。

(3) 定期检查可在年度保养或节日期间进行。根据运行记录和检查记录，对易磨损的元件、零部件进行更换和修理，对电器元件也应测试参数、及时更换。使消防电梯在任何情况下、任何时间均能正常、可靠、安全地运行。

第七节　防灾与减灾系统实例分析

一、高层建筑防火分区设计实例一

中国银行总部大厦标准层平面如图 13-61 所示。位于北京复兴门内大街与西单北大街交叉口的西北角，2001 年 5 月建成投入使用。其总建筑面积达 172 441m^2。建筑层数：地上 12 至 15 层，地下 4 层。建筑高度 57.50m。大厦属一类建筑，耐火等级为一级。

在高层建筑中，大空间办公室的防火分区及安全疏散是防火设计的关键。中国银行总部大厦平面呈“口”字形布置，由两个“L”形建筑合抱。为满足大空间办公的要求，标准层共划分为 7 个防火分区，防火分区之间必要时用防火卷帘代替防火墙，但每个防火分区内均有 2 至 3 座疏散楼梯。为疏散畅通，疏散道路虽然在建筑分隔上不设走廊，但在核心筒（楼梯、电梯、附属用房）周围，用家具布

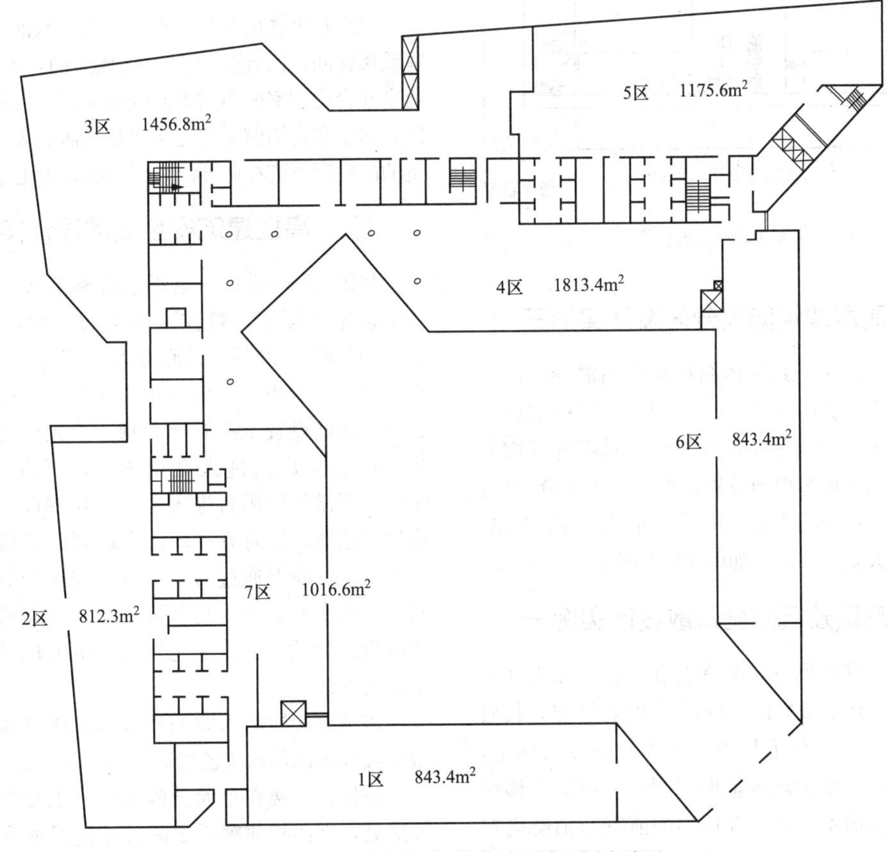

图 13-61　中国银行总部大厦标准层平面

置等手法，留出安全通道。在消防设施上，该通道的布置与办公区域既为统一的系统，又在布置手法上存在差异，如通道的吊顶材料采用石膏板，而办公区为矿棉吸声板；通道区的照明布置用筒灯，办公区用隔栅灯；并有疏散指示灯等标志，形成明显的疏散通道。

二、高层建筑防火分区设计实例二

北京长城饭店位于北京东郊的亮马河附近，总建筑高度达80m左右，中心塔楼22层，三个侧翼部分为18层，此饭店内设有各种服务设施，并有客房千余间。在防火分区设计中，将每一侧翼和中楼分为不同的防火区，并在每一防火分区间设置了自动关闭式防火门（如图13-62所示）。火起后，该门可由消防中心控制，自动关闭，使该防火分区外的人员无法进入此区，而该区的人员可手动将门打开而进入其他区内。

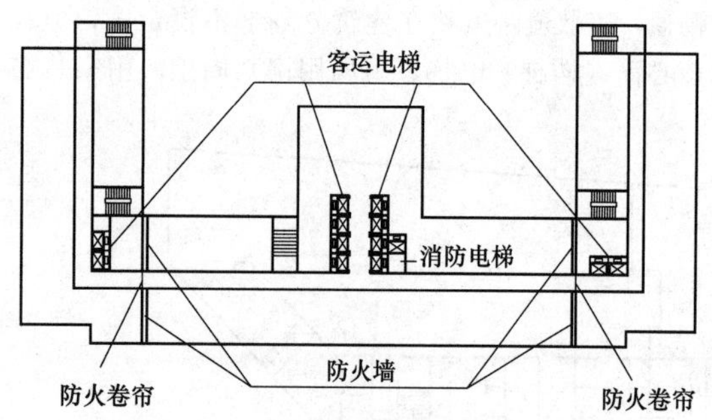

图13-62　北京长城饭店标准层示意

三、高层建筑防火分区设计实例三

北京饭店新楼，其主体结构是钢筋混凝土的不燃烧体，具有足够的耐火能力。在防火分区设计中，将整个建筑平面分为三个防火分区，对那些易燃易爆的煤气、锅炉房等单独设置，在三个防火分区间，以变形缝的墙作为防火墙，这样既可满足功能要求，又可满足防火安全要求（如图13-63所示）。

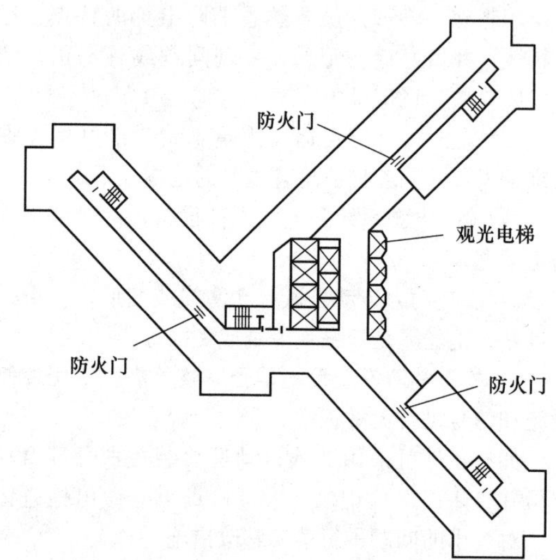

图13-63　北京饭店新楼标准层示意

四、高层建筑安全疏散设计实例一

温州乐清柳市吕庄大厦A幢住宅楼（图13-64）是大厦中三幢住宅楼中的一幢，层数为32层，其底部为2层商店。该住宅楼为一梯4户的点式住宅，使用人数少，为减少建筑辅助面积，一对剪刀梯设置了一个独立前室，另一部楼梯的前室与消防电梯的前室合用。这样既能保证剪刀楼梯间的两部楼梯各有一个前室，又节省出一定的建筑面积。合用前室和剪刀楼梯间分别设加压送风系统，以确保合用前室和剪刀楼梯间是无烟区。疏散路径为出户门，通过短走道进入前室，再进入楼梯，有良好的安全保障。

该幢住宅楼的分户门没有直接开向前室和合用前室或楼梯间，因此分户门均是普通门，不是防火门。前室和合用前室的门均为乙级防火门，且开向疏散方向。前室和合用前室的建筑面积均满足要求。合用前室的配电间不应在此开门，应当改在短走道开门。

五、高层建筑安全疏散设计实例二

如图13-65所示，温州乐清柳市吕庄大厦B幢住宅楼是大厦中三幢住宅楼中的一幢，层数为11层，局部跃层12层，其底部为2层商店。该住宅楼为一梯2户的单元并联式小高层住宅，因其属于商住楼，因此设置了一对剪刀梯。单元内每户有两个出口：①出户门进入合用前室，再进入楼梯间；②通过开敞的后阳台进入另一部楼梯间。两部楼梯在屋面连通，以防万一疏散中碰到一部楼梯被烟火堵塞时，可向上通过另一部楼梯安全疏散。单元内每户有两个安全出口是该幢住宅在安全疏散设计方面的有益尝试，也为住宅建筑的防火疏散设计提供了新的方法。

该剪刀楼梯间为防烟楼梯间，所以通向合用前室和楼梯间的门均为乙级防火门。

该幢住宅楼在单元分隔墙处，也是防火分区分隔墙处，因两相邻窗户之间最近边缘的水平距离无法满足大于2m的防火要求，所以在此处设置了不燃烧体凸出物，有效地防止了火灾的蔓延。

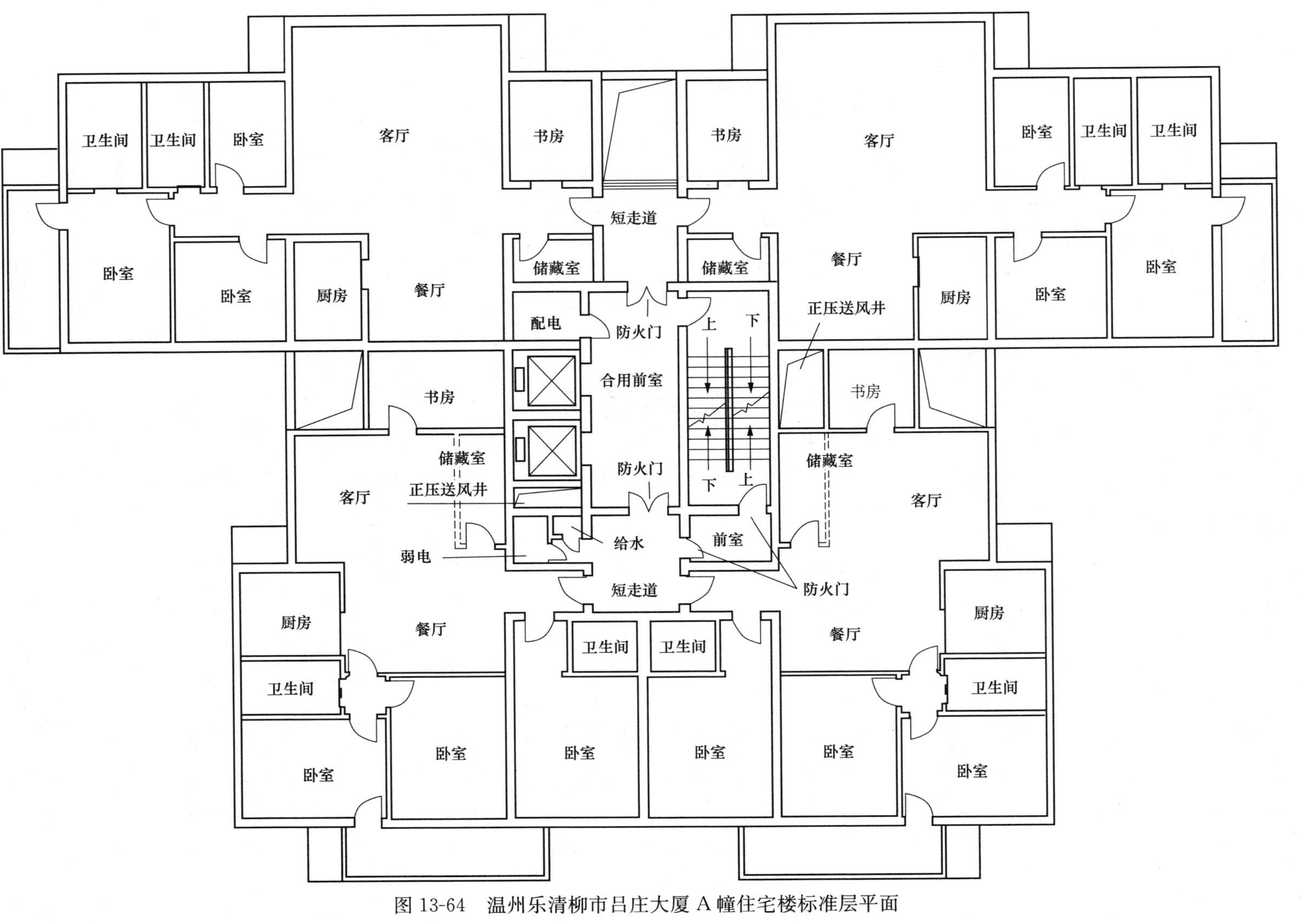

图 13-64 温州乐清柳市吕庄大厦 A 幢住宅楼标准层平面

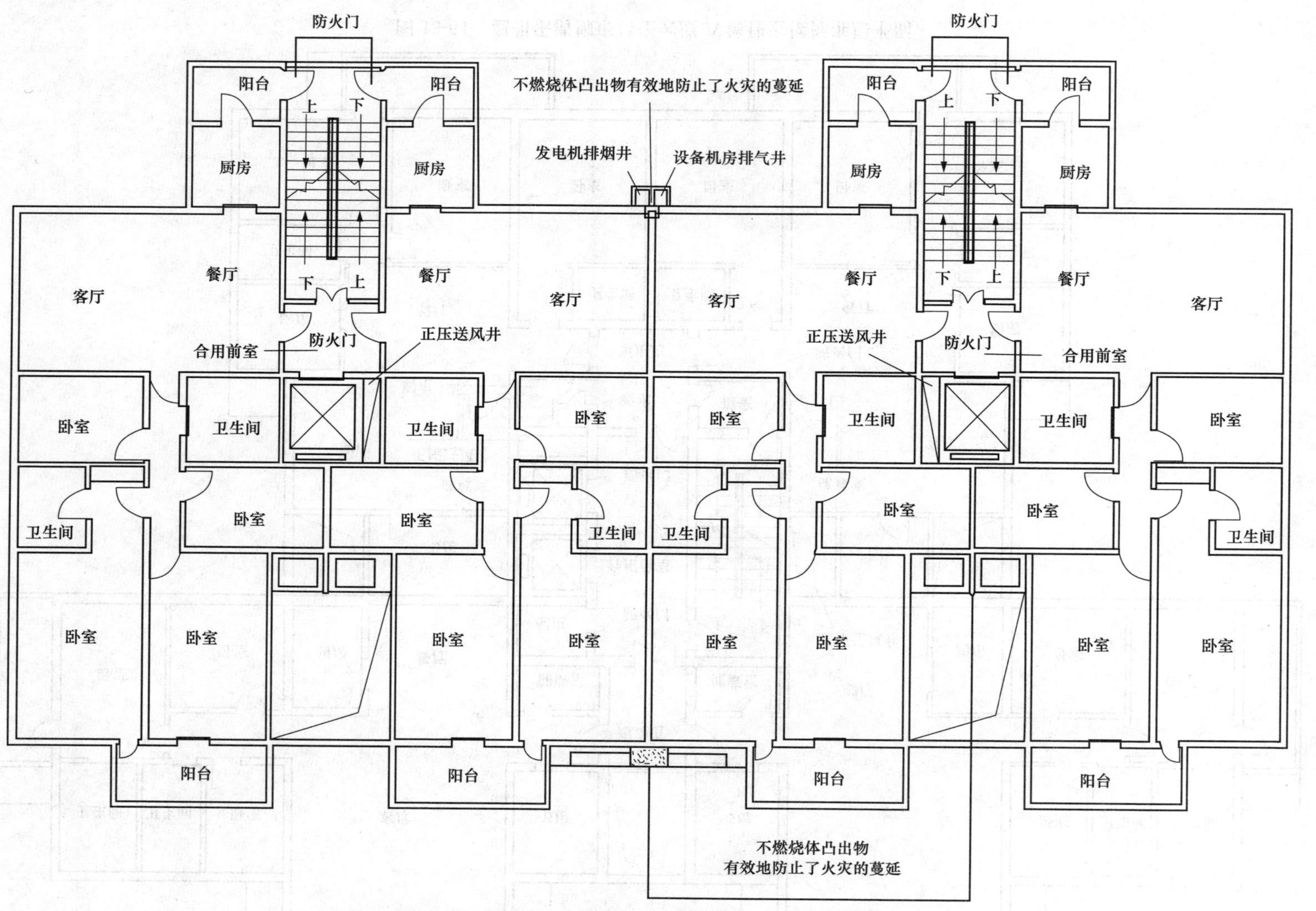

图 13-65　温州乐清柳市吕庄大厦 B 幢住宅楼标准层平面

六、 高层建筑安全疏散设计实例三

某市一栋塔式三星级宾馆，地上 13 层，地下 2 层，建筑高度 52m，框架剪力墙结构，耐火等级一级，设有集中空气调节系统，每层建筑面积均为 $4000m^2$，总建筑面积 6 万 m^2，地下二层主要使用功能是消防泵房、柴油发电机房、配电室和通风、空调机房等设备用房和汽车库，地下一层主要使用功能为汽车库和办公室，首层主要使用功能为消防控制室、接待大厅、咖啡厅及餐厅的宴会厅（容纳人数上限均为 280 人），地上二层主要使用功能为健身房和餐厅的包房（容纳人数上限均为 250 人），地上三层主要使用功能为办公室和会议室（容纳人数上限均为 200 人），地上四层至地上十三层主要使用功能均为客房（各层容纳人数上限均为 300 人，如图 13-66 所示）。此宾馆各层均划分为两个防火分区，每个防火分区均设有两部上下直通的防烟楼梯间。该宾馆按照有关国家工程建设消防技术标准配置了消防设施及器材。

根据 GB 50016—2014《建筑设计防火规范》的规定，该宾馆的建筑分类应为一类高层公共建筑。应根据建筑的高度、规模、使用功能和耐火等级等因素合理设置安全疏散。安全出口、疏散门的位置、数量和宽度，安全出口和疏散楼梯的形式，疏散门开启方向，疏散距离和疏散走道的宽度应满足人员安全疏散的要求。该宾馆的安全疏散应当符合下列规定。

（1）每个防火分区的安全出口不应少于两个。地下室应有两个或两个以上防火分区，且相邻防火分区之间的防火墙上设有防火门时，每个防火分区可分别设一个直通室外的安全出口。

（2）安全出口应分散布置，两个安全出口之间的距离不应小于 5m。

（3）位于两个安全出口之间的房间门至最近的外部出口或楼梯间的最大距离为 30m，位于袋形走道两侧或尽端的房间门至最近的外部出口或楼梯间的最大距离为 15m。

（4）会议室、健身房、咖啡厅及餐厅的宴会厅，其室内任何一点至最近的疏散出口的直线距离，不宜超过 30m；其他房间内最远一点至房门的直线距离不宜超过 15m。

（5）位于两个安全出口之间的房间，当其建筑面积不超过 $60m^2$ 时，可设置一个门，门的净宽不应小于 0.90m；位于走道尽端的房间，当其建筑面积不超过 $75m^2$ 时，可设置一个门，门的净宽不应小于 1.40m。地下室房间面积不超过 $50m^2$，且经常停留人数不超过 15 人的房间，可设一个门。

（6）内走道的净宽，应按照通过人数每 100 人不小于 1m 计算；首层疏散外门的总宽度，应按照人数最多的一层每 100 人不小于 1m 计算。首层疏散外门和走道的净宽不应小于表 13-14 的规定。

表 13-14 首层疏散外门和走道的净宽 m

宾馆	每个外门的净宽	走道净宽	
		单面布房	双面布房
	1.20	1.30	1.40

（7）疏散楼梯间及其前室的门的净宽应按照通过人数每 100 人不小于 1m 计算，但最小净宽不应小于 0.90m。

（8）公共疏散门均应向疏散方向开启，且不应采用侧拉门、吊门和转门。

（9）直通室外的安全出口上方，应设置宽度不小于 1m 的防火挑檐。

（10）应设置防烟楼梯间。防烟楼梯间的设置应符合下列规定。

1）楼梯间入口处应设置前室、阳台或凹廊。

2）前室的使用面积不应小于 $6.0m^2$，与消防电梯间合用前室的使用面积不应小于 $12.0m^2$。

3）前室和楼梯间的门均应为乙级防火门，并应向疏散方向开启。

4）楼梯间及防烟前室的内墙上，除开设通向公共走道的疏散门外，不应开设其他门、窗、洞口。

5）楼梯间及防烟楼梯间前室内不应敷设可燃气体管道和甲、乙、丙类液体管道，并不应有影响疏散的突出物。

（11）地下室与地上层的共用楼梯间应在首层与地下或半地下层的出入口处，设置耐火极限不低于 2.00h 的隔墙和乙级的防火门隔开，并应有明显标志。

（12）每层疏散楼梯总宽度应按照其通过人数每 100 人不小于 1m 计算，各层人数不相等时，其总宽度可分段计算，下层疏散楼梯总宽度应按照其上层人数最多的一层计算。疏散楼梯的最小净宽不应小于 1.20m。

（13）通向屋顶的疏散楼梯不宜少于两座，且不应穿越其他房间，通向屋顶的门应向屋顶方向开启。

此外室外楼梯可作为辅助的防烟楼梯，其最小净宽不应小于 0.90m。当倾斜角度不大于 45°，栏杆扶手的高度不小于 1.10m 时，室外楼梯宽度可计入疏散楼梯总宽度内。室外楼梯和每层出口处平台，应采用不燃材料制作。平台的耐火极限不应低于 1.00h。

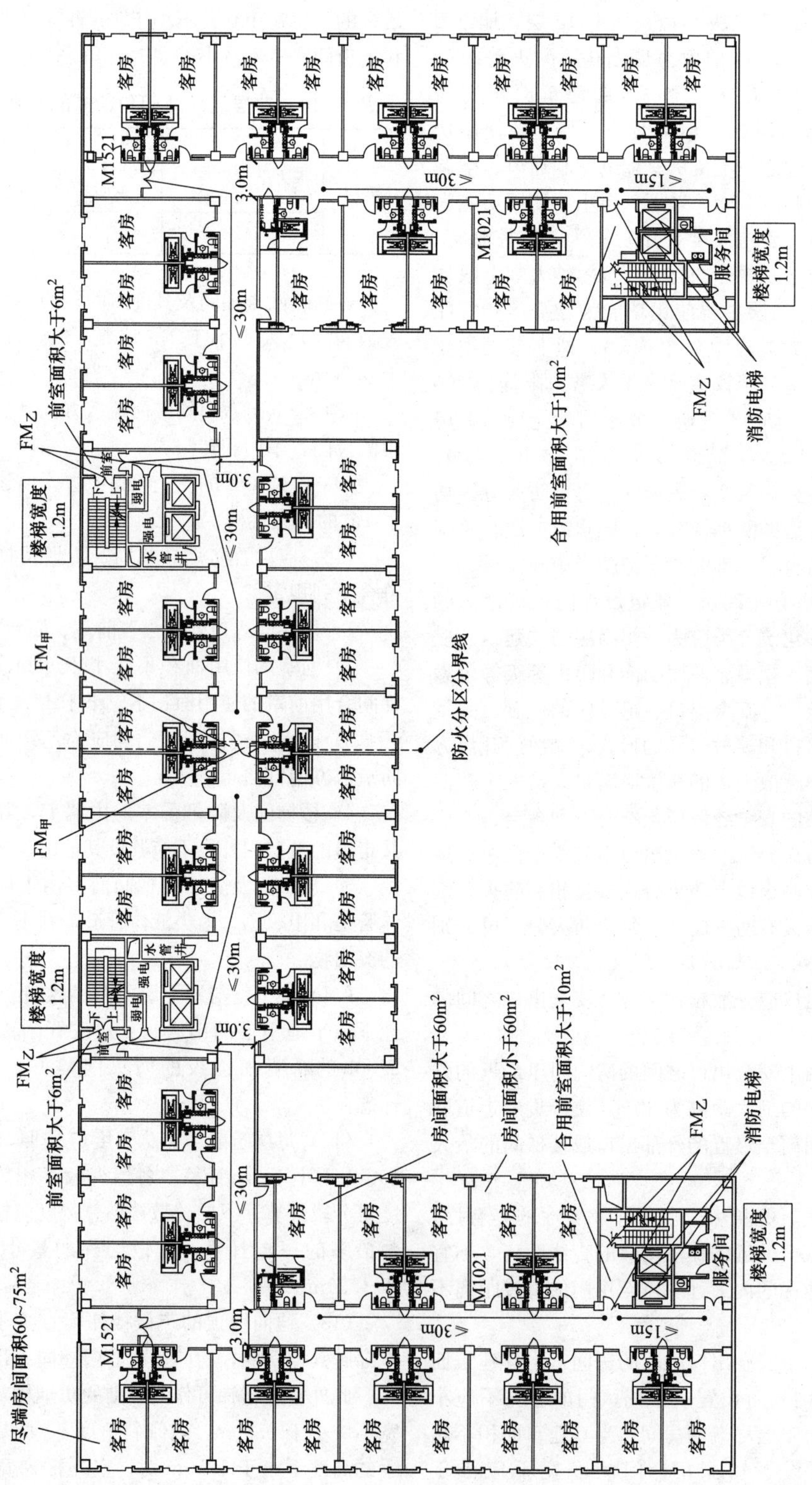

图 13-66 客房标准层建筑平面

在楼梯周围2m内的墙面上，除设疏散门外，不应开设其他门、窗、洞口。疏散门应采用乙级防火门，且不应正对梯段。疏散楼梯和走道上的阶梯不应采用螺旋楼梯和扇形踏步，但踏步上下两级所形成的平面角不超过10°，且每级离扶手0.25m处的踏步宽度超过0.22m时，可不受此限。

七、高层建筑安全疏散设计实例四

某住宅建筑地上20层、地下2层，建筑高度63m，每层建筑面积均为2000m²，框架剪力墙结构塔楼；地下2层主要使用功能为汽车库，地下1层主要使用功能为设备用房及管理用房，首层主要使用功能为商业服务网点，地上2层至地上20层主要使用功能为住宅。此住宅建筑的居住部分与商业服务网点之间采用耐火极限不低于1.50h的不燃性楼板和耐火极限不低于2.00h且无门、窗、洞口的防火隔墙完全分隔；住宅部分和商业服务网点部分的安全出口及疏散楼梯分别独立设置，住宅部分自地下2层至地上20层设置一部剪刀楼梯和两部消防电梯，商业服务网点中每个分隔单元均设有直通室外地平面的出口；商业服务网点中每个分隔单元之间均采用耐火极限不低于2.00h且无门、窗、洞口的防火隔墙相互分隔。此住宅建筑地上各层及地下2层均划分为1个防火分区，地下1层划分为两个防火分区。该住宅建筑按有关国家工程建设消防技术标准配置了消防设施及器材。

该住宅建筑的建筑高度为63m，根据GB 50016—2014《建筑设计防火规范》的规定，此住宅建筑的建筑分类为一类高层居住建筑，其耐火等级为一级。

商业服务网点是指住宅底部（地上）设置的百货店、副食店、储蓄所、邮政所、粮店、理发店等小型商业服务用房。该用房层数不超过二层、建筑面积不超过300m²，采用耐火极限大于1.50h的楼板和耐火极限大于2.00h且不开门窗洞口的隔墙与住宅和其他用房完全分隔，该用房和住宅的疏散楼梯和安全出口应分别独立设置。

根据GB 50016—2014《建筑设计防火规范》及GB 50067—2014《汽车库、修车库、停车场设计防火规范》的规定，此住宅建筑构件的燃烧性能和耐火极限不应低于表13-15的规定。

表13-15　建筑构件的燃烧性能和耐火极限

构件名称	燃烧性能和耐火极限(h)
防火墙	不燃性3.00
承重墙	不燃性3.00
楼梯间的墙、电梯井的墙、住宅分户墙	不燃性2.00
非承重外墙、疏散走道两侧的隔墙	不燃性1.00
房间隔墙	不燃性0.75
柱	不燃性3.00
梁	不燃性2.00
楼板、疏散楼梯、屋顶承重构件	不燃性1.50
吊顶	不燃性0.25

注　1. 属于商业服务网点的小型商业服务用房与住宅和其他用房之间隔墙的耐火极限均应大于2.00h。
2. 地下二层汽车库与地下一层之间楼板的耐火极限不应低于2.00h。

根据GB 50016—2014《建筑设计防火规范》和GB 50067—2014《汽车库、修车库、停车场设计防火规范》的规定，该住宅建筑内应采用防火墙等划分防火分区，每个防火分区最大允许建筑面积，不应超过表13-16的规定。

表13-16　防火分区的最大允许建筑面积

建筑部位	防火分区的最大允许建筑面积（m²）
地上部分	1500
地下一层	500
地下汽车库	2000

注　1. 地上部分和地下一层设有自动灭火系统的防火分区，其允许最大建筑面积可按表中增加1倍；当局部设置自动灭火系统时，增加面积可按该局部面积的1倍计算。
2. 设置自动灭火系统的汽车库，其每个防火分区的最大允许建筑面积不应大于表中规定的2倍。

该住宅建筑的安全疏散应符合以下规定。

（1）该住宅建筑为塔式高层建筑，其居住部分的两座疏散楼梯宜独立设置，当分散设置确有困难且从任一疏散门至最近疏散楼梯间入口的距离小于10m时，可采用剪刀楼梯间，并应符合下列规定。

1）剪刀楼梯间应为防烟楼梯间。

2）剪刀楼梯的梯段之间应设置耐火极限不低于1.00h的防火墙分隔。

3）剪刀楼梯应分别设置前室。塔式住宅确有困难时可设置一个前室，但两座楼梯应分别设加压送风系统。

（2）居住部分的户门不应直接开向前室，当确有困难时，部分开向前室的户门均应为乙级防火门。

（3）居住部分的安全出口应分散布置，两个安全出口之间的距离不应小于5m。

（4）居住部分的住宅户门或其他房间门至最近楼梯间的最大距离：当位于两个安全出口之间时，不应大于 40m；当位于袋形走道两侧或尽端时，不应大于 20m。

（5）居住部分房间内最远一点至房门的直线距离不宜超过 15m。

（6）居住部分内走道的净宽，应按照通过人数每 100 人不小于 1m 计算；首层疏散外门的总宽度，应按照人数最多的一层每 100 人不小于 1m 计算。居住部分单面布房疏散走道的净宽不应小于 1.20m，双面布房疏散走道的净宽不应小于 1.30m；首层每个疏散外门的净宽均不应小于 1.10m。

（7）居住部分疏散楼梯间及其前室的门的净宽应按照通过人数每 100 人不小于 1m 计算，但最小净宽不应小于 0.90m；单面布置房间的住宅，其走道出垛处的最小净宽不应小于 0.90m。

（8）直通室外的安全出口上方应设置宽度不小于 1m 的防火挑檐。

（9）防烟楼梯间的设置应符合下列规定。

1）楼梯间入口处应设置前室、阳台或凹廊。

2）前室的面积不应小于 4.50m²，与消防电梯间合用前室的面积不应小于 6m²。

3）前室和楼梯间的门均应为乙级防火门，并应向疏散方向开启。

（10）防烟楼梯间及其前室的内墙上，除开设通向公共走道的疏散门和部分开向前室的住宅户门外，不应开设其他门、窗、洞口。

（11）楼梯间及防烟楼梯间前室内不应敷设可燃气体管道和甲、乙、丙类液体管道，并不应有影响疏散的突出物；当煤气管道必须局部水平穿过该住宅建筑的楼梯间时，应穿钢套管保护，并应符合 GB 50028—2006《城镇燃气设计规范》的有关规定。

（12）通向屋顶的疏散楼梯不宜少于两座，且不应穿越其他房间，通向屋顶的门应向屋顶方向开启。

（13）地下室与地上层的共用楼梯间应在首层与地下层的出入口处，设置耐火极限不低于 2h 的隔墙和乙级的防火门隔开，并应有明显标志。

（14）居住部分每层疏散楼梯总宽度应按照其通过人数每 100 人不小于 1m 计算，各层人数不相等时，其总宽度可分段计算，下层疏散楼梯总宽度应按照其上层人数最多的一层计算。疏散楼梯的最小净宽不应小于 1.10m。

八、高层建筑避难层及消防电梯设置实例

某市一栋地标性办公楼地上 108 层、地下 7 层，建筑高度 528m，总建筑面积达 43.70 万 m²，耐火等级一级，屋顶设有直升机停机坪，共设置 8 个避难层，地下 7 层至地上 17 层（各层建筑面积均大于 4500m²）均设置三台消防电梯，地上 18 层至地上 108 层（每层建筑面积均在 1500m² 与 4500m² 之间）均设置两台消防电梯。此办公楼按照国家工程建设消防技术有关标准配置了消防设施及器材。此办公楼属于一类高层公共建筑。

该办公楼设置 8 个避难层，其设置楼层、高度和位置应符合下列规定。

（1）避难层的设置，自高层民用建筑首层至第一个避难层或两个避难层之间，不宜超过 15 层。

（2）通向避难层的防烟楼梯应在避难层分隔、同层错位或上下层断开，但人员均须经避难层方能上下。

（3）避难层的净面积应能满足设计避难人员避难的要求，并宜按照 5 人/m² 计算。

（4）避难层可兼作设备层，但设备管道宜集中布置。

（5）避难层应设置消防电梯出口。

（6）避难层应设置消防专线电话，并应设有消火栓和消防卷盘。

（7）封闭式避难层应设置独立的防烟设施。

（8）避难层应设有应急广播和应急照明，其供电时间不应小于 1h，照度不应低于 1lx。

该办公楼地下 7 层至地上 17 层均设置三台消防电梯，地上 18 层至地上 108 层均设置两台消防电梯。消防电梯的设置位置应便于接近和进入，其具体情况及安全性应符合下列规定。

（1）消防电梯宜分别设在不同的防火分区内。

（2）消防电梯间应设置前室，其公共建筑面积不应小于 6m²。当与防烟楼梯间合用前室时，其公共建筑面积不应小于 10m²。

（3）消防电梯间前室宜靠外墙设置，在首层应设置直通室外的出口或经过长度不超过 30m 的通道通向室外。

（4）消防电梯间前室的门，应采用乙级防火门或具有停滞功能的防火卷帘。

（5）消防电梯的载重量不应小于 800kg。

（6）消防电梯井、机房与相邻其他电梯井、机房之间，应采用耐火极限不低于 2.00h 的隔墙隔开，当在隔墙上开门时，应设置甲级防火门。

（7）消防电梯的行驶速度，应按照从首层到顶层的运行时间不超过 60s 计算确定。

（8）消防电梯轿厢的内装修应采用不燃烧材料；动力与控制电缆、电线应采取防水措施。

（9）消防电梯轿厢内应设置专用电话，并应在首

层设供消防队员专用的操作按钮。

(10) 消防电梯间前室门口宜设挡水设施。消防电梯的井底应设置排水设施，排水井容量不应小于 $2m^3$，排水泵的排水量不应小于 10L/s。

该办公楼屋顶设有直升机停机坪，当建筑某楼层着火导致人员难以向下疏散时，可便于直升机从建筑顶部实施救援。设在屋顶平台上的停机坪，距设备机房、水箱间、电梯机房、共用天线等突出物的距离，不应小于 5m。出口不应少于两个，每个出口宽度不宜小于 0.90m。在停机坪的适当位置应设置消火栓。停机坪四周应设置航空障碍灯，并应设置应急照明。

九、 火灾应急照明与非消防电源设计示例

(1) 消防控制中心在确认发生火灾后，应能切断有关部位的非消防电源，并接通火灾应急照明和疏散指示灯。

(2) 应急照明要采用双电源供电，除正常电源外，还要设置备用电源，并能在末级应急照明配电箱处实现备用电源自投。

应急照明和非消防电源系统控制如图 13-67 所示，应急照明系统如图 13-68 所示，应急照明控制原理如图 13-69 所示，应急照明二次回路原理如图 13-70 所示。

十、 防排烟设备联动控制设计示例

防排烟系统综合联动控制设计示例如图 13-71 所示。在设计时考虑排烟口、加压送风口、70℃ 及 280℃防火阀、排烟风机控制箱、正压风机控制箱、防火卷帘等如何联动的问题。

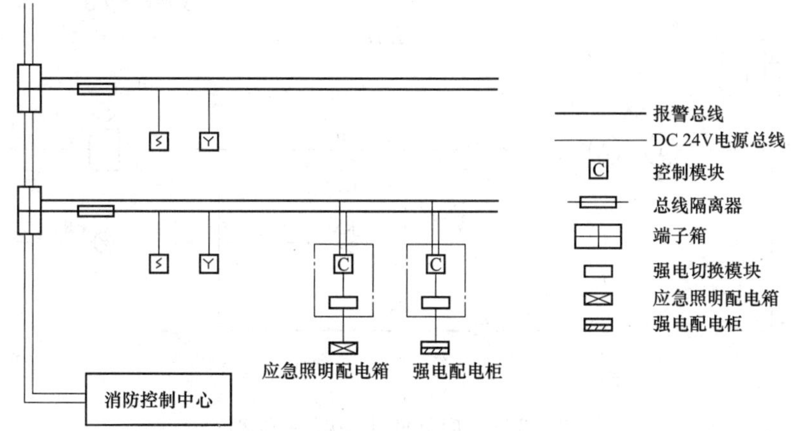

图 13-67 应急照明和非消防电源系统控制

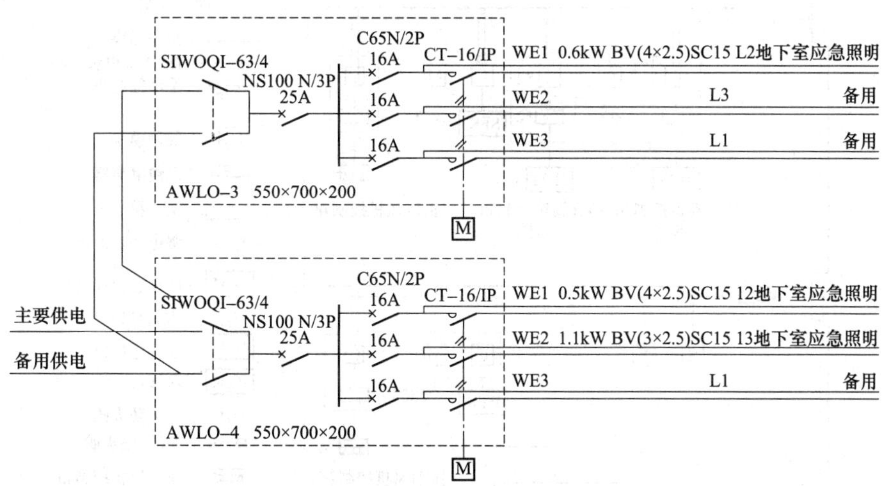

图 13-68 应急照明系统

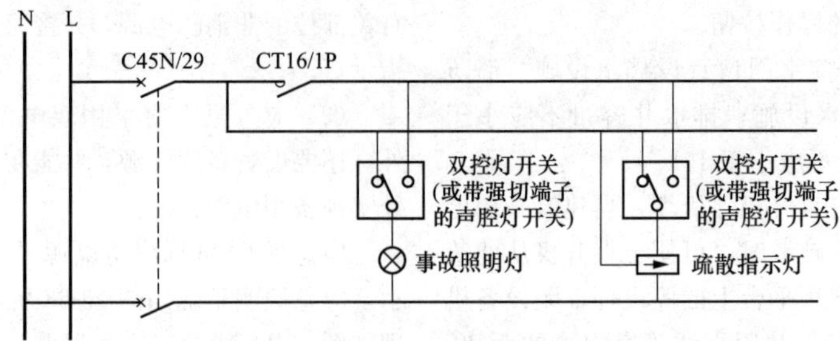

图 13-69 应急照明控制原理

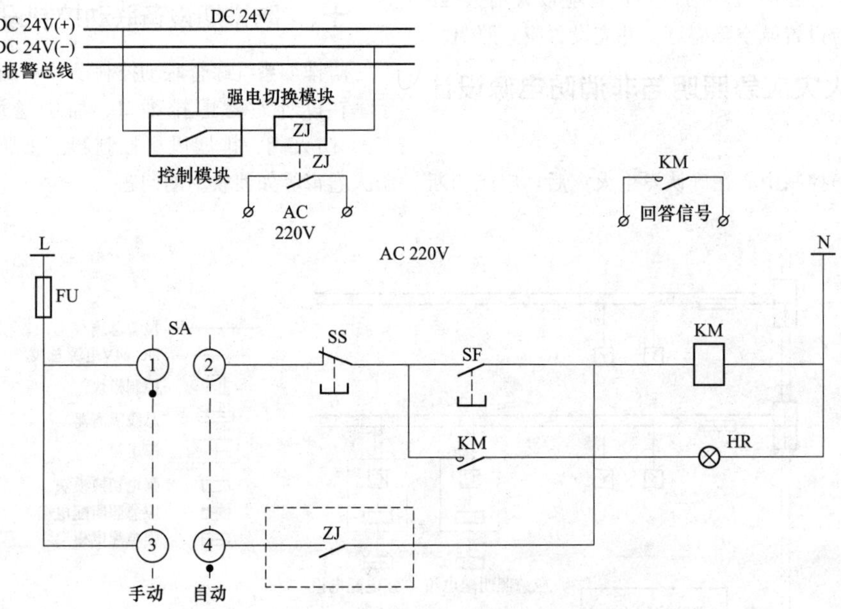

图 13-70 应急照明二次回路原理

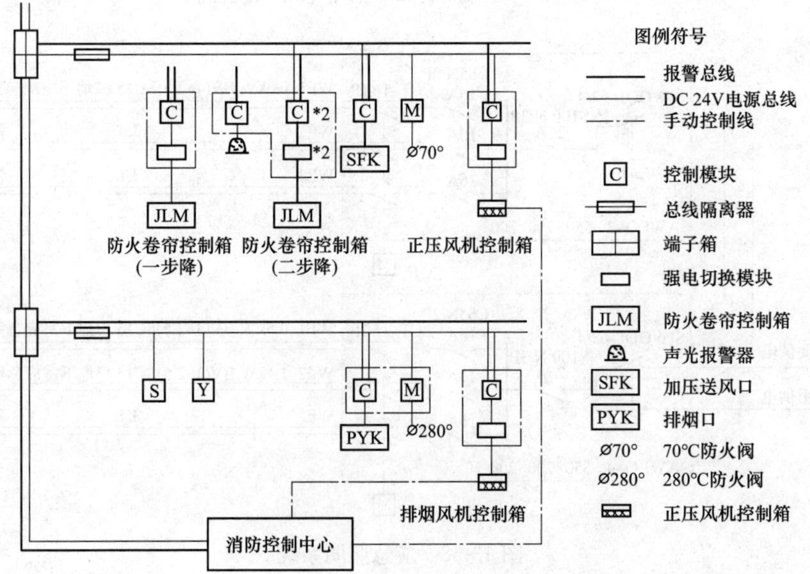

图 13-71 防排烟系统综合联动控制设计示例

十一、防烟和排烟设施检测与验收案例分析

某商业建筑，建筑总高度为26.5m，总建筑面积为137 500m²。其地下一层为地下汽车库、人防、设备用房和建筑面积为10 000m²的地下商业。地下汽车库停车数490辆，建筑层高为3.75m，净高为2.35m，主梁高为0.90m，车库防火分区面积均小于4000m²，防烟分区面积不大于2000m²，机械排烟系统按防火分区设置，并按照排风与排烟兼容的模式工作，且排风口与排烟口分开设置，系统排烟量按6次/h换气次数计算，其中最大的一个机械排烟系统为PY（F）-B1-3系统，为防烟分区Ⅰ（面积1426m²）、防烟分区Ⅱ（面积1726m²）和防烟分区Ⅲ（面积2000m²）服务，其排烟风机的排烟量为53 280m³/h，系统构成如图13-72所示。

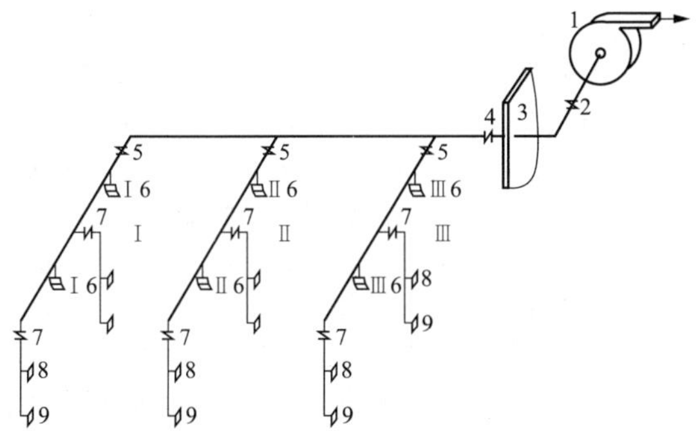

图13-72　排风与排烟兼容系统（排风口与排烟口分开设置）

1—排烟风机；2—排烟防火阀（280℃）；3—风机房隔墙；4—排烟防火阀；5—排烟防火阀（280℃）；6—排烟口（带阀）；7—防火阀（70℃）；8—上排风口；9—下排风口

此系统的主排烟风管上壁贴主梁底敷设，每个防烟分区接出一条排烟支管，支管从主管接出处设有排烟防火阀。在每条支管的适当位置上设有两个排烟口，都设在风管下壁，每个百叶排烟口均带排烟阀，具有手柄启动和电信号自动控制功能，平时常闭，每个排烟口距防烟分区最远距离不大于30m。另外，在每条支管的适当位置上接出两条排风竖管，在接出处设70℃防火阀，平时常开，在温度达到70℃时，能自动关闭，在竖管上还设有上下两个常开百叶风口，上部和下部排风口各按照比例排除汽车尾气。主排烟风管进入风机房后与正压送风机保持3m远距离，并在接入排烟风机前设置280℃自动关闭的总防火阀，此阀动作后能够联动排烟风机停运。此系统所服务的区域设有机械补风系统，补风量按照风机排烟量的50%确定。

此地下汽车库设有与地上商业共用的防烟楼梯间，并设有正压送风系统，采用楼梯间竖向井道加压送风、前室不送风方式，风口为常开百叶风口，风口按照“每隔两到三层设一个风口的原则”布置在地上一、三、五层，加压送风量按照规范选用，能满足门洞风速的要求。因地下商业区有餐饮场所，厨房油烟管道采用不锈钢板制作，并沿防烟楼梯间敷设至屋面。

在发生火灾时，建筑内所有通风空调系统的电源自动切断，火灾确认信号自动启动排烟风机运行，并联动打开着火防烟分区的排烟口，当排烟风机前的总防火阀280℃自动关闭时，排烟风机联动停运。在火灾时，当进入排风支管的烟温达70℃时，支管上的防火阀自动关闭，并联动排烟风机停运。

此系统在消防验收时，采用在现场向感温火灾探测器加温，使其动作，并手动按下手动报警按钮，系统上的排烟风机转入排烟工况，并联动系统上的6个排烟口自动开启，随后验收人员用柔软纸条贴在排烟口处，只见软纸条未被风口吸引，所以此系统验收不合格。

第十四章
电 气 防 爆

第一节 概 述

电气火灾与爆炸发生的原因较多，如过载、短路、接触不良、电弧火花、漏电、雷电或静电等，均能引起电气火灾与爆炸；同时，还需要考虑人为因素，如思想麻痹、疏忽大意、不遵守有关防火法规、违反操作规程等。但总体而言，除设备缺陷、安装不当等设计和施工方面的原因外，电气设备运行过程中，引发电气火灾和爆炸的直接原因是电火花或电弧，以及危险温度。

一、 危险温度

危险温度是由电气设备过热引起的，而电气设备过热主要是由电流产生的热量导致。首先，电流通过导体要消耗一定的电能，其大小为

$$\Delta W = I^2Rt \tag{14-1}$$

式中 ΔW——在导体上消耗的电能，W；

I——流过导体的电流，A；

R——导体的电阻，Ω；

t——通电时间，s。

这部分电可使导体发热，温度升高。其次，对于发动机、变压器等利用电磁感应进行工作的电气设备，因为使用了铁芯，交变电流的交变磁场在铁芯中产生磁滞损耗和涡流损耗，使铁芯发热，温度升高。

电气设备运行时总是要发热的。但是，正确设计、正确施工、正确运行的电气设备稳定运行时，即发热和散热平衡时，其最高温度和最高温升都不会超过某一允许范围。例如，裸导线与塑料绝缘线的最高温度一般不宜超过70℃；橡皮绝缘线的最高温度一般不宜超过65℃；变压器的上层油温不宜超过85℃；电力电容器外壳温度不宜超过65℃；电动机定子绕组的最高温度对应于所采用的A级、E级或B级绝缘材料分别为95、105℃或110℃；定子铁芯分别为100、115℃或120℃等。这就表示，电气设备正常的发热是允许的，但当电气设备的正常运行遭到破坏时，发热量增加，温度升高，在一定条件下会发生火灾。

引起电气设备过度发热的不正常运行主要包括以下几种情况。

1. 过载

所谓过载，是指电气设备或导线的功率和电流超过了其额定值。过载会导致电气设备过热，造成过载的原因有以下几个方面。

（1）设计、安装时选型不合理，使电气设备的额定容量小于实际负载容量。

（2）设备或导线随意装接，增加负荷，造成超载运行。

（3）检修、维护不及时，使设备或导线长期处于带病运行状态。

电气设备或导线的绝缘材料，大多是可燃材料。属于有机绝缘材料的有油、纸、麻、丝和棉的纺织品、树脂、沥青、漆、塑料、橡胶等。只有少数属于无机绝缘材料，如陶瓷、石棉和云母等是不易燃材料。过载使导体中的电能转变成热能，当导体与绝缘物局部过热，达到一定温度时，就会发生火灾。实际生活中不乏这样的惨痛教训：电线电缆上面的木装板被过载电流引燃，引起商店、剧院和其他场所的巨大火灾。

2. 短路

发生短路时，线路中的电流增加为正常时的几倍甚至几十倍，而产生的热量又和电流的二次方成正比，使温度急剧上升，超过允许范围。

短路是电气设备最严重的一种故障状态，产生短路的主要原因包括：

（1）电气设备的选用、安装与使用环境不符，使其绝缘体在高温、潮湿、酸碱环境条件下受到破坏。

（2）电气设备使用时间太长，超过使用寿命，绝缘老化发脆。

（3）使用维护不当，长期带病运行，扩大了故障范围。

（4）过电压使绝缘击穿。

（5）错误操作或将电源投向故障线路。

短路时，在短路点或导线连接松弛的电气接头处，会产生电弧或火花。电弧温度很高，可达到6000℃以上，不但可引燃它本身的绝缘材料，还能将

它附近的可燃材料、蒸气和粉尘引燃。电弧还可能是由接地装置不良或电气设备与接地装置间距过小，过电压时使空气击穿引起的。切断或接通大电流电路时，或者大截面熔断器爆断时，也可产生电弧。

3. 接触不良

引起电气设备接触不良的原因是多方面的，包括安装原因、环境原因等。

在安装过程中，会遇到有电气连接的地方，如线路与线路、线路与设备端子、插头与插座等的连接，在相互接触部位均有接触电阻存在。相互接触部位，若是机械压接，无论压得如何牢固，金属表面也不是百分之百接触，使接触部位电阻比导体其他部位大。此外，在金属导体的表面都有一定程度的氧化膜存在，因为氧化膜的电阻率远大于导体的电阻率，使接触处接触电阻更大。当工作电流通过时，会在接触电阻上产生较大的热量，使连接处温度升高，高温又会使氧化进一步加剧，使接触电阻进一步加大，形成恶性循环，产生很高的温度而引发火灾。

在实际生产中，因为环境因素造成的接触不良情况也很多。在粉尘浓度大的环境中，电器元件上易堆积灰尘，如果开关元件触点之间接触面上积灰，造成接触电阻增大发热，元件外部积灰影响散热，使温度上升引发火灾。

在机械振动大的环境中，接点的紧固螺栓因振动而松动甚至脱落，也会造成接触不良，更严重的是，曾发生过脱落的螺栓搭接在两相母排之间导致短路引发火灾。此外，三相电动机振动过大，也会使进入电动机接线盒部位的接头端子松动、脱落，导致短路引发火灾。

接触不良主要发生在导线连接处，如：

(1) 电气接头表面污损，接触电阻增加。

(2) 电气接头长期运行，产生导电不良的氧化膜，没有及时清除。

(3) 电气接头因振动或热的作用，使连接处发生松动。

(4) 铜铝连接处，因为有约 1.69V 电位差的存在，潮湿时会发生电解作用，使铝腐蚀，导致接触不良。

接触不良会导致局部过热，形成潜在引燃源。

4. 铁芯过热

对于电动机、变压器、接触器等带有铁芯的电气设备，若铁芯短路（片间绝缘破坏）或线圈电压过高，或通电后铁芯不能吸合，因为涡流损耗和磁滞损耗增加，都将导致铁芯过热并产生危险温度。

5. 散热不良

各种电气设备在设计和安装时均要考虑一定的散热或通风措施，因为电气设备温升与热量散失条件也有关系。由于环境温度过高或使用方式不当，以及散热设施工作条件遭到破坏，如散热油管堵塞、电动机通风道堵塞等，使散热条件恶化，可能造成电气设备和线路过热。

6. 机械故障

对于带有电动机的设备，若转动部分被卡死或轴承损坏，导致堵转或负载转矩过大，都会导致电动机过热。电磁铁卡死，衔铁吸合不上，线圈中的大电流持续不减小，也会因为过热使绝缘破坏，造成电源短路引起火灾。

7. 漏电

漏电电流一般不大，无法促使线路熔丝动作。若漏电电流沿线路比较均匀地分布，则发热量分散，火灾危险性不大；但当漏电电流集中在某一点时，可能造成比较严重的局部发热，导致火灾。漏电电流经常流经金属螺钉或钉子，使其发热而造成木制构件起火。

8. 电压太高或太低

若电压太高，除使铁芯发热增加外，对于恒阻抗设备，还会使电流增大而发热。电压过低，除可能导致电动机堵转、电磁铁衔铁吸合不上，使线圈电流明显增加而发热外，对于恒功率设备，还会导致电流增加而发热。

9. 摩擦

发电机和电动机等旋转型电气设备，轴承出现润滑不良、干枯导致干磨发热，或虽润滑正常但出现高速旋转，都会导致过热，从而可能造成火灾。

10. 电热器具和照明灯具

电热器具是将电能转换成热能的用电设备。常用的电热器具包括电炉、电烘箱、电熨斗、电烙铁、电热杯、电褥子等。

电热器具和照明灯具在正常通电的状态下，相当于一个火源或高温热源。当其安装、使用不当或是长期通电无人监护管理时，就可能使附近的可燃物受高温而起火。

电炉电阻丝的工作温度达到 800℃，可引燃与之接触的或接近的可燃物。电炉连续工作时间过长，将会因为温度过高烧毁绝缘材料，引燃起火；电烤箱内物品烘烤时间太长，温度过高可能造成火灾；电熨斗、电烙铁的工作温度达到 500～600℃，能直接引燃可燃物；电褥子通电时间过长将使电热元件受损，若电热丝发生短路，也会因过热而造成火灾。

2000年11月11日，奥地利萨尔茨堡州基茨斯坦霍恩山，一列满载旅客的高山地铁列车在隧道内运行中发生火灾，死亡155人，受伤18人，因为通信指挥信号失控，正当这列上行线列车燃烧时，一列下行线列车驶来，在此相撞导致车毁人亡。事后调查认定发生火灾的原因是列车上的电暖空调过热，使保护装置失灵。

电烤箱内物品烘烤时间太长、温度过高可能造成火灾。使用红外线加热装置时，若误将红外光束照射到可燃物上，可能造成燃烧。

灯泡和灯具工作温度较高，如安装使用不当，均可能造成火灾。灯泡表面温度随着灯泡大小不同及生产厂家不同而差别很大，如一个40W灯泡的表面温度为50～63℃；60W灯泡的表面温度为137～180℃；一个200W灯泡的表面温度为154～296℃，紧贴纸张时，十几分钟就能将纸张点燃。某一礼堂的壁灯，装60W灯泡，外有玻璃罩，因为错误地将窗帘覆盖其上，结果烤燃起火。

当供电电压超过灯泡额定电压，或是大功率灯泡的玻璃壳发热不均匀，或水溅到灯泡上时，都可能造成灯泡爆炸，炽热的钨丝落到可燃物上，将造成可燃物燃烧。

灯座内接触不良，使接触电阻增大，温度上升太高，可引燃可燃物。荧光灯镇流器运行时间过长或质量不高，将迅速发热，温度上升，若超过镇流器所用绝缘材料的引燃温度，也可引燃成灾。

二、 爆炸和火灾危险环境的基本概念

在大气条件下，气体、蒸气、薄雾、粉尘或纤维状的易燃物质与空气混合，点燃后燃烧可在整个范围内传播的混合物称为爆炸性混合物。能形成上述爆炸性混合物的物质叫作易爆物质。凡有爆炸性混合物出现或是可能有爆炸性混合物出现，且出现的量足以要求对电气设备和电气线路的结构、安装、运行采取防爆措施的环境叫作易爆环境。爆炸性混合物主要包括以下几种。

(1) 气体爆炸性混合物：可燃气体与空气形成的爆炸性混合物。

(2) 蒸气爆炸性混合物：易燃液蒸气与空气的混合物。

(3) 爆炸性气体混合物：可燃气体、易燃液体或可燃液体的蒸气与空气混合形成的混合物。

(4) 爆炸性粉尘混合物：悬浮状可燃粉尘或可燃纤维与空气混合形成的爆炸性混合物。

对于火灾危险环境，世界上现在还没有一个统一的定义，但是通常认为它是指生产、使用、储存或输送火灾危险物质的过程中，能造成火灾危险的区域。这些危险物质包括：

1) 能燃烧但不会形成爆炸性混合物的悬浮状或堆积状的可燃粉尘或可燃纤维，如铝粉、焦炭粉、煤粉等。

2) 闪点高于环境温度的可燃液体，在物料操作温度大于可燃液体闪点的情况下，虽不能泄漏但不至于形成爆炸性混合物，如柴油、润滑油、变压器油等。

3) 固体状可燃物质，如煤、焦炭、木材等。

综上所述，必须要做好预防工作，防止危险物质在运输和使用过程中发生事故，避免发生财产损失和人员伤亡。

三、 燃爆条件及防爆基本措施

1. 易燃易爆物质的燃爆条件

要发生燃爆，必须同时满足以下三个条件。

(1) 在电气设备周围存在一定数量的易燃易爆物质。

(2) 这些易燃易爆物质和空气接触，浓度达到爆炸极限，并具有与电气设备的危险因素相接触的可能性。

(3) 电气设备的热量或产生的火花等的温度应达到爆炸物质的燃点。

例如，瓦斯爆炸有一定的浓度范围，将在空气中瓦斯遇火后能造成爆炸的浓度范围称为瓦斯爆炸界限。瓦斯爆炸界限为5%～16%。当瓦斯浓度小于5%时，遇火不爆炸，但可在火焰外围形成燃烧层；当瓦斯浓度为9.5%时，其爆炸威力最大（氧与瓦斯完全反应）；瓦斯浓度在16%以上时，失去其爆炸性，但在空气中遇火仍然会燃烧。

瓦斯爆炸界限并不是固定不变的，它还受到温度、压力及煤尘、其他可燃性气体、惰性气体的混入等因素的影响。

2. 防爆基本措施

为防止易燃易爆物质的燃烧和爆炸，要采取以下措施。

(1) 可去除上述三个条件中的至少任何一个。

(2) 防止形成燃爆的介质。可用通风的方法来降低燃爆物质的浓度，使它达不到爆炸极限；可将爆炸危险区和非爆炸危险区进行分隔，也可采用限制可燃物的使用量与存放量的措施，使其达不到燃烧、爆炸的危险限度。

(3) 安装防火防爆安全装置，如阻火器、防爆

片、防爆窗、阻火闸门及安全阀等，以防止发生火灾和爆炸。

（4）消除或控制电气设备产生火花、电弧及高温的可能性，使其与易燃易爆物隔离，并在低于引燃温度下运行。

（5）定期清除沉积粉尘，给物料增湿，避免沉积和悬浮。

（6）防止产生着火源，使火灾、爆炸不具备发生的条件。这方面需严格控制以下 8 种着火源，即冲击摩擦、明火、高温表面、自燃发热、绝热压缩、电火花、静电火花、光热射线等。

四、 电气设备的防爆途径

电气设备在使用过程中都会产生火花和高温，这就给爆炸带来了巨大的隐患。所以，在生产生活过程中，要尽可能做好防护措施。

（1）采用隔爆外壳。当火焰从间隙逸出时，也能受到足够的冷却，不会引燃壳外的爆炸性混合物，把爆炸限制在壳内，这就是隔爆作用。

（2）采用本质安全电路，使设备在正常工作或规定的故障状态下所产生的电火花和热效应都不能点燃规定的爆炸性混合物。本质安全电路的要求有电动机、低压电器外壳的防护等级是 IP20，既能防止固体异物进入壳内，又能防止手指触及壳内带电或运动部件。

（3）采用超前切断电源。超前切断电源装置，即指在电缆或电气设备发生故障时，可在电火花（或高温）点燃爆炸性混合物前将电源切断的保护装置。在设备可能发生故障前，即自行把电源切除，使热源不会与爆炸性混合物接触，从而达到防爆目的。

（4）隔离法，即使设备可能产生的危险因素和爆炸混合物不接触，以此来防爆。

（5）限制正常工作的温度。通过增加导线截面积、降低使用容量、改善散热条件的方法将电气设备正常或故障时的运行温度控制在引燃温度内。

要根据实际的情况和目的来正确采用上述措施，将安全隐患降到最低。

五、 防爆电气设备的类型与标志

所谓防爆电气产品，即是按照特定标准要求设计、制造而不会造成周围爆炸性可燃混合物爆炸的特种设备。防爆电气设备的类型较多，产品按适用的危险混合物类型可分为可燃性气体防爆型和可燃性粉尘防爆型等类型，其中气体防爆型按照防爆形式分有隔爆型、增安型、本质安全型、正压型、充油型、充砂型、无火花型和特殊型等。

（1）隔爆型（标志 d）：是一种具有隔爆外壳的电气设备，其外壳可承受内部爆炸性气体混合物的爆炸压力，并阻止内部的爆炸向外壳周围爆炸性混合物传播。

隔爆型电气设备的外壳采用钢板、铸钢、铝合金、灰铸铁等材料制成。

隔爆型电气设备可经过隔爆型接线盒接线，也可直接接线。连接处需有防止拉力损坏接线端子的设施，还需有密封措施，连接装置的结合面应有足够的长度。

隔爆型电气设备的紧固螺栓和螺母必须有防松装置，不透螺孔应留有 1.5 倍防松垫圈厚度的裕量；紧固螺栓不得穿透外壳，周围与底部余厚不得小于 3mm，螺纹啮合不得小于 6 扣。啮合长度的要求是容积为 $100cm^3$ 及其以下者不能小于 5mm，容积为 $100cm^3$ 以上者不能小于 8mm。

正常运行时产生火花或电弧的电气设备应设有连锁装置，确保电源接通时不能打开壳、盖，而壳、盖打开时不得接通电源。

隔爆型适用于爆炸危险场所的任何地点，多用于强电技术，如电机、变压器、开关等。

（2）增安型（标志 e）：在正常运行条件下不会生成电弧、火花或可能点燃爆炸性混合物的高温，在设备结构上，采取措施提高安全程度，以避免在正常和认可的过载条件下产生这些现象的电气设备。多用于笼型电机等。

（3）本质安全型（标志 ia、ib）：首先，本质安全电路是指在规定的试验条件下，正常工作或是规定的故障状态下产生的电火花和热效应都不能点燃规定的爆炸性混合物的电路。而本质安全型电气设备是指全部电路是本质安全电路的电气设备。本质安全型电气设备及其关联设备，按照本质安全电路的使用场所和安全程度分为 ia 与 ib 两个等级。

1）ia 等级设备在正常工作、一个故障和两个故障时都不能点燃爆炸性气体混合物。

2）ib 等级设备在正常工作及一个故障时不能点燃爆炸性气体混合物。

正常工作和故障状态是采用安全系数来衡量的。安全系数是电路最小引爆电流（或电压）与其电路的电流（或电压）的比值，用 K 表示。正常工作时 $K=2.0$，一个故障时 $K=1.5$，两个故障时 $K=1.0$。

（4）正压型（标志 p）：具有保持内部保护气体的压力高于周围爆炸性环境的压力、阻止外部混合物进入外壳的电气设备能保持新鲜空气或惰性气体的压力大于周围爆炸性环境的压力，阻止外部混合物进入外壳。

(5) 充油型（标志 o）：其电气设备的外壳必须能有效地阻止外部灰尘或潮气的侵入，并能排出从油中释放出来的气体或蒸气。高压油断路器即属于此类。

(6) 充砂型（标志 q）：外壳内充填砂粒材料，使其在规定的使用条件下，壳内产生的电弧、传播的火焰、外壳壁或砂粒材料表面的过热，都不能点燃周围爆炸性混合物的电气设备。

(7) 无火花型（标志 n）：正常运行条件下，不会点燃周围爆炸性混合物，且通常不会发生有点燃作用的故障。

(8) 特殊型（标志 s）：指结构上不属于上述任何一类，而采取其他特殊防爆措施的电气设备。填充石英砂型的设备即属于此类。

第二节 电气防爆原理

无论在故障状态下还是正常状态下，各种电源及控制开关产生的电火花或电弧都将大大超过易燃易爆物质的引燃温度，所以要切实采取这些设备的防火防爆措施。

一、隔爆原理

隔爆原理通常是将电气设备的带电部件放在特制的外壳内，该外壳具有将壳内电气部件产生的火花和电弧与壳外爆炸性混合物隔离开的作用，并能承受进入壳内的爆炸性混合物被壳内电气设备的火花、电弧引爆时所产生的爆炸压力，而外壳不被破坏；同时可防止壳内爆炸生成物发生爆炸时向壳外传爆，不会造成壳外爆炸性混合物燃烧和爆炸。这种特殊的外壳称为隔爆外壳。隔爆外壳应具有耐爆性与隔爆性两种性能。

（一）耐爆性

耐爆性是指壳内的爆炸性气体混合物爆炸时，在最大爆炸压力的作用下，外壳不会破裂，也不会发生永久变形，因此爆炸时产生的火焰和高温气体不会直接点燃壳外的爆炸性混合物。

(1) 爆炸性混合物的爆炸压力与温度。爆炸产生后，反应生成物及其残余物会在反应生成热的作用下快速膨胀，产生机械运动，形成冲击波（即爆炸压力）。不同的爆炸性混合物存在不同的爆炸压力值。例如甲烷，当其浓度为 9.5%时，在常温常压下，以密闭容器在绝热状态下试验，最高温度可达 2650℃，通常在 2100～2200℃。因为高温产生高压，在一定容积下，根据查理定律，理论爆炸压力为

$$p = p_0 \frac{t_K + t}{t_K + t_0} \tag{14-2}$$

式中 p——爆炸后最初瞬间压力（大气压，单位为 atm，1atm=101.3kPa，后同）；

p_0——爆炸前压力，一般为 1atm；

t_K——热力学温度与摄氏温度的标差，为 273℃；

t_0——爆炸前气体的温度，常温为 15～17℃；

t——爆炸后的温度，按 2100～2200℃计算。

按式（14-2）算出爆炸压力的理论值为 8.3～8.5atm。然而，因为爆炸性生成物的自由扩散，导致瞬间的热损失，爆炸后的温度大致在 1850℃左右。所以，实际爆炸压力约为 7.4atm。当散热面积不同时，爆炸压力也会不同，会随着散热面积的变化而变化。所以，圆球形的爆炸压力最大，长方形最小。

此外，间隙与爆炸压力的关系是爆炸压力随间隙的增大而降低。由于间隙越大，漏气面积大，导致爆炸压力减小。在间隙相同时，爆炸压力随着容积的增大而增大。

爆炸压力与容积之间也有关系：在 0.5～64L 的不同容积内试验，其爆炸压力相差不到 0.1atm，但是容积小于 0.5L 时，爆炸压力明显降低；小到 0.01L 时，其爆炸压力在 4atm 以下。

(2) 外壳内绝缘油及有机物分解产生的压力。绝缘油和有机物在强烈电弧作用下，会分解产生大量的气体，所以外壳会受到较大的压力。其压力可按下式计算：

$$p = \frac{CA_g t_g}{V_0} + p_0 \tag{14-3}$$

式中 p——外壳终压力，atm；

A_g——弧光短路容量，kW；

t_g——弧光持续时间，s；

V_0——外壳净容积，L；

C——常数，L/(kW·s)，如绝缘油为 0.06，有机塑料为 0.05；

p_0——外壳内初压力，atm。

根据实验可知，这种过压要比瓦斯爆炸压力还大，如 K21-22 塑料在电弧持续 1s 时所产生的压力高达 11atm。在高压油断路器箱内进行切断三相短路试验，当切断线路电压为 6kV，短路电流为 9.6kA 时，虽然法兰盘具有 0.1～0.15mm 的间隙，但箱内压力仍高达 20atm。由式（14-3）可看出，有机绝缘物分解产生的压力和短路电弧的持续时间成直线关系。

此外，有机物分解产生的氢、乙炔等具有爆炸性。例如，氢气在浓度为32.5%时，爆炸压力最大，其值比甲烷爆炸压力还高。

(3) 多空腔的过压现象。从式（14-2）可知，当初压力为1atm时，爆炸压力约为8atm；如果起始压力为2atm，则爆炸后压力将为16atm，即可得爆炸压力和初压成正比。这种情况可能发生在多空腔的外壳内。如图14-1所示，存在两个连通空腔，当A腔内瓦斯被点燃爆炸后，压力波先通过连通孔，使B腔内未点燃的甲烷受到压缩导致压力升高，可达3～4atm。随后，火焰传播过来，造成B腔内甲烷爆炸，所以产生3～4倍的过压，有时甚至可达40atm，这是非常危险的。在细而长的管道中过压现象更为严重。

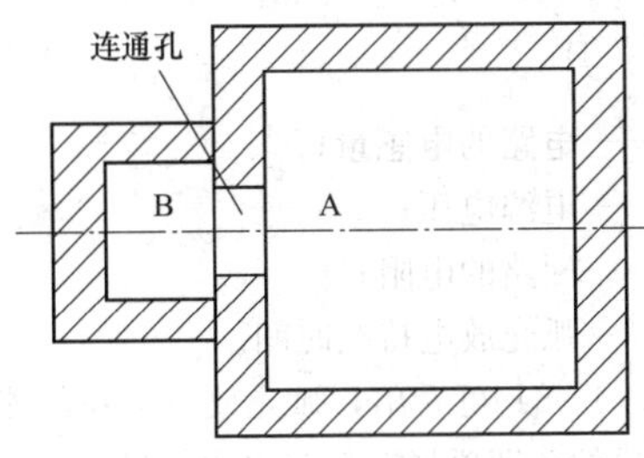

图14-1　多空腔示意

根据实验，过压的大小与A、B两腔的净容积之比，以及连通孔断面大小有关。为避免产生过压现象，在设计隔爆外壳时，应尽可能缩小二腔容积差，一般应小于4∶1，连通孔断面积应大于750mm^2。

(4) 隔爆外壳的机械强度。隔爆外壳需采用钢板等强度和韧性较高的材料制成，以承受足够大的压力。如果考虑1.5倍的安全系数，应采用能承受8atm的设备外壳，如果使用钢板，其最小厚度应为3～4mm，使用铸铁应为6mm。在实际使用时，为确保外壳机械强度的可靠性，出厂或检修后，还应按相关试验标准进行水压试验。

（二）隔爆性

隔爆性是指壳体内部规定的爆炸性气体混合物爆炸时，不点燃壳体周围同一爆炸性气体混合物的性能。它是由外壳装配结合面宽度、间隙及表面粗糙度来实现的。结合面可以是法兰对口式，也可以是子口转盖式。

(1) 最大试验安全间隙。最大试验安全间隙是指在标准规定试验条件下，壳内所有浓度的被试气体或是蒸气与空气的混合物点燃后，通过25mm长的接合面都不能点燃壳外爆炸性气体混合物的外壳空腔两部分之间的最大间隙。间隙值的大小与结合面宽度，以及爆炸性混合物的种类等因素有关，它可通过试验来确定。

国家规定的试验是在常温常压（20℃，101kPa）条件下进行的。将一个具有规定容积、规定隔爆接合面长度L和可调间隙g的标准外壳放在试验箱内，并在标准外壳和试验箱内同时充入已知的相同浓度的爆炸性气体混合物（下面简称混合物），然后点燃标准外壳内部的混合物，通过箱体上的观察窗观察标准外壳外部的混合物是否被点燃爆炸。通过调整标准外壳的间隙及改变混合物的浓度，找出在任何浓度下均不发生传爆现象的最大间隙，该间隙即为所需要测定的最大试验安全间隙（MESG）。

火焰通过间隙传出时温度降到点燃温度以下，就不会发生传爆，这主要是由间隙间的散热作用实现的。通常，在相同条件下，结合面间隙越小，壳内因为爆炸喷出的爆炸生成物温度越低，也就越难引燃爆炸性混合物。法兰盘宽度越大，所喷出的生成物温度也越低，这是因为生成物通过路程长、热损大的缘故。法兰盘宽度增大时，安全间隙也相应增大。若壳内发生弧光短路等特殊情况，因为弧光短路造成的灼热金属物从间隙喷出，会引发传爆。

为安全起见，设计外壳时，装配间隙d需小于安全间隙d_0，其关系为

$$d=\frac{d_0}{K} \tag{14-4}$$

式中　K——安全系数，通常取1.6～2.5。

(2) 隔爆结合面的要求。隔爆结合面是指隔爆外壳各个部件相对表面配合在一起的接合面。相对表面因为隔爆外壳的不同而不同，如圆筒形结合面等，所以对结合面的间隙宽度和粗糙度的要求也不同。隔爆结合面应保持光洁、完整，需有防锈措施，如电镀、磷化、涂防锈油等。以法兰结合的法兰盘的强度要求比外壳更高，厚度需更大。图14-2为子口转盖式设备的隔爆结合面。

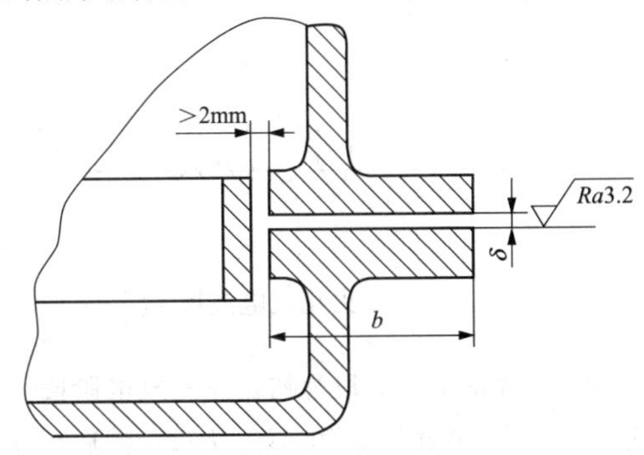

图14-2　子口转盖式设备的隔爆结合面

（三）隔爆外壳的材料

为满足爆炸时产生的高温高压等条件，一般隔爆外壳应采用以钢和高级铸铁为主，但某些条件下也可采用铝合金或高强塑料制作。

因为铝合金重量轻，所以有些电气设备的外壳采用铝合金制成，如电缆插销、照明设备等。但铝活泼、亲氧能力强，氧化时释放热量多，当铝粉末和其他金属混合及铝分子燃烧时，放出高而集中的热量。铝合金在反应时易产生高温的铝合金颗粒，所以铝合金外壳只有在通路电压不高（低于 127V）、短路故障切断时间短（小于 0.2s）且绝缘材料采用耐弧材料的情况下方可使用，即使这样，其含镁量也不得太大。

在有些场合也会应用塑料外壳，塑料外壳绝缘性能好、重量轻，不会在撞击时形成火花，但机械强度和耐热性较差，所以一般采用环氧树脂玻璃纤维塑料。但其也易老化，散热性能也差。

二、本质安全电路原理

（一）安全火花原理

安全火花原理是本质安全电路的基本原理。本质安全电路通过合理地选择电气参数，使系统产生的电火花变得相当小，无法点燃周围的爆炸性混合物。如当甲烷的浓度达到最易点燃的 8.3%～8.5%时，即使遇到极小能量的电火花（如 0.5J），也能发生爆炸。而本质安全电路则能将火花能量降低到安全值。由于它是利用系统或电路电气参数达到防爆要求的，因此是一种非常可靠的防爆手段。

电火花有电阻性、电容性及电感性三种。

电感电路是由电阻与电感组成的。当其闭合时不产生或产生很小的火花；但当电路断开时，就会发生火花放电，其火花放电波形如图 14-3 所示。

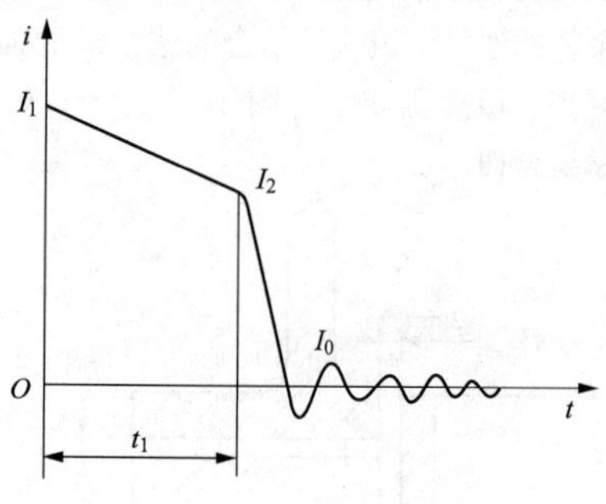

图 14-3　火花放电波形

图 14-3 中的 $I_1 \sim I_2$ 段为初始弧光放电阶段，经过时间 t_1，进入辉光放电阶段 $I_2 \sim I_0$ 段，然后经过衰减振荡过程结束。辉光放电阶段温度较低，在电极上分布面大，故无法点燃爆炸性混合物。而弧光放电阶段则温度较高，能量也集中在电极尖端一个极小的范围内，极易点燃爆炸性混合物。

根据弧光放电波形图，可计算出弧光放电的火花能量，即

$$W = \int_0^{t_1} ui\,\mathrm{d}t \tag{14-5}$$

$$u = U - L\frac{\mathrm{d}i}{\mathrm{d}t} - iR$$

$$i = I_1 + \frac{\mathrm{d}i}{\mathrm{d}t}t$$

式中　u——放电电压；

i——放电电流。

将式（14-5）积分并化简后得

$$W = \frac{1}{2}L(I_1^2 - I_2^2) + \frac{1}{6}(I_1 + I)(U + 2I_1R)t_1 \tag{14-6}$$

式中　L——电路的电感量；

U——电源电压；

R——回路的电阻；

t_1——弧光放电持续时间。

由式（14-6）可看出，弧光放电火花的能量是由两部分组成的，即磁场能量与电源能量。

除上述因素影响外，电火花对爆炸性混合物的点燃，还和电源频率、电路断开速度、接点形状和材质等因素有关。不过，某些因素在特定的本质安全电路中可忽略，如对于简单电感电路，安全火花能量的大小主要取决于电流与电压；对于简单电容电路，火花能量主要取决于电压与电容。为限制火花能量可采用下列方法。

（1）适当增加电路的电阻。

（2）合理选择电气元件，降低供电电压。

（3）采取消能措施。例如，可在电感元件两端并联电阻、电容、电容-电阻或半导体二极管的方法，以减少电感供给断点的火花能量。

（二）电路火花放电的特性

电路在接通、断开的过程中会发生火花放电，这与电路的性质（电阻性、电感性、电容性）密切相关。

图 14-4 为电阻电路最小点燃电流与电压的关系曲线。

当电感 L<0.1mH 时，电路可认为是电阻电路。当有电阻分路，尤其是有整流器分路时，就更应看作电阻电路。电阻电路通断时，火花主要来自电源，磁场能量相对较小，当最小点燃能量 W_R 一定时，最小点燃电流 I 和电源电压 U 成反比，其表达式为

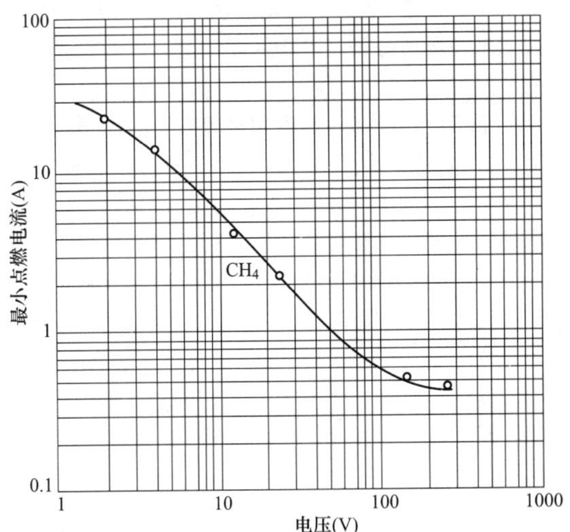

图 14-4 电阻电路最小点燃电流与电压的关系曲线

$$W_R = UI \tag{14-7}$$

图 14-5 是电感电路最小点燃电流与电感的关系曲线。

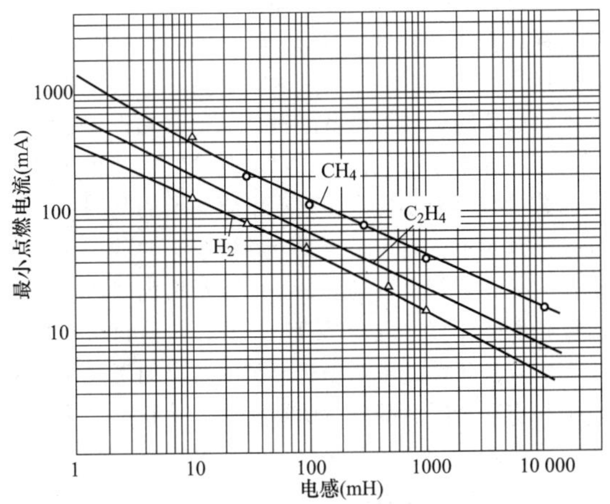

图 14-5 电感电路最小点燃电流与电感的关系曲线

当 $L \geqslant 1\text{mH}$ 时，电路即可认为是电感电路，与电阻电路不同，其最小点燃能量主要源于电感元件的磁场能量，磁场能量 $W_2 = LI_0^2/2$，而这时，电源能量可忽略。所以，当点燃爆炸性混合物的最小能量一定时，电感值越大，最小点燃电流就越小。因此电感电路断路火花危险性不容忽视。

图 14-6 为电容电路最小点燃电压与电容的关系曲线。

从图 14-6 中可看出，电容越大，最小点燃电压就越低，从电容储能 $W_c = CU^2/2$ 同样可得出结论，在爆炸性混合物点燃能量一定时，电容越大，最小点燃电压也就越低。

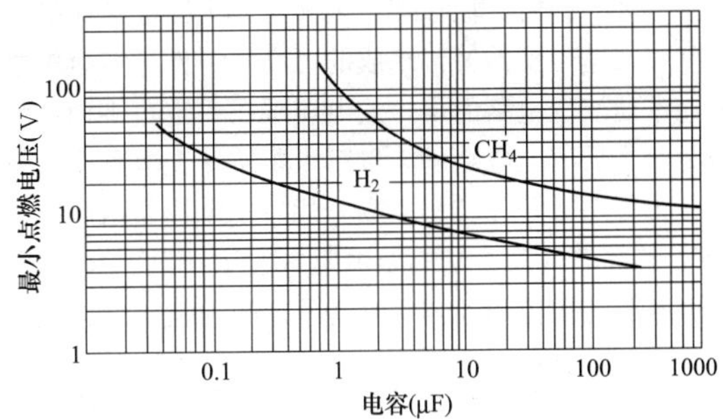

图 14-6 电容电路最小点燃电压与电容的关系曲线

电容电路闭合时，电源和电容储能元件同时向间隙放电，而且放电速度快，能量集中，点燃能力强，所以危险性很大。

必须注意的是，曲线上查得的最小点燃电流（或电压），仍然存在一定的点燃或然率。影响最小点燃电流（或电压）、影响点燃或然率的主要包括火花试验装置、爆炸性混合物和试验环境三个因素。所以在确定本质安全电路参数，即安全电流 I_a（或电压）时，应考虑一个安全系数 K，正常状态时取 2，故障状态时取 1.5。

（三） 本质安全电路的安全措施

（1）电源限流。为确保电源电路的安全，必须对电源采取限流措施，当电源端发生短路时，短路电流不得超过它的安全电流值。在现实生产中，电池和蓄电池多数采用串接电阻的方法进行限流，电阻值按电池空载电压及安全电流值计算。然而对于交流整流电源，需采用隔离变压器，变压器二次绕组采用高电阻率电阻丝绕制，以达到限流作用。

（2）电感元件的消能。本质安全电路中的继电器、变压器及扼流线圈都是电感元件，需要对电感元件进行消磁，方法是设计时在电感元件两端并接半导体二极管、电容或电阻，使断电时其磁场能量无法馈送或少馈送到断路点上。最常用的是半导体二极管并联分路，如图 14-7 所示。这个方法既可提高安全性能，又可提高输出功率。

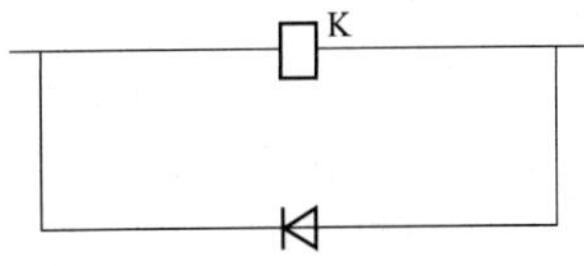

图 14-7 半导体整流器并联分路

（3）安全栅。电气系统的安全电路之间，需要布置保护元件的能量限制器——安全栅，安全栅主要是由限流元件（如金属膜电阻、非线性组件等）、限压元件（如二极管、稳压二极管等），以及特殊保护元件（如快速熔断器等）组成的可靠性组件。安全栅能够将本质安全电路的电压或电流限在一定范围内，以避免非本质安全电路的能量窜入本质安全电路中。图14-8即是一个稳压二极管安全栅。安全栅是由熔断器FU，稳压管VS1、VS2及电阻R_1、R_2组成的。其中的熔断器为限流熔断器，具有一定的内阻。

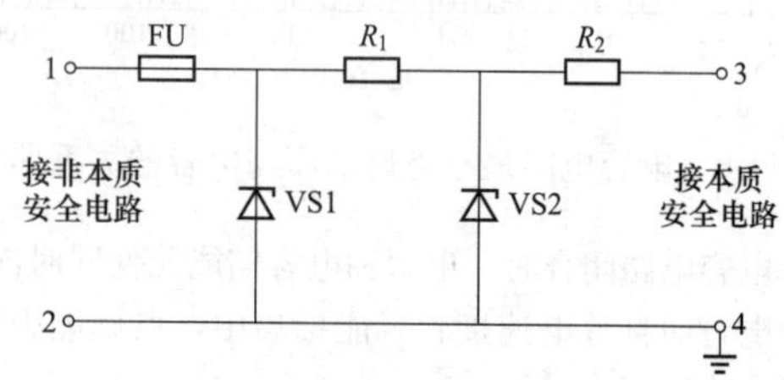

图 14-8　稳压二极管安全栅

系统正常运行时，安全栅1、2端向3、4端传递信号，传递的信号不应过于削弱或失真，幅值应低于VS1、VS2的电压。当传递交流信号时，两稳压二极管应对头串接。

发生故障时，从非本质安全电路出来的较高电压，就是通过VS1、VS2、R_1、R_2的限幅限流作用，被限制在本质安全电路规定范围内的。当有意外高压突然加到安全栅1、2端时，熔断器FU在VS1未损坏前就被熔断，从而避免了意外高压窜入本质安全电路，可确保电路主元件的安全。

第三节　爆炸性气体环境危险场所的判定

一、危险场所分类的目的

场所分类是对可能出现爆炸性气体环境的场所进行分析和分类的一种方法，以便正确选择和安装危险场所中的电气设备，达到安全使用的目的，并把气体的级别和温度组别考虑进去。

在使用可燃物质的许多实际场所，要布置爆炸性气体环境永不出现或确保设备永不成为点燃源是困难的。因此，在出现爆炸性气体环境可能性很高的场所，应采用安全性能高的电气设备。相反，如果降低爆炸性气体环境出现的可能性，则可使用在结构上要求不太严格的设备。

完成场所分类后，风险评估可用来评定在此爆炸性环境下出现点燃的后果，用以确定是否需要采用更高设备保护级别（EPL）的设备，或者用以证明可采用低于正常保护级别的设备。适用时，EPL的要求可被记录在场所分类文件中和图纸上，以允许选择合适的电气设备。

几乎不可能通过对装置或装置布置的简单检查来确定装置周围哪些部分能符合三个区域的划分（0区、1区或2区）。对此，需要更复杂的方法，包括对出现爆炸性气体环境可能性进行的基本分析。

第一步是按0区、1区和2区的定义来确定产生爆炸性气体环境的可能性。一旦确定了可能释放的频次和持续时间（释放等级）、释放速率、浓度、速度、通风和其他影响区域类型和/或范围的因素，对确定周围场所可能存在的爆炸性气体环境就有了可靠的依据。

因此，该方法要求更详细地考虑含有可燃性物质，并可能成为释放源的每台加工设备的情况。

特别是应通过设计或适当的操作方法，将0区或1区场所在数量上或范围上减至最小，换句话说，工厂和其设备安装场所大部分宜为2区或非危险场所。对于不可避免的有可燃性物质释放的场所，宜限制其加工设备为2级释放，如果做不到（即1级释放或连续级释放无法避免的场所），则应尽量限制释放量和释放速率。在进行场所分类时，这些原则应优先给予考虑。必要时，加工设备的设计、运行和设置都应保证即使在异常运行条件下，释放到大气中的可燃性物质的数量减至最小，以便缩小危险场所的范围。

一旦对工厂进行了分类，并做了必要的记录，很重要的是在未与负责场所分类的人员协商时，不允许对设备或操作程序进行修改。未经授权擅自进行场所分类无效。应保证影响场所分类的所有加工设备在维护中和重新装配后都进行认真检查，重新投入运行之前，保证涉及安全性的原设计的完整性。

二、危险区域判断程序要点

在确定为爆炸危险场所并属于爆炸性气体环境后，应进一步确定环境危险区域和范围，只有这样才能正确选择防爆电气设备，也可为电气防爆安全检查提供依据。要做到这一点，必须具有严谨的态度和科学的方法，克服防爆电气设备选型及使用的随意性、盲目性。

（一）调查危险物品

调查和记录危险环境使用和存放危险物品的种类和特性。若爆炸危险物品是混合使用和存放的，对危险性明确者直接标明危险属性；对危险性不明确者，需弄清楚其中最危险物质的特性，以利于判断该爆炸性物质的危险程度。危险物品具有闪点、燃点、自燃点、爆炸极限、最小引爆电流或最小引燃能量等特征。调查危险物品实际使用温度、压力及通风情况，记录危险物品使用状态下，最危险参数和铭牌标定性能参数不同的地方。

（二） 调查释放源

确定危险区域类型的根本因素即是鉴别释放源和确定释放源的等级。释放源是指工艺设备与管道释放爆炸性气体、蒸气或液体混合物的位置。只有可燃性气体、蒸气或薄雾和空气一同存在时，才能存在爆炸性气体环境，所以必须确定有关场所内是否存在可燃性物质。

通常来说，这些可燃性气体或蒸气（可燃性液体和固体可能会产生可燃性气体或蒸气）是装在全封闭或不全封闭的加工设备中。为此，必须确定加工设备内部是否存在可燃性环境，或是释放的可燃性物质是否能在加工设备外部产生可燃性环境。

每台加工设备（如罐、泵、管道、容器等）均应视作可燃性物质的潜在释放源。若该类设备不可能含有可燃性物质，那么很显然它的周围就不会形成危险场所。若该类设备可能含有可燃性物质，但不向大气中释放（如全部焊接管道不认为是释放源），同样也就不会形成危险场所。

若已确认设备会向大气中释放可燃性物质，必须首先确定大概的释放频率及持续时间，然后按分级的定义确定释放源的等级。通常认为，封闭式加工系统可打开的部位（如更换过滤器或加料）在进行场所分类时也需作为释放源。根据该方法，释放源可划分为连续级、1 级、2 级和多级。释放源的等级确定后，必须测定出可能影响危险场所类型和范围的释放速率及其他因素。

（三） 区域类型

存在爆炸性气体环境的可能性及由此形成的区域类型主要取决于释放源的等级和通风。一般，连续释放源形成 0 区，1 级释放源形成 1 区，2 级释放源形成 2 区。

（四） 区域范围

区域范围主要受下列化学和物理参数及一些可燃性物质固有特性的影响，其他因素是加工过程中特有的。下列各参数的作用是以假定其他参数保持不变为前提的。

1. 气体或蒸气的释放速率

气体或蒸气的释放速率越大，区域范围也越大。释放速率取决于释放源本身的其他参数，具体如下。

（1）释放源的几何形状。这与释放源的物理特性有关，如开口表面形状、泄漏法兰等。

（2）释放速度。对于给定的释放源，释放速率是随释放速度的增加而增大的。在加工设备含有可燃性物质的情况下，释放速度与工艺压力及释放源的几何形状有关。通过可燃性蒸气的释放速率及扩散的速率来确定可燃性气体或蒸气云的大小，从泄漏处高速流出的气体或蒸气会形成一个通过夹杂有完全自动稀释的圆锥形的喷嘴。爆炸性环境的范围几乎和风速无关。若释放速度较慢或释放速度受到固体物体阻碍而改变，则释放只能通过自然风来进行，并且其稀释和扩散范围取决于风速。

（3）浓度。释放速率随着释放混合物中可燃性蒸气或气体浓度的增加而增加。

（4）可燃性液体的挥发性。挥发性和蒸气压力及汽化热有关。若未知蒸气压力，则沸点和闪点可用作指导性参数。

若闪点高于可燃性液体的相应最高温度，则爆炸性环境就不能存在。闪点越低，区域的范围可能越大。若在某种程度上以雾状形式释放可燃性物质（如喷雾），在物质闪点以下可能形成爆炸性环境。

可燃性液体的闪点不是准确的物理量，特别是含混合物的场所。尽管某些液体（如卤化碳氢化合物）刻意形成爆炸性气体环境，但它却没有闪点。在这些情况下，应将对应于爆炸下限饱和浓度液体的均衡温度和相应液体的最高温度做比较。

（5）液体温度。蒸气压力随温度的增加而升高，故而，因蒸发作用，释放速率增加。

2. 爆炸下限（LEL）

对于给出的释放体积，LEL 越低，危险区域范围就越大。

3. 通风

随着风量的增加，危险区域范围可以减小。阻碍通风的障碍物能使危险区域范围扩大。某些障碍物如堤坝、围墙或天花板均能限制危险场所范围。

4. 释放气体或蒸气的相对密度

若气体或蒸气明显地轻于空气，则它趋于向上飘移，且释放源上方的垂直方向范围将随着相对密度的减小而扩大；若明显地重于空气，它就趋于沉积在地面，则在地面上区域水平范围将随着相对密度的增大而增大。

对于实际应用而言，气体或蒸气的相对密度低于 0.8 则被认为是轻于空气，若相对密度高于 1.2，则被认为重于空气，在上述数值之间的气体或蒸气可酌情考虑。

第四节　易燃易爆危险场所电气防爆

一、易燃易爆场所的基本防爆措施

在生产、储存和运输易燃易爆物质的过程中，为防止易燃易爆物质的燃烧和爆炸，就要把发生燃爆的三个基本条件出现的可能性降到最小限度，基本防范措施如下。

（1）通过生产工艺设计来消除或减少可燃气体、易燃液体的蒸气或薄雾，爆炸或可燃粉尘的产生和积聚。为此，可在工艺流程中采用较低的压力与温度，或将易燃物质限制在密闭容器内防止泄漏；工艺布置中尽可能限制和缩小危险区域范围；对爆炸危险区域与非爆炸危险区域进行分隔；用氮气或其他的惰性气体使易燃物质和空气隔离等。

（2）火灾爆炸危险性较大的厂房内，应尽可能避免明火及焊割作业，最好将检修的设备或管段拆卸至安全地点检修。当必须在原地检修时，必须按照动火的有关规定进行，必要时还可请消防队进行现场监护。

（3）限制易燃易爆物质在空气中的含量，减少其达到爆炸极限的概率。为此，可通过增加自然或机械通风、设置正压室、设置自动检测装置等对爆炸性混合物浓度进行监测，当其接近爆炸下限浓度时，发出报警信号或提前切断电源。

（4）对于混合接触能发生反应而引起自燃的物质，严禁混存混运；对于吸水易造成自燃或自然发热的物质需保持使用和储存环境干燥；对于容易在空气中剧烈氧化放热自燃的物质，需密闭储存或浸在相适应的中性液体（如水、煤油等）中，防止与空气接触。

（5）消除或控制电气设备产生火花、电弧和高温的可能性，对电气设备及易燃易爆物质实施隔离措施。对于有静电火花产生的火灾爆炸危险场所，可提高环境湿度以减少静电的危害。

（6）加强维修管理，定期清理沉积粉尘、污物，遵守操作规程给物料增湿。易燃易爆场所必须使用的防爆型电气设备，还需做好维护保养工作。

二、电气设备防爆途径

要达到电气防爆的目的，必须通过表14-1所示的电气设备防爆途径，消除与控制电气设备产生火花、电弧和高温的危险因素。

表14-1　电气设备防爆途径

途径	具体内容
采用超前切断电源	当设备可能出现故障之前，即自行将电源切除，使电热源不至于与爆炸性混合物接触，从而达到防爆目的。例如，矿用橡胶软电缆，在工作条件恶劣的井下，经常容易产生机械损伤而短路，但是，对电缆又不能采用隔爆外壳结构进行保护，为防止电缆遭受机械损伤而使短路火花外露，可采用具有特殊构造的屏蔽电缆与漏电保护装置配合构成超前切断保护。当电缆受砸压时，在主芯线绝缘没有完全损坏之前，其漏电电流经屏蔽层首先入地，比漏电继电器动作超前切断电源。 当爆炸混合物的浓度达到爆炸浓度下限时，即将电源切断，也属于超前范畴
采用隔爆外壳	隔爆外壳多用于电机、电器等动力设备的防爆。当设备内部爆炸时，产生的爆炸压力不会使外壳变形，而且当火焰从防爆间隙传出时，也能受到足够的冷却，不会引燃壳外的爆炸性混合物。把爆炸限制在壳内，这即是隔爆作用
采用本质安全电路	本质安全电路多应用在测量仪表、信号通信、遥控及自动控制系统，电路电压和电流都比较小。本质安全电路是在电路中采用一些降低电感、电容量的措施，使外露的电火花能量不足以引燃爆炸性混合物
限制正常运行工作温度	通过加大导线截面、降低使用负荷容量及改善散热条件等方法，将电气设备正常或故障时的运行温度控制在引燃温度以内
采用隔离法	隔离法的作用是使电气设备在正常或故障时产生的危险因素不与爆炸性混合物直接接触。例如，采用普通照明灯具通过密封玻璃间接照明，将发生危险因素的部件密封在壳内或浸在油内，对壳内通风或充以惰性气体使其形成正压状态

在工程实践中，单一设防常常达不到理想的安全效果，采用上述措施时要通过调查研究、综合设防方可达到防爆安全可靠、技术先进、经济合理的目的。

三、隔爆型电气设备

一般把具有隔爆型外壳的电气设备称为隔爆型电气设备。它可以承受内部爆炸性混合物的爆炸压力，并能阻止向外壳传爆。适用于爆炸性危险场所的任何地方。多用于强电技术，如电机、变压器、开关等。

在煤矿井下和石油化工企业用的电气设备中也已广泛采用了这种防爆形式。

（一）防爆原理

将电气设备的带电部件置于隔爆外壳内，该外壳具有将壳内带电部件产生的火花、电弧与壳外爆炸性混合物隔开的作用，并可承受通过外壳任何结合面或结构间隙渗透到外壳内部的爆炸性混合物及火花、电弧点燃时所形成的爆炸压力，而外壳不被损坏；同时能避免壳内爆炸生成物（高温气流和火焰）经结合面喷出时，向壳外爆炸性混合物传爆，不会造成外部爆炸性气体、蒸气混合物形成的爆炸性环境的点燃。

根据隔爆型电气设备的防爆原理可知，隔爆外壳需具有耐爆和隔爆性能。所谓耐爆就是外壳能承受壳内爆炸性混合物爆炸时所形成的爆炸压力，而本身不产生破坏及危险变形的能力。所谓隔爆性能就是外壳内爆炸性混合物爆炸时喷出的火焰，不造成壳外可燃性混合物爆炸的性能。为实现隔爆外壳耐爆及隔爆性能，对隔爆外壳的形状、材质、容积、结构等都有特殊的要求。

（二）外壳耐爆性

隔爆型电气设备除电气部分外，主要结构包括隔爆外壳及一些附在壳上的零部件、衬垫（如防潮、防水、防尘用的由金属或金属包覆的不燃材料）、透明件（如照明灯具透明罩观察窗、指示灯）、电缆（电线）引入装置及接线盒等。

1. 具有一定的机械强度

在壳体内部，不论是渗透进入的爆炸混合物被点燃爆炸还是有机绝缘物在电弧高温下的热分解，生成的高压气体压力均不致使外壳变形、损坏或损伤，即使有多空腔过压现象存在。因此，隔爆外壳必须具有一定的机械强度，外壳通常用钢板或铸钢制成，也可用灰铸铁。

对容积小的可用工程塑料，塑料具有易成型、易切削加工、比重轻、易制造等优点，但是用它作为隔爆外壳，在高温下易受热分解、变形。因此，在热量和电弧能量大的电气设备上不宜使用塑料外壳。

2. 外壳的几何形状

隔爆外壳的几何形状是多样的。大量的理论研究及实践证明，在相同容积、不同形状的隔爆外壳中，非球形外壳中的爆炸压力比球形外壳中压力低，也就是说球形外壳的爆炸压力最大，长方体外壳爆炸压力最小。外壳内的爆炸压力是随着容器形状的不同而变化的。这是因为随着外形散热表面积的增大而降低了爆炸压力。因此，隔爆外壳以采用长方形为宜，这样可提高外壳的耐爆能力。

3. 外壳的容积

隔爆外壳的容积也是设计隔爆外壳的关键。理论和实践均证明，在其他条件一定的情况下，隔爆外壳的容积和外壳内的爆炸压力无关，容积对压力的影响不大。所以在设计制造隔爆外壳时要尽可能减小隔爆外壳的体积，既确保了外壳的耐爆性又减轻了质量，更便于在煤矿井下等特殊环境中使用。

4. 外壳的空腔

通常隔爆外壳大都是由两个或两个以上的空腔组成的，且空腔间是连通的，所以在外壳内爆炸性混合物发生爆炸时将会发生压力重叠现象，也就是当一个空腔里的爆炸性混合物爆炸时，会使另一个空腔里的爆炸性混合物受到压缩，而使压力增大。若这个空腔再爆，将会出现过压现象，形成多空腔压力重叠，隔爆外壳的耐爆性将遭到威胁。

所以，在设计制造隔爆外壳时应尽可能避免采用多空腔结构，若无法避免这种结构则应尽可能增大各空腔间连通孔的面积。由于多空腔压力重叠的过压大小与两空腔容积比，以及连通孔断面积有关。当两空腔容积比不变时，连通孔断面积越大，过压就越小，从而增加外壳的耐爆性能。此外，外壳的长、宽、高尺寸之比也不要过大，以免发生外壳内的压力重叠现象。

（三）外壳隔爆性

因为加工、制造、使用、维修等方面的需要，无论何种形状的隔爆外壳，都不会是一个“天衣无缝”的整体，而是由几部分和各种零件构成的。各部分与零件之间都需要连接，而连接的缝隙势必会成为外壳内爆炸性产物穿过的途径。若对这些连接的间隙不做特殊规定和技术要求，那么穿过间隙的壳内爆炸产物就会引燃壳外周围爆炸性混合物，其后果不堪设想。为避免这种情况发生，就必须在外壳的各接合处采用一些特殊有效的措施，实现外壳隔爆性能。

隔爆间隙的大小是隔爆外壳能否隔爆的关键。一般隔爆面是采用法兰连接的隔爆保护方式。隔爆结合面间隙有多种结构，如平面形结构（开关大盖与壳体、接线盒与壳体）、圆筒形结构（电动机端盖与机座、转轴与转孔）、平面加圆筒形结构（电钻接线盒盖与接线盒）、曲路结构、螺纹结构、衬垫结构（照明灯罩与金属外壳）、叠片结构（老式蓄电池箱上防爆结构）、微孔结构、金属网隔爆结构（多层铜网、不锈钢网）等。圆筒结合面结构如图 14-9 所示。

现在理论研究上对外壳的法兰间隙能够实现隔爆仍有两种观点：一种观点认为，法兰间隙对壳内爆炸生成物（火焰）具有熄火作用，火焰在狭窄的法兰间

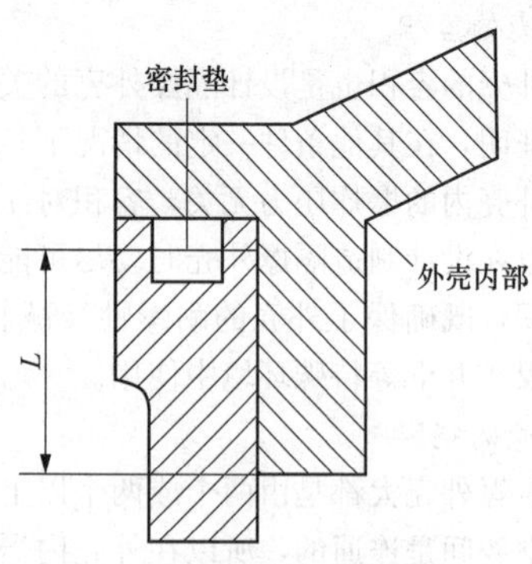

图 14-9 圆筒结合面结构

隙中自动熄灭；另一种观点则认为，法兰间隙不但能熄灭壳内火焰，而且还能降低壳内爆炸生成物的温度，而这些生成物是具有传爆危险的。总之，理论的研究和实践全部证明了利用隔爆外壳的法兰间隙可起到隔爆作用，而且间隙的大小与隔爆作用的关系遵守如下规律。

(1) 法兰间隙越大，穿过间隙的爆炸生成物的能量越多，传爆性越强，隔爆性能越差；法兰间隙越小，传爆性越弱，隔爆性能越好。

(2) 法兰隔爆面越长，传爆的可能性越小；隔爆面越短，传爆的可能性越大。

为了可使隔爆外壳具有最佳隔爆性，人们对外壳法兰间隙的大小及隔爆性能进行了试验研究。试验得出，最大不传爆间隙即为最大试验安全间隙。不同爆炸性混合物的最大试验安全间隙不一样（当法兰间隙的长度为 25mm 时）。影响最大试验安全间隙的因素有以下几个。

1) 爆炸性混合物的浓度。最大安全间隙试验时采用的爆炸性混合物的浓度是最危险浓度，当这种爆炸性混合物浓度高于或低于最危险浓度时（最大安全间隙试验中所采用的浓度），都会导致试验安全间隙增大。爆炸性混合物浓度对于最大试验安全间隙的影响是呈非线性关系变化的。

2) 法兰长度。法兰长度减短，试验安全间隙减小；法兰长度增加，试验安全间隙变大。而且当法兰长度从零增加到 15mm 时，试验安全间隙增长较大。但当法兰长度再增加时，试验安全间隙只能增大到这种爆炸性混合物的熄灭距离。若再增大法兰间隙，爆炸性混合物的生成物将穿过间隙向壳外周围传播，此时外壳也就失去了隔爆作用。

3) 法兰表面加工粗糙度。法兰表面加工粗糙度只要不影响间隙的宽度，也就是只要保持法兰表面平整，不会导致间隙宽度畸形，法兰表面略粗糙一些，对隔爆性能没有大的影响。

4) 外壳容积。在壳内点火源位置一定的前提下，隔爆外壳容积的变化对最大试验安全间隙影响不大。

5) 壳内爆炸性混合物的压力和温度。爆炸性混合物的压力升高，最大试验安全间隙将下降；爆炸性混合物温度的提高更易造成爆炸，将会使试验安全间隙下降。

6) 爆炸性混合物湿度。随着爆炸性混合物湿度的升高，间隙的传爆可能性减小，最大试验安全间隙将随之加大。

7) 隔爆外壳内点火源位置。对于迅速反应的爆炸性混合物，壳内点火源位置对试验安全间隙的影响较小。但对于反应缓慢的爆炸混合物，点火源对最大试验安全间隙有很大的影响。点火源位置偏离中心，最大试验安全间隙将随之增大。

四、增安型电气设备

“增安”一词并不意味着增安型电气设备比其他防爆类型更好，而只是为了表示增安型的目的。增安型电气设备的安全性能达到何种程度，不仅取决于设备的自身结构形式，也取决于设备的使用环境和维护情况。增安型防爆结构大多适用于电动机、变压器、照明灯具、接线盒等电气设备。增安型电气设备的标志为 e。

1. 防爆原理

对于那些在正常运行条件下不会产生电弧、火花及危险温度的矿用电气设备，为提高其安全程度，在设备的结构、制造工艺和技术条件等方面采取一系列措施，从而避免了设备在运行及过载条件下产生火花、电弧及危险温度，实现了电气防爆的目的。

2. 使用要求

增安型电气设备除了必须符合本质安全型规定外，还应符合防爆电气设备通用要求的规定，具体内容见表 14-2。

表 14-2 增安型电气设备的使用要求

序号	要求	具体内容
1	电路连接	对引入电缆或导线需连接可靠、接线方便，有预防连接松动、自动脱落和扭转措施，并保持接触良好，接触压力不受温度影响，不得有损伤电缆或损伤的导线棱角，绝缘材料不能受压，多股连接线在连接件上要有预防分股措施；对内部导线的连接应经螺栓或螺钉、挤压、软钎焊、硬焊或熔焊等方式连接，以免松动

续表

序号	要求	具 体 内 容
2	极限温度	电机在启动、额定运行或规定的过载状态时，任何部件的最高表面温度及导线与其他金属部件的允许温度均不允许超过规定要求。绕组温度需满足各绝缘材料等级的额定运行极限温度，并有保护装置给予配合
3	固体绝缘材料和绕组	固体绝缘材料应采用耐电弧性能好、不燃或难燃和吸潮性小的材料制作，当模压塑料或尼龙绝缘表面存在损伤、脱落时，应用同级绝缘漆给予涂覆。绕组应使用QZ型厚绝缘漆包线，嵌绕、绑扎干燥后应做浸渍处理，不允许用直径小于0.25mm的导线绕制
4	外壳防护等级	裸露带电部件为IP54，绝缘带电部件为IP44；对安装在清洁室内，并有专人检查管理的电动机，除接线盒和裸露带电部件外，仅需IP23即可
5	电气间隙和爬电距离	不同电位的导电零件之间、带电零件与接地零件之间的电气间隙，以及不同电位导电零件之间的爬电距离均要符合规定要求

五、 本质安全型电气设备

1. 防爆原理

本质安全型电气设备的防爆原理是通过限制电气设备电路的各种参数，或是采取保护措施来限制电路的火花放电能量及热能，使其在正常工作和规定的故障状态下产生的电火花和热效应都不能点燃周围环境的爆炸性混合物，从而达到电气防爆的目的。这种电气设备的电路本身就具有防爆性能，也就是说从“本质”上就是安全的，因此称为本质安全型（简称“本安型”）。

2. 特点及形式

采用本安电路的电气设备称为本安型电气设备。因为本安型电气设备的电路本身就是安全的，所产生的火花、电弧及热能都不能引燃周围环境爆炸性混合物，所以本安型电气设备不需要专门的防爆外壳，这样就能缩小设备的体积和减少设备的质量，简化设备的结构。同时，本安型电气设备的传输线可用胶质线或裸线，可节省大量电缆。故而，本安型电气设备具有安全可靠、结构简单、体积小、质量轻、造价低、制造维修便利等优点，是一种比较理想的防爆电气设备。但因本安型电气设备的最大输出功率在25W左右，所以使用范围受到了限制。目前，本安型电气设备主要用于通信、信号和控制系统，以及仪器、仪表等设备。

本安型电气设备分为单一式与复合式两种形式。单一式本安型电气设备是指电气设备的全部电路全部由本安电路组成，如携带式仪表通常为单一式。复合式本安型电气设备是指电气设备的部分电路是本安电路，另一部分是非本安电路，如调度电话系统。

3. 本安型电气设备的结构

为确保本安型电气设备的防爆性能，不但要正确选择电路的电气参数，而且在结构上也必须采取防爆措施，具体内容见表14-3。

表14-3 本安型电气设备结构的防爆要求

序号	要求	具体内容
1	电源变压器	电源变压器是直接向本安电路供电的设备，因此变压器供电绕组和任何其他绕组之间都不应发生短路故障，只有如此才认为变压器是可靠的。变压器输入电路应由规定熔断器或用适当规定值的断路器实施保护
2	最高表面温度和外壳	要满足使用场所的要求但表面可能堆积煤尘时，最高表面温度不宜超过150℃；不会堆积或采取措施可避免堆积时，最高表面温度不应超过450℃。外壳防护等级要和使用场所相对应，塑料外壳部件尺寸、形状、布置要避免引燃危险的静电产生。在规定温度、湿度下，测得的表面绝缘电阻不宜超过1GΩ。轻合金外壳不允许钻螺孔，移动使用的抗拉强度不低于120MPa，并且不得产生摩擦火花
3	接线盒、接线端子，电气间隙与爬电距离	本安电路端子和非本安电路端子或裸露导体之间的距离和间隙应符合规定，接线端子要有放松装置。电气间隙和爬电距离应符合标准

4. 本安型电气设备的维修

本安型电气设备的维修主要是对本安电路所使用元件的性能、电气回路的绝缘电阻值、外配线与内接线端子的紧固情况、接地是否良好等进行检查维护。

（1）矿用本安电路与本安型电气设备在使用和维修过程中，必须保持原设计的本安电路的电气参数及保护性能。除在电气设备入井时需对本安电路的电气参数和保护性能进行检查外，还应在井下使用的过程中定期检查。

（2）更换本安电路及关联电路中的电气元件时，不应改变原电路的电气参数和本安性能，也不应擅自改变电气元件的规格、型号，尤其是保护元件应格外注意。更换的保护元件应严格筛选。特殊的部件如胶封的防爆组件，如果遇损坏应向厂家购买或严格按原方式仿制。

（3）在井下有瓦斯爆炸危险的场所，检修本安型电气设备时严禁用非防爆仪表进行测量或用电烙铁检修，检修时需切断前级电源。

（4）在非危险场所安装的本安型关联设备，除目测外，进行检修时应切断接到危险场所的本安型电路的接线。

（5）运行中的本安型电气设备应定期检查保护电路的整定值及动作可靠性。

（6）若需要修改本安电路的原设计，应按送检程序要求送防爆检验单位审查，检验合格后才能使用。

第五节　爆炸危险区域

对一个爆炸性危险区域，判断其能不能形成爆炸性混合物，需根据区域空间大小、物料特性、品种和数量、设备状况（如运行情况、操作方法、通风、容器破损及误操作的可能性）、气体浓度测量的准确性及运行经验等条件予以综合分析确定。例如，氨气爆炸浓度极限范围为15.5%～27%，但是，因为其有强烈的刺激气味，容易被值班人员发现，可划分为较低级别。对易于积聚、比重大的气体或蒸气通风不良的死角或地坑低洼处，就应视为较高区域级别。

一、爆炸性危险环境区域等级

1. 爆炸性气体环境危险区域等级

根据GB 3836.14—2014《爆炸性环境　第14部分：场所分类　爆炸性气体环境》的术语和定义可知，危险场所是指爆炸性气体环境出现或预期可能出现的数量达到足以要求对电气设备的结构、安装和使用采取专门措施的区域；非危险场所是指爆炸性气体环境预期不会大量出现以致不要求对电气设备的结构、安装和使用采取专门措施的区域。

根据爆炸性气体环境出现的频率和持续时间把危险场所分为以下区域。

0区：爆炸性气体环境连续出现或长期存在的场所。

1区：在正常运行时，可能出现爆炸性气体环境的场所。

2区：在正常运行时，不可能出现爆炸性气体环境，如果出现也是偶尔发生并且仅是短时间存在的场所。

上述正常运行是指正常启动、运转、操作及停止的一种工作状态或过程，当然也应包括产品从设备中取出和对设备开闭盖子、投料、除杂质及安全阀、排污阀等的正常操作。不正常情况是指容器、管路装置的破损故障和错误操作等造成爆炸性物质的泄漏和积聚，以致有产生爆炸危险的可能性。

2. 爆炸性粉尘环境危险区域等级

应根据爆炸性粉尘环境出现的频繁程度和持续时间分为20区、21区、22区，分区应符合下列规定。

（1）20区应为空气中的可燃性粉尘云持续地或长期地或频繁地出现于爆炸性环境中的区域。

（2）21区应为在正常运行时，空气中的可燃粉尘云很可能偶尔出现于爆炸环境中的区域。

（3）22区应为在正常运行时，空气中的可燃粉尘云一般不可能出现于爆炸环境中的区域，即使出现，持续时间也是短暂的。

二、爆炸性粉尘环境危险区域范围的确定

爆炸性粉尘环境危险区域范围需根据粉尘量、释放速率、浓度和物理特性，以及同类企业类似厂房的运行经验来确定。在建筑物内部应以室为单位；当室内空间大，而爆炸性粉尘量很少时，也可不以室为单位。只要以释放源为中心，根据规定距离划分范围等级即可。但是建筑物外墙和顶部距离2区不得小于3m。

三、爆炸性气体环境危险区域范围的确定

1. 以释放源为中心划分区域

释放源指的是可燃性气体、蒸气、薄雾或液体可能释放出能形成爆炸性气体环境的部位或地点。为尽量降低产生爆炸性气体环境的可能性，应把释放源分为下列三个基本等级。

（1）连续释放源：连续释放或预计频繁释放或长期释放的释放源。

（2）1级释放源：在正常运行时，预计可能周期性或偶然释放的释放源。

（3）2级释放源：在正常运行时，预计不可能释放，如果释放也仅是偶尔和短期释放的释放源。

在实际的生产工艺中，释放源可能会发生上述释放源等级中的任何一种释放源或一种以上释放源的组合。对于释放源的组合也称为多级释放源。

所谓正常运行是指设备在其设计参数范围内的运行状况。可燃性物质少量释放可看作是正常运行，例如，靠泵输送液体时，从密封口释放就可看作少量释放。故障（如泵密封件、法兰密封垫的损坏或偶然产生的泄漏等）等包括紧急维修或停机都不能看作是正常运行。

当释放源等级确定后，爆炸危险区域范围即是以释放源为中心划定的一个规定空间范围。图 14-10 所示就是一个以释放源为中心划分爆炸危险区域范围的例子。

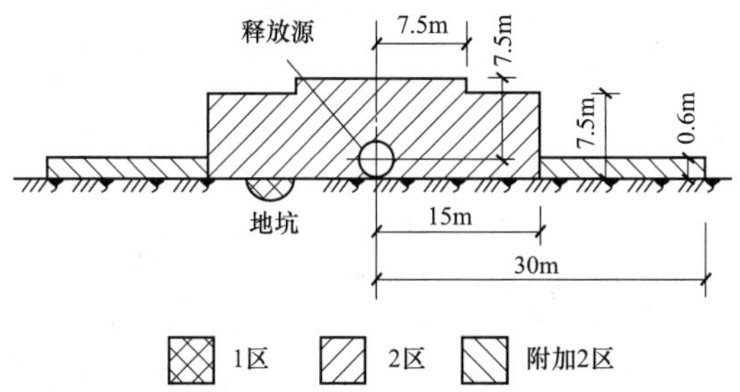

图 14-10　爆炸性气体重于空气和通风良好的生产区（释放源接近地坑）

2. 使用明火设备的附近区域

在使用明火设备的一些危险区域（如燃油、燃气锅炉房的燃烧室附近），或表面温度已超过该区域爆炸性混合物自燃温度的炽热部件（如高压蒸汽管道等附近），可采用非防爆型电气设备。这种情况下，电气防爆主要采取密闭、防渗漏等措施来解决，由于在这些区域内已有明火或超过爆炸性混合物自燃温度的高温物体，防爆电气设备已经起不到它应有的防爆作用。

3. 与爆炸危险区域相邻的区域

与爆炸危险区域相邻的区域等级的划分，需根据它们之间的相对间隔、门窗开设方向和位置、通风状况、实体墙的燃烧性能等因素来确定，具体实施时需做好调查研究。

4. 露天装置

对装有可燃气体、易燃液体、闪点不大于场所环境温度的可燃液体的封闭工艺装置，通常在距离设备外壳 3m（垂直或水平）以内的空间需划为危险区域。当设置安全阀、呼吸阀、放空阀时，通常是把阀口外 3m（垂直或水平）以内的空间划为危险区域，如图 14-11 所示。

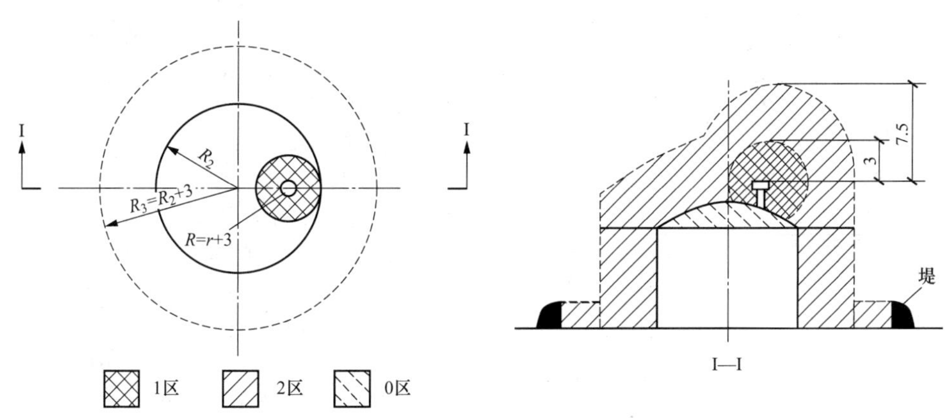

图 14-11　有呼吸阀的露天油罐爆炸危险区域范围（m）

R—油罐的半径；r—呼吸阀阀口的半径

对装有易燃液体、闪点不大于场所环境温度的可燃液体储罐，应把罐体外壳以外水平或垂直距离 3m 以内的空间划为危险区域，当设有防护堤时，应包括护堤高度以内的空间。如果为注送站，则以注送口外水平 15m、垂直 7.5m 以内的空间作为危险区域。

5. 开敞或局部开敞的建构筑物

（1）对可燃气体、易燃液体、闪点不大于场所环境温度的可燃液体的封闭工艺装置，开敞面外缘 3m（垂直或水平）以内的空间应划为 2 区。

（2）对易燃液体、闪点不大于场所环境温度的可燃液体注送站，其开敞面外缘向外水平延伸 15m 以内、向上垂直延伸 3m 以内的空间需划为危险区域，如图 14-12 所示。

6. 非开敞建筑物

对非开敞建筑物内部，通常以室为单位，当室内空间很大时，可根据释放源位置、释放量、通风及其扩散范围情况，酌情将室内空间划分为数个区域，并确定其级别。例如，在厂房门、窗外规定空间范围内，因为通风良好，则可划低一级，如图 14-13 所示。但是当室内存在比空气重的气体、蒸气或有比空气轻的气体、蒸气时，也可不以室为单位划分。由于比空气重，可能积聚到比释放源低的凹坑或死角；比空气轻，可能积聚到比释放源高的顶部形成死角。

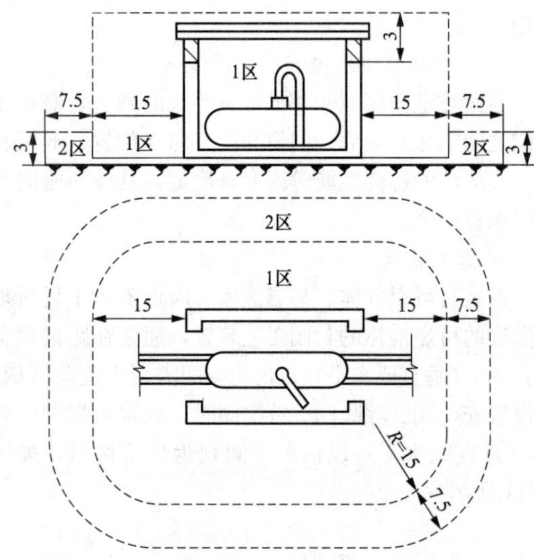

图 14-12　开敞的注送站爆炸危险区域范围（m）

R—划定区域范围半径

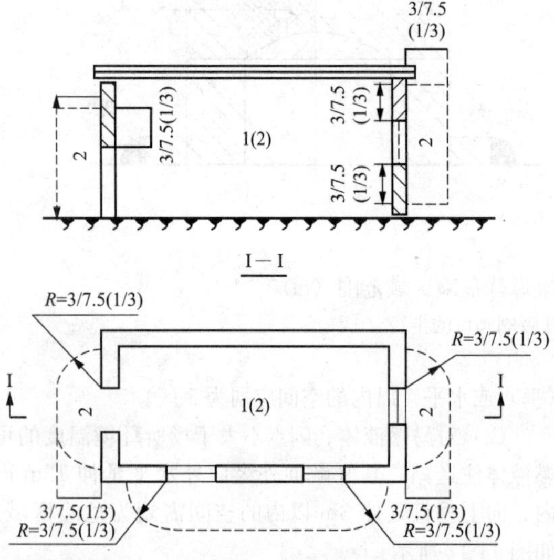

图 14-13　非开敞建筑物爆炸危险区域范围

四、爆炸性混合物的级别和组别划分

爆炸性混合物的危险性是由其爆炸极限、传爆能力、引燃温度及最小点燃电流决定的。各种爆炸性混合物是按照最小点燃电流分级、最大试验安全间隙和引燃温度分组的，主要是为了配置相应的防爆电气设备，以达到安全生产的目的。

（一）爆炸性气体混合物的分级分组

1. 按最小点燃电流分级

爆炸性气体混合物按照最小点燃电流的大小分为ⅡA、ⅡB、ⅡC三级。最小点燃电流越小，危险性就越大。最小点燃电流是在温度为 20～40℃、气压为 101kPa、电压为 24V、电感为 95mH 的试验条件下，采用 IEC 标准火花发生器对由空心电感组成的直流电路进行 3000 次火花试验，可点燃最易点燃混合物的最小电流。最易点燃混合物是在常温常压下，需要最小引燃能量的混合物。例如，甲烷的最易点燃混合物浓度为 8.3%±0.3%时，最小引燃能量为 0.28mJ。氢气浓度为 21%±2%时，最小引燃能量为 0.019mJ。

2. 按最大试验安全间隙分级

爆炸性气体混合物按照最大试验安全间隙的大小也分为ⅡA、ⅡB、ⅡC三级。最大试验安全间隙是在标准试验条件下，壳内所有浓度的被试验气体或蒸气与空气的混合物点燃后，通过 25mm 长的接合面都不能点燃壳外爆炸性气体混合物的外壳空腔两部分之间的最大间隙。可见，安全间隙的大小反映了爆炸性气体混合物的传爆能力。间隙越小，其传爆能力越强，危险性越大；间隙越大，其传爆能力越弱，危险性也越小。

3. 按引燃温度分组

可燃性气体或蒸气与空气形成的混合物，不需要用明火而在规定条件下被热表面引燃的最低温度称为爆炸性气体环境的引（点）燃温度。可燃性气体或蒸气与空气形成的混合物按照引燃温度的高低分为 T_1、T_2、T_3、T_4、T_5、T_6 六组。爆炸性气体或蒸气混合物的类、级、组举例见表 14-4。

（二）爆炸性粉尘混合物的分级分组

爆炸性粉尘混合物级、组是按照粉尘导电或非导电特性，以及引燃温度的高低分为ⅢA、ⅢB两级，T_{11}、T_{12}、T_{13} 三组。爆炸性粉尘混合物的级、组举例见表 14-5。

表 14-4　　爆炸性气体混合物的类、级、组举例

类和级	最大试验安全间隙 MESG (mm)	最小点燃电流比 MICR	引燃温度（℃）与组别					
			T_1	T_2	T_3	T_4	T_5	T_6
			$t>450$	$450\geqslant t>300$	$300\geqslant t>200$	$200\geqslant t>135$	$135\geqslant t>100$	$100\geqslant t>85$
Ⅰ	MESG＝1.14	MICR＝1.0	甲烷					
ⅡA	0.9＜MESG＜1.14	0.8＜MICR＜1.0	乙烷、丙烷、丙酮、苯乙烯、聚乙烯、氨苯、甲苯、苯、氨、甲醇、一氧化碳、乙酸乙酯、乙酸、丙烯腈	乙烷、乙醇、丙烯、乙醇、乙酸、丁酯、乙酸戊酯、乙酸酐	戊烷、己烷、庚烷、辛烷、汽油、硫化氢、环己烷	乙醚、乙醛		亚硫酸乙酯
ⅡB	0.5＜MESG≤0.9	0.45＜MICR≤0.8	二甲醚、民用煤气、环丙烷	环氧乙烷、环氧丙烷、丁二烯、乙烯	异戊二烯			
ⅡC	MESG≤0.5	MICR≤0.45		乙炔			二硫化碳	硝酸乙酯

注　最小点燃电流比是指在规定实验条件下，气体、蒸气等爆炸性混合物的最小点燃电流值与甲烷爆炸性混合物的最小点燃电流值之比。

表 14-5　　爆炸性粉尘混合物的级、组举例

类和级	粉尘物质 \ 组别 / 引燃温度（℃）	T_{11}	T_{12}	T_{13}
		$t>270$	$270>t>200$	$200>t>140$
ⅢA	半导电性可燃纤维	木棉纤维、烟草纤维、纸纤维、亚硫酸盐纤维素、人造毛短纤维、亚麻	木质纤维	
ⅢA	非导电性爆炸粉尘	小麦、玉米、砂糖、橡胶、染料、聚乙烯、苯酚树脂	可可、米糖	
ⅢB	导电性爆炸粉尘	镁、铝、铝青铜、锌、钛、焦炭、炭黑	铝（含油）铁、煤	
ⅢB	火炸药粉尘		黑火药 TNT	硝化棉、吸收药、黑索金、特屈儿、泰安

第六节　爆炸危险环境用电气设备的选择

（1）在爆炸性环境内，电气设备应根据下列因素进行选择。

1）爆炸危险区域的分区。

2）可燃性物质和可燃性粉尘的分级。

3）可燃性物质的引燃温度。

4）可燃性粉尘云、可燃性粉尘层的最低引燃温度。

（2）危险区域划分与电气设备保护级别的关系应符合下列规定。

1）爆炸性环境内电气设备保护级别的选择应符

合表 14-6 的规定。

表 14-6　爆炸性环境内电气设备保护级别的选择

危险区域	设备保护级别（EPL）
0 区	Ga
1 区	Ga 或 Gb
2 区	Ga、Gb 或 Gc
20 区	Da
21 区	Da 或 Db
22 区	Da、Db 或 Dc

2）电气设备保护级别（EPL）与电气设备防爆结构的关系应符合表 14-7 的规定。

表 14-7　电气设备保护级别（EPL）与电气设备防爆结构的关系

设备保护级别(EPL)	电气设备防爆结构	防爆形式
Ga	本质安全型	"ia"
	浇封型	"ma"
	由两种独立的防爆类型组成的设备，每种类型达到保护级别"Gb"的要求	—
	光辐射式设备和传输系统的保护	"op is"
Gb	隔爆型	"d"
	增安型	"e"①
	本质安全型	"ib"
	浇封型	"mb"
	油浸型	"o"
	正压型	"px""py"
	充砂型	"q"
	本质安全现场总线概念（FISCO）	—
	光辐射式设备和传输系统的保护	"op pr"
Gc	本质安全型	"ic"
	浇封型	"mc"
	无火花	"n""nA"
	限制呼吸	"nR"
	限能	"nL"
	火花保护	"nC"
	正压型	"pz"
	非可燃现场总线概念（FNICO）	—
	光辐射式设备和传输系统的保护	"op sh"
Da	本质安全型	"iD"
	浇封型	"mD"
	外壳保护型	"tD"
Db	本质安全型	"iD"
	浇封型	"mD"
	外壳保护型	"tD"
	正压型	"pD"
Dc	本质安全型	"iD"
	浇封型	"mD"
	外壳保护型	"tD"
	正压型	"pD"

① 在 1 区中使用的增安型"e"电气设备仅限于下列电气设备：在正常运行中不产生火花、电弧或危险温度的接线盒和接线箱，包括主体为"d"或"m"型，接线部分为"e"型的电气产品；按 GB 3836.3—2010《爆炸性环境 第 3 部分：由增安型"e"保护的设备》附录 D 配置的合适热保护装置的"e"型低压异步电动机，启动频繁和环境条件恶劣者除外；"e"型荧光灯；"e"型测量仪表和仪表用电流互感器。

（3）防爆电气设备的级别和组别不应低于该爆炸性气体环境内爆炸性气体混合物的级别和组别，并应符合下列规定。

1）气体、蒸气或粉尘分级与电气设备类别的关系应符合表 14-8 的规定。当存在有两种以上可燃性物质形成的爆炸性混合物时，应按照混合后的爆炸性混合物的级别和组别选用防爆设备，无据可查又不可能进行试验时，可按危险程度较高的级别和组别选用防爆电气设备。

对标有适用于特定气体、蒸汽环境的防爆设备，没有经过鉴定，不得使用于其他的气体环境内。

表 14-8　气体、蒸汽或粉尘分级与电气设备类别的关系

气体、蒸气或粉尘分级	设备类别
ⅡA	ⅡA、ⅡB 或ⅡC
ⅡB	ⅡB 或ⅡC
ⅡC	ⅡC
ⅢA	ⅢA、ⅢB 或ⅢC
ⅢB	ⅢB 或ⅢC
ⅢC	ⅢC

2）Ⅱ类电气设备的温度组别、最高表面温度和气体、蒸汽引燃温度之间的关系符合表 14-9 的规定。

表 14-9 Ⅱ类电气设备的温度组别、最高表面温度和气体、蒸汽引燃温度之间的关系

电气设备温度组别	电气设备允许最高表面温度（℃）	气体/蒸气的引燃温度（℃）	适用的设备温度级别
T1	450	＞450	T1～T6
T2	300	＞300	T2～T6
T3	200	＞200	T3～T6
T4	135	＞135	T4～T6
T5	100	＞100	T5～T6
T6	85	＞85	T6

3）安装在爆炸性粉尘环境中的电气设备应采取措施防止热表面点可燃性粉尘层引起的火灾危险。Ⅲ类电气设备的最高表面温度应按国家现行有关标准的规定进行选择。电气设备结构应满足电气设备在规定的运行条件下不降低防爆性能的要求。

（4）当选用正压型电气设备及通风系统时，应符合下列规定。

1）通风系统应采用非燃性材料制成，其结构应坚固，连接应严密，并不得有产生气体滞留的死角。

2）电气设备应与通风系统连锁。运行前应先通风，并应在通风量大于电气设备及其通风系统管道容积的 5 倍时，接通设备的主电源。

3）在运行中，进入电气设备及其通风系统内的气体不应含有可燃物质或其他有害物质。

4）在电气设备及其通风系统运行中，对于 px、py 或 pD 型设备，其风压不应低于 50Pa；对于 pz 型设备，其风压不应低于 25Pa。当风压低于上述值时，应自动断开设备的主电源或发出信号。

5）通风过程排出的气体不宜排入爆炸危险环境；当采取有效地防止火花和炽热颗粒从设备及其通风系统吹出的措施时，可排入 2 区空间。

6）对闭路通风的正压型设备及其通风系统应供给清洁气体。

7）电气设备外壳及通风系统的门或盖子应采取连锁装置或加警告标志等安全措施。

第七节 爆炸危险环境用电气设备的安装与设计

一、 爆炸性环境电气设备的安装

（1）油浸型设备应在没有振动、不倾斜和固定安装的条件下采用。

（2）在采用非防爆型设备做隔墙机械传动时，应符合下列规定。

1）安装电气设备的房间应用非燃烧体的实体墙与爆炸危险区域隔开。

2）传动轴传动通过隔墙处，应采用填料函密封或有同等效果的密封措施。

3）安装电气设备房间的出口应通向非爆炸危险区域的环境；当安装设备的房间必须与爆炸性环境相通时，应对爆炸性环境保持相对的正压。

（3）除本质安全电路外，爆炸性环境的电气线路和设备应装设过载、短路和接地保护，不可能产生过载的电气设备可不装设过载保护。爆炸性环境的电动机除按国家现行有关标准的要求装设必要的保护之外，均应装设断相保护。如果电气设备的自动断电可能引起比引燃危险造成的危险更大时，应采用报警装置代替自动断电装置。

（4）紧急情况下，在危险场所外合适的地点或位置应采取一种或多种措施对危险场所设备断电。连续运行的设备不应包括在紧急断电回路中，而应安装在单独的回路上，防止附加危险产生。

（5）变电站、配电站和控制室的设计应符合下列规定。

1）变电站、配电站（包括配电室，下同）和控制室应布置在爆炸性环境以外，当为正压室时，可布置在 1 区、2 区内。

2）对于可燃物质比空气重的爆炸性气体环境，位于爆炸危险区附加 2 区的变电站、配电站和控制室的电气和仪表的设备层地面应高出室外地面 0.6m。

二、 爆炸性环境电气线路的设计

（1）爆炸性环境电缆和导线的选择应符合下列规定。

1）在爆炸性环境内，低压电力、照明线路采用的绝缘导线和电缆的额定电压应高于或等于工作电压，且 U_0/U 不应低于工作电压。中性线的额定电压应与相线电压相等，并应在同一护套或保护管内敷设。

2）在爆炸危险区内，除在配电盘、接线箱或采用金属导管配线系统内，无护套的电线不应作为供配电线路。

3）在 1 区内应采用铜芯电缆；除本安电路外，在 2 区内宜采用铜芯电缆，当采用铝芯电缆时，其截面积不得小于 16mm²，且与电气设备的连接应采用铜一铝过渡接头。敷设在爆炸性粉尘环境 20 区、21 区及在 22 区内有剧烈振动区域的回路，均应采用铜芯绝缘导线或电缆。

4）除本安系统的电路外，爆炸性环境电缆配线的技术要求应符合表14-10的规定。

5）除本质安全系统的电路外，在爆炸性环境内电压为1000V以下的钢管配线的技术要求应符合表14-11的规定。

表 14-10　　爆炸性环境电缆配线的技术要求

爆炸危险区域 \ 技术要求 \ 项目	电缆明设或在沟内敷设时的最小截面积			移动电缆
	电力	照明	控制	
1区、20区、21区	铜芯2.5mm² 及以上	铜芯2.5mm² 及以上	铜芯1.0mm² 及以上	重型
2区、22区	铜芯2.5mm² 及以上，铝芯16mm² 及以上	铜芯1.5mm² 及以上	铜芯1.0mm² 及以上	中型

表 14-11　　爆炸性环境内电压为1000V以下的钢管配线的技术要求

爆炸危险区域 \ 技术要求 \ 项目	钢管配线用绝缘导线的最小截面积			管子连接要求
	电力	照明	控制	
1区、20区、21区	铜芯2.5mm² 及以上	铜芯2.5mm² 及以上	铜芯2.5mm² 及以上	钢管螺纹旋合不应少于5扣
2区、22区	铜芯2.5mm² 及以上	铜芯1.5mm² 及以上	铜芯1.5mm² 及以上	钢管螺纹旋合不应少于5扣

6）在爆炸性环境内，绝缘导线和电缆截面的选择除应满足表14-10和表14-11的规定外，还应符合下列规定。

a. 导体允许载流量不应小于熔断器熔体额定电流的1.25倍及断路器长延时过电流脱扣器整定电流的1.25倍，本款b项的情况除外。

b. 引向电压为1000V以下鼠笼型感应电动机支线的长期允许载流量不应小于电动机额定电流的1.25倍。

7）在架空、桥架敷设时电缆宜采用阻燃电缆。当敷设方式采用能防止机械损伤的桥架方式时，塑料护套电缆可采用非铠装电缆。当不存在会受鼠、虫等损害情形时，在2区、22区电缆沟内敷设的电缆可采用非铠装电缆。

（2）爆炸性环境线路的保护应符合下列规定。

1）在1区内单相网络中的相线及中性线均应装设短路保护，并采取适当开关同时断开相线和中性线。

2）对3～10kV电缆线路宜装设零序电流保护，在1区、21区内保护装置宜动作于跳闸。

（3）爆炸性环境电气线路的安装应符合下列规定。

1）电气线路宜在爆炸危险性较小的环境或远离释放源的地方敷设，并应符合下列规定。

a. 当可燃物质比空气重时，电气线路宜在较高处敷设或直接埋地；架空敷设时宜采用电缆桥架；电缆沟敷设时沟内应充砂，并宜设置排水措施。

b. 电气线路宜在有爆炸危险的建筑物、构筑物的墙外敷设。

c. 在爆炸粉尘环境，电缆应沿粉尘不易堆积，并易于粉尘清除的位置敷设。

2）敷设电气线路的沟道、电缆桥架或导管，所穿过的不同区域之间墙或楼板处的孔洞应采用非燃性材料严密堵塞。

3）敷设电气线路时宜避开可能受到机械损伤、振动、腐蚀、紫外线照射及可能受热的地方，不能避开时，应采取预防措施。

4）钢管配线可采用无护套的绝缘单芯或多芯导线。当钢管中含有三根或多根导线时，导线包括绝缘层的总截面积不宜超过钢管截面积的40%。钢管应采用低压流体输送用镀锌焊接钢管。钢管连接的螺纹部分应涂以铅油或磷化膏。在可能凝结冷凝水的地方，管线上应装设排除冷凝水的密封接头。

5）在爆炸性气体环境内钢管配线的电气线路应做好隔离密封，且应符合下列规定。

a. 在正常运行时，所有点燃源外壳的450mm范围内应做隔离密封。

b. 直径 50mm 以上钢管距引入的接线箱 450mm 以内处应做隔离密封。

c. 相邻的爆炸性环境之间及爆炸性环境与相邻的其他危险环境或非危险环境之间应进行隔离密封。进行密封时，密封内部应用纤维作填充层的底层或隔层，填充层的有效厚度不应小于钢管的内径，且不得小于 16mm。

d. 供隔离密封用的连接部件，不应作为导线的连接或分线用。

6）在 1 区内电缆线路严禁有中间接头，在 2 区、20 区、21 区内不应有中间接头。

7）当电缆或导线的终端连接时，电缆内部的导线如果为绞线，其终端应采用定型端子或接线鼻子进行连接。

铝芯绝缘导线或电缆的连接与封端应采用压接、熔焊或钎焊，当与设备（照明灯具除外）连接时，应采用铜—铝过渡接头。

8）架空电力线路不得跨越爆炸性气体环境，架空线路与爆炸性气体环境的水平距离不应小于杆塔高度的 1.5 倍。在特殊情况下，采取有效措施后，可适当减少距离。

三、 爆炸性环境接地设计

危险火花主要来源于带电部件和裸露的外部导体部件，要防止形成易于点燃爆炸性混合物的危险火花，对爆炸性气体环境电气系统应采取措施防止与裸露带电部件的任何接触；对爆炸性粉尘环境电气系统应限制结构支架或外壳中的接地故障电流（包括幅值或持续时间），以及防止等电位接地导体电位的升高。

（1）当爆炸性环境电力系统接地设计时，1000V 交流/1500V 直流以下的电源系统的接地应符合下列规定。

1）爆炸性环境中的 TN 系统应采用 TN-S 型。

2）危险区中的 TT 型电源系统应采用剩余电流动作的保护电器。

3）爆炸性环境中的 IT 型电源系统应设置绝缘监测装置。

（2）爆炸性气体环境中应设置等电位联结，所有裸露的装置外部可导电部件应接入等电位系统。本安型设备的金属外壳可不与等电位系统连接，制造厂有特殊要求的除外。具有阴极保护的设备不应与等电位系统连接，专门为阴极保护设计的接地系统除外。

（3）爆炸性环境内设备的保护接地应符合下列规定。

1）按照 GB/T 50065—2011《交流电气装置的接地设计规范》的有关规定，下列不需要接地的部分，在爆炸性环境内仍应进行接地。

a. 在不良导电地面处，交流额定电压为 1000V 以下和直流额定电压为 1500V 及以下的设备正常不带电的金属外壳。

b. 在干燥环境，交流额定电压为 127V 及以下，直流电压为 110V 及以下的设备正常不带电的金属外壳。

c. 安装在已接地的金属结构上的设备。

2）在爆炸危险环境内，设备的外露可导电部分应可靠接地。爆炸危险环境 1 区、20 区、21 区内的所有设备，以及爆炸性环境 2 区、22 区内除照明灯具以外的其他设备应采用专用的接地线。该接地线若与相线敷设在同一保护管内时，应具有与相线相等的绝缘。爆炸性环境 2 区、22 区内的照明灯具，可利用有可靠电气连接的金属管线系统作为接地线，但不得利用输送可燃物质的管道。

3）在爆炸危险区域不同方向，接地干线应不少于两处与接地体相连。

（4）设备的接地装置与防止直接雷击的独立避雷针的接地装置应分开设置，与装设在建筑物上防止直接雷击的避雷针的接地装置可合并设置，与防雷电感应的接地装置也可合并设置。接地电阻值应取其中最低值。

（5）0 区、20 区场所的金属部件不宜采用阴极保护，当采用阴极保护时，应采取特殊的设计。阴极保护所要求的绝缘元件应安装在爆炸性环境之外。

第十五章
建筑电气消防系统的调试、验收与维护

第一节 建筑电气消防系统的调试、验收

一、火灾探测器的调试、验收

（一）火灾探测器的调试

1. 点型感烟、感温火灾探测器调试

（1）采用专用的检测仪器或是模拟火灾的方法，逐个检查每只火灾探测器的报警功能，火灾探测器应能发出火灾报警信号。

（2）对于不可恢复的火灾探测器应采取模拟报警方法逐个检查其报警功能，火灾探测器应能发出火灾报警信号。当有备品时，可抽样检查其报警功能。

2. 线型感温火灾探测器调试

（1）在不可恢复的火灾探测器上模拟火警与故障，火灾探测器应能分别发出火灾报警和故障信号。

（2）可恢复的火灾探测器可采用专用检测仪器或模拟火灾的办法使其发出火灾报警信号，并在终端盒上模拟故障，火灾探测器应能分别发出火灾报警和故障信号。

3. 红外光束感烟火灾探测器调试

（1）调整火灾探测器的光路调节装置，使火灾探测器处于正常监视状态。

（2）用减光率为 0.9dB 的减光片遮挡光路，火灾探测器不应发出火灾报警信号。

（3）用产品生产企业设定减光率（1.0～10.0dB）的减光片遮挡光路，火灾探测器应发出火灾报警信号。

（4）用减光率为 11.5dB 的减光片遮挡光路，火灾探测器应发出故障信号或火灾报警信号。

4. 通过管路采样的吸气式火灾探测器调试

（1）在采样管最末端（最不利处）采样孔加入试验烟，火灾探测器或其控制装置应在 120s 内发出火灾报警信号。

（2）根据产品说明书，改变火灾探测器的采样管路气流，使火灾探测器处于故障的状态，火灾探测器或其控制装置应在 120s 内发出故障信号。

5. 点型火焰探测器与图像型火灾探测器调试

采用专用检测仪器或模拟火灾的方法在探测器监视区域内最为不利处检查探测器的报警功能，探测器应当能正确响应。

（二）火灾探测器的验收

（1）点型火灾探测器的验收应符合下列要求。

1）点型火灾探测器的安装应满足火灾探测器的安装要求。

2）点型火灾探测器的规格、数量、型号应符合设计要求。

3）点型火灾探测器的功能验收应按点型感烟、感温火灾探测器调试的要求进行检查，检查结果应符合要求。

（2）线型感温火灾探测器的验收应符合下列要求。

1）线型感温火灾探测器的安装应满足火灾探测器的安装要求。

2）线型感温火灾探测器的规格、型号、数量应符合设计要求。

3）线型感温火灾探测器的功能验收应按线型感温火灾探测器调试的要求进行检查，检查结果应符合要求。

（3）红外光束感烟火灾探测器的验收应符合下列要求。

1）红外光束感烟火灾探测器的安装应满足火灾探测器的安装要求。

2）红外光束感烟火灾探测器的规格、型号、数量应符合设计要求。

3）红外光束感烟火灾探测器的功能验收应按照红外光束感烟火灾探测器调试的要求进行检查，结果应符合要求。

（4）通过管路采样的吸气式火灾探测器的验收应符合下列要求。

1）通过管路采样的吸气式火灾探测器的安装应符合火灾探测器的安装要求。

2）通过管路采样的吸气式火灾探测器的规格、型号、数量应符合设计要求。

3）采样孔加入试验烟，空气吸气式火灾探测器

在120s内应发出火灾报警信号。

4）依据说明书使采样管气路处于故障时，通过管路采样的吸气式火灾探测器在100s内应发出故障信号。

（5）点型火焰探测器和图像型火灾探测器的验收应符合下列要求。

1）点型火焰探测器和图像型火灾探测器的安装应满足火灾探测器的安装要求。

2）点型火焰探测器和图像型火灾探测器的规格、型号、数量应符合设计要求。

3）在探测区域最不利处模拟火灾，探测器应能够正确响应。

二、火灾报警控制器的调试、验收

（一）火灾报警控制器的调试

调试前应切断火灾报警控制器的所有外部控制连线，并将任一个总线回路的火灾探测器及该总线回路上的手动火灾报警按钮等部件相连接后，接通电源。按照GB 4717—2005《火灾报警控制器》的有关要求，采用观察、仪表测量等方法逐个对控制器进行下列功能检查并记录，并应符合下列要求。

（1）检查自检功能和操作级别。

（2）使火灾报警控制器与火灾探测器之间的连线断路和短路，火灾报警控制器应在100s内发出故障信号（短路时发出火灾报警信号除外）；在故障状态下，使任一非故障部位的火灾探测器发出火灾报警信号，火灾报警控制器应在1min内发出火灾报警信号，并应记录火灾报警时间；再使其他火灾探测器发出火灾报警信号，检查火灾报警控制器的再次报警功能。

（3）检查消声和复位功能。

（4）使火灾报警控制器与备用电源之间的连线断路和短路，火灾报警控制器应在100s内发出故障信号。

（5）检查屏蔽功能。

（6）使总线隔离器保护范围内的任一点短路，检查总线隔离器的隔离保护功能。

（7）使任一总线回路上不少于10只的火灾探测器同时处于火灾报警的状态，检查火灾报警控制器的负载功能。

（8）检查主、备电源的自动转换功能，并在备电工作状态下重复本条第（7）款检查。

（9）检查火灾报警控制器特有的其他功能。

（10）依次将其他回路与火灾报警控制器相连接，重复检查。

（二）可燃气体报警控制器的调试

（1）切断可燃气体报警控制器的所有外部控制连线，将任一回路与可燃气体报警控制器相连接后，接通电源。

（2）可燃气体报警控制器应按照GB 16808—2008《可燃气体报警控制器》的有关要求进行下列功能试验，并应满足相应要求。

1）自检功能及操作级别。

2）可燃气体报警控制器与探测器之间的连线断路和短路时，可燃气体报警控制器应在100s内发出故障信号。

3）在故障状态下，使任一非故障探测器发出报警信号，可燃气体报警控制器应在1min内发出报警信号，并应记录报警时间；再使其他探测器发出报警信号，检查可燃气体报警控制器的再次报警功能。

4）消声和复位功能。

5）可燃气体报警控制器和备用电源之间的连线断路和短路时，可燃气体报警控制器应在100s内发出故障信号。

6）可燃气体报警高限报警或低、高两段报警功能。

7）可燃气体报警设定值的显示功能。

8）可燃气体报警控制器最大负载功能，使至少4只可燃气体探测器同时处于报警的状态（当探测器总数少于4只时，使所有探测器均处于报警状态）。

9）主、备电源的自动转换功能，并在备电工作的状态下重复上述8）的检查。

（3）依次将其他回路与可燃气体报警控制器相连接，重复上述第（2）条的检查。

（三）火灾报警控制器的检测验收

1. 火灾报警控制器的抽检

火灾报警控制器应按照下列要求进行功能抽检。

（1）实际安装数量在5台以下者，全部抽检。

（2）实际安装数量在6～10台者，抽检5台。

（3）实际安装数量在10台以上者，按照实际安装数量的30%～50%的比例，但不少于5台抽检。在抽检时每个功能应重复1～2次，被抽检火灾报警控制器的基本功能应符合GB 4717—2005《火灾报警控制器》中的功能要求。

2. 火灾报警控制器功能检测

（1）能直接或间接地接收来自火灾探测器及其他火灾报警触发器件的火灾报警信号，并发出声光报警信号，指示火灾的发生部位，并予以保持；光报警信号在火灾报警控制器复位之前应无法手动消除，声报警信号应能手动消除，但再次有火灾报警信号输入时，应能再启动。

（2）火灾报警控制器应能对其面板上的所有指示

灯、显示器进行功能检查。

(3) 消声、复位功能。通过消声键消声，通过复位键整机复位。

(4) 火灾报警控制器内部，火灾报警控制器与火灾探测器、火灾报警控制器与火灾报警信号作用的部件间发生以下故障时，应能在100s内发出与火灾报警信号有明显区别的声光故障信号。

1) 火灾报警控制器与火灾探测器、手动报警按钮及起传输火灾报警信号功能的部件间连接线断线、短路（短路时发出火灾报警信号除外）应能报警并指示其部位。

2) 火灾报警控制器与火灾探测器或连接的其他部件间连接线的接地，能显示出现妨碍火灾报警控制器正常工作的故障，并指示其部位。

3) 火灾报警控制器与位于远处的火灾显示盘间连接线的断线、短路应进行故障报警，并指示其部位。

4) 火灾报警控制器的主电源欠压时应报警，并指示其类型。

5) 给备用电源充电的充电器与备用电源之间连接线断线、短路时应报警，并指示其类型。

6) 备用电源与其负载之间的连接线断线、短路或由备用电源单独供电时，其电压不足以确保火灾报警控制器正常工作时应报警，并指示其类型。

7)（联动型）输出、输入模块连线断线、短路时应报警。

(5) 消防联动控制设备在接收到火灾信号后应在3s内发出联动动作信号，特殊情况需要延时时，最大延时时间不应超过10min。

(6) 当火警与故障报警同时发生时，火警应优先于故障警报。模拟故障报警后再模拟火灾报警，观察火灾报警控制器上火警与故障报警优先。

(7) 火灾报警控制器应有能显示或记录火灾报警时间的记时装置，其日记时误差不超过30s；仅使用打印机记录火灾报警时间时，应打印出月、日、时、分等信息。

(8) 当主电源断电时能自动转换到备用电源；当主电源恢复时，能自动转换到主电源上；主备电源工作状态应有指示，主电源应有过电流保护措施。

(9) 主电源应能在最大负载下连续正常工作4h，根据表15-1最大负荷计算主电源容量是否满足最大的负荷容量。

(10) 当采用蓄电池时，电池容量应可提供火灾报警控制器在监视状态下工作8h后，在下述情况下正常工作30min；或者采用蓄电池容量测试仪测量蓄电池容量，然后计算火灾报警控制器与联动控制器容量之和是否小于或等于所测蓄电池容量，以便于确定是否合理。

表15-1　火灾报警控制器最大负载

项　目	内　容
火灾报警控制器最大负载	(1) 火灾报警控制器容量不超过10个构成单独部位号的回路时，所有回路均处在报警状态 (2) 火灾报警控制器容量超过10个构成单独部位号的回路时，20的回路（不少于10回路，但不超过30回路）处在报警状态
联动控制器最大负载	(1) 所连接的输入/输出模块的数量不超过50个时，所有模块均处于动作状态 (2) 所连接的输入/输出模块的数量超过50个时，20%模块（但不少于50个）均处于动作状态

1) 火灾报警控制器。

a. 火灾报警控制器容量不超过4回路时，处于最大的负载条件下。

b. 火灾报警控制器容量超过4回路时，十五分之一回路（不少于4回路，但不超过30回路）处于报警状态。

2) 联动控制器。

a. 所连接的输入输出模块的数量不超过50个时，所有模块均处于动作的状态。

b. 所连接的输入输出模块的数量超过50个时，20%模块（但不少于50个）均处于动作的状态。

(11) 火灾报警控制器应能在额定电压（220V）的10%～15%可靠工作，其输出直流电压的电压稳定度（在最大负载下）与负载稳定度应不大于5%。采用稳压电源提供220V交流标准电源，利用自耦调压器分别调出242V和187V两种电源电压，在这两种电源电压下分别测量控制器的5V及24V直流电压变化。

3. 火灾报警控制器安装质量检查

火灾报警控制器安装质量检查应符合下列规定。

(1) 火灾报警控制器应有保护接地且接地标志应明显。

(2) 火灾报警控制器的主电源应为消防电源，并且引入线应直接与消防电源连接，严禁使用电源插头。

(3) 工作接地电阻值应小于4Ω；当采用联合接地时接地电阻值应小于1Ω；当采用联合接地时，应用专用接地干线由消防控制室引至接地体。专用接地干线应用铜芯绝缘导线或电缆，其芯线截面积不应小于 $16mm^2$。

(4) 由消防控制室接地板引至各消防设备的接地线，应选用铜芯绝缘软线，其线芯截面积不应小于 $4mm^2$。

(5) 集中火灾报警控制器安装尺寸。其正面操作距离：当设备单列布置时，应不小于 1.5m；双列布置时，应不小于 2m。当其中一侧靠墙安装时，另一侧距墙应不小于 1m。需从后面检修时，其后面板距墙应不小于 1m，在值班人员经常工作的一面，距墙不应小于 3m。

(6) 区域火灾报警控制器安装尺寸。安装在墙上时，其底边距地面的高度应不小于 1.5m，且应操作方便。靠近门轴的侧面距墙应不小于 0.5m，正面操作距离应不小于 1.2m。

(7) 盘、柜内配线清晰、整齐，绑扎成束，避免交叉；导线线号清晰，导线预留长度不小于 20cm。报警线路连接导线线号清晰，端子板的每个端子的接线不得多于两根。

三、室内消火栓系统的调试、验收

（一）室内消火栓系统的调试

消火栓系统是最为常用，也是系统形式最为简单的消防灭火设施。本节以高层建筑室内消火栓灭火系统为例加以说明。此系统在水压强度试验、水压严密性试验正常后，方可进行消防水泵的调试。

1. 水压强度试验

消火栓系统在完成管道及组件的安装后，首先应进行水压强度试验。

(1) 做水压试验时应考虑试验时的环境温度。环境温度不宜低于 5℃，当低于 5℃时，水压试验应采取防冻措施。

(2) 当系统设计压力等于或小于 1.0MPa 时，水压强度试验压力应为设计工作压力的 1.5 倍，并不应低于 1.4MPa；当系统设计工作压力超过 1.0MPa 时，水压强度试验压力应为此工作压力加 0.4MPa。

(3) 水压强度试验的测试点应设在系统管网的最低点。对管网注水时，应将管网内的空气排净，并应缓慢升压，达到试验压力后，稳压 30min，目测管网应无泄漏、变形，且压力降不应超过 0.05MPa。

2. 严密性试验

消火栓系统在进行完水压强度试验后，应进行系统水压严密性试验。试验压力应为设计工作压力，稳压 24h，应无泄漏。

3. 系统工作压力设定

消火栓系统在系统水压和严密性试验结束后，进行稳压设施的压力设定，稳压设施的稳压值应确保最不利点消火栓的静压力值满足设计要求。当设计无要求时，最不利点消火栓的静压力应不小于 0.2MPa。

4. 静压测量

当系统工作压力设定后，下一步是对室内消火栓系统内的消火栓栓口静水压力和消火栓栓口的出水压力进行测量，静水压力小于或等于 0.80MPa，出水压力小于或等于 0.50MPa。当测量结果大于以上数值时，应采用分区供水或增设减压装置（如减压阀等），使静水压力和出水压力符合要求。

5. 消防泵的调试

调试前在消防泵房内通过开闭有关阀门将消防泵出水和回水构成循环回路，确保试验时启动消防泵不会对消防管网造成超压。然后将消防泵控制装置转入手动状态，通过消防泵控制装置的手动按钮启动主泵，用钳型电流表测量启动电流，用秒表记录水泵从启动到正常出水运行的时间，此时间不应大于 5min，若启动时间过长，应调节启动装置内的时间继电器，减少降压过程的时间。

主泵运行后，观察主泵控制装置上的启动信号灯是否正常，水泵运行时是否有周期性噪声发出，水泵基础连接是否牢固，通过转速仪测量实际转速是否与水泵额定转速一致，通过消防泵控制装置上的停止按钮停止消防泵。

利用上述方法调试备用泵，并在主泵故障时备用泵应自动投入。

结束以上工作后，将消防泵控制装置转入自动状态。由于消防泵本身属于重要被控设备，因此通常需要进行两路控制，即总线制控制（通过编码模块）与多线制直接启动。因此，在针对该设备调试时要从这两方面入手。

(1) 总线制调试可利用 24V 电源带动相应 24V 中间继电器线圈，观察主继电器是否吸合，同时用万用表测量消防泵控制柜中相应的泵运行信号回答端子（无源）是否导通。

(2) 多线制直接启动调试可利用短路线短接消防泵远程启动端子（注意强电 220V），观察主继电器是否吸合，同时用万用表测量泵直接启动信号回答端子（无源或有源 220V），观察是否导通。

对双电源自动切换装置实施自动切换，测量备用电源相序是否与主电源相序相同。利用备用电源切换时，消防泵应在 1.5min 内投入正常运行。

（二）室内消火栓系统的检测验收

1. 室内消火栓

(1) 室内消火栓的选型、规格应符合设计要求。

(2) 同一建筑物内设置的消火栓应采用统一规格的栓口、水枪和水带及配件。

(3) 试验用消火栓栓口处应设置压力表。

(4) 室内消火栓处应设置直接启动消防水泵的按钮，并设按钮保护设施，与按钮相连接的控制线应穿管保护。

(5) 当消火栓设置减压装置时，应检查减压装置符合设计要求。

(6) 室内消火栓应设置明显的永久性固定标志。

2. 消火栓箱

(1) 栓口出水方向宜向下或与设置消火栓的墙面成90°，栓口不应安装在门轴侧。

(2) 如设计未要求，栓口中心距地面应为1.1m，但每栋建筑物应一致，允许偏差±20mm。

(3) 阀门的设置位置应便于操作使用，阀门的中心距箱侧面为140mm，距箱后内表面为100mm，允许偏差±5mm。

(4) 室内消火栓箱的安装应平正、牢固，暗装的消火栓箱无法破坏隔墙的耐火等级。

(5) 消火栓箱体安装的垂直度允许偏差为±3mm。

(6) 消火栓箱门的开启不应小于160°。

(7) 无论消火栓箱的安装型式如何（明装、暗装、半暗装），不得影响疏散宽度。

四、自动喷水灭火系统的调试、验收

（一）自动喷水灭火系统试压和冲洗

1. 一般规定

(1) 管网安装完毕后，必须对其进行强度试验、严密性试验和冲洗。

(2) 强度试验和严密性试验宜用水进行。干式喷水灭火系统、预作用喷水灭火系统应做水压试验和气压试验。

(3) 系统试压完成后，应及时拆除所有临时盲板及试验用的管道，并应与记录核对无误。

(4) 管网冲洗应在试压合格后分段进行。冲洗顺序应先室外，后室内；先地下，后地上；室内部分的冲洗应按配水干管、配水管、配水支管的顺序进行。

(5) 系统试压前应具备下列条件。

1) 埋地管道的位置及管道基础、支墩等经复查应符合设计要求。

2) 试压用的压力表不应少于2只；精度不应低于1.5级，量程应为试验压力值的1.5～2.0倍。

3) 试压冲洗方案已经批准。

4) 对不能参与试压的设备、仪表、阀门及附件应加以隔离或拆除；加设的临时盲板应具有突出于法兰的边耳，且应做明显标志，并记录临时盲板的数量。

(6) 系统试压过程中，当出现泄漏时，应停止试压，并应放空管网中的试验介质，消除缺陷后重新再试。

(7) 管网冲洗宜用水进行。冲洗前，应对系统的仪表采取保护措施。

(8) 管网冲洗前，应对管道支架、吊架进行检查，必要时应采取加固措施。

(9) 对不能经受冲洗的设备和冲洗后可能存留脏物、杂物的管段，应进行清理。

(10) 冲洗直径大于100mm的管道时，应对其死角和底部进行敲打，但不得损伤管道。

(11) 管网冲洗合格后，应按要求填写记录。

(12) 水压试验和水冲洗宜采用生活用水进行，不得使用海水或含有腐蚀性化学物质的水。

2. 水压试验

(1) 当系统设计工作压力小于或等于1.0MPa时，水压强度试验压力应为设计工作压力的1.5倍，并不应低于1.4MPa；当系统设计工作压力大于1.0MPa时，水压强度试验压力应为该工作压力加0.4MPa。

(2) 水压强度试验的测试点应设在系统管网的最低点。对管网注水时应将管网内的空气排净，并应缓慢升压，达到试验压力后稳压30min后，管网应无泄漏、变形，且压力降不应大于0.05MPa。

(3) 水压严密性试验应在水压强度试验和管网冲洗合格后进行。试验压力应为设计工作压力，稳压24h，应无泄漏。

(4) 水压试验时环境温度不宜低于5℃，当低于5℃时，水压试验应采取防冻措施。

(5) 自动喷水灭火系统的水源干管、进户管和室内埋地管道，应在回填前单独或与系统一起进行水压强度试验和水压严密性试验。

3. 气压试验

(1) 气压严密性试验压力应为0.28MPa，且稳压24h，压力降不应大于0.01MPa。

(2) 气压试验的介质宜采用空气或氮气。

4. 冲洗

(1) 管网冲洗的水流流速、流量不应小于系统设计的水流流速、流量；管网冲洗宜分区、分段进行；

水平管网冲洗时，其排水管位置应低于配水支管。

(2) 管网冲洗的水流方向应与灭火时管网的水流方向一致。

(3) 管网冲洗应连续进行。当出口处水的颜色、透明度与入口处水的颜色、透明度基本一致时冲洗方可结束。

(4) 管网冲洗宜设临时专用排水管道，其排放应畅通和安全。排水管道的截面积不得小于被冲洗管道截面积的60%。

(5) 管网的地上管道与地下管道连接前，应在配水干管底部加设堵头后对地下管道进行冲洗。

(6) 管网冲洗结束后，应将管网内的水排除干净，必要时可采用压缩空气吹干。

(二) 自动喷水灭火系统的调试

1. 一般规定

(1) 系统调试应在系统施工完成后进行。

(2) 系统调试应具备下列条件。

1) 消防水池、消防水箱已储存设计要求的水量。

2) 系统供电正常。

3) 消防气压给水设备的水位、气压符合设计要求。

4) 湿式喷水灭火系统管网内已充满水；干式、预作用喷水灭火系统管网内的气压符合设计要求；阀门均无泄漏。

5) 与系统配套的火灾自动报警系统处于工作状态。

2. 调试内容和要求

(1) 系统调试应包括下列内容。

1) 水源测试。

2) 消防水泵调试。

3) 稳压泵调试。

4) 报警阀调试。

5) 排水设施调试。

6) 联动试验。

(2) 水源测试应符合下列要求。

1) 按设计要求核实高位消防水箱、消防水池的容积，高位消防水箱设置高度、消防水池（箱）水位显示等应符合设计要求；合用水池、水箱的消防储水应有不做他用的技术措施。

2) 应按设计要求核实消防水泵接合器的数量和供水能力，并应通过移动式消防水泵做供水试验进行验证。

(3) 消防水泵调试应符合下列要求。

1) 以自动或手动方式启动消防水泵时，消防水泵应在55s内投入正常运行。

2) 以备用电源切换方式或备用泵切换启动消防水泵时，消防水泵应在1min或2min内投入正常运行。

(4) 稳压泵应按设计要求进行调试。当达到设计启动条件时，稳压泵应立即启动；当达到系统设计压力时，稳压泵应自动停止运行；当消防主泵启动时，稳压泵应停止运行。

(5) 报警阀调试应符合下列要求。

1) 湿式报警阀调试时，在末端装置处放水，当湿式报警阀进口水压大于0.14MPa、放水流量大于1L/s时，报警阀应及时启动；带延迟器的水力警铃应在5～90s内发出报警铃声，不带延迟器的水力警铃应在15s内发出报警铃声；压力开关应及时动作，启动消防泵并反馈信号。

2) 干式报警阀调试时，开启系统试验阀，报警阀的启动时间、启动点压力、水流到试验装置出口所需时间，均应符合设计要求。

3) 雨淋阀调试宜利用检测、试验管道进行。自动和手动方式启动的雨淋阀，应在15s之内启动。公称直径大于200mm的雨淋阀调试时，应在60s之内启动。雨淋阀调试时，当报警水压为0.05MPa时，水力警铃应发出报警铃声。

(6) 调试过程中，系统排出的水应通过排水设施全部排走。

(7) 联动试验应符合下列要求，并应按要求进行记录。

1) 湿式系统的联动试验，启动一只喷头或以0.94～1.5L/s的流量从末端试水装置处放水时，水流指示器、报警阀、压力开关、水力警铃和消防水泵等应及时动作，并发出相应的信号。

2) 预作用系统、雨淋系统、水幕系统的联动试验，可采用专用测试仪表或其他方式，对火灾自动报警系统的各种探测器输入模拟火灾信号，火灾自动报警控制器应发出声光报警信号，并启动自动喷水灭火系统；采用传动管启动的雨淋系统、水幕系统联动试验时，启动1只喷头，雨淋阀打开，压力开关动作，水泵启动。

3) 干式系统的联动试验，启动1只喷头或模拟1只喷头的排气量排气，报警阀应及时启动，压力开关、水力警铃动作并发出相应信号。

(三) 自动喷水灭火系统的验收

1. 管网验收检查

(1) 验收内容。

1) 查验管道材质、管径、接头、连接方式及其防腐、防冻措施。

2）测量管网排水坡度，检查辅助排水设施的设置情况。

3）检查系统末端试水装置、试水阀、排气阀等设置位置、组件及其设置情况。

4）检查系统中不同部位安装的报警阀组、闸阀、电磁阀、止回阀、信号阀、水流指示器、减压孔板、节流管、减压阀、柔性接头、排水管、排气阀、泄压阀等组件设置位置、安装情况。

5）测试干式灭火系统管网容积，系统充水时间不大于1min；测试预作用系统管网容积，系统充水时间不大于2min。

6）检查配水支管、配水管、配水干管的支架、吊架、防晃支架设置情况。

（2）验收方法。

1）对照设计文件、出厂合格证明文件等，对验收内容的“1)”“3)”“4)”项进行核对，并现场目测观察其设置位置、设置情况。

2）采用水平尺、卷尺等，对验收内容的“2)”“6)”项进行测量，目测观察其排水设施的排水效果及管道支架、吊架、防晃支架设置情况。

3）通水试验对验收内容的“5)”项进行验收，采用秒表测量管道充水时间。

（3）合格判定标准。

1）经对照检查，管道材质、管径、接头，管道连接方式及采取的防腐、防冻等措施，符合消防技术标准和消防设计文件要求；报警阀后的管道上未安装其他用途的支管、水龙头。

2）经测量，管道横向安装坡度为0.002～0.005，且坡向排水管；相应的排水措施设置符合规定的要求。

3）系统中末端试水装置、试水阀、排气阀设置位置、组件等符合消防设计文件的要求。

4）经对照消防设计文件，系统中的报警阀组、闸阀、止回阀、信号阀、电磁阀、水流指示器、减压孔板、节流管、排气阀、减压阀、柔性接头、排水管、泄压阀等设置位置、组件、安装方式、安装要求等符合要求。

5）经测量，干式灭火系统的管道充水时间不大于1min；预作用和雨淋灭火系统的管道充水时间不大于2min。

6）经测量，吊架、管道支架、防晃支架的固定方式、设置间距、设置要求等符合消防技术标准规定。

2. 喷头验收检查

（1）验收内容。

1）查验喷头设置场所、规格、型号及公称动作温度、响应时间指数（RTI）等性能参数。

2）测量喷头安装间距，喷头与楼板、墙、梁等障碍物的距离。

3）查验特殊使用环境中喷头的保护措施。

4）查验喷头备用量。

（2）验收方法。

1）验收内容的“1)”“2)”项，对照消防设计文件，采用卷尺等测量。

2）验收内容的“3)”项，采用目测观察，对现场的防护措施进行核查。

3）验收内容的“4)”项，对照设计文件、购货清单，对现场备用喷头分类点验。

（3）合格判定标准。

1）经核对，喷头设置场所、规格、型号及公称动作温度、响应时间指数（RTI）等性能参数符合消防设计文件的要求。

2）按照距离偏差±15mm进行测量，喷头安装间距，喷头与楼板、墙、梁等障碍物的距离符合消防技术标准及消防设计文件要求。

3）有腐蚀性气体的环境、有冰冻危险场所安装的喷头，采取了防腐蚀、防冻等防护措施；有碰撞危险场所的喷头加设有防护罩。

4）经点验，各种不同规格的喷头的备用品数量不少于安装喷头总数的1%，且每种备用的喷头不少于10个。

3. 报警阀组验收检查

（1）验收内容。

1）在验收前，检查报警阀组及其附件的组成、安装情况，及报警阀组所处的状态。

2）启动报警阀组检测装置，测试其流量、压力。

3）测试报警阀组及其对系统的自动启动功能。

（2）验收方法。

1）对照消防设计文件或生产厂家提供的安装图纸，检查报警阀组及其各附件的安装位置、结构状态，手动检查供水干管侧和配水干管侧控制阀门、检测装置各个控制阀门的状态。

2）开启报警阀组检测装置放水阀，采用流量计和系统安装的压力表测试供水干管侧和配水干管侧的流量、压力。系统控制调整到“自动”状态，将报警阀组调节至伺应状态，开启报警阀组试水阀或电磁阀，目测检查压力表变化情况、延迟器及水力警铃等附件启动情况；采用压力表测试水力警铃喷嘴处的压力，采用卷尺确定水力警铃铃声声强测试点，采用声级计测试其铃声声强。

（3）合格判定标准。

1）报警阀组及其各附件安装位置正确，各组件、附件结构安装准确；供水干管侧和配水干管侧控制阀门处于完全开启的状态，锁定在常开位置；报警阀组试水阀、检测装置放水阀关闭，检测装置其他控制阀门开启，报警阀组处于伺应状态；报警阀组及其附件设置的压力表读数符合设计的要求。

2）经测量，供水干管侧和配水干管侧的流量、压力符合消防技术标准及消防设计文件要求。

3）启动报警阀组试水阀或电磁阀之后，供水干管侧、配水干管侧压力表值平衡后，报警阀组及检测装置的压力开关、延迟器、水力警铃等附件动作准确、可靠；与空气压缩机或火灾自动报警系统的联动控制准确，符合消防设计文件要求。

4）经测试，水力警铃喷嘴处压力符合消防设计文件要求，且不小于0.05MPa；距水力警铃3m远处警铃声声强符合设计文件要求，且不小于70dB。

5）消防水泵自动启动，压力开关、电磁阀、排气阀入口电动阀、消防水泵等动作，且相应信号反馈到消防联动控制设备。

五、气体灭火系统的调试、验收

（一）气体灭火系统的调试

气体灭火系统的调试在系统安装完毕，相关的火灾报警系统、开口自动关闭装置、通风机械及防火阀等联动设备的调试完成后进行。在进行调试试验时，采取可靠的措施，保证人员和财产安全。调试项目包括模拟启动试验、模拟喷气试验和模拟切换操作试验。调试完成后将系统各部件及联动设备恢复正常工作状态。

1. 系统调试准备

（1）气体灭火系统调试前要具备完整的技术资料，并符合相关规范的规定。

（2）在调试前按照规定检查系统组件和材料的型号、规格、数量及系统安装质量，并及时处理所发现的问题。

2. 系统调试要求

在系统调试时，对所有防护区或保护对象按规定进行系统手动、自动模拟启动试验，并合格。

（1）模拟启动试验。

1）调试要求。在调试时，对所有防护区或保护对象按照规范规定进行模拟喷气试验，并合格。

2）模拟启动试验方法。

a. 手动模拟启动试验按照下述方法进行：按下手动启动按钮，观察相关动作信号及联动设备动作是否正常（如发出声、光报警，启动输出端的负载响应，关闭通风空调、防火阀等）。手动启动压力信号反馈装置，观察相关防护区门外的气体喷放指示灯是否正常。

b. 自动模拟启动试验按照下述方法进行。

（a）将灭火控制器的启动输出端与灭火系统相应防护区驱动装置连接。驱动装置与阀门的动作机构脱离。也可用1个启动电压、电流与驱动装置的启动电压、电流相同的负载代替。

（b）人工模拟火警使防护区内任意1个火灾探测器动作，观察单一火警信号输出后，相关报警设备动作是否正常（如警铃、蜂鸣器发出报警声等）。

（c）人工模拟火警使该防护区内另一个火灾探测器动作，观察复合火警信号输出后，相关动作信号及联动设备动作是否正常（如发出声、光报警，启动输出端的负载响应，关闭通风空调、防火阀等）。

c. 模拟启动试验结果要求如下。

（a）延迟时间与设定时间相符，响应时间满足要求。

（b）有关声、光报警信号正确。

（c）联动设备动作正确。

（d）驱动装置动作可靠。

（2）模拟喷气试验。

1）调试要求。在调试时，对所有防护区或保护对象进行模拟喷气试验，并合格。预制灭火系统的模拟喷气试验宜各取1套进行试验，试验按照产品标准中有关“联动试验”的规定进行。

2）模拟喷气试验方法。

a. 模拟喷气试验的条件如下。

（a）IG 541混合气体灭火系统及高压二氧化碳灭火系统采用其充装的灭火剂进行模拟喷气试验。试验采用的储存容器数应为选定试验的防护区或保护对象设计用量所需容器总数的5%，且不少于1个。

（b）低压二氧化碳灭火系统采用二氧化碳灭火剂进行模拟喷气试验。试验要选定输送管道最长的防护区或保护对象进行，喷放量不小于设计用量的10%。

（c）卤代烷灭火系统模拟喷气试验不采用卤代烷灭火剂，宜采用氮气或压缩空气进行。氮气或压缩空气储存容器与被试验的防护区或保护对象用的灭火剂储存容器的结构、型号、规格应相同，连接与控制方式要一致，氮气或压缩空气的充装压力按照设计要求执行。氮气或压缩空气储存容器数不少于灭火剂储存容器数的20%，且不少于1个。

（d）模拟喷气试验宜采用自动启动方式。

b. 模拟喷气试验结果要符合下列规定。

(a) 延迟时间与设定时间相符，响应时间满足要求。

(b) 有关声、光报警信号正确。

(c) 有关控制阀门工作正常。

(d) 信号反馈装置动作后，气体防护区门外的气体喷放指示灯工作正常。

(e) 储存容器间内的设备和对应防护区或保护对象的灭火剂输送管道无明显晃动及机械性损坏。

(f) 试验气体能喷入被试防护区内或保护对象上，且能从每个喷嘴喷出。

(3) 模拟切换操作试验。

1) 调试要求。设有灭火剂备用量且储存容器连接在同一集流管上的系统应进行模拟切换操作试验，并合格。

2) 模拟切换操作试验方法。按照使用说明书的操作方法，将系统使用状态从主用量灭火剂储存容器切换为备用量灭火剂储存容器的使用状态。按照本节方法进行模拟喷气试验。试验结果符合上述模拟喷气试验结果的规定。

（二）气体灭火系统的验收

气体灭火系统竣工后，应进行工程验收，验收不合格不得投入使用。系统验收主要包括下列内容。

1. 防护区或保护对象与储存装置间验收检查

(1) 防护区或保护对象符合设计要求：防护区或保护对象的位置、划分、用途、几何尺寸、通风、开口、环境温度、可燃物的种类、防护区围护结构的耐压、耐火极限及门、窗可自行关闭装置。

(2) 防护区下列安全设施的设置应符合设计要求。

1) 防护区的疏散通道、疏散指示标志及应急照明装置。

2) 防护区内和入口处的声光报警装置、气体喷放指示灯及入口处的安全标志。

3) 无窗或固定窗扇的地上防护区及地下防护区的排气装置。

4) 门窗设有密封条的防护区的泄压装置。

5) 专用的空气呼吸器。

(3) 储存装置间的位置、通道、耐火等级、应急照明装置、火灾报警控制装置及地下储存装置间机械排风装置应符合设计要求。

(4) 火灾报警控制装置及联动设备应符合设计要求。

2. 设备和灭火剂输送管道验收

(1) 灭火剂储存容器的数量、型号和规格，位置与固定方式，油漆和标志，以及灭火剂储存容器的安装质量符合设计要求。

(2) 储存容器内的灭火剂充装量和储存压力符合设计要求。

(3) 集流管的材料、规格、连接方式、布置及其泄压装置的泄压方向符合设计要求及有关规定。

(4) 选择阀及信号反馈装置的数量、规格、型号、位置、标志及其安装质量符合设计要求相关规范的有关规定。

(5) 阀驱动装置的型号、数量、规格和标志，安装位置，气动驱动装置中驱动气瓶的介质名称和充装压力，以及气动驱动装置管道的规格、布置及连接方式符合设计要求有关规定。

(6) 驱动气瓶和选择阀的机械应急手动操作处，都应有标明对应防护区或保护对象名称的永久标志；驱动气瓶的机械应急操作装置均应设安全销并加铅封，现场手动启动按钮应当有防护罩。

(7) 灭火剂输送管道的布置与连接方式、支架和吊架的位置及间距、穿过建筑构件及其变形缝的处理、各管段和附件的型号规格及防腐处理和涂刷油漆颜色，应符合设计要求和有关规定。

(8) 喷嘴的数量、型号、规格、安装位置及方向，应符合设计要求和喷嘴安装的有关规定。

六、泡沫灭火系统的调试、验收

（一）泡沫灭火系统的调试

1. 一般规定

(1) 泡沫灭火系统调试应在系统施工结束和与系统有关的火灾自动报警装置及联动控制设备调试合格后进行。

(2) 调试前，应具备相关的技术资料和施工记录及调试必需的其他资料。

(3) 调试前，施工单位应制订调试方案，并经监理单位批准。调试人员应根据批准的方案，按照程序进行。

(4) 调试前，应对系统进行检查，并应及时处理发现的问题。

(5) 调试前，应将需要临时安装在系统上经校验合格的仪器、仪表安装完毕，调试时所需的检查设备应准备齐全。

(6) 水源、动力源和泡沫液应满足系统调试要求，电气设备应具备与系统联动调试的条件。

(7) 系统调试合格后，应填写施工过程检查记录，并应用清水冲洗后放空，复原系统。

2. 系统调试

(1) 泡沫灭火系统的动力源及备用动力应进行切换试验，动力源和备用动力及电气设备运行应正常。

(2) 消防泵应进行试验，并应符合下列规定。

1) 消防泵应进行运行试验，其性能应符合设计和产品标准的要求。

2) 消防泵与备用泵应在设计负荷下进行转换运行试验，其主要性能应符合设计要求。

(3) 泡沫比例混合器（装置）调试时，应与系统喷泡沫试验同时进行，其混合比应符合设计要求。

(4) 泡沫产生装置的调试应符合下述规定。

1) 低倍数（含高背压）泡沫产生器、中倍数泡沫产生器应进行喷水试验，其进口压力应符合设计要求。

2) 泡沫喷头应进行喷水试验，其防护区内任意四个相邻喷头组成的四边形保护面积内的平均供给强度不应小于设计值。

3) 固定式泡沫炮应进行喷水试验，其进口压力、射程、射高、仰俯角度、水平回转角度等指标应符合设计要求。

4) 泡沫枪应进行喷水试验，其进口压力和射程应符合设计要求。

5) 高倍数泡沫产生器应进行喷水试验，其进口压力的平均值不应小于设计值，每台高倍数泡沫产生器发泡网的喷水状态应正常。

(5) 泡沫消火栓应进行喷水试验，其出口压力应符合设计要求。

(6) 泡沫灭火系统的调试应符合下列规定。

1) 当为手动灭火系统时，应以手动控制的方式进行一次喷水试验；当为自动灭火系统时，应以手动和自动控制的方式各进行一次喷水试验，其各项性能指标均应达到设计要求。

2) 低、中倍数泡沫灭火系统按照本条第 1 款的规定喷水试验完毕，将水放空后，进行喷泡沫试验；当为自动灭火系统时，应以自动控制的方式进行；喷射泡沫的时间不应小于 1min；实测泡沫混合液的混合比和泡沫混合液的发泡倍数及到达最不利点防护区或储罐的时间和湿式联用系统自喷水至喷泡沫的转换时间应符合设计要求。

3) 高倍数泡沫灭火系统按本条第 1 款的规定喷水试验完毕，将水放空后，应以手动或自动控制的方式对防护区进行喷泡沫试验，喷射泡沫的时间不应小于 30s。实到泡沫混合液的混合比和泡沫供给速率及自接到火灾模拟信号至开始喷泡沫的时间应符合设计要求。

（二）泡沫灭火系统的验收

1. 一般规定

(1) 泡沫灭火系统验收应由建设单位组织监理、设计、施工等单位共同进行。

(2) 泡沫灭火系统验收时，应提供下列文件资料，并填写质量控制资料核查记录。

1) 经批准的设计施工图、设计说明书。

2) 设计变更通知书、竣工图。

3) 系统组件及泡沫液的市场准入制度要求的有效证明文件和产品出厂合格证，泡沫液现场取样由具有资质的单位出具检验报告；材料的出厂检验报告与合格证；材料和系统组件进场检验的复验报告。

4) 系统组件的安装使用说明书。

5) 施工许可证（开工证）及施工现场质量管理检查记录。

6) 泡沫灭火系统施工过程检查记录及阀门的强度和严密性试验记录、管道试压和管道冲洗记录、隐蔽工程验收记录。

7) 系统验收申请报告。

(3) 泡沫灭火系统验收应进行记录；系统功能验收不合格则判定为系统不合格，不得通过验收。

(4) 泡沫灭火系统验收合格后，应用清水冲洗放空，复原系统，并应向建设单位移交以下文件资料。

1) 施工现场质量管理检查记录。

2) 泡沫灭火系统施工过程检查记录。

3) 泡沫灭火系统质量控制资料核查记录。

4) 隐蔽工程验收记录。

5) 泡沫灭火系统验收记录。

6) 相关文件、记录、资料清单等。

2. 系统验收

(1) 泡沫灭火系统应对施工质量进行验收，并应包括以下内容。

1) 泡沫液储罐、泡沫比例混合器（装置）、泡沫产生装置、消防泵、泡沫消火栓、阀门、压力表、管道过滤器、金属软管等系统组件的规格、数量、型号、安装位置及安装质量。

2) 管道及管件的型号、规格、位置、坡度、坡向、连接方式及安装质量。

3) 固定管道的支、吊架，管墩的位置、间距及牢固程度。

4) 管道穿防火堤、楼板、防火墙及变形缝的处理。

5) 管道和系统组件的防腐。

6) 消防泵房、水源及水位指示装置。

7）动力源、备用动力及电气设备。

（2）泡沫灭火系统应对系统功能进行验收，并应符合以下规定。

1）低、中倍数泡沫灭火系统喷泡沫试验应合格。

2）高倍数泡沫灭火系统喷泡沫试验应合格。

七、防排烟系统的调试

高层建筑中防排烟系统的调试分为机械正压送风系统的调试与机械排烟系统的调试。

1. 机械正压送风系统的调试

机械正压送风系统主要设置在封闭楼梯间及电梯前室。机械正压送风系统的调试主要是正压送风机的启停及余压值的测量。

首先检查风道是否畅通及有无漏风情况，然后将正压送风口手动打开，观察机械部分打开是否顺畅，有无卡堵现象（电气自动开启可在联动调试时进行）。在风机室手动启动风机，利用微压仪测量余压值，防烟楼梯间余压值需为 40～50Pa，前室、合用前室、消防电梯前室的余压值需为 25～30Pa。在风机室手动停止风机，采用短路方式在风机室模拟远程启动风机，并测量风机启动后是否向消防控制室反馈启动信号。

2. 机械排烟系统的调试

机械排烟系统的调试主要是进行排烟风机的调试及排烟口风速的测量（关于排烟口的自动打开、排烟风机的自动启动及防火阀动作联动风机停止等项目在联动调试时进行）。排烟风机的调试主要是进行风机的手动启停试验及远距离启停试验，如采用双速风机需在火灾时启动高速运行，这里只对单速风机进行调试。首先在风机室启动排烟风机，当排烟风机达到正常转速后测量该防烟分区排烟口的风速，该值应在 3～4m/s，但不应大于 10m/s。在风机室手动停止排烟风机，采用短路方式在风机室模拟远程启动排烟风机，并且测量风机启动后是否有向消防控制室反馈启动信号。

手动关闭防火阀，测量关闭防火阀后的信号反馈输出。

八、防火卷帘门的调试

防火卷帘门的调试主要分为三部分进行：①机械部分调试（限位装置、手动选择装置和手动提升装置）；②电动部分调试（现场手动启停按钮升、降、停试验）；③自动功能调试。在高层建筑内采用的防火卷帘门主要是电动防火卷帘门，以下所指都是电动防火卷帘门。

（一）机械部分调试

1. 限位调整

在防火卷帘门安装结束后，首先进行的是机械部分的调整。设定限位（一步降、两步降的停止位置）位置。两步降落的防火卷帘门，一步降位置需在距地面 1.8m 处，降落到地面位置应确保帘板底边和地面最大间距不大于 20mm。

2. 手动速放装置试验

通过手动速放装置拉链下放防火卷帘门，帘板下降顺畅、速度均匀，一步停降到底。

3. 手动提升装置试验

通过手动拉链拉起防火卷帘门，拉起全程应顺利，停止后防火卷帘门需靠其自重下降到底。

（二）电动部分调试

通过防火卷帘门两侧安装的手动按钮升、停、降防火卷帘门，防火卷帘门需能在任意位置通过停止按钮停止。

（三）自动功能调试

通过防火卷帘门的控制箱内留出的对外远程下降接口，利用短路方式模拟远程下降信号，下降防火卷帘门，观察防火卷帘门下降过程是否通畅，下降至限位处是否停止，降落到底后是否反馈信号。

九、电动防火门、防火卷帘控制装置的检测验收

1. 电动防火门

（1）检查防火门的开启方向。安装在疏散通道上的防火门需向疏散方向开启，并且关闭后应能从任何一侧手动开启；安装在疏散通道上的防火门必须具有自动关闭的功能。

（2）关闭相关部位的防火门，并接收其反馈信号。

2. 防火卷帘

（1）电动防火卷帘门应在两侧（入口无法操作除外）分别布置手动按钮，控制电动防火卷帘的升、降、停，并应在防火卷帘门下降关闭后可提升该防火卷帘门，且该防火卷帘门提升到位后可自动恢复原关闭状态。

（2）消防控制室应有强制电动防火卷帘门下降功能（应急操作装置），并显示其状态。

十、通风空调、防排烟及电动防火阀等控制装置的检测验收

（1）火灾报警后，消防控制设备应启动相关部位的防烟、排烟风机（包括正压送风机）及排烟阀，并

接收其反馈信号。

（2）加压送风口安装需牢固可靠，手动及控制室开启送风口正常，手动复位正常。

（3）排烟防火阀平时处于开启状态，手动、电动关闭时动作正常，并应向消防控制室发出排烟防火阀关闭的信号，手动可复位。

十一、火灾事故广播、消防通信、消防电源、消防电梯和消防控制室的检测验收

火灾事故广播、消防通信、消防电源、消防电梯和消防控制室的检测验收要求见表15-2。

表15-2　火灾事故广播、消防通信、消防电源、消防电梯和消防控制室的检测验收要求

序号	设备名称	检测验收要求
1	火灾事故广播	（1）在消防控制室选层广播。 （2）共用的扬声器强行切换试验。 （3）备用扩音机控制功能试验
2	消防通信	（1）消防控制室与设备间所设的对讲电话进行通话试验。 （2）电话插孔进行通话试验。 （3）消防控制室的外线电话与“119”进行通话试验
3	消防电源	消防用电设备的两个电源或两回线路，应在最末一级配电箱处自动切换
4	消防电梯	（1）强制消防电梯进行人工控制和自动控制功能检验，其控制功能、信号都应正常。 （2）消防电梯从首层进行到顶层的时间需不大于1min。 （3）消防电梯轿厢内应设置消防专用电话
5	消防控制室的控制装置	（1）控制装置应有保护接地且接地标志明显。 （2）控制装置的主电源应为消防电源引入线，应直接与消防电源连接，禁止使用电源插头。 （3）工作接地电阻满足规范要求。 （4）由消防控制室接地引到各消防设备的接地线，应使用铜芯绝缘软线，其线芯截面积不小于$4mm^2$。 （5）火灾报警控制器安装应满足相关规范。 （6）盘、柜内配线清晰、整齐，绑扎成束，防止交叉，导线线号清晰，导线预留长度不小于20cm；线号清晰，端子板的每个端子的接线不应超过两根

十二、火灾事故照明及疏散指示控制装置的验收

（1）疏散指示灯的指示方向应和实际疏散方向一致，与天花板的距离小于1.2m或距地面1m以下，间距不应大于20m，人防工程不应大于10m。

（2）疏散指示灯的照度不应小于0.5lx，地下工程内的事故照明灯的照度为5lx。

（3）疏散指示灯采用蓄电池作为备用电源时，其应急工作时间不应少于20min，建筑物高度超过100m时，其应急工作时间不少于30min。

（4）疏散指示灯的主备电源切换时间不应大于5s。

第二节　建筑电气消防系统的维护管理

一、火灾自动报警系统的维护管理

（一）火灾自动报警系统的使用与检查

火灾自动报警系统应保持连续正常运行，不得随意中断。每日应检查火灾报警控制器的功能。

1. 系统季度检查要求

每季度应检查和试验火灾自动报警系统的下列功能，并按照要求填写相应的记录。

（1）采用专用检测仪器分期分批试验火灾探测器的动作及确认灯显示。

（2）试验火灾警报装置的声光显示。

（3）试验水流指示器、压力开关等报警功能、信号显示。

（4）对主电源及备用电源进行1～3次自动切换试验。

（5）用自动或手动检查以下消防控制设备的控制显示功能。

1）室内消火栓、自动喷水、气体、泡沫、干粉等灭火系统的控制设备。

2）抽验电动防火门、防火卷帘门，数量不小于总数的25%。

3）选层试验消防应急广播设备，并试验公共广播强制转入火灾应急广播的功能，抽检数量不小于总数的25%。

4）火灾应急照明与疏散指示标志的控制装置。

5）送风机、排烟机及自动挡烟垂壁的控制设备。

6）检查消防电梯迫降功能。

7）应抽取不小于总数25%的消防电话和电话插

孔在消防控制室进行对讲通话试验。

2. 系统年度检查要求

每年应检查和试验火灾自动报警系统下列功能，并按照要求填写相应的记录。

（1）应用专用检测仪器对所安装的全部火灾探测器及手动报警装置试验至少 1 次。

（2）自动和手动打开排烟阀，关闭电动防火阀和空调系统。

（3）对全部电动防火门、防火卷帘的试验至少一次。

（4）强制切断非消防电源功能试验。

（5）对其他有关的消防控制装置进行功能试验。

（二）年度检测与维修

点型感烟火灾探测器投入运行 2 年后，应每隔 3 年至少全部清洗一遍；通过采样管采样的吸气式感烟火灾探测器根据使用环境的不同，需要对采样管道进行定期吹洗，最长的时间间隔不应超过一年；火灾探测器的清洗应由有相关资质的机构根据产品生产企业的要求进行。火灾探测器清洗后应当做响应阈值及其他必要的功能试验，合格者方可继续使用。不合格火灾探测器严禁重新安装使用，并应将该不合格品返回产品生产企业集中处理，严禁将离子感烟火灾探测器随意丢弃。可燃气体探测器的气敏元件超过生产企业规定的寿命年限后应及时更换，气敏元件的更换应由有相关资质的机构根据产品生产企业的要求进行。

不同类型的火灾探测器应有 10%且不少于 50 只的备品。火灾报警系统内的产品寿命应符合国家有关标准要求，达到寿命极限的产品应及时更换。

二、室内消火栓系统的维护管理

1. 室内消火栓的维护管理

室内消火栓箱内应经常保持清洁、干燥，防止锈蚀、碰伤或其他损坏。每半年至少进行一次全面的检查维修。主要内容包括：

（1）检查消火栓和消防卷盘供水闸阀是否渗漏水，如果渗漏水及时更换密封圈。

（2）对消防水枪、水带、消防卷盘及其他进行检查，全部附件应齐全完好，卷盘转动灵活。

（3）检查报警按钮、指示灯及控制线路，应功能正常、没有故障。

（4）消火栓箱及箱内装配的部件外观无破损、涂层无脱落，箱门玻璃完好无缺。

（5）对消火栓、供水阀门及消防卷盘等所有转动部位应定期加注润滑油。

2. 供水管路的维护管理

室外阀门井中，进水管上的控制阀门应每个季度检查一次，核实其处于全开启状态。系统上所有的控制阀门均应采用铅封或锁链固定在开启或规定的状态。每月应对铅封、锁链进行一次检查，当有破坏或损坏时应及时修理更换。

（1）对管路进行外观检查，如果有腐蚀、机械损伤等及时修复。

（2）检查阀门是否漏水，若有，应及时修复。

（3）室内消火栓设备管路上的阀门为常开阀，平时不得关闭，应检查其开启状态。

（4）检查管路的固定是否牢固，如果有松动及时加固。

三、自动喷水灭火系统的维护管理

（1）自动喷水灭火系统应具有管理、检测、维护规程，并应保证系统处于准工作状态。维护管理工作，应按表 15-3 的要求进行。

表 15-3　自动喷水灭火系统维护管理工作检查项目

部位	工作内容	周期
水源控制阀、报警控制装置	目测巡检完好状况及开闭状态	每日
电源	接通状态，电压	每日
内燃机驱动消防水泵	启动试运转	每月
喷头	检查完好状况、清除异物、备用量	每月
系统所有控制阀门	检查铅封、锁链完好状况	每月
电动消防水泵	启动试运转	每月
稳压泵	启动试运转	每月
消防气压给水设备	检测气压、水位	每月
蓄水池、高位水箱	检测水位及消防储备水不被他用的措施	每月
电磁阀	启动试验	每季
信号阀	启闭状态	每月
水泵接合器	检查完好状况	每月
水流指示器	试验报警	每季
室外阀门井中控制阀门	检查开启状况	每季
报警阀、试水阀	放水试验，启动性能	每季
泵流量监测	启动、放水实验	每年
水源	测试供水能力	每年

续表

部位	工作内容	周期
水泵接合器	通水试验	每年
过滤器	排渣、完好状态	每月
储水设备	检查完好状态	每年
系统联动试验	系统运行功能	每年
内燃机	油箱油位，驱动泵运行	每月
设置储水设备的房间	检查室温	每天(寒冷季节)

(2) 维护管理人员应经过消防专业培训，应熟悉自动喷水灭火系统的原理、性能和操作维护规程。

(3) 每年应对水源的供水能力进行一次测定，每日应对电源进行检查。检查内容见表 15-4。

表 15-4　　水源及电源检查

项目名称	检查内容	周期
水源	进户管路锈蚀状况，控制阀全开启，过滤网保证过水能力，水池（或水箱）的控制阀（液位控制阀或浮球控制阀等）关、开正常，水池（或水箱）水位显示或报警装置完好，水质符合设计要求，水池（或水箱）无变形、裂纹、渗漏等现象	每年
电源	进户两路电源正常，高低压配电柜元器件、仪表、开关正常，泵房内双电源互投柜和控制柜元器件、仪表、开关正常，控制柜和电机的电源线压接牢固，控制柜内熔丝完好，电动机接地装置可靠，电机绝缘性良好（大于 0.5MΩ），电源切换时间不大于 2s，主泵故障备用泵切换时间不大于 60s，电源、电压值符合设计要求并稳定	每日

(4) 消防水泵或内燃机驱动的消防水泵应每月启动运转一次。当消防水泵为自动控制启动时，应每月模拟自动控制的条件启动运转一次。检查内容见表 15-5。

表 15-5　　消防水泵检查

项目名称	检查内容	周期
内燃机驱动消防泵	曲轴箱内机油油位不少于最高油位的 1/2，燃油箱内燃油油位不少于最高油位的 3/4，蓄电池的电解液液位不少于最高液位的 1/2，蓄电池充电器充电正常，各类仪表正常，传送带的外观及松紧度正常，冷却系统温升正常，冷却系统滤网清洁度符合要求，水泵转速、出水流量、压力符合设计要求	每月
电动消防泵	泵启动前用手盘动电机转轴灵活，无卡阻现象，泵腔内无汽蚀，轴封处无渗漏（小于 3 滴/min 或 5mL/h），水泵达到正常时水泵转速、出水流量、压力符合设计要求，轴泵温升正常（<70℃），水泵振动不超限，电机功率、电压、电流均正常	每月

(5) 电磁阀应每月检查并应做启动试验，动作失常时应及时更换。

(6) 每个季度应对系统所有的末端试水阀和报警阀旁的放水试验阀进行一次放水试验，检查系统启动、报警功能及出水情况是否正常。检查内容见表 15-6。

表 15-6　　报警阀检查

项目名称	检查内容	周期
湿式报警阀	主阀锈蚀状况，各个部件连接处无渗漏现象，主阀前后压力表凑数准确及两表压差符合要求（<0.01MPa），延时装置排水畅通，压力开关动作灵活并迅速反馈信号，主阀复位到位，警铃动作灵活、铃声洪亮，排水系统排水畅通	每月
预作用报警阀和干式报警阀	检查符合湿式报警阀内容外，另应检查充气装置启停准确，充气压力值符合设计要求，加速排气压装置排气速度正常，电磁阀动作灵敏，主阀瓣复位严密，主阀侧腔（控制腔）锁定到位，阀前稳压值符合设计要求（不得小于 0.25MPa）	每月
雨淋报警阀	检查符合湿式报警阀内容外，另应检查电磁阀动作灵敏，主阀瓣复位严密，主阀侧腔（控制腔）锁定到位，阀前稳压值符合设计要求（不得小于 0.25MPa）	每月

(7) 系统上所有的控制阀门均应采用铅封或锁链固定在开启或规定的状态。每月应对铅封、锁链进行一次检查，当有破坏或损坏时应及时修理更换。检查内容见表 15-7。

表 15-7　　阀类检查

项目名称	检查内容	周期
带锁定的闸阀、蝶阀等阀类	锁定装置位置正确、开启灵活，阀门处于全开启状态，阀类开关后不得有泄漏现象	每月

续表

项目名称	检查内容	周期
不带锁定的明杆闸阀、方位蝶阀等阀类	阀门处于全开启状态，阀类开关后不得有泄漏现象	每周

（8）室外阀门井中，进水管上的控制阀门应每个季度检查一次，核实其处于全开启状态。

（9）自动喷水灭火系统发生故障需停水进行修理前，应向主管值班人员报告，取得维护负责人的同意，并临场监督，加强防范措施后方能动工。

（10）维护管理人员每天应对水源控制阀、报警阀组进行外观检查，并应保证系统处于无故障状态。

（11）消防水池、消防水箱及消防气压给水设备应每月检查一次，并应检查其消防储备水位及消防气压给水设备的气体压力。同时，应采取措施保证消防用水不做他用，并应每月对该措施进行检查，发现故障应及时进行处理。

（12）消防水池、消防水箱、消防气压给水设备内的水，应根据当地环境、气候条件不定期更换。

（13）寒冷季节，消防储水设备的任何部位均不得结冰。每天应检查设置储水设备的房间，保持室温不低于5℃。

（14）每年应对消防储水设备进行检查，修补缺损和重新油漆。

（15）钢板消防水箱和消防气压给水设备的玻璃水位计两端的角阀，在不进行水位观察时应关闭。

（16）消防水泵接合器的接口及附件应每月检查一次，并应保证接口完好、无渗漏、闷盖齐全。

（17）每月应利用末端试水装置对水流指示器进行试验。

（18）每月应对喷头进行一次外观及备用数量检查，发现有不正常的喷头应及时更换；当喷头上有异物时应及时清除。更换或安装喷头均应使用专用扳手。检查内容见表15-8。

表15-8　　　　喷头类检查

项目名称	检查内容	周期
喷头类	喷头的型号、布置、安装方式正确，溅水盘、框架、感温元件、隐蔽式喷头的装饰盖板等无变形、无喷涂层，喷头不得有渗漏现象	每月

（19）建筑物、构筑物的使用性质或储存物安放位置、堆存高度的改变，影响到系统功能而需要进行修改时，应重新进行设计。

四、气体灭火系统的维护管理

（1）气体灭火系统投入使用时，应具备下列文件，并应有电子备份档案，永久储存。

1）系统及其主要组件的使用、维护说明书。

2）系统工作流程图及操作规程。

3）系统维护检查记录表。

4）值班员守则和运行日志。

（2）气体灭火系统应由经过专门培训，并经考试合格的专人负责定期检查和维护。

（3）应按照检查类别规定对气体灭火系统进行检查，并做好检查记录。检查中发现的问题应及时处理。

（4）与气体灭火系统配套的火灾自动报警系统的维护管理应按照GB 50166—2007《火灾自动报警系统施工及验收规范》执行。

（5）每日应对低压二氧化碳储存装置的运行情况、储存装置间的设备状态进行检查，并记录。

（6）每月检查应符合以下要求。

1）低压二氧化碳灭火系统储存装置的液位计检查，灭火剂损失10%时应及时补充。

2）高压二氧化碳灭火系统、七氟丙烷管网灭火系统及IG 541灭火系统等系统的检查内容及要求应符合以下规定。

a. 灭火剂储存容器及容器阀、单向阀、连接管、集流管、安全泄放装置、选择阀、阀驱动装置、喷嘴、信号反馈装置、检漏装置、减压装置等全部系统组件应无碰撞变形及其他机械性损伤，表面应无锈蚀，保护涂层应完好，铭牌和保护对象标志牌应清晰，手动操作装置的防护罩、铅封和安全标志应完整。

b. 灭火剂和驱动气体储存容器内的压力，不得小于设计储存压力的90%。

c. 预制灭火系统的设备状态和运行状况应正常。

（7）每季度应对气体灭火系统进行1次全面检查，并应符合以下规定。

1）可燃物的种类、分布情况，防护区的开口情况，应符合设计规定。

2）储存装置间的设备、灭火剂输送管道和支、吊架的固定，应无松动。

3）连接管应无变形、裂纹及老化。在必要时，送法定质量检验机构进行检测或更换。

4）各喷嘴孔口应无堵塞。

5）对高压二氧化碳储存容器逐个进行称重检查，灭火剂净重不得小于设计储存量的90%。

6）灭火剂输送管道有损伤与堵塞现象时，应进行严密性试验和吹扫。

(8) 每年应按照对每个防护区进行1次模拟启动试验，并进行1次模拟喷气试验。

(9) 低压二氧化碳灭火剂储存容器的维护管理应按照国家现行《压力容器安全技术监察规程》的规定执行；钢瓶的维护管理应按照国家现行《气瓶安全监察规程》的规定执行。灭火剂输送管道耐压试验周期应按照《压力管道安全管理与监察规定》的规定执行。

五、 泡沫灭火系统的维护管理

1. 一般规定

(1) 泡沫灭火系统验收合格方可投入运行。

(2) 泡沫灭火系统投入运行前，应符合以下规定。

1）建设单位应配齐经过专门培训，并通过考试合格的人员负责系统的维护、管理、操作和定期检查。

2）已建立泡沫灭火系统的技术档案，并应具备施工现场质量管理检查记录、泡沫灭火系统施工过程检查记录、隐蔽工程验收记录、泡沫灭火系统质量控制资料核查记录、泡沫灭火系统验收记录、相关文件、记录、资料清单等文件资料和第（3）条中的资料。

(3) 泡沫灭火系统投入运行时，维护、管理应具备以下资料。

1）系统组件的安装使用说明书。

2）操作规程和系统流程图。

3）值班员职责。

4）泡沫灭火系统维护管理记录。

(4) 对检查和试验中发现的问题应及时解决，对损坏或不合格者应立即更换，并应复原系统。

2. 系统的定期检查和试验

泡沫灭火系统的定期检查和试验要求如下。

(1) 每周应对消防泵和备用动力进行一次启动试验，并应进行记录。

(2) 每月应对系统进行检查，并应进行记录，检查内容及要求应符合下列规定。

1）对低、中、高倍数泡沫产生器，泡沫喷头，固定式泡沫炮，泡沫比例混合器（装置），泡沫液储罐进行外观检查，应完好无损。

2）对固定式泡沫炮的回转机构、仰俯机构或电动操作机构进行检查，性能应达到标准的要求。

3）泡沫消火栓和阀门的开启与关闭应自如，不应锈蚀。

4）压力表、管道过滤器、金属软管、管道及管件不应有损伤。

5）对遥控功能或自动控制设施及操纵机构进行检查，性能应符合设计要求。

6）对储罐上的低、中倍数泡沫混合液立管应清除锈渣。

7）动力源和电气设备工作状况应良好。

8）水源及水位指示装置应正常。

(3) 每半年除储罐上泡沫混合液立管和液下喷射防火堤内泡沫管道及高倍数泡沫产生器进口端控制阀后的管道外，其余管道应全部冲洗，清除锈渣。

(4) 每两年应对系统进行检查和试验，并应进行记录；检查和试验的内容及要求应符合以下规定。

1）对于低倍数泡沫灭火系统中的液上、液下及半液下喷射、泡沫喷淋、固定式泡沫炮和中倍数泡沫灭火系统进行喷泡沫试验，并对系统所有组件、设施、管道及管件进行全面检查。

2）对于高倍数泡沫灭火系统，可在防护区内进行喷泡沫试验，并对系统所有组件、设施、管道及管件进行全面检查。

3）系统检查和试验完毕，应对泡沫液泵或泡沫混合液泵、泡沫液管道、泡沫混合液管道、泡沫管道、泡沫比例混合器（装置)、泡沫消火栓、管道过滤器或喷过泡沫的泡沫产生装置等用清水冲洗后放空，复原系统。

六、 防排烟系统的维护管理

防排烟系统平时处于一种几乎不用的状况下，为使防排烟设备经常处于良好的工作状况，要求平时加强对建筑物内防排烟系统及设备的维修管理工作。

1. 防烟、排烟风机的维护管理

(1) 安装开通后，要定期检查风机各零部件情况，确保风机能随时启动，正常工作。

(2) 风机转动部分要定期加油润滑，以防锈死，无法转动。

(3) 认真分析风机出现故障的原因。

(4) 检查发热原因要从下述几个方面进行。

1）电机轴承损坏，配合间隙过小不合要求。

2）轴与轴承安装歪斜，两个轴承不同轴度。

3）管网阻力过大，电机超负荷运行。

4）电源电压过低。

2. 防烟、排烟阀的维护管理

(1) 防火阀安装使用后，根据有关消防安全管理要求，定期检查，通常每半年检查一次。检查内容主要包括：

1）阀门各手动、电动温度熔断器自动关闭动作是否灵活。

2）微动开关是否可靠。

3）阀门内是否有异物插入，阀门是否能关闭严密。

4）叶片所处位置与显示位置是否正确，如发现问题应及时解决。

（2）带温度熔断器的阀门，根据有关消防安全管理要求，需定期更换易断片时，可按照以下顺序进行。

1）打开操作装置活动盖。

2）取下连接温度熔断器链环。

3）拧开温度熔断器压螺母，取出温度熔断器。

4）换上新的易熔片，再依次安装上。在更换易熔片时，应注意该易熔片的动作温度值与原来使用的值相同。

3. 排烟口及送风口的维护管理

各种排烟口及送风口在安装使用后要定期检查，通常为每 6 个月一次。检查其动作情况是否灵活可靠，并应有定期检查记录。检查温度熔断片，发现问题及时更换。当对排烟口及送风口的操作装置通以电讯号或手动操作后，如无法自动关闭（或开启）时，应按照顺序进行调试检查。

其余要求和防烟阀、排烟阀相同。

4. 其他防烟、排烟设备及部件的维护管理

（1）定期检查，通常每半年至一年检查一次，发现问题，要及时修理或更换零配件，确保完整，灵敏好用。

（2）要按照施工（或安装）的图纸及说明书的要求，严格检查和维修。

（3）远距操作防烟、排烟设备及部件的安装维护管理应注意以下几点。

1）电气线路及控制线路或缆绳，都应采用DN20的塑料管进行保护。

2）控制缆绳套管的弯曲半径不宜小于 300mm，弯曲通常不超过三处。缆绳长度通常不大于 6m。若长度超过 6m，应在订货时说明。

3）按照排烟设备至远距离操作机构的相对位置和实际距离敷设好套管，套管两端，一端应紧挨排烟设备，另一端应紧挨远距离操作机构，然后将缆绳穿入套管。

4）将缆绳一端穿进阀体上的动作机构内，并将它拴在钢丝绳轴上，用钢丝绳夹子固定，剪去多余的钢索。

5）将缆绳另一端穿进远距离操作机构，绕于卷绕滚筒上，至少绕三圈，将多余的缆绳剪去。

6）试验机构动作的性能，确认动作灵活可靠。

第三节　建筑电气消防系统调试、验收与维护实例分析

一、火灾自动报警设施检查与维护保养案例分析

某办公楼建筑消防设备用电为一级负荷，所有消防用电设备的总装机容量为 1000kW。所有重要消防用电设备都采用双路电源供电，并在末端设自动切换装置。消防控制室设置蓄电池作为备用电源。火灾自动报警系统接地利用大楼综合接地装置作为接地极，设专用接地干线，引线采用 BV-1x25-FPC40，其综合接地电阻不大于 1Ω。火灾自动报警系统采用二总线制，系统由光电感烟火灾探测器、感温火灾探测器、手动火灾报警按钮、火灾声光报警器、火灾显示盘和火灾报警控制器组成，火灾自动报警系统如图 15-1 所示。消防控制室可以显示消防水池、消防水箱水位信息，显示消防水泵的电源状态及运行状况，并且可以联动控制所有与消防有关的设备。

（一）火灾自动报警系统日常检查

（1）检查火灾探测器、手动火灾报警按钮、消火栓按钮、输入模块、输出模块等组件的外观及运行状态。

（2）检查火灾报警控制器、火灾显示盘、消防控制室图形显示装置运行状况。

（3）检查消防联动控制器外观及运行状况。

（4）检查声光报警器外观。

（5）检查系统接地装置外观及牢固性。

（6）检查消防控制室工作环境。

（二）火灾自动报警系统维护保养

（1）每季度应检查和试验火灾自动报警系统的下列功能，并填写相应的记录。

1）采用专用检测仪器分期分批试验火灾探测器的报警情况及火警确认灯状态。

2）试验声光报警器的声光报警功能。

3）试验水流指示器、压力开关等组件的动作性能。

4）对火灾报警控制器的主电源及备用电源进行 1～3 次自动切换试验。

5）手动状态下，检查自动喷水灭火系统、消火栓系统、加压风口电动控制装置、风机、防火卷帘等控制设备的控制及显示功能。

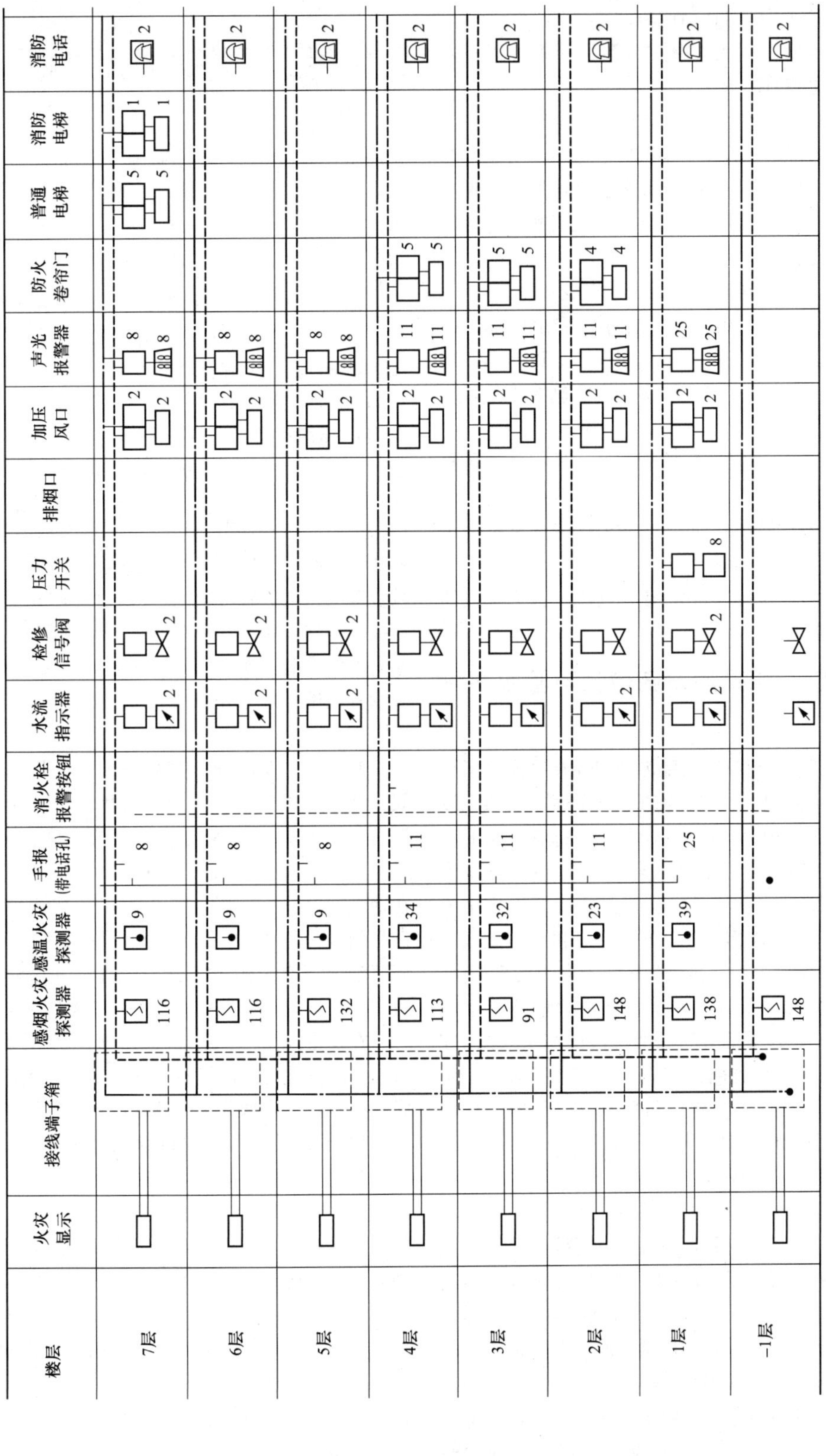

楼层	火灾显示	接线端子箱	感烟火灾探测器	感温火灾探测器	手报(带电话孔)	消火栓报警按钮	水流指示器	检修信号阀	压力开关	排烟口	加压风口	声光报警器	防火卷帘门	普通电梯	消防电梯	消防电话
7层			116	9	8		2	2			2 2	8 8		5 5	1 1	2
6层			116	9	8		2	2			2 2	8 8				2
5层			132	9	8		2	2			2 2	8 8				2
4层			113	34	11						2 2	11 11	5 5			2
3层			91	32	11						2 2	11 11	5 5			2
2层			148	23	11		2				2 2	11 11	4 4			2
1层			138	39	25		2	2	8		2 2	25 25				2
-1层			148													2

图 15-1　火灾自动报警系统

6）检查消防电梯迫降功能。

7）抽取不小于总数25%的消防电话和电话插孔在消防控制室进行对讲通话试验。

（2）每年检查和试验火灾自动报警系统以下功能，并填写相应的记录。

1）采用专用检测仪器对所安装的全部火灾探测器和手动报警按钮试验至少1次。

2）自动状态下，检查自动喷水灭火系统、消火栓系统、加压风口电动控制装置、风机、防火卷帘等控制设备的控制和显示功能。

3）对全部消防电话的通话试验至少一次。

4）自动和手动强制切断非消防电源功能试验。

（3）点型感烟火灾探测器应根据产品说明书的要求定期清洗、标定，产品说明书没有明确要求的，应每两年清洗、标定一次。

（4）检查消防水池水位监管情况，模拟低水位报警试验。

（5）按照产品说明书的要求对系统内的蓄电池进行维护保养。

（6）对经检查测试已无法正常使用的火灾探测器等设备应及时更换。

二、防烟和排烟设施检测与验收案例分析

某商业建筑，建筑总高度为26.5m，总建筑面积为137 500m^2。其地下一层为地下汽车库、人防、设备用房和建筑面积为10 000m^{2}的地下商业。地下汽车库停车数490辆，建筑层高为3.75m，净高为2.35m，主梁高为0.90m，车库防火分区面积均小于4000m^2，防烟分区面积不大于2000m^2，机械排烟系统按防火分区设置，并按照排风与排烟兼容的模式工作，且排风口与排烟口分开设置，系统排烟量按6次/h换气次数计算，其中最大的一个机械排烟系统为PY（F）-B1-3系统，为防烟分区Ⅰ（面积1426m^2），防烟分区Ⅱ（面积1726m^2）和防烟分区Ⅲ（面积2000m^2）服务，其排烟风机的排烟量为53 280m^3/h，系统构成如图15-2所示。

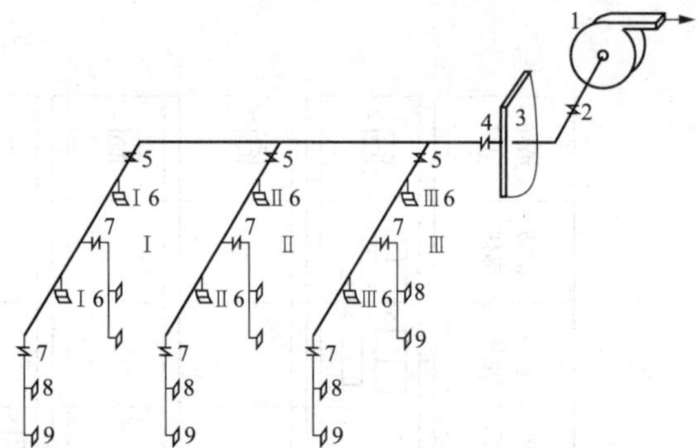

图15-2　排风与排烟兼容系统（排风口与排烟口分开设置）

1—排烟风机；2—排烟防火阀（280℃）；3—风机房隔墙；4—排烟防火阀；5—排烟防火阀（280℃）；6—排烟口（带阀）；7—防火阀（70℃）；8—上排风口；9—下排风口

此系统的主排烟风管上壁贴主梁底敷设，每个防烟分区接出一条排烟支管，支管从主管接出处设有排烟防火阀。在每条支管的适当位置上设有两个排烟口，都设在风管下壁，每个百叶排烟口均带排烟阀，具有手柄启动和电信号自动控制功能，平时常闭，每个排烟口距防烟分区最远距离不大于30m。另外，在每条支管的适当位置上接出两条排风竖管，在接出处设70℃防火阀，平时常开，在温度达到70℃时，能自动关闭，在竖管上还设有上下两个常开百叶风口，上部和下部排风口各按照比例排除汽车尾气。主排烟风管进入风机房后与正压送风机保持3m远距离，并在接入排烟风机前设置280℃自动关闭的总防火阀，此阀动作后能联动排烟风机停运。此系统所服务的区域设有机械补风系统，补风量按风机排烟量的50%确定。

此地下汽车库设有与地上商业共用的防烟楼梯间，并设有正压送风系统，采用楼梯间竖向井道加压送风，前室不送风方式，风口为常开百叶风口，风口按照“每隔二到三层设一个风口的原则”布置在地上一、三、五层，加压送风量按规范选用，能满足门洞风速的要求。因地下商业区有餐饮场所，厨房油烟管道采用不锈钢板制作，并沿防烟楼梯间敷设至屋面。

在发生火灾时，建筑内所有通风空调系统的电源自动切断，火灾确认信号自动启动排烟风机运行，并联动打开着火防烟分区的排烟口，当排烟风机前的总防火阀280℃自动关闭时排烟风机联动停运。在火灾时，当进入排风支管的烟温达70℃时支管上的防火阀自动关闭，并联动排烟风机停运。

此系统在消防验收时，采用在现场向感温火灾探测器加温，使其动作，并手动按下手动报警按钮，系统上的排烟风机转入排烟工况，并联动系统上的6个排烟口自动开启，随后验收人员用柔软纸条贴在排烟口处，只见软纸条未被风口吸引，所以此系统验收不合格。

第十六章 电气火灾的扑救及火灾事故的处理

第一节 电气消防安全教育

各类人员消防安全素质的高低，对本部门消防安全水平具有直接的影响，因此各级领导和技术人员及各类操作人员，均应根据具体情况，分层次地、认真严格地进行消防安全教育和培训，建立合理的消防安全知识结构，经考核合格，方可担负起防火安全的组织管理工作和搞好作业的安全活动。

一、 消防安全教育概述

（一） 消防安全教育的概念

消防安全教育是以人作为对象，研究和改正生产、生活中人的不安全因素及规律，预防火灾、爆炸事故的发生。它以一定的教育理论作为指导，以必要的防火安全技术、法规、制度的研究成果及防火安全教育实践经验为基础，并吸收教育学、心理学的基本原则和方法，来揭示防火安全的规律性。

消防安全教育包括方针政策教育、思想政治教育、劳动纪律教育、防火安全技术训练、典型经验及事故教训的教育。由此可见，消防安全教育不但需要了解自然科学、工程技术知识，而且还需了解企业管理、法律、方针政策等社会科学知识。

（二） 消防安全教育的意义和目的

消防安全教育是消防安全管理的一项重要内容，是确保安全生产的重要手段。一是消防安全教育可提高各级领导和职工群众对消防工作重要性的认识，增强消防安全的责任感，提高贯彻执行消防法规及各项消防安全规章制度的自觉性；二是消防安全教育可使职工群众掌握安全生产的科学知识，提高安全操作的技能，提高防火灭火的能力，为实现安全生产创造条件。

（三） 消防安全教育的地位

生产和储存中预防人为事故，这是教育的主要目的，为此需运用：①防火技术；②安全管理；③安全教育。工作中必须保持三者均衡方可奏效。

1. 防火技术

防火技术是针对生产储存活动中的不安全因素，采取控制措施。在事故发生前，充分研究潜在的危险点，预测被认为可能发生事故的各种危险性，并从技术上解决这些危险点的预防措施。措施的内容主要是改进生产工艺及设备、设备安全装置、保险装置、信号系统、固定灭火系统等。

2. 安全管理

安全管理是使各级人员和操作人员遵守国家或地方行政机关、工厂、仓库、车间制订的安全方针政策、法律、法规、条例、规程、安全生产责任制度等。为这个目的，要求单位的防火负责人自觉地成为推动消防工作的领导者、责任者，建立与单位防火安全相适应的安全管理组织。

3. 安全教育

安全教育是将上述防火技术内容和防火防爆规范规定的内容，尽可能全面地告知有关人员，使人们关心安全，养成遵守防火制度的优良习惯，并培养对消防问题的敏捷反应。

安全教育虽然说是消极的，但它毕竟是生产和储存经营单位防火安全不可缺少的基础。很显然，最平常的防火技术和最好的管理规章制度，如果不通过安全教育，就不能很好地贯彻和实施，这就显示了防火安全教育在生产单位防火安全中的重要地位。

二、 消防安全教育的内容

消防安全教育的内容可概括为三个方面，即安全态度教育、消防知识教育和消防技能培训。

（一） 安全态度教育

安全态度教育是为了增强领导与职工群众的消防安全意识，使之对消防安全工作有正确的态度。

在消防安全教育中也需进行思想政治教育，即通过党和政府的安全生产方针政策的教育，使人们提高对消防安全的认识，深刻理解生产和安全的辩证关系，批评那种只重经济效益，忽视安全，嫌安全工作麻烦，对火险抱有侥幸心理，对火灾事故不追查、不惩罚等错误认知和态度，以提高人们安全生产的责任感及自觉性。

通过法制教育，使人们懂得消防法规及消防安全规章制度是实践经验的总结，是用血的教训换来的，它们反映安全生产的客观规律，只要人们自觉地遵章守法，安全生产就有了基本保障。法制教育还可使人们懂得法规带有强制性，不管是谁，因违章违法造成火灾爆炸事故都要受到处罚或法律制裁。

安全态度教育是一项经常、细致、耐心的教育工作，由于安全态度不是本能的，但是却具有相当长的时间内不变化的特点，而且是后天形成的，因此应在对职工的安全心理分析的基础上，具有针对性、联系实际地进行教育，以达到改变错误认识、端正态度的目的。

（二）消防知识教育

消防知识包括一般性的消防基本知识及专业性的消防技术知识。一般性的消防基本知识是企业或单位内所有人员都需知道的，例如，进入库区或有爆炸危险的场所禁止带入火种，不得用火、吸烟；遵守用火用电的防火要求；动火检修危险设备应经过审批和采取安全措施；会使用消防器材扑救初起火灾，会报警；会分析引起着火的条件及原因等。专业性的消防技术知识是一些特种作业工种操作时必须掌握的专门的消防安全技术知识，例如，从事锅炉、压力容器操作，从事焊接切割、电气工程安装作业，从事易燃易爆工艺操作，从事易燃易爆储存、运输作业等所需要的专门的消防安全技术知识。

消防知识对单位职工群众而言是必备的知识，它是生产技术知识的组成部分。例如，一些小企业火灾多、损失大，原因是多方面的，但是职工消防安全素质差，缺乏消防知识也是非常重要的一个方面。如某县小氮肥厂合成车间吸收工段，一当班工人爬到母液槽顶上观察液位，擦火柴照明时，浓氨储槽着火爆炸，该工人被抛向空中坠落而亡，槽顶15cm厚的钢筋水泥柱被抛到百米之外，氨槽及其周围设备被炸毁。

消防知识属于生产技术知识，不能孤立地进行消防技术知识教育，需结合生产技术知识的教育来进行。不仅文化程度低的职工要学习和掌握消防知识，文化程度高的职工和技术人员也需学习和掌握消防知识。即使已经有了一定消防知识和经验的人，也要不断地接受消防安全知识教育，事物在发展，条件在变化，知识无止境，只凭老经验而麻痹出事故的例子也是不少的。

（三）消防技能培训

对于职工群众而言，不仅要获得消防安全知识，还要形成实际防火灭火能力，会进行操作，方可取得预期的效果。要实现从“知道”到“会做”的过程，就要借助于消防技能培训。这是确保安全生产、有效防火灭火的重要环节。

消防技能培训包括正常的消防技能培训，例如，怎样进行防火检查，检查什么，各种灭火器如何使用，怎样操作灭火效果理想等，还包括异常或紧急情况的处理技能，如设备、管道泄漏物料，设备（容器）溢料事故，反应器内温度、压力骤升，发生火情等。

消防技能培训主要应在实际操作中去进行，由有经验的职工及技术人员言传，反复指导帮助，通过亲身体会掌握实际操作的本领。例如，很多火灾案例中暴露出一些职工不会使用灭火器，有的将泡沫灭火器扛在肩上，因为内外药反应产生泡沫，等赶到火点，泡沫已经喷射完毕；有的将整个灭火器抛向火点；有的不知如何开启，干着急打不开，只好望火长叹……除知道灭火器的使用方法外，还应掌握如何喷射灭火效果最好的技巧，而这种有效的使用灭火器技能，只有在有经验人的指导下，边学、边做、边体验方可真正掌握。

三、消防安全教育的类型

各单位在一般性消防安全教育的基础上，还需按照教育的对象把消防安全教育分为几个类型，使消防安全教育更深入具体、更有效。

（一）领导干部的教育

领导的重视与支持是单位搞好消防安全工作的关键，所以必须对领导层进行消防安全教育。教育的主要目的是提高他们对党和国家关于安全生产方针政策及法规的认识，增强责任感，树立法制观念；让他们深刻理解安全与生产、安全与效益的辩证关系，懂得一般的消防知识，并掌握消防安全管理的原则和方法，促使他们关心、重视安全生产，积极主动地做好消防安全管理工作。

对于领导干部的教育，主要应进行安全生产方针、政策、法规、消防规章制度、消防基础知识、消防安全管理知识等教育。

对单位中层以上领导干部的教育，由单位负责人或委派专职部门组织进行，举办学习班、讲座等。单位或厂级领导的教育可由其主管部门组织，或当地公安消防部门、劳动部门组织。

（二）工程技术人员的教育

工程技术人员与消防安全有着密切的联系，组织他们学习和掌握消防技术知识非常必要。主要的教育包括安全生产方针、政策、法规教育；本职消防责任制，主要是在履行本职中，搞好安全设计，采取消防安全措施及承担消防安全责任；典型火灾爆炸事故案例的剖析；消防安全基础知识和技术知识，以及消防安全管理知识等。

通过上述教育，使技术人员能在产品或工程设计、研制阶段，新材料、新技术、新工艺的研究试验阶段，在组织生产和制定操作规程中，自觉地运用系统分析的方法去评价，找出所有可能存在的火险因素，预先采取措施予以预防或控制，以提高产品、工程、工艺等在投产后的安全可靠性，为消防安全创造有利条件。

（三）专、兼职消防干部的教育

凡是从事专职或兼职消防工作的干部或人员均应具有系统全面的消防专业知识和消防安全管理知识。为此，可以送他们去消防培训中心接受系统的专门教育。

（四）新工人的教育

新工人也包括由外单位新调入的职工、学校毕业参加工作的学生及实习代培人员，都应接受厂三级消防安全教育。

(1) 厂级消防安全教育。由厂防火负责人或专职职能部门负责。教育内容有消防工作方针、法规、消防安全规章制度和劳动纪律；生产、使用、储存物资的性质及这些物资燃烧的常识，全厂性的防火制度等，经过考试合格后方可分到岗位工作。

(2) 车间消防安全教育。由车间防火负责人或指定专人负责进行。教育内容包括本车间的概况；生产、使用和储存物资的火险特点；危险场所与部位；消防安全管理制度及消防安全注意事项等，经考试合格后方可分配到班组。

(3) 班组岗位的消防安全教育。由班组防火负责人或班组安全员负责组织。教育内容包括本岗位生产过程和工作任务；岗位的安全操作规程；岗位的重点防火部位与防火办法；岗位的消防安全制度；发现紧急情况的急救措施和报告方法。教育可采取讲解和实际示范相结合的方式进行，经过考试合格后方可正式分配到岗位工作。到岗位后要签订师徒包教包学合同，限定期限熟练掌握安全操作技能，经过考核合格后发给操作许可证，才能独立操作。

(4) 对临时工的教育。临时工（包括家属工、合同工）是因生产临时需要而招用的各种工人。对他们的教育由需要临时工的单位事先将招工人数、担任的工作通知安全保卫部门，以便于有针对性地进行教育。教育内容包括本企业生产特点；入厂须知；所担任工作的性质及消防注意事项；防火安全制度。使用临时工的部门需指定专人负责，加强对他们的安全教育和管理。

(5) 对外包工的教育。外包工是指外单位在工厂内承包某工程或工作的工人。外包工进厂前，需由发包单位和承包单位联系好，将进厂的人数、承担的工作及施工地点事先通知保卫部门，约好时间接受入厂消防安全教育。入厂后的管理可以承包单位为主，严格贯彻执行工厂的消防安全规章制度。

（五）特种作业人员的教育

对从事有火灾爆炸危险的特殊工种的人员，如电工、焊割工、木工、油漆工、处理易燃易爆物品的操作工、搬运工、仓库保管员等作业工人，必须进行专门培训，并通过严格考试，取得特种作业操作证后，才能上岗操作。这种培训一般采用短训班的形式进行，而且每年最少进行一次，逐年提高水平。

（六）复工和调岗的教育

复工是指因为某种原因而离开操作岗位较久，又重新上岗操作。调岗即调换工种。复工和调岗教育的内容及方式可参照三级教育和特殊作业的教育进行安排。复工和调岗教育也应采取考试和发上岗操作证的制度。

四、消防安全教育的方法和形式

进行安全教育除了要有一定的教材、素材以外，还应运用一定的教育方法与形式，方可完成教育任务。

（一）教育方法

消防安全教育工作应顺利地实现任务，必须研究方法问题。教育方法是指教育指导者在教育过程中为了完成教育任务所采取的工作方式和在指导者指导下的受教育者的学习方式。

主要方法包括讲授、讨论、参观和演示。

（二）教育形式

消防安全教育是通过一定形式进行的，集体与个人的教育形式是安全教育的基本形式。应用工艺学方法的安全技能训练，可以很快获得安全知识、技能、技巧的教育形式。奖励教育是重要的辅助教育形式。

合理地将这些教育形式联系起来，相辅相成，方可全面地实现教育任务，提高教育质量，达到防止和减少事故的目的。

1. 集体安全教育形式

(1) 学习班讲课方式。这是有意识、有计划进行教育的基本方式。

(2) 讲演会方式。采取这种方式要以扎实的日常安全教育为前提。

(3) 讨论方式。教育对象不宜多，通常不是初学者，而是对安全知识、安全管理具有一定知识的人。

前提是指导者要有丰富的经验，擅长引导，参加者要有一定的实践经验。采取这种方式通常是为了讨论安全管理人员的疑难问题。

(4) 提问方式。这是一种对话的教育形式，可与讲解配合，通过向对方提问，使其认识到自己的知识不足，与其说是启发认识，不如说是启发思考问题的能力。这种方式适用于安排管理人员的进修，车间、工段安全管理人员的进修，火灾爆炸事故案例的研究。

(5) 安全会议。企业各级管理人员定期召开某种安全会议，其目的是为了引起并保持人们对安全问题的重视与注意。

2. 个人安全教育形式

操作人员具有消防安全知识，并达到习惯地应用安全知识于作业之中，尚存在相当的差距。而且知和会是两回事，“知”就是通过教育掌握知识，只要将知识输入记忆系统里，无论何时都可调用。一般地说，这种输入仅需一次即可。“会”却不像知那样简单，必须将做法多次反复演练，在外界信息情报的刺激下，方能条件反射地进行动作。因为每个岗位的固有特点和每个人固有的特性，安全采用集体安全教育形式是无法达到目的的，还必须分别进行个别指导，纠正不对之处，使之逐渐接近目标值。

个人防火安全教育形式如下。

(1) 岗位实际工作的消防安全教育。为正确地掌握应知应会，指导者必须按照规定的内容、要领、方法和程序进行教育。

(2) 消防安全技能的督促检查教育。各级安全管理人员必须时常督促检查消防安全技能教育的结果如何，查看执行是否正确，以利于最终达到目标值。

(3) 个别劝告的消防安全态度教育。在实际中，不执行防火安全要求的人，各自的情况有所不同，因此必须在弄清原因的基础上采取恰当的手段和方法进行教育。

3. 应用工艺学方法的消防技能训练

在企业中，可应用工艺学方法将各种消防安全要求、容易产生火灾爆炸事故的复杂操纵系统等需要教育训练的内容，编制成一定的工艺程序。采用视听设备或模拟训练，或在现场实际演练，反复进行知识、模拟技能的训练，是一种能迅速掌握消防安全知识、技能教育的方式。

4. 应用启蒙、宣传方式的一般安全教育

在开展正规的消防安全教育的基础上，通过一般启蒙、宣传方式，可以刺激职工们提高警惕，克服麻痹思想。这种方式包括安全上岗喊话、宣传画、霓虹灯、警告牌、信号、色标、出版安全刊物、壁板报、广播、电视等。

5. 鼓励教育

鼓励在消防安全教育工作中是必不可少的一种教育方式。人们对自己的评价是敏感的，并且力图使自己得到表扬或奖励。这种鼓励不但可以是对个人的工作肯定，也可以使整个集体受到教育。为使安全教育保持持久、有力，可以开展各项安全竞赛活动。对竞赛中的优胜者（个人或集体）应加以表彰。

五、 搞好消防安全教育的要求

（一） 建立和发展安全教育阵地

提高职工的素质是确保企业消防安全的大计。企业应建立安全教育活动中心（或活动室），用于进行教育，储存资料，展览陈列事故图片、照片、宣传画等。要注意逐步添置，并积累安全教育资料、图书和设备，要尽量配备电化教育手段，如录放像设备、幻灯、投影仪等。

（二） 安全教育要坚持经常化

应重视经常性的安全教育，做到警钟长鸣，防患未然。要有计划地将集中教育和经常教育有机地结合起来。

（三） 建立消防安全教育制度

建立消防安全教育制度，用制度确保教育的经常化、普遍化和规范化。制度中可纳入奖惩手段。把接受安全教育的好和差，组织安全教育的教育率和工作优劣与晋职晋级和奖金结合起来。

（四） 编写适合各种需要的教材

对各类人员的教育，均应有相应的安全教育的教材或学习提纲。

（五） 研究人的心理和个性特点

不重视防火安全、具有侥幸心理、违章蛮干等表现和行为，分析结果可发现这些表现和行为都源于某种心理状态和个性特点，因此教育工作中应抓住本质性的认识，有针对性地进行个别教育和引导。例如，对喜欢逞强好胜，因而冒险蛮干的人，应使他明白谨慎小心并不是贪生怕死，冒险蛮干也决非英雄好汉；对于粗枝大叶，马马虎虎的人，要使他明白“一时疏忽、终生痛苦”的道理；对于重经济效益、轻安全的人，要使他明白讲经济效益与讲安全是一致的，讲安全效益就是讲经济效益，没有安全也就没有经济效益的道理等。

第二节 电气从业人员管理

加强电气从业人员的管理是抓好电气防火管理的

重要环节。

一、 建立电气安全岗位责任制

企事业单位及其主管部门需加强电气管理，建立电气安全岗位责任制，确定各级电气安全管理负责人。建立、健全电气操作规程，所有从业人员均应学习、掌握这些操作规程。电焊及易燃易爆危险场所的电工等从业人员需持证上岗。加强电工的技术培训，定期举办电工培训班，学习基本知识、安装规程及电气设备的使用与管理，解决安全技术方面的难题，不断提高从业人员的技术、业务水平和安全管理水平。单位所有的电工必须经过考试取得电工证后才能从事电气工作，严禁无证电工从事电气工作。应建立严格考核制度，并与单位的奖惩制度相结合，对于一贯努力学习业务技术、考试成绩优良者可优先晋级；对于考试成绩不及格，违反安全操作规程，并引起事故的电工，收回电工证，取消电工资格。电工、电焊工等操作人员应参加消防安全培训，持证上岗，并严格遵守消防安全操作规程。

二、 做好电气设备的操作使用、 维护保养工作

（1）建立电气防火档案，档案应有专门的保管。电气防火安全档案需有完整的内容，包括领导小组、电工小组成员名单、电气图纸、电工分片专责区、电气隐患部位、电气要害部位、爆炸和火灾危险部位等。对于重要的电气设备，要分类编码登记。

（2）对电气设备必须定期检查、保养，高空、高压作业应有两人以上进行，同时要有一定的安全措施。

（3）停送电时，在确认安全后才能操作。停电时先断负荷开关，后断电源开关，送电时应先送电源开关，后送负荷开关。

（4）安装时按照所需电流、电压选择导线截面和绝缘性能，禁止有铜铝电线混接，房屋闷顶内应用金属管配线。

（5）熔断器（熔丝）需根据设备负荷正确选用。

（6）凡在防爆、防潮、防尘的场所安装电气设备时，必须满足安全要求。

（7）凡能发热起火的电气设备（各种镇流器、变压器等）不得安装在可燃的结构上。

（8）凡安装及修理电气设备，必须遵守有关电业规定和技术规程。

（9）电工操作应有操作证，严禁非电工人员作业，徒工在作业时需有证电工监护。

（10）临时电气设备必须符合临时要求，并经相关部门批准，用后应彻底拆除，如较长时间使用，必须正式安装。

三、 加强值班管理

凡值班人员，不得擅离职守，必须坚守岗位，同时酌情处理做好值班记录。接班人应提前 15min 到班，当班负责人负责交班，如果到交班时间，接班者未到，交班者不能离开工作岗位，可将情况报告上级听候处理。

交班时，交班全体人员都应在场，以便于交待清楚。值班日志应包括如下内容：设备及配电系统运行情况、负荷电压变动情况、保护定量变动情况、事故情况及处理经过、有关文件通知、上级指示和对外联系情况、事故情况及本班未完成的工作、其他关于运行的重要事项。交接班中发生事故应由交班者处理完毕后再行交班，交接班完毕后，交接班负责人需在值班日志上共同签字。

下班停电时，各部门车间、各科室凡是应停电的部位，工作结束后，需切断电源，并由值班人员或部门负责人随后进行一次检查，切断电源，做到人走灯灭。

第三节 火灾的扑救

一、 灭火的基本方法

火灾一般都有一个从小到大，逐步发展，直到熄灭的过程。火灾过程通常可分为初起、发展、猛烈、下降和熄灭五个阶段。扑救火灾要特别注意火灾的初起、发展和猛烈阶段。

（1）初起阶段：通常可燃物质着火燃烧后，在 15min 内，燃烧面积不大，火焰不高，辐射热不强，烟和气体流动缓慢，燃烧速度较慢。如房屋建筑的火灾，初起阶段常常局限于室内，火势蔓延范围不大，还没有突破外壳。火灾处于初起阶段，是扑救的最好时机，只要发现及时，用较少的人力和应急的消防器材工具就能将火控制住或扑灭。

（2）发展阶段：因为初起火灾没有及时发现、扑灭，随着燃烧时间延长、温度升高，周围的可燃物质或建筑构件被快速加热，气体对流增强，燃烧速度加快，燃烧面积快速扩大，形成了燃烧发展阶段。如果烟火已经窜出了门、窗和房盖，局部建筑构件被烧穿，建筑物内部充满烟雾，火势突破了外壳。从灭火角度来看，这是关键性阶段。在燃烧发展阶段内，必

须投入相当的力量，采取正确的措施，来控制火势的发展，以便于进一步加以扑灭。

(3) 猛烈阶段：若火灾在发展阶段没有得到控制，因燃烧时间继续延长，燃烧速度不断加快，燃烧面积迅速扩大，燃烧温度急速上升，气体对流达到最快的速度，辐射热最强，建筑构件的承重能力急速下降。处于猛烈阶段的火灾情况是很复杂的，很多可燃液体和气体火灾的发展阶段与猛烈阶段没有显著的区别。此时不仅必须组织较多的灭火力量，经过较长时间，方可控制火势，扑灭火灾，而且要有相当的力量及器材保护周围尚未被火势波及的建筑物和物质，以防火势蔓延。

(4) 下降和熄灭阶段：下降和熄灭阶段是火场火势被控制后，因为灭火剂的作用或因燃烧材料已经烧至殆尽，火势逐渐减弱直到火熄灭这一过程。

根据火灾发展的阶段性特点，在灭火中，必须抓紧时机，争取将火灾扑灭在初起阶段。据统计，既往发生的火灾70%以上是初起阶段即由在场的群众快速做出正确反应，积极主动地组织自救，合理使用灭火器、灭火剂和采取其他手段，使火势得以控制甚至被扑灭。

灭火的基本方法就是根据起火物质燃烧的状态，为破坏燃烧必须具备的基本条件而采取的一些措施。换句话说全部是为了破坏已经产生的燃烧条件或使燃烧反应中的游离基消失。根据物质燃烧原理和同火灾做斗争的实践经验，灭火基本方法分为冷却灭火法、隔离灭火法、窒息灭火法和抑制灭火法四种。

（一）冷却灭火法

冷却灭火法就是将灭火剂直接喷洒在可燃物上，使可燃物的温度下降到自燃点以下，从而使燃烧停止。用水扑救火灾，其主要作用就是冷却灭火。普通物质起火，都可用水来冷却灭火，如用清水灭火器及简易的水桶快速扑灭等。火场上，除用冷却法直接灭火外，还常常使用水冷却尚未燃烧的可燃物质，避免其达到自燃点而着火；还可用水冷却建筑构件、生产装置或容器等，防止其受热变形或爆炸。

（二）隔离灭火法

隔离灭火法就是将燃烧物和附近可燃物质隔离或疏散开，从而使燃烧停止。这种方法适宜扑救各种固体、液体、气体火灾。采取隔离灭火的具体措施较多。例如，将火源附近的易燃易爆物质转移到安全地点；关闭设备或管道上的阀门，避免可燃气体、液体流入燃烧区；排除生产装置、容器内的可燃气体、液体；阻拦、疏散可燃液体或扩散的可燃气体；拆除和火源相毗连的易燃建筑结构，建立防止火势蔓延的空间地带等。

（三）窒息灭火法

窒息灭火法，即采取恰当的措施，阻止空气进入燃烧区，或用惰性气体稀释空中的氧含量，使燃烧物质缺乏或断绝氧气而熄灭。这种方法适用于扑救封闭式的空间、生产设备装置及容器内的火灾。火场上运用窒息法扑救火灾时，可使用石棉被、湿麻袋、湿棉被、砂土、泡沫等不燃或难燃材料覆盖燃烧物或封闭孔洞；将水蒸气、惰性气体（如二氧化碳、氮气等）充入燃烧区域；利用建筑物上原有的门窗及生产储运设备上的部件来封闭燃烧区，防止空气进入。此外，在不能采取其他扑救方法而条件又允许的情况下，可使用水淹没（灌注）的方法进行扑救。

（四）抑制灭火法

抑制灭火法就是将化学灭火剂喷入燃烧区参与燃烧反应，中止链反应而使燃烧反应停止。采用这种方法可选用的灭火剂有干粉和卤代烷灭火剂。灭火时，将足够数量的灭火剂准确地喷射至燃烧区内，使灭火剂阻止燃烧反应，同时还需采取必要的冷却降温措施，以防复燃。

采用哪种灭火方法应依据燃烧物质的性质、燃烧特点和火场的具体情况，以及消防技术装备的性能进行选择。有些火场常常需要同时使用几种灭火方法，这就需注意掌握灭火时机，充分发挥各种灭火剂的效能，方可迅速有效地扑灭火灾。

二、扑救火灾的一般原则

（一）报警早，损失小

“报警早，损失小”这是人们在与火灾做斗争中总结出来的一条宝贵经验。因为火灾的发展很快，当发现初起火灾时，在积极组织扑救的同时，还要及早用火警报警装置、电话等向消防队报警。但无论火势大小，自己是否有能力将火灾扑灭，报警都是必要的，是和自救同时进行的行为。其目的是调动足够的力量，包括公安消防队、本单位（地区）专职或义务消防队，以及广大人民群众参加扑救火灾，进行配合疏散物资并抢救人员。而且，火灾的发展通常是难以预料的，如某些原因导致火势突然扩大、扑救方法不当、对起火物品性质不熟悉、灭火器材效能有限等，都会使灭火工作处于被动状态。因为报警延误，错过了扑救初起火灾的有利时机，消防队到场也费时费力，即使扑灭也造成了很大的损失。尤其是当火势已发展到猛烈阶段，消防队也只能控制其不再蔓延，损失和危害已成定局。起火后不报警酿成恶果的事例不胜枚举，主要原因包括不会报警；错误地认为消防队灭火要收费，怕花钱；存在侥幸心理，认为自己能灭火；平时无演习，关键时刻惊慌失措、乱了阵脚，忘记报警；企、事业单位发生火灾害怕影响评先进、发奖金，怕消防车拉警报影响声誉，怕追究责任或受到经济处罚；有的单位甚至做出不成文的规定（报警必须经过领导批准等）。

《中华人民共和国消防法》第三十二条规定："任何人发现火灾时，都应当立即报警。任何单位、个人都应当无偿为报警提供便利，不得阻拦报警"。

报警要沉着冷静，及时准确，应说清楚起火的部门和部位，燃烧的物质，火势大小。若是拨叫119火警电话向公安消防队报警，还需讲清楚起火单位名称、详细地址、报警电话号码，同时指派人员到消防车可能来到的路口接应，并主动及时地介绍燃烧物的性质和火场内部情况，以便快速组织扑救。报警除采用119火警电话报警，通知公安消防队前来扑救外，还可采取以下措施，向失火地点周围人员、本单位专职、义务消防队报警，召集他们前来参加扑救。

(1) 有手动报警设施的可使用该报警设施。

(2) 使用单位警铃、汽笛或其他平时约定的报警手段，如敲钟打锣等。

(3) 利用有线广播报警。

(4) 直接派人去附近的消防队（室）报警。

(5) 大声呼喊报警。

在报警的同时，向本单位职工群众发出警报，做好疏散准备，尤其是公共场所、宾馆、旅馆，要向旅客报警，组织疏散。随着电信工业的发展，无线移动电话的使用已越来越普遍，而且可在各个角落发挥作用，非常便捷。但是，在用无线移动电话报火警时，除注意以上几点要求外，还必须注意在报警后不能关机，以便听取消防队的回唤问话，保持联系。在任何电话上拨打119电话报警都是免费的，磁卡或投币电话不用插卡或投币也能直接拨打。任何单位和个人对报警要正确认识、严肃对待，不得有意隐瞒火灾或阻拦他人向消防队报警，否则公安机关会根据情节轻重给予批评教育或追究责任。《中华人民共和国消防法》第三十二条和四十七条规定："严禁谎报火警。""阻拦报火警或者谎报火警的，处警告、罚款或者十日以下拘留。"第三十五条和四十七条还规定："消防车、消防艇前往执行火灾扑救任务或者执行其他灾害、事故的抢险救援任务时，不受行驶、速度、行驶方向和指挥信号的限制，其他车辆、船舶以及行人必须让行，不得穿插、超越。""故意阻碍消防车、消防艇赶赴火灾现场的，处警告、罚款或十日以下拘留。"

（二）边报警，边扑救

在报警的同时要及时扑灭初起之火。火灾一般要经过初起阶段，发展阶段，最后到下降和熄灭阶段的发展过程。在火灾的初起阶段，因为燃烧面积小，燃烧强度弱，放出的辐射热量少，是扑救的最有利时机。这种初起火一旦发现，只要不错过时机，可用很少的灭火器材，如一桶黄砂、一只灭火器或少量水就可扑灭。因此，就地取材、不失时机地扑灭初起火灾是极其重要的。

（三）先控制，后灭火

在扑救可燃气体、液体火灾时，可燃气体、液体若从容器、管道中源源不断地喷散出来，应首先切断可燃物的来源，然后争取灭火一次成功。若在未切断可燃气体、液体来源的情况下，急于求成，盲目灭火，则是一种十分危险的做法。由于火焰一旦被扑灭，而可燃物继续向外喷散，尤其是比空气重的液化石油气外溢，易沉积在低洼处，不易快速消散，遇明火或炽热物体等火源还会引起复燃。若气体浓度达到爆炸极限，甚至还能引起爆炸，容易导致严重伤害事故。所以，在气体、液体火灾的可燃物来源未切断之前，扑救需以冷却保护为主，积极设法切断可燃物来源，然后集中力量将火灾扑灭。

（四）先救人，后救物

在发生火灾时，若人员受到火灾的威胁，人和物相比，人是主要的，需贯彻执行救人第一，救人与灭火同步进行的原则，先救人，后疏散物资。应首先组织人力和工具，尽早、尽快地将被困人员抢救出来。在组织主要力量抢救人员的同时，部署一切力量疏散物资、扑救火灾。在组织抢救工作时，应注意先将受到火灾威胁最严重的人员抢救出来，抢救时应做到稳妥、准确、果断、勇敢，务必要稳妥，以保证抢救的安全。

（五）防中毒，防窒息

很多化学物品燃烧时会产生有毒烟雾。一些有毒物品燃烧时，如果使用不当的灭火剂，也会产生有毒或剧毒气体，扑救人员如不注意很容易出现中毒。大量烟雾或使用二氧化碳等窒息法灭火时，火场附近空气中氧含量降低可能引起窒息。所以，在化工企业扑救火灾时，还应格外注意防中毒、防窒息。在扑救有毒物品时应正确选用灭火剂，以避免产生有毒或剧毒气体，扑救时人应尽量站在上风向，必要时要佩戴面具，防止发生中毒或窒息。

（六）听指挥，莫惊慌

发生火灾时不能随便动用周围的物质进行灭火，

由于慌乱中可能会把可燃物质当作灭火的水来使用，反而会造成火势瞬间扩大；也可能会因没有正确使用而白白浪费掉现场灭火器材，变得束手无策，只能待援。所以，发生火灾时一定要保持镇静，采取快速正确措施扑灭初起火。这就要求平时加强防火灭火知识学习，积极参加消防训练，制定周密的灭火计划，方可做到一旦发生火灾时不会惊慌失措。另外，由于各种因素，发生的火灾在消防队赶到后还未被扑灭时，为了成功扑救火灾，必须听从火场指挥员的指挥，相互配合，积极主动完成扑救任务。《中华人民共和国消防法》第三十二条第三款规定："发生火灾的单位必须立即组织扑救火灾，邻近单位应当给予支援"。这就要求任何单位发生火灾，单位领导及消防安全干部除了有立即组织本单位专职、义务消防队员扑救火灾的责任与义务外，也要组织邻近单位消防队员参加灭火；作为邻近单位，在相邻单位发生火灾时，也有支援灭火的义务。总之，要依照积极抢救人命，及时控制火势，迅速扑灭火灾的基本要求，及时、正确、有效地扑救火灾。

三、几种火灾的扑救

（一）化工企业火灾的扑救

扑救化工企业的火灾，必须要弄清起火单位的设备与工艺流程，着火物品的性质，是否已发生泄漏现象，是否有发生爆炸、中毒的危险，有无安全设备或消防设备等。因为化工单位情况比较复杂，扑救难度大，起火单位的职工和工程技术人员应主动指导和帮助消防队一齐灭火。

1. 灭火的基本措施

（1）采取各种方法，解除爆炸危险。火场上遇有爆炸危险，应根据具体情况，及时采取各种防爆措施。例如，疏散或冷却爆炸物品或相关设备、容器，打开反应器上的放空阀或驱散可燃蒸汽或气体，关闭输送管道的阀门等，以避免发生爆炸。

（2）消灭外围火焰，控制火势发展。首先清除设备外围或附近建筑的燃烧，保护受火势威胁的设备、车间，对重要设备应加强保护，阻止火势蔓延扩大，然后直接向火源进攻，逐渐缩小燃烧面积，最后消灭火灾。

（3）当反应器和管道上呈现火炬形燃烧时，可组织突击小组，配备水枪，冷却掩护战斗员接近火源，采取关闭阀门或用覆盖窒息等方法扑灭火焰。必要时，也可使用水枪的密集射流来扑灭火焰。

（4）加强冷却，筑堤堵截。扑救反应器或管道上的火焰时，通常需要大量的冷却用水。为防止燃烧着的液体流散，有时可使用砂土筑堤，加以堵截。

（5）正确使用灭火剂。因为化工企业的原料、半成品（中间体）和成品的性质不同，生产设备所处的状态也不同，必须选择合适的灭火剂，在准备足够数量的灭火剂和灭火器材后，选择恰当的时机灭火，以取得应有的效果。避免因为灭火剂选用不当而延误战机，甚至发生爆炸等事故。

2. 扑救化工企业火灾的要求

（1）做好防爆炸、防烧伤、防中毒及防腐蚀等安全保护工作。深入第一线灭火人员需佩带防护装具（主要是防毒面具、空气呼吸器、防火隔热服及手套等），在灭火战斗行动中注意利用掩体，尽量避开下风方向。必要时，应划出危险区，严禁非指定人员随意进入。

（2）搞好关阀堵漏工作。可燃气体或液体泄漏后发生火灾，不应急于灭火，等关阀堵漏工作就绪，再一举灭火。在此之前，除采取冷却措施，防止火势蔓延外，可以让其稳定燃烧，避免在灭火后继续漏料，造成爆炸或复燃。

（二）油池、油桶垛火灾的扑救

1. 油池火灾的扑救

油池多数是工厂、车间用来物件淬火、燃烧储备，有些油池是油田用作产品周转的。淬火油池和燃料储备油池大多与建筑物毗连，着火后威胁性非常大，易引起建筑物火灾；周转油池火灾面积较大，着火后火势迅猛。

对油池火灾，大多采用空气泡沫或干粉进行灭火。对原油、残渣油或沥青等油池火灾，也可采用喷雾水或直流水进行扑救。扑救时，应将阵地部署在油池的上风方向，根据油池的面积和宽度确定泡沫枪（炮）及水枪的数量。灭火所需水枪数量应以顺风横推火焰，以火势不回窜为最低标准。用水扑救原油、残渣油火灾，开始射水时不会被高温快速分解，火势不但不会减弱，反而增强，但坚持一段时间射水，使燃烧区温度下降后，火势就会减弱而被扑灭。油池往往位置较低，火灾的辐射热比地上油罐大。在灭火中，必须做好防护工作，一般应穿着防火隔热服，必要时对接近火源的管枪手及水枪手用喷雾水进行掩护。

2. 油桶垛火灾的扑救

油桶垛火灾发展快、燃烧猛，容易产生爆炸。油桶在火焰的直接烘烤下，经过3～5min就有可能产生爆炸。爆炸前，桶顶鼓起，并发出声响。油桶爆炸后，火焰飞腾而起，可高达二三十米；然后呈焰火状四散落下，导致火势扩大。有时油桶也会被爆炸的气浪抛向空中。油桶爆炸的突破点和油桶形状有关：卧式油桶的突破位置通常在桶两端的上侧；立式油桶的突破位置通常在桶的上端咬合处等较薄弱的部位。

在扑救油桶堆垛火灾时，应注意防止油桶爆炸。扑救人员应立即冷却桶垛，并根据桶垛及火势情况，采取边灭火边疏散油桶的办法。使用泡沫能扑灭桶垛周围地面的燃烧，但要注意防止在桶垛空隙形成死角。必要时，要搬开油桶喷射泡沫或用沙土埋压。利用干粉扑灭桶垛火灾效果非常明显，但要注意消灭残火，及时冷却降温，以免复燃。油漆桶垛起火时，可直接用水扑救。对大量流散的油品，应采取筑堤堵截等办法，防止火势蔓延扩大。在冷却、疏散或灭火时，在场人员要尽可能避开油桶可能发生爆炸时的突破方向，水（管）枪要尽量利用地形地物进行掩护。

（三） 液化石油气瓶火灾的扑救

民用液化石油气瓶为15kg，也有10kg的，还有些单位用液化石油气瓶40、50kg的，工业用液化石油气瓶有100、175kg，因为容积不同，工作压力、工作温度也不同。

单个气瓶多数在瓶体与角阀、角阀与调压器之间的连接处起火，呈现横向或纵向的喷射性燃烧。瓶内液化气越多，喷射的压力越大，同时会发出“呼呼”的喷射声。若瓶体没有受到火焰烧灼，气瓶逐渐泄压，通常不会发生爆炸。扑救这类火灾时，若角阀没坏，要首先关闭阀门，切断气源，可戴上隔热手套或持湿抹布等，按照顺时针方向将角阀关闭，火就熄灭了。瓶体温度较高时，应向瓶体浇水冷却，降低温度，可向气瓶喷火部位喷射或抛撒干粉将火扑灭；也可用水枪对射的方法灭火。压力不大的气瓶火灾，还可采用湿被褥覆盖瓶体将火熄灭。火焰熄灭后，应及时关闭阀门。当液化石油气瓶的角阀受损，无法关闭时，不要轻易将火扑灭，可将燃烧气瓶拖到安全的地点，对气瓶进行冷却，让其自然烧尽。若必须灭火，一定要把周围火种熄灭，并冷却被火焰烤热的物品及气瓶。将火熄灭后，要迅速用雾状水流将气瓶喷出的气体驱散。

当液化石油气瓶与室内物品同时燃烧时，气瓶受热泄压的速度会加快，气瓶喷出的火焰会加速建筑和物品的燃烧。扑救时，应一面快速扑灭建筑和室内物品的燃烧，一面设法将燃烧的气瓶疏散到安全地点。在室内燃烧未扑灭前，不应扑灭气瓶的燃烧。当房屋或室内物品起火，并直接烧烤液化石油气瓶时，气瓶可能在几分钟内产生爆炸。在扑救时，一定要设法把气瓶疏散出去；若气瓶一时疏散不了，要先用水流冷却保护，并快速消除周围火焰对气瓶的威胁。

当居民使用的液化石油气瓶大量漏气，但尚未发生火灾时，不要轻易打开门窗排气，首先应迅速通知周围邻居熄灭一切火种，然后再通风排气，并用湿棉被等将气瓶堵漏后搬到室外。

（四） 仓库火灾的扑救

仓库是物资财富集中的场所，一旦发生火灾，极易造成严重损失。所以，物资仓库历来是消防保卫重点单位，消防队需加强调查研究，掌握责任区内仓库的物资、建筑、道路、水源等情况，制定灭火作战计划及物资疏散方案，以利于及时有效地扑灭仓库火灾。

1. 仓库火灾的特点

（1）燃烧猛烈，蔓延迅速。因为仓库可燃物质多、跨度大、空气供给充足，发生火灾后，燃烧发展较快。尤其是当仓库房盖烧穿或打开库房门窗时，燃烧强度会急剧增大，火势蔓延更加迅猛，有些库房在较短的时间里会发生倒塌。露天物资堆垛起火后，火势会沿着堆垛表面迅速蔓延，在刮风时常常出现大量飞火，造成多处起火。

（2）火焰易向纵深发展。可燃物资堆垛、货架或空心墙发生火灾时，火焰能沿堆垛和货架的表面向堆垛内部及货架的缝隙发展。在扑救过程中，有时表面燃烧虽然停止，但是内部阴燃还会持续较长时间，而且不易发现。如果不仔细检查和彻底扑灭，还会复燃成灾。

（3）库房内发生的火灾能产生大量烟雾，尤其是储存有化工、农药、医药和易燃易爆危险物品的仓库发生火灾，会生成大量的有毒气体。爆炸物品仓库及一些化工仓库起火后，可能发生爆炸，威胁人员和建筑的安全。

2. 仓库火灾的扑救

扑救仓库火灾应以保护物资为重点。根据仓库的建筑特点、储存物资的性质及火势等情况，加强第一批出击力量，灵活地运用灭火战术。为此，必须做好火情侦察，在只见烟不见火的情况下，不得盲目行动。必须迅速查明下列情况。

（1）储存物资的性质、火源及火势蔓延的途径。

（2）为了灭火及疏散物资是否需要破拆。

（3）是否烟雾弥漫而必须采取排烟措施。

（4）临近火源的物资是否已受到火势威胁，是否需要采取紧急疏散措施。

（5）库房内有无爆炸、剧毒物品，火势对其威胁程度如何，是否需要采取保护、疏散措施等。

3. 当爆炸、有毒物品或贵重物资受到火势威胁时，应采取重点突破的方法扑救

选择火势较弱或能进能退的有利地形，集中数支

水枪，强行打开通路、掩护抢救人员，深入燃烧区将该类物品抢救出来，转移到安全地点。对无法疏散的爆炸物品，需用水枪进行冷却保护。在烟雾弥漫或有毒气体妨碍灭火时，应进行排烟通风。消防人员进入库房时，必须佩戴隔绝式空气呼吸器。排烟通风时，应做好出水准备，防止在通风情况下火势扩大。扑救具有爆炸危险的物品时，要密切注视火场变化情况，组织精干的灭火力量，尽量速战速决。当发现有爆炸征兆时，应迅速地将消防人员撤出来。

4. 露天堆垛火灾扑救

扑救露天堆垛火灾需集中主要力量，采取下风堵截、两侧夹击的战术，避免火势向下风方向蔓延，并派出力量或组织职工群众监视并扑打飞火。当火势被控制住后，应组织对燃烧堆垛的进攻。例如，将几个物资堆垛的燃烧分隔开，逐垛将火扑灭。扑救棉花、化学纤维、纸张及稻草等堆垛火灾，要采取边拆垛边射水灭火方法，对于疏散出来的棉花、化学纤维等物资，还应拆包检查，消除阴燃。

（五）化学危险物品火灾的扑救

扑救化学危险物品火灾，若灭火方法不恰当，就有可能使火灾扩大，甚至导致爆炸、中毒事故发生。因此，必须注意运用正确的灭火方法。

1. 易燃和可燃液体火灾的扑救

液体火灾尤其是易燃液体火灾发展迅速而猛烈，有时甚至会发生爆炸。该类物品发生的火灾主要根据它们的比重大小，能否溶于水，以及哪种方法对灭火有利来确定。

一般而言，对比水轻又不溶于水的有机化合物，如乙醚、苯、汽油、轻柴油等火灾，可用泡沫或干粉扑救。当初起火时，燃烧面积不大或燃烧物不多时，也可用二氧化碳或 1211 灭火器扑救，但不能用水扑救，由于当用水扑救时，因液体比水轻，会浮在水面上随水流淌而扩大火灾。

能溶于水或部分溶于水的液体，如甲醇、乙醇等醇类，醋酸乙酯、醋酸丁酯等酯类，丙酮、丁酮等酮类发生火灾时，需用雾状水或抗溶性泡沫、干粉等灭火器扑救。当初起火或燃烧物较少时，也可用二氧化碳扑救。如采用化学泡沫灭火时，泡沫强度必须比扑救不溶于水的易燃液体大 3～5 倍。

不溶于水、比重大于水的液体，如二硫化碳等着火时，可用水扑救，但是覆盖在液体表面的水层必须有一定厚度，才能压住火焰。

敞口容器内易燃可燃液体着火，不得用沙土扑救。因为沙土非但不能覆盖液体表面，反而会沉积在容器底部，造成液面上升以致溢出，使火灾蔓延扩展。

2. 易燃固体火灾的扑救

易燃固体发生火灾时，通常都能用水、沙土、石棉毯、泡沫、二氧化碳、干粉等灭火器材扑救。但是粉状固体如铝粉、镁粉、闪光粉等，不能直接用水、二氧化碳扑救，以免粉尘被冲散在空气中形成爆炸性混合物而发生爆炸，如果要用水扑救，则必须先用沙土、石棉毯覆盖后方可进行。

磷的化合物、硝基化合物和硫黄等易燃固体着火，燃烧时产生有毒和刺激性气体，扑救时人应站在上风向，防止中毒。

3. 遇水燃烧物品和自燃物品火灾的扑救

遇水燃烧物品（如金属钠等）的共同特点是遇水后能发生剧烈的化学反应，放出可燃性气体而发生燃烧或爆炸。这种场所消防器材的种类和灭火方法由设计部门与当地公安消防监督部门协商解决。其他人员在扑救这类物品的火灾时应注意遇水燃烧物品火灾应用干沙土、干粉等扑救，灭火时严禁用水、酸、碱灭火器及泡沫灭火器扑救。遇水燃烧物中，如锂、钠、钾、铷、铯、锶、钠汞齐等，因为化学性质十分活泼，能夺取二氧化碳中的氧而起化学反应，使燃烧更剧烈，所以也不能用二氧化碳扑救。在扑救磷化物、保险粉等燃烧时能够放出大量有毒气体物品，人应站在上风向。

自燃物品起火时，除三乙基铝和铝铁溶剂不能用水扑救外，通常可用大量的水进行灭火，也可用沙土、二氧化碳和干粉灭火器灭火。因为三乙基铝遇水产生乙烷，铝铁溶剂燃烧时温度极高，能使水分解产生氢气。因此，不能用水灭火。

4. 氧化剂火灾的扑救

大部分氧化剂火灾可用水扑救，但对过氧化物和不溶于水的液体有机氧化剂，需用干沙土或二氧化碳、干粉灭火器扑救，不得用水和泡沫扑救。这是由于过氧化物遇水反应能放出氧，加速燃烧，不溶于水的液体有机氧化剂通常比重都小于 1，如用水扑救时，会浮在水上面流淌而扩大火灾。粉状氧化剂火灾需要用雾状水扑救。

5. 毒害物品和腐蚀性物品火灾的扑救

一般毒害物品着火时，可用水和其他灭火器灭火，但毒害物品中氰化物、硒化物、磷化物着火时，如果遇酸能产生剧毒或易燃气体。如氰化氢、磷化氢、硒化氢等着火，只可用雾状水或二氧化碳等灭火。

腐蚀性物品着火时，可用雾状水、干沙土、泡沫、干粉等扑救。硫酸、硝酸等酸类腐蚀品不得用加压密集水流扑救，因为密集水流使酸液发热甚至沸腾，四处飞溅而伤害扑救人员。

当用水扑救化学危险物品，尤其是扑救毒害物品和腐蚀性物品火灾时，还应注意节约水量和水的流向，同时注意尽量使灭火后的污水流入污水管道。由于有毒或有腐蚀性的灭火污水四处溢流会污染环境，甚至污染水源。同时，减少水量还可起到减少物品的水渍损失。扑灭化学危险物品火灾需注意正确选用灭火剂，具体选择见表 16-1。

表 16-1　　化学危险物品灭火剂

化学危险物品种类、名称			灭火剂：水	沙土	泡沫	二氧化碳	干粉	卤代烷	灭火注意事项
爆炸品			○	×					
氧化剂	无机	过氧化钾、过氧化钠、过氧化钙、过氧化锂、过氧化钡	×	○	×				
		其他无机氧化剂	○	○					先用砂土后用水，但要防止泛流
	有机氧化剂	固体的	○	○					盖沙土后可用水
		液体的		○		○		○	
压缩气体和液化气体		可燃	○			○	○	○	
		其他	○						
自燃物品	烷基铝、铝铁溶剂		×	○	×		×	×	
	其他自燃物品		○	○					
遇水燃烧物品	钾、钠、钙、锶、铷、铯、钠汞齐、镁铝粉		×	○	×	×	×	×	
	碳化钙、保险粉、硼氢类		×	○	×	○			
	其他遇水燃烧物品		×	○	×				
易燃液体	二硫化碳		○						溶于水的，要有抗溶性泡沫
	醇、酮、醚、醛		×	×	○				
	其他易燃液体					○	○	○	
易燃固体	闪光粉、镁粉、铝粉、银粉、铝镍合金氢化催化剂		×	○	×	×	×	×	
	钛粉、钍粉、锰粉、钴粉、氨基化锂、铵基化钠		×	○	×	○			
	硝化棉、硝化纤维素		○	×					
	其他易燃固体		○						
毒害品	锑粉、铊化合物、磷化铝、磷化锌		×	○	×				盖沙土后可用水
	氰化物、砷化物、有机磷农药		○	○	×				先用沙后用水
	其他毒害品		○	○					先用沙土后用水
腐蚀物品	酸性腐蚀物品		×	○		○			盖沙土后可用水
	碱性及其他腐蚀物品		○	○					

注　“×”表示不能使用的；“○”表示效果较好的；空白表示可用，但效果较差。

（六）电气火灾扑救方法

电气设备发生火灾时，为防止触电事故，通常在切断电源后才进行扑救。

1. 断电灭火电气设备发生火灾或引燃附近可燃物时，首先要切断电源

(1) 电气设备发生火灾后，要立即切断电源，若要切断整个车间或整个建筑物的电源时，可在变电站、配电室断开主开关。在自动空气开关或油断路器等主开关没有断开前，不得随便拉隔离开关，以免产生电弧发生危险。

(2) 发生火灾后，用闸刀开关切断电源时，因为闸刀开关在发生火灾时受潮或烟熏，其绝缘强度会下降，切断电源时，最好用绝缘的工具操作。

(3) 切断用磁力起动器控制的电动机时，需先用按钮开关停电，然后断开闸刀开关，以免带负荷操作产生电弧伤人。

(4) 在动力配电盘上，仅用作隔离电源而不用作切断负荷电流的闸刀开关或瓷插式熔断器，称为总开关或电源开关。切断电源时，需先用电动机的控制开关切断电动机回路的负荷电流，停止各个电动机的运转，然后用总开关切断配电盘的总电源。

(5) 当进入建筑物内，使用各种电气开关切断电源已经比较困难，或已经不可能时，可在上一级变配电站切断电源。这样可能影响较大范围供电时，或处于生活居住区的杆上变电器供电时，有时可采取剪断电气线路的方法来切断电源。如需剪断对地电压在250V以下的线路时，可穿戴绝缘靴和绝缘手套，用断电剪将电线剪断。切断电源的地点应选择适当，剪断的位置应在电源方面即来电方向的支持物附近，以免导线剪断后掉落在地上造成接地短路触电伤人。对于三相线路的非同相电线应在不同部位剪断。剪断扭缠在一起的合股线时，应防止两股以上合剪，否则造成短路事故。

(6) 城市生活居住区的杆上变电器上的变压器计农村小型变压器的高压侧，通常用跌开式熔断器保护。若需要切断变压器的电源时，可用电工专用的绝缘杆捅跌开式熔断器的鸭嘴，熔丝管即会跌落下来，达到断电的目的。

(7) 电容器和电缆在切断电源后，仍可能有残余电压，所以，即使可确定电容器或电缆已切断电源，但是为了安全起见，仍不得直接接触或搬动电缆和电容器，以防发生触电事故。

电源切断后，扑救方法和一般火灾扑救相同。

2. 几种电气设备火灾扑救方法

(1) 发电机和电动机的火灾扑救方法。发电机和电动机等电气设备均属于旋转电机类，这类设备的特点是绝缘材料比较少，这是与其他电气设备比较而言的，而且有比较坚固的外壳，若附近没有其他可燃易燃物质，且扑救及时，就可防止火灾扩大蔓延。因为可燃物质数量比较少，就可用二氧化碳、1211等灭火器扑救。大型旋转电机燃烧猛烈时，可用水蒸气和喷雾水扑救。实践表明，用喷雾水扑救的效果更好。对于旋转电机有一个共同的特点，就是不能用沙土扑救，防止硬性杂质落入电机内，使电机的绝缘和轴承等受到损坏而造成严重后果。

(2) 变压器和油断路器火灾扑救方法。变压器和油断路器等充油电气设备发生燃烧时，切断电源后的扑救方法和扑救可燃液体火灾相同。若油箱没有破损，可用干粉、1211、二氧化碳灭火器等进行扑救。若油箱已破裂，大量变压器的油燃烧，火势凶猛时，切断电源后可用喷雾水或泡沫扑救。流散的油火，可用喷雾水或泡沫扑救。流散的油量不多时，也可使用沙土压埋。

(3) 变、配电设备火灾扑救方法。变配电设备，有很多瓷质绝缘套管。这些套管在高温状态遇急冷或不均匀冷却时，容易爆裂而损坏设备，可能造成一些不应有的损失。若是有绝缘油的套管，套管爆裂后还会引起绝缘油流散，使火势进一步扩大蔓延。因此遇到这种情况最好用喷雾水灭火，并注意均匀冷却设备。

(4) 封闭式电烘干箱内被烘干物质燃烧时的扑救方法。封闭式电烘干箱内的被烘干物质燃烧时，切断电源后，因为烘干箱内的空气不足，燃烧不能继续，温度下降，燃烧会逐渐被窒息。所以，发现电烘箱冒烟时，应迅速切断烘干箱的电源，并且不要打开烘干箱。不然，因为进入空气，反而会使火势扩大，若错误地往烘干箱内泼水，会使电炉丝、隔热板等遭受损坏而产生不应有的损失。

若是车间内的大型电烘干室内发生燃烧，应尽快切断电源。当可燃物质的数量较多，并有蔓延扩大的危险时，应根据烘干物质的情况，使用喷雾水枪或直流水枪扑救，但在没有做好灭火准备工作时，不得把烘干室的门打开，以防火势扩大。

3. 带电灭火

有时在危急情况下，如果等待切断电源后再进行扑救，就会有使火势蔓延扩大的危险，或者断电后会严重影响生产。此时为取得扑救的主动权，扑救就需要在带电的情况下进行，带电灭火时应注意以下几点。

(1) 必须在保证安全的前提下进行，使用不导电

的灭火剂如二氧化碳、1211、1301、干粉等进行灭火。不能直接用导电的灭火剂如直射水流、泡沫等进行喷射，否则会发生触电事故。

(2) 使用小型二氧化碳、1211、1301、干粉灭火器灭火时因为其射程较近，应注意保持一定的安全距离。

(3) 在灭火人员穿戴绝缘手套和绝缘靴、水枪喷嘴安装接地线情况下，可使用喷雾水灭火。

(4) 如遇带电导线落于地面，则要预防跨步电压触电，扑救人员需要进入灭火时，必须穿上绝缘鞋。

另外，有油的电气设备如变压器、油开关着火时，也可用干燥的黄沙盖住火焰，使火熄灭。

（七） 人身着火扑救方法

发生火灾时，若身上着了火，千万不能奔跑。由于奔跑时，会形成一股小风，大量新鲜空气冲到着火人的身上，就如同给炉子扇风一样，火会越烧越旺。着火的人乱跑，还会将火种带到其他场所，引起新的燃烧点。

身上着火，通常是先烧着衣服、帽子。这时，最重要的是先设法把衣、帽脱掉；若一时来不及，可把衣服撕碎扔掉。脱去了衣、帽，身上的火也就灭了。衣服在身上烧，不但会使人烧伤，而且还会给以后的抢救治疗增加困难，烧伤者在治疗时，首先应去除烧剩的布片，这会给受伤者带来很大痛苦。尤其是化纤服装，受高温熔融后会与皮肉粘连，而且还有一定的毒性，更会使伤势恶化。

身上着火，若来不及脱衣，也可卧倒在地上打滚，把身上的火苗压熄。如果有其他人在场，可用湿麻袋、毯子等将身上着火的人包裹起来，就能使火扑灭；或者向着火人身上浇水，或者帮助将烧着的衣服撕下。但是，严禁用灭火器直接向着火人身上喷射。因为多数灭火器内所装的药剂会引起烧伤者的创口产生感染。

若身上火势较大，来不及脱衣服，旁边又没有其他人协助灭火，则可跳入附近池塘、小河等水中，将身上的火熄灭。虽然这样做可能对后来的烧伤治疗不利，但是，至少可减轻烧伤程度及面积。

第四节 自救与逃生

火灾具有极大的破坏性与危害性，它不仅会使人民群众辛勤创造的劳动果实付之一炬，而且还会夺去人们宝贵的生命。很多火灾现场中，有的人能火里逃生，而有的人却是丧身火海或致残，这固然与火势大小、起火时间、起火地点，建筑物内报警、排烟、灭火等设施，消防队扑救是否及时等因素有关，但是受灾者积极的互救、自救行为在火灾中是能使自身免于一死的。这取决于每个人所掌握的自救知识和相应的自救能力。通常情况下，除突发性的爆炸、坍塌、爆燃等火灾事故外，在绝大多数火灾现场中，被困人员是可以逃生自救的。所以，大家都应该掌握一定的消防知识，加强自救意识，以防万一。

一、 自救的基本方法

火灾发生时，由于种种原因往往有人被困在火场，情况危急。如被火围困在楼上，则更加危险。此时被困人员应该沉着镇静，设法采取一些措施进行自救。

（一） 火灾初期处理

火初起时，除立即报警、积极扑救外，应尽量疏散物资，特别是贵重物资和易燃易爆物品。但当火势猛烈，确已无法抢救时，则不应再犹豫，应迅速离开火场，免遭围困和伤亡。

（二） 逃生准备

(1) 逃离后要随手关门。无论是位于起火还是非起火房间，逃至室外后，应做到随手关门。这样可控制火势的发展，延长逃生的允许时间。

(2) 爬行。当夜间察觉有烟时，应翻身下床，朝门口爬去。即便能够站起来，也需极力避免。由于1.5m以上的空气里，早已含有大量的一氧化碳，千万不要站立开门。

(3) 利用防毒面具或湿毛巾。逃生者多数要穿过烟雾弥漫的走廊，方可离开起火区。而烟对生命的危害比火更大。既往的火灾都证明，所谓葬身火海的人大部分是在被火烧之前已窒息死亡，因此，逃生过程中应防止吸入烟尘。若身边有防毒面具，则要充分利用，若没有，可用折叠几层的湿毛巾（用水浸湿后拧干），无水时干毛巾也可，捂住口鼻，冲出火场。

(4) 自制救生绳索，不到万不得已，切勿跳楼。若受到火势直接威胁，必须立即脱离时，可将绳子拴在室内的重物、桌子腿、牢固的窗等可承重的地方，将人吊下或慢慢自行滑下，下落时可戴手套，如无手套用衣服毛巾等代替，防止绳索将手勒伤。如无绳索，可将窗帘、床单等撕成条做成绳子用。下滑时，一是要确保绳索可以承受你的体重，二是若下到下面的某个楼层即可脱险，则不必到达地面，可在下面某个未起火的楼层将玻璃踢破进入。若不跳楼即死，则在跳楼前先挑选一些富有弹性的东西丢下，如弹簧床垫、沙发棉被等，跳下时双手抱头部，屈膝团身跳下；若下面有救生气垫，则应四肢伸展，面朝天，平躺对准垫上的标志跳下。

在天鹅饭店火灾中，11 层 1118 房间的两名旅客在走廊里满是浓烟的情况下，系好三条床单作为救生绳索，从窗子下滑到十层，然后破窗而入得救。而其他房间跳楼逃生的 9 人全部摔死。

此外，近年来国外一些世界灾难学者提出了“杆棒跳楼法”及“休氏跳楼法”的自救方法。杆棒跳楼法，即找一根结实的比人稍长的杆棒、竹竿、铁棍、钢管等，最好在杆棒两头捆上重物。下跳时，人应双手抱住杆棒，双腿夹紧，两脚交叉扣住，如爬竹竿一样，头和手的上部、脚的下部务必留出一段，每头约 50cm，然后跳下。如果现场人多，可组织采用“休氏跳楼法”，即在找到沙发、席梦思床垫（最好数床相叠）等物品后，将重物（如哑铃、带泥的大花盆、水泥板等）捆绑在其下面，总之越重越好。然后人蹲在上面，双手紧紧抓住软家具，从窗台、阳台被他人推下。这些方法如果使用得当，都有获救的可能。

(5) 利用自然条件，作为救生滑道。若烟火封住楼梯通道，可利用建筑物的天窗、阳台、落水管或竹竿等谨慎逃离火场。

(6) 不要乘坐电梯。电梯井直通大楼各层，烟、热、火很容易涌入。在热的作用下会引起电梯失控或变形，烟和火的毒性或熏烤可危及人的生命，因此火灾时千万不要乘坐电梯。消防电梯可供消防队使用，但也不是万无一失的。

当然，经过周密消防安全设计的电梯竖井与各层连接的开口都设有防烟门，并在发生火警的同时，中央控制室会将所有的电梯降到一层，以供消防队使用，一般而言，受灾者是不会受其危害的。

(7) 疏散楼梯的选择。大火降临，人们容易在人群的簇拥下向着经常使用的楼梯奔去，即使那里已挤成一团，堵塞了出口，还是争相夺路不肯离去。一方面是由于灾祸降临，人们挤在一起，以解除心理上的孤独与恐惧；另一方面，也是因为对所处环境不了解，对别处有无出口没有把握。像天鹅饭店中的日本旅客冈本立雄在进入房间前先查看环境，因此起火时他在充满浓烟的走廊中径直向北摸去，找到阳台得以逃生。

在高级建筑物中，发出火警后走廊里均会亮起疏散的指向装置，要镇静下来注意观察，即使没有指示灯，一时又逃不走，也要创造避难间和火搏斗。

下楼梯时应抓住扶手，由于人们奔跑起来会把你撞倒。利用室外疏散楼梯，更应注意安全。

在火场中首先要选择的是逃出火场，所以逃生时要选择下楼的楼梯。若下楼楼梯已起火，可用床单等物打湿披在身上冲下去，不要怕烧伤而犹豫不决，丧失良机。若下楼楼梯已烧塌，可上行至天台、楼顶拖延时间，等待救生时机。

（三）创造避难条件

(1) 走不出房间就要和火搏斗。当各种逃生之路都被切断时，应退回室内等候公安消防队救援。可将门窗紧闭，有条件的向门上浇水，同时向窗外扔些软物，告诉楼下人员，楼上有人被困。夜间则可向外打手电、敲面盆等，发出求救信号。

1) 关紧迎火的门窗，打开背火的门窗呼吸等待救援。但是不得打碎玻璃，要是窗外有烟进来，还要关上窗子。

2) 弄湿房间中的一切。1983 年 4 月 27 日，长春河图街火灾中共延烧了五条街，73 号居民楼楼梯被大火封锁，不能逃生，一居民回到室内，关闭门窗，将被褥洒上水，蒙在门窗上，床及其他一切易燃物体也都洒上了水。家中所有的水，包括金鱼缸里的水全部用上了，随着消防队的到来，火势减弱，主人打开窗户，对外闪着手电光，最后得救。

如果是住在宾馆中，要用床单、毛巾弄湿塞住门缝。应用水将门、墙、地泼湿，以利降温，设法将门顶住，因为门外的热气流膨胀，压力大，容易将门推开。

若火在窗外燃烧。就要扯下窗帘，移开一切易燃品，然后往窗户上泼水，要运用一切常识与火搏斗，直至消防队的到来。

3) 用湿毛巾捂住口和鼻。

(2) 利用阳台或扒住窗台翻出窗外，躲避烟火的熏烤。在天鹅饭店大火中有 3 个房间的旅客被窜入室内的烟呛得不能忍受，只好手扒着窗台，翻身窗外，脚踩着墙外 10cm 宽的凸出部分，坚持到消防队救援。

万一走廊、楼梯被大火封锁，居住房间也浓烟滚滚，人可以到阳台暂避一时，通常混凝土阳台抗烧时间长，躲在一角可避开楼内冲出的烟、火和热气流。阳台外露，空气流通，室内窜入的烟雾容易被风吹散，此外也便于呼救。

（四）要镇静

在火灾中与其坐以待毙，不如背水一战，与火搏斗。一方面要有科学的方法，另一方面要保持镇静，用理智支配自己的行为，尽量延长清醒时间，并发出求救信号。从多起建筑火灾尤其是高层建筑火灾案例看，在大火发生时，烈火并不是强大的敌人，浓烟及惊慌才是导致伤亡的重要原因。这就是说，人除了被火直接烧死及被烟熏窒息死亡外，还有一些是因为在应付紧急事件中逃生手段选择错误，耽误了逃生时间而烧死或窒息死亡的，所以，在日常生活中，培养健康的逃生心理，矫正逃生心理的误区也是一项重要内容。

（1）紧急状态下的应激心理。在火灾现场，人的心理状态是应激状态。应激状态是在出乎意料的对主体具有严重威胁的紧急状况下产生的情绪状态。通常发生在危险条件下，为应付突变的情况而产生的情绪反应，并具有某种行为同时出现。由于危险是突如其来的，紧急的情景惊动了整个有机体，迅速改变机体的激活水平，使心率、血压、血糖、肌肉紧张发生显著改变。

在应激状态下，经常出现意识狭窄，发生感知、记忆上的错误，因为对突然出现的危险产生强烈的紧张恐惧，导致知觉及思维活动障碍，失去正常的应变能力。

（2）逃生心理的误区。保性命，求生还，迅速逃离火灾现场可以说是所有遇险者的共同心理。所以，火灾现场上经常出现为了逃生而跳楼事件，结果虽然逃离了火海，却没有保全性命。这主要是由逃生心理误区造成的。逃生心理的误区主要表现在：

1）从众心理。从众是对多数人的盲从，包括思想上从众与行为上从众。思想上从众就是所谓的人云亦云，行为上从众表现为多数人怎么做就怎么做，在火灾现场随着他人一窝蜂地涌向一个通道，个体感到自己被迫行动，然而，缺乏指引其行为的规范，无论前面能否冲出火海，结果在混乱中被踩死、踩伤的人不少。

2）向光心理。人类对黑暗有着本能的恐惧，火灾经常伴随着停电发生，所以人们总是向有亮的地方逃，有的逃到窗前又无法获得安全，情急之中开窗跳楼而下。

3）模仿心理。在火灾现场一个人的行为能够带动几个人或一批人的行为，只要有人带头跑，就有人跟随；只要有人带头跳楼，就有人跟随；人们的行为具有显著的感染作用。所以，前面的人走对了，后边的人也就跟对了，前面的人走错了，后边的人也跟着遭殃。

4）习惯心理。人们通常习惯走熟悉的线路，这在一般状况下无可挑剔。然而在着火现场，众多的人由于这一习惯而拥挤在一个通道口，使逃离工作难度加大，通常不利于尽快脱离危险。

5）趋利避害心理。趋利避害是人类和动物共有的本性，在生命受到威胁时，很多人做的是避害趋利的选择。如躲进厕所或一些表面看来很安全的空间。大兴安岭火灾中，很多人躲进地窖里，以为地窖里没有火就可以逃生，却不知，火海之中的地窖没有供给人生存的氧气，结果很多人憋死在那里。还有一些人情急之中做了一些过当的行为，结果也于事无补。

（3）健康逃生心理的培养。水火无情，人们在此状况下的应激反应具有显著的片面性和不适应性，这就一定会带来逃生中的心理误区，然而只要有意识地进行矫治，是能够培养起健康的逃生心理的。主要方法如下。

1）培养应付突发事件的心理素质，训练在混乱状态中迅速适应的心理品质。这项工作从孩子时就需着手教育。学校、家庭、社会都有义务对其进行培养训练。日本在这方面做得非常好。哈尔滨天鹅饭店的一场大火，死者中没有一个是日本人。其奥妙就在于日本人在成长过程中就学习怎样在紧急状态下避险。所以当火灾发生时，火灾已蔓延至走道，如果想从房门逃生，已经不可能了，便果断地选择从窗户逃生。将窗帘、床单等物连接起来，从窗户向下层攀入，达到了逃生的目的。

2）树立良好的消防防范意识。在日常工作或生活中，不论进入或居住哪一栋建筑物，都应对此有所考虑及准备，设计好起火后的逃生方案，这也就是预先有个心理准备，为逃生创造良好的条件。

3）培养冷静、遇事不慌的个性品质。遇到危险的时候不惊不慌，方可思维符合逻辑、判断正确。应付火灾需要这样的心理品质，应对生活中其他意外事件也需要这种心理品质，通常数秒钟的时间，就是生与死的分界线，而逃生最主要的素质就是冷静地选择和判断，许多火场生还者的逃生经历都证明了这一点。

（五）熟悉环境

外出旅游或出差住进饭店，应阅读客人须知，知道有关规定，哪些行为不能做。查看防毒面具在哪里，并阅读使用方法。按照门后贴的逃生路线图实地走一遍，观察一下哪里有灭火器材，哪里有消火栓，防火门在哪里，疏散楼梯在哪里。这种细心是非常必要的，养成习惯，有备无患。在天鹅饭店大火中，起火层有位日本客人当18日住进11层时，进房前先在门口看了看，发现北头有亮光，认为那便是疏散口。当夜得知起火后，出了房门穿过浓烟径直向北摸去，打开走廊北端的门，见是一阳台，顺着阳台与两边墙壁间的“U”形条缝，滑至10层而逃生。这就是冈本立雄事先熟悉周围环境的好处。

（六）积极互救

（1）受灾者间的互救。在多数火灾中出现的敲门、喊“着火了”的目的是招呼别人。在疏散途中，扶老携幼，允许走廊里被困人员到自己房间来避难等。

(2) 协助受灾者疏散。服务人员快速打开楼梯间的门和打开锁着的楼梯，帮助受灾者尽早离开楼梯。

(3) 消防队到场的救助。

1) 在起火区：在室外浓烟滚滚的情况下，劝告受灾者留在原房间内，禁止开门。

2) 转移疏散：在有防火分隔的建筑物中，先水平疏散到安全区域，再垂直疏散离开建筑物。

3) 缓和疏散：当楼梯已被大火封锁，受灾者无法直接到达地面时，可协助受灾者先到达屋顶或阳台，然后通过楼房的屋顶或其他阳台到达地面。

4) 对欲纵身跳楼者的救助：首先应及时地用高音喇叭喊话，坚决制止悲剧的发生。为以防万一，事先要拉开“救生网”，或将大衣、被褥、帆布等急速拉开，形成救生网；无网时，在跳楼者接近地面的一瞬间，用双手或肩猛力将其侧向推挡，以减少下坠冲力，防止重伤或死亡。

二、 一般居民住宅火灾中人员自救知识

当发现自己的住宅或居家失火时，头脑要冷静，一定不要惊慌失措，应该采取行之有效的措施，一方面要迅速向消防队报火警；另一方面要组织力量将火扑灭于初起阶段，如果火势蔓延扩大，应立即撤离火灾燃烧区域，熟悉现场情况和具有扑救能力的人应到路口迎领消防车到火场，并及时向消防指挥人员提供火场相关情况。在撤离火灾现场时，可能会遇到各种情况：浓烟滚滚、视线不清、呛得喘不过气来，这时不要站立行走，应该迅速趴在地面上或蹲着，以便于寻找出口进行逃生。因为烟比空气温度高，通过对流作用，在无风条件下会以 3～4m/s 的速度沿着楼梯间等竖直管道向上扩散，以 0.3～1m/s 的速度沿走廊横向蔓延。所以起火后烟会很快地弥漫全楼。烟气先在天花板上聚拢，与下面的新鲜空气形成一个分界面——中性面。随着烟越来越多，中性面慢慢下降，人们要呼吸的新鲜空气位于靠近地板处。烟的出现严重缩短了逃生允许的时间限度，并使应急照明功能下降，当可见度降到了 3m 以下时，人在陌生的环境里就很难逃离。

若站立行走，就会很快被物品燃烧时所释放出的一氧化碳或其他有毒气体熏倒、中毒，继而失去逃生的可能。若趴在地上，地面的烟雾比较稀薄，而且视线又较为清晰，这样就较容易选择自救方法和路线。在客观条件允许的情况下，也可寻找毛巾等织物，浸上水堵在嘴和鼻孔处用以起到一定的滤毒作用，必要时自己的小便也可以，以便迅速冲出烟雾区。

当楼房失火时，应沿楼梯迅速撤离起火区，若楼梯被火和烟雾封住，就不要习惯地硬走楼梯，这样容易被烟火熏倒或烧伤。因为楼梯口是楼层间上下连通的空间，空气比较充足，且具有烟囱效应，大量的烟雾、火舌会伸到这里，所以，应该寻找没有发生燃烧的房间，将房门封闭，以免烟火侵入。若大火已逼近躲避的房间，则应打开窗户或到阳台上呼救，有条件的情况下，也可借助绳索等物，连接自救绳，将它牢牢地系在室内固定或承重物体上，沿着绳索攀到安全地带。这时千万不要慌忙跳楼，这样很容易造成伤亡。现在有些家庭安装了防盗网，建议在上面开一个小门，平常用锁锁住，关键时刻可打开在此逃生。

若衣服被烧着，应尽快脱掉，就地进行扑打；若来不及脱掉，可躺在地上就地翻滚，或者用水浇灭。这时不要带火奔跑，这样不但会烧伤自己的身体，而且还容易传播火种。

当见烟不见火时，不得随意打开门窗，这时室内可能因为空气不足，火在阴燃，若打开门窗，就能形成空气对流，助长火势蔓延，即使有必要打开门窗时，也不要大开。

火场中的儿童与病人，他们本人不具备或丧失了自救能力，在场的其他人除自救外，还应积极救助他们。要提醒他们不能乱跑乱动，可将衣服被褥等用水浸湿，蒙在身上将他们抱出或背出。如果住在楼上，在有条件的情况下，可利用绳索系在他们腰部从阳台或窗口将他们徐徐地坠下。当天棚、房梁啪啪地作响并要坍塌时，应贴近屋角或墙边行走，以防天棚塌落砸伤。

在逃生过程中，要分秒必争，不要浪费时间去穿衣戴帽，或者去寻找贵重的物品，当然，在条件允许的情况下，积极地抢救物品是可以的，但是若来不及抢救，应尽快逃生，不要因为寻找物品而受到伤亡，尤其是当跑到室外后又因为牵挂室内的物品，重返火场，这样就有出不来的危险。古今中外，火场中因贪财而丧命者不乏其例。

当不具备自救条件，一时又无法逃生时，也不应坐以待毙。应想办法向场外呼救，等待消防人员或其他人的救助。需知道消防队到达火场后首要的任务是救人。

三、 高层建筑火灾中的人员自救知识

高层建筑，如旅馆、教学楼、住宅等，具有单位面积内人员聚集多、失火后不易扑救、人员疏散难等特点。根据有关统计资料表明，因为报警迟、火场

远、道路堵塞等原因，三分之一的案例中消防队到达火场时火灾已燃烧了10min以上，此时，有61.2%的火灾已处于发展或猛烈燃烧阶段。所以，被火围困的人员发现失火至被救之前这段时间内，必定考虑如何逃走。况且因为条件所限，高层建筑发生火灾应以自救为主。

当住进高层旅馆（饭店）时，首先应了解一下消防设备状况；有无自动报警和自动灭火装置，消防安全通道设在哪里，要像前述那样熟悉自己的新环境。建筑高度超过100m的楼房，有的在中间适当楼层设置了供疏散人员暂时躲避及喘息的一块安全地区——避难层和避难间，宜实地观察一下，为发生火灾后逃生做好准备，若一旦发生火灾，且没有自动报警和自动灭火装置，应立即报警和采取灭火措施。在自救的问题上，除按上述方法外，还应做到及时呼救他人，提醒他人疏散逃生，应按照安全出口的指示标志行动，及早从安全通道和室外消防梯安全撤出，这时不要盲目乱窜，也不要依赖和都集中到电梯口处，由于此时电梯可能断电停止运行，这样会贻误逃生的时机。若一时找不到安全出口进行撤离，就要迅速退到阳台上或封闭较好的卫生间等处进行临时避险。如情况危急，急欲逃生，可利用阳台的空隙、落水管及自救绳等滑到没有起火的楼层去，这时万万不能跳楼。1984年3月一天的一个夜晚，住在美国新英格兰洲的居民托马斯，突然被嘈杂声惊醒，他急忙打开房门，发现整个楼都是烟火，他采取的第一个行动就是朝着前厅的门口冲去，但是浓烟呛得他喘不过气来，无法逃生，他就立即采取了第二个行动，想通过安全通道撤离，当安全通道堵塞后他迅速采取了第三个行动，立即退到了自己的卧室，将房门紧闭，避免烟雾袭进，这时他打开窗户身体轻轻一跃就爬到下一层的窗台上，然后逃离了火灾现场。若确实不能想出办法自救时，也不要悲观失望，因为楼外的人及到达火场的消防人员会想办法救助的。

四、影剧院、商店等公共场所火灾中的人员自救知识

影剧院、商店等公共场所，因为人员密集，且人员层次复杂，发生火灾时，因为疏散不力或缺少掌握自救知识，就会造成人员的大量伤亡。例如，1982年6月我国某地区的一个俱乐部在演出过程中发生火灾，因为在场的工作人员缺乏安全疏散知识，加上观众消防自救意识不强，失火后乱作一团，都为了自己逃生、全部拥挤在门口处，相互踩踏，造成了严重伤亡。而某一电影院1984年7月10日发生的那场大火，因为工作人员沉着机警，发现火情后没有惊动观众，而是迅速打开太平门，同时做了稳定观众情绪及安全疏散的宣传工作，观众能够积极配合，听从在场工作人员的指挥，所有观众安全而有秩序地从太平门撤出，这场火灾虽然很大，整个电影院全部烧毁，却没有造成一人伤亡。由此可见，影剧院、商店等公共场所火场中人员自救及这些单位工作人员的消防素质和在场人员消防自救知识有很大的关系。《中华人民共和国消防法》第三十二条规定："公共场所发生火灾时，该公共场所的现场工作人员有组织引导在场群众疏散的义务"。这些场所发生火灾时自救的基本要求如下。

（1）要沉着冷静，不要惊慌失措，应听从场地工作人员的指挥，由太平门或安全通道撤出，注意不能互相拥挤，更不要奔向舞台进行躲避，由于舞台没有安全通道，窗户又比较少，又有很多照明灯具等电器设备，加上服装道具等易燃物品较多，在这里躲避是非常危险的。

（2）安全疏散时要发扬风格，扶老携幼、帮助残疾人及行动不便的人一同撤离火场，不要只顾个人安危而忘记了别人的安全。

（3）撤出火场后要迅速离开现场，不要就地围观，以免影响消防人员的扑救，同时也应防止由于火星四溅、房屋倒塌、物品爆炸而受到伤害的现象。

第五节　火灾现场事故处理的基本原则

火灾现场事故处理的基本原则应按照先保人身安全，然后保护财产的优先顺序进行，使损失和影响减到最小。具体细则如下。

（1）救人重于灭火：火场上若有人受到火势威胁，首要任务是将被火围困的人员抢救出来。

（2）先控制、后消灭：对于不可能立即扑灭的火灾，应首先控制火势的继续蔓延扩大，在具备了扑灭火灾的条件时，展开攻势，扑灭火灾。

（3）先重点、后一般：全面了解，并认真分析整个火场的情况，分清重点。

1）人和物相比，救人是重点。

2）有爆炸、毒害、倒塌危险的方面与没有这些危险的方面相比，处置有这些危险的方面是重点。

3）易燃、可燃物集中区域与这类物品较少的区域相比，这类物品集中区域是保护重点。

4）贵重物资与一般物资相比，保护和抢救贵重物资是重点。

5）火势蔓延猛烈的方面与其他方面相比，控制火势蔓延的方面是重点。

6）火场上的下风方向与上风、侧风方向相比，下风方向是重点。

7）要害部位与其他部位相比，要害部位是火场上的重点。

（4）任何人员一旦发现火情，根据火情的严重情况进行以下操作。

1）局部轻微着火，不危及人员安全，可立即扑灭的立即进行扑灭。

2）局部着火，能够扑灭但有可能蔓延扩大的，在不危及人员安全的情况下，一方面迅速通知周围人员参与灭火，避免火势蔓延扩大，另一方面立即拨打消防报警电话“119”，通报以下信息：火灾着火地点、火灾情况等。如果有人员受伤，立即送往医院，并拨打救护电话“120”与医院联系。

第六节 火灾事故的调查与处理

一、 火灾事故的调查及主要内容和原则

火灾事故调查由火灾发生地公安机关消防机构按照下列分工进行。

（1）一次火灾死亡十人以上的，重伤二十人以上或死亡、重伤二十人以上的，受灾五十户以上的，由省、自治区人民政府公安机关消防机构负责调查。

（2）一次火灾死亡一人以上的，重伤十人以上的，受灾三十户以上的，由设区的市或相当于同级的人民政府公安机关消防机构负责调查。

（3）一次火灾重伤十人以下或受灾三十户以下的，由县级人民政府公安机关消防机构负责调查。

直辖市公安机关消防机构负责（1）、（2）规定的火灾事故调查，直辖市的区、县公安机关消防机构负责（3）规定的火灾事故调查。

除（1）所列情形外，其他仅有财产损失的火灾事故调查，由省级人民政府公安机关结合本地实际做出管辖规定，报公安部备案。

火灾事故调查的任务是调查火灾原因，统计火灾损失，依法对火灾事故做出处理，总结火灾教训。

火灾事故调查应坚持及时、客观、公正、合法的原则。

二、 火灾事故调查的一般程序

（一） 一般规定

（1）公安机关消防机构对火灾进行调查时，火灾事故调查人员不得少于两人。必要时，可聘请专家或专业人员协助调查。

（2）公安部和省级人民政府公安机关应成立火灾事故调查专家组，协助调查复杂、疑难的火灾。专家组的专家协助调查火灾的，应出具专家意见。

（3）火灾发生地的县级公安机关消防机构应根据火灾现场情况，排除现场险情，初步划定现场封闭范围，并设置警戒标志，禁止无关人员进入现场，控制火灾肇事嫌疑人。

（4）公安机关消防机构应根据火灾事故调查需要，及时调整现场封闭范围，并在现场勘验结束后及时解除现场封闭。

（5）封闭火灾现场的，公安机关消防机构应在火灾现场对封闭的范围、时间和要求等予以公告。

（6）公安机关消防机构应自接到火灾报警之日起三十日内做出火灾事故认定；情况复杂、疑难的，经上一级公安机关消防机构批准，可延长三十日。

火灾事故调查中需要进行检验、鉴定的，检验、鉴定时间不计入调查期限。

（二） 现场调查

（1）火灾事故调查人员应根据调查需要，对发现、扑救火灾人员，熟悉起火场所、部位和生产工艺人员，火灾肇事嫌疑人和被侵害人等知情人员进行询问。对火灾肇事嫌疑人可依法传唤。必要时，可要求被询问人到火灾现场进行指认。

询问应制作笔录，由火灾事故调查人员和被询问人签名或按指印。被询问人拒绝签名和按指印的，应在笔录中注明。

（2）勘验火灾现场应遵循火灾现场勘验规则，采取现场照相或录像、录音，制作现场勘验笔录和绘制现场图等方法记录现场情况。

对有人员死亡的火灾现场进行勘验的，火灾事故调查人员应对尸体表面进行观察并记录，对尸体在火灾现场的位置进行调查。

现场勘验笔录应由火灾事故调查人员、证人或当事人签名。证人、当事人拒绝签名或无法签名的，应在现场勘验笔录上注明。现场图应由制图人、审核人签字。

（3）现场提取痕迹、物品，应按照下列程序实施。

1）量取痕迹、物品的位置、尺寸，并进行照相或录像。

2）填写火灾痕迹、物品提取清单，由提取人、证人或当事人签名；证人、当事人拒绝签名或无法签名的，应在清单上注明。

3）封装痕迹、物品，粘贴标签，标明火灾名称和封装痕迹、物品的名称、编号及其提取时间，由封装人、证人或当事人签名；证人、当事人拒绝签名或无法签名的，应在标签上注明。

提取的痕迹、物品，应妥善保管。

（4）根据调查需要，经负责火灾事故调查的公安机关消防机构负责人批准，可进行现场实验。现场实验应照相或录像，制作现场实验报告，并由实验人员签字。现场实验报告应载明下列事项。

1）实验的目的。

2）实验时间、环境和地点。

3）实验使用的仪器或物品。

4）实验过程。

5）实验结果。

6）其他与现场实验有关的事项。

（三）检验、鉴定

（1）现场提取的痕迹、物品需要进行技术鉴定的，公安机关消防机构应委托依法设立的鉴定机构进行，并与鉴定机构约定鉴定期限和鉴定检材的保管期限。

公安机关消防机构可根据需要委托依法设立的价格鉴证机构对火灾直接财产损失进行鉴定。

（2）有人员死亡的火灾，公安机关消防机构应立即通知本级公安机关刑事科学技术部门进行尸体检验。公安机关刑事科学技术部门应出具尸体检验鉴定文书，确定死亡原因。

（3）对火灾受伤人员的人身伤害的医学鉴定由法医进行。卫生行政主管部门许可的医疗机构具有执业资格的医生出具的诊断证明，可作为公安机关消防机构认定人身伤害程度的依据。但是，具有下列情形之一的，应进行医学伤害鉴定。

1）受伤程度较重，可能构成重伤的。

2）火灾受伤人员要求做鉴定的。

3）当事人对伤害程度有争议的。

4）其他应进行鉴定的情形。

（4）对受损单位和个人提供的由价格鉴证机构出具的鉴定意见，公安机关消防机构应审查下列事项。

1）鉴证机构、鉴证人是否具有资质、资格。

2）鉴证机构、鉴证人是否盖章签名。

3）鉴定意见依据是否充分。

4）鉴定是否存在其他影响鉴定意见正确性的情形。

对符合规定的，可作为证据使用；对不符合规定的，不予采信。

（四）火灾损失统计

（1）受损单位和个人应于火灾扑灭之日起七日内向火灾发生地的县级公安机关消防机构如实申报火灾直接财产损失，并附有效证明材料。

（2）公安机关消防机构应根据受损单位和个人的申报、依法设立的价格鉴证机构出具的火灾直接财产损失鉴定意见，以及调查核实情况，按照有关规定，对火灾直接经济损失和人员伤亡进行如实统计。

（五）火灾事故认定

（1）公安机关消防机构应根据现场勘验、调查询问和有关检验、鉴定意见等调查情况，及时做出起火原因和灾害成因的认定。

（2）对起火原因已经查清的，应认定起火时间、起火部位、起火点和起火原因；对起火原因无法查清的，应认定起火时间、起火点或起火部位，以及有证据能排除的起火原因。

（3）灾害成因的认定应包括下列内容。

1）火灾报警、初期火灾扑救和人员疏散情况。

2）火灾蔓延、损失情况。

3）与火灾蔓延、损失扩大存在直接因果关系的违反消防法律法规、消防技术标准的事实。

（4）公安机关消防机构在做出火灾事故认定前，应召集当事人到场，说明拟认定的起火原因，听取当事人意见；当事人不到场的，应记录在案。

（5）公安机关消防机构应制作火灾事故认定书，自做出之日起七日内送达当事人，并告知当事人向公安机关消防机构申请复核和直接向人民法院提起民事诉讼的权利。无法送达的，可在做出火灾事故认定之日起七日内公告送达。公告期为二十日，公告期满即视为送达。

（6）公安机关消防机构做出火灾事故认定后，当事人可申请查阅、复制、摘录火灾事故认定书、现场勘验笔录和检验、鉴定意见，公安机关消防机构应自接到申请之日起七日内提供，但涉及国家秘密、商业秘密、个人隐私或移交公安机关其他部门处理的依法不予提供，并说明理由。

（六）复核

（1）当事人对火灾事故认定有异议的，可自火灾事故认定书送达之日起十五日内，向上一级公安机关消防机构提出书面复核申请。复核申请应载明复核请求、理由和主要证据。

复核申请以一次为限。

（2）复核机构应自收到复核申请之日起七日内做出是否受理的决定，并书面通知申请人。有下列情形之一的，不予受理。

1）非火灾当事人提出复核申请的。

2）超过复核申请期限的。

3）已经复核，并做出复核结论的。

4）任何一方当事人向人民法院提起诉讼，法院已经受理的。

5）适用简易调查程序做出火灾事故认定的。

公安机关消防机构受理复核申请的，应书面通知其他相关当事人和原认定机构。

（3）原认定机构应自接到通知之日起十日内，向复核机构做出书面说明，并提交火灾事故调查案卷。

（4）复核机构应对复核申请和原火灾事故认定进行书面审查，必要时，可向有关人员进行调查；火灾现场尚存且未变动的，可进行复核勘验。

复核审查期间，任何一方当事人就火灾向人民法院提起诉讼并经法院受理的，公安机关消防机构应终止复核。

（5）复核机构应自受理复核申请之日起三十日内，做出复核结论，并在七日内送达申请人和原认定机构。

原火灾事故认定主要事实清楚、证据确实充分、程序合法，起火原因和灾害成因认定正确的，复核机构应维持原火灾事故认定。

原火灾事故认定具有下列情形之一的，复核机构应责令原认定机构重新做出火灾事故认定。

1）主要事实不清，或者证据不确实充分的。

2）违反法定程序，影响结果公正的。

3）起火原因、灾害成因认定错误的。

（6）原认定机构接到重新做出火灾事故认定的复核结论后，应重新调查，在十五日内重新做出火灾事故认定，并撤销原火灾事故认定书。重新调查需要委托检验、鉴定的，原认定机构应在收到检验、鉴定意见之日起五日内重新做出火灾事故认定。

原认定机构在重新做出火灾事故认定前，应向有关当事人说明重新认定情况；重新做出的火灾事故认定书，应按照本规定第三十三条规定的时限送达当事人，并报复核机构备案。

三、 火灾事故调查的处理

（1）公安机关消防机构在火灾事故调查过程中，应根据下列情况分别做出处理。

1）涉嫌失火罪、消防责任事故罪的，按照《公安机关办理刑事案件程序规定》立案侦查；涉嫌其他犯罪的，及时移送有关主管部门办理。

2）涉嫌消防安全违法行为的，按照《公安机关办理行政案件程序规定》调查处理；涉嫌其他违法行为的，及时移送有关主管部门调查处理。

3）应给予处分的，移交有关主管部门处理。

对经过调查不属于火灾事故的，公安机关消防机构应告知当事人处理途径，并记录在案。

（2）公安机关消防机构向有关主管部门移送案件的，应在本级公安机关消防机构负责人批准后的二十四小时内移送，并根据案件需要附下列材料。

1）案件移送通知书。

2）案件调查情况。

3）涉案物品清单。

4）询问笔录，现场勘验笔录，检验、鉴定意见及照相、录像、录音等资料。

5）其他相关材料。

构成放火罪需要移送公安机关刑侦部门处理的，火灾现场应一并移交。

（3）公安机关其他部门应自接受公安机关消防机构移送的涉嫌犯罪案件之日起十日内，进行审查并做出决定。依法决定立案的，应书面通知移送案件的公安机关消防机构；依法不予立案的，应说明理由，并书面通知移送案件的公安机关消防机构，退回案卷材料。

附录A 工业建筑灭火器配置场所的危险等级举例

危险等级	举例	
	厂房和露天、半露天生产装置区	库房和露天、半露天堆场
严重危险级	1. 闪点小于60℃的油品和有机溶剂的提炼、回收、洗涤部位及其泵房、灌桶间	1. 化学危险物品库房
	2. 橡胶制品的涂胶和胶浆部位	2. 装卸原油或化学危险物品的车站、码头
	3. 二硫化碳的粗馏、精馏工段及其应用部位	3. 甲、乙类液体储罐区、桶装库房、堆场
	4. 甲醇、乙醇、丙酮、丁酮、异丙醇、醋酸乙酯、苯等的合成、精制厂房	4. 液化石油气储罐区、桶装库房、堆场
	5. 植物油加工厂的浸出厂房	5. 棉花库房及散装堆场
	6. 洗涤剂厂房石蜡裂解部位、冰醋酸裂解厂房	6. 稻草、芦苇、麦秸等堆场
	7. 环氧氢丙烷、苯乙烯厂房或装置区	7. 赛璐珞及其制品、漆布、油布、油纸及其制品，油绸及其制品库房
	8. 液化石油气灌瓶间	8. 酒精度为60度以上的白酒库房
	9. 天然气、石油伴生气、水煤气或焦炉煤气的净化（如脱硫）厂房压缩机室及鼓风机室	
	10. 乙炔站、氢气站、煤气站、氧气站	
	11. 硝化棉、赛璐珞厂房及其应用部位	
	12. 黄磷、赤磷制备厂房及其应用部位	
	13. 樟脑或松香提炼厂房，焦化厂精萘厂房	
	14. 煤粉厂房和面粉厂房的碾磨部位	
	15. 谷物筒仓工作塔、亚麻厂的除尘器和过滤器室	
	16. 氯酸钾厂房及其应用部位	
	17. 发烟硫酸或发烟硝酸浓缩部位	
	18. 高锰酸钾、重铬酸钠厂房	
	19. 过氧化钠、过氧化钾、次氯酸钙厂房	
	20. 各工厂的总控制室、分控制室	
	21. 国家和省级重点工程的施工现场	
	22. 发电厂（站）和电网经营企业的控制室、设备间	
中危险级	1. 闪点大于等于60℃的油品和有机溶剂的提炼、回收工段及其抽送泵房	1. 丙类液体储罐区、桶装库房、堆场
	2. 柴油、机器油或变压器油灌桶间	2. 化学、人造纤维及其织物和棉、毛、丝、麻及其织物的库房、堆场
	3. 润滑油再生部位或沥青加工厂房	3. 纸、竹、木及其制品的库房、堆场
	4. 植物油加工精炼部位	4. 火柴、香烟、糖、茶叶库房
	5. 油浸变压器室和高、低压配电室	5. 中药材库房

续表

危险等级	举例	
	厂房和露天、半露天生产装置区	库房和露天、半露天堆场
中危险级	6. 工业用燃油、燃气锅炉房	6. 橡胶、塑料及其制品的库房
	7. 各种电缆廊道	7. 粮食、食品库房、堆场
	8. 油淬火处理车间	8. 电脑、电视机、收录机等电子产品及家用电器库房
	9. 橡胶制品压延、成型和硫化厂房	9. 汽车、大型拖拉机停车库
	10. 木工厂房和竹、藤加工厂房	10. 酒精度小于60度的白酒库房
	11. 针织品厂房和纺织、印染、化纤生产的干燥部位	11. 低温冷库
	12. 服装加工厂房、印染厂成品厂房	
	13. 麻纺厂粗加工厂房、毛涤厂选毛厂房	
	14. 谷物加工厂房	
	15. 卷烟厂的切丝、卷制、包装厂房	
	16. 印刷厂的印刷厂房	
	17. 电视机、收录机装配厂房	
	18. 显像管厂装配工段烧枪间	
	19. 磁带装配厂房	
	20. 泡沫塑料厂的发泡、成型、印片、压花部位	
	21. 饲料加工厂房	
	22. 地市级及以下的重点工程的施工现场	
轻危险级	1. 金属冶炼、铸造、铆焊、热轧、锻造、热处理厂房	1. 钢材库房、堆场
	2. 玻璃原料熔化厂房	2. 水泥库房、堆场
	3. 陶瓷制品的烘干、烧成厂房	3. 搪瓷、陶瓷制品库房、堆场
	4. 酚醛泡沫塑料的加工厂房	4. 难燃烧或非燃烧的建筑装饰材料库房、堆场
	5. 印染厂的漂炼部位	5. 原木库房、堆场
	6. 化纤厂后加工润湿部位	6. 丁、戊类液体储罐区、桶装库房、堆场
	7. 造纸厂或化纤厂的浆粕蒸煮工段	
	8. 仪表、器械或车辆装配车间	
	9. 不燃液体的泵房和阀门室	
	10. 金属（镁合金除外）冷加工车间	
	11. 氟利昂厂房	

附录 B　民用建筑灭火器配置场所的危险等级举例

危险等级	举　例
严重危险级	1. 县级及以上的文物保护单位、档案馆、博物馆的库房、展览室、阅览室
	2. 设备贵重或可燃物多的实验室
	3. 广播电台、电视台的演播室、道具间和发射塔楼
	4. 专用电子计算机房
	5. 城镇及以上的邮政信函和包裹分检房、邮袋库、通信枢纽及其电信机房
	6. 客房数在 50 间以上的旅馆、饭店的公共活动用房、多功能厅、厨房
	7. 体育场（馆）、电影院、剧院、会堂、礼堂的舞台及后台部位
	8. 住院床位在 50 张及以上的医院的手术室、理疗室、透视室、心电图室、药房、住院部、门诊部、病历室
	9. 建筑面积在 $2000m^2$ 及以上的图书馆、展览馆的珍藏室、阅览室、书库、展览厅
	10. 民用机场的候机厅、安检厅及空管中心、雷达机房
	11. 超高层建筑和一类高层建筑的写字楼、公寓楼
	12. 电影、电视摄影棚
	13. 建筑面积在 $1000m^2$ 及以上的经营易燃易爆化学物品的商场、商店的库房及铺面
	14. 建筑面积在 $200m^2$ 及以上的公共娱乐场所
	15. 老人住宿床位在 50 张及以上的养老院
	16. 幼儿住宿床位在 50 张及以上的托儿所、幼儿园
	17. 学生住宿床位在 100 张及以上的学校集体宿舍
	18. 县级及以上的党政机关办公大楼的会议室
	19. 建筑面积在 500 m^2 及以上的车站和码头的候车（船）室、行李房
	20. 城市地下铁道、地下观光隧道
	21. 汽车加油站、加气站
	22. 机动车交易市场（包括旧机动车交易市场）及其展销厅
	23. 民用液化气、天然气灌装站、换瓶站、调压站
中危险级	1. 县级以下的文物保护单位、档案馆、博物馆的库房、展览室、阅览室
	2. 一般的实验室
	3. 广播电台、电视台的会议室、资料室
	4. 设有集中空调、电子计算机、复印机等设备的办公室
	5. 城镇以下的邮政信函和包裹分检房、邮袋库、通信枢纽及其电信机房
	6. 客房数在 50 间以下的旅馆、饭店的公共活动用房、多功能厅和厨房
	7. 体育场（馆）、电影院、剧院、会堂、礼堂的观众厅
	8. 住院床位在 50 张以下的医院的手术室、理疗室、透视室、心电图室、药房、住院部、门诊部、病历室
	9. 建筑面积在 $2000m^2$ 以下的图书馆、展览馆的珍藏室、阅览室、书库、展览厅
	10. 民用机场的检票厅、行李厅

续表

危险等级	举　例
中危险级	11. 二类高层建筑的写字楼、公寓楼
	12. 高级住宅、别墅
	13. 建筑面积在 1000m^{2}以下的经营易燃易爆化学物品的商场、商店的库房及铺面
	14. 建筑面积在 200m^{2}以下的公共娱乐场所
	15. 老人住宿床位在 50 张以下的养老院
	16. 幼儿住宿床位在 50 张以下的托儿所、幼儿园
	17. 学生住宿床位在 100 张以下的学校集体宿舍
	18. 县级以下的党政机关办公大楼的会议室
	19. 学校教室、教研室
	20. 建筑面积在 500 m^{2}以下的车站和码头的候车（船）室、行李房
	21. 百货楼、超市、综合商场的库房、铺面
	22. 民用燃油、燃气锅炉房
	23. 民用的油浸变压器室和高、低压配电室
轻危险级	1. 日常用品小卖店及经营难燃烧或非燃烧的建筑装饰材料商店
	2. 未设集中空调、电子计算机、复印机等设备的普通办公室
	3. 旅馆、饭店的客房
	4. 普通住宅
	5. 各类建筑物中以难燃烧或非燃烧的建筑构件分隔的，并主要存储难燃烧或非燃烧材料的辅助房间

附录C 非必要配置卤代烷灭火器的场所举例

表 C1 民用建筑类非必要配置卤代烷灭火器的场所举例

序号	名　称
1	电影院、剧院、会堂、礼堂、体育馆的观众厅
2	医院门诊部、住院部
3	学校教学楼、幼儿园与托儿所的活动室
4	办公楼
5	车站、码头、机场的候车、候船、候机厅
6	旅馆的公共场所、走廊、客房
7	商店
8	百货楼、营业厅、综合商场
9	图书馆一般书库
10	展览厅
11	住宅
12	民用燃油、燃气锅炉房

表 C2 工业建筑类非必要配置卤代烷灭火器的场所举例

序号	名　称
1	橡胶制品的涂胶和胶浆部位；压延成型和硫化厂房
2	橡胶、塑料及其制品库房
3	植物油加工厂的浸出厂房；植物油加工精炼部位
4	黄磷、赤磷制备厂房及其应用部位
5	樟脑或松香提炼厂房、焦化厂精萘厂房
6	煤粉厂房和面粉厂房的碾磨部位
7	谷物筒仓工作塔、亚麻厂的除尘器和过滤器室
8	散装棉花堆场
9	稻草、芦苇、麦秸等堆场
10	谷物加工厂房
11	饲料加工厂房
12	粮食、食品库房及粮食堆场
13	高锰酸钾、重铬酸钠厂房
14	过氧化钠、过氧化钾、次氯酸钙厂房
15	可燃材料工棚
16	可燃液体储罐、桶装库房或堆场
17	柴油、机器油或变压器油灌桶间
18	润滑油再生部位或沥青加工厂房
19	泡沫塑料厂的发泡、成型、印片、压花部位

续表

序号	名　称
20	化学、人造纤维及其织物和棉、毛、丝、麻及其织物的库房
21	酚醛泡沫塑料的加工厂房
22	化纤厂后加工润湿部位；印染厂的漂炼部位
23	木工厂房和竹、藤加工厂房
24	纸张、竹、木及其制品的库房、堆场
25	造纸厂或化纤厂的浆粕蒸煮工段
26	玻璃原料熔化厂房
27	陶瓷制品的烘干、烧成厂房
28	金属（镁合金除外）冷加工车间
29	钢材库房、堆场
30	水泥库房
31	搪瓷、陶瓷制品库房
32	难燃烧或非燃烧的建筑装饰材料库房
33	原木堆场

参 考 文 献

[1] 中华人民共和国住房和城乡建设部. 建筑设计防火规范：GB 50016—2014[S]. 北京：中国计划出版社，2015.

[2] 中华人民共和国建设部，中华人民共和国国家质量监督检验检疫总局. 建筑灭火器配置设计规范：GB 50140—2005[S]. 北京：中国计划出版社，2005.

[3] 中华人民共和国住房和城乡建设部. 火灾自动报警系统设计规范：GB 50116—2013[S]. 北京：中国计划出版社，2014.

[4] 中华人民共和国住房和城乡建设部. 自动喷水灭火系统设计规范：GB 50084—2017[S]. 北京：中国计划出版社，2017.

[5] 中华人民共和国住房和城乡建设部. 汽车库、修车库、停车场设计防火规范：GB 50067—2014[S]. 北京：中国计划出版社，2015.

[6] 国家技术监督局，中华人民共和国建设部. 二氧化碳灭火系统设计规范(2010 年版)：GB 50193—1993[S]. 北京：中国计划出版社，2004.

[7] 中华人民共和国住房和城乡建设部. 泡沫灭火系统设计规范：GB 50151—2010[S]. 北京：中国计划出版社，2011.

[8] 杨岳. 电气安全[M]. 2 版. 北京：机械工业出版社，2010.

[9] 钮英建. 电气安全工程[M]. 北京：中国劳动社会保障出版社，2009.

[10] 孟宪章，冯强. 消防电气技术 1000 问[M]. 北京：中国电力出版社，2015.

[11] 方潜生. 建筑电气[M]. 北京：中国建筑工业出版社，2010.

[12] 孙景芝，温红真. 建筑电气消防系统工程设计与施工[M]. 武汉：武汉理工大学出版社，2013.

[13] 李杰. 建筑电气工程[M]. 北京：中国铁道出版社，2013.

[14] 胡国文. 民用建筑电气技术与设计[M]. 3 版. 北京：清华大学出版社，2013.

[15] 孙景芝. 建筑电气消防工程[M]. 北京：电子工业出版社，2010.

[16] 汪永华. 建筑电气[M]. 2 版. 北京：机械工业出版社，2015.

[17] 郭建林. 建筑电气设计计算手册　第三分册　防雷与消防系统[M]. 北京：中国电力出版社，2011.

[18] 夏兴华. 电气安全工程[M]. 北京：人民邮电出版社，2012.

[19] 林玉岐，夏克明. 电气安全技术及事故案例分析[M]. 2 版. 北京：化学工业出版社，2014.

[20] 戴瑜兴，黄铁兵，梁志超. 民用建筑电气设计手册[M]. 2 版. 北京：中国建筑工业出版社，2007.

[21] 陈南. 电气防火及火灾监控[M]. 北京：机械工业出版社，2014.

[22] 陈芝涛，周美华. 低压供配电作业问答丛书 电气防火安全问答[M]. 北京：中国电力出版社，2010.

参考文献

[illegible]